U0214184

农业重大科学研究成果专著

养分资源高效利用机理与途径

Mechanism and Approaches for High Efficient Use of Nutrient Resources

周卫 艾超 等著

科学出版社

北京

内 容 简 介

本书系统总结了国家重点基础研究发展计划（973 计划）“肥料养分持续高效利用机理与途径（2013—2017 年）”的研究成果。相关研究得到了国家重点研发计划项目（2016YFD0200100）、国家水稻产业技术体系和中国农业科学院科技创新工程的资金支持。主要内容包括氮肥损失阻控与高效利用机理，磷肥增效的化学/生物学调控机理，畜禽有机肥氮磷生物转化与促效机制，秸秆还田碳氮互作提高化肥利用率机制，农田养分协同优化原理与方法，肥料养分持续高效利用途径及模式等 6 方面。

本书可供农学、土壤学、植物营养学、肥料学、环境与生态学领域的科研和教学工作者、研究生、农技推广人员、肥料企业从业人员及相关管理部门工作人员阅读和参考。

图书在版编目（CIP）数据

养分资源高效利用机理与途径 / 周卫等著. —北京：科学出版社，2018.11
（农业重大科学研究成果专著）
ISBN 978-7-03-054432-2

Ⅰ. ①养… Ⅱ. ①周… Ⅲ. ①化学肥料–施肥–研究 Ⅳ. ①S143

中国版本图书馆 CIP 数据核字（2017）第 221022 号

责任编辑：罗 静 / 责任校对：王晓茜 严 娜
责任印制：张 伟 / 封面设计：刘新新

科学出版社 出版
北京东黄城根北街 16 号
邮政编码：100717
http://www.sciencep.com
北京虎彩文化传播有限公司 印刷
科学出版社发行 各地新华书店经销
*
2018 年 11 月第 一 版 开本：787×1092 1/16
2018 年 11 月第一次印刷 印张：33
字数：780 000
定价：248.00 元
（如有印装质量问题，我社负责调换）

《养分资源高效利用机理与途径》著者名单

主著：周　卫　艾　超

著者：（以姓氏笔画为序）

马进川　王火焰　王玉军　王秀斌　仇少君
尹　斌　艾　超　卢昌艾　申亚珍　申建波
冉　炜　刘光荣　刘迎夏　刘晓伟　许卫锋
孙　刚　孙静文　李　俊　李　慧　李双来
李书田　李忠佩　李春俭　李海港　杨俊诚
吴　萌　串丽敏　何　萍　何文天　汪　洪
张　倩　张水清　张文学　张建峰　张俊伶
张勇勇　林咸永　金　梁　金继运　周　卫
单玉华　封　克　赵士诚　胡　诚　侯胜鹏
姜　勇　姜慧敏　倪吾钟　徐芳森　徐新朋
郭世伟　郭腾飞　黄启为　黄建国　黄绍敏
梁林洲　梁国庆　宾晓琳　魏　丹

前　言

肥料是国家粮食安全的重要保障，对粮食增产的贡献占 40%～50%。我国集约化农业肥料利用率低，氮肥利用率仅为 30%～35%，磷肥为 10%～20%。同时，我国丰富的畜禽有机肥和秸秆资源未能被充分利用。大量的肥料养分通过不同损失途径进入环境，已成为水体富营养化、饮用水硝酸盐污染及温室气体排放的重要来源。目前，制约肥料养分高效利用的因素主要是，氮肥在土壤中易于损失，适宜的缓控释氮肥种类较少，氮肥高效施用方法缺乏；土壤对磷肥固定强烈，磷素活化困难；有机无机肥料互作促效未能充分发挥；肥料施用盲目性大，缺乏协同优化的肥料推荐方法。因此，突破制约肥料养分高效利用的科技瓶颈，最大限度地提高肥料利用率，减少施肥造成的生态环境问题，增强高强度利用农田粮食生产能力，是我国当前及今后的重大战略需求和科学命题。

围绕肥料养分高效利用，科技部先后启动了两期国家重点基础研究发展计划(973 计划)，第一期项目“肥料减施增效与农田可持续利用基础研究(2007—2011 年)”，第二期项目“肥料养分持续高效利用机理与途径(2013—2017 年)”，本书即第二期项目研究工作的系统总结。该项目紧紧围绕无机肥料氮磷养分无效化阻控与增效机理、有机肥料氮磷生物转化与碳氮互作机理、农田氮磷钾养分协同优化原理与方法等三个关键科学问题，从氮肥损失阻控与高效利用机理、磷肥增效的化学/生物学调控机理、畜禽有机肥氮磷生物转化与促效机制、秸秆还田碳氮互作提高化肥利用率机制、农田养分协同优化原理与方法、肥料养分持续高效利用途径及模式等 6 方面开展研究，目标是构建肥料养分持续高效利用的理论、方法和技术体系，为集约化农业化肥减施提供理论和技术支撑。项目由周卫研究员担任首席科学家，组织中国科学院南京土壤研究所、中国科学院沈阳应用生态研究所、南京农业大学、中国农业大学、浙江大学、扬州大学、西南大学、江西省农业科学院土壤肥料与资源环境研究所、湖北省农业科学院植保土肥研究所、河南省农业科学院植物营养与资源环境研究所、黑龙江省农业科学院土壤肥料与环境资源研究所等单位组成项目组，开展了系统深入的研究。通过 5 年共同努力，项目取得了可喜的进展。同时，相关研究也得到了国家重点研发计划项目(2016YFD0200100)、国家水稻产业技术体系和中国农业科学院科技创新工程的资金支持。

在本书写作过程中，我们力求数据可靠、分析透彻、论证全面、观点客观。由于水平有限，对于书中的不足之处，切望读者批评指正！我们真诚感谢科技部 973 计划的资助，感谢项目咨询专家组周健民研究员、李保国教授和喻子牛教授的大力指导！感谢项目专家组赵其国院士、朱兆良院士、刘旭院士、金继运研究员、沈其荣教授、张玉龙教授、李晓林教授和徐芳森教授的大力指导！感谢为本书研究成果做出贡献的所有研究人员和技术支撑人员。

2017年9月

目　录

第1章 总 论

1.1 引 言

养分资源高效利用机理与途径研究是实现农业资源高效利用的国家重大需求。我国以占世界9%的耕地养活了占世界21%的人口，用去了世界32%的化肥(2010年)，单位面积施肥量已达世界平均水平的3倍，但利用率低，氮肥当季利用率仅为30%～35%，磷肥10%～20%。我国丰富的有机肥资源未能被充分利用，畜禽有机肥还田率不到50%，秸秆养分直接还田率在35%左右，浪费严重。同时，我国还面临能源和肥料资源短缺问题，我国氮肥生产每年消耗能源折合6545万t标准煤，约合230亿元，可利用高品位的磷矿储量十分有限，70%以上的钾肥依赖于进口，农业生产资源消耗代价巨大。《农业及粮食科技发展规划(2009—2020年)》将化肥利用率作为我国农业及粮食科技发展的主要技术指标，提出至2020年我国化肥利用率需提高10%。近年来明确提出，到2020年我国农业要减少化肥使用量，实现化肥用量零增长。

养分资源高效利用机理与途径研究是维护国家生态环境安全的紧急需求。长期以来，我国依靠化肥的大量投入，提高产量，全国有17个省区市的耕地平均氮肥用量超过了国际公认的上限(225kg N/hm^2)，有4个省份达到了400kg N/hm^2。大量的化肥氮通过不同损失途径进入环境，已成为地表水富营养化、地下水和农产品硝酸盐富集及大气氧化亚氮的重要来源。我国南方过度使用氮肥，导致土壤严重酸化，部分农田已无法种植玉米、烟草和茶叶；我国年产各类秸秆约7亿t，大量的秸秆被就地焚烧，造成了严重的环境污染；同时，畜禽有机肥和秸秆的不合理施用增加了农田甲烷、氧化亚氮等温室气体的排放。我国肥料过量施用和养分不合理投放引起的生态环境问题，先后在国际重要刊物*Nature*和*Science*刊出，受到国内外的广泛关注。

养分资源高效利用机理与途径研究是保障国家粮食安全和农业可持续发展的战略需要。国内外大量研究证明，粮食增产中化肥的作用占40%～50%；当前我国施肥效益不高，每千克氮、磷、钾肥料养分所增产的粮食不及世界平均水平的1/2、美国的1/3，我国肥料利用率低直接影响到作物持续增产。同时，由不合理施肥引起的我国农田养分非均衡化、有机质下降、盐分表聚、结构性变差、生物功能下降等问题，也直接影响到农业可持续发展。近年来，我国农业生产方式朝着规模化、机械化、专业化和商品化方向快速转变，不同形式的秸秆还田越来越普遍，对肥料应用提出许多新的科学问题，肥料养分高效利用基础研究必须服务于这一转变，该研究也将为农业生产方式转变下提高肥料养分增产效果提供重要理论基础，是实现全国新增5000万t粮食生产能力的重大国家需求。

目前，制约肥料养分高效利用的因素主要是，氮肥在土壤中易于损失，适宜的缓控释氮肥品种较少，氮肥高效施用方法缺乏；土壤对磷肥固定强烈，磷素活化困难；有机无机肥料互作促效未能充分发挥；肥料施用盲目性大，缺乏协同优化的肥料推荐方法。突破制约肥料养分高效利用的科技瓶颈，最大限度地提高肥料养分利用效率，减少由施肥造成的生态环境问题，增强粮食生产能力，既是世界性科技难题，又是我国当前及今后的重大战略需求和科学命题。针对我国特有的化肥高量投入和农田高强度利用集约化生产特点，如何高效利用肥料养分，保障作物持续增产和农田可持续利用，国内外尚无可以借鉴的理论和技术体系，必须结合国情开展创新研究。

在国家重点基础研究发展计划(973 计划)“肥料养分持续高效利用机理与途径”支持下，项目紧紧围绕无机肥料增效、有机肥料促效、养分协同优化等肥料养分高效利用的三个重要方面系统开展研究。通过氮肥损失阻控与高效利用机理、磷肥增效的化学/生物学调控机理研究，为氮肥和磷肥增效技术发展提供科学基础；通过畜禽有机肥氮磷生物转化与促效机制，以及秸秆还田碳氮互作提高化肥利用率机制研究，为有机无机养分互作提高化肥利用率提供理论依据；通过农田养分协同优化原理与方法，以及肥料养分持续高效利用途径和模式研究，为肥料高效利用和作物持续高产提供方法和技术支撑。通过上述三个方面研究，构建养分资源高效利用的理论、方法和技术体系，引领我国植物营养与肥料科学的快速发展。

1.2　无机肥料增效机理

1.2.1　氮肥损失阻控与高效利用机理

根区施肥是将适当用量和释放性能的肥料通过一定的施用技术施到植物根系分布区域，使肥料养分扩散范围与根系伸展范围达到最佳匹配的施肥模式。其核心是养分供应的浓度、数量、空间和时间与植株养分需求高度匹配。研究发现，稻田表施氮肥 30 天后，土壤表层的铵态氮含量最高，两种土壤铵态氮含量最高值超过 100mg/kg，但是该处理表层土壤铵态氮含量随施肥时间快速下降；与此相比，根区一次施氮方式下，施肥后 30 天时，施肥点周围土壤的铵态氮浓度仍然高达 1000mg/kg，显著高于同期的常规施肥，即使是在施肥 60 天后，施肥点周围的铵态氮浓度仍然在 400mg/kg 以上。可见根区一次施肥显著提高肥料养分的供应强度。另外从根区施肥后养分扩散的趋势和时间上看，根区一次施氮后铵态氮向施肥点两边扩散的距离为 5cm 左右。研究得出水稻苗期最适供氮浓度为 150mg/kg，玉米拔节期最佳供氮浓度为 100mg/kg，小麦在苗期施用氮肥 300kg/hm^2 下产量最高；水稻根系 35%土体范围内供氮与全土体供氮效果相当，但显著节省氮肥；在土层 8～18cm，玉米根区施氮处理比氮肥撒施处理根系密度高 30%～50%；与普通撒施氮肥氨挥发损失率(15%～25%)比较，根区施肥将氨挥发损失率降低到 5%以下，并大幅提高根区土壤铵态氮和硝态氮浓度。

制备缓控释肥料功能性材料，主要包括纳米-亚微米级甲基丙烯酸羟乙酯混聚物、纳米-亚微米级废弃泡沫塑料-淀粉混聚物(N-PS)、纳米-亚微米级黏土-聚酯混聚物、纳米-亚微米级聚乙烯醇混聚物(CF2)、纳米-亚微米级腐殖酸类混聚物、纳米-亚微米级丙烯酸酯类混聚物、苯乙烯-丙烯酸酯混聚物等。研究发现，聚乙烯醇复合材料大分子胶团结构表面呈球形，小分子胶团呈絮状，较均匀地分布于大分子胶团周围，胶团直径均小于100nm，材料的特殊结构增加了复合材料的比表面积和活性吸附点，从而增加了材料的团聚性能；对纳米-亚微米级黏土-聚酯混聚物分析发现，黏土的块状结构被解离成薄片状插入聚酯中，形成高分子络合胶团，黏土薄片厚度为10nm以内，薄片长和宽分别为150nm和60nm，每个薄片上络合了大分子物质，大分子物质胶团直径为10～120nm，这种特殊结构不但增加了功能材料的表面积，同时增加了活性吸附位点；纳米-亚微米级腐殖酸混聚物中，天然风化煤的疏松网状结构被解离成小颗粒状，颗粒大小在20～60nm，不但增加了其表面积，而且增加了裸露在表面的活性结合位点；纳米-亚微米级废弃泡沫塑料-淀粉混聚物复合材料在透射电镜下可观察到许多小孔，这种蜂窝状多孔结构是材料吸水及储存水分的场所，为养分缓释和水分保持提供条件。将纳米-亚微米级聚乙烯醇混聚物、纳米-亚微米级腐殖酸混聚物、纳米-亚微米级废弃泡沫塑料-淀粉混聚物、纳米-亚微米级丙烯酸酯类复合材料等4种植物营养功能性材料包膜的缓释肥按照不同比例掺混，可以满足小麦、玉米、水稻等3种大田作物的养分需求。

为研创生化抑制型氮肥，以脲酶抑制剂(*N*-丁基硫代磷酰三胺，NBPT)和硝化抑制剂(3,4-二甲基吡唑磷酸盐，DMPP)为材料，^{15}N示踪微区试验表明，添加NBPT或NBPT与DMPP配施可以显著提高水稻地上部氮素回收率和土壤残留氮量。田间试验显示，与单施尿素处理相比，添加NBPT处理的氨挥发速率峰值降低27%，累积氨挥发损失量降低22%；NBPT与DMPP配施时，氨挥发速率峰值降低13%，累积氨挥发损失量降低13.6%；而只添加DMPP时，氨挥发速率峰值增加23.6%，累积氨挥发损失量与单施尿素的差异不显著。添加DMPP显著降低了N_2O的排放量，但水稻生长后期排放量剧增，尤其是添加抑制剂的处理增加幅度更大；添加DMPP或NBPT与DMPP配施可以显著减少施肥后21天内的N_2O排放量，而对总排放量无明显影响。添加1%的DMPP增产不显著，而添加1%的NBPT时，施氮量为135kg/hm^{2}的籽粒产量最高，与农民习惯施氮(单施尿素180kg/hm^2)相比，早、晚稻分别增产8.54%和12.87%，氮肥利用率分别提高6.78%和9.46%，节约氮肥25%；与单施尿素相比，添加NBPT时显著降低了分蘖期土壤中的脲酶活性与铵态氮含量，而显著提高了孕穗期土壤中的铵态氮含量；逐步回归分析发现，水稻分蘖期与孕穗期土壤中的铵态氮含量对水稻产量影响显著，而且对孕穗期的影响大于分蘖期，因此，添加NBPT节氮增产的主要原因是，其保持孕穗期较高的土壤铵态氮含量。

缓控释肥料施用及根区施肥是氮肥高效利用的重要途径。大量田间试验表明，与习惯施肥比较，水稻、小麦和玉米缓控释肥施用有不同程度的增产效果(2%～10%)，节约氮肥20%～25%，提高氮肥利用率约10%；根区施肥中黑龙江玉米采用穴施，可节氮40%；河南小麦-玉米轮作采用沟施，施至10cm深下小麦籽粒产量最高，偏上3cm处理次之，比常规施肥分别增产21%和20%；湖北单季稻采用根区施肥，可节氮27%，增产20%；在长江中下游单季稻和双季稻根区一次施肥增产43%～50%，氮肥利用率从10%～20%提高到60%。根区施肥在当前生产实践中已有不同程度的实现，如机械深施、穴施、条施、滴灌施肥和营养钵育苗移栽等，其大幅度提高了肥料利用率，节肥增产。

1.2.2 磷肥增效的化学/生物学调控机理

利用重庆紫色土、祁阳红壤、杨凌塿土及哈尔滨黑土 4 个长期定位试验，研究作物产量与土壤供磷的关系，得出我国土壤磷应该控制在产量效应拐点与环境效应拐点之间。通过产量效应分析土壤有效磷(Olsen-P)阈值，夏玉米、冬小麦、水稻拐点的平均值分别为 21.4mg/kg、13.3mg/kg 和 10.9mg/kg，我国土壤有效磷平均超过 30mg/kg，可见提高磷肥利用率的关键是利用土壤中积累的磷；土壤全磷与 Olsen-P 之间的拐点被认为是培肥阈值，哈尔滨黑土、杨凌塿土、重庆紫色土、祁阳红壤磷培肥阈值分别为 0.44g/kg、1.32g/kg、0.51g/kg 和 0.56g/kg，阈值越高土壤固定磷素能力越强；土壤 Olsen-P 与 $CaCl_2$-P 的拐点是土壤磷淋溶阈值，杨凌、祁阳、哈尔滨、重庆试验土壤的 Olsen-P 阈值分别为 39.9mg/kg、90.2mg/kg、40.2mg/kg 和 51.6mg/kg，高于此阈值，土壤磷易于淋溶损失。

研究土壤微生物提高磷肥利用率机理，发现施磷量对玉米根系菌根真菌侵染率有明显影响。随着供磷水平的增加，菌根真菌侵染率在供磷水平 75kg/hm^2 时降至最低值，之后不再受供磷水平的影响。过量施用磷肥(300kg/hm^2)并不能完全抑制菌根真菌的侵染。在玉米拔节和吐丝期，根内菌丝体酸性/碱性磷酸酶活性及根系 *Zmpht1;6* 的相对表达量在 0～20cm 及 20～40cm 土层中均以施磷量为 75kg/hm^2 时达到最低值，并不再随着施磷量增加而降低；对收获的玉米根内丛枝菌根(AM)真菌典型片段测序，发现玉米根内 AM 真菌类群主要是 *Glomus*、*Funneliformis* 和 *Diversispora* 这 3 属。其中 97bp、116bp、141bp 等片段主要集中于 *Glomus* 和 *Funneliformis*，而 169bp 片段则主要属于 *Diversispora*；高磷通常抑制菌根真菌侵染和根外菌丝生长，适量磷水平可能促进菌丝生长，且在高磷区菌丝生长的抑制作用可在低磷区得到恢复；不同菌根真菌对宿主植物磷吸收的作用机理不同。接种 *Rhizophagus irregularis* 显著提高了碱性磷酸酶(ALP)活性，提高了植物对磷的吸收效率；而 *Glomus mosseae* 则主要通过根外菌丝的觅食作用，其主要功能可能是寻找新的宿主，推测根外菌丝的恢复力可能是集约化农业生态系统菌根功能得到维持的机理之一。

农田土壤中约 50%的可培养微生物具有活化磷的潜力。解磷细菌主要包括放线菌、α-变形菌和厚壁菌等。解磷菌通过分泌 H^+、有机酸及磷酸酶活化土壤中的磷。在玉米拔节期，施磷处理厚壁菌丰度显著高于低磷处理，但对放线菌和 α-变形菌的丰度无显著影响。在吐丝期，施磷对三种解磷菌的丰度均无显著影响。厚壁菌和放线菌的丰度随着玉米生长期的延长而显著提高，α-变形菌的丰度受生育期的影响不显著。在采样时期，土壤 pH 和碱性磷酸酶活性是影响解磷菌丰度的主要因素。玉米苗期土壤微生物群落主要受 pH 影响，成熟期则受 ALP 影响；厚壁菌丰度对施磷水平和采样时期最敏感，其基因拷贝数与 pH 呈显著正相关关系，而与 ALP 呈显著负相关关系；长期施用磷肥影响放线菌群落结构，但对 α-变形菌和细菌的群落结构影响不显著。

植物适应低磷胁迫，一方面增加磷在体内的利用效率，另一方面增加从土壤中获取磷的能力。在水分胁迫及低磷胁迫下水稻根系质子分泌速率显著加快，促进根系伸长和磷的吸收；在河南小麦三个生育时期中酸性磷酸酶的活性均出现先升高后降低的趋势，扬花期活性最高。施磷使土壤中磷酸酶活性提高可能是由于根分泌物的释放促进微生物的生长，以及在磷养分充足条件下根系生长旺盛，分泌的磷酸酶数量增加；低磷胁迫下，拔节期和吐丝期自交系‘478’根系增生出大量的细根，其通过增加根系对磷的获取能力来适应缺磷环境；除根系形态变化外，植物还通过分泌有机酸、质子和酸性磷酸酶及其他化合物等生理措施来直接或间接影响土壤磷的有效性，适应低磷胁迫。缺磷白羽扇豆和蚕豆根系明显增加质子分泌，显著降低营养液 pH，而玉米根系分泌 OH^-，导致营养液 pH 上升。琼脂显色中白羽扇豆和蚕豆根际存在明显酸化现象，而玉米根际存在显著碱化现象；利用离子非损伤扫描电极技术对根尖 H^+流进行动态实时监测，证明在缺磷条件下，玉米不会增加根系的质子分泌；结合营养液培养和根箱土壤培养，测定玉米和豆科植物根表酸性磷酸酶活性的变化发现，白羽扇豆和蚕豆在缺磷时会增加根表酸性磷酸酶的活性，但玉米根表没有变化。根系有机酸分泌的结果也证明，缺磷条件下玉米并未增加有机酸的分泌。表明在低磷胁迫条件下，玉米主要通过增加根系形态学变化加以应对，没有表现出根系的生理适应性反应。生产上，在缺磷土壤上将蚕豆与玉米间作，蚕豆通过释放质子、有机酸和酸性磷酸酶能改善难溶性磷酸盐和有机磷源中磷的生物有效性，有利于增加蚕豆和玉米的产量。在将来的玉米育种中，选育大根系玉米对土壤无机磷吸收具有十分重要的意义，同时，生产上可以通过调整施肥方法或者肥料种类刺激根系生长，增加磷吸收。

在湖北荆门小麦-水稻轮作体系下，2014～2016 年各施磷处理的小麦产量、磷吸收量和籽粒磷含量显著高于不施磷处理。与当地习惯施肥比较，减施 30%+接种解磷菌+菌根真菌处理小麦产量不下降，接种解磷细菌或者双接菌促进了土壤中磷素活化及植物对磷的吸收；采用苯菌灵对低磷大田土壤中土著丛枝菌根真菌进行杀菌处理，比较原位接种丛枝菌根真菌（*Glomus versiforme*）和解磷菌（*Pseudomonas* sp.）对不同生育期玉米生长、磷吸收利用和产量的影响，显示苯菌灵能够有效地抑制土著丛枝菌根真菌对玉米根系的侵染，接种解磷菌和 *Glomus versiforme* 仅在玉米六叶期在根系生长上表现出协同效应，提高了玉米六叶期和成熟期的磷吸收；江西水稻在减少磷肥投入的条件下，结合干湿交替的水分处理，能够得到与正常灌溉条件下全量磷投入相似的水稻产量，从而达到提高磷肥利用率的目的；东北玉米苗期容易遭受低温胁迫，玉米覆膜条件下土壤温度高于不覆膜区，平均增加 2.7℃，同时土壤湿度增加，苗期植株磷含量和吸收累积量显著提高。总之，磷肥减施并有针对性地配合使用不同调控措施，能够在不减产的前提下实现减少磷肥投入、提高磷肥利用率的目标，并降低由施肥造成的环境污染风险。

1.3 有机肥料促效机制

1.3.1 畜禽有机肥氮磷生物转化与促效机制

在东北春玉米单作体系，优化施肥下减氮 20%再用有机肥替氮 20%，玉米产量不下降。在华北小麦-玉米轮作体系，在推荐施肥量下，有机肥氮可替代 20%的化肥氮和 20%的化肥磷；与习惯施肥相比，在小麦季可减少 44%的化肥氮和 36%的化肥磷，在玉米季可减少 34%的化肥氮和 56%的化肥磷。在长江中下游小麦-水稻轮作体系，优化施肥下减氮磷 20%再用有机肥替氮磷 20%，小麦和水稻产量高于习惯施肥或推荐施肥，氮肥利用率提高 10～20 个百分点，磷肥利用率提高约 10 个百分点。在长江中下游双季稻连作体系，优化施肥下减氮磷 20%再用有机肥替氮磷 20%，早稻和晚稻产量与习惯施肥相当，氮肥利用率提高约 10 个百分点，磷肥利用率提高约 30 个百分点。

研究发现，长期施用有机肥提高了石灰性潮土 α-葡糖苷酶、β-木糖苷酶、β-纤维二糖苷酶、乙酰氨基葡萄糖苷酶、β-葡糖苷酶、磷酸酶和脲酶活性，而施用化肥对作物根际土壤大部分胞外酶活性具有抑制作用；长期施用有机肥显著提高了土壤磷脂脂肪酸(PLFA)总量，微生物群落结构也显著不同于化肥处理，有机碳、氮素和 pH 是影响 PLFA 总量和群落结构变异的重要因子；变形菌(Proteobacteria)是石灰性潮土的优势菌群之一，且有机肥促进变形菌的生长；小麦根际碳沉积分解转化过程中发挥关键作用的细菌类群为变形菌和放线菌(Actinobacteria)，二者占整个 ^{13}C-根系分泌物标记微生物组的 70%；而根际酸杆菌(Acidobacteria)、绿弯菌(Chloroflexi)、厚壁菌(Firmicutes)、拟杆菌(Bacteroidetes)主要参与土壤有机质的分解；石灰性潮土氨氧化过程主要由氨氧化细菌(AOB)主导，而不是氨氧化古菌(AOA)，施用氮肥显著改变了 AOB 群落结构，有利于亚硝化螺菌属(*Nitrosospira*)第 3 和第 4 簇多样性的增加；而有机肥显著增加 AOA 数量，对土壤硝化潜势和 AOB 数量的影响小于化肥处理。小麦根系内部存在一个独特的反硝化过程。施肥后根系反硝化内生菌数量丰富，*nirK*、*nirS* 和 *nosZ* 基因数量均能达到 1.0×10^9 拷贝数/g 以上，且 $N_2O/(N_2O+N_2)$ 高于土壤部分。MiSeq 测序结果表明，根系中 *nirK* 型、*nirS* 型和 *nosZ* 型反硝化内生菌群落组成更加简单，多样性更低，其中 79%集中分布在假单胞菌目、黄单胞菌目、伯克氏菌目、根瘤菌目和红细菌目。总之，长期单施化肥提高了石灰性潮土根际放线菌、硝化螺菌数量，尤其促进了 AOB 生长，加速铵态氮向硝态氮转化，但降低了土壤微生物多样性及根际胞外酶活性；而长期配施有机肥可增加根际绿弯菌、拟杆菌及厚壁菌数量，增加氨氧化古菌及反硝化基因数量，能够将施用化肥所改变的细菌群落向其初始的状态进行恢复。

团聚体作为土壤最基本的结构单元，是土壤肥力的物质基础，也是土壤碳氮转化的主要场所。土壤团聚体可分为大团聚体(＞2000μm)、粗砂(2000～200μm)、细砂(200～63μm)、粉粒(63～2μm)和黏粒(2～0.1μm)5 个粒径范围。与不施肥相比，有机无机配施处理显著提高了耕层土壤及各粒径团聚体的硝化潜势，其 AOB 丰度显著高于单施化肥处理。水稻季土壤的氨氧化微生物数量高于小麦季，施肥处理降低了土壤 AOA∶AOB 的值，且以黏粒中最高。尽管 AOA 数量高出 AOB 数倍，但 AOB 群落结构对施肥及团聚体粒径的响应更为敏感。AOA 主导类群大多归属于奇古菌 I.1b 类群(Thaumarchaeota Group I.1b)，AOB 主导类群大多归属于亚硝化螺菌属(*Nitrosospira* Cluster 3a)；研究发现，参与纤维素转化的真菌糖苷水解酶 *cbhI* 基因和细菌糖苷水解酶 *GH48* 基因丰度随团聚体粒径、施肥处理变异显著，在细砂中最高、黏粒中最低，且在有机肥施用条件下丰度普遍增加。纤维素分解基因在腐殖化程度较低的粒径(＞63μm)中较为丰富，这些组分土壤胡敏酸(HA)芳香度高、脂化度低、烷基碳∶烷氧基碳值相对较低，而在腐殖化程度较高的粒径(63～0.1μm)中纤维素分解基因丰度较低。总之，有机无机配施显著降低了＞2000μm 团聚体的比例，提高了 2000～200μm 团聚体的比例，大粒径团聚体(＞63μm)的碳氮含量、碳氮水解酶活性、磷脂脂肪酸总量、氨氧化细菌丰度及纤维素分解相关基因丰度普遍高于小粒径团聚体(63～0.1μm)，有机无机配施处理下各粒径以上指标普遍高于单施化肥，显示其促进了土壤团聚体碳氮转化和养分循环。

1.3.2 秸秆还田碳氮互作提高化肥利用率机制

长期试验显示，秸秆还田显著增加黑土和潮土有机碳含量，对红壤碳储藏增加不显著；采用稳定碳同位素示踪发现，东北黑土长期秸秆还田配施无机肥(SNPK)能够增加土壤大颗粒团聚体(>250μm)中土壤有机碳(SOC)储藏，同时可减少土壤小颗粒团聚体(<250μm)中SOC储藏，大、小粒级的土壤团聚体的周转速率均有增加；秸秆还田显著增加黑土和潮土全氮含量，对红壤全氮增加不显著；其显著增加黑土全磷和有效磷含量，对红壤和潮土增加不显著；其对三种土壤全钾和速效钾影响均不显著。

农田氮素管理可以通过调节土壤有效氮水平而影响秸秆的腐解进程。水稻秸秆与小麦秸秆培养60d的累积腐解率分别为66.6%和46.7%，施氮处理两种秸秆的累积腐解率均高于不施氮处理，尤其明显缩短了小麦秸秆的腐解时间。土壤氮素水平和氮肥用量均影响秸秆固持氮素的总周转量。同一氮肥用量条件下，高肥力土壤的玉米秸秆氮素周转量较低肥力土壤高。高氮素土壤上，秸秆还田配施高量氮素时，不需要额外外源氮素来补充秸秆分解过程中所消耗和固持的氮素，但秸秆还田配施中量氮素时，仍需要额外外源氮素补充秸秆分解的氮素消耗。

秸秆分解中β-葡糖苷酶和氨基肽酶起主导作用，而木糖苷酶活性较低；通过细菌高通量测序分析，发现秸秆分解中变形菌(Proteobacteria)、拟杆菌(Bacteroidetes)、放线菌(Actinobacteria)、绿弯菌(Chloroflexi)丰度及细菌菌群结构显著变化，不同细菌菌群在秸秆降解不同阶段作用不同，前期主要是拟杆菌起作用，后期主要是放线菌、绿弯菌起作用；对秸秆内真菌高通量测序分析显示出，在秸秆降解过程中子囊菌(Ascomycota)、球囊菌(Glomeromycota)、担子菌(Basidiomycota)、接合菌(Zygomycota)及未能鉴定的真菌菌群结构显著变化。在秸秆分解过程中真菌部分前期主要由担子菌起作用，而后期由接合菌和球囊菌起主要作用。

小麦-玉米轮作秸秆还田试验中，施氮显著提高了土壤氮素转化相关功能基因的丰度，如细菌*amoA*、*narG*、*nif*、*nirK*、*nirS*和*nosZ*基因。不同秸秆用量对土壤细菌*amoA*和*nirK*基因丰度没有显著影响，但高的秸秆还田量提高了*narG*和*nirS*基因丰度，减少了*nif*和*nosZ*基因丰度。*nirS*型反硝化细菌数量增加是由秸秆还田量提高了产黄杆菌(*Rhodanobacter*)和未分类的变形菌丰度所导致。

东北玉米单作体系中，与习惯施肥比较，秸秆还田下推荐施肥的氮肥基追比为1∶1时产量不降低，氮肥利用率在50%以上，节省氮肥20%以上；华北小麦-玉米轮作体系秸秆还田下推荐施肥的小麦季和玉米季氮肥基追比为7∶3时获得了最佳产量和氮肥利用率，节省氮肥20%～30%；长江中下游小麦-水稻轮作体系秸秆还田下推荐施肥的小麦季和水稻季氮肥基追比为8∶2时产量和氮肥利用率最高，节省氮肥23%～27%；长江中下游双季稻连作体系秸秆还田下推荐施肥的早稻季和晚稻季氮肥基追比为(4∶6)～(6∶4)时获得了较高产量和氮肥利用率，节省氮肥20%左右。

1.4　养分协同优化方法

1.4.1　农田养分协同优化原理与方法

针对当前中国农业生产中肥料不合理施用带来肥料利用率低的现状，以及我国小农户经营、作物种植茬口紧、测土施肥实现困难等问题，建立了水稻、小麦和玉米基于产量反应和农学效率的推荐施肥方法。该方法的原理是，用不施肥小区的养分吸收或产量水平来表征土壤基础肥力，施肥后作物产量反应越大，则土壤基础肥力越低、肥料推荐量越高，而农学效率是指施入单位养分的作物增产量。该方法是在汇总过去十几年在全国范围内开展的小麦、玉米和水稻肥料田间试验（n＞5000）基础上，收集养分吸收与产量数据建立数据库，将水稻数据分为一季稻和早/中/晚稻，玉米数据分为春玉米和夏玉米，而小麦则使用冬小麦一组数据；采用 QUEFTS（quantitative evaluation of the fertility of tropical soil）模型对数据库中各作物的可获得产量、产量差、产量反应、农学效率、土壤基础养分供应及不同处理下的养分利用效率等相关参数进行特征分析，建立各参数间的内在联系；结合 4R 原则（right source，rate，time and placement）建立基于产量反应和农学效率的推荐施肥方法。氮肥推荐主要是依据氮素产量反应和氮素农学效率确定，施氮量=产量反应/农学效率，施氮的产量反应由施氮和不施氮小区的产量差求得；对于磷钾养分推荐，主要基于产量反应和一定目标产量下作物的移走量给出施肥量，施磷或施钾量=作物产量反应施磷或施钾量+维持土壤平衡部分。维持土壤平衡部分主要依据 QUEFTS 模型求算的养分最佳吸收量来确定。作物秸秆还田所带入的养分也在推荐用量中给予综合考虑。同时采用计算机软件技术，把复杂的推荐施肥模型简化成用户方便使用的养分专家（Nutrient Expert，NE）系统，并通过田间验证，对养分专家系统参数进行校正和改进。养分专家系统可以帮助农户在施肥推荐中选择合适的肥料品种和适宜的用量，并在合适的施肥时间施在恰当的位置，尤其在土壤测试条件不具备或测试结果不及时的情况下，养分专家系统是一种优选的指导施肥的新方法。

关于水稻，我们收集和汇总了 2000～2013 年中国水稻主产区 2218 个水稻试验，将数据分为一季稻和早/中/晚稻。应用 QUEFTS 模型拟合不同目标产量下籽粒养分吸收。一季稻和早/中/晚稻两组数据的 N、P 和 K 籽粒养分吸收非常相近。每生产 1t 籽粒产量，一季稻籽粒需要吸收 10.6kg N、2.6kg P 和 3.2kg K，早/中/晚稻籽粒需要吸收 10.6kg N、2.7kg P 和 3.1kg K。当目标产量达到潜在产量的 80%时，一季稻籽粒 N、P 和 K 养分吸收分别占地上部养分吸收的 72%、69%和 22%，早/中/晚稻分别为 62%、80%和 17%。N、P 和 K 肥的平均产量反应分别为 2.4t/hm^2、0.9t/hm^2 和 1.0t/hm^2，平均基础养分供应分别为 91.3kg/hm^2、27.5kg/hm^2 和 139.1kg/hm^2，平均农学效率分别为 13.0kg/kg、12.7kg/kg 和 8.4kg/kg，平均相对产量分别为 0.71、0.89 和 0.89。确定了土壤养分供应等级低、中、高的相对产量参数，氮素分别为 0.63、0.71 和 0.81，磷素分别为 0.84、0.91 和 0.96，钾素分别为 0.85、0.91 和 0.95，构建了基于产量反应和农学效率的水稻养分专家系统。在江西省、广东省、湖南省、湖北省、安徽省、黑龙江省和吉林省的田间试验与示范结果表明，与农民习惯施肥和测土施肥相比，养分专家系统推荐处理(NE处理)产量分别提高4.2%和2.6%，经济效益分别增加859元/hm^{2}和585元/hm^2，氮素回收率分别提高9.2个百分点和6.2个百分点。

关于小麦，当冬小麦产量分别为＜4.0t/hm^2、4.0～6.0t/hm^2、6.0～8.0t/hm^2、8.0～10.0t/hm^{2}和10.0～12.0t/hm^{2}时，所对应的生产1t籽粒产量所需要的N养分分别为22.9kg、24.4kg、24.8kg、25.0kg和27.6kg；P养分分别为6.5kg、6.4kg、6.5kg、6.8kg和7.6kg；K养分分别为15.2kg、17.5kg、19.0kg、22.6kg、36.3kg。当春小麦产量分别为<4.0t/hm^2、4.0～6.0t/hm^2、6.0～8.0t/hm^{2}时，吨粮N养分吸收量分别为24.3kg、25.4kg、27.0kg；P养分吸收量分别为3.3kg、3.4kg和4.1kg；K养分吸收量分别为49.8kg、32.3kg和17.3kg。随着目标产量的增加，QUEFTS模型预估的作物养分平衡需求呈线性-抛物线-平台曲线。在产量潜力为60%～70%时呈线性关系，此时生产1t籽粒所需要的N、P和K养分分别为22.8kg、4.4kg和19.0kg。我国小麦产区氮、磷和钾肥的产量反应平均分别为1.67t/hm^2、1.00t/hm^{2}和0.80t/hm^2，氮、磷和钾肥农学效率平均分别为9.4kg/kg、10.2kg/kg和6.5kg/kg。不施氮、磷和钾肥的相对产量分别为0.76、0.85和0.90。产量反应(x)和农学效率(y)之间存在显著一元二次函数关系，由此建立小麦基于产量反应和农学效率的推荐施肥方法和养分专家系统。在河北省、河南省、山东省和山西省开展了大量田间验证试验和示范，与农民习惯施肥相比，降低了7.6%～55.8%的氮肥用量，调整了磷肥和钾肥用量，小麦产量增加了0.1%～4.3%，纯收益增加了533～1734元/hm^2，氮肥利用率提高10个百分点以上。

关于玉米，应用QUEFTS模型对我国2001～2010年春玉米和夏玉米养分吸收特征进行评价分析，得出玉米不同目标产量的N、P和K最佳养分吸收量，无论潜在产量为多少，当目标产量达到潜在产量的60%～70%时，直线部分N、P和K的吨粮养分吸收是一定的。春玉米每生产1t籽粒产量其地上部植株的N、P和K养分吸收量分别为16.9kg、3.5kg和15.3kg，相应的养分内在效率(每千克养分吸收所能产生的籽粒产量)分别为59kg/kg N、287kg/kg P和65kg/kg K；夏玉米每生产1t籽粒产量其地上部的N、P和K养分吸收量分别为20.3kg、4.4kg和15.9kg，相应的养分内在效率分别为49kg/kg N、227kg/kg P和63kg/kg K。模拟不同目标产量下籽粒养分吸收，春玉米每生产1t籽粒产量其籽粒需要吸收的N、P和K分别为9.0kg、2.4kg和3.5kg；夏玉米每生产1t籽粒产量其籽粒吸收的N、P和K分别为13.1kg、3.6kg和3.5kg。田间试验表明，施用氮、磷和钾的平均产量反应分别为2.14t/hm^2、1.19t/hm^{2}和1.15t/hm^2，不施氮、磷和钾的相对产量平均值分别为0.77、0.87和0.87，土壤氮、磷和钾基础养分供应量分别为130.44kg/hm^2、40.65kg/hm^{2}和123.68kg/hm^2；确定了土壤基础养分供应低、中和高的相对产量参数，氮素分别为0.70、0.82和0.90，磷素分别为0.86、0.91和0.96，钾素分别为0.83、0.89和0.95。构建了基于产量反应和农学效率的推荐施肥模型，采用计算机软件技术建立玉米养分专家系统。在华北和东北七省开展的玉米田间验证试验结果表明，与农民习惯施肥相比，节约了30.4%的氮肥和11.3%的磷肥，增加了钾肥施用，养分专家系统最高可提高产量6.1%。

采用基于陆地生态系统的光学遥感影像数据确定土地覆盖分类系统，采用养分专家系统对每一个试验点进行推荐施肥，使用 GS+5.3 和 ArcGIS 9.3 软件，采用半方差模型和克里格插值法绘制产量、产量反应、相对产量和肥料施用量空间分布图，用于区域尺度作物养分推荐。在区域尺度玉米养分推荐中，所有研究区域中有 42.9%的施氮量为 150～180kg/hm^2，主要位于东北和华北地区、西南地区中部和西北地区东部；而施氮量为 180～210kg/hm^2 的占到了全部研究区域的 29.1%。西北地区由于具有较高的可获得产量和较低的氮相对产量，该地区许多区域的施氮量大于 210kg/hm^2。而在一些地区施氮量小于 150kg/hm^2 即可满足作物需求，占到了全部研究区域的 17.5%，主要位于华北地区中部、东北地区北部和西南地区的四川东部。然而在一些高产地区，需要较高的施氮量(＞210kg/hm^2)，主要位于华北中部和西北地区的新疆；施磷量为 50～70kg/hm^2 的占全部研究区域的 49.9%，主要位于华北地区、长江中下游地区、西南地区北部和东北地区北部；施磷量为 70～90kg/hm^2 的占到了全部研究区域的 31.8%，主要位于东北、华北地区西北部和西南地区南部；施磷量大于 90kg/hm^2 的占到了全部研究区域的 11.1%，主要位于西北地区。需磷量小于 50kg/hm^2 的占全部研究区域的 7.2%，主要位于华北地区南部和长江中下游地区北部，以及四川中部；华北地区中部、长江中下游中部及西南地区北部的需钾量低于其他地区，大部分为 50～90kg/hm^2，占全部研究区域的 57.8%；需钾量为 90～110kg/hm^2 的占全部研究区域的 23.7%，主要位于东北地区、西北地区南部和西南地区南部；有 13.8%的区域需钾量大于 110kg/hm^2，主要位于东北和西北地区；而在新疆一些地区的需钾量甚至超过 150kg/hm^2。然而，仅有 4.7%的研究区域需钾量小于 50kg/hm^2。

研究提出了区域尺度水稻养分推荐方法。所有研究区域中，有 20.9%的地区氮肥需求大于 160kg/hm^2，主要位于东北、华北地区和长江中下游北部地区(江苏省)，为获得高产在一些地区需氮量大于 180kg/hm^2，这是由于这些地区具有较高的可获得产量和氮产量反应。施氮量为 140～160kg/hm^2 的占到了全部研究区域的 66.4%，主要位于长江中下游、西南地区和黑龙江省北部地区。在一些早晚稻种植区，较低的施氮量(130～140kg/hm^2 或更低)即可满足每季作物的需求量，如湖南省和广东省，占全部研究区域的 12.8%。大多数研究区域的施磷量为 50～70kg/hm^2，占全部研究区域的 85.5%，主要位于长江中下游地区、华南地区、西南地区东北部，以及东北地区北部。在一些中稻和一季稻种植区，如西南地区东南部、东北地区中部和长江中下游北部地区，需磷量超过 70kg/hm^2，这部分地区占全部研究区域的 6.7%。然而，仍有 7.8%的研究区域 50kg/hm^2 的施磷量即可满足作物需求，主要位于早晚稻种植区，如长江中下游南部和华南南部地区。中稻和一季稻的需钾量要高于早稻和晚稻，尤其是在东北和西北地区，需钾量超过 80kg/hm^2，占全部研究区域的 12.5%。为维持作物产量和土壤钾素平衡，一季稻种植区平均施钾量达到 99kg/hm^2。在西南地区，除四川盆地外，钾肥需求量主要为 65～80kg/hm^2。钾肥需求量低于 65kg/hm^2 的区域占全部研究区域的 73.0%，主要位于长江中下游、华南地区，以及西南地区的四川盆地。

研究提出了区域尺度小麦养分推荐方法。所有研究区域中，有 28.0%的地区氮肥需求大于 180kg/hm^2，而大于 200kg/hm^2 的占全部研究区域的 13.7%，主要位于华北平原南部、南方地区北部及西北地区西部。施氮量为 140～180kg/hm^2 的占全部研究区域的

43.4%，主要位于华北平原大部分地区；而低施氮量(低于140kg/hm^2)主要位于华北平原北部、西南地区东北部、西北地区东部及东北地区黑龙江小麦种植区域，此部分区域占全部研究区域的28.6%。华北地区和西北地区西部(新疆)具有较高的施磷量，此区域绝大部分施磷量大于70kg/hm^2，占全部研究区域的51.9%；其中施磷量大于90kg/hm^{2}的占全部研究区域的12.6%；一些地区的施磷量高于100kg/hm^2，占全部地区的4.3%。而在其余区域大部分施磷量为50～70kg/hm^2，占全部研究区域的36.9%。然而，仍有11.2%的研究区域50kg/hm^{2}的施磷量即可满足小麦生长需求，主要位于西北地区东部、西南地区北部及东北的黑龙江地区。施钾量低于50kg/hm^{2}的占全部研究区域的37.0%，主要位于西南地区、西北地区的东部及长江中下游东北部；施钾量为50～80kg/hm^{2}的占全部研究区域的55.4%。而在一些区域需钾量超过80kg/hm^2，占全部研究区域的7.6%，主要位于华北地区中部及长江中下游北部。

1.4.2 肥料养分持续高效利用途径及模式

采用氮素预算模型(CANB)、世界经济合作与发展组织(OECD)农田氮素平衡模型研究1984～2014年我国农田氮素平衡的时空演变特征。1984～2014年全国农田氮素输入量从26.2T[①]g N(197.8kg/hm^2)增加到54.5Tg N(315.7kg/hm^2)，输出量从20.3Tg N(153.2kg/hm^2)增加到41.7Tg N(241.5kg/hm^2)，盈余量从5.9Tg N(44.6kg/hm^2)增加到12.8Tg N(74.2kg/hm^2)。1984～1989年、1990～1999年、2000～2009年和2010～2014年农田氮素输入量、输出量和盈余量的增幅逐渐降低，且2010～2014年的氮素盈余量略低于2000～2009年，但氮素利用率和氮素吸收率增加。1984～1989年单位面积氮素输入量以东南地区最高，氮素输出量以长江中下游地区最高，输入量以东北地区最低，输出量以西南地区最低；1990～2014年单位面积氮素输入量和输出量均以华北地区最高，分别为288.9～363.4kg/hm^{2}和213.3～290.4kg/hm^2，而西南地区最低，分别为209.2～245.6kg/hm^{2}和156.6～178.2kg/hm^2。N_2、N_2O、NO、NH_3、淋溶和径流损失的氮素量在1984～1990年增幅最大，1990～2014年增幅逐渐减缓。其中华北地区的N_2、N_2O、NO、淋溶和径流单位面积损失量最高，主要以北京市和天津市损失量较大，而长江中下游地区的氨挥发单位面积损失量最高，主要以江苏省和上海市损失量较大。1984～2014年氮素盈余量以长江中下游最高，而单位面积氮素盈余量以东南地区最高，为92.8～125.8kg/hm^2；东北地区最低，为13.1～26.8kg/hm^2。2000～2014年，除东南和西南地区外，其余地区单位面积氮素盈余量均有所下降，东北地区氮素盈余量下降了39.9%。化学氮肥科学减施，有利于降低土壤氮素盈余量及其潜在的环境风险。

1990～2012年我国土壤有效磷含量呈上升趋势，平均土壤有效磷含量从1990～1999年的17.09mg/L增加到2000～2009年的33.28mg/L，其中经济作物土壤有效磷含量的急剧增加是导致土壤有效磷含量增加的主要因素；土壤速效钾含量由1990～1999年的79.8mg/L增加到2000～2009年的93.4mg/L，经济作物土壤增速高于粮食作物土壤。土壤速效钾的增加主要是由于经济作物施钾量较高(是粮食作物的1.4～2.6倍)。另外，我国土壤速效钾含量具有较大的时空变异性。东北、华北、西北、东南和西南地区土壤速效钾平均

① $1T=10^{12}$

含量分别为 76.8mg/L、99.8mg/L、118.0mg/L、83.9mg/L、81.3mg/L。过去 20 年东北地区的土壤速效钾含量未出现显著变化，但华北、东南和西南地区分别增加了 34.8%、17.9% 和 30.2%，西北地区则下降了 75.9%；作物相对产量也存在很大的时空变化，并与土壤有效磷和速效钾变化规律一致。相对产量时间尺度（1990～2009 年）变化差异显著。从 1990～2009 年，东北、华中、东南和西南地区粮食作物相对产量分别增加了 2.6%、7.9%、6.9%和 8.6%，西北地区下降了 4.9%；经济作物相对产量东北、东南和西南地区分别下降了 6.7%、6.0%和 1.6%，华中地区增加 8.3%，西北地区维持不变。我国不同区域土壤有效磷和速效钾含量差异显著，迫切需要针对不同区域合理施用磷钾养分。

提高肥料利用率的途径之一：推荐施肥技术。采用基于产量反应和农学效率的推荐施肥系统，东北春玉米目标产量为 800～900kg/亩[①]时，$N-P_2O_5-K_2O$ 推荐施肥量分别为 12～14kg、4～12kg 和 5～12kg，简写为（12～14）-（4～12）-（5～12），下同；华北冬小麦目标产量为 500～600kg/亩时，推荐施肥量为（14～15）-（8～14）-（6～14）；华北夏玉米目标产量为 600～700kg/亩时，推荐施肥量为（16～18）-（5～16）-（6～16）；长江中下游冬小麦目标产量为 300～500kg/亩时，推荐施肥量为（10～12）-（5～10）-（6.5～10）；长江中下游单季稻目标产量为 600～800kg/亩时，推荐施肥量为（11～14）-（4～5）-（6～8）；长江中下游早稻目标产量为 450～550kg/亩时，推荐施肥量为（8～10）-6-10，晚稻目标产量为 550～650kg/亩时，推荐施肥量为（10～12）-5-12。

提高肥料利用率的途径之二：有机替代技术。在推荐养分用量下东北春玉米采用有机肥氮 30%，化肥氮 70%，商品有机肥用量为 100～150kg/亩，或畜禽粪肥 1000～1500kg/亩；华北冬小麦有机肥氮 30%，化肥氮 70%，商品有机肥用量为 150～200kg/亩，或畜禽粪肥 1500～2000kg/亩；华北夏玉米有机肥氮 30%，化肥氮 70%，商品有机肥用量为 150～200kg/亩，或畜禽粪肥 1500～2000kg/亩；长江中下游冬小麦有机肥氮 30%，化肥氮 70%，商品有机肥用量为 100～150kg/亩，或畜禽粪肥 1000～1500kg/亩；长江中下游单季稻有机肥氮 20%，化肥氮 80%，商品有机肥用量为 100～150kg/亩，或畜禽粪肥 1000～1500kg/亩；长江中下游早稻和晚稻有机肥氮 20%，化肥氮 80%，商品有机肥用量为 100～150kg/亩，或畜禽粪肥 1000～1500kg/亩。

提高肥料利用率的途径之三：秸秆还田调氮技术。建议东北春玉米秸秆粉碎还田，翻埋 20～30cm，氮肥基追比 1∶1；华北夏玉米秸秆粉碎还田，翻埋 10～20cm，氮肥基追比 7∶3；华北冬小麦秸秆粉碎还田，翻埋 10～20cm，氮肥基追比 7∶3；长江中下游稻麦轮作水稻秸秆粉碎还田，翻埋 10～20cm，氮肥基追比 8∶2；小麦秸秆粉碎还田，翻埋 10～20cm，氮肥基追比 8∶2；长江中下游双季稻秸秆粉碎还田，翻埋 20～30cm，氮肥基追比（4∶6）～（6∶4）。

提高肥料利用率的途径之四：新型肥料施用技术。采用缓控释肥料与速效肥料相结合的一次性施肥技术。建议东北春玉米采用缓控释肥料（90d）30%与尿素 70%一次基施；华北冬小麦采用缓控释肥料（90d）40%与尿素 60%一次基施；华北夏玉米采用缓控释氮肥（60d）40%与尿素 60%一次基施；长江中下游冬小麦采用缓控释肥料（90d）40%与尿素 60%

① 1 亩≈666.7m²

一次基施；长江中下游单季稻缓控释肥料(90d)40%与尿素60%一次基施；长江中下游早稻和晚稻均采用缓控释肥料(90d)50%与尿素50%一次基施。

提高肥料利用率的途径之五：肥料机械深施技术。建议东北春玉米施肥点在种子下方13cm，即土下15～18cm；华北冬小麦施肥点在种子下方5～7cm，即土下10cm；华北夏玉米施肥点在种子下方5～7cm，即土下10cm；长江中下游冬小麦条施在秧苗侧5cm，即土下10cm；长江中下游单季稻施肥点在秧苗侧5cm或正下方，即土下12cm；长江中下游早稻和晚稻施肥点在秧苗侧5cm或正下方，即土下12cm。条件不具备时，可因地制宜选用化肥深施机械、追肥机械、种肥同播机械等操作。

提高肥料利用率的途径之六：磷肥减施技术。东北春玉米有机肥磷50%，化肥磷50%；华北冬小麦有机肥磷50%，化肥磷50%；华北夏玉米有机肥磷50%，化肥磷50%；长江中下游冬小麦有机肥磷50%，化肥磷50%，或应用解磷菌；长江中下游单季稻有机肥磷50%，化肥磷50%，或应用解磷菌-真菌；长江中下游早稻有机肥磷50%，化肥磷50%，或干湿交替水分控磷；晚稻有机肥磷50%，化肥磷50%，或干湿交替水分控磷。

东北春玉米单作体系肥料养分高效利用模式为，养分施用量165-60-75，深翻+50%秸秆还田+腐熟菌剂，氮肥为60%速效氮，20%有机肥氮，20%缓释肥。20%有机肥氮和20%缓释肥基施，60%速效氮基肥∶大喇叭口期追肥∶抽穗期追肥为1∶1∶1，磷钾全部基施。与习惯施肥比较，增产率为10%，化学氮肥减施37%，氮肥利用率提高22个百分点，此模式还可用秸秆炭2t/hm^{2}替代秸秆还田。

华北冬小麦-夏玉米轮作体系肥料养分高效利用模式为，小麦季养分施用量210-120-90，采用秸秆还田+腐熟菌剂，20%有机肥氮、30%缓/控释氮基施，20%速效氮返青-起身期追施(按基肥计)，30%速效氮孕穗追施，50%钾基施，50%钾返青-起身期追施，与习惯施肥比较，增产率为11%，化学氮肥减施44%，氮肥利用率提高16个百分点；玉米季养分施用量210-75-90，采用秸秆还田+腐熟菌剂，20%有机肥氮、30%缓/控释氮及20%速效氮基施，30%速效氮大喇叭口期追施，与习惯施肥比较，增产率为8.3%，化学氮肥减施34%，氮肥利用率提高22个百分点。

长江中下游冬小麦-中稻轮作体系肥料养分高效利用模式为，小麦季养分施用量150-67.5-90，20%氮用有机替代，30%氮用缓/控释肥，50%速效氮。有机肥和缓/控释肥一次性播前基施，30%速效氮于三叶期施用(按基肥计)，20%速效氮拔节期施。与习惯施肥比较，增产率为8%，化学氮肥减施27%，氮肥利用率提高12个百分点；水稻季养分施用量165-60-90，20%氮用有机替代，30%氮用缓控释肥，50%速效氮。有机肥和缓控释肥一次性基施，50%速效氮按照30%基施、10%分蘖期施用，其余10%水稻幼穗分化期施用。与习惯施肥比较，增产9%，化学氮肥减施23%，氮肥利用率提高15个百分点。农田CO_2在小麦季和水稻季的排放量相近，CH_4在小麦季排放量小，在水稻季排放量大；N_2O在小麦季排放量大，在水稻季排放少。施肥增加了CO_2、CH_4和N_2O的季节排放总量，与单施化肥相比，有机肥增加了三种温室气体的排放，缓控释肥减少了三种温室气体的排放，秸秆还田虽增加CO_2和CH_4的排放，但可减少N_2O的排放。减氮25%并配施有机肥、缓控释肥处理，以及减氮40%配施有机肥、缓控释肥和秸秆还田处理优于当地习惯施肥，在稳产基础上减少单位产量的增温潜势，且节约氮肥。

长江中下游双季稻连作体系肥料养分高效利用模式为，早稻季养分施用量135-90-150，施绿肥(紫云英)，秸秆还田和施用腐熟剂，20%缓释氮+20%有机肥氮+20%速效氮基施，速效氮肥运筹为蘖肥、穗肥各20%，化肥氮、磷、钾一次性基施，增施微肥(Si、Zn、S)。与习惯施肥比较，增产率为6%，化学氮肥减施35%；晚稻季养分施用量165-90-150，20%缓释氮+20%有机肥氮+20%速效氮基施，速效氮肥运筹为蘖肥、穗肥各20%，磷、钾一次性基施，增施微肥(Si、Zn、S)，秸秆还田和施用腐熟剂。与习惯施肥比较，增产率为2%，化学氮肥减施32%，氮肥利用率提高12个百分点。

1.5　重要结论与创新

1)研究率先建立了根区施氮方法，提出了不同生育期水稻、小麦和玉米的适宜供氮浓度；研制出缓控释肥料功能性材料，包括纳米-亚微米级甲基丙烯酸羟乙酯混合物、纳米-亚微米级废弃泡沫塑料-淀粉混聚物、纳米-亚微米级黏土-聚酯混聚物、纳米-亚微米级聚乙烯醇混聚物、纳米-亚微米级腐殖酸类混聚物、丙烯酸酯类混聚物、苯乙烯-丙烯酸酯混聚物等，探明了生化抑制型氮肥的作用机理，发现了根区施氮及缓控释肥具有显著减少氮肥用量和提高氮肥利用率的效果，提出了氮肥高效利用的调控途径。

2)提出了不同作物土壤有效磷阈值、土壤磷培肥阈值，以及磷淋溶阈值；发现随着供磷水平的增加，菌根真菌侵染率在供磷水平为75kg/hm^{2}时降至最低值，之后不再受供磷水平的影响；玉米根内的AM真菌类群主要是*Glomus*、*Funneliformis*和*Diversispora*这3属；发现接种*Rhizophagus irregularis*通过提高碱性磷酸酶活性而提高了植物对磷的吸收，而*Glomus mosseae*则主要通过根外菌丝的觅食作用增加磷吸收；发现解磷细菌主要包括放线菌、α-变形菌和厚壁菌等，其通过分泌H^+、有机酸及磷酸酶活化土壤中的磷，提出了磷肥增效的调控途径。

3)阐明了三大种植区域四大种植模式下配施有机肥后化肥的减施潜力；发现长期配施有机肥可增加根际绿弯菌、拟杆菌及厚壁菌数量，增加参与纤维素转化的真菌糖苷水解酶*cbhI*基因和细菌糖苷水解酶*GH48*基因丰度，并增加氨氧化古菌及反硝化基因数量；发现氨氧化古菌主导类群大多归属于奇古菌I.1b类群(Thaumarchaeota Group I.1b)，氨氧化细菌主导类群大多归属于亚硝化螺菌属(*Nitrosospira* Cluster 3a)。长期配施有机肥能够将施用化肥所改变的细菌群落向其初始的状态进行恢复。

4)揭示了还田秸秆及其有机碳组分腐解特点，以及氮对秸秆腐解进程的调控作用；明确长期秸秆还田下微生物群落结构效应，发现α-变形菌纲、厚壁菌门、放线菌门和浮霉菌门相对丰度随秸秆腐解进程呈先降低后增加趋势，而酸杆菌门、β-变形菌纲、芽单胞菌门和硝化螺菌门则随秸秆腐解进程呈先升高后降低趋势；发现高量秸秆还田提高了*narG*和*nirS*基因丰度，减少了*nif*和*nosZ*基因丰度，施氮显著提高了土壤氮素转化功能基因丰度，如细菌*amoA*、*narG*、*nif*、*nirK*、*nirS*和*nosZ*等；阐明了微生物对秸秆氮与肥料氮的固持-释放规律，提出三大种植区域四大种植模式下秸秆还田碳氮互作的调控途径。

5)针对我国以小农户为经营主体、作物种植茬口紧、测土施肥困难等难题，研究建立了基于产量反应和农学效率的水稻、小麦和玉米养分推荐方法，同时结合计算机软件技术，建立了养分专家(Nutrient Expert，NE)系统。该方法既适合当前我国以小农户为主体的国情，又适合大面积区域推荐施肥，可以在没有土壤测试的条件下应用，是一种轻简化的推荐施肥方法。该方法在保证作物产量的前提下，能够科学减施氮肥和磷肥，肥料利用率提高10个百分点以上；同时基于陆地生态系统的光学遥感影像数据及养分专家系统研究，提出了区域尺度水稻、小麦和玉米养分推荐范围。

6)阐明了我国土壤氮磷钾等养分的时空变化特征与制约因素，明确提出了推荐施肥、缓/控释肥料、根区施肥、有机替代、秸秆还田调氮等提高肥料利用率的途径；阐明了不同调控措施对CO_2、N_2O和CH_4排放的影响；建立了东北春玉米单作、华北冬小麦-夏玉米轮作、长江中下游冬小麦-中稻轮作，以及长江中下游双季稻连作体系氮磷养分持续高效利用模式。

1.6 未来研究

欧美发达国家自20世纪50年代开始，化学肥料用量快速增加，到80年代达到顶峰，引发了一系列的生态环境问题。对此，20世纪90年代以来欧盟国家加强了化肥减施基础理论与应用技术研发，制定了一系列化肥施用规范及标准。随着调控力度的加强，90年代以后欧美国家化肥用量持续下降，与此同时，粮食产量却持续增加。而我国人多地少的国情，决定了高投入高产出的集约化生产体系，作物高产稳产高度依赖化肥，要确保作物持续高产、生态环境安全、化肥零增长多重目标的实现，这一命题更具挑战性。

我国化肥农药应用目前处于快速增长阶段，其有效利用率低，主要有三方面的原因：一是对不同区域不同种植体系肥料损失规律和高效利用机理缺乏深入的认识，制约了肥料限量标准的制定；二是化肥替代产品落后，施肥装备差，肥料损失大；三是针对不同种植体系肥料减施增效的技术研发滞后，技术集成度差，亟须加强示范应用，并制定相应的激励措施和法规。因此，加强制定化肥推荐方法与限量标准，发展有机替代技术，创制新型肥料，研发大型智能精准机具，以及加强技术集成和应用是我国未来技术的发展趋势和实现化肥减施增效的关键。未来研发工作主要包括以下5个方面。

1. 化肥减施增效机理与调控途径研究

以东北、华北、西北、长江中下游、西南和华南等生态区为研究区域，以主要粮食作物、经济作物、蔬菜和果树种植体系为对象，研究肥料氮素损失规律，阻控机理与增效途径，肥料磷素转化与高效利用化学与生物学机理，钾、硼、锌素与氮磷的协同增效机理，畜禽有机肥施用下肥料氮磷转化与减施机理，秸秆还田下肥料氮磷高效利用机理，肥料养分推荐新方法，化肥施用限量标准与调控途径。

2. 耕地地力影响化肥高效利用的机理研究

以东北、华北、西北、长江中下游、西南和华南等生态区为研究区域，以主要粮食作物、经济作物、蔬菜和果树种植体系为对象，研究不同耕地肥力水平下化肥养分利用效率的时空变化特征及驱动因素，土壤酸化、盐碱化、连作障碍等对养分资源利用的影响及调控机理；研究耕地培肥与管理对化肥养分利用效率的影响、土壤-植物-微生物互作机理及其调控。

3. 新型肥料与化肥替代技术研发

以主要粮食作物、经济作物、蔬菜和果树种植体系为对象，研究元素配比、养分形态、纳米材料、天然生物资源对肥料养分的增效作用，研发新型增效复合肥与增值肥料；研究连续化和自动化包膜工艺，研发低成本、可降解和绿色环保的新型缓释肥料；研发新型高效稳定性肥料及脲甲醛缓释肥料；建立多功能、性质稳定、成本低廉的高效水溶肥料生产工艺；研制集根际促生、溶磷解钾、土壤改良等功能于一体的新型微生物肥料，研发全元生物有机肥；研发生物炭基肥料及环境养分利用技术，实现固体废弃物资源化利用；研发基于绿肥及高效生物固氮的化肥减施技术。

4. 高效施肥技术与智能化装备研发

以主要粮食作物、经济作物、蔬菜和果树种植体系为对象，研究基于现代信息技术的智能化精准施肥技术、养分快速诊断、氮素实时监控及智能化原位监测技术、水肥一体化施肥技术；研究集成高效施肥技术与装备一体化的智能化软硬件系统，研发智能化肥料深施技术及其装备、智能化种肥同播机械和中耕施肥机械；研发液体肥料高效施用技术，以及有机类肥料高效施用技术与智能化施肥装备。

5. 化肥减施增效技术模式研究与示范

以主要粮食作物、经济作物、蔬菜和果树种植体系为研究对象，基于作物养分需求特性与限量标准，研究集成配套与区域生产相适应的高效新型肥料、智能化化肥机械深施、水肥一体化技术，优化与融合绿肥、畜禽粪肥利用、秸秆还田等化肥替代技术，形成主要作物化肥减施增效技术模式，建立相应技术规程，并制定相应的激励措施和法规。通过基地示范、新型经营主体和现代职业农民培训，在各个主产区大面积推广应用。

参考文献

何萍, 金继运, 等. 2012. 集约化农田节肥增效理论与实践. 北京: 科学出版社.

武志杰, 陈利军. 2003. 缓释/控释肥料：原理与应用. 北京: 科学出版社.

徐明岗, 卢昌艾, 李菊梅, 等. 2009. 农田土壤培肥. 北京: 科学出版社.

朱兆良, 张福锁, 等. 2010. 主要农田生态系统氮素行为与氮肥高效利用的基础研究. 北京: 科学出版社.

Ai C, Liang GQ, Sun JW, et al. 2015. Reduced dependence of rhizosphere microbiome on plant-derived carbon in 32-year long-term inorganic and organic fertilized soils. Soil Biology and Biochemistry, 80(80): 70-78.

Bouwman L, Goldewijk KK, Van Der HKW, et al. 2013. Exploring global changes in nitrogen and phosphorus cycles in agriculture induced by livestock production over the 1900–2050 period. PNAS, 110(52): 20882-20887.

Burke DJ, Weintraub MN, Hewins CR, et al. 2011. Relationship between soil enzyme activities, nutrient cycling and soil fungal communities in a northern hardwood forest. Soil Biology & Biochemistry, 43(4): 795-803.

Chen X, Cui Z, Fan M, et al. 2014. Producing more grain with lower environmental costs. Nature, 514(7523): 486-489.

Chen XP, Cui ZL, Vitousek PM, et al. 2011. Integrated soil-crop system management for food security. PNAS, 108(16): 6399-6404.

Chuan LM, Jin JY, Li ST, et al. 2013. Estimating nutrient uptake requirements for wheat in China. Field Crops Research, 180(146): 96-104.

Conley DJ, Paerl HW, Howarth RW, et al. 2009. Controlling eutrophication: nitrogen and phosphorus. Science, 323(5917): 1014-1015.

Dobermann A, Witt C, Dawe D, et al. 2002. Site-specific nutrient management for intensive rice cropping systems in Asia. Field Crops Research, 74(1): 37-66.

Francisco SS, Urrutia O, Martin V, et al. 2011. Efficiency of urease and nitrification inhibitors in reducing ammonia volatilization from diverse nitrogen fertilizers applied to different soil types and wheat straw mulching. Journal of the Science of Food and Agriculture, 91(9): 1569-1575.

Guo JH, Liu XJ, Zhang Y, et al. 2010. Significant acidification in major Chinese croplands. Science, 327(5968): 1008-1010.

Hoyle FC, Murphy DV. 2011. Influence of organic residues and soil incorporation on temporal measures of microbial biomass and plant available nitrogen. Plant and Soil, 347(1-2): 53-64.

Ju XT, Xing GX, Chen XP, et al. 2009. Reducing environmental risk by improving N management in intensive Chinese agricultural systems. PNAS, 106(9): 3041-3046.

Lauber CL, Hamady M, Knight R, et al. 2009. Pyrosequencing-based assessment of soil pH as a predictor of soil bacterial community structure at the continental scale. Applied and Environmental Microbiology, 75(15): 5111-5120.

Lehmann J, Kleber M. 2015. The contentious nature of soil organic matter. Nature, 528(7580): 60-68.

Li ZP, Han CW, Han FX. 2010. Organic C and N mineralization as affected by dissolved organic matter in paddy soils of subtropical China. Geoderma, 157(3): 206-213.

Liu XY, He P, Jin JY, et al. 2011. Yield gaps, indigenous nutrient supply, and nutrient use efficiency of wheat in China. Agronomy Journal, 103(5): 1-12.

Luo J, Ran W, Hu J, et al. 2009. Application of bio-organic fertilizer significantly affected fungal diversity of soils. Soil Science Society of America Journal, 74(6): 2039-2048.

Lupwayi NZ, Grant CA, Soon YK, et al. 2010. Soil microbial community response to controlled-release urea fertilizer under zero tillage and conventional tillage. Applied Soil Ecology, 45(3): 254-261.

Ma J, Ma E, Xu H, et al. 2009. Wheat straw management affects CH_4 and N_2O emissions from rice fields. Soil Biology & Biochemistry, 41(5): 1022-1028.

MacDonald GK, Bennett EM, Potter PA, et al. 2011. Agronomic phosphorus imbalances across the world's croplands. PNAS, 108(7): 3086-3091.

Malhi SS, Nyborg M, Solberg ED, et al. 2011. Improving crop yield and N uptake with long-term straw retention in two contrasting soil types. Field Crops Research, 124(3): 378-391.

McKenzie RH, Middleton AB, Pfiffner PG, et al. 2010. Evaluation of polymer-coated urea and urease inhibitor for winter wheat in southern Alberta. Agronomy Journal, 102(4): 1210-1216.

Mikkelsen RL. 2011. The "4R" nutrient stewardship framework for horticulture. HortTechnology, 21(6): 658-662.

Mueller ND, Gerber JS, Johnston M, et al. 2012. Closing yield gaps through nutrient and water management. Nature, 490(7419): 254-257.

Müller C, Elliott J, Levermann A. 2014. Food security: fertilizing hidden hunger. Nature Climate Change, 4(7): 540-541.

Pampolino MF, Witt C, Pasuquin JM, et al. 2012. Development approach and evaluation of the Nutrient Expert software for nutrient management in cereal crops. Computers and Electronics in Agriculture, 88(4): 103-110.

Pasuquin JM, Pampolino MF, Witt C, et al. 2014. Closing yield gaps in maize production in Southeast Asia through site-specific nutrient management. Field Crops Research, 156(2): 219-230.

Paterson E, Sim A, Osborne SM, et al. 2011. Long-term exclusion of plant-inputs to soil reduces the functional capacity of microbial communities to mineralise recalcitrant root-derived C sources. Soil Biology & Biochemistry, 43(9): 1873-1880.

Peng YF, Niu JF, Peng ZP, et al. 2010. Shoot growth potential drives N uptake in maize plants and correlates with root growth in the soil. Field Crops Research, 115(1): 85-93.

Ravishankara AR, Daniel JS, Portmann RW. 2009. Nitrous oxide (N_2O): the dominant ozone-depleting substance emitted in the 21st century. Science, 326(5949): 123-125.

Rivas R, Peix A, Mateos PF, et al. 2006. Biodiversity of population of phosphate solubilizing rhizobia that nodulates chickpea in different Spanish soils. Plant and Soil, 287(1-2): 23-33.

Sapkota TB, Majumdar K, Jat ML, et al. 2014. Precision nutrient management in conservation agriculture based wheat production of Northwest India: profitability, nutrient use efficiency and environmental footprint. Field Crops Research, 155: 233-244.

Schachtman DP, Shin R. 2007. Nutrient sensing and signaling: NPKS. Annual Review of Plant Biology, 58(58): 47-69.

Schmidhuber J, Tubiello FN. 2007. Global food security under climate change. PNAS, 104(50): 19703-19708.

Setiyono TD, Walters DT, Cassman KG, et al. 2010. Estimating the nutrient uptake requirements of maize. Field Crops Research, 118(2):158-168.

Shen WS, Lin XG, Shi WM, et al. 2010. Higher rates of nitrogen fertilization decrease soil enzyme activities, microbial functional diversity and nitrification capacity in a Chinese polytunnel greenhouse vegetable land. Plant and Soil, 337(1-2): 137-150.

Štursová M, Baldrian P. 2011. Effects of soil properties and management on the activity of soil organic matter transforming enzymes and the quantification of soil-bound and free activity. Plant and Soil, 338(1-2): 99-110.

Tilman D, Balzer C, Hill J, et al. 2011. Global food demand and the sustainable intensification of agriculture. PNAS, 108(50): 20260-20264.

Tilman D, Isbell F. 2015. Biodiversity: recovery as nitrogen declines. Nature, 528(7582): 336-337.

Vitousek PM, Naylor R, Crews T, et al. 2009. Nutrient imbalances in agricultural development. Science, 324(5934): 1519-1520.

Wallenius K, Rita H, Mikkonen A, et al. 2011. Effects of land use on the level and spatial structure of soil enzyme activities and bacterial communities. Soil Biology & Biochemistry, 43(7): 1464-1473.

Wu CL, Xu YC, Mao JD, et al. 2010. Fate of ^{15}N after combined application of rabbit manure and inorganic N fertilizers in a rice-wheat rotation system. Biology and Fertility of Soils, 46(2): 127-137.

Wu MN, Qin HL, Chen Z, et al. 2011. Effect of long-term fertilization on bacterial composition in rice paddy soil. Biology and Fertility of Soils, 47(4): 397-405.

Xu XP, Xie JG, Hou YP, et al. 2015. Estimating nutrient uptake requirements for rice in China. Field Crops Research, 146(146): 96-104.

Zhang Q, Liang GQ, Guo TF, et al. 2017. Evident variations of fungal and actinobacterial cellulolytic communities associated with different humified particle-size fractions in a long-term fertilizer experiment. Soil Biology and Biochemistry, 113: 1-13.

第2章 氮肥损失阻控与高效利用机理

在促进粮食增产的诸多因素中，施用氮肥是增产关键措施之一。由于氮肥显著的增产作用，我国投入农田的氮肥用量呈逐年递增的趋势。目前我国氮肥用量占全球氮肥用量的30%，是美国的6.9倍，已成为世界第一氮肥消费大国(Zhang et al.，2013)。氮肥用量的增加，一方面提高了粮食产量，另一方面利用率不高造成资源浪费和严重的环境问题(Chen et al.，2014)。随着社会经济的发展，人们对粮食的需求还会进一步增加，在我国耕地有限的情况下，未来农田利用强度和单产还要提高，这也意味着更多氮肥投入。因此，如何进一步提升氮肥利用率已成为当今社会急需解决的重大问题。

2.1 根区施肥氮素高效利用机理

在第一期973计划项目“肥料减施增效与农田可持续利用基础研究”的资助下，我们对氮、磷肥料养分在肥际中的迁移转化及其调控开展了一系列研究，初步结果表明施肥位置在提高肥料利用率方面的作用和潜力是极其巨大的，这种位置既不是田块尺度，又不是耕层尺度，而是基于肥际-根际过程、面向植物根系的根区尺度(王火焰和周健民，2013)。通过多种措施可以将肥料的表观当季利用率由20%～30%提升到40%～50%，但想要进一步提升肥料利用率到60%以上，必须考虑施肥位置的精细调控。通过根区施肥实现肥际养分供应区域与根际养分吸收区域的协调，使我国农田土壤在高强度利用条件下进一步显著提高肥料利用率和作物产量，减轻农业面源污染。

2.1.1 根区施肥的概念及原理

根区施肥是将适当用量和释放性能的肥料通过一定的施用技术施到植物活性根系分布区域，使肥料养分扩散的动态范围与根系伸展的动态范围达到最佳匹配的施肥模式。其核心是养分供应的浓度、用量、空间和时间与植株养分需求高度匹配。根区是养分供应的核心区域，非根区为辅助养分供应区和肥料养分拦截区，因而可将肥料损失降到最低(图2-1)。根区施肥的理念是将肥料施用位置的重要性放在肥料4R技术的第一位，力争施入的肥料养分方便、高效地被植物根系吸收，这是提高肥料当季利用率的关键所在。

1. 根区施肥原理一：阻控氮素损失

研究表明，当施氮范围超过土体体积12%时，水稻产量、氮吸收和氮肥利用率均有下降趋势。氮肥局部施用后，高浓度养分供应对土壤微生物生长有抑制作用，氮肥转化与损失速率显著下降；例如，高浓度氮肥条件下，土壤氨氧化古菌数量显著降低，抑制了铵态氮向硝态氮的转化过程(图 2-2)。这样，通过作物根系和土壤双重拦截，根区施肥实现养分损失的田间原位阻控。

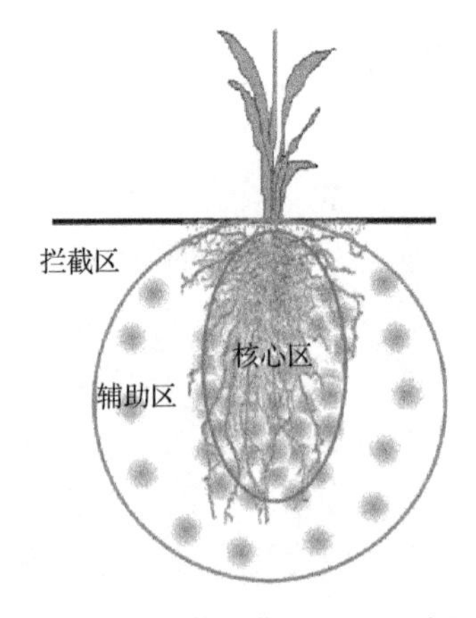

图 2-1　根区养分供应分区示意图

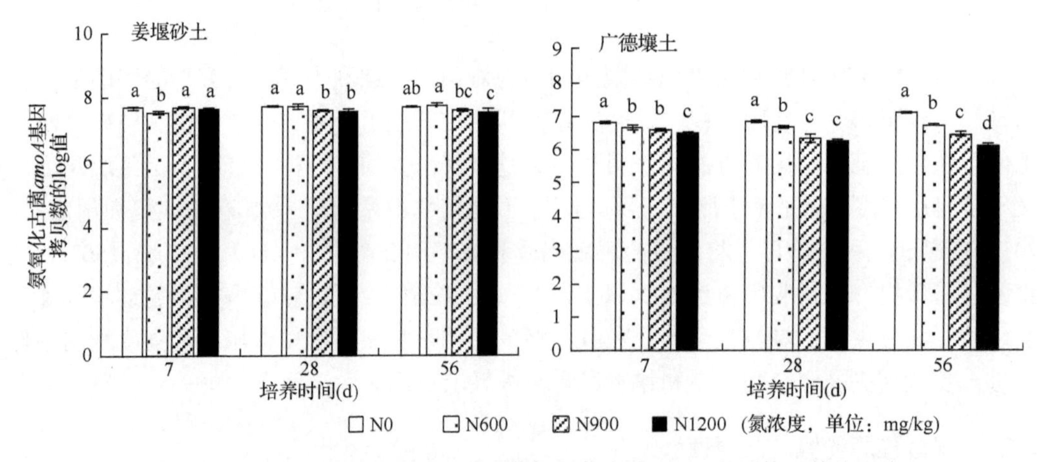

图 2-2　不同氮浓度对姜堰和广德土壤氨氧化古菌 *amoA* 基因拷贝数的影响

图中不同字母表示处理间差异显著($P<0.05$)

2. 根区施肥原理二：保证作物生长早期较高浓度养分供应

研究表明，水稻和小麦苗期，以及玉米拔节期高氮供应下，作物产量最高。而东北黑土铵态氮有效扩散距离不足 10cm，不施到根区，植物无法利用；水稻土中氮素迁移能力同样有限，根区施氮保证了水稻根系较高的铵态氮浓度。

3. 根区施肥原理三：“根包肥”

“根包肥”是根区施肥养分高效的重要原因，“根包肥”可以使作物根系根据其需要来适应其养分供应浓度，所有肥料被作物根系包围可确保肥料损失率最低，集最佳养分浓度、局部供肥和根肥互作于一体，是根区施肥的理想模式(图 2-3)。

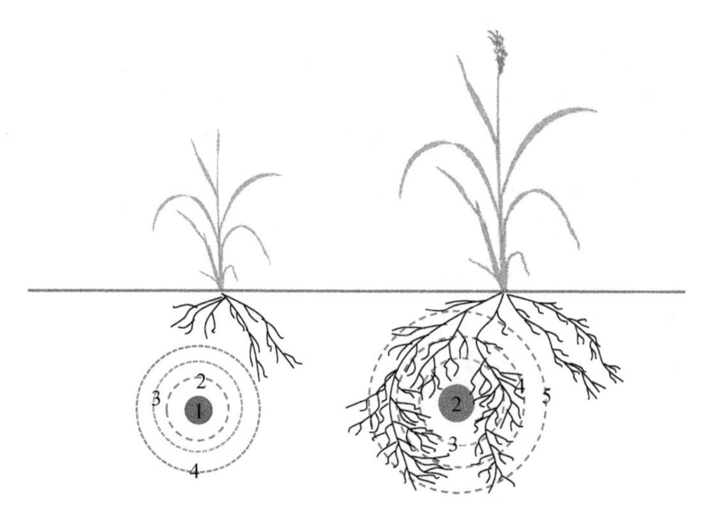

图 2-3　作物“根包肥”示意图

2.1.2　根区高浓度养分促进作物生长机理

1. 氮素供应浓度对水稻生长和氮素利用效率的影响

施氮可以增加水稻产量。苗期施肥时，相比不施氮(CK)，150mg/kg 与 200mg/kg 氮浓度供应分别增高水稻产量 37.64%($P<0.05$)和 37.49%($P<0.05$)(图 2-4)。氮肥对水稻的增产作用主要通过提高水稻的有效穗数和每个稻穗的稻粒数来实现。过量施氮会导致水稻减产。苗期供氮浓度为 400mg/kg 时，与 CK 相比较水稻产量下降了 13.91%，但差异不显著($P>0.05$)；分蘖期供氮浓度为 400mg/kg 时，与 CK 相比较水稻产量显著下降了 37.82%($P<0.05$)。

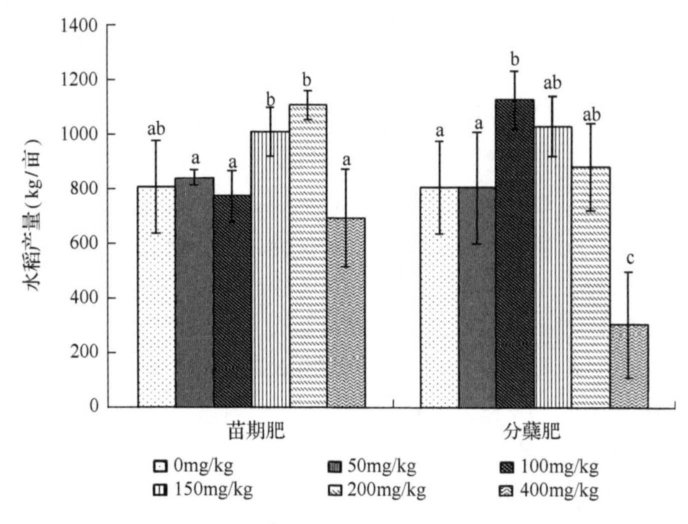

图 2-4　不同水稻生育期不同供氮浓度对水稻产量的影响

图中不同字母表示在 0.05 水平上差异显著($P<0.05$)

施氮量会影响水稻对氮素的利用率。如图 2-5 所示，水稻的氮素利用率随施氮量的增加先升高后降低。施氮时期对水稻氮素利用率的影响显著。氮肥后移可以有效地提高水稻对氮素的利用率，但分蘖期过量施氮对水稻氮素利用率的抑制效果也更加显著。当施氮量为 400mg/kg 时，水稻对氮素的利用率较其他施氮量均显著下降。相关分析结果表明，分蘖期施肥时水稻氮素利用率与收获期土壤可溶性有机碳含量、土壤微生物量碳含量呈正相关，相关系数依次为 r=0.68(P<0.01)、r=0.45(P<0.05)，与土壤可溶性氮含量呈负相关，相关系数 r=−0.47(P<0.05)。本试验条件下，分蘖期施肥时土壤可溶性有机碳含量随施氮量的升高而逐渐降低，土壤可溶性氮含量随施氮量的升高而逐渐增加。当施氮量为 400mg/kg 时土壤微生物量碳含量较其他处理也呈现下降的趋势。

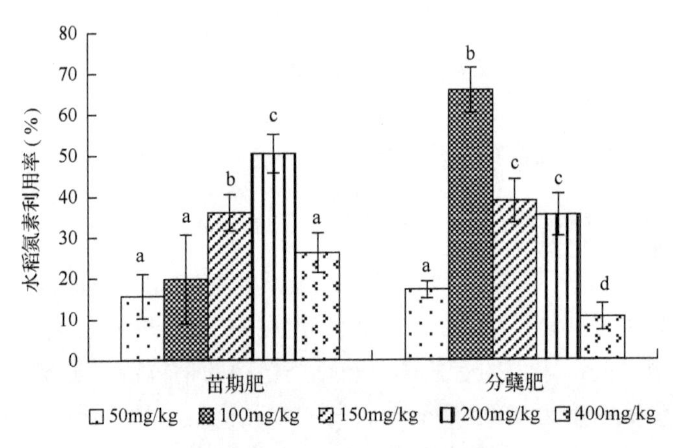

图 2-5　不同水稻生育期施氮量对水稻氮素利用率的影响

图中不同字母表示在 0.05 水平上差异显著(P<0.05)

2. 氮素供应浓度对小麦产量与氮素利用效率的影响

施用氮肥可以提高小麦籽粒的产量(表 2-1)。同时期施肥增加施氮量并不会使籽粒产量得到显著的升高，不同时期施用同等量的尿素也不会使小麦籽粒产量得到显著的提高。在苗期施用 300kg/hm^2 氮时产量是最高的，并且显著地高于 CK(0-0-0)、0-150-0 和 0-0-150 处理。在秸秆中也呈现了类似的规律。施氮可以提高小麦籽粒和秸秆中的氮含量及氮积累量。随着施氮量的增加，籽粒和秸秆中的氮含量也增加。在籽粒中，氮含量的范围从 21.55g/kg 到 25.18g/kg。在小麦苗期、分蘖期及拔节期施用同等的氮肥量，小麦的籽粒氮含量没有表现出显著差异。在秸秆中，氮含量的范围从 0-150-0 处理的 4.16g/kg 到 0-0-450 处理的 6.10g/kg，在分蘖期施用 150kg/hm^2 处理的秸秆氮含量要显著地低于另外 6 个处理；总的来说，在同等施肥量的条件下，分蘖期施氮的小麦秸秆氮含量要低于其他时期施氮的小麦。施氮可以增加小麦的氮积累量，而且随施氮量的增加而增加，且 300-0-0 处理的籽粒和秸秆氮积累量最高。籽粒的氮积累量除了 0-150-0、0-0-150 处理外，其他处理均显著地高于 CK，增加了 46%～71%。150-0-0 和 300-0-0 处理的秸秆氮积累量显著地高于对照处理。总氮积累量也是随施氮量的增加而增加(苗期施肥处理除外)。总的来说，在苗期施肥处理的总氮积累量高于其他时期施肥处理。

表 2-1　不同时期供氮浓度对小麦籽粒和秸秆的产量、氮含量及氮积累量和总氮积累量的影响

处理	籽粒			秸秆			总氮积累量 (kg/hm^2)
	产量 (kg/hm^2)	氮含量 (g/kg)	氮积累量 (kg/hm^2)	产量 (kg/hm^2)	氮含量 (g/kg)	氮积累量 (kg/hm^2)	
0-0-0	3645c	22.86ab	83.54c	4016bc	4.81bcd	18.83cde	102.37d
150-0-0	5387ab	23.25ab	127.83ab	5111ab	5.61abc	28.94ab	156.77abc
300-0-0	6067a	23.52ab	142.93a	5211a	6.09a	32.61a	175.53a
450-0-0	5038ab	25.03a	125.68ab	3712c	5.68ab	20.98bcde	146.67abc
0-150-0	4387bc	23.99ab	105.35bc	3868c	4.16d	16.13e	121.48bcd
0-300-0	5455ab	23.74ab	128.83ab	4204abc	4.57cd	19.34cde	148.17abc
0-450-0	5152ab	25.18a	129.58ab	4306abc	5.49abc	23.60abcde	154.13abc
0-0-150	4619bc	21.55b	100.07bc	3866c	4.26d	16.48de	116.54cd
0-0-300	4914ab	24.83a	122.05ab	4572abc	5.59abc	25.55abcd	147.60abc
0-0-450	5263ab	25.18a	132.52ab	5263abc	6.10a	26.67abc	159.19ab

注：表中同一列数字后不同字母表示处理之间的方差分析结果，显著性水平为 0.05，处理 0-0-0 为苗期、分蘖期及拔节期供氮浓度均为 0(单位 kg/hm^2)，其他处理依此类推

在苗期适量施用氮肥时，小麦肥料利用率最高(表 2-2)，150-0-0 和 300-0-0 处理的氮肥利用率要高于其他处理。在分蘖期和拔节期施用氮肥时，施氮量为 300kg/hm^2 时肥料利用率比施用 150kg/hm^2 和 450kg/hm^2 高。而从氮素收获指数来看，分蘖期施用氮肥要高于另外两个时期。

表 2-2　不同时期供氮浓度对小麦肥料利用率和氮素收获指数的影响

处理	肥料利用率(%)	氮素收获指数(%)
150-0-0	36.27	81.54
300-0-0	24.39	81.42
450-0-0	9.84	85.69
0-150-0	12.74	86.72
0-300-0	15.27	86.95
0-450-0	11.29	84.59
0-0-150	9.45	85.86
0-0-300	15.08	82.69
0-0-450	12.63	83.25

2.1.3　局部土体养分供应促进作物生长机理

1. 局部土体养分供应对水稻生长的影响

供氮土体对于不同生长时期的水稻干物质积累具有显著的影响(表 2-3)。水稻移栽后 20 天，65%供氮土体处理水稻地上部干物质积累量最大，达到 6.6g/穴，而 35%～100%

供氮土体的干物质积累并无显著差异。随着生长时间的推移，水稻干物质逐渐增加，到水稻移栽后 50 天，此时干物质积累量最大的处理为 35%供氮土体，为 63.2g/穴。总体而言，在水稻整个生长期，35%～100%供氮土体的水稻干物质积累量显著高于 5%和 CK 处理。从不同供氮土体对水稻干物质积累量的影响看，供氮土体在 15%以上的处理间水稻干物质积累量并没有显著差异。

表 2-3　不同供氮土体对水稻干物质积累量的影响

供氮土体	移栽后天数									籽粒	收获指数
	20	30	40	50	60	70	80	90	100		
CK	4.9b	16.4c	32.8b	46.4c	69.7b	84.7c	109.6c	123.3d	104.6d	45.5c	43.5bc
5%	4.9b	18.9b	35.0b	54.8b	78.2b	98.2b	124.2b	129.9c	129.0bc	53.0b	41.0c
15%	5.0b	19.6b	36.1b	59.0ab	81.0a	101.8b	127.8ab	132.1c	124.6c	59.3ab	47.6a
35%	5.3ab	21.8a	41.4a	63.2a	81.8a	110.0a	132.4a	137.6b	133.3b	64.2a	48.1a
65%	6.6a	21.9a	41.3a	62.0a	84.5a	114.3a	136.9a	137.4b	145.0a	65.7a	45.3b
100%	5.9a	21.2a	42.1a	62.7a	85.3a	107.3a	134.2a	142.1a	145.2a	66.4a	45.7b

注：表中同一列数字后不同字母表示处理之间的方差分析结果，显著性水平为 0.05。除收获指数无单位外，其余单位为 g/穴

不同生长期水稻地上部吸收的氮占投入量的比例不同。总体表现为，供氮土体越小，投入氮量越少，则水稻吸收氮所占比例越高(表 2-4)。移栽后 30 天，5%供氮土体处理的氮素吸收比例达到了 148.9%，即该处理吸氮量已经超过投入的氮肥量。15%供氮土体处理吸氮量占投入量比例在水稻移栽后 40 天超过 100%。35%供氮土体处理地上部吸氮量则在水稻移栽后 50 天超过了施氮量。其余的两个供氮土体处理(65%和 100%)水稻地上部氮素虽然在持续增加，但是其相对 CK 多吸收的氮量却没有超过氮素投入量。

表 2-4　水稻地上部相对 CK 多吸收的氮占投入量比例　(单位：%)

供氮土体	移栽后天数								
	20	30	40	50	60	70	80	90	100
5%	33.0a	148.9a	171.8a	322.7a	334.2a	357.1a	427.7a	209.4a	472.3a
15%	11.3b	91.5a	103.0ab	148.3b	170.0a	153.6ab	193.2ab	91.3a	191.9b
35%	11.0b	64.0a	79.0b	113.8bc	95.8a	96.3b	107.6b	74.8a	110.5b
65%	13.0b	39.8a	63.1b	76.6bc	63.6a	64.4b	70.1b	48.0a	87.0b
100%	6.0b	29.8a	49.8b	65.7c	61.4a	64.4b	63.4b	40.7a	71.8b

注：表中同一列数字后不同字母表示处理之间的方差分析结果，显著性水平为 0.05

从水稻产量结果上看，单位土体的氮肥用量为 70mg/kg 处理，35%的土体供肥即可达到 100%供氮土体的效果，供氮土体再小产量则会明显降低。而从水稻地上部相对 CK 处理多吸收的氮的结果也表明，供氮土体为 35%时，水稻移栽 50 天后多吸收的氮量基本等同于投入的氮量。所以，在该试验条件下，水稻根系 35%土体范围内供氮是一个比较合适的体积。

2. 局部土体养分供应对玉米生长的影响

图2-6为CK(不施肥)、N165-SB(表层撒施N165kg/hm^2)、N165-RZ(根区施N165kg/hm^2)和N165-RZH60(30%缓控肥60d+70%尿素根区施用，氮肥用量165kg/hm^2)4个处理在拔节期、大喇叭口期和抽丝期根系扫描结果。玉米拔节期(V6)根长密度和根表面积密度范围分别为0.053～0.693cm/cm^{3}和0.009～0.078cm^2/cm^3，玉米大喇叭口期(V12)根长密度和根表面积密度范围分别为0.642～2.264cm/cm^{3}和0.079～0.3012cm^2/cm^3，玉米抽丝期根长密度和根表面积密度范围分别为0.293～3.073cm/cm^{3}和0.043～0.551cm^2/cm^3。各土层玉米根系的生长高峰期在V6～V12时期，而V12至抽丝时期，玉米根系的增长主要集中在表层土体的0～8cm，而土体8～28cm的根系则出现一定程度的衰老和凋亡。

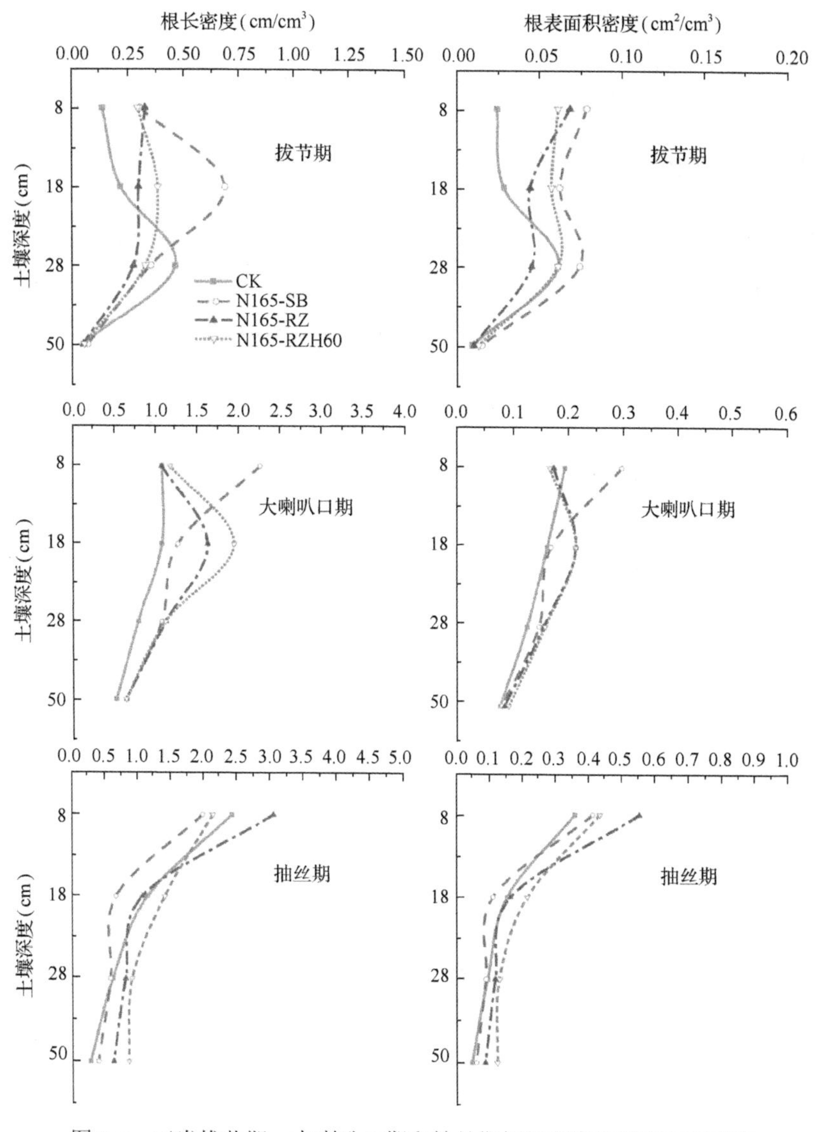

图2-6 玉米拔节期、大喇叭口期和抽丝期根长密度和根表面积密度

对土层 0～8cm、8～18cm、18～28cm、28～50cm 部分根系的根长密度和根表面积密度进行分析发现，施用氮肥可显著增加各土层玉米根系的增殖；与根区施肥处理 N165-RZ 和 N165-RZH60 相比，N165-SB 显著增加了拔节期 8～18cm 土层的根系增殖，平均提高 99.42%，根表面积密度没有显著性差异，说明一次性沟施处理 8～18cm 土层细根较根施处理多。大喇叭口期土层 8～18cm 处，根施处理 N165-RZ 和 N165-RZH60 分别比 N165-SB 处理根长密度高 29.28%和 53.06%，根系表面积密度高出 21.16%，可能是肥域范围内高浓度氮素促进了作物需氮高期的根系生长。抽丝期根施处理 N165-RZ 和 N165-RZH60 在深层土体 8～50cm 根长密度显著高于 N165-SB 处理根系，有利于玉米生殖生长期对土壤养分和水分的吸收利用，为高产提供了有利条件。

2.1.4 根区养分供应减少养分损失机理

1. 根区施肥对稻田田面水铵态氮含量的影响

氨挥发是常规施肥方式下农田氮素不可避免的损失途径，无论是水田还是旱田都有氨挥发发生，它受到多种因素的影响。氮肥用量的增加，极大地提高了田面水铵态氮浓度。田面水铵态氮浓度升高后，随着田面水温度的增加及上方空气流通速度的加快，氨挥发损失速率也随之加剧。常规施肥方式下，尤其是后期追肥，氮肥撒在土壤表面，迅速提高田面水铵态氮浓度。研究表明，田面水铵态氮浓度均在施肥后第一天达到最大值，而后随着施肥时间的延长逐渐下降，基本在施肥后第 7 天降低至本底值(图 2-7)。田面水铵态氮浓度随施氮量的增加而增加。

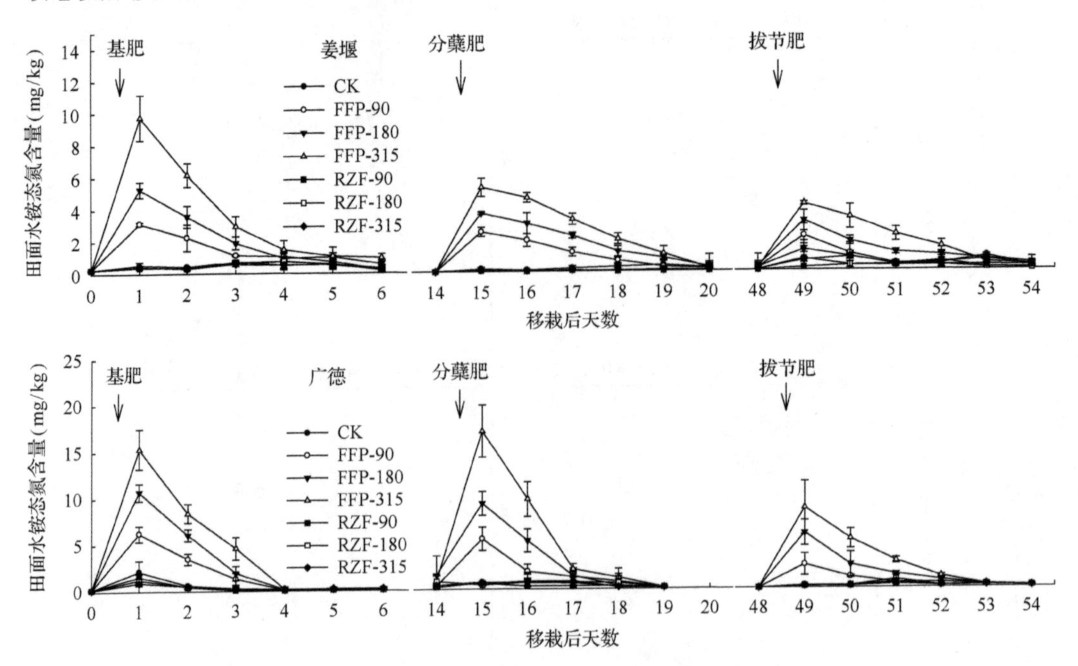

图 2-7 施肥方式与施氮量对田面水铵态氮含量的影响

FFP 表示常规施肥；RZF 表示根区施肥；数字表示施肥量(kg/hm^2)

2. 根区施肥对水稻田累积氨挥发量的影响

稻田的氨挥发损失与稻田的施氮量及施氮时期密切相关(表2-5)。常规施肥措施下，稻田的氨挥发量及氨挥发损失量占肥料投入量的比例随施氮量的增加而增加。造成这种差异主要是如下几方面的原因：①基肥施肥比例大。习惯施肥的基肥量占生育期总施肥量的40%，氮用量高于其他生育时期。②该时期水稻苗小，对氮素的需求较小。虽然肥料与表层土壤混匀，但是旋耕后表土疏松，灌水后浸润整个土层有利于肥料的快速溶解，而且这个时期田面无遮盖，阳光直射田面提高水面温度有利于氨挥发损失。③分蘖肥和拔节肥的氮肥用量与施用方式一致，虽然都是直接撒在土壤表面，但是水稻分蘖期植株较小，田面遮光度及水稻对氮素的吸收速率均低于拔节期。所以，综合以上几方面的原因，本试验条件下稻田不同时期氨挥发损失量大小顺序为基肥、分蘖肥、拔节肥。

表2-5　施肥方式与施氮量对累积氨挥发量的影响

地点	处理	基肥		分蘖肥		拔节肥		氨总挥发量 (kg N/hm^2)	占总施肥量比例 (%)
		氨挥发量 (kg N/hm^2)	占比 (%)	氨挥发量 (kg N/hm^2)	占比 (%)	氨挥发量 (kg N/hm^2)	占比 (%)		
姜堰	CK	0.9d	—	0.3d	—	0.6d	—	1.8d	—
	习惯-90	5.5c	15.2a	6.2c	22.9a	5.2c	19.1a	16.9c	18.7a
	习惯-180	11.2b	15.6a	11.8b	21.9a	7.9b	14.5b	30.9b	17.2b
	习惯-315	17.7a	14.1a	21.1a	22.3a	10.3a	10.8c	49.1a	15.6c
	根区-90	0.5d	1.3b	0.5d	1.9b	0.3d	1.0d	1.3d	1.4d
	根区-180	0.5d	0.7b	0.5d	0.9c	0.3d	0.5d	1.3d	0.7d
	根区-315	0.7d	0.6b	0.5d	0.6c	0.3d	0.3d	1.5d	0.5d
广德	CK	0.3e	—	0.3d	—	0.3d	—	0.9e	—
	习惯-90	11.4c	31.7a	7.7c	28.7a	4.3c	16.0a	23.5c	26.1a
	习惯-180	15.5b	21.6b	15.4b	28.5a	8.9b	16.5a	39.8b	22.1b
	习惯-315	20.4a	16.2c	20.7a	21.9b	16.0a	16.9a	57.1a	18.1c
	根区-90	3.9d	10.8d	0.9d	3.2c	0.7d	2.7b	5.5d	6.4d
	根区-180	3.3d	4.6e	0.9d	1.7c	0.5d	1.0c	4.8d	2.8e
	根区-315	4.3d	3.4e	0.8d	0.8c	0.5d	0.5c	5.5d	1.9e

注：根区施肥为一次施肥，为方便比较，其不同时期氨挥发及所占比例的计算方式仍然按照习惯分次施肥的比例计算。不同小写字母表示相同地点不同施肥方式和施氮量之间的差异显著(P<0.05)

3. 根区施肥对水稻田土壤养分含量及硝化作用的影响

施氮量会影响收获期土壤全氮含量，各处理与 CK 相比较，土壤全氮含量都呈上升趋势(表 2-6)，但差异均不显著。施氮量也会影响土壤速效钾含量，但变化规律比较复杂。施氮量会影响土壤速效磷含量。苗期施肥时，土壤速效磷含量随施氮量的升高呈现大致上升的趋势，当施氮量从 0mg/kg 升高到 400mg/kg 时土壤速效磷含量上升了 8.19%。分蘖期施肥时，随着施氮量的升高土壤速效磷含量呈现出先升高后降低的趋势。土壤速效磷含量出现下降可能与施氮造成的土壤酸化有关，也可能与施氮后水稻生长旺盛对磷的吸收量增加有关。

表 2-6　不同水稻生育期施氮量对土壤养分的影响

生育期	施氮量(mg/kg)	全氮含量(g/kg)	速效磷含量(mg/kg)	速效钾含量(mg/kg)
苗期	CK	1.36±0.07a	10.50±0.73ab	175.00±11.46ac
	50	1.48±0.14a	10.62±0.08ab	177.50±24.62ac
	100	1.44±0.08a	10.67±0.42a	145.83±31.46a
	150	1.47±0.02a	10.82±0.13a	254.17±7.22b
	200	1.41±0.05a	9.83±0.43b	213.33±32.15bc
	400	1.40±0.07a	11.36±0.94a	149.38±22.95a
分蘖期	CK	1.36±0.07a	10.50±0.73a	175.00±11.46ab
	50	1.47±0.12a	11.70±0.28b	220.83±19.09c
	100	1.42±0.03a	12.00±1.18b	158.75±21.84ab
	150	1.46±0.07a	11.72±0.55b	197.50±6.61bc
	200	1.39±0.05a	11.52±0.31ab	233.33±26.02c
	400	1.43±0.03a	11.55±0.28b	151.67±21.55a

注：同列数据小写字母不同表示处理间差异显著($P<0.05$)

施氮量对土壤铵态氮、硝态氮的含量有显著影响。施氮量从 0mg/kg 到 400mg/kg，土壤铵态氮平均含量从 6.09mg/kg 增加到 13.77mg/kg，增加了 1.26 倍；施氮量从 0mg/kg 到 400mg/kg，土壤硝态氮含量从 0.84mg/kg 增加到 10.39mg/kg(图 2-8)。

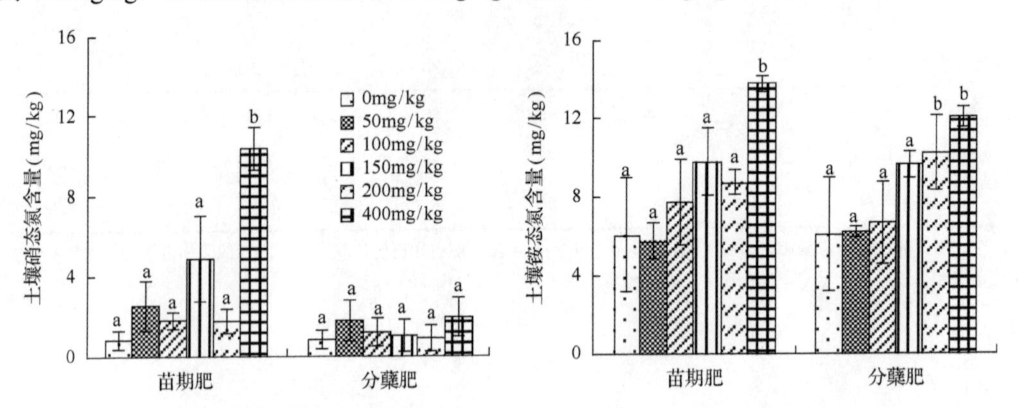

图 2-8　不同水稻生育期施氮量对土壤硝态氮、铵态氮含量的影响

图中不同字母表示在 0.05 水平上差异显著($P<0.05$)

随施氮量的增加，土壤可溶性有机碳含量呈现下降趋势(图 2-9)。施氮后土壤微生物生物量增加，对土壤可溶性有机碳的吸收利用量也会相应增加。此外，施氮量增加会增加土壤可溶性氮含量。

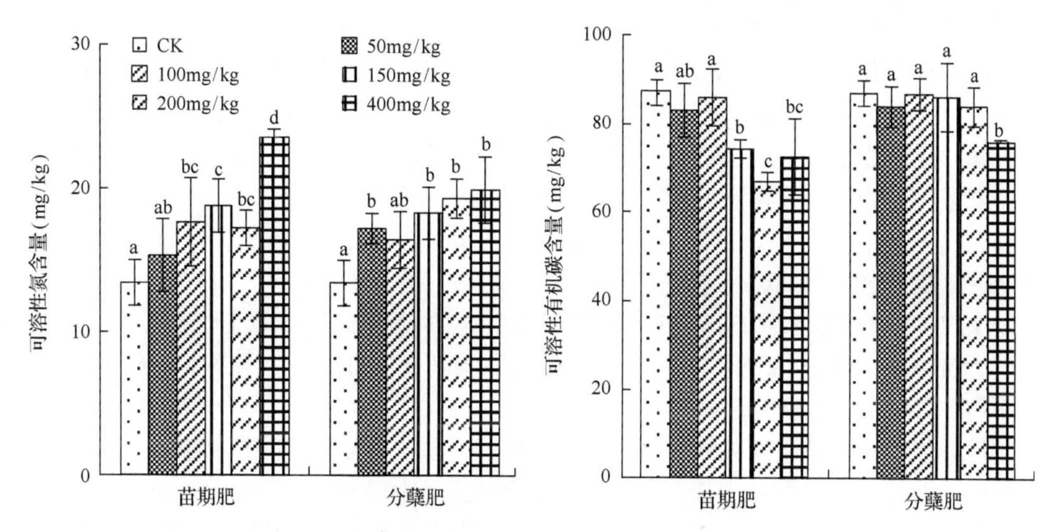

图 2-9　不同水稻生育期施氮量对土壤可溶性氮、可溶性有机碳含量的影响

图中不同字母表示在 0.05 水平上差异显著($P<0.05$)

不同施氮量下，土壤硝化率差异明显。苗期施肥时，随施氮量提高土壤硝化率总体呈下降趋势。CK 与 M50、M100 处理之间土壤硝化率差异不显著($P>0.05$)，而 M150、M200、M400 的土壤硝化率显著下降($P<0.05$)，其值仅为 CK 的 72.0%、31.8%、32.8%(图 2-10)。施氮时期也会影响土壤硝化速率，氮肥后移后高施氮量(200mg/kg、400mg/kg)处理土壤硝化速率显著增加，这可能与土壤中残留的硝态氮量增加有关。

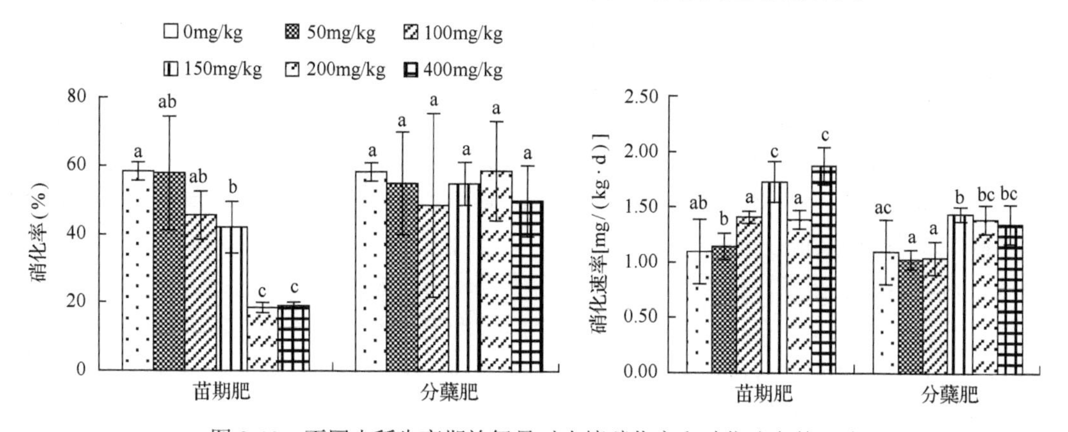

图 2-10　不同水稻生育期施氮量对土壤硝化率和硝化速率的影响

图中不同字母表示在 0.05 水平上差异显著($P<0.05$)

2.2　缓控释氮肥创制与高效利用机理

2.2.1　缓控释氮肥的发展趋势

针对普通化学肥料利用率低、使用过程中容易出现损失的问题，世界各国都在纷纷研制可以控制养分释放的氮肥，并要求氮素的释放规律尽可能与作物的吸收相吻合(张民等，2005；武志杰等，2012)。目前主要缓/控释肥料包括：①物理包膜氮肥，包括无机包裹氮肥和高分子聚合物包膜氮肥，两者分别占全部缓/控释氮肥总量的 50%和 7%，其中以无机包裹氮肥为代表的硫包衣尿素占全部缓/控释氮肥总量的 43%；②生物抑制剂类氮肥，这类氮肥占全部缓/控释氮肥生产量的 29%；③基质型缓/控释氮肥；④低溶解性无机氮肥，如磷酸镁铵和脲醛肥料，脲甲醛肥料从 20 世纪 50 年代问世至今，已占全部缓/控释肥料的 14%。如今，各种类型的缓/控释氮肥在农业生产中发挥着节约资源、提高作物产量、保障粮食安全的重要作用。

物理包膜氮肥是通过在氮肥颗粒表面包裹可以调节养分释放的膜材料以达到控制氮素释放目的的一类缓/控释氮肥。物理包膜氮肥按照包膜材料不同分为无机包裹氮肥和有机高分子包膜氮肥(Shaviv，2001)。无机包裹氮肥即用疏水性或功能性无机物包裹氮肥颗粒的一类缓/控释氮肥，主要包括硫包衣尿素和磷酸镁铵包裹尿素。硫包衣尿素是将熔融态硫涂覆在尿素颗粒表面，冷却降温使熔融态硫凝固，形成均匀的硫包衣层。硫包衣尿素已经经历了数十年的历史，是无机包裹肥料中最成熟的一类。硫是植物必需的营养元素，同时也是一种杀菌剂。硫的酸性能不但能改善碱性土壤性质，自身也是可生物降解的包膜材料。然而硫包衣尿素最大的不足是硫衣易破裂，不能单独用于包膜肥料，需要和密封剂、交联剂、塑化剂等联合使用，这就增加了工艺的复杂性和成本。当时之所以选择硫包衣是因为硫为工业废弃物，成本低廉，而现在随着硫价格的上升，硫包衣尿素的生产量也出现下降。磷酸镁铵包裹氮肥的代表是郑州工业大学(现已并入郑州大学)研发的三代“肥包肥”产品：第一代为钙镁磷肥包裹氮肥，第二代产品为部分酸化磷矿包裹氮肥，第三代产品为二价金属磷酸钾铵包裹氮肥。该类包膜氮肥制备成本低且无污染，已经被济南乐喜施肥料有限公司开发为商业化的产品 Luxecote。有机高分子包膜氮肥是指用带有微孔的聚合物半透膜或不透膜包裹氮肥颗粒，延缓和控制氮素释放的一类控释氮肥。当氮肥颗粒通过包衣区域时，将雾化的包衣液喷射到肥料颗粒表面并在上面铺展，随着溶液的蒸发，包衣液在颗粒表面成膜，当颗粒连续循环地通过包衣区域，包膜厚度不断增加，最终形成均匀稳定的包膜。应用于有机高分子包膜氮肥的聚合物必须具有适当的黏结性和良好的成膜性。有机高分子包膜氮肥又可分为热塑性高分子包膜氮肥和热固性高分子包膜氮肥。热塑性高分子材料是指在一定的温度条件下，能软化或熔融成任意形状，冷却后固化形状不变，且这种状态可多次反复而始终具有可塑性的高分子材料。热塑性高分子包膜氮肥的代表是日本窒素-旭化成肥料公司(Chisso Asahi Fertilizer Co.，Ltd)发明的聚烯烃包膜控释氮肥 Nutricote。国内的山东农业大学、北京市农林科学院、北京化工大学和金正大生态工程集团股份有限公司等均采用成分为聚乙烯的废旧塑料包膜肥料，这也是一类热塑性包膜氮肥。热固性高分子材料是指第一次加热时可以软化流动，加热到一定温度，产生不可逆的化学反应使材料交联固化，不能再溶解或熔融。热固性高分子包膜肥料的代表产品有两类：一类是Scotts公司开发的Osmocote，采用醇酸树脂包衣；另一类是Haifa公司开发的Multicote，以聚氨酯为包膜材料。有机高分子包膜氮肥的优点是控释更稳定，养分释放只受包膜厚度和温度的影响（葛崇良等，2008）。目前，世界上年缓/控释肥料的消费总量100万t，其中包膜肥料占到一半以上，有些国家则高达90%。然而很多聚合物本身是难以降解的，且在加工过程中需要使用有机溶剂，容易导致二次污染和引发安全问题。近年来水基聚合物包膜控释氮肥发展迅速，成为目前聚合物包膜控释肥料的一大研究热点（樊小林等，2009）。商品名为Eudragit L30-D55的丙烯酸酯乳液是目前应用最多的一类水基包膜材料（Donida and Rocha，2002；Rosa and Rocha，2010）。中国科学院南京土壤研究所研发的水基聚丙烯酸酯包膜氮肥是这类肥料的代表（杜昌文等，2005）。然而由于水的高蒸发热，用水基聚合物包衣时水分蒸发慢，造成包膜内水分残留，包衣的耐水性和附着力都大大降低，最终导致水基聚合物包膜肥料初期溶出率高，养分释放期短。因此蒸发包膜残留水分的后加热处理是影响水基聚合物包膜氮肥养分释放特征的重要因素。除了人工合成的高分子聚合物外，天然高分子材料因其来源广泛、价格低廉及可降解性也被试图用于包膜氮肥。然而用天然高分子，如淀粉、木质素、纤维素等制备的缓/控释氮肥因其控释效果不能达到国际标准而没有实际的生产应用。目前已使用的包膜设备主要有流化床或喷动床包膜设备、转鼓或圆盘喷涂设备，前两者多用于有机高分子包膜氮肥的制造，而后两者常用于无机包裹氮肥的加工。其中流化床是公认的较为先进的包衣设备，主要原理是在包衣过程中利用具有一定压力的热空气使肥料颗粒于反应器中始终保持循环和悬浮的状态，即流化状态，不仅可以使包衣较为均匀，在高风速环境下还有利于溶剂的快速挥发，防止了颗粒之间的粘连。20世纪末，原位包膜工艺在控释肥料上得到应用，开辟了缓/控释肥料研发的新道路。

生物抑制剂类氮肥是在氮肥中添加脲酶抑制剂或/和硝化抑制剂用以减缓氮素的转化，从而减少氮肥的挥发和流失。脲酶抑制剂是指对土壤中脲酶活性有抑制作用的元素或者化合物。研究表明氢醌（HQ）是较有效且经济的脲酶抑制剂。硝化抑制剂主要是通过抑制亚硝化单胞菌属的活性，从而抑制NH_4^+氧化为NO_2^-的化合物。硝化过程被抑制后，土壤中氮素长时间地保持NH_4^+的形式，降低了土壤中硝态氮的含量，由此减少了氮素的淋溶和反硝化损失。该类肥料主要由中国科学院沈阳应用生态研究所于20世纪80年代首先研制成功。生物抑制剂类氮肥的生产工艺根据抑制剂添加方式不同可分为：尿素生产过程中添加工艺和尿素表面涂覆工艺。生物抑制剂类氮肥的作用时间一般比较短，而且在复杂土壤环境中受到诸多环境因素的影响，因此使用效果不稳定。

基质型缓/控释氮肥将肥料均一地分散或吸附于某种功能性材料中，肥料养分随着功能性材料对养分的解析、功能性材料的溶蚀或降解释放出来。这类氮肥通过将氮素与控释材料混合造粒或压实制备而成。利用亲水性高分子有机物作为载体制备的保水缓释氮肥是这类缓/控释氮肥的典型（Mikkelsen，1994；龙明节等，2000）。保水缓释氮肥能吸收自身质量数百倍的水分，以供干旱情况下植物所需。基质型缓/控释氮肥养分溶出速率主要取决于肥料表面积和体积之比，缓释性能较差，目前主要处于研究状态。

低溶解性无机肥料，金属磷酸铵盐，如磷酸钾铵盐、磷酸镁铵和部分酸化的磷矿，也可用作缓释氮肥。磷酸镁铵为白色结晶细粒或粉末，微溶于冷水，溶于热水和稀酸。磷酸镁铵是一种含 N、P、Mg 的多元素复合物，且所有成分全部有效，在水中溶解度极低，由于具有枸溶性，施用后在土壤中可储存氮素，并在微生物的作用下逐步发生硝化作用，缓慢分解来提供植物养分。这类包膜肥料的生产采用工业生产中产生的含有磷酸盐、铵盐、镁盐的废料，以废水作为原料制备磷酸镁铵。这些方法能更好地降低成本，节能环保(程芳琴和贺春宝，2004；武志杰，2003)。而脲甲醛类缓释氮肥是尿素和甲醛在一定反应条件下反应形成的缩合物，靠土壤微生物分解释放氮素，其肥效长短取决于分子链长短。商品化产品是一种白色、无味的粉状、条状、片状或小颗粒状的固体，在普通环境中易保存，不吸湿。通常，脲甲醛的工业制备途径有两种，分别为浓溶液法和稀溶液法。制备脲甲醛肥料时需要掌握合适的尿素和甲醛的物质的量比，以及溶液的酸碱度、反应温度和反应时间。亚异丁基二脲是异丁醛和尿素缩合反应得到的单一低聚物，其室温下水中的溶解度仅为尿素的千分之一。此外，其盐指数是所有化学肥料中最低的，因此安全性好，不易灼伤作物。脲乙醛是乙醛与尿素形成的低聚物。脲乙醛产品为白色粉末或黄色颗粒，不吸湿，长期储存不结块，在水中的溶解度很小。草酰胺是由草酸铵加热脱水生成的白色三斜或者针状晶体物质，无气味，在水中溶解度为 0.4g/L，不吸湿，易保存。脒基脲由氰氨化钙与硫酸或磷酸反应形成，加热分解可分别制得脒基硫脲(GUS)和脒基磷脲(GUP)，常温下水中的溶解度分别为 55g/L 和 40g/L，虽然溶解度大，但容易被土壤吸附，产生缓释效果。20 世纪 90 年代初，世界缓/控释氮肥仍以低溶解性有机氮化合物为主，但该类肥料因养分释放速度受土壤水分、酸碱度、微生物等因素影响而不可预测，且售价高，故其需求量有下降的趋势。

近年来我国农业种植业结构不断深化调整，经济作物种植面积不断扩大。因为经济作物对肥料价格的耐受度要比粮食作物高，所以种植业结构的调整对缓/控释氮肥的发展有极大的促进作用。目前缓/控释氮肥已经商品化，产量和施用量逐年增加。20 世纪 90 年代中后期，世界化肥销量年平均下降 0.7%，而缓/控释肥料的消费以 5%左右的年增长率发展，特别是聚合物包膜肥料消费量年增长率高达 9%～10%。由此可见缓/控释氮肥今后仍会保持较快的增长速率，市场份额会持续提升。

为了更加符合现代农业节省劳动力的需求，缓/控释氮肥一方面正在趋于多功能化，将多种需求整合。例如，在缓/控释氮肥中添加微量元素、氨基酸肥料、生长调节剂、农药等，或将尿素与保水剂结合应用，实现一次施肥可解决植物的养分需求、病虫害、土壤保水及土壤质地改良等问题。另一方面正在趋于专用化，根据典型作物的需肥规律及土壤的养分条件，开发养分释放和典型作物需肥规律尽可能一致的专用缓/控释氮肥，也是未来的重要发展方向。

面向大田是缓/控释氮肥的研发目标，我国缓/控释氮肥的研究从一开始就致力于面向大田作物。目前，缓/控释氮肥已经有一定量的生产与应用，但多用于非农业领域(何绪生等，1998；孙秀廷，1989)。近年来在农业领域也有少量应用，如将缓/控释氮肥与速效氮肥掺混以控释 BB 肥的形式应用于大田作物，使速效养分与缓效养分有效结合，不但符合作物生育周期需要，而且大大降低了生产和使用成本。除此之外，迫切需要开发成本相对低廉、控释性能较好的环境友好型包膜材料及包膜工艺，进一步降低缓/控释氮肥的生产成本，加速此类肥料的大田化、普及化。

2.2.2　基于功能性材料的缓控释氮肥创制

本研究从生态环境安全和产品成本考虑，选择废弃物、工业副产物及廉价环保的化工原料，如废弃塑料、造纸黑液、生活污泥、风化煤、煤矸石、竹醋液等，通过微乳化、高剪切和非均相混聚技术，制备微乳化型和化学聚合(缩合)型的纳米-亚微米级系列水溶性植物营养功能性材料。通过现代仪器方法结合常规分析方法研究各植物营养功能性材料的粒径和纯度，并对其特殊结构进行探讨。根据不同作物吸肥规律，结合不同材料的缓释性能，制备大田作物专用缓/控释肥料，并在不同土壤类型、作物和轮作制度下进行大田生物学效应研究，评价作物专用缓/控释肥料的植物营养学效果。

1. 植物营养功能性材料制备工艺与表征

(1)工艺原理

i 微乳化型功能材料生产技术原理

微乳化型植物营养功能性复合材料是水溶性胶团微乳化液。能够被水稀释的乳液称为O/W型乳化液，研制混合乳化剂是制备均相和非均相混聚物的关键技术之一。每一类甚至每一种高分子材料对应的溶剂不同，将其乳化需要的混合表面活化剂也不同，各种阴离子型和非离子型表面活性剂的组合比例和制备方法是微乳化液研制的关键。通过选择不同亲水亲油平衡(hydrophile-lipophile balance，HLB)值的表面活性剂进行组合，用以制备各种材料专用乳化剂。第二个关键技术是高剪切设备(20 000r/min)，这是制备微乳化剂的关键设备。

ii 化学聚合(缩合)反应型复合材料生产技术原理

单体原料之间的化学合成反应和聚合(包括自聚合)或缩合反应，根据单体原料基团性质，选择合适的催化剂或引发剂、交联剂和促联剂(或阻联剂)是反应能否进行的关键之一。此外，选择最佳温度、pH也是正常反应的必备条件。

(2)植物营养功能性材料制备工艺

i 微乳化型材料制备工艺

纳米-亚微米级甲基丙烯酸羟乙酯混合物复合材料制备工艺：在液态甲基丙烯酸羟乙酯中加入10%～15%的50%浓度的十四烷基苯磺酸钠水溶液，充分搅拌均匀，制备甲基丙烯酸羟乙酯乳化水溶液；加入总量为5%～10%的表面活性剂吐温-20至液态丙烯腈中，充分搅拌均匀，然后加入混合液总量10%～15%的50%浓度的十四烷基苯磺酸钠水溶液，制备丙烯腈乳化水溶液；将15%～20%淀粉分散在冷水，在搅拌条件下加热60～90℃，糊化1h，再冷却至20～35℃，用硫酸调pH至2～3，缓慢加入混合液总量40%的工业甲醛(交联剂)，缓慢升温至40℃，开动搅拌，时间为30～60min，然后冷却至室温，用氨水调pH至7.0左右，制备交联淀粉；在高剪切设备中按体积比1∶1∶2分别加入甲基丙烯酸羟乙酯乳化水溶液、丙烯腈乳化水溶液和交联淀粉，在 20 000r/min 速度下高剪切 5～10min，制备纳米-亚微米级甲基丙烯酸羟乙酯混合物。工艺流程如图 2-11 所示。

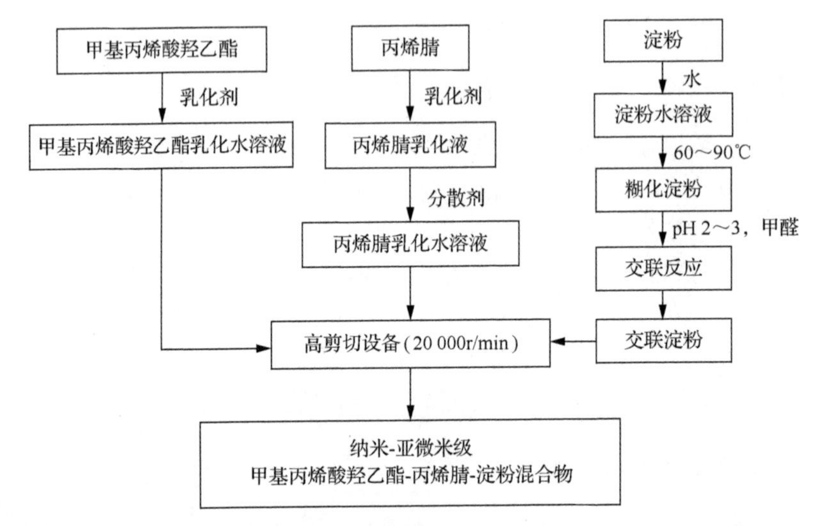

图 2-11　纳米-亚微米级甲基丙烯酸羟乙酯混合物复合材料工艺流程

纳米-亚微米级废弃泡沫塑料-淀粉混聚物复合材料制备工艺：在常温下向废弃聚苯乙烯(PS)泡沫塑料中加入乙酸乙酯，搅拌后加入苯乙烯，加入量为塑料含量的 30%～35%，放置 12h，加入 1%～5%吐温-80，边加入边搅拌，至溶液颜色发白为止，然后把混合溶液加入高剪切设备，高速剪切(1 万 r/min)同时加入十二烷基苯磺酸钠，加入量与塑料乳化溶液体积比为 1∶1，剪切 15min 后，加入 5%塑料含量的水，继续高剪切(20 000r/min) 5～8min，制备纳米级废弃泡沫塑料水溶液；将纳米级废弃泡沫塑料水溶液与交联淀粉溶液混合，体积比为 1∶(1～2)，加入 1%辛烷基酚聚氧乙烯醚(OP-10)，在高剪切设备中剪切(20 000r/min) 10min，制备纳米-亚微米级废弃泡沫塑料-淀粉混聚物复合材料。工艺流程如图 2-12 所示。

纳米-亚微米级黏土-聚酯混聚物复合材料制备工艺：用研磨机将烘干的高岭土或蒙脱土磨细后过 300 目筛孔，称取过筛高岭土 1000g，缓慢加入水 1000ml，然后向水溶液中加入 20%十二烷基苯磺酸钠水溶液 200～500ml，充分搅拌，成为黏土悬浮液，再加入 0.5mol/L NaOH 或 KOH 溶液 100～150ml，3000～5000r/min 搅拌 1h，放置 24h，制备纳米级黏土矿物悬浮液；将上述黏土矿物悬浮液在搅拌条件下加入体积分数为 5%的 HCl 或 H_2SO_4 水溶液调 pH 至 7 左右，然后倒入高剪切设备中，20 000r/min 高剪切 5～10min；在搅拌条件下，将 20%十二烷基苯磺酸钠溶液加入通用型不饱和聚酯中，其加入量为不饱和聚酯量的 25%～30%，充分搅拌后不饱和聚酯的颜色由浅黄变为白色乳状，随后注入高剪切设备，再加入与混合溶液等体积的水，在 20 000r/min 条件下剪切 10min，制备纳米级不饱和聚酯水溶液；按(5～10)∶1 将纳米级黏土矿物悬浮液加入纳米级不饱和聚酯水溶液中，两种溶液在高速乳化分散器中以 20 000r/min 转速搅拌 20min，配制纳米-亚微米级黏土-聚酯混聚物水溶液。工艺流程如图 2-13 所示。

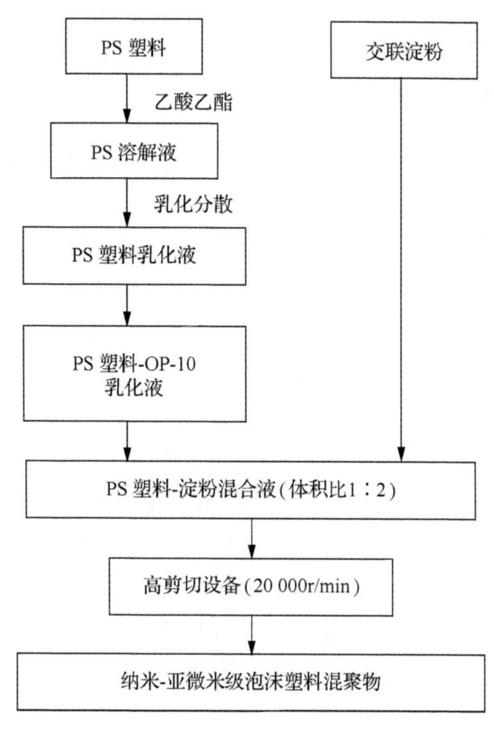

图 2-12　纳米-亚微米级废弃泡沫塑料-淀粉混聚物复合材料工艺流程

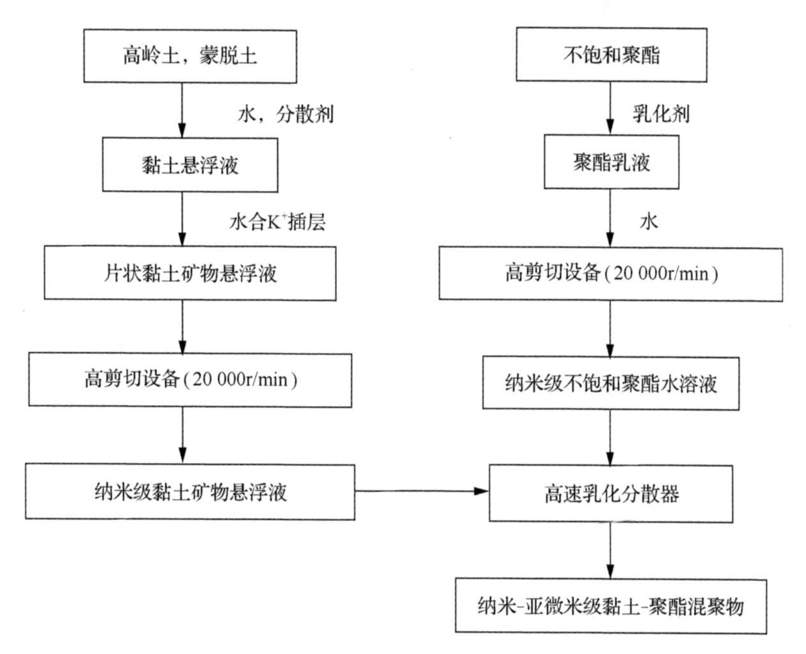

图 2-13　纳米-亚微米级黏土-聚酯混聚物复合材料工艺流程

ii 化学聚合（缩合）反应型复合材料生产工艺

纳米-亚微米级聚乙烯醇混聚物（CF2）复合材料制备工艺：在反应釜中注入 1t 工业净水，用蒸汽加热至 45～50℃（不超过 50℃），开动搅拌器，缓慢加入脂肪醇聚氧乙烯醚硫酸钠，加入量为水质量的 8%～10%，至完全溶解；保持温度 40～50℃，在连续搅拌下加入十二烷基苯磺酸钠，加入量为 15%～20%，至完全溶解；加入蓖麻油聚氧乙烯醚，加入量为水质量的 4%～5%，至完全溶解；加入椰子油酸二乙醇酰胺，加入量为水质量的 4%～5%，至完全溶解，降温至 40℃以下，加入工业乙醇(95%)，加入量为水质量的 2%～3%，搅拌均匀，用稀硫酸调节 pH 至 7.0～7.5，制备 CF2 乳化剂；在反应釜中加入工业净水，加热至 90～95℃，开动搅拌器，缓慢加入聚乙烯醇，加入量为水质量的 10%～15%，保持温度在 90℃以上，至全部溶解，降温至 70℃左右，加入稀 HCl 调节 pH 至 2.0，加入甲醛溶液，加入量为水质量的 4%～6%，反应时间 30～35min，停止热水循环，加入 2%～3%尿素水溶液，与多余甲醛生成羟甲基脲，至闻不到甲醛味为止；用 NaOH 水溶液调节 pH 至 7.0～7.5，制备聚乙烯醇缩甲醛溶液；在反应釜中加入工业净水，加热至 50～60℃(不超过 60℃)，缓慢加入阴离子型聚丙烯酰胺(分子量 400 万～600 万)，加入量为水质量的 2%～2.5%，至完全溶解，即成为聚丙烯酰胺溶液；将聚乙烯醇缩甲醛溶液与聚丙烯酰胺溶液按质量比 2∶1 混合，开动搅拌器，至混合均匀为止，加入乳化剂，加入量为上述混合溶液质量的 5%～10%，充分搅拌均匀使其完全乳化，即成为聚乙烯醇缩甲醛-聚丙烯酰胺混合乳化液；将聚乙烯醇缩甲醛-聚丙烯酰胺混合乳化液放入高剪切设备中，20 000r/min 速度下剪切 5～10min，制备纳米-亚微米级聚乙烯醇混聚物。工艺流程如图 2-14 所示。

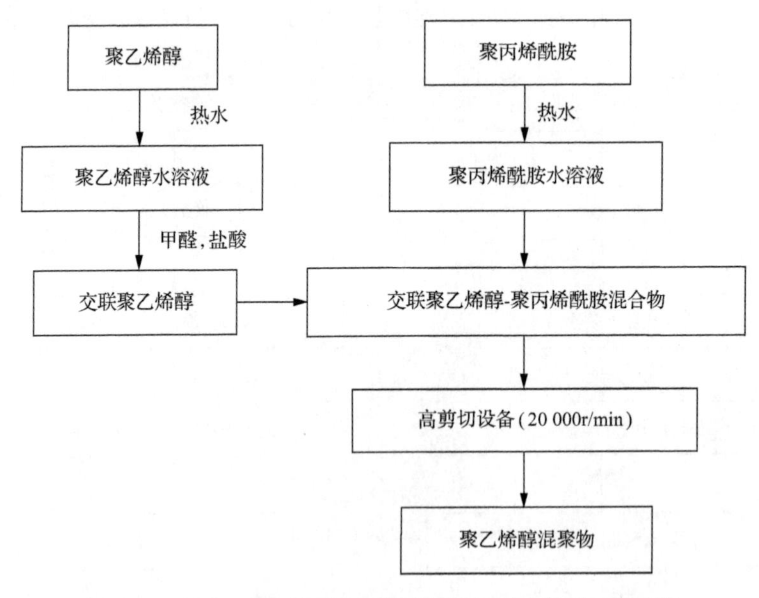

图 2-14　纳米-亚微米级聚乙烯醇混聚物复合材料工艺流程

纳米-亚微米级腐殖酸类混聚物复合材料制备工艺：风化煤烘干，球磨机粉碎，过 200 目筛孔；在反应釜中(带有搅拌设备)加入粉碎的风化煤，再加入 45%～50% H_2SO_4，适当加入稀 HCl，加入量视钙、硅化合物含量而定，反应时间为 1.5～2.0h，制备腐殖酸混聚物；废弃塑料分选，洗净，干燥，粉碎。聚苯乙烯泡沫废弃塑料选用乙酸乙酯作溶剂，混合塑料用乙酸乙酯与二甲苯混合溶剂溶解，放置 12～24h，采用自制混合乳化剂在高剪切设备中(20 000r/min)乳化，加水稀释至固形物含量25%时使用，制备塑料混聚物；在高速乳化分散器中，分别加入腐殖酸混聚物、塑料-淀粉混聚物，比例为1∶(0.3～0.6)，在20 000r/min条件下，搅拌15～20min，制备纳米-亚微米级腐殖酸类混聚物。工艺流程如图2-15所示。

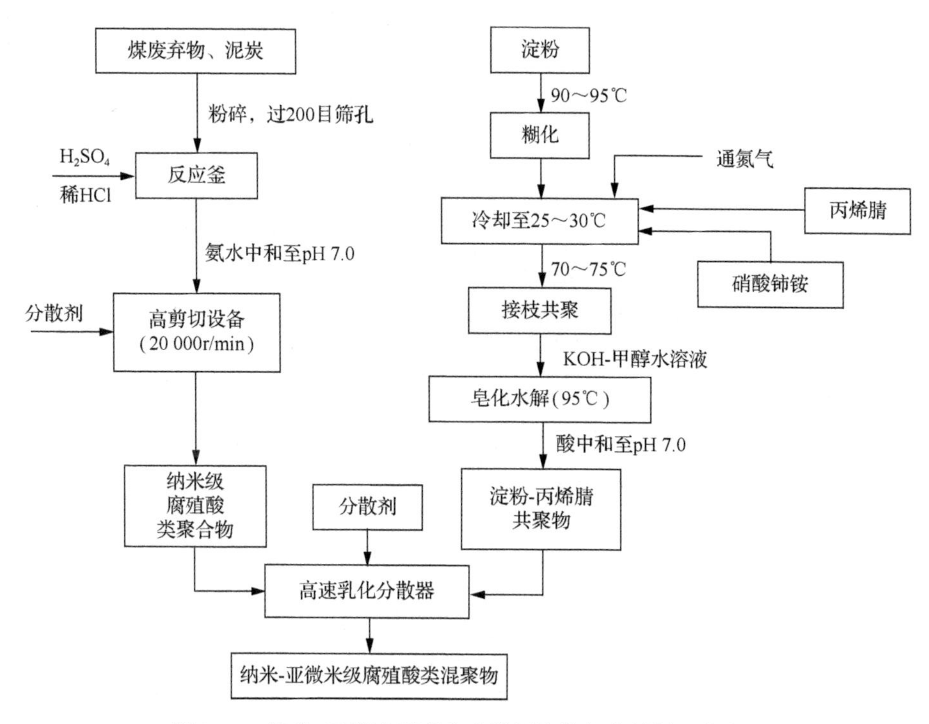

图2-15　纳米-亚微米级腐殖酸类混聚物复合材料工艺流程

丙烯酸酯类混聚物复合材料制备工艺：在反应釜中加入去离子水，其量为单体原料总量的2.3～2.5倍，启动搅拌，用5%稀盐酸调pH至2.0，加入单体原料总质量3.46%的十二烷基苯磺酸钠；开启低压蒸汽加热至60℃，加入5.77%丙烯酸胺；在混合罐中依次加入丙烯酸丁酯、苯乙烯、丙烯腈、丙烯酸、甲基丙烯酸甲酯。其质量分数分别为19.23%、38.08%、11.54%、16.15%、5.77%，再加入过氧化苯甲酰引发剂，占单体总量的1.73%，全部溶解、混合均匀备用。待反应釜水温升至85℃时，将上述1/3单体混合液加入聚合釜，在82～85℃下反应1h，加入适量*N*-羟甲基丙烯酰胺，并在2h内滴加剩余的2/3混合单体，继续反应0.5～1h，关闭蒸汽阀，并开动冷却水循环冷却，温度降至60℃时，加入25%氨水，中和反应0.5～1h，加入去离子水，数量为单体总质量的75%，继续搅拌0.5h，降温至40℃，出料。工艺流程如图2-16所示。

苯乙烯-丙烯酸酯混聚物复合材料制备工艺：在聚合釜中依次加入水、碳酸氢钠、十二烷基硫酸钠，开动搅拌器，使之全部溶解；加入单体混合溶液的1/4，升温至80～85℃，进行聚合反应；在2h内滴加完剩余3/4单体，继续反应1h，滴加氨水，使羧基(—COOH)氨化，成为植物营养功能性水溶性聚合材料，降温出料。工艺流程如图2-17所示。

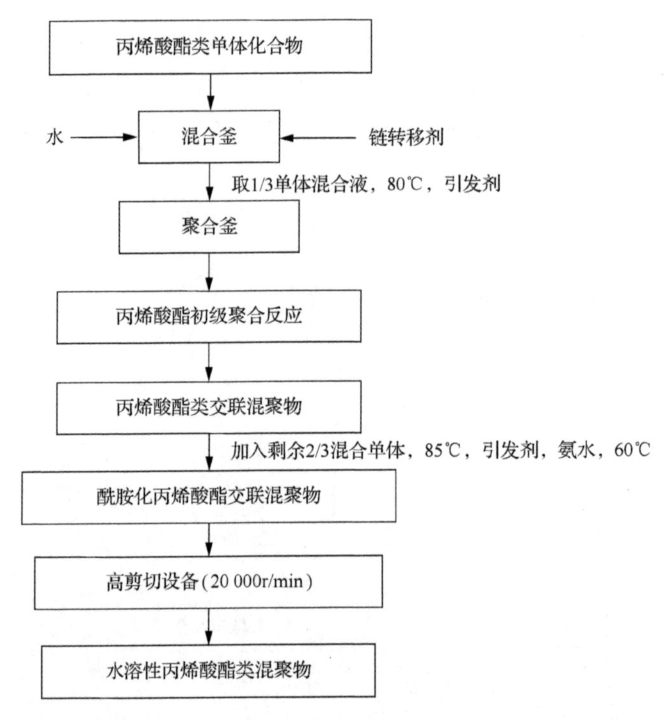

图 2-16　丙烯酸酯类混聚物复合材料工艺流程

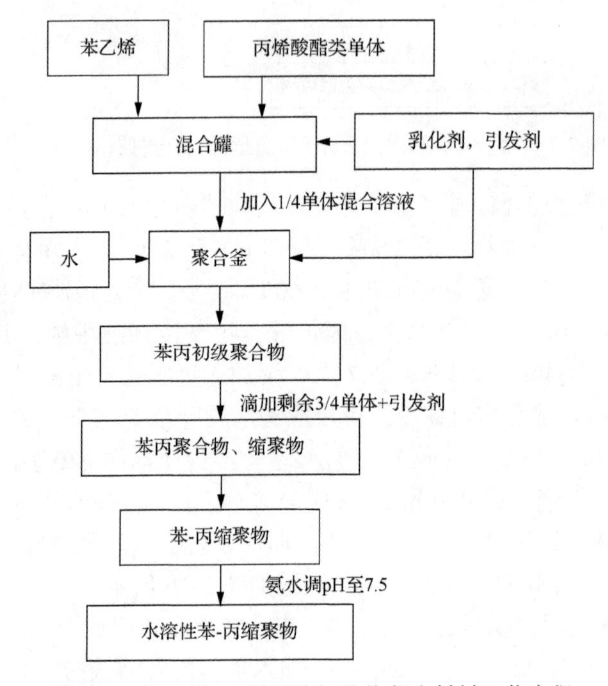

图 2-17　苯乙烯-丙烯酸酯混聚物复合材料工艺流程

(3)材料表征与测试

根据植物营养功能性材料的特性，本研究选择具有代表性的 4 种材料进行表征测试。

纳米材料具有小尺寸效应、表面效应、量子隧道效应等多功能性，为解决肥料利用率低等影响农田可持续利用的问题提供了可能，本研究选择胶团粒径的大小来表征材料的功能效应。

i 纳米-亚微米级聚乙烯醇混聚物复合材料

通过扫描电子显微镜(SEM)照片观测，对纳米-亚微米级复合材料的大小和形状等外观有表观形象的认识。纳米-亚微米级复合材料的 SEM 照片如图 2-18 所示，聚乙烯醇复合材料大分子胶团结构表面呈球形，小分子胶团呈絮状，较均匀地分布于大分子胶团周围，胶团直径均小于 100nm，材料的特殊结构增加了复合材料的比表面积和活性吸附点，从而增加了材料的团聚性能，为有机肥料和化学肥料粉末团聚造粒提供基础。

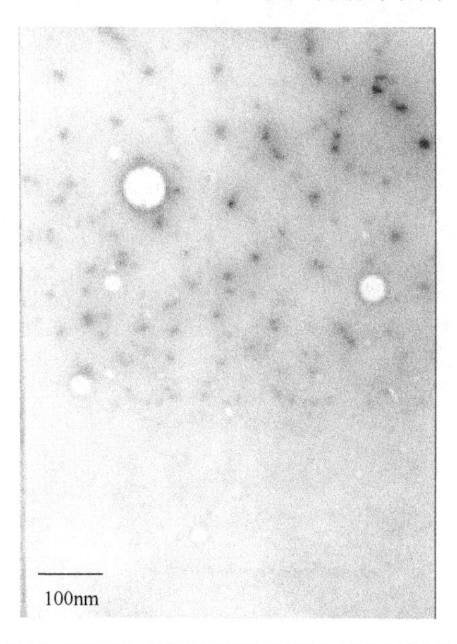

图 2-18　纳米-亚微米级聚乙烯醇混聚物复合材料的电镜照片

图 2-19 是采用激光粒度分析仪测定的纳米-亚微米级聚乙烯醇混聚物复合材料的粒度分析曲线。结果显示，纳米-亚微米级聚乙烯醇混聚物复合材料有 80%胶团平均直径在 30nm，95%以上胶团直径基本上在 90nm 以内，与电镜观察结果基本吻合。

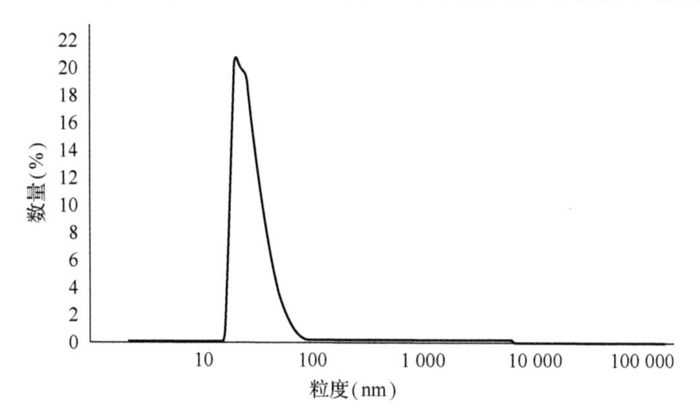

图 2-19　纳米-亚微米级聚乙烯醇混聚物功能材料的激光粒度分析曲线

ii 纳米-亚微米级黏土-聚酯混聚物复合材料

纳米-亚微米级黏土-聚酯混聚物复合材料的透射电镜图像和扫描电镜照片如图 2-20 所示。分析发现，黏土的块状结构被解离成薄片状插入聚酯中，形成高分子络合胶团，黏土薄片厚度 10nm 以内，薄片长和宽分别为 150nm、60nm，每个薄片上络合了大分子物质，大分子物质胶团直径为 10～120nm，这种特殊的结构不仅增加了功能性材料的比表面积，同时还增加了活性吸附位点，为用作缓释肥包膜剂时养分缓释提供了基础。

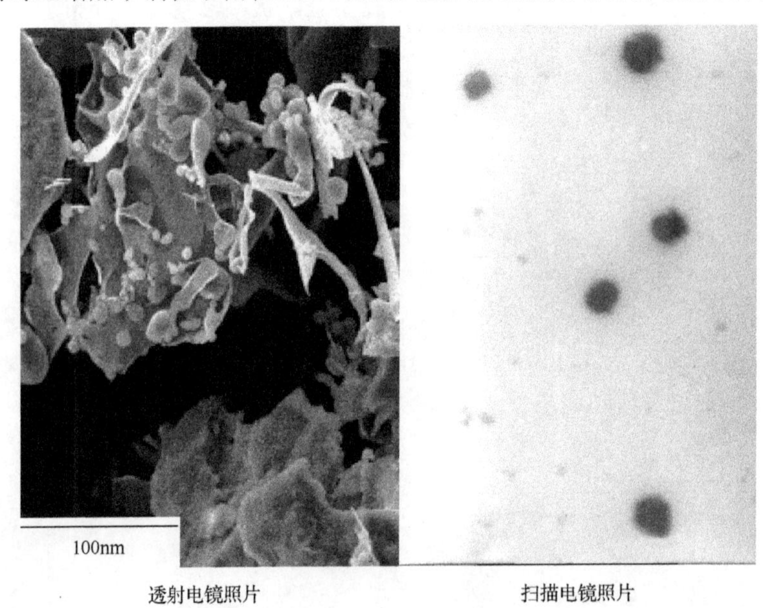

图 2-20　纳米-亚微米级黏土-聚酯混聚物复合材料的电镜照片

当粒子直径与光波长相近时，粒子对光的散射称为米氏(Mie)散射。Mie 散射理论是对处于均匀介质中各向均匀同性的单个介质球在单色平行光照射下的麦克斯韦(Maxwell)方程边界条件的严格数学解。激光粒度分析仪就是根据激光散射技术测量颗粒大小的。就纳米材料检测而言，主要涉及频移及其角度依赖性的检测。

图 2-21 为纳米-亚微米级黏土-聚酯混聚物复合材料的激光粒度分析曲线。从曲线可

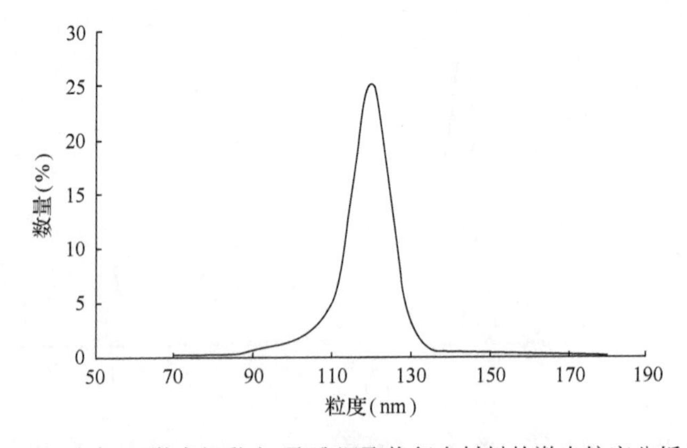

图 2-21　纳米-亚微米级黏土-聚酯混聚物复合材料的激光粒度分析曲线

以得出，黏土-聚酯混聚物材料10%的颗粒平均粒径为30nm，50%的颗粒平均粒径为90nm，90%的颗粒平均粒径为110nm，这是由黏土的特殊结构造成的，黏土结构是片层状，在聚酯中为插层结构，三维结构中*a*轴和*b*轴方向测定值均大于100nm，而激光粒度分析曲线最终给出的是平均粒径，因此数据与扫描电镜观察的结果相比有一定的差异性。由此可见激光粒度分析仪在粒径测定中更适于表征球形的纳米粒子。

黏土矿物表面非常容易吸附性质与水相似的有机化合物分子胶团，但是由于黏土矿物和有机化合物分子胶团之间形成的相互作用力较弱，因此一些分子中电荷分布均匀，正负电荷中心重合的非极性分子只能在矿物表面产生物理吸附。但是，黏土矿物可以与极性有机分子发生化学吸附和键合反应，形成黏土-有机复合体胶团，并且由于不同有机分子的性质不同，黏土-有机复合体中的成键作用也不相同，主要由氢键、离子偶极力、有机分子与水化离子之间的“水桥”成键作用、阳离子交换、阴离子交换等方式产生，不饱和树脂在改性条件下，通过聚合反应，与黏土形成络合分子团，此分子团为高岭土和蒙脱土插入有机物质层间，增大了有机物的层间距，且有机物与高岭土和蒙脱土层间水合羟基的氢键连接，形成相互分子力较大的黏土-有机复合体。通过扫描电镜观察和激光粒度分析，复合材料粒径在10～120nm。

iii纳米-亚微米级腐殖酸混聚物复合材料

通过扫描电镜图像可以观察到材料的大小和形状，对材料有形象直观的认识。天然风化煤和风化煤多功能固沙保水剂的SEM照片如图2-22所示，图2-22a是未经加工的风化煤天然胶团，图2-22b是加入了活化剂和反絮凝剂的纳米-亚微米级腐殖酸混聚物，比较图a和b发现，天然风化煤的疏松网状结构被解离成小颗粒状，颗粒大小在20～60nm，不但增加了其表面积，而且增加了裸露在表面的活性结合位点，为保水和养分缓慢释放提供基础。

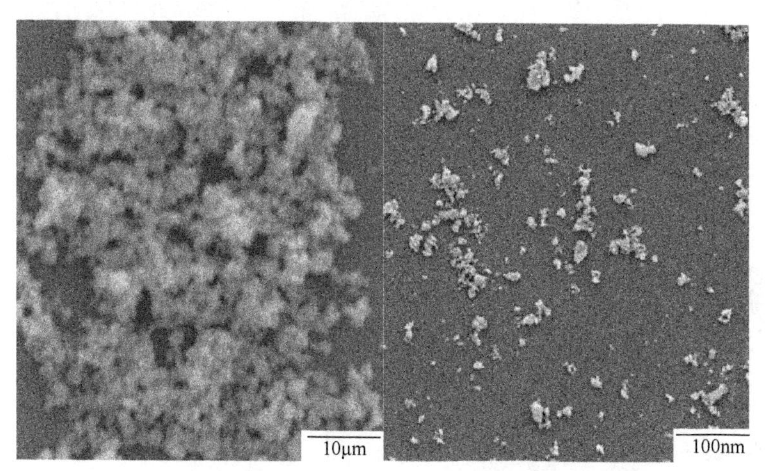

a 天然风化煤　　b 纳米-亚微米级腐殖酸混聚物

图2-22　纳米-亚微米级腐殖酸混聚物复合材料的扫描电镜照片（×40倍）

图2-23为激光粒度分析仪利用光的散射现象测量颗粒大小所得出的纳米-亚微米级腐殖酸混聚物复合材料的粒度分析曲线。结果显示，所测纳米-亚微米级腐殖酸混聚物复

合材料固形物的75%粒径在20～60nm，这与扫描电镜的观察结果很相似。该复合物实际上是各类化合物胶团的聚合体，包括各种盐类、无机化合物，以及腐殖酸与各金属元素相结合的腐殖酸钠、腐殖酸钙等络合(螯合)物等，它们均具有胶体特性的共同特点。

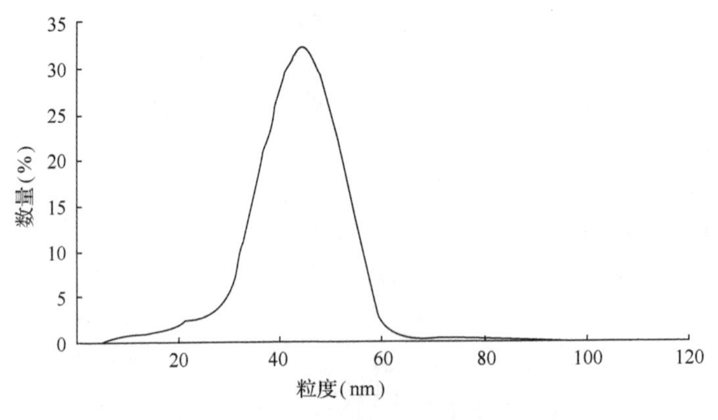

图2-23　纳米-亚微米级腐殖酸混聚物复合材料的激光粒度分析曲线

纳米-亚微米级腐殖酸混聚物是制作多功能固沙保水剂的主要原料，作为固沙保水剂，颗粒粒径是其分散均匀性的重要表征。风化煤腐殖酸通过活化提纯、微乳化和高剪切等技术，反应生成纳米-亚微米级腐殖酸混聚物功能材料，通过扫描电镜、透射电镜和激光粒度观察、分析测试，75%混聚物胶团直径在20～60nm，且该混聚物具有很强的胶体特性，应用于沙化、荒漠化土地改良，可以有效地团聚固持松散的沙粒。

ⅳ纳米-亚微米级废弃泡沫塑料-淀粉混聚物复合材料

图2-24a为纳米-亚微米级废弃泡沫塑料-淀粉混聚物复合材料的透射电镜照片，分析a图可以看出，复合材料在透射电镜下出现了许多小孔，这种蜂窝状多孔结构是材料制

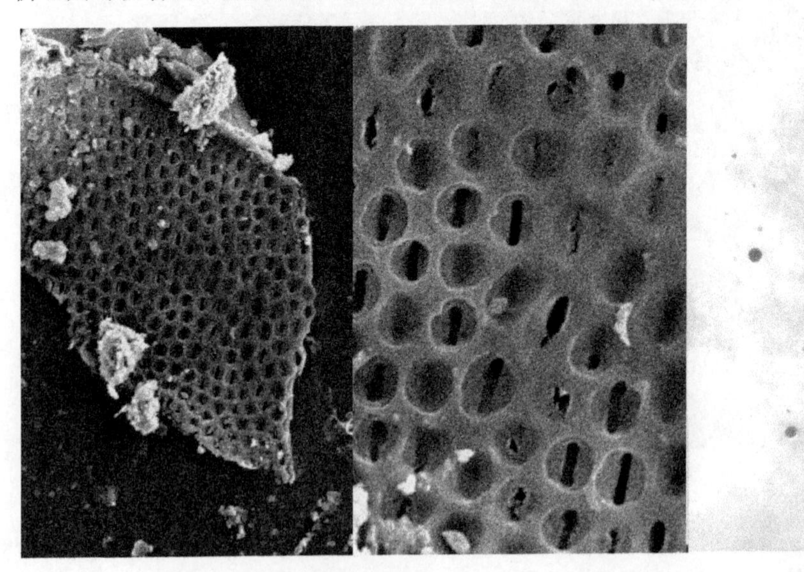

a 透射电镜照片　　　　b 扫描电镜照片

图2-24　纳米-亚微米级废弃泡沫塑料-淀粉混聚物复合材料的电镜照片

备过程中形成的。它是水分进入复合材料聚集体内部的通道，也是此类混聚物用作固沙保水剂和缓/控释肥料时初期吸水膨胀的基础。

图片进一步放大100倍(图2-24b)，可以观察到材料电镜成像表面结构为凹凸不平的起伏，凹凸不平的界面上有细小条状物层叠加，可以发现，纳米-亚微米级废弃泡沫塑料-淀粉混聚物表面均匀分布着许多蜂窝状的小空隙，空隙直径在10～20nm，这些蜂窝状小孔缝隙是材料吸水的场所，也是储存水分的场所，这种特殊的结构可为养分的缓释和水分的保持提供基础。

激光粒度分析曲线结果表明(图2-25)，纳米-亚微米级废弃泡沫塑料-淀粉混聚物复合材料10%颗粒平均粒径为10nm，超过50%混聚物颗粒平均粒径为30nm，80%以上颗粒平均粒径为80nm左右，与电镜分析结果基本相吻合。

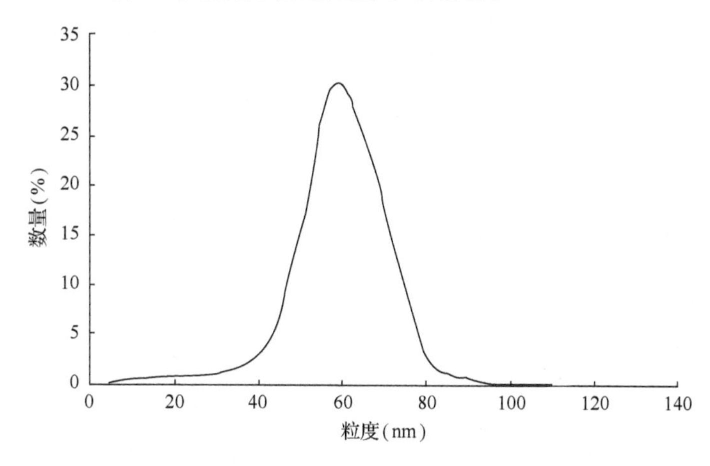

图2-25　纳米-亚微米级废弃泡沫塑料-淀粉混聚物复合材料的激光粒度分析曲线

采用液相化学方法，通过微乳化、非均相混聚、高剪切等技术，选择废弃泡沫塑料和淀粉制得纳米-亚微米级泡沫废弃塑料-淀粉混聚物功能材料，通过扫描电镜观察和激光粒度分析，结果表明，纳米-亚微米级泡沫废弃塑料-淀粉混聚物材料80%颗粒平均粒径约在80nm，混聚物材料表面均匀分布着许多大小不一的蜂窝状的小孔隙，孔隙直径为10～20nm，这种特殊的结构可为蓄积水分和缓慢释放养分提供载体基础。

本研究通过微乳化、高剪切和非均相混聚等技术，利用废弃物、工业副产物及廉价环保的化工原料，如废弃塑料、造纸黑液、生活污泥、风化煤、煤矸石、竹醋液等，以水代替大部分有机溶剂，采用液相化学方法，依据不同类型功能材料的原料和生产工艺，确定了其生产所需温度、时间、配比等工艺参数，研制了3种微乳化型和4种化学聚合(缩合)反应型纳米-亚微米级植物营养功能性材料，通过扫描电镜、透射电镜和激光粒度分析仪对部分研制的植物营养功能性材料进行了表征测试，结果表明供试材料胶团粒径均达到纳米-亚微米级，其中纳米-亚微米级聚乙烯醇混聚物复合材料有80%胶团平均直径在30nm，95%以上胶团直径基本上在90nm以内；纳米-亚微米级黏土-聚酯混聚物复合材料90%颗粒平均粒径为110nm；纳米-亚微米级腐殖酸混聚物复合材料固形物75%粒径在20～60nm；纳米-亚微米级废弃泡沫塑料-淀粉混聚物复合材料80%颗粒平均粒径在

80nm 左右，材料胶团粒径达到纳米级后，材料的表面积和活性官能团均有所增加，为材料应用于缓释、吸附、保水等功能性产品提供了材料基础。

2. 植物营养功能性材料在大田作物缓/控释肥料中的应用

近年来，缓/控释肥料的研制和应用成为节约肥料消费及降低环境污染的一个新的发展趋势(Akelah，1996；Jarosiewicz and Tomaszewska，2003)，也是国内外植物营养和肥料科学的一个热点研究领域(Tang et al.，2007)。与传统肥料相比，缓/控释肥料有明显优势：缓/控释肥料可以避免土壤养分过量富集，协调土壤养分供应与植物养分吸收之间在时间上不同步的矛盾，从而提高养分利用效率、减少施用频率和降低因过量使用而带来的潜在环境风险等(Xie et al.，2011)。本部分就植物营养功能性材料应用于大田缓/控释肥料进行研究，阐明 4 种功能性材料在包膜制造工艺下其性能及植物营养学效应，为环境友好型的大田作物专用缓/控释肥料包膜材料研制与应用提供理论依据。

(1) 大田作物专用缓/控释肥料生产工艺与设备

根据前期研究结果，纳米-亚微米级聚乙烯醇混聚物(CF2)、纳米-亚微米级腐殖酸混聚物(N-FZ)、纳米-亚微米级废弃塑料-淀粉混聚物(N-PS)、纳米-亚微米级丙烯酸酯类复合材料(N-BX) 4 种植物营养功能性材料包膜的缓释肥按照不同比例掺混可以同时满足小麦、玉米、水稻 3 种大田作物的需肥规律。因此本研究选用这 4 种功能性材料为供试材料，阐明功能性材料在包膜制造工艺下其性能及植物营养学效应，为环境友好型的大田作物专用缓/控释肥料包膜材料研制与应用提供理论依据。

由于尿素氮和复混肥料氮是水溶性氮，本项研究使用的植物营养功能性材料均为水溶性胶团水溶液，复混肥由于有辅料，具有缓冲作用，尿素氮是均一的，遇水即溶解，为了克服水溶性包膜材料的致命弱点，在包膜技术上采取以下生产工艺。①迅速包膜：包膜剂首先在混合罐中搅拌加热，降低黏度，喷嘴在压力(1.15MPa)下形成雾区，已预热(55～60℃)的大颗粒尿素(或含氮量≥15%的复混肥)在包膜剂的雾区中完成包膜，然后进入扑粉区。②迅速烘干：尿素包膜扑粉后，迅速进入热风区烘干，温度 70～80℃，关键是加大风量(8～10m^3/min)，使包膜中的水分迅速蒸发。③迅速冷却：烘干后的包膜尿素应迅速冷却，又称为“风淬”，增加包膜的硬度，装袋后不会结块。

在原有转鼓造粒复混肥料的转鼓附近安装一个加热稀释搅拌罐，缓释剂稀释倍数根据原料含水量和蒸汽加入量而定。用真空压力泵将缓释剂稀释水溶液呈雾状喷入转鼓内上面的物料上，可根据物流计算缓释剂喷入量。缓释剂用量(稀释前原液)占氮、磷、钾物料的质量分数为 1%～1.5%，可提高成品率 10%～15%。工艺流程如图 2-26 所示。

生产设备包括：①包膜筒，分为预热区、包膜区、扑粉区、烘干区、冷却区(图 2-27)，②附属设备，包膜剂预热搅拌罐、计量泵、喷嘴、空压机、鼓热风机、滑石粉输送装置、鼓冷风机、尿素上料传递带、成品传送带、除尘器、成品储存仓、包机。

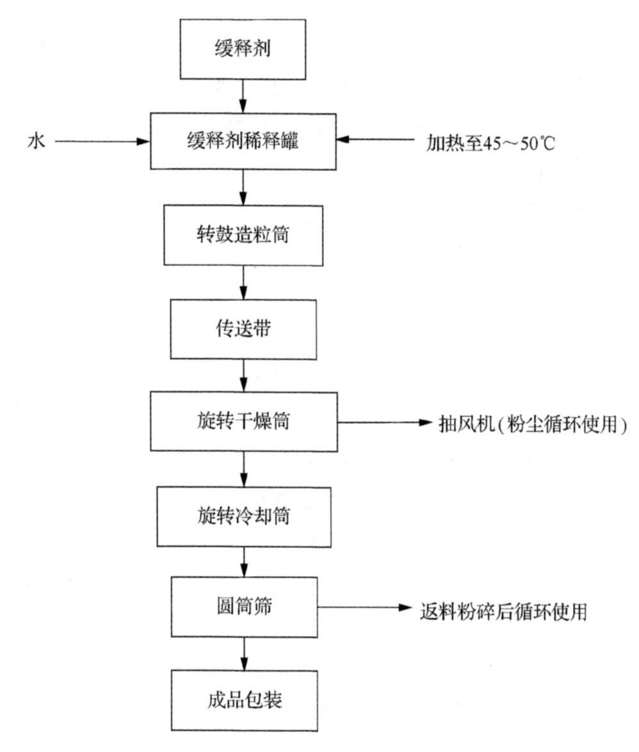

图 2-26　缓/控释肥料生产工艺流程图

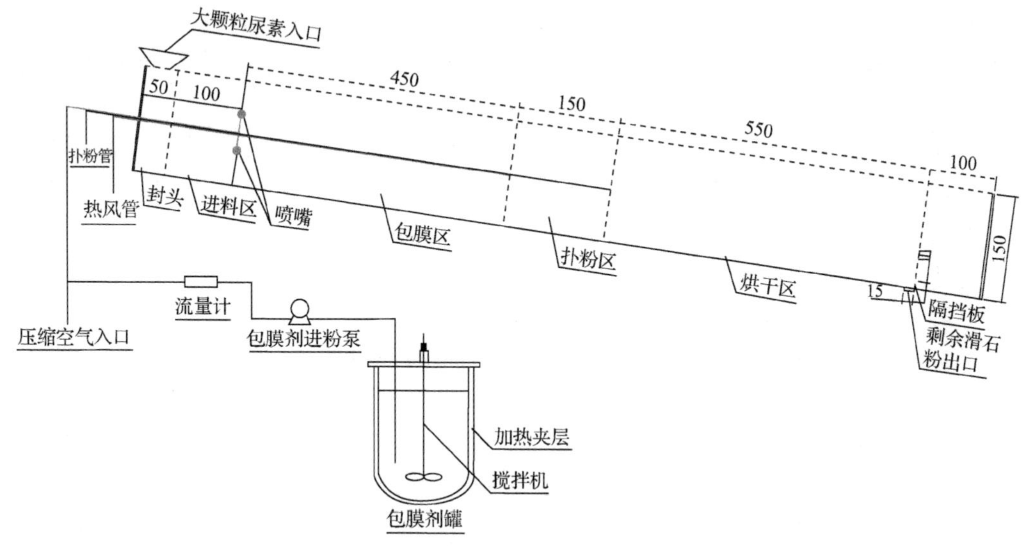

图 2-27　缓/控释肥料包膜设备

图中各数值单位为 cm

(2) 小麦、玉米、水稻专用缓/控释肥料研制

夏玉米生育期为苗期、拔节至孕穗期、孕穗至成熟期，各生育期养分需求比例为氮素 10%、76%、14%，磷素 10%、63%、27%，钾素 10%、74%、16%；共同的规律是拔

节至孕穗期均是夏玉米吸收氮、磷、钾的高峰期。夏玉米全生育期吸收比例为：N∶P_2O_5∶K_2O=1∶(0.34～0.45)∶(0.77～0.91)。因玉米的播种时间在每年5～6月，温度较高，土壤磷、钾释放较多，除了考虑各地土壤肥力状况对夏玉米专用肥氮、磷、钾比例进行调整外，主要对氮素进行控释。

冬小麦生育期分为出苗期、越冬期、分蘖期、拔节抽穗期、灌浆成熟期5个阶段。从养分释放的角度讲，冬季低温期养分特别是氮素释放越少越好。为避免越冬后浇灌返青水时造成养分流失，将冬小麦生育期重新划分为以下三个时期：冬前期、返青分蘖期、拔节灌浆期，三个阶段对氮素需求比例大致为10%∶25%∶65%；对磷素需求比例大致为15%∶15%∶70%；对钾素需求比例大致为17.5%∶16%∶66.5%。共同的规律是灌浆期为冬小麦吸收氮、磷、钾的高峰期。冬小麦全生育期吸收比例为N∶P_2O_5∶K_2O =1∶(0.4～0.5)∶(1.5～2)。冬小麦种植区主要分布在长城以南的黄淮海平原和长江流域，总的来说，冬小麦种植地区土壤缺氮、缺磷，钾相对含量较高，冬小麦吸收磷、钾的高峰期为拔节灌浆期，届时气温相对较高，土壤释放磷、钾的量较多，因此，缓/控释肥主要是控制氮素的释放。

目前长江中下游地区种植的中稻多为杂交稻，生育期为100～110d，在长江流域一般5月上旬插秧，8月中、下旬收割。营养生长与生殖生长的关系为衔接型，吸收养分有两个明显的高峰期，一是分蘖期，二是幼穗分化期，而且后期吸收养分的量比前期高，营养生长期与生殖生长期养分比例(以N计)大致为40%∶60%。一般一季中稻最佳施肥量(以N计)为180kg/hm^2，各种类型水稻全生育期吸收比例大致为N∶P_2O_5∶K_2O=1∶0.5∶0.8。

采用“异粒变速”养分缓/控释工艺，根据小麦、玉米、水稻不同生育期对养分的需求比例(以N为基准)，将不同时间段释放养分的缓释肥料，即速效化学肥料(苗期至拔节期)，纳米-亚微米级聚乙烯醇包膜缓释肥、纳米-亚微米级腐殖酸混聚物包膜肥(拔节至孕穗期)，纳米-亚微米级废弃泡沫塑料-淀粉混聚物包膜缓释肥(灌浆成熟期)按比例组合掺混均匀，成为养分释放时段各异的缓释肥料，使养分释放速率与小麦、玉米、水稻各生育期对养分的需求基本吻合。

i 缓/控释肥料在东北玉米单作区的应用

试验地点在吉林省公主岭市陶家屯镇中上肥力土壤上进行，土壤基本理化性质：速效 N 124.2mg/kg，速效P 16.1mg/kg，速效K 199.6mg/kg，有机质2.26%，pH 5.2。供试品种为‘先玉335’。试验共设4个处理，采用随机区组设计，重复3次，小区面积30m^2，4个处理为：①无肥空白对照(NT0)；②农民习惯施肥(NT1)；③玉米专用缓/控释肥料(NT2)；④80%农民习惯施氮量的玉米专用缓/控释肥料(NT3)。农民习惯施肥量，根据前期调查结果，分别为氮用量190kg/hm^2，磷用量75kg/hm^2，钾用量90kg/hm^2。玉米种植密度为6.0万株/hm^2。播种日期为5月5日、6日，收获日期为9月27日、28日。

叶绿素含量与光合作用密切相关，叶绿素含量增加，叶片的光合速率相应提高。利用SPAD仪对不同生育期叶片叶绿素含量(SPAD)进行测定(表2-7)，7月14日前测定完全展开叶，吐丝后测定穗位叶。结果表明，SPAD测定值从第四展开叶到第八展开叶增加，而后在第十二展开叶时下降，到穗位叶上升并维持到灌浆期。第四展开叶和第八展开叶 SPAD 测定值不施氮与施氮处理比较无显著差异，各施氮处理间也无显著差异，直到第十二展开叶，叶片 SPAD 测定值不施氮与 NT2 处理比较差异显著，并且 SPAD 值最高，说明氮素供应均衡。到灌浆期穗位叶不施氮处理和习惯施肥处理 SPAD 值显著下降($P<0.05$)，低于缓释肥处理，NT2(玉米专用缓/控释肥料)处理 SPAD 值最高，但与减施20%习惯施氮量的缓释肥处理无显著差异，说明专用缓/控释肥料在玉米生长期提供了与作物生长需求相适应的氮素。

表 2-7 不同生育时期叶绿素 SPAD 值

处理	6月5日 第四叶	6月26日 第八叶	7月14日 第十二叶	7月24日 穗位叶	8月29日 穗位叶
NT0	30.3a	48.6a	34.9b	48.3a	40.1b
NT1	29.1a	52.0a	41.4ab	49.6a	40.5b
NT2	29.8a	51.6a	43.5a	51.3a	49.8a
NT3	30.7a	51.4a	42.2ab	51.3a	49.4a

注：表中同一列数字后不同字母表示处理之间的方差分析结果，显著性水平为 0.05

对玉米各生育期生物量测定结果表明(表 2-8)，在苗期四叶期，不施氮处理生物量没有受到显著影响，说明土壤中的残留氮素能够满足玉米苗期生长需求，从八叶期开始，不施氮处理生物量显著下降，速效复合肥处理生物量在拔节期前显著($P<0.05$)高于缓释肥基施处理，但在吐丝灌浆期则显著($P<0.05$)低于缓释肥处理，到收获期没有显著差异；在成熟期施用缓释肥处理生物量高于一次性等 NPK 速效复合肥处理，但差异不显著。减施 20%习惯施氮量的缓释肥处理生物量在成熟期不仅没有降低，反而有一定的升高，但差异不显著。施用缓释肥处理的生物量较高，说明缓释养分施用使作物需求与养分供应趋于同步，确保光合产物籽粒转移。

表 2-8 氮肥不同施用下不同生育时期生物量 (单位：kg/hm^2)

处理	6月5日	6月26日	7月14日	7月24日	8月29日	9月21日
NT0	55±3a	1 343±23b	4 930±165b	7 136±184c	16 670±163c	19 590±410b
NT1	64±2a	1 495±15a	5 646±482a	7 988±640ab	17 833±834b	21 734±1578ab
NT2	59±3a	1 368±28b	5 872±228a	8 882±215a	19 208±791a	22 989±990a
NT3	59±1a	1 352±18b	5 688±200a	8 621±325ab	18 097±98ab	22 397±581ab

注：表中同一列数字后不同字母表示处理之间的方差分析结果，显著性水平为 0.05

表 2-9 为不同时期植株氮含量动态，玉米苗期不同施氮处理茎叶氮素含量差异不显著($P>0.05$)，拔节期玉米地上部茎叶含氮量与苗期相近，但不施氮肥处理 NT0 在大喇叭口期含氮量显著下降($P<0.05$)，氮素浓度维持在大喇叭口期水平，各施氮处理间茎叶氮素含量无显著差异($P>0.05$)。到吐丝灌浆期，茎叶内氮素含量开始下降，原因是籽粒吸收了部分氮素，此生育期不施氮处理 NT0 茎叶和籽粒中全氮量显著低于各施氮处理，各施氮处理间茎叶和籽粒氮含量无显著差异($P>0.05$)。成熟期玉米茎叶中全氮量继续下降，NT0 含氮量显著低于不同施氮处理，各施氮处理间无显著差异，玉米籽粒全氮含量各处理间无显著差异($P>0.05$)。

表 2-9 不同时期植株含氮量变化 (单位：g N/kg)

处理	6月5日	6月26日	7月14日	7月24日	8月29日		9月21日	
	茎叶	茎叶	茎叶	茎叶	茎叶	籽粒	茎叶	籽粒
NT0	33.8a	26.4b	14.4b	15.6b	5.4b	9.8b	3.8b	10.1a
NT1	34.3a	34.5a	18.3ab	17.4a	7.4a	11.6a	6.2a	10.7a
NT2	34.2a	34.3a	20.8a	17.0a	7.2a	11.4a	6.1a	10.8a
NT3	32.5a	33.8a	18.1ab	17.5a	7.0a	11.7a	6.3a	10.7a

注：表中同一列数字后不同字母表示处理之间的方差分析结果，显著性水平为 0.05

研究结果表明(表 2-10)，各施氮处理可满足春玉米的氮素需求，减少习惯施氮量约20%的缓控释肥处理产量和效益未受影响，说明当季减少氮肥用量下可以维持产量。缓/控释肥料处理与 100%化肥氮(NT1)相比，产量相当或增加，但差异不显著($P>0.05$)，因为缓释氮素有效性比速效化肥氮低，缓释肥处理具有明显的正交互效应，这种效应可能与缓释肥具有延缓玉米根系衰老和稳定产量的作用有关。施用缓释肥料可以增加土壤全氮，维持土壤肥力，防止地下水硝态氮污染等，但长期施用是否能够维持玉米产量还有待进一步试验验证。

表 2-10 不同氮肥施用对玉米产量的影响

处理	籽粒产量(kg/hm^2)	秸秆产量(kg/hm^2)	增产量(kg/hm^2)	增产率(%)
NT0	9 878b	9 781b	—	—
NT1	11 052a	10 340ab	1 374	12.2
NT2	11 281a	11 802a	1 203	13.9
NT3	11 015ab	11 163ab	1 137	11.5

注：表中同一列数字后不同字母表示处理之间的方差分析结果，显著性水平为 0.05

不同处理对春玉米穗长、行数、行粒数、穗粒数没有显著影响，对百粒重无显著影响，施氮处理可以减少玉米秃尖长度(表 2-11)。

表 2-11 玉米氮素施用对产量构成因素的影响

处理	穗长(cm)	行数(行)	行粒数(个)	穗粒数(个)	百粒重(g)	秃尖长(cm)
NT0	16.8a	15.7a	39.2a	613.9a	32.6a	0.26a
NT1	16.8a	16.5a	38.2a	631.2a	33.3a	0.11b
NT2	17.2a	15.9a	40.0a	634.9a	34.2a	0.17ab
NT3	16.6a	15.6a	39.3a	612.5a	33.4a	0.15ab

注：表中同一列数字后不同字母表示处理之间的方差分析结果，显著性水平为 0.05

偏生产力是评价土壤肥力与肥料效应的综合性指标，是单位施氮量的产量效应，一般在 40～80kg/kg，若氮素偏生产力 PFPN 值大于 60kg/kg，则表明田间氮素管理较好或氮肥综合效率较高。表 2-12 结果表明，不同缓释氮肥施用条件下 PFPN 优于习惯施肥处理。农民习惯施氮量的 PFPN 小于 60kg/kg，而施用缓释肥的处理 PFPN 都大于 60kg/kg 甚至大于 70kg/kg。生理利用率(PEN)指吸收的单位肥料养分的增产量，表明吸收的肥料养分的转化效率，NT2 最高，其次为减施 20%习惯施氮量缓释肥的处理。氮素的当季回收率(REN)以 NT2 的缓释肥处理最高，达到 43.2%，比习惯施肥高 17.8 个百分点(表 2-12)。

表 2-12　不同氮肥施用对氮素利用效率的影响

处理	PFPN (kg/kg)	AEN (kg/kg)	PEN (kg/kg N)	REN (%)
NT1	59	7.2	18.3	25.4
NT2	73	7.9	28.5	43.2
NT3	72	7.5	26.0	38.7

注：AEN 为农学效率

ii 缓/控释肥料在华北小麦-玉米轮作区的应用

潮土区试验布置在河北省农林科学院衡水市旱作节水农业试验站。地处河北平原中南部，位于河北省衡水市深州的护驾池镇(衡水市区北 20km)，东经 115.62°，北纬 37.74°，海拔为 31m，属冲积低平原，地下水位埋深 16～18m。典型潮土区小麦-玉米轮作体系，试验地土壤基础肥力状况见表 2-13。小麦品种为‘衡观 35’，11 月 12 日播种，次年 6 月 6 日收获。种植前采集 0～20cm、20～40cm、40～60cm、60～80cm、80～100cm 的基础土样；玉米品种为‘郑单 958’。试验共设 4 个处理，采用随机区组设计，重复 3 次，小区面积 30m^2，4 个处理为：①无肥空白对照(NT0)；②农民习惯施肥(NT1)；③玉米专用缓/控释肥料(NT2)；④80%农民习惯施氮量的玉米专用缓/控释肥料(NT3)。

表 2-13　衡水试验地 0～20cm 土壤基础肥力状况

有机碳 (g/kg)	全氮 (g/kg)	碱解氮 (mg/kg)	速效磷 (mg/kg)	全磷 (g/kg)	全钾 (g/kg)	速效钾 (mg/kg)	pH
16.46	1.20	106.52	40.48	1.15	17.92	135.46	8.52

小麦季施氮处理收获期生物量和籽粒产量间没有显著差异，NT0 与施氮处理间存在显著差异(图 2-28A)。说明潮土集约化农田在不施氮肥后，小麦产量降低了 0.9%～36.8%。小麦成熟期缓释肥处理 NT2 和 NT3 较习惯施氮处理有一定的增产效果。习惯氮肥用量处理(NT1)的小麦籽粒单产较缓释肥处理 NT2 和 NT3 减产了 3.9%和 2.5%，但差异不显著($P>0.05$)。

玉米季施氮处理收获期籽粒产量间没有显著差异(图 2-28B)，在玉米成熟期，缓释肥处理 NT2 和 NT3 较习惯施肥处理 NT1 有一定增产效果；习惯氮肥用量处理(NT1)的玉米籽粒产量较缓/控释肥料处理 NT2 和 NT3 减产了 4.4%和 2.6%，但差异不显著($P>0.05$)。如果从小麦-玉米轮作周期总的籽粒产量综合来看，习惯氮肥用量处理(NT1)的小麦-玉米籽粒产量并没有获得高产，缓释肥处理中 NT2 和 NT3 均较习惯施氮处理增产 2.5%～4.1%，但差异不显著(图 2-29，$P>0.05$)。

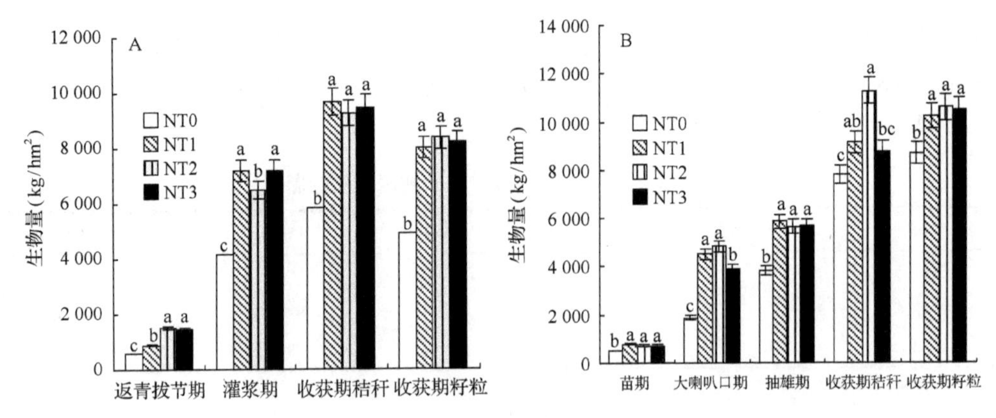

图 2-28　不同生育期小麦(A)、玉米(B)生物量

图中不同字母表示在 0.05 水平上差异显著($P<0.05$)

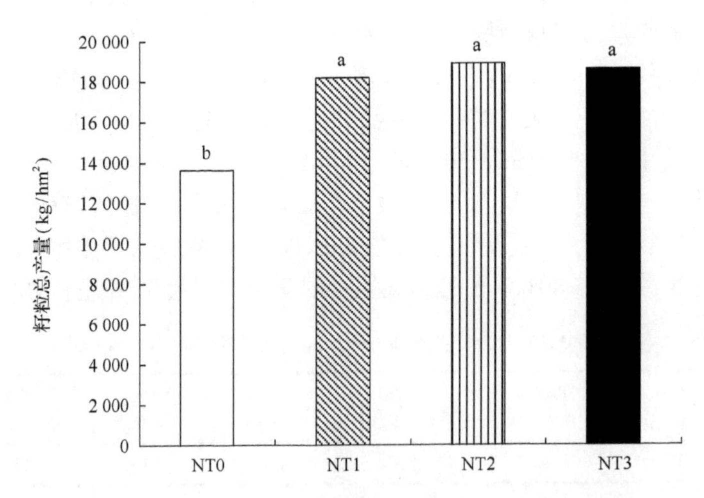

图 2-29　不同氮肥处理的小麦-玉米轮作周期籽粒总产量

图中不同字母表示在 0.05 水平上差异显著($P<0.05$)

表 2-14 结果表明，小麦季习惯施氮量处理(NT1)的 PFPN 为 26.67kg 籽粒/kg N，远低于减施习惯施氮量 20%的缓/控释肥料处理 PFPN 水平。说明华北地区小麦季在氮肥高投入条件下，并没有获得高产，初步结果表明，肥料氮减施 20%条件下，可以提高氮肥的利用效率，产量不减，反而有一定的提高，具体原因还需要进一步校验。玉米季的结果与小麦季相似。

表 2-14　小麦/玉米氮肥利用效率的影响

处理	小麦		玉米	
	单产(kg/hm²)	PFPN(kg 籽粒/kg N)	单产(kg/hm²)	PFPN(kg 籽粒/kg N)
NT0	4 937a	—	8 705b	—
NT1	8 002ab	26.67b	10 203a	34.01b
NT2	8 353a	37.84a	10 597a	39.32ab
NT3	8 207ab	34.20ab	10 458a	40.22a

注：表中同一列数字后不同字母表示处理之间的方差分析结果，显著性水平为 0.05

小麦季不同生育期作物氮素吸收量如图 2-30A 所示，不施肥处理(NT0)的氮素吸收量显著低于其他 3 种氮肥处理(P<0.05)；缓/控释肥料处理(NT2)在灌浆期和收获期氮素吸收量明显较高，提高了光合产物籽粒转移，该处理的单产水平也高于习惯施氮处理，但差异不显著(P>0.05)。玉米季不同生育期作物氮素吸收量结果与小麦季相似(图 2-30B)，不施肥处理(NT0)的氮素吸收量较施氮处理 NT1、NT2、NT3 降低较为明显，且产量显著低于施氮处理，说明在集约化农田，经过一季不施肥后，NT0 的氮素供应已不能满足玉米生长的要求，并造成了玉米的减产。

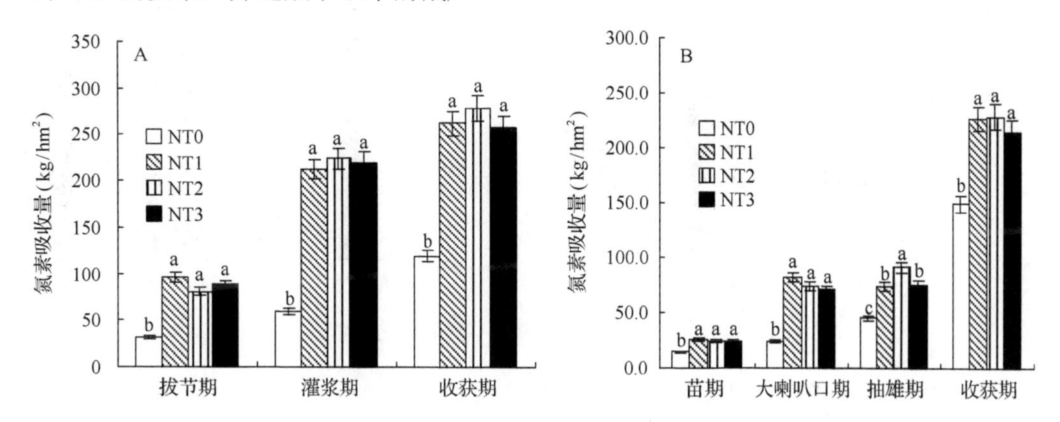

图 2-30　小麦(A)、玉米(B)不同生育期作物的氮素吸收量

图中不同字母表示在 0.05 水平上差异显著(P<0.05)

玉米收获期间，缓/控释肥料处理 NT2 和 NT3 的土壤有机碳和全氮含量与 NT0(氮空白)相比，有所提升，有机碳的提高可能与作物专用缓/控释肥料中腐殖酸包膜材料带入碳有关；土壤全氮含量缓/控释肥料处理与 NT1 相比，土壤全氮含量有一定程度的升高(图 2-31)，说明经过一个作物生长轮作期，缓/控释肥料除提供作物必需的氮素外，通过缓释效应，有效地减少了氮素各种途径的损失。

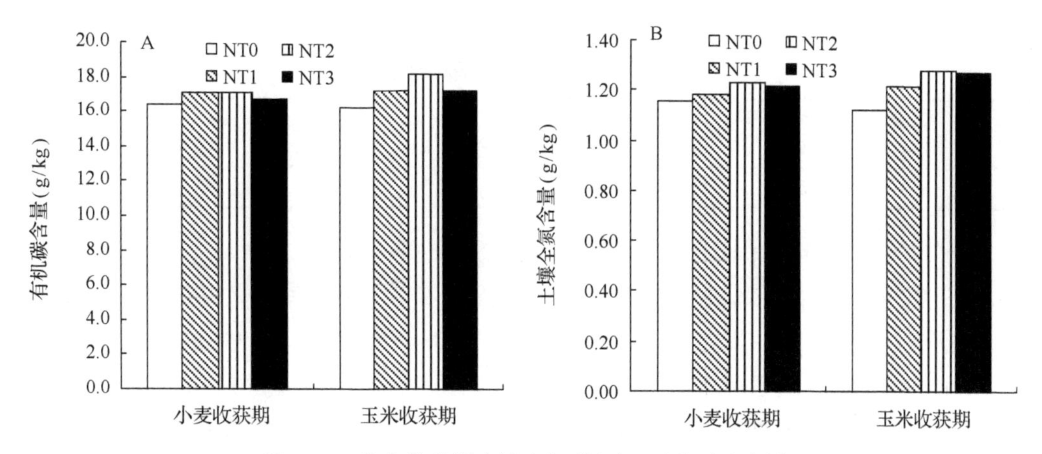

图 2-31　作物收获期土壤有机碳(A)、全氮(B)含量

小麦生长期间，各施氮收获期的土壤碱解氮含量与 NT0 相比，没有明显差异(P>0.05)，说明没有降低土壤碱解氮含量水平(图 2-32)。小麦拔节期、灌浆期、收获期间缓释肥处理 NT2、NT3 的土壤碱解氮含量相对较高，说明缓/控释肥料在作物关键生育期为作物生长提供了必需的速效氮，有利于作物的生长发育。

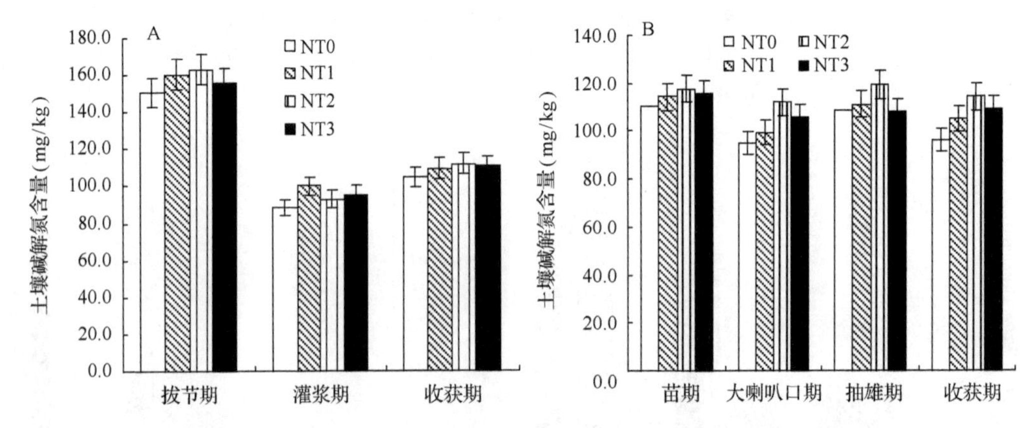

图 2-32　小麦(A)、玉米(B)生育期不同处理的土壤碱解氮含量

iii缓/控释肥料在江汉平原小麦-水稻轮作区的应用

试验地点位于湖北省潜江市浩口镇柳州村 4 组，供试土壤为水稻土。地块位于 30°22′54.5″N，112°37′21.5″E，海拔 27.5m。该试验地块位于江汉平原腹地，区内地势平坦，土壤类型为长江冲积物母质发育的水稻土，土层深厚，土壤质地沙壤，地力水平中等(表 2-15)。小麦品种为‘郑麦 9023’，水稻品种为‘Ⅱ优 838’。小麦于 10 月 30 日整地，并取基础土样，旋耕机耕地；11 月 2 日播种，播种量 112.5kg/m^2。播种方式为撒播。基于当地施肥情况调查统计，小麦季农户习惯施肥量定为氮肥 225kg/hm^2，磷肥 120kg/hm^2，钾肥 105kg/hm^2；水稻习惯施肥量水平定为氮肥 210kg/hm^2，磷肥 75kg/hm^2，钾肥 120kg/hm^2。

表 2-15　试验区内土壤基本理化性状

pH	有机碳(g/kg)	全氮(g/kg)	全磷(g/kg)	全钾(g/kg)	速效氮(mg/kg)	速效磷(mg/kg)	速效钾(mg/kg)	阳离子交换量(mol/kg)
7.1	16.83	1.094	1.701	20.7	114.28	13.16	72.5	14.85

小麦-水稻轮作中氮肥处理增产效果显著，不施氮肥处理(NT0)减产幅度较大(图 2-33)。初步说明集约化农田在不施氮肥后，基础地力满足不了作物生长的需求。较施肥处理，不施氮处理(NT0)小麦产量降低了 44.75%～57.71%，水稻减产 22.75%～28.81%。施用缓/控释肥料在小麦-水稻轮作期可以有效提高作物的籽粒产量和生物量，NT2、NT3 较习惯施氮处理有一定的增产效果，差异显著(P<0.05)。习惯氮肥用量处理(NT1)的小麦产量较缓释肥处理 NT2 和 NT3 分别减产了 9.85%和 4.28%，差异不显著(P>0.05)；小麦收获期，试验区域降水量较大，从而影响了小麦的产量。水稻收获期籽粒产量和生物量，不同氮肥施用处理间没有显著差异(P>0.05)(图 2-34)。不施氮肥处理(NT0)减

产幅度明显，缓/控释肥料处理较习惯施氮处理有一定的增产效果，但差异不显著($P>0.05$)，习惯氮肥用量处理(NT1)的水稻籽粒产量较缓释肥处理 NT2 和 NT3 分别减产了 5.59%和 2.60%。

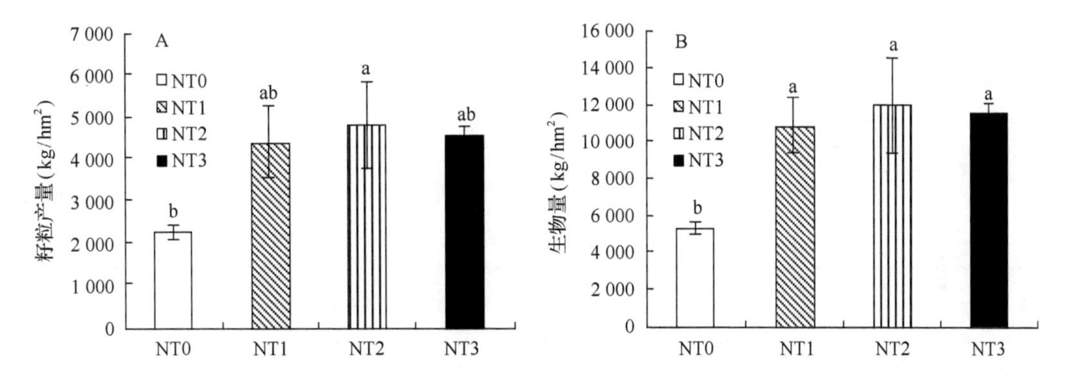

图 2-33　小麦籽粒产量(A)及生物量(B)

图中不同字母表示在 0.05 水平上差异显著($P<0.05$)

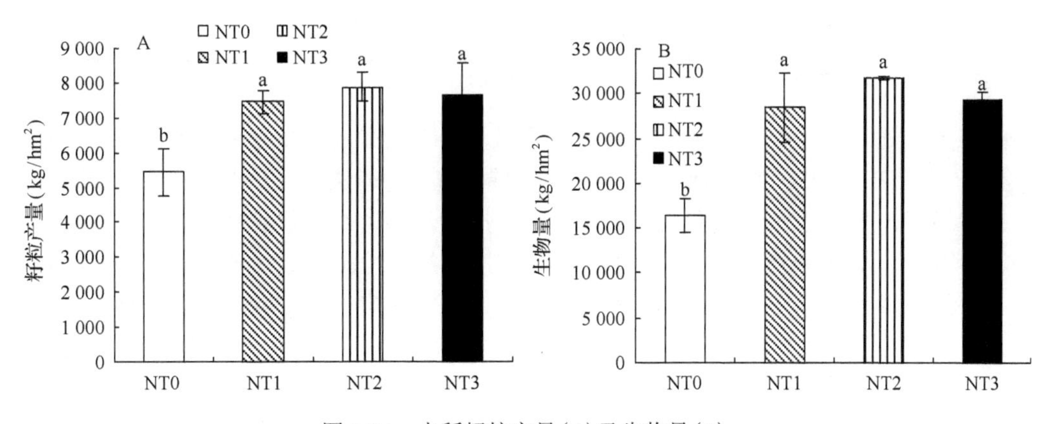

图 2-34　水稻籽粒产量(A)及生物量(B)

图中不同字母表示在 0.05 水平上差异显著($P<0.05$)

施用作物专用缓/控释肥料可以有效地提高江汉平原小麦、水稻的产量，与农民习惯施氮处理相比，NT2、NT3 增产率为 2.60%～9.85%。农民习惯的氮肥投入并没有得到更高的产量，单位施氮量的偏因子生产力反而降低。进一步研究表明，减施 20%化学氮，采用氮素可控缓释的方式，作物产量不仅没有减产，产量还有一定的增幅，在提高氮素利用率的同时，达到了农学效益、环境效益、经济效益的相对统一。

从小麦(表 2-16)和水稻(表 2-17)产量构成因素可分析出，施用缓/控释肥料的处理较习惯施氮处理的增产效果差异与其养分释放规律的差异相关性较大。各施肥处理，小麦的有效穗数 NT2＞NT3＞NT1，谷草比 NT2＞NT3＞NT1，穗粒数 NT2＞NT3＞NT1；水稻的株高 NT2＞NT3＞NT1，穗粒数 NT3＞NT2＞NT1。小麦较习惯施肥处理有效穗数分别增加了 12.24%和 3.67%，水稻有效穗数较习惯施肥处理分别增加了 5.08%和 4.23%，这是作物产量增产的主要原因。

表 2-16 不同氮肥处理对小麦产量构成因素的影响

处理	理论产量(kg/hm^2)	有效穗数(穗/亩)	千粒重(g)	谷草比	穗粒数(粒/穗)
NT0	2 277±198b	188 561±31 385b	42.74±0.40	0.63±0.05	20.8±2.6b
NT1	4 399±901a	329 982±46 831a	42.26±3.36	0.65±0.11	22.9±1.8ab
NT2	4 833±1 004a	370 388±20 337a	45.26±1.02	0.76±0.03	24.4±2.5a
NT3	4 588±201a	342 104±26 903a	44.52±1.70	0.70±0.05	23.8±2.0ab

注：表中同一列数字后不同字母表示处理之间的方差分析结果，显著性水平为 0.05

表 2-17 不同氮肥处理对水稻产量构成因素的影响

处理	理论产量(kg/hm^2)	实粒数(粒/穗)	有效穗数(穗/亩)	千粒重(g)	株高(cm)	穗长(cm)	穗粒数(粒/穗)
NT0	5 451±687b	132.7±11	117 341±1 767.3	30.8±0.1	98.1±3.4	22.2±0.7	143.5±10.9
NT1	7 461±334a	137.6±9.6	120 402±4 675.9	28.5±0.7	99.0±3.7	22.4±2.1	151.7±10.6
NT2	7 879±401a	145±17.7	126 524±7 703.5	29.8±0.5	102.8±2.8	22.4±0.9	157.7±17
NT3	7 657±892a	135.5±36.7	125 504±11 036.8	29.5±0.5	100.9±4.2	21.7±1.9	163.3±40.1

注：表中同一列数字后不同字母表示处理之间的方差分析结果，显著性水平为 0.05

小麦各施氮处理中，氮肥当季表观利用率、氮肥农学效率及氮素偏因子生产力均达到显著水平(P<0.05)(表 2-18)，以缓/控释肥料 NT2 处理氮肥当季表观利用率、氮肥农学效率最高，减氮 20%的缓释肥氮素偏因子生产力最高，小麦氮肥当季表观利用率缓释肥处理 NT2、NT3 分别为 42.9%和 41.8%，较习惯施肥高 10 个百分点以上。水稻缓释氮肥处理的当季表观利用率、氮肥农学效率及氮素偏因子生产力较常规施肥处理差异达显著水平(P<0.05)(表 2-18)，缓释肥处理 NT2、NT3 水稻当季氮素表观利用率分别为 47.6%和 46.9%，较习惯施肥高 10.3～11.0 个百分点，分析结果表明，即使在减施氮肥 20%的条件下，辅以氮素缓释、控释的措施，作物不但不明显减产，而且氮肥当季表观利用率得到了提高。

表 2-18 不同氮肥处理对氮素利用率的影响

处理	氮肥当季表观利用率(%)		氮肥农学效率(kg/kg)		氮素偏因子生产力(kg/kg)	
	小麦	水稻	小麦	水稻	小麦	水稻
NT1	31.2b	36.6b	7.1b	9.6b	21.5b	35.5b
NT2	42.9a	47.6a	10.2a	12.5a	31.0a	46.5a
NT3	41.8ab	46.9a	9.9ab	11.6ab	34.0ab	46.9a

注：同列数据后的小写字母表示差异达 0.05 显著水平；计算公式为：氮肥当季表观利用率(%) =(施氮区地上部分含氮量–空白区地上部含氮量)/施氮量×100%，氮肥农学效率(kg/kg) = (施氮区产量–无氮空白区产量)/施氮量，氮素偏因子生产力(kg/kg) =施氮区产量/施氮量

水稻季收获期间，不同施肥处理间土壤全氮差异不显著($P>0.05$)(图 2-35A)；通过缓/控释肥料中氮素缓释与相应农艺措施，可以在提供作物生长所需氮素的同时，提高土壤的后期供氮能力。研究结果表明，在一个轮作周期后，缓释肥处理与习惯施肥相比土壤全氮量有所增加，但差异不显著。2010 年水稻收获期，不同氮肥处理的土壤有机质含量与基础土样相比有所提升，但差异不显著($P>0.05$)(图 2-35B)。

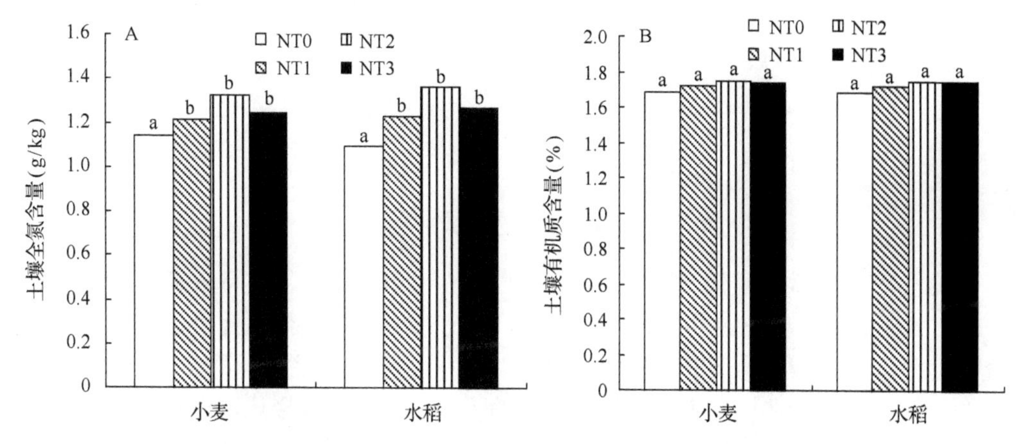

图 2-35　作物收获期缓/控释肥料对土壤全氮(A)和有机质(B)含量的影响

图中不同字母表示在 0.05 水平上差异显著($P<0.05$)

2.2.3　生化抑制剂型缓释氮肥创制

1. 氮肥生化抑制剂的作用机理

(1) 脲酶抑制剂

脲酶广泛存在于植物的种子、动物血液和尿及土壤中。来源不同的脲酶，其结构也有所不同，主要是构成脲酶的单体结构、数目及类型存在差异。来源于植物和真菌类的脲酶，其单体是由相同亚基(α 亚基，分子质量约 90kDa)组成的三聚体(α_3)或六聚体(α_6)，来源于真菌粗球孢子菌的脲酶则是四聚体结构(α_4)；而来源于细菌类脲酶的单体结构一般是由 3 个不同的亚基组成的三聚体[$(\alpha\beta\gamma)_3$]，其中 α 分子量 60～76kDa，β 分子量 8～21kDa，γ 分子量 6～14kDa，整体分子量 190～300kDa(吕婧，2011)。随着生物信息学的发展，解析蛋白质晶体结构的分辨率不断提高，目前已证明脲酶所有单体均含有高度保守的氨基酸序列，且活性部位在 α 片段，并含有两个镍离子。脲酶活性中心的两个镍离子的距离为 3.5～3.7Å，镍离子与一个羧酸化的赖氨酸(Lys)羧基的两个 O 原子分别配位，两个镍离子都通过 N 原子与两个组氨酸(His)分别配位，其中一个镍离子还与一个天冬氨酸(Asp)的 O 配位，镍离子还可以与一些小分子进行配位(Jabri et al.，1995；Balasubramanian and Ponnuraj，2010)，如野生型克氏杆菌脲酶示意图见图 2-36，去质子的水分子(W_B)作为桥键，另外两个水分子 W_1、W_2 配位结合(吕婧，2011)。

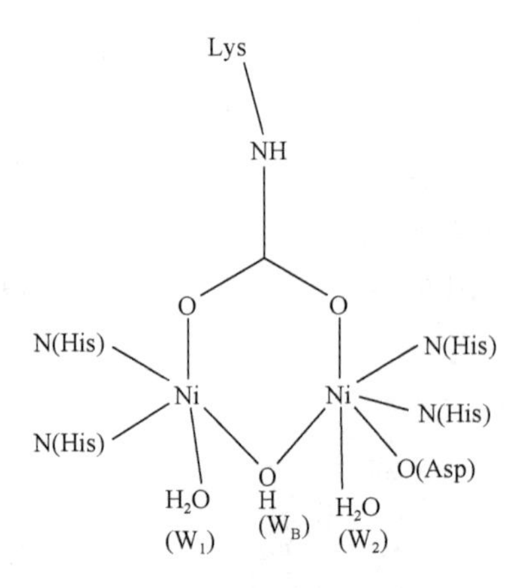

图 2-36　克氏杆菌脲酶活性中心的平面示意图

脲酶对尿素的水解反应具有绝对专一性，在有水的条件下，将尿素水解生成 CO_2 和 NH_3。由于尿素分子具有非常稳定的结构，没有脲酶的催化作用几乎不能水解，而在脲酶催化下，该反应非常迅速。尿素与脲酶的反应机理有以下几种可能：①尿素分子的羰基与一个镍结合，在镍离子诱导与 His 协助下，尿素分子被极化，逐步反应释放出 NH_3 和 CO_2；②尿素分子的羰基与一个镍离子配位，氨基与另一个镍离子配位，两个镍中间的桥键 OH^-进攻羰基并提供质子使尿素分子释放出 NH_3；③尿素在蛋白质残基的协助下消除铵生成氰酸，再进一步水解为 CO_2 和 NH_3(吕婧，2011)。

脲酶抑制剂结合于脲酶的活性部位或其他功能基团改变了分子结构，从而阻止尿素的水解，根据结合方式可以分为以下两类：①竞争性抑制剂，这类抑制剂主要与活性中心的镍离子进行配位，如尿素结构类似物、异羟肟酸类、磷胺类(包括苯基磷酰二胺、硫代磷酰三胺等)、巯基试剂、硼酸及其衍生物等；②与酶活性中心结合，使其结构变化而失活，如重金属离子 Hg^{2+}、Ag^+、Cu^{2+}等(柯爱飞等，2009；吕婧，2011)。磷胺类被证明是抑制作用比较强且毒性很小的一类竞争性抑制剂，*N*-丁基硫代磷酰三胺(NBPT)是其中运用最广泛的一种(Cheyney，2014；Trenkel，2010)；金属离子的抑制效果虽好，但易造成环境污染，往往不被采用。

当尿素施入土壤后，脲酶将其水解释放出氨，脲酶抑制剂可以抑制脲酶活性而减缓尿素的水解速度及氨的释放速率，进而减少氨的挥发和硝化损失。尿素是运用最广泛的氮肥，但施入土壤后迅速水解导致严重的氨挥发损失，因此，脲酶抑制剂的运用越来越多。

(2) 硝化抑制剂

铵态氮在土壤中经过硝化作用生成硝态氮，进而造成硝酸盐的淋失及对地下水的污染(张庆忠和陈欣，2002)。另外，有报道，植物根系可能更偏向于吸收铵态氮，据分析可能的原因有：①植物合成氨基酸时如果利用硝态氮，则将硝态氮还原为铵态氮需要的能量大于将铵态氮直接合成氨基酸需要的能量(Trenkel，2010)；②铵态氮可以调高磷(P)的吸收，因为根系吸收 NH_4^+时，置换出 H^+，使得根际土壤 pH 局部下降，导致 P 的活化。加入硝化抑制剂延长了铵态氮在土壤中的存在时间，加强了 P 和微量元素(如 Zn)的活化吸收，但也有报道，磷肥只有施在根际才会被活化。因此，在农田运用硝化抑制剂的意义重大。

硝态氮的淋失损失量取决于土壤溶液中的硝态氮浓度，而加入硝化抑制剂可以减缓铵态氮的氧化，降低硝态氮的浓度，进而减少其淋失及随后的反硝化损失（Trenkel，2010）。有研究表明，加入硝化抑制剂，不仅可以减少硝态氮的淋失、N_2O 的排放，还可以减少 CH_4 的排放。

不同的硝化抑制剂作用机理存在差异，有的硝化抑制剂是抑制硝化菌的生长，有的则是抑制其呼吸作用或者与硝化作用所需的金属离子结合（武志杰和陈利军，2003）。也有研究报道，硝化抑制剂的作用机理主要是通过抑制氨氧化细菌的活性来抑制硝化作用（Trenkel，2010），如通过抑制氨氧化细菌中亚硝化单胞菌的活性。总之，硝化抑制剂是主要抑制铵态氮氧化为硝态氮的第一步反应，即 $NH_3 \rightarrow NO_2^- \rightarrow NO_3^-$ 的第一步。硝化作用的第一步反应过程又可分为两个步骤：$NH_3 \rightarrow NH_2OH \rightarrow NO_2^-$，硝化抑制剂主要抑制第一个步骤（$NH_3 \rightarrow NH_2OH$）的反应。截止到 2004 年，对完成这一反应的微生物确定为氨氧化细菌（AOB），2004 年之后，发现了氨氧化古菌（AOA）对完成这一步反应有着重要的贡献。随着生物信息学研究技术的发展，有许多报道通过实时定量 PCR 测定，发现硝化抑制剂可以显著减少 AOB 或 AOA 的 *amoA* 基因拷贝数（Cui et al.，2013；Gong et al.，2013）。目前研究比较多的硝化抑制剂有双氰胺（DCD）、正丁基磷代磷酰三胺（DMPP）与 2-氯-6-三氯甲基吡啶（N-serve）。DCD 在 1917 年是作为氮肥施用的，在 20 世纪 90 年代后期正式作为硝化抑制剂施用，DCD 可以抑制亚硝化单胞菌的活性，根据施入氮肥的量、土壤湿度与温度的不同，DCD 的作用时间不等，为 4～10 周；也有人认为（武志杰等，2008），DCD 可以抑制氨氧化细菌的呼吸作用（抑制电子转移），干扰细胞色素氧化酶等来减少硝化作用。DCD 可以显著减少 NO_3^- 淋失、N_2O 排放、增加牧草产量、提高茶叶质量（Di et al.，2007），但 DCD 易水解。DMPP 是 1995 年研制的，1999 年商品化，DMPP 与 DCD 的作用机理相同，但 DMPP 效率更高，用量较少（Zerulla et al.，2001），比铵态氮的移动性小（Linzmeier et al.，2001）。N-serve，1974 年作为硝化抑制剂注册，对亚硝化单胞菌有选择性的抑制作用，甚至可以杀死亚硝化单胞菌，抑制时间 6 周以上。另外，乙炔也被用作硝化抑制剂，抑制 N_2O 还原酶活性（Carrasco et al.，2004）。

通过硝化抑制剂可以延长 NH_4^+ 在土壤中的存留时间，以供植物吸收利用更多的 N、P 及微量元素，减少硝态氮的淋失损失、N_2O 排放，提高氮肥利用率，实现一次性施肥从而节省劳动力，减少高投入的氮肥造成的损失及其对环境的压力。

2. 生化抑制剂作用下肥料氮素转化规律

(1) 氨挥发速率与累积氨挥发损失量

在水稻生育期，监测各处理的氨挥发速率动态变化如图 2-37 所示，并计算得到累积氨挥发损失量（图 2-38）。由图 2-37 可以看出，在施肥后 2 周内，氨挥发速率较大，在施肥后第 4 天达到最高峰，此后逐渐下降，在 21 天后可忽略不计；在第 4 天，峰值最高的是处理 U+NI，最低的是处理 U+UI，峰值分别为 5.79kg N/($hm^2 \cdot d$) 和 3.42kg N/($hm^2 \cdot d$)；与处理 U[4.68kg N/($hm^2 \cdot d$)]相比，处理 U+NI 的峰值增加了 23.72%，处理 U+UI 的则降低了 26.92%，而 U+UI+NI 的则降低了 12.95%。由图 2-37 可知 U+NI 的挥发速率在施肥后第一周高于其他处理，说明 NI 在前期对氨挥发速率有一定促进作用，可能由于硝化抑制剂减缓了铵态氮的硝化反应，土壤与地表水中的铵态氮含量升高，促进了氨挥发。

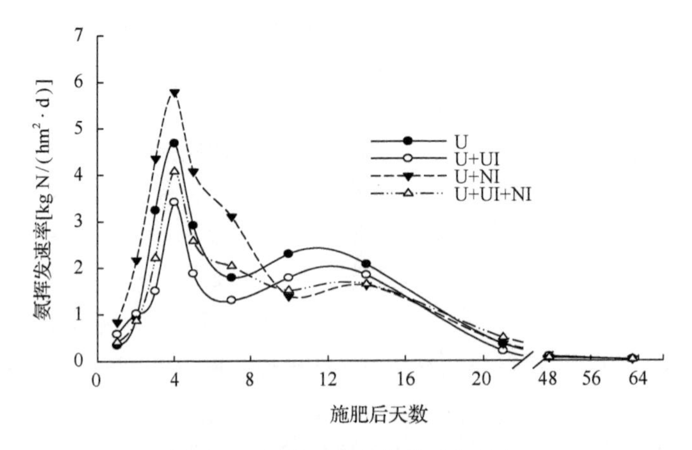

图 2-37　肥料氮的氨挥发速率变化

U.尿素；U+UI.尿素+脲酶抑制剂；U+NI.尿素+硝化抑制剂；U+UI+NI.尿素+脲酶抑制剂+硝化抑制剂

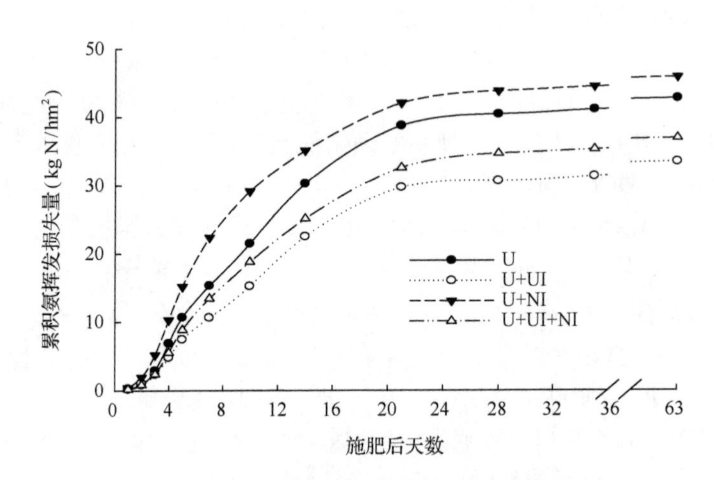

图 2-38　肥料氮的累积氨挥发损失量

U.尿素；U+UI.尿素+脲酶抑制剂；U+NI.尿素+硝化抑制剂；U+UI+NI.尿素+脲酶抑制剂+硝化抑制剂

由图 2-38 可知，在施入尿素后 21 天内累积氨挥发损失量增加较快，21 天后累积量增加缓慢，表明在稻田施入尿素后，氨挥发损失主要发生在施肥后 21 天内。处理 U 与 U+NI 的累积损失量较高，而处理 U+UI 与 U+UI+NI 的较低；与处理 U(42.74kg N/hm^2)相比，处理 U+NI 的累积氨挥发损失量增加了 7.23%，高达 45.83kg N/hm^2，而处理 U+UI 与 U+UI+NI 的累积损失量则分别降低了 21.64%和 13.59%，损失量分别为 33.49kg N/hm^2 和 36.93kg N/hm^2，说明硝化抑制剂 DMPP 与脲酶抑制剂 NBPT 对氨挥发损失的影响表现为相反的效果，前者表现为增加了损失量，而后者则表现为减少。

从表 2-19 可以看出，采用差减法和示踪法计算得到的累积氨挥发损失量存在明显差异，由前者得到的结果均高于后者。累积量最低的是处理 U+UI，分别为 33.49kg N/hm^2

和 26.10kg N/hm^2，占施氮量的 24.80%和 19.33%；其次是处理 U+UI+NI，分别为 36.93kg N/hm^2 和 28.41kg N/hm^2，占施氮量的 27.36%和 21.04%；处理 U+UI、U+UI+NI 与处理 U 累积损失量的差异达显著水平，而 U+NI 与 U 之间的差异不显著。运用两种方法计算的结果均表明，与单施尿素相比，添加脲酶抑制剂 NBPT 及 NBPT 与 DMPP 配施均显著减少了累积氨挥发损失量，而添加 DMPP 对氨挥发损失影响不显著。因此，在稻田中施入尿素时辅以脲酶抑制剂对减少氨挥发损失效果显著，而加入硝化抑制剂则效果欠佳。

表 2-19　肥料氮的累积氨挥发损失量

处理	累积氨挥发损失量 (kg N/hm^2)		氨挥发损失量占施氮量的比例 (%)	
	差减法	^{15}N 示踪法	差减法	^{15}N 示踪法
U	42.74a	35.32a	31.66	26.16
U+UI	33.49c	26.10b	24.80	19.33
U+NI	45.83a	38.41a	33.95	28.45
U+UI+NI	36.93b	28.41b	27.36	21.04

注：U.尿素；U+UI.尿素+脲酶抑制剂；U+NI.尿素+硝化抑制剂；U+UI+NI.尿素+脲酶抑制剂+硝化抑制剂。同列数据后不同字母表示差异达到 0.05 的显著水平

在监测土壤氨挥发的同时记录了平均气温、10cm 地温及田间水温，变化趋势如图 2-39 所示。由图 2-39 可知，3 种温度整体呈上升趋势，且变化趋势相近，平均气温波动较大，地温和水温变化幅度较小；在整个监测期间，变化幅度可以分为 3 个阶段，在前 5 天与 28 天后变化幅度较小，第 5～28 天变化幅度较大。平均气温、地温与水温在整个监测期间的变化幅度分别为：9.05℃、4.00℃和 4.50℃，可见，地温与水温总体随气温的变化而变化，但变化幅度较小。

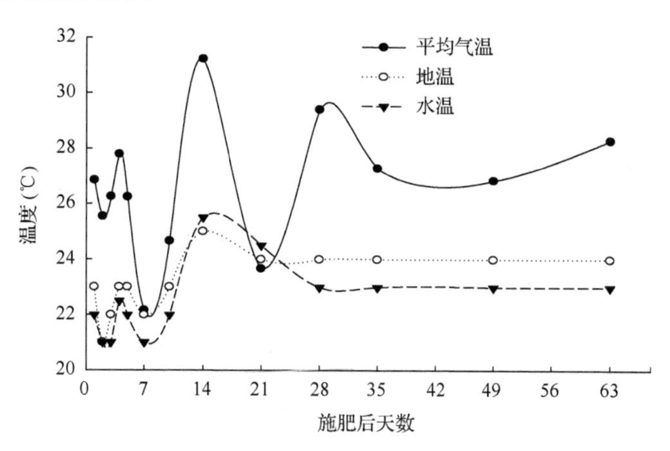

图 2-39　施肥后田间的平均气温、地温与水温变化

比较氨挥发速率（图 2-37）与温度的变化（图 2-39）发现，三种温度与氨挥发速率的变化具有相似性，但并非完全同步。在施肥后的 21 天内，氨挥发速率的峰值出现在第 4 天，4 天后逐渐下降，在第 14 天有小幅上升，而三种温度在第 4 天时出现较小峰值，第 14 天达到最高峰，说明温度的峰值与氨挥发速率的峰值不一致，但第 14 天温度的急剧升高伴

随着氨挥发速率的小幅升高，表明氨挥发速率对温度变化有一定响应，但不明显；由此推测，温度升高对氨挥发速率有一定的促进作用，但不是主导因子。在施肥 21 天后，氨挥发速率可忽略不计，而平均气温呈现上升趋势，地温与水温保持平稳，进一步说明温度对氨挥发速率的影响较小，不是主要影响因子。

田间地表水铵态氮含量、pH 的动态变化分别如图 2-40、图 2-41 所示。由图可知，施入氮肥处理的铵态氮含量与 pH 变化趋势基本一致，在施肥后第 4 天达到最高峰，与氨挥发速率峰值同步，之后逐渐下降。由图 2-40 可以看出，除 CK 外，在施肥后第 4 天，处理 U+NI 的铵态氮含量最高，浓度为 34.54mg/kg，其次是处理 U 和 U+UI+NI，处理 U+UI 的浓度最低，浓度为 24.14mg/kg；21 天后各处理无明显差异。

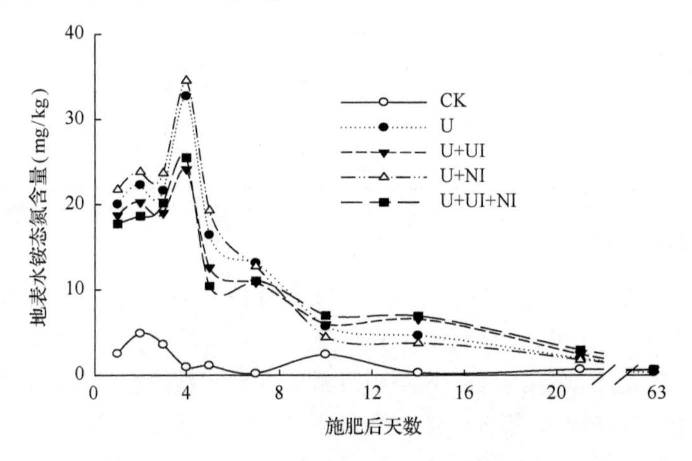

图 2-40　施肥后地表水铵态氮含量变化

CK.不施氮肥；U.尿素；U+UI.尿素+脲酶抑制剂；U+NI.尿素+硝化抑制剂；U+UI+NI.尿素+脲酶抑制剂+硝化抑制剂

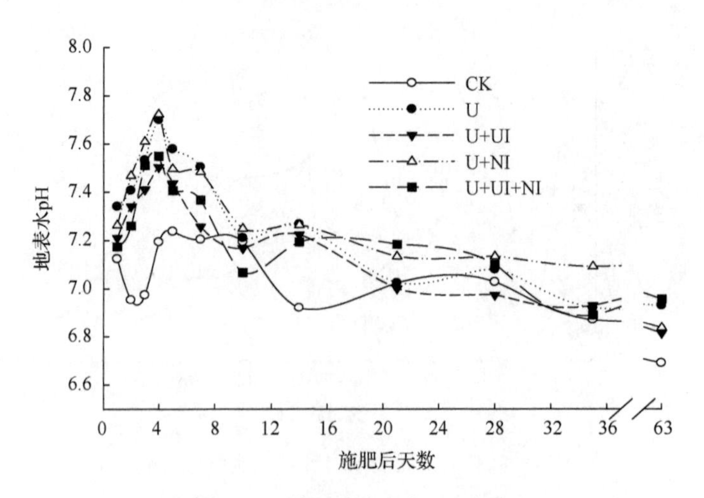

图 2-41　施肥后地表水 pH 变化

CK.不施氮肥；U.尿素；U+UI.尿素+脲酶抑制剂；U+NI.尿素+硝化抑制剂；U+UI+NI.尿素+脲酶抑制剂+硝化抑制剂

由图 2-41 可知，地表水的 pH 变化幅度较小，变幅为 1.03，且总体呈现先升后降的趋势；施肥后第 4 天，峰值最高的是处理 U+NI，pH 高达 7.72，最低的为处理 U+UI(CK 除外)，pH 为 7.50；施肥后第 21 天和第 49 天各出现一次小幅增加，可能是晒田管理导致地表水量降低。在第 63 天时，所有处理的 pH 均降至最低，范围在 6.69～6.96，并且各处理无明显差异。

因此，从地表水铵态氮含量、pH 的变化趋势来看(除 CK 外)，在稻田施入尿素两周内，地表水中的 pH 随着铵态氮含量的下降而降低，对二者进行相关性分析发现，二者呈极显著正相关($R = 0.7804$～0.8781，$n = 15$)，可能是因为在施肥后，尿素分解产生的铵态氮是影响地表水 pH 波动的主要因素。

通过对稻田氨挥发的影响因子——地表水 pH、铵态氮浓度、气温、地温及水温与氨挥发速率进行相关性分析(表 2-20)。由表 2-20 可知，地表水中的 pH 及铵态氮浓度与氨挥发速率均呈极显著正相关(R=0.6881～0.9349，n=12)，而三种温度与氨挥发速率的相关性不显著(R= −0.5333～0.0184，n =12)。同样，施氮肥后 4 天内，地表水中的 pH 及铵态氮浓度迅速增加、氨挥发速率随之剧增，而 5 天后，气温、水温呈上升趋势，氨挥发速率并未表现出明显的一致性。因此，推断出在上述 4 种影响因子中，地表水铵态氮浓度和 pH 是影响氨挥发的主要因素。

表 2-20　氨挥发影响因子与氨挥发速率的相关性(*R* 值)

处理	地表水 pH	地表水铵态氮浓度	气温	地温	水温
U	0.8469***	0.6937**	−0.0352	−0.3281	−0.2524
U+UI	0.8333***	0.6881**	0.0184	−0.2883	−0.1734
U+NI	0.9349***	0.8298***	−0.1538	−0.5333	−0.4442
U+UI+NI	0.8313***	0.7200**	−0.1013	−0.3053	−0.2569

注：U.尿素；U+UI.尿素+脲酶抑制剂；U+NI.尿素+硝化抑制剂；U+UI+NI.尿素+脲酶抑制剂+硝化抑制剂。**与***分别表示 $P<0.01$ 与 $P<0.001$ 水平的极显著相关

(2)氧化亚氮排放通量和累积排放量

在稻田施肥后，监测各处理的氧化亚氮(N_2O)排放通量，来自肥料氮的 N_2O 排放通量变化如图 2-42 所示。由图 2-42 可以看出，在施肥后 7 内，N_2O 排放通量较大(图中未显示不施氮肥的对照处理)，7 天内对照的排放通量范围为 21.90～49.30μg N/(m^2·h)，且处理 U 与 U+UI 的排放通量明显高于处理 U+NI 与 U+UI+NI，这说明施用氮肥增加了 N_2O 排放速率，而添加抑制剂 DMPP 可降低其排放速率；在 7 天后，排放通量骤降，10～21 天处理间差异较小，位于图中的断点区域，一直到 21 天，排放通量接近 0 值，而第 28 天、第 35 天与第 49 天监测到 N_2O 排放通量为负值，这说明在持续淹水的条件下，N_2O 排放通量很少，甚至有部分 N_2O 被土壤吸收；此后排放通量又明显升高，在 84 天时，排放通量最大的是处理 U+UI+NI，高达 42.83μg N/(m^2·h)，最小的是处理 U，只有 31.32μg N/(m^2·h)，前者高出后者 36.74%。

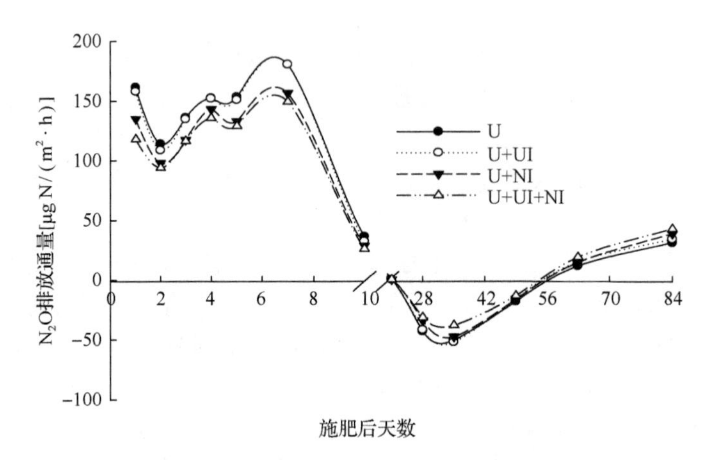

图 2-42 肥料氮的 N_2O 排放通量变化

U.尿素；U+UI.尿素+脲酶抑制剂；U+NI.尿素+硝化抑制剂；U+UI+NI.尿素+脲酶抑制剂+硝化抑制剂

由表 2-21 可知，在施肥后的前 21 天，处理间的 N_2O 累积排放量差异显著，差减法与示踪法的结论基本一致。处理 U+UI+NI 的累积排放量最小，与处理 U 相比，两种方法得到的结果分别减少 20.44%和 14.72%；处理 U+NI 的排放量较小，与处理 U 的差异显著，分别减少 15.03%和 12.76%；而 U+UI 与 U 之间的差异不显著。这说明添加 DMPP 及 NBPT 与 DMPP 配施对减少前期 N_2O 排放量的效果显著，而单独添加 NBPT 对累积排放量无显著影响。

表 2-21 肥料氮的 N_2O 累积排放量

处理	前 21 天累积排放量				总排放量			
	差减法		^{15}N 示踪法		差减法		^{15}N 示踪法	
	排放量 (kg N/hm^2)	损失率 (%)	排放量 (kg N/hm^2)	损失率 (%)	排放量 (kg N/hm^2)	损失率 (%)	排放量 (kg N/hm^2)	损失率 (%)
U	0.35a	0.26	0.28a	0.21	0.48a	0.36	0.37a	0.28
U+UI	0.34a	0.25	0.28a	0.20	0.49a	0.37	0.39a	0.29
U+NI	0.30b	0.22	0.25b	0.18	0.46a	0.34	0.36a	0.27
U+UI+NI	0.28c	0.21	0.24b	0.18	0.47a	0.35	0.37 a	0.28

注：U.尿素；U+UI.尿素+脲酶抑制剂；U+NI.尿素+硝化抑制剂；U+UI+NI.尿素+脲酶抑制剂+硝化抑制剂。同列数据后不同字母表示差异达到 0.05 的显著水平

最终的 N_2O 累积排放量在处理间差异不显著。由于在 28～49 天的几次监测中 N_2O 排放通量为负值，因此，总排放量由施肥后的 1～21 天排放量与 49～84 天排放量相加而得，而在 63 天与 84 天的监测中发现，所有处理的排放通量剧增，尤其是添加抑制剂的处理增加幅度更大，可能由于水稻生长期降雨较多，土壤一直处于淹水状态，但成熟期的晒田管理造成水分迅速减少，导致硝化-反硝化反应加剧，N_2O 排放剧增，而添加抑制剂处理的土壤残留氮量相对较大，加上此时抑制剂可能已经失去抑制效应，导致成熟期

N_2O 的排放量大于单施尿素的，因此，总排放量在处理间并没有显著差异。由表 2-21 可知，在 21 天时，单施尿素处理的 N_2O 累积排放量达到总排放量的 72.92%（差减法）和 75.68%（示踪法），而两种抑制剂配施的则占总排放量的 59.57%（差减法）和 64.86%（示踪法），这说明 N_2O 排放量主要集中在前期，尤其是单施尿素时前期占的比例更大，由此推测，在持续淹水的稻田，施肥对 N_2O 的排放影响较大，而添加硝化抑制剂可以显著减少施肥后前期的 N_2O 排放量，但随淹水时间的延长，土壤的厌氧环境使 N_2O 更易还原为 N_2，或者硝化-反硝化反应极度微弱，加之抑制剂的作用也在逐渐减弱，导致抑制剂在后期没有明显的效应。因此，在生产上，可以根据气候或者水分管理等条件来调整施用抑制剂的时间。

通过分析施肥后耕层土壤中硝态氮含量的动态变化（图 2-43）发现，硝态氮含量与 N_2O 排放通量的变化趋势相似。在施肥后的前 7 天硝态氮含量较高，波动范围在 1.99～3.44mg/kg，且添加 DMPP 处理显著降低了硝态氮的含量；而 7 天后所有处理的硝态氮含量均迅速下降，且处理间差异不显著；在 28～49 天的监测期间，硝态氮含量极低，近似于零，位于图中的断点区域，而 63 天后又迅速升高。对 N_2O 排放通量与硝态氮含量的变化进行相关性分析，发现二者呈极显著正相关（$P<0.01$）关系。

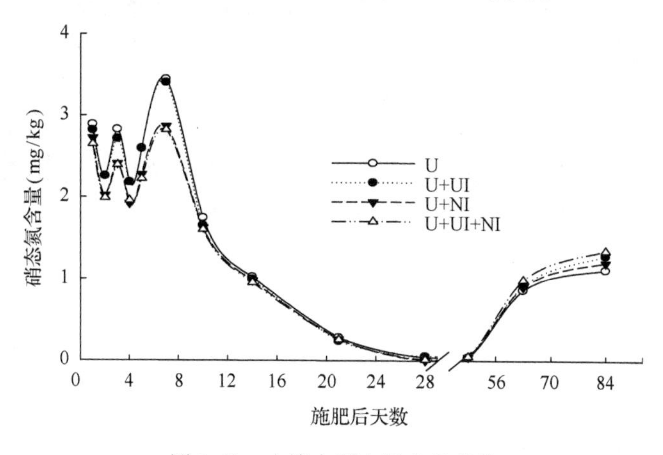

图 2-43　土壤中硝态氮含量变化

U.尿素；U+UI.尿素+脲酶抑制剂；U+NI.尿素+硝化抑制剂；U+UI+NI.尿素+脲酶抑制剂+硝化抑制剂

(3) 作物氮素吸收与土壤氮素残留

对水稻地上部的氮素回收率进行分析，结果见图 2-44。由图 2-44 可知，运用差减法与 ^{15}N 示踪法计算的结果略有不同，但两种方法得出的结论基本一致。处理 U 的氮素回收率最小，分别为 31.82%（差减法）和 29.15%（^{15}N 示踪法），处理 U+UI+NI 的回收率最高，分别较处理 U 增加 7.53%（差减法）和 7.42%（^{15}N 示踪法），两个处理的差异达到显著水平。这些结果说明，NBPT 与 DMPP 配施对提高水稻地上部的氮素回收率效果显著。

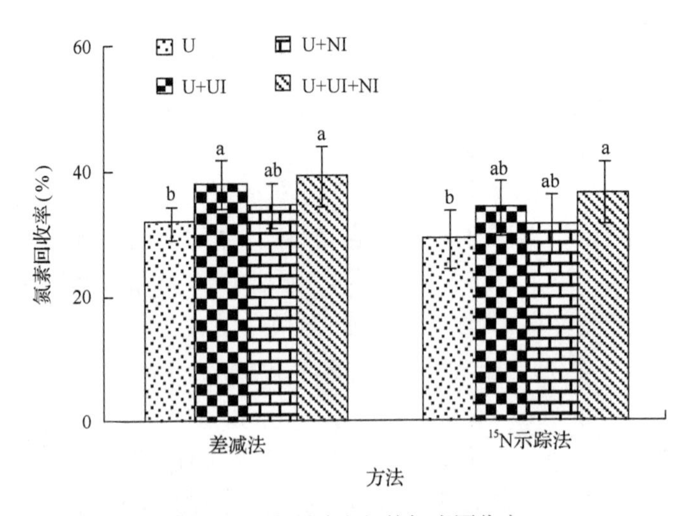

图 2-44 水稻地上部的氮素回收率

U.尿素；U+UI.尿素+脲酶抑制剂；U+NI.尿素+硝化抑制剂；U+UI+NI.尿素+脲酶抑制剂+硝化抑制剂。不同小写字母代表处理间的差异达到 0.05 的显著水平

对水稻收获后耕层土壤的残留氮量进行测定，结果见表 2-22。由表 2-22 可知，处理 U 的土壤残留量为 22.73kg/hm^2(差减法)和 20.18kg/hm^2(^{15}N 示踪法)，处理 U+NI 与处理 U 相比较，虽然残留量有小幅增加，但差异并未显著；处理 U+UI 与处理 U 相比较，可显著提高土壤氮素残留量，可提高 32.5%(差减法)和 36.9%(^{15}N 示踪法)，而处理 U+UI+NI 对增加土壤氮素残留量的作用最大，可提高 49.8%(差减法)和 51.9%(^{15}N 示踪法)。可见，脲酶抑制剂和硝化抑制剂均可以提高稻田土壤中的氮素残留量，其中脲酶抑制剂效果优于硝化抑制剂；而这两者之间具有协助作用，同时施用效果更佳。

表 2-22 土壤氮素残留量

处理	土壤氮素残留量(kg/hm^2)		残留率(%)	
	差减法	^{15}N 示踪法	差减法	^{15}N 示踪法
U	22.73c	20.18c	16.84c	14.95c
U+UI	30.12ab	27.62ab	22.31ab	20.46ab
U+NI	27.28bc	24.20bc	20.21bc	17.93bc
U+UI+NI	34.06a	30.65a	25.23a	22.70a

注：U.尿素；U+UI.尿素+脲酶抑制剂；U+NI.尿素+硝化抑制剂；U+UI+NI.尿素+脲酶抑制剂+硝化抑制剂。同列数据后不同字母表示差异达到 0.05 的显著水平

通过对肥料 ^{15}N 的主要去向进行分析(表 2-23)发现，脲酶抑制剂和硝化抑制剂的加入增加了作物吸收的氮量与土壤氮素残留量。肥料 ^{15}N 示踪结果表明，作物吸收氮量、土壤残留氮量与氨挥发损失的氮量之和大于施氮量的 70%，说明稻田的氮素主要去向是以上三个部分。单施尿素时，氨挥发损失氮量占施氮量的 26.16%，N_2O 的损失量占 0.28%，说明稻田的氮素损失途径以氨挥发为主。添加 NBPT 的两个处理对增加氮素残留与减少氨挥发损失效果显著，而单独添加 DMPP 则对于三个主要去向没有明显影响，因此，综

合考虑，脲酶抑制剂 NBPT 适宜于稻田运用，而硝化抑制剂 DMPP 不宜单独添加。

表 2-23　肥料 ^{15}N 的去向

处理	作物吸收		土壤残留		氨挥发损失		N_2O 排放	
	作物吸收氮量 (kg N/hm²)	占施氮量比 (%)	土壤残留氮量 (kg N/hm²)	占施氮量比 (%)	氨挥发损失氮量 (kg N/hm²)	占施氮量比 (%)	N_2O 排放量 (kg N/hm²)	占施氮量比 (%)
U	39.36b	29.15	20.18c	14.95	35.32a	26.16	0.37a	0.28
U+UI	46.15ab	34.18	27.62ab	20.46	26.10b	19.33	0.39a	0.29
U+NI	42.66ab	31.60	24.20bc	17.93	38.41a	28.45	0.36a	0.27
U+UI+NI	49.37a	36.57	30.65a	22.70	28.41b	21.04	0.37a	0.28

注：U.尿素；U+UI.尿素+脲酶抑制剂；U+NI.尿素+硝化抑制剂；U+UI+NI.尿素+脲酶抑制剂+硝化抑制剂。同列数据后不同字母表示差异达到 0.05 的显著水平

3. 生化抑制剂作用下土壤氮素供应特征

增加氮肥用量对提高水稻产量至关重要，然而，氮肥施入稻田的当季利用率较低。已有许多研究表明，添加抑制剂可以提高氮肥利用率，如添加脲酶抑制剂可以延缓尿素的酰胺态氮向铵态氮的转化进程(Trenkel，2010)，而添加硝化抑制剂可以抑制铵态氮向硝态氮的转化，实现了作物可吸收利用的氮素缓慢释放，从而减少了氮素损失，提高氮肥利用率与作物产量(Cantarella et al.，2009)。Zerulla 等(2001)研究表明，DMPP 可以减少传统氮肥的用量，若施用等氮量时，则可以提高作物产量与品质。作者通过对稻田氮素损失途径的研究发现，NBPT、NBPT 与 DMPP 配施对减少氮素损失的效果理想，而单独添加 NBPT 则是生产实践的最佳选择，但是目前关于 NBPT 对氮肥的减施潜力报道罕见，NBPT 与 DMPP 配施下对土壤氮素供应的影响报道也较少，因此，本章研究我国南方稻田尿素添加 NBPT 下的氮肥减施潜力与节约氮肥的机理、稻田适宜的 NBPT 添加比例及添加 NBPT 与 DMPP 下的土壤氮素供应特征，为稻田节约氮肥、提高氮肥利用率提供科学依据。

(1) 脲酶抑制剂作用下氮肥的减施潜力

在水稻成熟期测定其产量，结果见图 2-45。由图 2-45 可知，各处理对水稻产量的影响显著(P<0.05)。对于早、晚稻产量均表现为处理 U3+UI 最高，且与处理 U5 的差异显著，说明与农民习惯施氮(单施尿素 180kg N/hm²)相比，施用尿素添加脲酶抑制剂 NBPT 时，施氮量为 135kg/hm² 可提高产量 8.54%和 12.87%，不仅增产显著，而且减少氮肥用量 45kg/hm²，即节约氮肥 25%。在晚稻籽粒产量中，处理 U3+UI、U4+UI 显著高于处理 U5+UI，在田间观察到 U5+UI 处理的植株贪青晚熟，可能是其产量下降的主要原因。

对不同处理的地上部氮素回收率分析，结果见图 2-46。由图 2-46 可知，不同处理对氮素回收率的影响显著(P<0.05)，在早、晚稻，处理 U1+UI～U3+UI 的氮肥利用率均显著高于处理 U5。与处理 U5 相比，处理 U1+UI 的氮素回收率在早、晚稻分别高出 9.48%和 10.30%，处理 U3+UI 则分别高出 6.78%和 9.46%。

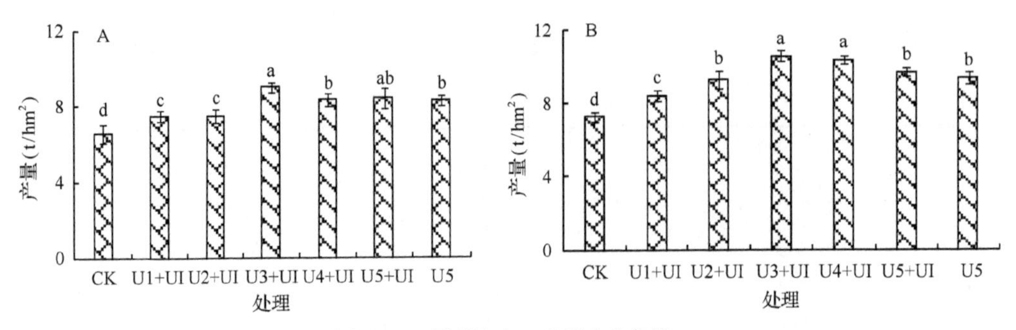

图 2-45 早稻(A)、晚稻(B)产量

CK.不施氮肥；U.尿素；UI.脲酶抑制剂；U1～U5 的施氮量依次为：90kg N/hm²、112.5kg N/hm²、135kg N/hm²、157.5kg N/hm²、180kg N/hm²。不同小写字母代表同一时期内处理间的差异在 0.05 水平上显著

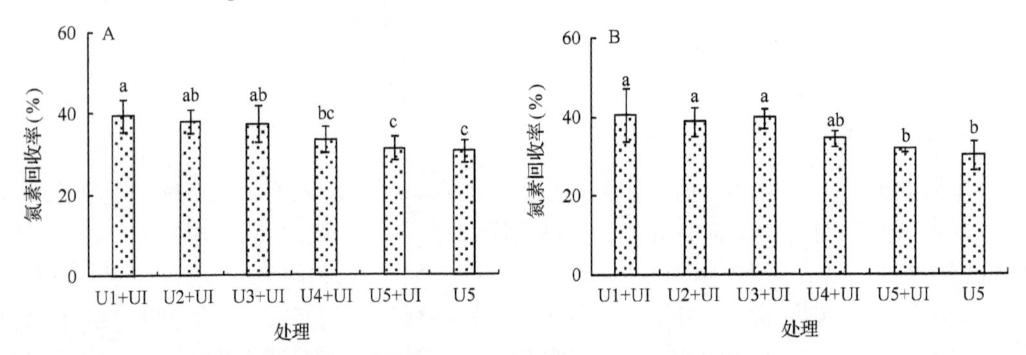

图 2-46 早稻(A)、晚稻(B)地上部的氮素回收率

U.尿素；UI.脲酶抑制剂；U1～U5 的施氮量依次为：90kg N/hm²、112.5kg N/hm²、135kg N/hm²、157.5kg N/hm²、180kg N/hm²。不同小写字母代表同一时期内处理间的差异在 0.05 水平上显著

分别在水稻分蘖期、孕穗期对土壤脲酶活性与硝酸还原酶活性进行测定，结果见图 2-47、图 2-48。由图 2-47 可知，土壤脲酶活性在处理间的差异达显著水平($P<0.05$)。在分蘖期，早、晚稻处理 U5 的脲酶活性均显著高于其余处理，分别高达 15.48μg NH_4^+-N/(g · 2h)和 15.71μg NH_4^+-N/(g · 2h)，分别高出处理 CK 45.89%和 44.44%，高出处理 U5+UI 22.02%和 22.17%，说明单施尿素显著提高了脲酶活性，可能由于基质的增加，促进了微生物的生长，引起脲酶活性增加；而添加脲酶抑制剂 NBPT 则显著降低了脲酶活性，表明 NBPT 对脲酶活性有显著的抑制作用。

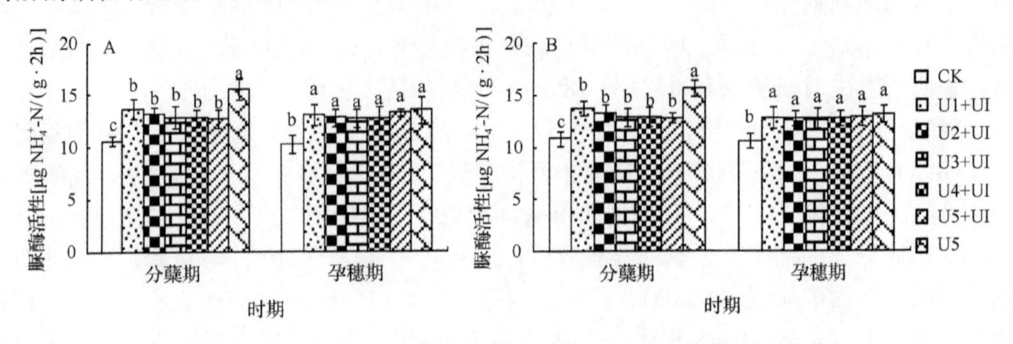

图 2-47 早稻(A)、晚稻(B)分蘖期和孕穗期土壤脲酶活性

CK.不施氮肥；U.尿素；UI.脲酶抑制剂；U1～U5 的施氮量依次为：90kg N/hm²、112.5kg N/hm²、135kg N/hm²、157.5kg N/hm²、180kg N/hm²。不同小写字母代表同一时期内处理间的差异在 0.05 水平上显著

在孕穗期，与不施氮肥处理相比，早稻或晚稻施用尿素的处理显著提高了脲酶活性；而单施尿素与添加 NBPT 的处理间无显著差异，可能由于时间的推移，NBPT 逐渐降解，失去了抑制作用，尿素也被完全分解，脲酶活性基本恢复等。

由图 2-48 可知，与土壤脲酶活性相比，硝酸还原酶活性极低，早稻的活性小于 0.08μg NO_2^--N/(g·24h)，晚稻的小于 0.06μg NO_2^--N/(g·24h)，说明稻田的硝酸还原酶活性极其微弱；早稻或晚稻的同一时期内，处理间的差异不显著($P>0.05$)，说明施肥处理对稻田的硝酸还原酶活性没有明显影响，添加脲酶抑制剂 NBPT 对硝酸还原酶活性也无明显作用。

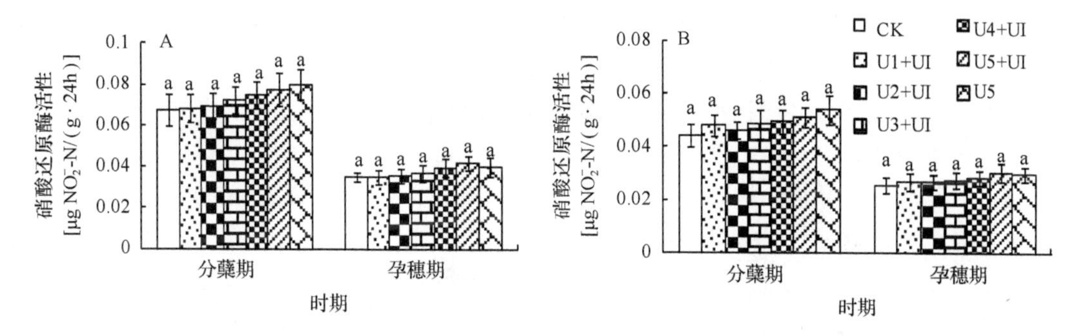

图 2-48　早稻(A)、晚稻(B)分蘖期和孕穗期土壤硝酸还原酶活性

CK.不施氮肥；U.尿素；UI.脲酶抑制剂；U1～U5 的施氮量依次为：90kg N/hm²、112.5kg N/hm²、135kg N/hm²、157.5kg N/hm²、180kg N/hm²。不同小写字母代表同一时期内处理间的差异在 0.05 水平上显著

分别在水稻分蘖期与孕穗期对土壤铵态氮、硝态氮含量进行测定，结果见图 2-49、图 2-50。结果表明，稻田土壤中的铵态氮含量明显高于硝态氮含量。

由图 2-49 可知，在水稻分蘖期，处理 U5 的铵态氮含量显著高于其他处理，早、晚稻分别高达 79.65mg/kg 和 99.55mg/kg；与 U5 处理相比，施氮量相同的 U5+UI 处理在早、晚稻分别降低 12.04%和 10.41%，说明添加脲酶抑制剂显著减少了分蘖期土壤的铵态氮含量。在孕穗期，土壤铵态氮含量急剧下降，且处理间差异显著($P<0.05$)，可能由于此时水稻根系的数量较大，对氮肥的大量吸收所致；添加脲酶抑制剂处理的铵态氮含量随

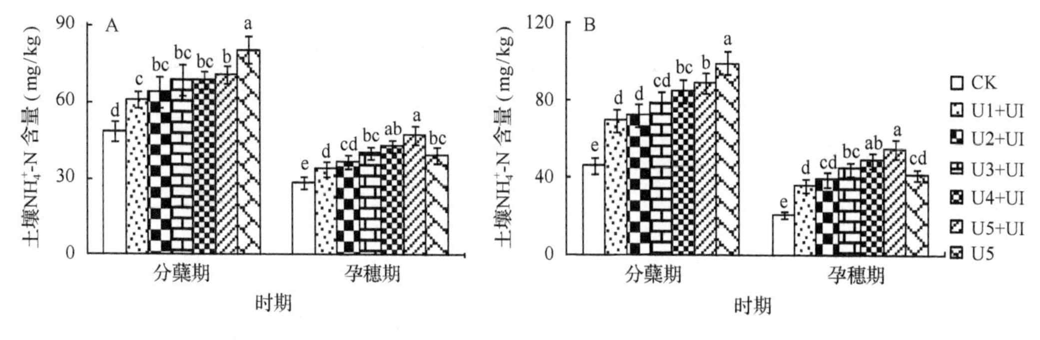

图 2-49　早稻(A)、晚稻(B)分蘖期与孕穗期土壤铵态氮含量

CK.不施氮肥；U.尿素；UI.脲酶抑制剂；U1～U5 的施氮量依次为：90kg/hm²、112.5kg/hm²、135kg/hm²、157.5kg/hm²、180kg/hm²。不同小写字母代表同一时期内处理间的差异在 0.05 水平上显著

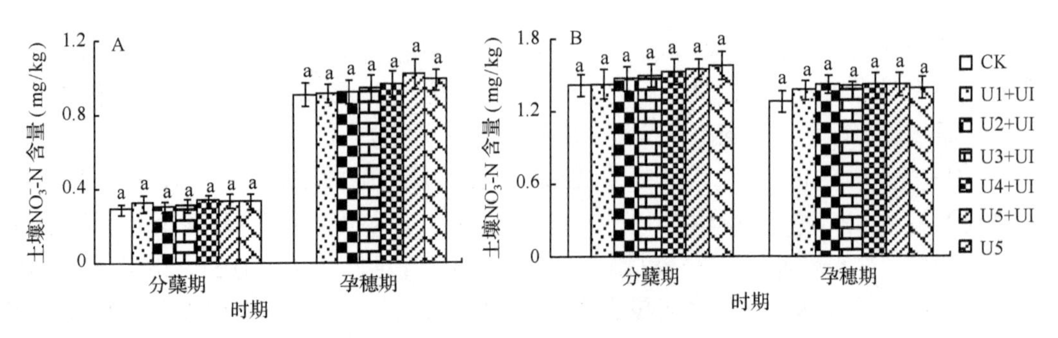

图 2-50　早稻(A)、晚稻(B)分蘖期与孕穗期土壤硝态氮含量

CK.不施氮肥；U.尿素；UI.脲酶抑制剂；U1～U5 的施氮量依次为：90kg/hm^2、112.5kg/hm^2、135kg/hm^2、157.5kg/hm^2、180kg/hm^2。不同小写字母代表同一时期内处理间的差异在 0.05 水平上显著

着施氮量的增加而呈递增趋势；相同施氮量的处理 U5+UI 与 U5 相比，前者的铵态氮含量显著高于后者，在早、晚稻分别高出 21.11%和 32.25%；这说明添加脲酶抑制剂有效延缓了尿素水解，减慢了铵态氮的释放，从而维持了水稻生育后期土壤中较高的铵态氮含量，为水稻的后期生长提供充足的氮肥。

由图 2-50 可知，与土壤铵态氮含量相比，硝态氮含量极低，不足铵态氮含量的 2%，且处理间的差异始终不显著($P>0.05$)，可能由于稻田长期淹水，土壤持续厌氧环境，硝化作用微弱，施入不同水平的尿素对硝态氮含量无明显影响。

水稻分蘖期与孕穗期的土壤微生物量碳含量、微生物量氮含量、微生物量碳/氮的结果见图 2-51～图 2-53。由图可知，三项土壤特性指标在各时期内处理间的差异不显著($P>0.05$)，说明不同施肥处理对微生物量碳、氮含量没有显著影响，添加脲酶抑制剂对土壤生物特性没有明显影响。对同一时期的微生物量碳、氮含量进行相关性分析发现，二者存在极显著正相关关系($P<0.01$)。分别对以上三项指标在早稻、晚稻两个时期的变化进行分析，结果表明，微生物量碳、微生物量氮在晚稻两个时期之间的差异显著($P<0.05$)，早稻的差异不显著($P>0.05$)，这说明晚稻的季节变化对微生物量碳、微生物量氮含量的影响较施肥处理更大。

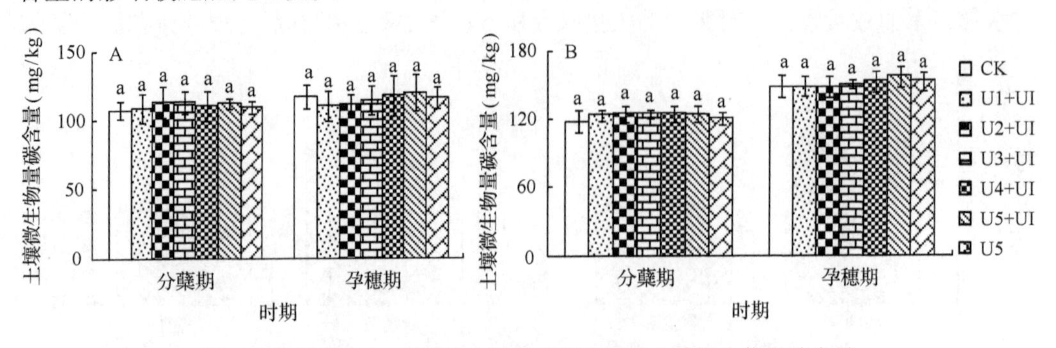

图 2-51　早稻(A)、晚稻(B)分蘖期和孕穗期土壤微生物量碳含量

CK.不施氮肥；U.尿素；UI.脲酶抑制剂；U1～U5 的施氮量依次为：90kg/hm^2、112.5kg/hm^2、135kg/hm^2、157.5kg/hm^2、180kg/hm^2。不同小写字母代表同一时期内处理间的差异在 0.05 水平上显著

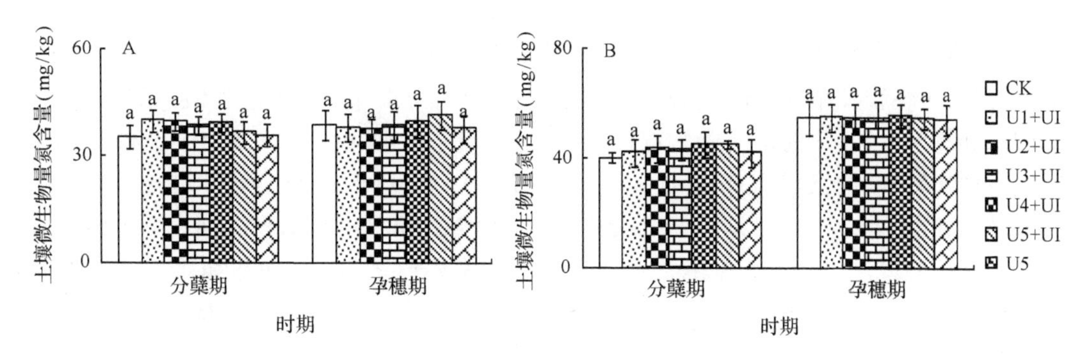

图2-52　早稻(A)、晚稻(B)分蘖期和孕穗期土壤微生物量氮含量

CK.不施氮肥；U.尿素；UI.脲酶抑制剂；U1～U5的施氮量依次为：90kg/hm²、112.5kg/hm²、135kg/hm²、157.5kg/hm²、180kg/hm²。不同小写字母代表同一时期内处理间的差异在0.05水平上显著

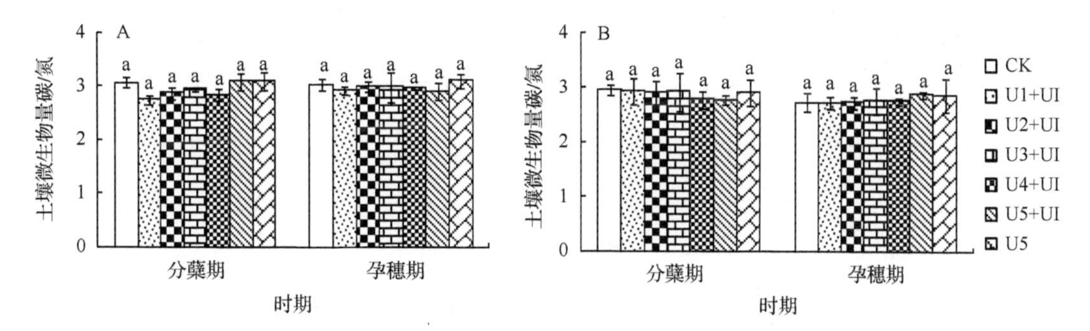

图2-53　早稻(A)、晚稻(B)分蘖期和孕穗期土壤微生物量碳/氮

CK.不施氮肥；U.尿素；UI.脲酶抑制剂；U1～U5的施氮量依次为：90kg/hm²、112.5kg/hm²、135kg/hm²、157.5kg/hm²、180kg/hm²。不同小写字母代表同一时期内处理间的差异在0.05水平上显著

将水稻两个生育期土壤的脲酶活性、硝酸还原酶活性、铵态氮含量、硝态氮含量、微生物量碳含量、微生物量氮含量、碳氮比值7项指标对产量的影响进行逐步回归分析(n=21)。结果表明，只有铵态氮含量进入回归方程，说明土壤铵态氮含量对产量的影响显著，而其余6项指标对产量的影响不显著；回归方程的相关参数见表2-24，由表2-24可知，对于早、晚稻，两个时期的铵态氮含量对产量的影响均达极显著水平(P<0.01)，而且孕穗期的影响大于分蘖期(孕穗期的变量系数较大)，说明氮肥对水稻产量的提高作用显著，尤其是孕穗期的氮肥更为重要，因此，提高孕穗期土壤中铵态氮含量是增加双季稻产量行之有效的途径。

表2-24　水稻产量与两个生育期影响因子的逐步回归分析(n=21)

生育期	早稻					晚稻				
	因子	常数	系数	拟合度 R^2	P	因子	常数	系数	拟合度 R^2	P
分蘖期	NH_4^+-N	3.6869	0.0649	0.6404	<0.0001	NH_4^+-N	5.3137	0.0509	0.5375	<0.0001
孕穗期	NH_4^+-N	3.8585	0.1081	0.6776	<0.0001	NH_4^+-N	5.1898	0.0980	0.6824	<0.0001

注：回归方程为$y=ax+b$；y为产量，a为系数，x为因子，b为常数

(2) 添加不同比例的脲酶抑制剂对土壤氮素供应的影响

对早、晚稻籽粒产量的测定结果见图 2-54，由图 2-54 可知，与处理 CK 相比，施入氮肥的处理可以显著增加早、晚稻籽粒产量；且随着添加脲酶抑制剂 NBPT 比例的增加，水稻籽粒产量呈增加趋势。处理 U+UI3、U+UI4 和 U+UI5 较处理 U 增产显著，早稻分别增产 16.2%、16.9%和 18.2%，晚稻分别增产 21.0%、22.0%和 22.9%，而无论早稻还是晚稻，这三个处理之间均无显著差异。这说明尿素施用量为 135kg N/hm^2 时，脲酶抑制剂的添加量小于 1.0%，对产量无显著影响，而添加量在 1.0%～1.5%时，可以显著提高水稻籽粒产量。

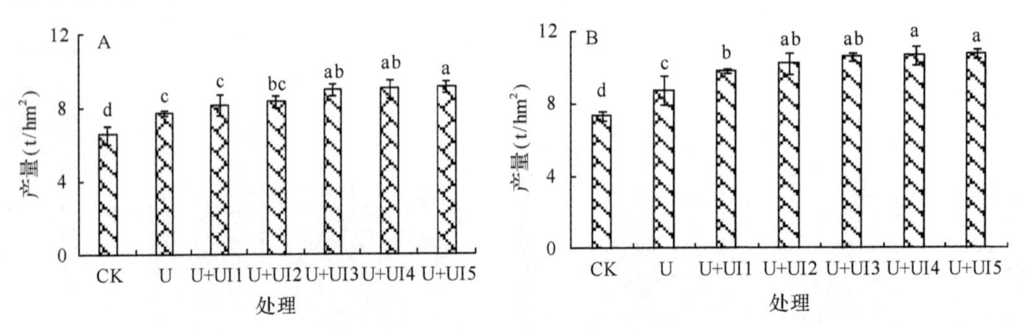

图 2-54　早稻(A)、晚稻(B)籽粒产量

CK.不施氮肥；U.尿素；UI.脲酶抑制剂；UI1～UI5 的添加比例依次为尿素的：0.5%、0.75%、1.0%、1.25%、1.5%。不同小写字母代表同一时期内处理间的差异在 0.05 水平上显著

通过对水稻地上部氮素回收率的分析(图 2-55)发现，对于早、晚稻，处理 U 的氮素回收率均低于添加 NBPT 处理的；其中，处理 U+UI3、U+UI4 和 U+UI5 较处理 U 的地上部氮素回收率显著提高，早稻分别提高 5.7%、6.1%和 6.3%，晚稻分别提高 7.9%、8.0%和 8.1%。这说明，当添加脲酶抑制剂的比例超过 1.0%可以显著提高水稻地上部的氮素回收率。

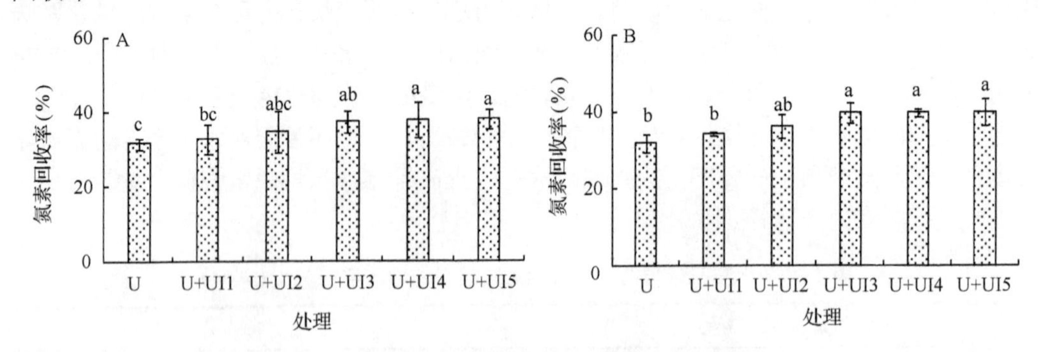

图 2-55　早稻(A)、晚稻(B)地上部的氮素回收率

U.尿素；UI.脲酶抑制剂；UI1～UI5 的添加比例依次为尿素的：0.5%、0.75%、1.0%、1.25%、1.5%。不同小写字母代表同一时期内处理间的差异在 0.05 水平上显著

分别在水稻分蘖期与孕穗期对土壤脲酶活性与硝酸还原酶活性进行测定，结果见图 2-56、图 2-57。由图 2-56 可知，不同处理的土壤脲酶活性在分蘖期和孕穗期差异显著

($P<0.05$)。在分蘖期，早、晚稻处理 U 的脲酶活性均高于其他添加 NBPT 处理，分别高达 15.05μg NH_4^+-N/(g·2h)和 15.18μg NH_4^+-N/(g·2h)；随着 UI 添加比例的增加，脲酶活性逐渐降低；当 UI 施入比例高于 1.0%时，脲酶活性显著低于处理 U。对于早稻，处理 U+UI3、U+UI4 和 U+UI5 的脲酶活性较处理 U 分别降低 14.56%、17.11%和 18.98%，晚稻也具有相似的效果，以上 3 个处理的脲酶活性较处理 U 分别降低 14.86%、15.46%和 16.95%。这说明单施尿素，脲酶活性显著升高，可能由于基质的增加，促进了微生物的生长，引起脲酶活性增加。而脲酶抑制剂的添加会不同程度地降低水稻分蘖期土壤脲酶活性，脲酶用量超过尿素用量 1.0%以上时，对土壤脲酶活性抑制显著。在孕穗期，施用氮肥的各处理在早稻或晚稻均无显著差异，说明脲酶抑制剂已经失去对脲酶的抑制作用。

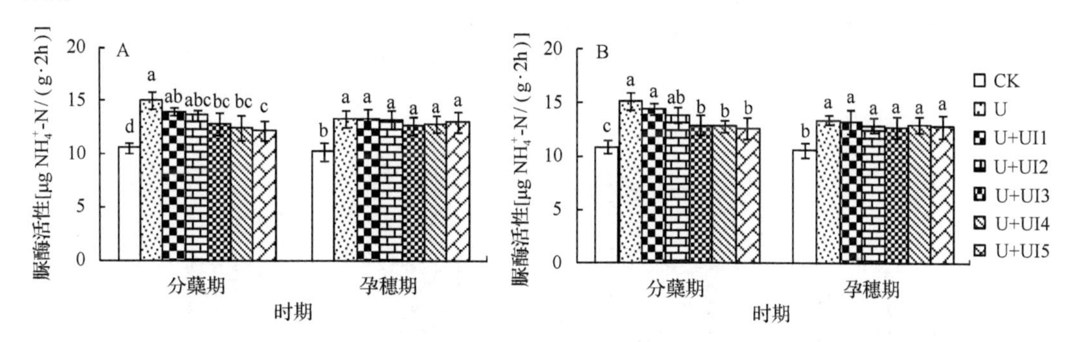

图 2-56　早稻(A)、晚稻(B)分蘖期和孕穗期土壤脲酶活性

CK.不施氮肥；U.尿素；UI.脲酶抑制剂；UI1～UI5 的添加比例依次为尿素的：0.5%、0.75%、1.0%、1.25%、1.5%。不同小写字母代表同一时期内处理间的差异在 0.05 水平上显著

由图 2-57 可知，与土壤脲酶活性相比，硝酸还原酶活性始终保持极低水平，早稻的活性小于 0.08μg NO_2^--N/(g·24h)，晚稻的小于 0.06μg NO_2^--N/(g·24h)，说明稻田的硝酸还原酶活性极其微弱；早稻或晚稻的同一时期内，处理间无显著差异($P>0.05$)，说明施用氮肥处理对稻田的硝酸还原酶活性没有明显影响，添加脲酶抑制剂对硝酸还原酶活性也无明显作用。

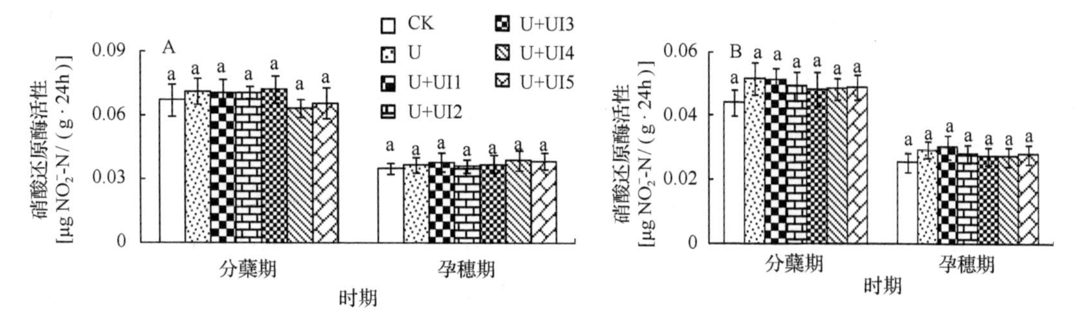

图 2-57　早稻(A)、晚稻(B)分蘖期和孕穗期土壤硝酸还原酶活性

CK.不施氮肥；U.尿素；UI.脲酶抑制剂；UI1～UI5 的添加比例依次为尿素的：0.5%、0.75%、1.0%、1.25%、1.5%。不同小写字母代表同一时期内处理间的差异在 0.05 水平上显著

分别在水稻分蘖期与孕穗期对土壤铵态氮、硝态氮含量进行测定，结果见图 2-58、图 2-59。结果表明，稻田土壤中的铵态氮含量明显高于硝态氮含量。

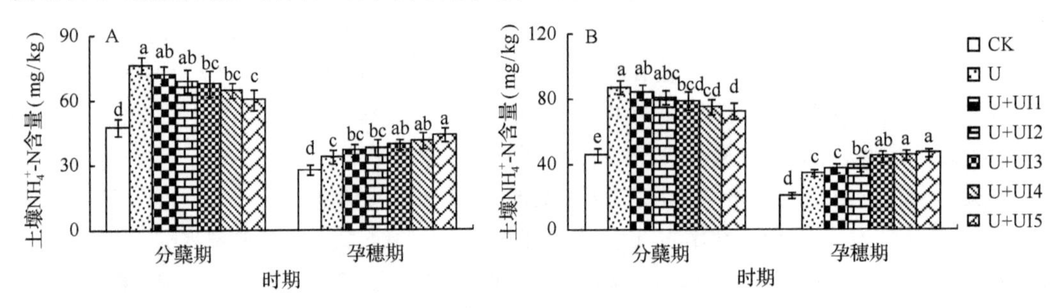

图 2-58 早稻(A)、晚稻(B)分蘖期与孕穗期土壤铵态氮含量

CK.不施氮肥；U.尿素；UI.脲酶抑制剂；UI1～UI5 的添加比例依次为尿素的：0.5%、0.75%、1.0%、1.25%、1.5%。不同小写字母代表同一时期内处理间的差异在 0.05 水平上显著

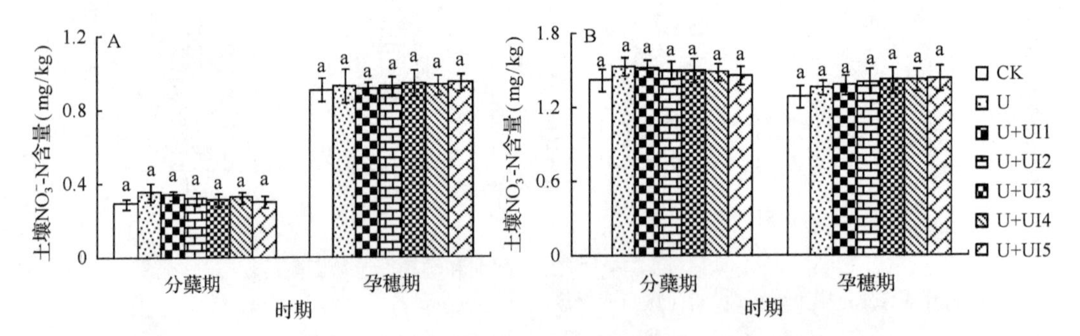

图 2-59 早稻(A)、晚稻(B)分蘖期和孕穗期土壤硝态氮含量

CK.不施氮肥；U.尿素；UI.脲酶抑制剂；UI1～UI5 的添加比例依次为尿素的：0.5%、0.75%、1.0%、1.25%、1.5%。不同小写字母代表同一时期内处理间的差异在 0.05 水平上显著

由图 2-58 可知，在水稻分蘖期，处理 U 的铵态氮含量高于其他处理，早、晚稻分别高达 76.71mg/kg 和 87.44mg/kg；与处理 U 相比，添加不同比例的 NBPT 后，土壤中的铵态氮含量均有所降低。当脲酶抑制剂用量高于 1.0%时，土壤中的铵态氮含量显著低于处理 U；早稻处理 U+UI3、U+UI4 和 U+UI5 的铵态氮含量分别比处理 U 降低了 11.37%、15.37%和 21.17%，晚稻则分别减低了 9.54%、13.79%和 16.77%，这些结果说明添加 NBPT 显著减少了分蘖期土壤的铵态氮含量，分蘖期土壤中铵态氮含量与脲酶抑制剂用量呈负相关关系。

在孕穗期，土壤铵态氮含量较分蘖期急剧下降，且处理间差异显著($P<0.05$)，可能由水稻对氮肥的大量吸收所致；添加脲酶抑制剂处理的铵态氮含量随着脲酶抑制剂用量的提高而呈递增趋势；当脲酶抑制剂为尿素用量的 1.0%及以上时，土壤中的铵态氮含量显著高于处理 U，早稻处理 U+UI3、U+UI4 和 U+UI5 的铵态氮含量分别比处理 U 高出

16.49%、22.25%和 29.67%，晚稻则分别高出 28.71%、31.57%和 35.56%，这说明添加脲酶抑制剂有效延缓了尿素水解，提高了孕穗期土壤中的铵态氮含量，可以为水稻的后期生长提供充足的氮肥。

由图 2-59 可知，与土壤铵态氮含量相比，硝态氮含量极低，不足同时期铵态氮含量的 2%，且处理间的差异始终不显著($P>0.05$)，说明施用氮肥及不同比例的 NBPT 对硝态氮含量均无显著影响，可能由于稻田长期淹水，土壤处于持续厌氧的生态环境，硝化作用极其微弱。

水稻分蘖期与孕穗期的土壤微生物量碳含量、微生物量氮含量、微生物量碳/氮的结果见图 2-60～图 2-62。由图 2-60～图 2-62 可知，三项土壤特性指标在同一时期内处理间的差异不显著($P>0.05$)，说明添加不同比例的脲酶抑制剂对土壤微生物量碳、微生物量氮含量没有显著影响。对同一时期的微生物量碳、氮含量进行相关性分析发现，二者存在极显著正相关关系($P<0.01$)。对微生物量碳、氮含量在两个时期的差异分别分析后发现，晚稻在两个时期之间的变化是显著的($P<0.05$)，说明晚稻生育期或季节变化对微生物量碳、氮含量的影响较大，早稻的影响较小。

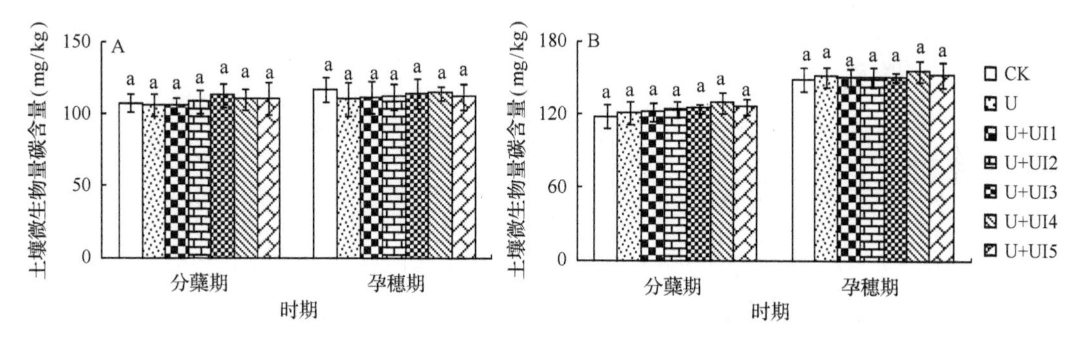

图 2-60　早稻(A)、晚稻(B)分蘖期和孕穗期土壤微生物量碳含量

CK.不施氮肥；U.尿素；UI.脲酶抑制剂；UI1～UI5 的添加比例依次为尿素的：0.5%、0.75%、1.0%、1.25%、1.5%。不同小写字母代表同一时期内处理间的差异在 0.05 水平上显著

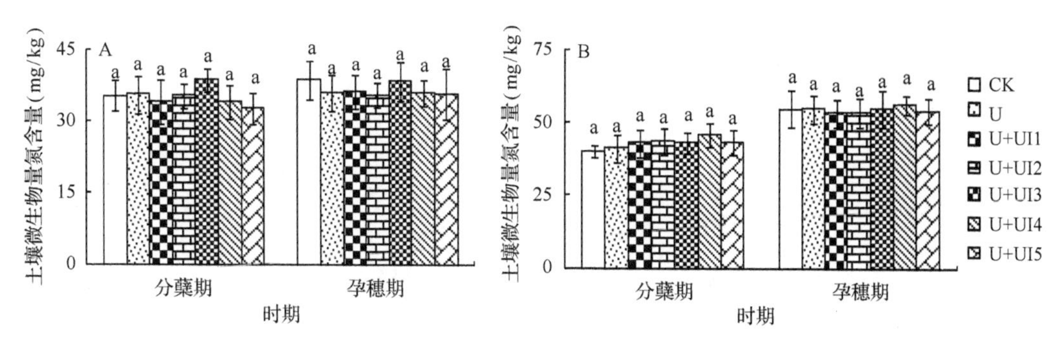

图 2-61　早稻(A)、晚稻(B)分蘖期和孕穗期土壤微生物量氮含量

CK.不施氮肥；U.尿素；UI.脲酶抑制剂；UI1～UI5 的添加比例依次为尿素的：0.5%、0.75%、1.0%、1.25%、1.5%。不同小写字母代表同一时期内处理间的差异在 0.05 水平上显著

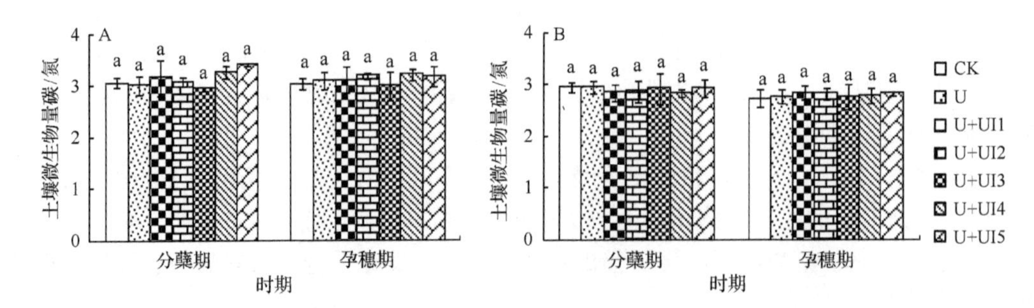

图 2-62 早稻(A)、晚稻(B)分蘖期和孕穗期土壤微生物量碳/氮

CK.不施氮肥；U.尿素；UI.脲酶抑制剂；UI1～UI5 的添加比例依次为尿素的：0.5%、0.75%、1.0%、1.25%、1.5%。不同小写字母代表同一时期内处理间的差异在 0.05 水平上显著

将水稻两个生育期土壤的脲酶活性、硝酸还原酶活性、铵态氮含量、硝态氮含量、微生物量碳、微生物量氮、碳氮比值 7 项指标对产量的影响进行逐步回归分析(n=21)。结果表明，只有铵态氮含量进入回归方程，说明土壤铵态氮含量对产量的影响显著，而其余 6 项指标对产量的影响不显著；回归方程的相关参数见表 2-25，由表 2-25 可知，对于早稻、晚稻，两个时期的铵态氮含量对产量的影响均达极显著水平(P<0.01)，而且孕穗期的影响大于分蘖期(孕穗期的变量系数较大)，说明氮肥对水稻产量的提高作用显著，尤其是孕穗期的氮肥更为重要。

表 2-25 水稻产量与两个生育期影响因子的逐步回归分析(n=21)

生育期	早稻					晚稻				
	因子	常数	系数	拟合度 R^2	P	因子	常数	系数	拟合度 R^2	P
分蘖期	NH_4^+-N	5.2172	0.0468	0.2276	<0.05	NH_4^+-N	5.682	0.0538	0.3509	<0.01
孕穗期	NH_4^+-N	2.5106	0.1546	0.8669	<0.0001	NH_4^+-N	4.5253	0.1344	0.9283	<0.0001

注：回归方程为 $y=ax+b$；y 为产量，a 为系数，x 为因子，b 为常数

(3)脲酶抑制剂与硝化抑制剂配施下土壤氮素供应特征

对水稻籽粒产量的测定结果见图 2-63，由图 2-63 可知，处理 U+UI 与 U+UI+NI 的

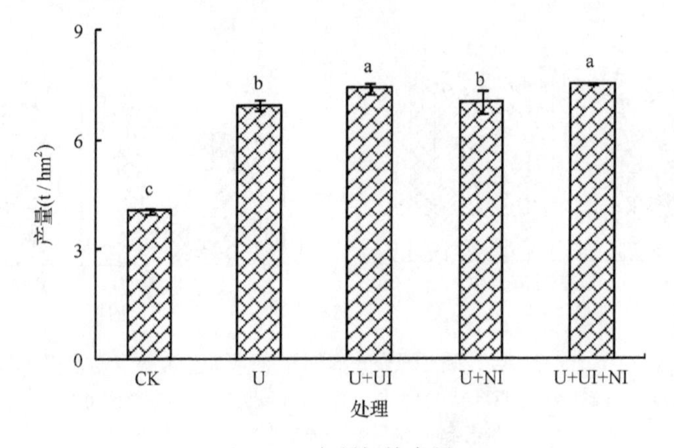

图 2-63 水稻籽粒产量

CK.不施氮肥；U.尿素；U+UI.尿素+脲酶抑制剂；U+NI.尿素+硝化抑制剂；U+UI+NI.尿素+脲酶抑制剂+硝化抑制剂。不同小写字母表示差异达 0.05 的显著水平

产量显著高于处理 U，而处理 U+NI 与处理 U 则无显著差异；与处理 U 相比，处理 U+UI 与 U+UI+NI 分别增产 6.56%与 8.24%。这些结果说明添加脲酶抑制剂 NBPT 对水稻增产效果显著，而添加硝化抑制剂效果欠佳。

分别在水稻分蘖期、孕穗期对土壤脲酶活性与硝酸还原酶活性进行测定，结果见图 2-64、图 2-65。由图 2-64 可知，不同处理的土壤脲酶活性在分蘖期和孕穗期差异显著（$P<0.05$）。在分蘖期，施氮肥处理的脲酶活性明显高于不施氮肥处理的，处理 U 的脲酶活性最高，高达 253.16μg NH_4^+-N/(g·2h)，显著高于处理 U+UI 与 U+UI+NI，而与处理 U+NI 的差异不显著，这说明单施尿素，脲酶活性显著升高；而脲酶抑制剂 NBPT 的加入，显著降低了分蘖期土壤的脲酶活性，单独添加 DMPP 则无明显影响。在孕穗期，不施肥处理 CK 的脲酶活性依然明显低于施肥处理的，而施入尿素的处理间脲酶活性无显著差异，这说明添加 NBPT 在孕穗期对脲酶活性的抑制作用基本消失。

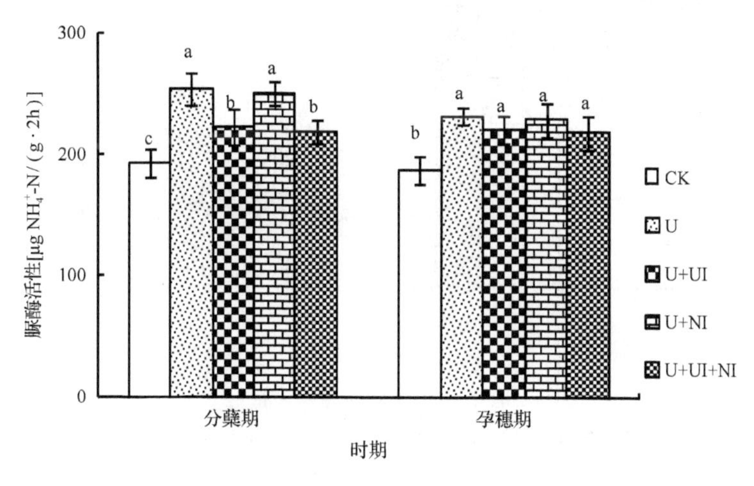

图 2-64　土壤脲酶活性

CK.不施氮肥；U.尿素；U+UI.尿素+脲酶抑制剂；U+NI.尿素+硝化抑制剂；U+UI+NI.尿素+脲酶抑制剂+硝化抑制剂。不同小写字母表示差异达 0.05 的显著水平

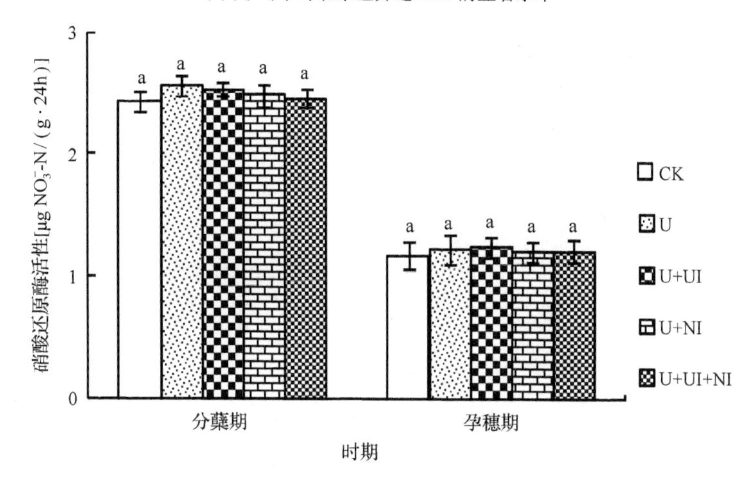

图 2-65　土壤硝酸还原酶活性

CK.不施氮肥；U.尿素；U+UI.尿素+脲酶抑制剂；U+NI.尿素+硝化抑制剂；U+UI+NI.尿素+脲酶抑制剂+硝化抑制剂。不同小写字母表示差异达 0.05 的显著水平

由图 2-65 可知，与土壤脲酶活性相比，硝酸还原酶活性始终保持极低水平，其活性小于 3μg NO_3^--N/(g·24h)，说明稻田的硝酸还原酶活性极其微弱；同一时期内，处理间无显著差异($P>0.05$)，说明施用氮肥处理对稻田的硝酸还原酶活性没有明显影响，添加 NBPT 或 DMPP 对稻田土壤中的硝酸还原酶活性也无明显作用。

分别在水稻分蘖期与孕穗期对土壤铵态氮、硝态氮含量进行测定，结果见图 2-66、图 2-67。结果表明，稻田土壤中的铵态氮含量明显高于硝态氮含量。

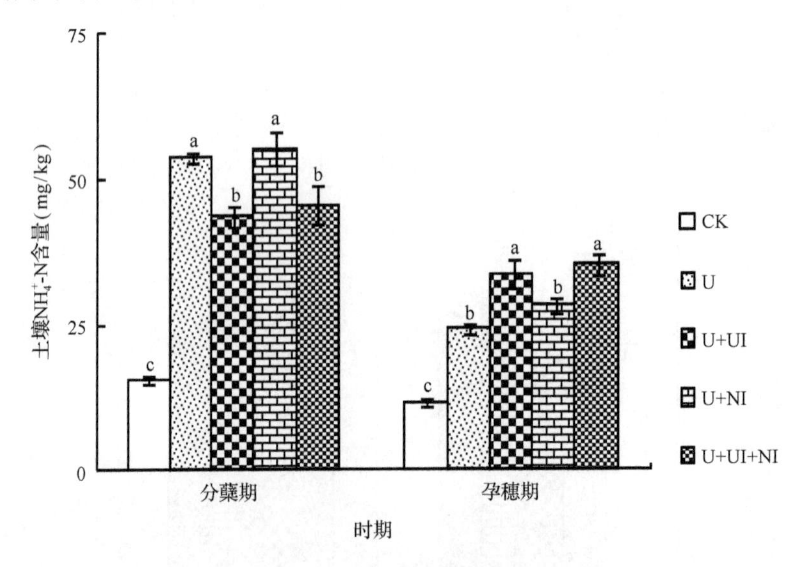

图 2-66　土壤铵态氮含量

CK.不施氮肥；U.尿素；U+UI.尿素+脲酶抑制剂；U+NI.尿素+硝化抑制剂；U+UI+NI.尿素+脲酶抑制剂+硝化抑制剂。不同小写字母表示差异达 0.05 的显著水平

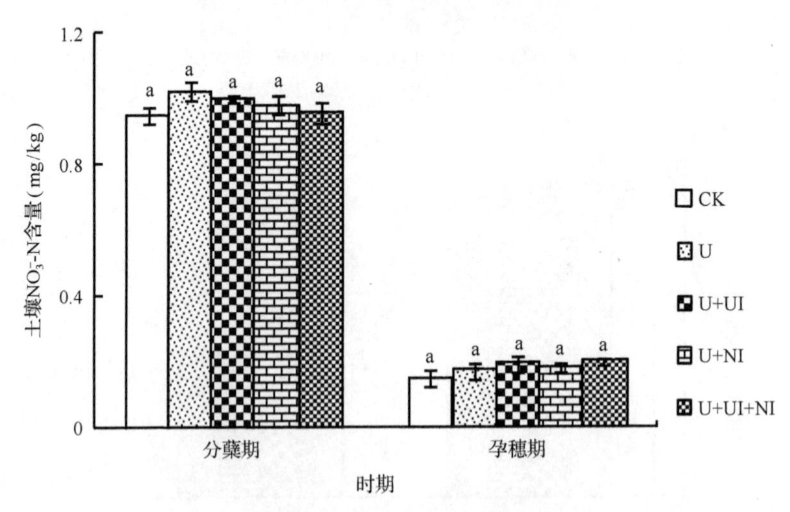

图 2-67　土壤硝态氮含量

CK.不施氮肥；U.尿素；U+UI.尿素+脲酶抑制剂；U+NI.尿素+硝化抑制剂；U+UI+NI.尿素+脲酶抑制剂+硝化抑制剂。不同小写字母表示差异达 0.05 的显著水平

由图 2-66 可知，在水稻分蘖期，处理间的差异达到显著水平，处理 U 的铵态氮含量

高达 53.95mg/kg，显著高于 CK 处理；与处理 U 相比，处理 U+UI 和 U+UI+NI 的土壤铵态氮含量分别降低 15.45%和 11.06%；处理 U+NI 与处理 U 相比差异显著，这些结果说明添加脲酶抑制剂 NBPT 显著降低了分蘖期稻田土壤的铵态氮含量，而硝化抑制剂 DMPP 则无此效应。

在孕穗期，所有处理的土壤铵态氮含量较分蘖期急剧下降，且处理间差异显著(P<0.05)，可能由于从分蘖期到孕穗期水稻根系的生长较快，对氮肥大量吸收；添加脲酶抑制剂处理的铵态氮含量明显高于未添加的各处理，处理 U+UI 较处理 U 提高 32.27%，处理 U+UI+NI 较处理 U 提高 40.04%，这说明添加 NBPT 有效延缓了尿素水解，减慢了铵态氮的释放，可以为水稻的后期生长提供更多铵态氮肥，两种抑制剂配施的效果更佳。

由图 2-67 可知，与土壤铵态氮含量相比，硝态氮含量极低，不足铵态氮含量的 2%，且处理间的差异始终不显著(P>0.05)，添加 NBPT 虽然显著降低了分蘖期土壤中铵态氮的含量，但是对于硝态氮含量没有显著影响，因此，在淹水土壤，铵态氮的含量对硝化作用的强度影响较小。

水稻分蘖期与孕穗期的土壤微生物量碳含量、微生物量氮含量、微生物量碳/氮的结果见图 2-68～图 2-70。由图可知，三项土壤特性指标在各时期内处理间的差异不显著

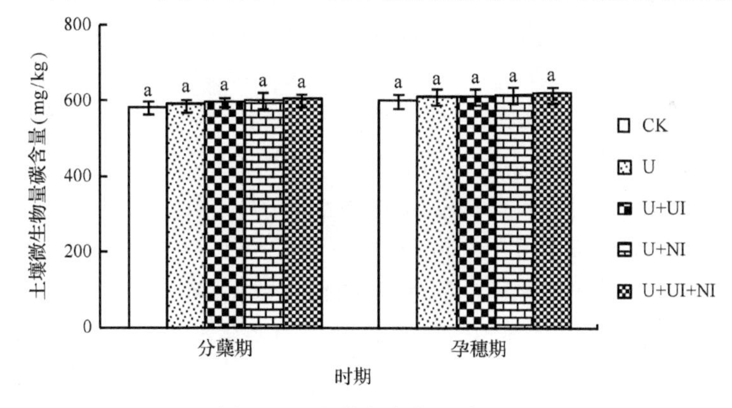

图 2-68　土壤微生物量碳含量

CK.不施氮肥；U.尿素；U+UI.尿素+脲酶抑制剂；U+NI.尿素+硝化抑制剂；U+UI+NI.尿素+脲酶抑制剂+硝化抑制剂。不同小写字母表示差异达 0.05 的显著水平

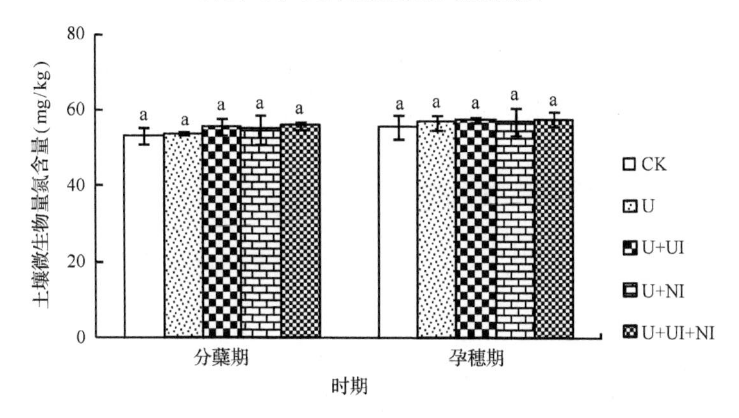

图 2-69　土壤微生物量氮含量

CK.不施氮肥；U.尿素；U+UI.尿素+脲酶抑制剂；U+NI.尿素+硝化抑制剂；U+UI+NI.尿素+脲酶抑制剂+硝化抑制剂。不同小写字母表示差异达 0.05 的显著水平

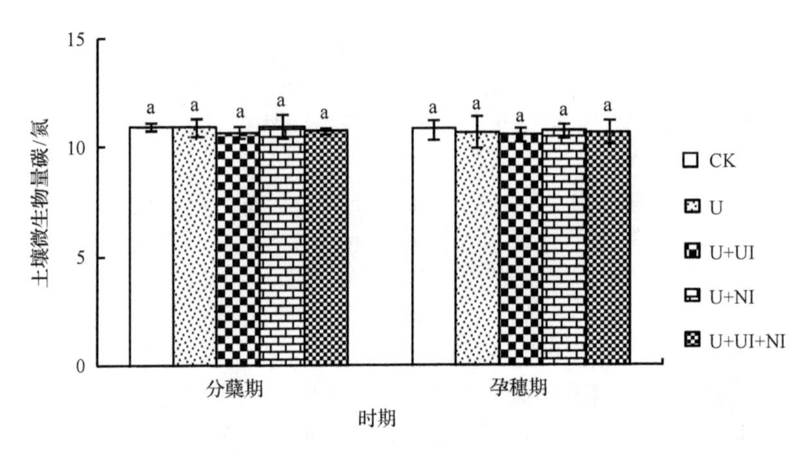

图 2-70　土壤微生物量碳/氮

CK.不施氮肥；U.尿素；U+UI.尿素+脲酶抑制剂；U+NI.尿素+硝化抑制剂；U+UI+NI.尿素+脲酶抑制剂+硝化抑制剂。不同小写字母表示差异达 0.05 的显著水平

($P>0.05$)，说明添加脲酶抑制剂、硝化抑制剂及二者配施对微生物量碳、氮含量没有显著影响。对同一时期的微生物量碳、氮含量进行相关性分析发现，二者存在极显著正相关($P<0.01$)关系。

将水稻两个生育期土壤的脲酶活性、硝酸还原酶活性、铵态氮含量、硝态氮含量、微生物量碳含量、微生物量氮含量、微生物量碳/氮 7 项指标对产量的影响进行逐步回归分析($n=21$)。结果表明，只有铵态氮含量进入回归方程，说明土壤铵态氮含量对产量的影响显著，而其余 6 项指标对产量的影响不显著；回归方程的相关参数见表 2-26，由表 2-26 可知，两个时期的铵态氮含量对产量的影响均达极显著水平($P<0.01$)，而且孕穗期的影响大于分蘖期(孕穗期的变量系数较大)，说明氮肥对提高水稻产量的作用显著，尤其是孕穗期的氮肥更为重要。

表 2-26　水稻产量与两个生育期影响因子的逐步回归分析($n=21$)

生育期	因子	常数	系数	拟合度 R^2	P
分蘖期	NH_4^+-N	3.0214	0.0813	0.8422	<0.0001
孕穗期	NH_4^+-N	2.7421	0.1433	0.9020	<0.0001

注：回归方程为 $y=ax+b$；y 为产量，a 为系数，x 为因子，b 为常数

2.2.4　缓控释肥促进作物养分高效利用机理

1. 缓控释肥根区施用对小麦-玉米产量与氮素利用效率的影响

不同处理下玉米季和麦季的产量如表 2-27 所示。在玉米季中 CK 处理下的籽粒产量和秸秆生物量最大，分别为 10 477kg/hm^2 和 16 562kg/hm^2，在籽粒产量上，除了－N 处理外，其余各处理均和 CK 无显著差异，其中配施 20%控释肥(CRF1)和 CRF3 处理下的籽粒产量都超过 10 000kg/hm^2，与 CK 较为接近。减氮 20%处理(－N20%处理)下玉米籽粒的产量为 9337kg/hm^2，比 CK 减产了 10.9%，CRF1 可以维持产量的稳定，其产量为 10 057kg/hm^2，

比 CK 仅减少 4.0%。而 CRF2 处理虽然施用了 40%的控释肥，但是籽粒的产量却不如 CRF1，说明在玉米季中控释肥的配施量并非越多越好。减氮根区深施处理下（－N20%R），在玉米籽粒产量上略优于－N20%处理，但和 CK 相比，玉米产量下降了 7.9%，说明单一根区深施在减氮时不能达到很好的稳产效果。而减氮 20%下的根区深施和控释肥联用（CRF3）处理在玉米季的产量上仅仅与单一配施 20%控释肥的 CRF1 处理相平，在玉米季没有体现出根区深施的优越性；同时减氮 36%下的根区深施和控释肥联用（CRF4）处理与 CK 相比在玉米季的产量上下降了 7.0%，说明当减施氮肥较多的情况下，即使是配施了控释肥，也会导致玉米产量下降。

从玉米季的秸秆生物量上来看，也和籽粒有类似的结果。－N20%处理的秸秆生物量显著比 CK 下降了 10.2%。其他各处理的玉米秸秆生物量与 CK 相比都无显著差异；－N20%R 处理的玉米秸秆生物量比 CK 减少了 7.8%；CRF4 处理秸秆的生物量比 CK 减少 7.4%。其他 3 个减氮 20%的处理在玉米秸秆生物量上与 CK 基本持平，体现了控释肥在玉米减氮施肥时的良好效果。

表 2-27　不同处理下作物的产量和生物量　（单位：kg/hm^2）

处理	玉米季		麦季	
	籽粒产量	秸秆生物量	籽粒产量	秸秆生物量
－N	7 273b	13 686c	4 395c	4 102c
CK	10 477a	16 562a	7 395a	7 265a
－N20%	9 337a	14 871b	6 238b	6 040b
－N20%R	9 647a	15 262ab	6 636ab	6 409ab
CRF1	10 057a	16 261ab	7 499a	7 107ab
CRF2	9 847a	16 161ab	7 205a	7 003ab
CRF3	10 007a	16 261ab	7 301a	7 072ab
CRF4	9 742a	15 340ab	7 085ab	6 825ab

注：表中同一列数字后不同字母表示处理之间的方差分析结果，显著性水平为 0.05，—N 指不施氮肥处理

在麦季中，小麦籽粒产量的最大值出现在 CRF1 中，为 $7499kg/hm^2$，比 CK 的产量略有增加，而 CRF2 处理的小麦籽粒产量低于 CRF1 处理，为 $7205kg/hm^2$，也表明了配施 40%的控释肥（CRF2）在麦季生产中与配施 20%控释肥相比，没有较优的回报，在实际应用中可行性不高。单一的减氮 20%处理（－N20%）的麦季籽粒产量显著低于 CK，减产了 15.65%。其显著性差异的出现可能是在玉米季中就消耗了土壤中较多的氮素养分，导致－N20%处理对小麦生产的影响更为突出。而根区深施处理在麦季的效果同样不是十分理想，－N20%R 处理比－N20%处理在小麦籽粒产量上略优，但是与 CK 相比，小麦籽粒产量下降了 10.26%。根区深施和控释肥联用的 CRF3 处理的产量同样略低于单一控释肥配施的 CRF1 处理；而－N36%的 CRF4 处理的小麦籽粒产量低于 CRF3。各处理下麦季秸秆生物量的结果与其籽粒产量相似，其中最大秸秆生物量出现在 CK 处理中，说明通过配施控释肥，能促进养分向籽粒转移，提高作物的产量。

由于麦季吸氮的减少，其氮素表观平衡量也都大于玉米季，但是不同处理间的氮素表观平衡量规律与玉米季相似，CK 处理下氮素表观平衡量最大，为 109.5kg/hm^2，其氮素损失到土壤中的量最多(表 2-28)。而－N20%和－N20%R 处理都会使得氮素表观平衡量分别降低 19.2kg/hm^{2}和 30.2kg/hm^2，但是由于吸氮量的减少，其氮肥的当季利用率都比 CK 低。CRF1、CRF2 和 CRF3 三个处理的氮素表观平衡量及氮肥当季利用率都比较相近，其氮素表观平衡量比 CK 少 40kg/hm^{2}左右；氮肥当季利用率都高于 CK，其中 CRF1 处理的氮肥当季利用率比 CK 高 6.2%，达到了 37.6%。由于氮肥的施用量减少幅度大，CRF4 处理的麦季氮素表观平衡量仅为 31.8kg/hm^2，氮肥当季利用率达到 40.2%；单从氮素的利用效率来看，CRF4 处理效果较好，但是其产量显著低于 CK，生产中可行性较差。

表 2-28　不同处理下玉米季和麦季的氮素利用效率

	处理	总吸氮量(kg/hm^2)	施氮量(kg/hm^2)	氮素表观平衡量(kg/hm^2)	氮肥当季利用率(%)
玉米季	－N	141.2	0	－141.2	
	CK	222.0	260	38.0	31.1
	－N20%	187.4	210	22.6	22.0
	－N20%R	196.1	210	13.9	26.2
	CRF1	211.6	210	－1.6	33.6
	CRF2	206.0	210	4.0	31.0
	CRF3	209.2	210	0.8	32.4
	CRF4	195.6	168	－27.6	32.3
麦季	－N	68.8	0	－68.8	
	CK	150.5	260	109.5	31.4
	－N20%	119.8	210	90.3	24.3
	－N20%R	130.8	210	79.3	29.5
	CRF1	147.8	210	62.3	37.6
	CRF2	142.3	210	67.8	35.0
	CRF3	143.5	210	66.5	35.6
	CRF4	136.3	168	31.8	40.2

注：—N 指不施氮肥处理

2. 缓控释肥根区施用对东北春玉米产量与氮素利用效率的影响

氮肥集中根施于田垄土壤下方 18cm 处，在玉米根系密集分布区域的耕层土体形成直径为 10cm 左右的高浓度肥域，肥域中铵氮浓度由内向外递减；而氮肥沟施处理，肥域呈条带状，分布在垄侧，形成的肥域浓度远低于根施处理。由图 2-71 可知，两年的产量变化可以看出氮肥点施处理产量均值高于沟施处理。处理 N165-RZH60 两年产量均为最高。2014 年相同氮肥条件下，一次性根区施肥模式产量较一次沟施高出 4.08%～9.95%，2015 年高出 3.93%～14.9%。

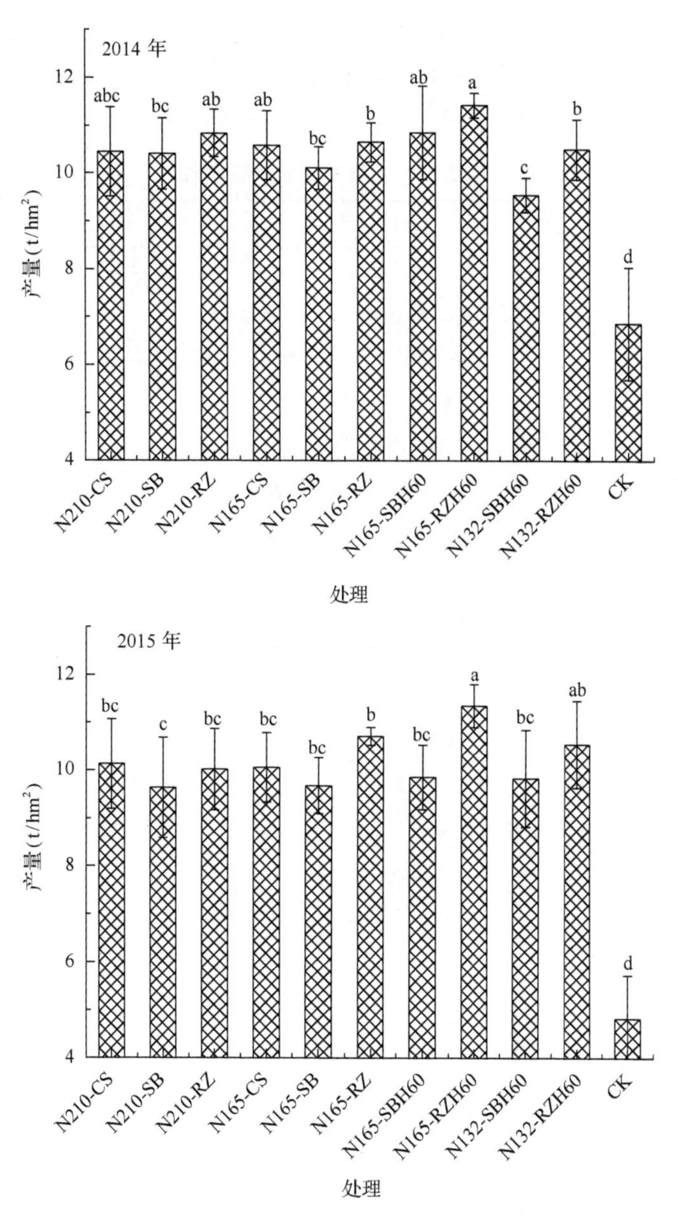

图 2-71　2014～2015 年不同施肥模式玉米产量

CK 表示不施肥；N210、N165 和 N132 分别表示氮肥用量为 210kg/hm^2、165kg/hm^2 和 132kg/hm^2；CS 表示氮肥分三次施用；SB 表示氮肥一次施用；RZ 表示根区施肥；H60 表示 70%尿素+30%缓释期一次沟施(缓释期分为 60 天)。图中柱状图上方不同字母表示差异显著性(P<0.05)

3. 缓控释肥根区施用对水稻-小麦产量与氮素利用效率的影响

本研究包括 9 个处理，试验处理如下：CK，不施肥；农民习惯分次施肥(氮肥用量小麦季 195kg/hm^2，水稻季 225kg/hm^2)；节肥措施，小麦与水稻季氮肥用量较传统施肥减少 20%；普通尿素一次基施(氮肥用量小麦季 195kg/hm^2，水稻季 225kg/hm^2)；普通尿素一次基施（氮肥用量小麦季 165kg/hm^2，水稻季 195kg/hm^2）；15% 60d 缓控氮肥（PCU60）+85%普通尿素一次基施；30%PCU60+70%普通尿素一次基施；45%PCU60+55%普通尿素一次基施；100%PCU60 一次基施。小麦与水稻季试验方案分别如表 2-29 和表 2-30 所示。

表 2-29　小麦季配施试验方案

处理代码	氮肥施肥方式	氮肥用量（kg/hm^2）
CK	不施氮	0
N13S	农民习惯分次施肥：基肥-拔节肥-孕穗肥	195
N11S	节肥措施：基肥-拔节肥-孕穗肥	165
N13O	普通尿素一次基施	195
N11O	普通尿素一次基施	165
M1	15%PCU60+85%普通尿素一次基施	165
M2	30%PCU60+70%普通尿素一次基施	165
M3	45%PCU60+55%普通尿素一次基施	165
M4	100%PCU60 一次基施	165

表 2-30　水稻季配施试验方案

处理代码	氮肥施肥方式	氮肥用量（kg/hm^2）
CK	不施氮	0
N15S	农民习惯分次施肥：基肥-分蘖肥-拔节肥	225
N13S	节肥措施：基肥-分蘖肥-拔节肥	195
N15O	普通尿素一次基施	225
N13O	普通尿素一次基施	195
M1	15%PCU60+85%普通尿素一次基施	195
M2	30%PCU60+70%普通尿素一次基施	195
M3	45%PCU60+55%普通尿素一次基施	195
M4	100%PCU60 一次基施	195

施氮使冬小麦产量显著增产（图 2-72），施氮各处理的水稻产量显著高于 CK。普通尿素一次基施处理的小麦产量显著低于其分次施肥处理。缓控氮肥各比例配施处理的小麦产量均显著高于相同用氮量下的 N11O 处理，M1、M2、M3、M4 处理的小麦产量较 N11O 分别提高 27%、23%、12%和 30%。这说明，缓控氮肥与普通尿素配合一次施用较普通尿素一次基施能有效提高小麦产量。减氮条件下，15%、30%、100%PCU60 配施比例处理的小麦产量与 N11S 处理相比分别提高 6%、2%和 8%；其与 N13S 处理间无显著差异。说明包膜尿素与普通尿素在合适比例下配合一次基施可替代常规基追肥模式，不仅减少了劳动力投入，还能降低肥料的用量，节约资源。

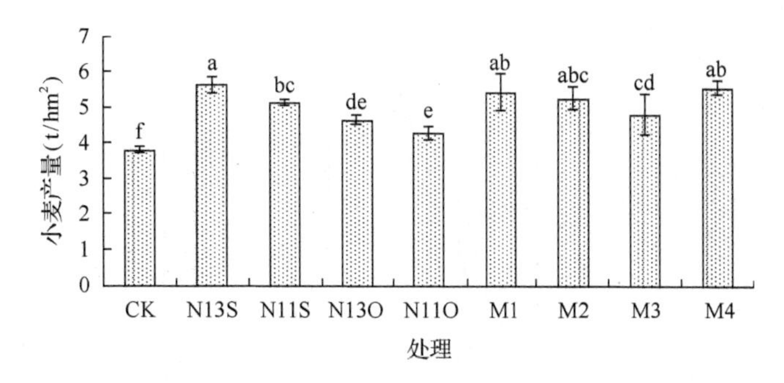

图 2-72 包膜尿素与普通尿素配施对小麦产量的影响

图中不同字母表示差异达到 0.05 显著水平

表 2-31 结果表明，两种用氮量下，普通尿素分次施肥处理的小麦氮肥表观利用率、农学效率均显著高于同等用氮量下的普通尿素一次基施处理。缓控氮肥各比例配施处理的小麦氮肥表观利用率均高于同等用氮量的普通尿素一次和分次施用。其中 30%与 100%配施比例处理的小麦氮肥表观利用率较 N13S 处理分别提高 7.5%和 51%。15%、30%、100%比例的缓控氮肥与普通尿素配施的农学效率较 N11S 分别提高 22%、10%、32%；其中 15%、100%配施比例处理的氮肥农学效率较 N13S 处理分别提高 5%和 14%。

表 2-31 包膜尿素配施比例对小麦氮肥利用效率的影响

处理	表观利用率(%)	农学效率(kg/kg)
N13S	45.2bc	9.4a
N11S	34.0d	8.1ab
N13O	26.5e	4.3cd
N11O	21.7e	3.0d
M1	36.9d	9.9a
M2	48.6b	8.9ab
M3	40.1c	6.1bc
M4	68.3a	10.7a

注：同列数据后不同字母表示差异达到 0.05 显著水平

施氮使水稻显著增产，施氮各处理的水稻产量均显著高于 CK(图 2-73)。相同用氮量下，普通尿素分次施肥处理的水稻产量均高于其一次基施，但差异不显著。说明普通尿素一次施用容易造成肥料养分损失，难以保证作物生育期的养分持续供应，导致减产。各比例包膜尿素与普通尿素一次施用的水稻产量均高于 N13S 处理，其中最高的为 30%PCU60 配施，为 9.72t/hm^2，较 N13S 处理提高 9.2%。各比例包膜尿素与普通尿素一次施用的水稻产量较 N15S 处理无显著差异，其中 M2 处理较 N15S 处理增产 3.6%。

表 2-32 表明，姜堰砂土地区，普通尿素分次施肥的氮肥表观利用率、农学效率均高于同等用氮量下的普通尿素一次基施处理。包膜尿素各比例配施处理的氮肥表观利用率、农学效率均显著高于同等用氮量的普通尿素一次和分次施用，说明包膜尿素与普通尿素配施能有效降低氮肥损失，促进作物的养分吸收，提高氮肥利用效率。15%、30%、45%

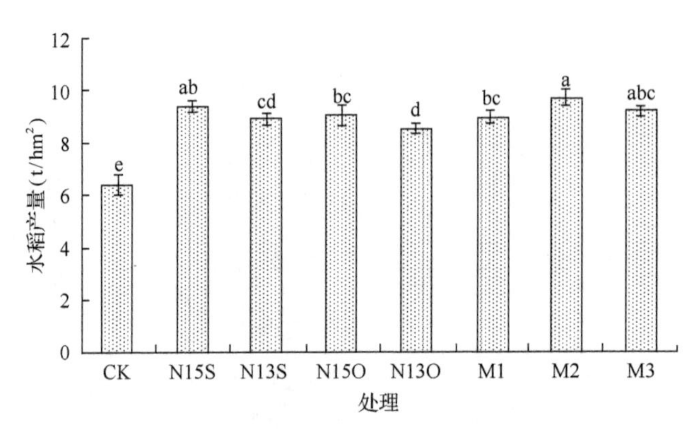

图 2-73　包膜尿素配施比例对水稻产量的影响

图中不同字母表示差异达到 0.05 显著水平

表 2-32　包膜尿素配施比例对水稻肥料利用效率的影响

处理	表观利用率(%)	农学效率(kg/kg)
N15S	46.8bc	13.3bc
N13S	38.3cd	12.9bcd
N15O	36.9d	11.8cd
N13O	32.9d	11.0d
M1	55.3b	13.3bc
M2	50.5b	17.1a
M3	69.8a	14.9b

注：同列数据后不同字母表示差异达到 0.05 显著水平

比例 PCU60 与普通尿素配施的水稻氮肥表观利用率较 N13S 处理分别提高 44%、32%、82%；较 N15S 处理分别提高 18%、8%、49%。15%、30%、45%比例 PCU60 与普通尿素配施的水稻氮肥农学效率较 N13S 处理分别提高 3%、33%、15%；较 N15S 处理分别提高 0.2%、29.1%、12%。

4. 缓控释肥应用中的问题与思考

缓控释肥料因其能在土壤中较长时间缓慢释放，能有效解决肥料一次施用后作物生育中后期供肥不足的问题。目前缓控释肥在我国肥料产业中方兴未艾，众多肥料企业都在极力发展缓控释肥，并将其作为未来重要的发展方向之一。我们的系列研究表明，缓控释肥在一定条件下的确可以发挥一些好的作用，如常规肥料中掺用一定比例的缓控释氮肥后，一次施肥后期不再追肥，对于多种作物可以取得与常规分次施肥相近或稍高一些的产量，且有时肥料损失率可以显著下降。但目前缓控释肥的效果还受多种因素的影响，也存在如下一些问题。

首先，缓控释肥的成本问题。对于粮食作物而言，由于收益有限，缓控释肥生产成本比较贵，难以推广。由于可以节约追肥的人工费，目前对于主要粮食作物，常规肥料增加 20%的缓控释肥是比较经济有效的做法。每吨缓控释肥生产成本为 5000 元，氮肥中的 20%采用缓控释肥，一次施肥可以取得与常规分次施肥相近的产量和最终收益，氮肥的损失率可以较常规施肥明显下降。如果需要采用更高比例的缓控释肥才能获得较高的产量，从经济投入与产出效益来看，并不划算。因而缓控释肥在粮食作物上大量应用不会成为未来肥料养分高效利用的主要解决途径。

其次，效果的稳定性问题。缓控释肥料效果的稳定性似乎并不总是让人满意，一些缓控释肥料田间使用的效果，在不同田块之间、不同年份之间有时变异较大，或者说时好时坏。其一方面与缓控释肥料产品性能的稳定性有关，这主要与产品原材料的稳定性、生产工艺的稳定性等因素有关。另一方面与不同土壤性质及气候条件的差异有关。不同类型的土壤上适合用何种缓控释放性能的肥料，以及采用何种比例，很难实现理想的最优化方案。另外肥料施用后的气候条件有时也不可预估，干旱或过多的降雨都会影响一次基肥施用后其肥效的发挥。在多种复杂的土壤气候条件下均能很好地满足作物对养分的需求，这对缓控释肥的制造和使用提出了更高的要求，目前市场上的缓控释肥多数不能满足这一要求。

再次，缓控释材料的环保性能。一些缓控释肥的生产过程是否足够环保？是否有较多的废水、废气、废渣产生？包膜材料是否可以降解？降解过程中是否会产生有毒有害的物质，长期使用后土壤质量是否有负面作用，等等，这些都是缓控释肥研制和生产过程中需要解决的问题。这些都对缓控释肥料的研制提出了更高的要求，也相应制约了缓控释肥料的发展和应用。

最后，未来其他施肥技术的改进将可能大幅度降低大田作物应用缓控释肥的必要性。我们的系列研究结果证明，对于主要的粮食作物，通过对普通肥料配方和机械加工的优化，配合养分高效的根区精确定位施肥技术，完全可以实现多种作物普通肥料一次施肥、不追肥、高产高效、养分损失大幅度下降且省工的目标。多种条件下的根区施肥较常规施肥有显著改进效果，且根区肥条件下，采用缓控释肥并非必需。目前一些研究结果表明根区一次施肥采用部分缓控释肥有时较普通肥料效果好，但这在将来完全有可能通过普通肥料的配方优化及施肥位点的改进来进一步改善，只是目前根区施肥技术的研发并没有达到最优化的目标。

综上所述，好的缓控释肥料在目前施肥方式与方法未得到根本性改善的情况下，与常规分次施肥方法相比，在大田作物上可以掺用一定的比例，并可以代替后期追肥。但随着施肥技术的改进，在根区一次施肥技术得到充分优化和推广后，对于生育期仅几个月的多种大田作物，使用缓控释肥的必要性和可能性将会大大下降。缓控释肥将主要用于生育期更长的作物，尤其是多年生的经济果木和园艺等植物，这是未来缓控释肥料发展中需要考虑到的问题。

2.3　基于肥际-根际协调的根区施肥原理

2.3.1　根区施肥肥际养分扩散与损失特征

尿素表面撒在稻田水中会快速水解，同时在有脲酶的参与下会快速水解成氨气和碳酸。如果尿素深施在稻田的还原层，一方面，强还原环境和带负电荷的土壤胶体会吸附尿素水解生成的铵态氮。另一方面，最初生成的铵态氮被肥际的土壤吸附后，限制其向外扩散，这使得尿素的水解过程保持平衡状态，进一步降低尿素的水解速度。研究结果显示，表面分次施肥 30d 后，土壤表面的铵态氮含量最高，两种土壤上铵态氮含量最高值超过 100mg/kg，但是随着施肥时间的推迟，该处理表面土壤的铵态氮含量快速下降，在施肥后 60d 时，表面土铵态氮含量降至 100mg/kg 以下，而在施肥 90d 后下降的幅度更大(图 2-74)。与此相比根区一次施氮方式下，施肥后 30d 时，施肥点周围土壤的铵态氮浓度仍然高达 1000mg/kg，显著高于同期的常规施肥。即使是在施肥 60d 后，肥点周围的铵态氮浓度仍然在 400mg/kg 以上。可见根区一次施肥显著提高肥料在土壤中的贮存时间。另外从根区施用后养分扩散的趋势和时间上看，根区一次施用后铵态氮向肥点两边

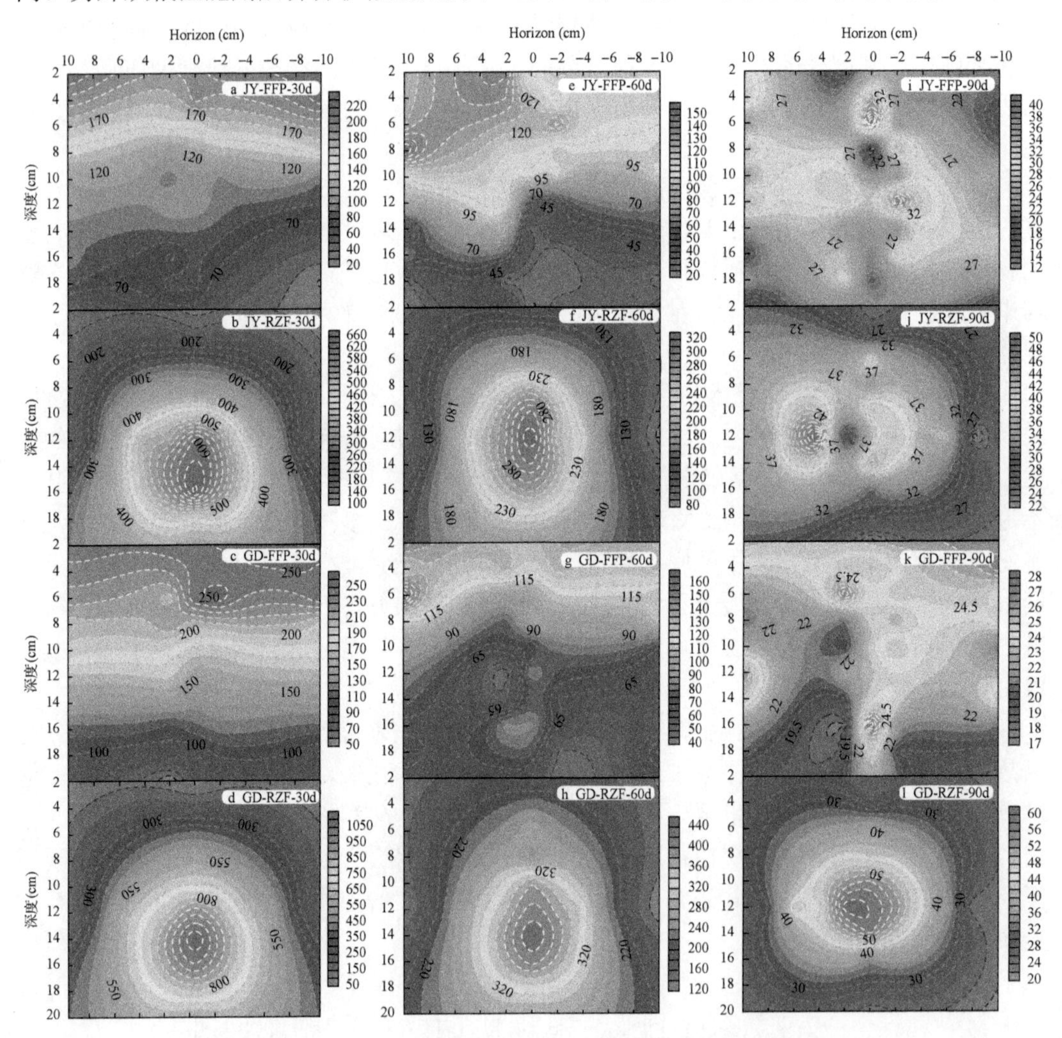

图 2-74　施肥方式对不同深度土壤铵态氮含量的影响(彩图另扫二维码)

第 1～3 列分别为 30 天、60 天和 90 天的测定结果；第 1、第 3 排分别为姜堰和广德习惯施肥下的结果；第 2、第 4 排分别为姜堰和广德根区施肥的结果

扩散的距离也基本在 5cm 左右，这与当前的研究结果基本吻合。图 2-74 结果还显示，无论是表面撒施还是根区一次施肥，施肥点的铵态氮在施肥后 60～90d 有快速的下降趋势。这主要是因为该时期为水稻拔节抽穗期，正是对氮素需求的旺盛期。

尿素与缓控施氮肥在施入土壤后，转化生成的 NH_4^+-N 迁移距离均不超过 6cm（图 2-75），而且尿素与缓控施氮肥施入不同深度土壤后，土壤中 NH_4^+-N 含量均在第 35 天出现峰值，至第 65 天已显著降低，此时施用缓控施氮肥土壤中 NH_4^+-N 含量明显高于普通尿素处理，如在土下 10cm 施氮，缓控施氮肥与尿素处理施肥位点周围 0～3cm 土壤 NH_4^+-N 含量分别为 356mg/kg、132mg/kg，在土下 18cm 施氮，缓控施氮肥与尿素处理则分别为 644mg/kg、330mg/kg。尿素处理在播种后第 10 天玉米尚未出苗时施肥位点周围 NH_4^+-N 浓度已达 1200～1400mg/kg，因此，在采用尿素根区施肥时，应防止该肥域范围与种子接触。在采用穴施时，尿素表现为 NH_4^+-N 释放速度快，玉米尚未出苗及刚出苗时 NH_4^+-N 浓度高，而缓控施氮肥表现为 NH_4^+-N 缓慢释放，在玉米发芽和幼苗期浓度上升平缓，至拔节期需氮高峰时能提供较多的 NH_4^+-N，表明缓控施氮肥有利于土壤保氮，较符合玉米生长需氮规律。

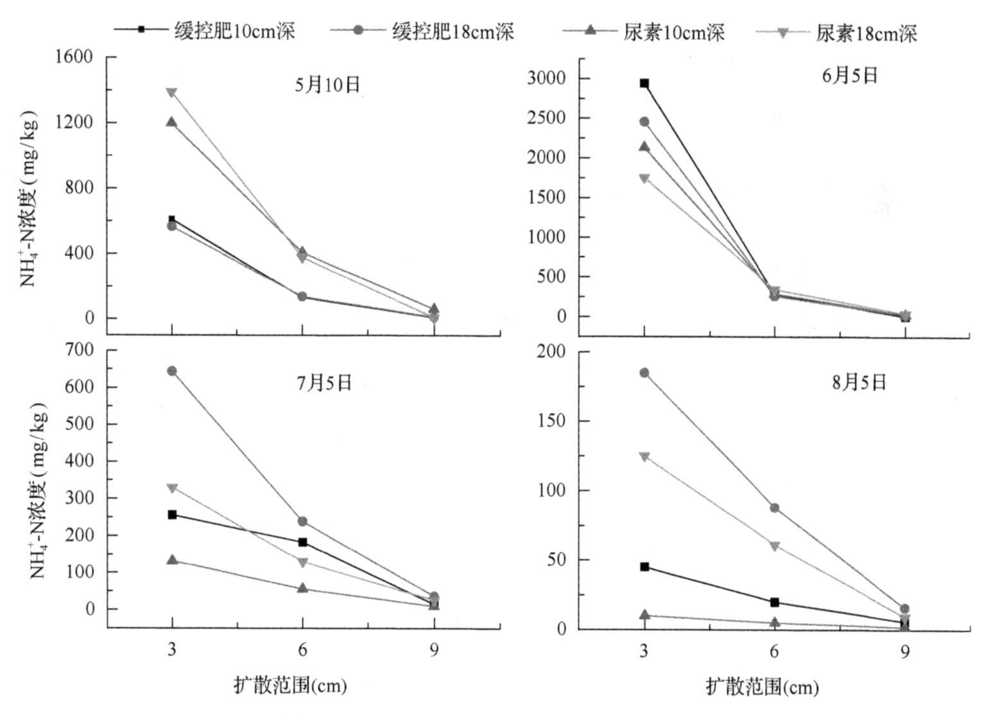

图 2-75　不同施肥位点下铵态氮迁移扩散

无论是尿素还是缓控施氮肥施用在土下 10cm 还是 18cm，肥域周围土壤中的 NO_3^--N 含量在处理间均没有差异，随时间变化趋势如图 2-76 所示，NO_3^--N 在肥域周围土壤的含量逐渐增加，然而至施肥后第 65 天其浓度仍远远低于 NO_4^+-N。

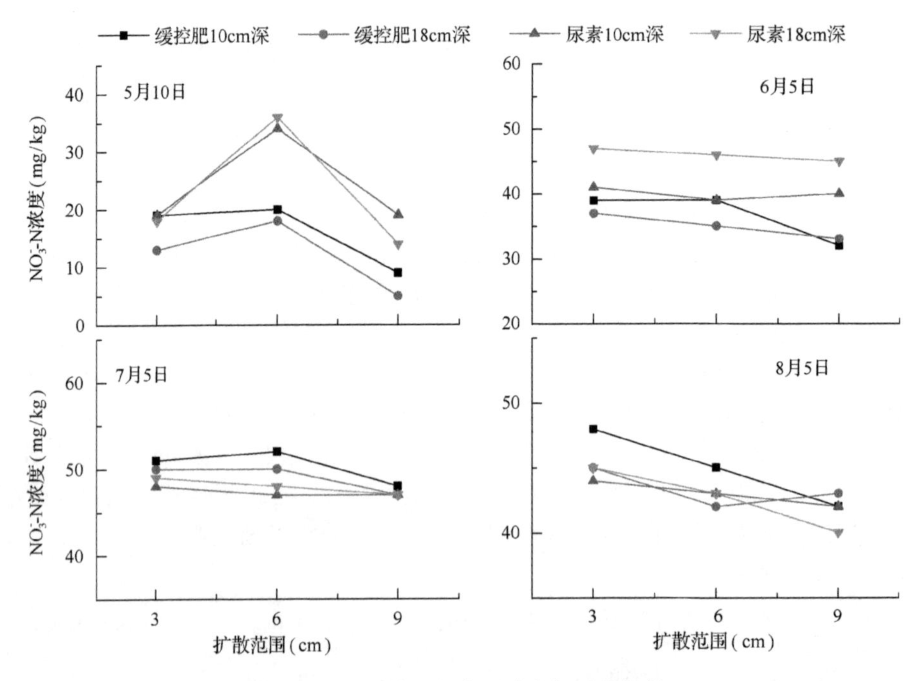

图 2-76　不同施肥位点下硝态氮迁移扩散

2.3.2　作物对不同施肥方式和施肥位点的响应

1. 氮肥施肥位置对小麦产量的影响

氮肥不同施肥位置对籽粒产量的影响为：深施处理的籽粒产量最高，偏施 3cm(后简称偏 3)处理次之，分别为 6413kg/hm^2 和 6390kg/hm^2，比常规施肥分别增加了 20.5%和 20.0%，深施与偏 3 处理产量高于常规施肥。浅施和偏 10 处理的籽粒产量比常规施肥分别增加了 15.6%和 14.8%。不施氮对照产量最低，比常规施肥籽粒产量下降了 21.9%，低于其他 5 个处理(图 2-77)。

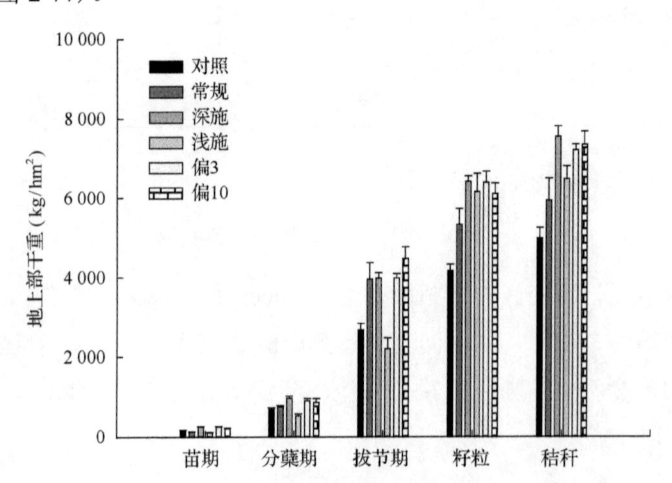

图 2-77　氮肥不同施肥位置对小麦各时期地上部干重的影响

氮肥条施四处理(深施、浅施、偏 3、偏 10)的氮肥利用率均比常规施肥提高。其中，深施和浅施处理的氮肥利用率比常规施肥分别增加了 79.2%和 77.8%，均显著高于常规施肥；偏 3 和偏 10 处理比常规施肥增加 57.1%和 52.8%，但差异不显著(图 2-78)。

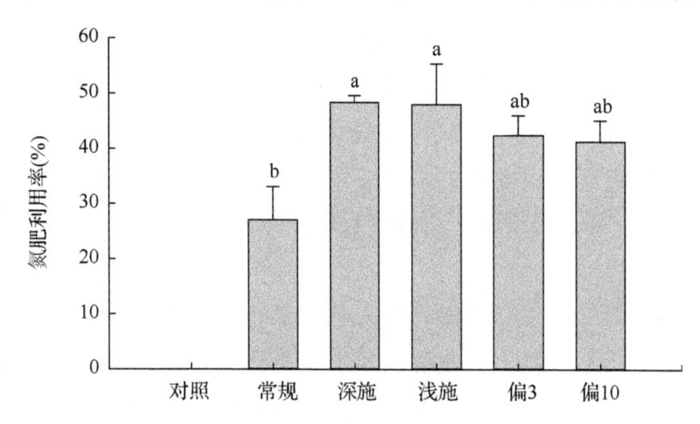

图 2-78　氮肥不同施肥位置对氮肥利用率的影响

图中不同字母表示差异达到 0.05 显著水平

2. 氮肥施肥位置对水稻产量的影响

氮肥不同施用位置对籽粒干重、秸秆干重、谷草比、秸秆氮浓度及氮在籽粒与秸秆间的分配均有显著影响，但对籽粒氮浓度影响不显著。与常规施肥方法相比，氮肥深施的籽粒干重增加了 13.7%，氮肥远施的干重与常规施肥持平，氮肥近施的籽粒干重比常规施肥减少了 6.4%，氮肥点施 3 处理的籽粒干重与常规施肥间差异不显著，但氮肥深施的籽粒干重显著高于氮肥近施(表 2-33)。常规施肥处理的秸秆干重为 24.8g，氮肥近施的秸秆干重最高，比常规施肥增加了 8.1%；氮肥深施及远施的秸秆干重比常规施肥分别减少了 5.2%和 17.8%，3 个氮肥点施处理的秸秆干重与常规处理间没有显著差异，但氮肥近施的秸秆干重显著高于氮肥远施。氮肥远施和深施的谷草比比常规施肥分别增加了 21.7%和 19.9%，均显著高于常规施肥和氮肥近施处理。氮肥近施的谷草比较常规减少了 12.7%，但与常规施肥间的差异不显著(表 2-33)。常规施肥的秸秆氮浓度为 9.6mg/g，是所有处理中最低的。氮肥远施和深施的秸秆氮浓度比常规施肥分别增加了 20.8%和 17.6%，但三者之间没有显著差异。氮肥近施的秸秆氮浓度比常规施肥增加了 41.7%，显著高于常规施肥。籽粒氮/秸秆氮在氮肥远施、深施及常规施肥 3 处理间没有显著差异，三者比氮肥近施增加了 66.1%～70.9%，显著高于氮肥近施(表 2-33)。

表 2-33　氮肥施用位置对水稻生长及氮浓度的影响

处理	籽粒干重(g)	秸秆干重(g)	谷草比(%)	籽粒氮浓度(mg/g)	秸秆氮浓度(mg/g)	籽粒氮/秸秆氮(%)
氮肥近施	20.5b	26.8a	77.2b	15.6a	13.6a	90.6b
氮肥远施	22.0ab	20.4b	107.6a	16.1a	11.6ab	154.8a
氮肥深施	24.9a	23.5ab	106.0a	16.1a	11.3ab	150.8a
常规	21.9ab	24.8ab	88.4b	16.2a	9.6b	150.5a

注：不同小写字母代表处理间差异达到 0.05 显著水平

2.3.3　肥际–根际协调的根区施肥技术优化

根区施肥对于我国的农业发展尤其必要。我国人多地少，土壤利用强度大，作物产量较高的条件下，作物吸收的养分主要依靠肥料养分的投入，而依靠土壤缓慢释放补充的养分比例较低。高产条件下肥料施用量也会相对较高，这更需要提高肥料利用率来减轻肥料损失对环境造成的危害，并最终实现农业的可持续发展。根区施肥对于减轻肥料造成的面源污染极其有效，非施肥土壤都是肥料养分向环境扩散迁移的拦截体，将肥料施用不当造成的农业面源污染问题在农田内部原位解决，这为农业面源污染的治理提供了新的思路和途径。

根区施肥对作物产量的进一步提升还有独到的作用，一方面，我国的大田作物在肥料养分施用更高的情况下，多数土壤种植作物仍有进一步增产的潜力，而采用常规方法这样的施肥量显然不一定经济，也不环保。但根区施肥技术由于养分利用效率很高，完全可以满足作物最佳生长所需要的养分量，相当于获得养分供应不受限制时的作物产量。另一方面，由于作物养分的供应在养分吸收的各个关键时期都是总量和浓度两方面充分满足，作物根系生长量会减少，即根冠比下降，这样有利于碳水化合物在地上部的积累，为作物地上部的高产提供了另一种机理。

鉴于根区施肥可实现肥料资源节约、环境友好和作物高产等多个目标，其重要性和必要性不言而喻。但由于受施肥机械研发的影响，根区施肥技术的真正开发应用还有待更多的科研工作者进行更多的研究。根区施肥技术最适用于以下情况：迫切需要提高肥料当季利用率、养分损失严重的土壤；土壤基础肥力过高、施肥仍增产或仍需要增产的土壤；土壤利用强度高(高产高强度)、作物养分供应主要来自于肥料的土壤；根系养分吸收能力差，又需要大量肥料才能高产的作物，以及行株距较大的作物；等等。当土壤养分径流淋溶损失不严重，作物产量和土壤肥力均较高，施肥以保持土壤养分盈亏平衡为目标时，根区施肥的意义相对较小。另外对于密集撒播、根系密集分布于耕层的作物，根区施肥与常规混施的差异也较小。由于根区施肥能大幅度提高肥料利用率，将可能导致土壤肥力的耗竭和下降，如肥料养分表观利用率达到100%时，作物吸收的养分量等于施入的肥料养分和对照处理吸收的养分量的总和。土壤肥力下降有助于减轻面源污染，但与农业生产中追求的培肥地力和藏肥于土的目标相悖。根区施肥条件下，不同区域土壤肥力需要保持在何种水平也是未来需要研究的问题(王火焰和周健民，2013)。

根区施肥的作用在当前生产实践中已有不同程度的体现。适当深施、穴施或条施可显著提高肥料利用率，滴灌施肥和营养钵育苗移栽等措施也是节肥促效的有效手段。这些施肥措施提高肥料利用率的原因主要是在不同程度上实现了根区施肥。由于目前人们对根区施肥的原理和最佳模式还不清楚，这些措施显然不一定是最佳的根区施肥模式，其提高肥料利用率的效果也主要取决于该措施与最佳根区施肥模式的近似程度。

怎样才是最理想的根区施肥模式？如何实现？针对特定的土壤-作物系统，目前还没学者能准确回答这些问题，需要未来更多的研究来探讨其中的规律。

弄清理想的根区施肥模式需要明确以下一系列问题：作物不同时期根系吸收养分的最佳养分浓度(强度)范围是多少？养分供应的最佳土体范围是多少？弹性空间有多大？施肥量、施肥位点变化后养分在土壤中扩散分布的特征如何？主要受哪些因素影响？不同养分施肥量和施肥位点、混土比例如何影响植物根系的生长、根构型和养分吸收效率？不同生育时期养分供应充足程度与作物最终产量和农产品品质之间的关系如何？这些问题的回答都需要开展一系列的基础研究。而后才能在此基础上获得因作物、土壤和水热条件而异的特定土壤-作物系统理想的根区施肥技术参数。理想的根区施肥技术参数需要明确施肥量一定的条件下，采用哪些肥料品种及比例、施到什么部位、混土比例如何、允许多大范围误差等一系列问题，并在此基础上通过施肥机械的创新来实现。

总之，根区施肥技术的实现，既需要明确根区施肥的基本原理，如肥际养分运移原理、作物最佳供肥原理、肥根互作原理等基础上获得技术参数，又需要筛选和研制合适性能的缓控释肥料，获得多种肥料搭配合理的复混肥配方，并通过施肥机械的精细操作来实现。对于主要大田作物，普通肥料根区一次施肥是精准、精确、省工、高产、高效施肥的最佳途径和理想目标，相关研究的深入将会大力推动我国肥料高效施用理论和技术的创新，在不远的未来为肥料养分资源高效利用、生态环境保护和粮食高产的目标提供颠覆性技术。

2.4　氮肥持续高效利用的限制因素与调控途径

2.4.1　氮肥持续高效利用的限制因素

长期以来，国内外就如何提高肥料利用率、减少肥料向环境中的迁移等方面开展了大量的研究，并提出了多种提高肥料养分利用效率的措施。这些措施包括基于土壤、作物、气候等因素的合适肥料品种、施用量、施用时间和施用位置等(Raun and Johnson，1999；Cassman et al.，2002；Peng et al.，2006)。

施肥四因素中，优化的施肥用量是目前人们最为关注的因素之一，特别在当前主要作物施肥量普遍过量与养分投入不平衡的大背景下，合理减少化肥用量，实现产量与肥料效率的同步提高，减少化肥过量施用的环境代价，是当前我国面临的重大问题。依据报酬递减律，过量施用的肥料既不一定增产，又难以被作物吸收，更容易被损失掉。目前，优化的施肥量的确定主要依靠田间肥料用量效应试验的结果，以及长期数据提供的区域适宜施氮量、作物目标产量等。同时，最近一些先进手段如土壤测试、叶色诊断、遥感、光谱诊断加入优化养分管理中来，而且随着营养诊断工具的自动化、便捷化、信息化，不同地区不同作物的优化施肥量可以迅速实时地加以确定。尽管如此，当前依据土壤中的速效养分推荐施肥仍然存在一定的问题，如硝态氮与铵态氮养分在土壤中活性高、不稳定，养分转化快，损失途径多样化，因此基于特定阶段的速效养分含量容易导致优化施肥量的不确定性。对于大田作物而言，在不能明确多施肥可显著增产的条件下，大致能够维持土壤养分盈亏平衡的施肥量可以作为该区域的长期推荐施肥量。

施肥时间是决定肥料利用率的另一关键因素。除基肥外，施肥时间主要是考虑追肥的时间和用量。对于多种作物，适期追肥已是提高作物产量的必需措施之一。很多研究表明作物高产前期养分需求低，后期养分需求高，而且随着产量水平的提高，后期养分的供应对保证花后干物质生产更加重要。生产上，“前氮后移”“氮肥总量控制，分期调控”已成为目前养分管理的主要措施，相比传统农民“一炮轰”管理显著提高了作物产量与肥料利用率(余松烈等，2010)。但受人力成本、操作可行性及方法不当造成肥料利用率不高等多种因素的影响，施肥时间的优化在实践中有时难以全面考虑。随着缓控释肥的发展，以及施肥技术的改进，一次施肥满足大田作物全生育期养分需求是未来施肥技术的发展方向之一。

肥料品种的选择需要考虑肥料形态、性能与作物的喜好是否对应，与土壤特性和气候条件是否适应，不同肥料品种之间的搭配是否适宜，等等。肥料品种中，有机肥除了提供部分营养元素特别是微量元素外，有机肥的长期使用对土壤的物理、化学与生物性质具有良好的改善效果。生产中，相比单施有机肥，有机无机配施在作物增产与肥料高效利用方面具有显著的优势。通过肥料品种来提高肥料利用率，最有潜力的还是缓控释肥的开发应用，近几年，缓控释肥在我国发展速度惊人，而且随着包膜材料的改进，肥料的控释效果逐渐改善。目前我国的缓控释肥发展还处于起步阶段，未来发展空间巨大。好的缓控释肥要实现：①对于生育期仅几个月的多数作物，后期不再追释肥料；②释放性能适当且可调，材料绿色环保，无残留公害；③价格合理。由于能够代替后期追肥节省了人工费，好的缓控释肥即使价格高于普通肥料多倍，也能在生产实践中应用。另外，缓控释肥应主要针对氮肥，一次施肥中缓控释肥只占有限的比例，这样可以大大减少缓控释肥的成本，并促进优质缓控释肥的大面积应用。

施肥位点对于提高肥料利用率的作用是不言而喻的。这种施肥位点既可以是尺度稍大的田块位点，又可以是尺度较小的耕层位置。不同位点田块如何合理施肥是测土施肥和精准施肥的目标，由于不同田块间的养分变异在一些地方相当大，精确的施肥指导需要针对单一田块来进行才有实际的意义。而将肥料施到耕层，尤其适当深施可显著提高肥料利用率已在一些研究中得到证实，另外一些研究也证明穴施、条施均可以提高肥料利用率。但这些研究中没有说明施肥位置对于肥料利用率的提升还能有多大的潜力和空间(王火焰和周健民，2013)。正因如此，施肥位置的重要性在国内并没有受到应有的重视。尤其是施肥机械化水平目前还非常低的情况下如何将肥料施到正确的位置，还只是停留在深施、混施比撒施肥料利用率高的概念上。目前国内在肥料正确施用到合适位置方面的研究较为欠缺，还没有形成系统的理论。

2.4.2 氮肥持续高效利用的调控途径

2013～2015 年在长江中下游稻麦区两种保肥性不同的砂土与黏土类型上，根区一次施肥实现了 12t/hm^2 的水稻籽粒产量，实现了当地平均 85%的产量潜力(图 2-79)。而且

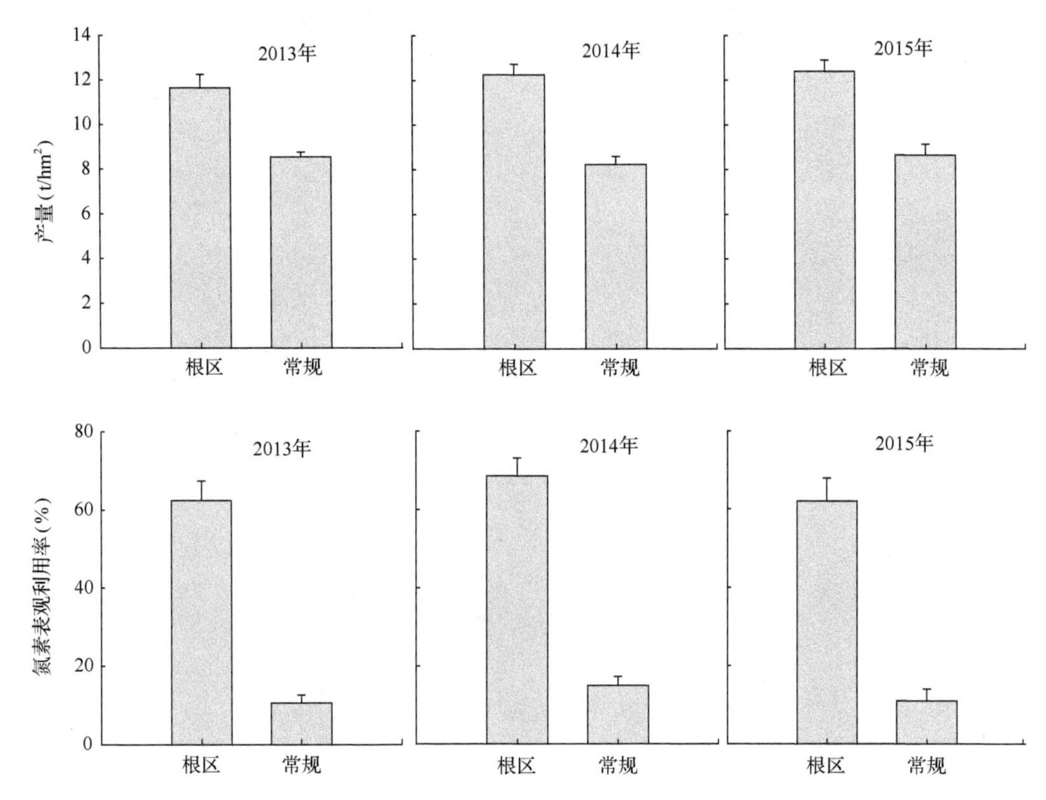

图 2-79　长期根区一次施肥对长江中下游水稻产量与氮素表观利用率的影响

平均三年在相同氮肥投入量的基础上，比农民常规分次施肥增产 43%。两种土壤类型上，长期根区一次施肥相比农民常规分次施肥显著提高氮素表观利用率。根区一次施肥的氮素表观利用率可以提高到 60%，然而农民常规分次施肥的氮素表观利用率仅为 10%左右，增幅近 500%，表明根区一次施肥在长江中下游稻麦区可以持续稳定地实现水稻增产与氮肥高效利用。

在江西双季稻区，根区一次施肥同样大幅度提高了早稻与晚稻的产量(图 2-80)。当地早稻与晚稻产量仅为 6000kg/hm^2。采用缓控释肥与尿素不同比例组合施用，早稻与晚稻产量并没有显著提升，而根区一次施肥时，特别是氮磷钾肥同时根区施用时，增产效果显著，两季水稻产量均可以显著提升至 9000kg/hm^2，增幅 50%。与此同时，江西双季稻区氮素表观利用率同样可以实现 60%，相比之下，农民常规分次施肥仅为 20%左右，表明根区一次施肥在江西双季稻区同样可以持续稳定地实现水稻增产与氮肥高效利用。

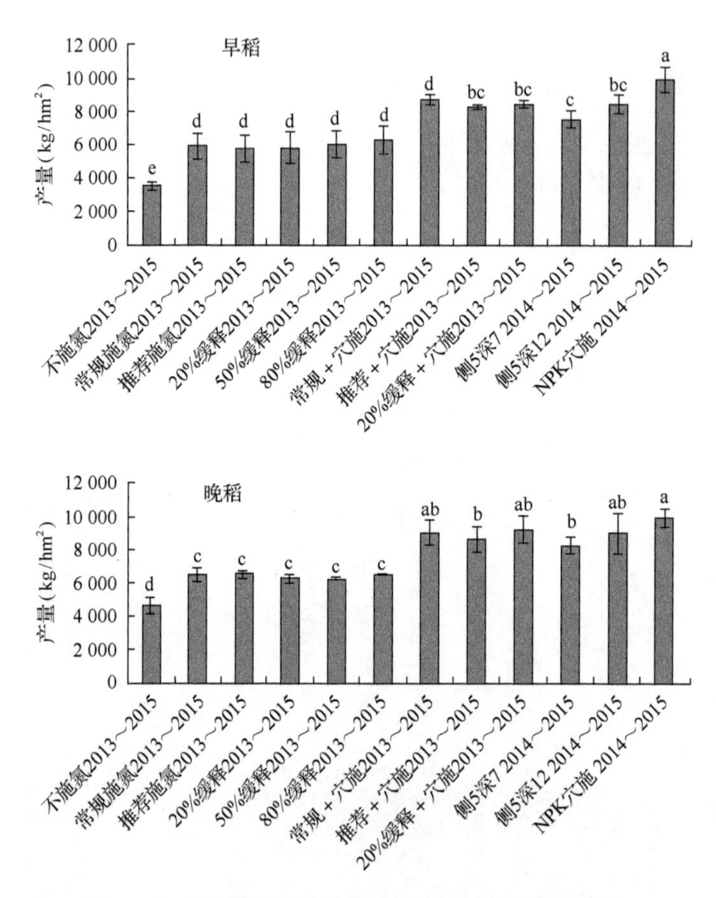

图 2-80　长期根区一次施肥对江西双季稻产量的影响

侧 5 深 7 表示偏根系 5cm、土表下 7cm 的根区一次施用；侧 5 深 12 表示偏根系 5cm、土表下 12cm 的根区一次施用。不同字母表示在 $P<0.05$ 水平上差异显著

参 考 文 献

程芳琴, 贺春宝. 2004. 磷酸镁铵的性质、制备方法及应用. 磷肥与复肥, 19 (4): 53-54.

杜昌文, 周健民, 王火焰. 2005. 聚合物包膜肥料研究进展. 长江流域资源与环境, 14 (6): 725-730.

樊小林, 刘芳, 廖照源, 等. 2009. 我国控释肥料研究的现状和展望. 植物营养与肥料学报, 15 (2): 463-473.

葛崇良, 韩效钊, 吴雪平. 2008. 缓控释肥料的研究与发展. 安徽化工, 34 (B11): 5-7.

何腾兵, 杨开琼. 1997. VAMA 对土壤保肥供肥性能的研究. 土壤通报, 28 (6): 257-260.

何绪生, 李素霞, 李旭辉. 1998. 控效肥料的研究进展. 植物营养与肥料学报, 4 (2): 97-106.

胡书文. 2014. 缓/控释肥料. 北京: 化学工业出版社.

柯爱飞, 王趁义, 牛习, 等. 2009. 脲酶抑制剂的研究现状与展望. 安徽农业科学, 37 (23): 1088.

龙明节, 张宏伟, 谢芳. 2000. 高聚物土壤改良剂的研究Ⅱ: 高聚物对土壤肥料的作用. 土壤肥料, (5): 13-18.

吕婧. 2011. 脲酶结构与功能的动力学研究及其抑制剂的设计筛选. 浙江大学博士学位论文.

孙秀廷. 1989. 新型化肥及其施用. 北京: 农业出版社.

王火焰, 周健民. 2013. 根区施肥-提高肥料养分利用率和减少面源污染的关键和必需措施. 土壤, 45 (5): 785-790.

王火焰, 周健民. 2014. 肥料养分真实利用率计算与施肥策略. 土壤学报, (2): 10-19.

武志杰, 石元亮, 李东坡, 等. 2012. 新型高效肥料研究展望. 土壤与作物, 1 (1): 2-9.

武志杰, 陈利军. 2003. 缓释/控释肥料: 原理与应用. 北京: 科学出版社.

武志杰, 史云峰, 陈利军. 2008. 硝化抑制作用机理研究进展. 土壤通报, 9(4): 962-970.

武志杰. 2003. 缓释控释肥料(原理与应用). 北京: 科学出版社.

佘松烈, 于振文, 董庆裕, 等. 2010. 小麦亩产 789.9 kg 高产栽培技术思路. 山东农业科学, (4): 11-12.

张民, 杨越超, 宋付朋, 等. 2005. 包膜控释肥料研究与产业化开发. 化肥工业, 32 (2): 7-13.

张庆忠, 陈欣. 2002. 农田土壤硝酸盐积累与淋失研究进展. 应用生态学报, 13 (2): 233-238.

Akelah A. 1996. Novel utilizations of conventional agrochemicals by controlled release formulations. Materials Science & Engineering C, 4(2): 83-98.

Azeem B, Kushaari K, Man ZB, et al. 2014. Review on materials & methods to produce controlled release coated urea fertilizer. Journal of Controlled Release: Official Journal of the Controlled Release Society, 181(1): 11.

Balasubramanian A, Ponnuraj K. 2010. Crystal structure of the first plant urease from jack bean: 83 years of journey from its first crystal to molecular structure. Journal of Molecular Biology, 400(3): 274-283.

Cantarella H, Bolonhezi D, Gallo PB, et al. 2009. Ammonia volatilization and yield of maize with urea treated with urease inhibitor. Turin: 16th Nitrogen Workshop.

Carrasco D, Fernandezvaliente E, Ariosa Y, et al. 2004. Measurement of coupled nitrification-denitrification in paddy fields affected by Terrazole, a nitrification inhibitor. Biology and Fertility of Soils, 39(3): 186-192.

Cassman KG, Dobermann A, Walters DT. 2002. Agroecosystems, nitrogen-use efficiency, and nitrogen management. Ambio, 31(2): 132.

Chen X, Cui Z, Fan M, et al. 2014. Producing more grain with lower environmental costs. Nature, 514(7523): 486.

Cheyney C. 2014. Enhanced fertilizer efficiency products. Arco: 7th Biennial Idaho Nutrient Management Conference.

Cui P, Fan F, Yin C, et al. 2013. Urea- and nitrapyrin-affected N_2O emission is coupled mainly with ammonia oxidizing bacteria growth in microcosms of three typical Chinese arable soils. Soil Biology & Biochemistry, 66(11): 214-221.

Di HJ, Cameron KC, Sherlock RR. 2007. Comparison of the effectiveness of a nitrification inhibitor, dicyandiamide, in reducing nitrous oxide emissions in four different soils under different climatic and management conditions. Soil Use & Management, 23(1): 1-9.

Donida MW, Rocha SCS. 2002. Coating of urea with an aqueous polymeric suspension in a two dimensional spouted bed. Drying Technology, 20(3): 685-704.

Gong P, Zhang L, Wu Z, et al. 2013. Does the nitrification inhibitor dicyandiamide affect the abundance of ammonia-oxidizing bacteria and archaea in a Hap-Udic Luvisol? Journal of Soil Science & Plant Nutrition, 13: 35-42.

Jabri E, Carr MB, Hausinger RP, et al. 1995. The crystal structure of urease from Klebsiella aerogenes. Science, 268(5613): 998-1004.

Jarosiewicz A, Tomaszewska M. 2003. Controlled-release NPK fertilizer encapsulated by polymeric membranes. Journal of Agricultural & Food Chemistry, 51(2): 413-417.

Linzmeier W, Gutser R, Schmidhalter U. 2001. Nitrous oxide emission from soil and from a nitrogen-15-labelled fertilizer with the new nitrification inhibitor 3,4-dimethylpyrazole phosphate (DMPP). Biology and Fertility of Soils, 34(2): 103-108.

Mikkelsen RL. 1994. Using hydrophilic polymers to control nutrient release. Nutrient Cycling in Agroecosystems, 38(1): 53-59.

Nuti MP, Neglia RG, Verona O. 1975. Azione del solfato di diciandiamidina sul metabolism chemoautotrofo di Nitrosomonas europea. Agricoltura Italiana.

Peng S, Buresh RJ, Huang J, et al. 2006. Strategies for overcoming low agronomic nitrogen use efficiency in irrigated rice systems in China. Field Crops Research, 96(1): 37-47.

Raun WR, Johnson GV. 1999. Improving nitrogen use efficiency for cereal production. Agronomy Journal, 91(3): 357-363.

Rosa GSD, Rocha SCDS. 2010. Effect of process conditions on particle growth for spouted bed coating of urea. Chemical Engineering & Processing Process Intensification, 49(8): 836-842.

Sanz CA, Sanchez ML. 2012. Gaseous emissions of N_2O and NO and NO_3^- leaching from urea applied with urease and nitrification inhibitors to a maize (*Zea mays*) crop. Agriculture, Ecosystems and Environment, 149: 64-73.

Shaviv A. 2001. Advances in controlled-release fertilizers. Advances in Agronomy, 71 (1): 1-49.

Tang SH, Yang SH, Chen JS, et al. 2007. Studies on the mechanism of single basal application of controlled-release fertilizers for increasing yield of rice (*Oryza sativa* L.). Journal of Integrative Agriculture, 6 (5): 586-596.

Trenkel ME. 1997. Controlled release and stabilized fertilizers in agriculture. Paris: International Fertilizer Industry Association.

Trenkel ME. 2010. Slow-and controlled-release and stabilized fertilizers: an option for enhancing nutrient efficiency in agriculture. 2nd ed. Paris: International Fertilizer Industry Association.

Xie L, Liu M, Ni B, et al. 2011. Slow-release nitrogen and boron fertilizer from a functional superabsorbent formulation based on wheat straw and attapulgite. Chemical Engineering Journal, 167 (1): 342-348.

Zerulla W, Barth T, Dressel J, et al. 2001. 3,4-Dimethylpyrazole phosphate (DMPP)—a new nitrification inhibitor for agriculture and horticulture. Biology and Fertility of Soils, 34 (2): 79-84.

Zhang F, Chen X, Vitousek P. 2013. Chinese agriculture: an experiment for the world. Nature, 497 (7447): 33-35.

第3章　磷肥增效的化学/生物学调控机理

磷是植物生长发育必需的大量营养元素之一，占植物总干重的 0.05%～0.5%。研究表明，植物主要吸收土壤溶液中以正磷酸盐形态存在的磷（$H_2PO_4^-$ 和 $H_2PO_4^{2-}$）。在肥沃的土壤中，有效磷的浓度会超过 10μmol/L；但绝大部分土壤有效磷的浓度在 2μmol/L 左右，远低于植物达到最佳生长所需的磷浓度(Schachtman et al.，1998；Raghothama，1999；Hinsinger，2001)。为满足植物生长对磷的需求，人们曾经通过增加磷肥投入来解决土壤中有效性磷浓度较低的问题，但施入土壤中的磷肥极易被固定，导致农田土壤中磷的有效性和利用率均较低。一方面，我国磷肥的生产量与施用量均居世界首位，过量施用磷肥不仅使肥料利用率下降，而且使农业生产成本和资源压力越来越大。另一方面，我国多年来持续不断施用磷肥使得土壤有效磷水平显著提高(Li et al.，2010)，不少高投入集约化生产地区施用磷肥不再具有增产效应，大部分磷肥被土壤颗粒固定，或通过土壤化学过程被无效化。2015 年农业部制定了《到 2020 年化肥使用量零增长行动方案》，提出现阶段我国化肥使用存在过量施肥、盲目施肥等不合理问题，三大粮食作物的磷肥利用率仅为 24%，粮食增产压力大，造成土地板结、土壤酸化。实施化肥使用量零增长行动要求减肥不减产，因此研究磷肥增效的化学/生物学调控机理，对保障国家粮食安全、农产品质量安全和农业生态安全具有十分重要的意义，国内外都十分重视土壤磷素活化与高效利用研究。

缺磷条件下，大部分植物表现为根冠比增加，较多的光合产物分配到根系，促进根系的生长、侧根的形成和根毛长度及数量的增加(Liao et al.，2001；Lynch and Brown，2001)，同时降低地上部生物量，这是植物适应低磷胁迫和耐受低磷的典型反应(Hermans et al.，2006；Hammond and White，2008)。磷在土壤中有效性低并且移动性较差，提高磷肥利用效率可以通过调控施肥方法、肥料配合施用、接种有益微生物等方法，也可以通过刺激植物根系形态或生理变化来实现。植物根系期望从土壤中获取更多的磷，一方面通过增加根系生长的形态学改变，如通过改变根系构型、增加根表面积、减小根直径来增加土壤中不稳定形态磷源的获取(Barber，1995)。一些植物在磷极度匮乏的土壤上，根形态发生特殊的变化，形成毛刷状生长的根簇，称为排根，如山龙眼科、白羽扇豆等作物在缺磷胁迫下均有排根的形成。菌根侵染也能扩大根系吸收磷的面积，根内空腔组织的形成可以减少根系生长对磷的需求(Fan et al.，2003)。另一方面通过根系的生理活动如增加质子、有机酸和酸性磷酸酶分泌来获取土壤中较稳定态磷源(Neumann and Römheld，1999；Hinsinger，2001)。

为解决现阶段我国存在施肥不增产、磷肥利用率低等问题，本项研究以提高磷肥利用率为主要目标，拟揭示典型土壤累积磷的释放潜力和差异，以及其受土壤环境、植物根系及土壤微生物的影响。针对我国集约化农田土壤磷肥利用率低、土壤累积和固定磷量高的特点，以东北(黑龙江)、华北(河南)、长江中下游(湖北、江西)为主要研究区域，以黑土、潮土和水稻土为研究对象，选择玉米、小麦、水稻等作物，结合主要种植制度开展工作。主要解决以下关键科学问题：①典型土壤累积磷的释放潜力和差异；②集约化生产条件下土壤微生物利用土壤磷素的机理；③作物高效利用土壤磷的生物学机理；④磷肥持续高效利用的限制因素与调控途径。通过该项研究，将为集约化农业化肥减施20%～30%下作物持续高产、肥料利用率提高10～15个百分点的总体目标的实现提供重要理论、方法和途径。

3.1　典型土壤磷素累积状况与释放潜力

我国多年来持续不断施用磷肥使得土壤有效磷水平显著提高，不少高投入集约化生产地区施用磷肥不再具有增产效应，大部分磷肥被土壤颗粒固定，或通过土壤化学过程被无效化。这一部分磷肥就会累积到土壤中，成为土壤磷的一部分。从1980～2007年，我国土壤磷的累积超过了242kg P/hm^2(Li et al.，2011)。农田中残留的这部分磷就成为潜在的磷库，其累积与释放过程受到土壤类型、土壤特性对磷的吸附能力的影响(Borling et al.，2004)。不同土壤类型(潮土、黑土和水稻土)对磷的固定及磷的吸附与解吸附过程差异很大，确定典型土壤磷素累积状况和释放潜力对合理施用磷肥具有重要意义。

3.1.1　我国土壤速效磷状况

长期过量施肥会导致土壤中磷的大量累积。我国化学磷肥的消耗量已经从1960年的0.05Mt[①]增加到2010年的5.3Mt，尤其是1978年之后呈现急速增加的趋势(图3-1)。有机肥投入量从1949年之后也快速增长，到2010年中国农田有机磷肥的投入量已经达到3.4Mt，中国农田土壤中磷的盈余量达5.9Mt(图3-1)。含磷矿石大量用于化肥生产已经使得国内的磷矿储量持续降低。同时，过量的磷肥投入和其他不合理的磷肥施用策略已导致我国湖泊、河流和海洋的水体富营养化。

我国农田土壤的速效磷含量从20世纪80年代第二次土壤普查的平均7.4mg/kg已经上升到2006年的平均20.7mg/kg(Li et al.，2011)。北方和东北地区分别有48%和78%的农田土壤的速效磷含量达到农业生产的临界水平，所生产的粮食产量占到全国粮食总产的40%。而在这些地区也有0.3%～7.2%的土壤处于磷素淋溶的临界值，从1980～2007年已经投入了大量的磷肥，导致磷素盈余量超过240kg/kg(Li et al.，2011)。从1980年开始，随着时间的推移和磷肥施用量的增加，土壤磷素盈余量持续增加。从2004～2010年，我国北方平均每年的磷素盈余量达到86kg/kg(图3-2)。

---

① 1Mt=10^6t

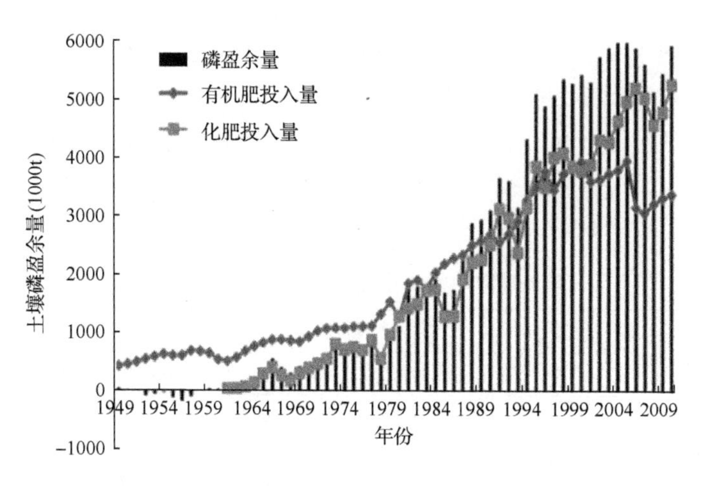

图 3-1　不同年代我国化肥和有机肥的投入量及土壤中磷盈余量

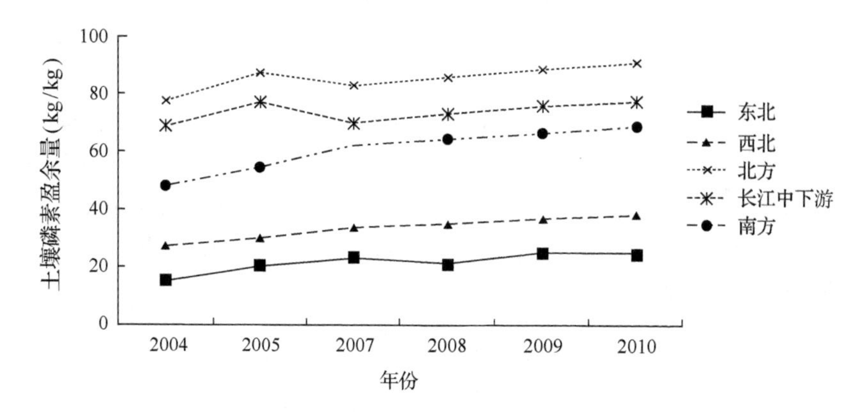

图 3-2　我国 2004～2010 年不同地区农田土壤磷盈余水平变化

3.1.2　磷肥施入土壤后的累积

施磷量、作物吸磷量及土壤性质影响着土壤有效磷的累积速率。磷的盈亏与土壤有效磷的变化常有必然联系(Shen et al.，2014)。磷亏缺条件下，土壤中的磷素耗竭，有效磷随之下降。在适宜施磷量条件下，既能满足作物生长的需求，又不会造成土壤有效磷的过量累积(Colomb et al.，2007)。而在实际生产过程中，磷肥的过量施用会导致土壤中磷素的盈余及在土壤中累积，提高了土壤中磷的容量和强度，使得土壤有效磷含量增加。因而，量化土壤有效磷与磷盈亏的关系，对于达到既定的培肥目标、节约磷资源等有重要作用。了解农田土壤磷素的状况及空间分布特征，探讨土壤磷素淋失风险评估的方法和指标，对于磷素养分管理及保护生态环境具有重要意义。

磷平衡高度依赖于当季磷肥的投入量和收获时期作物磷的带走量。本项目在河南农业科学院现代农业科技试验示范基地(河南省原阳县祝楼乡)进行了定位试验。试验设不施磷对照，习惯施磷，优化施磷和优化施磷 80%四个处理。结果表明，施磷的三个处理较不施磷对照的土壤速效磷浓度显著提高。第一年小麦收获期(2013 年 6 月 4 日)习惯施磷的土壤速效磷浓度较不施磷对照明显增加，优化施磷和优化施磷 80%与不施磷对照的土壤速效磷浓度没有显著差异，可能由于这两个处理施磷量较习惯施磷量低。第二年(2014 年)试验期间的扬花期(4 月 30 日)、灌浆期(5 月 16 日)和收获期(6 月 3 日)，施磷肥的三个处理较不施磷对照的土壤速效磷浓度显著升高，施磷肥三个处理之间的差异不显著。从 2013 年小麦收获期到 2014 年小麦收获期，经过一年两季的种植，不施磷对照处理土壤速效磷浓度呈现递减趋势(表 3-1)。

表 3-1　不同施磷处理对小麦土壤速效磷浓度的影响　　(单位：mg/kg)

处理	取样时期			
	2013 年 6 月 4 日	2014 年 4 月 30 日	2014 年 5 月 16 日	2014 年 6 月 3 日
不施磷	18.60±1.42b	17.60±1.22b	15.90±1.74b	16.71±1.41b
习惯施磷	24.24±1.38a	33.51±3.09a	30.49±3.77a	36.53±3.94a
优化施磷	21.18±1.10ab	37.93±0.87a	29.09±2.72a	36.17±1.30a
优化施磷 80%	20.93±0.48ab	31.71±2.31a	28.14±2.49a	28.53±1.27a

注：不同字母表示同一时期不同处理间差异显著(P<0.05)

所有处理随着施肥量的变化，小麦磷吸收量变化不明显。但由于施肥量不同，土壤中磷的平衡变化也不尽相同。对不施磷对照而言，平均每年小麦磷吸收量为 29.25kg/hm^2，使得土壤磷含量降低，有可能会出现土壤磷耗竭(图 3-3)。在三个施磷处理中，磷平衡为正效应，平均每年吸收量分别为 111.3kg/hm^2、80.4kg/hm^2 和 71.3kg/hm^2。随着施磷量的增加，土壤速效磷水平呈线性增加。

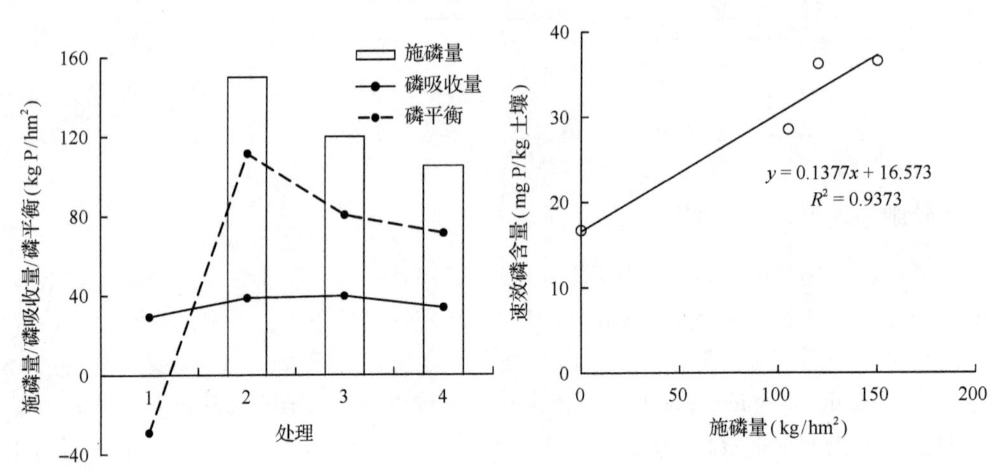

图 3-3　河南原阳县不同供磷强度下小麦磷吸收量和土壤磷平衡及速效磷含量变化

图中 1、2、3 和 4 分别表示不施磷、习惯施磷、优化施磷和优化施磷 80%处理

在中国农业大学上庄试验站，由于施磷量不同，土壤中的磷平衡变化也不相同。对于不施磷的对照而言，平均每年玉米磷吸收量为 19.9kg/hm^2，使得土壤磷含量降低，有可能会出现土壤磷耗竭。在 P 50kg/hm^2、P 75kg/hm^2、P 100kg/hm^2、P 150kg/hm^2 和 P 300kg/hm^2 处理中，磷平衡为正效应，平均每年吸收量分别为 15.3kg/hm^2、30.1kg/hm^2、48.9kg/hm^2、97.1kg/hm^2 和 246.9kg/hm^2。随着施磷量的增加，土壤速效磷水平呈线性增加(图 3-4)。

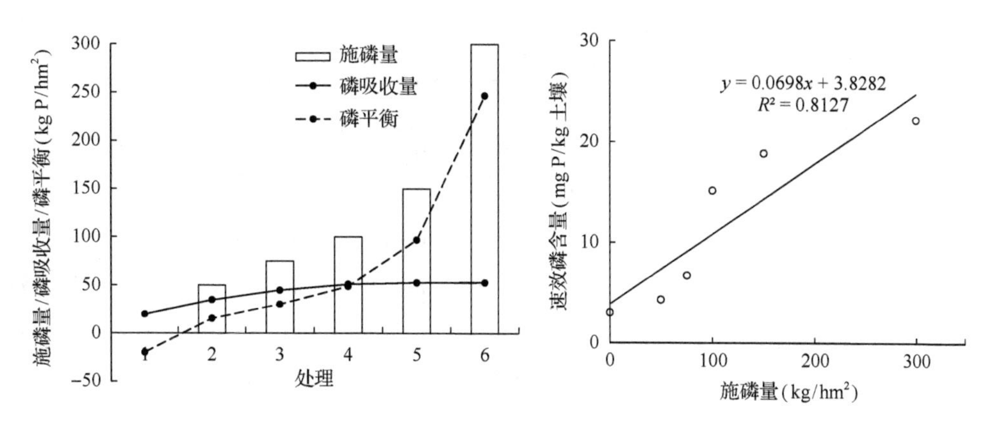

图 3-4　中国农业大学上庄试验站不同供磷强度下玉米磷吸收量和土壤磷平衡及速效磷含量变化

图中 1、2、3、4、5 和 6 分别表示施磷量为 0kg/hm²、50kg/hm²、75kg/hm²、100kg/hm²、150kg/hm² 和 300kg/hm²

2013～2016 年在湖北荆门进行了小麦/水稻轮作定位试验。设有不施磷(对照)、习惯施肥(同当地施肥种类和施肥量及施肥方式)、推荐施磷(小麦季减施磷 20%，其他肥料正常使用)、–30% +条施(小麦季减施磷 30%，所有磷根区条施)、－20%+解磷菌(小麦季减施磷 30%，解磷菌拌种使用+正常使用)、－30%+解磷菌(小麦季减施磷 30%，解磷菌拌种使用+菌根真菌)等 6 个处理。经过 4 年 7 季的小麦水稻生长，在不施磷处理下，土壤中 Olsen-P 存在显著的耗竭，浓度从 2013 年小麦收获时的 11.92mg/kg 降到 2016 年小麦收获时的 4.74mg/kg。当地土壤本底的速效磷浓度并不高。从 2014 年开始，施磷处理的土壤 Olsen-P 浓度显著高于不施磷处理(表 3-2)。试验均在小麦和水稻种植之前进行磷肥处理，结果表明，磷在土壤中存在一定的吸附与解吸附过程，保证了小麦和水稻整个生育季内土壤磷浓度的平衡。农民习惯施肥处理下土壤 Olsen-P 始终维持在较高的水平(15～19mg/kg)，2013～2014 年收获的磷肥各调控处理土壤 Olsen-P 与习惯施肥处理相比并未存在较大差异，2015～1016 年却存在显著降低(表 3-2，表 3-3)，而土壤 Olsen-P 含量的降低并未降低植株产量，表明土壤有效磷含量能够满足小麦或水稻获得最大产量上的需求，也说明农民习惯施肥存在过量的问题。

表 3-2　不同磷处理下小麦和水稻在不同生育期土壤 Olsen-P 的浓度变化(2013～2016 年)　(单位：mg/kg)

年份	处理	小麦季				水稻季			
		分蘖期	拔节期	孕穗期	收获期	分蘖期	孕穗期	抽穗期	收获期
2013	不施磷	n.d.	n.d.	n.d.	11.92b	13.43bc	11.74b	15.12bc	12.26c
	习惯施肥	n.d.	n.d.	n.d.	14.79a	15.76a	16.76a	17.55ab	16.60a
	推荐施磷	n.d.	n.d.	n.d.	12.72ab	12.18c	14.51ab	18.71a	16.22ab
	–30%+条施	n.d.	n.d.	n.d.	12.58b	13.17bc	14.99a	13.92c	14.63abc
	–20%+解磷菌*	n.d.	n.d.	n.d.	13.01ab	13.59bc	16.58a	15.53bc	13.74bc
	–30%+双菌**	n.d.	n.d.	n.d.	13.45ab	14.17ab	15.62a	15.04c	15.83ab

续表

年份	处理	小麦季				水稻季			
		分蘖期	拔节期	孕穗期	收获期	分蘖期	孕穗期	抽穗期	收获期
2014	不施磷	9.37c	8.63c	9.17b	8.66b	10.37c	11.88c	12.48c	8.98c
	习惯施肥	13.33a	15.79a	16.04a	11.89a	15.92a	14.68a	16.37a	16.88a
	推荐施磷	12.05a	12.44b	11.89b	10.88a	14.24b	10.81ab	14.23b	16.70b
	–30%+条施	9.72bc	10.20bc	10.14b	11.20a	11.44b	10.58b	15.45b	16.09b
	–20%+解磷菌*	11.83ab	12.39b	11.80b	12.40a	13.31b	11.09b	14.75b	16.54b
	–30%+双菌**	11.30abc	10.73bc	11.45b	11.11a	11.74ab	10.74b	14.14b	16.71b
2015	不施磷	8.97c	8.63c	8.93c	9.68c	8.17c	7.25c	7.55c	9.85c
	习惯施肥	19.06a	15.79a	14.96a	17.30a	14.03a	19.51a	21.74a	19.14a
	推荐施磷	14.03b	12.44b	13.58ab	12.85b	11.76b	16.76ab	15.36b	13.88b
	–30%+条施	15.09b	10.20bc	11.44bc	12.58b	11.46b	13.71b	15.77b	14.21b
	–20%+解磷菌*	12.75bc	12.39b	12.40ab	13.61b	10.62b	14.51b	14.38b	12.76b
	–30%+双菌**	12.64bc	10.73bc	13.58ab	12.75b	12.34ab	16.03b	14.59b	12.38b
2016	不施磷	6.87d	7.68c	5.48d	4.74c	n.d.	n.d.	n.d.	n.d.
	习惯施肥	17.24a	17.60a	16.26a	13.45a	n.d.	n.d.	n.d.	n.d.
	推荐施磷	13.18b	12.86b	11.18b	10.08b	n.d.	n.d.	n.d.	n.d.
	–30%+条施	10.93c	10.75b	8.12c	9.96b	n.d.	n.d.	n.d.	n.d.
	–20%+解磷菌*	11.57c	12.25b	8.83bc	9.87b	n.d.	n.d.	n.d.	n.d.
	–30%+双菌**	11.81bc	12.40b	8.70bc	9.73b	n.d.	n.d.	n.d.	n.d.

*水稻季处理为–20%+芽孢杆菌；**水稻季处理为–30%+芽孢杆菌；n.d.为无数据。同列数据后不同字母表示同一时期不同处理间差异显著（$P<0.05$）

表 3-3　不同磷处理下小麦和水稻收获季土壤 Olsen-P 含量变化（2013～2016 年）　　（单位：mg/kg）

处理	2013 年		2014 年		2015 年		2016 年
	小麦收获	水稻收获	小麦收获	水稻收获	小麦收获	水稻收获	小麦收获
不施磷	11.92b	12.26c	8.66b	8.98b	9.68c	9.85c	4.74c
习惯施肥	14.79a	16.60a	11.89a	16.88a	17.30a	18.24a	13.45a
推荐施磷	12.72ab	16.22ab	10.88a	16.70a	12.85b	13.88b	10.08b
–30%+条施	12.58b	14.63abc	11.20a	16.09a	12.58b	14.21b	9.96b
–20%+解磷菌*	13.01b	13.74bc	12.40a	16.54a	13.61b	12.76b	9.87b
–30%+双菌**	13.45ab	15.83ab	11.11a	16.71a	12.75b	12.38b	9.73b

*水稻季处理为–20%+芽孢杆菌；**水稻季处理为–30% +芽孢杆菌。2016 年水稻未见收获。同列数据后不同字母表示不同处理间差异显著（$P<0.05$）

结合土壤磷输入和植株带走量综合分析可知(表 3-4)，经过 7 季的小麦水稻生长，不施磷处理土壤中磷存在显著耗竭亏缺，而习惯施肥处理中植株带走量约为磷总输入量的 30%，造成了磷肥在土壤中的积累，其余各磷肥调控处理能显著降低磷肥的投入量，但并不影响植株带走量，其中植株带走量约占总磷输入量的二分之一，大大提高了磷肥利用效率，减少了经济损失和环境污染。但不施磷处理中植株吸收的磷来自何种磷组分，以及土壤残留磷固定到何种组分磷中需要进一步分析明确，以便针对不同组分进行利用，进一步提高磷肥利用效率。

表 3-4　不同磷处理下湖北土壤磷盈余量(2013～2016 年)

处理	肥料纯磷总输入量 (kg/hm^2)	植株带走量 (kg/hm^2)	土壤残留量 (kg/hm^2)	土壤 Olsen-P (mg/kg)
不施磷	0.0	148.4c	－148.4	4.7c
习惯施肥	585.0	172.4ab	412.6	13.4a
推荐施磷	384.0	169.0ab	214.9	10.1b
–30%+条施	336.0	167.0b	169	10.0b
–20%+解磷菌*	357.0	162.5b	194.5	9.9b
–30%+双菌**	336.0	182.0a	154	9.7b

*水稻季处理为–20%+芽孢杆菌；**水稻季处理为–30%+芽孢杆菌。同列数据后不同字母表示不同处理间差异显著($P<0.05$)

在江西高安稻/稻轮作定位试验中，无论是早稻还是晚稻，当施磷量为 100%(750kg P_2O_5/hm^2)时，水稻的磷吸收量和土壤速效磷含量都显著高于 50%(375kg P_2O_5/hm^2)施磷量处理和不施磷对照。不同灌溉条件下，早稻 100% P 处理的土壤中速效磷含量是不施磷处理的 3～5 倍。无论是早稻还是晚稻，正常灌溉到干湿交替再到干旱处理，随着水分胁迫的增加，相同磷肥处理的水稻磷吸收量逐渐下降(图 3-5A，C)，而土壤速效磷含量在逐渐增加(图 3-5B，D)。说明干旱条件下磷肥的利用率下降，相反磷在土壤中的累积量逐渐增加。

黑土是我国重要的土壤资源，自然肥力较高，有机质含量丰富，土壤质地结构良好。自 20 世纪 50 年代以来，我国东北地区开始施用磷肥，连续长期施肥导致土壤速效磷含量明显上升。在吉林省公主岭市东北黑土试验点，不同供磷处理的玉米植株磷浓度(图 3-6A)有明显差异。2013～2015 年与施磷 $75kg/hm^2$(图 3-6 中为 P75)处理相比，磷肥减施 $60kg/hm^2$ 及覆膜和添加调控剂木质素处理(分别为 P60、P60+覆膜、P60+木质素)后，植株磷浓度未有明显差异。2013 年收获期，与不施磷对照和施磷 $60kg/hm^2$ 处理相比，覆膜和添加调控剂木质素处理使土壤有效磷含量呈现增加趋势。2014 年，不施磷肥处理的土壤有效磷含量相对较低，施磷处理的土壤有效磷含量增加；与施磷 $75kg/hm^2$ 处理相比，磷肥用量减施 $60kg/hm^2$ 用量及一次性施入磷 $240kg/hm^2$ 处理(P240)的土壤有效磷含量没有明显差异。2015 年，与不施磷和施磷 $60kg/hm^2$ 处理相比，覆膜、添加调控剂木质素及磷肥施用量较高的 $75kg/hm^2$ 处理没有明显增加土壤有效磷含量。一次性施入磷 $240kg/hm^2$ 处理的土壤有效磷含量也未增加。

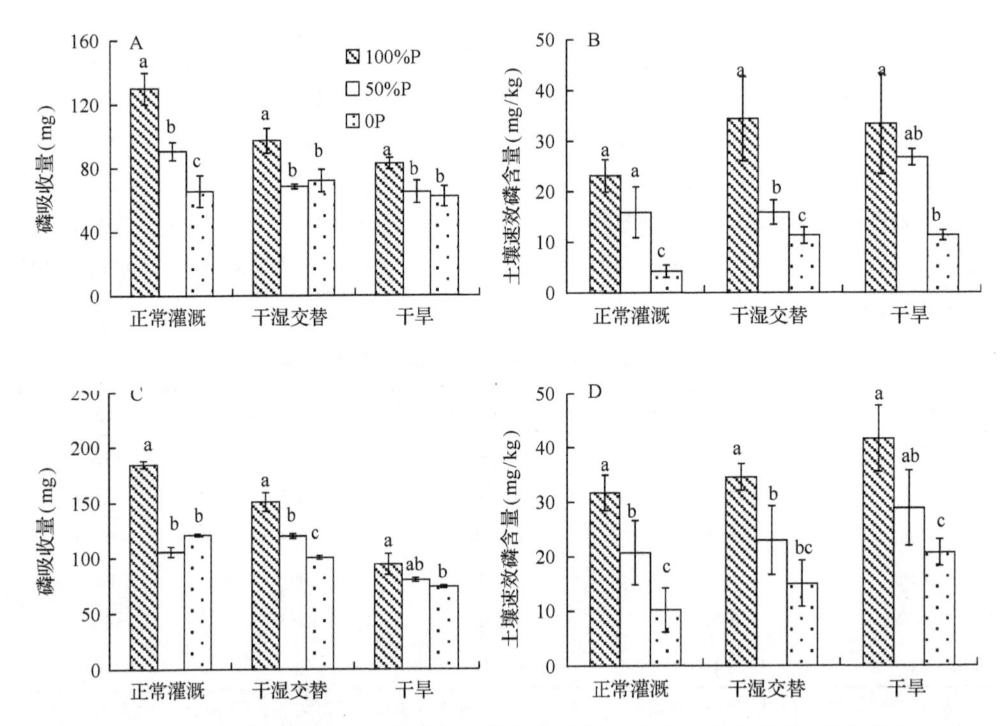

图 3-5　江西高安不同供磷强度下早/晚稻的磷吸收量(A、C)及土壤速效磷含量变化(B、D)

图中不同小写字母表示在 0.05 水平上差异显著($P<0.05$)

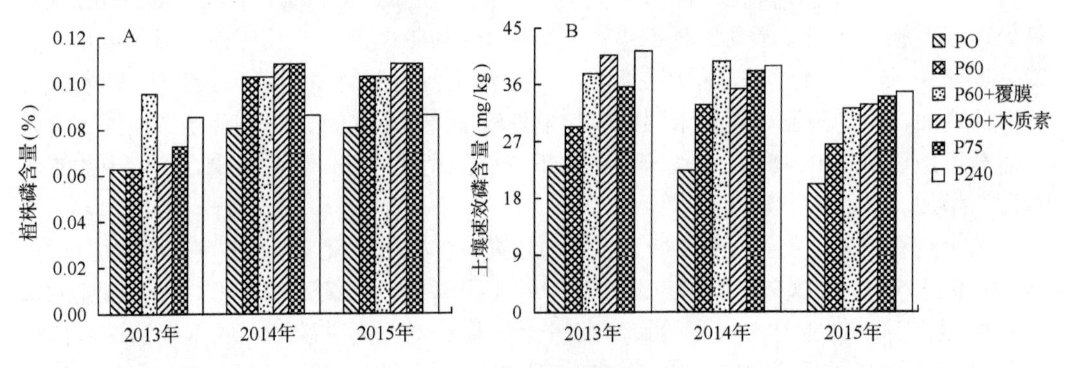

图 3-6　吉林省公主岭市东北黑土试验点不同磷肥处理对玉米植株磷含量(A)和土壤速效磷含量(B)的影响

吉林省公主岭市东北黑土“国家土壤肥力和肥料效益长期监测基地”试验点始建于 1989 年。在试验点选择了 4 个磷肥处理测定对土壤磷含量的影响，分别为①NK(不施磷肥)；②NPK(施用无机氮磷钾肥)；③NPKM(施用无机氮磷钾和有机粪肥，与处理 NPK 等氮量施肥，施化肥纯氮 50kg/hm^2，牛粪施用量 30m^3/hm^2，牛粪折纯氮 115kg/hm^2，磷钾量相同)；④NPKS(与处理 NPK 等氮量施肥，加上粉碎秸秆，用量为 7500kg/hm^2，秸秆折纯氮 53kg/hm^2，化肥氮 112kg/hm^2，磷钾量相同)。氮肥用量 165kg/hm^2，1/3 作基肥施入，2/3 在玉米拔节前追施。磷肥(P_2O_5)用量 82.5kg/hm^2，全部基肥。钾肥(K_2O)用量 82.5kg/hm^2，全部基肥。有机粪肥作底肥一次性施入。秸秆还田是将粉碎的稻秆以撒施方式与无机肥料同时施入。

经过 20 多年的长期施肥，氮磷钾与秸秆和有机粪肥配施后土壤 pH 比单施化肥增加了一个单位。NPKM 处理的土壤碳氮含量显著升高。NPK、NPKM、NPKS 处理土壤全磷含量显著增加，分别高出 NK 处理 32%、226%和 44%。土壤速效磷含量在各处理间差异显著：不施磷处理含量最低，NPK、NPKM、NPKS 处理的含量显著增加，分别高出 NK 处理 5.6 倍、37.2 倍和 2.8 倍。有机磷含量 NPKM>NK>NPK 和 NPKS。

利用液体 ^{31}P-NMR(核磁共振波谱)技术测定了黑土中磷素的形态特征，发现长期施肥条件下土壤样品 NaOH-EDTA 提取物的液体 ^{31}P-NMR 图谱检测出正磷酸盐、焦磷酸盐和磷酸单酯类化合物。化学位移 6.1～6.63ppm①为正磷酸盐，2.9～6.0ppm 为磷酸单酯，－3.81～－3ppm 为焦磷酸盐(Turner et al.，2003)，如图 3-7 所示，内标物亚甲基二膦酸化学位移为 17.6ppm。以内标物谱峰为标准，计算积分面积得到各处理含磷化合物含量。

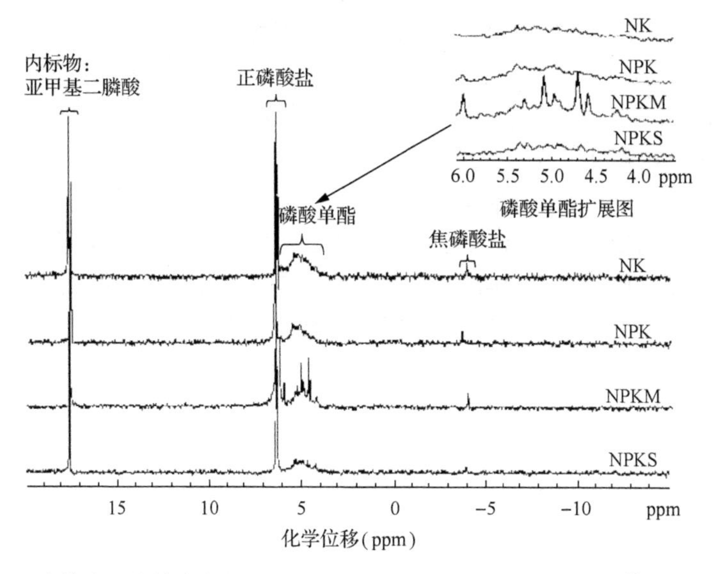

图 3-7　吉林省公主岭市东北黑土试验点长期不同施肥下土壤液体 ^{31}P-NMR 图谱

表 3-5 结果显示，各处理中焦磷酸盐含量所占比例较低，NK 处理的正磷酸盐约占总浸提磷量的 1/3，磷酸单酯类约占 2/3；而 NPKM 处理的正磷酸盐占 88.79%，磷酸单酯类占 10.92%。与长期不施磷肥的 NK 处理相比，长期施用磷肥土壤中正磷酸盐含量增加。

① 1ppm = 10^{-6}

表 3-5　^{31}P-NMR 技术测定长期不同施肥的黑土 NaOH-EDTA 提取物中磷化合物种类含量　（单位：mg/kg）

处理	正磷酸盐	磷酸单酯	焦磷酸盐	总浸提磷量
NK	48.18	105.06	4.25	157.49
	(30.59)	(66.71)	(2.70)	(100)
NPK	190.99	98.79	5.04	294.82
	(64.78)	(33.51)	(1.71)	(100)
NPKM	1151.91	141.63	3.78	1297.32
	(88.79)	(10.92)	(0.29)	(100)
NPKS	217.90	97.92	3.89	319.71
	(68.16)	(30.63)	(1.22)	(100)

注：括号内数值表示不同形态磷占总浸提磷量的百分数(%)

NPKM 处理中正磷酸盐含量最高，高出 NPK、NPKS 处理分别约 5 倍和 4 倍，高出 NK 处理 22 倍之多。施用有机粪肥显著提高了土壤中的正磷酸盐含量。

NK、NPK、NPKS 处理的土壤磷酸单酯类化合物含量差异并不显著，NPKM 处理土壤磷酸单酯类化合物含量较高。

利用 Guppy 磷分级法将黑土磷素分为阴离子树脂交换态磷(Resin-P)，$NaHCO_3$ 提取态磷($NaHCO_3$-P)，氢氧化钠提取态磷(NaOH-P)，盐酸提取态磷(HCl-P)和残渣磷(残渣-P)5 种形态。如图 3-8 所示，4 个处理土壤全磷中均以 HCl-Pt 含量最多，其次是 NaOH-Pt；NK、NPK 和 NPKS 处理中 Resin-Pt(全磷)＜$NaHCO_3$-Pt＜残渣-Pt，而处理 NPKM 表现为：残渣-Pt＜Resin-Pt＜$NaHCO_3$-Pt。结果表明，长期不施磷肥 NK 处理 5 种形态的磷含量均显著低于施磷肥处理，而 NPKM 处理含量最高。磷肥施用能够显著提高土壤胶体吸附态磷，尤以无机磷肥和有机粪肥配合施用效果最佳。

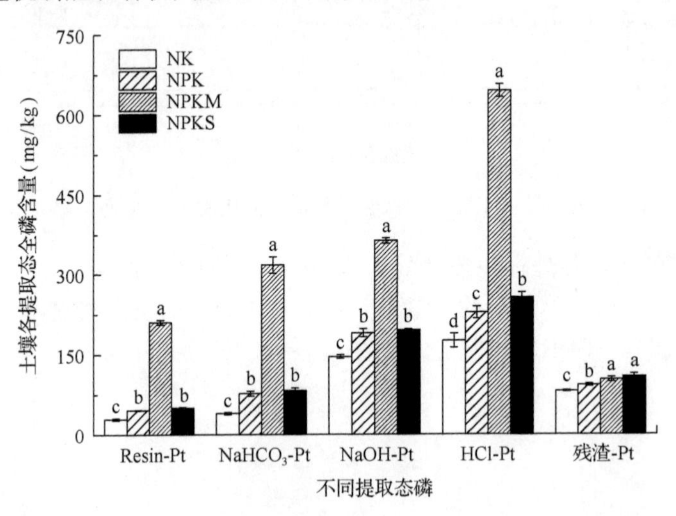

图 3-8　吉林省公主岭市东北黑土试验点长期不同施肥下土壤中不同提取剂提取全磷含量

图中不同字母表示差异显著(P＜0.05)

按照 Guppy 磷分级方法提取的无机磷测定结果见图 3-9。Resin、$NaHCO_3$、NaOH、HCl 浸提的土壤无机磷含量以长期不施磷肥的 NK 处理最低，以化肥和有机粪肥配合施用处理 NPKM 最高。

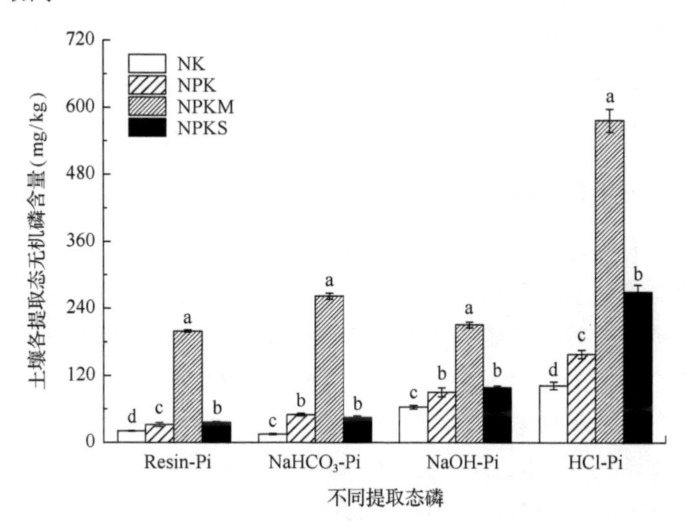

图 3-9　吉林省公主岭市东北黑土试验点长期不同施肥下土壤中不同提取剂提取无机磷含量

图中不同字母表示差异显著(P<0.05)

长期不同处理土壤有机磷含量结果如图 3-10 所示。Resin-Po 含量较低，各处理间差异不大。NPKM 处理 NaOH-Po 含量显著高于其他施肥处理，NK 和 NPK、NPKS 之间差异不明显。

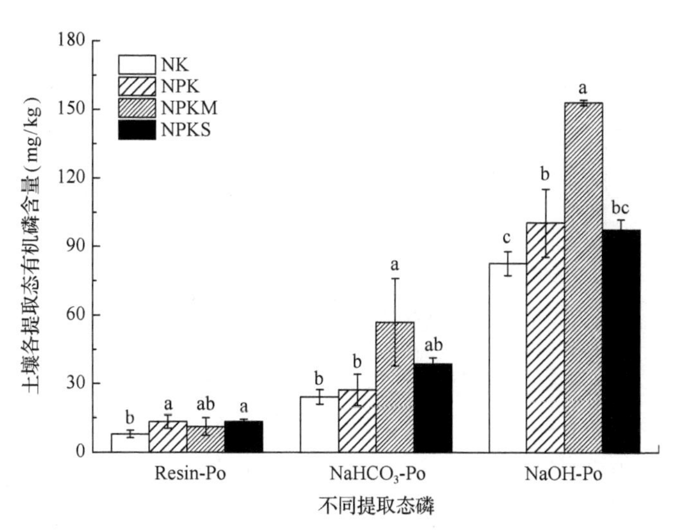

图 3-10　吉林省公主岭市东北黑土试验点长期不同施肥下土壤中不同提取剂提取有机磷含量

图中不同字母表示差异显著(P<0.05)

总之，长期不施磷肥时，树脂、$NaHCO_3$、NaOH 和 HCl 浸提的土壤无机磷含量明显较低；无机肥和有机粪肥的配合施用提高了黑土各形态无机磷及有机磷含量。液体 ^{31}P-NMR 技术测定结果同样发现：长期不施磷肥条件下，黑土土壤中正磷酸盐含量明显较低，磷酸单酯有机磷占全磷比例较高。而无机肥和有机粪肥的配合施用下，土壤正磷酸盐和磷酸单酯类化合物含量显著增加，但土壤全磷中无机磷所占比例较高，有效磷组分所占比例下降。施用化学磷肥提高土壤中无机磷含量的效果较有机磷组分明显。

3.1.3 典型土壤磷的培肥阈值与淋溶阈值

土壤无机磷的释放能力与土壤性质密切相关，土壤理化性质是影响土壤无机磷释放的主要因子。土壤有效磷含量越高，土壤溶液中无机磷的浓度就越高；物理搅拌和微生物活动有利于磷的释放等。传统的用于评估土壤磷素生物有效性的有效磷提取方法也适用于评估土壤磷素的流失潜力，这些磷测定方法包括 Olsen 法、Mehlich1 法、离子交换树脂法等，它们与土壤中磷素流失有较好的相关性。可以用去离子水或者盐溶液作为浸提剂来测定土壤中磷的释放能力，而 $CaCl_2$ 溶液已经被广泛应用于模拟土壤溶液测定土壤中的水溶性磷(Hesketh and Brookes，2000)。

我国主要土壤类型磷供应的作物产量、土壤培肥和环境阈值如图 3-11 所示(Bai et al.，2013)。土壤磷应该控制在产量效应拐点与环境效应拐点之间，而且处于培肥效应拐点之前的土壤应该采取条施等策略去避免磷肥在土壤中大量固定。

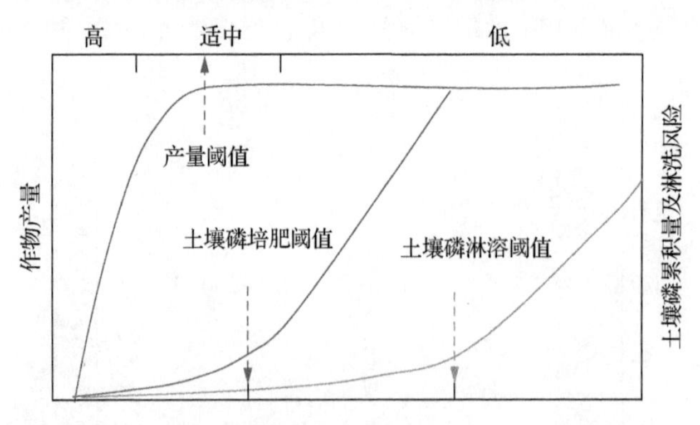

图 3-11 我国土壤磷管理的模式图(Bai et al.，2013)

土壤全磷与 Olsen-P 之间的拐点被认为土壤磷培肥阈值。这一阈值在哈尔滨黑土中是最低的：土壤全磷为 0.44g/kg。杨凌的阈值最高，为 1.32g/kg，祁阳与重庆位于中间，分别为 0.51g/kg 和 0.56g/kg(图 3-12)。这一阈值的高低反映了土壤对磷的固定能力，阈值越高固定能力越强。黑土中高有机质含量中和了土壤矿物对磷的吸附作用，所以阈值最低。杨凌的钙质土壤含有大量的钙离子，具有很强的磷沉淀能力，所有具有较高的阈值。

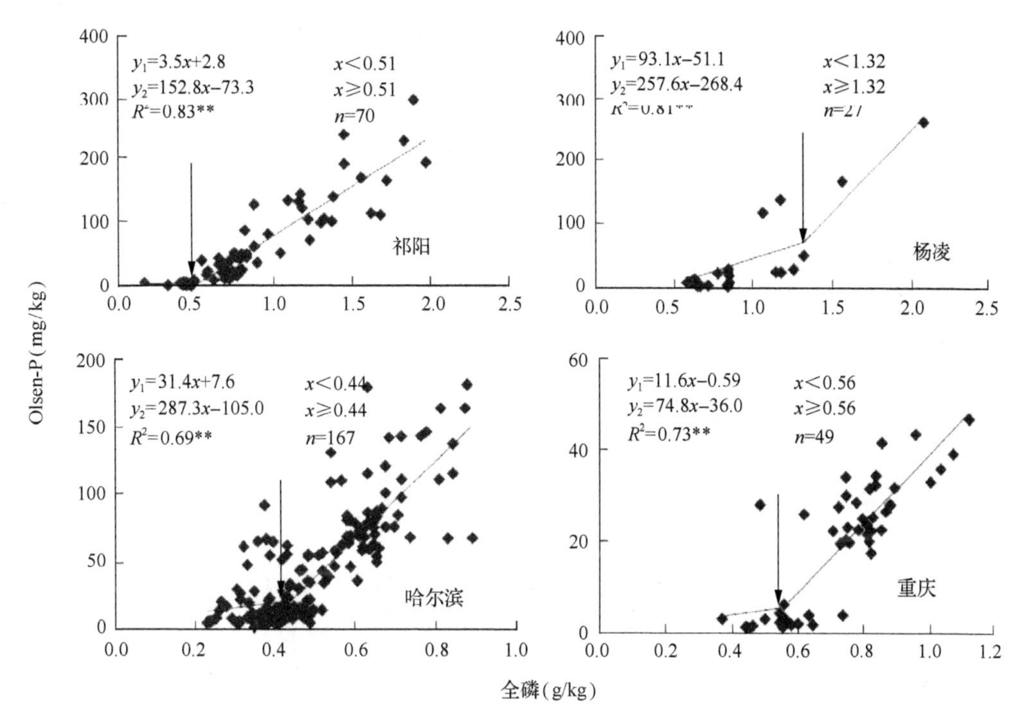

图 3-12　黑土(哈尔滨)、塿土(杨凌)、紫色土(重庆)和红壤(祁阳)中土壤全磷与 Olsen-P 的关系曲线

**表示相关系数 P<0.001

土壤 Olsen-P 与 $CaCl_2$-P 的拐点被认为是土壤磷淋溶阈值。平均阈值为：Olsen-P 55.5mg/kg；$CaCl_2$-P 0.60mg/kg(图 3-13)。当土壤有效磷水平高于阈值后，其水溶性磷含量呈现明显的增加。不同磷积累条件下土壤磷释放强度(水溶性磷的水平)的不同与土壤中磷结合方式多样和能级不同有关：当土壤磷积累较低时，磷与土壤之间的结合较为紧密，可能主要以高能共价键方式吸附；随着土壤磷积累的进一步增加，磷与土壤之间的结合主要以低能级的共价键吸附态或范德瓦耳斯力和静电引力吸附为主。而不同地区之间 Olsen-P 的阈值差异很大，杨凌的 Olsen-P 阈值最低为 39.9mg/kg，祁阳最高为 90.2mg/kg，哈尔滨为 40.2mg/kg，重庆为 51.6mg/kg。

上述差异是由钙质土壤和酸性土壤中不同磷固定机理造成的，钙质土壤中磷的固定作用以沉淀为主，而酸性土壤以吸附为主。长期施用有机肥可显著降低土壤对磷的吸附，促进土壤磷的解吸，提高土壤磷的有效性(Sharpley et al.，2004；Varinderpal-Singh et al.，2006)。其原因在于有机质具有活化磷的作用，有机阴离子可以在溶液中与阳离子形成稳定的结合物，也可以在土壤矿物表面形成稳定的结合物来减少磷的吸附。在石灰性土壤上，有机质可与磷竞争吸附点位，从而使土壤中加入有机质时能减少磷的固定。

有研究表明，黑土、红壤、潮褐土不同施肥处理的土壤对磷的吸附量均随平衡液中磷浓度的增加而增加，但三种土壤之间有显著差异。在土壤磷溶液浓度相等的条件下，对磷的吸附量以红壤最大，红壤对磷酸盐之所以具有很高的吸附能力，主要是因为红壤

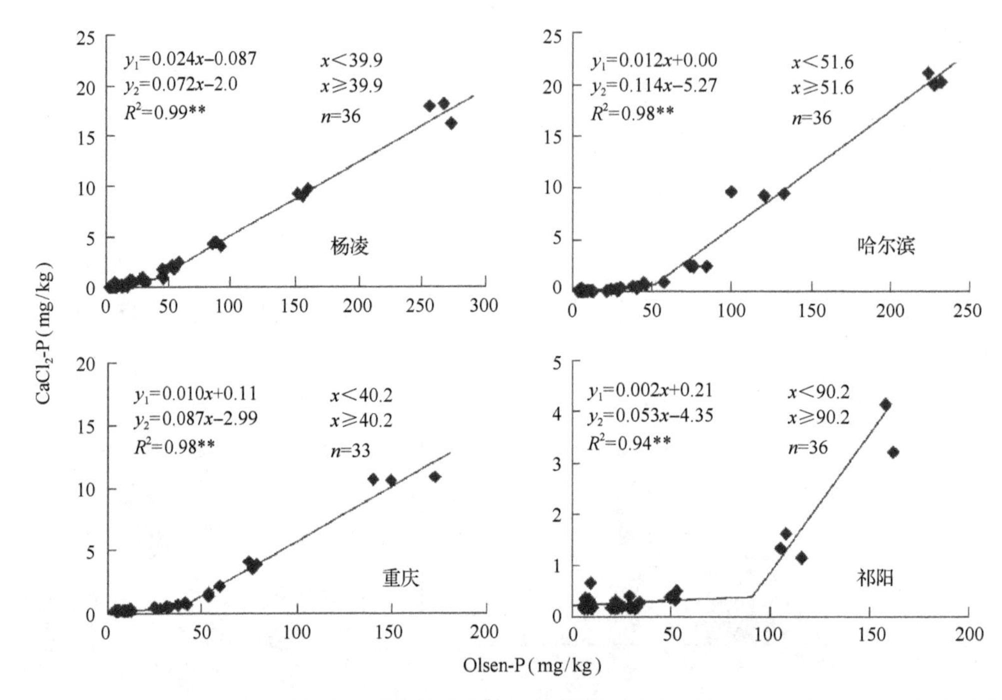

图 3-13 黑土(哈尔滨)、塿土(杨凌)、紫色土(重庆)和红壤(祁阳)中土壤 Olsen-P 与 $CaCl_2$-P 的关系曲线

**表示相关系数 $P<0.001$

中含有大量的铁、铝氧化物。而哈尔滨黑土有机质含量很高，祁阳红壤有机质含量很低且含有大量的铁、铝氧化物，所以黑土对磷的吸附能力较弱、释放潜力较强，相反，红壤对磷的吸附能力较强、释放潜力较弱。

3.2 土壤微生物提高磷肥利用率机理

近几十年来，大量施用磷肥增加了土壤中磷的含量，导致当季土壤磷的利用率较低，农田的磷素盈余严重，造成资源浪费和环境污染。土壤微生物在土壤磷循环中起着重要的作用，其中，丛枝菌根真菌和解磷菌是主要的有益功能微生物类群，它们均参与土壤中磷的活化，并影响植物对磷的吸收，解析土壤中菌根真菌和解磷菌对作物磷吸收的贡献和作用机理，对提高磷肥利用率、充分挖掘土壤生物学途径、实现高产和高效具有重要的理论指导意义。

3.2.1 田间条件下菌根真菌对磷的活化利用机理

丛枝菌根真菌是土壤中的一类重要微生物，能够与绝大多数高等植物根系形成共生。菌根真菌(arbuscular mycorrhiza，AM)最重要的功能是促进植物对土壤中溶解性低、移动性差的磷素的吸收(Smith and Smith，2011)。然而在集约化农田生态系统中，长期施用磷肥会改变土壤微生物的多样性和群落结构，进而影响其功能。本小节总结了长期施用磷肥对土壤菌根真菌群落结构、菌根侵染特征、菌丝对土壤磷的响应，以及土壤微生物的后续效应的研究结果。

1. 长期施用磷肥改变菌根真菌侵染及宿主磷吸收贡献潜力

随着施磷量增加，作物根系的菌根真菌侵染率先下降后趋于不变。与侵染率变化“拐点”相对应的土壤磷浓度因作物种类不同而异(Covacevich et al.，2006，2007；Fernández et al.，2009a)。

在中国农业大学上庄试验站，选取了长期不同施磷条件下(0、50kg P_2O_5/hm^2、75kg P_2O_5/hm^2、100kg P_2O_5/hm^2、150kg P_2O_5/hm^2、300kg P_2O_5/hm^2)种植玉米的土壤样品，研究了不同施磷量对不同生育时期(八叶期、吐丝期、乳熟期)、不同深度土层(0～20cm、20～40cm)玉米根系菌根真菌侵染率、根内菌丝体酸性/碱性磷酸酶发生强度的影响。

研究发现，玉米在0～20cm土层中的根系菌根真菌侵染率、丛枝丰度均在施磷量75～100kg/hm^{2}时达到最低值，继续增加施磷量不能进一步降低根系侵染率。但是，过量施用磷肥(300kg/hm^2)并不能完全抑制菌根真菌的侵染(表 3-6，图 3-14a～c)。在玉米八叶期和吐丝期，随施磷量增加，根内菌丝体酸性/碱性磷酸酶活性(表 3-7)及根系 *Zmpht1;6* 相对表达量在 0～20cm 及 20～40cm 土层中逐渐降低，当施磷量达到 75kg/hm^2 后，磷酸酶活性和根系 *Zmpht1;6* 相对表达量不再随着施磷量增加而显著降低(图 3-14d～f)。同时在适量及过量施磷条件下，20～40cm 土层中的上述指标均高于 0～20cm 土层，特别是在吐丝期(表 3-7，图 3-14e)，这一时期是玉米植株生长的最旺盛时期。在乳熟期，在不同磷肥投入下，无论是根内菌丝体酸性/碱性磷酸酶活性还是根系 *Zmpht1;6* 相对表达量(表 3-7，图 3-14f)，在两个土层中的数值均非常低。

表 3-6　施磷量对不同生育时期玉米根系菌根真菌侵染率的影响(2013～2015 年)

生育时期	施磷量 (kg/hm^2)	2013 年		2014 年		施磷量 (kg/hm^2)	2015 年	
		0～20cm (%)	20～40cm (%)	0～20cm (%)	20～40cm (%)		0～20cm (%)	20～40cm (%)
八叶期	0	24.2a	31.2a	45.1a	36.6a	0	52.3a	44.7a
	50	*12.2c	28.3a	34.1b	35.0a	25	47.7ab	37.8a
	75	*17.3b	31.8a	*23.2c	39.8a	50	40.0bc	38.6a
	100	*12.0c	37.2a	28.8c	36.8a	75	*30.1cd	40.9a
	150	*10.0c	23.9a	*20.4c	34.4a	100	*28.0d	38.5a
	300	*13.0c	39.2a	*19.4c	30.0a	300	*28.37d	44.0a
吐丝期	0	66.5a	46.8a	*57.6a	45.2a	0	58.1a	58.9a
	50	45.1b	40.6ab	43.7b	45.3a	25	43.5ab	51.4ab
	75	24.5c	40.3ab	*26.5c	36.9a	50	38.6bc	49.3ab
	100	*22.2c	39.2ab	*26.6c	38.6a	75	*31.1cd	54.2a
	150	30.1c	32.4ab	33.3c	37.4a	100	*24.7d	52.1ab
	300	31.9c	29.2b	*26.2c	37.7a	300	*24.4d	43.8b
乳熟期	0	32.0a	33.3ab	31.8a	45.4a	0	58.3a	55.1a
	50	26.1b	28.3b	27.0b	34.1b	25	49.5a	51.7ab
	75	*13.1c	38.3a	21.8b	26.9b	50	48.9a	44.6bc
	100	*11.1c	34.0ab	20.1b	28.9b	75	32.0b	36.2c
	150	*13.1c	27.3b	*18.8b	28.6b	100	32.1b	35.9c
	300	*13.3c	29.9b	22.8b	31.7b	300	26.1b	35.7c

注：不同字母表示同一时期同一土层不同磷处理间的差异显著；*表示相同供磷条件下上下土层间的差异显著

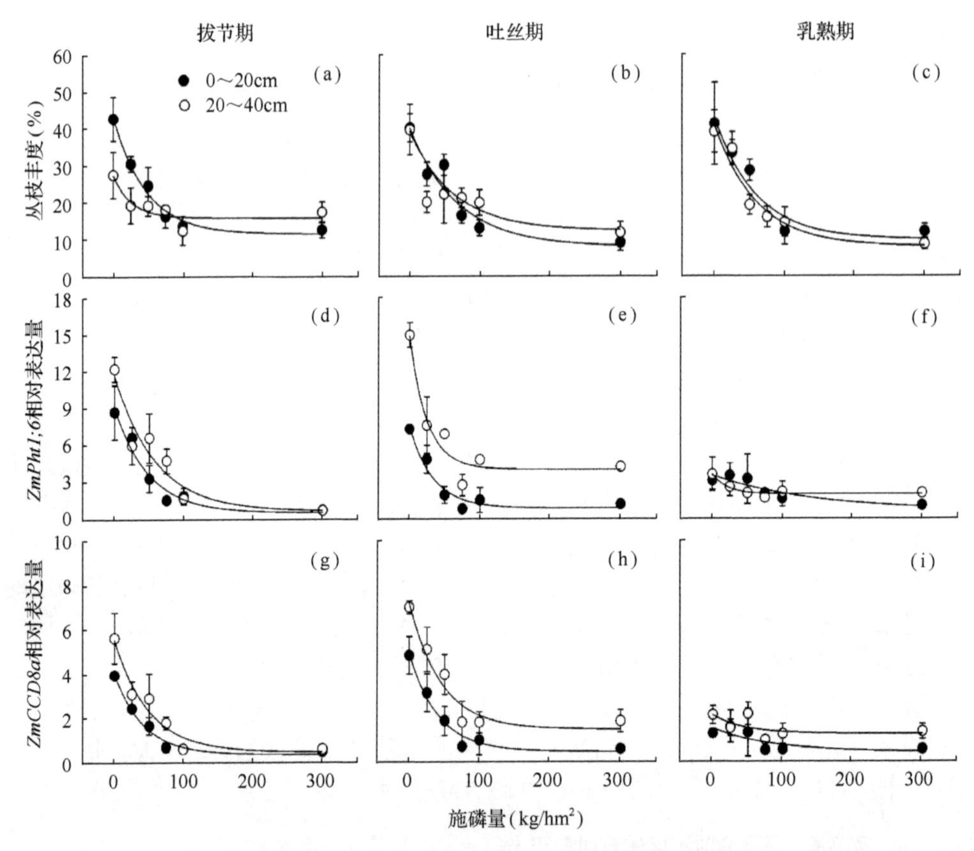

图 3-14　施磷量对不同生育时期玉米根系丛枝丰度、*ZmPht1;6* 和 *ZmCCD8a* 相对表达量的影响(2015 年)

土壤分为 0～20cm 和 20～40cm 两个土层

结果表明，在玉米乳熟期，不论施磷量如何还是土层如何，菌根真菌对宿主的磷吸收潜力均下降至很低水平，可能是由于在乳熟期，地上部供给根系和菌根真菌的碳水化合物已经非常少，籽粒生长所需要的磷素更多是来自于体内的再循环(Thomson et al., 2010; Peng et al., 2012)。可见，菌根真菌在宿主的不同生育时期对宿主的磷吸收潜力存在差异。

表 3-7　施磷量对不同生育时期玉米根系根内菌丝体酸性/碱性磷酸酶发生强度的影响(2013～2014 年)

生育时期	施磷量(kg/hm^2)	2013 年(0～20cm)		2014 年酸性磷酸酶		2014 年碱性磷酸酶	
		酸性磷酸酶(%)	碱性磷酸酶(%)	0～20cm(%)	20～40cm(%)	0～20cm(%)	20～40cm(%)
八叶期	0	23.2a	24.0a	34.6a	26.5a	30.3a	33.8a
	50	12.2b	11.3b	26.2ab	20.4ab	25.4a	23.9ab
	75	11.0bc	11.4b	19.9ab	18.4ab	*15.8b	22.1ab
	100	5.2bc	10.7b	*14.0b	23.8ab	*14.7b	25.3ab
	150	6.5bc	10.7b	*16.0b	13.4b	*15.5b	20.4b
	300	4.9c	9.0b	*17.9b	23.0ab	*11.5b	20.1b

续表

生育时期	施磷量 (kg/hm²)	2013 年(0～20cm)		2014 年酸性磷酸酶		2014 年碱性磷酸酶	
		酸性磷酸酶 (%)	碱性磷酸酶 (%)	0～20cm (%)	20～40cm (%)	0～20cm (%)	20～40cm (%)
吐丝期	0	44.9a	37.3a	27.0a	23.7a	35.2a	25.5a
	50	33.9b	24.7b	17.2b	23.3a	18.4b	22.3a
	75	16.7c	15.3c	*8.0c	19.6a	*11.2bc	20.3a
	100	12.3cd	9.9c	*9.5c	21.8a	*8.8c	18.6a
	150	12.9cd	10.1c	*9.6c	23.9a	*11.7bc	19.4a
	300	9.8d	9.7c	*8.28c	19.2a	*8.6c	19.9a
乳熟期	0	12.2a	13.8a	7.5a	4.4a	*6.7a	16.7a
	50	10.6ab	16.2a	3.4b	2.4b	*3.7ab	12.9b
	75	8.2abc	8.6b	2.9b	2.5b	*3.6ab	14.7b
	100	4.8c	7.6b	2.2b	1.8b	*2.0b	14.8b
	150	6.2bc	9.7b	2.5b	1.7b	*2.9b	14.1b
	300	5.0c	9.5b	*2.6b	1.3b	*2.3b	13.0b

注：不同字母表示同一时期同一土层不同磷处理间的差异显著；* 表示相同供磷条件下上下土层间的差异显著

2. 长期施用磷肥改变土壤中菌根真菌的群落结构

施用磷肥影响菌根真菌的群落结构。通常认为，低磷和适量供磷时土壤中菌根真菌为“共生性”真菌，而高磷土壤中菌根真菌多为“寄生性”(Johnson et al.，1997)。但这种菌根-植物连续体的作用强度受到多种因素的影响。选取了中国农业大学上庄试验站长期施磷条件下种植玉米的土壤样品，选择低磷(0kg/hm²)、适磷(100kg/hm²)和高磷(300kg/hm²)三个水平，并选取玉米拔节期、吐丝期和成熟期三个生长时期，采用 454 高通量测序技术测定菌根真菌的群落组成。结果表明，在拔节期和吐丝期，低磷和高磷处理菌根真菌群落组成显著区别于适磷处理；在成熟期，菌根真菌群落组成三个磷水平处理之间存在显著差异(图 3-15)。说明长期施用磷肥影响土壤中菌根真菌的群落组成，且菌根真菌群落的变化与生育期及磷供应量有关。

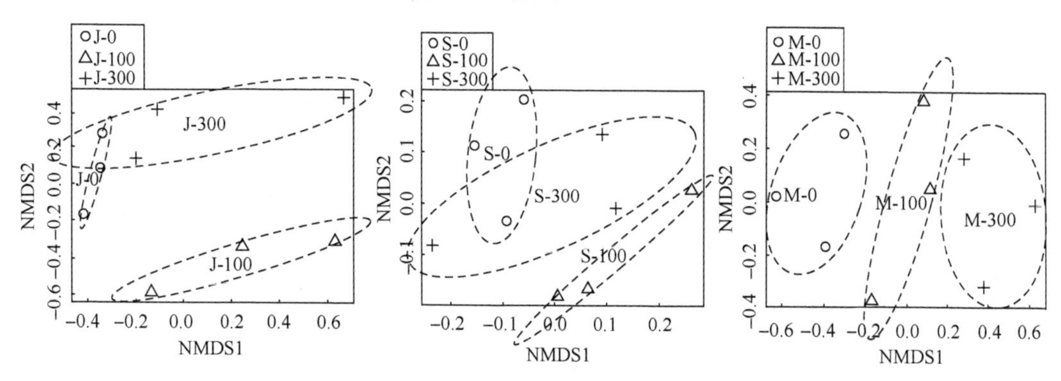

图 3-15 不同生育期土壤中菌根真菌群落组成 NMDS 分析

J.拔节期；S.吐丝期；M.成熟期。0、100、300 分别表示施磷量(P_2O_5)，单位为 kg/hm²；椭圆代表三个时期三个施磷水平真菌群落在 0.05 水平的变异大小，椭圆有重合表明不同处理之间真菌群落组成不存在显著差异($P>0.05$)，不重合表明不同处理之间真菌群落组成存在显著差异($P<0.05$)；NMDS 为非度量多维尺度分析

在河北曲周试验站选取了短期(5 年)不同磷供应强度(0kg/hm^2、25kg/hm^2、100kg/hm^2，分别用 P0、P25、P100 表示)土壤，研究了菌根真菌的垂直分布(0～60cm)特征(图 3-16)。

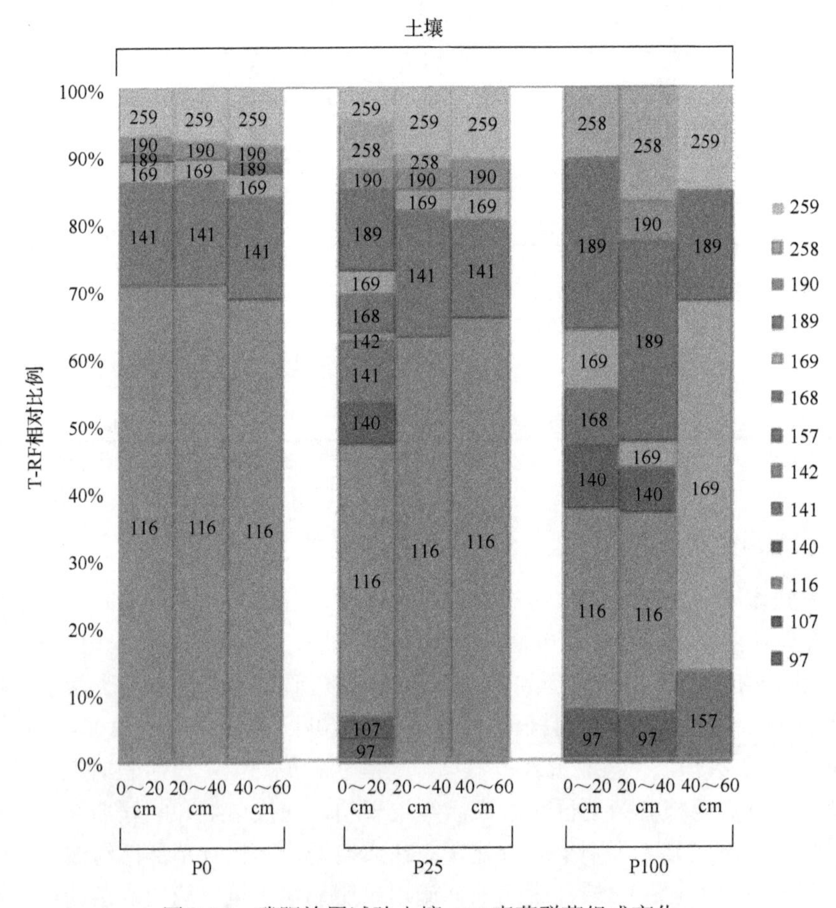

图 3-16　磷肥施用试验土壤 AM 真菌群落组成变化

以 AM 真菌群落 T-RF 相对比例表示，每种颜色表示一个 T-RF 类群，各颜色柱体上标注数字为 T-RF 片段大小，单位为 bp

磷肥供应和土层显著影响菌根真菌的群落组成。169bp 和 116bp(除 P100 40～60cm 外)在所有的土壤样品中都能检测到，这 2 个 T-RF 的总和占据土壤总 T-RF 丰度的 33.5%～39%。116bp 的相对丰度均表现出随施磷强度增加而降低的趋势(P0>P25>P100)，而 169bp 则表现出随施磷相对丰度增加的现象。141bp 只在 P0 和 P25 中检测到，而在 P100 中则没有发现；190bp 和 259bp 则出现在 P0 和 P25 处理中的所有土样中，并且具有较稳定的相对丰度，在 P100 中只是间或出现(P100 40～60cm，259bp；P100 20～40cm，190bp)。189bp 在 P0 处理和 P25 处理中出现不多(P0 处理 0～20cm 和 40～60cm；P25 处理 0～20cm)，并且相对丰度较低，但是在 P100 处理中广泛出现，并且具有较高的相对丰度。97bp、140bp、258bp 在 P0 处理中并没有检测到，在 P25 及 P100 处理中则发现较多，并且表现出随着施磷水平升高而相对丰度增加的现象。107bp、142bp、157bp 和 168bp 在

P0 处理中也没有检测到，并且在 P25 和 P100 处理中也是间或发现，并且相对丰度较低。从图 3-16 可以看出，施用磷肥处理和对照有显著差异，适量磷水平增加了表层土壤菌根真菌片段，高磷处理则显著影响菌根真菌的群落结构。此外，表层土壤对磷肥施用敏感，高磷也显著影响深层土壤群落的分布。

典范对应分析(canonical correspondence analysis，CCA)发现，曲周短期磷肥处理土壤速效磷(Olsen-P)、pH 及 N/P 显著影响表层土壤菌根真菌的分布，而菌根真菌群落土层之间的差异主要受土壤 Na 含量和电导率(EC)的影响(图 3-17)。长期使用磷肥可能影响土壤中 N/P，按照化学计量平衡理论(Spohn，2016)，N/P 的改变可能影响土壤菌根真菌群落。而不同土层土壤理化性质的改变导致一些特异性片段如 189bp 的出现，是否影响 AM 真菌功能多样性，仍需进一步的深入研究。

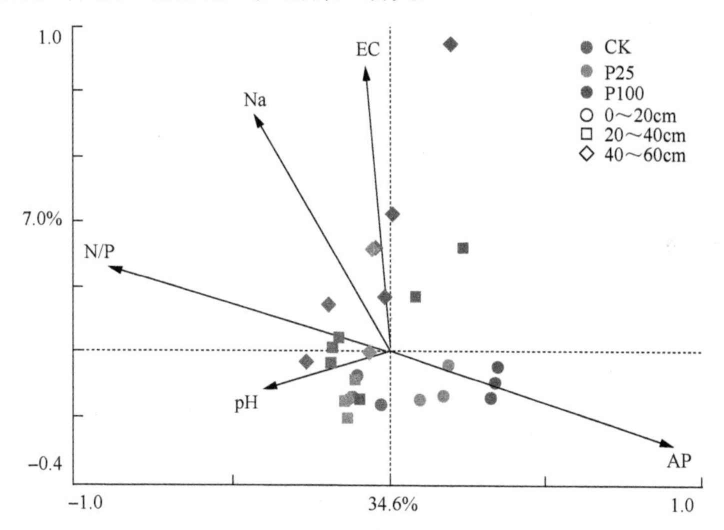

图 3-17　磷肥施用对土壤 AM 真菌群落组成的影响

CK 代表不施磷处理；P25 代表施用 25kg/hm^2 处理；P100 代表施用 100kg/hm^2 处理。空心圆圈代表 0～20cm 土层深度 T-RF，空心方形代表 20～40cm 土层深度 T-RF，空心菱形代表 40～60cm 土层深度 T-RF

综上所述，农田土壤中菌根真菌群落结构的驱动因子，除考虑施磷的作用外，还需要解析其他土壤因子、作物种类、土壤异质性及环境因子的综合效应。例如，与小麦相比，蚕豆的菌根侵染率受土壤磷供应水平的影响(Tang et al.，2016)。在青藏高原地区，土壤氮磷肥的施肥增加了土壤中菌根真菌的物种丰富度和遗传多样性(Xiang et al.，2016)。上庄长期定位试验结果表明，除速效磷外，其他磷形态及土壤全氮(TN)含量显著影响玉米不同生育期菌根真菌的群落结构(图 3-18)。根据菌根真菌功能平衡理论(Johnson et al.，2010)，研究土壤中磷对菌根真菌群落的影响，土壤氮素供应及 N/P 可能是一个重要的影响因子。

3. 长期施用磷肥改变土壤中菌根真菌多样性

土层影响菌根真菌的多样性和物种丰富度，表现为表层土壤高于底层土壤(图 3-19)。

菌根真菌均匀度则不受土层的影响。施磷提高了 AM 真菌的均匀度，但对多样性影响不显著(表层土壤香农-维纳多样性指数除外)。

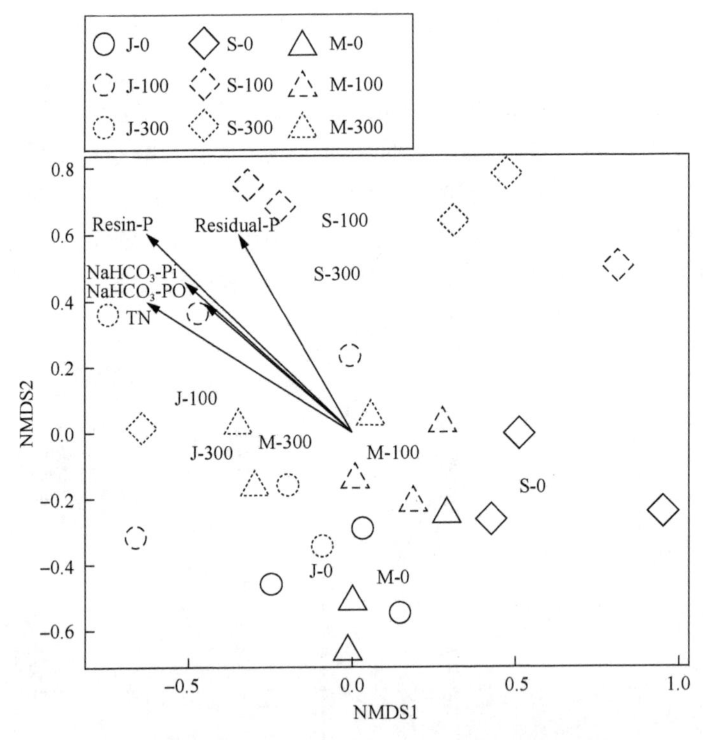

图 3-18　不同磷水平不同时期土壤中 AM 真菌群落组成影响因素 NMDS 分析图

J.拔节期；S.吐丝期；M.成熟期。0、100、300 分别表示施磷量(P_2O_5)，单位为 kg/hm^2；Resin-P 表示树脂交换态磷，$NaHCO_3$-Pi 表示碳酸氢钠提取无机磷，$NaHCO_3$-PO 表示碳酸氢钠提取有机磷，Residual-P 表示残留态磷

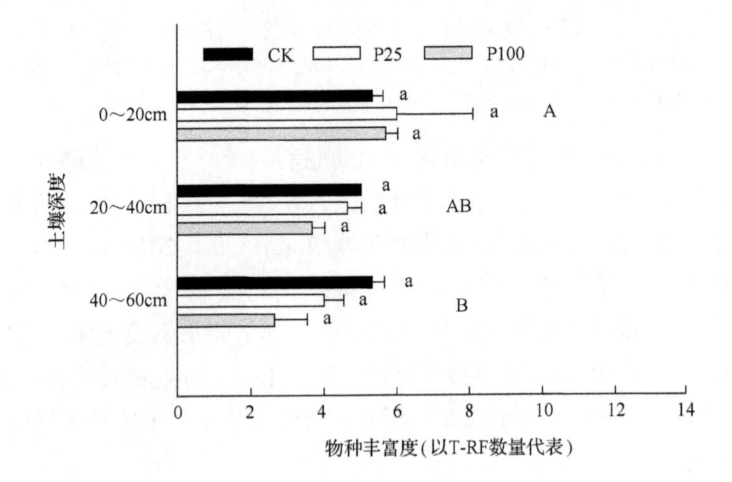

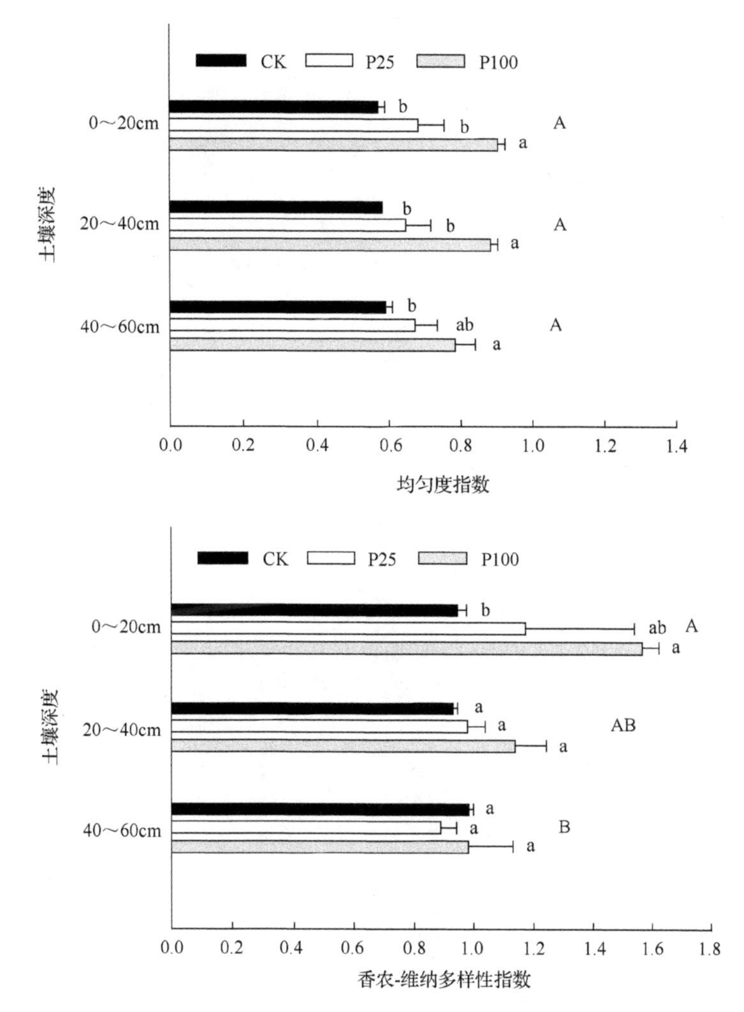

图 3-19　磷肥施用试验不同处理、不同深度土壤菌根真菌群落多样性特征(以 T-RF 数据计算)

柱体表示方式为平均值±SE(n=4)；不同处理及土层深度间差异采用邓肯多重比较(Duncan's multiple-range)差异性检验进行分析，柱体上标注不同小写字母表示多样性指标在不同处理、土层深度间差异显著(P<0.05)，柱体标注不同大写字母表示多样性指标在不同土层深度差异显著(P<0.05)；CK 代表不施磷处理；P25 代表施用 25kg/hm^2 处理；P100 代表施用 100kg/hm^2 处理

分析玉米收获季土壤 AM 真菌群落可以发现，不同磷水平下 AM 真菌群落之间差异很大(图 3-20)。99.4%的群落差异产生在 x 轴，而 x 轴上的主要差异是由磷水平决定的，不施磷对照贡献了 x 轴上的大多数差异。不施磷处理的不同土层 AM 真菌群落差异较大，而低磷 P25 和高磷 P100 处理的不同土层之间差异很小。

将收获季土壤 AM 真菌群落 T-RF 与土壤理化性质进行 CCA(图 3-21)发现，不施磷处理土壤中 AM 真菌群落变化与 pH 呈正相关，表明连续不同磷肥施用可能由养分供应的不均衡引起土壤 pH 变化。0～20cm 土层 AM 真菌群落与速效磷、速效钾和有机质呈正相关，尤其是土壤速效磷，表明在 0～20cm 层，土壤养分特征是构建土壤 AM 真菌群落的主要因素。而土壤总盐含量(SSC)、Ca 含量、Mg 含量与 40～60cm 层土壤 AM 真菌群落呈正相关，表明在深层土壤，影响 AM 真菌群落的主要因素是土壤盐分含量变化。

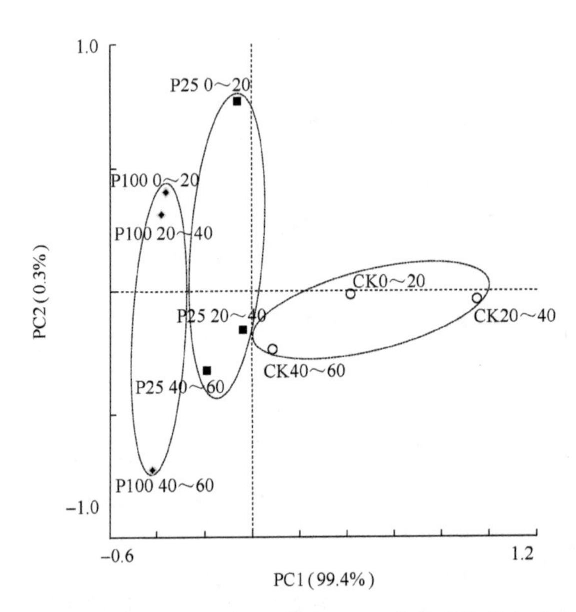

图 3-20　不同磷投入条件下玉米收获季土壤 AM 真菌群落的主成分分析(PCA)

CK 代表不施磷处理；P25 代表施用 25kg/hm^2 处理；P100 代表施用 100kg/hm^2 处理。0～20、20～40、40～60 分别代表不同土层土壤(cm)

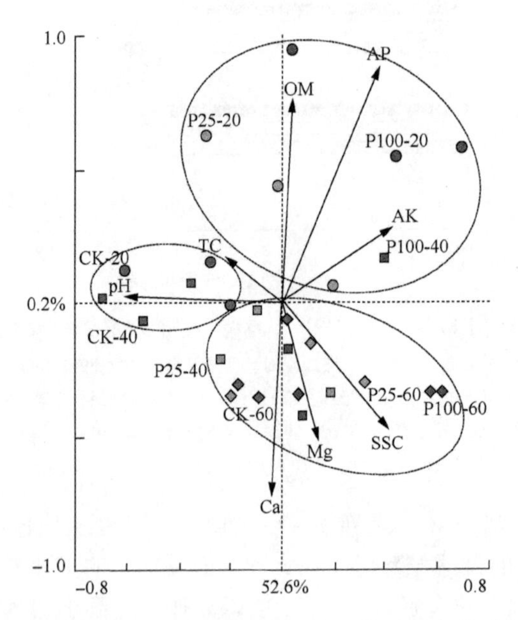

图 3-21　不同磷投入条件下玉米收获季土壤 AM 真菌群落 CCA

OM 为有机质；AP 为速效磷；AK 为速效钾；TC 为全碳。CK 为不施磷处理；P25 为施用 25kg/hm^2 处理；P100 为施用 100kg/hm^2 处理。20、40、60 为不同处理土层(cm)

对收获的玉米根内 AM 真菌典型片段进行测序，发现玉米根内的 AM 真菌类群主要是 *Glomus*、*Funneliformis* 和 *Diversispora* 这 3 属。其中 97bp、116bp、141bp 等片段主要集中于 *Glomus* 和 *Funneliformis*，而 169bp 片段则主要属于 *Diversispora*。收获季土壤 AM 真菌群落则主要受施磷水平的影响，施磷对不同 AM 真菌种群的影响不同(图 3-22)：

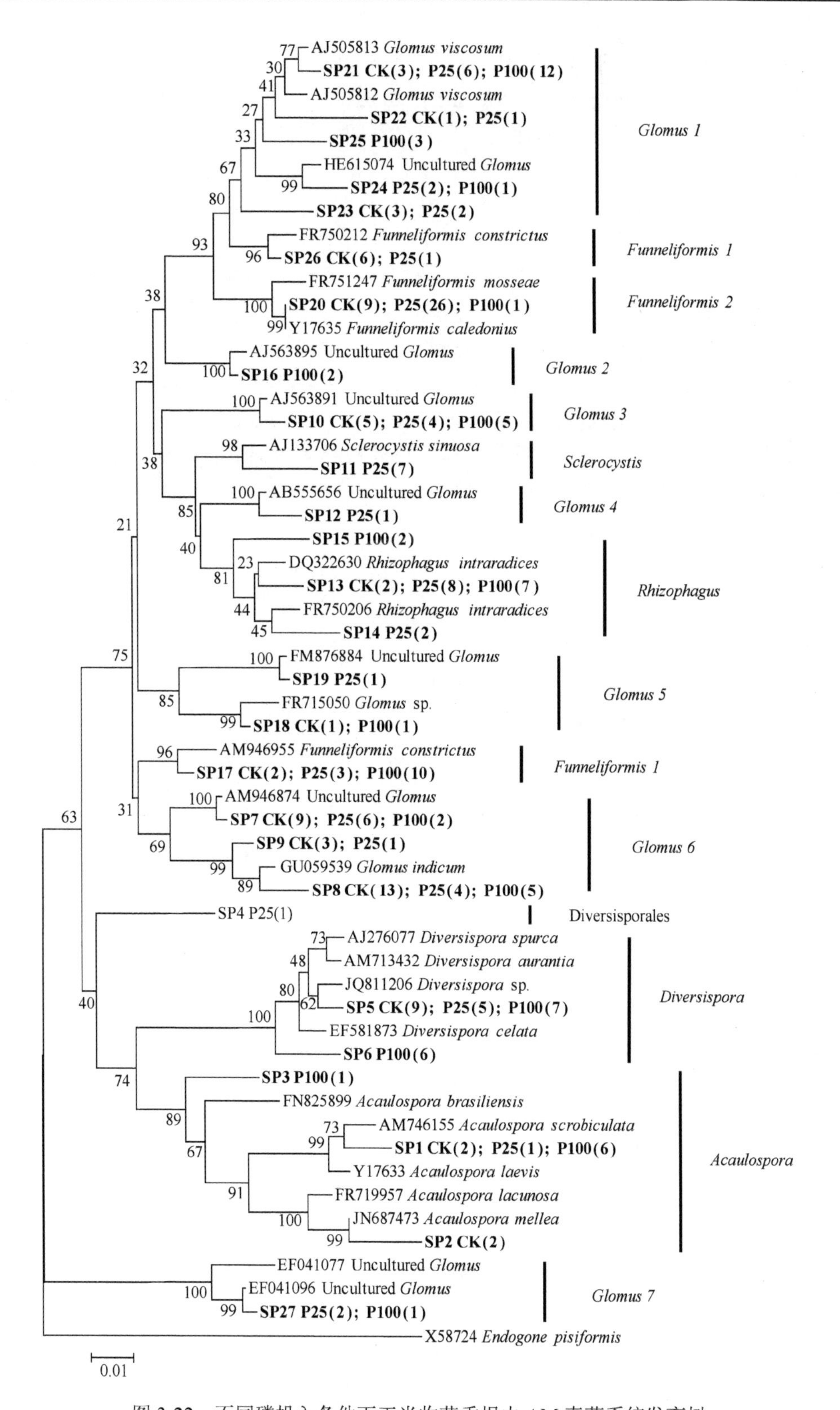

图 3-22 不同磷投入条件下玉米收获季根内 AM 真菌系统发育树

如 *Glomus viscosum* 在不施磷处理中出现较少，而在低磷 P25 及高磷 P100 施肥处理中出现较多；*Funneliformis mosseae* 在 P25 处理中出现较多，在不施磷对照中次之，而在高磷处理 P100 中则很少。这表明即使是同一属，不同丛枝菌根真菌(AMF)种对于施磷的响应也不同。

4. 菌根真菌-植物根系存在权衡

植物光合作用碳在菌根真菌群落中的分配存在“优先分配”，即光合产物优先分配给高效的菌根真菌(Bever et al.，2009；Zheng et al.，2014)。利用模式植物 *Allium vineale* 通过分根试验，研究了优先分配理论对土壤磷供应的响应。接种的两种菌根真菌中，有益菌根真菌 *Glomus candidum* 侵染率为 57.5%，非有益菌根真菌 *Gigaspora margarita* 侵染率为 44.5%，两种菌根真菌间侵染率差异不显著。*Glomus candidum*(简称 Gl.c)对生长的促进效果随着磷浓度增加线性下降，非有益菌根真菌未显著促进植株生长(图 3-23)。双标记分根试验结果显示(图 3-24)，双侧接种同一菌根真菌处理对植物分配给高低磷侧的

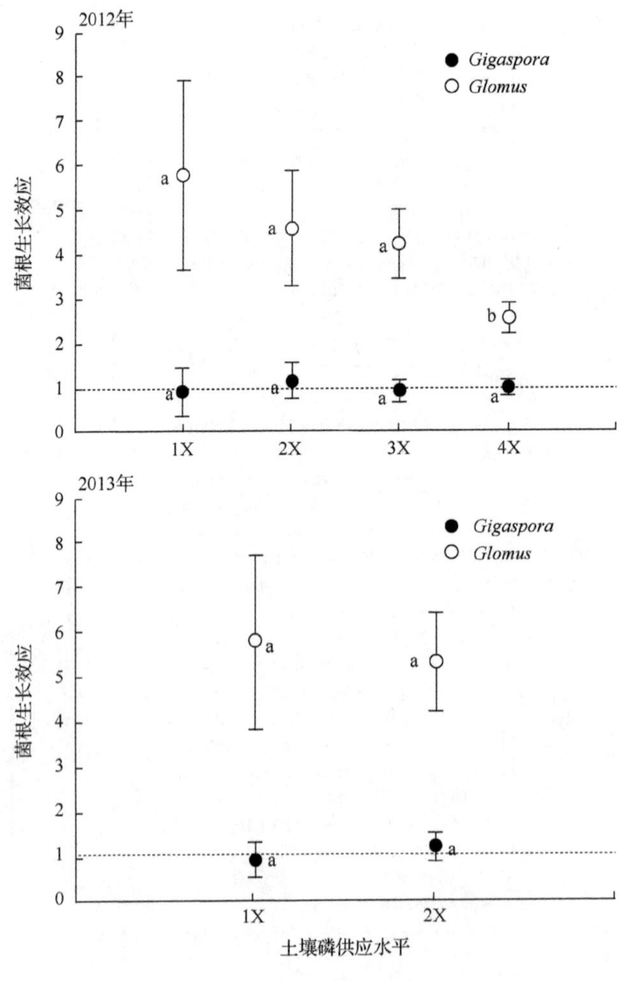

图 3-23 宿主菌根生长效应

不同字母表示不同土壤磷供应水平下菌根生长效应存在显著差异($P<0.05$)；1X、2X、3X、4X 代表磷供应水平代号

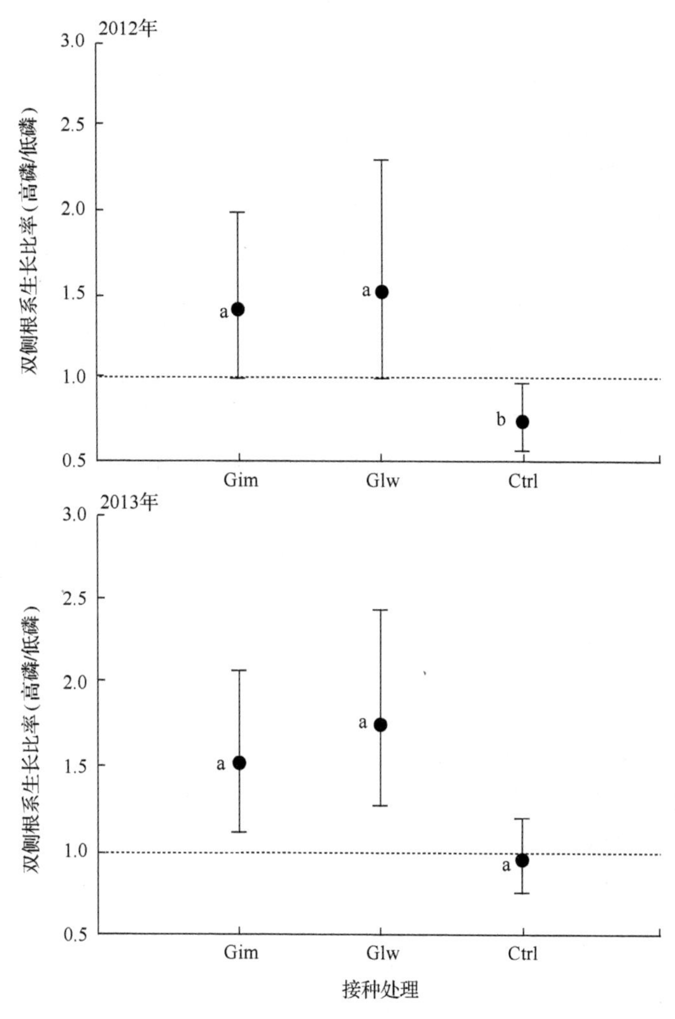

图 3-24　不同供磷强度条件下宿主植物碳分配和磷吸收比率

不同字母表示不同接种处理两侧根系生长比率存在显著差异（$P<0.05$）；Gim、Glw、Ctrl 代表不同接种处理

碳不存在显著差异。接种 *Gigaspora margarita* 处理分配到的碳比率（高低侧比率）为 2.02，显著高于 1，存在优先分配。接种 Gl.c 处理碳比率为 1.09，存在优先分配趋势但不显著；不接种对照处理为 0.86，不存在显著优先分配。在同一菌根真菌接种条件下，外界高磷均有益于菌根真菌对植物磷的吸收，植物碳分配与菌根真菌对植物磷吸收的效应不完全是平等交易。有益菌根真菌高磷一侧的根系磷菌根吸收途径受到一定抑制，非有益菌根真菌高磷一侧显著启动了根系磷吸收效应。

5. 高磷对菌丝生长的抑制作用可在低磷区得到恢复

高磷通常抑制菌根真菌的侵染和根外菌丝的生长。然而土壤中磷存在异质性，与植物根系类似，菌丝由于其代谢消耗能量较低，同样可能对土壤中磷具有觅食作用（Tibbett，2000；Hodge，2006），适量磷水平可能促进菌丝的生长，且在高磷区菌丝生长的抑制作用可能在低磷区得到恢复。选取缺磷土壤，采用三室分隔方法，两侧根室根系生长区为低磷水平，进行两个阶段生长试验，供体一侧先生长，菌丝进入菌丝室后撤去供体玉米，在右侧根室种植受体玉米。

菌根真菌为 *Glomus mosseae* 和 *Rhizophagus irregularis*。结果表明，菌丝室中 *Glomus mosseae* 的生物量平均高于 *Rhizophagus irregularis*。供应 P35 时，*Glomus mosseae* 生物量略有增加，此后随着磷水平增加菌丝生物量显著下降，而 *Rhizophagus irregularis* 的生物量在 P35 时略有增加，在更高磷水平下与 P0 的菌丝生物量无显著差异，*Rhizophagus irregularis* 对土壤磷素的梯度不敏感(图 3-25)。通过增加碱性磷酸酶、根系的磷吸收效率补偿对宿主的生长促进和磷吸收。计算供体、受体菌根生长效应和菌根磷效应的比率，两种菌根真菌条件下均接近 1，说明高磷对菌丝生长具有抑制作用，菌丝在低磷区可恢复，且不同菌根真菌对宿主植物磷吸收的作用机理不同。接种 *Rhizophagus irregularis* 显著提高了碱性磷酸酶，提高了植物对磷的吸收效率；而 *Glomus mosseae* 则主要通过根外菌丝的觅食作用，同时其主要功能可能是寻找新的宿主(Olsson et al.，2002)。土壤中不同菌根真菌存在生态位和生长特性等的差异(Smith et al.，2000；Dumbrell et al.，2010)，因此表现出功能的多样性(Drew et al.，2003；Cavagnaro et al.，2005)。推测根外菌丝的恢复力可能是集约化农业生态系统菌根功能得到维持的一个机理。

3.2.2 解磷微生物对土壤磷的活化利用效果

解磷细菌(phosphorus solublising bacteria，PSB)是土壤中与磷活化作用有关的另一重要微生物类群，主要包括放线菌、α-变形菌和厚壁菌(Mander et al.，2012；Osman et al.，2012；Janssen et al.，2002)等。解磷菌通过分泌质子、有机酸及磷酸酶活化土壤中的磷(Rossolini et al.，1998)。理解土壤中解磷相关微生物的群落分布特征和数量是深入解析其功能的基础。

运用 Q-PCR 方法定量了长期定位试验玉米不同生育期与磷循环有关的解磷菌类群，探究不同施磷水平对解磷细菌丰度的影响。在玉米拔节期，施磷处理厚壁菌丰度显著高于低磷处理，但对放线菌和 α-变形菌的丰度无显著影响。在吐丝期，施磷对三种解磷菌的丰度均无显著影响。在玉米成熟期，适磷条件下的厚壁菌、放线菌丰度分别显著高于不施肥和高磷条件下的厚壁菌、放线菌丰度。施磷对 α-变形菌丰度的影响不显著。整体来看，厚壁菌和放线菌的丰度随着玉米生长期的延长而显著提高，α-变形菌的丰度受生育期的影响不显著(图 3-26)。说明生育期对土壤解磷微生物数量的影响高于施磷水平，玉米成熟期适磷条件下提高了土壤中解磷微生物的数量。冗余分析(RDA)结果表明，采样时期、土壤 pH 和碱性磷酸酶(ALP)活性是影响解磷菌丰度的主要因素。玉米苗期土壤微生物群落主要受 pH 的影响，成熟期则受 ALP 的影响；低磷和高磷条件下微生物群落受土壤 C∶N 及土壤总 N 的影响(图 3-27)。在研究的几类微生物中，厚壁菌丰度对施磷水平和采样时期最敏感，进一步分析发现厚壁菌基因拷贝数与 pH 呈显著负相关关系，而与 ALP 呈显著正相关关系(图 3-28)。长期施用磷肥影响土壤 PSB 的多度和微生物量(Tang et al.，2016)，影响放线菌的群落结构，但对 α-变形菌和细菌的群落结构影响不显著。农田土壤中约 50%的可培养的微生物均具有活化磷的潜力(Browne et al.，2009)，PSB 可能主要受土壤碳源供应的驱动，因此理解 PSB 群落结构及其驱动因子是实现其功能的重要前提。

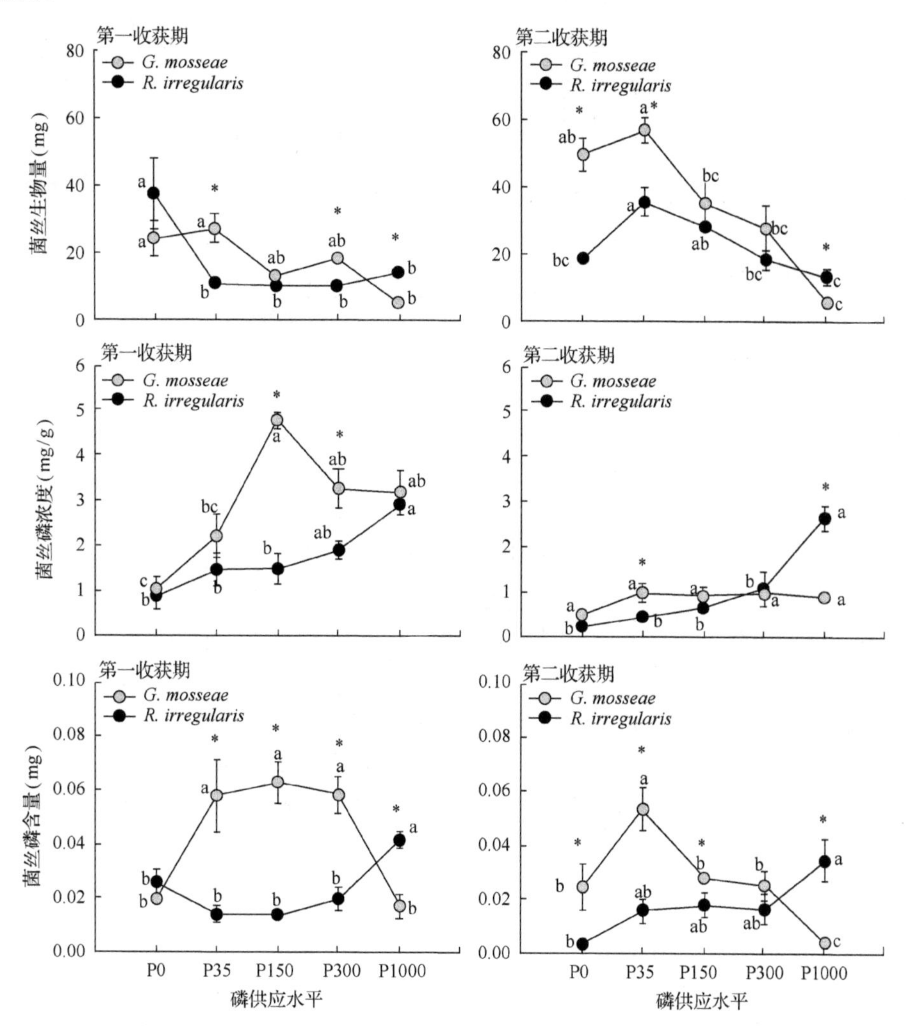

图 3-25　根外菌丝对土壤磷供应水平的影响及其再侵染对植物生长和磷吸收的影响

不同字母表示不同磷供应水平下差异达显著($P<0.05$)；第一收获期与第二收获期采样时间不同。*表示有显著性差异($P<0.05$)

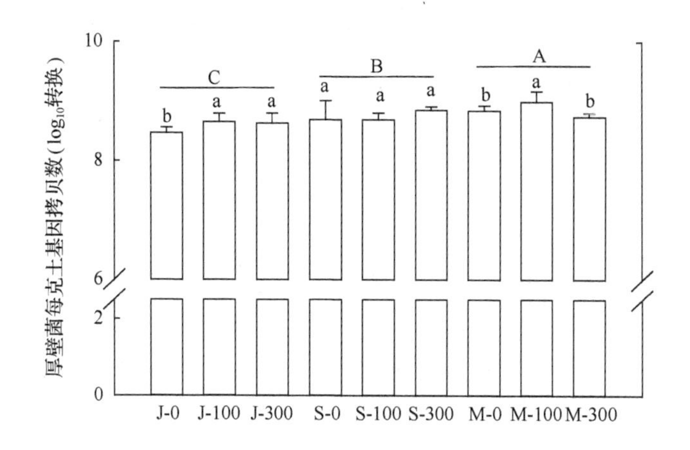

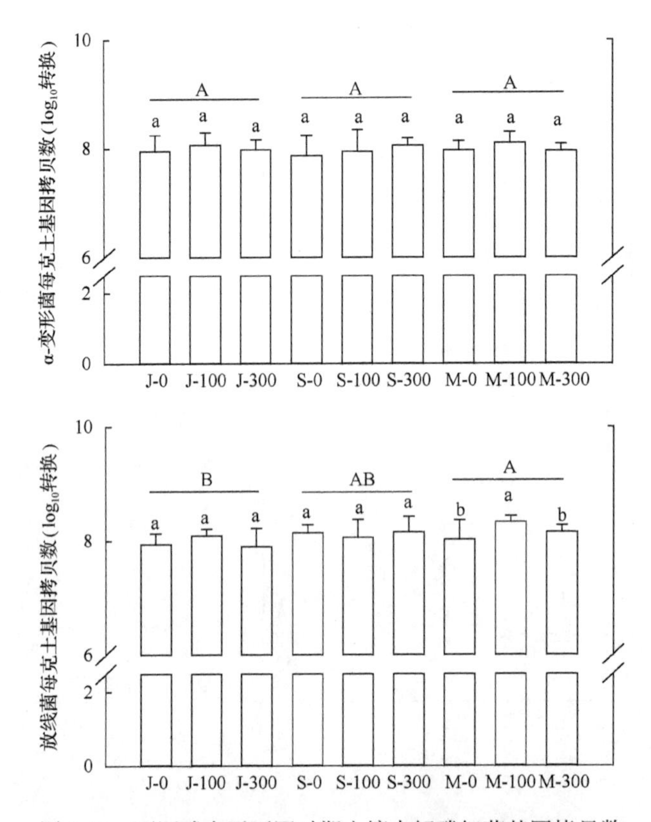

图 3-26　不同磷水平不同时期土壤中解磷细菌基因拷贝数

J.拔节期；S.吐丝期；M.成熟期。0、100、300 分别表示施磷量（P_2O_5），单位为 kg/hm^2；不同小写字母表示同一时期不同磷水平间差异性（$P<0.05$）；大写字母表示生育期间差异性（$P<0.05$）；数值=平均值+标准误（$n=6$）

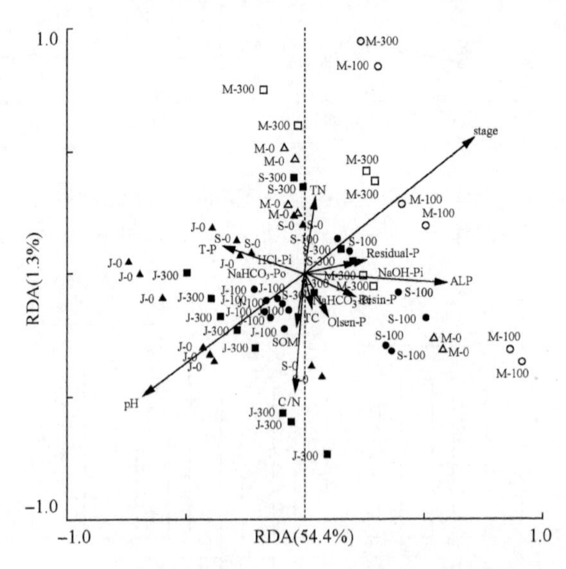

图 3-27　不同施磷水平不同采样时期 PSB 的影响因素

J.拔节期；S.吐丝期；M.成熟期。0、100、300 分别表示施磷量（P_2O_5），单位为 kg/hm^2；ALP. 碱性磷酸酶；stage. 采样时期；Resin-P. 树脂交换态磷；$NaHCO_3$-Pi. 碳酸氢钠提取无机磷；$NaHCO_3$-Po. 碳酸氢钠提取有机磷；Residual-P. 残留态磷；NaOH-Pi. 氢氧化钠提取无机磷；SOM. 土壤有机质

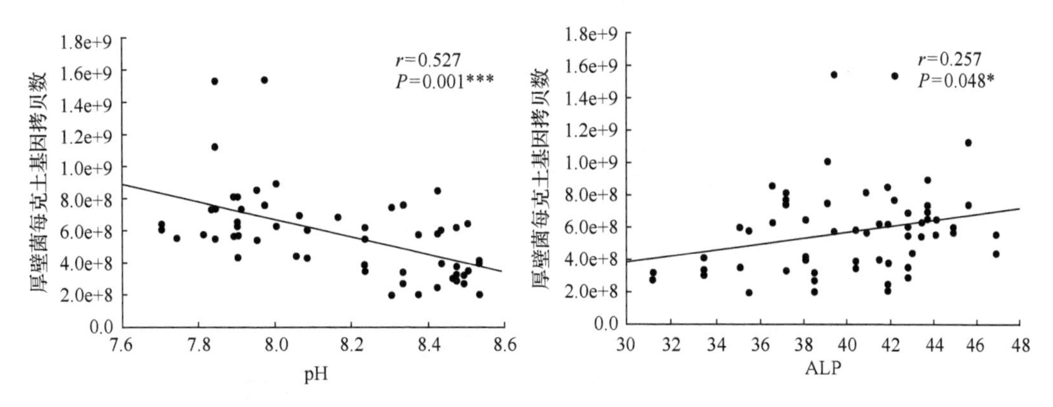

图 3-28　解磷菌与 pH 和碱性磷酸酶(ALP，mg/kg)相关性分析

*相关系数 $P<0.05$，***$P<0.001$

土壤微生物作用受土壤磷供应量的影响，从图 3-29 可以看出，灭菌后小麦生物量显著提高，且低磷条件下效果显著。低磷条件下植物-土壤微生物的竞争作用影响植物的生长。然而当种植对土壤磷活化能力强的蚕豆时，微生物的效应不显著。尽管土壤病原菌可能影响小麦的生长效应，试验结果说明土壤微生物的效应因植物种类而异，适量供应磷可通过影响土壤微生物促进植物对磷的吸收。

图 3-29　土壤微生物-植物互作对植物生长的效应

采用菌剂回接的方法，选择了三种植物(玉米、油菜和三叶草)，研究了长期不同施磷水平条件下土著微生物对植物生长的后续效应。结果表明，微生物对植物生长的后续效应因植物种类而异，植物的影响超过菌剂的效应，表明植物具有一定的选择性。种植玉米时，在基质土外加 50mg/kg 磷水平条件下，接种 P0 菌剂与接种 P100、P300 菌剂之间对玉米生物量整体上存在显著性差异，接种后两种菌剂生物量高于前者，但不同菌剂类型间差异不显著(图 3-30)。油菜生物量结果表明，油菜地上部生物量不受菌剂和土壤来源的影响，只有高磷基质土壤油菜生物量高于低磷处理(图 3-31)。

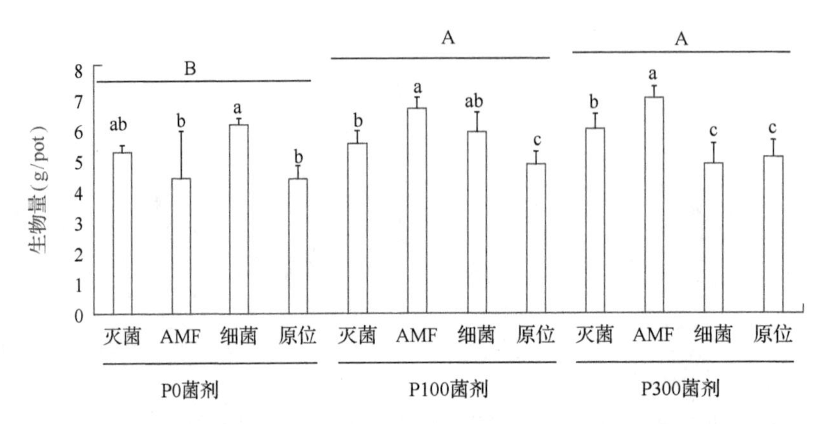

图 3-30　50mg/kg 基质土磷处理不同菌剂类型对玉米地上部生物量的影响

P0 菌剂表示从长期不施磷肥土壤中采集的菌剂；P100 菌剂表示从长期施磷肥 100kg/hm² 土壤中采集的菌剂；P300 菌剂表示从长期施磷肥 300kg/hm² 土壤中采集的菌剂；灭菌表示采用菌剂灭菌处理；AMF 表示接种菌剂中 AMF 处理；细菌表示接种菌剂中细菌处理；原位表示接种直接采集的菌剂。图中不同大写字母表示不同菌剂间生物量差异显著($P<0.05$)，不同小写字母表示同种菌剂不同处理间生物量差异显著($P<0.05$)

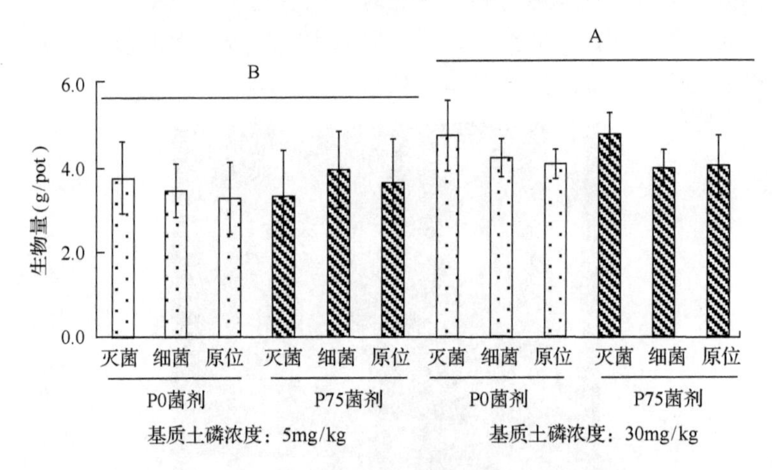

图 3-31　不同菌剂类型对油菜生长的影响

P0 菌剂表示从长期不施磷肥土壤中采集的菌剂；P75 菌剂表示从长期施磷肥 75kg/hm² 土壤中采集的菌剂；灭菌表示采用菌剂灭菌处理；细菌表示接种菌剂中细菌处理；原位表示接种直接采集的菌剂。不同大写字母表示不同基质土磷浓度下生物量差异显著($P<0.05$)

不同菌剂来源土著微生物均能促进三叶草生长，并且在低磷、适磷基质土壤中有相同的趋势。此外，接种原位土三叶草生物量显著高于接种细菌和对照(灭菌)处理(图 3-32)。结果表明，双子叶植物三叶草和禾本科玉米对土壤微生物较为敏感，而油菜则不受影响。土壤微生物具有一定的恢复力，表现在其对植物生长的影响在不同施磷水平菌剂间的差异不显著。土壤中微生物存在功能冗余，即使是同一种微生物如菌根真菌，其多样性的增加也未显著影响宿主植物生长(Gosling et al.，2016)，宿主植物、环境条件及微生物的群落结构和数量均显著影响植物-土壤-微生物的相互作用。

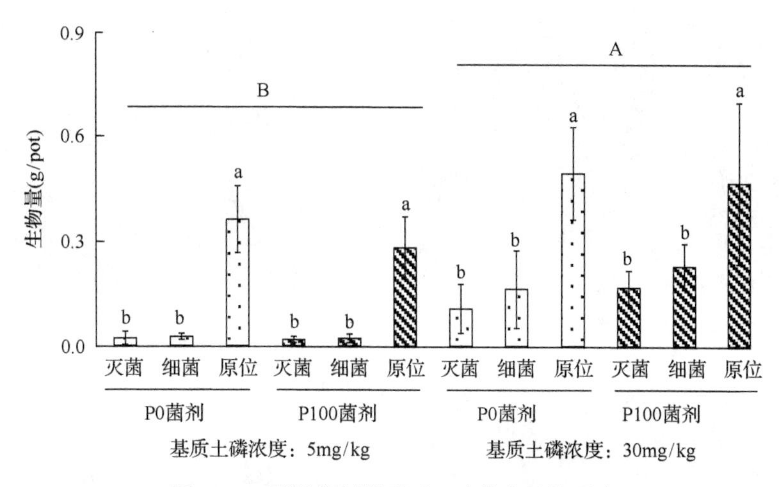

图 3-32 不同菌剂类型对三叶草生长的影响

P0 菌剂表示从长期不施磷肥土壤中采集的菌剂；P100 菌剂表示从长期施磷肥 100kg/hm^2 土壤中采集的菌剂；灭菌表示采用菌剂灭菌处理；细菌表示接种菌剂中细菌处理；原位表示接种直接采集的菌剂。不同大写字母表示在不同基质土磷浓度下生物量差异显著(P<0.05)，不同小写字母表示不同处理间差异显著(P<0.05)

3.3 作物高效利用土壤磷的生物学机理

植物自身具有高效利用土壤养分的潜力。缺磷条件下，植物可以通过根系形态和生理方面的适应性反应机理加以应对，通过增加根系与土壤的接触面积或提高土壤中磷的有效性来增加根系对磷素的吸收，但不同植物的适应机理表现不同。理解不同作物对缺磷胁迫的适应性反应机理，有益于在生产中采取措施，发挥作物高效利用土壤养分的潜力，提高肥料利用率。本课题组针对水稻，玉米和小麦根系对缺磷的适应性反应机理开展了研究。

3.3.1 水稻高效利用土壤磷的生物学机理

1. 水稻与旱稻的根系形态变化

根系的形态改变主要包括主根伸长、侧根及根毛密度增加，而这些变化主要受糖类、生长素、细胞分裂素等生长因子调节(Niu and Zhang，2012)。比较水稻(日本晴)与旱稻(中旱 3 号)对不同水分调控和低磷条件下的根系形态表现发现，低磷(LP)条件下，旱稻根系伸长更快，水稻根系则没有变化(图 3-33)，根系的伸长速率也表现出同样结果(图 3-34)。

随着分子生物学的发展，越来越多的基因被证明参与水稻高效利用土壤磷的机理中。经过研究发现，一种Pup1特异的蛋白激酶基因 *PSTOL1* (Phosphorus-Starvation Tolerance1)可以促进根系生长，改变水稻根系构型，促进水稻吸收磷素，在低磷土壤中此基因超表达株系的产量提高 60%以上。此外，转录因子 OsPTF1 也可以促进根系发育，在低磷土壤中 OsPTF1 超表达使水稻的分蘖数、生物量和磷含量均提高了 20%(Yi et al.，2005)。OsPHF1(PT Traffic Facilitator)超表达使水稻在低磷土壤中具有更高的产量和有效分蘖(Ping et al.，2013)。

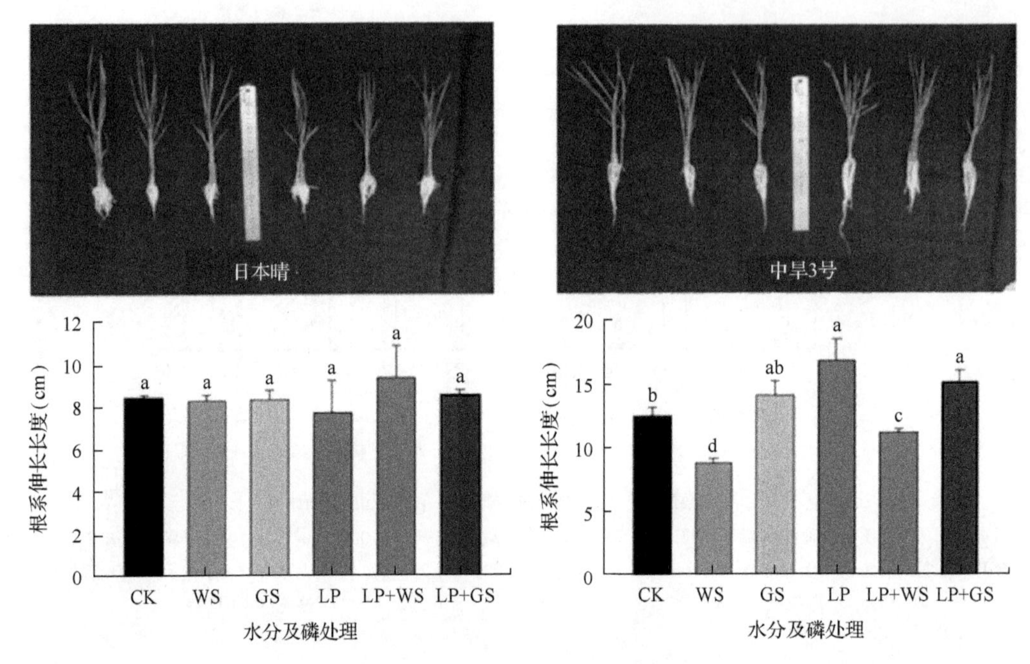

图 3-33　不同水分及磷处理下的水稻与旱稻根系表型及伸长长度

CK.对照；WS.水分胁迫；GS.水分干湿交替；LP.低磷；LP+WS.低磷与水分胁迫；LP+GS.低磷与水分干湿交替。不同小写字母表示不同处理间差异显著($P<0.05$)

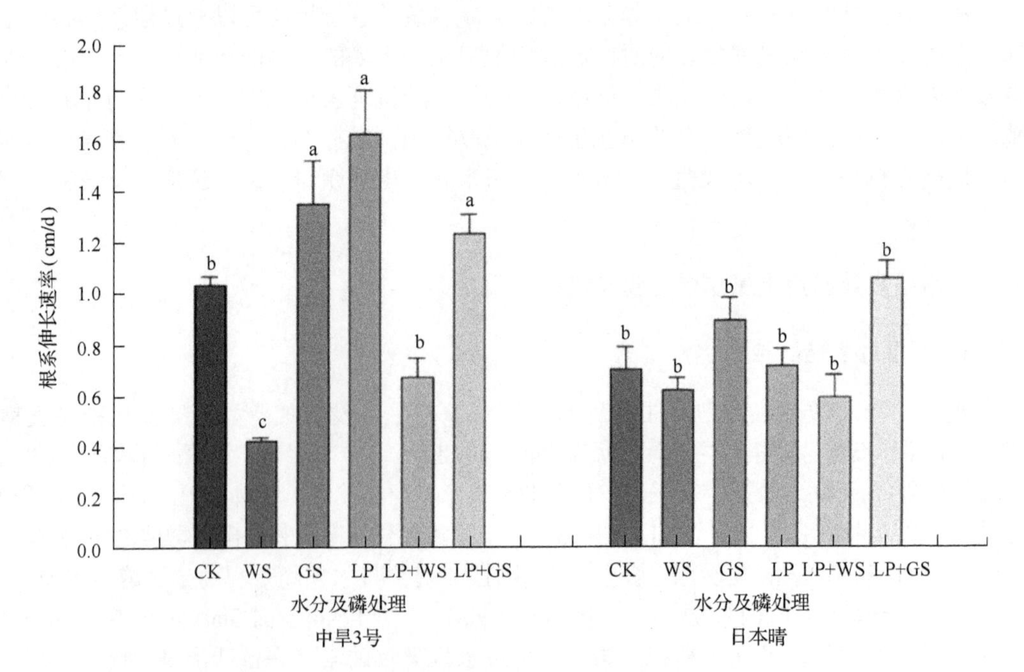

图 3-34　不同水分及磷处理下的水稻和旱稻的根系伸长速率

CK.对照；WS.水分胁迫；GS.水分干湿交替；LP.低磷；LP+WS.低磷与水分胁迫；LP+GS.低磷与水分干湿交替。不同小写字母表示不同处理间差异显著($P<0.05$)

2. 水稻高效利用土壤磷的根系生理变化

根系活化作用是耐低磷水稻吸收土壤磷素的优势，主要体现在根系增加分泌质子和有机酸方面(明凤等，2000；Li et al.，2001)。图 3-35 的结果表明，在不同水分及磷处理下，水稻与旱稻根系质子分泌速率有明显差异，整体来看，旱稻质子分泌速率明显高于水稻，低磷及水分干湿交替下(LP 和 GS)根系质子分泌速率明显增加。

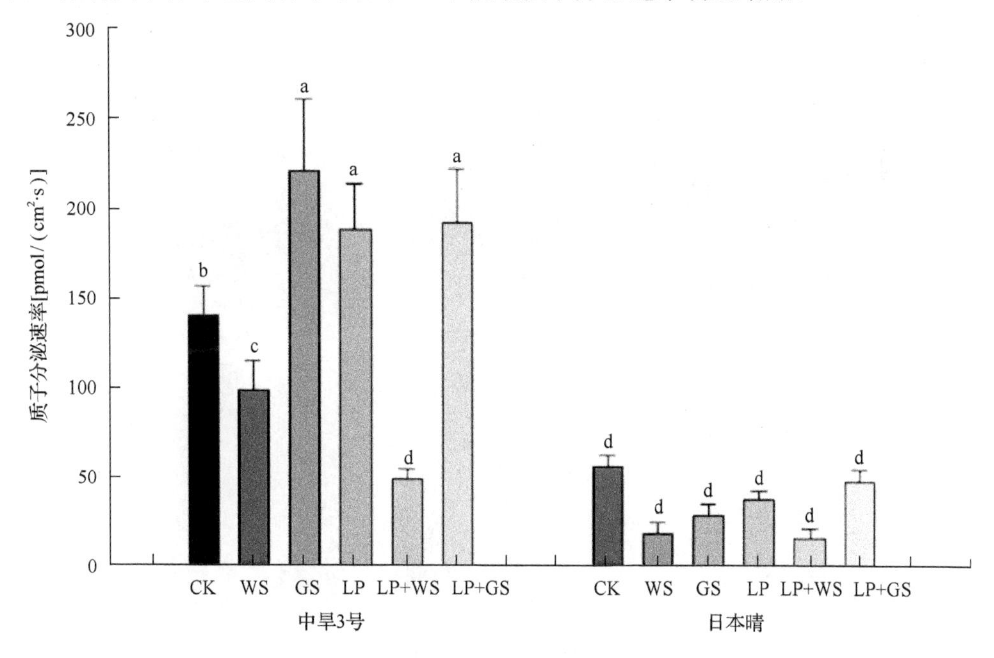

图 3-35　不同水分及磷处理下水稻与旱稻根系质子分泌速率

CK.对照；WS.水分胁迫；GS.水分干湿交替；LP.低磷；LP+WS.低磷与水分胁迫；LP+GS.低磷与水分干湿交替。不同字母表示不同处理间差异显著($P<0.05$)

水稻根系分泌物中可检测到苹果酸、乙酸、柠檬酸和琥珀酸等 4 种有机酸，低磷环境下，磷高效水稻品种根系分泌有机酸显著增加，用于活化磷素，促进对根系磷素的吸收(明凤等，2000；李德华等，2006)。缺磷水稻根系中酸性磷酸酶活性增加，一方面促进水稻体内有机磷的利用，另一方面通过分泌来分解土壤有机磷，利于水稻根系吸收磷(郭玉春和林文雄，2003)。低磷胁迫下水稻根系的质膜 H^+-ATPase 活性升高，增加根际质子的分泌，活化被土壤固定的难溶性磷，以此来提高水稻根系对磷的吸收(Zhang et al.，2011)。而质膜 H^+-ATPase 基因 *OsA8* 敲除后导致水稻对磷的吸收和转运能力显著降低(Chang et al.，2009)。根据图 3-35 结果，不同水分及磷处理下水稻根系质子分泌速率显著加快，促进根系伸长，大田土壤剖面中的根系分布调查也得到同样的结果(图 3-36)。

在对低磷水稻根系基因表达谱的研究中发现，低磷胁迫下，为了增加自身体内的磷利用效率，相关基因会加快细胞、蛋白质、DNA 的降解，再利用其中的磷素(李利华等，2009)。磷脂为生物膜的主要脂类。低磷情况下，一方面，水稻可以替换生物膜中的磷脂来释放磷酸供给植物所需。同时降低叶绿体类囊体膜上的磷脂，增加硫酯、双半乳糖甘油二酯，使光合作用继续进行(Essigmann et al.，1998；Kobayashi，2006)。另一方面，水稻会改变呼吸和光合成途径来应对胁迫。三羧酸循环中需要很多酶参与，但低磷情况抑制糖酵解过程，诱导形成了其他三个通路(Hammond et al.，2004)。正常情况下，糖酵解途径需要3-磷酸甘油酸激酶与丙酮酸激酶协同参与；低磷情况下胁迫水稻不合成非磷酸化NADP——3-磷酸甘油醛脱氢酶和磷酸烯醇式丙酮酸磷酸酶，保证糖酵解的顺利进行。

图3-36 不同水分及磷处理下田间土壤剖面中水稻根系分布差异

3.3.2 玉米高效利用土壤磷的生物学机理

1. 磷肥施用后不同时期土壤速效磷浓度的变化

磷肥施入土壤后，极易被土壤颗粒表面吸附成为潜在磷源，或与土壤中的钙、铁、铝、镁等成分作用形成难溶性磷，不能被植物直接吸收利用。植物主要直接吸收土壤溶液中以$H_2PO_4^-$存在的磷，它主要来源于易溶于水的磷酸盐和极少量的可溶性有机磷等，其浓度受根系养分吸收、土壤含水量、土壤微生物活动等诸多因素的影响，变异性较大，不能准确反映土壤的供肥能力，测定结果不能为施肥提供建议，只能表征植物吸收养分时土壤磷的瞬时浓度，即磷肥在土壤中的释放浓度。利用0.5mol/L $NaHCO_3$浸提所得的土壤速效磷(Olsen-P)包括易溶于水中的可溶性磷酸根及附着于土壤颗粒表面活性较高的磷酸钙盐(Ca-P)，以及部分磷酸铁盐(Fe-P)和磷酸铝盐(Al-P)等，变异性较小，它是目前最常用的土壤磷肥力的评价指标，与植物吸收尤其是与作物产量显著相关(鲍士旦，2005)。

2014年在北京上庄试验站磷肥长期定位试验区针对玉米开展了磷肥施入土壤后不同时期土壤磷浓度的变化研究，测定了磷肥施入土壤后不同时期土壤抽提溶液(水溶性磷)和土壤浸提液中磷(Olsen-P)的浓度。

由表 3-8 和表 3-9 可见，施用磷肥能显著增加土壤浸提液和抽提液中磷的浓度，并且在任何时期浸提液中的土壤速效磷浓度都明显高于抽提液中的磷浓度，尤其在后期，两者之间的差距能达到两个数量级。而且随磷肥施用量的增加，土壤溶液中总磷、可溶性磷、溶解性有机磷和有机碳都增加(Ron Vaz et al.，1993)。土壤中的磷具有复杂的吸附与解吸附特性，由于过磷酸钙溶解性较低，土壤抽提液中的磷浓度普遍较低。由于土壤抽提液和浸提液所得到的磷组分存在较大差异，抽提溶液中的水溶性磷仅是土壤磷的一小部分，并且需要通过多次补充才能满足植物生长的需求。土壤含水量越高，则水溶性磷的浓度越高，当溶液被抽提出来后，将会有更多的磷从固相进入水溶液中，土水比越小，可溶性 Ca-P 沉积物溶解越多(Schoenau and Huang，1991)。$NaHCO_3$ 浸提所得的 Olsen-P 包括水溶性无机磷和许多不稳定的固态磷，如不稳定吸附在碳酸盐、碳酸盐沉积物、铁铝氧化物和黏土矿物表面不紧密的磷。另外，$NaHCO_3$ 浸提也可以得到不稳定的有机磷形态，它们很容易被水解为无机磷形态供植物吸收利用。因此，Olsen-P 浓度比水溶性磷的浓度大，波动小。

表 3-8　不同供磷处理不同时期玉米根际与非根际土壤浸提液中速效磷浓度变化　（单位：mg/kg）

施磷量	取样部位	播种后天数						
		15	20	27	45	57	70	100
50kg/hm^2	根际	—	—	—	6.7±0.8a	7.7±0.6a	3.9±0.2a	4.0±0.2a
	非根际	6.4±1.4	7.8±0.3	7.2±0.7	9.4±2.2a	4.2±0.2b	4.3±0.5a	4.4±0.8a
100kg/hm^2	根际	—	—	—	10.2±0.7a	10.4±0.3a	7.8±1.47a	8.0±1.15a
	非根际	16.1±4.6	17.1±0.3	15.1±3.1	13.5±2.5a	10.2±0.5a	11.2±2.4a	13.2±4.4a
300kg/hm^2	根际	—	—	—	23.7±2.0a	25.3±3.3a	24.5±2.4a	17.9±4.6a
	非根际	29.0±4.6	29.9±4.7	30.3±7.0	28.3±4.1a	31.0±4.3a	29.5±4.0a	25.6±6.4a

注：数值=平均值±标准误，n=4。—表示没有测定；不同字母表示每个磷水平下根际与非根际之间存在显著差异(P<0.05)

表 3-9　不同供磷处理不同时期玉米根际与非根际土壤抽提液中磷浓度变化　（单位：mg/L）

施磷量	取样部位	播种后天数					
		20	27	45	57	70	100
50kg/hm^2	根际	—	—	0.2±0.04a	0.02±0.004a	—	—
	非根际	0.7±0.1	0.2±0.03	0.04±0.01a	0.05±0.01a	—	—
100kg/hm^2	根际	—	—	0.3±0.1a	0.05±0.01a	—	—
	非根际	1.2±0.2	0.3±0.08	0.04±0.01a	0.04±0.005a	—	—
300kg/hm^2	根际	—	—	0.3±0.1a	0.05±0.009b	0.08±0.03a	0.06±0.01a
	非根际	1.2±0.3	0.3±0.08	0.3±0.1a	0.1±0.009a	0.1±0.06a	0.09±0.04a

注：数值 = 平均值±标准误，n=4。—表示没有测定；不同字母表示每个磷水平下根际与非根际之间存在显著差异(P<0.05)

在玉米的整个生育期内，同一施肥量下，土壤浸提液与抽提液中的磷浓度随生育时期的延长逐渐降低，尤其是在吐丝期以后，施磷量为 50kg/hm^2 和 100kg/hm^2 时，检测不到土壤抽提液中的磷浓度(表 3-8，表 3-9)。这一方面表明植物根系的吸收会显著降低土壤中磷浓度(Asher and Loneragan，1967；Jungk and Claassen，1989；Zoysa et al.，1998；Morel et al.，2000)，另一方面说明大量磷被土壤颗粒或微生物固定成为非有效磷源。

除拔节期外，根际土壤中磷的浓度低于非根际土壤中的磷浓度(表 3-8，表 3-9)。传统根际取土方法即抖土法或毛刷法获取的根际土壤(Yanai et al.，2003)难以避免将磷含量很高的细根也带入根际土，从而很难观测到根际磷的耗竭现象，埋置土壤溶液抽提管的方法能较为精准地表征根际的养分状况。但由于磷的耗竭区域只有 1mm 左右，地下土壤溶液抽提管不能准确定位到根表的位置，因此也难以观测到根际显著的磷耗竭。

总之，磷肥施入土壤后存在复杂吸附、解吸附及固定过程，大量磷肥投入并不能成倍增加土壤溶液中可供植物直接吸收利用的磷浓度，并且磷浓度随生育时期的延长逐渐降低。在实际生产过程中，需要综合考量磷肥在土壤中的释放特性、植株吸收规律和优化施肥方案，提高磷肥利用效率。

2. 吐丝期和成熟期玉米根系及土壤磷在土壤纵向剖面中的分布特征

植株对养分的吸收，一方面依靠根系在养分区域的分布，另一方面依赖于矿质元素向根表迁移(Jungk，2002；White et al.，2013a)。因此，了解玉米根系和土壤速效磷的空间分布特征，对提高土壤磷素利用效率具有重要价值。

无论在吐丝期还是成熟期，玉米(‘郑单 958’和‘农大 108’)根系主要分布在 0～30cm 土层。根长密度随土层加深逐渐降低。在水平方向上，根系集中分布在距离植株 20cm 范围内，距离植株越远，根长密度越低。从吐丝期至成熟期，两个玉米品种根长密度(尤其是 0～30cm 土层中)急剧降低(图 3-37a)。

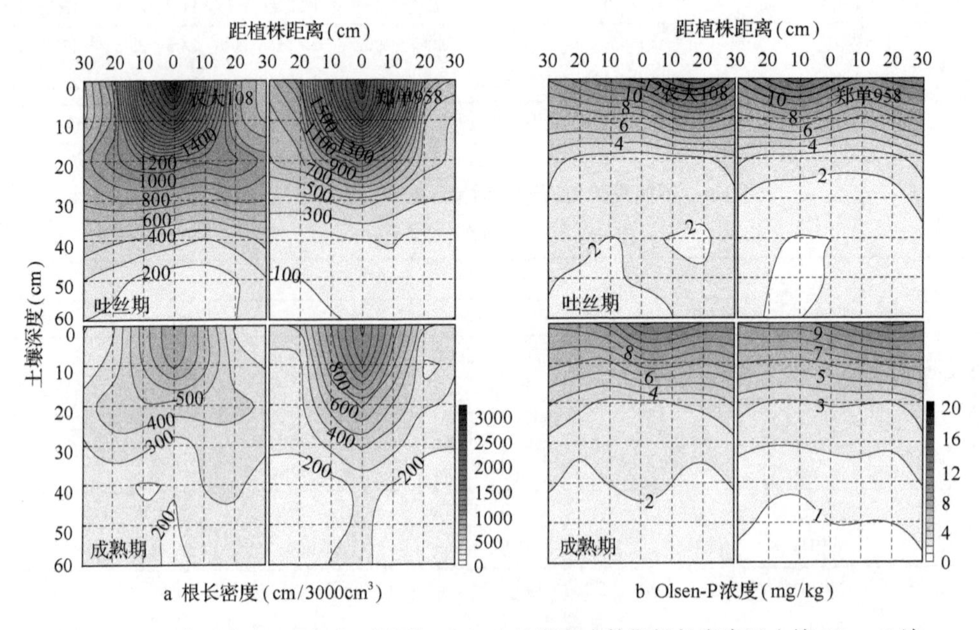

图 3-37　玉米‘农大 108’和‘郑单 958’吐丝期和成熟期根长密度及土壤 Olsen-P 浓度在土壤剖面中的分布特征

土壤速效磷(Olsen-P)浓度在表层土壤中最高，随土层加深逐渐降低；每一土层中，各点速效磷浓度相对稳定(图 3-37b)。与之相比，根层土壤中根长密度的空间变异较大(图 3-37a；Ning et al.，2015)，但根长密度与土壤速效磷浓度变化无明显相关性。以单条根系为单位，根表磷和钾的耗竭要明显大于硝酸盐(Barber，1995；Jungk，2002)。若考虑根层土壤，即使在根系分布密集之处，速效磷也未出现明显耗竭。这很有可能与速效磷耗竭区域窄，而采用 Monilith 方法获得的土块体积过大(10cm×10cm×10cm)，导致磷的变异被掩盖或弱化有关。

3. 田间玉米对缺磷的适应性反应及根际磷浓度变化

在植物适应低磷胁迫的机理中，降低地上部生长速率和提高体内磷的利用效率是其中的一种策略。在中国农业大学上庄试验站磷肥长期定位试验中研究玉米自交系 478 对不同供磷水平的反应，看到不同磷水平下 478 地上部干重差异比地上部磷含量的差异小(图 3-38，图 3-39)，说明在低磷胁迫下，玉米吸收的单位磷所产生的生物量比高磷条件下多，缺磷条件下磷在体内的利用效率显著高于高磷水平下(图 3-39)。低磷胁迫下，植物体内磷的分配发生变化，更多的磷从营养器官向生殖器官移动(Peng and Li，2005)。玉米通过增加磷在体内的利用效率，降低生长对磷的需求来适应低磷胁迫。

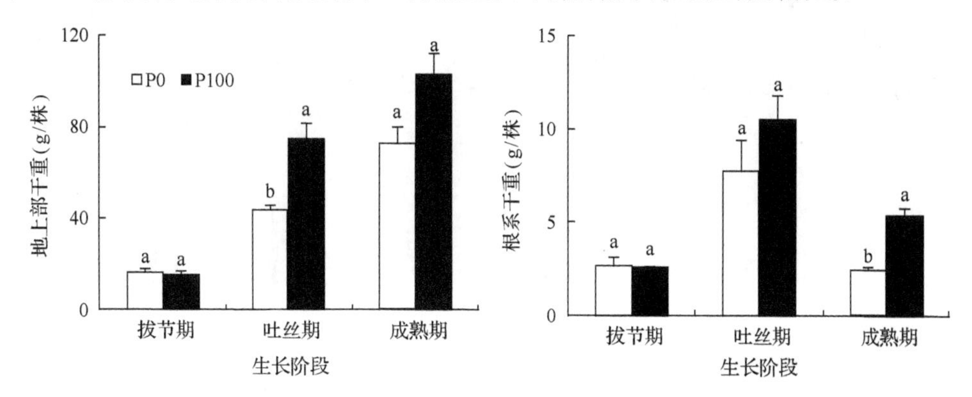

图 3-38　不同供磷水平对自交系 478 地上部干重和根系干重的影响

每个柱子代表 3 个重复的平均值，不同字母表示不同供磷水平下存在显著差异($P<0.05$)

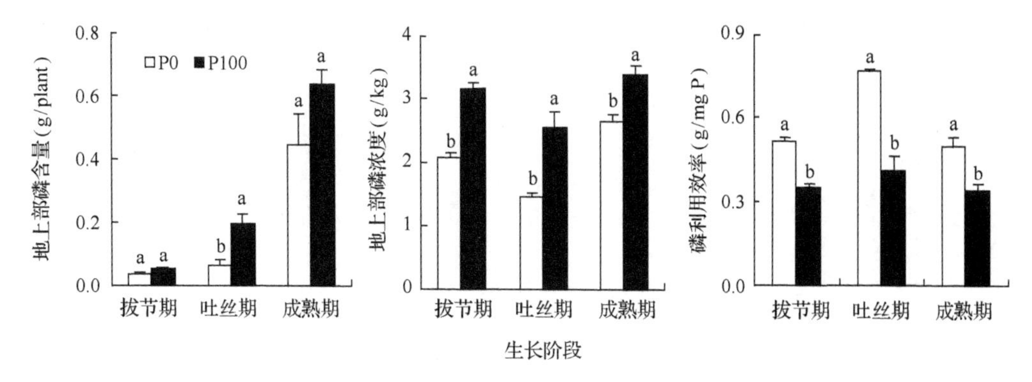

图 3-39　不同供磷水平对自交系 478 地上部磷含量、地上部磷浓度和磷利用效率的影响

每个柱子代表 3 个重复的平均值，不同字母表示不同供磷水平下存在显著差异($P<0.05$)

植物适应低磷胁迫，一方面增加磷在体内的利用效率，另一方面增加从土壤中获取磷的能力。由图 3-40 可见，自交系 478 在每层土壤(除 20～30cm 土层外)中的总根长从拔节期到吐丝期增加，这是拔节期后大量节根的出现所导致；吐丝期后，自交系

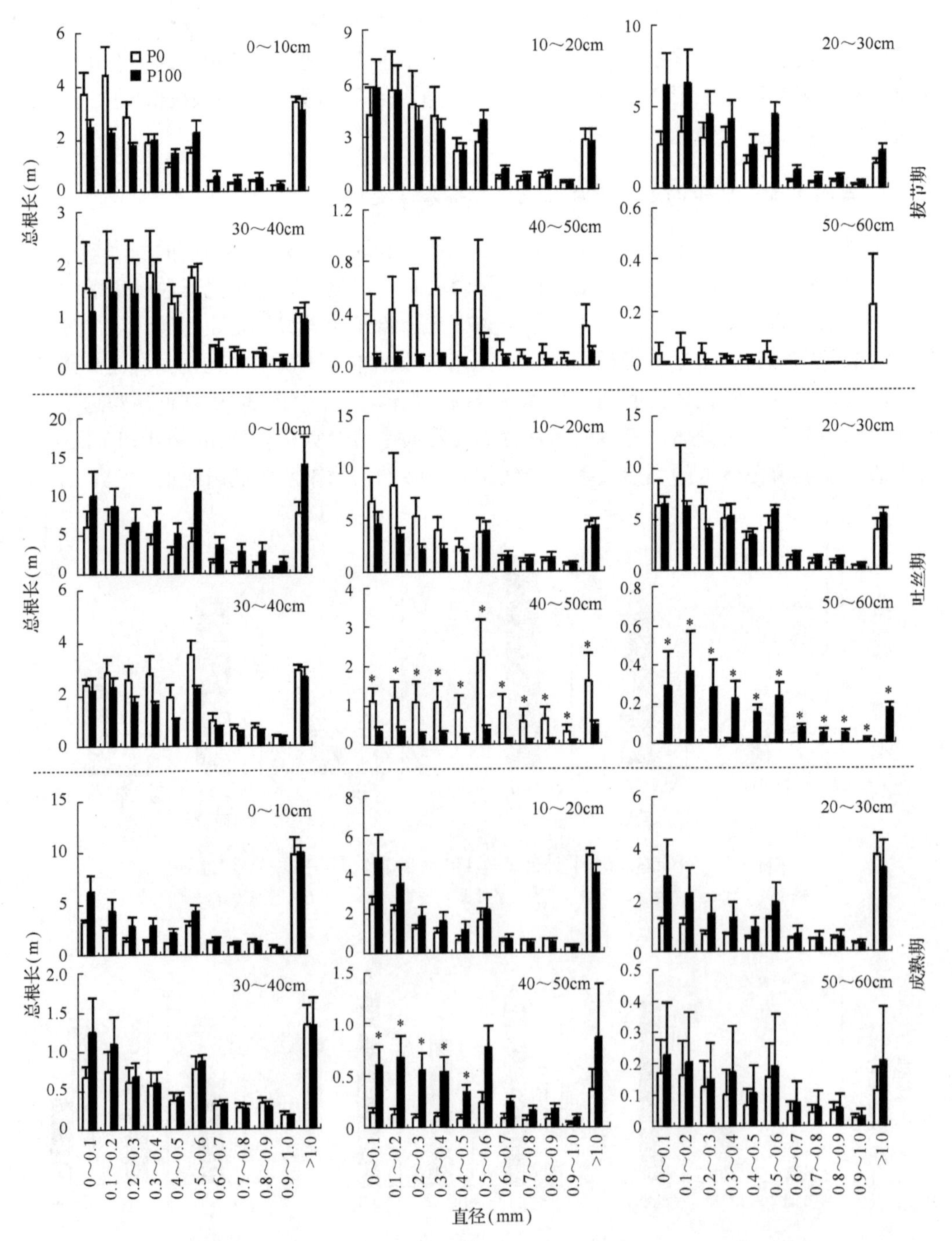

图 3-40　不同供磷水平对自交系 478 不同直径根系垂直分布的影响

图中每个柱子代表 3 个重复的平均值，*表示 P0 和 P100 供磷水平下差异显著($P<0.05$)

478 在每层土壤中的总根长急剧减少，这是根系衰老的后果。低磷胁迫下，拔节期和吐丝期自交系 478 的根系增生出大量的细根，主要表现在 40～50cm 土层中直径<0.6mm 的根系显著增加(图 3-40)。细根是根系吸收最活跃的部分，细根主要有三个特征：①细根的细胞中具有更高比例的通道细胞和较大的皮层细胞，有利于水分和养分的快速进入(Borkert and Barber，1983)；②细根具有更大的根系比表面积，能够占据更多的土壤空间，增大与土壤的接触面积，从而增加根系对资源获取的概率；③细根可以穿过粗根不能进入的养分微域，从而高效获取养分资源。细根的这三个特征决定了其对养分资源的高效获取。在本试验中，与 P100 供磷水平相比，P0 供磷水平下，拔节期和吐丝期时自交系 478 在 40～50cm 土层中细根显著增加。说明拔节期和吐丝期时，低磷胁迫的自交系 478 主要通过增加根系对磷的获取能力来适应缺磷环境，成熟期时，细根总根长则显著下降，自交系 478 主要依靠提高磷体内利用效率适应低磷胁迫。吐丝期后，无论何种供磷水平，自交系 478 的总根长都显著下降，这是由于在生殖生长阶段根系衰老（Wells and Eissenstat，2003；Niu et al.，2010）。与 P100 供磷水平相比，P0 供磷水平下，自交系 478 吐丝期后根系在不同土层内迅速减少。这是因为低磷胁迫显著抑制了地上部生长，使得分配到根系的碳水化合物减少。

早在 1967 年就有研究表明，由于植物根系对养分的吸收，根际存在养分亏缺区。随后很多的研究同样证明了根际养分亏缺区的存在(Barber，1995；Bertrand et al.，1999)。由图 3-41 可知，田间条件下无论缺磷还是供磷充足，玉米自交系 478 根际并未出现磷素的亏缺区，其可能原因是：①我们收集根际土壤的方法——抖土法，是一种比较常用的田间根际土壤采集方法，但是该方法本身存在较大的缺陷，根际土壤中不可避免地包含部分非根际土壤，因而导致我们试验结果中根际土壤的速效磷浓度偏高。②研究中收集的是玉米整个根系的根际土壤，然而一般磷的耗竭只发生在幼根和细根上。同时收集到的根际土壤中不可避免地含有一些肉眼不可见的细根和根毛，而这些根系组织中含有较高浓度的磷，因此，这也有可能掩盖幼根和细根上速效磷的耗竭。然而与不种玉米小区相比，种玉米小区土壤磷有减少的趋势(Peng et al.，2012)。尽管这种趋势并不显著，但这些都说明根际磷应该存在耗竭。同时，不同土层土壤的磷浓度值只是该层浓度的平均值，然而由于根系在土壤中的不均匀分布，该平均值也可能会掩盖根系周围土壤区域磷的耗竭。

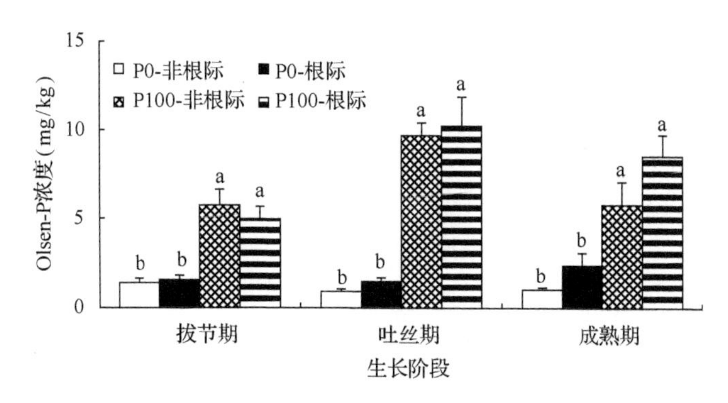

图 3-41　不同供磷水平对自交系 478 根际、非根际土壤 Olsen-P 浓度的影响

图中每个柱子代表 3 个重复的平均值，不同字母表示不同磷水平下差异显著($P<0.05$)

4. 玉米根系对缺磷胁迫的适应性反应

植物一般仅能吸收距根表 1～4mm 根际土壤中的磷，而根系较高的磷吸收速率很容易造成根际 0.2～1mm 磷的耗竭与亏缺(Joner et al.，1995；Hinsinger，2001；Li et al.，2008)。在磷亏缺压力下，植物可通过改变根系形态来提高对土壤磷的获取和吸收能力。但土壤中磷主要以难溶性无机磷和有机磷形态存在，植物只能直接吸收土壤溶液中的无机正磷酸盐，因此植物通过分泌有机酸、质子和酸性磷酸酶及其他化合物等生理措施来直接或间接影响土壤中磷的有效性，适应低磷胁迫(Bertin et al.，2003)。由于不同植物对缺磷胁迫的适应性反应不同，我们将玉米与豆科植物蚕豆和白羽扇豆放在一起，通过营养液培养或根箱培养进行比较研究。

根系形态变化是植物适应低磷胁迫的主要措施之一。由表 3-10 可知，低磷胁迫下，玉米的总根长、轴根长和侧根密度均有显著增加。蚕豆与玉米相似，总根长和侧根密度也有显著增加，但白羽扇豆根系生长受磷胁迫的影响较小(表 3-10)。缺磷土壤上根系生长增加导致根土接触增加，有效提高了玉米磷的利用效率。

表 3-10 营养液培养低磷(LP，1μmol/L)和高磷(HP，250μmol/L)处理 7 天、12 天和 16 天后白羽扇豆、蚕豆和玉米的根长参数

根系指标	白羽扇豆		蚕豆		玉米	
	LP	HP	LP	HP	LP	HP
7DAT						
TRL(m)	1.6b	2.0a	4.6b	6.1a	14.5a	12.4b
ARL(m)	28.3b	31.5a	32.3a	36.0a	251.6a	219.5b
LRD(个/cm)	2.6a	2.4a	1.4b	1.7a	4.0a	3.4b
SRL(m/g)	41.2a	41.4a	27.0a	33.5a	111.3a	113.6a
12DAT						
TRL(m)	3.9a	4.9a	11.0a	8.8b	33.6a	24.5b
ARL(m)	36.0a	35.7a	38.7a	42.4a	497.4a	336.8b
LRD(个/cm)	3.9a	2.9b	2.0a	1.6b	3.7a	3.5b
SRL(m/g)	86.0a	73.9b	36.7a	43.0a	176.2a	150.0b
16DAT						
TRL(m)	6.2a	6.3a	23.5a	13.1b	43.2a	36.2b
ARL(m)	52.9a	48.6a	51.8a	1.6b	506.8a	454.3b
LRD(个/cm)	3.7a	3.5a	1.8a	1.6b	4.0a	3.5b
SRL(m/g)	74.6a	68.1a	73.6a	63.8b	196.9a	189.1b

注：DAT. 处理后天数；TRL. 总根长(m)；ARL. 轴根长(m)；LRD. 侧根密度(单位轴根长度上的侧根数目)；SRL. 比根长(m/g)。不同植物同一行中每一对磷处理(LP 和 HP)值后不同字母代表在 $P<0.05$ 水平上的差异达到显著，每个处理设四个生物学重复

磷在土壤中的移动性较差，其生物有效性受根际条件的强烈影响。根系可以通过根际化学过程来改善磷的生物有效性和根系的吸收(Darrah，1993；Hinsinger，2001；Vance et al.，2003；Raghothama and Karthikeyan，2005；Rengel and Marschner，2005；White and Hammond，2008；White et al.，2013b)。但缺磷条件下玉米根系是否会通过生理变化改变根际土壤中磷的有效性需要我们进一步研究。

我们通过不同方法比较了缺磷条件下玉米与蚕豆、白羽扇豆根系质子分泌的变化。在供应硝态氮的营养液培养条件下，利用 pH 计对营养液 pH 进行测定的结果发现，缺磷白羽扇豆和蚕豆根系明显增加质子分泌，显著降低营养液的 pH，而玉米根系分泌 OH^-，导致营养液 pH 上升(图 3-42)。利用琼脂显色方法对三种植物根表 pH 变化进行定性直观观察可以看到，缺磷白羽扇豆和蚕豆根际存在明显的酸化现象，而玉米根际存在显著的碱化现象(图 3-43)，与营养液 pH 测定结果相同。此外，利用离子非损伤扫描电极技术对根尖 H^+流速进行动态实时监测(图 3-44)，结果与营养液 pH 及根际琼脂显色结果一致。

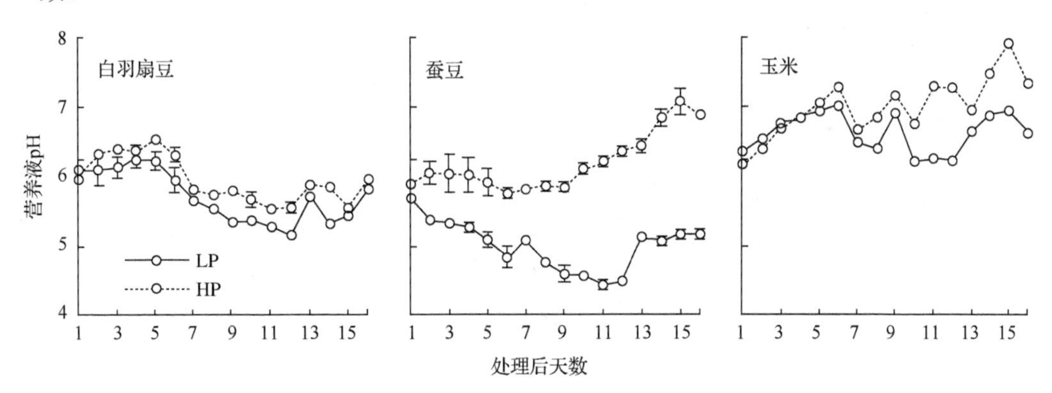

图 3-42　低磷(LP，1μmol/L)和高磷(HP，250μmol/L)处理白羽扇豆、蚕豆和玉米营养液 pH 变化

营养液每天早上 10:00 测定，误差线代表四个生物学重复的标准差

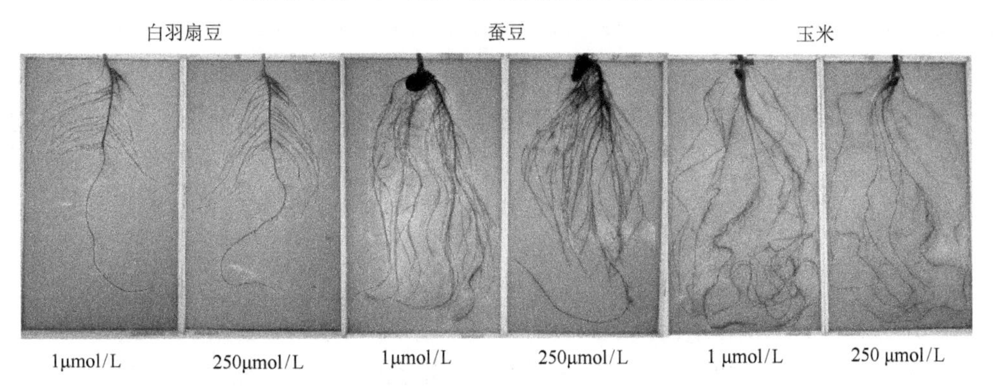

图 3-43　低磷(LP，1μmol/L)和高磷(HP，50μmol/L)处理白羽扇豆、蚕豆和玉米根际 pH 显色反应(彩图另扫二维码)

将不同磷水平处理 12 天的植株根系置于含溴甲酚紫、pH 5.9 的琼脂溶液中显色 30min 后拍照，黄色表示 pH<5.2，紫色表示 pH>6.8

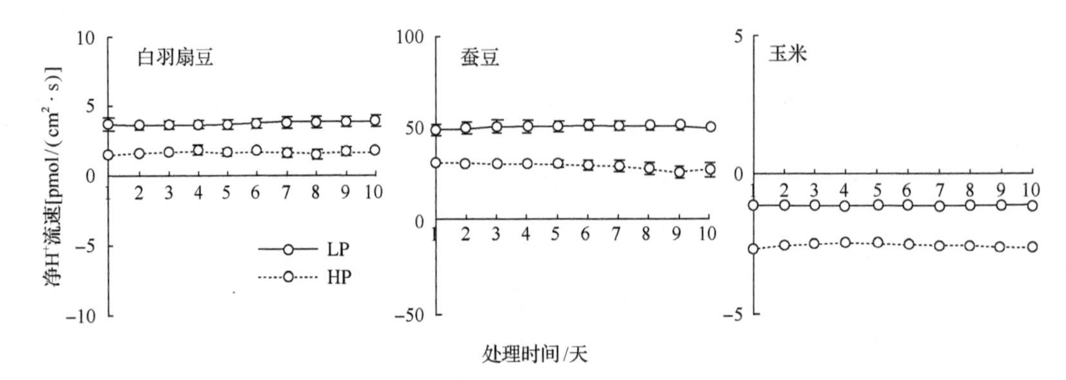

图 3-44　营养液培养中低磷(LP，1μmol/L)和高磷(HP，250μmol/L)处理 12 天后白羽扇豆、蚕豆和玉米根系表面净 H^+流速

误差线代表四个生物学重复的标准差

我们还通过根箱土壤培养，收取根际与非根际土壤溶液，或两个来源土壤的浸提液测定 pH，利用根际原位抽提技术结合根箱土壤培养的方式准确抽提根际与非根际土壤溶液，测定根际与非根际土壤 pH，均发现蚕豆根际存在显著的酸化现象，而玉米根际与非根际土壤 pH 没有显著差异(图 3-45)。不同方法都证明在缺磷条件下，玉米不会增加根系的质子分泌。

结合营养液培养、根箱土壤培养，测定玉米和豆科植物根表酸性磷酸酶活性的变化发现，蚕豆和白羽扇豆在缺磷时会增加根表酸性磷酸酶的活性，但玉米根表没有变化(图 3-46)。根系有机酸分泌的结果(表 3-11，表 3-12)也证明，缺磷条件下玉米并未增加有机酸的分泌。此结果与许多从其他不同培养条件和磷处理下获得的不同玉米基因型的结果保持一致(Anghinoni and Barber，1980；Corrales et al.，2007；Li et al.，2012；Fernández and Rubio，2015)，包括水培(Anghinoni and Barber，1980；Mollier and Pellerin，1999；Gaume et al.，2001；Li et al.，2012；Fernández and Rubio，2015)、砂培(Corrales et al.，2007)和大田试验(Fernández et al.，2009b；Zhang et al.，2012)。以上表明在低磷胁迫条件下，玉米主要通过增加根系形态学变化加以应对，没有表现出根系的生理适应性反应。生产上，在缺磷土壤上将蚕豆与玉米间作，蚕豆通过释放质子、有机酸和酸性磷酸酶能改善难溶性磷酸盐和有机磷源中磷的生物有效性，有利于增加蚕豆和玉米的产量。

5. 玉米根系真菌群落结构分析

研究表明，拟南芥、水稻及玉米根内生微生物群落主要受外界环境如地理环境、土壤类型及植物自身基因型的影响。玉米轴根和侧根在结构、功能方面具有显著遗传学差异。在室内土培条件下的水稻研究中发现，丛枝菌根真菌在轴根和侧根中的群落分布不同，并且轴根和侧根丛枝菌根侵染表现出转录组功能差异。以上研究表明作物根系在响应非生物及生物因子方面表现出明显的根系类型调控特征，即在同一根系的不同类型之间存在结构功能互补及微生物互作特点。

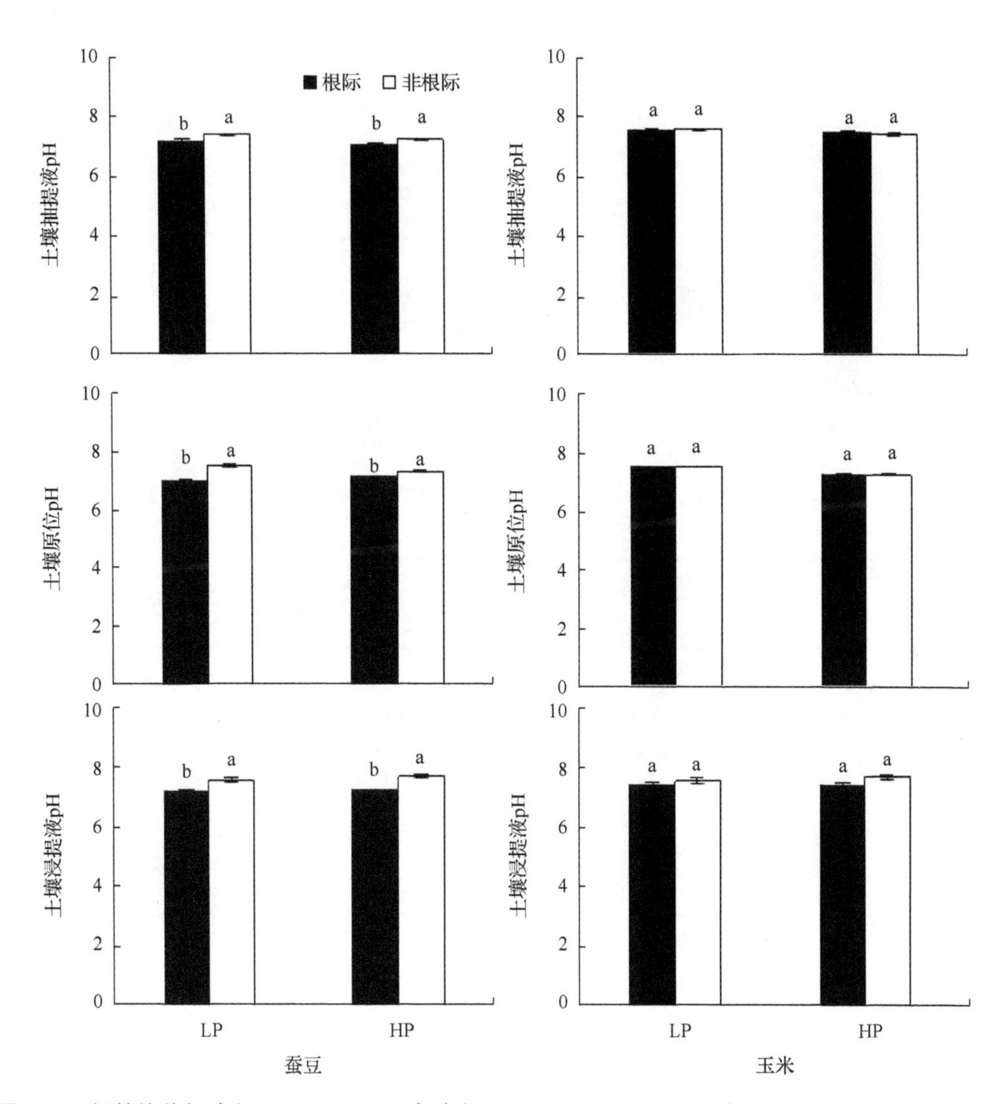

图 3-45　根箱培养低磷(LP，10mg/kg)和高磷(HP，150mg/kg)处理下玉米和蚕豆根际与非根际土壤抽提溶液 pH、土壤原位测定 pH 和土壤浸提液中 pH

误差线代表四个生物学重复的标准差，不同小写字母表示两个磷处理间存在显著差异($P<0.05$)

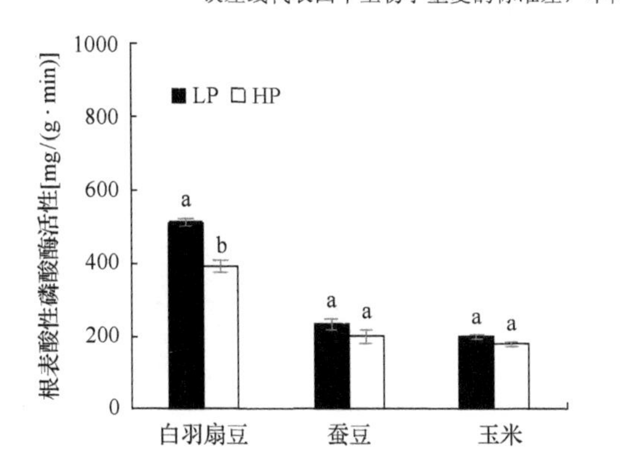

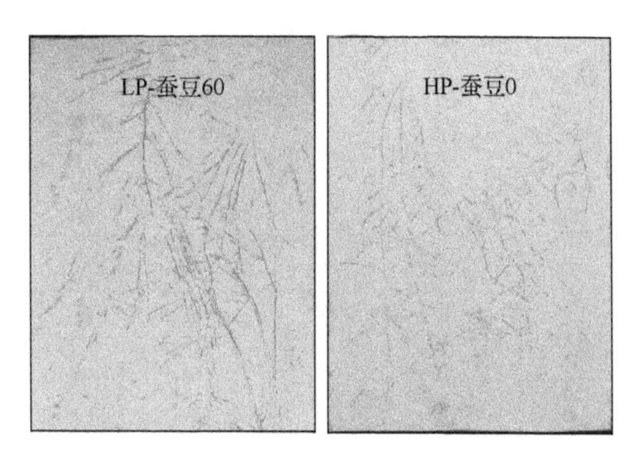

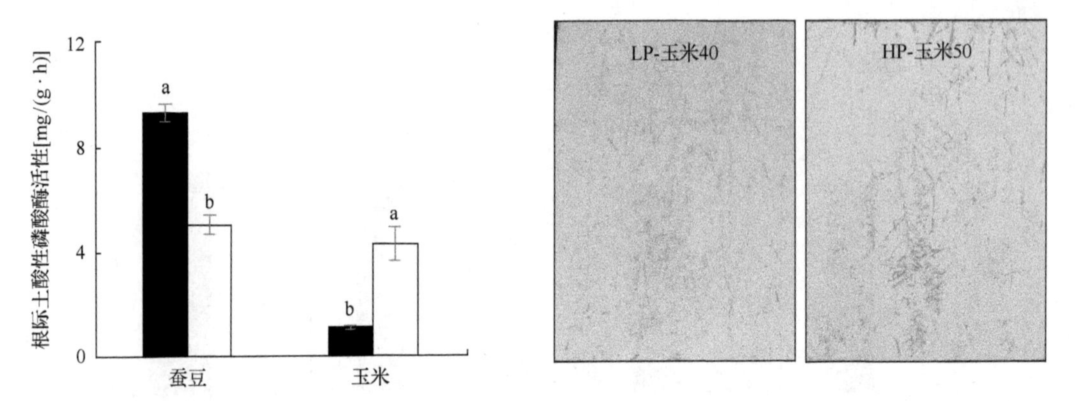

图 3-46　营养液培养、根箱培养玉米、蚕豆和白羽扇豆根系酸性磷酸酶活性的定性、定量检测

误差线代表四个生物学重复的标准差，不同小写字母表示两个磷处理间存在显著差异（$P<0.05$）

表 3-11　营养液培养低磷(LP，1μmol/L)和高磷(HP，250μmol/L)处理 12 天后白羽扇豆、蚕豆和玉米根系分泌的有机酸比较

植物	有机酸	根系分泌[μmol/(g·h)]	
		LP	HP
白羽扇豆	酒石酸	0.96	0.54
	苹果酸	1.67	0.92
	柠檬酸	0.59	0.47
	富马酸	0.02	0.03
	反乌头酸	0.04	n.d.
	总有机酸	3.28	1.96
蚕豆	酒石酸	1.35	0.83
	苹果酸	0.75	0.81
	柠檬酸	0.31	0.42
	富马酸	0.05	n.d.
	反乌头酸	n.d.	0.01
	总有机酸	2.46	2.07
玉米	酒石酸	0.41	3.62
	苹果酸	n.d.	1.20
	柠檬酸	n.d.	n.d.
	富马酸	0.03	0.05
	反乌头酸	0.48	0.29
	总有机酸	0.92	5.16

注：每个处理四个生物学重复；n.d.表示没有检测到

表 3-12　根箱培养低磷（LP，10mg/kg）和高磷（HP，150mg/kg）处理 48 天后玉米和蚕豆根尖有机酸分泌量

植物	有机酸	根尖分泌[$\times 10^{-8}$mmol/(根尖·h)]	
		LP	HP
玉米	酒石酸	n.d.	n.d.
	苹果酸	129.1a	111.9a
	柠檬酸	39.8b	57.9a
	富马酸	1.6a	2.1a
	反乌头酸	10.4a	7.8a
	总有机酸	180.9a	179.7a
蚕豆	酒石酸	25.5a	25.6a
	苹果酸	267.8a	92.3b
	柠檬酸	65.7a	46.2b
	富马酸	18.5a	6.0b
	反乌头酸	n.d.	n.d.
	总有机酸	377.5a	170.1b

注：每个处理四个生物学重复；n.d.表示没有检测到；同一行中每对磷处理（LP 和 HP）值后不同字母代表在 $P<0.05$ 水平上达到显著差异

结合高通量转录组测序技术和扩增子基因测序技术，我们对缺磷和充足供磷下吐丝期 0～30cm 土层玉米轴根、侧根进行转录组和真菌群落结构鉴定发现，不同根系类型（轴根、侧根）和供磷水平间玉米根系转录组均存在差异，且轴根、侧根间的上述差异大于供磷水平造成的差异（图 3-47），说明转录组特性主要由根系类型差别而定。同时施磷水平也显著影响玉米吐丝期土体土及不同类型根系中的真菌群落结构。根中真菌群落结构在轴根、侧根间，以及供磷水平间均存在差异，而且均与土体土真菌群落结构存在差异（图 3-47）。

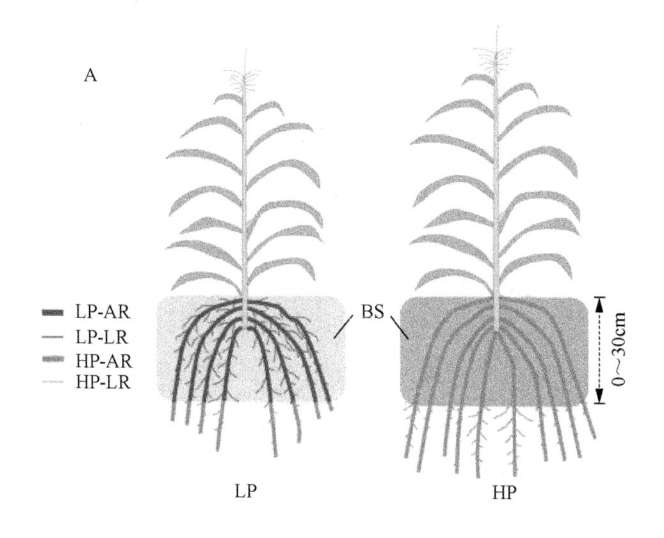

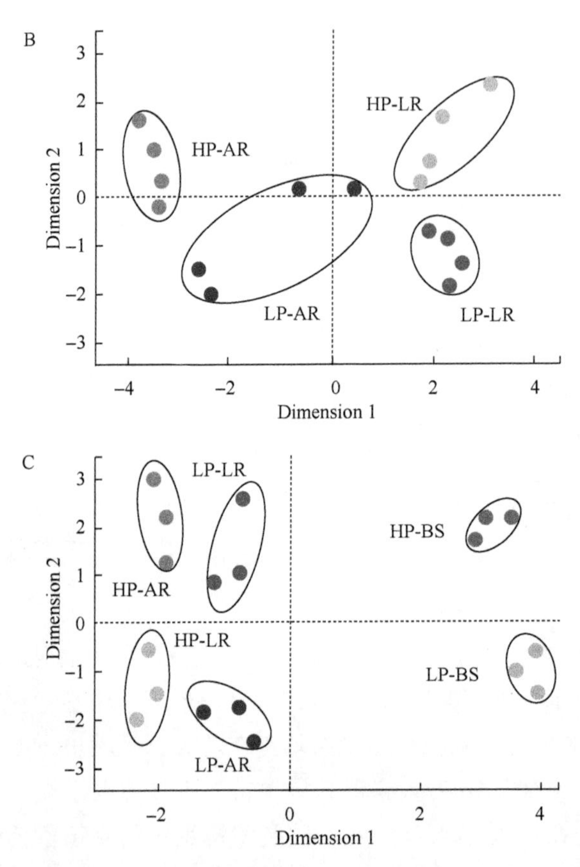

图 3-47　不同供磷条件下玉米吐丝期根系转录组及真菌群落结构的差异

A. 0～30cm 土层玉米轴根、侧根取样示意图；B. 轴根、侧根转录组差异性分析；C. 轴根、侧根真菌 DNA 测序差异分析。LP.缺磷；HP.充足供磷；AR.轴根；LR.侧根；BS.土体土。B，C.非度量多维尺度分析(NMDS)

进一步分析运算分类单元(OTU)及真菌群落多样性发现，低磷土体土中真菌群落多样性显著高于高磷条件，并且不同磷水平下不同根系类型显著富集特定的真菌 OTU，如低磷轴根富集 40 个 OTU，高磷轴根富集 55 个 OTU(图 3-48)。另外，在不同供磷强度下侧根真菌多样性高于轴根，同样侧根真菌群落对磷的响应高于轴根(图 3-48)。说明植物根系对微生物群落具有明显选择性富集的现象。研究还发现，不同玉米根系类型同样影响内生真菌的群落组成。从热图分析结果看出，在低磷条件下接合菌门和子囊菌门为侧根的优势门类，而轴根以壶菌门为主；在高磷条件下，侧根中担子菌门和球囊菌门为优势门类(图 3-48)。以上结果说明，侧根是真菌菌群主要活跃的优势载体，并且随着磷水平的变化，其真菌群落复杂性也相应发生变化。表明不同类型玉米根系对寄生真菌的选择性诱导作用受磷素供应的影响，或者间接受到根系分泌物的影响。在拟南芥和甘蔗中已有研究发现，根系和叶片细菌及真菌群落显著不同，而我们的研究表明即便是在同一器官的不同部分中真菌群落结构也具有差异。

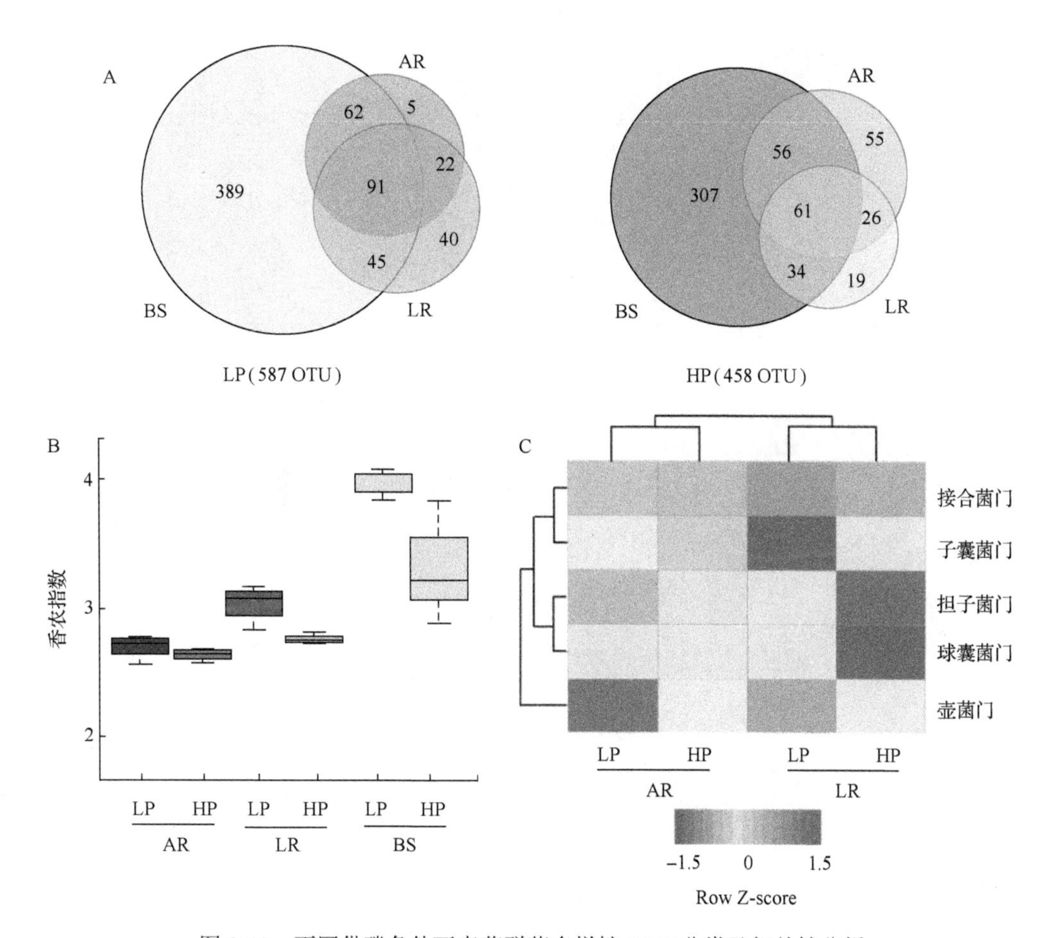

图 3-48　不同供磷条件下真菌群落多样性 OTU 分类及相关性分析

A. 土体土及不同类型根系差异富集的真菌 OTU；B. 多样性香农指数分析；C. 门水平真菌分类及层次聚类分析。系统树图分析由非加权组平均法完成。LP.缺磷；HP.充足供磷；AR.轴根；LR.侧根；BS.土体土；OTU.真菌的分类单元

对不同类型根系响应供磷水平的差异表达基因分析发现，低磷条件下有 954 个特定的差异表达基因，高磷下有 3277 个特定的差异表达基因(图 3-49)。对特定的差异表达基因进行 Mapman 功能分析及 Fisher 精确检验表明，细胞壁、次级代谢、激素代谢及胁迫过程为不同供磷下较为保守的生物学过程(图 3-49)。进一步对差异显著的生物学过程进行卡方检验分析，发现低磷供应下细胞壁代谢过程主要在轴根中富集，而高磷条件下主要在侧根中富集；另外，刺激代谢及胁迫反应过程高磷下显著在侧根中受到诱导(图 3-49)。以上功能分析说明，根系转录组变化受到根系类型及磷水平共同影响。已有研究发现植物自身的磷营养状况及获取磷的能力不仅可以影响植物根系细菌群落构成，还影响内生真菌侵染寄主根系的能力。我们发现土壤的供磷水平及根系类型特性同样影响内生真菌群落构成，这也说明植物自身及外界磷状况与根系真菌寄生能力具有密切联系。

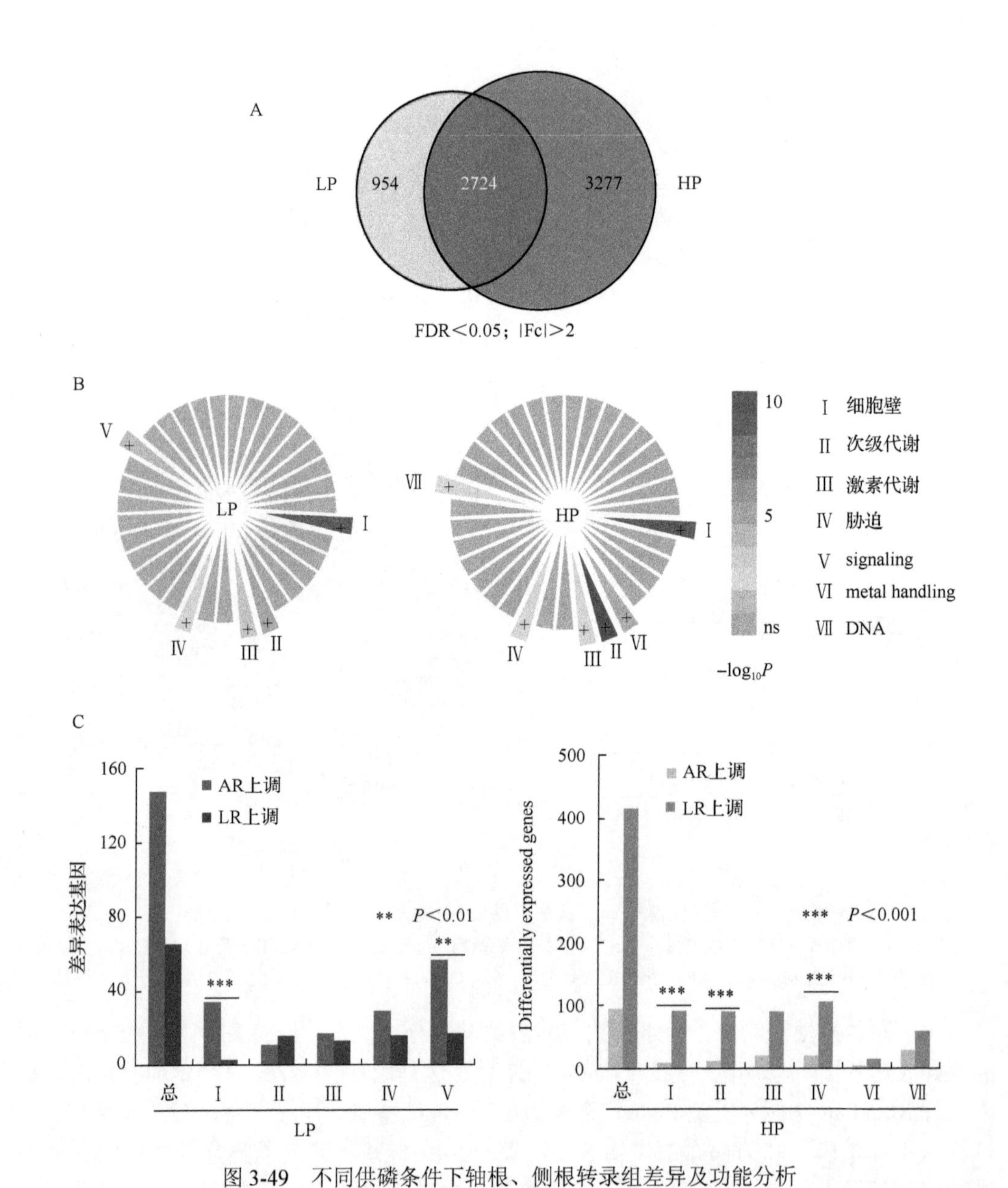

图 3-49 不同供磷条件下轴根、侧根转录组差异及功能分析

A. 不同供磷下轴根、侧根差异表达基因文氏图；B. 不同供磷下显著富集的 Mapman 功能分类；C. 轴根、侧根显著诱导表达的功能分析。LP.缺磷；HP.充足供磷；AR.轴根；LR.侧根；FDR.错误发现率；Fc.倍差

对于丛枝菌根真菌侵染根系增加对磷养分的吸收，具有广泛共识。我们的研究发现丛枝菌根真菌在侧根中侵染显著高于轴根(图 3-50)。另外，一级侧根侵染显著高于二级侧根(图 3-50)。丛枝菌根真菌相关的基因 *Pht1;2*、*Pht1;5* 和 *Pht1;6* 转录本累积与侵染结果一致。低磷条件下丛枝菌根真菌在侧根中的高度侵染及相关的磷转运蛋白基因的诱导表达，充分说明低磷下丛枝菌根真菌对磷素吸收途径的重要性。

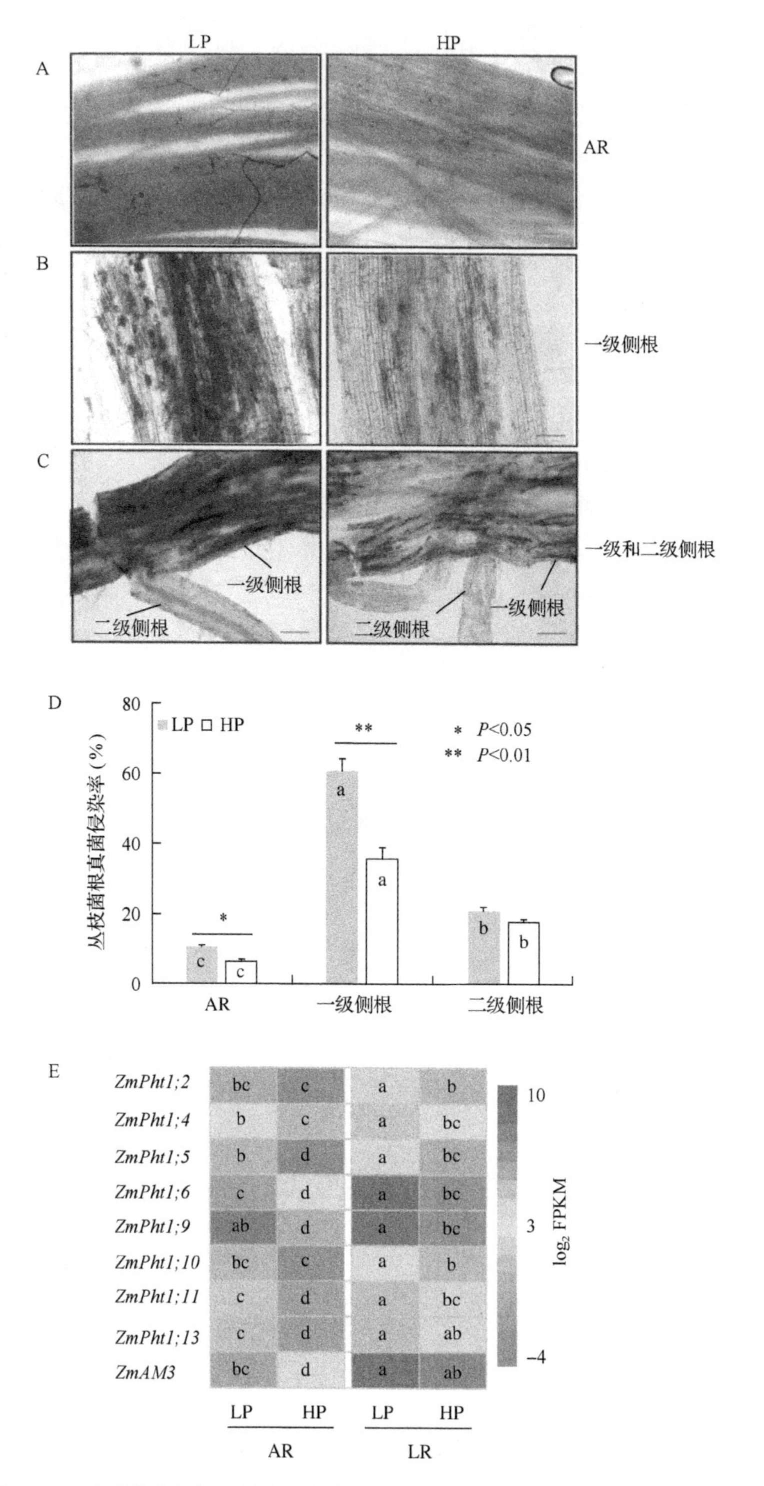

图 3-50　不同供磷条件下轴根、侧根丛枝菌根侵染及磷转运蛋白基因表达分析

轴根（A）、一级侧根（B）及一级和二级侧根（C）侵染状况；D.轴根及侧根侵染率分析；E.磷转运蛋白基因表达分析。LP.缺磷；HP.充足供磷；AR.轴根；LR.侧根；FPKM.百万外显子的碱基片段数；*Pht*.磷转运蛋白基因。不同小写字母表示不同供磷条件下差异显著（$P<0.05$）

有研究表明，高磷抑制丛枝菌根侵染及相关磷转运蛋白基因表达。如果侵染的真菌不具备向寄主供应磷素的能力，寄主植物相应地会抑制该菌寄生，植物相应地会选择高效供应植物磷的真菌物种抑制低效物种侵染。我们在研究中发现即便是在高磷条件下，侧根的侵染强度及真菌群落结构也仍然高于轴根，说明侧根特定的细胞壁修饰过程起到关键作用。

6. 改良自交系提高磷利用率的结果分析

玉米中很多控制农艺性状的数量性状基因座(QTL)位点已经确定(Zhu et al.，2005a，2005b；Li et al.，2010；Cai et al.，2012a，2012b)。利用供体亲本 478 和轮回亲本 312 获得改良自交系 224，其中 224 第 1 条和第 3 条染色体上分别导入了来自供体亲本 478 控制产量、农艺性状和根系形态相关的 DNA 片段。

为检验改良自交系 224 中 478 的插入片段是否改良了亲本 312 的性状，进行了三个自交系的比较研究。根据对吐丝期叶面积的测定发现，无论何种供磷水平，改良自交系 224 在吐丝期的总叶面积都显著大于其轮回亲本 312(表 3-13)。叶面积的差异主要是来源于穗位叶和穗位叶上下一叶的差异(图 3-51)。进一步分析发现，叶面积的差异主要是由于增加了叶长而不是叶宽(表 3-14，表 3-15)。叶片长度的增加更有利于在有限空间范围内获取更多的光资源。

植物养分的吸收量不取决于根系大小，而取决于地上部需求(Cooper and Clarkson，1989；Imsande and Touraine，1994；Peng et al.，2010)。两年的试验结果表明，无论何种供磷水平，改良自交系 224 的花后吸磷量显著高于其亲本 312，特别是在低磷胁迫条件下(表 3-16)。因此，两年时间 224 的整株含磷量整体上显著高于其亲本 312(图 3-52)，但是改良自交系 224 的根长及根系在 0～40cm 土壤中的垂直分布都与其亲本 312 有显著差异(表 3-17)。这表明 224 染色体上插入了来自亲本 478 控制花后吸磷量的 DNA 片段，而 224 染色体中存在的来自亲本自交系 478 控制根系性状的 DNA 片段并未发生作用。

表 3-13　吐丝期时不同供磷水平下三个自交系玉米总叶面积　(单位：cm^2)

供磷水平 \ 自交系	478	312	224
$0kg/hm^2$	4938a	3220c	3803b
$100kg/hm^2$	5900a	4072c	4364b
$135kg/hm^2$	6403a	4485c	4831b

注：不同字母表示每个供磷水平下三个自交系玉米基因型之间存在显著差异($P<0.05$)

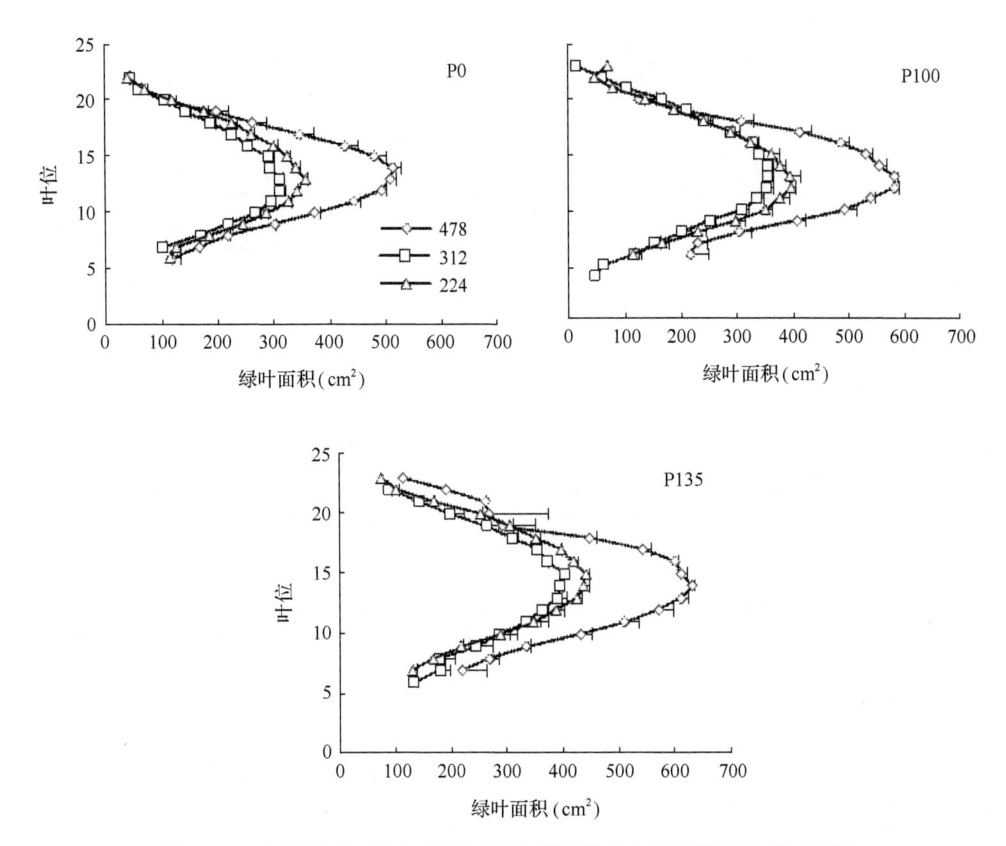

图 3-51　吐丝期时三个自交系玉米在不同供磷水平下的最大绿叶面积

表 3-14　吐丝期时不同供磷水平下三个自交系玉米不同叶位的叶长　（单位：cm）

叶位	叶长								
	P0			P100			P135		
	478	312	224	478	312	224	478	312	224
12	74.45a	59.40c	63.47b	76.90a	61.90c	65.83b	75.07a	2.72b	66.25b
13	76.30a	57.27c	63.32b	76.90a	60.50b	64.55b	76.53a	63.13b	67.65b
14	75.20a	54.73c	61.33b	74.25a	59.31b	62.40b	73.87a	61.83c	69.10b
15	71.95a	52.13b	57.88b	70.33a	57.10b	59.40b	70.82a	61.23c	67.40b
16	65.65a	46.60c	53.23b	64.2a	53.88b	54.80b	65.71a	58.07c	63.77b

注：不同字母表示每个供磷水平下三个自交系玉米基因型之间存在显著差异($P<0.05$)

表 3-15　吐丝期时不同供磷水平下三个自交系玉米不同叶位的叶宽　（单位：cm）

叶位	叶宽								
	P0			P100			P135		
	478	312	224	478	312	224	478	312	224
12	8.98a	99b	7.22b	10.06a	7.56b	7.96b	10.66a	7.66b	7.73b
13	9.09a	7.18b	7.56b	10.06a	7.7b	8.15b	10.90a	8.19b	8.35b
14	9.33a	7.14b	7.40b	9.93a	7.94b	7.99b	10.95a	8.47b	8.37b
15	9.20a	7.24b	7.52b	10.05a	7.91b	8.13b	11.10a	8.73b	8.66b
16	8.96a	7.15b	7.56b	10.07a	8.11b	7.87b	10.87a	8.50b	8.70b

注：不同字母表示每个供磷水平下三个自交系玉米基因型之间存在显著差异($P<0.05$)

表 3-16　不同自交系玉米在三种供磷水平下的磷利用情况

磷利用情况	供磷水平 (kg/hm^2)	第一年			第二年		
		478	312	224	478	312	224
花后吸磷量 (mg/株)	0	59.78a	5.67c	38.18b	148.28a	55.51b	115.95a
	100	97.69a	13.48c	30.80b	137.81a	78.82b	125.72a
	135	80.39b	78.97b	118.02a	97.84a	23.80b	23.88b
花后吸磷比例 (%)	0	41.81a	18.22b	34.73a	62.21a	43.84c	54.73b
	100	32.24a	7.50c	10.09b	40.76a	27.72b	43.60a
	135	21.70a	8.11b	28.13a	28.07a	8.84b	10.21b
籽粒含磷量比例 (%)	0	0.42b	0.53a	0.47b	0.63b	0.75a	0.61b
	100	0.40a	0.37a	0.41a	0.48b	0.57a	0.50b
	135	0.40a	0.44a	0.42a	0.45b	0.55a	0.38b
磷利用效率 (g/mg)	0	0.21a	0.19a	0.14b	0.29a	0.32a	0.23b
	100	0.14a	0.11b	0.10b	0.26a	0.21b	0.23b
	135	0.15a	0.16a	0.12a	0.20a	0.22a	0.21a

注：不同字母表示每个供磷水平下三个自交系玉米基因型之间存在显著差异($P<0.05$)；花后吸磷量 = 成熟期整株含磷量–吐丝期整株含磷量；花后吸磷比例 = (成熟期整株含磷量–吐丝期整株含磷量)/成熟期整株含磷量；籽粒含磷量比例 = 成熟期籽粒含磷量/成熟期整株含磷量；磷利用效率 = 成熟期籽粒干重/成熟期整株含磷量

表 3-17　三个自交系在 P0 和 P100 供磷水平下总根长　(单位：m)

总根长		第一年			第二年		
		478	312	224	478	312	224
吐丝期	P0	151.67a	70.33b	57.80c	278.17a	68.02c	127.83b
	P100	166.17a	94.74b	100.36b	283.00a	102.24b	130.08b
成熟期	P0	62.49a	13.57b	22.15b	141.76a	22.70b	30.75b
	P100	84.72a	24.28b	29.53 b	158.87a	42.14b	42.94b

注：表中每个数表示三个重复的平均数。不同字母表示每个供磷水平下三个自交系玉米基因型之间存在显著差异($P<0.05$)

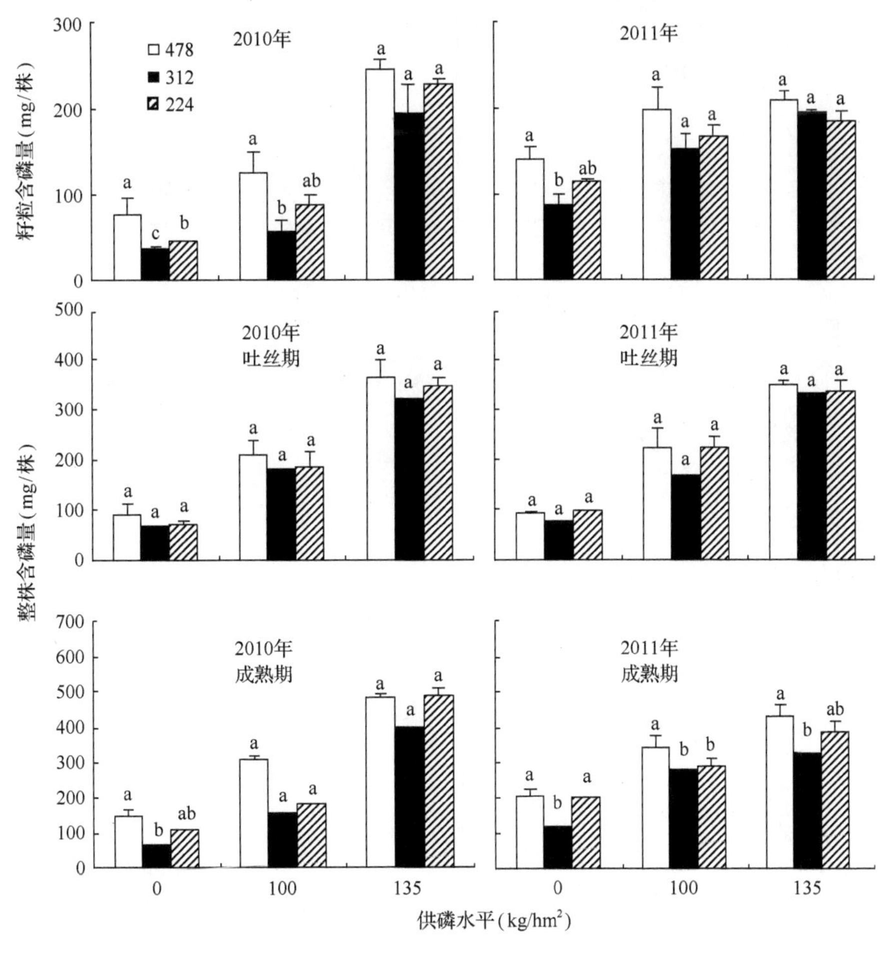

图 3-52　吐丝期和成熟期时三种供磷水平下三个自交系玉米的整株含磷量及成熟期时籽粒含磷量

图中每个柱子代表 3 个重复的平均值，不同字母表示每个供磷水平下三个自交系玉米基因型之间存在显著差异($P<0.05$)

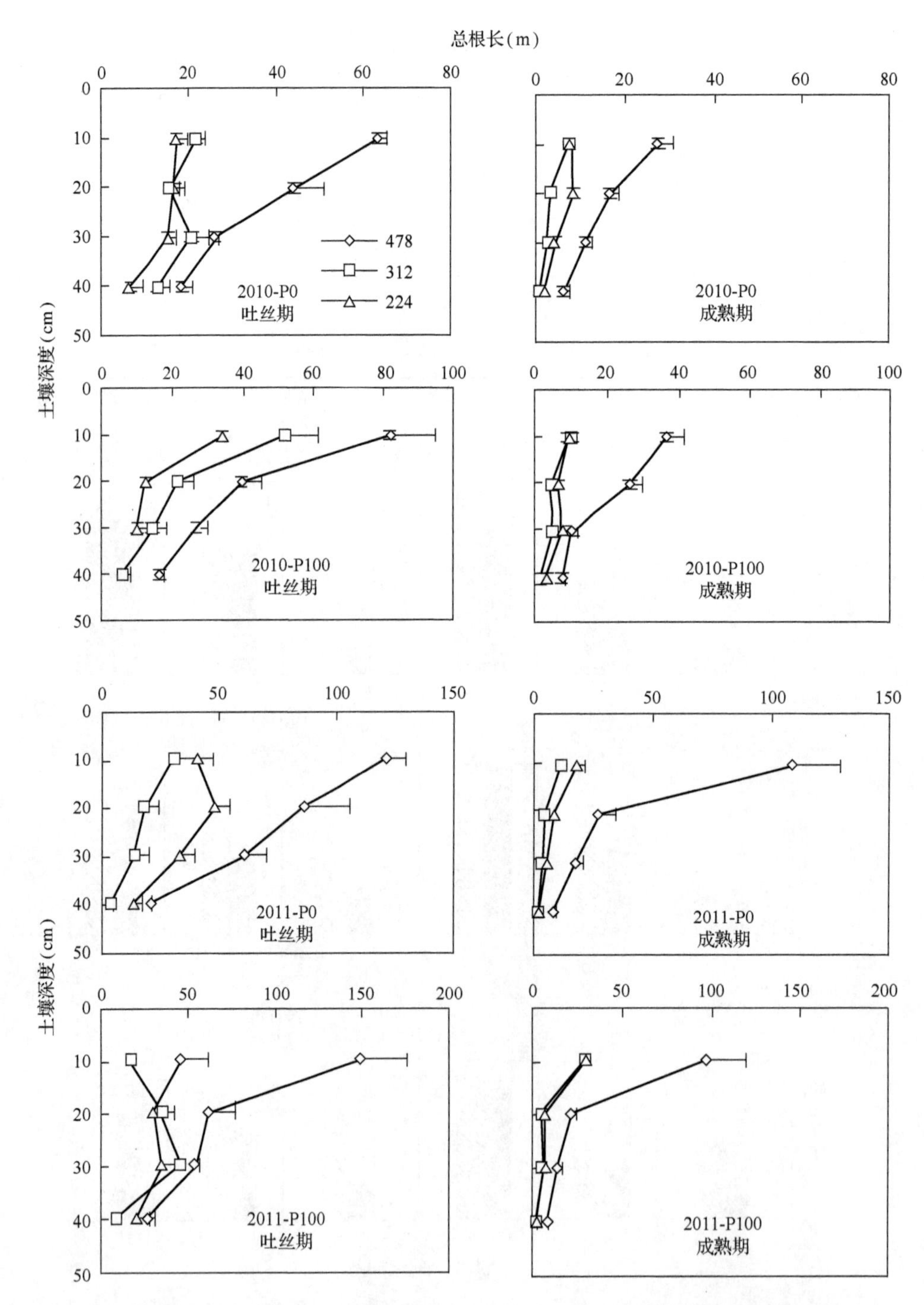

图 3-53　吐丝期和成熟期时两种供磷水平下三个自交系玉米根系在不同土层中的分布

图中每个点代表 3 个重复的平均值，2010、2011 分别代表试验年份，P0、P100 分别代表两个不同供磷水平

从图 3-53 可知，玉米根系主要分布在 0～30cm 土层。吐丝期在 P0 水平下，0～30cm 土壤 Olsen-P 耗竭严重(图 3-54)。但是 P100 供磷水平下，0～30cm 土壤 Olsen-P 显著高于底层土壤。这是因为 P0 土壤长期未施用磷肥，浅层根系分布较多，因此消耗较多；而

P100 土壤由于长期施肥，土壤表层含有大量速效磷，因此表层土壤 Olsen-P 含量高于底层土壤。

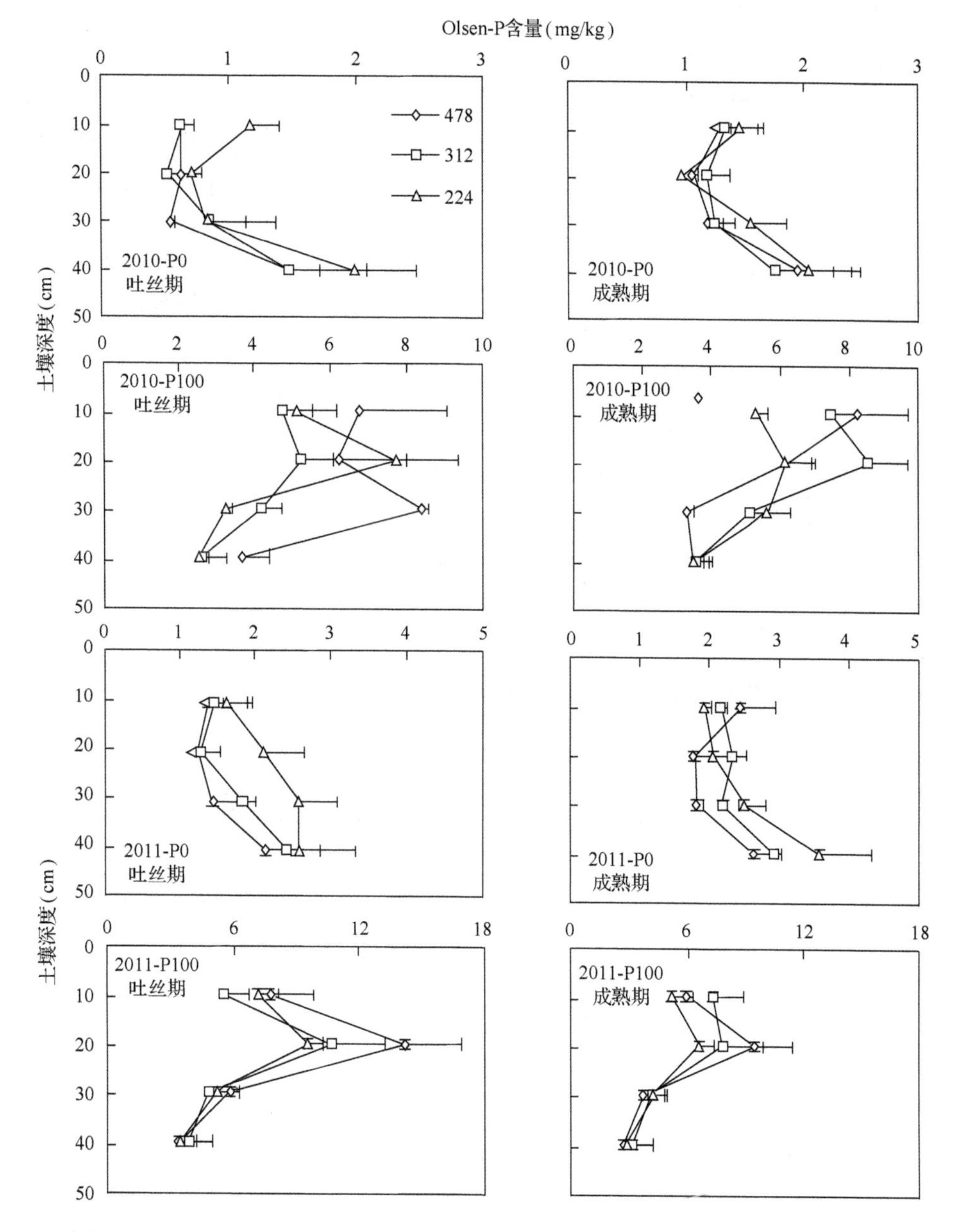

图 3-54　吐丝期和成熟期时两种供磷水平下三个自交系玉米不同土层 Olsen-P 含量

图中每个点代表 3 个重复的平均值，2010、2011 分别代表试验年份

综上，玉米在低磷胁迫下总根长有显著增加，但根系质子、有机酸分泌和酸性磷酸酶活性并未增加，根际土壤存在显著磷耗竭。表明低磷胁迫下玉米根系以形态变化为主，根系生理变化并非玉米适应低磷胁迫的主要机理。在将来的玉米育种中，选育大根系玉米探索吸收土壤中的无机磷具有十分重要的意义，生产上可以通过调整施肥方法或者肥

料种类的方法刺激根系生长，增加磷吸收。

3.3.3　小麦高效利用土壤磷的生物学机理

小麦地上部生物量在磷肥施入量达到10mg/kg后开始出现明显增长，并在磷肥施入量为1200mg/kg时达到1.68g/pot，同比增长了5.72倍(表3-18)。地上部磷浓度同样随磷肥施入量的增加而从0.98mg/g增至7.12mg/g。与此同时，根系生物量随磷肥施入量增加的涨幅则没有那么明显。总根长和比根长在磷肥施入量小于25mg/kg时出现了快速增长。比根长在磷肥施入量达到75mg/kg之后出现了轻微的降低。根部以根直径为标准被分为三组，细根(直径＜0.2mm)，中等根(直径在0.2～0.4mm)，粗根(直径＞0.4mm)。细根比例在磷肥施入量为50mg/kg时，达到了84.6%，最低为69.5%；中等根系比例的范围为11.9%～24.3%；而粗根比例则始终低于10%。

磷肥施用并没有增加土体土壤pH，但是在磷施用量为1200mg/kg时，土体土壤pH大概下降了0.28个单位(表3-19)。酸性磷酸酶活性在磷施用量为25mg/kg时达到最大值，为233.6μg PNP/(h·g)，而最小值[91.5μg PNP/(h·g)]则是在磷施用量为75mg/kg时。苹果酸阴离子在根际的浓度从0～312.5nmol/g。它与地上部磷浓度呈现了一个很好的线性相关，在磷施用量为1200mg/kg时达到最大值。根际土壤pH在磷施用量低于10mg/kg时没有显著性变化，在25～1200mg/kg时逐渐降低。根际柠檬酸阴离子的浓度为107.1～294.6nmol/g。

表3-18　小麦生物量的积累、地上部磷浓度和根系分类特征

供磷水平(mg/kg)	地上部生物量(g/pot)	根系生物量(g/pot)	地上部磷浓度(mg/g)	总根长(m/pot)	比根长(m/g)	不同直径根系占总根长比例(%)		
						＜0.2mm	0.2～0.4mm	＞0.4mm
0	0.25±0.01f	0.15±0.00f	0.98±0.03h	26.3±1.2d	172.7±6.0f	69.5±0.7g	24.3±0.6a	6.2±0.3bc
2.5	0.3±0.01f	0.18±0.01ef	0.97±0.03h	32.2±1.5dc	179.6±3.4f	70.9±1.0gf	23.6±0.8ab	5.5±0.2cd
5	0.28±0.02f	0.18±0.01ef	1.09±0.06h	37.5±2.7dc	209.9±8.3e	73.8±0.9efg	21.3±0.6bc	4.9±0.4de
10	0.32±0.02f	0.19±0.01e	1.23±0.03h	43.3±4.3c	224.2±9.2de	76.4±1.3cd	19.4±1.1cd	4.2±0.3efg
25	0.68±0.04e	0.26±0.02d	2.35±0.06g	78.4±6.1ab	294.8±7.7a	81.3±1.1b	15.3±1.1efg	3.4±0.2g
50	1.06±0.05d	0.28±0.01d	3.18±0.05f	80.7±8.0ab	288.5±17.7ab	84.6±0.9a	11.9±0.6h	3.5±0.3fg
75	1.25±0.03c	0.32±0.01ab	3.68±0.09e	84.0±4.7a	265.1±14.7abc	81.8±0.8ab	13.7±0.8gh	4.5±0.2def
150	1.49±0.03b	0.29±0.01bcd	4.71±0.13d	75.7±5.2ab	261.2±8.2bc	78.9±1.6bc	15.0±1.1fg	6.1±0.5c
300	1.44±0.05b	0.28±0.02cd	5.08±0.19c	69.6±7.0b	243.6±10.1cd	76.1±1.1cd	16.6±0.7ef	7.3±0.4ab
600	1.45±0.05b	0.31±0.01abc	5.83±0.15b	79.3±2.4ab	252.4±8.0cd	75.1±0.9de	17.5±0.7de	7.4±0.2a
1200	1.68±0.12a	0.34±0.01a	7.12±0.05a	82.9±5.3ab	244.8±14.5cd	72.6±1.8efg	19.4±1.1cd	8.2 ±0.8a

注：结果中数值有四个重复。每列数字后不同字母表示供磷水平间差异显著(P＜0.05)

表 3-19　小麦根际和非根际土壤 pH、根际酸性磷酸酶活性和有机酸阴离子浓度

供磷水平 (mg/kg)	根际 pH	非根际 pH	根际 pH 变化量	酸性磷酸酶活性 [μg PNP/(h · g)]	柠檬酸阴离子 (nmol/g)	苹果酸阴离子 (nmol/g)
0	8.00±0.05a	8.19±0.01ba	0.18±0.05d	117.3±2.9cd	230.6±28.5bcd	0.0±0.0d
2.5	8.02±0.02a	8.20±0.00a	0.18±0.02d	162.4±17.8bc	243.6±14.7abc	0.0±0.0d
5	7.97±0.05a	8.19±0.01ba	0.22±0.05d	203.2±31.1ab	260.0±33.7ab	44.0±44.0d
10	7.91±0.04a	8.22±0.01a	0.31±0.05d	175.4±17.7abc	294.6±29.0a	30.7±30.7d
25	7.62±0.05b	8.20±0.01a	0.58±0.06c	233.6±31.1a	193.8±15.5cde	143.2±43.3c
50	7.56±0.04b	8.19±0.01ba	0.63±0.04c	190.4±51.4ab	194.7±22.1cde	185.3±16.0bc
75	7.42±0.04c	8.22±0.01a	0.80±0.05b	91.5±6.3d	167.3±16.1ef	191.7±18.9bc
150	7.36±0.03cd	8.20±0.00a	0.84±0.03ab	122.1±16.0cd	168.3±25.0def	259.0±40.2ab
300	7.33±0.06cd	8.15±0.02b	0.82±0.06ab	153.4±12.7bcd	138.1±16.7ef	214.0±22.6bc
600	7.27±0.05d	8.21±0.04a	0.95±0.06a	146.1±15.8bcd	120.5±14.970f	261.0±39.4ab
1200	7.28±0.03d	7.91±0.04c	0.63±0.02c	165.5±15.4abc	107.1±15.7f	312.5±28.3a

注：结果中数值有四个重复。每列数字后不同字母表示供磷水平间差异显著(P<0.05)

小麦地上部生物量随地上部磷浓度升高呈现了一个良好的线性加平台趋势，随磷肥施入量增加而升高，在 4.6mg/g 处达到拐点(图 3-55)。根系生物量表现出两段式的线性模型，拐点在地上部磷浓度为 2.63mg/g 处。前者的斜率要高于后者，为 2.3。总根长和地上部磷浓度的关系很好地拟合了线性加平台模型(图 3-56)。在地上部磷浓度低于 2.2mg/g 时，二者之间呈现出很好的相关性，而高于这个值时，总根长则保持在 80m/pot。而比根长(SRL)则随地上部磷浓度增加出现了先升高后降低的状态，在地上部磷浓度约为 2.2mg/g 时达到拐点，SRL 为 260m/g。

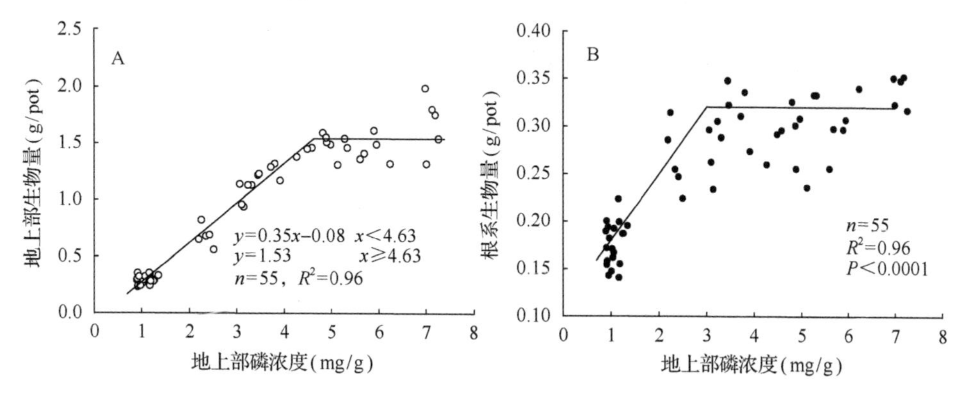

图 3-55　小麦地上部生物量(A)和根系生物量(B)与地上部磷浓度的关系

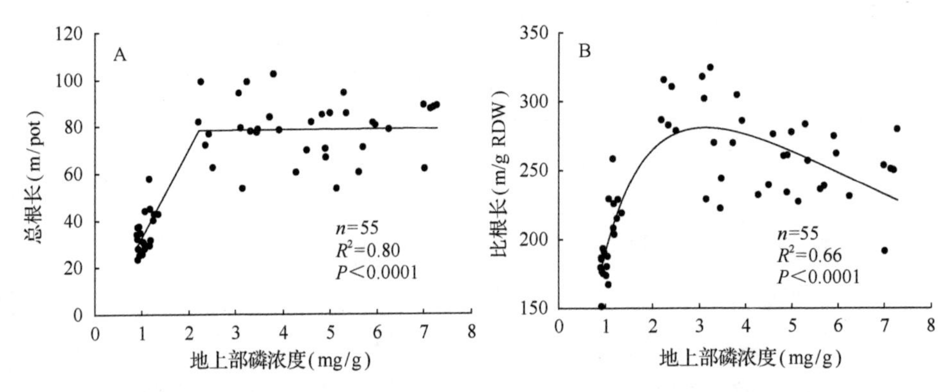

图 3-56　小麦根系总根长(A)和比根长(B)与地上部磷浓度的关系

小麦细根比例的范围在 69.5%～84.6%，这一比例远高于中根比例(10%～26%)、粗根比例(2%～9%)(图 3-57)。细根比例的模型与比根长类似，都是先升高后降低的非线性模型，地上部磷浓度低于 2.6mg/g 时，细根比例随磷浓度升高而升高，低于这一值时，随磷浓度增加而受到抑制。中等根系和粗根比例的变化趋势则恰好相反，分别在地上部磷浓度约为 3.0mg/g 和 2.4mg/g 时达到最小值。

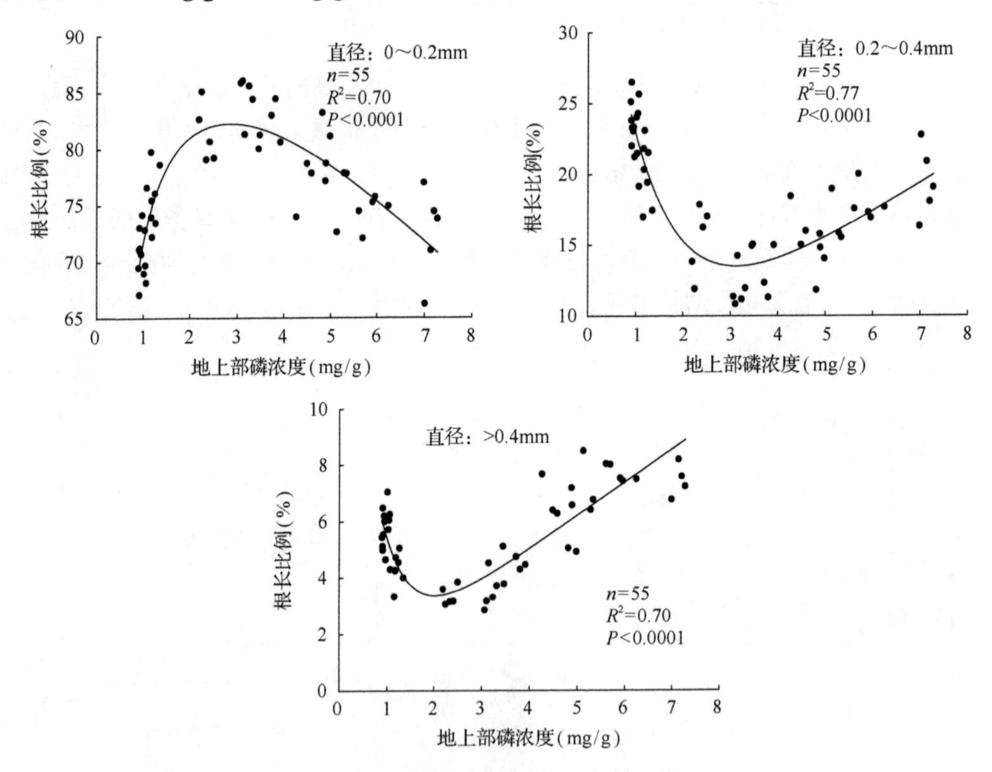

图 3-57　不同直径根系占总根长的比例

根际土壤 pH 与土体土壤 pH 的差值在地上部磷浓度低于 5.0mg/kg 时随地上部磷浓度增加而增大，高于这一值时，则随地上部磷浓度增加而出现减少的趋势(图 3-58)。酸性磷酸酶的活性存在较大的变异，从 49～310μg PNP/(h·g 土壤)，尤其是在地上部磷浓度约为 1.0mg/kg 时变化最大。这一结果导致酸性磷酸酶活性与地上部磷浓度没有明显相关关系。地上部磷浓度高于 3.5mg/kg 时相对于地上部磷浓度在 2.0～3.5mg/kg 而言抑制了酸性磷酸酶的活性。

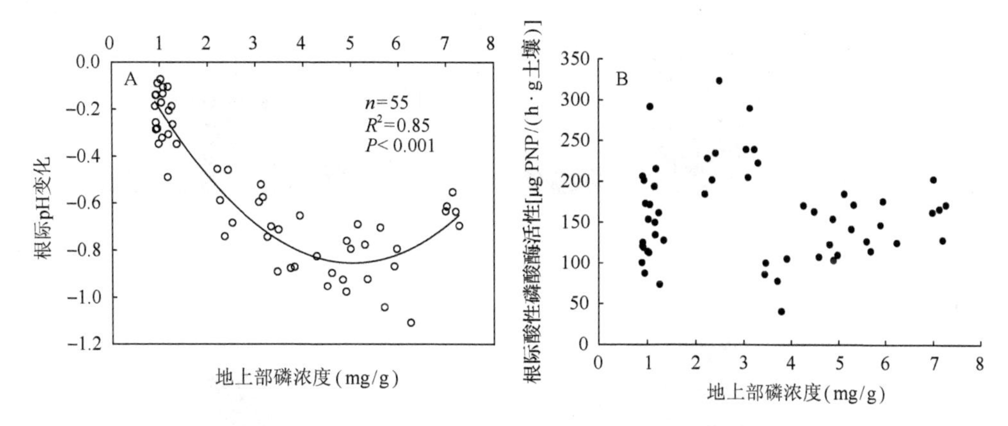

图 3-58　小麦根际 pH 变化(A)和根际酸性磷酸酶活性(B)与地上部磷浓度的关系

根际柠檬酸阴离子浓度与地上部磷浓度为负相关关系，随地上部磷浓度增加而降低。而根际苹果酸阴离子浓度则随地上部磷浓度升高而升高，呈现正线性相关关系(图 3-59)。

2012～2014 年在河南农科院现代农业科技试验示范基地(河南省原阳县祝楼乡)进行了两年小麦定位试验。小麦季试验设置 4 个施磷量(P_2O_5)处理，分别为 0kg/hm^2、150kg/hm^2、120kg/hm^2、105kg/hm^2，全部基施，分别用 Control、FP、OPT、80%OPT 表示。

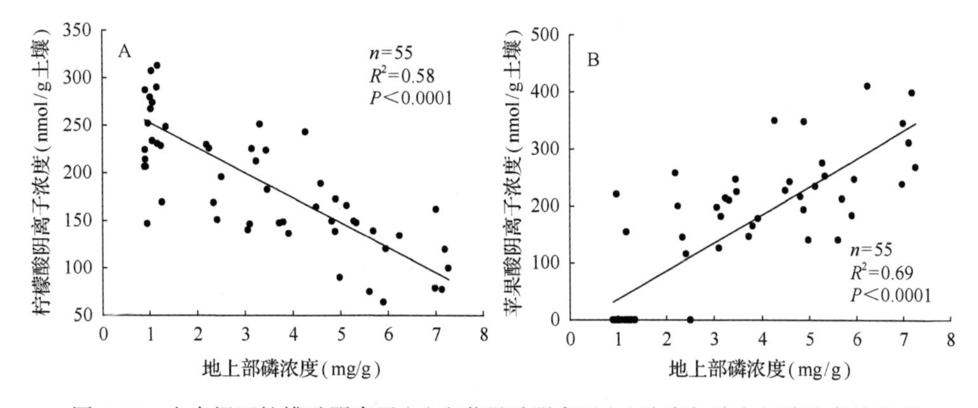

图 3-59　小麦根际柠檬酸阴离子(A)和苹果酸阴离子(B)浓度与地上部磷浓度的关系

小麦三个生育时期中，根际土壤的酸性磷酸酶活性变化如图 3-60 所示。拔节期(2014.3.31)到灌浆期(2014.5.16)4 个处理酸性磷酸酶的活性均出现先升高后降低的趋势，扬花期的活性最高。土壤有机磷源只有被水解矿化成游离的磷酸根离子后才能被根系吸收利用，其中根系分泌到土壤中的酸性磷酸酶参与了土壤有机磷的分解过程，与植物从有机磷源中获取磷的效率关系密切(Richardson et al.，2000)。研究表明，低磷可以诱导小麦等多种植物分泌酸性磷酸酶，植物根际酸性磷酸酶活性均显著增加。施磷使土壤中磷酸酶的活性提高可能是由于根分泌物的释放促进微生物的生长，以及在磷养分充足条件下根系生长旺盛，分泌的磷酸酶增加。

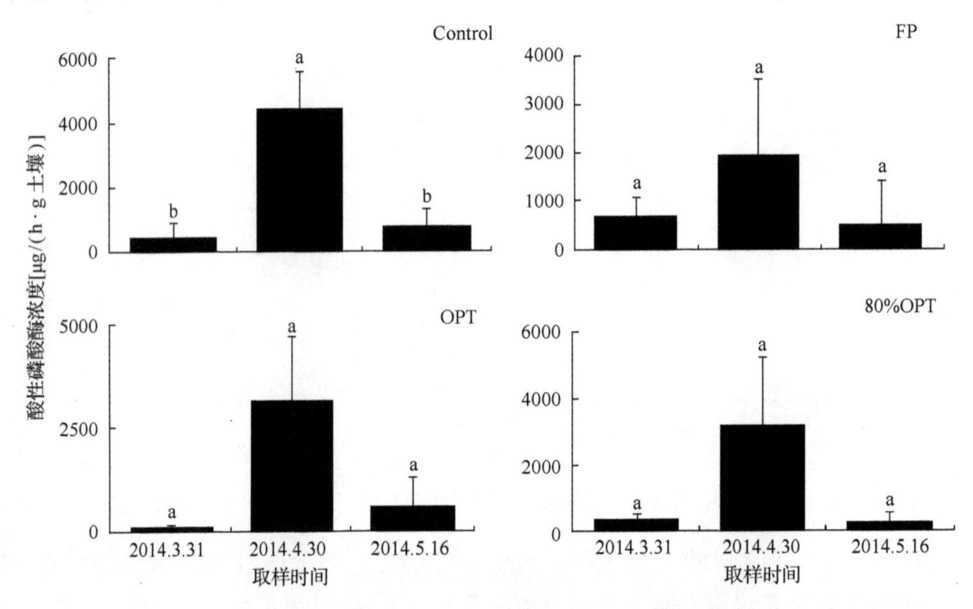

图 3-60　小麦不同处理间在不同生育时期根际酸性磷酸酶浓度的变化

总之，通过三种主要作物(水稻、玉米、小麦)高效利用土壤磷生物学机理的分析，构建了肥料养分持续高效利用的理论、方法和技术体系，实现化学肥料减施的情况下作物持续高产、提高磷肥利用率的目标。

3.4　磷肥持续高效利用的限制因素与调控途径

3.4.1　磷肥高效利用的限制因素

磷肥利用率低主要原因是土壤对磷肥的固定，使磷转化无效形态，不能被作物吸收利用。磷肥施入土壤，初期便开始发生土壤吸附固定。土壤对磷的吸附分为离子交换吸附和配位专性吸附。离子交换吸附是磷酸根在土壤矿物或黏粒表面通过取代其他吸附态阴离子而被吸附；配位专性吸附是指磷酸根与土壤胶体表面上的—OH 发生交换形成离子键或共价键。与配位专性吸附相比，离子交换吸附性较弱，被吸附的磷酸根较容易被其他阴离子解吸。当磷吸附在土壤矿物如碳酸钙、铁铝矿物表面时，形成化学沉淀。影响土壤磷固定与磷肥高效利用的因素包括：作物根系生长和根际土壤磷转化、土壤 pH、有机质、土壤质地、土壤温度、土壤水分及磷肥品种、施用量、施用时期和施用位置等(Cordell and White，2013；Rowe et al.，2016)。

石灰性土壤上磷与碳酸钙发生化学反应，具体过程为：磷与碳酸钙反应生成磷酸二钙($CaHPO_4 \cdot 2H_2O$)；磷酸二钙向溶解度低的磷酸八钙[$Ca_8H_2(PO_4)_6 \cdot 5H_2O$]转变，最后缓慢地转化为稳定的溶解度很低的磷酸十钙[羟基磷灰石，$Ca_{10}(PO_4)_6(OH)_2$](鲁如坤，1990)。磷肥施入酸性土壤后，磷酸根溶解土壤中的铁铝矿物，与铁离子和铝离子反应，生成无定形磷酸铁($FePO_4 \cdot nH_2O$)和磷酸铝($AlPO_4 \cdot nH_2O$)。无定形磷酸铁和磷酸铝进一步水解，形成结晶好稳定的磷酸铁[$Fe(OH)_2H_2PO_4$]和磷酸铝[$Al(OH)_2H_2PO_4$]。磷酸铁盐在风化过程中产生水解作用，无定形磷酸铁、磷酸铝表面会形成 Fe_2O_3 膜包裹，形成闭蓄态磷(O-P)，很难被作物吸收(蒋柏藩和沈仁芳，1990；Tiessen et al.，1984)。

有机质高的土壤中含有相当数量的有机磷。有机物及作物根系分泌物可作为一种螯合剂，与铁、铝结合，防止不溶性铁铝磷酸盐形成；提供酸性化合物，增加了土壤中磷活化。土壤质地黏重，更容易吸附和固定土壤中的磷。强降雨和高温下形成的土壤中，含有大量高岭石，固定容量增大；高温和高降雨增加了土壤中铁铝氧化物含量，增加土壤中磷固定。

土壤温度低、通气性差时，作物对磷吸收降低。过多土壤水分或土壤压实降低了土壤的供氧量，减少了根区土壤通气和孔隙空间，压实也降低了作物根系生长，降低了植物根系对土壤磷的吸收能力。协调作物根系养分吸收和土壤养分供应在时空分布上的一致性，在适宜施肥时间和施肥位置，选择适宜的磷肥品种，采用适宜的施肥量，减少与土壤颗粒接触时间，将会减轻土壤磷固定，促进磷肥的高效吸收与利用。根际土壤微生物影响土壤中磷的有效性。土壤中菌根真菌、解磷微生物与作物根系互作，可有效促进土壤磷活化。

现代集约化生产条件下，长期过量施用磷肥会导致土壤中磷累积增加，是一个巨大的潜在磷库。减少土壤对磷的固定，挖掘和利用土壤累积磷，发挥土壤生物作用，发掘作物自身潜力，促进作物对土壤累积磷的高效利用，减少磷肥投入，是实现磷肥持续高效利用的关键调控途径(Cordell and White，2013；Rowe et al.，2016)。

3.4.2　提高磷肥高效利用的调控途径

在黑龙江、湖北和江西定位试验站，以玉米、小麦、水稻等作物为研究对象，针对不同地区和作物的主要问题开展了有针对性的磷肥高效利用调控研究工作。

1. 土壤临界磷浓度的确定

试验选取我国 4 个长期定位试验站(哈尔滨试验站、杨凌试验站、重庆试验站、祁阳试验站)，涵盖了黑土、塿土、紫色土和红壤等 4 种土壤类型，经过土壤样品测定和数据分析，揭示了土壤 Olsen-P 水平与作物产量、土壤磷淋溶风险的关系曲线，以及土壤全磷与土壤 Olsen-P 的关系曲线。结果表明产量效应的土壤 Olsen-P 的拐点明显受土壤类型和作物种类的影响。夏玉米的拐点是 14.6mg/kg(杨凌，塿土)，28.2mg/kg(祁阳，红壤)；冬小麦的拐点是 11.1mg/kg(重庆，紫色土)，12.7mg/kg(祁阳，红壤)，16.1mg/kg(杨凌，塿土)。夏玉米的拐点的平均值是 21.4mg/kg，高于冬小麦的 13.3mg/kg。水稻的拐点为 10.9mg/kg，哈尔滨的黑土上并没有发现明显的拐点，表明黑土的基础地力高，作物对施肥反应不明显(图 3-61)。

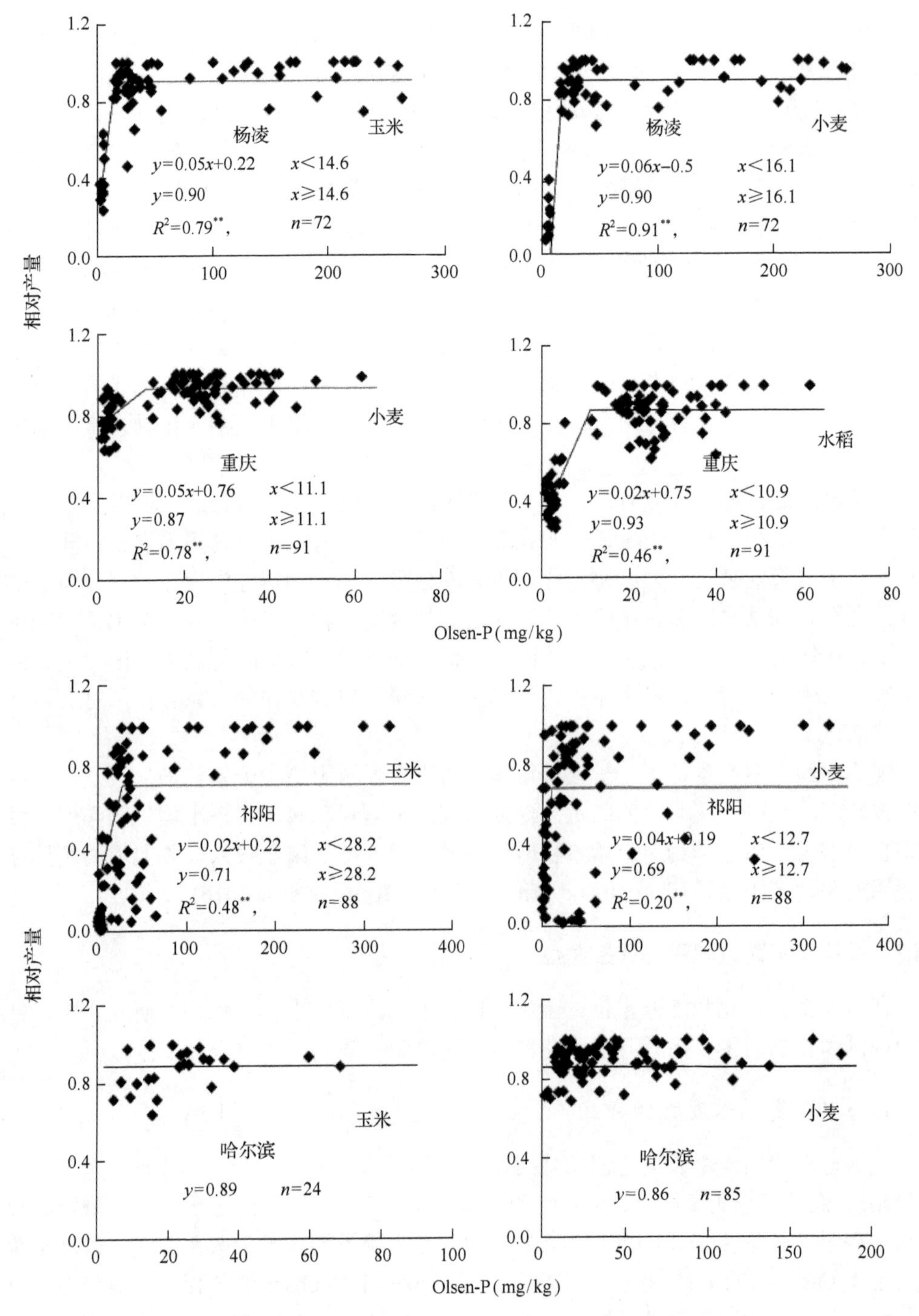

图 3-61　土壤磷的产量效应：土壤 Olsen-P 与相对产量的关系曲线

**相关系数 P<0.01

在设有不同磷浓度梯度的定位试验地，对保证玉米生长和产量的土壤临界磷浓度进行了研究。结果表明，缺磷明显影响玉米生长及籽粒产量。收获时的测定结果表明，施磷量达到 75～100kg/hm^2 时，就可获得最大地上部及根系生物量(图 3-62)，并获得最高产量(图 3-63)。继续增加施磷量既不能增加生物量，又不能增加产量。收获时对地上部和籽粒中的磷含量分析结果也验证了上述结果，过量施用磷肥并不能增加植株对磷素的吸收(图 3-64)。

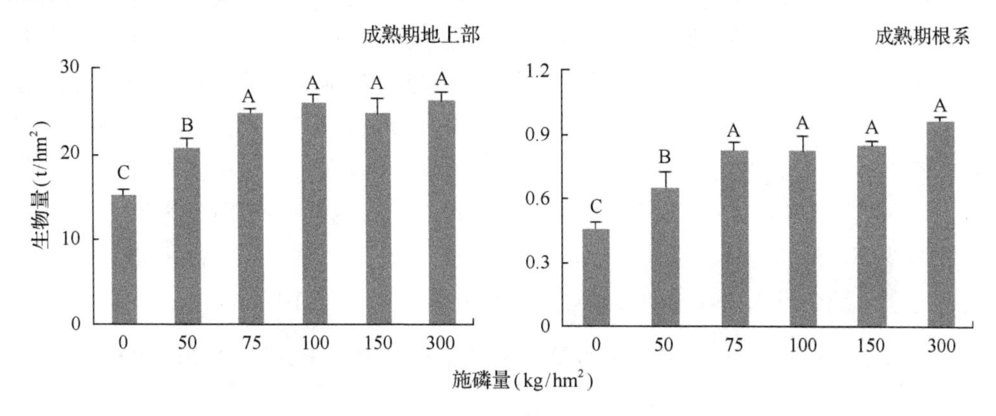

图 3-62　不同供磷水平对玉米成熟期地上部和根系生物量的影响

不同字母表示不同处理间生物量差异达显著水平($P<0.05$)

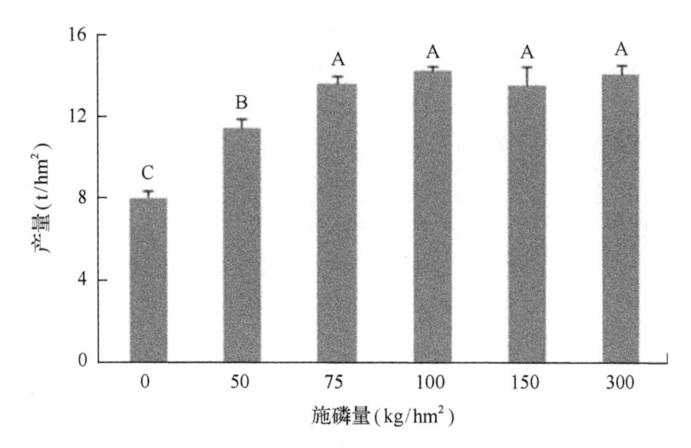

图 3-63　不同供磷水平对玉米产量的影响

不同字母表示不同处理间产量差异达显著水平($P<0.05$)

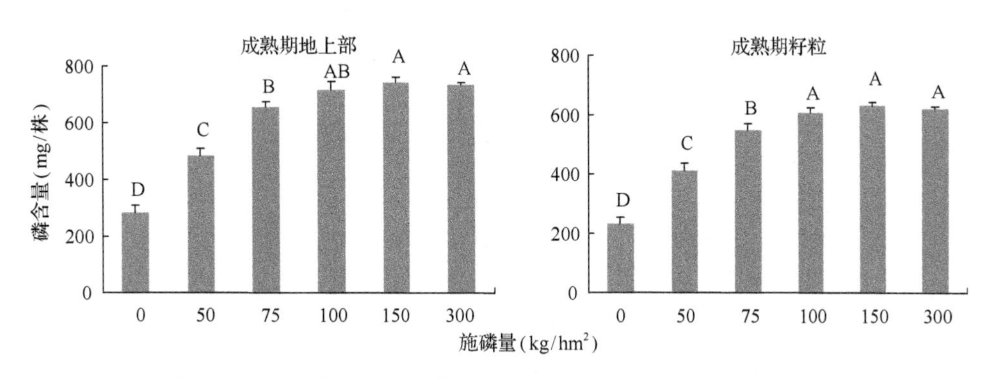

图 3-64　不同供磷水平对收获期玉米地上部和籽粒磷含量的影响

不同字母表示不同处理间磷含量差异达显著水平($P<0.05$)

2. 双接种解磷细菌和AM真菌可活化土壤磷达到减肥稳产，微生物的效应受多种条件影响

2013～2016年，在湖北荆门小麦-水稻旱涝轮作体系下开展了磷肥使用的调控研究。2013年是第一季，由于基础土壤磷含量较高，与不施磷对照相比，其他施磷处理的小麦籽粒产量、磷吸收量和籽粒磷含量并未表现明显差异(表3-20)，表明土壤中累积的磷能够满足小麦生长需求。经过一年植株吸收，土壤中Olsen-P耗竭，2014～2016年，各施磷处理的小麦产量(籽粒产量)、磷吸收量和籽粒磷含量显著高于不施磷处理，并且当地习惯施肥和减施30%+接种解磷菌+菌根真菌处理高于其他施磷处理(表3-20)。表明缺磷导致作物减产，但与当地习惯施肥比较，调控处理能够减少肥料使用并保证产量，提高磷肥利用率，减少投入，其中双接种可以帮助作物吸收土壤中的磷。

表3-20 湖北小麦各处理植株生物量、磷吸收量、籽粒产量和磷含量及籽粒磷占总磷比例(2013～2016年)

年份	处理	生物量 (t/hm^2)	磷吸收量 (kg/hm^2)	籽粒产量 (t/hm^2)	籽粒磷含量 (kg/hm^2)	籽粒磷占总磷比例(%)
2013	不施磷	6.32b	20.80a	3.14b	18.92a	90.86a
	习惯施肥	6.70ab	19.79a	3.28ab	17.25a	86.59b
	推荐施磷	7.06a	20.40a	3.51a	18.42a	90.33ab
	-30%+条施	6.29b	18.82a	3.21ab	16.95a	89.76ab
	-20%+解磷菌	6.76ab	18.33a	3.41ab	16.48a	89.82ab
	-30%+双菌	6.56ab	20.23a	3.37ab	18.32a	90.45ab
2014	不施磷	7.60b	12.31c	3.22b	11.06d	89.97a
	习惯施肥	8.73a	15.83a	3.65a	13.68a	86.47ab
	推荐施磷	7.88ab	14.80ab	3.39b	12.95ab	87.54ab
	-30%+条施	7.92ab	13.86b	3.42ab	12.21bc	88.25ab
	-20%+解磷菌	7.31b	13.86b	3.22b	12.09c	87.46ab
	-30%+双菌	7.78ab	15.95a	3.44ab	13.58a	85.21b
2015	不施磷	4.30b	4.95b	1.51b	4.29b	86.64ab
	习惯施肥	6.62a	10.70a	2.53a	9.27a	86.89a
	推荐施磷	6.03a	9.13a	2.37a	7.76a	84.90ab
	-30%+条施	5.88a	9.74a	2.25a	8.47a	86.85a
	-20%+解磷菌	5.66a	9.12a	2.20a	7.59a	83.19b
	-30%+双菌	6.09a	9.86a	2.36a	8.37a	84.95ab
2016	不施磷	8.76b	13.37c	3.82b	11.17c	83.33ab
	习惯施肥	11.31a	25.06a	4.91a	19.93a	79.47c
	推荐施磷	9.48ab	19.66b	4.37ab	16.66b	84.76a
	-30%+条施	9.74ab	20.96b	4.35ab	17.03b	81.22bc
	-20%+解磷菌	9.57ab	20.28b	4.17ab	16.60b	81.89bc
	-30%+双菌	10.95a	24.03a	4.84a	19.54a	81.31bc

注：不同小写字母表示差异达0.05显著水平

在小麦土壤中接种解磷细菌和菌根真菌可以活化土壤磷，在减施 20%或 30%的磷肥情况下不影响小麦产量。接种解磷菌与双接种处理的小麦秸秆生物量和产量与推荐处理的生物量间不存在显著差异，表明在减施 20%和 30%的磷肥处理下，接种解磷细菌或双接种提高了土壤中磷素的活化，促进了植物的吸收，保证了小麦的生物量和产量的稳定，同时减少了肥料的投入(图 3-65)。

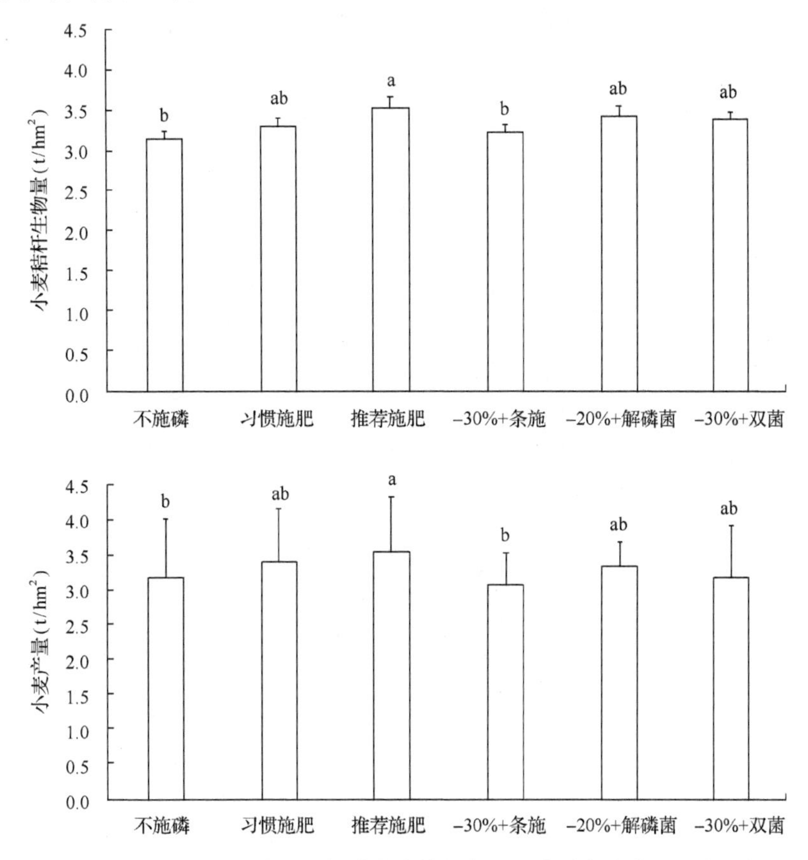

图 3-65　湖北荆门不同施磷量及接种微生物菌剂对小麦秸秆生物量和产量的影响

不同字母表示不同处理间磷含量差异达显著水平($P<0.05$)

采用苯菌灵对低磷大田土壤中土著丛枝菌根真菌进行杀菌处理，比较原位接种丛枝菌根真菌(*Glomus versiforme*，G.v)和解磷细菌(*Pseudomonas* sp.)对不同生育期玉米生长、磷吸收利用和产量的影响。结果表明，苯菌灵能够有效地抑制土著丛枝菌根真菌对玉米根系的侵染，添加外源菌根真菌降低了玉米产量；接种解磷细菌显著提高了六叶期和十三叶期玉米生物量，但对乳熟期和成熟期玉米生物量和产量无显著影响(图 3-66)。接种解磷菌和 G.v 仅在玉米六叶期在根系生长上表现出协同效应，双接种提高了玉米六叶期和成熟期的吸磷量，但对玉米产量无显著影响。综上可以看出，大田土壤接种土壤有益微生物的效应受多种因素的影响，如接种剂的数量、土著微生物与微生物间竞争，以及微生物适应性等(Pellegrino et al.，2012)，此外菌剂中可能存在生长抑制物质，如病原菌或其他化学物质。大田条件下如何发挥有益微生物的作用，还需进一步的优化。

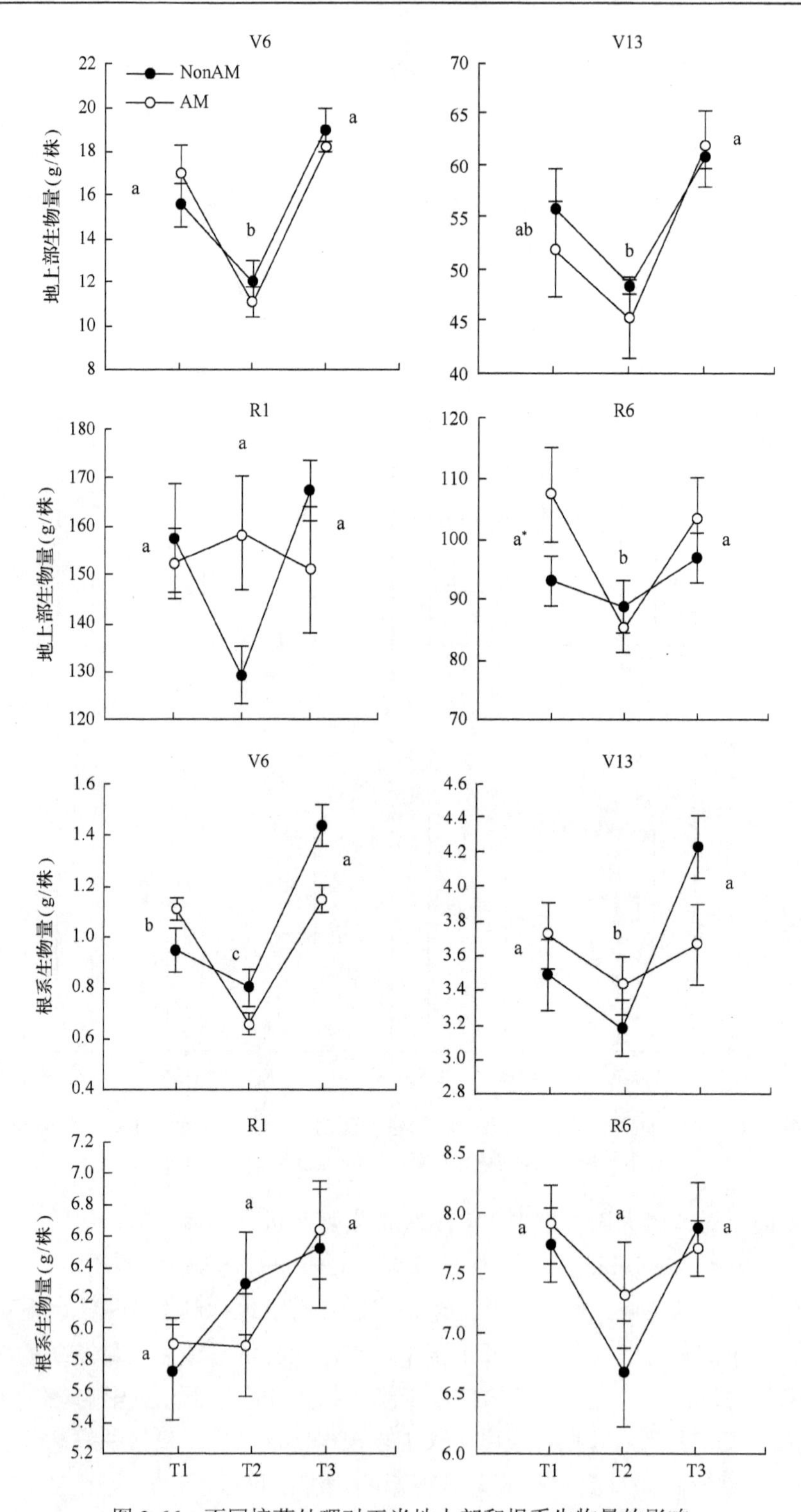

图 3-66　不同接菌处理对玉米地上部和根系生物量的影响

数值=平均值+标准误(n=4)；V6. 六叶期；V13. 十三叶期；R1. 乳熟期；R6. 成熟期

T1. 原土处理；T2. 苯菌灵灭菌处理；T3. 接种解磷细菌处理；NonAM. 未接种 AMF 处理；AM. 接种 AM 处理；

*表示同一主处理中两个裂区处理在 $P<0.05$ 水平差异显著，不同字母表示不同处理间差异达显著水平($P<0.05$)

在湖北荆门，与小麦不同，各处理在 2013～2015 年对水稻生物量、磷吸收量、籽粒产量、籽粒磷含量和籽粒磷占总磷比例均未表现出明显差异，产量维持在 6.72～7.87t/hm^2(表 3-21)。两种作物相比，水稻的产量和磷吸收量明显高于小麦，但水稻籽粒磷占总磷的比例低于小麦(表 3-20，表 3-21)，表明①满足水稻生长所需的土壤磷含量低于小麦，也说明两种作物的土壤临界磷浓度有所不同；②旱作和淹水条件对土壤有效磷的影响不同；③调控处理提高了水稻对磷的利用效率，其中 2015 年减 30%磷肥+芽孢杆菌处理水稻的磷吸收量较其他磷处理有显著的增加，表明芽孢杆菌或许能够帮助水稻从土壤中获取磷资源。

表 3-21　湖北水稻各处理植株生物量、磷吸收量、籽粒产量和磷含量及籽粒磷占总磷比例(2013～2015 年)

年份	处理	生物量 (t/hm^2)	磷吸收量 (kg/hm^2)	籽粒产量 (t/hm^2)	籽粒磷含量 (kg/hm^2)	籽粒磷占总磷比例 (%)
2013	不施磷	15.86a	32.26a	6.85a	18.91a	58.47a
	习惯施肥	16.50a	35.50ab	6.91a	20.85a	58.95a
	推荐施磷	17.57a	39.09a	7.45a	22.43a	57.40a
	–30%+条施	15.43a	32.49b	6.87a	20.62a	63.04a
	–30%+芽孢杆菌	16.04a	36.34ab	6.72a	20.62a	56.83a
2014	不施磷	13.64b	34.70a	7.19ab	22.88a	66.10a
	习惯施肥	14.94a	33.72a	7.54a	21.23a	63.25ab
	推荐施磷	13.70ab	32.56a	7.11b	20.49a	63.08ab
	–30%+条施	14.44ab	37.11a	7.22ab	22.13a	59.61b
	–20%+芽孢杆菌	14.23ab	33.92a	7.24ab	21.01a	61.88ab
	–30%+芽孢杆菌	13.86ab	34.71a	7.24ab	20.75a	60.28b
2015	不施磷	14.67a	29.98b	7.64a	17.65b	58.87b
	习惯施肥	15.01a	31.81b	7.69a	19.62b	61.78ab
	推荐施磷	14.31a	33.42b	7.55a	20.77ab	62.66ab
	–30%+条施	14.60a	34.01b	7.63a	21.46ab	62.92ab
	–20%+芽孢杆菌	14.33a	32.60b	7.47a	21.79ab	66.66a
	–30%+芽孢杆菌	15.95a	40.62a	7.87a	25.17a	61.75ab

注：不同小写字母表示差异达 0.05 显著水平

3. 干湿交替提高土壤磷有效性

干湿交替的节水效果已经有很多研究(Mishra et al.，1990)，但对于增产还是减产的结果仍有争议(Mishra et al.，1990)。根际是作物根系与土壤交互的主要界面，根系是植物从土壤获得养分与水分的首要门户(施卫明，1993)。研究表明水分的干湿交替调控能使水稻的根系扎深，从而达到节水保产的效果(Zhang et al.，2011；Xu et al.，2013)。同时，干湿交替可以显著降低水稻总叶面积指数，提高根系活力(杨建昌等，2008)。较高的根系活力可以保证籽粒迅速灌浆(蔡永萍等，2000)。我们在江西的试验表明，在减少磷肥投入的条件下，结合干湿交替的水分处理，能够得到与正常灌溉条件下全磷投入的产量水平，从而达到在节水的基础上提高磷肥利用率的目的(图 3-67)。

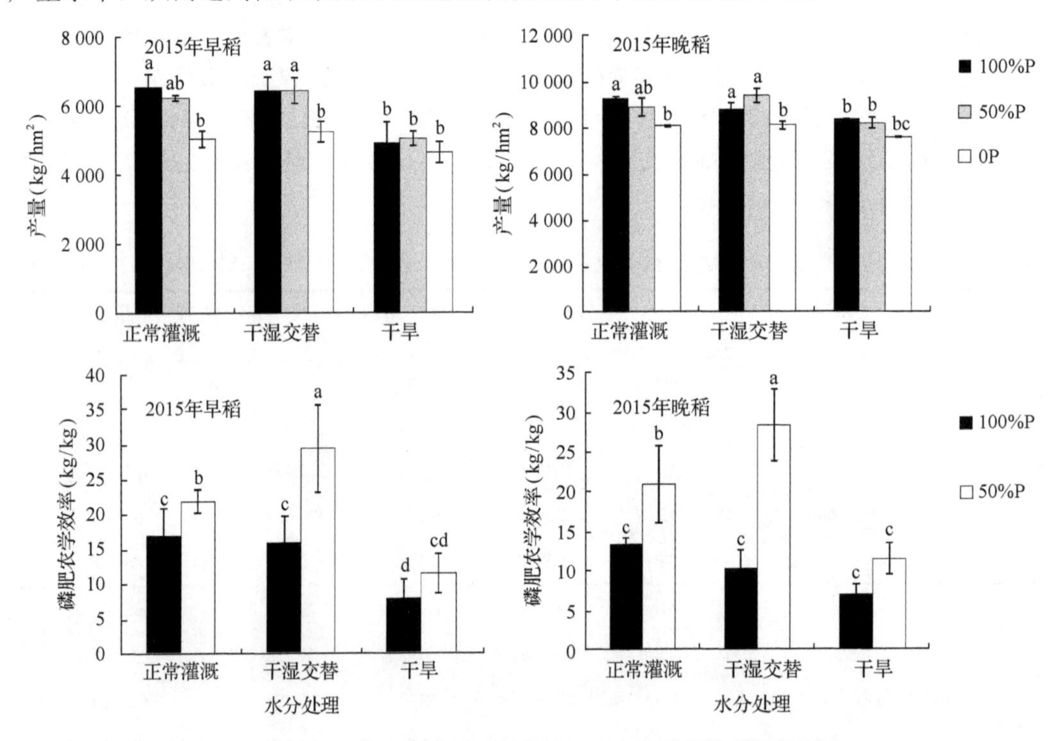

图 3-67　水分处理与不同磷处理对水稻磷高效利用的影响

磷肥农学效率(kg/kg)＝(施肥区产量–不施肥区产量)/施肥量；不同字母表示不同处理间差异达显著水平($P<0.05$)

4. 温度对磷有效性的影响

低温条件下，土壤中磷的扩散降低(Itoh，2002)，土壤有效磷供应水平偏低；植物根系生长受到抑制(Barber et al.，1988)，AM 真菌生长和侵染活性受阻(Wang et al.，2002)，作物对缺磷敏感，易出现缺磷症状。杨佳佳等(2009)研究表明温度升高能够显著降低黑土有机磷及 Ca_8-P 的含量。

针对东北玉米苗期容易遭受低温胁迫、影响土壤磷高效利用的实际，在黑龙江省哈尔滨市设置田间试验，在玉米播种前进行人工覆膜，玉米出苗后打空引苗，设置的田间处理方案为：不施磷肥(P0)、磷肥 60kg/hm^2(P1)、75kg/hm^2(P2)、60kg/hm^2+苗期覆膜(P1+膜)等处理。覆膜条件下土壤温度高于不覆膜区，平均增加 2.7℃，同时覆膜的根区土壤湿度增加。苗期覆膜土壤速效磷含量表现出增加趋势，植株生长受到促进，地上部和根系生物量显著增加，苗期植株磷含量和吸收累积量显著提高(图 3-68，表 3-22)。

图 3-68　东北春季覆膜对田间玉米生长的影响

表 3-22　不同磷肥用量施用和苗期覆膜条件下玉米苗期根际土和非根际土有效磷含量　（单位：mg/kg）

磷肥处理	2013 年		2014 年	
	非根际土	根际土	非根际土	根际土
P0	27.56±8.77b(B)	23.32±7.39a(B)	25.62±2.94b(CD)	23.23±3.25c(D)
P1	30.68±5.55b(B)	24.96±3.08a(B)	36.84±4.83ab(ABC)	28.45±3.47c(BCD)
P2	37.99±15.56b(B)	34.82±9.40a(B)	37.00±2.80ab(ABC)	31.68±3.87bc(ABCD)
P1+覆膜	31.92±13.21b(B)	31.58±5.96a(B)	40.15±13.39a(B)	38.83±10.2ab(AB)

注：表中数据后标识的不同小写字母表示同一列数据差异达到 0.05 显著水平，不同大写字母表示同一时期根际与非根际土的数据差异达到 0.05 显著水平

^{31}P-NMR 的分析结果表明，苗期覆膜处理后非根际和根际土壤中总浸提磷量、正磷酸盐和磷酸单酯类含量高于不覆膜处理(图 3-69，表 3-23)。

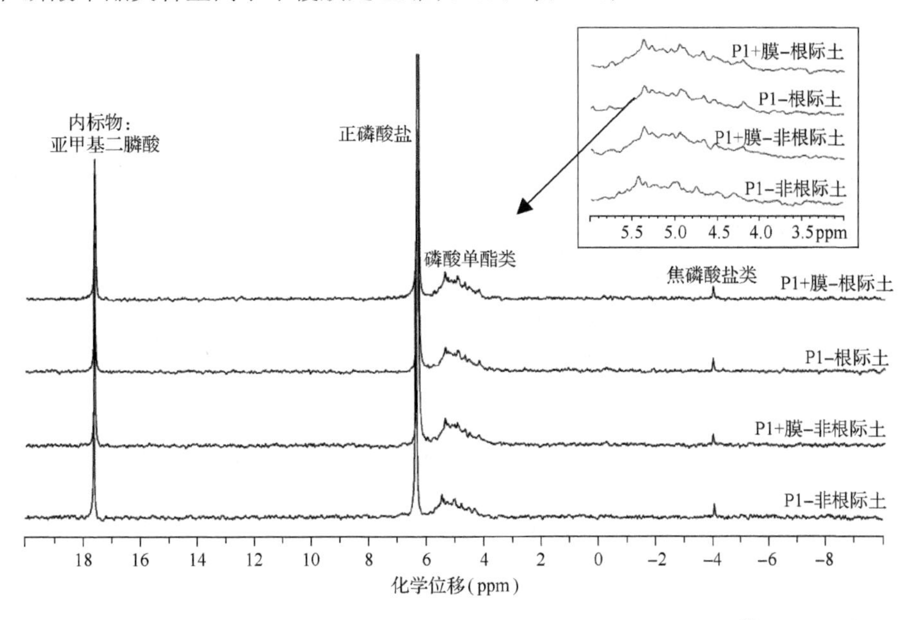

图 3-69　磷肥施用条件下苗期覆膜、不覆膜处理根际土和非根际土的 ^{31}P-NMR 谱图

表 3-23　液体 ^{31}P-NMR 技术分析正常施磷肥条件下苗期覆膜、不覆膜处理根际土和非根际土黑土 NaOH-EDTA 提取物中磷化合物种类含量　　(单位：mg/kg)

处理		正磷酸盐	磷酸单酯	焦磷酸盐	总浸提磷量
P1	非根际土	169.73	106.67	3.88	280.28
		(60.6)	(38.1)	(1.4)	(100)
P1+膜	非根际土	199.96	139.93	4.49	344.38
		(58.1)	(40.6)	(1.3)	(100)
P1	根际土	192.42	129.01	4.33	325.76
		(59.1)	(39.6)	(1.3)	(100)
P1+膜	根际土	210.10	131.87	4.66	346.63
		(60.6)	(38.0)	(1.3)	(100)

注：括号内数据表示不同形态磷占总浸提磷量的百分比例(%)

温度对土壤磷的吸附和解析有明显影响。用定位试验土壤进行的室内模拟实验结果表明，土壤对外源磷的吸附量在 15℃和 25℃下差异不显著，当温度降到 10℃时，土壤磷吸附量降低(图 3-70)。

在 25℃下磷解吸率显著高于 15℃下磷解吸率，15℃下磷解吸率高于 10℃下磷解吸率。随着温度升高，黑土对外源磷的解吸率随之升高，温度能够促进土壤吸附态磷释放(图 3-71)。

现代集约化生产条件下，长期施用磷肥，农田土壤中磷累积增加，形成了一个巨大的潜在磷库。通过调控土壤温度、水分等因素，发挥土壤微生物作用，促进土壤累积磷释放和有效化；发掘作物自身潜力，实施磷肥根际集中与活化施肥方法，减少土壤对磷的固定，发挥根系分泌物对土壤磷的活化机理，促进作物对土壤累积磷的高效吸收与利用，从而提高磷肥利用率，保障农业可持续发展(图 3-72)。

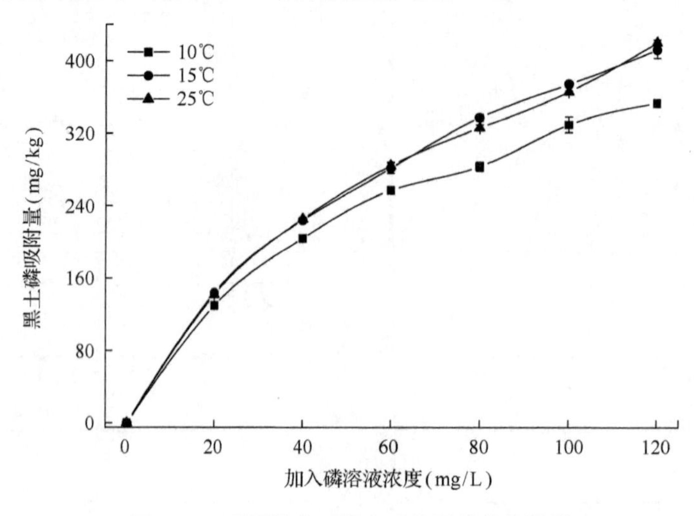

图 3-70　不同温度下黑土对外源磷的吸附量

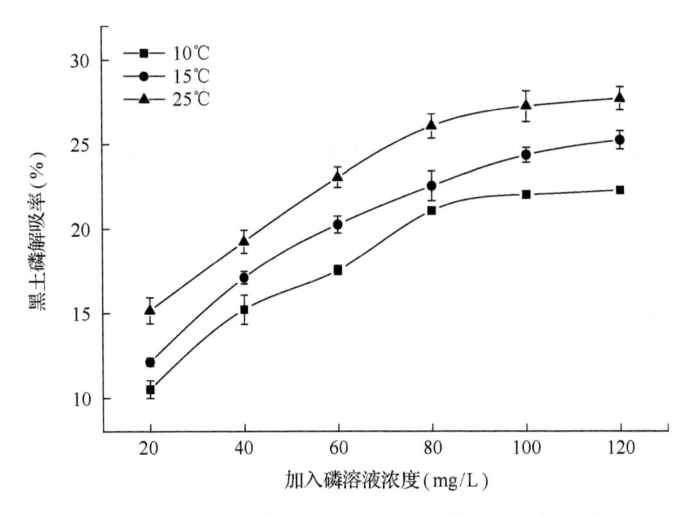

图 3-71　不同温度下黑土对吸附态外源磷的解吸率

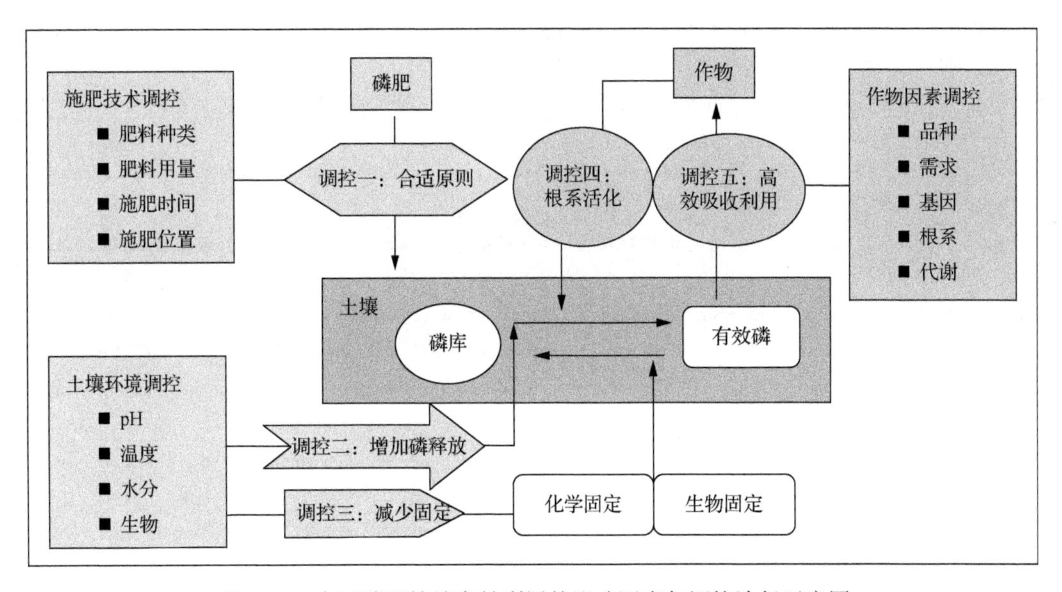

图 3-72　农田磷肥持续高效利用的影响因素与调控途径示意图

总之，自 20 世纪后期至今在农业生产中大量投入磷肥，使我国土壤的磷含量从严重不足到目前全国平均达到 20mg/kg 以上的水平(Li et al.，2011)，基本能够满足三大作物生长对磷素的需求。继续过量投入磷肥不仅不能带来增产，还会造成土壤磷的继续累积，严重时会造成环境污染。在东北(黑龙江)、华北(河南)和长江中下游(湖北、江西)等 4 个基地进行的研究表明，除湖北荆门外，其余三处的基础土壤磷浓度均较高，施用磷肥没有增产效果，这也反映了我国目前农田土壤的磷水平状况，也说明了进行本项研究的重要性。在不同地区的研究结果表明，减施并有针对性地配合使用不同调控措施，能够在不减产的前提下达到减少磷肥投入、提高养分利用率并减少施肥造成的环境污染风险的目的，为农业部制定的《到 2020 年化肥使用量零增长行动方案》提供了有效支撑。

参 考 文 献

鲍士旦. 2005. 土壤农化分析. 北京: 中国农业出版社.

蔡永萍, 杨其光, 黄义德. 2000. 水稻水作与旱作对抽穗后剑叶光合特性、衰老及根系活性的影响. 中国水稻科学, 14(4): 219-224.

郭玉春, 林文雄. 2003. 低磷胁迫下不同磷效率水稻苗期根系的生理适应性研究. 应用生态学报, 14(1): 61-65.

蒋柏藩, 沈仁芳. 1990. 土壤无机磷分级的研究. 土壤学进展, 18(1): 1-8.

李德华, 向春雷, 姜益泉, 等. 2006. 低磷胁迫下不同水稻品种根系生理特性的研究. 华中农业大学学报, 25(6): 626-629.

李利华, 邱旭华, 李香花, 等. 2009. 低磷胁迫水稻根部基因表达谱研究. 中国科学: 生命科学, (6): 549-558.

鲁如坤. 1990. 土壤磷素化学研究进展. 土壤学进展, 19(6): 1-5.

明凤, 米国华, 张福锁, 等. 2000. 水稻对低磷反应的基因型差异及其生理适应机制的初步研究. 应用与环境生物学报, 6(2): 138-141.

施卫明. 1993. 根系分泌物与养分有效性. 土壤学报, 25(5): 252-256.

杨佳佳, 李兆君, 梁永超, 等. 2009. 温度和水分对不同肥料条件下黑土磷形态转化的影响及机制. 植物营养与肥料学报, 15(6): 1295-1302.

Anghinoni I, Barber S. 1980. Phosphorus influx and growth characteristics of corn roots as influenced by phosphorus supply. Agronomy Journal, 72(4): 685-688.

Asher CJ, Loneragan JF. 1967. Response of plants to phosphate concentration in solution culture: I. Growth and phosphorus content. Soil Science, 103(4): 225-233.

Bai ZH, Li HG, Yang XY, et al. 2013. The critical soil P levels for crop yield, soil fertility and environmental safety in different soil types. Plant and Soil, 372(12): 27-37.

Barber SA, Mackay AD, Kuchenbuch RO, et al. 1988. Effects of soil temperature and water on maize root growth. Plant and Soil, 111(2): 267-269.

Barber SA. 1995. Soil Nutrient Bioavailability: A Mechanistic Approach. New York: John Wiley Press.

Bertin C, Yang X, Weston LA. 2003. The role of root exudates and allelochemicals in the rhizosphere. Plant and Soil, 256(1): 67-83.

Bertrand I, Hinsinger P, Jaillard B, et al. 1999. Dynamics of phosphorus in the rhizosphere of maize and rape grown on synthetic, phosphated calcite and goethite. Plant and Soil, 211(1): 111-119.

Bever JD, Richardson SC, Lawrence BM, et al. 2009. Preferential allocation to beneficial symbiont with spatial structure maintains mycorrhizal mutualism. Ecology Letters, 12(1): 13-21.

Borkert CM, Barber SA. 1983. Effect of supplying P to a portion of the soybean root system on root growth and P uptake kinetics. Journal of Plant Nutrition, 6(10): 895-910.

Borling K, Barberis E, Otabbong E. 2004. Impact of long-term inorganic phosphorus fertilization on accumulation, sorption and release of phosphorus in five Swedish soil profiles. Nutrient Cycling in Agroecosystems, 69(1): 11-21.

Browne P, Rice O, Miller SH, et al. 2009. Superior inorganic phosphate solubilization is linked to phylogeny within the *Pseudomonas fluorescens* complex. Applied Soil Ecology, 43(1): 131-138.

Cai HG, Chen FJ, Mi GH, et al. 2012a. Mapping QTLs for root system architecture of maize (*Zea mays* L.) in the field at different developmental stages. Theoretical and Applied Genetics, 125(6): 1313-1324.

Cai HG, Chu Q, Yuan LX, et al. 2012b. Identification of quantitative trait loci for leaf area and chlorophyl content in maize (*Zea mays* L.) under low nitrogen and low phosphorus supply. Molecular Breeding, 30(1): 251-266.

Cavagnaro TR, Smith FA, Smith SE, et al. 2005. Functional diversity in arbuscular mycorrhizas, exploitation of soil patches with different phosphate enrichment differs among fungal species. Plant, Cell & Environment, 28(5): 642-650.

Chang C, Hu Y, Sun S, et al. 2009. Proton pump *OsA8* is linked to phosphorus uptake and translocation in rice. Journal of Experimental Botany, 60(2): 557-565.

Colomb B, Debaeke P, Jouany C, et al. 2007. Phosphorus management in low input stockless cropping systems: crop and soil responses to contrasting P regimes in a 36-year experiment in southern France. European Journal of Agronomy, 26(2): 154-165.

Cooper H, Clarkson D. 1989. Cycling of amino-nitrogen and other nutrients between shoots and roots in cereals a possible mechanism integrating shoot and root in the regulation of nutrient uptake. Journal of Experimental Botany, 40(216): 753-762.

Cordell D, White S. 2013. Sustainable phosphorus measures: strategies and technologies for achieving phosphorus security. Agronomy, 3(1): 86-116.

Corrales I, Amenós M, Poschenrieder C, et al. 2007. Phosphorus efficiency and root exudates in two contrasting tropical maize varieties. Journal of Plant Nutrition, 30(6): 887-900.

Covacevich F, Echeverría HE, Aguirrezabal LAN. 2007. Soil available phosphorus status determines indigenous mycorrhizal colonization of field and glasshouse-grown spring wheat from Argentina. Applied Soil Ecology, 35(1): 1-9.

Covacevich F, Marino MA, Echeverría HE. 2006. The phosphorus source determines the arbuscular mycorrhizal potential and the native mycorrhizal colonization of tall fescue and wheatgrass. European Journal of Soil Biology, 42(3): 127-138.

Darrah P. 1993. The rhizosphere and plant nutrition: a quantitative approach. Plant and Soil, 155(1): 1-20.

Dinkelaker B, Römheld V, Marschner H. 1989. Citric acid excretion and precipitation of calcium citrate in the rhizosphere of white lupin (*Lupinus albus* L.). Plant, Cell & Environment, 12(3): 285-292.

Drew EA, Murray RS, Smith SE, et al. 2003. Beyond the rhizosphere: growth and function of arbuscular mycorrhizal external hyphae in sands of varying pore sizes. Plant and Soil, 251(1): 105-114.

Dumbrell AJ, Nelson M, Helgason T, et al. 2010. Relative roles of niche and neutral processes in structuring a soil microbial community. The ISME Journal, 4(3): 337-345.

Essigmann B, Güler S, Narang RA, et al. 1998. Phosphate availability affects the thylakoid lipid composition and the expression of *SQD1*, a gene required for sulfolipid biosynthesis in *Arabidopsis thaliana*. Proceedings of the National Academy of Sciences, 95(4): 1950-1955.

Fan M, Zhu J, Richards C, et al. 2003. Physiological roles for aerenchyma in phosphorus-stressed roots. Functional Plant Biology, 30(5): 493-506.

Fernández MC, Boem FHG, Rubio G. 2009a. Arbuscular mycorrhizal colonization and mycorrhizal dependency: a comparison among soybean, sunflower and maize. Davis: The Proceedings of the International Plant Nutrition Colloquium XVI, Department of Plant Science, University of California.

Fernández MC, Belinque H, Boem FHG, et al. 2009b. Compared phosphorus efficiency in soybean, sunflower and maize. Journal of Plant Nutrition, 32(12): 2027-2043.

Fernández MC, Rubio G. 2015. Root morphological traits related to phosphorus-uptake efficiency of soybean, sunflower, and maize. Journal of Plant Nutrition and Soil Science, 178(5): 807-815.

Gaume A, Mächler F, De León C, et al. 2001. Low-P tolerance by maize (*Zea mays* L.) genotypes: significance of root growth, and organic acids and acid phosphatase root exudation. Plant and Soil, 228(2): 253-264.

Gosling P, Jones J, Bending GD. 2016. Evidence for functional redundancy in arbuscular mycorrhizal fungi and implications for agroecosystem management. Mycorrhiza, 26(1): 77-83.

Hammond JP, Broadley MR,White PJ. 2004. Genetic responses to phosphorus deficiency. Annuals of Botany, 94(3): 323-332.

Hammond JP, White PJ. 2008. Sucrose transport in the phloem: integrating root responses to phosphorus starvation. Journal of Experimental Botany, 59(1): 93-109.

Hermans C, Hammond JP, White PJ, et al. 2006. How do plants respond to nutrient shortage by biomass allocation? Trends in Plant Science, 11(12): 610-617.

Hesketh N, Brookes PC. 2000. Development of an indicator for risk of phosphorus leaching. Journal of Environmental Quality, 29(1): 105-110.

Hinsinger P, Bengough AG, Vetterlein D, et al. 2009. Rhizosphere: biophysics, biogeochemistry and ecological relevance. Plant and Soil, 321 (1-2) : 117-152.

Hinsinger P. 2001. Bioavailability of soil inorganic P in the rhizosphere as affected by root-induced chemical changes: a review. Plant and Soil, 237 (2) : 173-195.

Hodge A. 2006. Plastic plants and patchy soils. Journal of Experimental Botany, 57 (2) : 401-411.

Imsande J, Touraine BN. 1994. demand and the regulation of nitrate uptake. Plant Physiology, 105 (1) : 3-7.

Itoh S. 2002. Application of mechanistic model for phosphorus uptake by barley under low temperature conditions. Soil Science and Plant Nutrition, 48 (3) : 441-445.

Janssen PH, Yates PS, Grinton BE, et al. 2002. Improved culturability of soil bacteria and isolation in prue culture of novel members of the divisions *Acidobacteria*, *Actinobacteria*, *Proteobacteria* and *Verrucomicrobia*. Applied and Environmental Microbiology, 68 (5) : 2391-2396.

Johnson NC, Graham JH, Smith FA. 1997. Functioning of mycorrhizal associations along the mutualism-parasitism continuum. New Phytologist, 135 (4) : 575-585.

Johnson NC, Wilson GWT, Bowker MA, et al. 2010. Resource limitation is a driver of local adaptation in mycorrhizal symbioses. Proceedings of the National Academy of Sciences, 107 (5) : 2093-2098.

Joner E, Magid J, Gahoonia T, et al. 1995. P depletion and activity of phosphatases in the rhizosphere of mycorrhizal and non-mycorrhizal cucumber (*Cucumis sativus* L.). Soil Biology and Biochemistry, 27 (9) : 1145-1151.

Jonggun W, Jangsoo C, Seungphil L, et al. 2005. Water saving by shallow intermittent irrigation and growth of rice. Plant Production Science, 8 (4) : 487-492.

Jungk AO. 2002. Dynamics of nutrient movement at the soil-root interface. *In*: Waisel Y, Eshel A, Kafkafi U. Plant Roots: the Hidden Half. New York: Marcel Dekker Inc: 587-616.

Jungk A, Claassen N. 1989. Availability in soil and acquisition by plants as the basis for phosphorus and potassium supply to plants. Journal of Plant Nutrition and Soil Science, 152 (2) : 151-157.

Kobayashi K, Masuda T, Takamiya K, et al. 2006. Membrane lipid alteration during phosphate starvation is regulated by phosphate signaling and auxin/cytokinins cross-talk. The Plant Journal, 47 (2) : 238-248.

Lamont B. 1983. Root hair dimensions and surface/volume/weight ratios of roots with the aid of scanning electron microscopy. Plant and Soil, 74 (1) : 149-152.

Li H, Huang G, Meng Q, et al. 2011. Integrated soil and plant phosphorus management for crop and environment in China. A review. Plant and Soil, 349 (1-2) : 157-167.

Li H, Shen J, Zhang F, et al. 2008. Dynamics of phosphorus fractions in the rhizosphere of common bean (*Phaseolus vulgaris* L.) and durum wheat (*Triticum turgidum durum* L.) grown in monocropping and intercropping systems. Plant and Soil, 312 (1-2) : 139-150.

Li H, Shen J, Zhang F, et al. 2010. Phosphorus uptake and rhizosphere properties of intercropped and monocropped maize, faba bean, and white lupin in acidic soil. Biology and Fertility of Soils, 46 (2) : 79-91.

Li HB, Xia M, Wu P. 2001. Effect of phosphorus deficiency stress on rice lateral root growth and nutrient absorption. Acta Botanica Sinica, 43 (11) : 1154-1160.

Li Z, Xu C, Li K, et al. 2012. Phosphate starvation of maize inhibits lateral root formation and alters gene expression in the lateral root primordium zone. BMC Plant Biology, 12 (1) : 89.

Liao H, Rubio G, Yan X, et al. 2001. Effect of phosphorus availability on basal root shallowness in common bean. Plant and Soil, 232 (1-2) : 69-79.

Lynch JP, Brown KM. 2001. Topsoil foraging—an architectural adaptation of plants to low phosphorus availability. Plant and Soil, 237 (2) : 225-237.

Mander C, Wskelin S, Condron L, et al. 2012. Incidence and diversity of phosphate-solubilising bacteria are linked to phosphorus status in grassland soils. Soil Biology and Biochemistry, 44 (1) : 93-101.

Mishra HS, Rathore TR, Pant RC, et al. 1990. Effect of intermittent irrigation on groundwater table contribution, irrigation requirement and yield of rice in mollisols of the Tarai region. Agricultural Water Management, 18 (3) : 231-241.

Mollier A, Pellerin S. 1999. Maize root system growth and development as influenced by phosphorus deficiency. Journal of Experimental Botany, 50 (333) : 487-497.

Morel C, Tunney H, Plenet D, et al. 2000. Transfer of phosphorus ions between soil and solution: perspectives in soil testing. Journal of Environmental Quality, 29 (1) : 50-59.

Neumann G, Bott S, Ohler M, et al. 2014. Root exudation and root development of lettuce (*Lactuca sativa* L. cv. Tizian) as affected by different soils. Frontiers in Microbiology, 5 (1) : 1-6.

Neumann G, Römheld V. 1999. Root excretion of carboxylic acids and protons in phosphorus-deficient plants. Plant and Soil, 211 (1) : 121-130.

Ning P, Li S, White PJ, et al. 2015. Maize varieties released in different eras have similar root length density distributions in the soil, which are negatively correlated with local concentrations of soil mineral nitrogen. PLoS ONE, 10 (3) : e0121892.

Niu JF, Peng YF, Li CJ, et al. 2010. Changes in root length at the reproductive stage of maize plants grown in the field and quartz sand. Journal Plant Nutrition Soil Science, 173 (2) : 306-314.

Niu YF, Zhang YS. 2012. Responses of root architecture development to low phosphorus availability: a review. Annals of Botany, 112 (2) : 391-408.

Olsson PA, Jakobsen I, Wallander H. 2002. Foraging and resource allocation strategies of mycorrhizal fungi in a patchy environment. *In*: Heijden MGAVD, Sanders IR. Mycorrhizal Ecology. Berlin: Springer-Verlag: 93-115.

Osman A, Babu PR, Venu K, et al. 2012. Prediction of substrate-binding site and elucidation of catalytic residue of a phytase from *Bacillus* sp. 1908. Enzyme and Microbial Technology, 51 (1) : 35-39.

Pearse SJ, Veneklaas EJ, Cawthray GR, et al. 2006. Carboxylate release of wheat, canola and 11 grain legume species as effected by phosphorus status. Plant and Soil, 288 (1-2) : 127-139.

Pellegrino E, Turrini A, Gamper HA, et al. 2012. Establishment, persistence and effectiveness of arbuscular mycorrhizal fungal inoculants in the field revealed using molecular genetic tracing and measurement of yield components. New Phytologist, 194 (3) : 810-822.

Peng Y, Li X, Li C. 2012. Temporal and spatial profiling of root growth revealed novel response of maize roots under various nitrogen supplies in the field. PLoS ONE, 7 (5) : e37726.

Peng YF, Niu JF, Peng ZP, et al. 2010. Shoot growth potential drives N uptake in maize plants and correlates with root growth in the soil. Field Crops Research, 115 (1) : 85-93.

Peng ZP, Li CJ. 2005. Transport and partitioning of phosphorus in wheat as affected by P withdrawal during flag-leaf expansion. Plant and Soil, 268 (1) : 1-11.

Ping W, Huixia S, Guohua X, et al. 2013. Improvement of phosphorus efficiency in rice on the basis of understanding phosphate signaling and homeostasis. Current Opinion in Plant Biology, 16 (2) : 205-212.

Plénet D, Etchebest S, Mollier A, et al. 2000. Growth analysis of maize field crops under phosphorus deficiency. Plant and Soil, 223 (1-2) : 119-132.

Raghothama K. 1999. Phosphate acquisition. Annual Review of Plant Biology, 50 (1) : 665-693.

Rengel Z, Marschner P. 2005. Nutrient availability and management in the rhizosphere: exploiting genotypic differences. New Phytologist, 168 (2) : 305-312.

Richardson AE, Hadobas PA, Hayes JE. 2000. Acid phosphomonoesterase and phytaseactivitvities of wheat (*Triticum aestivum* L.) roots and utilization of organic phosphorus substrates by seedlings grown in sterile culture. Plant, Cell and Environment, 23 (4) : 397-405.

RonVaz MD, Edwards AC, Shand CA, et al. 1993. Phosphorus fractions in soil solution: influence of soil acidity and fertilizer additions. Plant and Soil, 148 (2) : 175-183.

Rossolini GM, Shippa S, Riccio ML, et al. 1998. Bacterial nonspecific acid phosphatases: physiology, evolution, and use as tools in microbial biotechnology. Molecular Cell Life Science, 54: 833-850.

Rowe H, Withers PJA, Baas P. 2016. Integrating legacy soil phosphorus into sustainable. nutrient management strategies for future food, bioenergy and water security. Nutrient Cycling in Agroecosystems, 104 (3) : 1-20.

Schachtman DP, Reid RJ, Ayling SM. 1998. Phosphorus uptake by plants: from soil to cell. Plant Physiology, 116 (2) : 447-453.

Schoenau J, Huang W. 1991. Anion-exchange membrane, water, and sodium bicarbonate extractions as soil tests for phosphorus. Communications in Soil Science and Plant Analysis, 22 (5-6) : 465-492.

Sharpley AN, McDowell RW, Kleinman PJA. 2004. Amounts, forms, and solubility of phosphorus in soils receiving manure. Soil Science Society of America Journal, 68 (6) : 2048-2057.

Shen P, Xu MG, Zhang HM, et al. 2014. Long-term response of soil Olsen P and organic C to the depletion or addition of chemical and organic fertilizers. Catena, 118: 20-27.

Smith FA, Jakobsen I, Smith SE. 2000. Spatial differences in acquisition of soil phosphate between two arbuscular mycorrhizal fungi in symbiosis with *Medicago truncatula*. New Phytologist, 147 (2) : 357-366.

Smith SE, Smith FA. 2011. Roles of arbuscular mycorrhizas in plant nutrition and growth: new paradigms from cellular to ecosystem scales. Annual Review Plant Biology, 62 (1) : 227-250.

Spohn M. 2016. Element cycling as driven by stoichiometric homeostasis of soil microorganisms. Basic and Applied Ecology, 17 (6) : 471-478.

Tang X, Placella S, Florent D, et al. 2016. Phosphorus availability and microbial community in the rhizosphere of intercropped cereal and legume along a P-fertilizer gradient. Plant and Soil, 407 (1-2) : 119-134.

Teng W, Deng Y, Chen XP, et al. 2013. Characterization of root response to phosphorus supply from morphology to gene analysis in field-grown wheat. Journal of Experimental Botany, 64 (5) : 1403.

Thomson BD, Robson AD, Abbott LK. 2010. Soil mediated effects of phosphorus supply on the formation of mycorrhizas by *Scutellispora calospora* (Nicol. & Gerd.) Walker & Sanders on subterranean clover. New Phytologist, 118 (3) : 463-469.

Tibbett M. 2000. Roots, foraging and the exploitation of soil nutrient patches: the role of mycorrhizal symbiosis. Functional Ecology, 14 (3) : 397-399.

Tiessen H, Stewart J, Cole C. 1984. Pathways of phosphorus transformations in soils of differing pedogenesis. Soil Science Society of America Journal, 48 (4) : 853-858.

Turner BL, Mahieu N, Condron LM. 2003. Phosphorus-31 nuclear magnetic resonance spectral assignments of phosphorus compounds in soil NaOH-EDTA extracts. Soil Science Society of America Journal, 67 (2) : 497-510.

Vance CP, Uhde-Stone C, Allan DL. 2003. Phosphorus acquisition and use: critical adaptations by plants for securing a nonrenewable resource. New Phytologist, 157 (3) : 423-447.

Varinderpal-Singh, Dhillon NS, Raj-Kumar, et al. 2006. Long-term effects of inorganic fertilizers and manure on phosphorus reaction products in a Typic Ustochrept. Nutrient Cycling in Agroecosystems, 76 (1) : 29-37.

Wakelin S, Mander C, Gerard E, et al. 2012. Response of soil microbial communities to contrasted histories of phosphorus fertilisation in pastures. Applied Soil Ecology, 61 (5) : 40-48.

Wang B, Funakoshi D, Dalpé Y, et al. 2002. Phosphorus-32 absorption and translocation to host plants by arbuscular mycorrhizal fungi at low root-zone temperature. Mycorrhiza, 12 (2) : 93-96.

Wells CE, Eissenstat DM. 2003. Beyond the roots of young seedlings: the influence of age and order on fine root physiology. Journal of Plant Growth Regulation, 21 (4) : 324-334.

White PJ, George TS, Dupuy LX, et al. 2013a. Root traits for infertile soils. Frontiers in Plant Science, 4 (193) : 193.

White PJ, George TS, Gregory PJ, et al. 2013b. Matching roots to their environment. Annals of Botany, 112 (2) : 207-222.

Xiang X, Gibbonset S, He JS, et al. 2016. Rapid response of arbuscular mycorrhizal fungal communities to short-term fertilization in an alpine grassland on the Qinghai-Tibet Plateau. Peer J, 4 (3) : e2226.

Xu WF, Jia LG, Shi WM, et al. 2013. Abscisic acid accumulation modulates auxin transport in the root tip to enhance proton secretion for maintaining root growth under moderate water stress. New Phytologist, 197(1): 139-150.

Yanai J, Sawamoto T, Oe T, et al. 2003. Spatial variability of nitrous oxide emissions and their soil-related determining factors in an agricultural field. Journal of Environmental Quality, 32(6): 1965-1977.

Yang J, Zhang J. 2010. Crop management techniques to enhance harvest index in rice. Journal of Experimental Botany, 61(12): 3177-3189.

Yi K, Wu Z, Zhou J, et al. 2005. *OsPTF1*, a novel transcription factor involved in tolerance to phosphate starvation in rice. Plant Physiology, 138(4): 2087-2096.

Zhang R, Liu G, Wu N, et al. 2011. Adaptation of plasma membrane H^+, ATPase and H^+, pump to P deficiency in rice roots. Plant and Soil, 349(1-2): 3-11.

Zhang Y, Yu P, Peng YF, et al. 2012. Fine root patterning and balanced inorganic phosphorus distribution in the soil indicate distinctive adaptation of maize plants to phosphorus deficiency. Pedosphere, 22(6): 870-877.

Zheng C, Ji B, Zhang J, et al. 2014. Shading decreases plant carbon preferential allocation towards the most beneficial mycorrhizal mutualist. New Phytologist, 205(1): 361-368.

Zhu J, Kaeppler SM, Lynch JP. 2005a. Mapping of QTL controlling root hair length in maize (*Zea mays* L.) under phosphorus deficiency. Plant and Soil, 270(1): 299-310.

Zhu J, Kaeppler SM, Lynch JP. 2005b. Topsoil foraging and phosphorus acquisition efficiency in maize (*Zea mays*). Functional Plant Biology, 32(8): 749.

Zoysa A, Loganathan P, Hedley M. 1998. Phosphate rock dissolution and transformation in the rhizosphere of tea (*Camellia sinensis* L.) compared with other plant species. European Journal of Soil Science, 49(3): 477-486.

第 4 章　畜禽有机肥氮磷生物转化与促效机制

4.1　畜禽有机肥施用下化肥的减施潜力

本研究基于我国典型作物轮作体系——东北春玉米单作体系、华北小麦-玉米轮作体系、长江中下游小麦-水稻轮作体系及长江中下游双季稻连作体系，设置优化施肥、替氮、减氮、减氮再替氮、减磷等施肥处理，研究畜禽有机肥施用下作物产量、养分累积规律及肥料利用率，从而阐明畜禽有机肥的化肥减施潜力。

4.1.1　东北春玉米单作体系化肥减施潜力

于黑龙江省农业科学院现代农业科技示范园区布置东北春玉米单作体系化肥减施潜力定位试验(2014～2016 年)，采集玉米各关键生育期植株样品，分析连续三年畜禽有机肥施用下春玉米产量响应与氮肥利用情况。试验处理包括：不施氮肥(PK)，农民习惯施肥(FFP)，优化施肥(OPT)，优化施肥下有机肥替氮 20%[OPT-N(CN80%+ON20%)]，优化施肥下有机肥替氮 100%[OPT-N(ON100%)]，优化施肥下减氮 20%再有机肥替氮 20%[OPT-80%N(CN80%+ON20%)]。

研究发现，不同施肥处理显著影响了玉米产量，各年份的趋势相似(图 4-1)。2014 年，OPT、OPT-N(CN80%+ON20%)处理的春玉米产量与 FFP 无显著差异，说明优化施肥处理虽然降低了氮肥用量，但仍可维持当季春玉米产量，而 OPT-N(ON100%)与 OPT-80%N(CN80%+ON20%)则显著降低了春玉米产量。2015 年，除了 OPT 与 OPT-N(CN80%+ON20%)以外，OPT-80%N(CN80%+ON20%)处理的春玉米产量也与 FFP 无明显差异，这可能是由有机肥的缓效性引起的，虽然有机肥在短期内效果不明显，但其持续施用有利于促进土壤

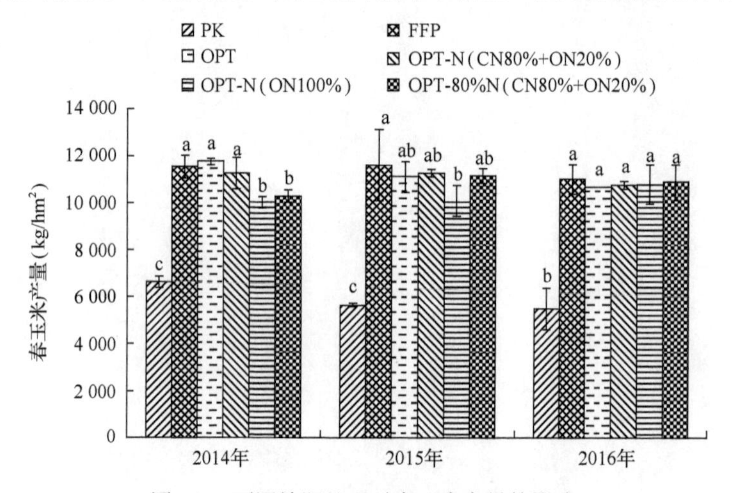

图 4-1　不同施肥处理对春玉米产量的影响

小写字母代表同一年份不同施肥处理间的差异显著性(Fisher's LSD test，$P<0.05$)

养分循环与转化，使得在氮肥进一步减量的同时，仍可维持作物产量。2016年，施用畜禽有机肥处理的春玉米产量均与农民习惯施肥处理无显著差异，说明了在持续施用有机肥的情况下，有可能实现氮肥减量作物稳产。

对2014年成熟期春玉米产量构成因素进行分析发现(表4-1)，不同施肥处理对玉米的穗行数和百粒重均无显著影响，这是玉米本身特性造成的。与其他施肥处理相比，农民习惯处理的行粒数明显较低，可能是由于农民习惯施肥较其他处理，没有穗肥的施入，穗分化受到影响，减少了行粒数。

表4-1　不同施肥处理对东北春玉米产量及产量构成因素的影响

处理	穗行数(行)	行粒数(个)	百粒重(g)	理论产量(kg/亩)	产量(kg/亩)
FFP	15.50±1.29a	33.37±3.93b	33.55±3.23a	518.02±219.78a	743.3±166.65a
OPT	15.00±0.00a	41.03±0.34a	39.68±2.32a	577.51±30.65a	794.41±11.12a
OPT-N(CN80%+ON20%)	15.00±0.82a	37.41±2.66ab	35.17±3.34a	420.84±76.33a	671.56±22.06a
OPT-80%N(CN80%+ON20%)	15.50±0.58a	40.75±2.21a	33.06±2.13a	488.07±121.79a	753.37±36.77a

注：小写字母代表不同施肥处理间的差异显著性(Fisher's LSD test，$P<0.05$)

各年份间不同施肥处理对玉米氮肥利用率的影响趋势基本一致，即与FFP处理相比，每年OPT处理的氮肥偏生产力(PFPN)和氮肥农学效率(AEN)均大幅度地提高(表4-2)，表明在稳产基础上的氮肥减量优化可显著提高玉米的氮肥利用率，降低氮肥环境损失。另外，OPT-N(CN80%+ON20%)及OPT-80%N(CN80%+ON20%)处理的PFPN和AEN较OPT处理均有不同程度的提高，表明在OPT处理的基础上进行适量有机肥替氮可实现春玉米氮肥利用率的进一步提高。

表4-2　不同施肥处理对东北春玉米氮肥利用率的影响

处理	施氮量(kg/hm^2)	2014年		2015年		2016年	
		农学效率(kg/kg N)	偏生产力(kg/kg N)	农学效率(kg/kg N)	偏生产力(kg/kg N)	农学效率(kg/kg N)	偏生产力(kg/kg N)
PK	—	—	—	—	—	—	—
FFP	210	23.38	54.92	28.40	55.14	26.37	52.34
OPT	165	30.95	71.10	33.19	67.22	31.48	64.52
OPT-N(CN80%+ON20%)	132	35.07	85.26	42.62	85.15	40.04	81.34
OPT-N(ON100%)	—	—	—	—	—	—	—
OPT-80%N(CN80%+ON20%)	105.6	62.73	97.04	53.17	105.47	51.63	102.89

农田生态系统的可持续性主要依赖于农田土壤肥力的持续及土壤养分间的平衡所体现出的产量可持续性。国内外学者通过对施肥系统生产力变化及其可持续性进行大量研究后，提出了评价不同养分管理系统可持续性的指标，即产量可持续性指数(sustainable yield index，SYI)，一个衡量农田生态系统是否能持续生产的重要参数，其值越大说明其可持续性越好。结果表明，不同施肥处理之间的产量稳定性存在差异(图4-2)，不施氮肥处理的产量稳定性在所有处理中最低，仅为0.76。同时，施肥处理下玉米产量的稳定性

均有所提高，其中有机肥替氮 20%即 OPT-N(CN80%+ON20%)最高，为 0.89，而农民习惯施肥(FFP)最低，为 0.79。说明在东北春玉米单作体系下，施化肥和有机肥均有利于该生态系统的稳定性，但优化施肥、优化施肥基础上有机肥替氮等处理更有利于玉米产量的持续稳定。

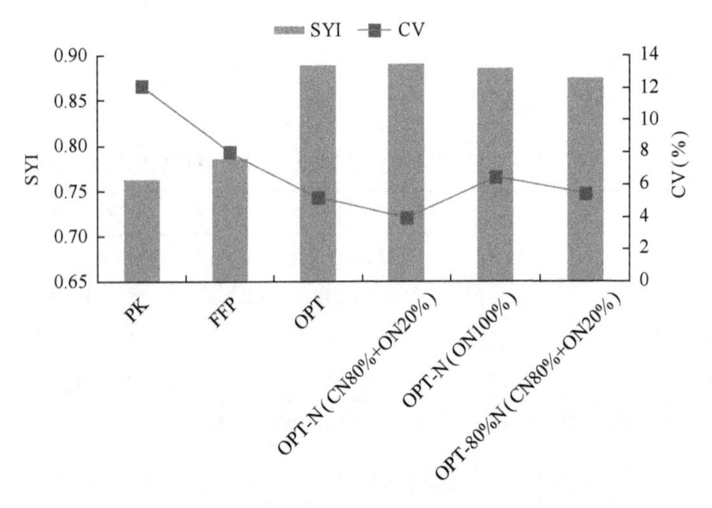

图 4-2　不同施肥处理对玉米产量的可持续性指数与变异系数的影响

CV.变异系数

综上所述，氮肥施用量优化、合理运筹及有机无机养分相结合可以有效提高我国东北单作春玉米产量及年际产量的稳定性；在等氮量的基础上，用有机肥替代部分化肥可以维持玉米产量，同时可显著提高其氮肥利用率。

4.1.2　华北小麦-玉米轮作体系化肥减施潜力

在河南省原阳县布置田间试验，研究华北小麦-玉米轮作体系的化肥减施潜力。

研究表明，小麦(图 4-3)和玉米(图 4-4)籽粒产量各处理间均没有差异。表明，与农民习惯施肥量(T1)相比，在推荐施肥量(T2)处理下，减少 30%的化肥氮和减少 20%的化肥磷投入，不会降低小麦的产量。同样在推荐施肥量(T2)处理下，减少 17.6%的化肥氮和减少 44.4%的化肥磷投入，不会降低玉米的产量。

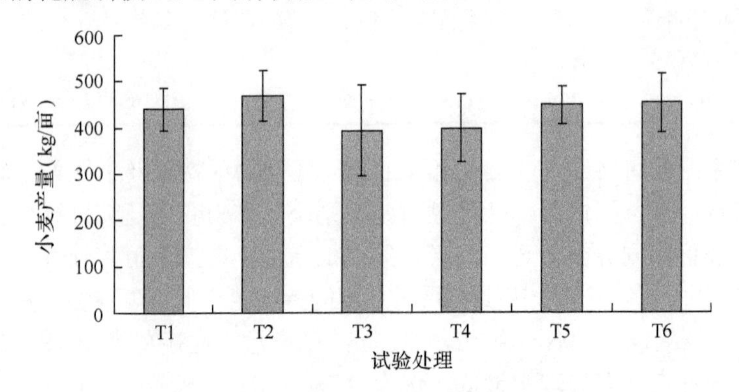

图 4-3　不同施肥处理对小麦产量的影响

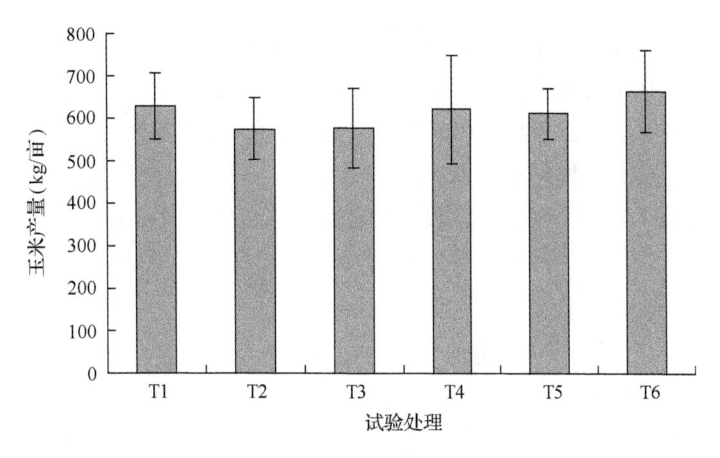

图 4-4　不同施肥处理对玉米产量的影响

在推荐施肥量下，有机肥氮可替代 20%的化肥氮(T3)和 20%的化肥磷(T4)。与农民习惯施肥相比，在小麦季可进一步减少 44%的化肥氮(T3)和 36%的化肥磷(T4)；在玉米季可进一步减少 34.1%的化肥氮(T3)和 55.6%的化肥磷(T4)。

在有机肥替代 20%的化肥氮和化肥磷前提下，在推荐施肥量的基础上还可进一步减少化肥氮和化肥磷的投入。小麦季可减少 55.2%的化肥氮(T5)和 48.8%的化肥磷肥投入(T6)；玉米季可减少 47.3%的化肥氮(T5)和 64.4%的化肥磷投入(T6)。

说明在华北小麦-玉米轮作体系下，优化施肥及优化施肥基础上有机肥替氮、替磷等处理更有利于小麦、玉米产量的持续稳定。

4.1.3　长江中下游小麦-水稻轮作体系化肥减施潜力

于湖北省荆门市五三农场布置田间试验，分别研究不同施肥处理下小麦和水稻产量、产量构成因素、养分积累及肥料利用率等指标，阐明基于长江中下游小麦-水稻轮作体系的化肥减施潜力。试验方案见表 4-3。

表 4-3　湖北小麦-水稻轮作体系施肥处理

处理	具体施肥方案
CK	不施肥
FP	习惯施肥，养分配比 $N-P_2O_5-K_2O$=195-90-45(kg/hm^2)
OPT	推荐施肥，养分配比 $N-P_2O_5-K_2O$=150-67.5-90(kg/hm^2)
OPT-N	推荐施肥，氮肥来源为有机氮 20%+无机氮 80%
OPT-P	推荐施肥，磷肥来源为有机磷 20%+无机磷 80%
OPT--N	推荐施肥，减氮 20%后，氮肥来源为有机氮 20%+无机氮 80%
OPT--P	推荐施肥，减磷 20%后，磷肥来源为有机磷 20%+无机磷 80%

注：小麦季习惯施肥养分配比为 $N-P_2O_5-K_2O$=195-90-45(kg/hm^2)，推荐施肥 $N-P_2O_5-K_2O$ = 150-67.5-90(kg/hm^2)；水稻季习惯施肥养分配比为 $N-P_2O_5-K_2O$=225-75-90(kg/hm^2)，推荐施肥 $N-P_2O_5-K_2O$=165-60-90(kg/hm^2)，OPT-P 为减 P 处理。其余处理同小麦季

研究不同施肥处理对收获期小麦产量的影响(图 4-5)发现，不同施肥处理对收获期小麦实际产量的影响有显著差异。其中，各处理下小麦实际产量较不施肥处理的提高达显著水平，分别高出对照 167.59%、129.24%、146.52%、173.35%、143.42%、148.72%。有机肥替磷处理比农民习惯施肥产量高出 2.15%，两者产量均较高。有机无机配施的 4 个处理产量分别比推荐施肥高出 7.54%、19.24%、6.19%、8.50%，差异显著，这也说明了在优化施肥基础上有机肥替氮、替磷处理可显著提高小麦产量。

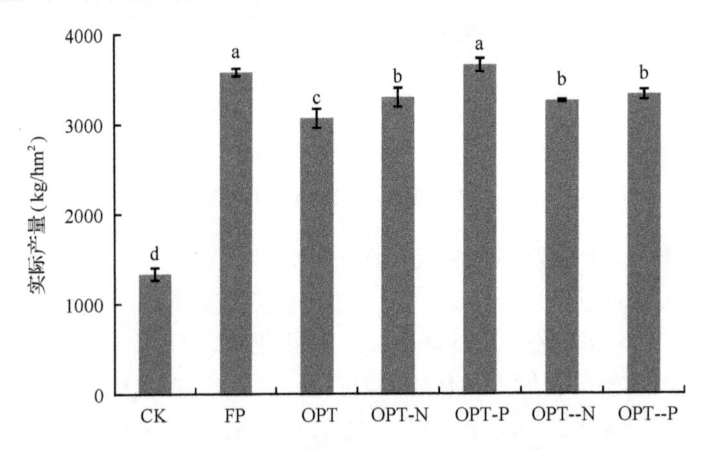

图 4-5　不同施肥处理对收获期小麦实际产量的影响

小写字母代表不同施肥处理间的差异显著性(Fisher's LSD test，$P<0.05$)

研究不同施肥处理对收获期小麦产量构成因素的影响(表 4-4)发现，各处理间收获期小麦理论产量有显著差异，均分别显著高于对照 113.05%、142.26%、111.50%、119.25%、86.73%、95.58%。优化施肥理论产量最高，较其他施肥处理分别高出 13.71%、14.54%、10.49%、29.74%、23.87%。习惯施肥、有机替氮、有机替磷处理之间无显著差异，但是比肥料氮减量的处理分别高出 14.10%、13.27%、17.42%，比肥料磷减量的处理分别高出 8.94%、8.14%、12.10%。

表 4-4　不同施肥处理对小麦产量构成因素的影响

处理	产量构成因素			理论产量(kg/hm^2)
	有效穗数($\times 10^4/hm^2$)	每穗粒数	千粒重(g)	
CK	308.00±9.20c	15.50±1.04b	47.45±0.47a	2260.00±95.33d
FP	408.75±6.82ab	30.25±1.25a	41.20±0.69c	4815.00±113.41b
OPT	445.00±33.83a	29.00±0.41a	39.96±1.55d	5475.00±100.25a
OPT-N	371.75±20.37abc	28.75±2.18a	43.46±0.76bc	4780.00±95.72b
OPT-P	364.50±16.38bc	30.25±0.25a	43.13±1.07bc	4955.00±102.53b
OPT--N	375.75±38.49abc	28.50±1.66a	43.26±1.10bc	4220.00±142.35c
OPT--P	413.50±16.94ab	28.25±1.65a	44.80±0.60ab	4420.00±107.18c

注：小写字母代表不同施肥处理间的差异显著性(Fisher's LSD test，$P<0.05$)

在产量构成因素中，各施肥处理间有效穗数差异不大。减磷的有机无机配施处理较有机替氮、替磷、减氮的处理分别高出 11.23%、13.44%、10.05%。各施肥处理对千粒重的影响有差异。其中，不施肥处理的千粒重最高，显著高于习惯施肥和推荐施肥 15.16% 和 18.75%。有机无机配施处理分别高出习惯施肥 5.48%、4.68%、4.98%和 8.73%，分别高出推荐施肥 8.77%、7.95%、8.25%和 12.11%。各施肥处理间的每穗粒数无显著差异。综合分析可知，在当季小麦的产量构成因素中，有效穗数对理论产量的贡献最大。有机无机配施处理比单施化肥处理更能提高小麦的千粒重。

研究不同施肥处理对收获期小麦秸秆产量及农艺性状的影响(表 4-5)发现，习惯施肥的秸秆产量显著高于其他施肥处理达 7.72%、6.85%、6.86%、9.26%和 14.73%。推荐施肥下减磷 20%后的秸秆产量最低，推荐施肥与有机无机配施处理之间没有差异(除 OPT--P 外)，说明有机无机配施可以维持秸秆产量不下降。各处理间小麦的收获指数(也称经济系数)没有差异，稳定在 48%～50%，这与小麦的品种有很大关系。

表 4-5　不同施肥处理对收获期小麦秸秆产量及农艺性状的影响

处理	秸秆产量 (kg/hm^2)	收获指数 (%)	平均株高 (cm)	平均穗长 (cm)	穗长/株高
CK	1369.75±80.89d	49.00±0.01a	51.32±1.14b	5.47±0.40b	0.12±0.01a
FP	3869.75±69.19a	49.00±0.02a	63.61±1.42a	7.40±0.84a	0.12±0.01a
OPT	3592.25±18.99b	48.00±0.02a	64.75±3.23a	7.19±0.63a	0.11±0.01a
OPT-N	3621.75±24.75b	48.00±0.03a	63.42±1.66a	7.31±0.75a	0.11±0.01a
OPT-P	3621.25±63.03b	49.00±0.04a	65.32±1.40a	7.49±0.71a	0.11±0.01a
OPT--N	3541.75±115.07bc	48.00±0.02a	65.90±2.36a	7.09±0.18a	0.11±0.01a
OPT--P	3373.00±62.47c	50.00±0.01a	65.12±1.30a	7.32±0.42a	0.11±0.01a

注：小写字母代表不同施肥处理间的差异显著性(Fisher's LSD test，$P<0.05$)

各处理(除 CK 外)小麦的平均株高均在 63～66cm，平均穗长在 5.47～7.49cm，各施肥处理间均无显著差异，这说明有机肥替代无机肥及肥料减量处理对小麦的株高和穗长的影响不大，化肥减量依然能够使植物正常生长。各处理的穗长与株高的比值近似，无显著差异，这也主要取决于小麦的品种。

研究不同施肥处理对收获期小麦地上部养分积累的影响(表 4-6)，发现有机肥替磷处理氮素积累量最高，较其他施肥处理分别高出 13.15%、14.91%、21.49%、23.62%和 28.95%。替氮和减氮后替氮的两个处理氮素积累量与纯化肥处理没有差异，这说明在养分合理优化施用的基础上有机无机配施表现出了相应的优势，能够使植物维持正常的吸氮能力。

表 4-6　不同施肥处理对收获期小麦地上部养分积累的影响

处理	N 素积累量 (kg/hm^2)	P_2O_5 积累量 (kg/hm^2)	K_2O 积累量 (kg/hm^2)	N∶P_2O_5∶K_2O
CK	30.30±1.19d	21.06±0.34d	16.75±1.21e	1∶0.70∶0.55
FP	82.41±2.80b	46.77±1.62ab	46.35±2.45a	1∶0.57∶0.56
OPT	81.14±2.50b	47.28±0.68ab	37.48±0.99b	1∶0.58∶0.46
OPT-N	76.75±0.41bc	47.18±0.68ab	32.16±1.53c	1∶0.61∶0.42
OPT-P	93.24±0.22a	49.21±0.30a	45.17±0.46a	1∶0.53∶0.48
OPT--N	75.43±4.30bc	45.80±1.71b	26.12±1.67d	1∶0.61∶0.35
OPT--P	72.31±2.24c	42.42±0.23c	26.31±1.67d	1∶0.59∶0.36

注：小写字母代表不同施肥处理间的差异显著性(Fisher's LSD test，$P<0.05$)

各处理小麦地上部分磷素积累量不同，其中替磷处理积累量依然最高，显著高出减氮处理 7.44%及减磷处理 16.01%。单施化肥处理和有机肥替氮及减氮处理之间没有差异。由此说明，在合理施肥的基础上，用有机磷替代部分无机磷可以保证植物地上部分吸收磷的能力。

不同施肥处理下小麦地上部分钾素积累量差异显著，其中替磷处理依然保持了较强的养分积累能力，钾素积累量是推荐施肥的 1.21 倍，与习惯施肥处理水平相当，其他配施处理不及上述处理的钾素积累量。有机无机配施的优势并未在钾素积累上表现出来。从收获期小麦地上部分 NPK 养分积累比例来看，氮素的养分积累量最高，在植物体内积累量最高，磷次之，钾最低。各处理间三种主要养分配比类似，无显著差异。

研究不同施肥处理对收获期小麦肥料利用率的影响（图 4-6），发现氮肥利用率在 27%～41%，减氮处理的利用率最高，显著高于替氮处理。4 个有机无机配施处理的氮肥利用率分别是习惯施肥处理的 1.31 倍、1.33 倍、1.50 倍、1.39 倍，是推荐施肥的 1.05 倍、1.08 倍、1.22 倍、1.12 倍。由此可见，在一定程度上的替氮、减氮、减磷、替磷等有机无机配施处理能够明显提高氮肥的利用率。磷肥的利用率在 14%～26%，且替磷处理利用率最高，是习惯施肥和推荐施肥的 1.76 倍和 1.85 倍；减磷处理优势不明显，这说明，在养分配比合理的情况下用有机磷替代部分无机磷可以提高无机磷肥的利用率，达到肥料减量且利用率提高的目的。习惯施肥的钾肥利用率较高，这与农民施用钾肥量少但是作物依然能够吸收较多的钾素养分有关。除该处理外，替磷处理的钾肥利用率显著高于其他处理，分别是推荐施肥、替氮、减氮、减磷处理的 1.29 倍、1.71 倍、2.30 倍、2.27 倍。综上所述，小麦对氮肥的利用率较磷肥和钾肥高，有机无机配施能够显著提高小麦对氮肥和磷肥的利用率。

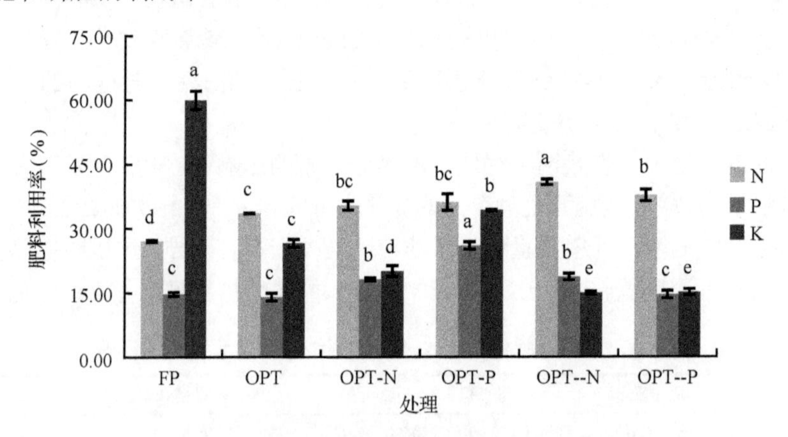

图 4-6　不同施肥处理对收获期小麦肥料利用率的影响

小写字母代表不同施肥处理间的差异显著性（Fisher's LSD test，P< 0.05）

研究不同施肥处理对收获期水稻实际产量的影响（图 4-7），发现当季有机无机配施的优势更加明显。替氮、替磷、减氮、减磷处理产量与纯化肥的两个处理相比，差异显著，上述处理水稻产量分别是习惯施肥处理的 1.06 倍、1.12 倍、1.12 倍、1.09 倍，是推荐施肥的 1.06 倍、1.12 倍、1.11 倍、1.08 倍。习惯施肥和推荐施肥水稻产量差异未达到显著水平。由此可以得出结论：有机肥替代部分无机肥较单施化肥更能提高水稻产量，相比单施化肥，在推荐施肥的基础上肥料减量 20%后有机肥替代部分无机肥效果较好。

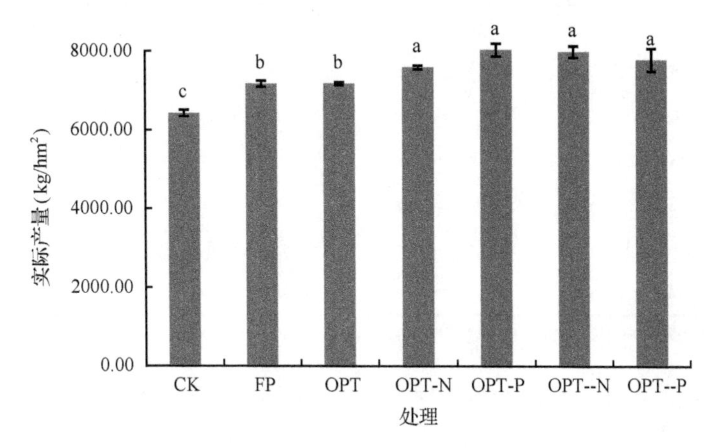

图 4-7　不同施肥处理对收获期水稻实际产量的影响

小写字母代表不同施肥处理间的差异显著性(Fisher's LSD test，$P < 0.05$)

研究不同施肥处理对收获期水稻产量构成因素的影响(表 4-7)，发现不同施肥处理对水稻结实率及每穗粒数、千粒重的影响均无显著差异，不同处理对水稻产量构成因素的影响主要体现在有效穗数和理论产量上。替氮、替磷处理的有效穗数与习惯施肥和推荐施肥无差异，说明有机肥替代部分无机肥料可以保证水稻正常成穗。减氮、减磷处理与推荐施肥间没有差异，这也表明了肥料减量对水稻生长的影响不大。替氮、替磷、减氮处理的理论产量分别是习惯施肥的 1.13 倍、1.10 倍、1.10 倍，是推荐施肥的 1.19 倍、1.16 倍、1.15 倍，减磷处理的水平与习惯施肥和推荐施肥相当。由此说明，有机肥替代部分化肥后能够保持水稻的产量不下降且比单施化肥更具优势。

表 4-7　不同施肥处理对水稻产量构成因素的影响

处理	产量构成因素				理论产量(kg/hm²)
	结实率(%)	有效穗数(×10⁴/hm²)	每穗粒数	千粒重(g)	
CK	79.25±2.32a	282.24±17.73c	111.50±7.08a	18.98±0.15a	5913.75±220.63b
FP	81.50±2.90a	404.62±31.41a	113.00±11.55a	19.08±0.20a	7580.67±641.56ab
OPT	77.25±4.17a	346.19±15.75ab	119.50±4.66a	18.89±0.10a	7218.00±174.52ab
OPT-N	80.00±5.05a	363.83±22.59ab	109.25±10.23a	19.15±0.47a	8564.67±380.97a
OPT-P	79.75±2.46a	357.21±7.64ab	129.25±8.01a	19.16±0.36a	8360.33±643.67a
OPT--N	74.50±5.52a	334.06±25.74bc	113.50±6.59a	19.37±0.26a	8332.00±803.01a
OPT--P	79.25±4.82a	360.52±13.87ab	110.25±9.31a	18.84±0.47a	7249.50±724.50ab

注：小写字母代表不同施肥处理间的差异显著性(Fisher's LSD test，$P<0.05$)

研究不同施肥处理对收获期水稻秸秆产量及农艺性状的影响(表 4-8)，发现在水稻秸秆产量方面，推荐施肥、习惯施肥、替氮、减氮处理的秸秆产量显著高于减磷处理，其中尤以习惯施肥最高。在农艺性状方面，各处理间无显著差异，这可能是因为水稻农艺性状受品种影响较大，而与施肥的相关性较弱。

表 4-8　不同施肥处理对收获期水稻秸秆产量及农艺性状的影响

处理	秸秆产量(kg/hm^2)	收获指数(%)	平均株高(cm)	平均穗长(cm)	穗长/株高
CK	7 779.00±375.32c	43±0.01a	87.79±3.39b	21.60±1.43b	0.25±0.02a
FP	10 106.00±189.38ab	41±0.02a	95.13±5.59a	23.42±1.32a	0.25±0.01a
OPT	10 292.33±360.20a	43±0.02a	92.93±4.18ab	23.63±1.22a	0.26±0.01a
OPT-N	10 181.67±244.84a	42±0.03a	94.06±4.70ab	23.04±0.56ab	0.25±0.01a
OPT-P	9 365.67±25.62b	44±0.04a	94.48±3.43ab	23.41±0.56a	0.25±0.01a
OPT--N	9 723.67±140.59ab	43±0.02a	93.88±3.36ab	22.74±0.95ab	0.24±0.01a
OPT--P	8 373.67±24.67c	47±0.01a	94.55±3.70ab	22.99±0.97ab	0.25±0.01a

注：小写字母代表不同施肥处理间的差异显著性(Fisher's LSD test，$P<0.05$)

研究不同施肥处理对收获期水稻地上部养分积累的影响(表 4-9)，结果表明，氮素积累情况在各处理间差异显著，减氮处理的积累最高，分别是习惯施肥、推荐施肥、替氮处理的 1.18 倍、1.13 倍、1.25 倍；替磷处理次之，亦显著高于习惯施肥和推荐施肥。磷素积累情况在各处理间没有差异。替氮、减氮处理的钾素积累显著高于推荐施肥，分别是其钾素积累量的 1.08 倍、1.08 倍，减磷处理的钾素积累量较低。从收获期水稻地上部 NPK 养分积累比例来看，各处理间养分配比类似，钾素积累量高于氮素。

表 4-9　不同施肥处理对收获期水稻地上部养分积累的影响

处理	N(kg/hm^2)	P_2O_5(kg/hm^2)	K_2O(kg/hm^2)	N∶P_2O_5∶K_2O
CK	106.83±3.71f	84.93±4.87b	177.71±9.42c	1∶0.80∶1.66
FP	140.48±3.67cd	95.50±2.68ab	219.36±7.91ab	1∶0.68∶1.56
OPT	146.81±4.83c	97.97±4.94a	207.88±5.03b	1∶0.75∶1.42
OPT-N	132.80±3.34e	92.86±6.65ab	223.87±5.86a	1∶0.70∶1.69
OPT-P	154.19±3.82b	91.90±5.52ab	214.01±7.83ab	1∶0.60∶1.39
OPT--N	166.20±1.64a	88.98±4.96ab	225.04±2.86a	1∶0.54∶1.35
OPT--P	137.20±3.43de	93.11±8.90ab	185.43±1.96c	1∶0.68∶1.35

注：小写字母代表不同施肥处理间的差异显著性(Fisher's LSD test，$P<0.05$)

不同施肥处理对收获期水稻肥料利用率的影响显著(图 4-8)，其中氮肥利用率以减氮处理为最高，比习惯施肥和推荐施肥分别高出 318.28%、235.57%。替氮处理次之，比习惯施肥和推荐施肥分别高出 171.24%、52.76%。说明有机氮肥的加入能够显著提高无机氮肥的利用率。各优化施肥处理的磷肥利用率均显著高于习惯施肥。替磷及减磷处理分别较习惯施肥高出 83.70%、169.50%。由此说明，习惯施肥的养分配比不合理，肥料利用率较低，优化施肥及有机肥的加入能够提高水稻磷肥的利用率。钾肥利用率在 3%～34%，以习惯施肥和减氮处理为最高，其余处理间差异不大；减磷处理的钾肥利用率最低，只有 3%左右。

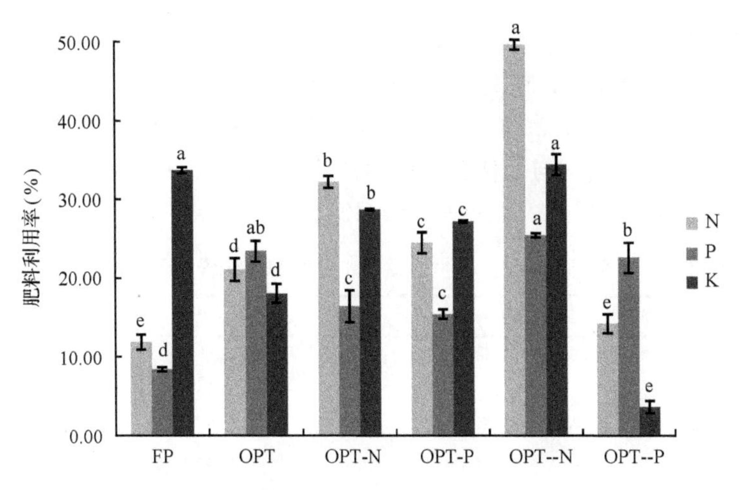

图 4-8　不同施肥处理对收获期水稻肥料利用率的影响

小写字母代表不同施肥处理间的差异显著性(Fisher's LSD test，$P<0.05$)

4.1.4　长江中下游双季稻连作体系化肥减施潜力

于江西省农业科学院渡埠农场布置田间试验，分别研究不同施肥处理下双季稻产量、养分积累及肥料利用率等指标，阐明基于长江中下游双季稻连作体系的化肥减施潜力。试验处理见表 4-10。

表 4-10　江西双季稻连作体系施肥处理

处理		化肥养分 (kg/hm²)			有机肥养分 (kg/hm²)		
		N	P_2O_5	K_2O	N	P_2O_5	K_2O
早稻	CK	0.0	0.0	0.0	0.0	0.0	0.0
	FP	165.0	90.0	150.0	0.0	0.0	0.0
	PK	0.0	90.0	150.0	0.0	0.0	0.0
	M(N)	0.0	0.0	0.0	33	55.2	15.1
	CM(N)	132.0	34.8	134.9	33	55.2	15.1
	CM(-N)	105.6	34.8	134.9	33	55.2	15.1
晚稻	CK	0.0	0.0	0.0	0.0	0.0	0.0
	FP	195.0	90.0	150.0	0.0	0.0	0.0
	PK	0.0	90.0	150.0	0.0	0.0	0.0
	M(N)	0.0	0.0	0.0	39.0	65.2	17.8
	CM(N)	156.0	24.8	132.2	39.0	65.2	17.8
	CM(-N)	124.8	24.8	132.2	39.0	65.2	17.8

注：CK 为不施肥；FP 为习惯施肥；PK 为不施 N 处理；M(N)为单施有机肥；CM(N)为有机无机肥配施；CM(-N)为有机无机肥配施并减 N 处理

大田早稻观测记录结果(表 4-11)表明，FP、CM(N)、CM(-N)分蘖数显著高于 CK、PK、M(N)，CM(N)、CM(-N)处理间差异不显著。FP 的分蘖期植株含氮量最高，显著高于其他处理，有机无机配施处理CM(N)和CM(-N)显著高于CK、PK。从分蘖期早稻叶片SPAD值来看，FP最高，其次是CM(N)、CM(-N)，FP显著高于其他处理，CM(N)显著高于CK、PK、M(N)，和CM(-N)之间差异不显著，CM(-N)显著高于CK、PK。相关分析发现，早稻分蘖数与植株含氮量和叶片SPAD值呈极显著正相关关系；叶片SPAD值与植株含氮量呈极显著正相关(表4-12)。

表4-11 不同施肥处理大田早稻分蘖数、分蘖期植株含氮量和叶片SPAD值

处理	分蘖数	含氮量(g/kg)	叶片SPAD值
CK	1.0c	22.6c	32.68d
FP	2.5a	37.6a	40.90a
PK	1.1c	22.0c	32.50d
M(N)	1.1c	22.6b	33.65cd
CM(N)	2.3ab	30.6b	36.80b
CM(-N)	1.9b	32.4b	35.98bc

注：各处理施肥方式同表4-10。小写字母代表不同施肥处理间的差异显著性(Fisher's LSD test，$P<0.05$)

表4-12 大田早稻分蘖数、分蘖期植株含氮量和叶片SPAD值相关分析

相关系数	分蘖数	含氮量	叶片SPAD值
分蘖数	1	0.96**	0.95**
含氮量		1	0.96**
叶片SPAD值			1

**表示在$P<0.01$水平上差异极显著

收获期不同施肥处理大田早稻各器官的含氮量见表4-13，结果表明，FP处理秸秆和糙米含氮量显著高于CK，与CM(N)、CM(-N)无显著差异。稻壳含氮量差异不大，FP显著高于CM(-N)，CK、PK、M(N)、CM(N)与FP、CM(-N)差异不显著。FP和CK的瘪粒含氮量显著高于PK、CM(N)、CM(-N)，FP和CK差异不显著，M(N)、PK、CM(N)、CM(-N)无显著差异。

表4-13 收获期不同施肥处理大田早稻各器官含氮量

处理	含氮量(g/kg)			
	秸秆	糙米	稻壳	瘪粒
CK	3.66c	13.19c	5.55ab	12.42a
FP	5.08ab	15.15ab	5.72a	13.86a
PK	4.85b	14.41b	5.41ab	6.40b
M(N)	4.75b	15.61a	5.50ab	6.62b
CM(N)	5.42a	15.27ab	5.36ab	6.59b
CM(-N)	5.13ab	15.18ab	5.19b	8.38b

注：各处理施肥方式同表4-10。小写字母代表不同施肥处理间的差异显著性(Fisher's LSD test，$P<0.05$)

不同施肥处理大田早稻产量存在显著差异，从表4-14可以看出，按照当地的习惯施肥方式施肥(FP)获得6855.6kg/hm^{2}的实收产量，其次是有机无机肥配施[CM(N)]和有机无机肥配施并减氮处理[CM(-N)]，分别达到6534.7kg/hm^{2}和6440.7kg/hm^2。FP、CM(N)、CM(-N)实收产量、估测产量和理论产量显著高于CK、不施氮处理(PK)和单施有机肥[M(N)]处理，FP、CM(N)、CM(-N)处理间差异不显著，CK、PK和M(N)差异不显著。估测产量、理论产量和实收产量基本吻合，FP、CM(N)、CM(-N)的估测产量为实收产量的93%、101%和99%，理论产量为实收产量的101%、104%和112%。

表4-14 不同施肥处理大田早稻产量

处理	实收产量(kg/hm^2)	估测产量(kg/hm^2)	理论产量(kg/hm^2)	估测产量/实收产量	理论产量/实收产量
CK	3928.8b	4348.2b	3950.9b	1.11	1.01
FP	6855.6a	6365.3a	6895.7a	0.93	1.01
PK	4174.1b	4125.7b	4528.0b	0.99	1.08
M(N)	3755.9b	3682.3b	4183.6b	0.98	1.11
CM(N)	6534.7a	6574.2a	6788.1a	1.01	1.04
CM(-N)	6440.7a	6403.5a	7201.8a	0.99	1.12

注：各处理施肥方式同表4-10。小写字母代表不同施肥处理间的差异显著性(Fisher's LSD test，$P<0.05$)

由不同施肥处理大田早稻地上部氮积累量(表4-15)可以看出，FP、CM(N)和CM(-N)处理在秸秆和糙米部位氮积累量(除瘪粒外)及总积累量无显著差异，但显著高于CK、PK、M(N)。PK秸秆、糙米氮积累量和总量显著高于CK，与M(N)无显著差异。FP的瘪粒氮积累量显著高于其他处理，CM(-N)显著高于CK、PK、M(N)，与CM(N)差异不显著。FP、CM(N)和CM(-N)的化肥氮表观利用率分别为30.4%、33.6%和41.9%，CM(-N)显著高于FP、CM(N)，后二者之间化肥氮表观利用率无显著差异。

表4-15 不同施肥处理大田早稻氮积累量和氮肥表观利用率

处理	氮积累量(kg/hm^2)					化肥氮表观利用率(%)
	秸秆	糙米	稻壳	瘪粒	总量	
CK	6.3c	37.8c	4.0c	3.0c	51.1c	
FP	16.0a	76.6a	7.2a	11.2a	111.0a	30.4b
PK	10.0b	45.5b	4.1c	1.3c	60.9b	
M(N)	7.9bc	44.6b	3.5c	1.5c	57.5bc	
CM(N)	15.2a	77.0a	5.8b	3.8bc	101.8a	33.6b
CM(-N)	14.4a	75.3a	5.6b	6.3b	101.6a	41.9a

注：各处理施肥方式同表4-10。小写字母代表不同施肥处理间的差异显著性(Fisher's LSD test，$P<0.05$)

测定晚稻的分蘖数、分蘖期植株含氮量等指标研究不同施肥处理对晚稻生长的影响(表4-16)，结果表明，FP、CM(N)、CM(-N)分蘖数显著高于CK、PK、M(N)，FP、CM(N)、CM(-N)之间差异不显著，CK、PK、M(N)之间差异不显著。FP的分蘖期植株含氮量最高，与CM(N)、CM(-N)差异不显著，三个处理的分蘖期植株含氮量显著高于CK、PK、M(N)。分蘖期晚稻叶片SPAD值FP最高，与CM(N)无显著差异，二者显著高于其他处理，CM(-N)显著高于 CK、PK、M(N)处理，CK、PK、M(N)处理间差异不显著。相关分析发现，晚稻分蘖数与植株含氮量、叶片 SPAD 值呈极显著正相关；叶片 SPAD 值与植株含氮量也呈极显著正相关关系(表 4-17)。

表 4-16　不同施肥处理大田晚稻分蘖数、分蘖期植株含氮量和叶片 SPAD 值

处理	分蘖数	含氮量(g/kg)	叶片 SPAD 值
CK	3.1b	11.6b	35.4c
FP	4.9a	19.6a	40.1a
PK	3.2b	13.2b	35.8c
M(N)	3.2b	12.8b	36.3c
CM(N)	4.7a	18.6a	39.2a
CM(-N)	4.6a	18.8a	37.8b

注：各处理施肥方式同表 4-10。小写字母代表不同施肥处理间的差异显著性(Fisher's LSD test，$P<0.05$)

表 4-17　大田晚稻分蘖数、分蘖期植株含氮量和叶片 SPAD 值相关分析

相关系数	分蘖数	含氮量	叶片 SPAD 值
分蘖数	1.0	0.99^{**}	0.95^{**}
含氮量		1.0	0.94^{**}
叶片 SPAD 值			1.0

**表示在 $P<0.01$ 水平上差异极显著

从表 4-18 可以看出，FP、CM(-N)处理秸秆含氮量显著高于 CK，与 PK、CM(N)、M(N)无显著差异，PK、M(N)处理间秸秆含氮量无显著差异。稻壳和糙米氮含量处理间差异不大，未达到显著水平。CK 和 FP 的瘪粒含氮量显著高于 PK、M(N)，FP 和 CK 之间差异不显著，PK、M(N)、CM(N)、CM(-N)之间无显著差异。

表 4-18　不同施肥处理晚稻各器官含氮量

处理	含氮量(g/kg)			
	秸秆	糙米	稻壳	瘪粒
CK	3.66c	13.19c	5.55ab	12.42a
FP	5.08ab	15.15ab	5.72a	13.86a
PK	4.85b	14.41b	5.41ab	6.40b
M(N)	4.75b	15.61a	5.5ab	6.62b
CM(N)	5.42a	15.27ab	5.36ab	6.59b
CM(-N)	5.13ab	15.18ab	5.19b	8.38b

注：各处理施肥方式同表 4-10。小写字母代表不同施肥处理间的差异显著性(Fisher's LSD test，$P<0.05$)

由表 4-19 可以看出，当地习惯施肥处理(FP)获得 6655.5kg/hm^2 的实收产量，其次是有机无机肥配施[CM(N)]和有机无机肥配施并减氮处理[CM(-N)]，分别达到 6168.2kg/hm^2 和 6098.4kg/hm^2。FP 的实收产量高于其他处理，估测产量与 CM(N)无显著差异，理论产量与 CM(N)、CM(-N)均无显著差异。FP、CM(N)、CM(-N)的实收产量、估测产量和理论产量显著高于 CK、不施氮处理(PK)和单施有机肥[M(N)]处理，PK、M(N)和 CK 的估测产量差异不显著，FP 的实收产量和理论产量显著高于 M(N)和 CK。估测产量、理论产量和实收产量基本吻合，FP、CM(N)、CM(-N)的估测产量为实收产量的 101%、101%和 100%，理论产量为实收产量的 96%、100%和 100%。

表 4-19　不同施肥处理晚稻产量

处理	实收产量(kg/hm^2)	估测产量(kg/hm^2)	理论产量(kg/hm^2)	估测产量/实收产量	理论产量/实收产量
CK	4435.0d	4414.0c	4707.4bc	1.00	1.06
FP	6655.5a	6703.2a	6370.8a	1.01	0.96
PK	5009.7c	4808.6c	4876.2b	0.96	0.97
M(N)	4559.0d	4337.3c	4384.5c	0.95	0.96
CM(N)	6168.2b	6253.7ab	6198.5a	1.01	1.00
CM(-N)	6098.4b	6126.4b	6106.4a	1.00	1.00

注：各处理施肥方式同表 4-10。小写字母代表不同施肥处理间的差异显著性(Fisher's LSD test，$P<0.05$)

从不同施肥处理晚稻地上部氮积累情况(表 4-20)可以发现，FP 和 CM(-N)处理除糙米外的秸秆、稻壳、瘪粒氮积累量均无显著差异，但显著高于 CK、M(N)。CM(-N)秸秆氮积累量和植株积累总量显著高于 CM(N)。FP、CM(N)、CM(-N)瘪粒氮积累量显著高于 CK、PK、M(N)。习惯施肥处理(FP)、CM(N)和 CM(-N)的化肥氮表观利用率分别为 21.0%、21.4%和 32.5%，CM(-N)显著高于 FP、CM(N)，后二者之间氮肥表观利用率无显著差异。

表 4-20　不同施肥处理大田晚稻氮积累量和氮肥表观利用率

处理	氮积累量(kg/hm^2)					化肥氮表观利用率(%)
	秸秆	糙米	稻壳	瘪粒	总量	
CK	11.8c	47.3d	4.2c	5.7b	69.0e	
FP	25.6a	78.5a	6.6a	9.4a	120.1a	21.0b
PK	13.6c	55.3c	4.6bc	5.6b	79.1d	
M(N)	12.2c	49.3d	4.1c	5.7b	71.3e	
CM(N)	19.9b	69.1b	6.3a	9.4a	104.7c	21.4b
CM(-N)	24.9a	71.6b	5.9ab	9.5a	111.9b	32.5a

注：各处理施肥方式同表 4-10。小写字母代表不同施肥处理间的差异显著性(Fisher's LSD test，$P<0.05$)

设置不同试验处理研究长江中下游双季稻轮作体系的磷肥减施潜力(表 4-21)，发现大田早稻分蘖盛期 NK 处理植株全磷含量显著大于 CK，其他施肥处理与 CK 处理没有显著差异。分蘖盛期，FP、NK、CM(P)、CM(-P)施肥处理的分蘖数显著大于 CK 和单施有机肥处理 M(P)，M(P)处理与 CK 没有显著差异性。

表 4-21　大田早稻分蘖盛期植株全磷含量、SPAD 值及分蘖数

处理	全磷含量(mg/g)	叶片 SPAD 值	分蘖数
CK	4.12±0.21b	32.68±1.00a	0.97 ±0.32b
FP	4.77±0.83ab	33.40±15.22a	2.55±0.58a
NK	5.20±0.30a	39.38±0.79a	2.03 ±0.51a
M(P)	4.04±0.56b	33.43±0.53a	0.80±0.42b
CM(P)	4.69±0.69ab	38.53±0.73a	2.63±0.49a
CM(-P)	3.95±0.47b	38.65±2.68a	2.60±0.57a

注：CK 为对照；FP 为推荐施肥；NK 为不施 P 处理；M(P)为单施有机肥；CM(P)为有机无机肥配施；CM(-P)为有机无机肥配施并减 P 处理。小写字母代表不同施肥处理间的差异显著性(Fisher's LSD test，$P<0.05$)

从表 4-22 可以看出，早稻收获期，除 M(P)处理外，FP、NK、CM(P)、CM(-P)处理的实收产量都显著高于 CK，M(P)处理的实收产量显著低于 FP、NK、CM(P)、CM(-P)处理。FP 处理的实收产量显著高于 CK 和 M(P)处理。CM(P)处理的估测产量、实收产量、理论产量基本接近，CK 处理的实收产量比估测产量低 9.6%，理论产量比估测产量低 9.1%。M(P)处理的实收产量比估测产量低 7.1%，理论产量比估测产量低 2.89%。CM(P)处理的实收产量比估测产量低 1.13%，理论产量比估测产量高 0.46%。NK 处理的实收产量比估测产量高 7.6%，理论产量比估测产量低 9.19%。FP 处理的实收产量比估测产量高 7.70%，理论产量比估测产量高 8.33%，CM(-P)处理的实收产量比估测产量高 3.42%，理论产量比估测产量高 10.55%。

表 4-22　不同施肥处理的早稻产量

处理	实收产量(kg/hm^2)	估测产量(kg/hm^2)	理论产量(kg/hm^2)	估测产量/实收产量	理论产量/实收产量
CK	3928.82b	4348.18b	3950.88b	1.11	1.01
FP	6855.60a	6365.25a	6895.65a	0.93	1.01
NK	6829.60a	6347.60a	5764.28a	0.93	0.84
M(P)	3722.05b	4007.80b	3891.90b	1.08	1.05
CM(P)	6842.95a	6920.60a	6952.25a	1.01	1.02
CM(-P)	6768.25a	6543.93a	7234.50a	0.97	1.07

注：各处理施肥方式同表 4-21。小写字母代表不同施肥处理间的差异显著性(Fisher's LSD test，$P<0.05$)

大田早稻收获期不同处理地上部生物量存在显著差异(表 4-23)。除单施有机肥处理外，施肥处理的糙米、稻壳和秸秆的生物量显著高于不施肥处理，有机无机肥配施处理的糙米和秸秆生物量、有机无机肥配施基础上减少磷肥用量处理的糙米生物量与 FP 处理差异不显著，但有机无机肥配施基础上减施磷肥处理的秸秆生物量显著小于 FP 处理。

表 4-23　大田早稻收获期地上部生物量　（单位：kg/hm^2）

处理	糙米生物量	稻壳生物量	瘪粒生物量	秸秆生物量
CK	2864.62±565.63b	728.59±113.24c	244.71±60.43c	1698.78±365.98c
FP	5050.21±257.98a	1250.33±56.57a	723.83±252.55b	3201.24±323.29a
NK	5136.94±172.98a	1048.38±67.13b	822.70±200.69ab	3088.62±421.83ab
M(P)	2991.06±217.39b	689.51±34.66c	263.30±120.10c	1750.99±162.81c
CM(P)	5131.62±356.01a	1030.60±60.59b	1080.39±489.85a	2999.79±396.04ab
CM(-P)	5083.93±81.98a	1017.29±52.47b	665.99±74.98b	2787.19±111.74b

注：各处理施肥方式同表 4-21。小写字母代表不同施肥处理间的差异显著性（Fisher's LSD test，$P<0.05$）

从表 4-24 可以看出，大田早稻收获期，FP 处理的糙米含磷量显著高于 CK 处理，其他处理间无显著差异，各处理稻壳和秸秆的含磷量差异不显著，FP 和 CM(-P)处理的瘪粒含磷量显著高于 CK 处理，其他施肥处理与 CK 没有显著性差异。FP 处理的瘪粒含磷量显著高于 NK、M(P)，CM(-P)处理的瘪粒含磷量显著高于 NK 和 CM(P)处理。

表 4-24　大田早稻收获期地上部全磷含量　（单位：mg/g）

处理	糙米含磷量	稻壳含磷量	瘪粒含磷量	秸秆含磷量
CK	3.86±0.28b	1.27±0.32a	2.25±0.50c	1.50±0.33a
FP	5.09±0.60a	1.34±0.23a	3.58±0.24ab	1.34±0.07a
NK	4.24±0.26b	1.54±0.24a	2.35±0.68c	1.52±0.38a
M(P)	4.07±0.18b	1.28±0.22a	2.29±0.40c	1.71±0.18a
CM(P)	4.23±0.22b	1.34±0.15a	2.87±0.49bc	1.40±0.16a
CM(-P)	3.95±0.13b	1.58±0.19a	3.65±0.39a	1.64±0.21a

注：各处理施肥方式同表 4-21。小写字母代表不同施肥处理间的差异显著性（Fisher's LSD test，$P<0.05$）

水稻地上部分磷积累量包括糙米磷积累量、稻壳磷积累量、瘪粒磷积累量、秸秆磷积累量 4 个部分（表 4-25）。FP、NK、CM(P)、CM(-P)处理的糙米磷积累量显著高于 CK 处理，M(P)处理与 CK 处理则无显著差异。FP 处理的糙米磷积累量显著高于 NK、M(P)、CM(P)、CM(-P)处理。CM(-P)和 CM(P)处理的糙米磷积累量都显著高于 M(P)处理。FP、NK、CM(P)处理的稻壳磷积累量显著高于 CK 处理。FP 处理的稻壳磷积累量显著高于 M(P)，CM(-P)处理的稻壳磷积累量显著高于 CM(P)处理。FP、NK、CM(P)、CM(-P)处理的瘪粒磷积累量都显著高于 CK 处理，M(P)与 CK 没有显著性差异，FP、NK、CM(-P)处理的瘪粒磷积累量显著高于 M(P)处理，CM(P)处理的瘪粒磷积累量显著高于 NK、M(P)处理。

表 4-25　大田早稻收获期地上部磷积累量

处理	糙米磷积累量 (kg/hm^2)	稻壳磷积累量 (kg/hm^2)	瘪粒磷积累量 (kg/hm^2)	秸秆磷积累量 (kg/hm^2)	总磷积累量 (kg/hm^2)	磷肥当季利用率 (%)
CK	11.08±2.42c	0.90±0.10b	0.53±0.07c	2.49±0.42b	15.00±2.37c	
FP	25.59±2.11a	1.67±0.21a	2.57±0.85ab	4.30±0.64a	34.13±1.43a	10.28±4.05b
NK	21.84±2.10b	1.61±0.26a	1.96±0.82b	4.68±1.28a	30.09±2.88b	
M (P)	11.13±2.58c	0.82±0.28b	0.63±0.40c	2.84±0.62b	15.40±3.32c	
CM (P)	21.67±1.60b	1.38±0.18a	2.98±1.09a	4.20±0.62a	30.22±2.75b	42.74±5.25a
CM (-P)	20.07±0.67b	1.61±0.26b	2.43±0.37ab	4.57±0.68a	28.68±1.12b	47.30±4.81a

注：各处理施肥方式同表 4-21。小写字母代表不同施肥处理间的差异显著性 (Fisher's LSD test，$P<0.05$)

FP、NK、CM (P)、CM (-P) 的秸秆磷积累量都显著高于 CK、M (P) 处理，FP、NK、CM (P)、CM (-P) 处理的秸秆磷积累量显著高于 M (P) 处理。FP、NK、CM (P)、CM (-P) 处理的总磷积累量显著高于 CK 处理，M (P) 处理的总磷积累量与 CK 处理无显著差异，FP、NK、CM (P)、CM (-P) 处理的总磷积累量显著高于 M (P) 处理，FP、NK、CM (P)、CM (-P) 处理的总磷积累量显著高于 M (P) 处理。FP 处理的总磷积累量显著高于 NK、M (P)、CM (P)、CM (-P) 处理。

大田早稻收获期，CM (P) 和 CM (-P) 处理的磷肥当季利用率显著高于 FP 处理。CM (P) 和 CM (-P) 处理的磷肥当季利用率无显著差异，表明有机无机肥配施能显著提高磷肥当季利用率。

研究不同施肥处理对晚稻生长及磷肥利用率的影响 (表 4-26) 发现，大田晚稻 CK 处理的估测产量、实收产量基本接近。FP 处理的实收产量与估测产量基本接近，理论产量比估测产量低 4.96%，CM (P) 处理的实收产量比估测产量高 2.47%，理论产量与估测产量接近。CM (-P) 处理的实收产量比估测产量低 2.59%，理论产量比估测产量低 5.95%。FP 处理的实收产量显著高于 CM (P) 处理的实收产量，CM (-P) 和 FP 处理实收产量无显著差异。

表 4-26　大田晚稻不同施肥处理的产量

处理	实收产量 (kg/hm^2)	估测产量 (kg/hm^2)	理论产量 (kg/hm^2)	估测产量/实收产量	理论产量/实收产量
CK	4434.98c	4414.03b	4707.39b	0.99	1.06
FP	6655.50a	6703.16a	6370.79a	1.01	0.96
NK	6441.72ab	5845.83a	5156.42b	0.91	88.21
M (P)	4512.51c	4805.42b	4616.47b	1.06	96.07
CM (P)	6269.00b	6118.02a	6173.23a	0.98	100.90
CM (-P)	6543.41ab	6717.50a	6318.05a	1.03	94.05

注：各处理施肥方式同表 4-21。小写字母代表不同施肥处理间的差异显著性 (Fisher's LSD test，$P<0.05$)

测定结果 (表 4-27) 表明，大田晚稻收获期，FP 处理的糙米含磷量显著高于 NK、CM (-P) 处理，其他处理间的糙米含磷量没有显著性差异。M (P)、CM (P) 和 CM (-P) 处理的秸秆含磷量显著高于 FP 处理。FP 处理的瘪粒含磷量显著高于 CK、NK 处理。

表 4-27　大田晚稻不同施肥处理地上部的含磷量　（单位：mg/g）

处理	糙米含磷量	稻壳含磷量	瘪粒含磷量	秸秆含磷量
CK	4.32±0.23a	1.06±0.05c	1.52±0.10c	1.59±0.08b
FP	4.32±0.09a	1.20±0.05a	2.35±0.11a	1.59±0.06b
NK	3.82±0.24b	1.22±0.11a	1.46±0.10c	1.68±0.06b
M(P)	4.24±0.10a	1.12±0.02bc	2.07±0.05b	2.24±0.11a
CM(P)	4.25±0.20a	1.25±0.04a	2.34±0.19a	2.33±0.06a
CM(-P)	3.87±0.08b	1.19±0.03ab	2.32±0.02a	2.29±0.22a

注：各处理施肥方式同表 4-21。小写字母代表不同施肥处理间的差异显著性(Fisher's LSD test，$P<0.05$)

如图 4-9 所示，大田晚稻收获期不同处理地上部生物量存在显著差异。除 M(P)外，施肥处理的糙米、稻壳和秸秆的生物量显著大于 CK。FP 的糙米生物量显著高于其他处理[除 CM(-P)外]。CM(-P)的各部位生物量与 FP 处理相近，CM(P)与 CM(-P)处理的糙米生物量无显著差异。

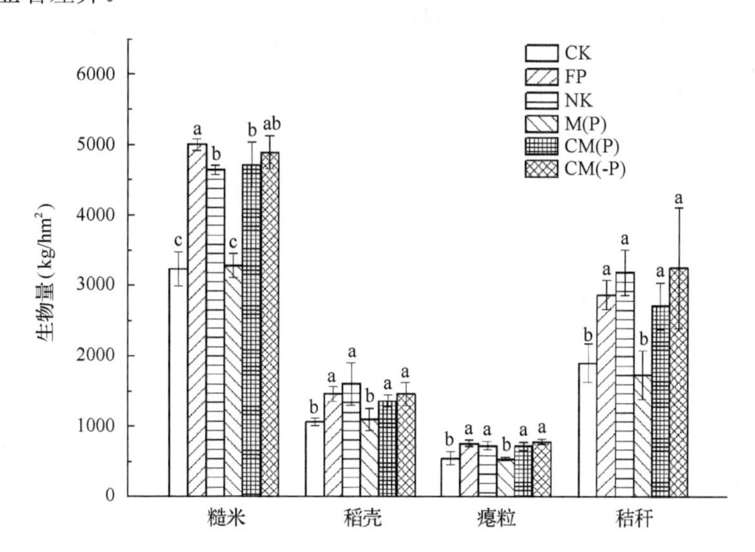

图 4-9　不同施肥处理下大田晚稻收获期各地上部生物量

各处理施肥方式同表 4-21。小写字母代表不同施肥处理间的差异显著性(Fisher's LSD test，$P<0.05$)

从表 4-28 可以看出，大田晚稻 FP 处理的糙米磷积累量显著高于其他所有施肥处理，CM(P)处理的糙米磷积累量与 CM(-P)处理没有显著性差异。FP 处理的稻壳磷积累量仅仅显著高于 CK、M(P)处理。FP 处理的瘪粒磷积累量显著高于 CK、M(P)处理，FP 处理的瘪粒磷积累量与 CM(P)、CM(-P)处理没有显著性差异，CM(P)与 CM(-P)处理的瘪粒磷积累量没有显著性差异。FP 处理的秸秆磷积累量显著高于 CK 处理，CM(P)处理的秸秆磷积累量显著高于 CK、FP、NK、M(P)处理，CM(-P)处理的秸秆磷积累量显著高于 FP 处理，CM(-P)处理的秸秆磷积累量显著高于 CM(P)处理。

表 4-28　大田晚稻收获期地上部的磷积累量　（单位：kg/hm^2）

处理	糙米磷积累量	稻壳磷积累量	瘪粒磷积累量	秸秆磷积累量
CK	13.97±1.65d	1.13±0.07b	0.83±0.15c	3.01±0.35e
FP	21.56±0.38a	1.75±0.20a	1.78±0.16a	4.56±0.39cd
NK	17.72±0.95c	1.98±0.54a	1.06±0.13b	5.35±0.40c
M(P)	13.87±0.48d	1.23±0.20b	1.11±0.06b	3.90±0.96d
CM(P)	19.99±1.27b	1.70±0.15a	1.67±0.13a	6.31±0.63b
CM(-P)	18.90±0.76bc	1.73±0.16a	1.82±0.07a	7.32±1.31a

注：各处理施肥方式同表 4-21。小写字母代表不同施肥处理间的差异显著性(Fisher's LSD test，$P<0.05$)

从表 4-29 可以看出，大田晚稻收获期，CM(P)和 CM(-P)处理的磷表观利用率显著高于 FP 处理。CM(P)和 CM(-P)处理的磷表观利用率没有显著性差异。有机无机配施能显著提高磷肥表观利用率。FP 处理的地上部磷积累总量显著高于 CK、M(P)处理，CM(P)与 CM(-P)处理的地上部磷积累总量与 FP 处理没有显著性差异。

表 4-29　大田晚稻收获期地上部磷积累总量及表观利用率

处理	地上部磷积累总量(kg/hm^2)	表观利用率(%)
CK	18.94±1.92c	
FP	29.65±0.23a	9.00±2.72b
NK	26.11±1.05b	
M(P)	20.11±1.46c	
CM(P)	29.67±1.07a	31.25±5.34a
CM(-P)	29.77±1.84a	39.46±5.81a

注：各处理施肥方式同表 4-21。小写字母代表不同施肥处理间的差异显著性(Fisher's LSD test，$P<0.05$)

4.2　畜禽有机肥氮磷转化的微生物学机理

本研究以河北省辛集市马兰农场的小麦玉米轮作肥料长期试验(115°13′E，37°55′N)为基础，采集不施肥(CK)、单施氮肥(N)、氮磷肥配施(NP)、氮磷钾肥配施(NPK)、单施有机肥(M)、有机肥与化肥配施(MNPK)6 个处理根际和非根际土壤样品。研究畜禽有机肥施用下土壤酶活性变化、微生物群落结构，以及碳、氮转化微生物过程及分子机理。同时基于畜禽有机肥定位试验，利用碱性磷酸酶(ALP)微生物的标记基因 *phoD*，通过荧光定量 PCR 和 Illumina MiSeq 测序综合研究长期不同施肥制度对 *phoD* 微生物群落的影响，并且通过构建结构方程模型(SEM)来探寻由施肥引起的 ALP 潜在活性的直接和间接调控通径，综合阐明畜禽有机肥氮磷转化的微生物学机理。

4.2.1　畜禽有机肥施用下土壤酶活性变化

几乎所有的土壤生物转化过程都有酶的参与。土壤酶主要来源于土壤微生物、动物和植物细胞，包括存在于活细胞内的胞内酶和存在于土壤溶液或吸附在土壤颗粒表面的胞外酶，主要分为四大类：水解酶、氧化还原酶、转移酶和裂解酶。从功能上来讲，胞外酶的活性是土壤有机质分解、养分转化等生物地球化学循环的原动力(Saiya-Cork et al.，2002；Wittmann et al.，2004；Deforest，2009)。本节研究中，参与土壤 C、N、P 和 S 循环的 10 种胞外酶被测定(表 4-30)。

表 4-30　胞外酶的种类及其相应的底物

酶	底物	EC
磷酸酶	4-MUB-phosphate	3.1.3.1
硫酸酯酶	4-MUB-sulfate	3.1.6.1
β-葡糖苷酶	4-MUB-β-D-glucoside	3.2.1.21
β-纤维二糖苷酶	4-MUB-β-D-cellobioside	3.2.1.91
乙酰氨基葡萄糖苷酶	4-MUB-N-acetyl-β-D-glucosaminide	3.2.1.30
β-木糖苷酶	4-MUB-β-D-xyloside	3.2.1.37
α-葡糖苷酶	4-MUB-α-D-glucoside	3.2.1.20
亮氨酸氨基肽酶	L-Leucine-AMC	3.4.11.1
酚氧化酶	L-DOPA	1.10.3.2
过氧化物酶	L-DOPA	1.11.1.7

注：L-DOPA 为 L-3, 4-二羟基苯丙氨酸(L-3,4-dihydroxy-phenylalanine)，标准物 MUB 为 4-甲基伞形酮(4-methylumbelliferyl)，标准物 AMC 为 7-氨基-4-甲基香豆素(7-amino-4-methylcoumarin)，EC 为酶的国际命名法

结果表明，除亮氨酸氨基肽酶和酚氧化酶外，根际效应和施肥效应均强烈影响绝大多数酶的活性(表 4-31)，且根际土壤酶活性一般高于非根际土壤(表 4-32)。

表 4-31　根际效应和施肥效应对胞外酶活性影响的方差分析

酶	根际效应		施肥效应		交互作用	
	F	*P*	*F*	*P*	*F*	*P*
脲酶	170.4	<0.0001	47.28	<0.0001	7.67	0.0003
磷酸酶	327.01	<0.0001	71.44	<0.0001	16.32	<0.0001
硫酸酯酶	121.00	<0.0001	23.56	<0.0001	3.00	0.0326
β-葡糖苷酶	625.60	<0.0001	80.54	<0.0001	9.96	<0.0001
β-纤维二糖苷酶	336.93	<0.0001	49.67	<0.0001	15.44	<0.0001
乙酰氨基葡萄糖苷酶	118.82	<0.0001	17.68	<0.0001	7.06	0.0004
β-木糖苷酶	375.68	<0.0001	32.48	<0.0001	10.19	<0.0001
α-葡糖苷酶	831.91	<0.0001	64.95	<0.0001	15.44	<0.0001
亮氨酸氨基肽酶	**0.01**	**0.9095**	33.18	<0.0001	12.90	<0.0001
酚氧化酶	**2.76**	**0.1110**	14.39	<0.0001	2.80	0.042
过氧化物酶	24.29	<0.0001	24.97	<0.0001	6.88	0.0005

注：粗体代表其差异不显著

表 4-32　长期施肥对根际胞外酶活性的影响

处理	脲酶[mg NH_4^+/(100g·d)]		磷酸酶[nmol/(h·g)]		硫酸酯酶[nmol/(h·g)]	
	非根际	根际	非根际	根际	非根际	根际
CK	201.35±19.81c	270.48±8.08c	471.22±9.54cd	743.03±26.05a	89.15±1.65a	103.54±2.04a
N	252.86±2.63ab	272.22±5.00c	493.04±26.42c	704.45±36.64a	83.40±3.16ab	93.42±5.54bc
NP	236.30±12.21b	270.52±17.56c	425.00±16.65d	559.78±18.07b	83.24±2.31ab	89.83±3.18dc
NPK	240.79±5.79b	271.60±19.05c	515.18±22.98c	551.68±58.96b	78.38±0.41b	82.97±2.67d
M	275.77±0.07a	295.61±1.64b	677.35±27.07a	791.72±44.10a	87.54±1.09a	100.44±2.11ab
MNPK	277.12±38.67a	329.00±9.57a	586.02±9.54b	714.24±26.78a	83.29±5.17ab	96.59±3.17abc

处理	β-葡糖苷酶[nmol/(h·g)]		β-纤维二糖苷酶[nmol/(h·g)]		乙酰氨基葡萄糖苷酶[nmol/(h·g)]	
	非根际	根际	非根际	根际	非根际	根际
CK	110.07±3.37c	335.5±53.43c	18.9±1.41d	78.35±4.75c	13.76±1.75c	38.18±13.01b
N	124.21±6.88c	301.48±33.14c	25.76±1.7cd	60.74±1.61c	16.96±3.61bc	26.05±1.55c
NP	165.99±4.03b	276.96±5.92c	31.87±2.62bc	60.07±3.78c	18.09±5.58bc	31.69±5.01bc
NPK	171.47±9.93b	296.33±27.02c	39.72±7.28b	66.80±7.30c	21.85±1.34abc	30.62±2.05bc
M	246.73±12.48a	443.63±23.34b	54.53±4.33a	113.6±10.4b	24.09±5.60ab	58.65±1.63a
MNPK	273.4±22.29a	528.41±26.38a	52.65±2.48a	149.22±23.38a	27.26±8.76a	64.63±5.17a

处理	β-木糖苷酶[nmol/(h·g)]		α-葡糖苷酶[nmol/(h·g)]		亮氨酸氨基肽酶[nmol/(h·g)]	
	非根际	根际	非根际	根际	非根际	根际
CK	44.99±4.91b	125.11±6.96bc	18.9±6.41dc	88.95±6.84b	482.27±21.6ab	546.92±15.35a
N	45.14±4.14b	91.47±5.07dc	12.81±3.56d	78.61±8.13b	510.87±49.81ab	486.35±14.88b
NP	49.19±6.99b	87.30±3.59d	29.58±7.2bc	77.65±7.69b	459.06±13.5b	396.97±7.25c
NPK	52.14±3.24b	111.96±26.19dc	41.74±7.07ab	98.91±23.07b	457.06±7.27b	411.27±12.35c
M	73.25±5.07a	156.95±7.33ab	47.05±6.74a	147.52±10.52a	523.25±14.3a	531.31±25.89a
MNPK	71.97±8.25a	187.68±20.49a	52.66±4.08a	164.89±4.44a	483.15±16.14ab	547.13±17.71a

处理	酚氧化酶[μmol/(h·g)]		过氧化物酶[μmol/(h·g)]	
	非根际	根际	非根际	根际
CK	91.52±3.07a	92.34±3.83ab	104.04±4.16ab	116.98±0.74ab
N	92.47±1.75a	96.68±4.08a	112.04±3.58a	124.58±3.96a
NP	90.75±1.86a	85.94±0.81bc	111.21±2.21a	113.00±6.53b
NPK	82.97±2.18b	82.55±2.22c	106.18±6.53a	111.86±0.95b
M	87.11±0.68ab	92.28±2.36ab	109.61±1.82a	103.65±1.2c
MNPK	83.07±3.02b	87.36±4.59bc	95.14±3.47b	100.70±1.1c

注：不同字母表示在 0.05 水平上差异显著

计算根际与非根际中各施肥处理相对于 CK 变化的百分比能更清晰地说明胞外酶在不同施肥处理中的变化趋势，对比发现不同施肥处理下根际与非根际土壤胞外酶活性的变化趋势截然不同(图 4-10)。在非根际土壤中，长期施用肥料(无论是化肥还是有机肥)，特别是单施有机肥(M)和有机肥与化肥配施处理(MNPK)，显著提高土壤脲酶、磷酸酶、β-葡糖苷酶、β-纤维二糖苷酶、乙酰氨基葡萄糖苷酶、β-木糖苷酶和 α-葡糖苷酶活性，如 MNPK 处理分别提高了 148%的 β-葡糖苷酶和 179%的 β-纤维二糖苷酶活性。然而在根际土壤中，化肥对胞外酶活性的影响完全不同于非根际土壤。基本变化规律为：施用化肥(N、NP 和 NPK)抑制了根际脲酶、磷酸酶、β-葡糖苷酶、β-纤维二糖苷酶、乙酰氨基葡萄糖苷酶、β-木糖苷酶和 α-葡糖苷酶活性；相反，有机肥处理(M 和 MNPK)能够促进这些酶的活性，但是增加幅度小于非根际土壤。此外，硫酸酯酶活性主要受化肥影响，无论是根际还是非根际均呈下降趋势；亮氨酸氨基肽酶活性在根际土壤中受到化肥的抑制；两种氧化还原酶(酚氧化酶和过氧化物酶)活性受施肥影响小于水解酶类，且无明显的变化规律。

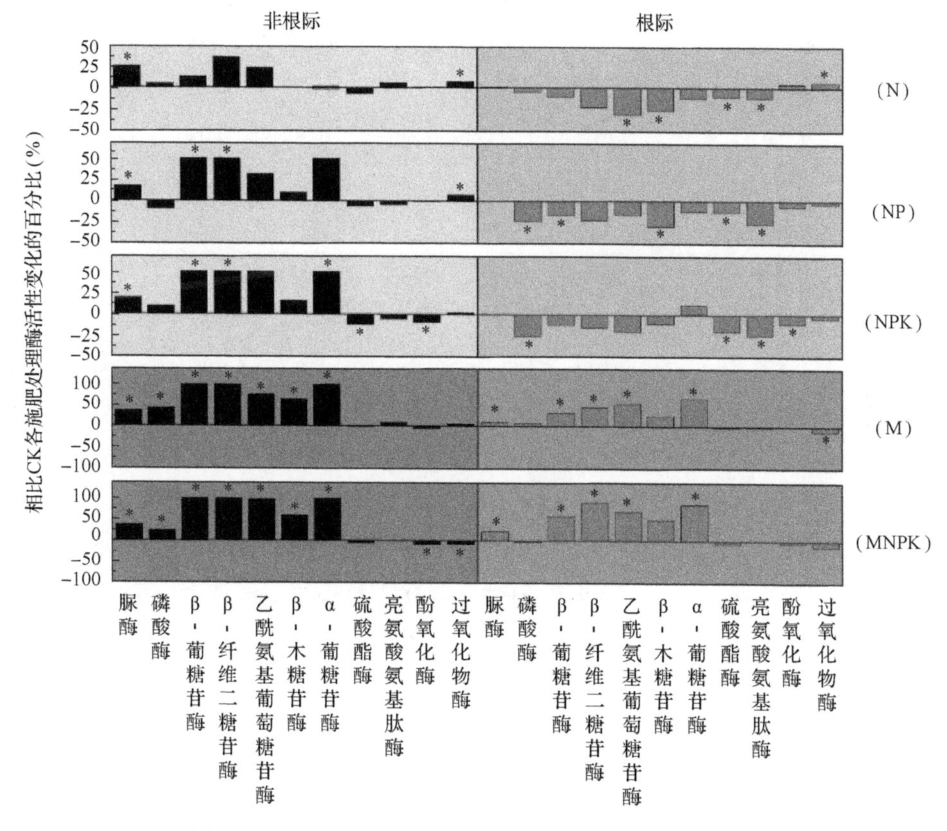

图 4-10　不同施肥处理胞外酶活性相对 CK 变化的百分比

*表示在 $P<0.05$ 水平上差异显著

土壤水解酶活性在根际与非根际之间并非均匀分布，根际水解酶活性显著高于非根际土壤，这可能与植物诱导的根际微生物量、区系组成及代谢过程的改变有关，导致根际酶的数量、种类和活性发生变化(Badalucco et al.，2001；Böhme et al.，2005)。根际土壤酶活性的提高反过来促使了有机质的分解和养分的矿化，有利于植物对养分的吸收，这也是根际养分含量高于非根际的重要原因之一。相关性分析也表明：根际土壤脲酶、β-葡糖苷酶、β-纤维二糖苷酶、乙酰氨基葡萄糖苷酶、β-木糖苷酶、α-葡糖苷酶与土壤全氮、有机碳、NH_4^+-N、速效钾呈显著正相关，过氧化物酶与全氮、有机碳、NH_4^+-N、速效钾呈显著负相关(表 4-33)。

表 4-33　土壤胞外酶活性与养分含量之间的相关系数

	酶	pH	全氮	有机碳	NH_4^+-N	NO_3^--N	有效磷	速效钾
非根际	脲酶	−0.52	0.79	**0.83***	0.74	0.28	0.52	0.77
	磷酸酶	−0.24	0.80	**0.90***	**0.86***	−0.31	0.21	0.79
	硫酸酯酶	0.30	0.23	0.19	−0.14	−0.47	−0.43	−0.17
	β-葡糖苷酶	−0.54	**0.94*****	**0.93****	**0.91***	0.05	0.75	**0.88***
	β-纤维二糖苷酶	−0.42	**0.87***	**0.90***	**0.96*****	−0.06	0.64	**0.87***
	乙酰氨基葡萄糖苷酶	−0.62	**0.83***	**0.86***	**0.92****	0.15	0.78	**0.93****
	β-木糖苷酶	−0.44	**0.97*****	**0.98*****	**0.92****	−0.12	0.59	**0.87***
	α-葡糖苷酶	−0.44	0.79	0.79	**0.95*****	−0.12	0.76	**0.85***
	亮氨酸氨基肽酶	0.03	0.40	0.50	0.18	−0.14	−0.39	0.22
	酚氧化酶	0.55	−0.51	−0.56	**−0.84***	−0.02	−0.74	**−0.84***
	过氧化物酶	0.80	−0.51	−0.49	−0.42	−0.25	−0.72	−0.70
根际	脲酶	<0.001	**0.94****	**0.89***	**0.88***	−0.04	0.67	**0.94****
	磷酸酶	−0.77	0.49	0.61	0.63	0.21	−0.37	0.44
	硫酸酯酶	−0.58	0.35	0.46	0.59	0.08	−0.40	0.26
	β-葡糖苷酶	−0.24	**0.96*****	**0.95*****	**0.96*****	−0.10	0.51	**0.95*****
	β-纤维二糖苷酶	−0.18	**0.97*****	**0.94****	**0.96*****	−0.15	0.57	**0.96*****
	乙酰氨基葡萄糖苷酶	−0.26	**0.98*****	**0.98*****	**0.99*****	−0.31	0.50	**0.91***
	β-木糖苷酶	−0.30	**0.94*****	**0.92****	**0.97*****	−0.22	0.52	**0.97*****
	α-葡糖苷酶	−0.26	**0.99*****	**0.97*****	**0.93****	−0.27	0.59	**0.97*****
	亮氨酸氨基肽酶	−0.63	0.56	0.63	0.74	0.22	−0.15	0.60
	酚氧化酶	−0.59	−0.10	0.04	0.00	0.64	−0.76	−0.16
	过氧化物酶	<0.001	**−0.91***	**−0.86***	**−0.85***	0.62	−0.75	**−0.83***

*表示显著相关，即 $P<0.05$；**表示极显著相关，即 $P<0.01$；***表示 $P<0.001$，加粗表示呈显著相关

施肥改变了土壤酶活性，然而其变化趋势在根际与非根际中截然不同。本节结果和前人的研究表明，在非根际土壤中，施用无机化肥(特别是氮肥)，通常能够提高大多数涉及土壤氮矿化和糖、纤维素和几丁质分解相关的酶(如脲酶和糖苷酶)活性(Saiya-Cork et al.，2002)，这可能是微生物通过同化利用这些施入的氮素来促进自身的生长，导致产生的酶数量和种类均显著增加(Weand et al.，2010)。然而，相比化肥对非根际土壤酶活性的促进效应，在根际土壤中，化肥反而抑制绝大多数胞外酶的活性(或保持不变)。这一结果与Phillips 和 Fahey(2008)的研究非常一致，他们发现在森林土壤中，无机氮磷钾肥能够抑制根际效应对微生物活性、氮矿化速率和磷酸酶活性的促进作用。研究表明，无机化肥能够抑制根际有机质的分解和养分的矿化(Merckx et al.，1987；Liljeroth et al.，1994)，其中涉及的机理被认为是非常复杂的(Kuzyakov，2002；Phillips and Fahey，2007)。尽管如此，

本节结果直接证明，化肥引起的根际胞外酶活性降低是导致根际有机质分解、养分矿化等地球生物化学反应速率下降的重要原因，因为这些过程均需要土壤胞外酶来催化完成。

土壤酶活性经常随有机肥的施入而显著提高，并与土壤碳含量呈正相关关系(Kanchikerimath and Singh，2001；Bastida et al.，2007)。短期试验表明，土壤有机物的生物降解能够增加微生物的活性，从而加强各种酶类的合成(Benitez et al.，2005)，胞外酶还可以在土壤腐殖质中持续地积累(Nannipieri et al.，2002)，经过 30 多年的有机肥施用，M 和 MNPK 处理使得土壤有机碳和绝大多数胞外酶活性显著提高，而且根际土壤酶活性也有类似的变化趋势。上述结果表明，有机肥引起的土壤生物化学反应能够加速根际土壤养分的周转更新，促进作物生长和土地的可持续利用。相比土壤水解酶的强烈变化，两种氧化还原酶(酚氧化酶和过氧化物酶)和硫酸酯酶对施肥的响应相对较弱，Bastida 等(2007)也有类似的报道，有机肥施入量为 65t/hm^2 时没有改变与腐殖质相关的酚氧化酶活性，此外，需要注意的是土壤酶活性与土壤腐殖质类型也有直接的关系(Benitez et al.，2005)。

4.2.2　畜禽有机肥施用下土壤微生物群落结构

根际微生物群落参与许多关键的过程，包括养分循环、植物生长、根系健康等。因此，根际微生物群落结构的改变及影响其变化的环境因子受到了人们的重视(Marschner et al.，2001；Paterson et al.，2007)。土壤性质如 pH、有机质、养分含量等也是影响根际微生物群落结构的重要因素(Kennedy et al.，2004)，大量研究已经表明，施入有机肥或无机肥后土壤微生物群落结构会发生显著变化(Marschner，2003；Enwall et al.，2005)。一般有机肥能够显著提高微生物总量，但是各类群之间的演变趋势有显著差异，其中真菌、丛枝菌根真菌受其影响较大(Corkidi et al.，2002；Elfstrand et al.，2007)，经常导致土壤真菌/细菌增加，有机肥的数量和质量是影响微生物响应机理差异的重要因素(Elfstrand et al.，2007)。

长期施肥下小麦根际与非根际土壤 16S rDNA PCR 产物的变性梯度凝胶电泳(DGGE)图谱结果见图 4-11。由图 4-11 可知，不同处理 PCR 扩增产物均被明显地分为不同的 DNA 条带，且各 DNA 条带信号强度差异显著，表明土壤微生物多样性较高。不同处理(不同泳道)存在大量位置相同的 DNA 条带，说明尽管长期施用不同肥料，各处理之间细菌种类组成没有发生剧烈的变化，但是部分位置相同的 DNA 条带信号强度存在差异，说明施肥制度对土壤细菌数量有一定影响。根际与非根际土壤 DGGE 图谱变化不大，仅个别处理存在差异，如条带 9 在非根际单施氮肥处理(N)颜色较深。

香农-维纳多样性指数是评价微生物多样性的重要指标，它可以评价群落中物种数量和个体分布均匀度。香农-维纳多样性指数越高表示细菌种类越多，而且个体数量分布更加均匀。而丰富度指数则反映物种组成的数量，在 DGGE 图谱中，我们用电泳条带数目来表征这一指标。利用 Quantity One 软件(Bio-Rad)对 DGGE 指纹图谱进行数字化后，我们就可以进行上述分析，结果如表 4-34 所示。施肥显著影响土壤微生物香农-维纳多样性指数和丰富度(表 4-34)。非根际土壤中，M 和 MNPK 处理的土壤细菌丰富度指数明显高于化肥处理(N、NP 和 NPK)和不施肥对照(CK)，香农-维纳多样性指数也存在这样的趋势，说明施入有机肥为细菌带来了丰富的碳源和其他营养物质，为微生物的生长、繁殖提供了良好的生存条件，有利于细菌种类的增加；而施用化肥处理细菌丰富度也较 CK

有所增加，但是增加幅度明显少于 M 和 MNPK。根际土壤中，尽管香农-维纳多样性指数在各处理间没有明显的变化趋势，但是我们发现细菌丰富度指数变化趋势与非根际截然相反，细菌丰富度在 CK 处理中最高，其次为化肥处理(N、NP 和 NPK)，施用有机肥(M)和有机肥与化肥配施(MNPK)处理最低，表明根际与非根际土壤环境条件存在显著差别，表明根际微生物群落对外界干扰具有独特的响应机理(Lovell et al.，2001)。

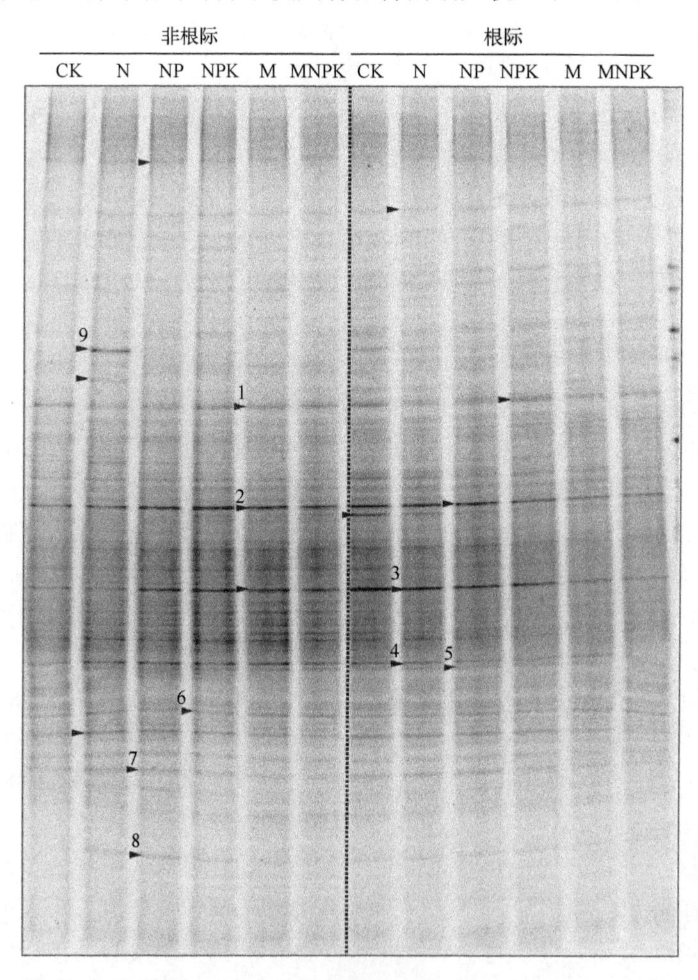

图 4-11　长期施肥下石灰性潮土细菌 16S rRNA V3 区 DGGE 图谱

1～9 代表不同泳道

表 4-34　长期施肥下石灰性潮土细菌香农-维纳多样性指数(*H*)和丰富度(*S*)

	指数	CK	N	NP	NPK	M	MNPK
非根际	*H*	3.84	3.97	4.00	3.96	4.04	4.07
	S	63	74	75	71	76	78
根际	*H*	4.03	3.98	4.02	3.98	3.98	4.01
	S	76	72	75	73	70	72

聚类分析法(UPGMA)可以深入揭示土壤细菌群落结构的变化规律，结果如图 4-12 所示。

根际与非根际 12 种土壤样品主要被分为三大族群：非根际 NP、NPK、M 和 MNPK 为一族群，根际 CK、N 和 NP 为一族群，根际 M、MNPK 为一族群。此外，由于长期的不施肥和仅施 N 肥，CK 和 N 处理非根际土壤微生物群落结构显著不同于其他处理。对细菌 DGGE 图谱上的典型条带进行切胶测序分析，测序的条带在图 4-11 中已用箭头标明。所得到的序列经过 NCBI 数据库的 BLAST 功能进行比对分析(表 4-35)。我们发现大部分序列与已有的未培养菌属非常相近，相似度均在 96%以上，而与可培养的细菌种属相似度较低，表明土壤绝大部分细菌为不可培养的未知种群。DGGE 图谱中条带 3 和条带 5 与变形菌相似性达 96%以上，并且条带 3 为 DGGE 图谱中的主要条带，表明变形菌为石灰性潮土中的优势菌群。此外，相比 CK，条带 3 在 M 和 MNPK 处理中信号强度增加(图 4-11)，这表明施用有机肥有利于变形菌的生长。此外，条带 1 与酸杆菌(Acidobacteria)相似度达 99%。在 DGGE 图谱中(图 4-11)，有一些条带(如未标数字的条带和条带 9)由于切胶回收后 DNA 浓度过低，PCR 测序和克隆测序均无法完成，不能得到其具体序列分类信息。一般来说在土壤细菌中变形菌(Proteobacteria)是最丰富的细菌门类(Mendes et al.，2011)，施用有机肥能够提高土壤变形菌比例。本节研究中石灰性潮土条带 3 和条带 5 与变形菌相似性较高，条带 1 与酸杆菌属序列相似性较高，研究表明，酸杆菌与根际微生物养分循环密切相关，长期施用畜禽有机肥至贫瘠土壤中，该类细菌的群落丰富度和数量也会增加(Fierer et al.，2007)。

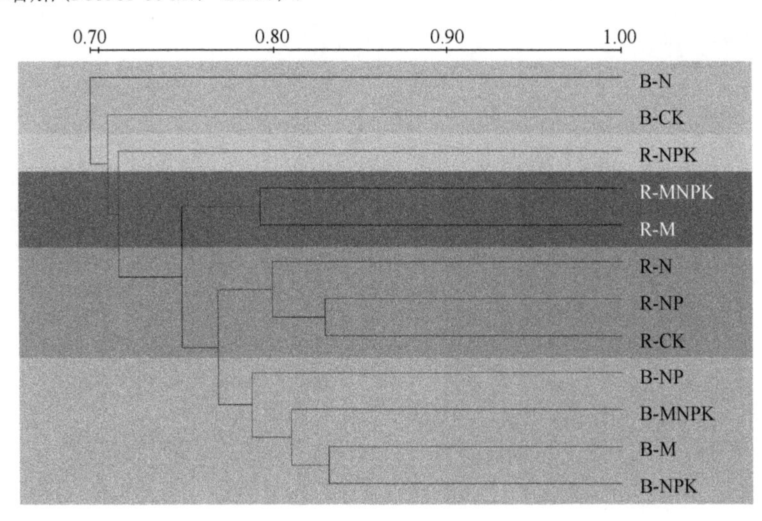

图 4-12　石灰性潮土细菌 DGGE 图谱聚类分析(UPGMA)

B 为非根际，R 为根际

表 4-35　细菌 DGGE 条带的基因片段序列的比对

土壤类型	条带编号	序列长度(bp)	NCBI 数据库中最相近的菌种名称(登录号)	相似性
石灰性潮土	Band 1	191	Uncultured Acidobacteria bacterium (HM062414.1)	99%
	Band 2	191	Uncultured bacterium clone (DQ451496.1)	98%
	Band 3	191	Uncultured proteobacterium (EU300188.1)	97%

续表

土壤类型	条带编号	序列长度(bp)	NCBI 数据库中最相近的菌种名称(登录号)	相似性
石灰性潮土	Band 4	191	Uncultured bacterium clone (FJ830509.1)	96%
	Band 5	191	Alpha proteobacterium clone (FJ933433.1)	96%
	Band 6	191	Uncultured bacterium clone (JN795880.1)	99%
	Band 7	191	Uncultured soil bacterium (FR732440.1)	98%
	Band 8	191	Uncultured soil bacterium (JN604579.1)	96%

利用 PLFA 分析技术研究长期施用畜禽有机肥下根际与非根际土壤微生物群落结构，发现根际效应($F=600.63$，$P<0.01$)显著影响 PLFA 总量(图 4-13A，表 4-36)。从图 4-13A 可以看出，非根际土壤 PLFA 总量在 31.57～67.26nmol/g，而根际在 55.43～139.15nmol/g，根际中各处理 PLFA 总量均高于非根际土壤。不同施肥制度下土壤微生物 PLFA 总量已经发生深刻的变化(F=193.97，$P<0.01$)，有机肥(M 和 MNPK)的施入显著提高了土壤 PLFA 总量，尤其是根际土壤，相比 CK 增加了约一倍(图 4-13A)。N、NP、NPK 三个处理和 CK 之间 PLFA 总量差异不显著，说明化肥没有明显影响根际(或非根际)土壤微生物总量。

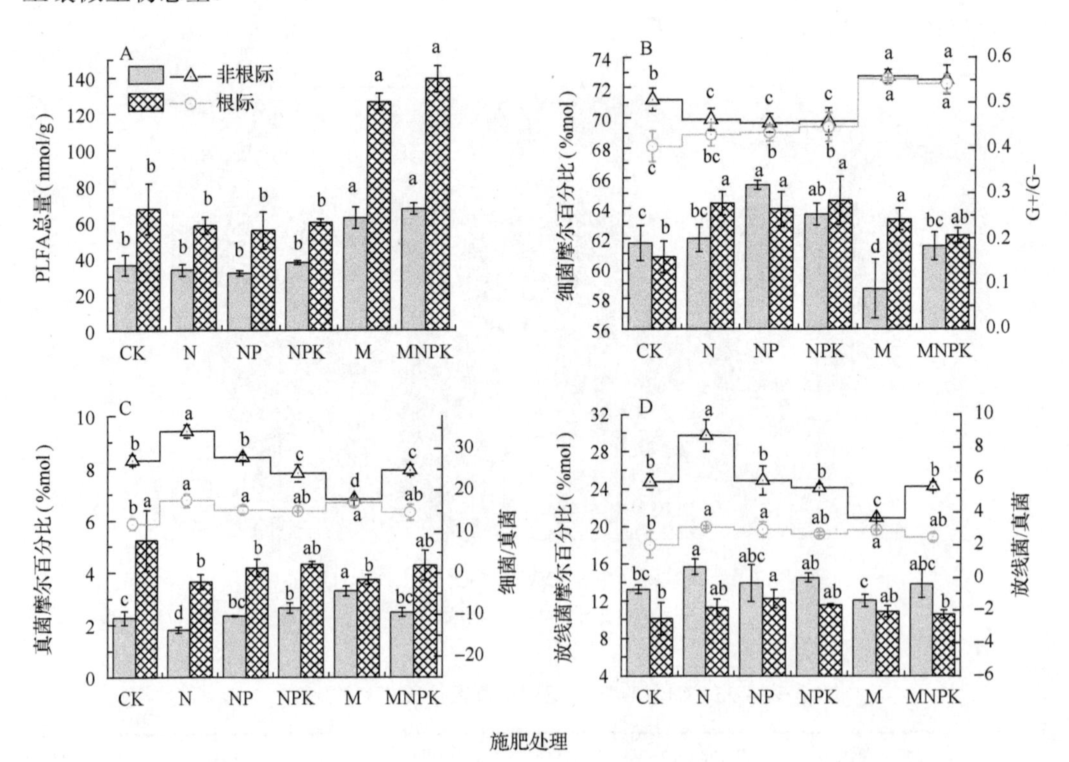

图 4-13　长期施肥对磷脂脂肪酸含量的影响

柱状图表示左 y 轴，线状图表示右 y 轴，不同小写字母表示根际(或非根际)不同处理间存在显著差异

表 4-36　双因素方差分析根际效应和施肥效应对 PLFA 总量及各菌群影响的显著性

	根际效应		施肥效应		交互作用	
	F	*P*	*F*	*P*	*F*	*P*
PLFA 总量	600.63	＜0.0001	193.97	＜0.0001	34.72	＜0.0001
细菌	4.92	0.0372	9.12	＜0.0001	4.68	0.0046
G+/G–	22.59	＜0.0001	43.55	＜0.0001	5.43	＜0.0001
真菌	312.5	＜0.0001	6.84	0.0005	10.84	＜0.0001
细菌/真菌	854.09	＜0.0001	37.00	＜0.0001	40.69	＜0.0001
放线菌	132.9	＜0.0001	6.16	0.001	4.93	0.0035
放线菌/真菌	682.79	＜0.0001	32.43	＜0.0001	28.76	＜0.0001

图 4-13B 显示，施肥对根际与非根际土壤细菌标记 PLFA 含量的影响有所不同。在非根际中，NP 和 NPK 显著增加了细菌摩尔百分比，N 处理的细菌摩尔百分比也略有增加，但是不显著；相反，有机肥的施入(M)显著降低了细菌摩尔百分比。然而在根际中，有机肥和无机肥均增加了细菌摩尔百分比，且两者之间没有显著差异。土壤革兰氏阳性菌/革兰氏阴性菌(G+/G–)在 0.56～0.40，且非根际土壤 G+/G–高于根际。所有的处理中，M 和 MNPK 处理 G+/G–最高。施用化肥明显增加了根际土壤中 G+/G–，而这种趋势在非根际土壤中恰好相反，化肥的施入显著降低了非根际土壤 G+/G–。这一结果与之前的研究非常类似(Esperschütz et al.，2009；Bird et al.，2011)，表明植物根系分泌物可能优先被革兰氏阴性菌和真菌代谢利用，促进了它们在根际中的生长。值得注意的是，我们发现根际土壤微生物群落对不同肥料的响应机理显著不同于非根际土壤。Marschner 等(2003)的研究也表明，施用有机肥料能够使土壤 G+/G–增加；然而也有研究认为，革兰氏阴性菌对土壤营养条件的改变非常敏感，有机质的投入经常会刺激革兰氏阴性菌的生长，导致土壤 G+/G–降低(Larkin et al.，2006；Buyer et al.，2010)。Bird 等(2011)利用 ^{13}C 标记的根系分泌物研究根际微生物群落对植物源碳的利用情况后，发现在初始阶段，革兰氏阳性菌对植物源碳的利用较低，然而随着时间的延长，革兰氏阳性菌对这种碳源的利用程度不断增加，最后可能成为根际中分解有机质的主要参与者，这或许是本节研究中长期施用有机肥根际 G+/G–增加的原因。

根际效应显著影响真菌的相对含量(F=312.5，P＜0.01，表 4-36)。从图 4-13C 可以看出，根际土壤各处理真菌摩尔百分比均高于非根际土壤，导致根际细菌/真菌一般低于非根际土壤。施肥对真菌影响的基本规律为：非根际土壤中，M 处理真菌相对含量最高，N 处理最低，导致细菌/真菌在 M 处理中最低，在 N 处理最高。一般认为，土壤真菌所占比例越高，越有利于土壤的可持续利用，土壤肥力越高(De Vries et al.，2006)，这表明长期施用有机肥使得土壤微生物群落结构朝着更加健康的方向发展。然而根际土壤中，CK 处理真菌比例最高，无论是有机肥还是无机肥均降低了根际真菌相对含量，使得各施肥处理根际细菌/真菌均大于 CK 处理，但有机肥处理和化肥处理之间差异不显著。

对于所有处理，根际土壤放线菌摩尔百分比(F=132.9，P＜0.01)和放线菌/真菌(F=682.79，P＜0.0001)均低于非根际土壤(图 4-13D)。施肥对放线菌影响的基本规律为：非根际土壤中，N 处理中放线菌相对含量最高，M 处理最低，长期施用氮肥使得土壤放线菌/真菌显著增加，而单施有机肥(M)使得放线菌/真菌明显减少。然而根际土壤中，有机肥和无机肥处理之间放线菌相对含量并没有显著差异，放线菌/真菌也保持相对稳定。Lovell 等(2001)报道，互花米草(*Spartina alterniflora*)根际微生物群落结构没有显著地响应外界环境因子的变化(物理或化学的干扰)，作者认为这主要是由于植物根际是一个高度结构化的微生物生存场所，具有很强的抗干扰能力和缓冲能力。这一观点也被本研究中的逐步多元回归分析结果所支持，由施肥引起的土壤理化性状对非根际土壤的微生物菌群影响更加深刻，而根际中真菌和放线菌均不受其影响。

利用土壤中检查出来的 PLFA 单体进行 PCA(图 4-14)，第一主成分(PC1)和第二主成分(PC2)分别占据了总变异的 30.7%和 17.0%。由图 4-14A 可得，根际效应和施肥处理对微生物群落结构影响显著，根际与非根际、有机肥与无机肥被明显地区分开来，然而，化肥与 CK 之间差异较小。饱和脂肪酸(12:0、13:0、14:0、15:0、17:0、a13:0、a15:0、a16:0、i12:0、i13:0、i14:0、i15:0、i16:0、i19:0)和羟基化脂肪酸(10:0 2OH、11:0 3OH、15:0 2OH、16:0 2OH、18:1 2OH、i11:0 3OH、i15:0 3OH、i17:0 3OH)在第一主成分上载荷值较高(图 4-14B)，其中饱和脂肪酸中的大部分为革兰氏阳性细菌的标记脂肪酸。相反 16:0 (10Me)、18:0 (10Me)、18:1ω5c、cy19:0 等 PLFA 单体在第一主成分上载荷值为负值，其中 16:0 (10Me)、18:0 (10Me)为放线菌的标记脂肪酸，18:1ω5c、cy19:0 为革兰氏阴性菌的标记脂肪酸。a17:0、i17:0、16:1ω11c、i13:0 3OH、16:1 2OH 在第二主成分载荷值较高，其中 a17:0、i17:0 是革兰氏阳性细菌的标记脂肪酸，16:1ω11c 为丛枝菌根(AM)的标记脂肪酸，AM 具有促进防病和改良土壤的作用(蔡燕飞和廖宗文，2003)。而大部分不饱和脂肪酸(18:1ω7c、17:1ω8c、16:1ω7c、16:1ω9c、16:1ω5c、18:1ω9c、20:4ω6,9,12,15c、18:2ω6,9c)在第二主成分上载荷值为负值，而其中部分为革兰氏阴性菌的标记脂肪酸。

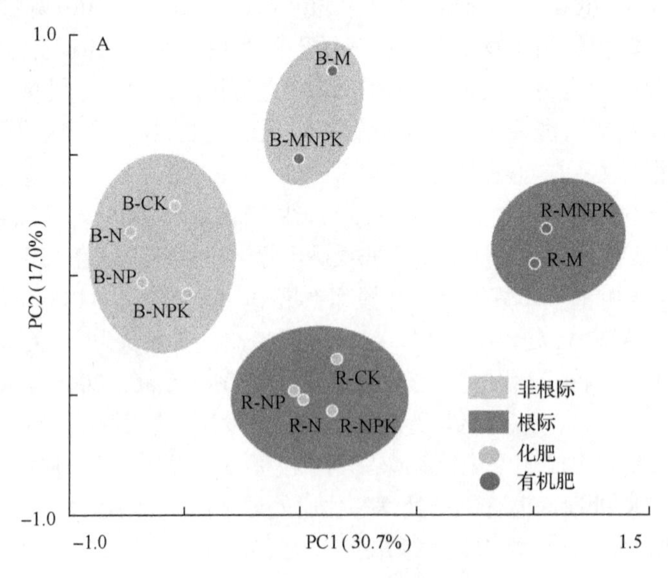

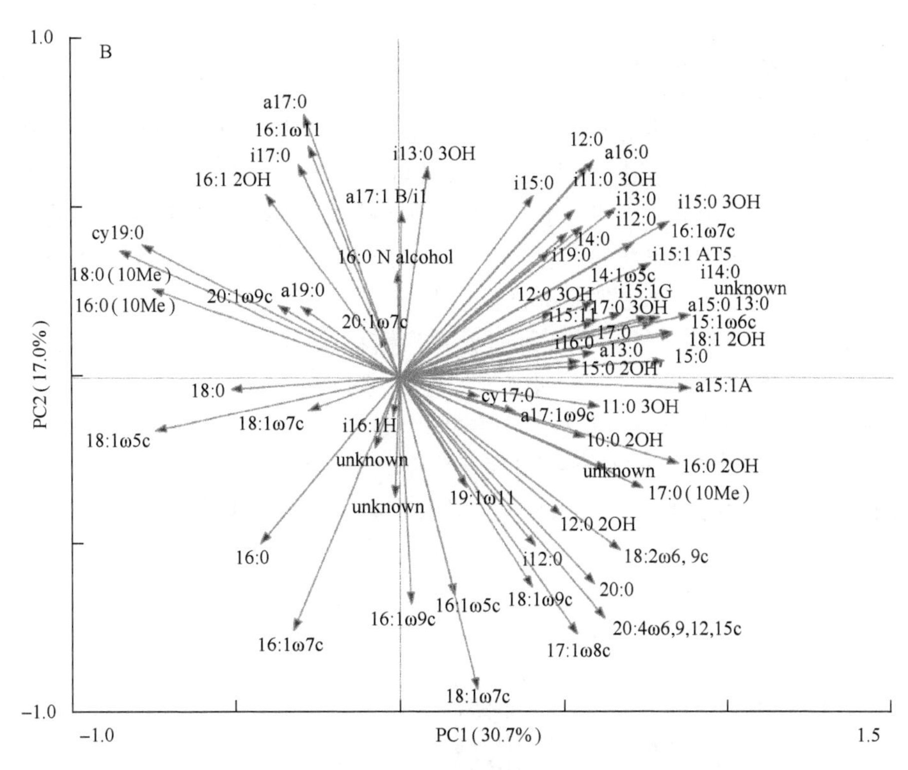

图 4-14　长期施肥下石灰性潮土微生物群落结构的 PLFA 主成分分析

B 为非根际，R 为根际。unknown 表示在数据库中未匹配

逐步多元回归分析表明有机碳和全氮是影响土壤 PLFA 总量和各菌群的主要影响因子(表 4-37)。非根际土壤中，PLFA 总量和 G+/G–主要受到有机碳含量的影响，革兰氏阳性菌与总氮呈显著相关关系，真菌和细菌/真菌显著受到 pH、NH_4^+-N 和 NO_3^--N 的影响。根际土壤中，PLFA 总量和 G+/G–同样与有机碳含量关系密切，然而根际养分因子(如总氮，NH_4^+-N)仅与细菌菌群有关，真菌和放线菌均不受其影响。

表 4-37　逐步多元回归分析土壤微生物菌群与土壤理化性质之间的关系

非根际			根际		
因变量(*Y*)	相关变量(*X*)	R^2	因变量(*Y*)	相关变量(*X*)	R^2
PLFA 总量	有机碳	0.98**	PLFA 总量	有机碳	0.98***
G+	总氮	0.76*	G+	总氮，NH_4^+-N	0.97**
G–	ns		G–	NH_4^+-N	0.96***
G+/G–	有机碳	0.80*	G+/G–	有机碳	0.92**
真菌	pH，NH_4^+-N	0.97**	真菌	ns	
细菌/真菌	NH_4^+-N，NO_3^--N	0.97**	细菌/真菌	ns	
放线菌	Ns		放线菌	ns	

*表示显著相关，即 $P<0.05$；**表示极显著相关，即 $P<0.01$；***表示 $P<0.001$；ns 表示不显著

4.2.3 畜禽有机肥碳转化微生物过程及分子机理

选取上节所用肥料长期定位试验不施肥(CK)、氮磷钾肥配施(NPK)、有机肥与化肥配施(MNPK)处理土壤，利用三室根箱法 ^{13}C-CO_2 稳定同位素连续标记小麦 7 天，分别获得非根际土壤和根际土壤，明确小麦根际沉积物分解过程中发挥重要作用的根际微生物类群，分析小麦根际沉积物是否为根际微生物群落形成的直接原因，阐明小麦根际对长期施用畜禽有机肥下碳转化微生物的过程及响应机理。

测定土壤中 ^{13}C 丰度发现，小麦通过光合作用将 ^{13}C-CO_2 转化为 ^{13}C-碳水化合物并由地上部分转移至地下部分，部分碳水化合物最终以根系沉积物形式释放至土壤中。图 4-15 表明，^{13}C-CO_2 标记培养箱中，小麦根际土壤 ^{13}C 丰度($\delta^{13}C$=203‰)显著高于非根际土壤($\delta^{13}C$=−19‰)和 ^{12}C-CO_2 培养条件下的根际($\delta^{13}C$=−22‰)与非根际土壤($\delta^{13}C$=−23‰)。上述结果表明，^{13}C 标记的根际沉积物已成功分配到小麦根际土壤中。

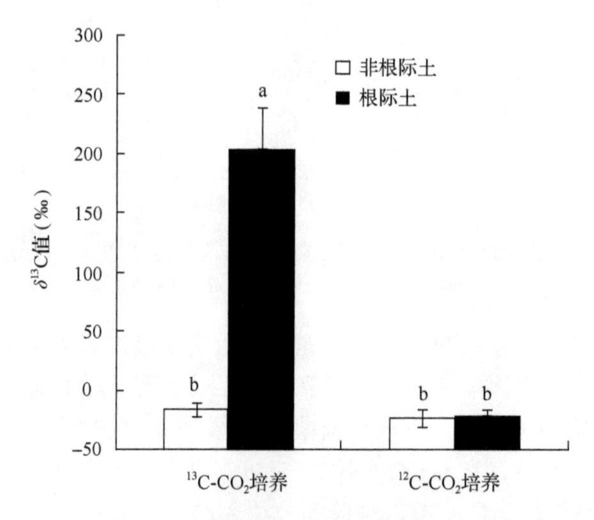

图 4-15 小麦根际与非根际土壤 $\delta^{13}C$ 值

图中不同小写字母表示差异显著性($P<0.05$)

提取 ^{13}C 标记的根际土壤 DNA，进行等密度梯度离心，将重组 DNA 与轻组 DNA 分离，然后测定各密度梯度层 DNA 含量及 $\delta^{13}C$ 值。图 4-16A 表明，经密度梯度离心后，DNA 主要集中在密度为 1.720～1.726g/ml 的浮力密度层，出现一个明显的 DNA 含量峰值，随后 DNA 含量迅速下降。相比 DNA 含量曲线，各密度梯度层 $\delta^{13}C$ 值曲线表现为后移，$\delta^{13}C$ 值峰值出现在密度为 1.726～1.735g/ml 的浮力密度层，在此密度之前或之后各浮力密度层 $\delta^{13}C$ 值均相对较低。三个不同施肥处理(CK、NPK 和 MNPK)DNA 含量曲线和 $\delta^{13}C$ 值曲线均高度一致。上述结果表明，等密度梯度离心已经成功地将重组 DNA(^{13}C-DNA)和轻组 DNA(^{12}C-DNA)分离。

为了进一步证实重组 DNA 已经与轻组 DNA 分离，利用 DGGE 技术研究了浮力密度为 1.694～1.747g/ml 的 11 层梯度液中微生物的群落结构分布。结果发现，各密度梯度层微生物组成差异显著(图 4-16B)，尤其是浮力密度为 1.726～1.737g/ml 的重组 DNA 与浮力密度为 1.694～1.726g/ml 的轻组 DNA 在 16S rRNA 条带数目、位置和信号强度均有较大差别。对比 $^{13}C\text{-}CO_2$ 和 $^{12}C\text{-}CO_2$ 培养条件下各浮力密度的 DGGE 图谱，我们发现，浮力密度为 1.726～1.737g/ml 的重组 DNA 16S rRNA 条带仅出现在 $^{13}C\text{-}CO_2$ 培养条件下，表明这些 16S rRNA 所代表的细菌均参与了小麦根际碳沉积的分解代谢过程。

根据上述结果，我们选取密度为 1.735g/ml 的浮力密度层为重组 DNA 的代表层（图 4-16），该重组 DNA 所代表的土壤微生物是分解小麦根际沉积物最为活跃的微生物区系，与小麦根系生长关系紧密；而密度为 1.710g/ml 的浮力密度层为轻组 DNA 的代表层，该轻组 DNA 所代表的土壤微生物与宿主植物关系不密切，可能主要参与土壤固有碳的分解过程。

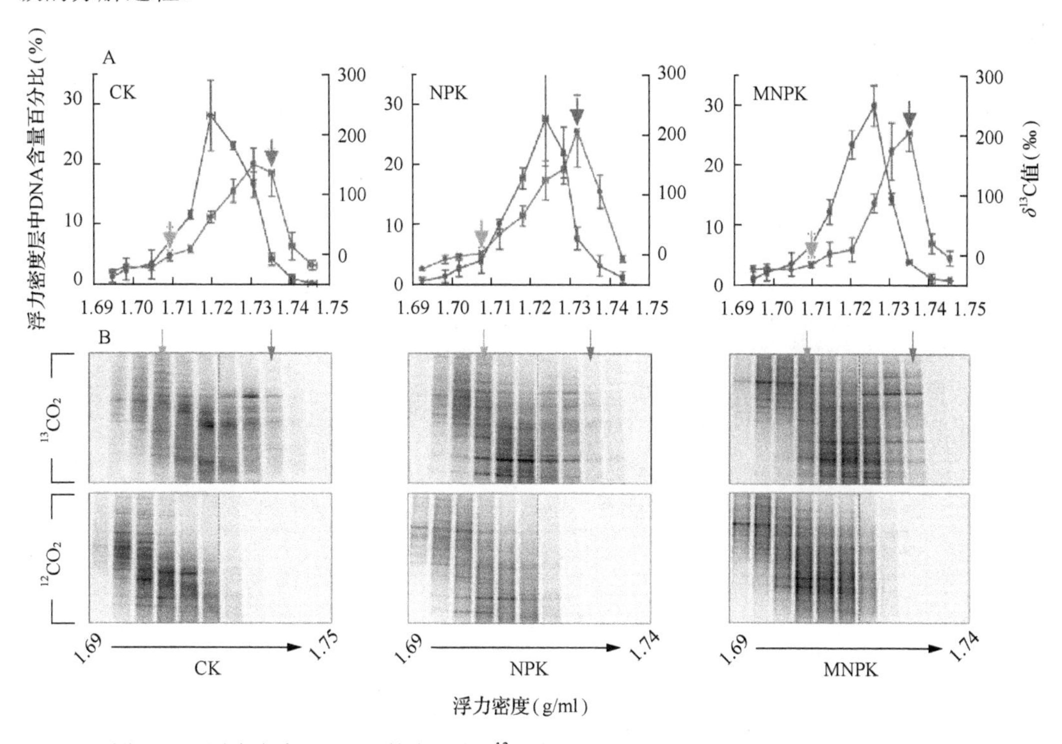

图 4-16　浮力密度层 DNA 的含量和 $\delta^{13}C$ 值(A)及细菌 16S rRNA 的 DGGE 图谱(B)

进行 454 测序的样品包括 4 个部分：直接从根际与非根际土壤中提取的 DNA 样品，通过梯度离心后确定的小麦根际 ^{13}C-DNA 和 ^{12}C-DNA 样品。共获得 460 506 条细菌 16S rRNA 的 V1～V3 区高质量序列，平均长度为 501bp，每个样品平均拥有 12 800 条序列。在 97%相似度下，各样品 OTU 数目在 3368～6291。

利用 Yue-Clayton 距离和 Bray-Curtis 距离，我们分别进行了树状图分析和主坐标分析(PCoA)。二者的结果非常一致(图 4-17)，^{13}C 标记的小麦根际微生物组显著不同于没有标记的微生物类群，也明显区别于土壤整体的微生物群落结构。对各样品中丰度排名前 30 的属进行热图分析，也得到了上述一致的结论(图 4-18)。相似性分析结果表明，不同部位三个施肥处理微生物群落结构差异较大(表 4-38)，尤其是 MNPK 处理显著不同于 NPK 和 CK 处理；而根际与非根际土壤微生物群落结构并没有统计学上的差异(表 4-39)。

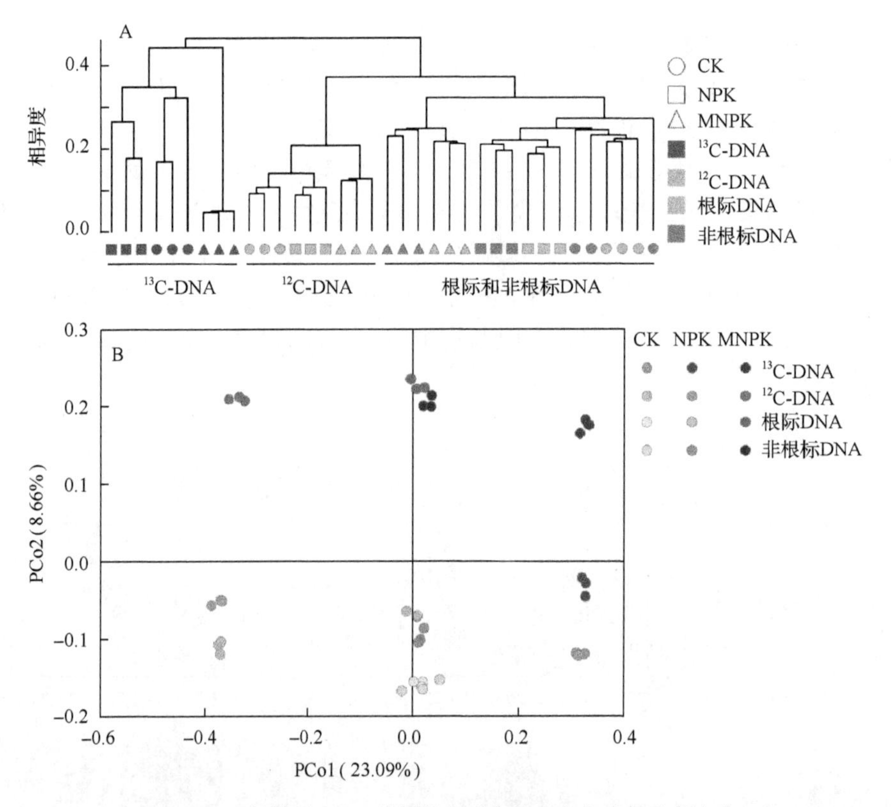

图 4-17　各样品 OTU 的树状图分析(A)和主坐标分析(B)

表 4-38　不同施肥处理微生物群落结构的相似度检验

不同部位	施肥处理	CK	NPK
^{13}C-DNA	NPK	2.95***	
	MNPK	13.17***	17.18***
^{12}C-DNA	NPK	3.28***	
	MNPK	8.71***	6.85***
根际 DNA	NPK	2.10***	
	MNPK	4.19***	4.12***
非根际 DNA	NPK	1.45***	
	MNPK	3.03***	3.10***

***表示不同处理间存在显著差异

表 4-39　不同部位微生物群落结构的相似度检验

土壤部位	^{12}C-DNA	^{13}C-DNA	根际 DNA
^{13}C-DNA	17.42***		
根际 DNA	17.31***	7.93***	
非根际 DNA	16.33***	8.52***	1.13

***表示不同处理间存在显著差异

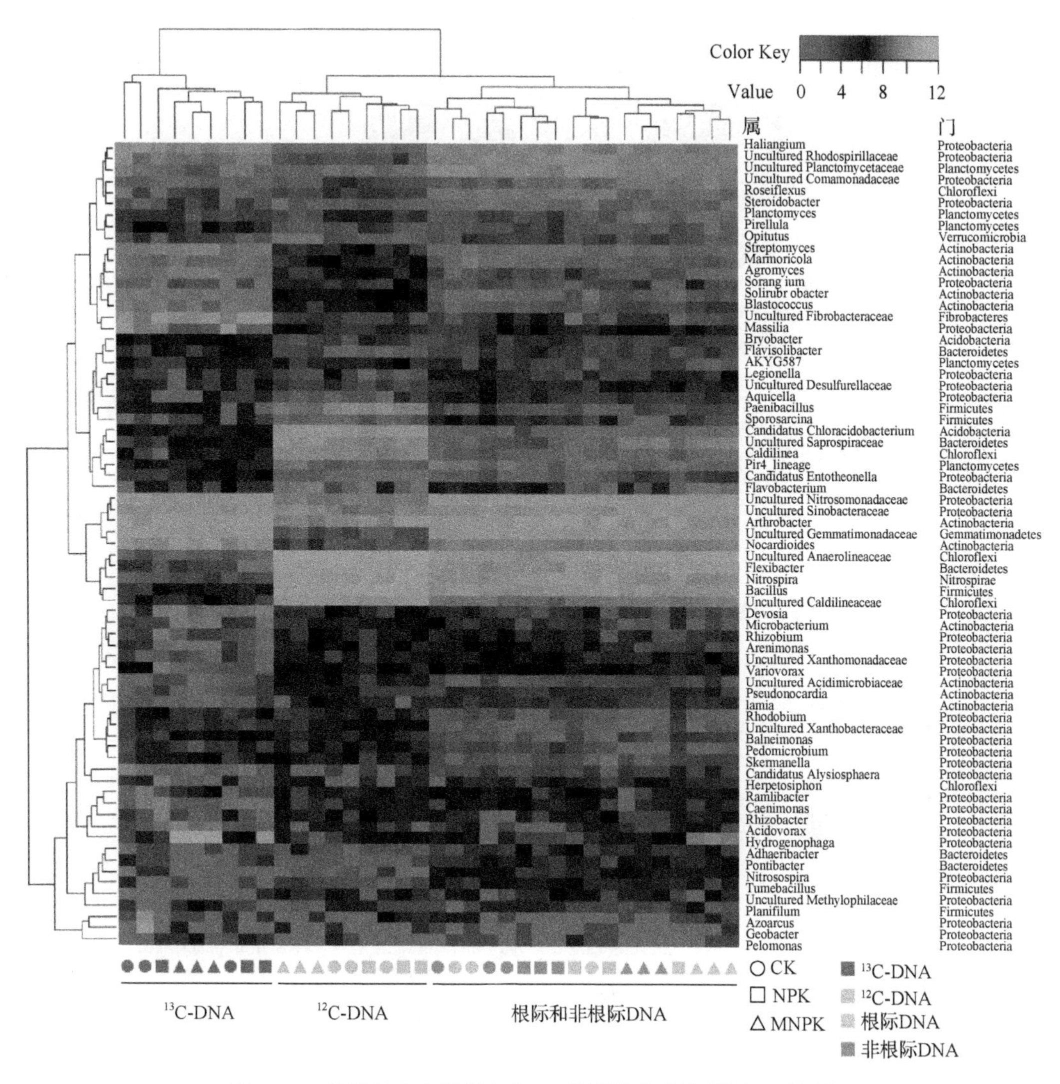

图 4-18　各样品中丰度排名前 30 的属分布(彩图另扫二维码)

如图 4-19A 所示，70%被 ^{13}C 标记的根际细菌属于变形菌门(Proteobacteria)和放线菌门(Actinobacteria)，且这两类细菌在 ^{13}C-微生物组中的比例远高于 ^{12}C-微生物组。进一步从纲水平上来看，α-变形菌和 β-变形菌丰度在 ^{13}C-微生物组中显著高于 ^{12}C-微生物组，γ-变形菌丰度在 ^{13}C-微生物组和 ^{12}C-微生物组中差异不大，而 δ-变形菌在 ^{13}C-微生物组中的丰度要低于 ^{12}C-微生物组(图 4-19B)。由此可见，变形菌门在 ^{13}C-微生物组中的优势地位主要是由于 α-变形菌和 β-变形菌丰度增加，尤其是伯克氏菌目(Burkholderiales)，其在 ^{13}C-微生物组中所占的比例为 16%(图 4-19B)。图 4-19C 表明，所有 ^{13}C-微生物组的放线菌在纲水平上均显著高于 ^{12}C-微生物组。未标记的微生物组的细菌主要包括：酸杆菌(Acidobacteria)、绿弯菌(Chloroflexi)、厚壁菌(Firmicutes)、拟杆菌(Bacteroidetes)和疣微菌(Verrucomicrobia)(图 4-19A)。

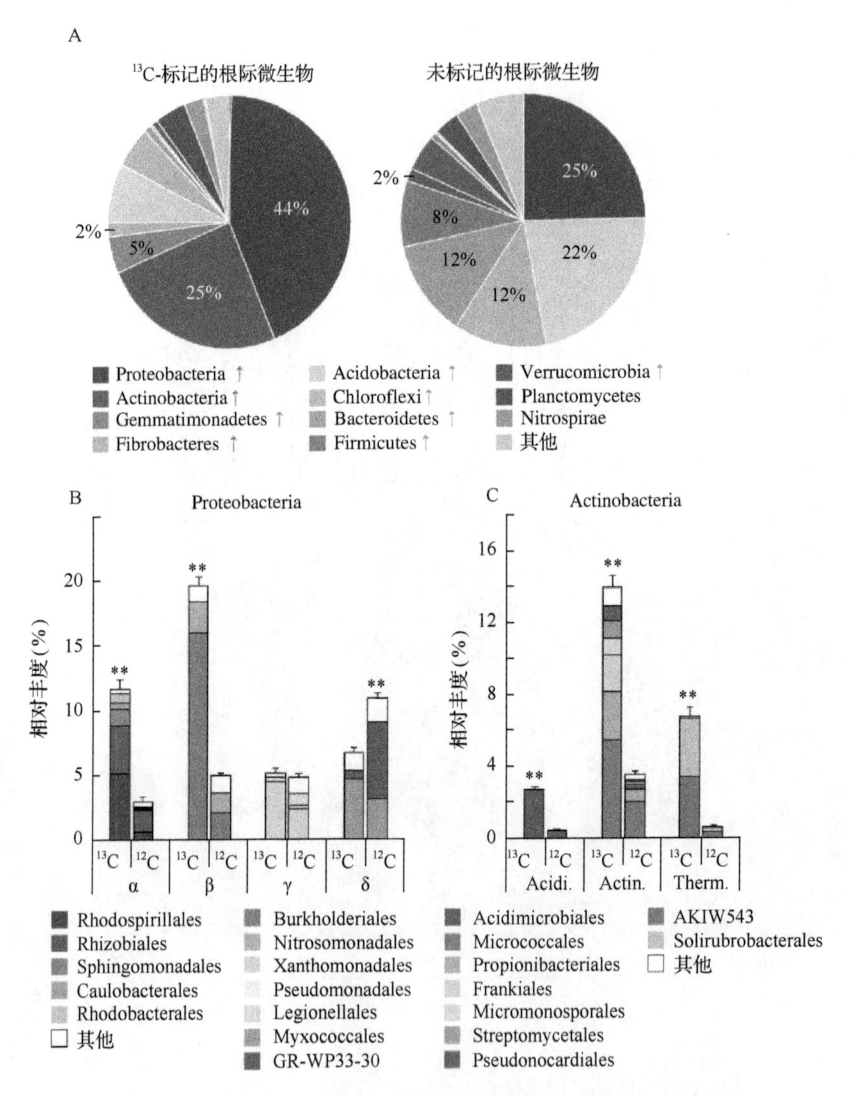

图 4-19　^{13}C 标记的小麦根际微生物组群落组成(彩图另扫二维码)

Acidi.，Acidimicrobiia；Actin.，Actinobacteria；Therm.，Thermoleophilia

**表示在同一纲水平上不同标记之间存在极显著差异；图 A 向上箭头表示增加

如图 4-20A 所示，石灰性潮土细菌主要包括 11 门，占所有序列的 93～95%。双因素方差分析表明，^{12}C-微生物类群(图 4-20A 中的 Group 2)更容易受到施肥处理的影响，特别是 MNPK 处理；例如，绿弯菌、拟杆菌和厚壁菌丰度在 MNPK 处理中极显著增加，而酸杆菌丰度在 MNPK 处理极显著减少。

方差分析结果表明，有 5 个细菌门类的丰度在根际与非根际土壤中存在显著差异，其中酸杆菌和芽单胞菌(Gemmatimonadetes)丰度在非根际土壤中显著增加；而纤维杆菌(Fibrobacteres)、拟杆菌和绿弯菌在根际土壤中显著增加(图 4-20A)，Metastats 分析进一步表明这三类细菌在根际中的优势主要是由一系列 OTU 丰度增加所引起。通过分析 ^{13}C-微生物组和 ^{12}C-微生物组中这些 OTU 的群落组成(图 4-20B)，我们发现，属于纤维杆菌的 OTU 绝大部分(90%)被 ^{13}C 标记，而属于拟杆菌和绿弯菌的 OTU 绝大部分(分别为 83%和 80%)未被 ^{13}C 标记。上述结果表明，纤维杆菌在根际富集主要是由小麦根际碳沉积所诱导，而拟杆菌和绿弯菌虽然在根际中富集，但仍然以土壤原有有机质为碳源。

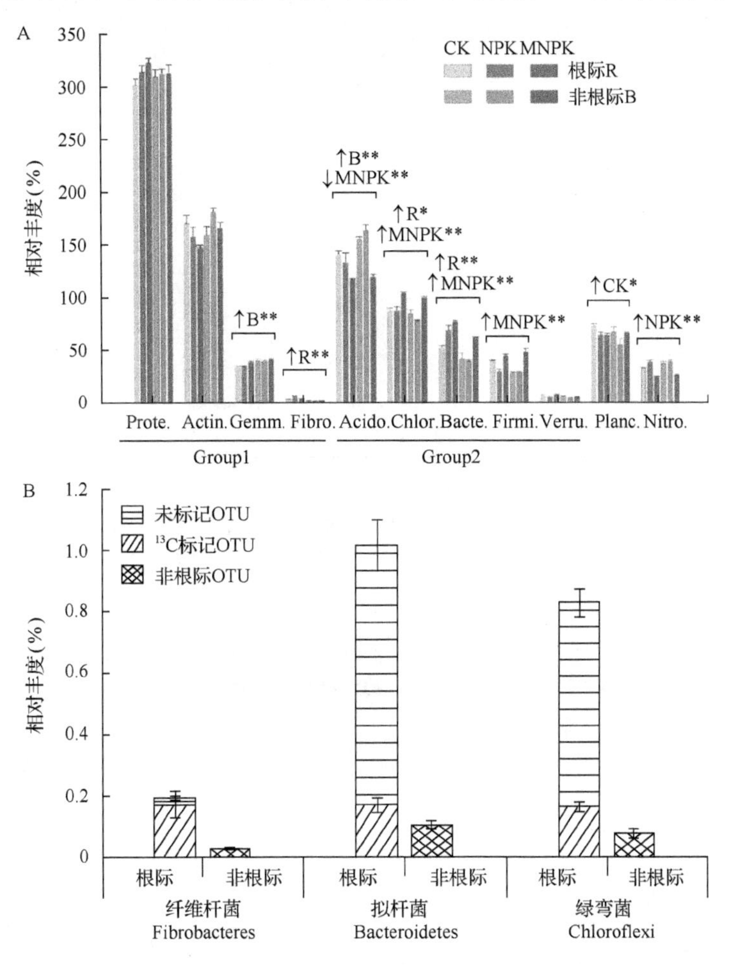

图 4-20 石灰性潮土小麦根际与非根际微生物群落组成

图 A 中横轴名称均为图 4-19 群落简写。↑表示显著增长，↓表示显著减少。*表示显著，**表示极显著

我们通过 Metastats 分析得到三个 OTU 子集，它们的丰度分别在 CK、NPK 和 MNPK 处理中显著增加(图 4-21)。不同部位(^{13}C-DNA、^{12}C-DNA、根际 DNA 和非根际 DNA)中这三个 OTU 子集的群落组成如图 4-22 所示。对于 ^{13}C-DNA 部分(图 4-22A)，受 NPK 处理正效应影响的细菌群落主要包括变形菌和纤维杆菌，而 CK 和 MNPK 处理对放线菌的正效应显著高于 NPK 处理；此外，受 CK 正效应影响的细菌群落多样性指数显著高于两个施肥处理(NPK 和 MNPK)，这表明施肥使得根际微生物对根系分泌物的依赖度降低；对于 ^{12}C-DNA 部分(图 4-22B)，受施肥处理影响的细菌群落多样性指数变化趋势正好与 ^{13}C-DNA 部分相反，即受 CK 正效应影响的细菌群落多样性指数显著低于两个施肥处理，这表明施肥使得根际微生物对根际原有有机质的依赖度增加。此外，单施化肥处理(NPK)有利于硝化螺菌(Nitrospirae)和放线菌的生长。

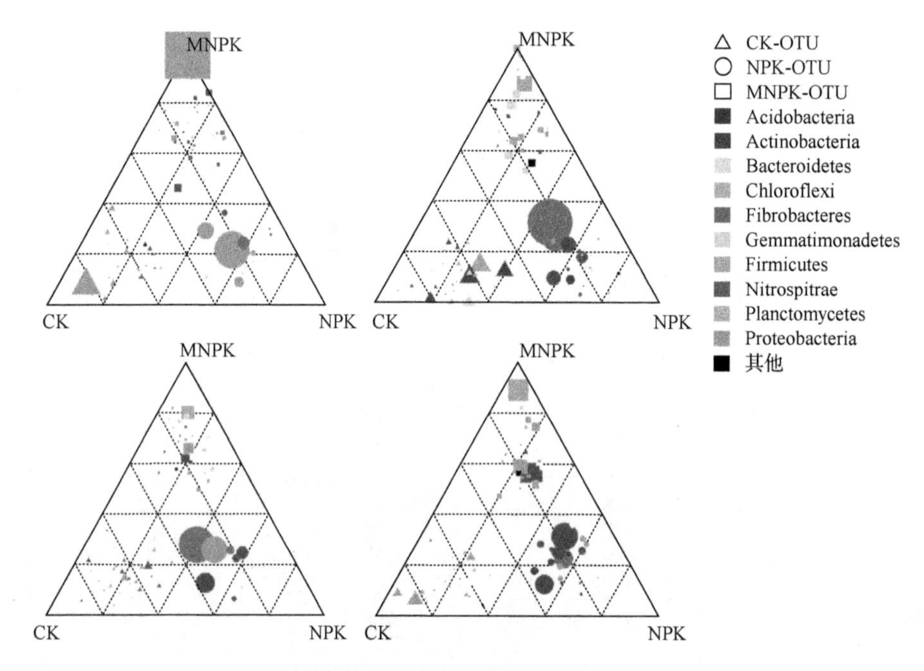

图 4-21　不同施肥处理中丰度显著增加的 OTU 子集

图案形状代表 OTU 在不同处理中丰度显著增加，图案大小代表 OTU 的相对丰度，颜色代表不同门类细菌

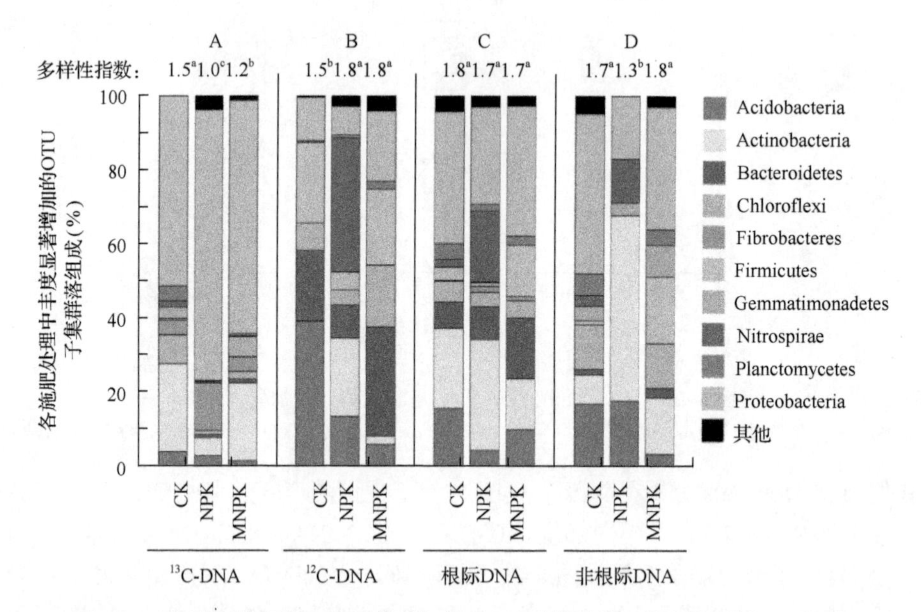

图 4-22　各施肥处理中丰度显著增加的 OTU 子集群落组成(彩图另扫二维码)

小写字母代表不同处理之间的差异显著性(Fisher's LSD test，$P<0.05$)

对于小麦根际和非根际 DNA 部分(图 4-22C，D)，长期施用化肥显著增加土壤放线菌和硝化螺菌数量，但降低了细菌多样性指数(图 4-22D)；受 CK 正效应影响的细菌群落组成与 MNPK 处理非常相似，而明显不同于 NPK 处理，方差同质性检验结果也表明 CK 和 MNPK 处理群落结构的演变趋势类似；上述结果表明，长期施用化肥显著改变了

华北平原石灰性潮土的细菌群落结构，而有机肥的施用能够将这种已改变的细菌群落向其初始的状态进行恢复。

4.2.4　畜禽有机肥氮转化微生物过程及分子机理

基于长期施肥定位试验，研究畜禽有机肥氮转化微生物过程及其分子机理。发现小麦季和玉米季，作物根系和施肥模式对土壤硝化潜势(PNA)均产生强烈的影响(表 4-40)。PNA 的范围在 0.87～3.08μg NO_3^--N/(g·h)，且根际土壤显著高于非根际土体土壤(图 4-23)，表明硝化作用存在显著的根际效应。两季中，根际与非根际土壤 PNA 存在显著的正相关关系(小麦季：r=0.917，n=6，P<0.05；玉米季：r=0.807，n=6，P=0.05)；同时，不同施肥处理中 PNA 的变化趋势在两季土壤中类似。N、NP、NPK 和 MNPK 处理中土壤(根际或非根际)PNA 比 CK 高31%～95%。尽管 M 处理中 PNA 也有所增加，但其幅度(4%～39%)明显小于其他无机氮肥处理。

表 4-40　双因素方差分析土壤生物学指标

		土壤部位(根际与非根际)		施肥处理		部位×施肥	
		F	P	F	P	F	P
小麦季	硝化潜势	521.53	<0.0001	86.36	<0.0001	8.13	0.0002
	AOB 数量	69.12	<0.0001	17.26	<0.0001	4.54	0.0054
	AOA 数量	3.50	0.0448	40.13	<0.0001	7.85	0.0002
玉米季	硝化潜势	23.63	<0.0001	8.01	0.0002	0.86	0.5243
	AOB 数量	88.10	<0.0001	5.69	0.0016	4.76	0.0042
	AOA 数量	96.19	<0.0001	45.17	<0.0001	0.60	0.7036

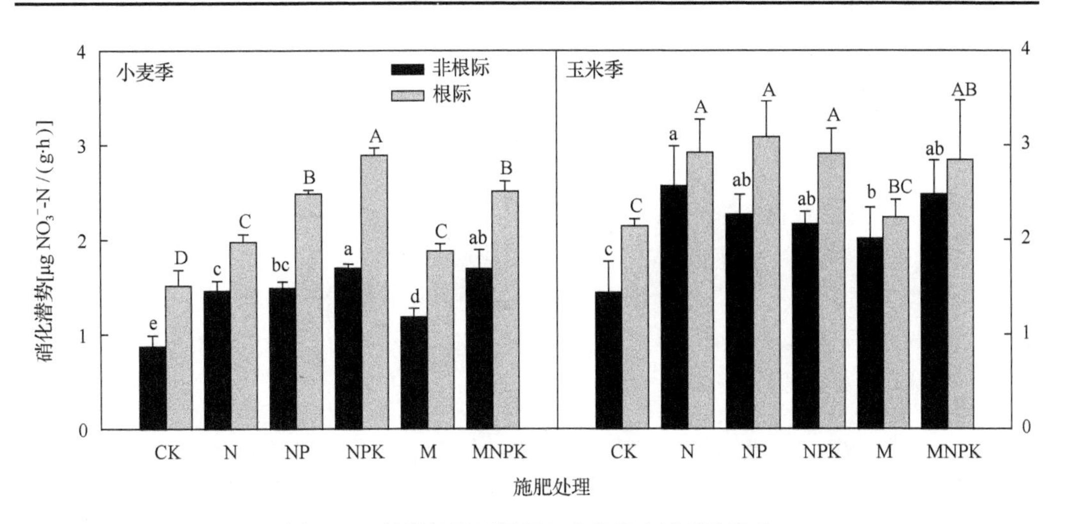

图 4-23　长期施肥下根际与非根际土壤硝化潜势

小写字母表示在 0.05 水平上差异显著；大写字母表示在 0.01 水平上差异极显著

采用定量 PCR 研究氨氧化细菌(AOB)和氨氧化古菌(AOA)丰度变化。石灰性潮土 AOB 丰度在 1.9×10^7～37.0×10^7 个细胞/g 土壤(图 4-24a，b)；两季中，根际土壤 AOB 丰度比非根际土壤高 13%～778%。非根际土壤中，N、NP、NPK 和 MNPK 处理小麦季 AOB 丰度分别是 CK 的 2.0 倍、2.4 倍、5.1 倍和 1.6 倍(图 4-24a)，然而 M 处理 AOB 丰度比 CK 低 43%；相反，在根际土壤中，M 处理 AOB 丰度较 CK 处理显著增加。小麦季和玉米季土壤 AOB 丰度存在显著正相关关系(r=0.783，n=12，P<0.01)(图 4-24a，b)。

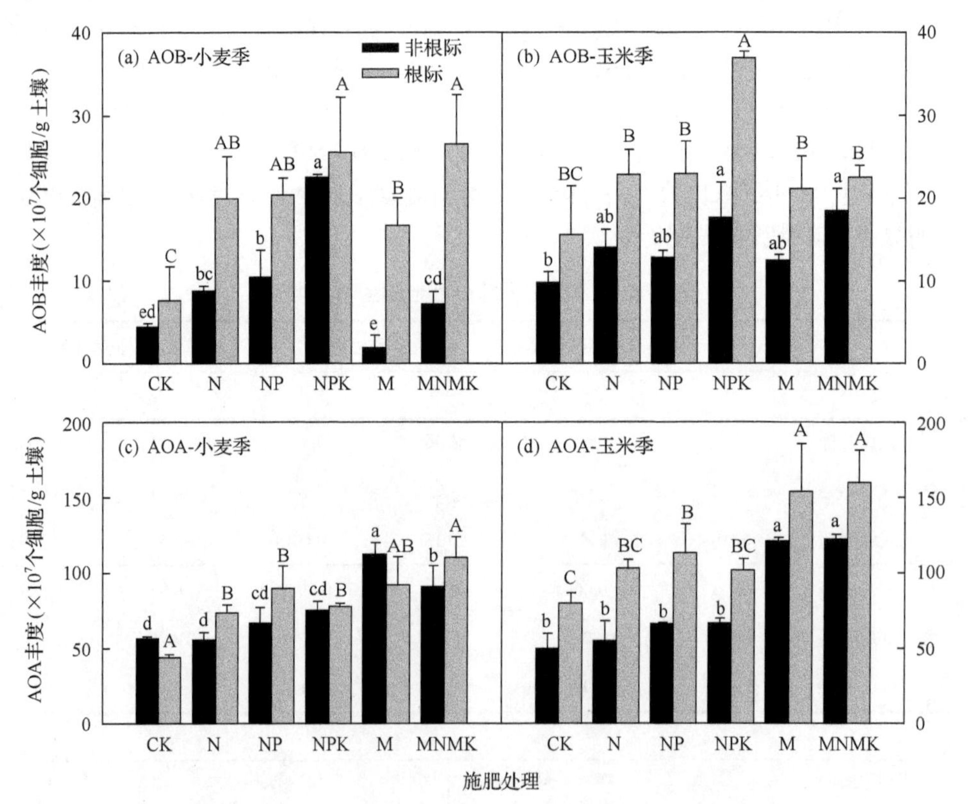

图 4-24　长期施肥下根际与非根际土壤氨氧化细菌(AOB)和氨氧化古菌(AOA)丰度

小写字母表示在 0.05 水平上差异显著；大写字母表示在 0.01 水平上差异极显著

石灰性潮土氨氧化古菌(AOA)丰度范围为 43.9×10^7～160.5×10^7 个细胞/g 土壤(图 4-24c，d)。植物根系和施肥处理同样显著影响 AOA 丰度(表 4-40)。相对于 AOB，AOA 丰度在有机肥处理(M 和 MNPK)中显著提高。相关性分析也表明，AOA 丰度与土壤有机碳(SOC)和全氮呈显著正相关(表 4-41)，此外，我们发现土壤 PNA 与 AOB 丰度在两季中均呈显著正相关，而与 AOA 丰度无显著相关性。

表 4-41　土壤化学性质、硝化潜势和氨氧化菌丰度之间的相关性

		pH	SOC	全氮	NH_4^+-N	NO_3^--N	AOA	AOB
小麦季	AOB	−0.460	0.280	0.356	0.268	−0.188	0.262	—
	AOA	−0.096	0.666*	0.679*	0.705*	−0.408	—	0.262
	PNA	−0.604*	0.348	0.450	0.276	−0.284	0.360	0.870**

续表

		pH	SOC	全氮	NH_4^+-N	NO_3^--N	AOA	AOB
玉米季	AOB	−0.541	0.349	0.263	−0.014	−0.099	0.433	—
	AOA	−0.925**	0.929**	0.933**	0.512	0.457	—	0.433
	PNA	−0.528	0.282	0.231	−0.030	−0.041	0.418	0.731**

*和**分别表示在 0.05 和 0.01 水平上显著相关

使用 DGGE 研究 AOB 和 AOA 的群落结构。预实验表明，每个处理三次重复的 DGGE 图谱都有良好重复性，因此该处每个处理仅选一个重复(图 4-25 和图 4-26)。小

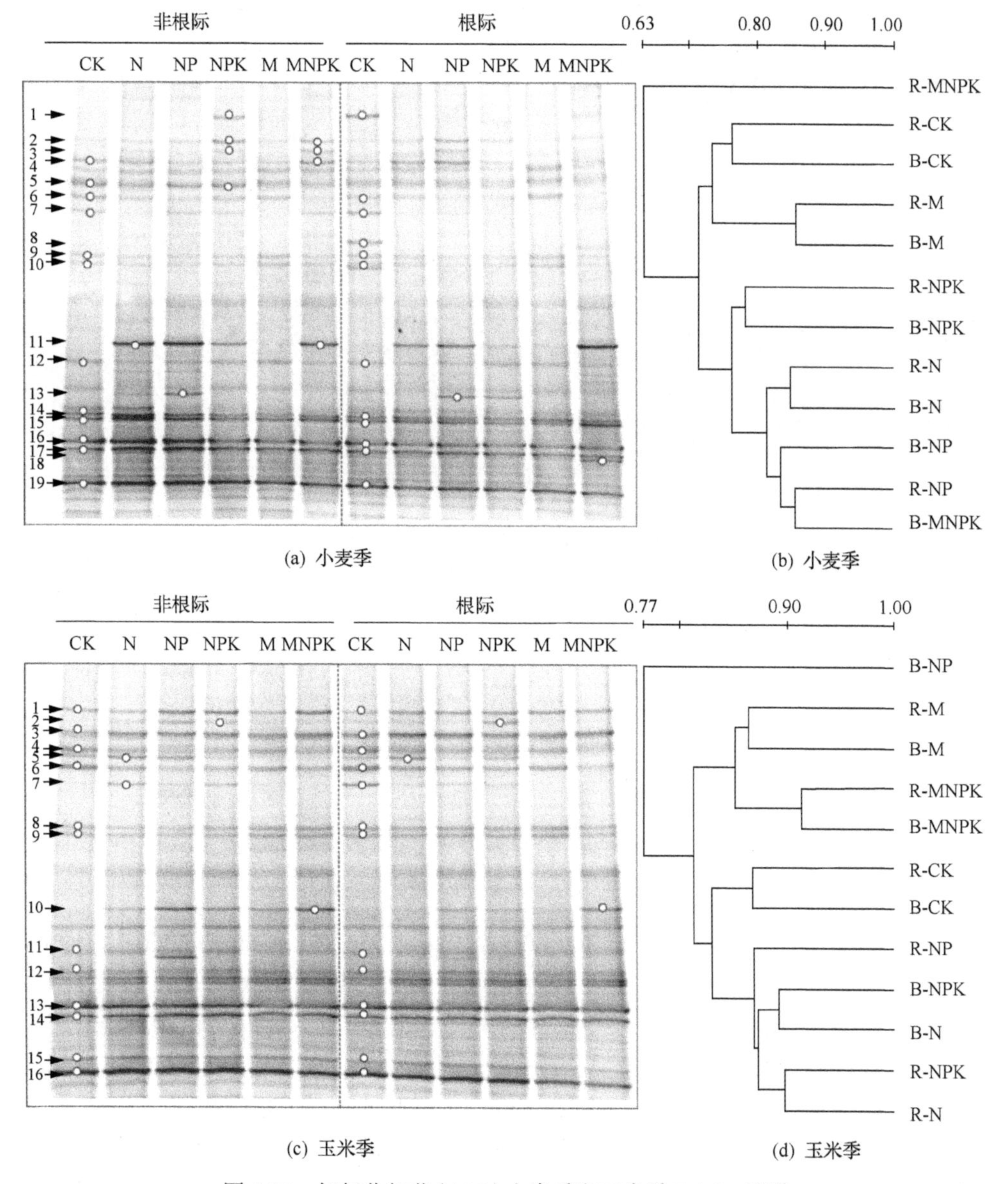

(a) 小麦季　(b) 小麦季

(c) 玉米季　(d) 玉米季

图 4-25　氨氧化细菌(AOB)小麦季和玉米季 DGGE 图谱

b、d 图中的 R、B 分别表示根际、非根际

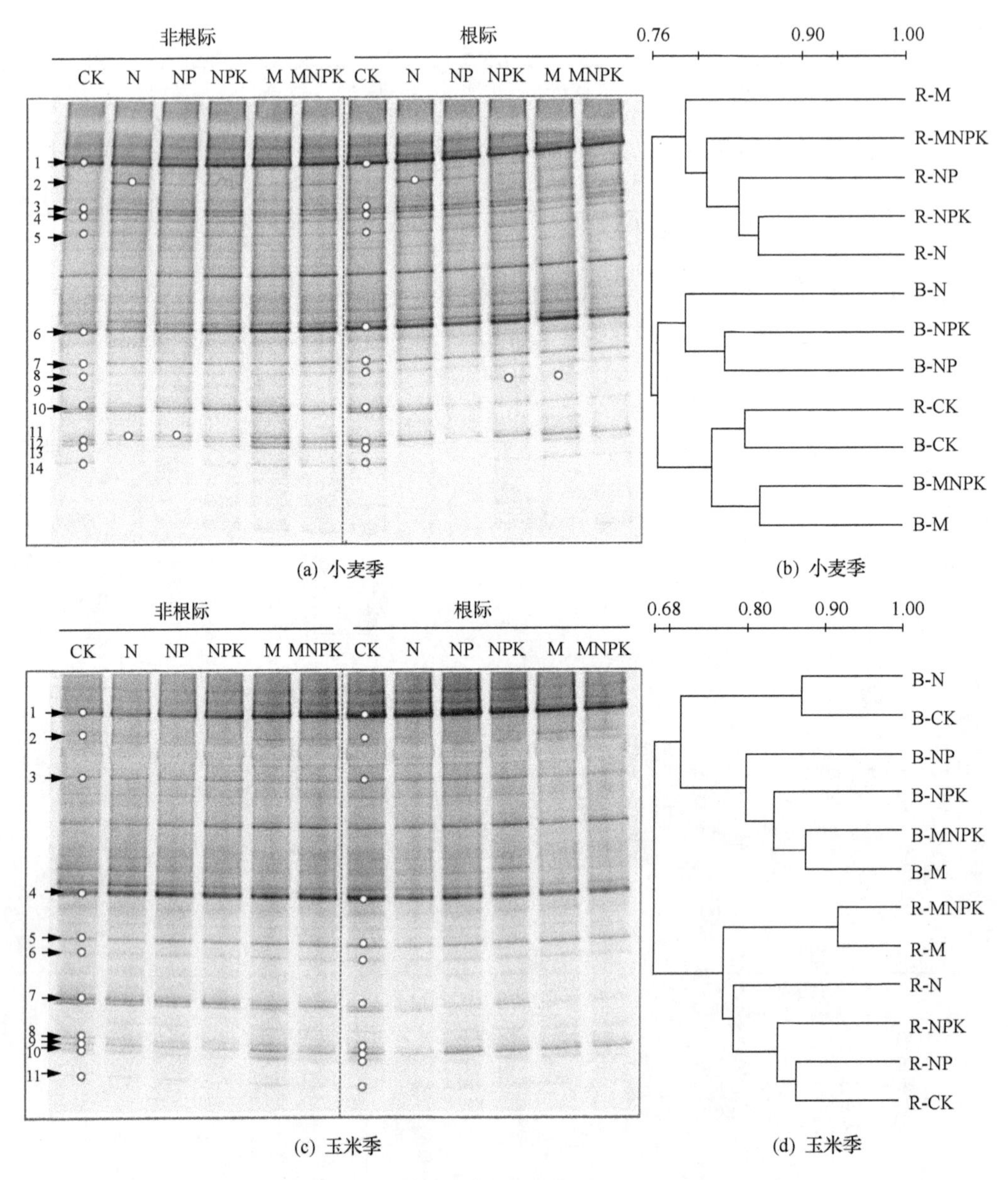

图 4-26　氨氧化古菌(AOA)小麦季和玉米季 DGGE 图谱

b、d 图中的 R、B 分别表示根际、非根标

麦季，施用氮肥处理(N、NP、NPK 和 MNPK)显著增加土壤 AOB 的 DGGE 图谱条带(band)数。例如，条带 3、11 和 13 均只在施用氮肥处理中出现(图 4-25a)，这表明施用无机氮肥对 AOB 群落结构有显著的影响。聚类分析也进一步证实了这一结果：氮肥处理与其他处理(CK 和 M)明显分开(图 4-25b)；相反，根际与非根际土壤之间 AOB 的 DGGE 图谱差异不大。玉米季 AOB 的 DGGE 图谱与小麦季相类似(图 4-25c，d)。通过上述结果可知：相比根际效应，施肥处理可能是影响 AOB 群落结构的主要因子。相比之下，AOA 的 DGGE 图谱在各施肥处理中基本保持不变(图 4-26)，只是根际与非根际之间有一些小的变化，如小麦季条带 10(图 4-26a)和玉米季条带 7(图 4-26c)在非根际土壤强度明显高于根际

土壤。并且，聚类分析也将根际与非根际样品的 AOA 群落结构明显聚为两类(图 4-26b，d)。

如图 4-27 所示，DGGE 图谱上标记的条带测序后进行系统发育树分析。我们根据 Kowalchuk 等(2000)和 Stephen 等(1996)的研究结果定义了 AOB 16S rRNA 的系统发育

图 4-27　氨氧化细菌(AOB)的系统发育树分析

图中实心圆圈代表玉米季，空心圆圈代表小麦季；括号内均为菌种登录号

树分支。AOB 的 DGGE 图谱优势条带(如小麦季的 15～17、19 和玉米季的 13～16)均为第三簇(图中为 Cluster 3，其他族依此类推)的亚硝化螺菌(*Nitrosospira*)(图 4-27)。小麦季，我们发现了一个信号强烈且仅存在于施用化学氮肥处理的条带 11，系统发育树表明它属于第四簇的亚硝化螺菌(*Nitrosospira*)。此外，一些分布在低变性梯度区域的条带(如小麦季的 3、4、7 和 8 和玉米季的 2～5、7)主要属于第六簇的亚硝化单胞菌(*Nitrosomonas*)(图 4-25 和图 4-27)。25 条 AOA 条带的测序结果表明，绝大多数条带均属于土壤和沉积物类群，仅四条序列属于水和沉积物类群(图 4-28)。

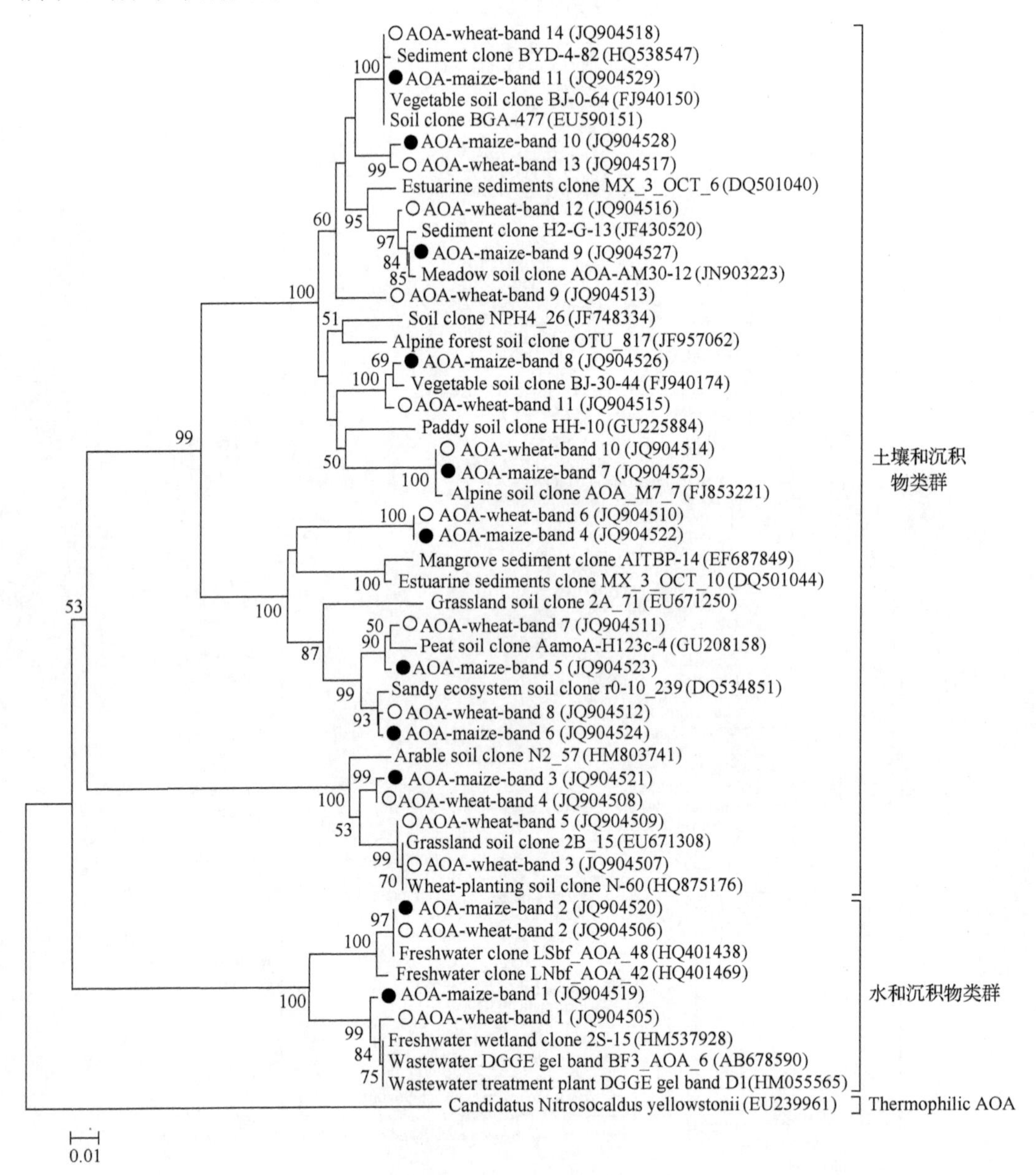

图 4-28　氨氧化古菌(AOA)的系统发育树分析

图中实心圆圈代表玉米季，空心圆圈代表小麦季；括号内均为菌种登录号

我们通过冗余分析(RDA)来研究 AOB 和 AOA 群落结构与土壤理化性质之间的关系(图 4-29)。小麦季，第一主成分(PC1)和第二主成分(PC2)分别占 AOB 群落结构总变异的 27.3%和 17.6%(图 4-29a)，PNA (F=2.100，r=0.158，P=0.026)、NO_3^--N 浓度(F=2.073，r=0.139，P=0.018)和 NH_4^+-N 浓度(F=1.996，r=0.166，P=0.032)与 AOB 群落结构变化呈显著相关性；玉米季，PNA (F=1.845，r=0.136，P=0.048)和全氮(F=2.776，r=0.217，P=0.012)与 AOB 群落结构变化呈显著相关性(图 4-29b)。

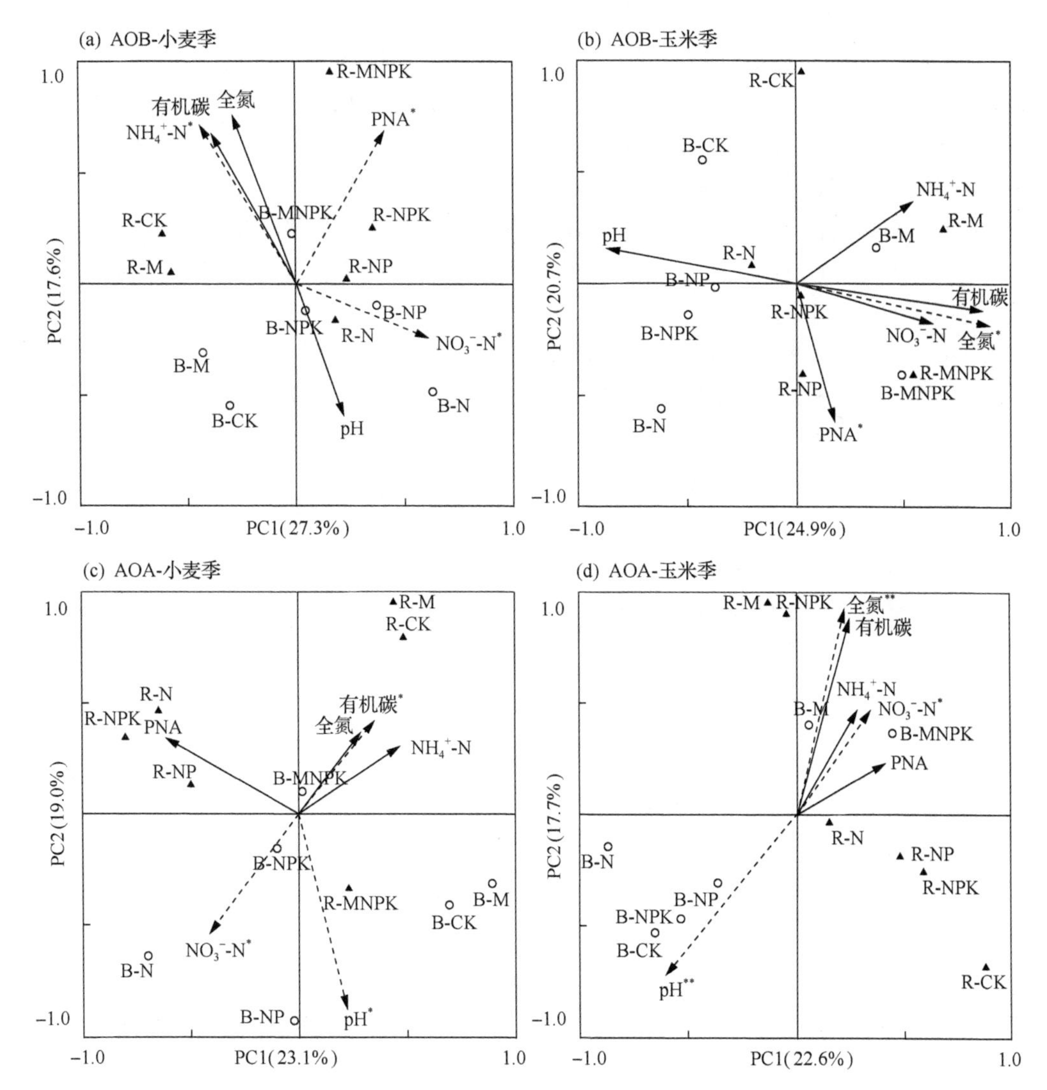

图 4-29　氨氧化细菌(AOB)和氨氧化古菌(AOA)群落结构与土壤理化性质的关系

R 为根际，B 为非根际；*表示显著相关，即 P<0.05；**表示极显著相关，即 P<0.01

相比之下，小麦季 AOA 群落结构变化与土壤 pH(F=2.004，r=0.167，P=0.012)、NO_3^--N 浓度(F=2.051，r=0.127，P=0.022)和有机碳浓度(F=1.880，r=0.144，P=0.046)显著相关；

玉米季与土壤 pH（F=2.251，r=0.184，P=0.006）、全氮（F=2.535，r=0.179，P=0.002）和 NO_3^--N 浓度（F=2.062，r=0.131，P=0.042）显著相关（图 4-29c，d）。

4.2.5 畜禽有机肥磷转化微生物过程及分子机理

基于畜禽有机肥长期定位试验，采集不施肥处理（CK）、纯有机肥处理（M）、纯化肥处理（NPK）、等氮有机无机配施处理（MNPK）、高氮有机无机配施处理（HMNPK），阐明畜禽有机肥磷转化微生物过程及分子机理。

长期不同施肥处理显著影响了土壤碱性磷酸酶（ALP）活性，与施用有机肥相比，单施有机肥能显著增加 ALP 活性，但是，施用化肥的处理中 ALP 活性都显著降低，特别是在 NPK 处理中活性最低，且比 M 处理低 9.2 倍。与 CK 处理相比，MNPK 和 HMNPK 处理分别降低 11.78%和 27.60%（图 4-30）。土壤碱性磷酸酶的潜在活性能指示土壤中有机磷的潜在矿化潜能。施肥显著影响土壤 ALP 活性，特别是有机肥的添加能有效地增加 ALP 活性，但是磷肥的添加能降低其活性。然而，关于 ALP 活性与土壤特性的关系的研究结果不一致。在不同施肥处理下，土壤中 *phoD* 基因丰度和 ALP 活性的变化趋势比较一致，在纯有机肥处理中（M）*phoD* 基因丰度最高（8.94×10^7 拷贝数/g 土壤），而在纯化肥处理中（NPK）*phoD* 基因丰度最低（比 M 处理低 19.44 倍，图 4-31A）。长期不同施肥处理同样影响 *phoD* 基因在不同土壤团聚体中的分异。一般来说，*phoD* 基因主要分布在土壤粉粒中（1.12×10^7～4.77×10^7 拷贝数/g 土壤），并且在土壤粗砂粒中最少（2.39×10^5～2.96×10^6 拷贝数/g 土壤，图 4-31B）。但是，在施用纯化肥的处理中，土壤黏粒定植的 *phoD* 基因丰度要高于土壤粉粒，其相对丰度分别为 47.08%和 40.55%（图 4-31）。与 CK 处理相比，M 处理中 *phoD* 基因丰度在不同土壤团聚体中的分异相对较小。

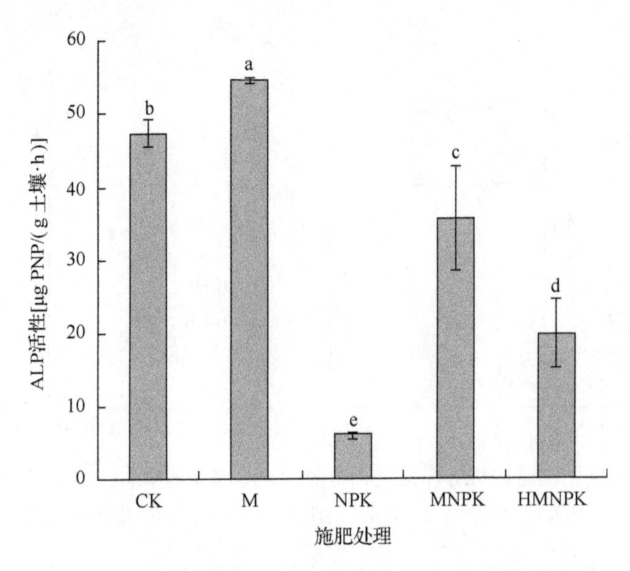

图 4-30 不同施肥处理对碱性磷酸酶（ALP）活性的影响

图中不同小写字母表示在 0.05 水平上差异显著

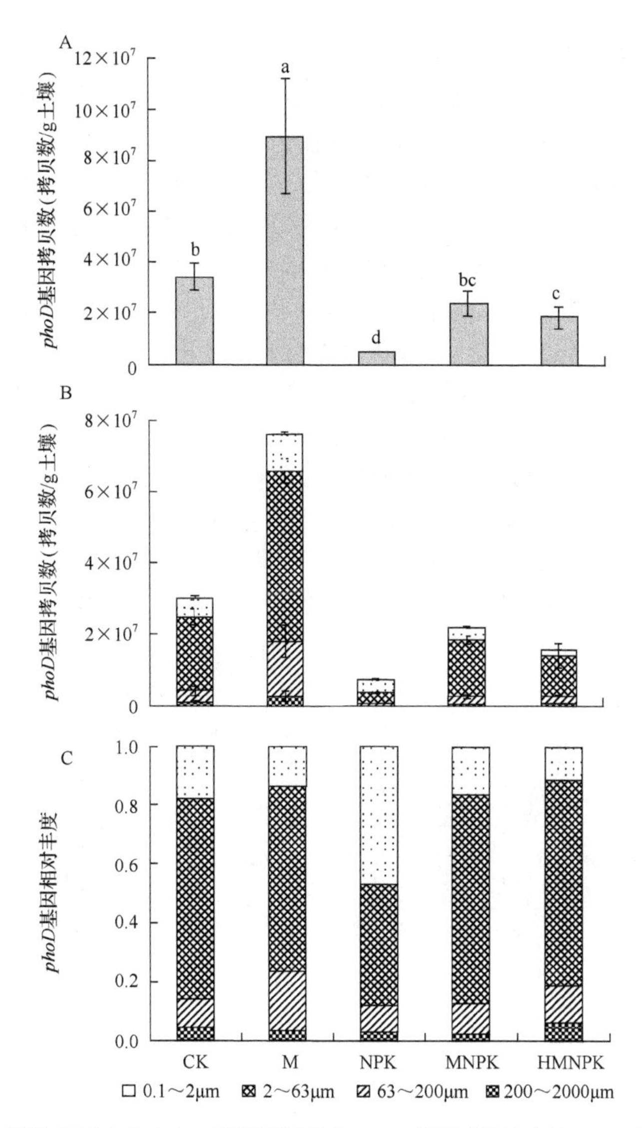

图 4-31　不同施肥处理下土体(A)、不同团聚体中 *phoD* 基因丰度(B)及 *phoD* 基因相对丰度(C)

0.1～2μm. 黏粒；2～63μm. 粉粒；63～200μm. 粉砂粒；200～2000μm. 砂粒。图 A 中不同小写字母表示在 0.05 水平上差异显著

施肥能显著影响土壤 *phoD* 基因微生物在土壤中的定植和 ALP 活性(图 4-30，4-31A)，特别是由于不同的矿物颗粒、有机质含量和组成，不同大小的土壤团聚体提供不同的表面特性和微环境，从而影响养分在团聚体中的吸收和不同土壤微生物群落的定植。在土壤粉粒里面，*phoD* 微生物的丰度最高，但是施肥处理能显著影响其在不同土壤颗粒中的分异(图 4-31B)。值得注意的是，在施用化肥的土壤中，*phoD* 微生物主要定植在土壤黏粒片段中(图 4-31C)。在黏粒里面，土壤有机质(SOM)含量很高，但较其他土壤颗粒，其组成成分主要是那些相对很稳定的含磷酸基团的高分子有机化合物，从而不易被土壤微生物或植物吸收利用。微生物只有通过释放磷酸单酯酶，才能在矿化分解黏粒中大分子有机物的同时去掉它们自身所包含的磷酰基团，从而在获得有效碳源的同时满足对有效磷的需求。一般来讲，植物所释放的磷酸酶只能起到矿化有机磷的作用，但是微生物所分泌的磷酸酶在

分解有机磷的同时也能矿化分解有机碳，从而为土壤微生物提供有效的碳源和磷源。在长期施用化肥的土壤中微生物一直处在低碳环境中，所以在土壤中的磷酸单酯酶不仅矿化有机磷，还要以矿化分解被磷酸化的大分子有机质作为碳源。我们提出这样一个假设：土壤ALP在矿化分解有机磷的同时可以调节黏粒片段中碳源的稳定性。在以后的研究中我们需要弄清楚在不同的土壤片段中，*phoD* 基因微生物群落组成和功能的潜在联系，以及土壤ALP在不同团聚体片段中对其碳源稳定性的贡献力。

与CK处理相比，施肥处理能显著提高土壤中总磷(TP)的含量。特别是施用化肥的处理(NPK、MNPK和HMNPK)中，速效磷(AP)含量都显著增加。此外，长期不同施肥处理也显著改变土壤有机磷和无机磷百分比，有机磷百分比在M和CK处理中分别为73.07%和80.78%。与其他处理相比，在单施有机肥的处理中活性有机磷(LPo)、中稳定性有机磷(FAPo)和稳定性有机磷(HAPo)含量都最高(图4-32)。在NPK和HMNPK处理中，LPo含量相对较低，而在CK处理中FAPo和HAPo含量较低。与单施化肥相比，施用有机肥能显著增加FAPo和HAPo含量。在CK和M处理中LPo含量最高，但是在NPK处理中FAPo含量最高。在M处理中，MLPo含量要显著高于NPK和CK处理(图4-32)。

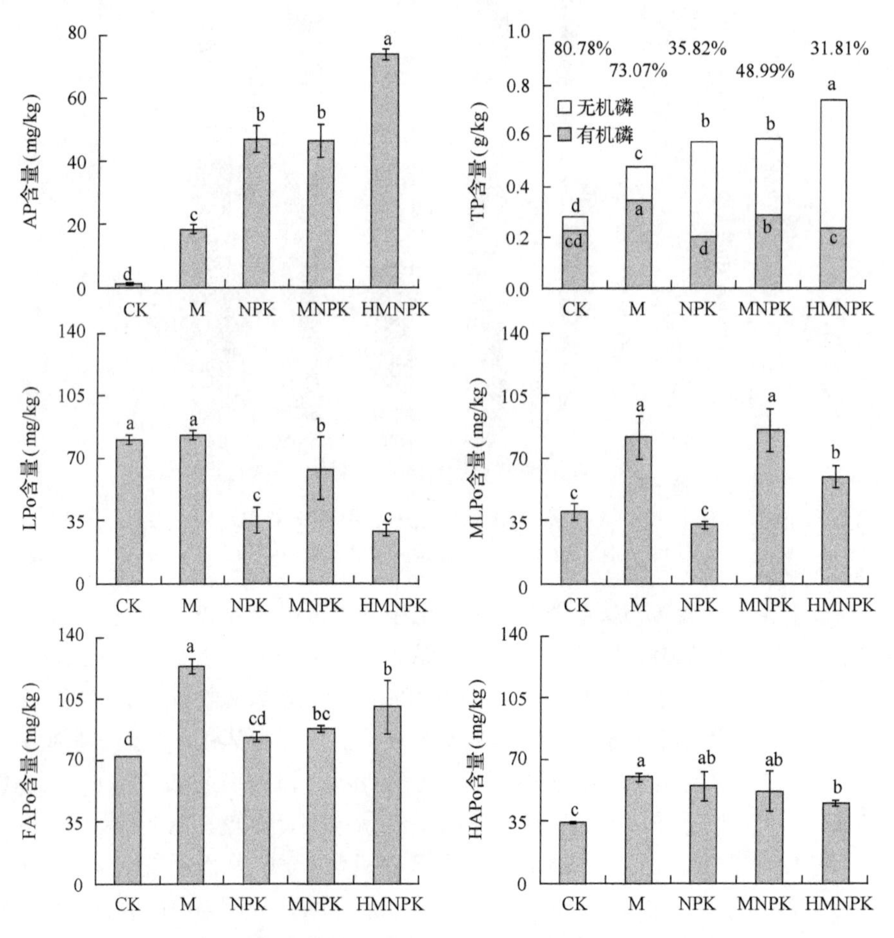

图4-32　不同土壤有机磷组分在不同施肥制度下含量的变化

MLPo为中等活性有机磷。不同小写字母表示在0.05水平上差异显著

土壤 *phoD* 基因丰度不仅与 ALP 活性存在显著相关性(P<0.01，R^2 = 0.856)，同时也与土壤 LPo(P<0.01，R^2 = 0.551)、MLPo(P<0.01，R^2 = 0.4028)和 FAPo 含量(P<0.05，R^2 = 0.2722)存在显著相关性(图 4-33)，但与 HAPo 含量的相关性不显著(P = 0.875，R^2 = 0.002)。同时，我们还发现 ALP 活性与 LPo 含量(P<0.01，R^2 = 0.840)存在显著正相关。*phoD* 基因与土壤 AP 含量存在显著负相关，并且 ALP 活性与 AP 和 TP 都存在显著负相关(图 4-34)。土壤中的 ALP 活性与速效磷含量呈显著负相关，但与 LPo 存在显著正相关关系，所以土壤有效磷抑制土壤 ALP 活性。我们的研究中 LPo、MLPo 和 FAPo 与 *phoD* 微生物丰度存在明显的关系，但是 ALP 活性仅仅只与 LPo 含量有关(图 4-33)。

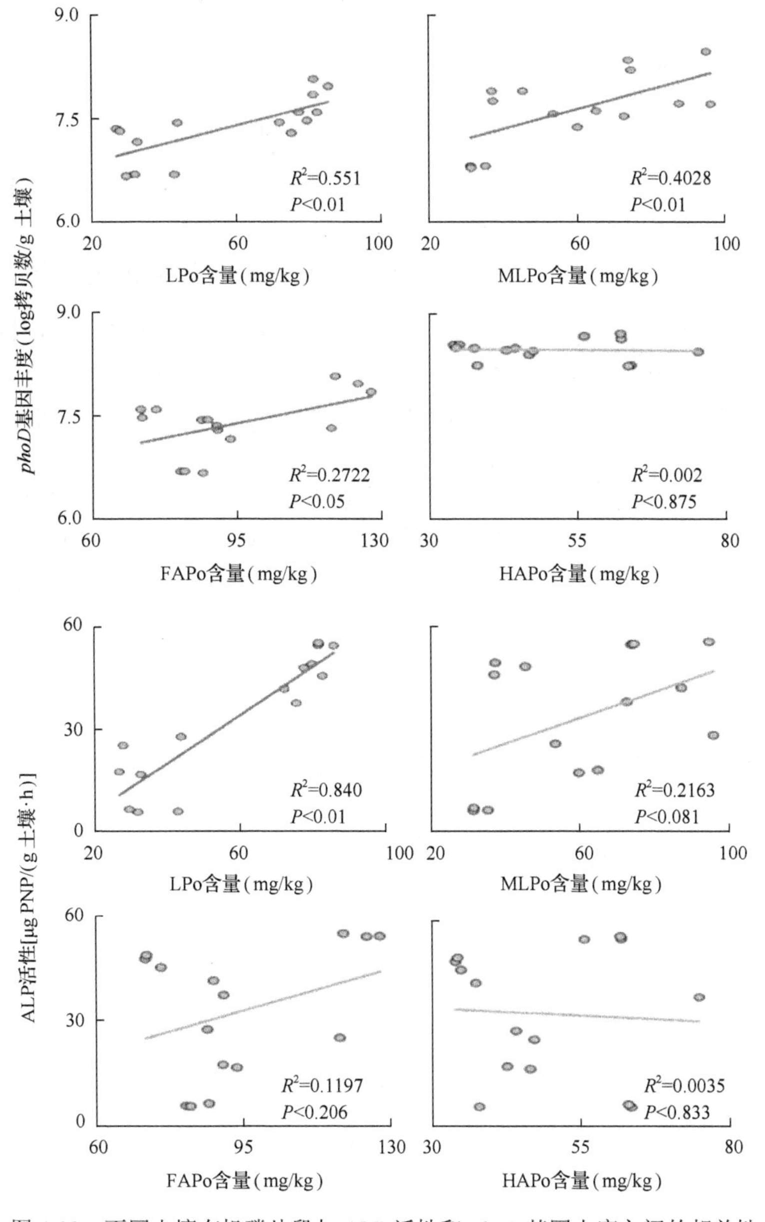

图 4-33　不同土壤有机磷片段与 ALP 活性和 *phoD* 基因丰度之间的相关性

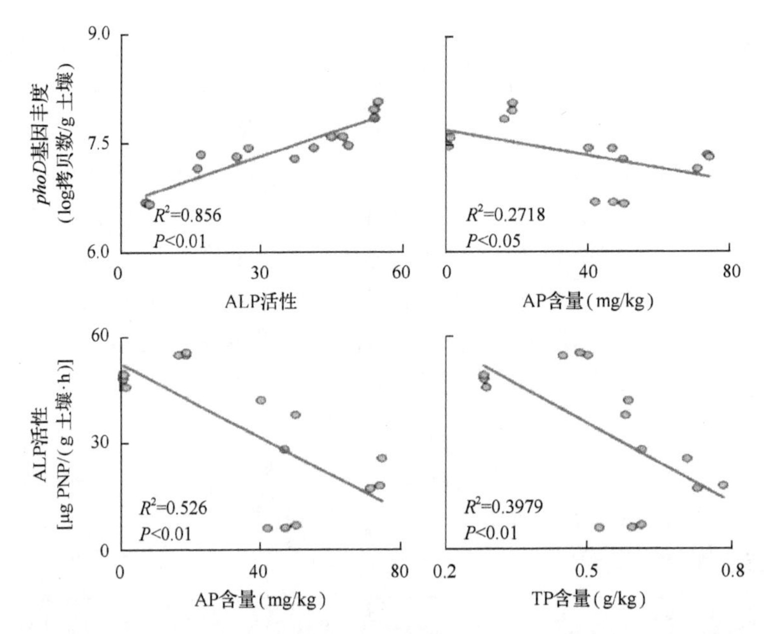

图 4-34 *phoD* 基因丰度、土壤 ALP 活性与总磷及速效磷之间的相关性

我们推测 LPo 可能较其他有机磷片段更易被 ALP 矿化分解，土壤 HAPo 是最顽抗的土壤有机磷，可能对 *phoD* 微生物群落和 ALP 活性不太敏感。因此，我们需要进一步探索土壤 MLPo、FAPo 和 HAPo 与其他磷酸酶之间的关系，来进一步探索不同有机磷片段与不同土壤磷酸酶之间的潜在联系。

RDA 轴可以分别解释 43.56%和 17.45%的 *phoD* 微生物群落结构的变异。从第一轴(RDA1)可以看出，CK 和 M 处理的群落明显与其他处理分开，并且在第二轴(RDA2)中，NPK 和 M 处理显著与其他处理分开(图 4-35)。冗余分析(RDA)的两个结果同时表明，

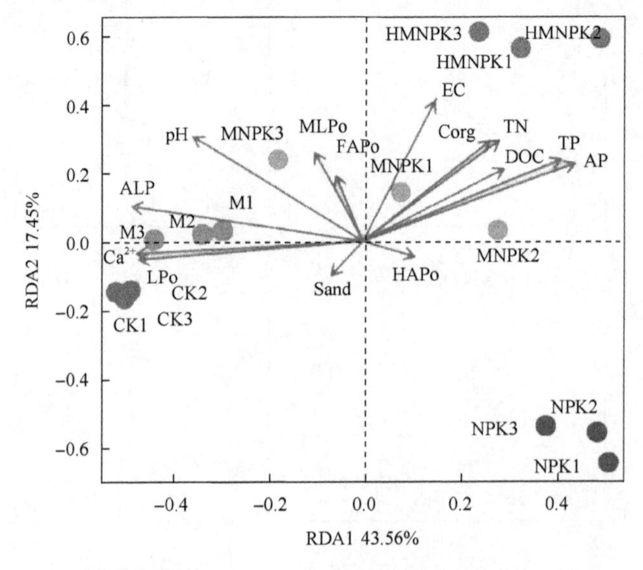

图 4-35 冗余分析(RDA)评估 *phoD* 基因微生物群落的变异

EC 为可溶性盐含量，Sand 为砂粒含量；M、CK、NPK 等处理均设 3 个重复

长期不同施肥制度显著影响 *phoD* 基因微生物群落结构和组成，特别是施用化肥的处理和施用有机肥的处理存在显著差异。通过蒙特卡罗置换检验(Monte Carlo permutation test，置换值=9999)发现，土壤 ALP 活性、pH 及 AP、LPo、TP、Ca^{2+}、有机碳(Corg)、可溶性有机碳(DOC)和 TN 浓度与 *phoD* 基因微生物群落都存在相关性。研究表明，在宜耕和草原土壤中，pH 是 *phoD* 微生物群落组成的首要调节因子。此外，Ca^{2+}作为 *phoD* 基因合成 ALP 过程中的辅助因子，也可能间接影响其群落组成。

通过序列比对发现，除少部分 *phoD* 基因微生物属于真菌(fungi)，如子囊菌门(Ascomycota)和担子菌门(Basidiomycota)，其他 *phoD* 基因微生物都是细菌，其主要属于放线菌门(Actinobacteria)和变形菌门(Proteobacteria)。如果从属水平对它们进行分类，其主要分为链霉菌属(*Streptomyces*)、慢生根瘤菌属(*Bradyrhizobium*)、放线菌属(*Actinoplanes*)、小单孢菌属(*Micromonospora*)、伯克氏菌属(*Burkholderia*)和溶杆菌属(*Lysobacter*)(相对丰度＞0.1)。慢生根瘤菌属相对丰度在每个处理土壤中都很高，特别是在 M、CK 和 MNPK 处理中分别达到了 57%、53%和 51%。链霉菌属在有机肥处理(M、MNPK 和 HMNPK)中的相对丰度要高于 CK 和 NPK 处理。鞘氨醇单胞菌属(*Sphingomonas*) NPK 处理土壤中相对丰度最高(12%)，其次索氏菌属(*Thauera*)在 HMNPK 处理最高(10%)(图 4-36)。

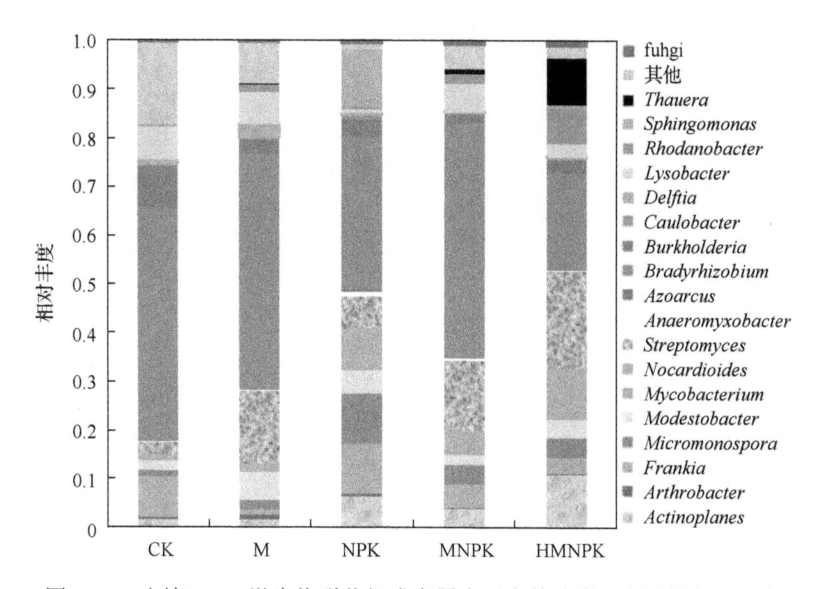

图 4-36　土壤 *phoD* 微生物群落组成在属水平上的分类及各属的相对丰度

通过微生物相对丰度和荧光定量结果，我们计算了每个属的群落丰度。结果表明，在 NPK 处理中占主导的 12 属中除了鞘氨醇单胞菌属外，其他属的丰度都显著低于 CK 和施有机肥处理(M、MNP 和 HMNPK)。在 M 处理中小单孢菌属、贫养杆菌属(*Modestobacter*)、链霉菌属、溶杆菌属和慢生根瘤菌属丰度相对较高，分别为 1.82×10^6 拷贝数/g 土壤、5.90×10^6 拷贝数/g 土壤、1.39×10^7 拷贝数/g 土壤、6.56×10^6 拷贝数/g

土壤和 4.83×10^7 拷贝数/g 土壤。弗兰克氏菌属(*Frankia*)和伯克氏菌属(*Burkholderia*)相对丰度在CK中最高，分别为 3.34×10^6 拷贝数/g 土壤和 3.82×10^6 拷贝数/g 土壤(图4-37)。通过相关系分析发现，土壤 ALP 活性与慢生根瘤菌属($P<0.01$，R^2=0.939)、贫养杆菌属($P<0.05$，R^2=0.360)、弗兰克氏菌属($P<0.05$，R^2=0.462)、链霉菌属($P<0.01$，R^2=0.645)、溶杆菌属($P<0.01$，R^2=0.913)和伯克氏菌属($P<0.01$，R^2=0.747)都存在显著相关性，并且这些属在 M 或 CK 处理中都有最高的群落丰度(图 4-38)。根据皮尔逊(Pearson)相关系数发现，除了弗兰克氏菌属和索氏菌属外，其他属都与土壤 pH 存在显著相关性。慢生根瘤菌属、弗兰克氏菌属、伯克氏菌属、溶杆菌属及贫养杆菌属丰度与 LPo 含量都存在显著正相关，但是与 AP 浓度存在显著负相关。除了溶杆菌属外，这些属同时也与土壤 Ca^{2+}浓度存在显著正相关。弗兰克氏菌属和伯克氏菌属与土壤 TN、DOC 和 Corg 存在显著负相关(表 4-42)。在以后的研究中，我们可以更多地关注低磷条件下 Bradyrhizobium 在氮素转化和磷素循环中的偶联作用，从而同时提高土壤的供氮和供磷潜能。

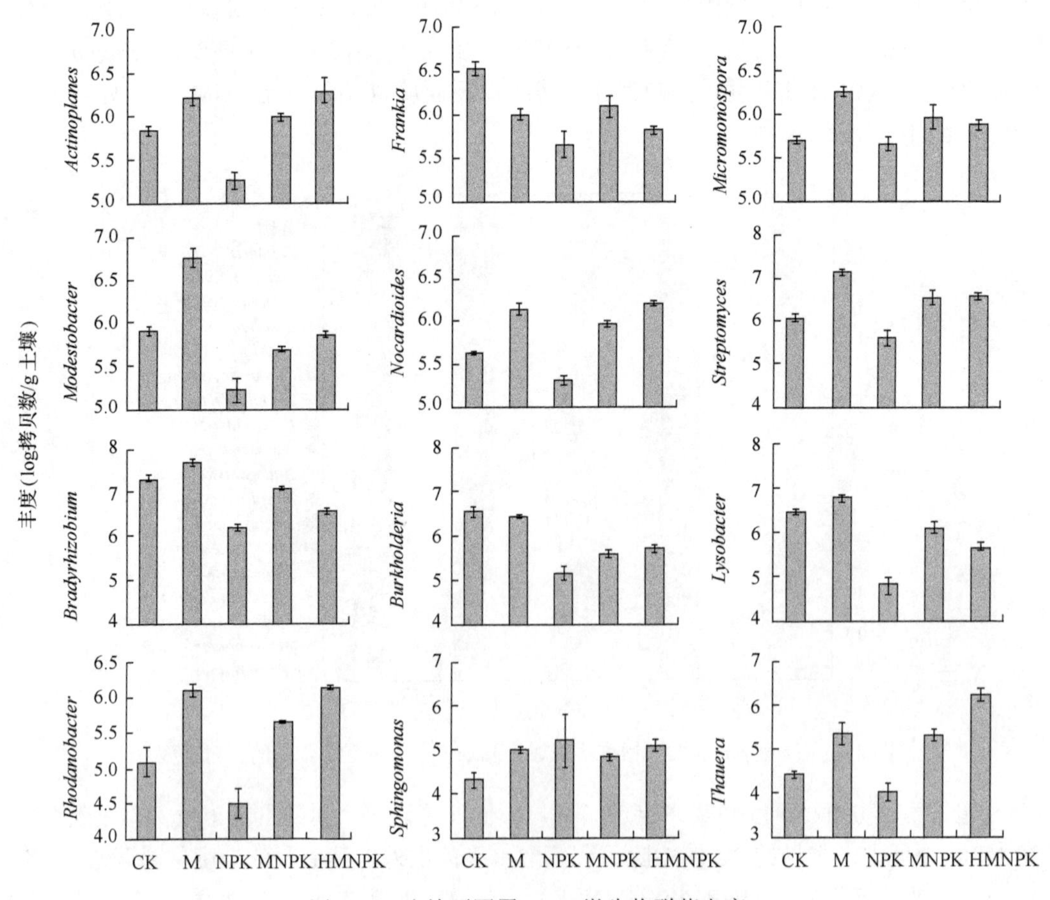

图 4-37　土壤不同属 *phoD* 微生物群落丰度

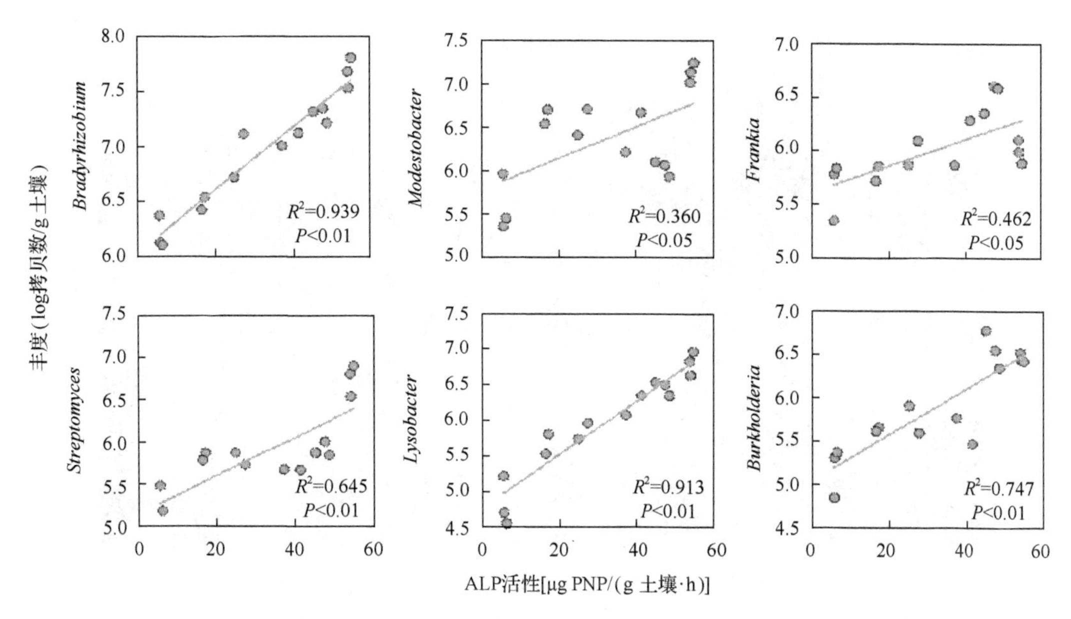

图 4-38　土壤 LAP 活性与不同属 *phoD* 微生物群落丰度的相关性

表 4-42　Pearson 相关性检测评估 *phoD* 基因微生物主要属与土壤环境因子的关系

属	pH	EC	TP	AP	LPo	TN	Corg	DOC	Ca^{2+}
Actinoplanes	0.532*	0.740**					0.588*		
Frankia		–0.549*	–0.771**	–0.713**	0.559*	–0.792**	–0.767**	–0.841**	0.784**
Micromonospora	0.621*								
Modestobacter	0.609*				0.527*				
Nocardioides	0.663*	0.881**				0.711**	0.752**	0.604*	
Streptomyces	0.681*								
Bradyrhizobium	0.709**			–0.607*	0.736**				0.659**
Burkholderia	0.524*		–0.780**	–0.798**	0.724**	–0.565*		–0.527*	0.793**
Lysobacter	0.699**			–0.616*	0.747**				0.668**
Rhodanobacter	0.603*	0.898**				0.712**	0.762**	0.669**	
Sphingomonas	–0.625*								
Thauera		0.553**	0.610*	0.646**		0.580*	0.611*		

*表示 $P<0.05$，**表示 $P<0.01$

利用结构方程模型(SEM)定量分析长期施肥对 ALP 活性与土壤物理、化学及生物因子的潜在关系的影响。土壤酸性和碱性磷酸单酯酶的潜在活性能指示土壤中有机磷的矿化潜能。施肥显著影响土壤 ALP 活性，特别是有机肥的添加能有效地增加 ALP 活性，但是磷肥的添加能降低其活性。然而，关于 ALP 活性与土壤特性的关系的研究结果不一致。通过构建结构方程模型(SEM)，我们发现土壤 pH(路径系数为 0.480)和 LPo 含量(路径系数为 0.42)能直接调控土壤 ALP 活性(图 4-39)。其他研究同样表明 pH 和 LPo 含量是 ALP 活性的首要驱动因子。比较简单的是在碱性条件下，ALP 活性会高于酸性磷酸单酯酶(ACP)活性，但是在酸性条件下，ALP 活性会低于 ACP 活性。

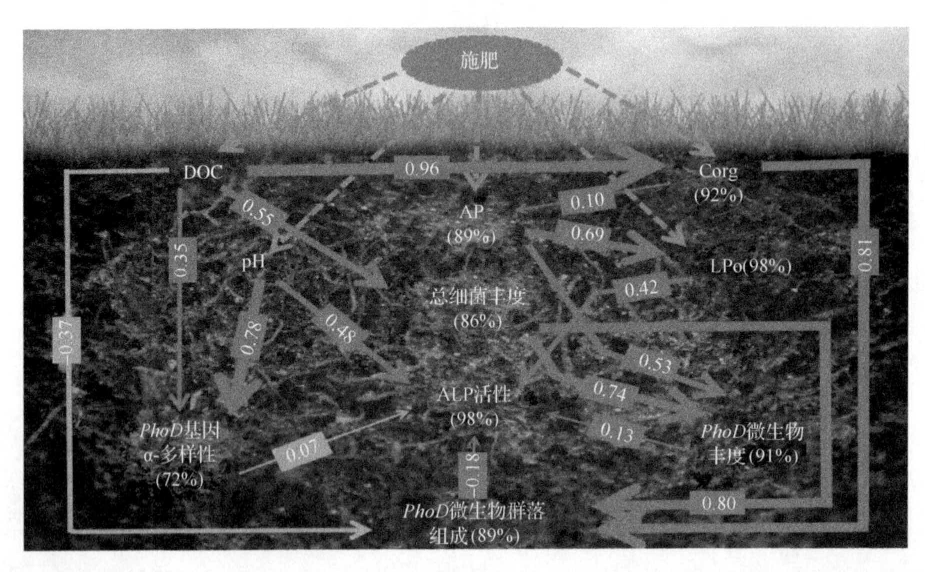

图 4-39　构建结构方程模型(SEM)探寻由施肥引起的 ALP 潜在活性的直接和间接调控通径

DOC.可溶性有机碳；AP.速效磷；Corg.有机碳；LPo.活性有机磷

此外，我们同样观察到土壤有机碳、可溶性有机碳(DOC)和速效磷含量能通过调节其他生物或非生物变异间接影响 ALP 活性。SEM 指出，ALP 活性受其他生物因子的直接调控，如 *phoD* 微生物群落组成和丰度，但是受 α-多样性的影响不显著。其他结果同样指出在不同的管理系统中，ALP 活性和 *phoD* 微生物丰度存在明显的关系，并且 *phoD* 微生物群落组成的改变能有效地调控 ALP 活性。我们的研究结果表明有机肥的添加能显著增加 *Bradyrhizobium*、*Streptomyces*、*Modestobacter*、*Lysobacter*、*Frankia* 和 *Burkholderia* 在土壤中的丰度，并且这些微生物与 ALP 活性都存在显著相关性，表明在施用有机肥的土壤中它们是主要的分泌 ALP 的有机体。

总之，与施用化肥相比，施用有机肥显著提高了土壤 ALP 活性。此外，施肥能够显著影响 *phoD* 基因在土壤团聚体中的分异。在施用化肥土壤中，较多的 *phoD* 基因定植于黏粒中，而在其他处理中则主要定植在粉粒中。土壤中有机磷(包括活性有机磷、中等活性有机磷、中稳定性有机磷和稳定性有机磷)和无机磷含量及比例受施肥制度的影响，其中活性有机磷(LPo)、中等活性有机磷(MLPo)和中稳定性有机磷(FAPo)都与 *phoD* 基因丰度存在显著正相关，而 ALP 活性只与 LPo 存在显著相关性。通过高通量测序发现分泌 ALP 的微生物主要属于放线菌门(Actinobacteria)和变形菌门(Proteobacteria)，其中慢性根瘤菌属(*Bradyrhizobium*)在所有处理土壤中都含有较高的丰度。与其他处理相比，施用有机肥处理导致土壤中慢生根瘤菌属、链霉菌属(*Streptomyces*)、贫养杆菌属(*Modestobacter*)、溶杆菌属(*Lysobacter*)、弗兰克氏菌属(*Frankia*)和伯克氏菌属(*Burkholderia*)的丰度均显著增加。通过构建结构方程模型(SEM)发现，土壤 pH 和 LPo 含量能够直接调控 ALP 活性，而土壤有机碳(Corg)含量则通过影响 *phoD* 微生物群落组成及其丰度间接调控 ALP 活性。综上所述，长期不同施肥制度能通过影响土壤物理、化学和生物等参数调控 ALP 活性及相关微生物在不同团聚体中的分异。因此，本研究结果表明可以通过采取不同的农田施肥措施来调节 ALP 的潜在活性及相关微生物群落，从而进一步激发和优化土壤供磷潜能。

4.3 畜禽有机肥施用下土壤团聚体微生物学特征

本节研究以位于湖北省农业科学院南湖试验站稻麦轮作肥料长期试验(114°20′1″E，30°37′N)为基础，采集不施肥(CK)、单施氮肥(N)、氮磷肥配施(NP)、氮磷钾肥配施(NPK)、有机肥与氮磷钾肥配施(NPKM)、单施有机肥(M)处理土壤样品，参照 Stemmer 等(1998)的方法，将耕层土壤样品分为不同粒径团聚体：＞2000μm(大团聚体)、2000～200μm(粗砂)、200～63μm(细砂)、63～2μm(粉粒)、2～0.1μm(黏粒)。研究土壤团聚体有机碳、氮分布，以及酶活性变化、微生物群落结构、氨氧化微生物分异特征及参与土壤纤维素分解酶基因多样性，从而阐明畜禽有机肥施用下土壤团聚体微生物学特征。

4.3.1 土壤团聚体有机碳、氮分布

易分解物料如有机肥的加入能促进土壤微生物区系的生长，改变土壤不同粒径团聚体组分比例，从而显著地改善土壤结构(De Gryze et al.，2005；Abiven et al.，2007)。基于声波分离与湿筛相结合的方法发现，麦季、稻季黄棕壤性水稻土团聚体组成呈现粉粒(63～2μm)＞大团聚体(2000μm)＞黏粒(2～0.1μm)＞粗砂(2000～200μm)＞细砂(200～63μm)的规律(表 4-43)。与 NPK 相比，麦季 NPKM 处理显著降低了大团聚体的比例，提高了 2000～2μm 粒径团聚体的比例。而稻季土壤团聚体则以粗砂团聚体(28.74%～40.44%)为主，粉粒(20.36%～30.25%)其次，细砂(2.96%～4.23%)最低。良好的土壤团聚作用可限制土壤碳的分解，对碳素在土壤中的储存和固定往往起到积极作用(Smith et al.，2014)。与 NPK 相比，NPKM 显著降低稻季大团聚体的比例，同时有机肥处理(NPKM 和 M)显著提高了粗砂比例，并且降低了粉粒、黏粒的比例。Yu 等(2012)在中国北方集约耕作的石灰性土壤上研究得到了相似结果，这可能是因为有机物料的投入促进了有机物质和小粒径组分的结合，从而提高了大粒径团聚体的比例。

表 4-43 长期施肥下黄棕壤性水稻土麦季、稻季不同粒径团聚体分布特征 (单位：%)

	处理	团聚体粒径				
		大团聚体(＞2000μm)	粗砂(2000～200μm)	细砂(200～63μm)	粉粒(63～2μm)	黏粒(2～0.1μm)
麦季	CK	25.66±1.18ab	13.63±0.61bc	4.95±0.25b	33.94±0.56bc	17.12±0.71ab
	N	21.82±0.58b	11.90±0.35c	6.23±0.59ab	35.89±0.45ab	19.61±1.28a
	NP	26.08±0.44a	15.72±2.21ab	5.09±0.18b	31.78±1.34c	16.53±1.15b
	NPK	27.04±0.98a	12.28±0.43c	4.48±1.51b	34.48±0.72bc	16.97±0.51ab
	NPKM	17.35±1.95c	18.36±1.13a	7.15±0.33a	38.79±1.05a	15.65±0.49b
	M	24.05±0.43ab	18.13±0.84a	5.61±0.69ab	32.55±0.97c	15.06±0.65b
		B	C	D	A	C

续表

处理		团聚体粒径				
		大团聚体（>2000μm）	粗砂（2000～200μm）	细砂（200～63μm）	粉粒（63～2μm）	黏粒（2～0.1μm）
稻季	CK	18.34±1.14c	28.74±1.15b	3.18±0.46ab	29.57±0.91a	15.42±0.72ab
	N	18.39±0.32c	29.66±0.53b	2.96±0.33b	30.25±1.05a	13.79±0.68bc
	NP	20.00±1.41bc	30.54±1.20b	3.01±0.17b	26.09±1.17b	15.84±0.91a
	NPK	22.63±1.10a	31.71±0.60b	3.72±0.57ab	25.32±1.26b	11.96±1.24c
	NPKM	18.74±0.98c	39.67±1.85a	4.23±0.34a	24.25±0.41c	8.19±0.31d
	M	22.02±0.98ab	40.44±0.15a	4.06±0.18ab	20.36±1.08c	8.15±0.18d
		C	A	E	B	D

注：小写字母代表同一粒径内不同施肥处理间的差异显著性（Fisher's LSD test，$P<0.05$），大写字母代表不同粒径间的差异显著性

团聚体粒径和施肥两因素及其交互作用对两季SOC、全氮、碳氮比产生了显著的影响（表4-44）。图4-40和图4-41分别显示了麦季和稻季土壤不同粒径团聚体碳氮分布，结果表明两季土壤中，细砂粒径的SOC、全氮含量及碳氮比均高于其他粒径土壤（$P<0.05$），除细砂外，两季土壤SOC含量及碳氮比均呈现大粒径团聚体（>200μm）大于粉黏粒（63～0.1μm）的规律，这基本与潜育水稻土秸秆还田后的结果符合（Jiang et al.，2011）。另外，麦季全氮含量呈粗砂>黏粒>大团聚体>粉粒的规律，而稻季黏粒的全氮含量高于粗砂粒

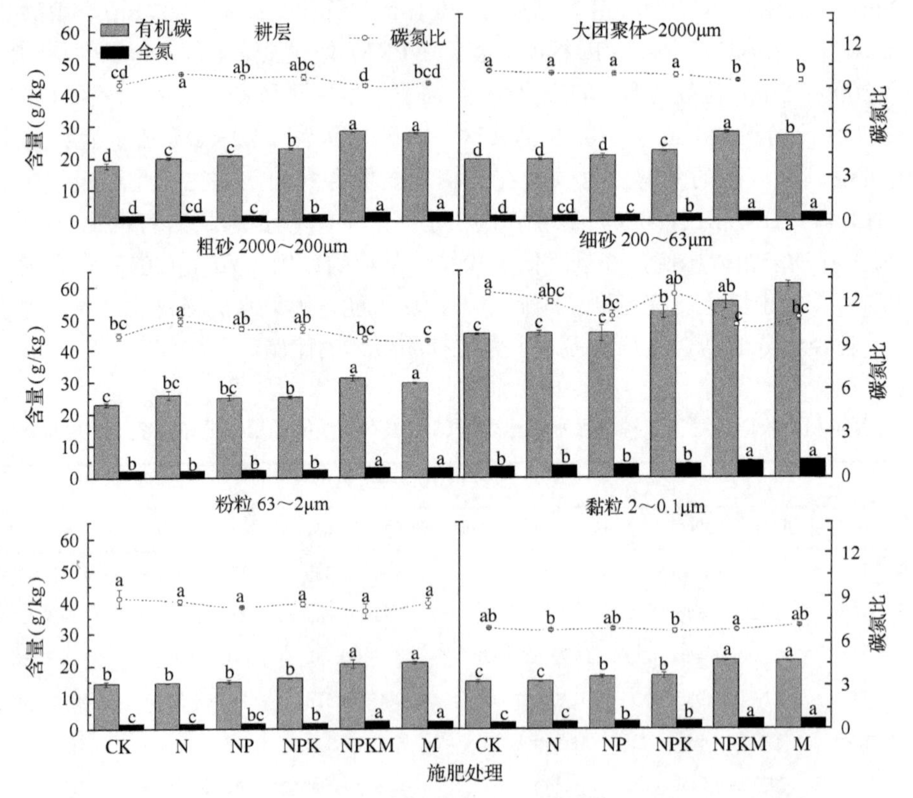

图4-40　长期施肥下麦季黄棕壤性水稻土不同粒径团聚体碳、氮分布

小写字母代表同一粒径内不同施肥处理间的差异显著性（Fisher's LSD test，$P<0.05$）

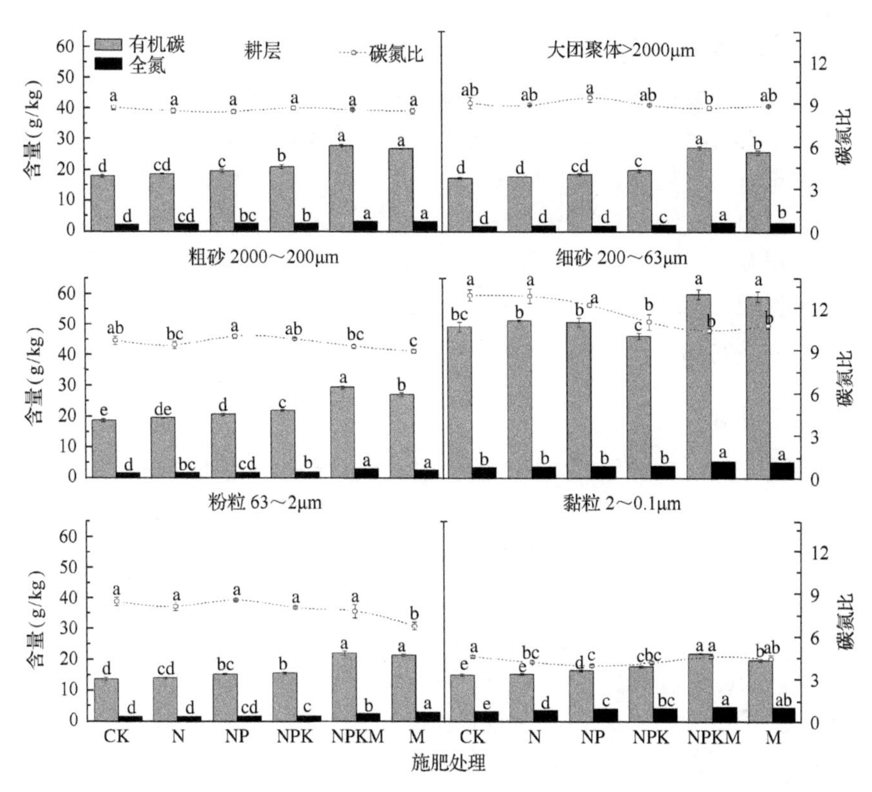

图 4-41　长期施肥下稻季黄棕壤性水稻土不同粒径团聚体碳、氮分布

小写字母代表同一粒径内不同施肥处理间的差异显著性(Fisher's LSD test，$P<0.05$)

径，因此稻季黏粒的碳氮比较麦季更低。王岩等(2000)研究发现，不同粒径土壤团聚体碳氮比在2.84～6.38波动，<2μm粒级最低，低于其土壤本身的碳氮比，且随着粒径的加粗各粒级碳氮比逐渐增大，至100～50μm粒级其碳氮比均高于土壤本身的碳氮比。Turchenek和Oades(1979)曾通过测定各粒级中的碳氮比对各粒级汇总的碳、氮来源进行研究，同样也发现碳氮比随着粒径的加大而逐渐增大，这可能是因为在小的粒径中存在大量的碳氮比小的物质，如细菌、根系分泌物和脱落物等；相对而言，在较粗粒径中存在碳氮比较大的细小根系，以及部分或完全腐殖化的有机物质等。本节研究结果表明大粒径团聚体尤其是细砂所含有机质多来源于有机肥或作物残茬，易被微生物等所分解(Gerzabek et al.，2001)；相反，粉黏粒尤其是黏粒的碳氮比较低，表明这些粒径土壤中的腐殖化程度较高，不易被微生物所分解(Christensen，2001；Chen et al.，2014)。

表 4-44　双因素方差分析团聚体粒径效应和施肥效应及其交互作用对土壤碳氮影响的显著性

		团聚体粒径		施肥		团聚体粒径×施肥	
		F	P	F	P	F	P
麦季	有机碳	1382.46	<0.0001	83.7	<0.0001	3.89	<0.0001
	全氮	480.39	<0.0001	106.21	<0.0001	3.14	0.0003
	碳氮比	209.37	<0.0001	6.19	<0.0001	2.1	0.0145
稻季	有机碳	2792.94	<0.0001	167.59	<0.0001	4.75	<0.0001
	全氮	878.53	<0.0001	211.25	<0.0001	5.43	<0.0001
	碳氮比	694.4	<0.0001	12.07	<0.0001	4.43	<0.0001

正如 Kandeler 等(1999a)在德国土壤上的研究和 Gerzabek 等(2001)在瑞典中部土壤上的报道，在供试的黄棕壤性水稻土上，施肥尤其是施用有机肥对土壤肥力的提高达显著水平。与 CK 相比，NPK 处理提高了麦季耕层和除粉粒外 4 个粒径的有机碳含量，以及耕层、大团聚体、粉粒、黏粒的全氮水平。在稻季，相比 CK，NPK 处理提高了耕层及除细砂外所有粒径的 SOC 和全氮含量。与 NPK 相比，有机肥处理(NPKM 和 M)提高了两季土壤耕层及各粒径的有机碳和全氮含量，并且除稻季黏粒的 M 处理外均达到显著水平。相比不施肥及无机肥处理，有机肥处理下两季土壤样品的碳氮比均呈现不同程度的下降，并在大部分粒径中达到显著水平。

4.3.2　土壤团聚体酶活性变化

微生物在其生命活动过程中，向土壤分泌大量的胞外酶，微生物死亡后，由于细胞的自溶作用把胞内酶也释放至土壤中推动了土壤生物化学反应，因此，土壤酶活性在一定程度上反映了微生物的活性及其在土壤养分循环过程中的作用，是表征土壤生物多样性、生态系统功能和土壤肥力水平的重要生物学指标(颜慧等，2008；Yao et al.，2006)。不同施肥制度下，测定麦季耕层及不同粒径团聚体 10 种胞外酶活性发现，除 α-葡糖苷酶外，粒径效应、施肥效应及其交互作用显著影响了土壤胞外酶活性(P<0.05，表 4-45)。土壤胞外酶在土壤中不匀质分布，因而对环境的影响敏感程度不同(Nannipieri et al.，2002)，麦季，除磷酸酶、硫酸酯酶在黏粒中活性最高外，β-葡糖苷酶、β-纤维二糖苷酶、乙酰氨基葡萄糖苷酶、β-木糖苷酶、α-葡糖苷酶、亮氨酸氨基肽酶、酚氧化酶、过氧化物酶在细砂中活性最高(图 4-42)。除粗砂粒径的磷酸酶、硫酸酯酶、乙酰氨基葡萄糖苷酶、β-木糖苷酶在 NPK 处理中活性最高外，其余粒径的酶活性均在有机肥处理下最高。相较不施肥处理(CK)，长期施用化肥(N、NP、NPK)表现出一定程度的提高，但只在个别粒径和处理下达显著水平，虽然有机肥处理(NPKM 和 M)对土壤胞外酶活性表现显著的提高作用，但这两者作用下的大部分酶活性差异不显著。另外，相比于土壤水解酶，氧化酶(酚氧化酶和过氧化物酶)随团聚体粒径不同变化相对较小。

表 4-45　双因素方差分析团聚体粒径效应和施肥效应及其交互作用对土壤胞外酶活性影响的显著性

		团聚体粒径		施肥		团聚体粒径×施肥	
		F	P	F	P	F	P
麦季	磷酸酶	391.48	<0.0001	60.94	<0.0001	6.67	<0.0001
	硫酸酯酶	272.92	<0.0001	10.17	<0.0001	3.2	0.0003
	β-葡糖苷酶	476.41	<0.0001	24.85	<0.0001	2.3	0.0069
	β-纤维二糖苷酶	790.19	<0.0001	31.93	<0.0001	2.14	0.0126
	乙酰氨基葡萄糖苷酶	504.83	<0.0001	17.65	<0.0001	3.51	<0.0001
	β-木糖苷酶	333.62	<0.0001	21.84	<0.0001	2.26	0.0081
	α-葡糖苷酶	226.59	<0.0001	19.92	<0.0001	**1.58**	**0.0873**
	亮氨酸氨基肽酶	298.66	<0.0001	127.19	<0.0001	2.58	0.0024
	酚氧化酶	64.59	<0.0001	52.65	<0.0001	3.73	<0.0001
	过氧化物酶	99.57	<0.0001	83.19	<0.0001	4.23	<0.0001

续表

		团聚体粒径		施肥		团聚体粒径×施肥	
		F	*P*	*F*	*P*	*F*	*P*
稻季	磷酸酶	110.49	<0.0001	98.63	<0.0001	3.41	<0.0001
	硫酸酯酶	62.54	<0.0001	4.97	0.0007	**1.19**	**0.2968**
	β-葡糖苷酶	1230.97	<0.0001	44.8	<0.0001	2.2	0.0099
	β-纤维二糖苷酶	2966.45	<0.0001	179.79	<0.0001	19.59	<0.0001
	乙酰氨基葡萄糖苷酶	3308.13	<0.0001	88.18	<0.0001	3.84	<0.0001
	β-木糖苷酶	1001.89	<0.0001	43.16	<0.0001	1.77	0.0469
	α-葡糖苷酶	285.42	<0.0001	55.68	<0.0001	1.9	0.0293
	亮氨酸氨基肽酶	176.73	<0.0001	188.98	<0.0001	7.56	<0.0001
	酚氧化酶	17.94	<0.0001	67.58	<0.0001	2.87	0.0008
	过氧化物酶	100.31	<0.0001	70.64	<0.0001	3.34	0.0002

注：粗体数字表明该指标的方差分析结果不显著

双因素方差分析表明，粒径效应、施肥效应及其交互作用显著影响了稻季土壤除硫酸酯酶外的 9 种胞外酶活性($P<0.05$，表 4-44)，各土壤胞外酶活性(除硫酸酯酶外)差异在粒径间均达显著水平，且在细砂中活性最高(图 4-43)。除细砂粒径外，亮氨酸氨基肽酶和过氧化物酶的活性在粉粒中较高，大团聚体中最低。而 β-葡糖苷酶、β-纤维二糖苷酶、乙酰氨基葡萄糖苷酶、β-木糖苷酶的活性在粗砂中显著较高，在黏粒中最低。与其他酶不同，硫酸酯酶活性在粗砂粒径中最高，并且粉粒下各种处理之间差异显著。有机肥的施用，向土壤中输送有机物质，刺激土壤不同粒径团聚体酶活性提高(Liang et al.，2014)，相比施用化肥处理，有机肥施用下稻季耕层及 5 个粒径土壤的磷酸酶、β-葡糖苷酶、β-纤维二糖苷酶、乙酰氨基葡萄糖苷酶、β-木糖苷酶、酚氧化酶和过氧化物酶活性的提高表明，有机肥加速了土壤碳、氮、磷、硫循环。Kandeler 等(1999b)对德国典型黑土的长期有机培肥试验结果显示，有机培肥 95 年后土壤 β-木糖苷酶活性显著提高，Liang 等(2014)也报道了有机肥施用下土壤转化酶、β-葡糖苷酶、脲酶、磷酸酶和脱氢酶活性提高。参与土壤碳素转化的 β-葡糖苷酶、β-纤维二糖苷酶、乙酰氨基葡萄糖苷酶、β-木糖苷酶均在粗砂和细砂粒径中活性较强，与不同粒径土壤有机碳的分布特点一致，这可能是砂粒中大量不稳定性碳易被微生物利用从而促进酶的产生，如丰富的聚合物和纤维素是 β-葡糖苷酶、β-纤维二糖苷酶反应的重要底物(Allison and Jastrow，2006；Marx et al.，2005)；较高的乙酰氨基葡萄糖苷酶活性可能是因为分解死亡真菌细胞壁几丁质的微生物尤其是菌根真菌的富集及对酶的合成、释放(Guggenberger et al.，1999)。另外，磷酸酶活性在大粒径土壤中较高，小粒径中较低，这与 Rojo 等(1990)的研究结果一致，他们的研究发现因植物残体及其有机质腐殖化程度较低，磷酸酶通常结合在 2000～100μm 粒径土壤中。Lagomarsino 等(2009)在意大利中部石灰性始成、潜育土上的研究也发现，经过 13 年的翻耕和培肥后酸性磷酸酶活性

在砂粒中较高。相反，在对英国的粉砂质黏壤土的研究中，Marx 等(2005)发现磷酸酶在黏粒土壤上活性更强。这些结果表明磷酸酶的活性很可能同时受到不同土壤类型的影响(Kandeler et al.，1999b)。

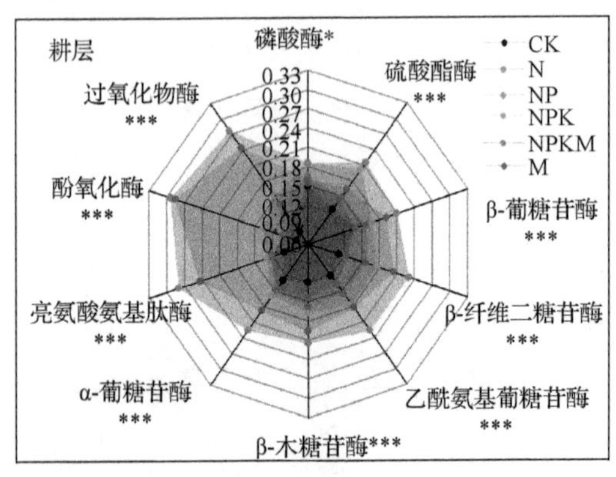

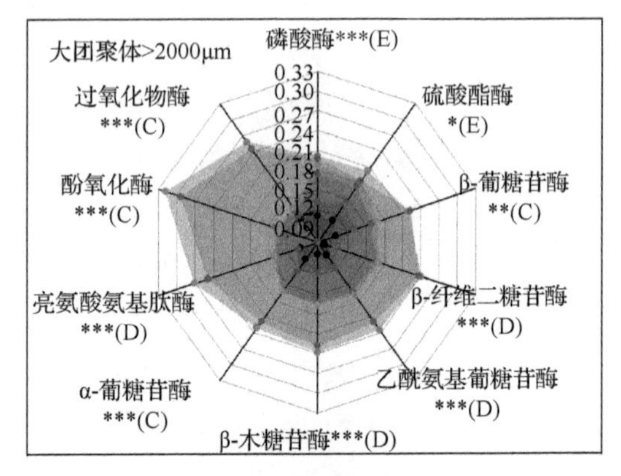

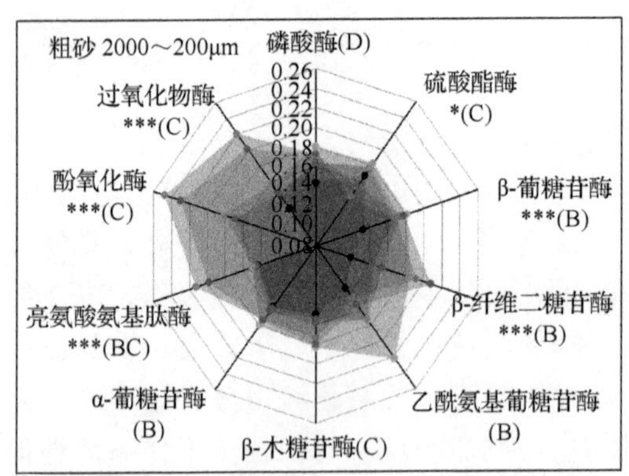

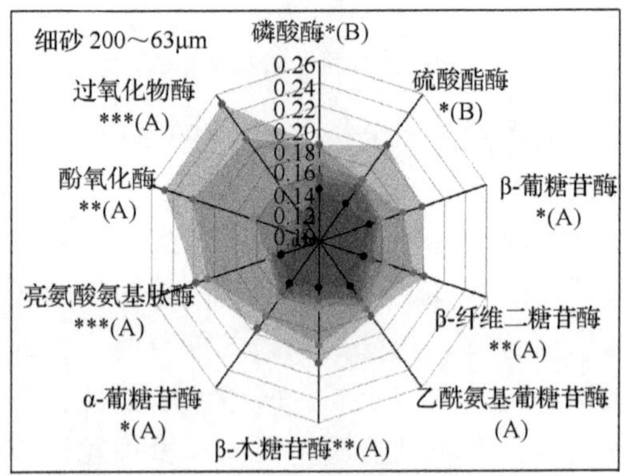

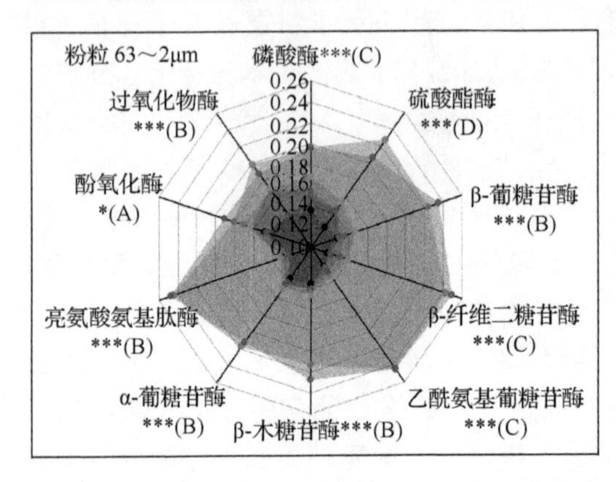

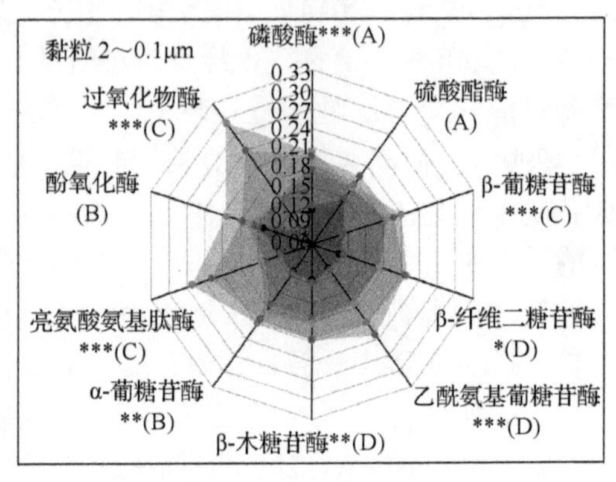

图 4-42 长期施肥对麦季黄棕壤性水稻土不同粒径团聚体胞外酶活性的影响

表示施肥处理间的差异显著性($P<0.05$，**$P<0.01$，***$P<0.001$，Fisher's LSD test)，大写字母代表不同团聚体粒径间的差异显著性。图中各数据表征各种酶活性相对的值

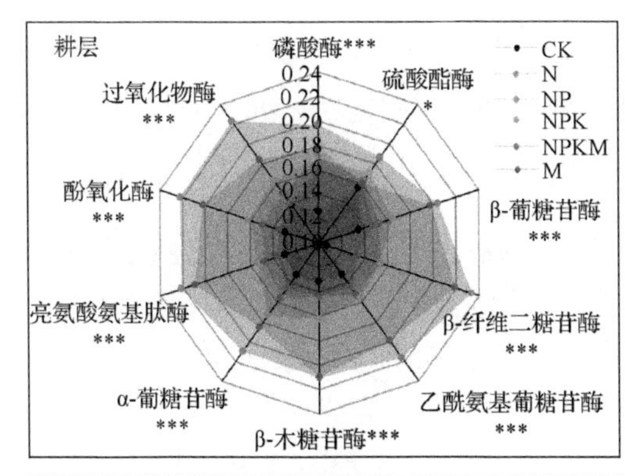

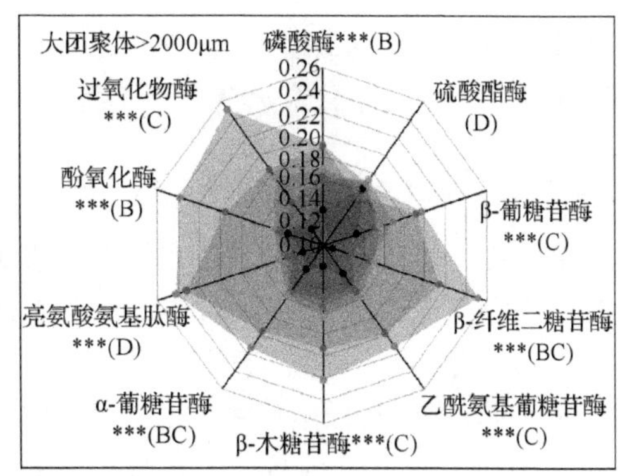

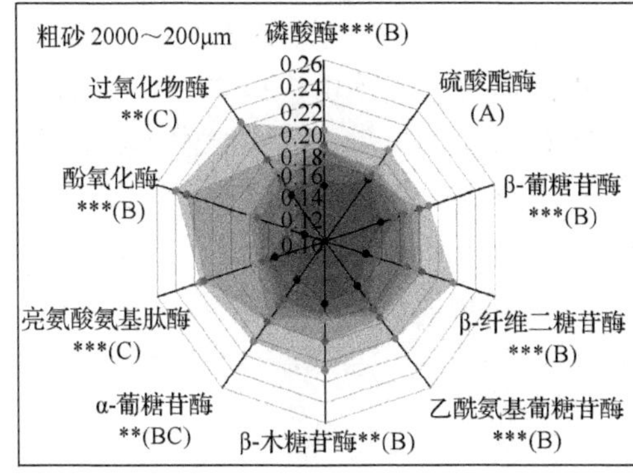

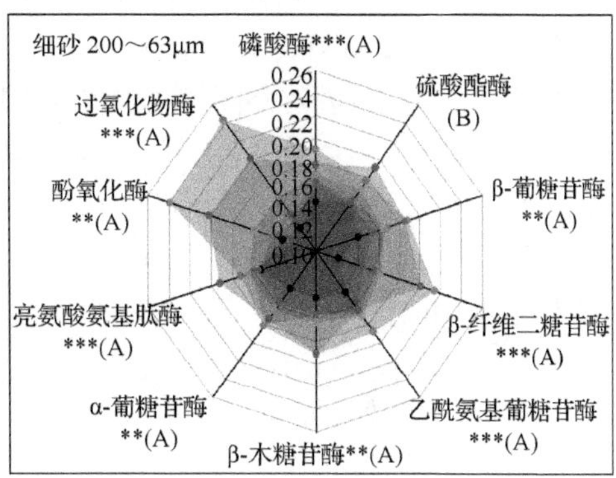

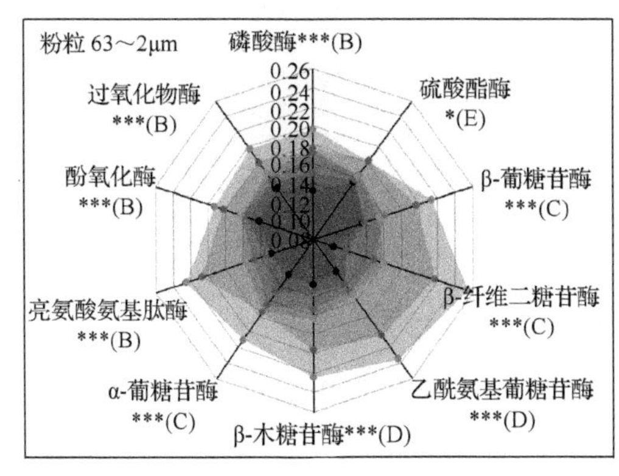

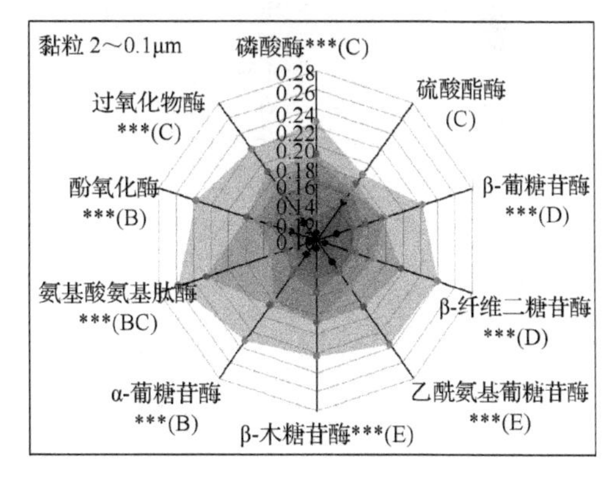

图 4-43　长期施肥对稻季黄棕壤性水稻土不同粒径团聚体胞外酶活性的影响

表示施肥处理间的差异显著性（$P<0.05$，**$P<0.01$，***$P<0.001$，Fisher's LSD test），大写字母代表不同团聚体粒径间的差异显著性

冗余分析验证了长期施肥下，耕层及不同粒径土壤团聚体的酶活性与其土壤有机碳、全氮及碳氮比的密切关系，对麦季耕层及不同粒径团聚体土壤的胞外酶活性与碳氮进行冗余分析发现，第一主成分和第二处主成分的贡献率分别为 50.28%和 9.80%（图 4-44a），土壤胞外酶活性与 SOC（4.70%，F=3.9，P=0.04）、全氮（47.10%，F=30.3，P=0.002）和土壤碳氮比（9.60%，F=7.3，P=0.002）显著相关。对稻季土壤进行同样的分析发现酶活性与 SOC（66.70%，F=67.96，P= 0.02）、全氮（4.10%，F=5.805，P=0.004）和土壤碳氮比（6.60%，F= 8.280，P= 0.002）显著相关，第一主成分和第二处主成分的贡献率分别为 67.40%和 6.70%（图 4-44b）。这与前人报道的长期施用堆肥增加了各粒径有机碳含量，最终影响不同粒径团聚

体土壤的酶活性强弱的现象相一致(Yu et al.，2012)。另有研究称，土壤胞外酶活性的差异也可能由土壤中腐殖化合物类型不同而导致(Benitez et al.，2005；Nannipieri et al.，2002)。

4.3.3　土壤团聚体微生物群落结构

微生物既是土壤生态系统中的重要组成部分，又是形成土壤团聚体最活跃的生物因素。土壤微生物在不同粒径团聚体中的分布与农耕措施、土壤类型、气候条件及施肥管理等密切相关，其生物量和多样性的变化是检测土壤质量变化的重要指标(Zhang et al.，2012)。本节研究中，团聚体粒径效应(F= 240.96，P＜0.0001)、施肥效应(F=26.83，P＜0.0001)及其交互作用(F=23.85，P＜0.0001)显著影响了麦季土壤 PLFA 总量(表 4-46)。从表 4-47 可以看出，相比 CK，有机肥(MNPK 和 M)的施入显著提高了耕层土壤 PLFA 总量约 1 倍，其余处理间差异不显著。除耕层外，不同粒径团聚体土壤样品的 PLFA 总量在 41.70～205.74nmol/g，并呈现大团聚体及砂粒(＞63μm)大于粉粒和黏粒(63～0.1μm)的规律，这可能是因为大粒径土壤中含有较多的有机质，它能为微生物生殖生长提供更多的底物(Mondini et al.，2006)。与 NPK 相比，NPKM 和 M 处理下除粗砂、细砂 PLFA 总量有所降低外，各粒径土壤团聚体 PLFA 总量均有不同程度的提高，这与有机肥处理下土壤有机碳和全氮含量的显著提高相对应。

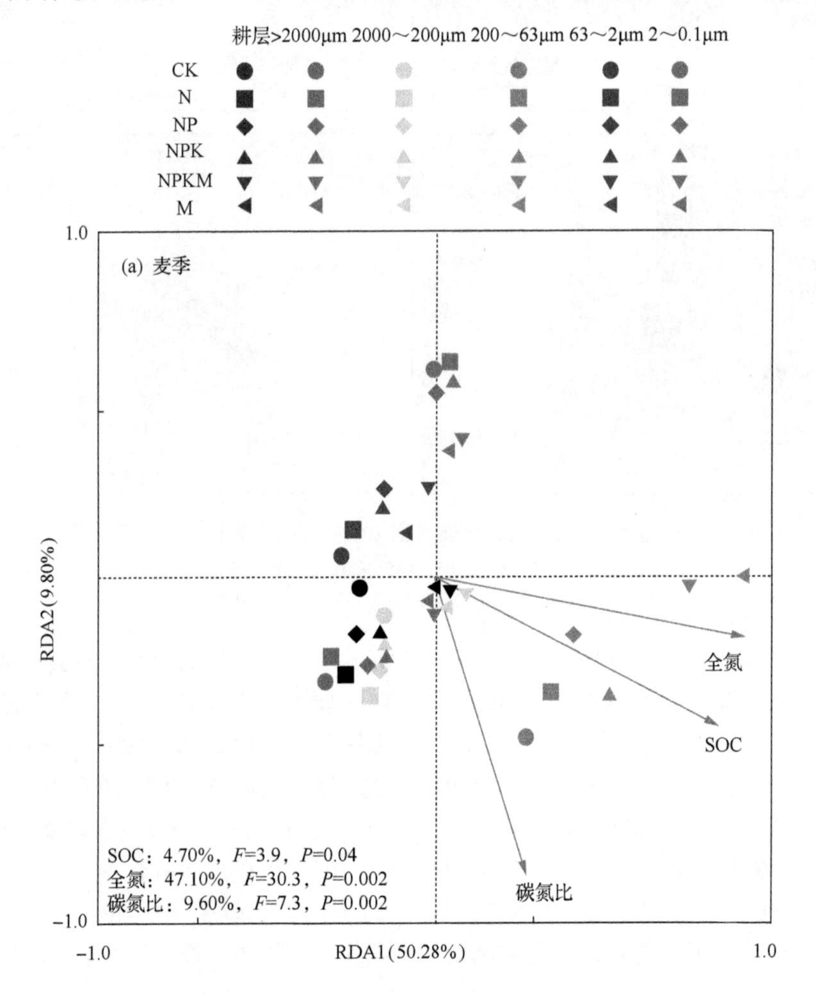

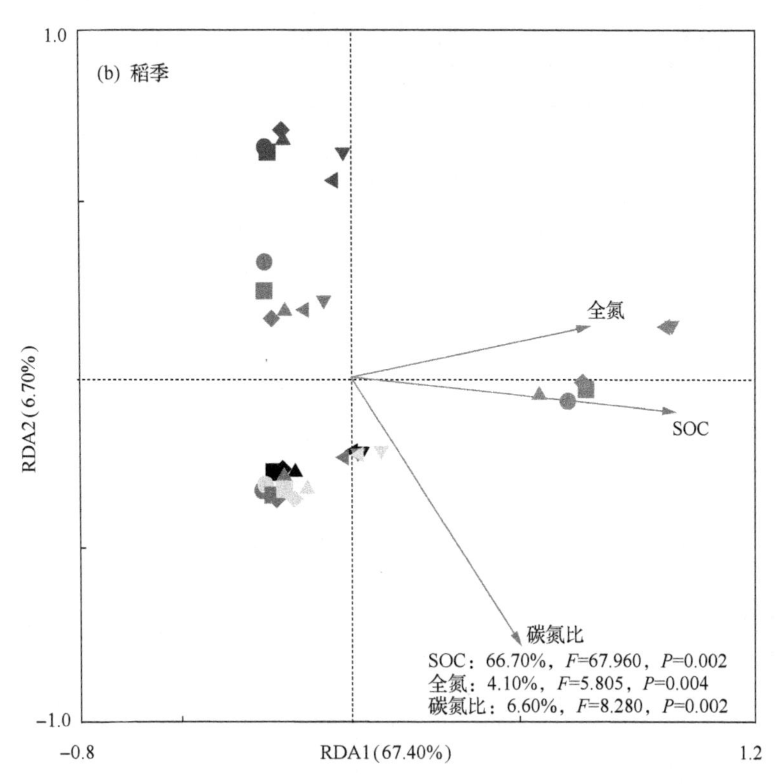

图 4-44　黄棕壤性水稻土胞外酶活性与碳氮养分的冗余分析

表 4-46　双因素方差分析团聚体粒径效应和施肥效应及其交互作用对土壤 PLFA 总量及各菌群影响的显著性

		团聚体粒径		施肥		团聚体粒径×施肥	
		F	*P*	*F*	*P*	*F*	*P*
麦季	PLFA 总量	240.96	<0.0001	26.83	<0.0001	23.85	<0.0001
	细菌	28.17	<0.0001	4.34	0.002	25.15	<0.0001
	真菌	857.85	<0.0001	54.29	<0.0001	**1.41**	**0.1521**
	放线菌	139.99	<0.0001	23.58	<0.0001	13.08	<0.0001
	G+/G–	546.9	<0.0001	**0.74**	**0.598**	5.46	<0.0001
	真菌/细菌	588.87	<0.0001	30.3	<0.0001	92.76	<0.0001
稻季	PLFA 总量	120.02	<0.0001	65.87	<0.0001	2.69	0.0016
	细菌	17.9	<0.0001	**1.15**	**0.3421**	**1.47**	**0.1263**
	真菌	**1.51**	**0.2101**	16.47	<0.0001	24.96	<0.0001
	放线菌	26.22	<0.0001	**1.94**	**0.1006**	1.96	0.0241
	G+/G–	41.43	<0.0001	15.84	<0.0001	13.2	<0.0001
	真菌/细菌	3.07	0.023	8.23	<0.0001	14.43	<0.0001

注：粗体数字表明该指标的方差分析结果不显著

表 4-47 长期施肥对麦季不同粒径团聚体 PLFA 总量及各菌群的影响

	处理	团聚体粒径					
		耕层	大团聚体（>2000μm）	粗砂（2000～200μm）	细砂（200～63μm）	粉粒（63～2μm）	黏粒（2～0.1μm）
PLFA 总量（nmol/g）	CK	55.87±1.54c	62.38±2.92c	157.39±7.15b	103.82±6.25a	44.64±6.80b	47.85±4.06c
	N	63.90±7.24c	64.19±4.02c	159.12±9.85b	94.81±5.93a	41.70±4.59b	50.37±2.29c
	NP	57.12±1.68c	150.82±6.11b	169.37±4.97ab	111.85±6.83a	47.19±2.48ab	65.07±12.23bc
	NPK	60.07±4.46c	172.10±4.22b	188.70±6.10a	116.20±5.05a	45.03±6.99b	65.31±10.28bc
	NPKM	106.00±3.84a	205.74±9.73a	112.73±3.01c	99.58±13.07a	52.66±5.92ab	94.92±5.77a
	M	93.56±1.36b	202.87±9.23a	101.40±2.30c	112.34±2.95a	61.64±1.22a	90.54±9.06ab
			AB	A	BC	D	CD
细菌 PLFA（mol %）	CK	64.11±1.31a	60.10±0.63d	57.93±0.73a	61.66±1.11a	57.84±0.62a	57.97±0.70bc
	N	64.06±0.28a	62.01±1.38cd	59.43±0.43a	61.65±2.16a	55.65±0.44a	57.01±0.29c
	NP	64.33±0.53a	64.63±0.17b	60.06±1.23a	64.57±0.28a	57.72±1.00a	60.91±0.44ab
	NPK	66.04±0.83a	63.63±1.44bc	59.06±0.18a	60.59±1.43a	56.68±1.39a	61.33±1.49a
	NPKM	64.61±1.23a	67.01±0.67a	60.68±0.89a	61.14±1.65a	58.07±0.52a	60.53±0.57ab
	M	66.22±1.06a	65.33±1.11ab	59.92±1.75a	59.99±2.57a	56.71±1.24a	59.90±1.39abc
			A	C	B	D	C
真菌 PLFA（mol %）	CK	2.03±0.20b	2.33±0.05c	8.51±0.12a	2.76±0.16ab	1.99±0.14b	2.02±0.09c
	N	1.89±0.02b	2.28±0.05c	8.88±0.51a	2.81±0.17ab	1.76±0.08b	1.96±0.11c
	NP	1.90±0.05b	7.98±0.38b	9.27±0.33a	2.76±0.14ab	2.19±0.32ab	1.97±0.09c
	NPK	1.86±0.06b	8.02±0.07b	9.34±0.14a	2.55±0.08b	1.96±0.08b	2.15±0.08bc
	NPKM	3.06±0.04a	8.84±0.27a	2.66±0.43b	2.95±0.16ab	2.76±0.33a	2.39±0.17ab
	M	2.88±0.12a	8.86±0.29a	2.27±0.11b	3.03±0.13a	2.39±0.13ab	2.68±0.08a
			A	A	B	B	B
放线菌 PLFA（mol %）	CK	18.58±0.52a	17.55±0.24a	13.23±0.32b	15.88±0.09a	18.29±0.51a	18.26±0.94a
	N	17.39±0.20a	17.74±0.58a	13.53±0.07b	16.07±0.84a	17.18±0.19ab	16.93±0.24ab
	NP	17.29±0.35a	15.21±0.67b	14.22±0.48b	16.91±0.22a	18.23±0.53a	17.70±0.02ab
	NPK	17.93±1.31a	14.19±0.14b	13.62±0.10b	15.32±0.27a	17.27±0.53ab	16.76±0.22b
	NPKM	17.42±0.33a	15.71±0.22b	16.50±0.18a	16.69±0.72a	18.11±0.25a	17.57±0.12ab
	M	16.72±1.07a	15.35±0.71b	16.41±0.46a	15.74±0.50a	16.52±0.45b	16.94±0.25ab
			B	C	B	A	A

注：小写字母代表同一粒径内不同施肥处理间的差异显著性(Fisher's LSD test，$P<0.05$)，大写字母代表不同粒径间的差异显著性

与此同时，团聚体粒径、长期施肥及其交互作用显著影响了细菌、真菌、放线菌、G+/G–、真菌/细菌，但其交互作用对真菌摩尔百分数及施肥效应对土壤 G+/G–影响不显著(表 4-46)。对各类群微生物对比发现(表 4-47)，与 NPK 相比，有机肥的施用(NPKM 或 M)提高了大团聚体的细菌和真菌、粗砂放线菌、粉黏粒真菌的摩尔百分比。细菌的富集常常是在较小粒径土壤中(Ranjard and Richaume，2001)，我们发现不同细菌类群在不同粒径团聚体中占据主导地位，与革兰氏阴性菌相比，革兰氏阳性菌更多存在于 200～0.1μm 中(图 4-45)，而革兰氏阴性菌的摩尔百分比在大粒径(>200μm)团聚体中更高，这

一结果与革兰氏阳性菌和阴性菌的偏好环境及不同粒径土壤碳氮比规律相一致。革兰氏阴性细菌倾向于利用新鲜植物之类的碳源，而革兰氏阳性菌更倾向于利用较老的植物和更多微生物化有机质(Fierer et al., 2003; Kramer and Gleixner, 2006; Potthast et al., 2012)，与粉黏粒土壤相比大粒径团聚体土壤较高的 G+/G–表明粉黏粒的有机碳含量较少(Kramer and Gleixner, 2006)。有机肥处理下粗砂的革兰氏阳性菌摩尔百分数显著提高(图 4-45a)和革兰氏阴性菌摩尔百分数显著降低(图 4-45b)，导致了粗砂有机肥处理下 G+/G–的显著提高(图 4-45c)，并且大团聚体土壤 G+/G–在 CK 和 N 处理下最高，NPKM 和 M 下最低。另外，粉粒中革兰氏阴性菌的摩尔百分数显著低于其他粒径(图 4-45b)，导致了其显著较高的 G+/G–(图 4-45c)。＞200μm 粒径具有较低的 G+/G–和较高的真菌/细菌(图 4-45d)，表明了大粒径土壤的养分状况良好。

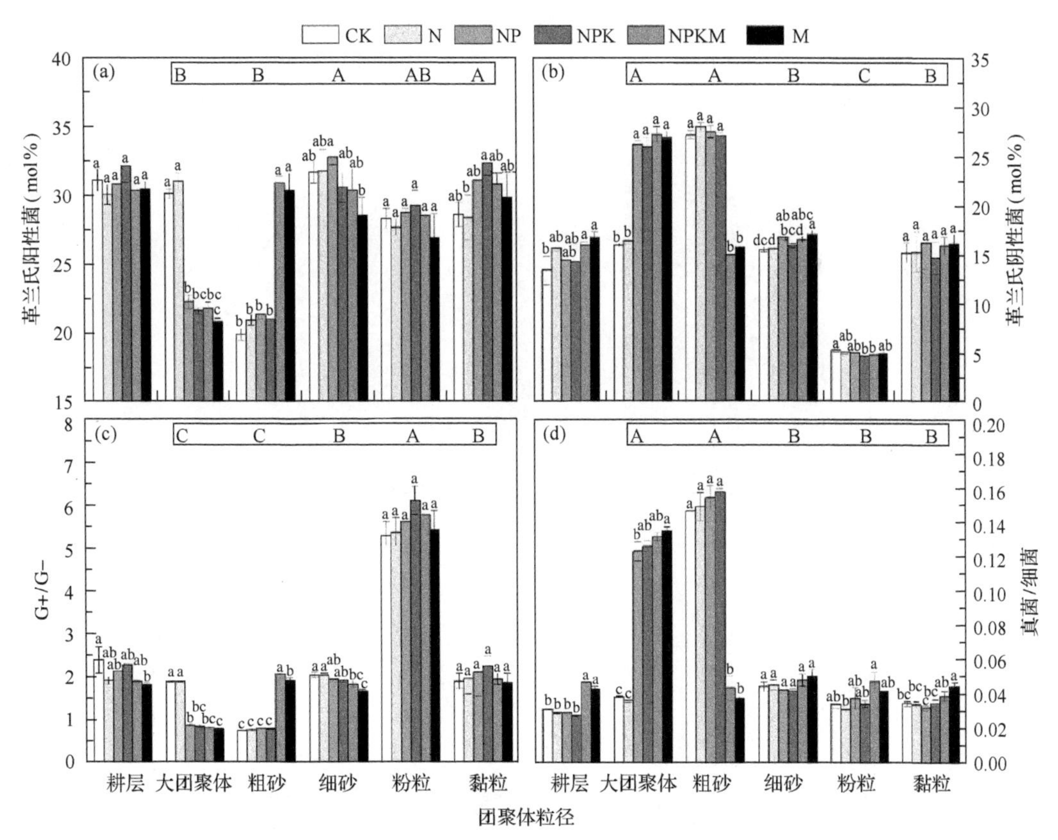

图 4-45　长期施肥下麦季不同粒径团聚体革兰氏阳性菌、阴性菌及真菌/细菌变化

小写字母代表同一粒径内不同施肥处理间的差异显著性(Fisher's LSD test，$P<0.05$)，大写字母代表不同粒径间的差异显著性

利用土壤中检测出来的所有 PLFA 单体的摩尔百分数进行 PCA(图 4-46)，PC1 和 PC2 分别占据总变异的 78.01%和 7.73%。团聚体粒径和长期施肥对土壤微生物群落结构影响显著，其中除 CK 和 N 外的大团聚体、不施肥和化肥处理的粗砂在第一主成分上与其他样品被明显分开，且耕层(不施肥和化肥处理)在第二主成分上被分开。单不饱和脂肪酸(15:1ω6c、16:1ω5c、16:1ω7c、16:1ω9c、17:1ω8c、18:1ω5c、18:1ω7c、18:1ω9c)

和多不饱和脂肪酸[18:3ω6c(6,9,12)、18:2ω6,9c、20:4ω6,9,12,15c]在第一主成分上载荷值较高(图 4-46b)，其中多为革兰氏阴性菌的标记脂肪酸；饱和脂肪酸(14:0、17:0、18:0、a15:0、a16:0、a17:0、i13:0、i14:0、i15:0、i16:0、i17:0)、环丙烷脂肪酸(cy17:0、cy19:0ω8c)、甲基支链脂肪酸[(16:0(10Me)、17:0(10Me)、18:0(10Me)、19:0(10Me)]在第一主成分上载荷值为负值，其中多为革兰氏阳性菌和放线菌的标记脂肪酸。

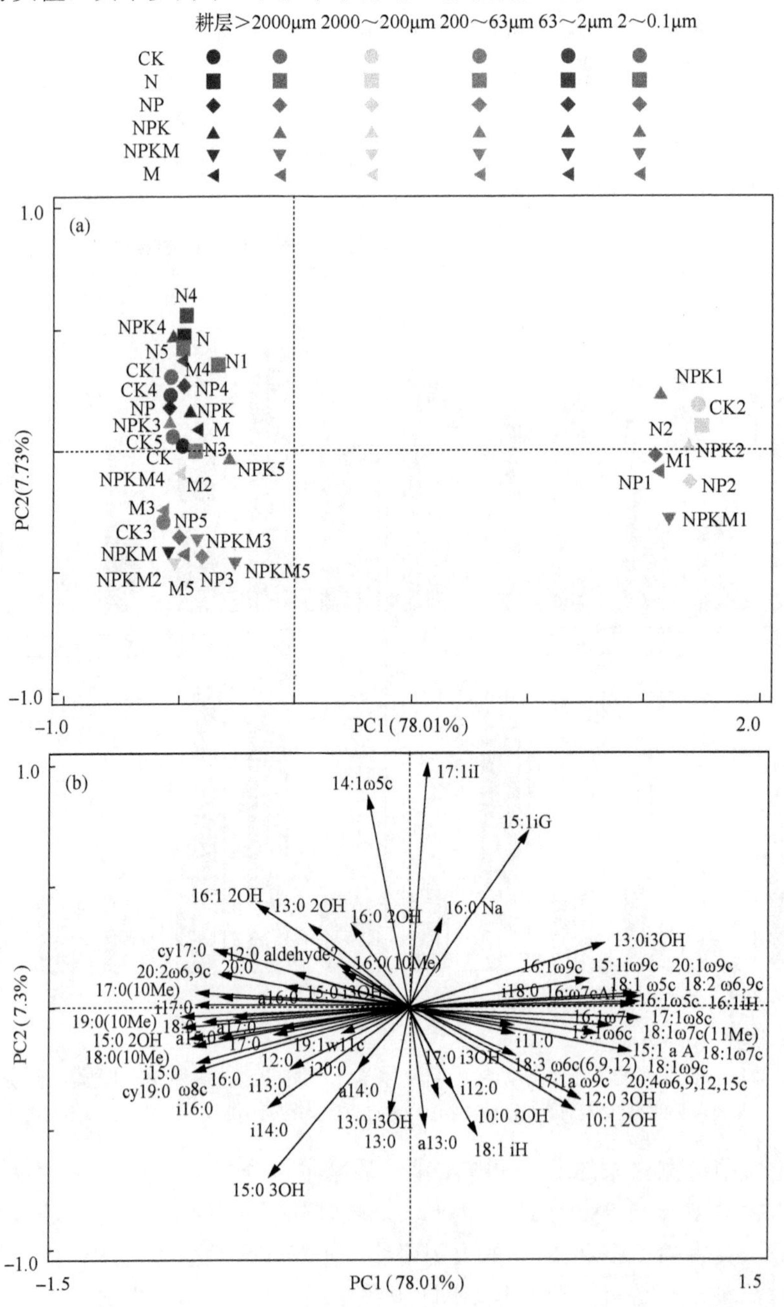

图 4-46　长期施肥下麦季不同粒径团聚体微生物群落结构的 PLFA 主成分分析

利用 PLFA 技术研究稻季不同粒径土壤团聚体微生物群落结构发现(表 4-48)，有机肥处理(NPKM 和 M)显著提高了耕层土壤 PLFA 总量(25.19～73.56nmol/g)及各类群微生物的绝对含量(数据未显示)。与 CK 相比，施肥处理可提高耕层土壤细菌的摩尔百分数同时降低放线菌的摩尔百分数，但有机肥处理与 NPK 处理间差异不显著。CK 和 N 处理的真菌摩尔百分数显著高于 NP、NPK 和 M 处理下真菌摩尔百分数，从而导致 CK 和 N 处理下土壤较高的真菌/细菌。有机肥施用降低了革兰氏阳性菌的摩尔百分数，提高了革兰氏阴性菌的摩尔百分数，导致其土壤 G+/G–显著降低。

表 4-48　长期施肥对稻季不同粒径团聚体 PLFA 总量及各菌群的影响

	处理	耕层	团聚体粒径				
			大团聚体(＞2000μm)	粗砂(2000～200μm)	细砂(200～63μm)	粉粒(63～2μm)	黏粒(2～0.1μm)
PLFA 总量(nmol/g)	CK	25.19±0.85e	39.92±0.20d	31.64±0.75f	47.34±1.61e	14.83±0.56e	28.46±0.58f
	N	33.60±0.83d	39.02±1.57d	41.30±0.75d	63.81±0.98d	20.09±0.37d	36.44±0.58e
	NP	36.84±0.92d	39.15±0.93d	37.29±1.21e	75.19±0.68c	21.39±0.66c	46.05±0.54bd
	NPK	44.26±2.30c	61.82±0.97c	44.09±0.10c	97.45±1.66b	25.87±0.53b	51.19±0.28c
	NPKM	73.56±0.86a	71.80±1.34a	77.26±1.76a	108.78±3.58a	35.80±0.86a	73.62±0.67a
	M	69.00±1.01b	67.47±0.86b	63.94±0.88b	94.51±2.30b	36.67±0.73a	69.56±0.25b
			B	B	A	C	B
细菌 PLFA (mol %)	CK	63.16±1.44b	65.13±1.28a	65.86±0.50a	66.29±1.48bc	63.59±0.71ab	64.16±2.05a
	N	63.73±1.11b	64.19±0.97ab	64.08±0.97a	65.64±0.64c	61.02±1.35b	65.56±0.84a
	NP	66.12±0.43ab	62.30±0.98b	65.77±0.75a	69.26±0.98ab	63.56±0.47ab	67.13±2.45a
	NPK	65.69±2.21ab	63.71±1.06ab	65.53±1.78a	68.14±1.42abc	62.65±1.25ab	64.54±1.52a
	NPKM	68.70±0.95a	64.89±0.26ab	64.45±0.48a	70.84±1.64a	64.41±0.99a	62.96±0.85a
	M	66.37±0.88ab	63.63±0.55ab	65.44±0.52a	68.84±0.33abc	62.11±0.36ab	66.44±1.04a
			BC	B	A	C	B
真菌 PLFA (mol %)	CK	3.07±0.11a	2.23±0.03b	2.09±0.04c	2.90±0.04a	2.79±0.02b	3.18±0.12a
	N	3.19±0.08a	2.34±0.07b	3.06±0.19ab	2.81±0.04ab	3.33±0.31a	1.63±0.01d
	NP	2.56±0.07c	2.29±0.03b	3.24±0.19a	1.94±0.11d	2.07±0.16c	1.88±0.06c
	NPK	2.62±0.04c	2.08±0.06b	2.87±0.19b	2.09±0.06cd	2.55±0.12bc	3.15±0.05a
	NPKM	3.00±0.10ab	2.05±0.19b	1.94±0.05cd	2.19±0.09c	2.08±0.08c	2.47±0.02b
	M	2.80±0.06bc	3.20±0.06a	1.76±0.09d	2.61±0.04b	2.19±0.08c	2.42±0.01b
			A	A	A	A	A
放线菌 PLFA (mol %)	CK	17.95±0.09a	17.86±1.12a	17.16±0.50ab	14.50±0.29a	17.23±0.16a	17.53±0.17ab
	N	16.14±0.28ab	17.12±1.12a	16.38±0.14b	14.38±0.10a	15.41±0.41c	18.18±0.48a
	NP	16.30±0.41ab	18.20±0.09a	17.20±0.03ab	14.84±0.39a	16.11±0.28ab	17.33±0.29abc
	NPK	16.66±1.03ab	17.73±0.90a	14.60±0.41c	15.03±0.49a	16.05±0.22ab	16.40±0.50bc
	NPKM	16.63±0.29ab	17.60±0.98a	17.35±0.64ab	14.70±0.55a	17.73±0.24a	16.11±0.44c
	M	15.78±0.72b	17.78±1.00a	17.59±0.34a	14.76±0.41a	16.26±0.08b	16.47±0.46bc
			A	B	C	B	AB

注：小写字母代表同一粒径内不同施肥处理间的差异显著性(Fisher's LSD test，$P<0.05$)，大写字母代表不同粒径间的差异显著性

不同团聚体粒径、施肥处理及其交互作用均显著影响了稻季土壤 PLFA 总量、G+/G–、真菌/细菌，且单一作用在细菌、真菌和放线菌上显著(表 4-46)。总体上，其细砂粒径的PLFA总量显著高于其他粒径，其次为粗砂和大团聚体，粉粒含量最低(表4-48)。细菌摩尔百分数在细砂中显著高于其他粒径，粉粒中最低；放线菌在大团聚体和黏粒中含量更高，细砂中最少。Fierer 等(2003)认为土壤真菌/细菌常常随着碳氮比的增加而提高，这是因为真菌对氮的需求量较低，与细菌相比更能高效地利用土壤碳。然而在我们的研究中，真菌摩尔百分数在稻季各粒径土壤中的变异并不显著，最终引起真菌/细菌在各粒径土壤中的差异不显著。图 4-47 显示大团聚体和粉粒的革兰氏阳性菌的摩尔百分数显著低于其他粒径(图 4-47a)，同时较高的革兰氏阴性菌比例(图 4-47b)导致这些粒径的土壤 G+/G–较低(图 4-47c)。无论是在耕层还是不同团聚体粒径土壤中，NPKM 处理下的 PLFA 总量和各微生物类群的绝对含量均显著高于其他施肥处理。有机肥的施用降低了稻季耕层革兰氏阴性菌的比例，提高了其革兰氏阳性菌的比例，从而引起有机肥处理G+/G–的显著降低，表明有机肥可显著改善稻季土壤养分状况(Rajendran et al.，1997)。

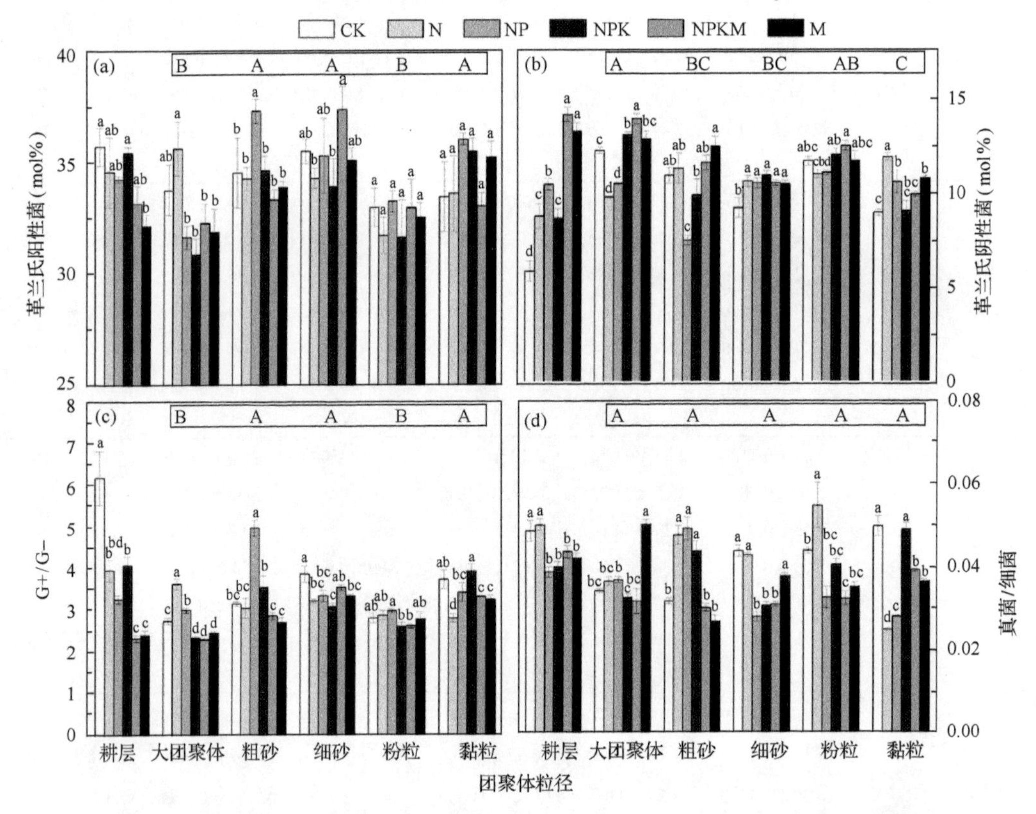

图 4-47　长期施肥下稻季不同粒径团聚体革兰氏阳性菌、阴性菌及真菌/细菌变化

小写字母代表同一粒径内不同施肥处理间的差异显著性(Fisher's LSD test，$P<0.05$)，大写字母代表不同粒径间的差异显著性

利用稻季土壤中检测出来的所有 PLFA 单体的摩尔百分数进行 PCA(图 4-48)，PC1 和 PC2 分别占据总变异的 53.80%和 8.90%。PCA 结果表明，施肥处理下的细砂粒径及除细砂外其他粒径的有机肥处理与其他样品明显分开，这一结果验证了土壤养分对微生物群落组成的重要影响。其中单不饱和脂肪酸(17:1ω8c、18:1ω7c、18:1ω9c)、环丙烷类脂

肪酸(cy17:0、cy19:0ω8c)、甲基支链脂肪酸[16:0(10Me)、17:0(10Me)、18:0(10Me)、19:0(10Me)]在第一和第二主成分上得分较高，其中多为革兰氏阴性菌和放线菌的标记脂肪酸；饱和脂肪酸(14:0、16:0、17:0、a15:0、a16:0、a17:0、i14:0、i15:0、i16:0)、单不饱和脂肪酸(16:1ω7c、16:1ω9c、18:1ω7c)在第一主成分上得分较高。

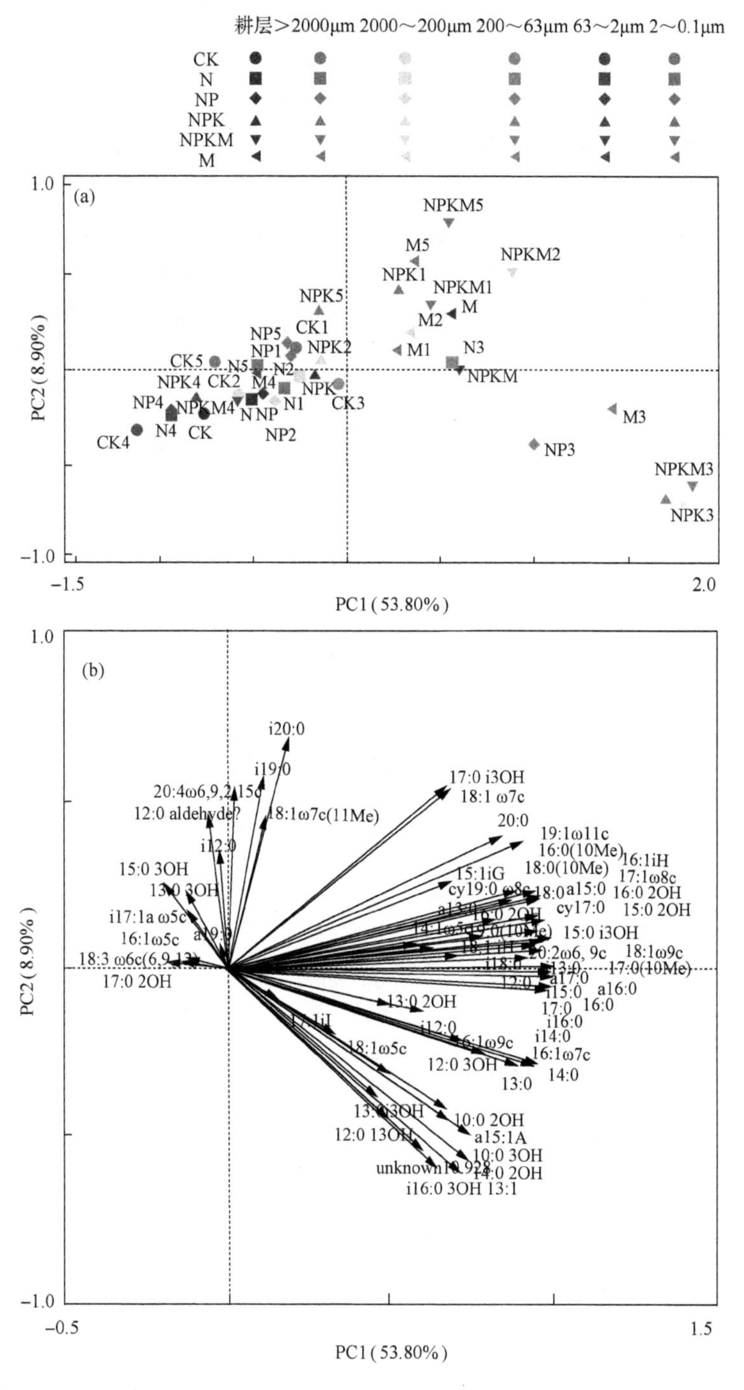

图 4-48　长期施肥下稻季不同粒径团聚体微生物群落结构的 PLFA 主成分分析

将耕层及不同粒径团聚体土壤PLFA单体摩尔百分数与碳氮含量(图4-49)及胞外酶活性(图4-50)分别进行冗余分析发现，SOC(10.80%，F=4.8，P=0.004)、全氮(9.40%，F=3.5，P=0.016)、土壤碳氮比(8.30%，F=3.3，P=0.014)、磷酸酶(10.80%，F=4.1，P= 0.004)、硫酸酯酶(7.60%，F=3.1，P=0.028)、β-纤维二糖苷酶(6.60%，F=2.8，P=0.038)、α-葡糖苷酶(7.90%，F=3.7，P=0.008)、β-木糖苷酶(8.40%，F=4.3，P=0.012)是影响麦季土壤团聚体微生物群落组成的重要环境因子。稻季，SOC(36.50%，F=19.511，P=0.002)、全氮(8.20%，F=4.883，P=0.002)、土壤碳氮比(6.70%，F=4.394，P=0.002)、α-葡糖苷酶(39.80%，F=22.462，P=0.002)、硫酸酯酶(6.30%，F=3.832，P=0.002)、β-葡糖苷酶(6.00%，F=4.012，P=0.002)、β-纤维二糖苷酶(4.20%，F=2.995，P=0.004)和酚氧化酶(2.40%，F=1.818，P=0.028)是影响土壤团聚体微生物群落组成的重要环境因子。Jiang等(2013)研究也发现SOC对酸性土壤团聚体的PLFA总量及不同类群微生物影响显著，Briar等(2011)在4种农田系统中均观察到了这一正相关关系。据Ling等(2014)的研究结果称，这些酶活性可能受部分特定的功能微生物影响，而不是整个微生物群落。值得注意的是，与麦季土壤微生物群落组成显著相关的磷酸酶、硫酸酯酶和乙酰氨基葡萄糖苷酶在粗砂粒径中的有机肥处理下较低，在NPK处理中较高。这可能部分解释了粗砂粒径中的有机肥处理下微生物量有所降低的原因，这一致的变化再次肯定了酶活性和微生物群落之间强烈的相关性。

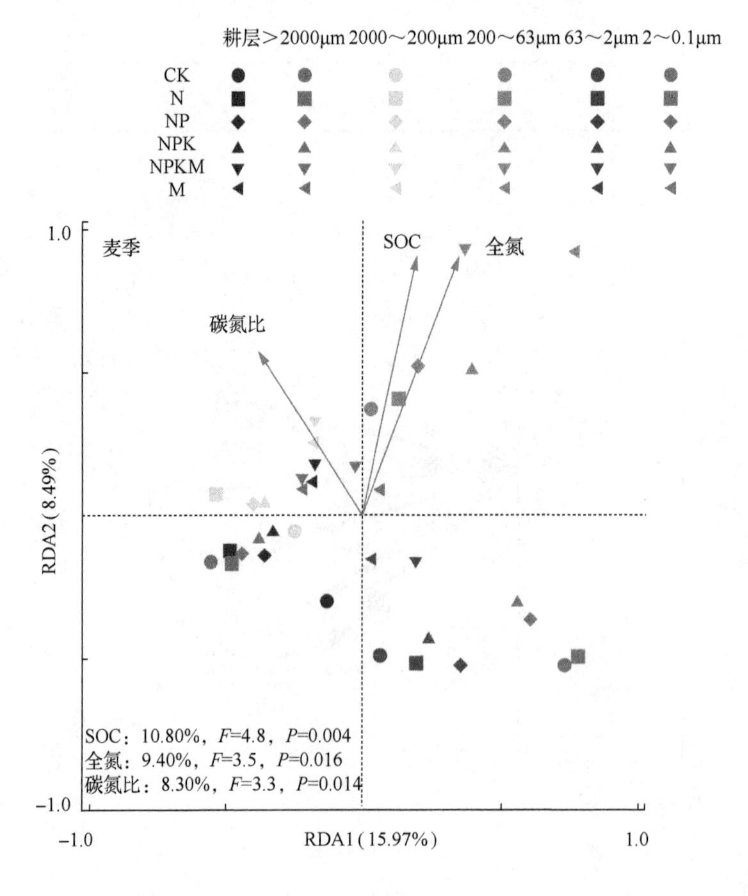

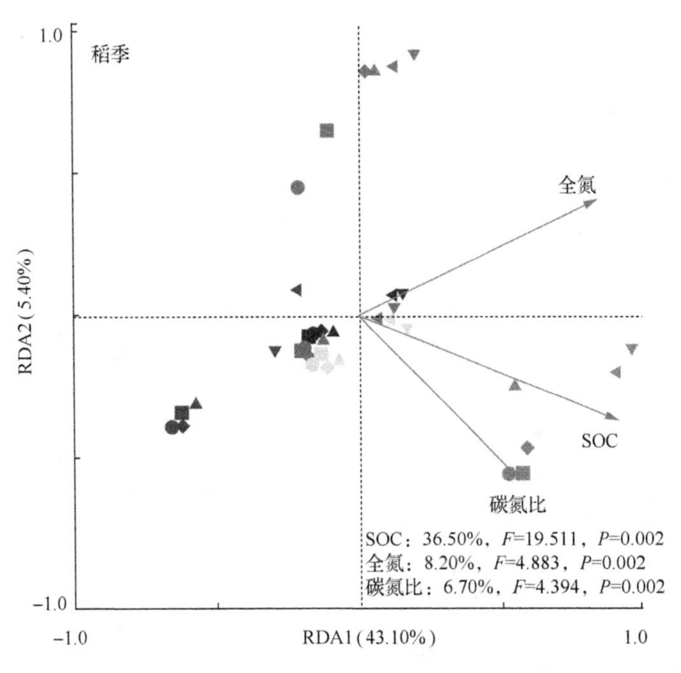

图 4-49　黄棕壤性水稻土微生物群落结构与碳氮养分的冗余分析

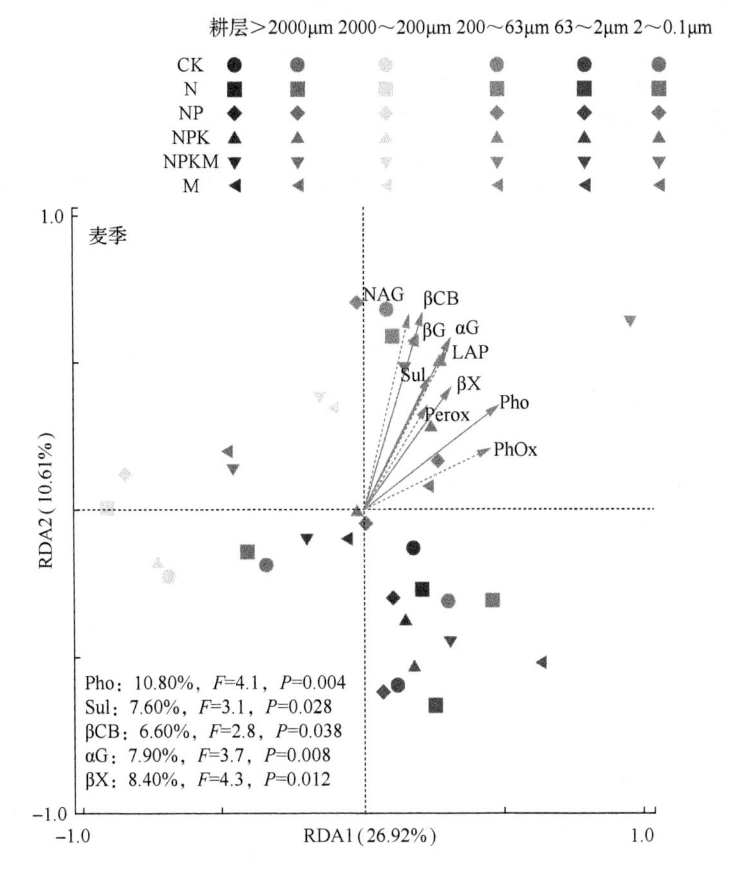

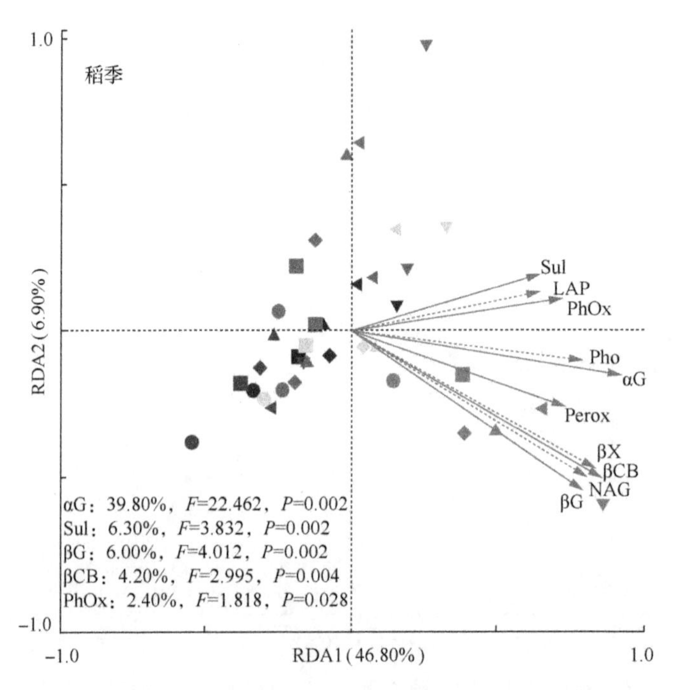

图 4-50　黄棕壤性水稻土微生物群落结构与胞外酶活性的冗余分析

Pho. 磷酸酯酶；Sul. 硫酸酯酶；βCB. β-纤维二糖苷酶；αG. α-葡糖苷酶；βX. β-木糖苷酶；βG. β-葡糖苷酶；PhOx. 酚氧化酶；LAP. 亮氨酸氨基肽酶；Perox. 过氧化物酶；NAG. *N*-乙酰-β-D-葡萄糖苷酶。实箭头表示 $P<0.05$，虚箭头表示 $P>0.05$

4.3.4　土壤团聚体氨氧化微生物分异特征

利用摇浆法对硝化潜势(PNA)进行测定(Hart et al.，1994)，以评价土壤样品的最大硝态氮产生速率。结果发现，团聚体粒径和施肥处理对稻季土壤硝化潜势的影响显著($P<0.05$，表 4-49)，但其交互作用效果不显著。各土壤样品的硝化潜势在 0.66～2.54μg NO_3^--N/(g·h)波动，其中黏粒的土壤硝化潜势最高，粉粒土壤硝化潜势低于其他粒径(图 4-51)。同时，长期施肥处理(NPK 和 NPKM)下土壤硝化潜势较 CK 分别高 11%～54%和 35%～104%，NPKM 处理的提高作用在耕层及各土壤团聚体效果最好，NPK 只在耕层和大粒径中与 CK 相比达到显著水平，这与之前的报道相一致(Jiang et al.，2014)，可能是因为有机肥的投入能够提供丰富的底物供氨氧化微生物同化，有研究称土壤硝化潜势随团聚体粒径的减小呈降低趋势(Jiang et al.，2014)。

表 4-49　双因素方差分析团聚体粒径效应和施肥效应及其交互作用对土壤 PNA、氨氧化微生物丰度的影响

		团聚体粒径		施肥		团聚体粒径×施肥	
		F	*P*	*F*	*P*	*F*	*P*
麦季	AOA 丰度	7.49	0.0003	0.78	**0.4662**	5.85	0.0002
	AOB 丰度	105	<0.0001	266.82	<0.0001	34.09	<0.0001
	AOA：AOB	206.56	<0.0001	128.04	<0.0001	63.04	<0.0001

续表

		团聚体粒径		施肥		团聚体粒径×施肥	
		F	*P*	*F*	*P*	*F*	*P*
稻季	PNA	40.73	<0.0001	54.72	<0.0001	2.2	**0.056**
	AOA 丰度	4.69	0.0046	7.35	0.0025	7.67	<0.0001
	AOB 丰度	22.44	<0.0001	66.21	<0.0001	5.08	0.0005
	AOA∶AOB	9.81	<0.0001	10.38	0.0004	1.85	**0.1041**

注：粗体数字表明该指标的方差分析结果不显著(P>0.05)，麦季无硝化潜势

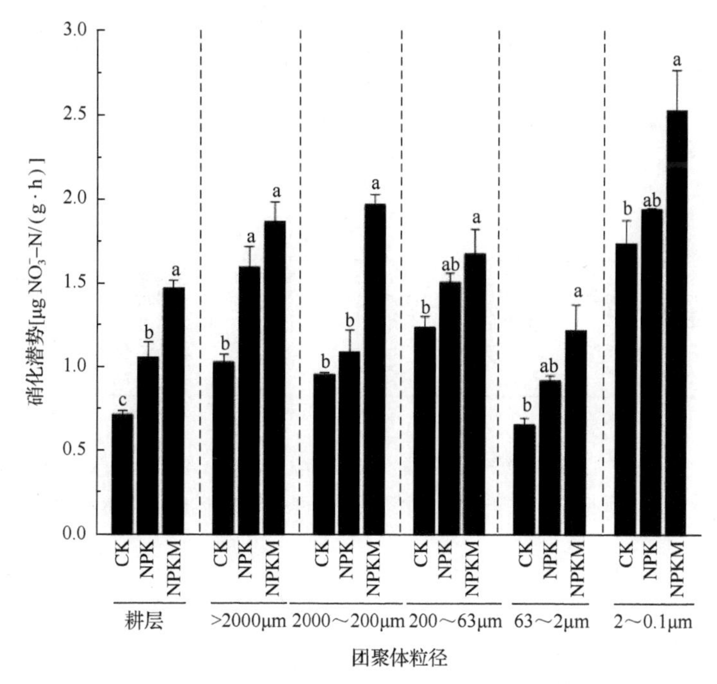

图 4-51　长期施肥下不同粒径团聚体硝化潜势

小写字母代表同一粒径内不同施肥处理间的差异显著性(Fisher's LSD test，P<0.05)

硝化作用是全球氮循环的重要环节，包括氨氧化为亚硝酸的氨氧化过程及亚硝态氮进一步氧化为硝态氮的亚硝化过程，而氨氧化过程是硝化作用的限速步骤，是硝化作用的研究重点。氨氧化微生物，包括氨氧化古菌(AOA)和氨氧化细菌(AOB)，*amoA* 基因则是氨氧化生态学研究的常用分子标靶。采用定量 PCR 去研究麦季及稻季耕层和不同粒径土壤团聚体 AOA 和 AOB *amoA* 基因丰度变化(图 4-52)发现，长期施肥处理(NPK 和 NPKM)均可提高耕层土壤氨氧化微生物丰度，NPK 处理在麦季耕层土壤上作用较强(图 4-52a)，NPKM 处理在稻季耕层土壤作用较强(图 4-52b)。总体说来，稻季 5 种粒径土壤团聚体 AOA 和 AOB 丰度分别是麦季相应土壤的 1.31～6.17 倍和 1.07～3.59 倍，耕层 AOB 丰度在两季的差异甚至达 9.57～64.83。具体说来，麦季 AOA 丰度在 5.92×10^7 拷贝数/g 土壤(细砂 NPK 处理)到 1.83×10^9 拷贝数/g 土壤(黏粒 NPK 处理)之间波动，稻季

AOA 在 1.47×10⁸ 拷贝数/g 土壤(细砂 CK 处理)到 5.75×10⁹ 拷贝数/g 土壤(粗砂 NPKM 处理)之间波动。麦季 AOB 丰度在 1.86×10⁶ 拷贝数/g 土壤(黏粒 CK 处理)到 1.96×10⁹ 拷贝数/g 土壤(大粒径 NPK 处理)之间波动，稻季 AOB 在 3.14×10⁶ 拷贝数/g 土壤(黏粒 CK 处理)到 2.94×10⁸ 拷贝数/g 土壤(粉粒 NPKM 处理)。

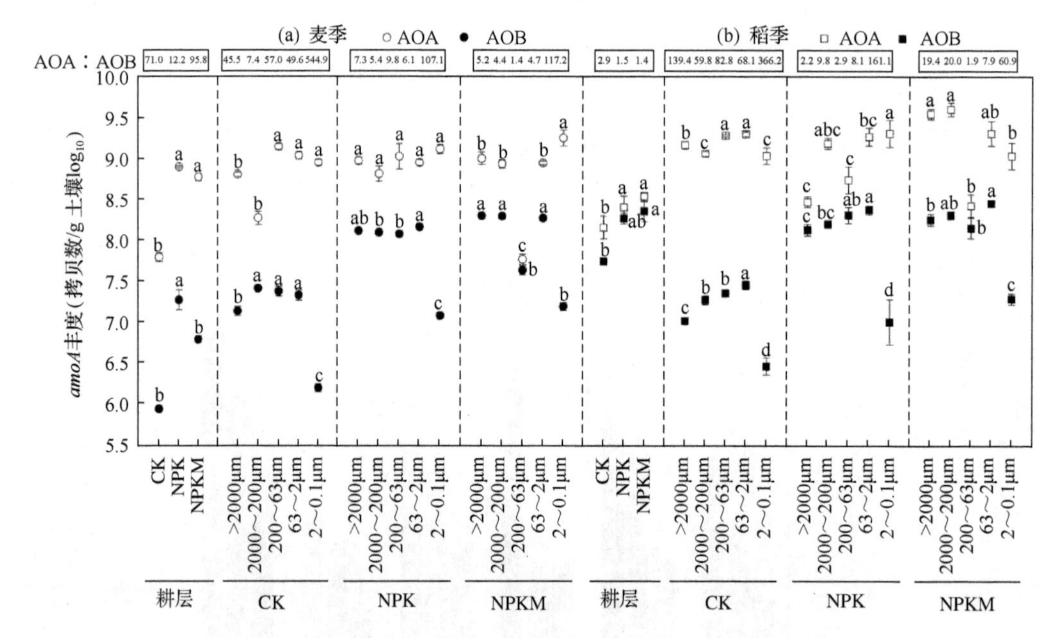

图 4-52　长期施肥下不同粒径团聚体 AOA 和 AOB *amoA* 基因丰度

小写字母代表同一处理内不同粒径团聚体间的差异显著性(Fisher's LSD test，$P<0.05$)

除麦季 AOA 丰度外，两季 AOA 和 AOB 丰度受粒径效应、施肥效应及其交互作用影响显著($P<0.05$，表 4-49)。不施肥时，AOA 丰度在 200～2μm 粒径中较高，两季 NPK 处理下的 5 种粒径土壤 AOA 丰度间无显著差异。施肥提高了两季 AOB 丰度，在同一施肥处理下，不同粒径土壤表现出相似规律，均在黏粒中最低($P<0.05$，图 4-52)。除黏粒外，稻季 AOB 丰度随粒径的降低而增加，但 NPKM 处理降低了细砂粒径的 AOA 和 AOB 丰度。各土壤样品的 AOA∶AOB 在 1.4～554.9 波动，并在大粒径和黏粒中相对更高(图 4-52)，这表明了 AOA 在黄棕壤性水稻土的氨氧化微生物中占主导地位。Leininger 等(2006)报道在 pH 为 5.5 的土壤中 AOA 基因拷贝数与 AOB 基因拷贝数相似，而在 pH 为 7 的土壤中 AOA 约是 AOB 基因拷贝数的 16 倍，Adair 和 Schwartz(2011)在半干旱地区土壤中发现 AOA 丰度是 AOB 丰度的 17～2000 倍。我们通过相关分析发现，AOA∶AOB 与 AOB 丰度显著相关($r=-0.436$，$P<0.0001$)，但与 AOA 丰度无关($r=0.08638$，$P=0.374$)，这说明 AOA∶AOB 变化是由 AOB 丰度的变异而引起的。Jiang 等(2014)在从第四纪红色黏土发育而来的酸性黏壤土上也发现了这一相似结果。因此，黏粒土壤中较高的 AOA∶AOB 可能是因为稻季黏粒土壤中的缺氧状态限制了 AOB 的生长，而泉古菌门微生物因缺乏羟胺氧化酶(HAO)同源物而能够通过硝酰基(HNO)氧化 NH_3(Walker and Karl,

2010)，使得 AOA 的氨氧化过程在厌氧环境下依旧可以进行(Schleper and Nicol，2010)。统计分析也证明可利用氧气是 AOB 生长的必要条件，因为 AOB 基因拷贝数与氧化酶活性的高低呈显著正相关(数据未显示)，Briones 等(2002)的研究也称氧气浓度是影响不同水稻品种根际土壤 AOB 丰度和微生物群落组成差异的重要因素。同时，与 CK 相比，施肥(NPK 和 NPKM)显著降低了各土壤团聚体的 AOA∶AOB，这可能是因为 AOA 异养生长的能力，使其在低氮环境下较 AOB 拥有一定的生长能力(Hallam et al.，2006；Pratscher et al.，2011；Tourna et al.，2011；Pester et al.，2012)。这与常规认为的 AOA∶AOB 会因施用较高数量的牛粪而不同，这表明 AOA 可能在施用动物性有机肥的土壤中作用更强，而 AOB 可能在化肥施用下的土壤中功能更强(Zhou et al.，2015)，这与我们麦季耕层土壤的规律一致(图 4-52)。

为了更好地了解土壤生化性状对氨氧化微生物丰度和土壤硝化潜势的影响，我们进行了集成推进树(ABT)分析(图 4-53)发现，土壤全氮而不是 SOC 表现出了较强的影响。硫酸酯酶、过氧化物酶、α-葡糖苷酶、磷酸酶(20.21%、11.37%、10.20%和 9.59%)及全氮、亮氨酸氨基肽酶和 SOC 是 AOA 群落丰度的重要影响因子，但与碳转化相关的酶(乙酰氨基葡萄糖苷酶、β-纤维二糖苷酶、β-葡糖苷酶、β-木糖苷酶)对其影响较弱(图 4-53a)。然而，全氮、碳氮比及氧化酶(酚氧化酶和过氧化物酶)对 AOB 群落丰度和土壤硝化潜势的影响较强(图 4-53b 和图 4-53c)。尽管 AOA(6.92%)相比 AOB(3.83%)对土壤硝化潜势的影响更强，但相比其他土壤因素影响均较小。事实上有很多证据显示 AOA 在含氧量较低的环境中是氨氧化过程的主要承担者，并且它们对厌氧和酸性环境的适应能力较强(Caffrey et al.，2007；Coolen et al.，2007；Berg et al.，2015)，这一点与 H_2S 敏感型的 AOB 不同(Sears et al.，2004)，然而 AOA 和养分及胞外酶活性之间的关系不强烈(数据未显示)。但我们的试验发现土壤硝化潜势在＞63μm 粒径中差异不显著，且在粉粒中最低，黏粒中最高。在不考虑施肥处理的条件下，粉粒的全氮含量最低，黏粒的碳氮比最低，另外，皮尔逊相关分析和集成推进树分析均显示土壤硝化潜势与全氮呈正相关、与碳氮比呈负相关关系，这些结果共同解释了土壤硝化潜势在不同粒径土壤团聚体中的不均匀

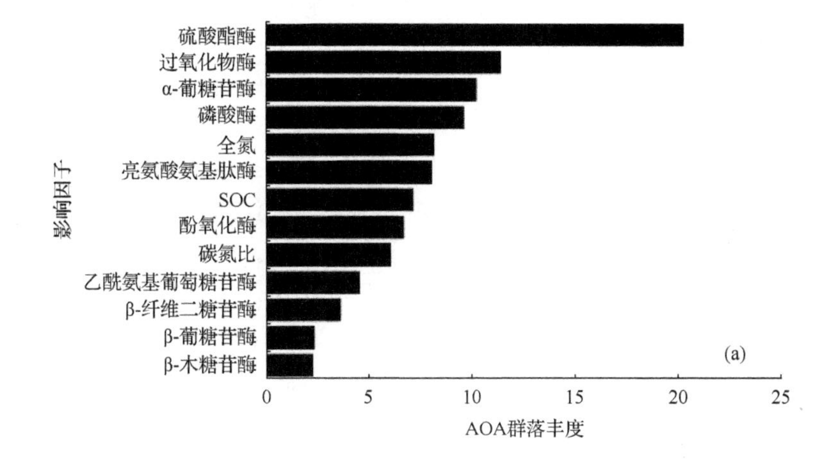

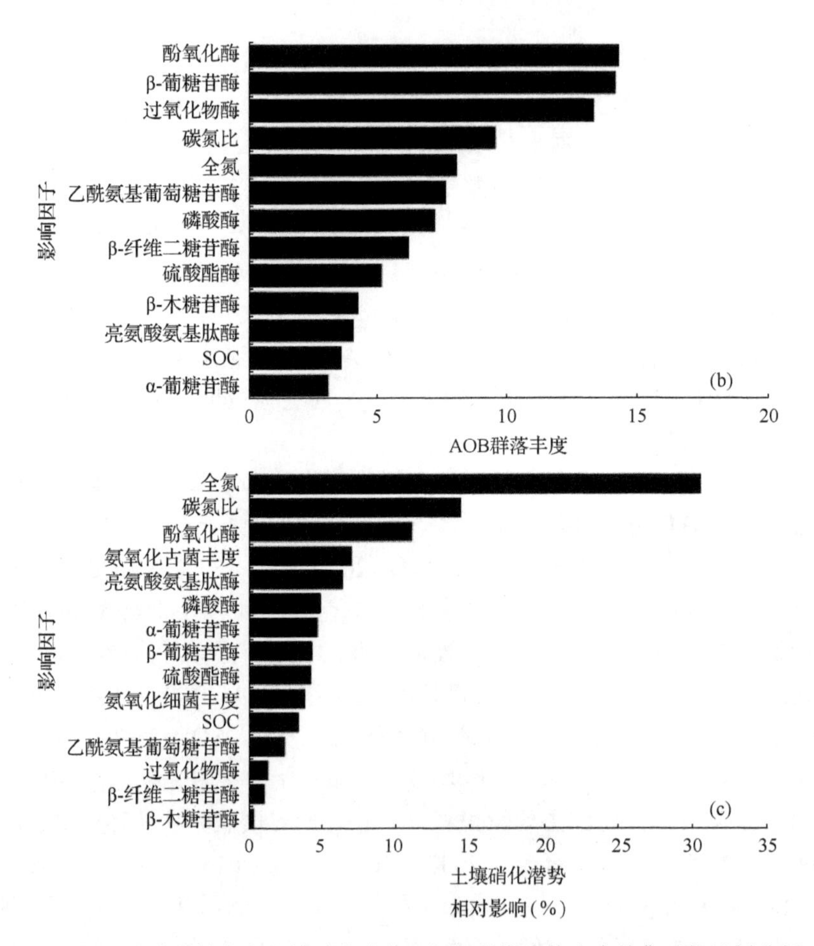

图 4-53　土壤生化性状与土壤硝化潜势、氨氧化微生物丰度的集成推进树分析

分布。尽管 AOA 相比 AOB 丰度上占绝对优势，但并不代表 AOA 对土壤硝化潜势的贡献率更高(Jia and Conrad，2009；Di et al.，2009；Adair and Schwartz，2011)，进行皮尔逊相关分析发现土壤硝化潜势并没有受到 AOA 和 AOB 丰度的强烈影响，可能是因为土壤硝化潜势并不仅仅取决于氨氧化微生物丰度的影响，其生态敏感型对不同底物的亲和度不同，同时也可能受到微生物群落组成的影响(Kowalchuk and Stephen，2001；Bollmann et al.，2002；Schleper and Nicol，2010)。

利用 *HpyCH4V* 对麦季和稻季各土壤样品 AOA 基因扩增片段进行酶切分别得到 12 和 15 种 TRF，其中 TRF-166 和 TRF-217 是两个主要片段(图 4-54a 和图 4-54e)。对 AOA 酶切片段 TRF 相对丰度的 Bray-Curtis 距离进行 NMDS 分析发现，麦季和稻季 AOA 微生物群落结构明显不同(图 4-54b 和图 4-54f)，麦季耕层样品被聚为一类与其他粒径样品分开，但不同团聚体土壤之间无显著差异(图 4-54b)；尽管稻季 AOA 群落并没有按照粒径分开，但施肥对其影响明显，从图 4-54f 可以看出，除大粒径外其他粒径的 NPK 处理与 CK 和 NPKM 处理分开。

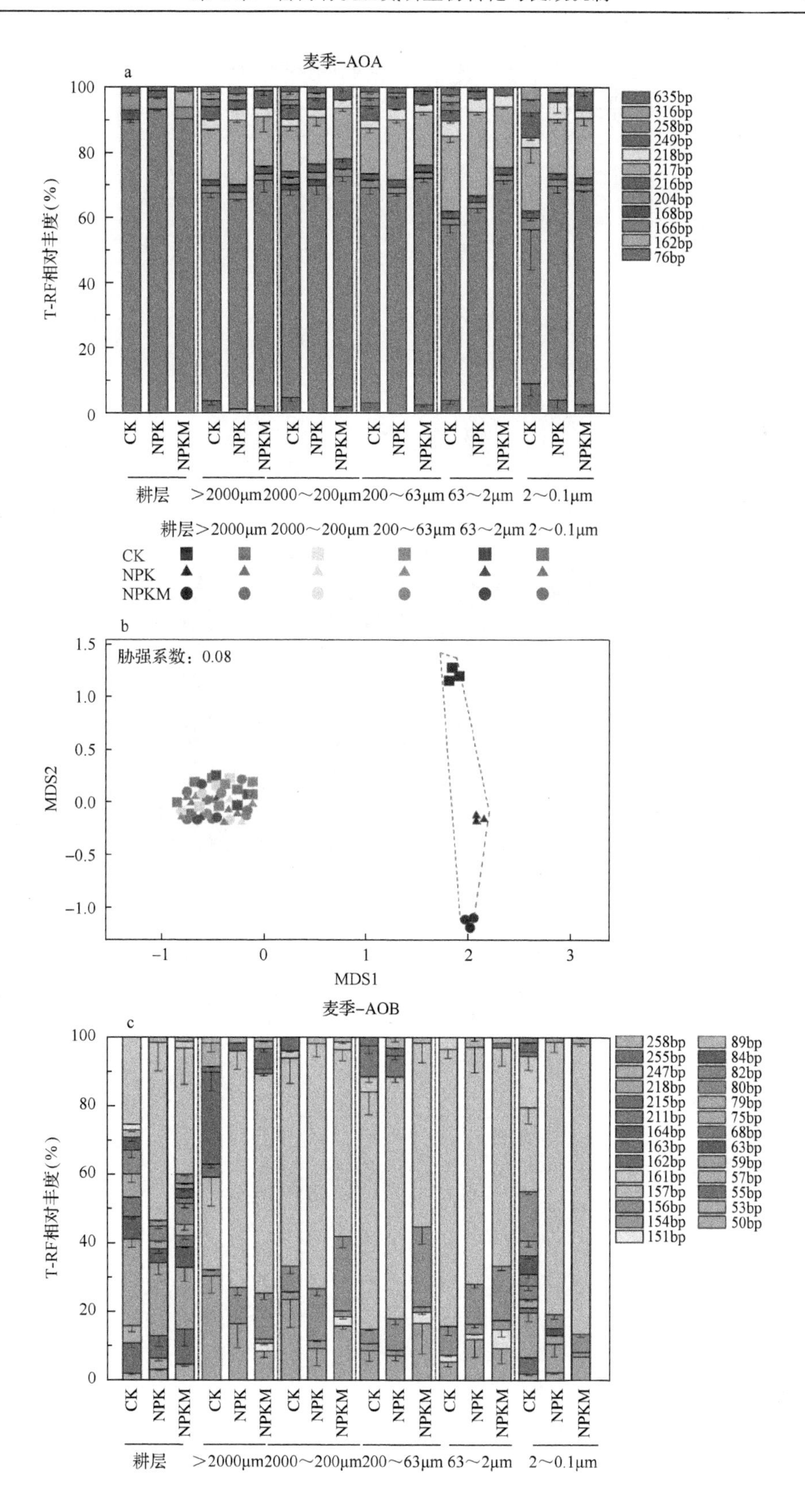
麦季-AOA
a
T-RF相对丰度(%)
635bp
316bp
258bp
249bp
218bp
217bp
216bp
204bp
168bp
166bp
162bp
76bp
CK
NPK
NPKM
耕层
>2000μm
2000～200μm
200～63μm
63～2μm
2～0.1μm
b
胁强系数：0.08
MDS2
MDS1
麦季-AOB
c
258bp
255bp
247bp
218bp
215bp
211bp
164bp
163bp
162bp
161bp
157bp
156bp
154bp
151bp
89bp
84bp
82bp
80bp
79bp
75bp
68bp
63bp
59bp
57bp
55bp
53bp
50bp

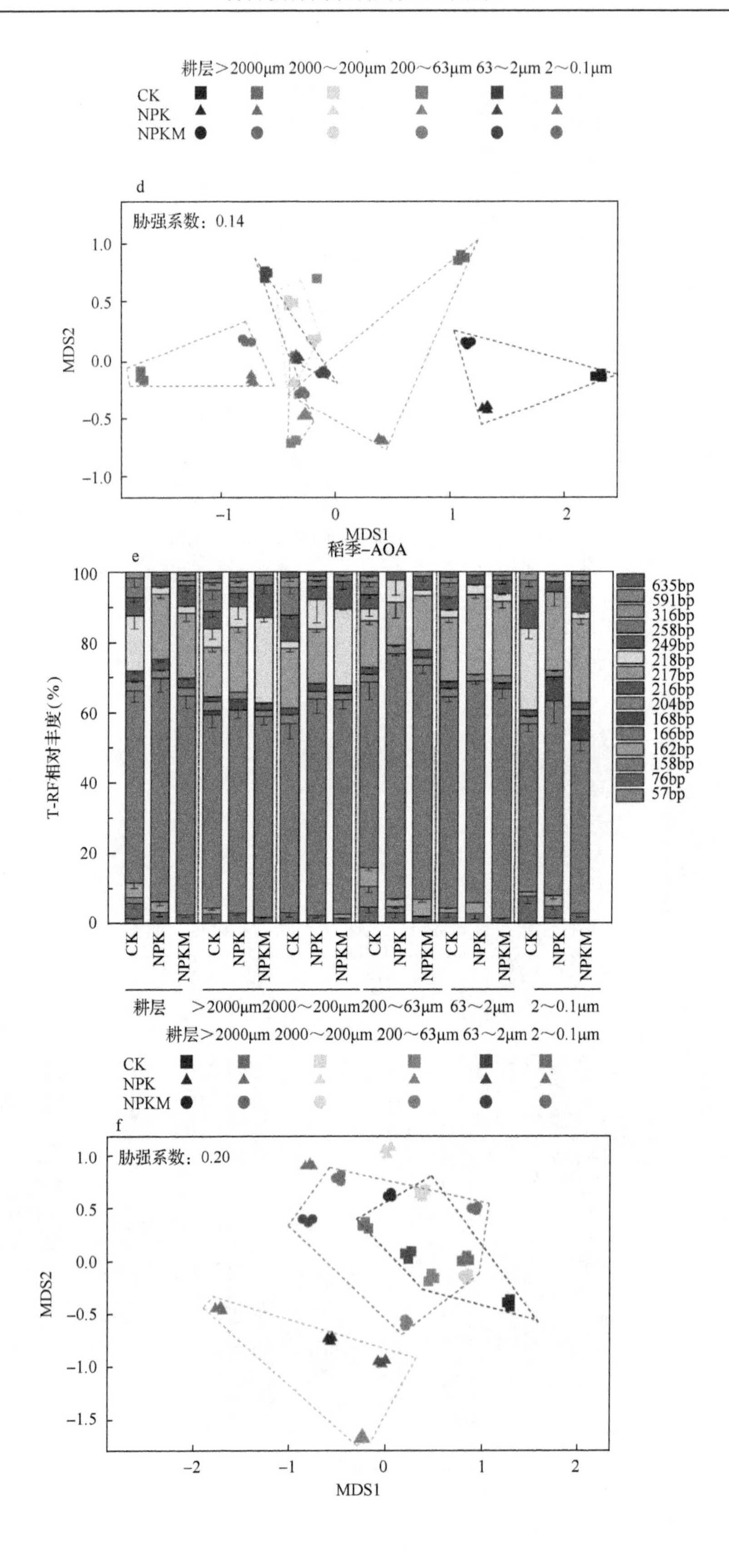

耕层 >2000μm 2000～200μm 200～63μm 63～2μm 2～0.1μm
CK
NPK
NPKM
d
胁强系数：0.14
MDS2
MDS1
稻季-AOA
e
T-RF相对丰度(%)
635bp
591bp
316bp
258bp
249bp
218bp
217bp
216bp
204bp
168bp
166bp
162bp
158bp
76bp
57bp
耕层 >2000μm 2000～200μm 200～63μm 63～2μm 2～0.1μm
耕层 >2000μm 2000～200μm 200～63μm 63～2μm 2～0.1μm
CK
NPK
NPKM
f
胁强系数：0.20
MDS2
MDS1

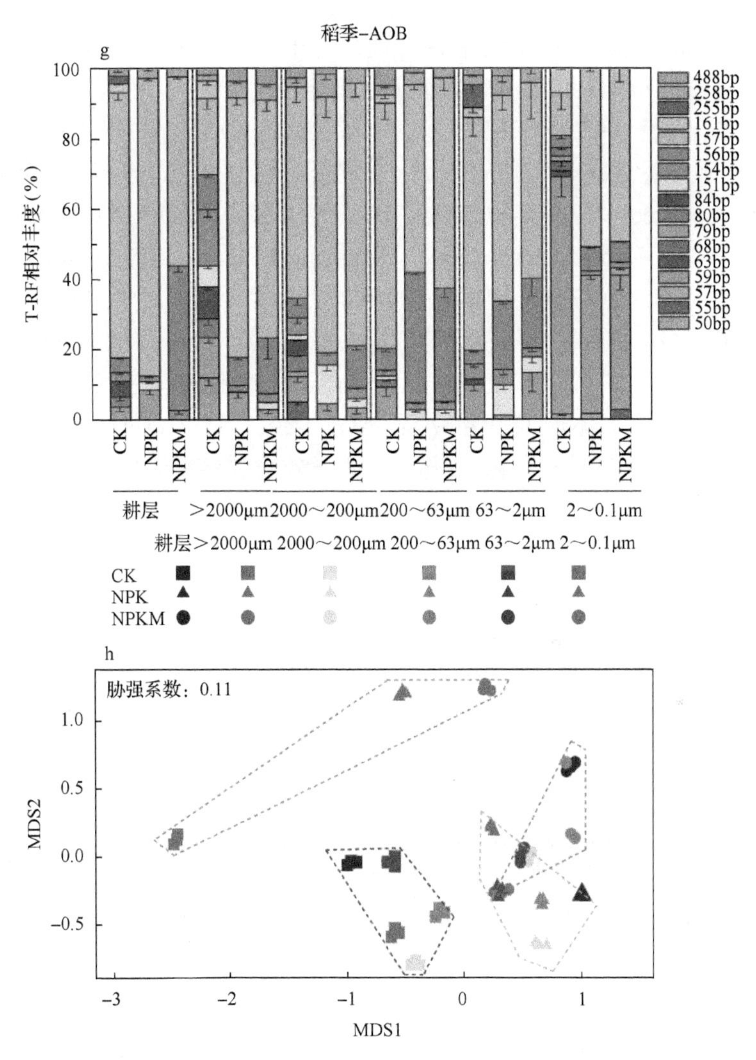

图 4-54　长期施肥下不同粒径团聚体 T-RFLP 及其 Bray-Curtis 距离的 NMDS 分析

FRFLP. 末端限制性酶切片段长度多态性

利用 *MspI* 对麦季和稻季各土壤样品 AOB 基因扩增片段进行酶切分别得到 27 种和 17 种 TRF，其中 TRF-59、TRF-156、TRF-157 是其主要片段(图 4-54c 和图 4-54g)。相比 AOA 群落结构来说，AOB 对粒径和施肥的响应更为敏感，其中麦季大粒径土壤和耕层土壤的 AOB 群落结构在两个方向上与其他样品分开(图 4-54d)，稻季 AOB 群落结构基于三个施肥处理被除黏粒外的所有样品分为三个类群(图 4-54h)，黏粒被分开的原因可能是其含有较高的 TRF-59 片段(图 4-54g)。同时，稻季 5 种粒径施肥处理下土壤样品的 AOB 群落组成相比 CK 较为简单(图 4-54g)。

基于上述结果，我们发现稻季的氨氧化微生物丰度相对较高，同时，虽然 AOA 相对 AOB 数量优势明显，但 AOB 对粒径和施肥处理的响应更为敏感，因此我们选用稻季耕层及不同粒径团聚体土壤样品为研究对象，利用 Roche/454 GS FLX 焦磷酸测序平台对长期施肥下不同粒径团聚体土壤的 AOA 和 AOB 基因进行测序，共得到 359 750 条高质量 AOA

基因序列和 486 000 条高质量 AOB 基因序列，各样品平均测序量 6662 条和 9169 条，平均长度分别为 412bp 和 444bp，在 97%相似度下划定 OTU，共分别得到 99 个和 304 个 OTU，各样品覆盖率指数大于 99.7%，表明本研究中 AOA 和 AOB 基因的测序深度已充分。

基于 *amoA* 的分子生态学研究表明，AOA 主要分为三大类，包括海洋类群(Group I.1a 和 Group I.1a-associated)、土壤类群(Group I.1b)及嗜热泉古菌(ThAOA)(Karner et al.，2001；Buckley et al.，1998；Kemnitz et al.，2007；Prosser and Nicol，2012)。Group I.1a-associated 主要分布于酸性土壤，而 Group I.1b 在中性和碱性土壤中数量较多。AOB 包括 β-变形菌(*Nitrosospira* 和 *Nitrosomonas*)及 γ-变形菌(*Nitrosococcus*)(Koops and Pommerening-Röser，2001；Monteiro et al.，2014)。β-变形菌广泛存在于陆地生态系统，而已有的 γ-变形菌类群全部来自于海洋环境。本研究中 AOA 和 AOB 微生物群落 OTU(相对丰度＞1%)在各样品的分布情况如图 4-55b 和图 4-55d 所示，系统发育树结果表明 AOA 的主导 OTU(相

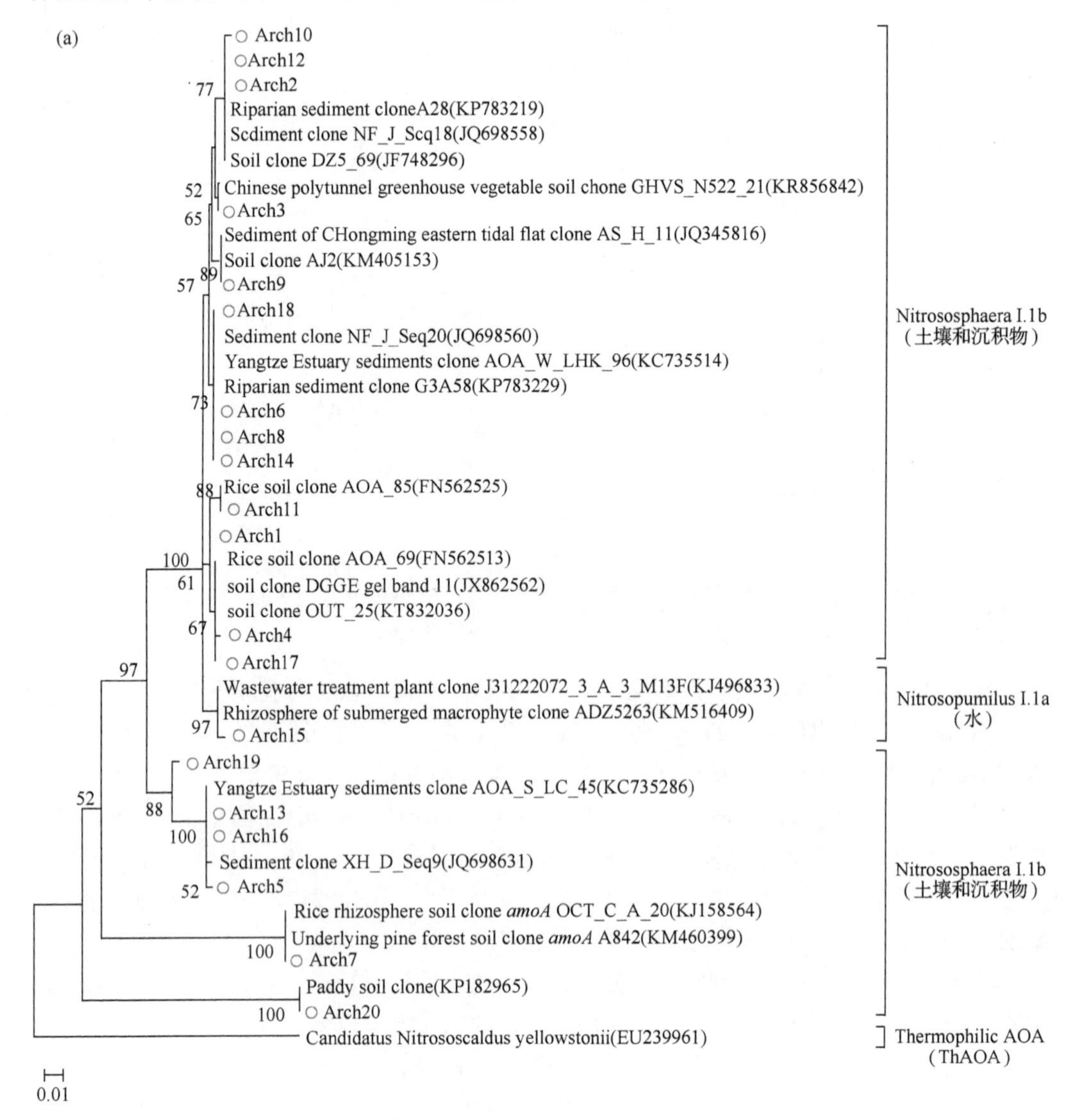

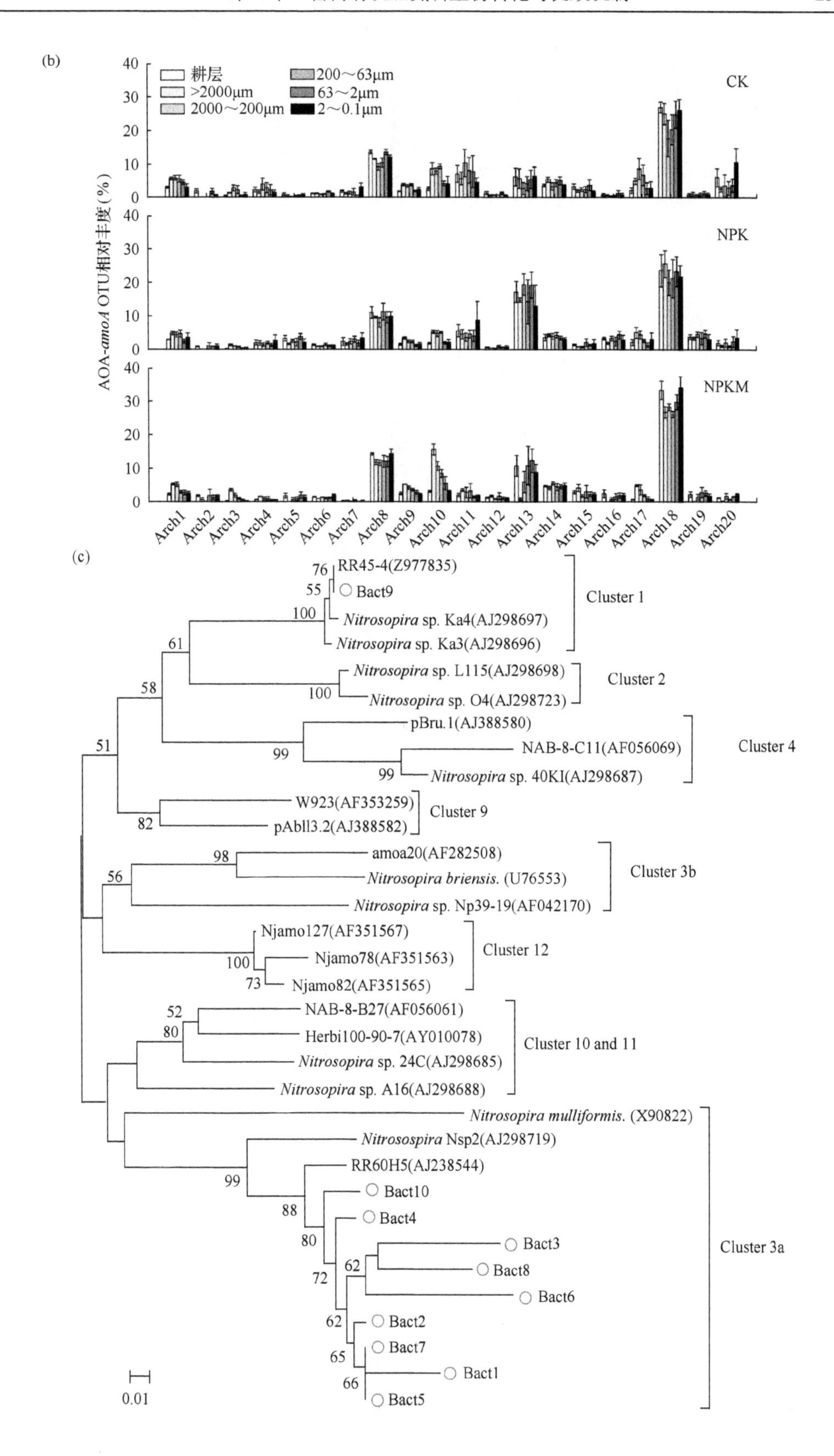
(b)
耕层
>2000μm
2000～200μm
200～63μm
63～2μm
2～0.1μm
CK
NPK
NPKM
AOA-amoA OTU相对丰度(%)
Arch1
Arch2
Arch3
Arch4
Arch5
Arch6
Arch7
Arch8
Arch9
Arch10
Arch11
Arch12
Arch13
Arch14
Arch15
Arch16
Arch17
Arch18
Arch19
Arch20
(c)
RR45-4(Z977835)
Bact9
Nitrosopira sp. Ka4(AJ298697)
Nitrosopira sp. Ka3(AJ298696)
Cluster 1
Nitrosopira sp. L115(AJ298698)
Nitrosopira sp. O4(AJ298723)
Cluster 2
pBru.1(AJ388580)
NAB-8-C11(AF056069)
Nitrosopira sp. 40KI(AJ298687)
Cluster 4
W923(AF353259)
pAbll3.2(AJ388582)
Cluster 9
amoa20(AF282508)
Nitrosopira briensis. (U76553)
Nitrosopira sp. Np39-19(AF042170)
Cluster 3b
Njamo127(AF351567)
Njamo78(AF351563)
Njamo82(AF351565)
Cluster 12
NAB-8-B27(AF056061)
Herbi100-90-7(AY010078)
Nitrosopira sp. 24C(AJ298685)
Nitrosopira sp. A16(AJ298688)
Cluster 10 and 11
Nitrosopira mulliformis. (X90822)
Nitrosospira Nsp2(AJ298719)
RR60H5(AJ238544)
Bact10
Bact4
Bact3
Bact8
Bact6
Bact2
Bact7
Bact1
Bact5
Cluster 3a
0.01

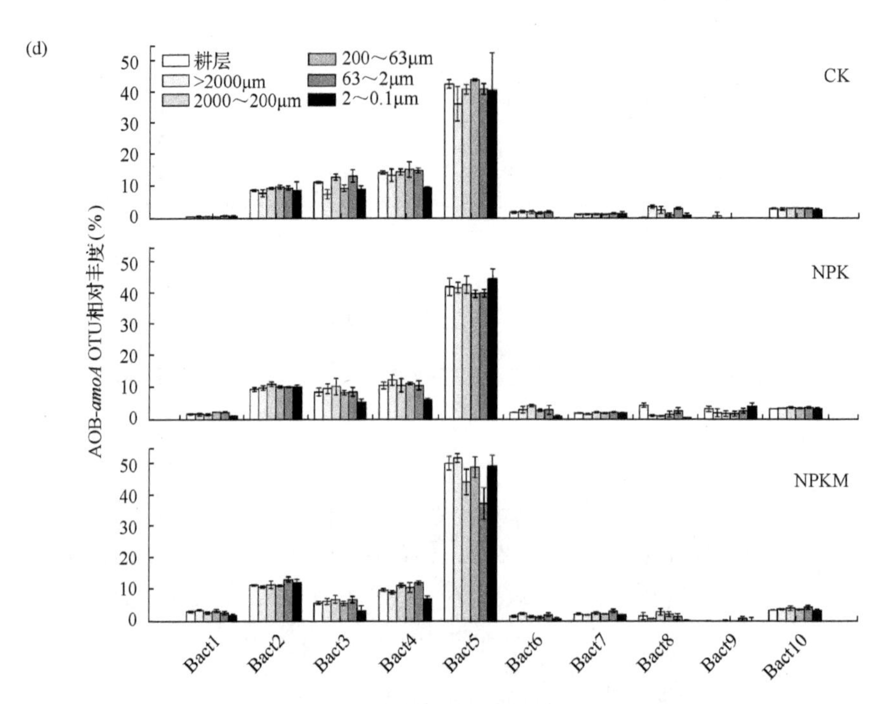

图 4-55　AOA 和 AOB 微生物群落主导 OTU 长期施肥下在耕层及不同粒径团聚体中的分布及系统发育树分析

对丰度＞1%)多属于土壤和沉积物类群(*Nitrososphaera*，土壤 Group I.1b)，仅有一个 OTU 属于水和沉积物类群(*Nitrosopumilus* Cluster，marine Group I.1a)(图 4-55a)。根据 Avrahami 等(2002)、Avrahami 和 Conrad(2003)对 *Nitrosospira amoA* Clusters 的分类标准分类，供试土壤 AOB 的主导 OTU 大多数属于第 3a 簇(Cluster 3a)的亚硝化螺菌(*Nitrosospira*)，且有 1 个 OTU(Bact9)属于第一簇 Cluster 1 的亚硝化螺菌(*Nitrosospira*)。非参数多元方差(PERMANOVA)分析结果表明，施肥是影响土壤 AOA 和 AOB 微生物群落结构的显著因素(分别为 24.27%和 17.00%)，相比施肥，粒径效应对其影响显著但较弱，仍有 14.19%和 15.93%的份额(表 4-50)。

表 4-50　PERMANOVA 分析团聚体粒径效应和施肥效应对土壤氨氧化微生物群落结构的影响　　(单位：%)

来源	氨氧化微生物	
	AOA	AOB
施肥	24.27***	17.00***
团聚体粒径	14.19**	15.93***
施肥×团聚体粒径	9.55	15.29
残余	51.79	51.78

** $P<0.01$；*** $P<0.001$

从 OTU 水平上讲，AOA 微生物群落超过 68.89%为 3 个施肥处理下的土壤所共有，3 个施肥处理独有 OTU 较少(图 4-56)，相反，AOB 微生物群落 3 个施肥处理共有的 OTU 仅有 29.05%～52.33%，特有 OTU 比例在不同粒径中的结果不同，其中，大粒径(＞63μm)

土壤中的 CK 处理及黏粒土壤的 NPKM 处理的特有 OTU 比例较高(图 4-56)。另外，把 OTU 在不同团聚体中的分布作为研究对象发现，AOA 微生物群落组成在不同粒径土壤中相似，共有 OTU 比例达到 78.35%(图 4-57)，但 AOB 微生物群落组成在不同粒径土壤中差异较大，尤其是黏粒土壤的特有 OTU 甚至超过 5 种粒径共有 OTU 数量。

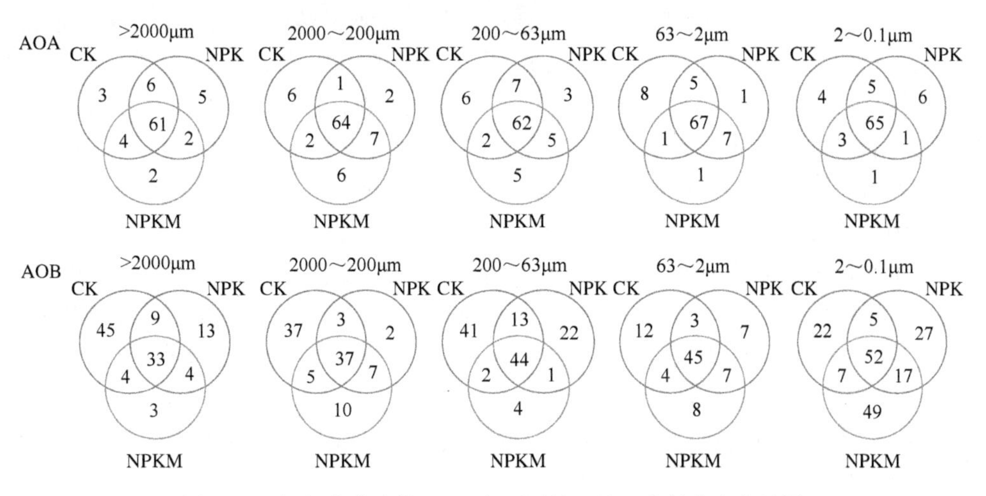

图 4-56　氨氧化微生物 OTU 在不同施肥处理中的分布韦恩图

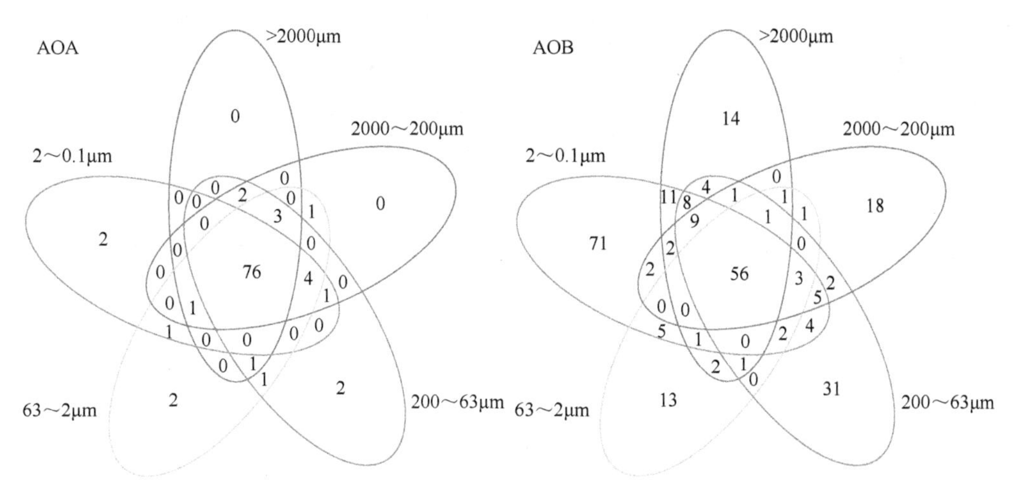

图 4-57　氨氧化微生物 OTU 在不同粒径团聚体中的分布韦恩图

Hu 等(2013)报道 *Nitrososphaera* 是土壤 AOA 的最丰富类群，它对氨底物和可利用碳具有较强的代谢能力(Spang et al.，2012)，它在碱性土(Xia et al.，2011)和酸性土(Zhang et al.，2012)中直接和硝化活动联系起来。另外，*Nitrosotalea* 分支是专性嗜酸性的，在酸性土壤(Lehtovirta-Morley et al.，2011；Zhang et al.，2012)或氨底物较为贫瘠的干旱土壤中活性较强(Zhou et al.，2015；Delgado-Baquerizo et al.，2014)，然而我们在土壤中没有检测到该 AOA 类群，可能是由 *Nitrososphaera* 类群在相似生态位的竞争关系所导致(Zhou et al.，2015)。施肥处理和粒径效应显著影响土壤 AOA 群落结构(表 4-50)，如我们发现 NPKM 处理提高了相对丰度最高的 OTU(Arch18)的百分比，然而 NPK 处理下

OTU Arch15 和 Arch19 的相对丰度最低。Arch20 的相对丰度随着施肥量的降低而降低(图 4-55b)，Arch9 和 Arch10 的相对丰度在粉黏粒中较低(图 4-55b)。造成这种差异的潜在原因可能是不同粒径土壤代表不同碳氮库，其中大粒径(>63μm)土壤腐殖化程度较低，而粉粒和黏粒中碳氮的腐殖化程度较高，从而造成土壤生物学过程的差异。

混合型的氨氧化微生物常常被一种特殊的生态型所主导(Kowalchuk and Stephen，2001；He et al.，2012；Zhalnina et al.，2012)，但这种现象是否是由环境因子所引起仍然不确定。例如，在有机肥和废水处理下的土壤中发现了 *Nitrosomonas* Strains (AOB) (Fan et al.，2012；Habteselassie et al.，2013)，在施肥土壤和低 NH_4^+的始成土中 *Nitrosospira*-related Clusters (AOB) 的数量常常远多于 *Nitrosomonas* spp. (Jordan et al.，2005；Chu et al.，2007)。我们所测土壤样品中相对丰度较高的 AOB 的 OTU 多属于 *Nitrosospira*(图 4-55c)，耕地土壤中检测的 AOB 多为 *Nitrosospira* 3a。Webster 等(2005)发现施肥下土壤硝化潜势的提高是由氨敏感度较强的 *Nitrosospira* spp. 3a 的 AOB 增多而引起的。施肥和粒径效应均显著影响土壤 AOB 群落结构，属于 *Nitrosospira* spp. 1 的 Bact9 分类单元在 NPK 处理下较高，这可能指示了化肥对其生长的促进作用，尤其是我们发现黏粒土壤 23.57%的独有 OTU 中多为 *Nitrosomonas*，尽管其相对丰度均低于 1%，这些 OTU 的存在可能是大部分黏粒粒径土样在 NMDS 分析中被分开的重要原因(图 4-58b)。黏粒土壤常常含有较高的 NH_4^+-N 含量，这可能为 *Nitrosomonas* 类群 AOB 的生长提高了一个高氮环境(Koops and Pommerening-Röser，2001；Taylor and Bottomley，2006)。除了这些黏粒特有的 OTU 外，基于 T-RFLP 和 454 高通量测序数据的 Bray-Curtis 距离进行的 NMDS 分析结果一致(r=0.1677，P<0.05)，均显示各样品的 AOB 群落结构基本上按照施肥处理被分开，这表明 AOB 对外界环境条件差异的敏感性较强。

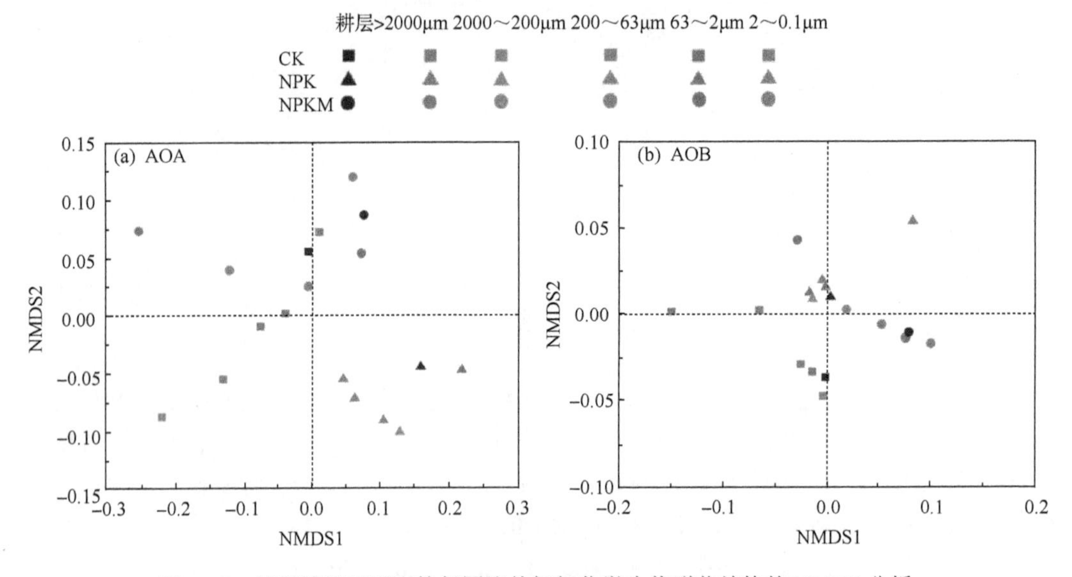

图 4-58 长期施肥下不同粒径团聚体氨氧化微生物群落结构的 NMDS 分析

基于氨氧化微生物群落 OTU 的 Bray-Curtis 距离，本节也利用 NMDS 分析研究了氨氧化微生物群落结构在不同施肥及土壤团聚体中的分布特征，发现由于测序技术的误差，以及试验操作的烦琐带来的误差，部分施肥处理和不同粒径的土壤样品 3 个重复并没有明显聚在一起，但是我们发现来源于耕层及粉黏粒土壤（<63μm）的 AOA 群落 OTU 与其他土壤样品被明显分开，其余样品中的 NPK 处理土壤与 CK 和 NPKM 处理下土壤被分开（图 4-58a）。至于 AOB 群落结构，NMDS 载荷图显示其基本按照 3 个施肥处理分开，尤其是 CK 被明显地与 NPK 和 NPKM 处理分开（图 4-58b）。造成不同施肥和粒径土壤的氨氧化微生物群落结构差异的影响因素，通过分区方差分析得到，其中超过 40%的差异是由土壤有机碳、全氮及 10 种胞外酶活性的差异所引起的，胞外酶活性较养分与不同团聚体群落结构差异显著性更强（图 4-59）。

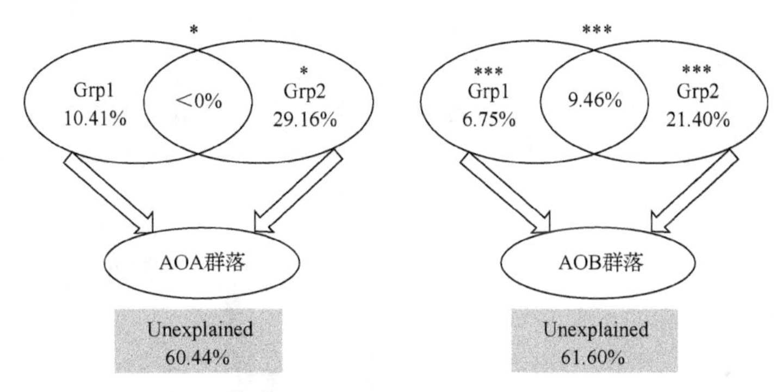

图 4-59　长期施肥下不同粒径团聚体氨氧化微生物群落结构分区方差分析

"Grp 1"代表有 SOC、全氮、碳氮比；"Grp 2"代表磷酸酶、硫酸酯酶、β-葡糖苷酶、β-纤维二糖苷酶、乙酰氨基葡萄糖苷酶、β-木糖苷酶、α-葡糖苷酶、亮氨酸氨基肽酶、酚氧化酶、过氧化物酶
圈外*表示 Grp 1 和 Grp 2 对微生物群落结构影响的显著程度；圈内*表示 Grp 1 或 Grp 2 一种因素对微生物群落结构影响的显著程度。*表示 $P<0.05$；**表示 $P<0.01$；***表示 $P<0.001$

4.3.5　土壤团聚体纤维素分解酶基因多样性

土壤是自然界中高效的纤维素分解系统之一，其中蕴含了丰富的纤维素分解微生物及其产生的纤维素酶，研究土壤纤维素分解酶基因多样性是土壤碳素循环微生物学机理的重点。纤维素是由葡萄糖 β-1,4-糖苷键连接而成的线状大分子物质（Mullings, 1985），是植物细胞壁的主要成分，也是地球上最丰富的多糖物质和最大的可再生有机资源（肖春玲和徐常新，2002；Petre et al.，1999；Lewis et al.，1998）。纤维素酶是指能够分解纤维素，最终产生葡萄糖的一类酶，从纤维素酶的研究应用至今，人们发现往往由 3 种纤维素酶的作用才可将纤维素彻底分解为葡萄糖。故从狭义角度分，纤维素酶包括：①内切葡萄糖苷酶（endo-1,4-β-D-glucanase），它主要作用于纤维素分子内部的非结晶区，随机水解 β-1,4-糖苷键；②外切葡萄糖苷酶（exdo-1,4-β-D-glucanase），又称纤维二糖水解酶（cellobiohydrolase），这类酶作用于纤维素线状分子末端，水解 β-1,4-糖苷键；③β-葡糖苷酶（β-glucosidase），它将纤维二糖水解成葡萄糖分子。其中，真菌糖苷水解酶第 7 家族（Fungal glycosyl hydrolase family 7 cellobiohydrolase I，*cbhI*）和细菌糖苷水解酶第 48 家族（Glycosyl hydrolase family 48，*GH48*）基因是编码纤维素酶的关键基因。

定量 PCR 结果显示，供测麦季土壤样品的 *cbhI* 基因丰度在 1.69×10^7～6.45×10^7 拷贝数/g 土壤，稻季土壤样品的 *cbhI* 基因丰度在 0.54×10^7～8.60×10^7 拷贝数/g 土壤（图 4-60）。

两季土壤样品相比，耕层及大粒径团聚体(>63μm)的 *cbhI* 数量在稻季较高，小粒径(<63μm)呈相反的规律，尤其是黏粒，两季差异达三倍之多。粒径效应、施肥效应及其交互作用对两季 *cbhI* 丰度影响显著(P<0.001，表 4-51)，尽管两季 *cbhI* 基因丰度均在黏粒中最低，但其在麦季的砂粒和粉粒中及稻季的砂粒中数量较高。与 CK 相比，NPK 和 NPKM 处理显著提高了耕层和 5 种粒径土壤的 *cbhI* 基因丰度。另外，NPKM 处理下的 *cbhI* 基因丰度高于 NPK 处理，其差异在麦季耕层、粗砂、黏粒土壤和稻季除粉粒外的其他粒径中均达显著水平，而中国另一个长期定位试验的结果显示 *cbhI* 基因丰度在单施化肥 18 年后被降低 39%(Fan et al.，2012)。最低的 *cbhI* 基因丰度和最高的全氮含量均出现在黏粒土壤中，再次肯定了 *cbhI* 基因和土壤全氮含量的非相关关系(表 4-52)，纤维素分解相关的土壤胞外酶(β-纤维二糖苷酶和 β-葡糖苷酶)与可水解纤维素的真菌丰度高度相关(表 4-52)，这表明可水解纤维素的真菌群落丰度变化与农业生态系统土壤碳循环有功能上的相关，Edwards 和 Zak(2011)在 CO_2 浓度升高条件下也观察到这一显著相关性。

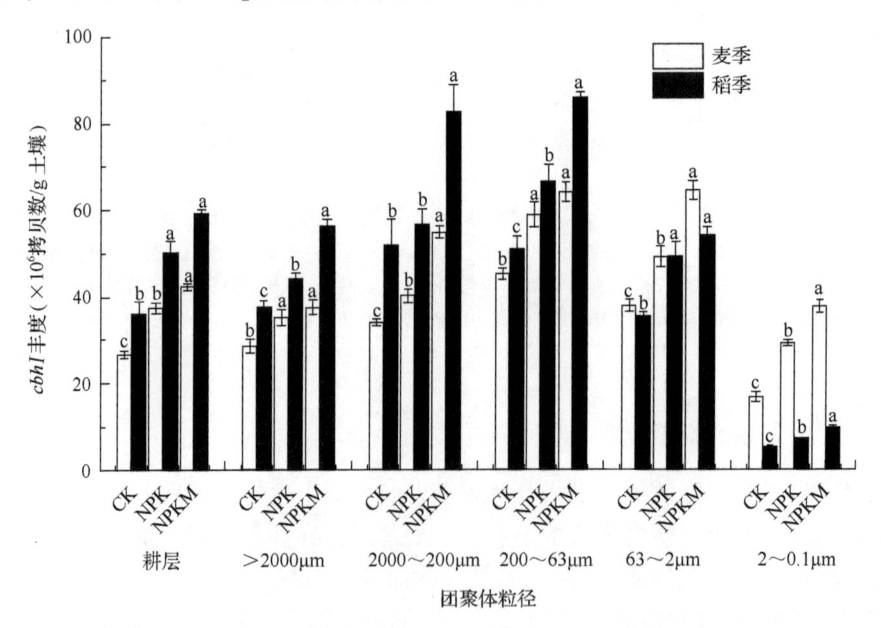

图 4-60　长期施肥下不同粒径团聚体 *cbhI* 基因丰度

小写字母代表同一粒径内不同施肥处理间的差异显著性(Fisher's LSD test，P<0.05)

表 4-51　双因素方差分析粒径效应和施肥效应及其交互作用对纤维素分解酶基因数量的影响

		团聚体粒径		施肥		团聚体粒径×施肥	
		F	*P*	*F*	*P*	*F*	*P*
麦季	*cbhI* 丰度	127.66	<0.0001	146.13	<0.0001	4.56	0.001
	GH48 丰度	295.82	<0.0001	30.38	<0.0001	12.95	<0.0001
稻季	*cbhI* 丰度	190.4	<0.0001	65.07	<0.0001	5.15	0.0004
	GH48 丰度	3.67	0.0158	4.74	0.0169	**0.79**	**0.6048**

注：粗体数字表明该指标的方差分析结果不显著

表 4-52　*cbhI* 和 *GH48* 基因丰度与土壤养分、腐殖质组成及酶活性的相关分析

	有机碳	全氮	碳氮比	富里酸	胡敏酸	胡敏素	胡富比	β-纤维二糖苷酶	β-葡糖苷酶	*GH48*
cbhI	0.609	ns	0.745	0.746	0.721	0.585	–0.7832	0.717	0.724	0.753
GH48	0.84	0.518	0.56	0.862	0.743	0.846	–0.6038	0.921	0.868	

注：以上指标相关性均在 $P<0.0001$ 水平，ns 表明差异未达显著水平

系统发育树结果表明 *cbhI* 基因能够被分属 5 个类群，分别为子囊菌门(Ascomycota)的散囊菌纲(Eurotiomycetes)、座囊菌纲(Dothideomycetes)、粪壳菌纲(Sordariomycetes)及担子菌门(Basidiomycota)的伞菌纲(Agaricomycetes Ⅰ，Ⅱ and Ⅲ)和一个未分组类群(图 4-61)。相当一部分序列未与可培养代表序列归为一类，同时并未发现序列按照某一序列或某一施肥处理聚类。基于之前的调查，我们预期能够检测到前期已发现的可分解纤维素真菌类群(Edwards et al.，2008；Weber et al.，2011)，相反的是，将所检测到的序列与数据库进行 BLAST 匹配，发现我们所检测到的大部分可分解纤维素的真菌并不都是之前已检测到的典型纤维素分解微生物，它们可能代表着一些未知的类群，它们的作用及机理还未被解析。大多数报道称子囊菌门(Ascomycota)真菌数量会随分解过程的进行减少，最终被担子菌门(Basidiomycota)代替(Osono，2007；Duong et al.，2008)，因为子囊菌门真菌合成酶的前提是需要复杂聚合物的分解(Baldrian，2008)，在本节研究中可能也是如此，因为我们所检测的多数序列与担子菌门(Basidiomycota)的伞菌纲(Agaricomycetes)亲缘相近。

多细胞放线细菌和真菌是常认为的有效纤维素分解微生物。放线细菌占细菌数量的18%～86%，并在堆肥过程的成熟阶段达到顶峰，这表明了放线细菌在腐解过程中的重要作用(Wang et al.，2014)。定量 PCR 结果显示，供测麦季土壤样品的 *GH48* 基因丰度在 2.07×10^6～8.53×10^6 拷贝数/g 土壤，稻季土壤样品的 *GH48* 基因丰度在 0.38×10^6～16.58×10^6 拷贝数/g 土壤，*GH48* 基因丰度约是 *cbhI* 基因丰度的十分之一(图 4-62)，因为所使用的 qPCR 引物并不能扩增所有 *GH48* 基因的微生物，可能会较实际情况少估算其丰度，尽管如此，我们依旧观测到 *GH48* 基因丰度在不同团聚体中的差异，其与土壤养分及 *cbhI* 基因变动基本一致(图 4-62，表 4-52)。与 *cbhI* 基因丰度在各样品中的变化规律不同，麦季 *GH48* 基因丰度在除耕层、大团聚体和细砂施肥土壤外的所有土样中高于稻季相应团聚体 *GH48* 基因丰度。粒径效应、施肥效应及其交互作用显著影响麦季 *GH48* 基因丰度，但其交互作用对稻季 *GH48* 基因丰度影响不显著(表 4-51)。细砂土壤两季的 *GH48* 基因丰度均为最高，麦季粗砂和粉粒中的 *GH48* 基因丰度较高，稻季大粒径土壤(＞200μm)高于粉黏粒。与 CK 相比，NPKM 处理显著提高了麦季＞200μm 和黏粒及稻季砂粒、黏粒的 *GH48* 基因丰度，但 NPK 处理对大部分土壤样品 *GH48* 基因丰度提高作用不显著。相关分析结果表明，土壤有机碳、全氮、碳氮比及纤维素酶活性与 *GH48* 基因拷贝数显著相关(表 4-52)，这些结果与之前报道一致，如碳氮比会影响枯枝落叶土壤碳有效性，高碳氮比对枯枝落叶腐解过程中的水解酶活性有负面影响(Leitner et al.，2012；Geisseler and Horwath，2009)，因此，NPKM 处理下碳氮比较低的粒径土壤表现出较高的纤维素酶活性(Zhang et al.，2016)。

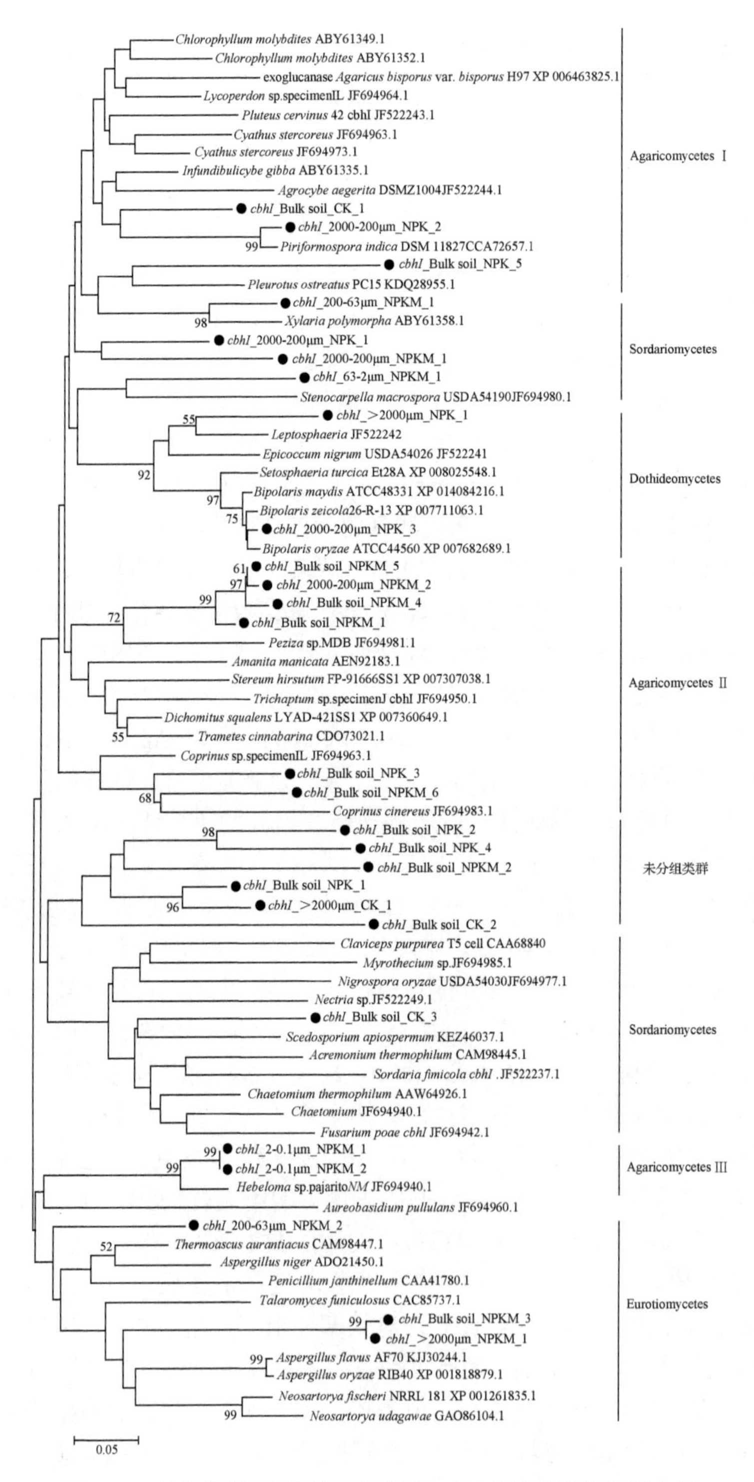

图 4-61　长期施肥下不同粒径团聚体 *cbhI* 基因的系统发育分析

Bulk soil 为耕层

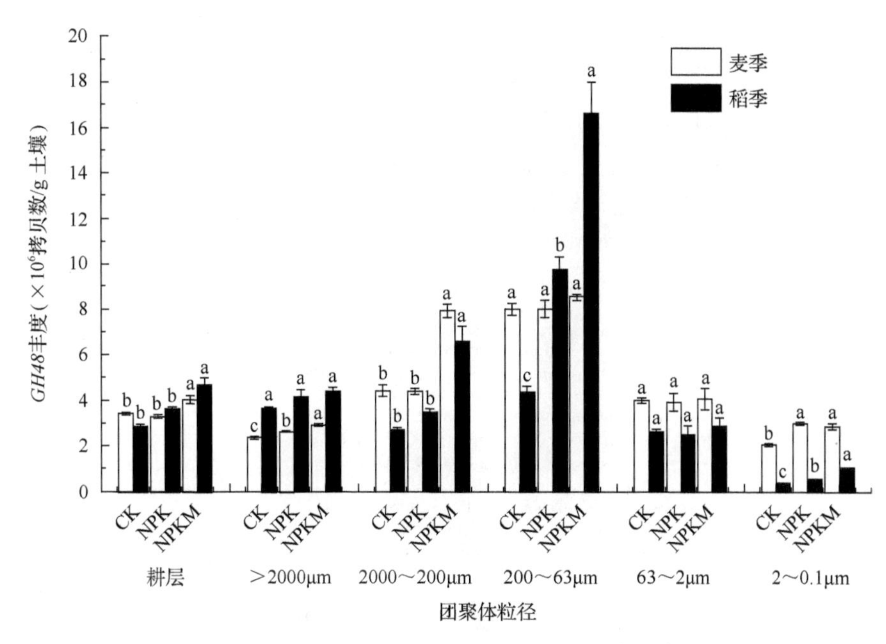

图 4-62　长期施肥下不同粒径团聚体 *GH48* 基因丰度

小写字母代表同一粒径内不同施肥处理间的差异显著性(Fisher's LSD test，$P<0.05$)

利用克隆文库的方法进行土壤 *GH48* 基因多样性分析，利用所得阳性克隆构建系统发育树，如图 4-63 所示，一些序列属于已知 *GH48* 放线菌门，如链霉菌属(*Streptomyces*)、北里孢菌属(*Kitasatospora*)等，但大部分克隆到的序列都未与已知序列聚为一类。同时，各序列在系统发育树上并没有显示明显的基于施肥处理或粒径的成簇。目前，已知的 *GH48* 基因序列只有 17 个放线细菌属(de Menezes et al.，2015)，而 *GH48* 基因对可培养放线细菌属如此低的覆盖率，阻碍了我们对克隆到的土壤序列的进一步解读。尽管不同粒径和施肥处理下参与纤维素分解基因丰度有显著差异，但克隆到的序列未基于某一施肥或者粒径效应聚类，这可能说明施肥和粒径效应对参与纤维素分解酶基因丰度的影响显著，但对其群落组成多样性的影响较小。de Menezes 等(2015)利用 qPCR 和 T-RFLP 技术对三种草地-林地土壤的研究发现 *GH48* 基因微生物群落并没有因土地利用方式或地域的不同而聚为一类，这可能是因为粒径和施肥对土壤微生物群落组成、结构的影响在较大范围的微生物上更为明显，而不是单一的 *GH48* 纤维素微生物，且 *GH48* 基因的 PCR 引物的目的片段是某一类特定的微生物基因片段(如腐生性放线细菌)，外界环境的变化可能因其较窄的生理学倾向显示出较小的影响(de Menezes et al.，2015)。

将土壤纤维素分解酶基因丰度与土壤碳氮、腐殖质碳含量及参与碳转化相关的酶活性进行相关分析发现，*cbhI* 和 *GH48* 基因丰度均与 β-纤维二糖苷酶及 β-葡糖苷酶活性显著正相关($P<0.0001$，表 4-51)。同时，土壤纤维素分解酶基因丰度与除全氮外的土壤养分、各腐殖质组分碳含量显著相关($P<0.0001$)。将 *cbhI* 和 *GH48* 基因丰度与土壤腐殖质碳官能团组成相结合进行相关分析发现，并不是所有的富里酸(FA)和 HA 的碳官能团均与其相关。其中，HA 的烷基碳、芳香碳均与两基因丰度有显著相关性，但却和 FA 的同一官能团无关(表 4-53)。同时，*cbhI* 和 *GH48* 基因丰度与碳组分的关系不同，如 *GH48*

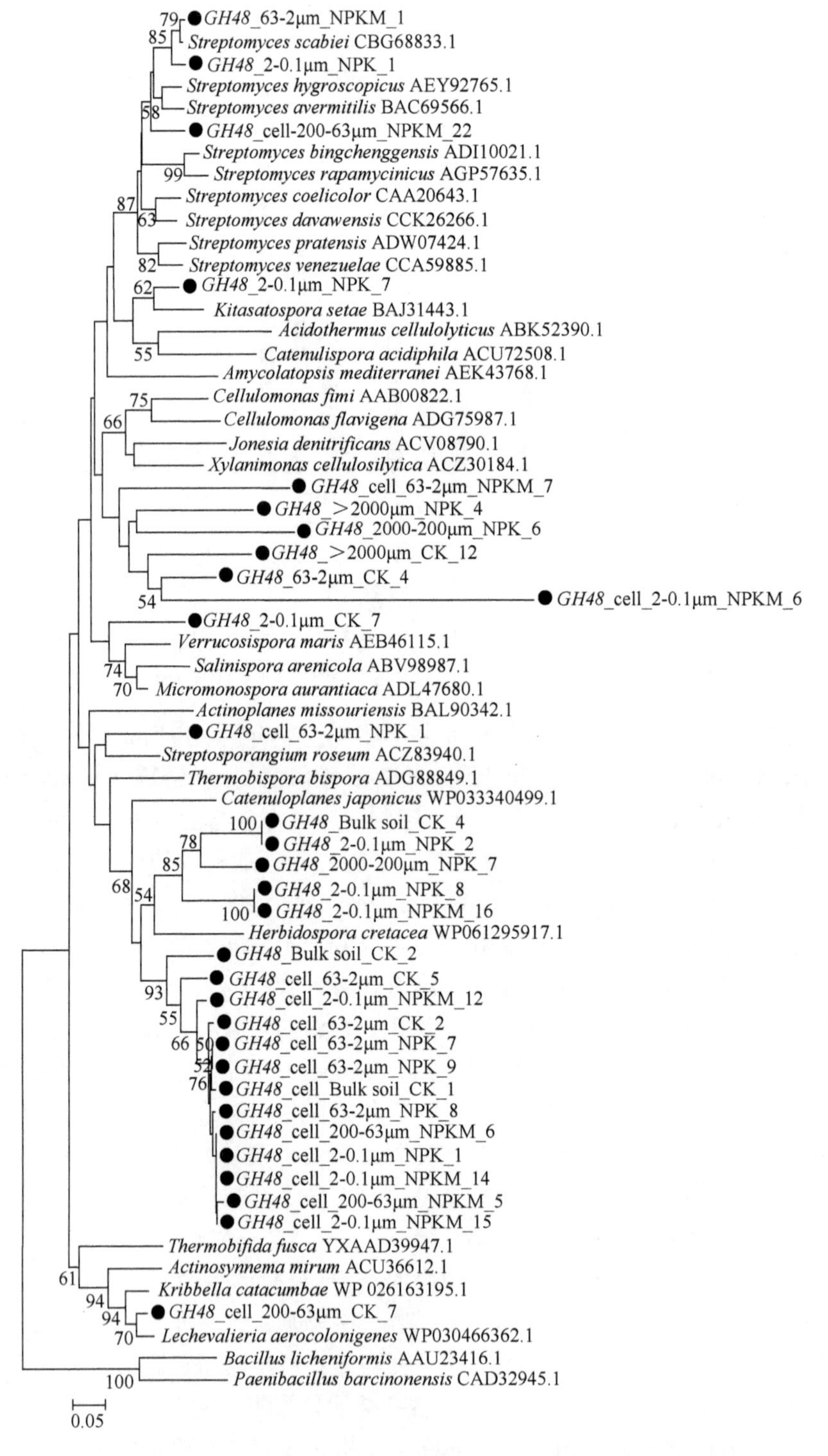

图 4-63　长期施肥下不同粒径团聚体 *GH48* 基因的系统发育分析

Bulk soil 为耕层

基因丰度与 FA 的羧基碳含量呈负相关关系，而 *cbhI* 丰度却与 HA 的羧基碳含量呈正相关关系。尽管 *cbhI* 和 *GH48* 基因丰度均与 HA 的烷基碳：烷氧基碳相关，*GH48* 基因丰度却与 FA 的烷基碳：烷氧基碳无关。纤维素微生物数量与富里酸烷氧基碳的正相关关系及与烷基碳：烷氧基碳的负相关关系再次说明分解纤维素的土壤微生物主要定植于有机质腐殖化程度低的粒径(如细砂等)中，而不是黏粒等所含较多稳定有机质的土壤粒径中(图 4-60，图 4-62)。富里酸的芳香碳和胡敏酸的烷氧基碳，在各样品中变化较小的官能团与 *cbhI* 和 *GH48* 基因丰度的相关性较弱(表 4-53)。

表 4-53　*cbhI* 和 *GH48* 基因丰度与土壤富里酸和胡敏酸碳官能团组成的相关分析

	富里酸						
	烷基碳	烷氧基碳	芳香碳	羧基碳	芳香度	脂化度	烷基碳：烷氧基碳
cbhI	ns	0.678**	ns	ns	–0.539*	0.539*	–0.600*
GH48	ns	0.698**	ns	–0.530*	–0.547*	0.553*	ns
	胡敏酸						
	烷基碳	烷氧基碳	芳香碳	羧基碳	芳香度	脂化度	烷基碳：烷氧基碳
cbhI	–0.707**	ns	0.553*	0.546*	0.613*	–0.590*	–0.666**
GH48	–0.630*	ns	0.533*	ns	0.624*	–0.573*	–0.551*

* $P<0.05$；** $P<0.01$；ns 表明差异未达显著水平

参 考 文 献

蔡燕飞，廖宗文. 2003. FAME 法分析施肥对番茄青枯病抑制和土壤健康恢复的效果. 中国农业科学, 36(8): 922-927.

王岩，杨振明，沈其荣. 2000. 土壤不同粒级中 C, N, P, K 的分配及 N 的有效性研究. 土壤学报, 37(1): 85-94.

肖春玲，徐常新. 2002. 微生物纤维素酶的应用研究. 微生物学杂志, 22(2): 33-35.

颜慧，钟文辉，李忠佩，等. 2008. 长期施肥对红壤水稻土磷脂脂肪酸特性和酶活性的影响. 应用生态学报, 19(1): 71-75.

Abiven S, Menasseri S, Angers DA, et al. 2007. Dynamics of aggregate stability and biological binding agents during decomposition of organic materials. European Journal of Soil Science, 58(1): 239-247.

Adair KL, Schwartz E. 2011. Stable isotope probing with ^{18}O-water to investigate growth and mortality of ammonia oxidizing bacteria and archaea in soil. Method Enzymol, 486(486): 155-169.

Allison SD, Jastrow JD. 2006. Activities of extracellular enzymes in physically isolated fractions of restored grassland soils. Soil Biology and Biochemistry, 38(11): 3245-3256.

Avrahami S, Conrad R, Braker G. 2002. Effect of soil ammonium concentration on N_2O release and on the community structure of ammonia oxidizers and denitrifiers. Applied and Environmental Microbiology, 68(11): 5685-5692.

Avrahami S, Conrad R. 2003. Patterns of community change among ammonia oxidizers in meadow soils upon long-term incubation at different temperatures. Applied and Environmental Microbiology, 69: 6152-6164.

Badalucco L, Kuilman PJ. 2001. Mineralization and immobilization in the rhizosphere. *In*: Pinton R, Varanini Z, Nannipieri P. The Rhizosphere. Biochemistry and Organic Substances at the Soil-Plant Interface. New York: Marcel Dekker: 159-196.

Baldrian P. 2008. Enzymes of saprotrophic basidiomycetes. *In*: Boddy L, Frankland J, van West P. Ecology of Saprotrophic Basidiomycetes. New York: Academic Press: 19-41.

Bastida F, Kandeler E, Hernández T, et al. 2008. Long-term effect of municipal solid waste amendment on microbial abundance and humus-associated enzyme activities under semiarid conditions. Microbial Ecology, 55 (4) : 651-661.

Benitez E, Sainz H, Nogales R. 2005. Hydrolytic enzyme activities of extracted humic substances during the vermicomposting of a lignocellulosic olive waste. Bioresource Technology, 96 (7) : 785-790.

Berg C, Vandieken V, Thamdrup B, et al. 2015. Significance of archaeal nitrification in hypoxic waters of the Baltic Sea. The ISME Journal, 9 (6) : 1319-1332.

Bird JA, Herman DJ, Firestone MK. 2011. Rhizosphere priming of soil organic matter by bacterial groups in a grassland soil. Soil Biology and Biochemistry, 43 (4) : 718-725.

Böhme L, Langer U, Bohme F. 2005. Microbial biomass, enzyme activities and microbial community structure in two European long-term field experiments. Agriculture, Ecosystems & Environment, 109 (1) : 141-152.

Bollmann A, Bärgilissen M, Laanbroek HJ. 2002. Growth at low ammonium concentrations and starvation response as potential factors involved in niche differentiation among ammonia-oxidizing bacteria. Applied Environmental Microbiology, 68 (10) : 4751-4757.

Briar SS, Fonte SJ, Park I, et al. 2011. The distribution of nematodes and soil microbial communities across soil aggregate fractions and farm management systems. Soil Biology and Biochemistry, 43 (5) : 905-914.

Briones AM, Okabe S, Umemiya Y, et al. 2002. Influence of different cultivars on populations of ammonia-oxidizing bacteria in the root environment of rice. Applied Environmental Microbiology, 68 (6) : 3067-3075.

Buckley DH, Graber JR, Schmidt TM. 1998. Phylogenetic analysis of nonthermophilic members of the kingdom Crenarchaeota and their diversity and abundance in soils. Applied and Environmental Microbiology, 64 (11) : 4333-4339.

Buyer JS, Teasdale JR, Roberts DP, et al. 2010. Factors affecting soil microbial community structure in tomato cropping systems. Soil Biology and Biochemistry, 42 (5) : 831-841.

Caffrey JM, Bano N, Kalanetra K, et al. 2007. Ammonia oxidation and ammonia-oxidizing bacteria and archaea from estuaries with differing histories of hypoxia. The ISME Journal, 1 (7) : 660-662.

Chen JH, He F, Zhang X, et al. 2014. Heavy metal pollution decreases microbial abundance, diversity and activity within particle-size fractions of a paddy soil. FEMS Microbiology Ecology, 87 (1) : 164-181.

Christensen BT. 2001. Physical fractionation of soil and structural and functional complexity in organic matter turnover. European Journal of Soil Science, 52 (3) : 345-353.

Chu H, Fujii T, Morimoto S, et al. 2007. Community structure of ammonia-oxidizing bacteria under long-term application of mineral fertilizer and organic manure in a sandy loam soil. Applied Environmental Microbiology, 73 (2) : 485-491.

Coolen MJL, Abbas B, Van BJ, et al. 2007. Putative ammonia-oxidizing Crenarchaeota in suboxic waters of the Black Sea: a basin-wide ecological study using 16S ribosomal and functional genes and membrane lipids. Environmental Microbiology, 9 (4) : 1001-1016.

Corkidi L, Rowland DL, Johnson NC, et al. 2002. Nitrogen fertilization alters the functioning of arbuscular mycorrhizas at two semiarid grasslands. Plant and Soil, 240 (2) : 299-310.

De Gryze S, Six J, Brits C, et al. 2005. A quantification of short-term macroaggregate dynamics: influences of wheat residue input and texture. Soil Biology and Biochemistry, 37 (1) : 55-66.

de Menezes AB, Prendergrast-Miller MT, Poonpatana P, et al. 2015. C/N Ratio Drives Soil actinobacterial cellobiohydrolase gene diversity. Applied Environmental Microbiology, 81 (9) : 3016-3028.

De Vries F, Hoffland E, Nvan E, et al. 2006. Fungal/bacterial ratios in grasslands with contrasting nitrogen management. Soil Biology and Biochemistry, 38 (8) : 2092-2103.

Deforest J. 2009. The influence of time, storage temperature, and substrate age on potential soil enzyme activity in acidic forest soils using MUB-linked substrates and L-DOPA. Soil Biology and Biochemistry, 41 (6) : 1180-1186.

Delgado-Baquerizo M, Maestre FT, Escolar C, et al. 2014. Direct and indirect impacts of climate change on microbial and biocrust communities alter the resistance of the N cycle in a semiarid grassland. Journal of Ecology, 102 (6): 1592-1605.

Di H, Cameron KC, Shen JP, et al. 2009. Nitrification driven by bacteria and not archaea in nitrogen-rich grassland soils. Nature Geoscience, 2 (9): 621-624.

Duong LM, Mckenzie EHC, Hyde KD, et al. 2008. Fungal succession on senescent leaves of *Castanopsis diversifolia* in Doi Suthep-Pui National Park, Thai-land. Fungal Divers, 30 (6): 23-36.

Edwards IP, Upchurch R, Zak D. 2008. Isolation of fungal cellobiohydrolase I genes from sporocarps and forest soils by PCR. Applied Environmental Microbiology, 74 (11): 3481-3489.

Edwards IP, Zak DR. 2011. Fungal community composition and function after long-term exposure of northern forests to elevated atmospheric CO_2 and tropospheric O_3. Global Change Biology, 17 (6): 2184-2195.

Elfstrand S, Hedlund K, Martensson A. 2007. Soil enzyme activities, microbial community composition and function after 47 years of continuous green manuring. Applied Soil Ecology, 35 (3): 610-621.

Enwall K, Philippot L, Hallin S. 2005. Activity and composition of the denitrifying bacterial community respond differently to long-term fertilization. Applied and Environmental Microbiology, 71 (12): 8335-8343.

Esperschütz J, Buegger F, Winkler JB, et al. 2009. Microbial response to exudates in the rhizosphere of young beech trees (*Fagus sylvatica* L.) after dormancy. Soil Biology and Biochemistry, 41 (9): 1976-1985.

Fan F, Li Z, Wakelin SA, et al. 2012. Mineral fertilizer alters cellulolytic community structure and suppresses soil cellobiohydrolase activity in a long-term fertilization experiment. Soil Biology and Biochemistry, 55 (6): 70-77.

Fierer N, Schimel JP, Holden PA. 2003. Variations in microbial community composition through two soil depth profiles. Soil Biology and Biochemistry, 35 (1): 167-176.

Fierer N, Bradford MA, Jackson RB. 2007. Toward an ecological classification of soil bacteria. Ecology, 88 (6): 1354-1364.

Geisseler D, Horwath WR. 2009. Relationship between carbon and nitrogen availability and extracellular enzyme activities in soil. Pedobiologia, 53 (1): 87-98.

Gerzabek MH, Haberhauer G, Kirchmann H. 2001. Soil organic matter pools and carbon-13 natural abundances in particle-size fractions of a long-term agricultural field experiment receiving organic amendments. Soil Science Society of America Journal, 65 (2): 352-358.

Guggenberger G, Frey SD, Six J, et al. 1999. Bacterial and fungal cell-wall residues in conventional and no-tillage agroecosystems. Soil Science Society of America Journal, 63 (5): 1188-1198.

Habteselassie MY, Li X, Norton JM. 2013. Ammonia-oxidizer communities in an agricultural soil treated with contrasting nitrogen sources. Frontiers in Microbiology, 4 (5): 326.

Hallam SJ, Mincer TJ, Schleper C, et al. 2006. Pathways of carbon assimilation and ammonia oxidation suggested by environmental genomic analyses of marine Crenarchaeota. PLoS Biology, 4 (4): 521-536.

Hart SC, Davidson E, Firestone M. 1994. Nitrogen mineralization, immobilization, and nitrification. *In*: Weaver RW, et al. Methods of Soil Analysis: Part 2. Microbiological and Biochemical Properties. Soil Science Society of America Journal, Madison: 985-1018.

He JZ, Hu HW, Zhang LM. 2012. Current insights into the autotrophic thaumarchaeal ammonia oxidation in acidic soils. Soil Biology and Biochemistry, 55 (6): 146-54.

Hu HW, Zhang LM, Dai Y, et al. 2013. pH-dependent distribution of soil ammonia oxidizers across a large geographical scale as revealed by high throughput pyrosequencing. Journal of Soils Sediments, 13 (8): 1439-1449.

Jia ZJ, Conrad R. 2009. Bacteria rather than Archaea dominate microbial ammonia oxidation in an agricultural soil. Environmental Microbiology, 11 (7): 1658-1671.

Jiang YJ, Sun B, Wang F. 2013. Soil aggregate strati cation of nematodes and microbial communities affects the metabolic quotient in an acid soil. Soil Biology and Biochemistry, 60 (60): 1-9.

Jiang H, Huang L, Deng Y, et al. 2014. Latitudinal distribution of ammonia-oxidizing bacteria and archaea in the agricultural soils of Eastern China. Applied and Environmental Microbiology, 80(18): 5593-5602.

Jiang X, Wright AL, Wang X, et al. 2011. Tillage-induced changes in fungal and bacterial biomass associated with soil aggregates: a long-term field study in a subtropical rice soil in China. Applied Soil Ecology, 48(2): 168-173.

Jordan FL, Cantera JJL, Fenn ME, et al. 2005. Autotrophic ammonia-oxidizing bacteria contribute minimally to nitrification in a nitrogen-impacted forested ecosystem. Applied and Environmental Microbiology, 71(1): 197-206.

Kanchikerimath M, Singh D. 2001. Soil organic matter and biological properties after 26 years of maize-wheat-cowpea cropping as affected by manure and fertilization in a Cambisol in semiarid region of India. Agriculture, Ecosystems & Environment, 86(2): 155-162.

Kandeler E, Stemmer M, Klimanek EM. 1999a. Response of soil microbial biomass, urease and xylanase within particle size fractions to long-term soil management. Soil Biology and Biochemistry, 31(2): 261-273.

Kandeler E, Palli S, Stemmer M, et al. 1999b. Tillage changes microbial biomass and enzyme activities in particle-size fractions of a Haplic Chernozem. Soil Biology and Biochemistry, 217(9): 1253-1264.

Karner MB, Delong EF, Karl DM. 2001. Archaeal dominance in the mesopelagic zone of the Pacific Ocean. Nature, 409(6819): 507-510.

Kemnitz D, Kolb S, Conrad R. 2007. High abundance of Crenarchaeota in a temperate acidic forest soil. FEMS Microbiology Ecology, 60(3): 442-448.

Kennedy N, Brodie E, Connolly J, et al. 2005. Impact of lime, nitrogen and plant species on bacterial community structure in grassland microcosms. Environmental Microbiology, 7(6): 780-788.

Koops HP, Pommerening-Röser A. 2001. Distribution and ecophysiology of the nitrifying bacteria emphasizing cultured species. FEMS Microbiology Ecology, 37(1): 1-9.

Kowalchuk GA, Stienstra AW, Heiling GHJ, et al. 2000. Molecular analysis of ammonia-oxidising bacteria in soil of successional grasslands of the Drentsche A (The Netherlands). FEMS Microbiology Ecology, 31(3): 207-215.

Kowalchuk GA, Stephen JR. 2001. Ammonia-oxidizing bacteria: a model for molecular microbial ecology. Annual Reviews in Microbiology, 55(1): 485-529.

Kramer C, Gleixner G. 2006. Variable use of plant- and soil-derived carbon by microorganisms in agricultural soils. Soil Biology and Biochemistry, 38(11): 3267-3278.

Kuzyakov Y. 2002. Review: factors affecting rhizosphere priming effects. Journal of Plant Nutrition and Soil Science, 165(4): 382-396.

Lagomarsino A, Grego S, Marhan S, et al. 2009. Soil management modified micro-scale abundance and function of soil microorganisms in a Mediterranean ecosystem. European Journal of Soil Science, 60(1): 2-12.

Larkin R, Honeycutt CW, Griffin TS. 2006. Effect of swine and dairy manure amendments on microbial communities in three soils as influenced by environmental conditions. Biology and Fertility of Soils, 43(1): 51-61.

Lehtovirta-Morley LE, Stoecker K, Vilcinskas A, et al. 2011. Cultivation of an obligate acidophilic ammonia oxidizer from a nitrifying acid soil. Proceedings of the National Academy of Sciences of the United States of America, 108(38): 15892-15897.

Leininger S, Urich T, Schloter M, et al. 2006. Archaea predominate among ammonia-oxidizing prokaryotes in soils. Nature, 442(7104): 806-809.

Leitner S, Wanek W, Wild B, et al. 2012. Influence of litter chemistry and stoichiometry on glucan depolymerization during decompositionof beech (*Fagus sylvatica* L.) litter. Soil Biology and Biochemistry, 50(6): 174-187.

Lewis SM, Montgomey L, Garleb KA, et al. 1988. Effects of alkaline hydrogen peroxide treatment on in vitro degradation of cellulosic substrates by mixed ruminal microorganisms and *Bacteroides succinogenes* S85. Applied and Environmental Microbiology, 54(5): 1163-1169.

Liang Q, Chen HQ, Gong YS, et al. 2014. Effects of 15 years of manure and mineral fertilizers on enzyme activities in particle-size fractions in a North China Plain soil. European Journal of Soil Science, 60(60): 112-119.

Liljeroth E, Kuikman P, Veen JAV. 1994. Carbon translocation to the rhizosphere of maize and wheat and influence on the turnover of native soil organic matter at different soil nitrogen levels. Plant and Soil, 161 (2): 233-240.

Ling N, Sun Y, Ma J, et al. 2014. Response of the bacterial diversity and soil enzyme activity in particle-size fractions of Mollisol after different fertilization in a long-term experiment. Biology and Fertilizer of Soils, 50 (6): 901-911.

Lovell CR, Bagwell CE, CzákóM, et al. 2001. Stability of a rhizosphere microbial community exposed to natural and manipulated environmental variability. FEMS Microbiology Ecology, 38 (1): 69-76.

Marschner P, Kandeler E, Marschner B. 2003. Structure and function of the soil microbial community in a long-term fertilizer experiment. Soil Biology and Biochemistry, 35 (3): 453-461.

Marschner P, Yang CH, Lieberei R, et al. 2001. Soil and plant specific effects on bacterial community composition in the rhizosphere. Soil Biology and Biochemistry, 33 (11): 1437-1445.

Marx MC, Kandeler E, Wood M, et al. 2005. Exploring the enzymatic landscape: distribution and kinetics of hydrolytic enzymes in soil particle-size fractions. Soil Biology and Biochemistry, 37 (1): 35-48.

Mendes R, Kruijt M, de Bruijn I, et al. 2011. Deciphering the rhizosphere microbiome for disease-suppressive bacteria. Science, 332 (6033): 1097-1100.

Merckx R, Dijkstra A, Hartog AD, et al. 1987. Production of root-derived material and associated microbial growth in soil at different nutrient levels. Biology and Fertility of Soils, 5 (2): 126-132.

Mondini C, Cayuela ML, Sanchez-Monedero MA, et al. 2006. Soil microbial biomass activation by trace amounts of readily available substrate. Biology and Fertilizer of Soils, 42 (6): 542-549.

Monteiro M, Séneca J, Magalhães C. 2014. The history of aerobic ammonia oxidizers: from the first discoveries to today. Journal of Microbiology, 52 (7): 537-547.

Mullings R. 1985. Measurement of saccharification by cellulases. Enzyme and Microbial Technology, 7 (12): 586-591.

Nannipieri P, Kandeler E, Ruggiero P, et al. 2002. Enzyme activities and microbiological and biochemical processes in soil. Enzymes in the Environment. New York: Marcel Dekker: 1-33.

Osono T. 2007. Ecology of ligninolytic fungi associated with leaf litter decomposition. Ecological Research, 22 (6): 955-974.

Paterson E, Gebbing T, Abel C, et al. 2007. Rhizodeposition shapes rhizosphere microbial community structure in organic soil. New Phytologist, 173 (3): 600-610.

Pester M, Rattei T, Flechl S, et al. 2012. *amoA*-based consensus phylogeny of ammonia-oxidizing archaea and deep sequencing of *amoA* genes from soils of four different geographic regions. Environmental Microbiology, 14 (2): 525-539.

Petre M, Zarnea G, Adrian P, et al. 1999. Biodegradation and bioconversion of cellulose wastes using bacterial and fungal cells immobilized in radiopolymerized hydrogels. Resources, Conservation and Recycling, 27 (4): 309-332.

Phillips R, Fahey TJ. 2007. Fertilization effects on fineroot biomass, rhizosphere microbes and respiratory fluxes in hardwood forest soils. New Phytologist, 176 (3): 655-664.

Phillips R, Fahey TJ. 2008. The influence of soil fertility on rhizosphere effects in northern hardwood forest soils. Soil Science Society of America Journal, 72 (2): 453-461.

Potthast K, Hamer U, Makeschin F. 2012. Land-use change in a tropical mountain rainforest region of southern Ecuador affects soil microorganisms and nutrient cycling. Biogeochemistry, 111 (1-3): 151-167.

Pratscher J, Dumont MG, Conrad R. 2011. Ammonia oxidation coupled to CO_2 fixation by archaea and bacteria in an agricultural soil. Proceedings of the National Academy of Sciences, 108 (10): 4170-4175.

Prosser JI, Nicol GW. 2012. Archaeal and bacterial ammonia-oxidisers in soil: the quest for niche specialisation and differentiation. Trends in Microbiology, 20 (11): 523-531.

Rajendran N, Matsuda O, Rajendran R, et al. 1997. Comparative description of microbial community structure in surface sediments of Eutrophic Bays. Marine Pollution Bulletin, 34 (1): 26-33.

Ranjard L, Richaume A. 2001. Quantitative and qualitative microscale distribution of bacteria in soil. Research in Microbiology, 152 (8): 707-716.

Rojo MJ, Carcedo SG, Mateos MP. 1990. Distribution and characterization of phosphatase and organic phosphorus in soil fractions. Soil Biology and Biochemistry, 22 (2): 169-174.

Saiya-Cork KR, Sinsabaugh RL, Zak DR. 2002. The effects of long term nitrogen deposition on extracellular enzyme activity in an *Acer saccharum* forest soil. Soil Biology and Biochemistry, 34 (9): 1309-1315.

Schleper C, Nicol GW. 2010. Ammonia-oxidising archaea—physiology, ecology and evolution. Advances in Microbial Physiology, 57: 1-41.

Sears K, Alleman JE, Barnard JL, et al. 2004. Impacts of reduced sulfur components on active and resting ammonia oxidizers. Journal of Industrial Microbiology and Biotechnology, 31 (8): 369-378.

Smith AP, Marín-Spiotta E, Graaff MAD, et al. 2014. Microbial community structure varies across soil organic matter aggregate pools during tropical land cover change. Soil Biology and Biochemistry, 77 (7): 292-303.

Spang A, Poehlein A, Offre P, et al. 2012. The genome of the ammonia-oxidizing Candidatus *Nitrososphaera gargensis*: insights into metabolic versatility and environmental adaptations. Environmental Microbiology, 14 (12): 3122-3145.

Stemmer M, Gerzabek MH, Kandeler E. 1998. Organic matter and enzyme activity in particle-size fractions of soils obtained after low-energy sonication. Soil Biology and Biochemistry, 30 (1): 9-17.

Stephen JR, Mccaig AE, Smith Z, et al. 1996. Molecular diversity of soil and marine 16S rRNA gene sequences related to beta-subgroup ammonia-oxidizing bacteria. Applied and Environmental Microbiology, 62 (11): 4147-4154.

Taylor AE, Bottomley PJ. 2006. Nitrite production by *Nitrosomonas europaea* and *Nitrosospira* sp. AV in soils at different solution concentrations of ammonium. Soil Biology and Biochemistry, 38 (4): 828-836.

Tourna M, Stieglmeier M, Spang A, et al. 2011. Nitrososphaera viennensis, an ammonia oxidizing archaeon from soil. Proceedings of the National Academy of Sciences, 108 (20): 8420-8425.

Turchenek LW, Oades JM. 1979. Fractionation of organo-mineral complexes by sedimentation and density techniques. Geoderma, 21 (4): 311-343.

Walker CB, Karl D. 2010. Nitrosopumilus maritimus genome reveals unique mechanisms for nitrification and autotrophy in globally distributed marine crenarchaea. Proceedings of the National Academy of Sciences, 107 (19): 8818-8823.

Wang C, Guo X, Deng H, et al. 2014. New insights into the structure and dynamics of actinomycetal community during manure composting. Applied microbiology and biotechnology, 98 (7): 3327-3337.

Weand MP, Marya A, Garym L, et al. 2010. Effects of tree species and N additions on forest floor microbial communities and extracellular enzyme activities. Soil Biology and Biochemistry, 42 (12): 2161-2173.

Weber CF, Zak DR, Hungate BA, et al. 2011. Responses of soil cellulolytic fungal communities to elevated atmospheric CO_2 are complex and variable across five ecosystems. Environmental Microbiology, 13 (10): 2778-2793.

Webster G, Embley TM, Freitag TE, et al. 2005. Links between ammonia oxidizer species composition, functional diversity and nitrification kinetics in grassland soils. Environmental Microbiology, 7 (5): 676-684.

Wittmann C, Kähkönen MA, Ilvesniemi H, et al. 2004. Areal activities and stratification of hydrolytic enzymes involved in the biochemical cycles of carbon, nitrogen, sulphur and phosphorus in podsolized boreal forest soils. Soil Biology and Biochemistry, 36 (3): 425-433.

Xia WW, Zhang C, Zeng X, et al. 2011. Autotrophic growth of nitrifying community in an agricultural soil. The ISME Journal, 5 (7): 1226-1236.

Yao XH, Min H, Lv ZH, et al. 2006. Influence of acetamiprid on soil enzymatic activities and respiration. European Journal of Soil Biology, 42 (2): 120-126.

Yu HY, Ding WX, Luo JF, et al. 2012. Long-term effect of compost and inorganic fertilizer on activities of carbon-cycle enzymes in aggregates of an intensively cultivated sandy loam. Soil Use and Management, 28 (3): 347-360.

Zhalnina K, Quadros PDD, Camargo FAO, et al. 2012. Drivers of archaeal ammonia-oxidizing communities in soil. Frontiers in Microbiology, 3: 210.

Zhang LM, Hu HW, Shen JP, et al. 2012. Ammonia-oxidizing archaea have more important role than ammonia-oxidizing bacteria in ammonia oxidation of strongly acidic soils. The ISME Journal, 6 (5): 1032-1045.

Zhang Q, Liang GQ, Zou W, et al. 2016. Fatty-acid profiles and enzyme activities in soil particle-size fractions under long-term fertilization. Soil Science Society America Journal, 80 (1): 97-111.

Zhang QC, Shamsi IH, Xu DT, et al. 2012. Chemical fertilizer and organic manure inputs in soil exhibit a vice versa pattern of microbial community structure. Applied Soil Ecology, 57 (1): 1-8.

Zhou X, Fornara D, Wasson EA, et al. 2015. Effects of 44 years of chronic nitrogen fertilization on the soil nitrifying community of permanent grassland. Soil Biology and Biochemistry, 91: 76-83.

第5章　秸秆还田碳氮互作提高化肥利用率机制

化肥利用率的提高与土壤的基本肥力性质有关，秸秆还田改变了农田土壤养分的组成和转化及对作物的供应特点。弄清秸秆还田下土壤养分转化特征、秸秆还田碳氮互作规律及微生物群落结构分异特征，并通过肥料运筹措施对其加以调节，对提高化肥利用率具有重要意义。因此，本章以我国不同种植体系的短期和长期定点试验为基础，研究秸秆还田对土壤养分库容的影响，探究秸秆降解规律、碳氮互作途径及其微生物群落结构分异，从而阐明秸秆还田碳氮互作提高化肥利用率机制。

5.1　秸秆还田对农田土壤养分库容的影响

5.1.1　秸秆还田对农田土壤有机碳库容的影响

1. 秸秆还田对黑土有机碳及其组分的影响

与对照(CK)和NPK处理相比，长期秸秆还田显著提高了土壤有机碳的含量(图5-1)。从不同有机碳的组分来看，秸秆还田主要是提高了游离态和闭蓄态轻组有机碳的含量(表 5-1)。而从不同粒径土壤中有机碳的含量来看，秸秆还田主要提高了 2000～250μm 粒径土壤有机碳的含量(表 5-2)。

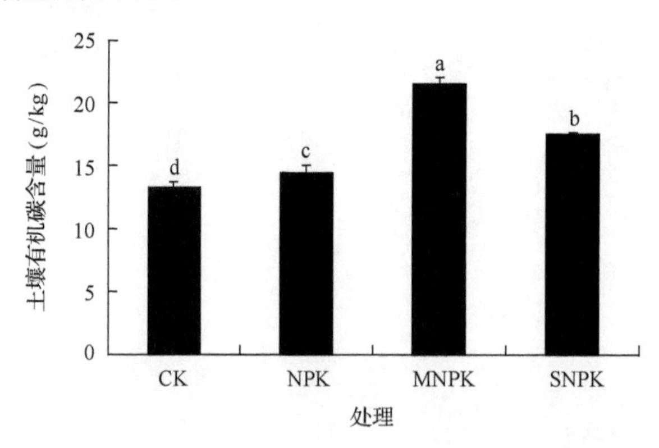

图 5-1　不同施肥处理对黑土土壤有机碳含量的影响

不同字母表示处理间差异达 0.05 显著水平

表 5-1　不同施肥处理对黑土不同有机碳组分的影响　(单位：g/kg)

处理	游离态轻组	闭蓄态轻组	重组
NPK	1.94±0.01	0.66±0.44	97.4±0.43
SNPK	2.75±0.34	0.76±0.44	96.5±0.31
MNPK	5.01±0.56	1.52±0.42	93.5±0.93

表 5-2　不同施肥处理对黑土不同粒径土壤有机碳含量的影响

处理	土壤有机碳含量(g/kg)			
	＞2000μm	2000～250μm	250～53μm	53μm
NPK	2.14±0.14b	18.5±0.54c	4.85±0.20a	1.15±0.18a
SNPK	2.36±0.28b	20.0±0.58b	4.87±0.63a	1.21±0.21a
MNPK	3.00±0.35a	21.2±0.65a	4.79±0.23a	1.25±0.12a

注：不同字母表示处理间差异达 0.05 显著水平

采集 1989 年吉林省公主岭市长期定位试验等氮量施肥处理，包括初始土壤(CK)、IN(无机氮肥，165kg/hm^2)、NPK(平衡施用无机肥，包括氮素 165kg/hm^2、磷肥 82.5kg/hm^2、钾肥 82.5kg/hm^2)、MNPK(有机无机配施，包括氮素 50kg/hm^2、磷肥 82.5kg/hm^2、钾肥 82.5kg/hm^2，配施 2.3×10^{4}kg/hm^2 的农家肥)、SNPK(平衡施用无机肥与秸秆还田，包括氮素 112kg/hm^2、磷肥 82.5kg/hm^2 和钾肥 82.5kg/hm^2，配施粉碎的玉米秸秆、残茬 7.5×10^{3}kg/hm^2)。结果表明，长期施肥显著改变了土壤有机碳库和惰性碳库的 δ^{13}C 值，施肥的农田土壤中(0～40cm)由于 C4 植物材料对土壤的输入，长期施肥比 CK 具有更高的 δ^{13}C 值(表 5-3)。土壤有机碳库中最高的 δ^{13}C 值在 SNPK 处理的土壤中，而土壤惰性碳库中 δ^{13}C 值在两个处理的土壤中无显著差异(表 5-3)。整体而言，各个施肥处理中土壤(0～40cm)惰性碳库的 δ^{13}C 值按如下顺序依次降低：MNPK、SNPK、NPK、IN、CK(表 5-3)。

表 5-3　长期施肥下黑土土壤有机碳库(0～40cm)的 δ^{13}C 值

	土深(cm)	δ^{13}C(‰)	
		土壤有机碳库	惰性碳库
CK	0～20	−21.39±0.88c	−21.15±0.13d
	20～40	−22.18±0.57c	−22.46±0.44c
IN	0～20	−20.64±0.22b	−19.38±0.36c
	20～40	−20.66±0.17b	−18.87±0.61b
NPK	0～20	−20.76±0.30b	−17.80±1.51b
	20～40	−20.94±0.60b	−17.28±1.85ab
MNPK	0～20	−20.40±0.03b	−15.58±1.07a
	20–40	−20.80±0.20b	−16.26±1.44a
SNPK	0～20	−19.66±0.42a	−16.65±1.39ab
	20～40	−19.78±0.24a	−16.35±1.50a
变异因子			
施肥		***	***
土深		*	ns
施肥×土深		ns	ns

注：同一土壤深度不同字母表示施肥处理间差异达 0.05 显著水平；*P<0.05，***P<0.001，ns 表示 P>0.05

长期施肥极显著影响了总的土壤有机碳库、惰性库和活性库的碳含量及 C∶N($P<0.001$)(表 5-4)。相比而言，土壤深度显著改变了土壤有机碳库 C∶N 和土壤活性库的碳含量($P<0.05$)。整体上，土壤有机碳库、活性库、惰性库中最大的土壤有机碳含量在 MNPK 处理中，其次为 SNPK 处理，然后为无机肥处理。MNPK 和 SNPK 处理中土壤上层有机碳库和活性库中的碳含量高于 CK，而 IN 和 NPK 处理中土壤有机碳库和活性库中碳含量低于 CK。同时，在土壤上下两层中，MNPK 土壤有机碳库的碳储藏高于其他任何肥料处理土壤中的碳库储藏量，具有最大的有机碳储藏量，约为 5423.3g/m^2(表 5-4，图 5-2)。所有施肥处理土壤惰性库中的碳含量与碳储藏均高于 CK，20～40cm 时并按如下顺序依次降低：MNPK、SNPK、NPK/IN、CK。另外，在施用有机肥处理中(MNPK 和 SNPK)，土壤上层(0～20cm)的有机碳含量均高于土壤下层(20～40cm)。不同施肥处理中土壤(0～40cm)惰性碳库的 C∶N 按如下顺序降低：NPK、IN、SNPK、CK、MNPK，而土壤(0～40cm)活性库的 C∶N 按如下顺序降低：SNPK、MNPK、NPK、IN、CK。

表 5-4　长期施肥下黑土土壤有机碳库(0～40cm)的 SOC 含量与 C∶N

	土深(cm)	土壤有机碳库		惰性碳库		活性库	
		含量(g/kg)	C∶N	含量(g/kg)	C∶N	含量(mg/L)	C∶N
CK	0～20	16.79±1.38b	8.07±0.71ab	12.17±0.62c	12.69±1.12ab	38.69±3.31b	1.47±0.02c
	20～40	14.39±0.98b	9.22±0.30a	11.91±1.59c	12.86±1.16ab	37.74±4.24b	1.34±0.02c
IN	0～20	14.49±1.25c	7.71±0.70b	13.36±1.28c	13.48±0.35ab	37.15±1.66bc	1.68±0.13c
	20～40	15.15±1.63b	9.39±0.78a	12.79±0.52bc	13.51±0.49a	35.06±0.73bc	1.56±0.21bc
NPK	0～20	14.16±1.69c	8.25±1.34ab	12.89±2.40c	13.63±1.98a	33.15±1.12c	1.79±0.24c
	20～40	14.63±2.18b	10.15±1.03a	13.38±1.83bc	13.78±0.67a	32.32±0.96c	1.92±0.21b
MNPK	0～20	22.40±1.17a	8.34±1.00ab	19.04±1.12a	11.93±0.55b	46.18±3.46a	2.63±0.41b
	20～40	21.20±0.34a	9.61±0.70a	17.68±1.87a	12.18±0.41b	43.91±4.57a	2.72±0.40a
SNPK	0～20	17.30±1.33b	9.22±0.11a	15.55±1.25b	13.12±0.75ab	40.34±3.71b	3.10±0.41a
	20～40	16.27±0.88b	9.58±0.69a	14.39±1.23b	13.41±0.34a	35.83±0.92bc	3.07±0.31a
变异因子							
施肥		***	ns	***	***	***	***
土深		ns	*	ns	ns	*	ns
施肥×土深		ns	ns	ns	ns	ns	ns

注：同一土壤深度不同字母表示施肥处理间差异达 0.05 显著水平；*$P<0.05$；***$P<0.001$；ns 表示 $P>0.05$

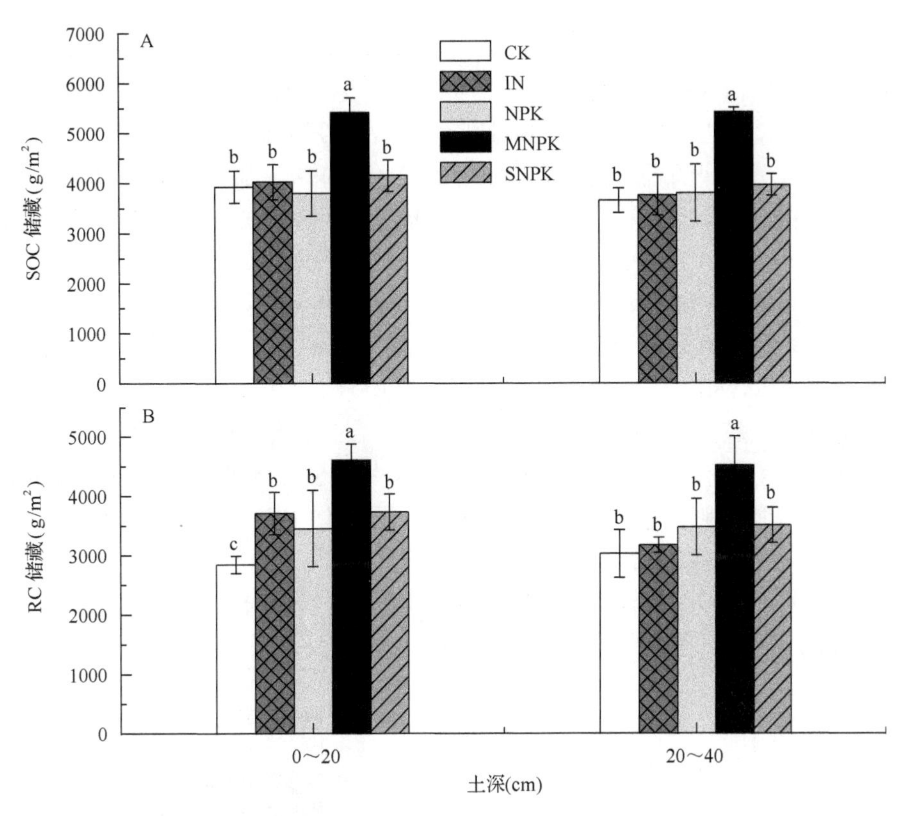

图 5-2 长期不同施肥下的土壤有机碳(SOC)库储藏(A)与惰性碳(RC)库储藏(B)

不同字母表示同一土壤深度施肥处理间差异达 0.05 显著水平

应用稳定同位素的质量平衡公式估算，土壤有机碳可以分为新碳和老碳两组分(以施肥 25 年为分界)。相较 CK，长期施肥措施刺激了新碳的输入与老碳的降解水平(P<0.01，表 5-5)。SNPK 中土壤有机碳库的新碳输入量最大，其中土壤上层新碳输入百分数为

表 5-5 长期施肥下黑土土壤有机碳库(0~40cm)的新碳输入(f_{new})与老碳降解速率

	土深(cm)	f_{new}(%)	老碳降解速率(k, yr^{-1})
IN	0~20	10.30±1.56c	0.004±0.000c
	20~40	18.77±2.21b	0.008±0.001b
NPK	0~20	8.20±1.08d	0.003±0.000c
	20~40	14.74±0.97c	0.006±0.001c
MNPK	0~20	16.21±2.15b	0.007±0.002b
	20~40	20.00±1.31b	0.009±0.002b
SNPK	0~20	22.51±3.11a	0.010±0.002a
	20~40	28.35±4.19a	0.013±0.003a
变异因子			
施肥		**	**
土深		*	*
施肥×土深		ns	ns

注：同一土壤深度不同字母表示施肥处理间差异达 0.05 显著水平；*P<0.05；**P<0.01；ns 表示 P>0.05

22.51%，下层新碳输入百分数为 28.35%；其次，MNPK 中土壤上层新碳输入百分数为 16.21%，下层新碳输入百分数为 20.00%。同时，在无机肥处理（IN 和 NPK）土壤有机碳库中的上层新碳输入比例分别为 10.30%和 8.20%，下层新碳输入比例分别为 18.77%和 14.74%。相应地，最快的土壤碳降解速率的处理为 SNPK，最慢的土壤碳降解速率的处理为 IN 和 NPK。总体上，在各施肥处理中，土壤下层的老碳降解速率高于土壤上层。

除 IN 处理中的 2000～250μm 团聚体外，相较于不施肥处理，长期施用无机氮和氮磷钾肥并未显著增加土壤各团聚体中有机碳的储藏，而秸秆还田配施无机肥（SNPK）的处理增加了土壤大颗粒团聚体（>250μm）的 SOC 储藏，平均为 191.1g/m^2，但同时降低了土壤小颗粒团聚体（250～53μm）的 SOC 储藏，平均为 131.4g/m^2。另外，除 MNPK 处理之外，其他施肥措施土壤 250～53μm 团聚体中比 CK 土壤有机碳储藏有所降低。整体上，所有施肥处理中，土壤 2000～250μm 团聚体中的 SOC 储藏要高于土壤小颗粒团聚体（<250μm）。长期施肥措施没有引起各粒级土壤团聚体中 C∶N 的显著性变化（图 5-3）。由于玉米 C4 长期向土壤的输入，各施肥土壤团聚体的 δ^{13}C 值均高于 CK 处理，其中 SNPK 处理土壤中 δ^{13}C 值最高。整体上，在各团聚体粒级中，粒级为 250～53μm 的土壤团聚体中 δ^{13}C 值最高。

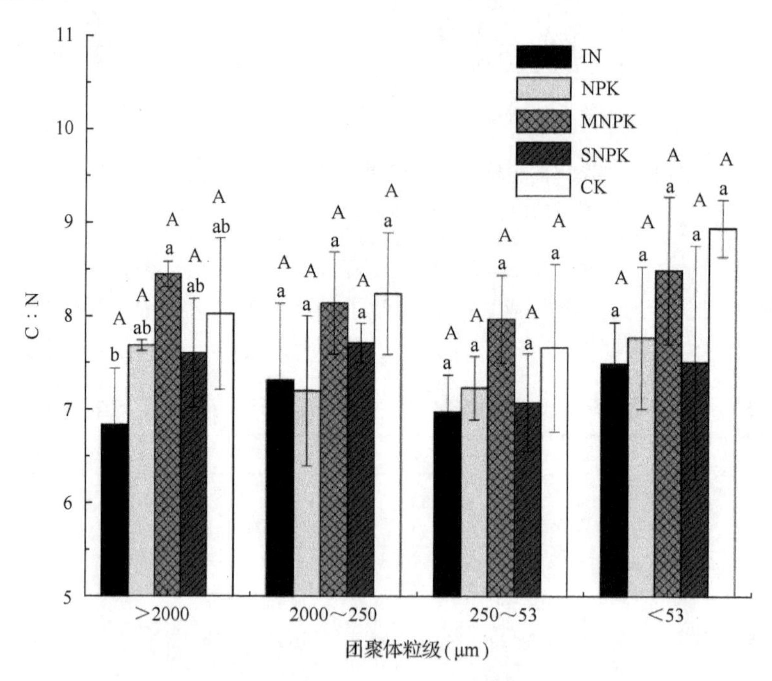

图 5-3　长期施肥下土壤（0～20cm）团聚体的 C∶N

不同小写字母表示同一粒级不同处理间差异显著；不同大写字母表示不同粒级同一处理间差异显著

施肥土壤的各粒级土壤团聚体中，颗粒有机碳（iPOM）占有土壤总碳库的最大碳组分，在粒级为>2000μm 和 250～53μm 的团聚体中占 75.34%～90.10%，在粒级为 2000～250μm 的团聚体中占 49.13%～62.12%（表 5-6）。土壤团聚体>2000μm 中的矿质有机碳（mSOM）占有土壤总碳库最小的碳组分（1.21%～4.65%）；而土壤团聚体 250～53μm 中的轻组有机碳(LF)占有土壤总碳库最小的碳组分(4.10%～6.88%)。土壤团聚体 2000～250μm 中 mSOM 的 SOC 储藏较其他粒级中 mSOM 的 SOC 储藏较高。MNPK 处理的土壤中，各粒级土壤团聚体的 LF、iPOM 和 mSOM 中 SOC 储藏均最大。SNPK 处理能够增加大颗粒团聚体(>250μm)LF 和 iPOM 中的碳而增加 SOC 储藏，但减少了小颗粒团聚体(<250μm)LF 和 iPOM 中的碳，从而减少 SOC 储藏。另外 IN 和 NPK 可以增加各土壤团聚体中 mSOM 的 SOC 储藏；且无机肥可以增加>2000μm 团聚体中的 LF，但减少了 250～53μm 团聚体中的 LF。IN 和 NPK 处理中各粒级土壤团聚体中 iPOM 组分的 SOC 并没有显著性变化。

表 5-6　长期施肥下土壤团聚体与密度组分(0～20cm)的 SOC 储藏

组分	SOC 储藏(g/m^2)				
	IN	NPK	MNPK	SNPK	CK
>2000μm	600.76±15.78bc	596.75±20.19bc	710.93±63.20a	624.41±34.65b	561.17±60.61c
LF	75.99±10.04a	69.14±8.66a	70.35±10.65a	52.42±7.21b	32.49±5.74c
iPOM	514.27±16.59b	498.76±52.33b	568.88±87.79a	557.15±92.05a	486.99±68.23b
mSOM	10.05±1.78b	14.63±3.21b	33.07±2.77a	9.51±1.24bc	6.82±1.06c
2000～250μm	2079.16±308.61b	1794.36±221.40c	2666.03±352.41a	2096.59±104.75b	1777.69±250.48c
LF	262.84±45.29b	262.44±43.69b	337.13±54.70a	232.31±22.40b	252.35±16.92b
iPOM	1260.48±273.92bc	881.63±94.24c	1647.92±166.54a	1302.45±156.64b	935.32±9.09c
mSOM	613.52±43.90ab	633.82±32.46a	672.52±27.65a	551.22±20.54b	570.77±51.98b
250～53μm	610.73±69.02bc	651.56±63.29bc	1204.28±27.93a	569.14±32.19c	700.58±101.17b
LF	33.25±2.82b	38.91±5.08b	49.29±1.96a	32.55±2.19b	48.20±1.23a
iPOM	494.02±18.08bc	490.93±25.42bc	1085.11±144.48a	430.28±22.54c	589.88±26.90b
mSOM	50.19±1.68b	47.77±6.81bc	66.96±1.77a	69.75±9.61a	44.12±6.95c
<53μm	320.56±22.59b	292.77±12.43b	640.24±74.48a	345.13±24.54b	318.21±19.66b

注：不同字母表示处理间差异达 0.05 显著水平

长期施肥措施刺激了土壤各组分新碳的输入与老碳的降解过程(表 5-7)。各土壤团聚体中最大的新碳输入在 SNPK 处理土壤中，其次是 MNPK 处理。相应地，各土壤团聚体中最快的老碳降解速率在 SNPK 处理土壤中。整体上，土壤团聚体粒级为 250～53μm 组分具有最大的新碳输入和最快的老碳降解速率。在土壤大颗粒团聚体(>250μm)中，mSOM 组分的新碳输入要高于 LF 和 iPOM 组分，同时最快的土壤碳降解速率出现在大颗粒团聚体 2000～250μm 中的 mSOM 组分中。

表 5-7　长期施肥下土壤团聚体与密度组分（0～20cm）的新碳输入（f_{new}）与老碳降解速率

组分	f_{new}(%)				老碳降解速率（k，yr^{-1}）			
	IN	NPK	MNPK	SNPK	N	NPK	MNPK	SNPK
＞2000μm	19.84±3.66b	13.55±2.81b	21.16±1.43ab	30.49±4.09a	0.009±0.002b	0.006±0.001b	0.010±0.001b	0.015±0.002a
LF	9.66±1.58b	21.90±2.98ab	12.85±2.03b	36.33±5.09a	0.004±0.001b	0.011±0.002ab	0.006±0.002b	0.018±0.004a
iPOM	15.89±1.75b	12.61±3.42b	21.45±2.44ab	26.45±6.52a	0.007±0.001b	0.005±0.001b	0.010±0.001ab	0.012±0.003a
mSOM	16.09±2.60b	49.33±9.79ab	61.99±14.07a	71.76±18.87a	0.007±0.002b	0.029±0.005ab	0.058±0.012a	0.063±0.011a
2000～250μm	11.94±2.53b	4.88±0.20c	13.58±1.65b	23.99±3.97a	0.005±0.001b	0.002±0.000c	0.006±0.001b	0.011±0.002a
LF	13.81±2.69a	10.73±2.84a	16.27±3.06a	17.68±3.13a	0.006±0.002a	0.004±0.001a	0.007±0.002a	0.008±0.002a
iPOM	24.99±2.97a	15.08±1.56a	26.78±4.74a	28.38±6.94a	0.012±0.003a	0.007±0.001a	0.013±0.002a	0.013±0.002a
mSOM	58.50±5.70b	68.39±0.62ab	80.05±14.91a	76.64±5.23a	0.035±0.006b	0.046±0.001ab	0.074±0.016a	0.059±0.009ab
250～53μm	23.51±0.99c	30.61±0.47c	54.74±3.47b	83.35±16.23a	0.011±0.000b	0.015±0.000b	0.032±0.003b	0.087±0.025a
LF	10.81±1.81a	3.77±0.96b	14.98±0.69a	5.82±1.50b	0.005±0.001a	0.002±0.000b	0.006±0.000a	0.002±0.000b
iPOM	11.81±2.62b	12.49±2.38b	19.67±2.43a	22.66±1.25a	0.005±0.001b	0.005±0.001b	0.009±0.001a	0.010±0.000a
mSOM	23.12±4.65a	8.79±1.79b	18.14±3.93ab	18.23±2.55ab	0.011±0.002a	0.004±0.001b	0.008±0.002ab	0.008±0.002ab
＜53μm	11.90±2.44a	4.39±0.04b	16.89±3.63a	18.02±2.45a	0.005±0.001ab	0.002±0.000b	0.007±0.002a	0.008±0.001a

注：不同字母表示处理间差异达 0.05 显著水平

采集 1989 年吉林省公主岭市长期定位试验不同耕作制度土壤样品，包括 CK(初始土壤，无植物生物量或任何肥料输入)、玉米连作(MM)和玉米–大豆轮作(MS)，均平衡配施无机肥与有机肥，包括氮素 50kg/hm^2、磷肥 82.5kg/hm^2 和钾肥 82.5kg/hm^2，配施 2.3×10^{4}kg/hm^2 的农家肥，主要为猪粪，三年为一个轮作周期，两年种植玉米、一年种植大豆。玉米和大豆对 SOC 库的相对贡献分别为 f_{C4} 和 f_{C3}，如图 5-4 所示，MS 体系下，在 0～20cm 土壤各粒级团聚体中，源于玉米的 SOC 贡献的比例百分数为 54.76%～63.99%，高于源于大豆的 SOC 贡献的比例百分数(36.01%～45.24%)。各粒级团聚体中，源于玉米的 SOC 的最大贡献百分数(63.99%)出现在 250～53μm 团聚体中；而在密度组分中，源于玉米的 SOC 的最大贡献百分数(平均 65.80%)出现在大颗粒团聚体(＞250μm)的 mSOM 组分中。

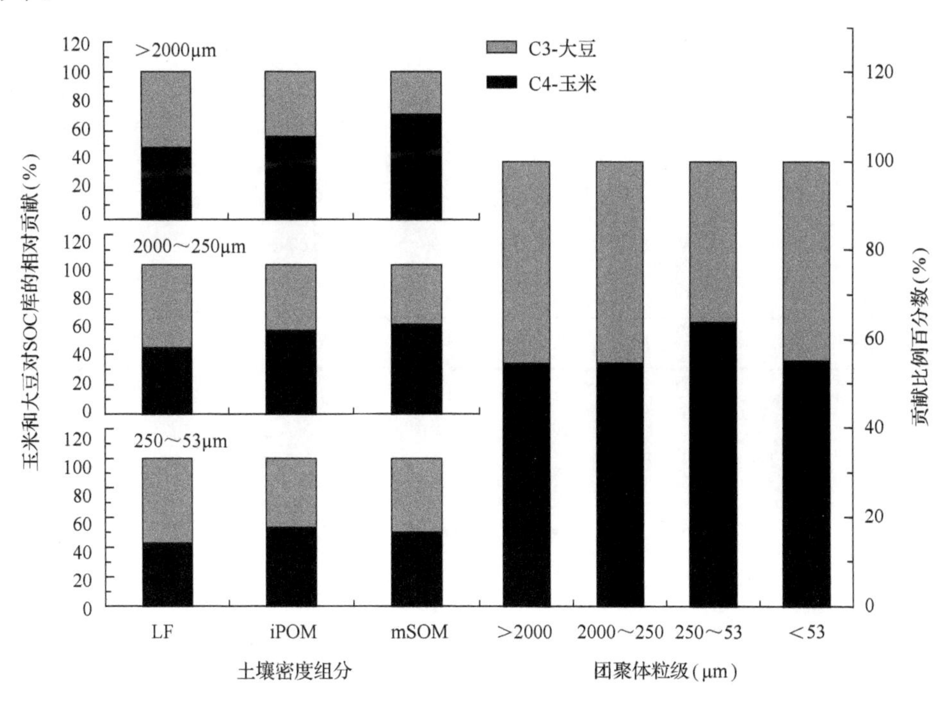

图 5-4　玉米-大豆轮作制度下玉米和大豆对 SOC 库的相对贡献

25 年的种植制度刺激了土壤各组分的新碳输入与老碳的降解速率(表 5-8)。MS 种植制度下土壤各粒级团聚体的新碳输入高于 MM 土壤；相应地，MS 土壤中老碳降解速率也相对较快。整体上，在土壤团聚体中，最大的新碳输入和最快的老碳降解速率出现在 250～53μm 团聚体中。MM 和 MS 土壤大颗粒团聚体(＞250μm)中 mSOM 的新碳输入高于 LF 和 iPOM；同时最快的老碳降解速率也出现在大颗粒团聚体(＞250μm)的 mSOM 中。另外，回归分析表明，长期的 MS 轮作土壤中，源于玉米的 SOC 贡献百分数与 MS 土壤的新碳输入(P＜0.01)和老碳降解速率(P＜0.05)均呈显著正相关关系(图 5-5)。

表 5-8　长期种植制度下土壤各组分的新碳输入(f_{new})和老碳降解速率

组分	f_{new}(%)		老碳降解速率(k，yr^{-1})	
	MM	MS	MM	MS
>2000μm	21.16±1.43	23.62±2.33	0.010±0.001	0.011±0.002
LF	12.85±2.03	40.49±5.03	0.006±0.002	0.021±0.005
iPOM	21.45±2.44	40.50±4.95	0.010±0.001	0.021±0.005
mSOM	61.99±14.07	44.63±5.01	0.063±0.012	0.026±0.005
2000～250μm	13.58±1.65	24.22±3.65	0.006±0.001	0.011±0.003
LF	16.27±3.06	29.70±5.44	0.007±0.002	0.015±0.003
iPOM	26.78±4.74	41.10±6.39	0.013±0.002	0.021±0.004
mSOM	73.94±8.75	49.49±6.11	0.065±0.013	0.032±0.005
250～53μm	51.77±3.69	73.38±5.47	0.029±0.003	0.057±0.004
LF	14.98±0.69	8.17±1.82	0.006±0.000	0.003±0.000
iPOM	19.67±2.43	32.40±3.99	0.009±0.001	0.016±0.002
mSOM	18.14±3.93	26.71±5.33	0.008±0.002	0.013±0.003
<53μm	16.89±3.63	32.71±4.21	0.007±0.002	0.016±0.002

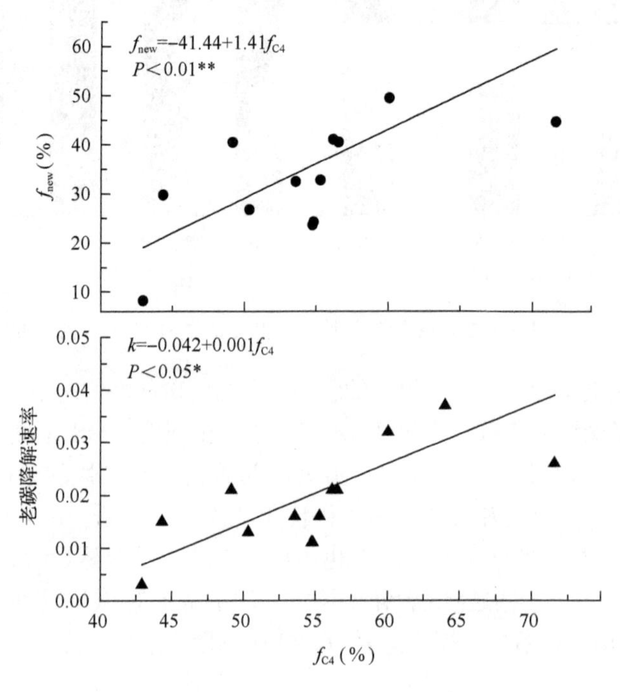

图 5-5　玉米–大豆轮作土壤中源于玉米的 SOC 贡献百分数(f_{C4})与新碳输入(f_{new})、老碳降解速率的回归关系

2. 秸秆还田对潮土有机碳及其组分的影响

与对照和NPK处理相比，长期秸秆还田显著提高了潮土有机碳含量(图5-6)，这一结果与黑土类似。同时，秸秆还田对所有有机碳组分含量均有提升作用(表5-9)，其中提升幅度最大的是水溶性有机碳。秸秆还田还提高了各粒径土壤有机碳含量(表5-10)。

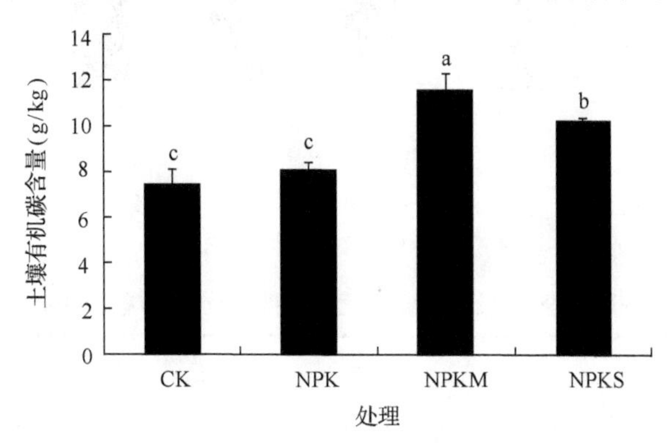

图5-6 不同施肥处理对潮土土壤有机碳含量的影响
不同字母表示处理间差异达0.05显著水平

表5-9 不同施肥处理对潮土有机碳组分含量的影响 (单位：g/kg)

处理	易氧化有机碳	颗粒有机碳	轻组有机碳	水溶性有机碳
CK	1.24±0.16	1.49±0.18	1.89±0.24	9.12±1.53
NPK	1.47±0.19	2.01±0.31	2.34±0.33	13.01±1.29
NPKS	2.59±0.42	3.56±0.45	3.87±0.23	15.94±1.89
NPKM	2.87±0.34	3.12±0.19	3.52±0.45	16.59±2.31

表5-10 不同施肥处理对潮土不同粒径土壤有机碳含量的影响(佟小刚等，2008)

处理	土壤有机碳含量(g/kg)				
	2000～53μm	53～5μm	5～2μm	0～0.2μm	<0.2μm
CK	5.30c	2.48c	41.11d	23.74d	22.24c
NPK	10.78b	3.41b	42.38cd	25.71cd	27.06b
NPKS	12.26b	4.64a	44.79abc	28.79b	29.53ab
NPKM	14.87a	4.72a	47.74a	33.18a	31.76a

注：不同字母表示处理间差异达0.05显著水平

3. 秸秆还田对红壤有机碳及其组分的影响

通过比较NPK和NPKS处理，发现秸秆还田处理对红壤有机碳含量无显著影响(图5-7)。从不同粒径土壤有机碳的分布来看，秸秆还田降低了较大粒径土壤有机碳含量，而增加了较小粒径土壤有机碳含量(表5-11)。

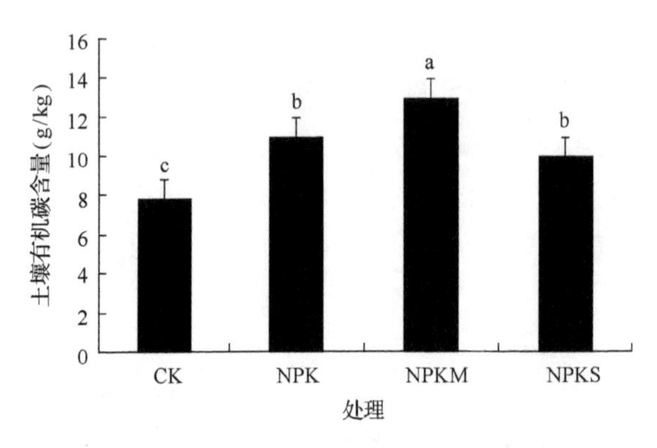

图 5-7　不同施肥处理对红壤土壤有机碳含量的影响

不同字母表示处理间差异达 0.05 显著水平

表 5-11　不同施肥处理对红壤不同粒径土壤有机碳含量的影响(佟小刚等，2008)

处理	土壤有机碳含量(g/kg)				
	2000～53μm	53～5μm	5～2μm	0～0.2μm	<0.2μm
CK	5.95d	3.16d	12.42c	10.54d	11.85d
NPK	14.76b	4.75b	16.83b	13.61bc	20.81b
NPKS	12.16c	3.70c	17.61b	14.05b	22.31a
NPKM	22.46a	7.11a	23.52a	18.96a	15.86c

注：不同字母表示处理间差异达 0.05 显著水平

5.1.2　秸秆还田对农田土壤氮素库容的影响

1. 秸秆还田对黑土氮库的影响

长期秸秆还田后，黑土全氮含量显著升高(图 5-8)，但没有有机肥效果好。秸秆还田主要提高了轻组有机氮含量，对重组有机质的氮含量无影响(表 5-12)。土壤轻组有机质主要来源于植物凋落物和根茬，秸秆还田相当于提高了土壤中凋落物的归还量。从不同土壤粒径角度来看，秸秆还田提高了粗颗粒和细颗粒有机质中氮的含量(表 5-13)，而对矿质结合有机质中氮的含量没有影响。秸秆还田有利于改善土壤结构，增加了土壤大团聚体的含量，提高了土壤的团聚能力(冀保毅等，2015)，因此秸秆还田形成的有机质主要存在于大团聚体中。

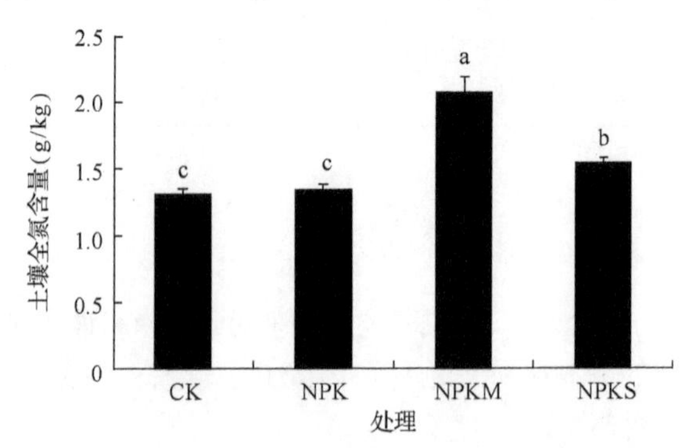

图 5-8　不同施肥处理对黑土全氮含量的影响

不同字母表示处理间差异达 0.05 显著水平

表 5-12　不同施肥处理对黑土氮组分含量的影响(梁尧，2012)　(单位：g/kg)

处理	游离态轻组	闭蓄态轻组	重组
NPK	1.73±0.01	0.45±0.42	97.8±0.43
NPKS	1.83±0.17	0.62±0.29	97.4±0.24
NPKM	3.83±0.40	1.19±0.29	95.0±0.48

表 5-13　不同施肥处理对黑土不同粒径中氮含量的影响(梁尧，2012)　(单位：g/kg)

处理	粗颗粒有机质	细颗粒有机质	矿质结合有机质
NPK	3.77±0.12c	3.61±0.08c	92.6±0.16a
NPKS	4.27±0.13b	4.11±0.37b	91.6±0.50a
NPKM	7.52±0.48a	6.61±0.17a	85.9±0.55c

注：不同字母表示处理间差异达 0.05 显著水平

2. 秸秆还田对潮土氮库的影响

潮土长期秸秆还田的结果表明，随着秸秆还田量的增加土壤全氮含量呈增加趋势(图 5-9)。秸秆还田提高了土壤微生物量氮和硝态氮含量，而对铵态氮含量影响不大(表 5-14)，而固定态铵的含量随着秸秆添加量的增加呈先增加后降低的趋势。秸秆还田提高微生物量氮主要是由于秸秆为微生物的生长提供了充足的碳源，促进了微生物的增长，从而加快了微生物对有机和无机氮的吸收(赵士诚等，2014)。高量秸秆还田降低土壤固定态铵的原因可能是秸秆添加促进微生物的增长，而微生物对氮需求的增加导致可固定铵态氮的减少，从而降低固定态铵的含量。秸秆还田能够提高土壤的孔隙度，增加土壤孔隙中的含氧量，有利于硝化作用的进行，促进铵态氮向硝态氮转化，提高土壤硝态氮的含量(巨晓棠等，2004)。

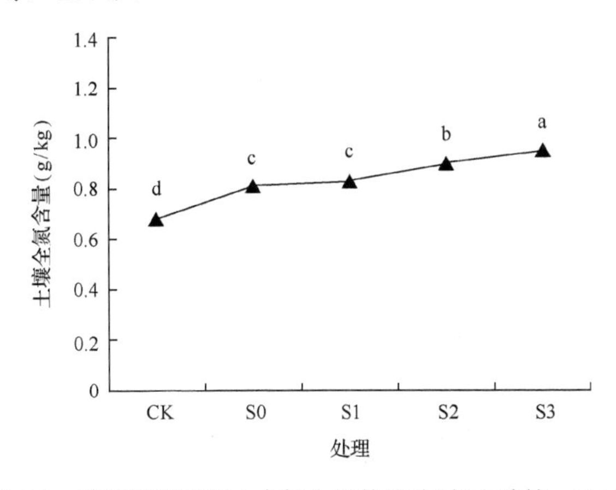

图 5-9　秸秆还田对潮土全氮含量的影响(赵士诚等，2014)

不同字母表示处理间差异达 0.05 显著水平。各处理为等量氮、磷肥用量下的 0kg/hm^2(S0)、2250kg/hm^2(S1)、4500kg/hm^2(S2)和 9000kg/hm^2(S3)秸秆还田处理

表 5-14 秸秆还田对潮土不同氮组分含量的影响(赵士诚等，2014) (单位：mg/kg)

处理	微生物量氮	固定态铵	铵态氮	硝态氮
CK	24.6e	154.2b	6.0a	5.6c
S0	29.5d	171.6a	5.9a	11.0b
S1	40.2c	173.1a	6.1a	10.8b
S2	48.2b	165.4ab	6.0a	11.3b
S3	55.6a	153.3b	5.5a	14.4a

注：不同字母表示处理间差异达 0.05 显著水平。各处理为等量氮、磷肥用量下的 0kg/hm^2(S0)、2250kg/hm^2(S1)、4500kg/hm^2(S2)和 9000kg/hm^2(S3)秸秆还田处理

3. 秸秆还田对红壤氮库的影响

与 NPK 处理相比，秸秆还田并没有显著提高红壤全氮含量(图 5-10)。刘震等(2013)的研究表明，虽然秸秆还田不能增加土壤全氮含量，但是提高了微生物量氮等有效性较高的氮素含量，对于满足作物的生长需求具有重要的意义。53～2μm 粒径中，秸秆还田降低了土壤氮素累积量；而秸秆还田显著提高了 2000～250μm 粒径土壤氮素累积量(图 5-11)，这主要是由于秸秆还田后，较难降解的部分主要存在于大团聚体中。

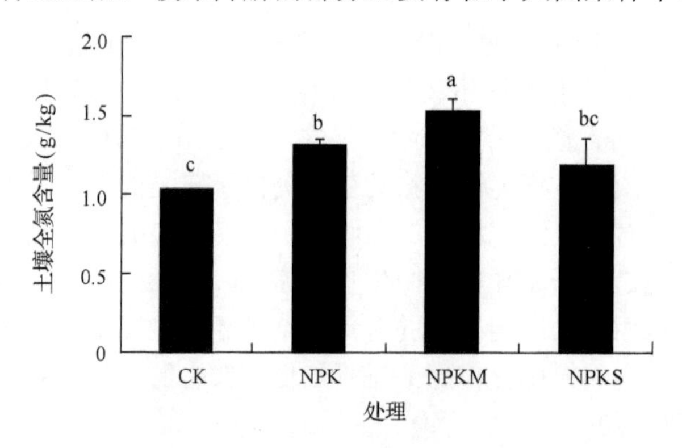

图 5-10 不同施肥处理对红壤潮土全氮含量的影响

不同字母表示处理间差异达 0.05 显著水平

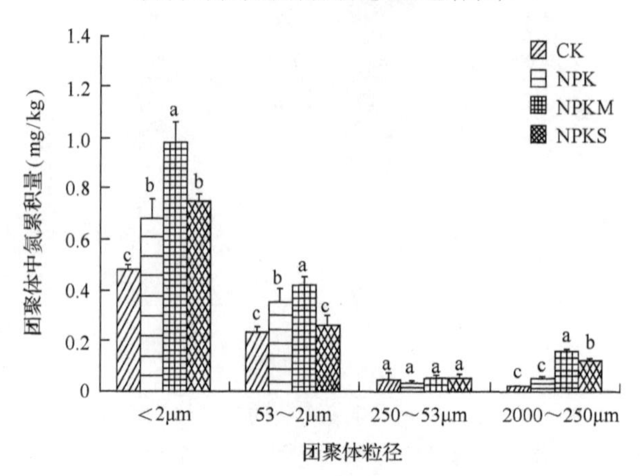

图 5-11 不同施肥处理对不同粒径中氮累积量的影响(刘震等，2013)

不同字母表示处理间差异达 0.05 显著水平

5.1.3 秸秆还田对农田土壤磷素库容的影响

1. 秸秆还田对黑土磷库的影响

长期秸秆还田后，黑土耕层土壤磷素库容(含量)约为 0.53g/kg，显著高于 NPK 处理(图 5-12)。按 30 年计算，秸秆还田处理下耕层土壤全磷库容的增量平均每年约增加 0.007g/kg。研究发现，长期秸秆还田能显著提高黑土无机磷的含量(图 5-13)，秸秆还田量越大，其

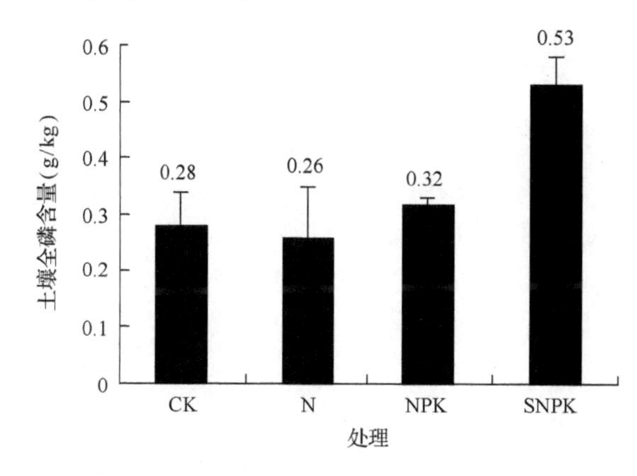

图 5-12　不同施肥处理对黑土全磷含量的影响

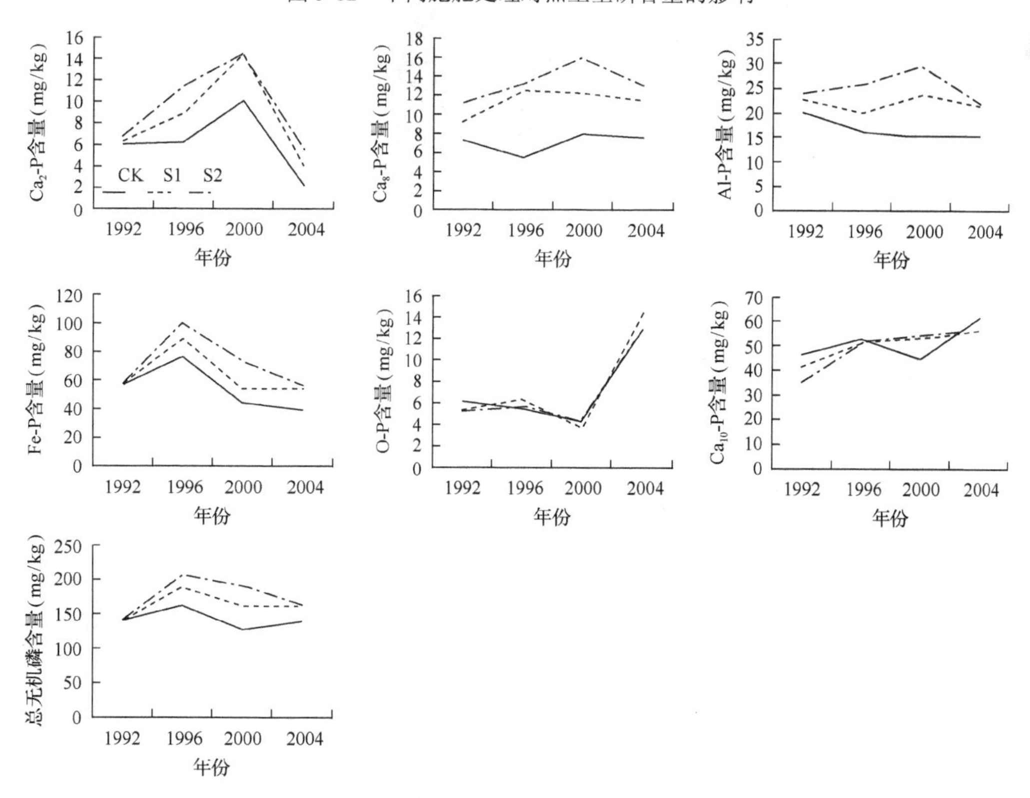

图 5-13　秸秆还田对黑土不同磷素含量的影响(吕海艳和李楠，2006)

S_1 为 0.25kg/m^2 玉米残体；S_2 为 0.5kg/m^2 玉米残体

提高的幅度越大。秸秆还田主要提高了黑土中有效性较高的二钙磷(Ca_2-P)和八钙磷(Ca_8-P)及铝磷(Al-P)和铁磷(Fe-P)含量，而对有效性较低的闭蓄态磷(O-P)及十钙磷(Ca_{10}-P)无显著影响。这表明秸秆还田能有效地提高黑土磷素库容，特别是有效态磷的库容。

2. 秸秆还田对潮土磷库的影响

长期添加秸秆后，潮土全磷含量略有升高(图 5-14)。通过比较 NPK 和 NPKS 处理，发现秸秆还田并不能提高土壤中 Olsen-P 的含量，而有机肥添加能显著提高 Olsen-P 的含量(图 5-15)，这可能是由于潮土中含有大量的 $CaCO_3$，当秸秆所含磷素经过微生物活动释放到土壤中后很快与 Ca^{2+} 结合成为难溶态的磷酸盐。而有机肥中的磷素要远远高于秸秆中磷素的含量，因此在提高土壤磷素水平上能发挥更大的作用。对不同处理下潮土磷素组分的研究发现，秸秆还田提高了土壤中 Ca_2-P 的含量，却显著降低了 Ca_8-P、Al-P、Fe-P、O-P、Ca_{10}-P 及总无机磷(Total-Pi)的含量(表 5-15)。

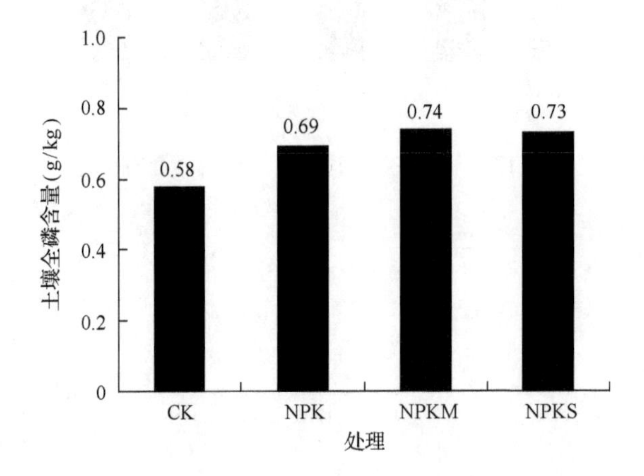

图 5-14　不同施肥处理对潮土全磷含量的影响(黄绍敏等，2006)

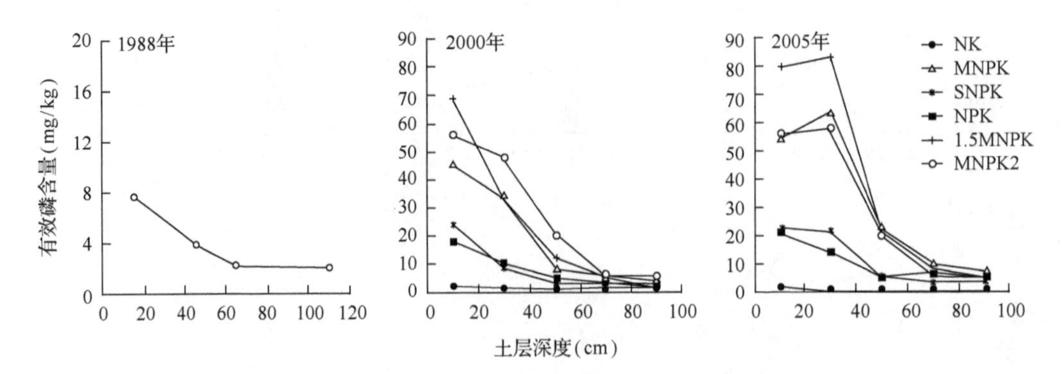

图 5-15　不同施肥处理对潮土有效磷含量的影响(黄绍敏等，2011)

1.5MNPK 表示 MNPK 处理中所有肥料的 1.5 倍；MNPK2 代表小麦–大豆轮作

表 5-15　不同处理下潮土磷素组分分布(介晓磊等，2007)　(单位：mg/kg)

处理	Ca_2-P	Ca_8-P	Al-P	Fe-P	O-P	Ca_{10}-P	Total-Pi
CK	5.59	61.74	21.9	28	53.68	314.56	485.46
NPK	16.24	66.68	55.81	39.11	71.48	331	580
NPKM	39.86	91.66	67.18	47.82	66.8	340.86	654.2
NPKS	18.52	65.54	48	34.99	62.77	311.87	541.7

3. 秸秆还田对红壤磷库的影响

通过比较红壤中 NPK 和 NPKS 处理发现，无论是土壤全磷还是有效态磷都没有受到秸秆还田的影响(图 5-16)。对无机磷的各组分进行研究表明，除 Ca_2-P 外，秸秆还田降低了 Ca_8-P、Al-P、Fe-P、O-P、Ca_{10}-P 和 Total-Pi 的含量；而有机肥施用则提高了以上各磷组分的含量，这表明秸秆还田对改善红壤磷素的作用不明显(表 5-16)。

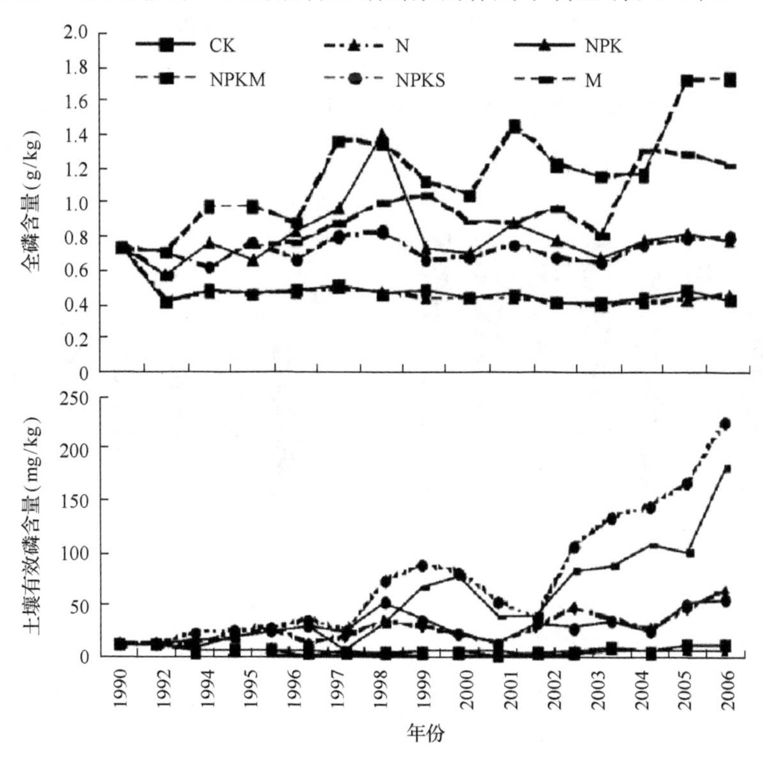

图 5-16　长期不同施肥处理对红壤土壤全磷和有效磷含量的影响(王伯仁等，2008)

表 5-16　不同处理下红壤土壤磷组分分布(王伯仁等，2007)　(单位：mg/kg)

处理	Ca_2-P	Ca_8-P	Al-P	Fe-P	O-P	Ca_{10}-P	Total-Pi
CK	10.1	2.29	5.81	128.76	243.69	18.37	503.49
NPK	19.5	13.13	81.76	369.4	362.84	35.67	992.19
NPKM	94.0	66.04	153.09	445.84	302.21	47.62	1350.75
NPKS	21.0	8.75	68.65	286.94	331.36	29.57	777.34

综上所述，秸秆还田能够提高黑土和潮土的全磷含量，但是对红壤的全磷含量没有影响。而秸秆还田有效地提高了黑土中总无机磷及大部分无机磷组分的含量，但是降低了潮土和红壤中除 Ca_2-P 以外其他无机磷含量。这可能是由于黑土中全磷和有效磷的含量较潮土和红壤低，低量的磷投入即可对其产生影响。而红壤较易淋溶，秸秆中磷释放后往往向下层土壤转移。

5.1.4 秸秆还田对农田土壤钾素库容的影响

1. 秸秆还田对黑土钾库的影响

吉林黑土中土壤全 K 含量在 NPKM 处理下显著高于 NP 处理(图 5-17，$P<0.05$)。从图 5-17B 可以看出，与对照组相比添加 K 处理(NK、PK、NPK、NPKM 和 NPKS)对提高耕层土壤(0～20cm)交换性 K 有比较显著的效果。其中有机肥的添加更是极大地促进了耕层土壤交换性 K 的含量，比对照高出 66.5%。在没有 K 添加的处理(N 和 NP)下，土壤交换性 K 显著低于对照($P<0.05$)。t 检验结果显示，0～20cm PK、NPKM 和 NPKS 处理中耕层土壤交换性 K 显著高于 20～40cm 土层。

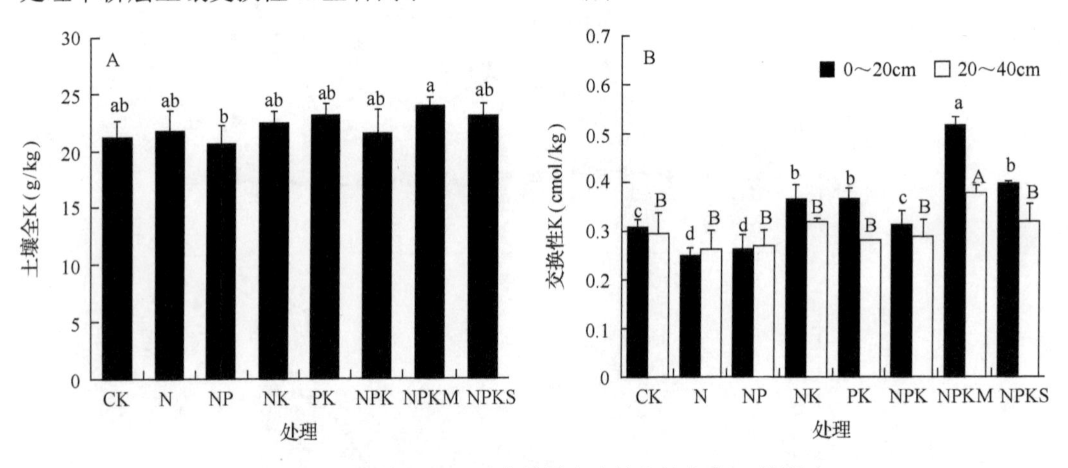

图 5-17　不同施肥处理对吉林黑土土壤和植物中 K 的影响

不同小写字母表示不同处理间的差异显著($P<0.05$)；图 B 中各柱状图上大写字母表示 20～40cm 土壤各处理间的差异显著

长期施用 K 肥并没有显著地提高吉林黑土土壤全 K 的含量(图 5-17A)，主要可能是作物的吸收所致，土壤全 K 含量的变化往往取决于 K 肥的施入量和植物的吸收之间的平衡(Simonsson et al., 2007)。植物对 K 素的需求量很高，其需求量要高于 P 素，接近于 N 素，因此施入土壤的 K 肥大部分被作物吸收。谭德水等(2007)等的研究发现施入土壤中的 K 肥主要以速效 K 的形式存在于土壤中，而且很快被植物消耗掉。另外，长期施用 N 和 P 肥会促进土壤中 K 素的释放(姚源喜等，2004)，降低土壤总钾的含量。长期 K 定位施肥甚至有可能降低土壤全 K 的含量(谭德水等，2007)。土壤交换性钾的含量在施用钾肥处理下显著提高(图 5-17B)，而有机肥处理要高于其他处理。一方面，是由于有机肥处理提高了土壤的阳离子交换量(CEC)，加强了土壤对 K 的吸附；Singh 等(2001)研究发现有机肥添加下土壤有机质从 6.0g/kg 增加到 7.4g/kg，土壤 CEC 从 3.5cmol/kg 提高到

4.5cmol/kg。另一方面，有机肥中含有大量的钾素可以补充土壤交换性 K 库。秸秆还田处理交换性 K 要低于有机肥处理。虽然很多研究表明秸秆还田对土壤交换性 K 的提高有很好的效果(Singh et al., 2002)，但是 Christensen(1985)的研究发现秸秆中的 K 较易淋失，这与 Zhang 等(2008)的研究发现一致。虽然 NP 处理下秸秆和种子中 K 的浓度要低于施 K 肥处理，但是由于其产量高，因此单位面积植物带走的 K 量较大，土壤中全 K 的含量就有所降低。姚源喜等(2004)研究发现长期施用 NP 肥会引起土壤矿物中 K 的释放，使土壤矿物从蒙脱石向蛭石转化。

2. 秸秆还田对潮土钾库的影响

长期施肥下河南潮土全 K 含量除 PK 和 NPKM 显著高于 NK 处理外，其他处理间没有表现出太大的差异(图 5-18A)。耕层(0～20cm)交换性 K 的浓度与是否施用 K 肥有很大关系(图 5-18B)，除 NPKM 处理外，其他含有 K 肥的处理都显著提高了耕层土壤交换性 K 的浓度($P<0.05$)。NK 和 PK 处理耕层土壤交换性 K 浓度大约为对照的 3 倍，NPKS 大约为对照的 2 倍。NP 和 NPKM 处理耕层土壤交换性 K 显著低于 20～40cm，而 NK、PK 和 NPKS 处理耕层土壤交换性 K 极显著高于 20～40cm 土层交换性 K。

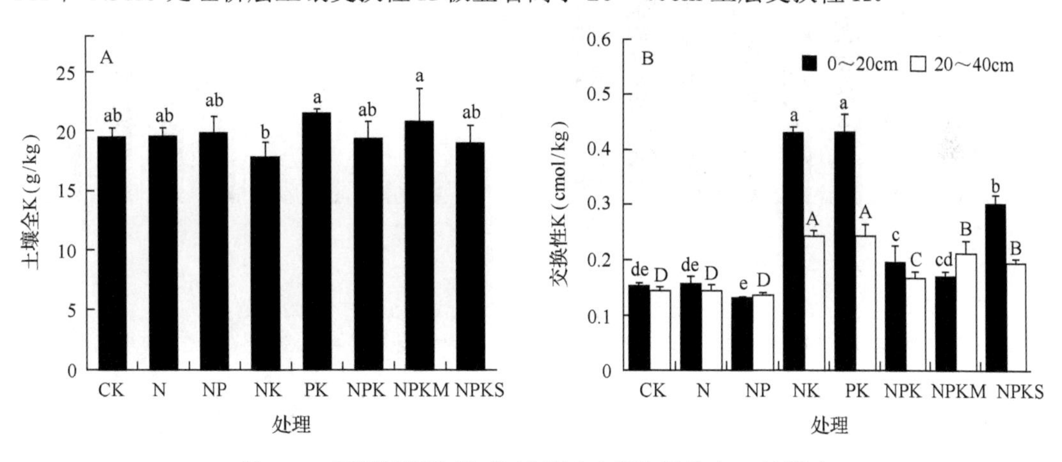

图 5-18　不同施肥处理对河南潮土土壤和植物中 K 的影响

不同小写字母表示不同处理间的差异显著($P<0.05$)，不同大写字母表示 20～40cm 土层各处理交换性 K 之间的显著差异

长期施肥对河南潮土全 K 含量无显著影响(图 5-18A)，与吉林黑土不同的是有机肥添加处理并没有显著提高潮土 0～20cm 土层交换性 K 的浓度。这是因为有机肥在钙质土壤中的降解速率要远远大于其他土壤类型，而降解过程中产生的酸会溶解碳酸盐，提高土壤溶液中 Ca 和 Mg 的浓度(Zhang et al., 2010)。钙镁离子能够交换土壤胶体表面吸附的 K，交换后的 K 进入土壤溶液随后淋溶。与黑土不同，潮土上植物秸秆中 K 的浓度与土壤交换性 K 的变化趋势不一致。Jalali(2006)认为用土壤交换性 K 来衡量土壤 K 的有效性不太准确，因为很多植物可以利用土壤中的非交换性 K；土壤矿物中 K 的释放速率往往是由土壤溶液中 K 的浓度控制，而非交换性 K 的浓度。所以，很多时候土壤中交换性 K 的浓度与植物中 K 的含量并没有太大的相关关系。

3. 秸秆还田对红壤钾库的影响

湖南红壤土壤全K各处理间没有显著差异(图5-19A)。耕层(0～20cm)和土层(20～40cm)交换性K的表现一致，在有K肥添加的情况下显著高于没有K肥添加处理(图5-19B)。有机肥添加处理对耕层土壤交换性K浓度的提高效果最好，较对照提高了691%。其次是PK处理，其交换性K的浓度约是对照的5倍。NP、NK、NPK、NPKM和NPKS处理0～20cm土层交换性K的浓度要显著高于20～40cm。同吉林黑土和河南潮土类似，长期施肥对湖南红壤全K没有影响(图5-19A)。而且K肥的施用显著提高了耕层土壤和20～40cm土层交换性K的含量(图5-19B)，这主要是因为湖南红壤的强淋溶特征(熊毅和李庆魁，1987)。从整体上看，长期施肥对土壤全K没有影响，但是显著地提高了土壤交换性K的含量。单位面积植物带走K的含量主要受作物产量的影响，而植物组织中K的浓度与土壤全K和交换性K的关系不太紧密(数据未显示)。

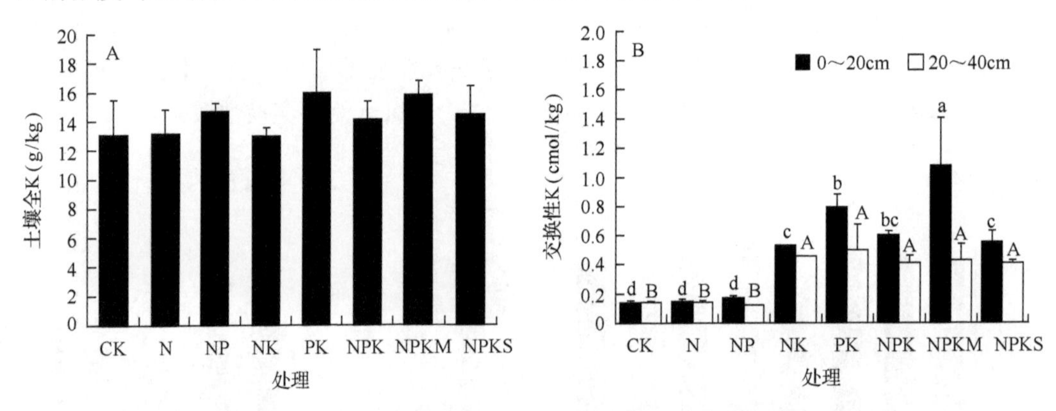

图5-19　不同施肥处理对湖南红壤土壤和植物中K的影响

不同小写字母表示不同处理间的差异显著($P<0.05$)，不同大写字母表示20～40cm土层各处理之间的差异显著

5.2　秸秆降解过程中养分释放微生物学机理

5.2.1　秸秆降解过程中有机组分的变化

秸秆主要包含两类物质，一类是半纤维素、纤维素、木质素等难腐解组分，这些物质是秸秆的主要组分；另一类是蛋白质、水溶性物质和醇溶性物质等易腐解组分，含量很低。秸秆腐解进程受制于秸秆中难腐解组分的含量与性质。秸秆中主要有机组分的含量因秸秆种类及部位而异。以水稻、小麦秸秆为例(表5-17)，总体而言，水稻秸秆C∶N低于小麦秸秆，可溶性糖含量高于小麦秸秆，其他有机组分(纤维素、半纤维素及木质素)低于小麦秸秆。茎秆与叶鞘在C∶N及有机组分上的差异因秸秆种类而异，水稻秸秆茎秆的C∶N显著低于叶鞘，小麦秸秆茎秆的C∶N则显著高于叶鞘。两种作物秸秆中，茎秆的纤维素含量显著高于叶鞘，而半纤维素和木质素含量显著低于叶鞘(表5-17)。

表 5-17　水稻、小麦秸秆碳氮比与主要有机组分含量

秸秆处理	C∶N	可溶性糖(mg/g)	纤维素(mg/g)	半纤维素(mg/g)	木质素(mg/g)
水稻茎秆	63.4∶1	28.26	284.6	192.4	173.6
水稻叶鞘	68.3∶1	26.87	254.4	211.6	212.4
	**	ns	**	**	*
小麦茎秆	83.2∶1	20.64	342.6	243.6	224.7
小麦叶鞘	80.1∶1	24.17	304.7	254.5	234.8
	**	ns	**	**	*

* $P<0.05$，** $P<0.05$；ns 表示差异未达显著水平

淹水培养试验表明，随着培养时间的推移，秸秆质量逐步降低，培养前期秸秆失重较快，后期失重较慢，水稻和小麦秸秆均呈这种趋势(图 5-20a)。两种秸秆的质量随培养时间的变化过程均可用方程 $y=a+b/(x+c)$ 模拟(y：秸秆质量，g；x：培养时间，d)。两种秸秆的加入量相同，淹水培养前 10d 两种秸秆的失重速度相近，但 10d 后水稻秸秆失重速度明显快于小麦秸秆，至培养结束时水稻秸秆剩余量明显低于小麦秸秆(图 5-20a)。说明在同样腐解条件下，水稻秸秆明显比小麦秸秆更容易腐解，主要表现为水稻秸秆在培养中后期可以维持更高的腐解速率。

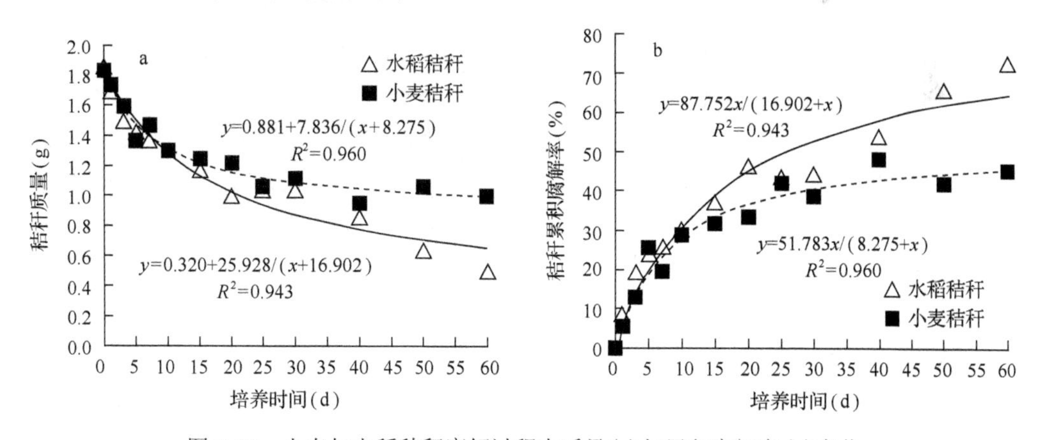

图 5-20　小麦与水稻秸秆腐解过程中质量(a)与累积腐解率(b)变化

根据秸秆的加入量及土壤中秸秆的残留量可以计算出秸秆不同时期的累积腐解率(%)。由图 5-20b 可见，随着腐解进程的推进，两种秸秆的累积腐解率均呈逐步上升趋势。水稻秸秆与小麦秸秆的累积腐解率在淹水初期(0～10d)相近，但其后小麦秸秆累积腐解率增加的幅度小于水稻秸秆，因而淹水培养后期的腐解率明显低于水稻秸秆(图 5-20b)。两种秸秆的累积腐解率随培养时间的变化过程均可用方程 $y=ax/(b+x)$ 模拟(y：秸秆累积腐解率，%；x：培养时间，d)。根据模拟方程可以分别计算出不同处理秸秆在培养结束(60d)时的累积腐解率与最大腐解率。水稻秸秆与小麦秸秆培养 60d 的累积腐解率分别为 66.6% 和 46.7%，相应的最大腐解率分别为 88.4%和 52.5%，水稻秸秆累积腐解率明显高于小麦秸秆，分别高出 20%和 36%。可见，与小麦秸秆相比，水稻秸秆后续的腐解潜力较大。

秸秆中可溶性糖是微生物的有效碳源，因而可迅速腐解。以小麦秸秆为例，淹水培养 10d 时可溶性糖的累积腐解率就已达到 90%，之后随培养时间推移累积腐解率基本没有变化(图 5-21)。可见，秸秆中可溶性糖可快速被微生物利用，不会影响秸秆整体腐解速率。

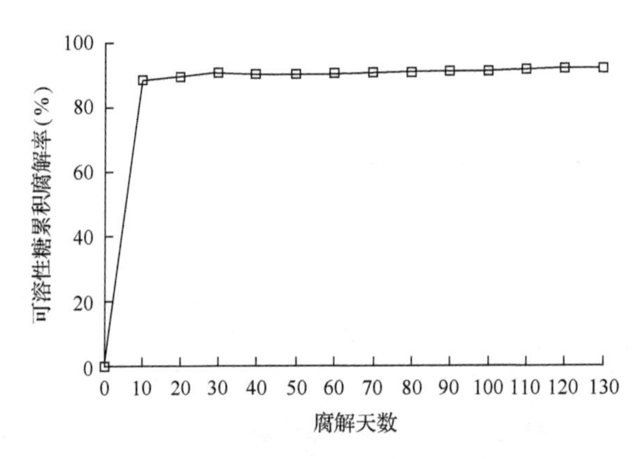

图 5-21　淹水培养过程中小麦秸秆可溶性糖的累积腐解率变化

纤维素、半纤维素是秸秆中的重要有机组分，也被认为是限制秸秆整体腐解速率的主要因子。小麦秸秆与水稻秸秆纤维素在淹水土壤中的腐解速率均表现出前期快、后期慢的特点。培养开始后两种秸秆纤维素的腐解速率均下降，下降的幅度表现为培养前期高于后期(数据未显示)。从纤维素腐解速率及其变化趋势看，小麦秸秆纤维素在 0～20d 为快速腐解期，之后为缓慢腐解期；而水稻秸秆纤维素初始腐解速率较低，但腐解速率下降幅度较小。此外，小麦秸秆纤维素在淹水前期(0～15d)的腐解速率明显高于水稻秸秆纤维素，但因其腐解速率下降幅度明显高于水稻秸秆纤维素，20d 后小麦秸秆纤维素的腐解速率反而低于水稻秸秆纤维素，直至培养结束(60d)；整个培养期水稻秸秆纤维素腐解速率变化幅度较小。

随着腐解进程的推进，纤维素的累积腐解率逐步上升。两种秸秆的纤维素腐解率随培养时间的变化过程均可用方程 $y=ax/(b+x)$ 模拟(y：秸秆纤维素累积腐解率，%；x：培养时间，d)。根据模拟方程可以计算出不同处理秸秆纤维素在培养结束(60d)时的最大腐解率。水稻秸秆与小麦秸秆纤维素培养 60d 的累积腐解率分别为 67.5%和 59.1%(不同处理平均值)，相应的最大腐解率分别为 99.1%和 74.8%，水稻秸秆纤维素累积腐解率明显高于小麦秸秆，分别高出 8%和 24%。可见，与小麦秸秆纤维素相比，水稻秸秆纤维素不仅有较高的腐解率，且后续的腐解潜力还较大。

图 5-22a 为秸秆半纤维素在淹水土壤中的腐解速率变化曲线，培养开始后两种秸秆半纤维素的腐解速率均下降，下降的幅度表现为培养前期高于后期。从半纤维素腐解速率及其变化趋势看，小麦秸秆半纤维素在培养 0～10d 为快速腐解期，之后为缓慢腐解期；而水稻秸秆半纤维素初始腐解速率较低，在培养 0～15d 为快速腐解期，之后为缓慢腐解期。由图 5-22 还可看出，小麦秸秆半纤维素在淹水初期(0～7d)的腐解速率明显高于水

稻秸秆，但因其腐解速率下降幅度明显高于水稻秸秆，培养 1 周后小麦秸秆半纤维素的腐解速率反而低于水稻秸秆，直至培养结束(60d)；整个培养期水稻秸秆半纤维素腐解速率变化幅度明显小于小麦秸秆。

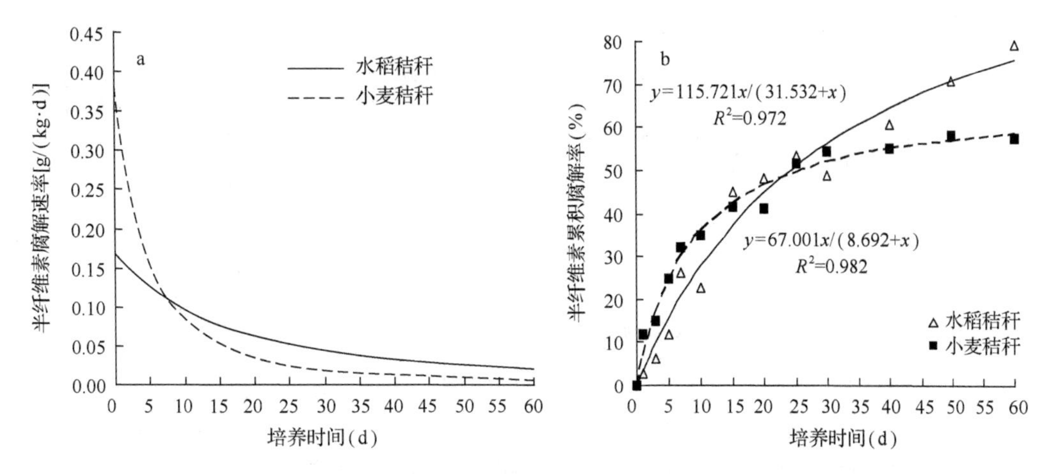

图 5-22　小麦与水稻秸秆半纤维素腐解速率(a)与累积腐解率(b)的变化

从秸秆半纤维素累积腐解率变化看，培养前 20d，小麦秸秆半纤维素累积腐解率高于水稻秸秆，20d 后则明显低于水稻秸秆(图 5-22b)。根据模拟方程可以计算出不同处理秸秆半纤维素在培养结束(60d)时累积腐解率与最大腐解率，水稻秸秆与小麦秸秆半纤维素培养 60d 的累积腐解率分别为 74.6%和 58.2%(不同施氮处理平均值)，相应的最大腐解率分别为 100%和 68.7%，水稻秸秆半纤维素累积腐解率及最大腐解率均明显高于小麦秸秆，分别高出 16%和 31%。

综上所述，秸秆中纤维素与半纤维素的腐解动态相近，两者 60d 的总腐解率也基本接近。但小麦秸秆纤维素与半纤维素前期腐解速率均高于水稻秸秆，中后期则慢于水稻秸秆，总腐解率表现为水稻秸秆高于小麦秸秆。说明不同秸秆中的纤维素与半纤维素因链长与结构的差异，耐腐解能力也存在差异，相关机理需要进一步探讨。

木质素是秸秆中较难腐解的有机组分，其腐解状况对秸秆总体腐解进程有重要影响。由图 5-23a 可见，木质素腐解速率在培养早期急剧下降，之后下降幅度减缓，20d(3 周)后腐解速率已降至很低。除培养初期水稻秸秆木质素腐解速率略高于小麦秸秆外，两种秸秆木质素腐解速率及其变化基本一致。两种秸秆木质素累积腐解率(%)的变化趋势也较接近(图 5-23b)，除培养初期水稻秸秆木质素累积腐解率略高于小麦秸秆外，60d 的累积腐解率无明显差异，均在 50%左右。可见，在相同的培养条件下，秸秆木质素腐解特征与秸秆种类关系不大。值得注意的是，秸秆木质素虽然难以腐解(总腐解率低于纤维素与半纤维素)，仍存在活跃腐解期(0～3 周)，即木质素腐解主要发生在腐解开始后的前 3 周。

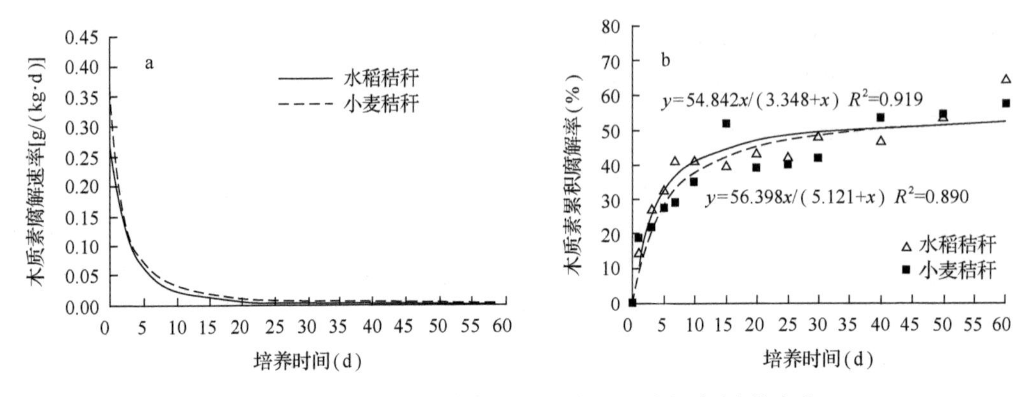

图 5-23　秸秆中木质素腐解速率(a)与累积腐解率(b)的变化

5.2.2　秸秆降解过程中的养分释放规律

在江西、湖北、河南和黑龙江试验点通过田间埋放秸秆袋方法研究秸秆(玉米秸秆)降解过程中养分释放特性及与微生物群体结构的关系。由图 5-24 可知，在秸秆降解开始的前 2 个月，降解率较快，秸秆降解率依次为湖北＞江西＞河南＞黑龙江，分别为 44.5%、40.3%、32.9%和 17.2%。此后湖北、江西和河南试验点降解率呈平稳增加，而黑龙江试验点增加仍较慢，180d 后(次年 4 月底)黑龙江试验点土壤温度开始回升，秸秆降解率也开始显著增加。180d 后，湖北、江西、河南和黑龙江秸秆分别分解了 64.5%、47.5%、46.1%和 27.2%。一年后(365d)，湖北、江西、河南和黑龙江秸秆分别分解了 81.8%、71.1%、70.8%和 66.1%。

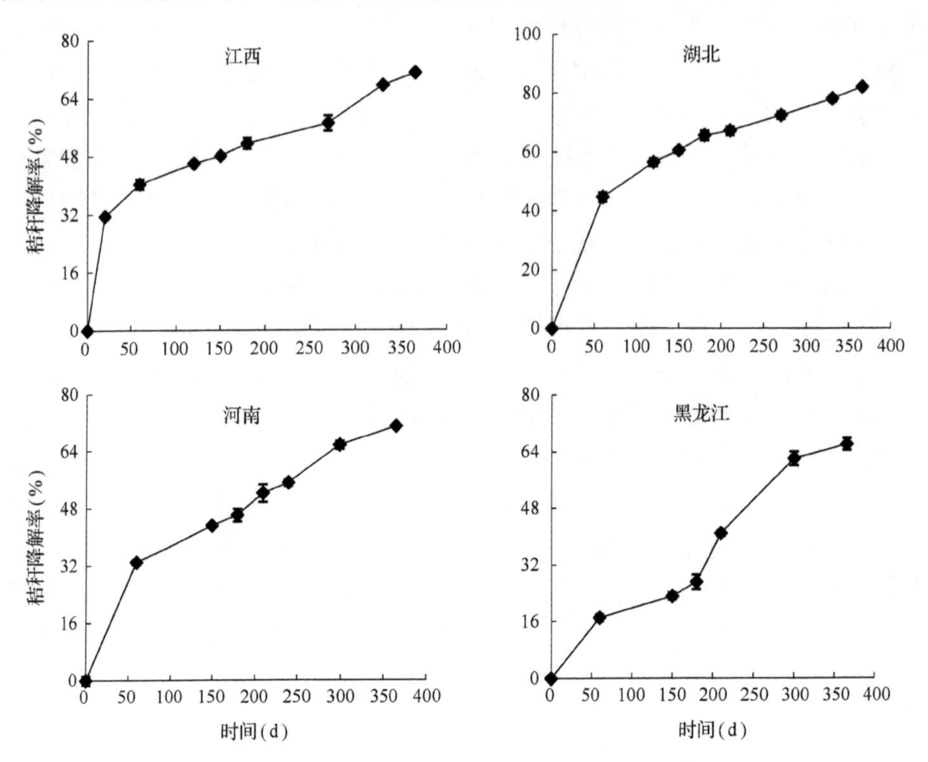

图 5-24　江西、湖北、河南和黑龙江试验点秸秆降解过程中降解率变化

在江西和湖北试验点，开始的 120d 秸秆 C∶N 变化不大，120d 后开始随时间进展显著降低(图 5-25)，一年后秸秆 C∶N 分别由原始的 57 变为 34.5 和 33.8；河南秸秆 C∶N 在开始 150d 变化不大，150d 后开始随时间显著降低，一年后秸秆 C∶N 由原始的 57 降为 38.4；而在黑龙江，秸秆 C∶N 200d 后才开始显著降低，一年后秸秆 C∶N 降为 36.8。

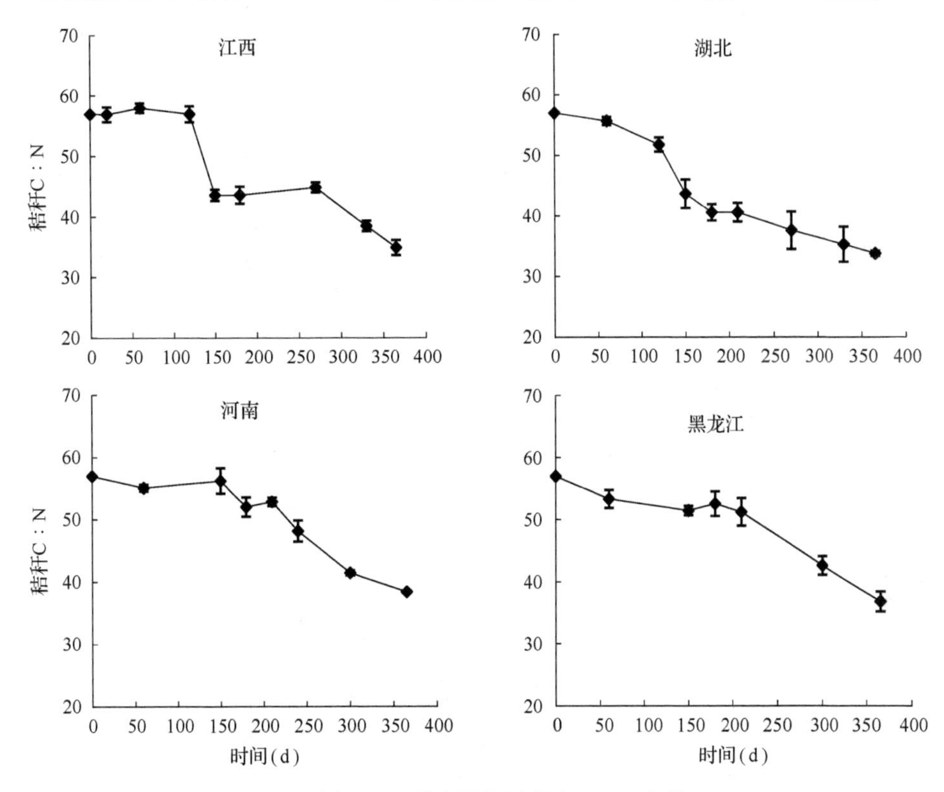

图 5-25　秸秆降解过程中 C∶N 变化

在江西试验点，秸秆氮素前期释放较快，开始的前 20d 释放了总氮量的 42.0%，前 60d 释放了总氮量的 51.4%，此后释放速率趋于缓慢，一年后(365d)释放了总氮量的 67.0%(图 5-26)。秸秆磷素前期释放也较快，前 20d 释放了总磷量的 28.0%，前 60d 释放了总磷量的 36.2%，此后释放速率趋于缓慢，200d 后又快速释放，一年后释放了总量的 67.9%。在湖北和河南试验点，秸秆氮磷素释放变化相似，开始前 60d 氮素释放较快，前 60d 分别释放了总氮量的 36.5%和 39.3%，此后释放速率趋于缓慢增加，一年后释放了总氮量的 61.4%和 66.3%；秸秆磷素前期释放也较快，前 150d 分别释放了总磷量的 53.3%和 39.8%，此后释放速率缓慢增加，一年后分别释放了总量的 82.6%和 69.6%。在黑龙江，由于秸秆埋入土后(10 月)土壤温度很快降低至 0℃以下，前期秸秆养分释放较慢，开始 150d 氮素释放量仅为总氮量的 20.3%，磷素释放量为总磷量的 11.8%，此后(次年 5 月)随土壤温度升高秸秆氮磷释放速率显著增加，300d 后又趋于缓慢，一年后释放了秸秆总氮磷量的 53.6%和 67.3%。

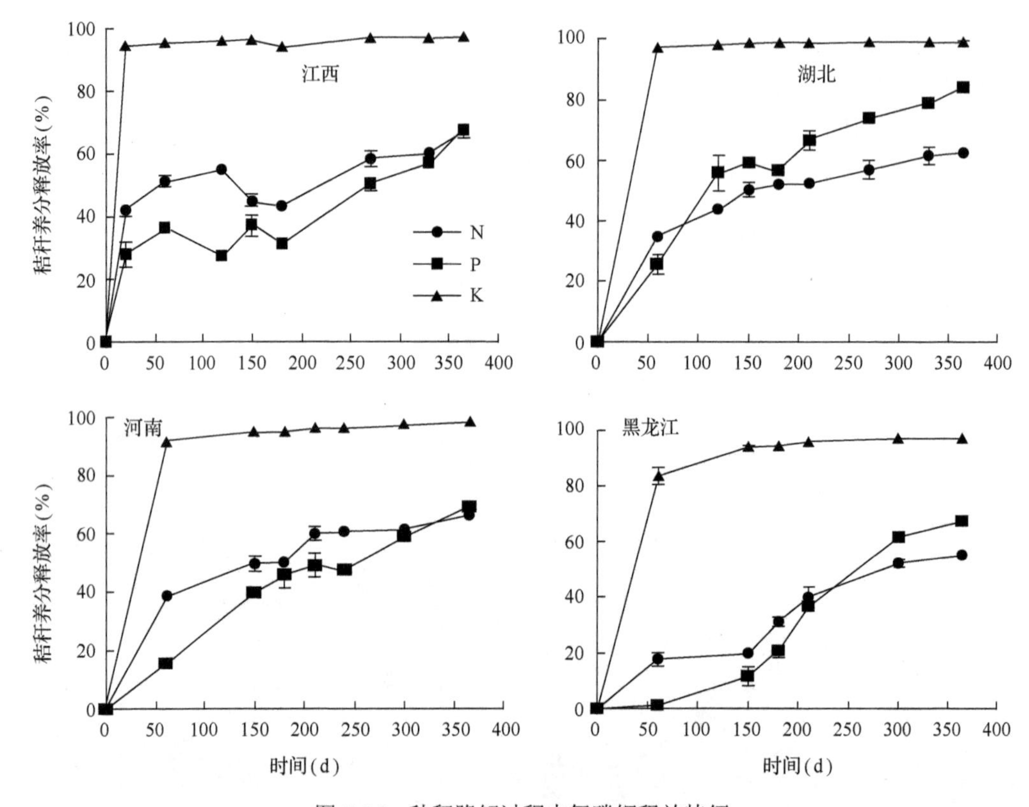

图 5-26　秸秆降解过程中氮磷钾释放特征

4 个试验点(江西、湖北、河南、黑龙江)的秸秆钾素释放特征相似，秸秆埋入土壤后钾素释放较快，在开始的 20～60d，秸秆钾的释放量分别为总钾量的 94.4%、97.1%、91.5%和 83.5%，此后江西、湖北和河南试验点基本没有显著变化，黑龙江试验点 60d 后仍缓慢释放，150d 后达总钾量的 93.9%，此后也趋于平稳，变化不大。

以上结果表明，玉米收获秸秆还田后，由于温度影响，秸秆养分在华北和长江中下游地区释放显著快于东北地区。秸秆钾素释放较快，在我国华北和长江中下游温度较高地区 20～60d 可释放总钾量的 90%以上，而在温度较低的黑龙江也可释放总量的 80%以上。在我国华北和长江中下游氮磷素前 60d 释放较快，分别释放了总量的 36.5～51.4%和 15.2～36.2%。在黑龙江，150d 后养分释放才开始显著增加。

5.2.3　秸秆降解中土壤酶活性变化

土壤酶在秸秆分解中起着重要的作用。在江西和黑龙江试验点，秸秆内所有水解酶活性均随降解时间的延长逐步降低，其中秸秆降解过程中 β-葡糖苷酶的活性显著高于纤维二糖水解酶、β-木糖苷酶、几丁质酶、氨基肽酶和磷酸酶，其中 β-木糖苷酶活性最低(图 5-27)。在河南试验点，氨基肽酶活性在秸秆降解的开始阶段呈降低趋势，自 6 月后又逐步增加，且其活性显著高于其他水解酶；纤维二糖水解酶、几丁质酶、β-葡糖苷酶和磷酸酶活性在降解过程中均表现为降低—增加—再降低的趋势，其中 β-葡糖苷酶在前期活性最高，而 β-木糖苷酶活性最低；除氨基肽酶外，其他酶在 10 月的活性均低于 5 月的活性。

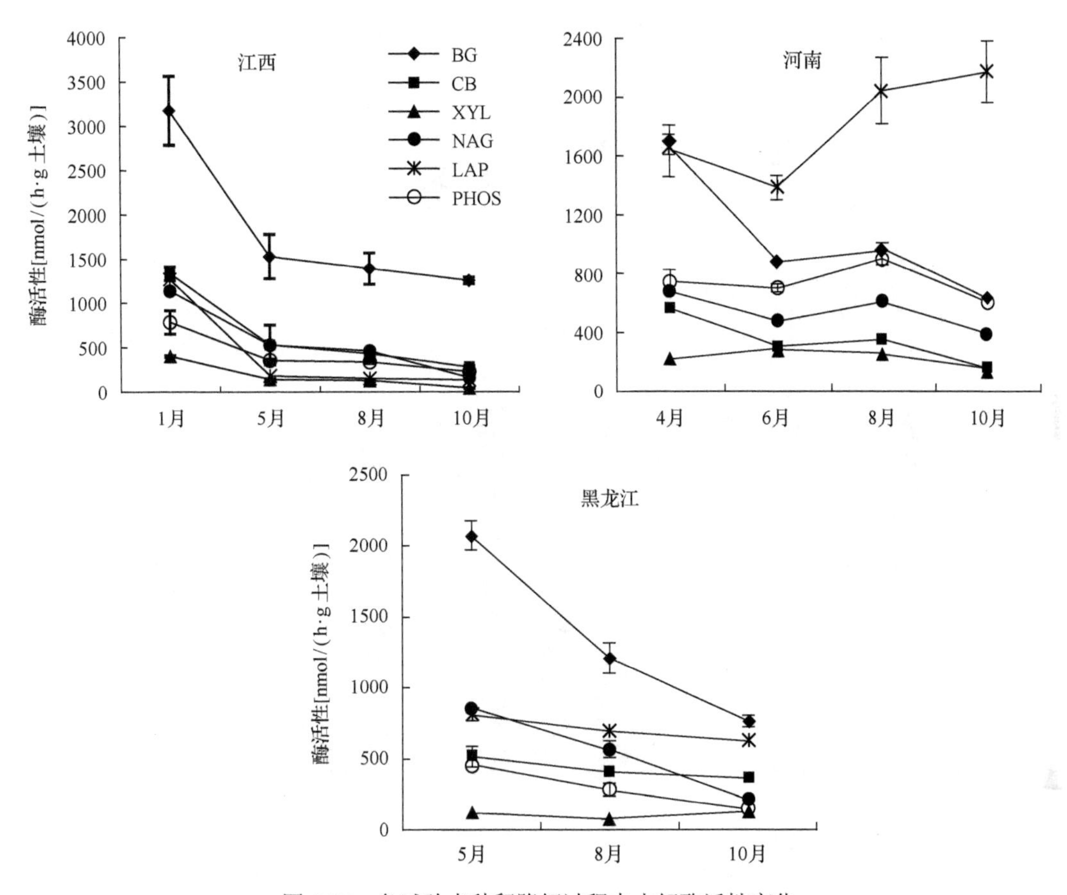

图 5-27　各试验点秸秆降解过程中水解酶活性变化

BG. β-葡糖苷酶；CB. 纤维二糖水解酶；XYL. 木糖苷酶；NAG. 几丁质酶；LAP. 氨基肽酶；PHOS. 磷酸酶

5.2.4　秸秆降解中土壤微生物群落结构变化

通过对秸秆内细菌的高通量测序分析可知(图 5-28)，在秸秆降解过程中，大多数细菌菌群的相对丰度变化较大。总体来说，细菌的多样性在秸秆降解过程中逐步增加。在江西秸秆降解过程中，变形菌门(Proteobacteria)丰度呈逐步降低趋势，而在河南和黑龙江，则没有显著变化；在江西、河南和黑龙江秸秆腐解过程中，拟杆菌门(Bacteroidetes)丰度呈逐步降低趋势；在江西和河南秸秆腐解过程中，放线菌门(Actinobacteria)丰度呈逐步增加趋势，而在黑龙江呈逐步降低趋势；对于酸杆菌门(Acidobacteria)，江西和河南试验点秸秆降解前期的丰度极低，在中后期显著增加，且其在河南和黑龙江降解后期的相对丰度远低于江西点，绿弯菌门(Chloroflexi)和 Saccharibacteria 的相对丰度在秸秆降解中的变化与酸杆菌门(Acidobacteria)相似；在所有试验点秸秆降解过程中，疣微菌门(Verrucomicrobia)的相对丰度没有明显变化。结果说明，在秸秆降解过程中细菌的菌群结构发生显著变化，秸秆降解过程中参与降解的细菌菌群结构和各菌群的相对丰度主要受秸秆组成、质量的影响，且不同的细菌菌群在秸秆降解的不同阶段作用不同，前期主要是拟杆菌门(Bacteroidetes)起作用，后期主要是酸杆菌门(Acidobacteria)、绿弯菌门(Chloroflexi)和 Saccharibacteria 起主要作用。

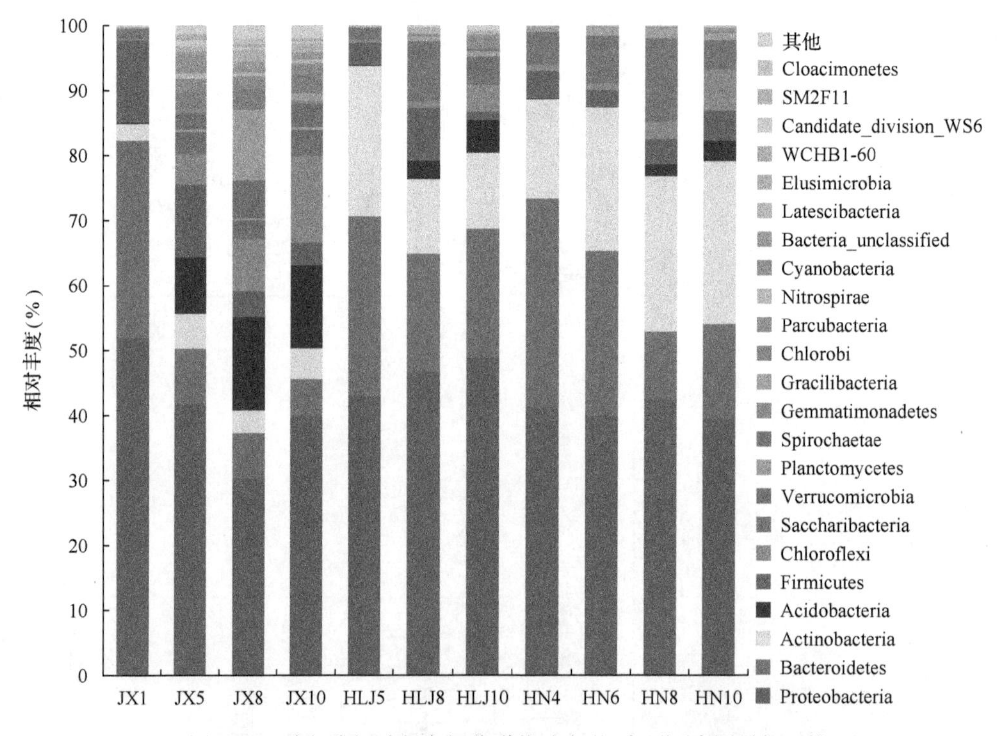

图 5-28 秸秆降解过程中细菌群落动态(门水平)(彩图另扫二维码)

JX. 江西；HLJ. 黑龙江；HN. 河南。各试验点后数字表示采样月份。Bacteria_unclassified 表示未分类的细菌菌群

对秸秆腐解真菌的高通量测序分析可知(图 5-29)，在秸秆降解过程中真菌群体组成变化较大，其中江西和黑龙江试验点较为显著，且不同试验点的变化趋势也不一致。在江西点，秸秆内子囊菌门(Ascomycota)丰度随时间进展呈逐步降低趋势，而未能鉴定的真菌菌群(unidentified)呈逐步增加趋势，自 5 月开始，球囊菌门(Glomeromycota)菌群丰度开始显著增加。在黑龙江点，秸秆内子囊菌门(Ascomycota)和未能鉴定的真菌菌群(unidentified)丰度随时间进展变化与江西相似，而其变化幅度显著高于江西点，且子囊菌门(Ascomycota)各时期的丰度均显著低于江西，未能鉴定的真菌菌群(unidentified)丰度高于江西，担子菌门(Basidiomycota)的丰度显著高于江西，且其在后期显著降低，接合菌门(Zygomycota)随秸秆降解呈降低趋势。在河南点，秸秆内子囊菌门(Ascomycota)丰度变化不显著，而担子菌门(Basidiomycota)的丰度随时间进展显著降低，接合菌门(Zygomycota)菌群丰度随时间进展显著增加。结果说明，在秸秆降解过程中，前期主要由担子菌门(Basidiomycota)起作用，而后期由接合菌门(Zygomycota)和球囊菌门(Glomeromycota)起主要作用。

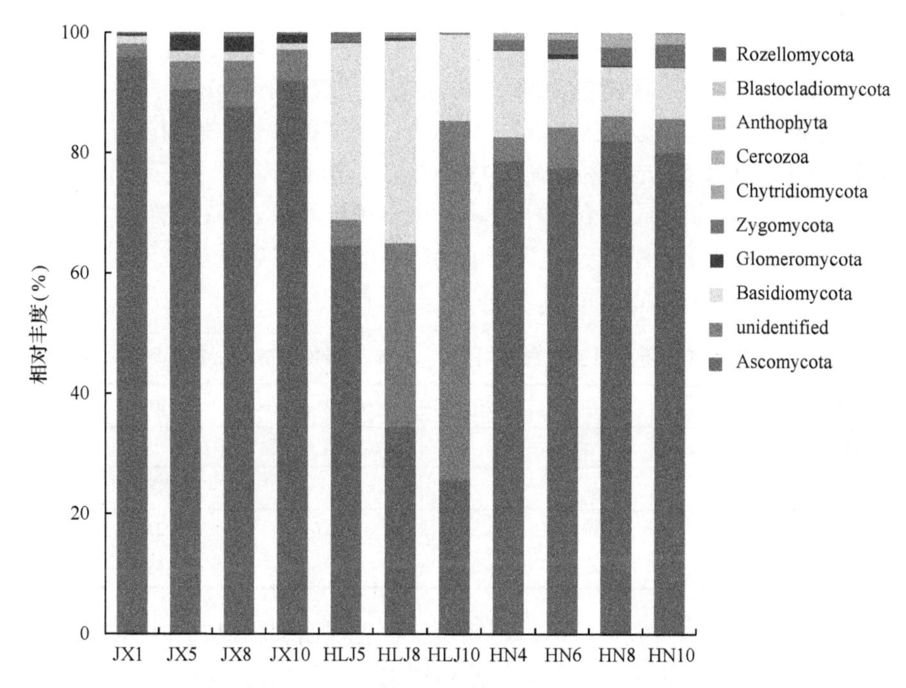

图5-29　秸秆降解过程中真菌群落结构变化(门水平)(彩图另扫二维码)

JX. 江西；HLJ. 黑龙江；HN. 河南。各试验点后数字表示采样月份

5.2.5　秸秆还田碳氮互作的微生物学机理

1. 氮素管理对秸秆降解速率及累积腐解率的影响

从前述研究结果看，秸秆及其有机组分的腐解均呈现前期较快、后期较慢的特点。在直接还田条件下，秸秆的活跃腐解期正是作物的立苗阶段。因此，调节秸秆腐解进程对于减轻秸秆快速腐解阶段对作物生长的不利影响有重要作用。土壤微生物通过腐解秸秆获取生长、增殖所需的碳源及氮素等矿质养分。农田氮素管理可以通过调节土壤有效氮水平而影响秸秆的腐解进程。

由表5-18可见，水稻秸秆与小麦秸秆培养60d的累积腐解率分别为66.6%和46.7%(不同施氮处理平均值)，相应的最大腐解率分别为88.4%和52.5%，水稻秸秆累积腐解率及最大腐解率均明显高于小麦秸秆，分别高出20%和36%。可见，与小麦秸秆相比，水稻秸秆不仅在培养期间有较高的腐解率，后续的腐解潜力也较大。施氮处理(+N)两种秸秆的累积腐解率均高于不施氮处理(–N)，水稻秸秆和小麦秸秆总腐解率分别提升了4.1%和2.4%，总体提高幅度不大。

表5-18　不同处理秸秆在培养期结束(60d)时累积腐解率与理论最大腐解率　(单位：%)

处理		腐解60d累积腐解率	最大腐解率
水稻秸秆	–N	64.56	87.75
	+N	68.67	88.97
小麦秸秆	–N	45.51	51.78
	+N	47.87	53.18

如果将培养结束(60d)时的总累积腐解率作为100%，由模拟方程可以计算出完成总腐解率的25%、50%及75%所需的时间(d)，结果列于表5-19。由表5-19可见，水稻秸秆完成总腐解率25%、50%及75%所需的时间均比小麦秸秆长。例如，不施氮与施氮处理，水稻秸秆完成总腐解率75%分别需要23.8d和24.4d，而小麦秸秆需要16.0d和13.9d，可见，水稻秸秆在腐解进度上明显比小麦秸秆慢。施氮处理对两种秸秆腐解进度有一定的影响，表现为施氮使水稻秸秆完成腐解进度所需的时间略有延长，但明显缩短了小麦秸秆完成腐解进度所需的时间。

表5-19　水稻和小麦秸秆完成总腐解率的25%、50%、75%所需的时间　(时间：d)

处理	累积腐解率占总腐解率的比例					
	25%		50%		75%	
	水稻	小麦	水稻	小麦	水稻	小麦
–N	4.1	2.3	10.8	6.5	23.8	16.0
+N	4.2	1.9	11.1	5.5	24.4	13.9

上述结果表明，在本研究条件下，施氮对秸秆表观腐解率提升作用较小，但可以影响秸秆的腐解进程。施氮延缓了水稻秸秆的腐解进程，但加快了小麦秸秆的腐解进程。

2. 不同有机组分降解对氮素供应反应的差异

施氮对秸秆不同有机组分的腐解具有一定的调节作用，但调节的方向与程度存在差异，水稻和小麦秸秆有机组分腐解对施氮的反应也存在差异。以淹水培养60d的累积腐解率为例，施氮对半纤维素的腐解具有一定的促进作用，对纤维素、木质素的腐解则有抑制或延缓作用(表5-20)。来源于不同秸秆的有机组分腐解对施氮的反应存在差异，水稻秸秆的半纤维素和木质素腐解对施氮的反应大于小麦秸秆，而施氮对小麦秸秆纤维素腐解的抑制作用明显高于水稻秸秆(表5-20)。

表5-20　不同处理秸秆有机组分在培养期结束(60d)时的腐解率　(单位：%)

组分		秸秆来源	
		水稻	小麦
半纤维素	–N	73.22	57.78
	+N	75.85	58.52
		+2.63	+0.74
纤维素	–N	69.27	64.22
	+N	65.68	54.01
		–3.59	–10.21
木质素	–N	60.18	52.58
	+N	51.94	51.96
		–8.24	–0.62

3. 氮素管理对秸秆腐解的调节作用与土壤有效氮的关系

施氮对秸秆腐解的调节作用与土壤基础有效氮水平关系密切。如果将培养结束时秸秆的累积腐解率看成 100%，完成 25%、50%、75%所需的时间(d)可以反映秸秆的腐解进程。由表 5-21 可见，在土壤有效氮水平较高的高产稻田，施氮实际上较大幅度地延缓了小麦秸秆的腐解进程；在不施氮情况下，小麦秸秆完成总腐解率 25%、50%、75%所需的时间分别为 3.3d、8.4d、16.7d，而在施氮条件下分别延长了 5.8d、12.1d、24.5d。在土壤有效氮水平较低的一般农田土壤上，施氮对小麦秸秆腐解的调节作用则表现为相反的趋势，即施氮加快了小麦秸秆的腐解进程，但幅度不大。

表 5-21　不同土壤小麦秸秆完成总腐解率 25%、50%、75%所需时间对施氮反应上的差异

土壤有效氮水平		腐解进程		
		25%	50%	75%
高产稻田(96.0mg/kg)	−N	3.3	8.4	16.7
	+N	9.1	20.5	41.2
		+5.8	+12.1	+24.5
一般农田(63.3mg/kg)	−N	2.3	6.5	16.0
	+N	1.9	5.5	13.9
		−0.4	−1.0	−2.1

4. 氮肥运筹下玉米生育期内土壤细菌群落结构和多样性动态变化

秸秆还田对微生物群落结构组成和多样性的影响一直以来受到广泛关注，然而目前大多相关研究还限于采用传统培养方法分析微生物群落组成(刘军等，2012；徐蒋来等，2015)，采用基于遗传标记测序的分子生态学手段研究秸秆还田对微生物群落结构和多样性的影响，目前还鲜有报道(赵勇等，2005；刘骁蒨等，2013)。在本节研究中，我们通过 16S rDNA 高通量测序方法，分析了秸秆还田对土壤细菌多样性和群落结构组成的影响，并结合土壤理化性质的变化，探讨了秸秆还田碳氮互作的微生物生态学机理。

结果表明，施加氮肥显著降低细菌 α-多样性，这可能与氮肥添加后导致土壤酸化有关(图 5-30)。很多研究表明，土壤酸化是高浓度氮肥导致微生物多样性降低的主要原因(Li et al.，2016)。细菌 α-多样性在生育期内具有明显波动，灌浆期最低，收获后最高。但秸秆还田对细菌 α-多样性无明显影响。细菌 α-多样性与土壤中的可溶性有机碳、氮显著负相关，表明在养分富集的选择压力下，微生物多样性减少，可能富营养微生物类群被大量富集。

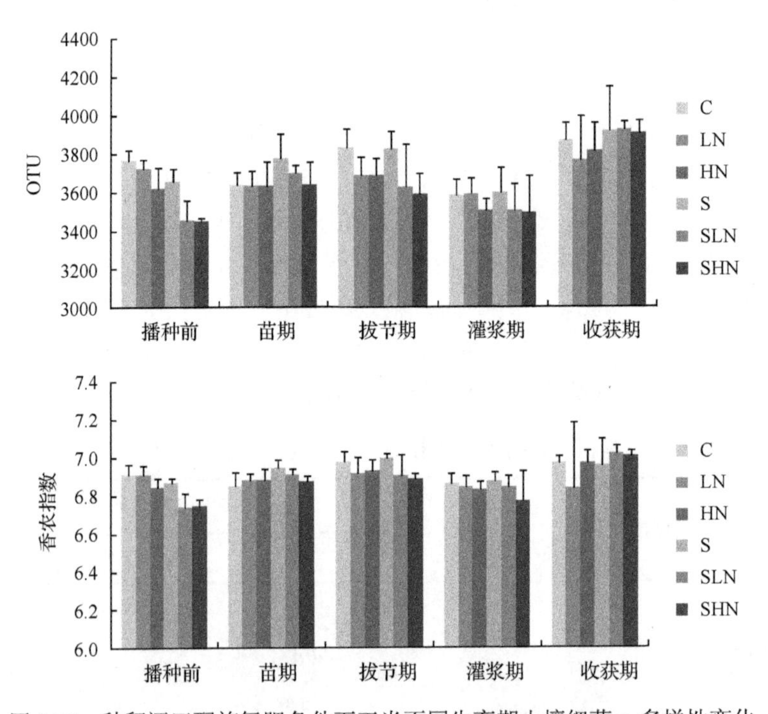

图 5-30　秸秆还田配施氮肥条件下玉米不同生育期土壤细菌 α-多样性变化

C. 不添加秸秆；LN. 低浓度氮肥；HN. 高浓度氮肥；S. 添加秸秆；SLN. 低浓度氮肥+秸秆；SHN. 高浓度氮肥+秸秆

从总体微生物群落结构变化来看，虽然单独添加秸秆处理对微生物群落结构无显著影响(CK vs. S，相似性分析 ADONIS，$P>0.05$)，但施加氮肥后，秸秆还田处理和无秸秆还田处理的细菌群落结构沿 X 轴明显分开(图 5-31)，表明秸秆和氮肥同时施用对微生物群落结构的改变具有明显的复合作用。但不管是否添加秸秆，低浓度氮肥和高浓度氮肥处理(LN vs. HN 和 SLN vs. SHN)对微生物群落结构的影响均无明显差异(ADONIS，$P>0.05$)，表明在秸秆还田条件下，减少氮肥施用量对土壤细菌群落结构影响不大。由此，我们也推测减施氮肥对土壤微生物介导的养分循环过程无明显影响，在秸秆还田条件下，减少氮肥施用量是可行的。

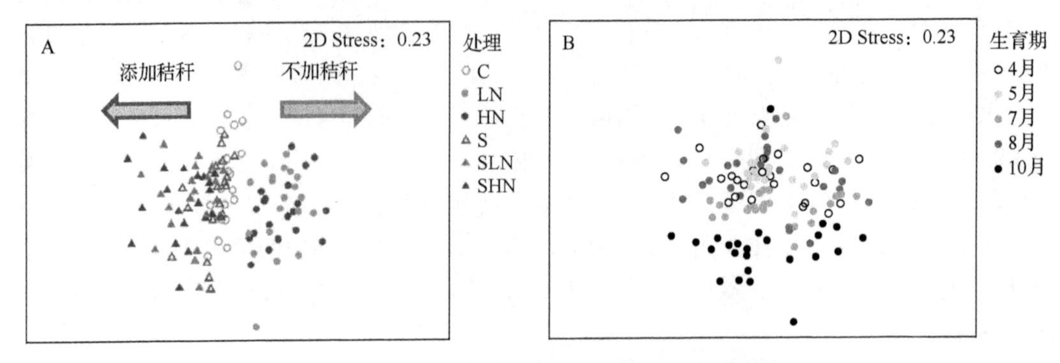

图 5-31　秸秆还田配施氮肥条件下土壤细菌群落结构变化

A. 按不同处理 NMDS 排序；B. 按生育期 NMDS 排序。C. 不添加秸秆；LN. 低浓度氮肥；HN. 高浓度氮肥；S. 添加秸秆；SLN. 低浓度氮肥+秸秆；SHN. 高浓度氮肥+秸秆

玉米不同生育期土壤细菌群落结构也存在明显差异，ADONIS 分析表明，玉米生育期对细菌群落结构的改变影响最大(R^2=0.216)，其次是秸秆还田(R^2=0.070)和施氮肥(R^2=0.065)(表 5-22)。通过基于矩阵的多元回归(multiple regression on distance matrices，MRM)分析，微生物群落结构主要与土壤呼吸、水分、DOC 和固定态铵有关，其中土壤呼吸影响最大(β=0.087 88，P<0.001)。

表 5-22　玉米生育期、秸秆还田、施肥对细菌群落结构的影响(ADONIS 分析)

因素	F	R^2	P
T(生育期)	9.844	0.216	0.001
S(秸秆还田)	12.698	0.070	0.001
N(氮肥)	5.943	0.065	0.001
S×T	1.399	0.031	0.007
S×N	3.601	0.040	0.001
N×T	1.058	0.047	0.279
S×N×T	0.847	0.037	0.957

对生育期内各个优势土壤微生物类群的动态变化研究表明，其变化趋势并不一致。α-变形菌纲(Alphaproteobacteria)、厚壁菌门(Firmicutes)、放线菌门(Actinobacteria)和浮霉菌门(Planctomycetes)相对丰度随生育期呈先降低后增加趋势；而酸杆菌门(Acidobacteria)、β-变形菌纲(Betaproteobacteria)、芽单胞菌门(Gemmatimonadetes)和硝化螺菌门(Nitrospirae)则刚好相反，随生育期呈先升高后降低趋势(图 5-32)。从微生物生态学角度，通常将 α-变形菌纲、放线菌等定义为富营养微生物类群，这类微生物通常在养分丰富的生境中相对丰度较高，利用易降解碳源。而以酸杆菌为代表的寡营养微生物则相反，它们在难降解有机碳组分较高的土壤中占优势(Fierer et al.，2007)。从图 5-32 可以看出，施加氮肥通常增加富营养微生物类群的相对丰度，而减少寡营养微生物的比例。当作物处于生长旺季时(拔节期和灌浆期)，与土壤微生物竞争养分，土壤中可供微生物利用的有效碳源减少，土壤碳可利用指数(CAI)降低(图 5-33)，这时富营养微生物缺乏足够的养分维持生长，因此相对丰度下降。而寡营养微生物在养分状态较低时可以很好地生长，相对丰度增加。通过优势微生物类群与 CAI 的相关分析发现，富营养微生物类群的相对丰度与 CAI 均呈显著正相关(P<0.05)，而寡营养微生物类群的相对丰度与 CAI 呈显著负相关(P<0.05)(图 5-33)。硝化螺菌门在拔节期和灌浆期相对丰度较高，可能是该时期硝化作用增强的重要原因。

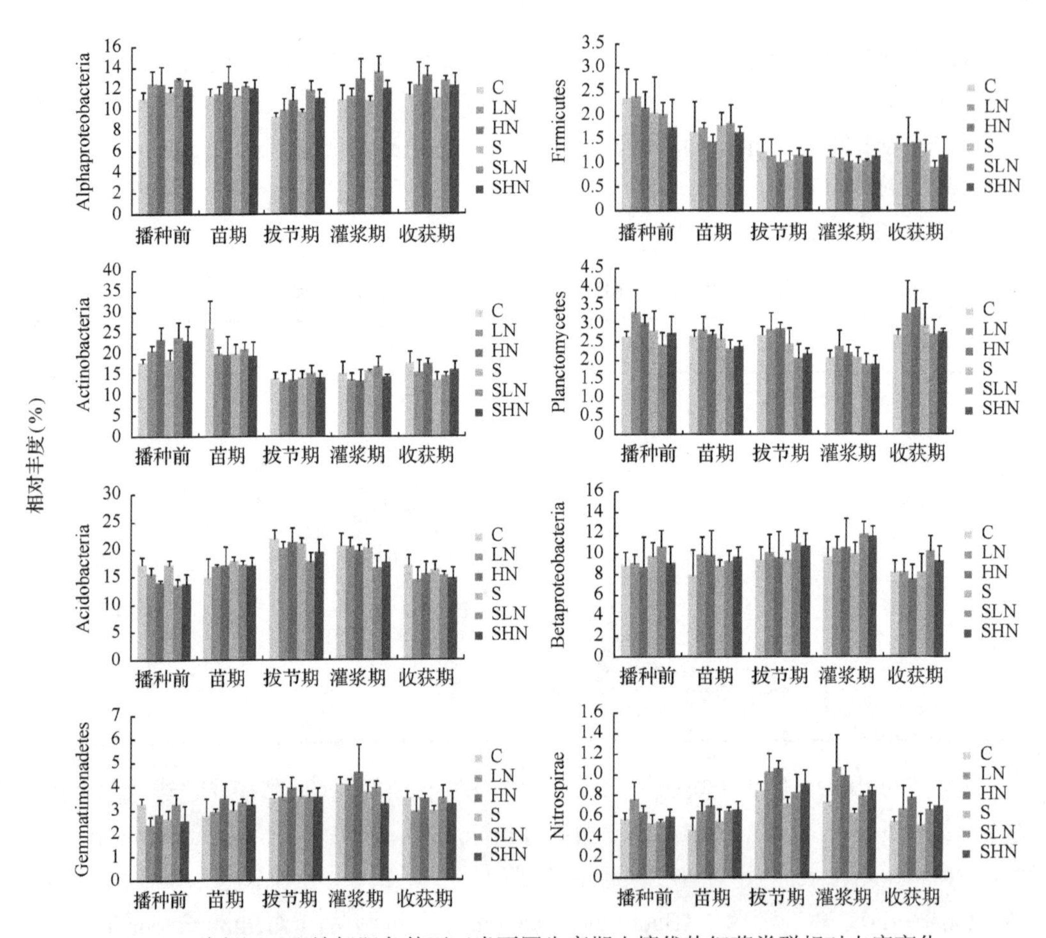

图 5-32　秸秆还田配施氮肥条件下玉米不同生育期土壤优势细菌类群相对丰度变化

C. 不添加秸秆；LN. 低浓度氮肥；HN. 高浓度氮肥；S. 添加秸秆；SLN. 低浓度氮肥+秸秆；SHN. 高浓度氮肥+秸秆

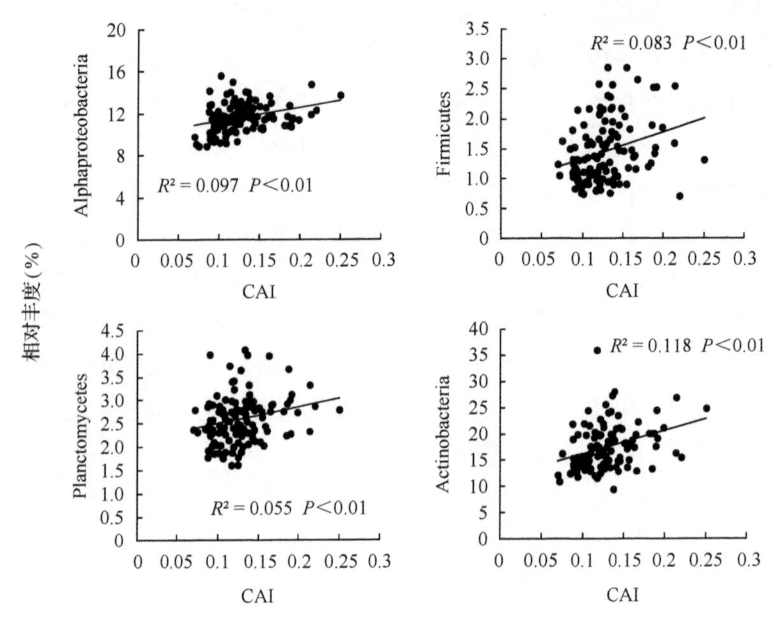

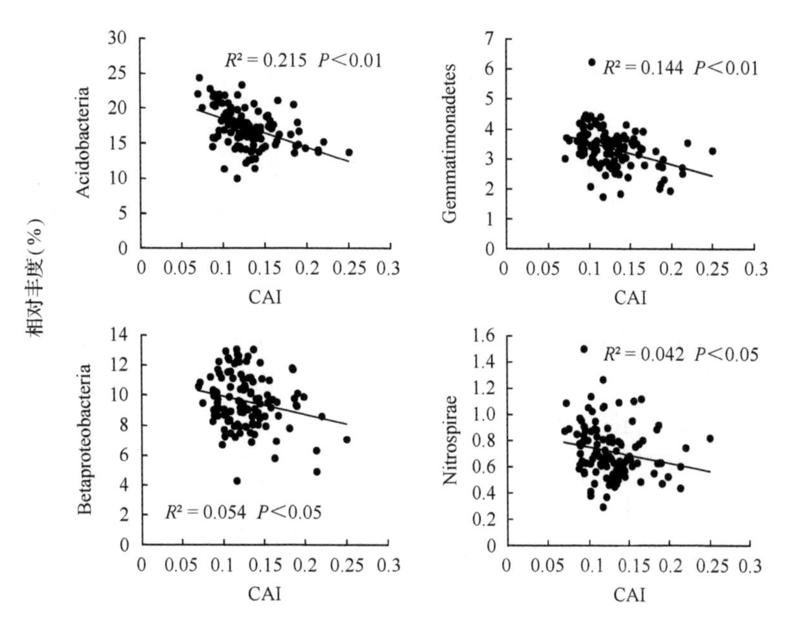

图 5-33　细菌优势类群相对丰度与土壤 CAI 的关系

除了在门和纲的水平外，我们还分析了参与硝化作用的几个特定种属的相对丰度变化。亚硝化球菌属(*Nitrosospira*)主要催化氨(NH_3)到亚硝酸根(NO_2^-)的反应，在拔节期和灌浆期相对丰度明显升高(图 5-34)，特别是在秸秆还田配施氮肥条件下，与土壤 NH_4^+-N 和 NO_3^--N 浓度均呈显著正相关($P<0.05$)。硝化螺菌属(*Nitrospira*)催化亚硝酸根(NO_2^-)到硝酸根(NO_3^-)的反应，其相对丰度在灌浆期与土壤 NO_3^--N 浓度均呈显著正相关($P<0.05$)，证明我们观察到的拔节期和灌浆期土壤 NO_3^--N 浓度升高主要是微生物的硝化作用增强的结果。

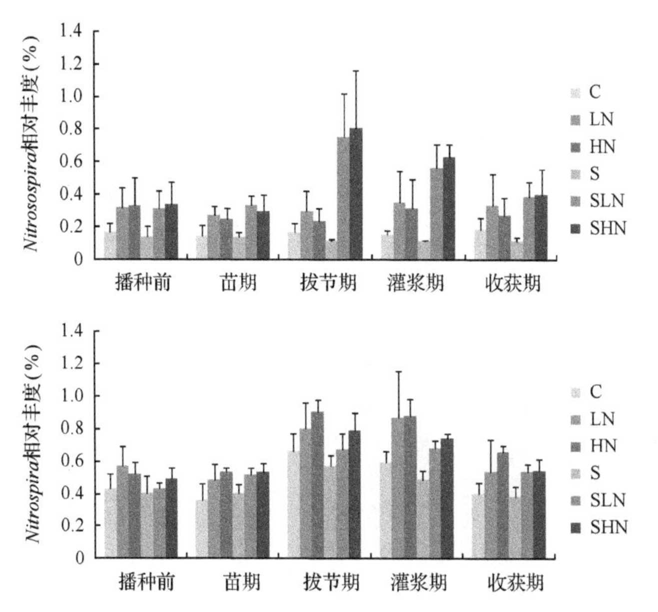

图 5-34　秸秆还田配施氮肥条件下玉米不同生育期土壤硝化微生物相对丰度变化

C. 不添加秸秆；LN. 低浓度氮肥；HN. 高浓度氮肥；S. 添加秸秆；SLN. 低浓度氮肥+秸秆；SHN. 高浓度氮肥+秸秆

5. 长期秸秆还田对土壤氮转化功能微生物丰度和结构多样性的影响

本节以 1981 年建于河北省农林科学院旱作农业研究所衡水试验站(37°53′N，115°42′E)，冬小麦-夏玉米轮作体系肥料长期定位试验为基础。试验以化肥用量为主处理，秸秆用量为副处理，本研究采用其中的不施肥对照(CK)和氮磷肥用量为 360kgN/hm^2、240kgP$_2$O$_5$/hm^2 的不同秸秆用量处理，分别为不施秸秆(S0)、低量秸秆还田 2250kg/hm^2(S1)、中量秸秆还田 4500kg/hm^2(S2)和高量秸秆还田 9000kg/hm^2(S3)。小麦和玉米季的氮肥用量均为 180kg/hm^2。玉米秸秆养分含量分别为：N 0.42%～0.78%；P 0.35%～0.47%；K 1.7%～2.5%；C 40.0%～44.6%。1981～2004 年每 6 年为一个试验周期，前 3 年按试验方案施肥和秸秆还田，后 3 年不施肥料和秸秆观察后效，2004 年后每年均按试验设计施用肥料和玉米秸秆。2013 年小麦收获后，在 CK、S0、S1、S2 和 S3 处理小区采集 0～20cm 土样分析。

定量 PCR 结果显示，施肥显著提高了土壤氮素转化功能菌 AOB、*narG*、*nif*、*nirK*、*nirS* 和 *nosZ* 的丰度(图 5-35)。不同秸秆用量对土壤 AOB 和 *nirK* 的丰度未产生显著影响，

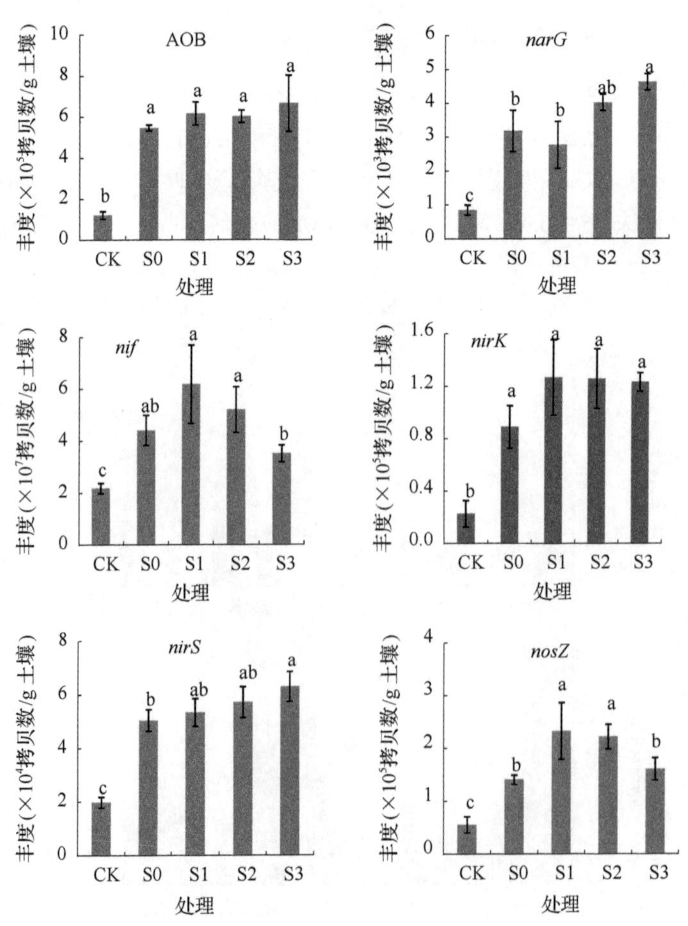

图 5-35 长期秸秆还田对土壤参与氮转化功能微生物丰度的影响

不同小写字母表示不同处理间差异显著(P<0.05)

高量秸秆还田处理(S3)相比单施化肥处理(S0)和低量秸秆处理(S1)显著提高了 *narG* 和 *nirS* 的丰度。S3 处理 *nif* 的丰度分别较 S1 和 S2 显著降低了 43.3%和 32.4%，而 S3 处理 *nosZ* 的丰度分别较 S1 和 S2 降低了 30.9%和 27.6%，即秸秆还田量对 AOB 和 *nirK* 没有影响，而高的秸秆还田量提高了 *narG* 和 *nirS*，抑制了 *nif* 和 *nosZ* 菌群。

由各处理土壤 AOB 菌群组成(属水平)的相对丰度可知(图 5-36)，S2 处理的亚硝化螺菌属(*Nitrosospira*)显著高于其他处理，其 CK、S0、S1 和 S3 处理间没有显著差异。S0～S3 处理的未分类细菌(Bacteria_unclassified)丰度显著高于 CK 处理，而 S2 处理的丰度显著低于 S0、S1 和 S3 处理。施肥降低了来自环境样品的 AOB 菌群(Environmental_samples_norank)丰度，而 S0～S3 处理间的差异不显著；与此相反，施肥提高了未分类的亚硝化单胞菌(Nitrosomonadales_unclassified)丰度，但不同秸秆用量间没有显著差异。

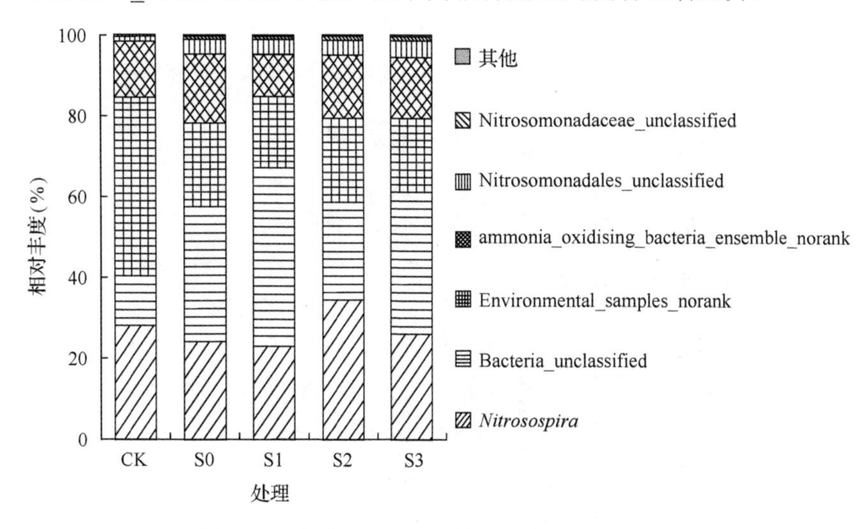

图 5-36　各处理 AOB 菌群多样性组成(属水平)

Nitrosomonadaceae_unclassified 表示亚硝化单胞菌科–未分类；ammonia_oxidising_bacteria_ensemble_norank 表示未分类的氨氧化细菌

不同处理间菌群结构属水平多样性的主成分分析显示(图 5-37)，PC1 和 PC2 主成分分别解释了总变异的 49.8%和 21.8%。在第一主成分(PC1)中，CK 与施用化肥或秸秆处理显著分离，说明 CK 处理与施肥和秸秆还田处理间的 AOB 群落结构差异明显。而所有施肥土壤的 AOB 群落组成在属水平并没有显著差异，即施肥改变了 AOB 群落组成，而秸秆用量对其影响较小。

由各处理 *nirK* 菌群组成的基因拷贝数相对丰度可知(图 5-38)，处理 CK、S0～S2 间未分类细菌(Bacteria_unclassified)丰度没有显著差异，而 S3 处理较其他处理呈增加趋势。与 CK 和 S0 相比，S1～S3 处理中华根瘤菌(*Sinorhizobium*)、根瘤菌(*Rhizobium*)和波氏菌属(*Bosea*)相对丰度显著降低，施肥和秸秆还田提高了未分类根瘤菌(Rhizobiaceae_unclassified)的丰度。

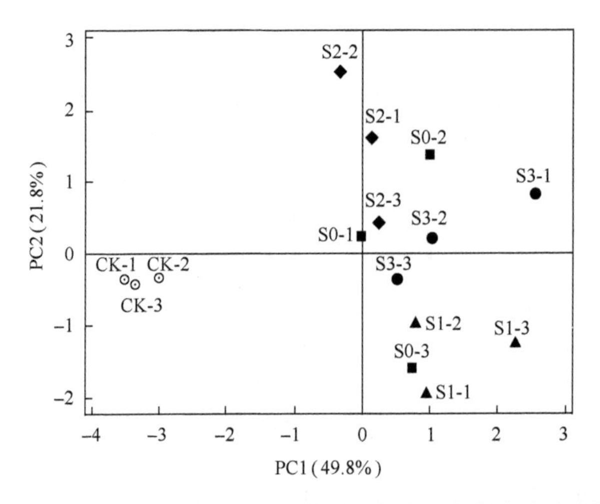

图 5-37　不同处理下氨氧化细菌的菌群结构多样性主成分分析

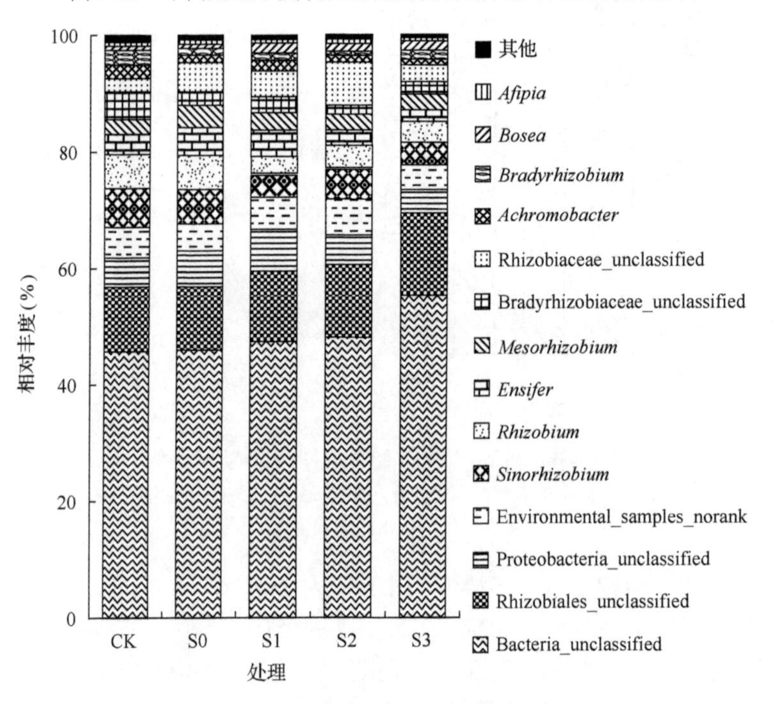

图 5-38　各处理 *nirK* 菌群多样性组成(属水平)

Bradyrhizobiaceae_unclassified 表示慢生根瘤菌根-未分类；Proteobacteria_unclassified 表示变形菌-未分类；Rhizobiales_unclassified 表示根瘤菌-未分类

各处理间 *nirK* 菌群结构的主成分分析显示(图 5-39)，PC1 和 PC2 分别解释了总变异的 36.9%和 19.5%。在第一主成分(PC1)各处理没有显著分离，而在第二主成分(PC2)CK 和 S0 处理与 S1～S3 分离较明显。

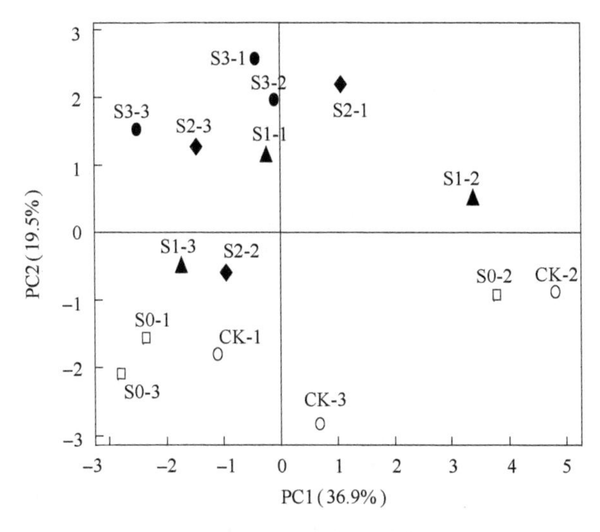

图 5-39　不同处理 *nirK* 菌群结构多样性的主成分分析

由各处理土壤 *nirS* 菌群组成的相对丰度可知(图 5-40)，与 CK 相比较，S0～S3 处理的 Bacteria_unclassified 的丰度显著降低，而 S0～S3 处理间其丰度差异不显著。施肥处理 S0～S3 的产黄杆菌(*Rhodanobacter*)和未分类变形菌(Proteobacteria_unclassified)丰度显著高于 CK，且在相同施肥量下呈随秸秆用量的增加而增加的趋势。施肥处理较 CK 提高了未分类的 β-变形菌(Betaproteobacteria_unclassified)丰度，而 S0～S3 处理间其丰度差异不显著。

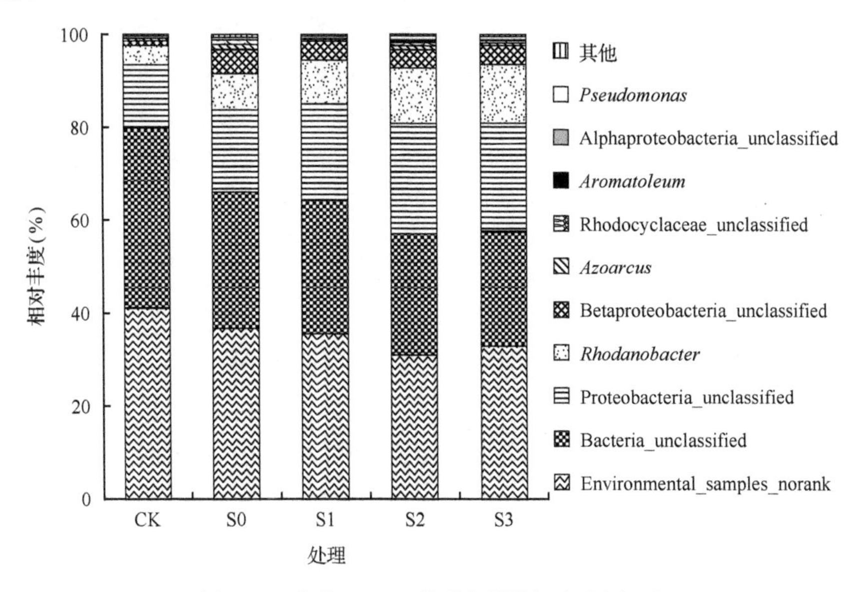

图 5-40　各处理 *nirS* 菌群多样性组成(属水平)

Alphaproteobacteria_unclassified 表示 α-变形菌门–未分类；Rhodocyclaceae_unclassified 表示红环菌科–未分类

各处理间 *nirS* 菌群结构的主成分分析显示(图 5-41)，PC1 和 PC2 分别解释了总变异的 43.3%和 17.3%。在第一主成分(PC1)中 CK 与施用化肥或秸秆的处理显著分离，说明

CK 处理与施肥或秸秆还田处理间的 *nirS* 菌群结构差异明显。而在化肥施用基础上不同量秸秆还田处理在 PC1 和 PC2 均没有显著分离，说明 S0～S3 的菌群多样性组成在属水平没有显著差异。

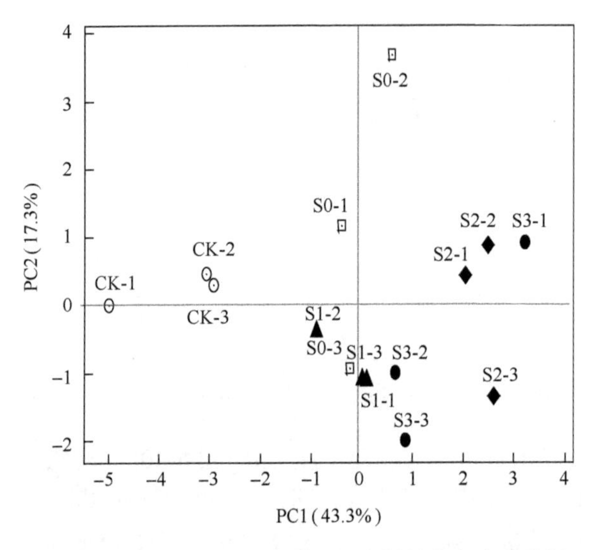

图 5-41　不同处理 *nirS* 菌群结构多样性的主成分分析

综上发现，对于 AOB，所有施肥处理(S0～S3)的 Bacteria_unclassified 丰度显著高于 CK，而 S2 处理的丰度显著低于 S0、S1 和 S3；施肥显著降低了 Environmental_samples_norank 丰度，而 S0～S3 处理间的差异不显著；CK 与施肥和秸秆还田处理间菌群多样性差异明显。对于 *nirK*，高量秸秆还田增加了 Bacteria_unclassified 丰度且施肥增加了 Rhizobiaceae_unclassified 丰度。对于 *nirS*，施肥和秸秆还田降低了 Bacteria_unclassified 丰度，而提高了 *Rhodanobacter* 和 Proteobacteria_unclassified 丰度，且两者均呈随秸秆用量增加而增加的趋势。施肥提高了 Betaproteobacteria_unclassified 丰度，而 S0～S3 处理间丰度差异不显著。综上所述，长期施肥和秸秆还田对 AOB 和 *nirS* 菌群多样性的影响大于 *nirK*，施肥和秸秆还田显著影响各功能菌的多样性，但不同秸秆还田用量对菌群组成的影响不显著。此外，由于功能基因测序开始较晚，功能基因数据库 Fungene 中已测序基因数量有限，对许多测定基因序列还不能确定其具体种属。

5.3　秸秆还田对碳氮微生物固持–释放的影响

5.3.1　秸秆还田下土壤微生物碳氮固持/释放特征

针对小麦–玉米轮作体系下玉米秸秆量大且腐解速率慢的问题，利用盆栽试验，研究玉米秸秆全量还田条件下，小麦季玉米秸秆与土壤微生物的氮素固持–释放机理。盆栽填埋试验中，氮肥用量对秸秆分解并无显著影响(图 5-42)，秸秆腐解速率主要取决于土壤本身的肥力含量及土壤微生物状况。秸秆配施中量氮肥处理(N1S)和秸秆配施高量氮肥处理(N2S)的秸秆分解趋势均为填埋前期分解较快，受易分解物质消耗、温度和微生物活性影响，苗期至返青期分解较为缓慢，秸秆残留比例变化不大。拔节期追肥后，与低肥力土壤(SL)相比，高肥力土壤(SH)填埋秸秆开始进一步分解，而低肥力土壤则从抽穗期时开始进一步分解。成熟期时，低肥力土壤填埋的秸秆残留比例在中量氮肥处理和高量氮肥处理下分别为 0.31 和 0.32，高肥力土壤分别为 0.22 和 0.24。此外还有处理 N1、N2，分别为中量氮肥处理和高量氮肥处理。

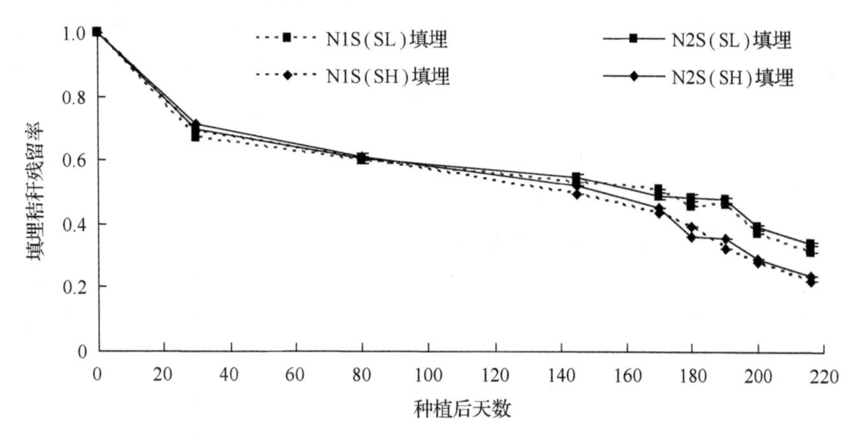

图 5-42　土壤本底氮素和氮肥用量对秸秆残留率的影响

冬小麦生长季内，N1S(SH)处理玉米秸秆净释放 25.3kg/hm^2 外源氮(图 5-43)，而 N1S(SL)、N2S(SL)和 N2S(SH)处理玉米秸秆固持了较多的外源氮，其中 N1S(SL)处理玉米秸秆固持了 5.9kg/hm^2 外源氮，N2S(SL)和 N2S(SH)处理玉米秸秆分别固持了 46.2kg/hm^2、28.6kg/hm^2 外源氮。从图 5-43 可以看出，冬小麦苗期(种植后 30 天)玉米秸秆固持的外源氮(包括土壤氮和化肥氮)最多，N1S(SL)和 N1S(SH)处理玉米秸秆分别固持了 11.3kg/hm^2 和 12.0kg/hm^2 外源氮；N2S(SL)和 N2S(SH)处理玉米秸秆分别固持了 20.3kg/hm^2 和 22.7kg/hm^2 外源氮。

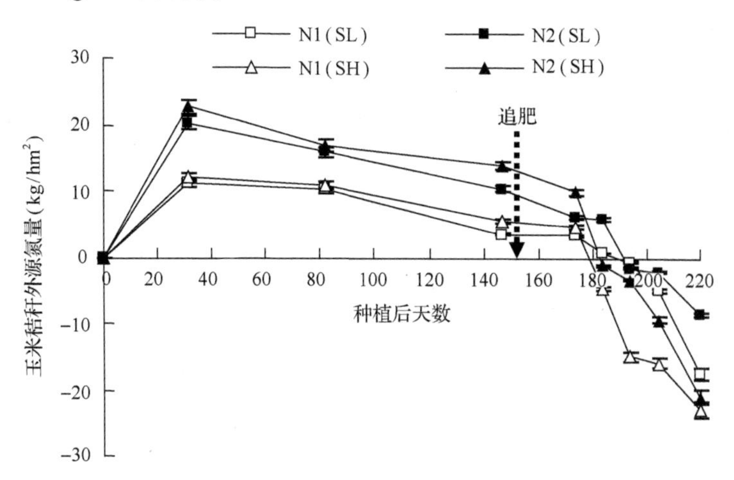

图 5-43　腐解玉米秸秆中外源氮量的变化

越冬期至返青期，玉米秸秆固持的外源氮量有所减少。等氮肥用量条件下高肥力土壤中玉米秸秆的外源氮固持量要高于低肥力土壤。例如，N1S(SH)相比 N1S(SL)处理，玉米秸秆多固持了 6.9kg/hm^2；N2S(SH)相比 N2S(SL)处理，玉米秸秆多固持了 8.4kg/hm^{2}外源氮。返青期至拔节前期，N1 氮肥用量条件下玉米秸秆的外源氮固持量差别不明显；N2 氮肥用量条件下玉米秸秆固持的外源氮有所减少，低肥力和高肥力土壤中玉米秸秆固持的外源氮量分别减少 4.3kg/hm^2、4.0kg/hm^2 外源氮。拔节期追肥后至拔节后期，低肥力土壤 N1 与 N2 氮肥用量玉米秸秆分别固持 0.7kg/hm^2、5.8kg/hm^2 外源氮；高肥力土壤 N1 与 N2 氮肥用量玉米秸秆分别释放 4.6kg/hm^2、1.2kg/hm^2 外源氮。拔节后期至成熟期，玉米秸秆固持的外源氮进一步释放。至成熟期，低肥力土壤 N1 与 N2 氮肥用量玉米秸秆分别释放 17.5kg/hm^2、8.5kg/hm^2 外源氮；高肥力土壤 N1 与 N2 氮肥用量玉米秸秆分别释放 22.9kg/hm^2、20.9kg/hm^2 外源氮。

表 5-23 的结果表明，N2(SL)处理的玉米秸秆固持氮量较 N1(SL)处理多出 29.5kg/hm^2，但是玉米秸秆释放氮量较 N1(SL)少了 10.8kg/hm^2；高肥力土壤也呈现类似的规律。说明同一土壤肥力条件下，随着氮肥用量增加，玉米秸秆固持较多的氮素，但是玉米秸秆释放较少的氮素。同一氮肥用量时，高肥力土壤的玉米秸秆固持氮量与低肥力土壤间差异不显著，但是高肥力土壤玉米秸秆较低肥力土壤释放较多的氮素，且差异显著。

表 5-23 冬小麦生育期玉米秸秆固持与释放外源氮量 （单位：kg/hm^2）

处理	总固持氮量	总释放氮量	释放起始时期	总周转量
N1(SL)	28.9b	23.0c	抽穗期	52.0c
N2(SL)	58.4a	12.2d	抽穗期	70.6b
N1(SH)	33.1b	58.3a	拔节后期	91.4a
N2(SH)	63.4a	34.8b	拔节后期	98.2a

注：周转量=累加矿化量+累加同化量(指玉米生长季内)；同列数值后不同字母表示处理间差异达 0.05 显著水平

高肥力土壤的玉米秸秆于拔节后期释放前期固持的氮素，而低肥力土壤却于抽穗期释放氮素，二者相差约 10 天，而且氮肥用量对玉米秸秆固持氮素释放的起始时间影响不大，土壤肥力水平决定了玉米秸秆固持氮素释放的起始时间。

土壤肥力水平和氮肥用量均影响了玉米秸秆固持氮素的总周转量(表 5-23)。同一氮肥用量条件下，高肥力土壤的玉米秸秆氮素周转量较低肥力土壤高，N1 和 N2 用量时分别高出 39.4kg/hm^2、27.6kg/hm^2。随着氮肥用量增加，玉米秸秆的氮素周转量会增加，低肥力土壤和高肥力土壤分别增加 18.6kg/hm^2、6.8kg/hm^2。

秸秆配施氮肥处理，土壤微生物量氮在小麦整个生育期显著高于氮肥处理与单施秸秆处理。返青期时，N2S 和 N1S 分别较 N2、N1 处理增加 23mg/kg 和 16mg/kg，成熟期时，仍然分别高出 12mg/kg 和 10mg/kg，表明秸秆还田条件下，土壤微生物固持了更多氮素，容易造成作物前期脱氮(图 5-44)。加入秸秆后，土壤微生物对肥料氮的固持能力增加，返青期 N1S 处理肥料氮供应微生物的量为 7.3mg/kg，占施氮量的 10.9%，高于 N1 处理的 6.8%；追肥后，N1 处理的微生物固持肥料氮素为 5.4mg/kg，而 N1S 处理固持肥料氮素为 9.7mg/kg；成熟期时，N1 处理和 N1S 处理分别有 3.9mg/kg 和 2.7mg/kg 的氮素被土壤微生物所固持，表明低肥力土壤秸秆配施氮肥促进了土壤微生物对土壤中养分的固持，形成作物与土壤微生物竞争土壤氮素，不利于作物生长的需求。

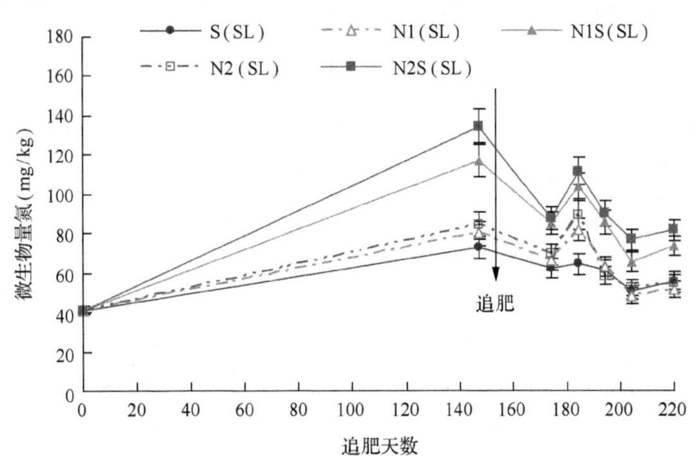

图 5-44 秸秆配施氮肥对低肥力土壤微生物量氮影响

S 为低肥力土壤上秸秆还田处理

高肥力土壤配施秸秆增加了施肥后土壤微生物对肥料氮的固定，随着生育期进行，所矿化的氮素也大于单施氮肥处理(图 5-45)。与 N1 相比，返青期 N1S 的微生物量氮高 20mg/kg，返青期至拔节前期，N1S 处理微生物量氮净矿化 15.9mg/kg，而 N1 处理的微生物量氮净矿化 10.5mg/kg。追肥后，N1S 净固持 8.9mg/kg，N1 净固持 4.5mg/kg。拔节后期至灌浆期，N1S 处理微生物量氮净矿化 27.1mg/kg，比 N1 净矿化量高 12mg/kg。成熟期时，N1S 微生物量氮含量比 N1 高 7.4mg/kg。秸秆配施高量氮肥(N2S)处理的微生物量氮较高量氮肥处理(N2)增加更为明显，返青期时，N2S 处理的微生物量氮较 N2 处理高 21mg/kg，返青期至拔节前期，N2S 和 N2 的微生物量氮分别减少 15mg/kg 和 6.8mg/kg。追肥后，N2S 较 N2 处理微生物量氮多增加 7mg/kg。拔节后期至灌浆期，N2S 处理微生物量氮净矿化 25.9mg/kg，远大于 N2 处理的 17mg/kg。成熟期时，N2S 土壤微生物量氮较 N2 处理大 11.4mg/kg。

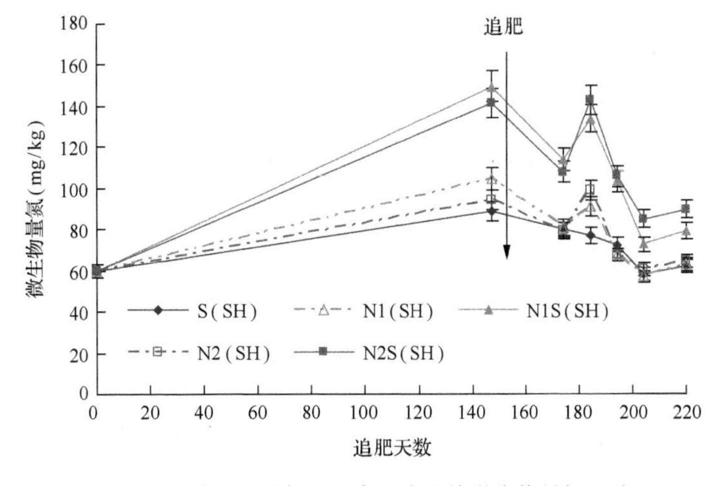

图 5-45 秸秆配施氮肥对高肥力土壤微生物量氮影响

5.3.2　秸秆还田对作物氮素供应的影响

1. 低肥力土壤下作物吸收秸秆氮量

低肥力土壤，无论是单施氮肥还是秸秆还田配施氮肥都表现出明显的增产效果，且随着施氮量的增加，小麦生物量及籽粒产量也随之增加(图 5-46)。氮肥对于小麦干物质增重效果明显，到拔节前期时，高氮肥处理就已经远高于中等氮肥处理和不施氮处理。拔节期，中量氮肥和高量氮肥处理小麦生物量增加显著，而不施氮处理增加缓慢。至小麦成熟期时，与不施氮(CK)相比，N1 和 N2 处理的生物量分别增加 203%和 244%，籽粒则增产 100%和 140%。氮肥处理和秸秆配施氮肥处理的小麦生物量随着氮肥用量的增加而增加。从收获系数来看，施用氮肥降低了籽粒所占成熟期总生物量的比例。不施肥条件下，收获系数为 36.6%，施用中量和高量氮肥后，收获系数降为 27.6%和 28.6%。秸秆还田则使收获系数增加，与不施氮相比，单施秸秆时收获系数增加了 5%；与中量氮肥(N1)和高量氮肥(N2)处理相比，配施秸秆后收获系数分别增加了 7%和 4%，表明配施秸秆可以提高籽粒产量占成熟期总生物量的比例。

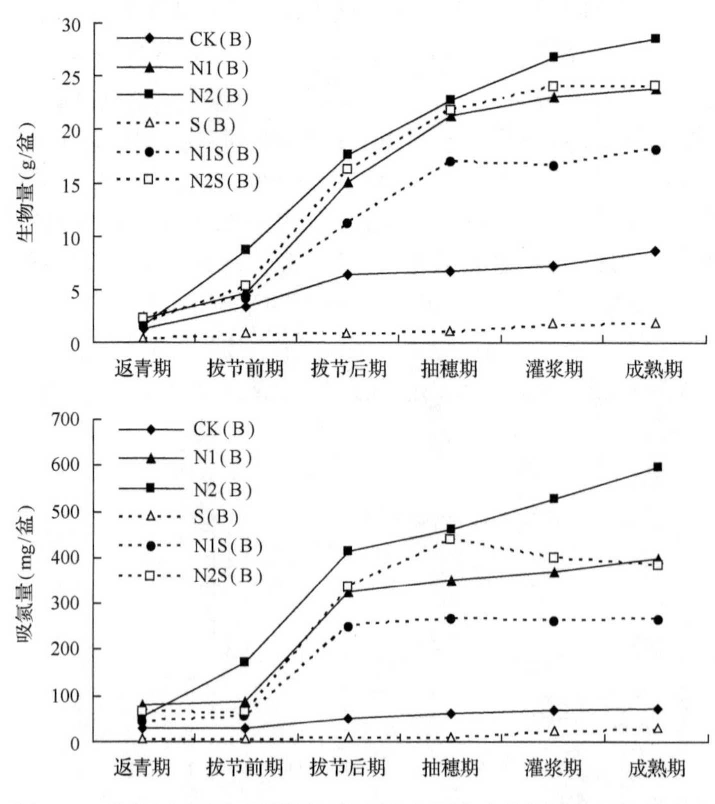

图 5-46　秸秆还田及氮肥用量对低肥力土壤小麦生物量及吸氮量影响

括号内 B 表示低肥力土壤

从小麦吸氮量来看，氮肥对小麦吸氮量影响显著(图 5-46)，无论是氮肥处理(CK、N1、N2)还是秸秆配施氮肥(S、N1S、N2S)，随着施氮量的增加，吸氮量均显著增加。

同一无机氮肥施用量条件下，秸秆配施造成了吸氮量的下降，且施氮量越多，配施秸秆后小麦吸氮量较单施氮肥下降越多。随着施氮量的增加，外源氮素对小麦吸氮量的供应量及其所占比例也发生改变。追肥前，N1 处理氮肥供应氮素 50.3mg，而 N2 处理氮肥供应氮素 121.3mg，分别占小麦吸氮量的 58%和 71%。追肥后，N1 处理氮肥供应氮素 237.3mg，占小麦吸氮量的 73%；N2 处理氮肥供应氮素 332mg，占小麦吸氮量的 80%。成熟期时，N1 处理氮肥供应氮素 272.9mg，占小麦吸氮量的 68%；N2 处理氮肥供应氮素 459mg，占小麦吸氮量的 77%。增加氮肥施用量促进了小麦对土壤氮素的利用量，成熟期时，中量氮肥处理土壤供应氮素 125.4mg，高量氮肥处理土壤供应氮素 138.6mg。从成熟期小麦吸氮量在生物量和籽粒的分配来看，高量氮肥处理籽粒吸氮量较中量氮素处理增加 34.4mg，而生物量吸氮量增加了 164.9mg，说明增加氮肥用量促进了小麦的营养生长，而对籽粒增产促进较弱。

2. 高肥力土壤下作物吸收秸秆氮量

高肥力土壤，N1、N2 和 N2S 处理的小麦干物质重在灌浆期以前几乎没有差异(图 5-47)。灌浆期后，N2 小麦生物量增加幅度大于 N1。成熟期时，与 CK 相比，N1 和 N2 处理的小麦生物量分别增加 143%和 181%，增产幅度小于低氮土壤。这是由于低肥力土壤本底氮素含量低，肥效明显，高肥力土壤氮素依存率低，因此与对照相比较后，增产幅度小

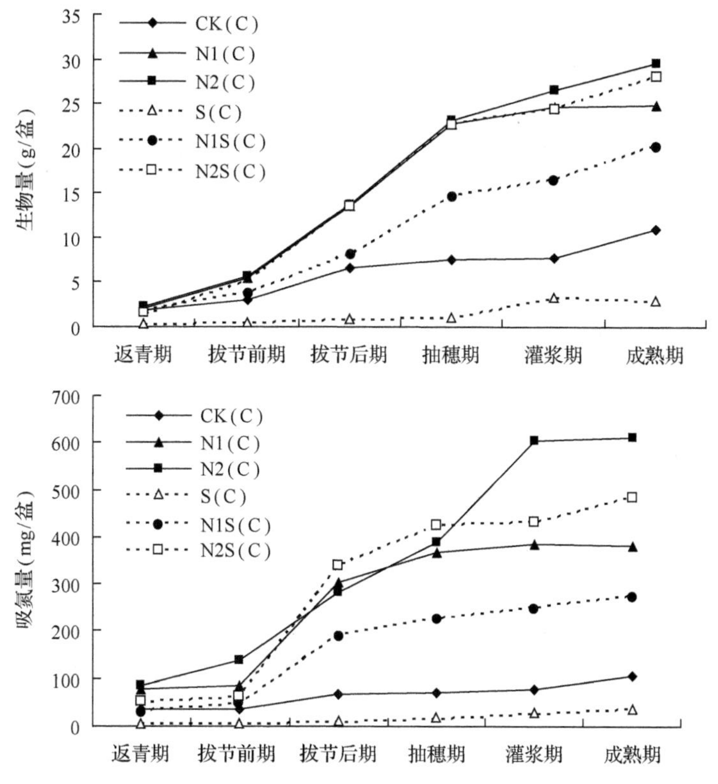

图 5-47　秸秆还田及氮肥用量对高肥力土壤小麦生物量及吸氮量影响

括号内 C 表示高肥力土壤

于低肥力土壤。与低肥力土壤相比，高肥力土壤单施高氮和中氮处理抽穗期前并没有表现出明显差异，说明在高肥力土壤上氮肥施用超过 150kg/hm^2 时，氮肥用量对干物质累积效应是不明显的。同时，N2 和 N2S 处理间并无显著差异，说明高肥力土壤上，秸秆还田配施高量氮素时，不需要额外的外源氮素来调和秸秆分解过程中所消耗和固持的氮素。N1S 与 N1 处理则从拔节期时生物量有明显差异，到成熟期时生物量有所减少，说明在高肥力土壤秸秆还田配施中量氮素时，仍需要部分外源氮素来补充秸秆固持的氮素，以达到生物量不减产的目的。

与低肥力土壤相似，高肥力土壤秸秆配施氮肥后，吸氮量和来源比例均有所改变。追肥前，N1 处理吸氮量为 83.1mg，N1S 处理则为 35.6mg，较 N1 处理下降一半多。追肥后，N1 处理吸氮量为 352mg，而 N1S 处理为 190.6mg，吸氮量下降明显。至成熟期时 N1S 处理为 275mg，远小于 N1 处理吸氮量(382.7mg)。值得注意的是，配施秸秆后，籽粒吸氮量下降了 25.5mg，而生物量吸氮量下降了 78.2mg，且 N1 处理生物量与籽粒的吸氮量比例为 1∶1.67，配施秸秆后比例变为 1∶3.5。说明配施秸秆后，成熟期小麦吸氮量有所下降，其中生物量吸氮量下降幅度要大于籽粒的下降幅度。

从小麦吸氮量的来源来看，与低肥力土壤相似，秸秆配施氮肥降低了肥料氮对小麦吸氮量的供应量及供应比例；返青期，N1S 处理氮肥供应氮素 7.8mg，占小麦吸氮量的 25%，N1 处理氮肥供应氮素 42.9mg，占 54%；成熟期时，N1S 处理氮肥供应氮素 161.3mg，N1 处理氮肥则供应 238.2mg。

5.3.3　土壤肥力和氮素调控对微生物量碳氮固持与释放的影响

1. 中量氮肥下土壤肥力水平对微生物量碳氮固持与释放的影响

中量氮肥处理，从氮素表观平衡来看，填埋秸秆在腐殖化过程中，对土壤中氮素有强吸附或固定作用，填埋秸秆在分解期间(特别是分解初期)，秸秆表现出了氮素净固持(图 5-48)。还田一个月后低肥力土壤和高肥力土壤填埋秸秆分别固定 11.3kg/hm^2 和 12.0kg/hm^2 的氮素，占施入秸秆氮量的 21.4%和 22.9%。苗期至越冬期，低肥力土壤和高肥力土壤填埋秸秆氮素表现出一定的相对矿化，但填埋秸秆仍固持有较多氮素。越冬期至返青期，低肥力土壤和高肥力土壤填埋秸秆均表现出氮素的大幅矿化，而从秸秆氮素总量表观平衡来看，填埋秸秆仍表现出氮素净固持，且高肥力土壤的氮素净固持量要高于低肥力土壤。此后返青期至拔节前期，填埋秸秆的氮素表观固定/矿化量无显著变化。拔节期追肥后至拔节后期，低肥力土壤和高肥力土壤填埋秸秆氮素均表现出净矿化，此时低肥力土壤的秸秆表观氮素略有固持，而高肥力土壤的秸秆已出现 4.6kg/hm^2 的净矿化量。拔节后期至抽穗期，低肥力土壤的填埋秸秆开始表现净矿化，高肥力土壤的填埋秸秆也显著矿化。抽穗期至成熟期，低肥力土壤和高肥力土壤的填埋秸秆均表现进一步的解吸或矿化；成熟期时，低肥力土壤的秸秆表现出 17.5kg/hm^2 的氮素净矿化，占施入秸秆氮素的 35%，而高肥力土壤的秸秆表现出 22.9kg/hm^2 的氮素净矿化，占施入秸秆氮素的 46%。

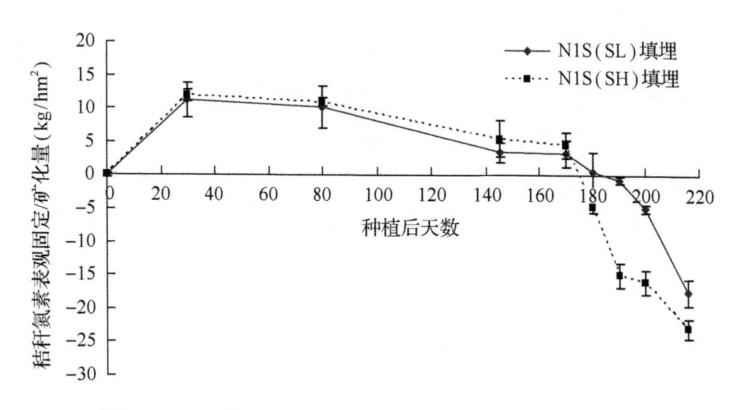

图 5-48　土壤肥力对填埋秸秆氮素表观平衡量的影响

利用 ^{15}N 标记氮肥可以标记出秸秆对肥料氮的吸附或固定，从中量氮肥条件下不同土壤的填埋秸秆对氮肥的吸附或固定(图 5-49)可以看出，填埋后一个月，高肥力土壤秸秆吸附或固定的肥料氮量达到 7.2kg/hm^2，而低肥力土壤为 5.1kg/hm^2。至越冬期时，高肥力土壤秸秆和低肥力土壤秸秆对肥料氮素的吸附或固定均有所上升。从越冬期至拔节前期，高肥力土壤秸秆对肥料氮素的吸附或固定量变化不大，而低肥力土壤秸秆的吸附或固定量有所增加。拔节期追肥后至抽穗期，低肥力土壤填埋秸秆对肥料氮素的吸附或固定量有所上升。高肥力土壤填埋秸秆在拔节后期至抽穗期释放肥料氮素较快，抽穗期至成熟期释放则较慢。低肥力土壤填埋秸秆则在拔节后期至灌浆期缓慢释放，灌浆期至成熟期释放较快。成熟期时，低肥力土壤固定肥料氮素 5.8kg/hm^2，高肥力土壤则为 4.2kg/hm^2。

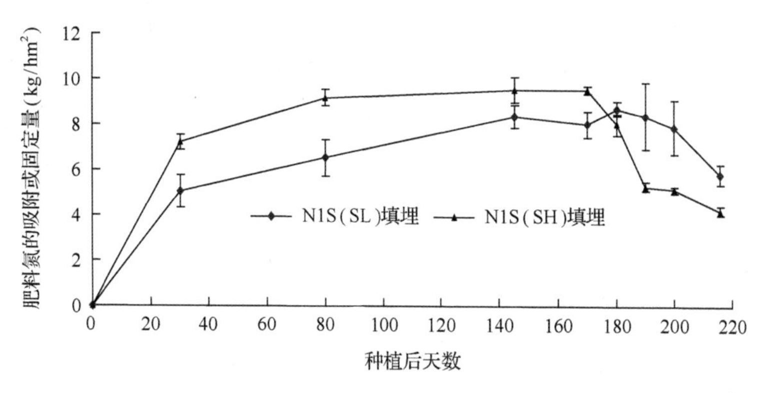

图 5-49　中量氮肥下秸秆腐殖化过程中肥料氮素的吸附或固定

2. 高量氮肥下土壤肥力水平对微生物量碳氮固持与释放的影响

施用高量氮肥处理(图 5-50)，填埋后一个月，低肥力土壤和高肥力土壤填埋秸秆表现出氮素净吸附或固持，低肥力土壤填埋秸秆表观平衡量为 20.3kg/hm^2，高肥力土壤为 22.7kg/hm^2。越冬期，秸秆所吸附或固持的氮素有所释放，仍在较高水平。返青期时，秸秆净吸附或固持的氮素进一步减少，低肥力土壤填埋秸秆的氮素净吸附或固持量为 10.4kg/hm^2，高肥力土壤填埋秸秆为 13.9kg/hm^2。返青期至拔节期，填埋秸秆的氮素均有所矿化。追肥后，低肥力土壤填埋秸秆变化不大，高肥力土壤填埋秸秆表现出氮素净矿化，并在此时表现为负值，说明此时秸秆已能提供氮素。拔节后期至成熟期，低肥力土壤和高肥力土壤填埋秸秆继续矿化，成熟期时，低肥力土壤填埋秸秆的氮素净矿化量为 8.5kg/hm^2，高肥力土壤为 20.9kg/hm^2，分别占秸秆氮素的 23%和 39%。说明经过小麦季的腐解与矿化，秸秆氮素表现出净供应，且高肥力土壤填埋秸秆的氮素供应能力大于低肥力土壤。

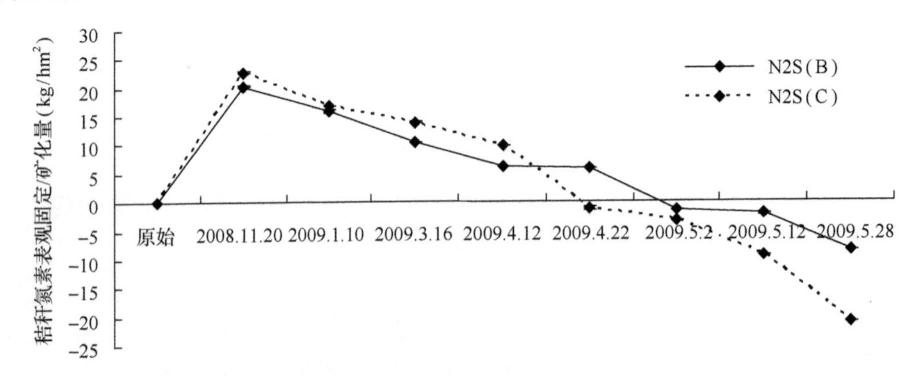

图 5-50　高量氮肥下土壤肥力对填埋秸秆氮素表观平衡量的影响

横轴表示填埋日期(年.月.日)；括号内 B 表示低肥力，C 表示高肥力

从秸秆腐殖化过程中对肥料氮素的吸附或固定来看(图 5-51)，施用高量氮肥条件下，低肥力土壤和高肥力土壤的填埋秸秆表现规律相似，播种小麦后至小麦返青期，秸秆对肥料氮的吸附或固定增加显著，分别固定肥料氮素 16.7kg/hm^2 和 15.9kg/hm^2。返青期至拔节前期、拔节后期吸附或固定的肥料氮略有下降。追肥后，低肥力土壤的填埋秸秆吸附或固定的肥料氮稍有上升，高肥力土壤的填埋秸秆吸附或固定的肥料氮表现出下降趋势。拔节后期后，低肥力土壤和高肥力土壤的填埋秸秆吸附或固定的肥料氮均表现出下降趋势。成熟期时，两者对肥料氮的吸附或固定量差异不大，分别为 8.1kg/hm^2 和 7.8kg/hm^2。

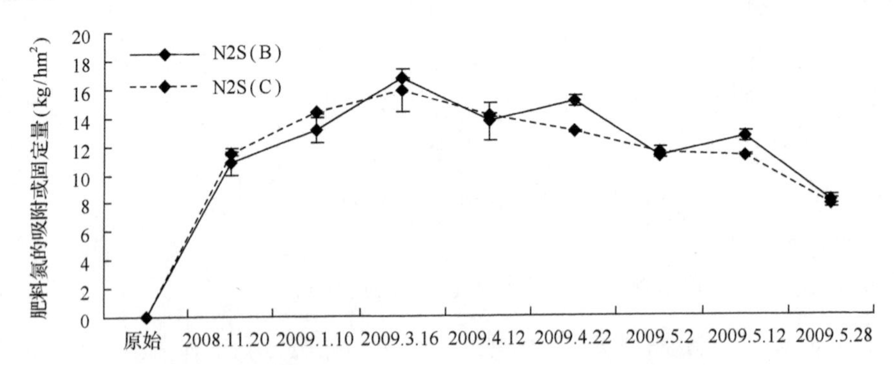

图 5-51　高量氮肥下秸秆腐殖化过程中肥料氮素的吸附或固定

横轴表示填埋日期(年.月.日)；括号内 B 表示低肥力，C 表示高肥力

5.4　秸秆还田碳氮互作提高氮素利用率的途径

5.4.1　东北春玉米单作体系碳氮互作调控途径

秸秆还田作为现代农业生产过程中的一项重要技术，是改善农田生态环境、发展现代农业及旱作农业的重要方法之一，还田后的秸秆腐解对于促进作物生长、改善和提高土壤质量具有重要作用(Witt et al.，2000)。东北黑土区主要分布在黑龙江、吉林、辽宁和内蒙古境内，土壤有机质含量高达 5%～7%。由于生长季短，气候干燥寒冷，降水主要集中在夏季，玉米单作是东北黑土区主要的农业土地利用方式之一。

本节研究野外试验样地位于哈尔滨道外区民主乡黑龙江省农业科学院现代农业科技示范园区，包括以下 6 个处理，处理 1(S)为全量秸秆；处理 2(SFN1：2)为全量秸秆+习惯施 N 量(基肥：大喇叭口期追肥=1：2)；处理 3(SRN1：2)为全量秸秆+推荐施 N 量(基肥：大喇叭口期追肥=1：2)；处理 4(SRN1：1)为全量秸秆+推荐施 N 量(基肥：大喇叭口期追肥=1：1)；处理 5(SRN)为全量秸秆+推荐施 N 量(全部基肥)；处理 6(SRN1：2M)为全量秸秆+推荐施 N 量(基肥：大喇叭口期追肥=1：2)+腐熟菌剂。习惯施氮量为 $210kg/hm^2$，推荐施氮量为 $165kg/hm^2$，每个处理均添加 $75kg/hm^2$ K_2O 和 $60kg/hm^2$ P_2O_5。秸秆当年收获后粉碎直接还田。每个小区面积 4m×15m，每个处理重复 4 次。

秸秆还田下不同施肥处理玉米籽粒产量、秸秆生物量和氮肥利用率结果见表 5-24。结果表明施氮肥处理的玉米籽粒产量和秸秆生物量显著高于 S 处理($P<0.05$)，而所有施氮肥的处理间没有显著差异。氮肥利用率大约在 50%，各施肥处理依次是 SRN1：1＞SRN1：2M＞SFN1：2＞SRN1：2＞SRN。试验结果表明，秸秆还田条件下，在农民习惯用氮量的基础上适当降低氮肥用量是可行的，并且秸秆还田配施氮肥后，氮肥利用率较目前公认的我国氮肥平均利用率有很大的提高。

表 5-24　秸秆还田下不同施肥处理玉米籽粒产量、秸秆生物量和氮肥利用率

处理	籽粒产量(kg/hm^2)	秸秆生物量(kg/hm^2)	氮肥利用率(%)
S	4 673.08b	7 493.63b	
SFN1：2	13 692.31a	12 901.55a	55.00
SRN1：2	12 000.00a	13 661.88a	53.23
SRN1：1	12 615.38a	13 324.42a	57.44
SRN	12 250.00a	13 003.45a	49.56
SRN1：2M	12 576.92a	14 145.29a	56.01

注：同一列中不同字母表示邓肯多重比较检验差异显著($P<0.05$)

5.4.2　华北小麦–玉米轮作体系碳氮互作调控途径

探索氮肥管理对秸秆还田下小麦生育期各处理植株生物量和氮素积累的影响发现，拔节期 FN 处理的小麦生物量最高，SN3：7 处理的生物量较 SN7：3 降低 15.06%(表 5-25)，说明充足的基肥氮素供应可促进早期小麦生长。除 SN3：7 处理较低外，抽穗期不同施氮肥处理间生物量没有差异。在灌浆期和成熟期，SN3：7 与 FN 处理的生物量没有显著差异，而 SN5∶5 处理生物量在灌浆期较 FN 降低 12.6%，SN5∶5 和 SN7∶3 处理在成熟期较 FN 降低 10.4%和 8.8%。拔节期 FN 和 SN7∶3 处理的地上部氮积累相似，但抽穗期、灌浆期和成熟期 FN 植株氮积累显著高于其他处理。拔节期 SN5∶5、SN7∶3 和 N5∶5 处理植株氮积累分别较 SN3∶7 增加了 24.9%、38.3%和 17.9%，抽穗期 SN3∶7、N5∶5、SN7∶3 和 SN5∶5 处理间植株氮积累没有差异，而成熟期 SN5∶5 和 SN7∶3 的氮积累较 SN3∶7 降低 16.5%和 9.4%。SN5∶5 处理灌浆期生物量和成熟期氮积累小于 N5∶5 处理，而其他生育期的生物量或氮积累没有显著差异。

表 5-25　各处理不同生育期小麦生物量和植株氮积累变化　（单位：kg/hm^2）

处理	生物量				植株氮积累			
	拔节期	抽穗期	灌浆期	成熟期	拔节期	抽穗期	灌浆期	成熟期
CK	1 943d	4 564c	5 838c	6 474c	32.1d	35.5c	46.7d	50.6e
FN	6 118a	10 599a	14 222a	19 479a	154.4a	194.1a	237.3a	269.1a
SN3∶7	4 710c	9 944b	13 945a	18 720ab	105.8c	155.3b	185.4b	207.5b
SN5∶5	5 176bc	10 838a	12 425b	17 459b	132.1b	155.2b	166.8c	173.2d
SN7∶3	5 545b	10 645ab	14 142a	17 759b	146.3a	162.0b	176.8bc	188.0cd
N5∶5	5 093bc	11 393a	14 173a	18 710ab	124.7b	163.4b	172.7bc	191.6bc

注：同列数值后不同字母表示处理间差异达 0.05 显著水平。CK 为不施肥处理；FN 为习惯施氮量；SN3∶7 为全量秸秆+推荐施 N 量(基肥∶返青期追肥=3∶7)；SN5∶5 为全量秸秆+推荐施 N 量(基肥∶返青期追肥=5∶5)…… N5∶5 为推荐施 N 量(基肥∶返青期追肥=5∶5)

研究氮肥管理对秸秆还田下小麦产量和氮肥利用率的影响发现，2013 年所有处理的小麦产量没有差异，2013 年玉米和 2014 年小麦季除 CK 处理外各施肥没有差异，自 2014 年玉米季 SN5∶5/1∶2 和 SN7∶3/1∶1 处理较 FN 和 SN3∶7/1∶1 降低，2015 年 SN3∶7/1∶1.5 处理也较 FN 降低(表 5-26)。相同施氮处理的氮肥积累利用率随试验进展逐年显著增加，2013 年小麦、玉米和 2014 年小麦处理间氮肥积累利用率没有显著差异，自 2014 年 SN5∶5/1∶2 处理玉米季起，其氮肥积累利用率开始较 SN3∶7/1∶1.5 降低了 7.4%～8.1%，而其他处理间差异不显著。且从 2014 年玉米季起，SN3∶7/1∶1.5 处理的氮肥积累利用率开始高于 FN 处理，增加了 2.4%～4.3%。

表 5-26　不同施肥处理 2013～2015 年小麦产量和氮肥积累利用率

处理	作物产量(kg/hm^2)						氮肥积累利用率(%)					
	2013 年		2014 年		2015 年		2013 年		2014 年		2015 年	
	小麦	玉米	小麦	玉米	小麦	玉米	小麦	玉米	小麦	玉米	小麦	玉米
CK	6841a	6607b	6509b	4422d	2756c	5487c	—	—	—	—	—	—
FN	7054a	9488a	8418a	8940a	8441a	8691a	13.1a	30.0a	30.9a	36.6b	44.2ab	44.2a
SN3∶7/1∶1.5	6787a	9494a	8245a	8685a	8317a	7489b	9.5a	28.9a	31.4a	40.9a	49.3a	46.6a
SN5∶5/1∶2	6865a	9935a	7733a	7283c	7769b	7620b	8.2a	29.0a	29.7a	33.5b	41.8b	38.5b
SN7∶3/1∶1	7006a	9526a	8065a	8038b	8099a	8956a	11.5a	32.7a	31.5a	38.0a	47.2a	45.1a
N5∶5/1∶1	6867a	9126a	7962a	7789b	8348a	8457a	—	—	—	—	—	—

注：同列数值后不同字母表示处理间差异达 0.05 显著水平。CK 为不施肥处理；FN 为习惯施 N 量(小麦为基肥∶返青期追肥=5∶5，玉米为基肥∶大喇叭口期追肥=1∶1)；SN3∶7/1∶1.5 为全量秸秆+推荐施 N 量(小麦为基肥∶返青期追肥=3∶7，玉米为基肥∶大喇叭口期追肥=1∶1.5)……N5∶5/1∶1 为推荐施 N 量(小麦为基肥∶返青期追肥=5∶5，玉米为基肥∶大喇叭口期追肥=1∶1)

综合分析发现，拔节期 FN 处理生物量最高，SN7∶3 处理显著高于 SN3∶7 处理，这与苗期–拔节期 FN 和 SN7∶3 处理 NO_3^--N 含量高于 SN3∶7 相一致。灌浆和成熟期 SN3∶7 与 FN 处理的生物量没有差异，而成熟期 SN7∶3 和 SN5∶5 较 FN 处理显著降低。说明优化用量下高量基肥氮促进了小麦前期的生长，但并不能保证后期的养分供应和高产，低量基肥氮下小麦前期生长弱于高量基肥氮处理，而中期高量追施氮肥可消除前期低氮对小麦生长的影响并实现高产。苗期 FN、SN3∶7、SN5∶5、SN7∶3 和 N5∶5 处理 0～20cm 土层的无机氮(NH_4^+-N+NO_3^--N)供应量分别为 180.8kg/hm^2、109.6kg/hm^2、135.7kg/hm^2、160.0kg/hm^2 和 149.5kg/hm^2(根据实测容重 1.35g/cm^3 计算)，均高于或与拔节期小麦植株氮积累量相似，说明不同比例基肥氮施用均能满足小麦拔节前的氮素需求。小麦拔节期植株氮吸收占全生育期的 1/3 左右，本研究中 SN3∶7 处理拔节期的氮吸收已超过全生育期的 1/3，可满足小麦生长和高产的需要，而其他氮肥处理可能已产生奢侈氮吸收。SN3∶7 处理的氮肥积累利用率 2013 年较 SN7∶3 处理低 2.0 个百分点，2014 年低 0.1 个百分点，而 2015 年较其增加 2.1 个百分点，说明相比 7∶3 基追施比，氮肥以 3∶7 基追施比能较好地与作物氮吸收同步和提高氮肥利用效率，即在本区域秸秆还田下应适当降低基肥氮用量和提高拔节期追肥氮用量以提高氮肥利用率、实现高产。SN5∶5 处理的氮肥运筹较 SN7∶3 能更好与作物需求同步，而 2015 年 SN5∶5 产量低于 SN7∶3 处理，其原因有待进一步研究。

5.4.3　长江中下游小麦–水稻轮作体系碳氮互作调控途径

研究秸秆连续还田下小麦–水稻轮作体系作物产量发现，在 2013～2015 年 3 个小麦–水稻轮作周期中，秸秆连续还田不施氮情况下，小麦和水稻单产均呈现降低趋势(图 5-52)，说明不施氮秸秆还田情况下，土壤的基础肥力没有得到明显提高，且基础地力贡献率也呈逐渐下降趋势，但是不同年份间差异不显著(图 5-53)。施氮具有明显的增产效应，但施氮的增产幅度在小麦、水稻上存在明显差异。与不施氮相比，施氮处理小麦产量提高了 110%～135%，而水稻季平均提高了 13%～52%。因此，小麦–水稻轮作区短期内难以实现依靠秸秆还田来提升地力，需要秸秆配施氮肥来获得作物的高产稳产。

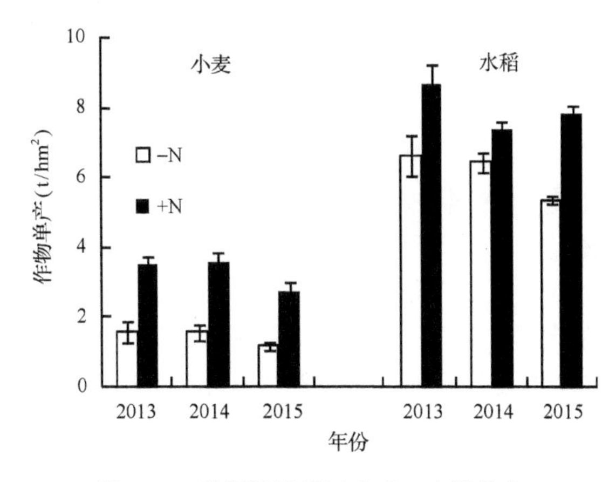

图 5-52　秸秆连续还田小麦、水稻单产

–N 为不施氮，+N 为施氮

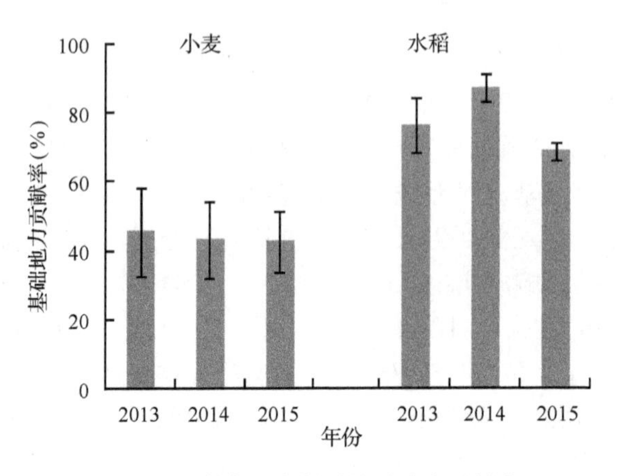

图 5-53 小麦、水稻季基础地力贡献率

小麦–水稻轮作方式下，水稻季氮肥利用率较小麦季高。在秸秆连续还田条件下，农民习惯施氮下小麦季和水稻季氮肥利用率较低，三年平均值分别为 32.8%和 33.1%；减氮施肥可明显提高氮肥利用率，小麦季和水稻季氮肥利用率三年平均值分别为 37.8%和 41.8%(图 5-54)。可见，即使在秸秆还田条件下，减氮也是提高氮肥利用率的有效措施。从年度间氮肥利用率的变化看，晚稻氮肥利用率的变化趋势与作物单产水平的变化类似，说明减氮方式下提高氮肥利用率主要依靠作物单产水平的提高来实现。

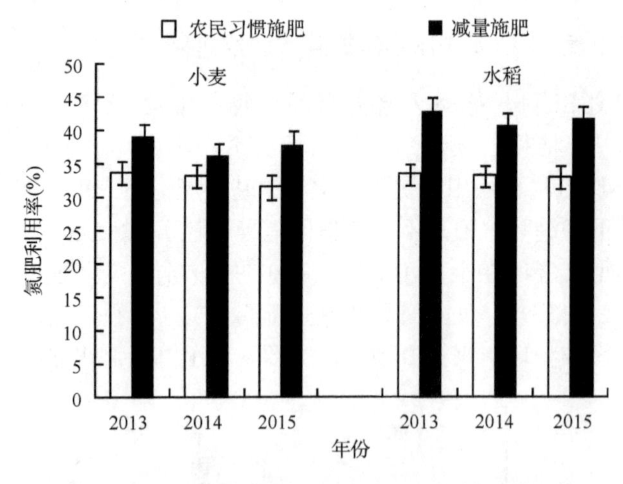

图 5-54 秸秆连续还田小麦、水稻氮肥利用率

研究氮肥运筹下小麦–水稻轮作体系作物产量与氮肥利用率的影响发现，3 个小麦–水稻轮作周期的定位试验表明，秸秆全量还田条件下，减氮处理(减氮 26.7%)并未导致小麦、水稻产量显著降低，说明在秸秆全量还田条件下，减氮 25%左右是可行的。但同样是减氮处理，不同基追肥比例对产量有明显影响，SRN10∶0 处理在三年试验中产量相对较低，说明即使在秸秆还田条件下，基肥氮所占比例也不宜过高，在本研究条件下，SRN7∶3 和 SRN8∶2 处理产量较高且年度间相对稳定(表 5-27)，由表 5-27 还可看出，使用秸秆促腐剂对小麦的增产效果不明显，但水稻季有一定的增产效果。

表 5-27　秸秆还田配施不同氮肥用量的小麦与水稻增产率

处理	小麦增产率(%)			水稻增产率(%)		
	第一轮作周期	第二轮作周期	第三轮作周期	第一轮作周期	第二轮作周期	第三轮作周期
S	—	—	—	—	—	—
SFN7∶3	130a	131a	122b	37a	15a	45a
SRN7∶3	120ab	135a	139ab	31ab	16a	45a
SRN8∶2	120ab	135a	150a	32ab	16a	52a
SRN10∶0	112b	130a	132ab	25b	13a	42a
SRN8∶2M	111b	124a	127ab	33ab	17a	50a

注：同列数值后不同字母表示处理间差异达 0.05 显著水平。S 为秸秆全量还田；SFN7∶3 为秸秆全量还田+习惯施 N 肥(基肥∶返青期追肥=7∶3)；SRN7∶3 为秸秆全量还田+推荐施 N 肥(基肥∶返青期追肥=7∶3)；SRN8∶2、SRN10∶0 以 SRN7∶3 同理类推；SRN8∶2M 为秸秆全量还田+推荐施肥(基肥∶返青期追肥=8∶2)+秸秆促腐剂

由表 5-28 可见，与农民习惯施氮(SFN7∶3)相比，所有减氮处理氮肥利用率显著提高，其中以 SRN7∶3 和 SRN8∶2 处理氮肥利用率较高且较稳定，使用秸秆促腐剂并没有显著提高氮肥利用率。比较小麦季和水稻季的氮肥利用率，可以看出水稻季的氮肥利用率提高程度高于小麦季(4～6 个百分点)。

表 5-28　秸秆全量还田对小麦、水稻氮肥利用率的影响

处理	小麦氮肥利用率(%)			水稻氮肥利用率(%)		
	2013 年	2014 年	2015 年	2013 年	2014 年	2015 年
S	—	—	—	—	—	—
SFN7∶3	33.71±1.69b	33.18±1.66b	31.50±1.82b	33.42±1.67b	33.13±1.66b	32.92±1.73b
SRN7∶3	39.82±2.18a	36.47±1.80a	37.40±1.87a	43.29±2.16a	41.16±1.96a	41.84±1.79a
SRN8∶2	41.64±1.88a	36.51±2.01a	38.62±1.93a	43.76±2.27a	41.22±1.87a	42.47±1.93a
SRN10∶0	37.73±2.16ab	36.76±2.25a	38.18±2.01a	41.52±2.38ab	40.63±2.04a	41.04±2.05a
SRN8∶2M	37.36±2.03ab	36.19±1.82a	37.40±1.97a	42.73±2.04a	40.34±1.92a	42.18±1.81a

注：同列数值后不同字母表示处理间差异达 0.05 显著水平。各处理同表 5-27

5.4.4　长江中下游双季稻连作体系碳氮互作调控途径

研究秸秆连续还田条件下双季稻产量和肥料利用率的变化发现，在秸秆连续全量还田条件下，双季稻在不施氮情况下的产量可反映土壤的基础肥力。由图 5-55 可见，不施氮(–N)情况下，双季早稻产量除 2014 年有所降低外，在年份间没有明显的变化趋势，可能与早稻生长期间土壤温度相对较低、年份间波动大及秸秆腐解速率较慢有关。但在不施氮情况下，双季晚稻的产量有逐年提高的趋势，说明在秸秆连续还田条件下，土壤的基础肥力逐年提高。施氮具有明显的增产效应，但施氮的增产幅度在早稻、晚稻上存在明显差异。与不施氮相比，施氮处理(+N)早稻产量平均提高 74.1%，而晚稻平均提高 42.7%，且施氮对晚稻的增产效应有逐年下降的趋势(图 5-55)：2013～2015 年的增产幅度依次为 62.5%、40.7%及 30.9%。由此可见，随着秸秆还田年限延长，作物产量因土壤

氮素肥力提高对化肥氮的依赖度下降。

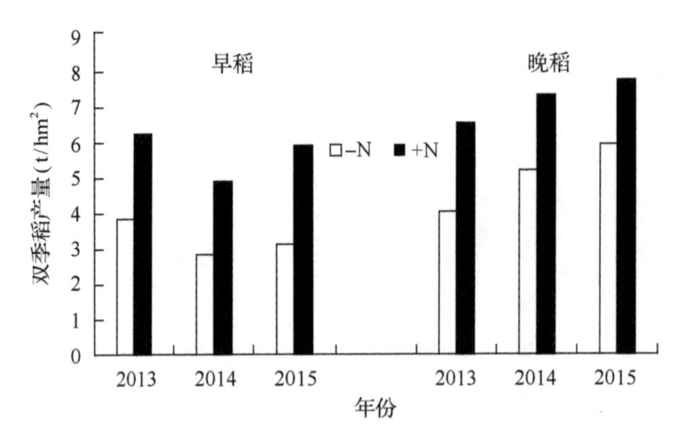

图 5-55　秸秆连续还田双季稻产量的变化

总体而言，本研究中双季早稻和晚稻氮肥利用率相近，在 35%左右。在秸秆连续还田条件下，农民习惯施氮下早稻和晚稻氮肥利用率仍然较低，三年平均值分别为 29.2% 和 30.6%。减施氮肥可明显提高氮肥利用率，三年平均值分别为 38.1%和 40.0%(图 5-56)。可见，即使在秸秆还田条件下，减氮也是提高氮肥利用率的有效措施。从年份间氮肥利用率的变化看，晚稻氮肥利用率有逐年降低的趋势，原因是随秸秆连续还田土壤氮素肥力提高，化肥氮的效率则相应下降。

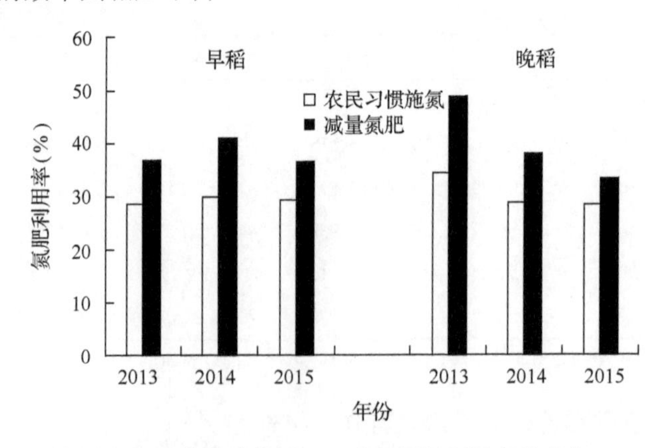

图 5-56　秸秆连续还田双季稻氮肥利用率的变化

通过研究氮肥运筹对双季稻产量与氮肥利用率的三年定位试验发现，秸秆全量还田条件下，减氮处理(RN，早、晚稻当地农民习惯施氮分别减 18.2%和 20.1%)并未导致水稻产量显著降低(SRN8∶2 处理除外)，说明在秸秆全量还田条件下，减氮 20%左右是可行的(表 5-29)。但同样是减氮处理，不同基追肥比例对产量有明显影响，SRN8∶2 处理在三年试验中产量相对较低，说明即使在秸秆还田条件下，基肥氮所占比例也不宜过高，在本研究条件下，SRN4∶6 处理产量较高且年份间相对稳定，由表 5-29 还可看出，使用秸秆促腐剂对秸秆还田下提高产量具有一定的效果。由表 5-30 可见，与农民习惯施氮相比，所有减氮处理氮肥利用率显著提高，其中以 SRN6∶4M 处理氮肥利用率较高且较稳定，使用促腐剂可进一步提高氮肥利用率。

表 5-29　秸秆全量还田对双季稻产量的影响

处理	产量 (t/hm²)					
	早稻			晚稻		
	2013 年	2014 年	2015 年	2013 年	2014 年	2015 年
S	3.85±0.17c	2.83±0.24b	3.12±0.12b	4.03±0.30c	5.21±0.35c	5.93±0.63c
SFN6：4	7.17±0.70a	5.39±0.54a	6.73±0.60a	7.07±0.66ab	7.92±0.36a	8.25±0.84a
SRN4：6	6.64±0.53ab	5.38±0.15a	6.56±0.44a	7.18±0.81ab	7.81±0.25a	8.47±0.60a
SRN6：4	6.61±0.21ab	5.19±0.67a	6.34±0.26a	6.82±0.46b	7.72±0.21a	8.05±0.36a
SRN8：2	6.46±0.07b	5.13±0.62a	6.23±0.30a	6.64±0.48b	7.34±0.12b	7.54±0.24b
SRN6：4M	6.80±0.35ab	5.41±0.22a	6.55±0.30a	7.60±0.52a	7.99±0.30a	8.31±0.20a

注：同列数值后不同字母表示处理间差异达 0.05 显著水平。S 为全量秸秆还田；SFN6：4 为全量秸秆还田+习惯施 N 肥(基肥：返青期追肥=6：4)；SRN4：6 为全量秸秆还田+推荐施 N 量(基肥：返青期追肥=4：6)…… SRN6：4M 为全量秸秆还田+推荐施 N 量(基肥：返青期追肥=6：4)+秸秆促腐剂

表 5-30　秸秆全量还田对双季稻氮肥利用率的影响

处理	早稻			晚稻		
	2013 年	2014 年	2015 年	2013 年	2014 年	2015 年
S	—	—	—	—	—	—
SFN6：4	28.56±8.07b	29.77±3.62c	29.33±3.17b	34.62±3.57c	28.83±3.84c	28.35±4.28b
SRN4：6	37.94±6.27a	43.43±2.83a	37.56±0.45a	52.23±5.69ab	39.28±0.97a	35.00±1.91a
SRN6：4	36.73±2.10a	39.36±4.97ab	36.49±3.40a	46.81±7.51ab	38.09±3.44a	33.14±5.08a
SRN8：2	32.54±2.60ab	36.10±3.21b	32.46±2.84b	42.12±3.40bc	33.34±2.14b	28.47±1.63b
SRN6：4M	39.56±5.46a	44.74±4.03a	39.86±2.16a	54.37±7.50a	40.90±2.09a	36.45±1.90a

注：同列数值后不同字母表示处理间差异达 0.05 显著水平。S 为全量秸秆还田；SFN6：4 为全量秸秆还田+习惯施 N 肥(基肥：返青期追肥=6：4)；SRN4：6 为全量秸秆还田+推荐施 N 量(基肥：返青期追肥=4：6)…… SRN6：4M 为全量秸秆还田+推荐施 N 量(基肥：返青期追肥=6：4)+秸秆促腐剂

参 考 文 献

黄绍敏, 宝德俊, 皇甫湘荣, 等. 2006. 长期施肥对潮土土壤磷素利用与积累的影响. 中国农业科学, 39(1): 102-108.

黄绍敏, 郭斗斗, 张水清. 2011. 长期施用有机肥和过磷酸钙对潮土有效磷积累与淋溶的影响. 应用生态学报, 22(1): 93-98.

冀保毅, 赵亚丽, 郭海斌, 等. 2015. 深耕和秸秆还田对不同质地土壤团聚体组成及稳定性的影响. 河南农业科学, 44(3): 65-70.

介晓磊, 杨先明, 黄绍敏, 等. 2007. 石灰性潮土长期定位施肥对小麦根际无机磷组分及其有效性的影响. 中国土壤与肥料, 2: 53-58.

巨晓棠, 刘学军, 张福锁. 2004. 冬小麦生长期土壤固定态铵与微生物氮的动态研究. 中国生态农业学报, 12(1): 95-96.

梁尧. 2012. 有机培肥对黑土有机质消长及其组分与结构的影响. 中国科学院研究生院东北地理与农业生态研究所博士学位论文.

刘军, 唐志敏, 刘建国, 等. 2012. 长期连作及秸秆还田对棉田土壤微生物量及种群结构的影响. 生态环境学报, 21(8): 1418-1422.

刘骁蒨, 涂仕华, 孙锡发, 等. 2013. 秸秆还田与施肥对稻田土壤微生物生物量及固氮菌群落结构的影响. 生态学报, 33(17): 5210-5218.

刘震, 徐明岗, 段英华, 等. 2013. 长期不同施肥下黑土和红壤团聚体氮库分布特征. 植物营养与肥料学报, 19(6): 1386-1392.
吕海艳, 李楠. 2006. 长期定位施肥对黑土耕层土壤养分状况的影响. 吉林农业科学, 31(5): 33-36.
谭德水, 金继运, 黄绍文, 等. 2007. 不同种植制度下长期施钾与秸秆还田对作物产量和土壤钾素的影响. 中国农业科学, 40(1): 133-139.
佟小刚, 徐明岗, 张文菊, 等. 2008. 长期施肥对红壤和潮土颗粒有机碳含量与分布的影响. 中国农业科学, 41(11): 3664-3671.
王伯仁, 李冬初, 黄晶. 2008. 红壤长期肥料定位试验中土壤磷素肥力的演变. 水土保持学报, 22(5): 96-101.
王伯仁, 徐明岗, 文石林. 2007. 长期施肥对红壤磷组分及活性酸的影响. 中国农学通报, 23(3): 254-259.
徐蒋来, 尹思慧, 胡乃娟, 等. 2015. 周年秸秆还田对稻麦轮作农田土壤养分、微生物活性及产量的影响. 应用与环境生物学报, 21(6): 1100-1105.
姚源喜, 刘树堂, 郇恒福. 2004. 长期定位施肥对非石灰性潮土钾素状况的影响. 植物营养与肥料学报, 10(3): 241-244.
赵士诚, 曹彩云, 李科江, 等. 2014. 长期秸秆还田对华北潮土肥力、氮库组分及作物产量的影响. 植物营养与肥料学报, 20(6): 1441-1449.
赵勇, 李武, 周志华, 等. 2005. 秸秆还田后土壤微生物群落结构变化的初步研究. 农业环境科学学报, 24(6): 1114-1118.
Christensen BT. 1985. Wheat and barley straw decomposition under field conditions: effect of soil type and plant cover on weight loss, nitrogen and potassium content. Soil Biology & Biochemistry, 17(5): 691-697.
Fierer N, Bradford MA, Jackson RB. 2007. Toward an ecological classification of soil bacteria. Ecology, 88(6): 1354-1364.
Jalali M. 2006. Kinetics of non-exchangeable potassium release and availability in some calcareous soils of western Iran. Geoderma, 135(135): 63-71.
Li H, Xu Z, Yang S, et al. 2016. Responses of soil bacterial communities to nitrogen deposition and precipitation increment are closely linked with aboveground community variation. Microbial Ecology, 71(4): 974-989.
Simonsson M, Andersson S, Andrist-Rangel Y, et al. 2007. Potassium release and fixation as a function of fertilizer application rate and soil parent material. Geoderma, 140(1-2): 188-198.
Singh M, Singh VP, Reddy DD. 2002. Potassium balance and release kinetics under continuous rice-wheat cropping system in Vertisol. Field Crop Research, 77(2-3): 81-91.
Singh M, Singh VP, Reddy KS. 2001. Effect of integrated use of fertilizer nitrogen and farmyard manure or green manure on transformation of N, K and S and productivity of rice-wheat system on a Vertisol. Journal of the Indian Society of Soil Science, 49(3): 430-435.
Witt C, Cassman K, Olk D, et al. 2000. Crop rotation and residue management effects on carbon sequestration, nitrogen cycling and productivity of irrigated rice systems. Plant and Soil, 225(1-2): 263-278.
Zhang F, Niu J, Zhang W, et al. 2010. Potassium nutrition of crops under varied regimes of nitrogen supply. Plant and Soil, 335(1-2): 21-34.
Zhang JC, De Angelis DL, Zhuang JY. 2008. Spatial variability of soil erodibility (K factor) at a catchment scale in Nanjing, China. Acta Ecologica Sinica, 28 (5): 2199-2206.

第 6 章　农田养分协同优化原理与方法

6.1　水稻基于产量反应和农学效率的养分推荐方法

6.1.1　水稻养分推荐原理与研究方法

作物施肥后主要通过作物产量高低来表征土壤养分供应能力和作物生产能力，因此依据作物产量反应来表征土壤养分状况是更为直接的评价施肥效应的有效方法。基于产量反应和农学效率的推荐施肥方法的原理是，用不施肥小区的养分吸收或产量水平来表征土壤基础肥力，施肥后作物产量反应越大，则土壤基础肥力越低，肥料推荐量也越高。该方法是在汇总过去十几年在全国范围内开展的肥料田间试验的基础上，建立了包含作物产量反应、农学效率及养分吸收与利用信息的数据库，依据土壤基础养分供应、作物农学效率与产量反应的内在关系，以及具有普遍指导意义的作物最佳养分吸收和利用特征参数，建立了基于产量反应和农学效率的推荐施肥模型。

对于氮肥推荐，主要依据作物农学效率和产量反应的相关关系获得，并根据地块具体信息进行适当调整；而对于磷肥和钾肥推荐，主要依据作物产量反应所需要的养分量及补充作物地上部移走量所需要的养分量求算。对于中微量元素，主要根据土壤丰缺状况进行适当补充。该方法还考虑了作物轮作体系、秸秆还田、上季作物养分残效、有机肥施用、大气沉降、灌溉水等土壤本身以外的其他来源养分。

水稻养分专家系统是以近十几年的田间试验数据为支撑，依据土壤基础养分供应、产量反应、农学效率及其相关关系，构建了基于产量反应和农学效率的水稻推荐施肥模型。基于以上养分管理原则，应用计算机软件技术，把复杂的施肥原理研发成方便科研人员和农技推广人员使用的水稻养分专家(Nutrient Expert for Rice，图 6-1)系统。养分专家系统采用问答式界面，只需按照操作流程回答几个简单的问题，系统就能给出基于用户地点信息的个性化施肥方案。

养分专家系统采用 4R 养分管理原则，可以帮助农户在施肥推荐中选择合适的肥料品种和适宜的用量，并在合适的施肥时间施在恰当的位置，还考虑了施肥的农学、经济和环境效应。该方法在有和没有土壤测试的条件下均可使用。

自 2013 年以来，在我国水稻主产区开展了应用养分专家系统指导作物推荐施肥 200 多个田间试验。试验结果表明，该方法在保证作物产量的前提下，能够科学减施氮肥和磷肥，提高了肥料利用率，也推动了钾肥的平衡施用，增加了农民收入。尤其在土壤测试条件不具备或测试结果不及时的情况下，养分专家系统是一种优选的指导施肥的新方法，受到农民和科技人员的热烈欢迎。这种协调经济、社会和环境效应的养分管理方法，是当前施肥技术的重要革新和极具突破性的激动人心的重大进展，显示出强劲而广阔的应用前景。

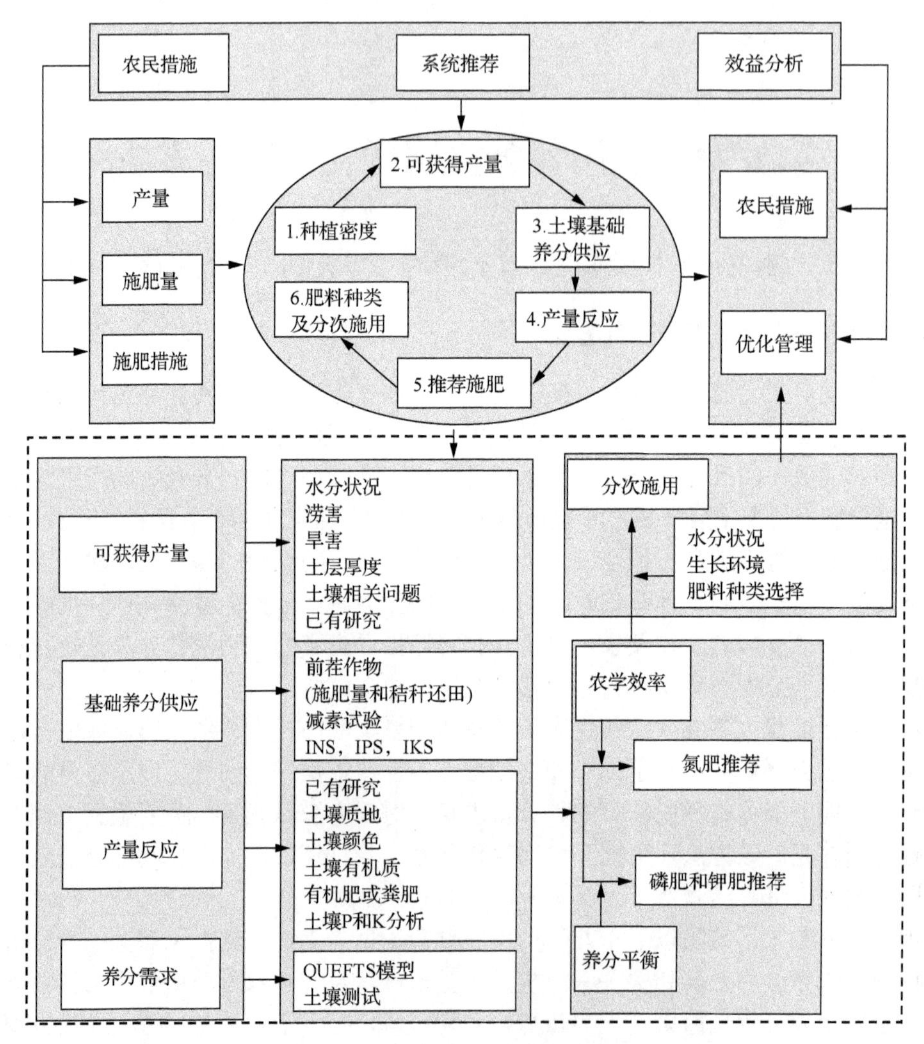

图 6-1　养分专家系统组成和流程图

INS、IPS、IKS 分别表示土壤基础 N、P、K 供应

1. 施肥量的确定

确定肥料用量是养分专家系统最重要的内容，养分专家系统对肥料用量的估算主要依据产量反应。在水稻养分专家系统中，氮肥推荐主要是依据氮素产量反应(目标产量与不施氮小区的产量差)和氮素农学效率确定(施氮量=产量反应/农学效率，施氮的产量反应由施氮和不施氮小区的产量差求得)。在预先通过田间试验获得有产量反应数据时可将产量反应数据直接填入系统，系统会根据已有的产量反应和农学效率关系给出氮肥推荐用量。在没有氮素产量反应数据时，系统会依据相应的土壤质地、有机质含量和土壤障碍因子等信息确定土壤基础养分供应低、中、高等级，进而获得产量反应系数，再由可获得产量或目标产量得到产量反应，并计算氮肥施用量。

对于磷钾养分推荐，主要基于产量反应和一定目标产量下作物的移走量给出施肥量

(施磷或施钾量=作物产量反应施磷或施钾量+维持土壤平衡部分)，维持土壤平衡部分主要依据 QUEFTS 模型求算的养分最佳吸收量来求算。如果作物施肥不增产即产量反应为零时，则只考虑作物收获部分养分移走量。对磷钾肥料的推荐还考虑了上季作物养分残效，主要考虑包括作物秸秆处理方式、有机肥施入及上季作物养分带入量等信息。

磷素产量反应的确定：如果磷素产量反应为已知则直接输入，如果产量反应为未知，则需要根据是否有土壤测试结果和上季作物施肥情况确定土壤磷素供应等级，进而确定产量反应。如果有土壤磷素测试值，则根据土壤磷素测试值高低确定产量反应。土壤磷素测试值为高时，产量反应为低；土壤磷素测试值为中时，产量反应为中；土壤磷素测试值为低时，产量反应为高。如果没有土壤磷素测试值时，则根据土壤氮素基础养分供应等级和前茬作物磷素平衡等级确定土壤磷素养分供应等级，进而得到施磷的产量反应。不考虑前季作物残效时，土壤磷素产量反应因素等级同土壤磷素分级。在没有磷素产量反应数据时根据以上步骤估算，如果有产量反应数据直接输入。

磷肥推荐中维持土壤磷素平衡部分的养分主要根据一定目标产量下籽粒或秸秆的养分移走量确定，主要依据 QUEFTS 模型得出的地上部和籽粒中的磷素吸收量进行计算。籽粒或秸秆归还比例的确定主要考虑维持土壤磷素平衡在合理范围，不能过量施用也不能耗竭土壤磷库，保证磷肥高效利用。

如果前茬作物磷素养分施用过量，则通过考虑上季作物和当季作物综合磷素平衡情况来确定最终的磷素用量，即如果维持土壤磷素平衡部分与磷素综合平衡之差大于 0，施磷量=产量反应部分+维持土壤磷素平衡部分–磷素综合平衡；如果维持土壤磷素平衡部分与磷素综合平衡之差小于 0，施磷量则只为产量反应部分。

施钾量计算原理同施磷量。

2. 肥料种类的确定

养分专家系统专门设置了无机肥料和有机肥料信息库，该肥料信息库包含了当前生产上常用的有机、无机肥料品种及其养分含量和肥料价格，养分含量用于肥料推荐时根据养分含量折算成肥料实物量，而价格信息主要用于养分专家系统的经济效益分析模块。如果用户发现某一新型肥料品种不在肥料信息库中，则可以添加新的肥料品种，也可以对库中已有信息进行编辑修改。这样，农户就可以根据当地市场或者自己的喜好选择合适的肥料品种。

3. 施肥时间的确定

养分专家系统不仅采用合适的肥料用量和肥料品种，还建议在合适的时间进行施肥，以与作物的养分吸收同步。养分专家系统建议在作物生长的关键时期进行分次施肥及采用合适的施肥比例，同时也考虑了不同地区和作物的实际情况，如针对适合一次性施肥的作物，养分专家系统也增加了一次施肥的选项，但是建议一次施肥要采用控释肥料或具有缓释作用的复合肥，这样才能保证养分供应与作物养分吸收同步。水稻养分专家系统针对氮肥施用提供一次、三次或四次施用选项，一次施肥主要适用于生育期短的早稻或晚稻，大部分情况下建议三次施氮，分别在移栽前基施、分蘖期和幼穗分化期施用，针对施氮量较高的超级杂交稻，则建议四次施氮，分别在移栽前基施、分蘖期、幼穗分化期和开花期施用。

4. 施肥位置的确定

养分专家系统不但推荐用户选用合适的肥料品种、合适的肥料用量及合适的施肥时间，而且在推荐施肥中也对施肥位置进行了推荐，即采用 4R 养分管理理念。随着现代化农业和农机具的推广应用，合理的施肥位置越来越重要。

6.1.2　水稻养分吸收特征参数

收集和汇总近十几年中国水稻主产区开展的田间试验的养分吸收和产量数据，分析水稻养分吸收及养分内在参数特征，应用 QUEFTS 模型得出水稻产量与养分吸收的关系曲线，分析水稻养分吸收特征。收集的数据样本覆盖了中国水稻主产区不同种植季节和不同品种水稻，包括早稻、中稻、晚稻和一季稻种植区，涵盖了中国水稻主要种植区域，包含了不同气候类型、轮作系统、土壤肥力及水稻品种等信息；田间试验种类主要包括减素试验、肥料量级试验、长期定位试验、耕作措施试验、3414 试验及肥料品种试验等，测试指标包含生物产量、籽粒和秸秆 N、P 和 K 养分吸收等。试验点分布、气候类型、土壤基础理化性状、水稻种植类型及样本数见表 6-1。最佳养分需求估算所使用的数据要求同时含有产量和养分吸收数据(至少有氮磷钾三大养分元素之一)，而养分专家系统构建及养分利用率分析中使用数据为全部收集数据。

表 6-1　水稻主产区试验点气候和土壤理化特征

区域	省份	气候类型	水稻类型	pH	有机质(g/kg)	全氮(g/kg)	有效磷(mg/kg)	速效钾(mg/kg)	样本数
东北	吉林	寒温带	一季稻	4.43～8.11	17.9～36.0	1.0～1.6	2.7～25.5	50.3～173.0	266
	辽宁		一季稻	5.40～7.75	12.0～33.4	0.9～1.9	4.1～67.0	69.0～295.1	163
	黑龙江		一季稻	5.24～7.37	17.3～54.8	1.1～2.6	13.2～102.7	38.9～314.1	334
华北	山东	温带	中稻	7.19	25.1	1.4	60.1	148.0	4
	河南		中稻	6.40	12.8	0.9	10.5	74.9	4
西北	新疆	温带	一季稻	7.90	14.0	1.1	11.0	264.0	5
	宁夏		一季稻	7.30～8.26	12.2～17.1	0.8～1.1	4.2～87.1	99.0～175.0	119
长江中下游	安徽	温带亚热带	早稻、中稻、晚稻	5.07～7.29	14.4～30.6	0.8～2.3	2.8～33.7	36.3～189.7	285
	湖北		早稻、中稻、晚稻	5.07～8.28	6.9～40.9	0.8～2.8	2.9～53.9	22.9～382.3	733
	湖南		早稻、晚稻	4.30～7.70	13.2～53.6	0.7～3.0	5.0～56.5	35.3～187.0	709
	江苏		中稻	4.97～8.42	6.7～39.3	0.5～2.5	3.4～91.1	10.3～278.7	1856
	江西		早稻、晚稻	5.07～6.87	11.4～49.8	0.7～2.9	3.1～69.0	26.0～181.1	591
	上海		早稻、晚稻	5.65～7.85	0.4～39.0	1.2～1.8	6.7～109.	45.7～218.0	70
	浙江		早稻、中稻、晚稻	4.02～7.95	1.3.5～6.7.0	0.9～5.0	3.4～98.0	27.3～212.9	319

续表

区域	省份	气候类型	水稻类型	pH	有机质(g/kg)	全氮(g/kg)	有效磷(mg/kg)	速效钾(mg/kg)	样本数
西南	四川	亚热带	中稻	5.19～7.88	14.2～59.2	0.9～2.7	5.2～66.0	37.9～163.0	305
	云南		中稻	5.02～8.24	16.5～88.0	1.9～5.0	5.1～58.9	37.0～281.5	73
	重庆		中稻	4.60～8.10	20.3～48.9	1.3～2.1	2.3～34.4	60.0～168.0	219
	贵州		中稻	5.60～7.73	10.3～55.5	0.8～3.7	10.0～44.1	79.1～224.0	78
华南	海南	亚热带热带	早稻、晚稻	5.16～5.47	20.5～24.2	1.1～1.2	5.3～91.6	55.6～183.2	77
	福建		早稻、中稻、晚稻	4.70～7.20	16.2～59.3	1.5～3.8	5.4～126.6	14.0～201.6	144
	广东		早稻、中稻、晚稻	4.40～6.60	18.3～53.3	1.1～2.6	8.9～65.6	31.8～171.9	207
	广西		早稻、中稻、晚稻	4.73～7.23	16.6～48.1	1.2～2.4	9.3～58.4	28.9～262.8	178

1. 水稻养分吸收特征

(1)养分含量与吸收量

表 6-2 表明水稻产量和养分吸收存在很大变异性。水稻籽粒产量平均为 7.6t/hm^2，变化范围为 1.7～15.2t/hm^2。水稻秸秆产量平均为 6.9t/hm^2，变化范围为 1.5～18.8t/hm^2。收获指数为 0.52kg/kg，变化范围为 0.24～0.76kg/kg。地上部 N、P 和 K 养分吸收量平均值分别为 140.0kg/hm^2、28.3kg/hm^2 和 155.2kg/hm^2，其变化范围分别为 24.2～334.0kg/hm^2、2.7～80.2kg/hm^2 和 29.1～386.7kg/hm^2。我国从南方的海南省到东北的黑龙江省都有水稻种植，种植面积广泛，经纬度跨度大，气候类型差异大，种植类型具有典型的区域分布，加之养分管理措施及不同处理间施肥量差异，不仅导致了产量差异，同时籽粒和秸秆中的养分含量也存在变异性，进而导致籽粒和秸秆中的养分累积量及养分收获指数存在变异性。籽粒中平均 N、P 和 K 养分含量分别为 11.9g/kg、3.0g/kg 和 3.5g/kg，变化范围分别为 3.5～23.9g/kg、0.8～8.5g/kg 和 0.4～11.4g/kg。秸秆中平均 N、P 和 K 养分含量分别为 6.8g/kg、1.5g/kg 和 21.7g/kg，变化范围分别为 1.7～16.7g/kg、0.1～5.1g/kg 和 4.9～40.7g/kg。N、P 和 K 养分收获指数平均值分别为 0.65kg/kg、0.70kg/kg 和 0.16kg/kg，其变化范围分别为 0.27～0.90kg/kg、0.23～0.97kg/kg 和 0.02～0.66kg/kg。

表 6-2　水稻养分吸收特征

参数	单位	样本数	平均值	标准差	最小值	25th	中值	75th	最大值
籽粒产量	t/hm^2	6739	7.6	1.9	1.7	6.3	7.6	8.9	15.2
秸秆产量	t/hm^2	3588	6.9	2.5	1.5	5	6.5	8.3	18.8
收获指数	kg/kg	3588	0.52	0.07	0.24	0.48	0.52	0.57	0.76
籽粒 N 含量	g/kg	3324	11.9	2.5	3.5	10.3	11.6	13.2	23.9
籽粒 P 含量	g/kg	2248	3.0	1.0	0.8	2.4	2.8	3.3	8.5
籽粒 K 含量	g/kg	2216	3.5	1.6	0.4	2.5	3.2	4.0	11.4
秸秆 N 含量	g/kg	2852	6.8	2.1	1.7	5.3	6.6	8.1	16.7
秸秆 P 含量	g/kg	2111	1.5	0.7	0.1	1.0	1.4	1.9	5.1

续表

参数	单位	样本数	平均值	标准差	最小值	25th	中值	75th	最大值
秸秆 K 含量	g/kg	2087	21.7	6.7	4.9	16.6	22.1	26.6	40.7
籽粒 N 吸收量	kg/hm^2	3310	85.6	31.3	15.1	65.8	82.9	101.3	254.6
籽粒 P 吸收量	kg/hm^2	2243	20.2	7.5	2.4	15.3	19.2	24	55.7
籽粒 K 吸收量	kg/hm^2	2211	23.7	11.8	2.7	15.6	21.3	29.8	88.4
秸秆 N 吸收量	kg/hm^2	3291	46.7	24.3	6.3	29.5	41.5	57.8	193.3
秸秆 P 吸收量	kg/hm^2	2207	9.2	5.5	0.4	5.1	8.2	12.2	45.9
秸秆 K 吸收量	kg/hm^2	2175	130.3	56.1	24	88.8	122.7	162.7	345.9
地上部 N 吸收量	kg/hm^2	6066	140	49.6	24.2	103.4	136.6	174.9	334
地上部 P 吸收量	kg/hm^2	3080	28.3	11.4	2.7	20.2	27.3	35.1	80.2
地上部 K 吸收量	kg/hm^2	3184	155.2	60.8	29.1	110	148.4	194.4	386.7
N 收获指数	kg/kg	3234	0.65	0.09	0.27	0.6	0.66	0.71	0.9
P 收获指数	kg/kg	2178	0.7	0.12	0.23	0.63	0.71	0.77	0.97
K 收获指数	kg/kg	2147	0.16	0.08	0.02	0.11	0.15	0.20	0.66

表 6-3 比较了不同种植类型水稻（早稻、中稻、晚稻和一季稻）产量及养分吸收特征差异。中稻（$8.0t/hm^2$）和一季稻（$8.4t/hm^2$）的籽粒产量要高于早稻（$6.5t/hm^2$）和晚稻（$6.9t/hm^2$）。中稻的秸秆产量（$8.0t/hm^2$）要明显高于其他 3 种种植类型水稻，早稻、晚稻和一季稻的秸秆产量分别为 $5.2t/hm^2$、$6.2t/hm^2$ 和 $6.7t/hm^2$，高的秸秆产量导致了中稻的收获指数要低于其他 3 种种植类型水稻，中稻的收获指数仅有 0.50kg/kg，而早稻、晚稻和一季稻的分别为 0.55kg/kg、0.53kg/kg 和 0.54kg/kg。

表 6-3　不同种植类型水稻养分吸收特征

参数	单位	早稻			中稻			晚稻			一季稻		
		样本	平均值	标准差	样本	平均值	标准差	样本	平均值	标准差	样本	平均值	标准差
籽粒产量	t/hm^2	1340	6.5	1.6	3128	8.0	1.6	1333	6.9	1.9	938	8.4	2.0
秸秆产量	t/hm^2	763	5.2	1.6	1512	8.0	2.7	653	6.2	2.2	660	6.7	2.0
收获指数	kg/kg	763	0.55	0.06	1512	0.5	0.07	653	0.53	0.06	660	0.54	0.06
籽粒 N 含量	g/kg	744	12.1	2.3	1377	12.0	2.5	533	11.7	2.7	670	11.4	2.4
籽粒 P 含量	g/kg	675	3.0	1.1	661	2.8	0.7	442	3.3	1.2	470	2.9	0.7
籽粒 K 含量	g/kg	660	3.5	1.9	645	3.1	1.1	440	3.9	1.8	471	3.7	1.6
秸秆 N 含量	g/kg	655	7.5	2.3	1178	6.5	2.1	472	7.2	2.2	547	6.4	1.7
秸秆 P 含量	g/kg	632	1.3	0.7	639	1.4	0.6	419	1.5	0.8	421	1.8	0.7
秸秆 K 含量	g/kg	627	24.8	6.3	618	21.5	6.6	421	22.2	5.7	421	16.8	5.4
籽粒 N 吸收量	kg/hm^2	749	77.6	25.6	1351	91.1	27.4	533	74.6	29.4	677	92	40.3
籽粒 P 吸收量	kg/hm^2	675	18.5	7.4	656	20.2	6.6	442	20.0	8.8	470	22.7	7.1
籽粒 K 吸收量	kg/hm^2	660	21.2	11.0	640	22.5	10	440	24.1	13.5	471	28.6	11.9
秸秆 N 吸收量	kg/hm^2	759	38.3	17.9	1351	54.6	26.8	555	42.3	22.8	626	44	21.3
秸秆 P 吸收量	kg/hm^2	685	6.8	4.2	656	10.9	6.4	444	8.3	4.8	422	11.4	4.9

续表

参数	单位	早稻			中稻			晚稻			一季稻		
		样本	平均值	标准差	样本	平均值	标准差	样本	平均值	标准差	样本	平均值	标准差
秸秆 K 吸收量	kg/hm^2	676	122.9	42.2	635	157.8	65.7	442	121.4	46.6	422	109.9	53.7
地上部 N 吸收量	kg/hm^2	1194	117.1	38.9	2877	155.8	49.7	1194	131	51.7	801	130.8	40.6
地上部 P 吸收量	kg/hm^2	936	23.2	10.0	985	30.2	12.1	654	28.8	11.4	505	33.2	9.0
地上部 K 吸收量	kg/hm^2	979	138.5	48.1	986	180.3	65.8	721	154.3	61.1	498	139.4	55.4
N 收获指数	kg/kg	735	0.67	0.08	1348	0.64	0.09	525	0.64	0.08	626	0.66	0.08
P 收获指数	kg/kg	669	0.74	0.10	653	0.67	0.13	434	0.71	0.11	422	0.66	0.10
K 收获指数	kg/kg	654	0.15	0.06	631	0.13	0.07	440	0.17	0.06	422	0.23	0.09

4 种种植类型水稻秸秆中的养分含量存在较大差异(表 6-3)，早稻和晚稻的秸秆 N 含量要高于中稻和一季稻，早稻和晚稻分别为 7.5g/kg 和 7.2g/kg，中稻和一季稻分别为 6.5g/kg 和 6.4g/kg，一季稻的秸秆 P 含量高于其他 3 种种植类型水稻，为 1.8g/kg，而秸秆 K 含量却低于其他 3 种种植类型水稻，为 16.8g/kg。4 种种植类型水稻的籽粒 N、P 和 K 养分含量十分相近。由于经济收获指数和秸秆养分含量的差异，地上部养分累积量和养分收获指数存在差异，如中稻的地上部 K 累积量明显高于其他水稻种植类型，达到了 $180.3kg/hm^2$，而一季稻仅有 $139.4kg/hm^2$，这主要是由于中稻具有较高的秸秆产量(低收获指数，0.50kg/kg)及低的 K 养分收获指数(0.13kg/kg)。

(2) 养分内在效率与吨粮养分吸收

养分内在效率(internal efficiency，IE，kg/kg)和养分内在效率倒数(reciprocal internal efficiency，RIE，kg/t)用于表示籽粒产量与地上部养分吸收之间的关系，IE 定义为每吸收 1kg 养分所生产的籽粒产量，即经济产量与地上部养分吸收量的比值。RIE 定义为生产 1t 籽粒产量作物地上部吸收的养分量，即吨粮养分吸收。表 6-4 列出了全部水稻数据、早稻、中稻、晚稻和一季稻 N、P 和 K 的 IE 和 RIE 值。

表 6-4　不同种植类型水稻养分内在效率(IE)和养分内在效率倒数(RIE)描述统计

数据组	参数	单位	样本数	平均值	标准差	25th	中值	75th
所有水稻	IE-N	kg/kg	6066	57.4	14.8	47.5	54.9	65.3
	IE-P	kg/kg	3080	291.2	128.3	212.3	260.4	325.8
	IE-K	kg/kg	3184	51.7	19.0	39.0	47.1	59.5
	RIE-N	kg/t	6066	18.5	4.6	15.3	18.2	21.1
	RIE-P	kg/t	3080	3.9	1.3	3.1	3.8	4.7
	RIE-K	kg/t	3184	21.5	6.6	16.8	21.2	25.7
早稻	IE-N	kg/kg	1194	59.8	16.4	49.6	58.5	68.1
	IE-P	kg/kg	936	322.7	143.1	228.8	299.1	376.2
	IE-K	kg/kg	979	51.1	17.3	40.5	48.0	57.8
	RIE-N	kg/t	1194	18.0	5.0	14.7	17.1	20.2
	RIE-P	kg/t	936	3.6	1.4	2.7	3.3	4.4
	RIE-K	kg/t	979	21.4	6.1	17.3	20.8	24.7

续表

数据组	参数	单位	样本数	平均值	标准差	25th	中值	75th
中稻	IE-N	kg/kg	2877	54.2	12.8	46.1	52.0	60.7
	IE-P	kg/kg	985	294.5	133.1	210.8	254.1	320.9
	IE-K	kg/kg	986	47.8	18.0	35.4	44.1	55.6
	RIE-N	kg/t	2877	19.4	4.3	16.5	19.2	21.7
	RIE-P	kg/t	985	3.9	1.4	3.1	3.9	4.7
	RIE-K	kg/t	986	23.2	7.0	18.0	22.7	28.2
晚稻	IE-N	kg/kg	1194	57.9	16.0	47.4	54.9	65.1
	IE-P	kg/kg	654	270.0	124.9	204.5	247.7	300.0
	IE-K	kg/kg	721	49.2	16.8	38.5	45.0	55.3
	RIE-N	kg/t	1194	18.5	4.9	15.4	18.2	21.1
	RIE-P	kg/t	654	4.2	1.3	3.3	4.0	4.9
	RIE-K	kg/t	721	22.2	6.0	18.1	22.2	26.0
一季稻	IE-N	kg/kg	801	64.7	13.5	55.6	64.4	72.6
	IE-P	kg/kg	505	253.6	61.8	209.9	245.1	282.7
	IE-K	kg/kg	498	64.4	21.5	46.9	60.5	77.6
	RIE-N	kg/t	801	16.1	3.5	13.8	15.5	18.0
	RIE-P	kg/t	505	4.2	1.0	3.5	4.1	4.8
	RIE-K	kg/t	498	17.3	5.6	12.9	16.5	21.3

所有水稻数据 N、P 和 K 的 IE 值平均分别为 57.4kg/kg、291.2kg/kg 和 51.7kg/kg，相应的 RIE 值分别为 18.5kg/t、3.9kg/t 和 21.5kg/t(表 6-4)。早稻 N、P 和 K 的 IE 值平均分别为 59.8kg/kg、322.7kg/kg 和 51.1kg/kg，相应的 RIE 值分别为 18.0kg/t、3.6kg/t 和 21.4kg/t。中稻 N、P 和 K 的 IE 值平均分别为 54.2kg/kg、294.5kg/kg 和 47.8kg/kg，相应的 RIE 值分别为 19.4kg/t、3.9kg/t 和 23.2kg/t。晚稻 N、P 和 K 的 IE 值平均分别为 57.9kg/kg、270.0kg/kg 和 49.2kg/kg，相应的 RIE 值分别为 18.5kg/t、4.2kg/t 和 22.2kg/t。一季稻 N、P 和 K 的 IE 值平均分别为 64.7kg/kg、253.6kg/kg 和 64.4kg/kg，相应的 RIE 值分别为 16.1kg/t、4.2kg/t 和 17.3kg/t。一季稻有较高的 IE-N 和 IE-K，但 IE-P 要低于其他水稻种植类型，RIE 的趋势则相反。由于籽粒产量和养分吸收之间的差异，不同水稻种植类型的 IE 和 RIE 存在较大差异，如 P 的 IE 值早稻＞中稻＞晚稻＞一季稻。因此，根据水稻种植类型将数据分为 4 部分进行最佳养分吸收估测，分别为早稻、中稻、晚稻和一季稻。

2. 水稻养分最佳需求量估算

(1) 养分最大累积和最大稀释参数确定

QUEFTS 模型选择养分内在效率上下的 2.5th、5.0th 和 7.5th 作为最大养分累积边界(maximum nutrient accumulation，*a*)和最大养分稀释边界(maximum nutrient dilution，*d*)参数进行最佳养分吸收估测。但是需要剔除收获指数小于 0.4kg/kg 的数据，因为这部分数据被认为受到养分以外其他生物或非生物胁迫，影响作物正常生长。从收获指数的分布得出(图 6-2)，仅有少数数据点的收获指数小于 0.4kg/kg。

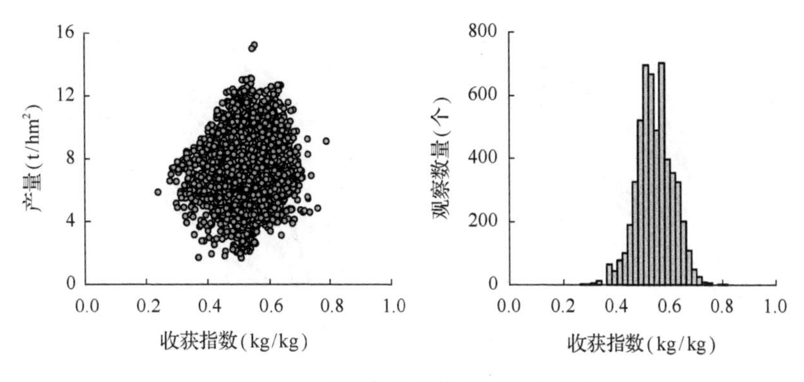

图 6-2　水稻产量与收获指数分布

选择合适的参数 *a* 和 *d* 值用于 QUEFTS 模型估测不同目标产量下的最佳养分需求，剔除收获指数小于 0.4kg/kg 的数据。分别采用 IE 值的上下 2.5th、5.0th 和 7.5th 所对应的数值来获得早稻、中稻、晚稻、一季稻和所有数据的 N、P 和 K 的参数 *a* 和 *d* 值(表 6-5)。

表 6-5　不同种植类型水稻地上部养分最大累积边界(*a*)和最大稀释边界(*d*)　(单位：kg/kg)

数据组	养分	参数 I		参数 II		参数III	
		a(2.5th)	*d*(97.5th)	*a*(5.0th)	*d*(95th)	*a*(7.5th)	*d*(92.5th)
所有水稻	N	34	91	37	85	40	81
	P	141	566	161	513	172	473
	K	29	102	30	88	32	82
早稻	N	33	94	36	88	39	84
	P	141	648	164	570	175	525
	K	29	92	30	81	33	73
中稻	N	34	88	37	79	39	74
	P	143	541	160	513	170	504
	K	27	91	29	80	30	70
晚稻	N	33	97	37	90	40	85
	P	137	535	153	426	169	393
	K	30	95	31	84	33	74
一季稻	N	41	96	45	87	47	84
	P	155	393	168	365	180	349
	K	34	114	37	105	39	99

应用 QUEFTS 模型模拟早稻、中稻、晚稻、一季稻和所有数据三组参数不同目标产量下养分吸收。以中稻为例可以看出(图 6-3)，三组参数只是缩短了最大累积和最大稀释边界间的距离，对养分吸收曲线影响较小，三组参数的养分吸收曲线非常接近，只是在接近潜在产量时有所差异，因此采用参数 I (IE 的上下 2.5th) 为估测养分吸收的最终参数。

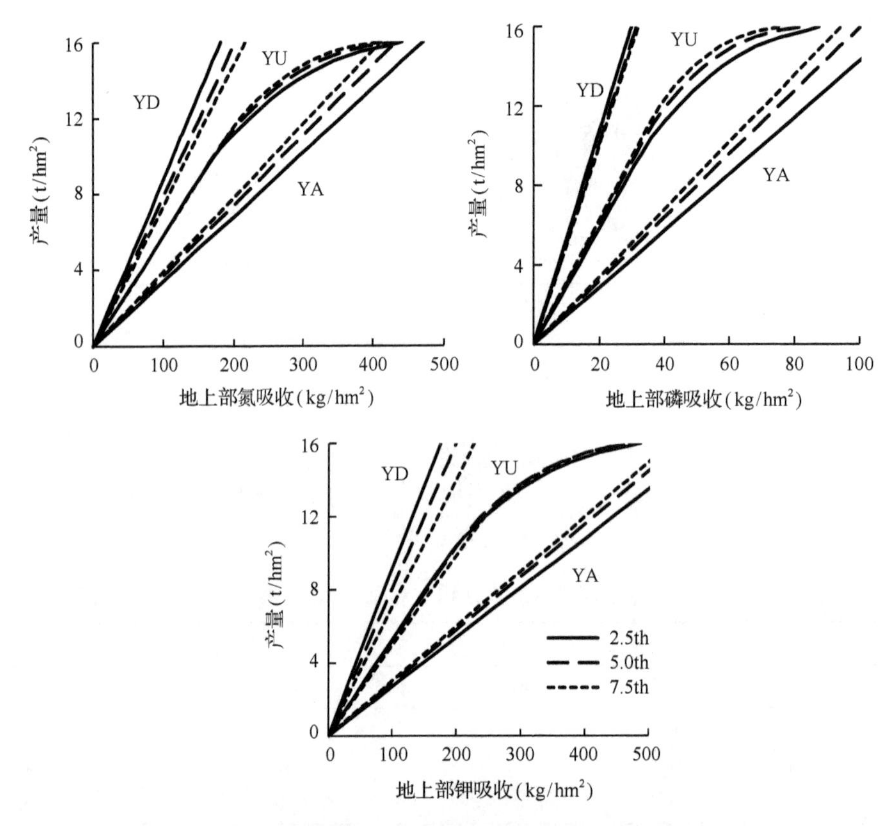

图 6-3 不同参数 a 和 d 值下中稻产量与地上部养分吸收关系

YA、YD 和 YU 分别为地上部养分最大累积边界、最大稀释边界和最佳养分吸收曲线

比较各数据集 N、P 和 K 的参数 a 和 d 值得出，一季稻 N 的参数 a 值要高于其他数据集参数 a 值，而 P 的参数 d 值低于其他数据集参数 d 值。除早稻 P 的参数 d 值要高于其他数据外，早稻、中稻和晚稻的数据集参数 a 和 d 值比较相近。应用 QUEFTS 模型拟合各数据集在潜在产量为 16t/hm^2 时籽粒产量与地上部养分吸收的关系，参数 a 和 d 值分别使用各自的数据集，验证不同水稻种植类型的数据是否可以合并(图 6-4)。从模拟结果得出，早稻、中稻和晚稻的最佳养分吸收曲线非常相近，但与一季稻的养分吸收曲线有很大差异，尤其是 N 和 K。因此，依据 QUEFTS 模型分析将数据分为一季稻和早/中/晚稻两组，分别对养分吸收需求进行最佳估测。将早稻、中稻和晚稻数据合并，去除收获指数小于 0.4kg/kg 的数据，并去除 IE 上下 2.5th 的数据得出参数 a 和 d 值，早/中/晚稻 N、P 和 K 的参数 a 和 d 值分别为 34kg/kg 和 90kg/kg、140kg/kg 和 576kg/kg、28kg/kg 和 94kg/kg。

(2) 地上部养分最佳需求量估算

应用 QUEFTS 模型分别拟合一季稻、早/中/晚稻和所有数据不同潜在产量和目标产量下 N、P 和 K 的地上部最佳养分吸收需求(图 6-5)。模拟结果显示，无论潜在产量为多少，当目标产量达到潜在产量的 60%～70%时，生产每吨籽粒产量地上部养分需求是一致的，即目标产量所需的养分在达到潜在产量 60%～70%前呈直线增长。QUEFTS 模型拟合的地上部和籽粒中的养分吸收以潜在产量为 16t/hm^2 为例。

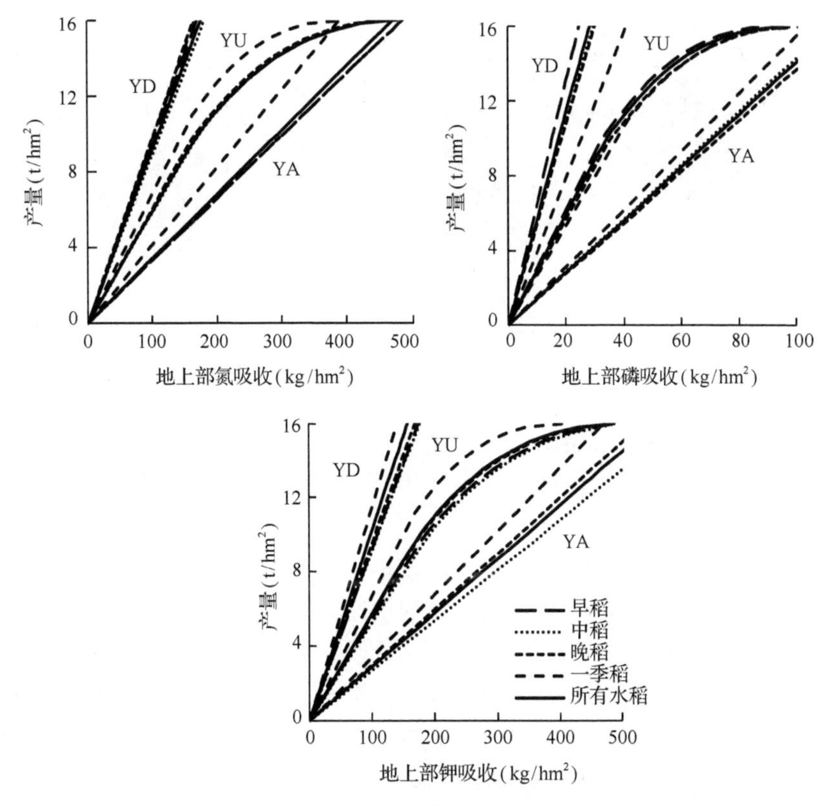

图 6-4　QUEFTS 模型拟合的不同水稻种植类型养分吸收差异

YA、YD 和 YU 分别为地上部养分最大累积边界、最大稀释边界和最佳养分吸收曲线

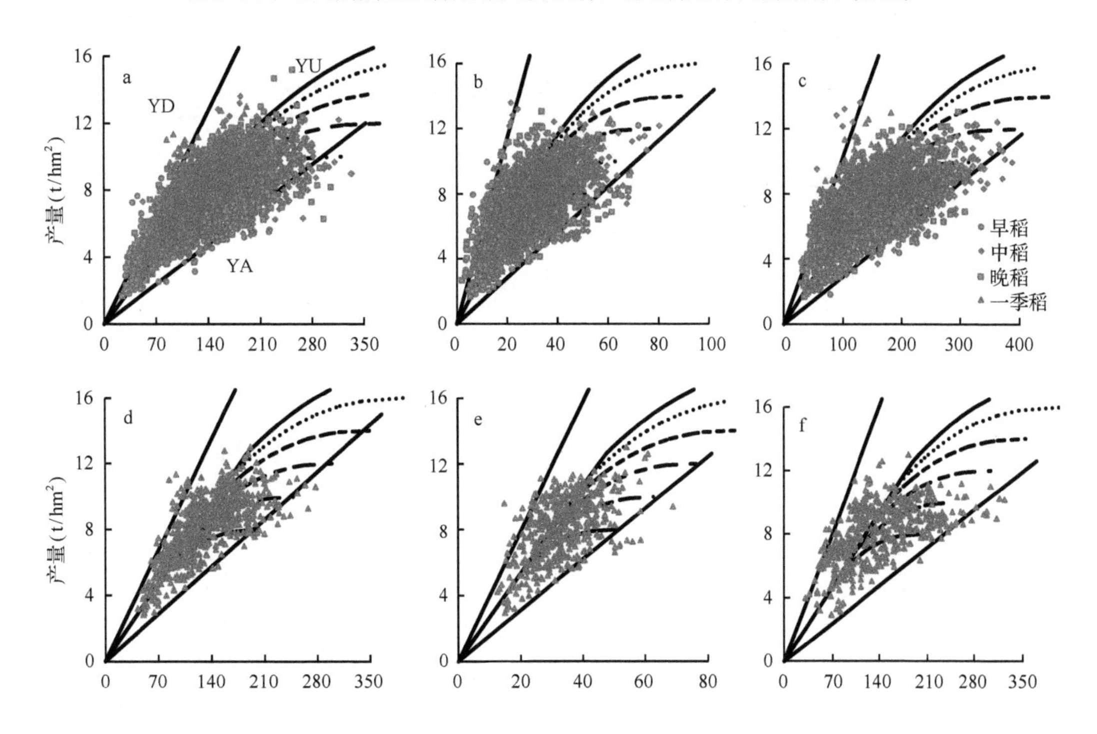

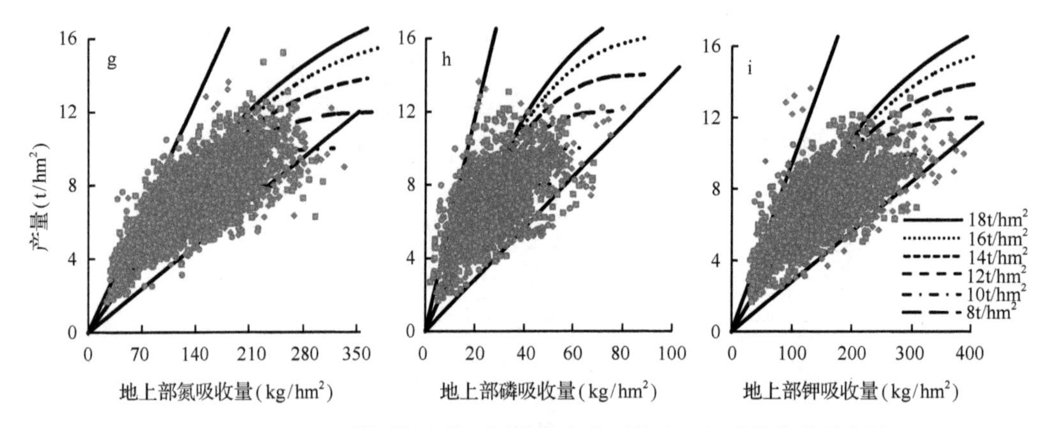

图 6-5　QUEFTS 模型拟合的不同潜在产量下的地上部最佳养分需求量

a～c 为所有水稻数据；d～f 为一季稻；g～i 为早/中/晚稻。YA、YD 和 YU 分别为地上部养分最大累积边界、最大稀释边界和最佳养分吸收曲线

对于一季稻而言(表 6-6)，生产 1t 籽粒产量地上部 N、P 和 K 养分需求分别为 14.8kg、3.8kg 和 15.0kg，相应的 IE 分别为 67.6kg/kg N、263.2kg/kg P 和 66.7kg/kg K，直线部分养分需求 N∶P∶K 为 3.89∶1∶3.95；对于早/中/晚稻而言(表 6-7)，生产 1t 籽粒产量地上部 N、P 和 K 养分需求量分别为 17.1kg、3.4kg 和 18.4kg，相应的 IE 分别为 58.5kg/kg、294.1kg/kg 和 54.3kg/kg，直线部分养分需求 N∶P∶K 为 5.03∶1∶5.41；对于所有水稻数据而言(表 6-8)，生产 1t 籽粒产量地上部需要 17.0kg N、3.4kg P 和 17.4kg K，相应的 IE 分别为 58.8kg/kg N、294.1kg/kg P 和 57.5kg/kg K，直线部分养分需求 N∶P∶K 为 5.00∶1∶5.12。N 和 K 的最佳养分吸收一季稻要低于早/中/晚稻和所有水稻数据模拟结果，但具有较高的磷吸收量。

表 6-6　QUEFTS 模型拟合的一季稻养分内在效率和吨粮养分吸收

产量(kg/hm²)	养分内在效率(kg/kg)			吨粮养分吸收(kg/t)		
	N	P	K	N	P	K
0	0	0	0	0	0	0
1 000	67.6	263.2	66.7	14.8	3.8	15.0
2 000	67.6	263.2	66.7	14.8	3.8	15.0
3 000	67.6	263.2	66.7	14.8	3.8	15.0
4 000	67.6	263.2	66.7	14.8	3.8	15.0
5 000	67.6	263.2	66.7	14.8	3.8	15.0
6 000	67.6	263.2	66.7	14.8	3.8	15.0
7 000	67.6	263.2	66.7	14.8	3.8	15.0
8 000	67.6	263.2	66.7	14.8	3.8	15.0
9 000	67.6	263.2	66.7	14.8	3.8	15.0
10 000	67.6	263.2	66.7	14.8	3.8	15.0
11 000	67.6	263.2	66.7	14.8	3.8	15.0
12 000	65.4	256.4	64.5	15.3	3.9	15.5
13 000	62.1	243.9	61.3	16.1	4.1	16.3
14 000	58.5	232.6	57.8	17.1	4.3	17.3
15 000	53.5	212.8	52.9	18.7	4.7	18.9
16 000	40.0	158.7	39.5	25.0	6.3	25.3

表 6-7　QUEFTS 模型拟合的早/中/晚稻养分内在效率和吨粮养分吸收

产量(kg/hm^2)	内在养分效率(kg/kg)			吨粮养分吸收(kg/t)		
	N	P	K	N	P	K
0	0	0	0	0	0	0
1 000	58.5	294.1	54.3	17.1	3.4	18.4
2 000	58.5	294.1	54.3	17.1	3.4	18.4
3 000	58.5	294.1	54.3	17.1	3.4	18.4
4 000	58.5	294.1	54.3	17.1	3.4	18.4
5 000	58.5	294.1	54.3	17.1	3.4	18.4
6 000	58.5	294.1	54.3	17.1	3.4	18.4
7 000	58.5	294.1	54.3	17.1	3.4	18.4
8 000	58.5	294.1	54.3	17.1	3.4	18.4
9 000	58.5	294.1	54.3	17.1	3.4	18.4
10 000	58.1	294.1	53.8	17.2	3.4	18.6
11 000	56.5	285.7	52.4	17.7	3.5	19.1
12 000	54.1	270.3	50.3	18.5	3.7	19.9
13 000	51.3	256.4	47.6	19.5	3.9	21.0
14 000	48.1	243.9	44.6	20.8	4.1	22.4
15 000	43.9	222.2	40.7	22.8	4.5	24.6
16 000	35.5	178.6	32.9	28.2	5.6	30.4

表 6-8　QUEFTS 模型拟合的所有水稻数据养分内在效率和吨粮养分吸收

产量(kg/hm^2)	养分内在效率(kg/kg)			吨粮养分吸收(kg/t)		
	N	P	K	N	P	K
0	0	0	0	0	0	0
1 000	58.8	294.1	57.5	17.0	3.4	17.4
2 000	58.8	294.1	57.5	17.0	3.4	17.4
3 000	58.8	294.1	57.5	17.0	3.4	17.4
4 000	58.8	294.1	57.5	17.0	3.4	17.4
5 000	58.8	294.1	57.5	17.0	3.4	17.4
6 000	58.8	294.1	57.5	17.0	3.4	17.4
7 000	58.8	294.1	57.5	17.0	3.4	17.4
8 000	58.8	294.1	57.5	17.0	3.4	17.4
9 000	58.8	294.1	57.5	17.0	3.4	17.4
10 000	58.1	294.1	56.8	17.2	3.4	17.6
11 000	56.5	285.7	55.2	17.7	3.5	18.1
12 000	54.1	270.3	52.9	18.5	3.7	18.9
13 000	51.3	256.4	50.3	19.5	3.9	19.9
14 000	48.1	243.9	46.9	20.8	4.1	21.3
15 000	43.7	222.2	42.7	22.9	4.5	23.4
16 000	33.6	169.5	32.9	29.8	5.9	30.4

(3)籽粒养分最佳需求量估算

在大力倡导秸秆还田的情况下，计算籽粒所带走的养分量对精准施肥至关重要，不仅可以充分利用秸秆养分，并且可以避免由施肥过量或不足对产量造成影响。对籽粒养分吸收的 IE 进行参数设定，剔除籽粒养分吸收 IE 值的上下 2.5th(HI＞0.4)计算籽粒养分吸收 N、P 和 K 的参数 *a* 和 *d* 值(表 6-9)，一季稻的分别为 59kg/kg 和 136kg/kg、225kg/kg 和 607kg/kg、136kg/kg 和 695kg/kg；早/中/晚稻的分别为 58kg/kg 和 138kg/kg、186kg/kg 和 658kg/kg、145kg/kg 和 678kg/kg；所有水稻的分别为 58kg/kg 和 137kg/kg、195kg/kg 和 657kg/kg、142kg/kg 和 682kg/kg。

表 6-9　水稻籽粒最大累积边界(*a*)和最大稀释边界(*d*)　(单位：kg/kg)

养分	一季稻		早/中/晚稻		所有水稻	
	a	*d*	*a*	*d*	*a*	*d*
N	59	136	58	138	58	137
P	225	607	186	658	195	657
K	136	695	145	678	142	682

QUEFTS 模型拟合得出的籽粒养分吸收呈直线增长，直到目标产量达到潜在产量的 60%～70%。对于一季稻而言，生产 1t 籽粒产量直线部分所需的 N、P 和 K 养分分别为 10.6kg、2.6kg 和 3.2kg；当目标产量达到潜在产量的 80%时，籽粒中所需的 N、P 和 K 养分占整个地上部养分吸收的比例分别为 72.2%、68.9%和 21.6%(表 6-10)。对于早/中/晚稻而言，目标产量在潜在产量的 60%～70%甚至以下时，生产 1t 籽粒产量所需的 N、P 和 K 养分分别为 10.6kg、2.7kg 和 3.1kg；当目标产量达到潜在产量的 80%时，籽粒中所需的 N、P 和 K 养分占整个地上部养分吸收的比例分别为 61.9%、80.0%和 16.7%(表 6-11)。

表 6-10　QUEFTS 模型拟合的一季稻籽粒养分吸收及占地上部养分吸收比例

产量(kg/hm^2)	地上部养分吸收(kg/hm^2)			籽粒养分吸收(kg/hm^2)			所占比例(%)		
	N	P	K	N	P	K	N	P	K
0	0	0	0	0	0	0	0	0	0
1 000	14.8	3.8	15.0	10.6	2.6	3.2	71.4	68.1	21.3
2 000	29.6	7.5	30.0	21.1	5.1	6.4	71.4	68.1	21.3
3 000	44.4	11.3	45.0	31.7	7.7	9.6	71.4	68.1	21.3
4 000	59.2	15.0	60.0	42.2	10.2	12.8	71.4	68.1	21.3
5 000	74.0	18.8	75.0	52.8	12.8	16.0	71.4	68.1	21.3
6 000	88.8	22.6	90.0	63.4	15.4	19.2	71.4	68.1	21.3
7 000	103.5	26.3	105.0	73.9	17.9	22.4	71.4	68.1	21.3
8 000	118.3	30.1	120.1	84.5	20.5	25.6	71.4	68.1	21.3
9 000	133.1	33.8	135.1	95.0	23.0	28.8	71.4	68.1	21.3
10 000	147.9	37.6	150.1	105.6	25.6	32.0	71.4	68.1	21.3
11 000	163.0	41.4	165.4	117.0	28.4	35.4	71.8	68.5	21.4
12 000	183.9	46.7	186.5	132.8	32.2	40.2	72.2	68.9	21.6
13 000	208.9	53.1	212.0	151.1	36.6	45.8	72.3	69.0	21.6
14 000	239.2	60.8	242.6	173.3	42.0	52.5	72.4	69.1	21.6
15 000	280.0	71.2	284.1	203.3	49.3	61.6	72.6	69.2	21.7
16 000	399.3	101.5	405.1	284.0	68.8	86.0	71.1	67.8	21.2

表 6-11　QUEFTS 模型拟合的早/中/晚稻籽粒养分吸收及占地上部养分吸收比例

产量(kg/hm²)	地上部养分吸收(kg/hm²)			籽粒养分吸收(kg/hm²)			所占比例(%)		
	N	P	K	N	P	K	N	P	K
0	0	0	0	0	0	0	0	0	0
1 000	17.1	3.4	18.4	10.6	2.7	3.1	62.3	80.5	16.8
2 000	34.2	6.8	36.9	21.3	5.4	6.2	62.3	80.5	16.8
3 000	51.3	10.1	55.3	31.9	8.2	9.3	62.3	80.5	16.8
4 000	68.4	13.5	73.7	42.6	10.9	12.4	62.3	80.5	16.8
5 000	85.4	16.9	92.1	53.2	13.6	15.5	62.3	80.5	16.8
6 000	102.5	20.3	110.6	63.9	16.3	18.6	62.3	80.5	16.8
7 000	119.6	23.7	129.0	74.5	19.1	21.7	62.3	80.5	16.8
8 000	136.7	27.1	147.4	85.2	21.8	24.8	62.3	80.5	16.8
9 000	153.8	30.4	165.8	95.9	24.5	28.0	62.4	80.6	16.9
10 000	172.1	34.1	185.6	107.7	27.5	31.4	62.5	80.8	16.9
11 000	195.0	38.6	210.2	120.7	30.9	35.2	61.9	80.0	16.7
12 000	221.9	43.9	239.3	137.3	35.1	40.0	61.9	80.0	16.7
13 000	253.0	50.1	272.8	156.5	40.0	45.6	61.9	80.0	16.7
14 000	290.9	57.6	313.6	179.9	46.0	52.4	61.9	79.9	16.7
15 000	342.6	67.8	369.4	211.8	54.2	61.7	61.8	79.9	16.7
16 000	451.5	89.4	486.8	309.5	79.1	90.2	68.6	88.6	18.5

对于所有数据而言，目标产量在潜在产量的 60%～70%甚至以下时，生产 1t 籽粒产量所需的 N、P 和 K 分别为 10.7kg、2.7kg 和 3.1kg；当目标产量达到潜在产量的 80%时，籽粒中所需的 N、P 和 K 养分占整个地上部养分吸收的比例分别为 61.8%、77.3%和 17.8%(表 6-12)。

表 6-12　QUEFTS 模型拟合的所有水稻籽粒养分吸收及占地上部养分吸收比例

产量(kg/hm²)	地上部养分吸收(kg/hm²)			籽粒养分吸收(kg/hm²)			所占比例(%)		
	N	P	K	N	P	K	N	P	K
0	0	0	0	0	0	0	0	0	0
1 000	17.0	3.4	17.4	10.7	2.7	3.1	62.8	78.5	18.0
2 000	34.0	6.8	34.8	21.4	5.3	6.3	62.8	78.5	18.0
3 000	51.0	10.2	52.2	32.0	8.0	9.4	62.8	78.5	18.0
4 000	68.1	13.5	69.6	42.7	10.6	12.6	62.8	78.5	18.0
5 000	85.1	16.9	87.0	53.4	13.3	15.7	62.8	78.5	18.0
6 000	102.1	20.3	104.4	64.1	16.0	18.8	62.8	78.5	18.0
7 000	119.1	23.7	121.8	74.7	18.6	22.0	62.8	78.5	18.0
8 000	136.1	27.1	139.2	85.4	21.3	25.1	62.8	78.5	18.0
9 000	153.1	30.5	156.6	96.1	23.9	28.3	62.8	78.5	18.0
10 000	171.8	34.2	175.7	107.7	26.8	31.7	62.7	78.5	18.0
11 000	195.0	38.8	199.4	120.5	30.0	35.4	61.8	77.3	17.8
12 000	222.0	44.2	227.0	137.1	34.1	40.3	61.8	77.3	17.8
13 000	253.1	50.4	258.9	156.2	38.9	46.0	61.7	77.2	17.8
14 000	291.1	57.9	297.7	179.5	44.7	52.8	61.7	77.2	17.7
15 000	343.0	68.2	350.8	211.2	52.6	62.1	61.6	77.1	17.7
16 000	476.1	94.7	487.0	309.8	77.1	91.1	65.1	81.4	18.7

从 QUEFTS 模型模拟的一季稻、早/中/晚稻和所有水稻数据的籽粒养分吸收曲线得出，生产 1t 籽粒产量，其籽粒中的 N、P 和 K 养分吸收量三组数据非常相近。因此，地上部养分吸收的差异主要来自于秸秆养分吸收。

(4) QUEFTS 模型验证

由 QUEFTS 模型分析结果得出，一季稻和早/中/晚稻的养分吸收存在一定差异，因此应该使用各自的 IE 值对产量与地上部养分吸收之间的关系进行模拟。但需要注意的是，各自得出的曲线是否适合于不同基因型品种，并用于指导养分管理和推荐施肥仍需进行验证。2013～2014 年布置了 4 个田间试验，从不同品种、不同施肥量和不同施肥措施角度出发验证对 QUEFTS 模型的适用性。试验 1，早稻品种和氮肥用量试验(2013 年)；试验 2，一季稻品种试验(2013～2014 年)；试验 3，一季稻氮肥用量试验(2013 年)；试验 4，一季稻氮肥施用比例试验(2013 年)。

品种试验用于评估不同水稻品种是否适用于 QUEFTS 模型得出的标准函数方程(试验部分见试验 1 和试验 2)。试验 1 的结果表明在没有氮肥施用的情况下(N0)，数据点的分布接近于最大稀释边界(图 6-6a)，然而当施氮量由 135kg/hm^2(N135) 增加到 165kg/hm^2(N165)时，数据点逐渐接近最佳养分吸收曲线。虽然 N135 处理的产量要高于 N0 处理，但施氮量 165kg/hm^2 时对于该试验地块似乎更加合理。

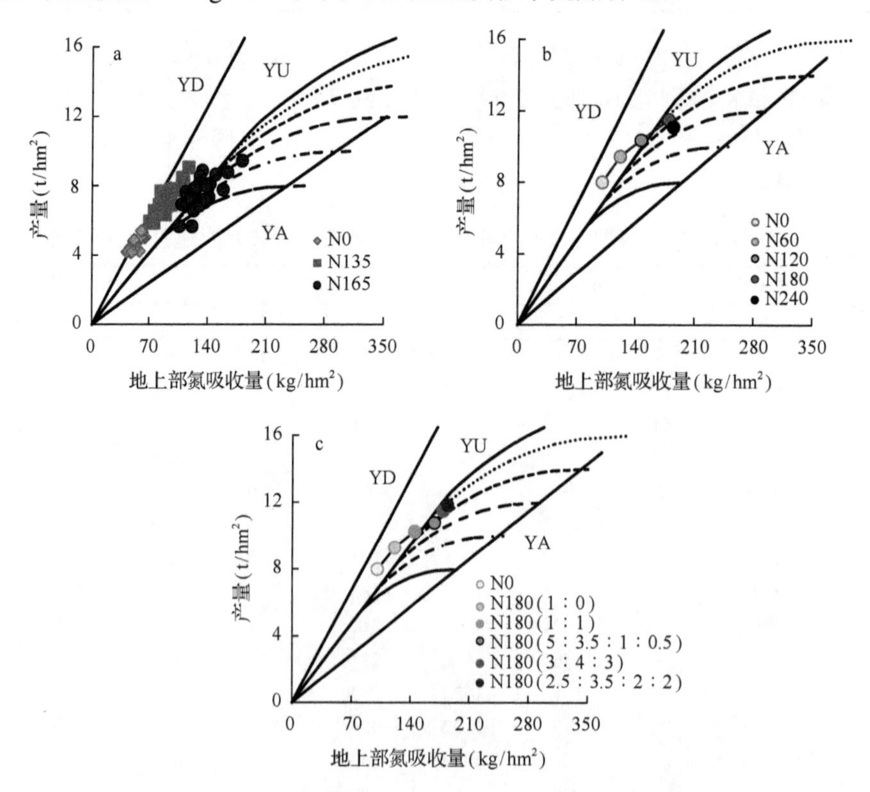

图 6-6　不同水稻品种和施肥处理产量与地上部养分吸收关系

a、b 和 c 数据分别来自于试验 1、试验 3 和试验 4。产量与养分吸收关系曲线分别使用各自的模拟曲线。YA、YD 和 YU 分别为地上部养分最大累积边界、最大稀释边界和最佳养分吸收曲线

水稻产量随着氮肥施用量的增加呈现先增加后降低的趋势(图 6-6b)。从试验 3 中得出当氮肥用量超过养分需求时就会出现奢侈吸收，数据点偏离最佳养分吸收曲线并接近于最大累积边界。结果表明 QUEFTS 模型可以用于评估施肥量是否过量或者缺乏，可以确定某一田块的肥料用量是否合理。除此之外，QUEFTS 模型还可以用于检验养分管理策略。从试验 4(图 6-6c)的结果得出，合理的氮肥施用比例和施肥次数可以增加产量、氮素吸收和收获指数，并且数据点靠近最佳养分吸收曲线。N180(2.5∶3.5∶2∶2)处理得到了最高产量和地上部氮素吸收，分别为 11.9t/hm^2 和 184kg N/hm^2，与 N180(1∶0)处理(产量和氮素吸收分别为 9.3t/hm^2 和 121kg N/hm^2)相比分别增加了 28%和 52%。且 N180(2.5∶3.5∶2∶2)与其他处理相比，氮素回收率增加了 2.8～34.9 个百分点。结果进一步确定了 QUEFTS 模型估测的不同目标产量下的养分需求是平衡养分吸收。

从试验 2 可以看出，在不施肥情况下，N 和 P 的数据点接近最大稀释边界，处于亏缺状态(图 6-7d，e)。在施肥处理下多数品种的养分接近最佳养分吸收(图 6-7a，b，d，e)，而有些品种磷的养分吸收出现奢侈吸收。然而，钾的养分吸收接近于最大累积边界(图 6-7c，f)，这与施肥量和土壤养分含量密切相关，2013 年试验的施钾量和土壤速效钾含量分别为 180kg/hm^2 和 211.0mg/kg，而 2014 年的分别为 120kg/hm^2 和 161.7mg/kg，高的施钾量和土壤速效钾含量导致了水稻对钾的奢侈吸收。不同水稻品种的产量和 IE 值存在很大差异，但在合理施肥的情况下不同的水稻品种适用于 QUEFTS 模型。

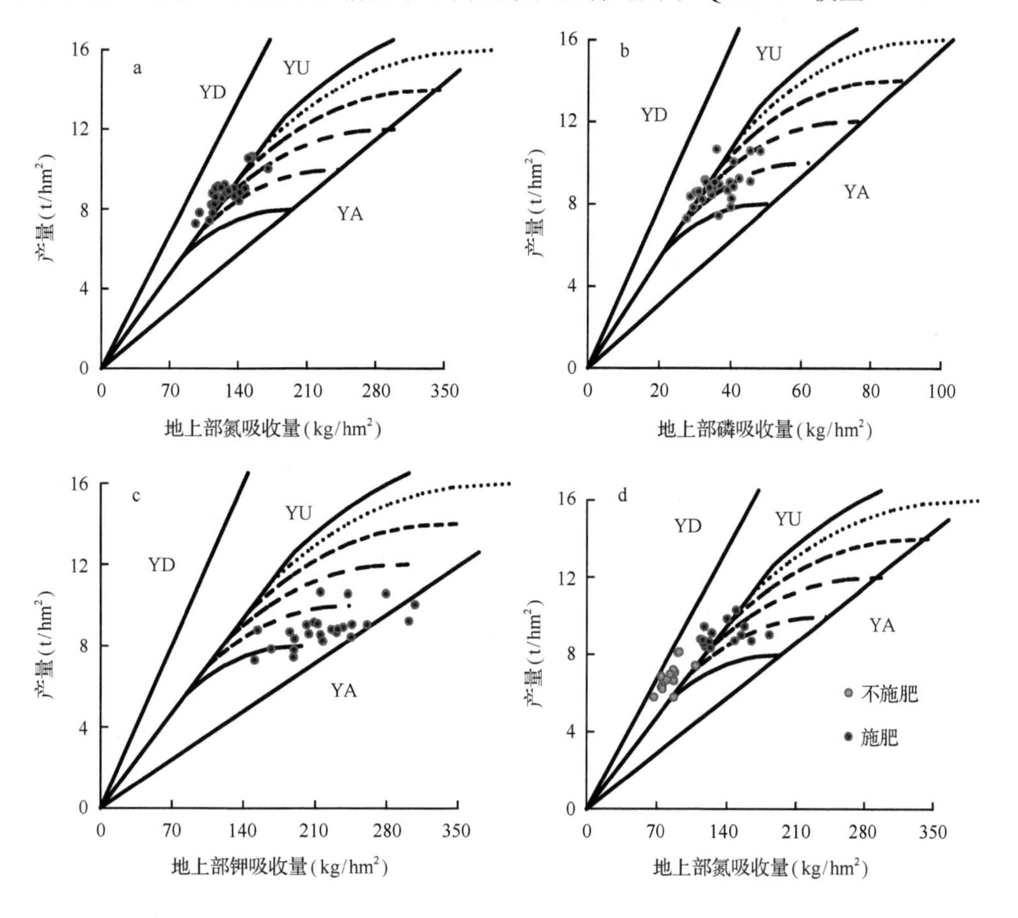

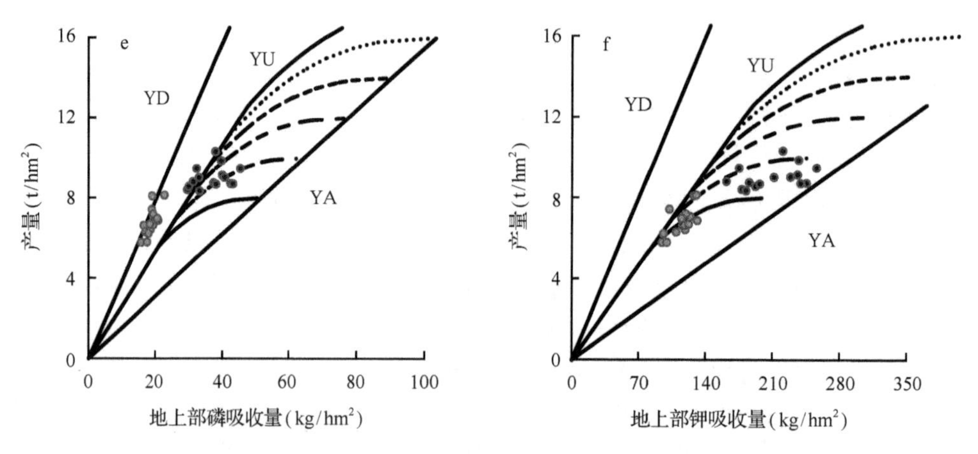

图 6-7　不同一季稻品种产量与地上部养分吸收关系

数据来自于试验 2。a～c 为 2013 年试验，d～f 为 2014 年试验。产量与养分吸收关系曲线使用一季稻模拟曲线。YA、YD 和 YU 分别为地上部养分最大累积边界、最大稀释边界和最佳养分吸收曲线

6.1.3　水稻养分推荐模型

养分专家系统作为一个完善的推荐施肥及养分管理方法，不仅仅考虑了作物对养分的需求量及养分之间的交互作用，其他一些农学参数如可获得产量、产量差、产量反应、土壤基础养分供应、养分利用率及它们之间的关系也是需要考虑的重要因素。

1. 水稻可获得产量、产量差和产量反应

(1) 可获得产量与产量差

可获得产量(attainable yield，Ya)即在田间或试验站的试验条件下应用当前已知的信息技术和先进的管理措施在消除产量限制因素(如养分、病虫害等)下所获得的最大产量。应用试验中所获得的最高产量定义为可获得产量。而产量差(yield gap，Yg)则依据可获得产量进行计算。可分为基于农民施肥措施的产量差(Ygf)和基于空白处理的产量差(Ygck)。Ygf 为 Ya 与农民产量(Yf)之间的产量差，Ygck 为 Ya 与不施肥处理产量(Yck)之间的产量差。

Meta 分析是对具有相同研究目的的多个独立研究结果进行系统分析、定量综合的一种研究方法，在分析大数据差异中发挥了重要作用，其使用卡方检验对所有合并的分析效应值进行异质性检验，如果异质性结果 P 值小于 0.1，则认为在统计上具有显著的异质性，选择随机效应模型计算结合效应值。如果分析结果的结合效应值 95%置信区间与 0 不重叠，说明不同处理间对产量有统计学差异($P<0.05$)。数据包括不同处理的平均产量、试验数和标准差。

对产量差的 Meta 分析结果得出所有试验优化施肥管理水稻平均 Ya 为 8.5t/hm^2，显著地高于农民习惯施肥产量 Yf，高 0.6t/hm^2($P<0.000\,01$)(图 6-8a)。与农民习惯施肥相比，优化施肥管理提高了有效穗数、穗粒数和结实率等产量构成因子(表 6-13)，有助于提高产量，平均提高了 7.2%，变化范围为 5.2%～11.1%，其中有 20.2%的 Ygf 超过了

1.0t/hm^2。4 种种植类型水稻间的 Ygf 差异不显著(P=0.22)，早稻、晚稻、中稻和一季稻的 Ygf 分别为 0.4t/hm^2、0.8t/hm^2、0.6t/hm^2 和 0.7t/hm^2，采用 SAS 软件中最小显著差异法分析得出 4 种种植类型水稻的 Ya 都显著地高于 Yf(P<0.001)。中稻和一季稻产量要显著高于早稻和晚稻，种植制度和生长周期是中稻和一季稻高产的主要原因，其生长周期比早稻和晚稻长 20～30 天。

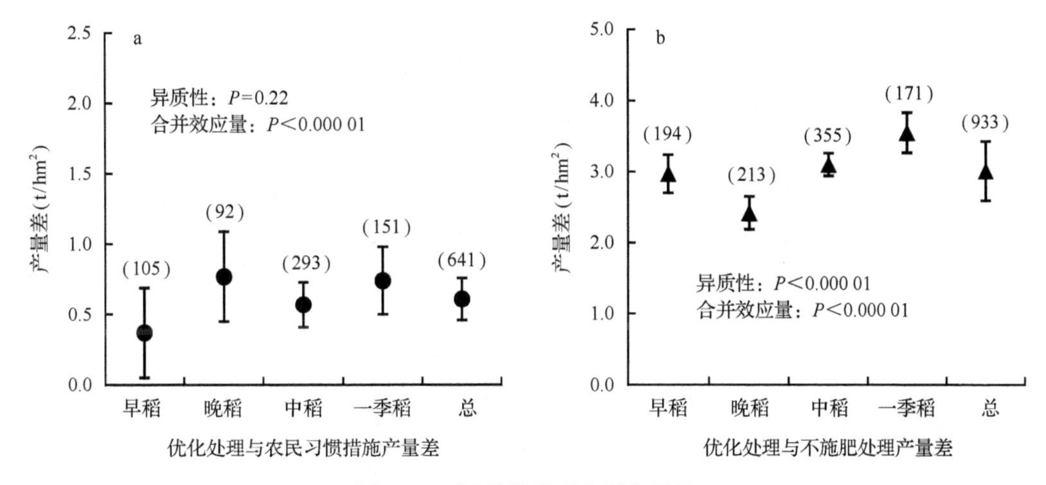

图 6-8　不同种植类型水稻产量差

误差线为 95%置信区间，产量差的合并效应值检验在 0.05 概率水平，异质性检验在 0.1 概率水平，括号内数字为试验样本数

表 6-13　4 种种植类型水稻不同处理下产量及其构成因子、养分吸收和施肥量

参数	早稻		中稻		晚稻		一季稻	
	OPT	FP	OPT	FP	OPT	FP	OPT	FP
试验数	339	105	958	293	442	92	479	151
籽粒产量(t/hm^2)	7.5	7.1	8.9	8.3	7.7	6.9	9.1	8.4
秸秆产量(t/hm^2)	6.2	5.5	9.0	8.4	7.0	5.5	7.9	7.0
施氮量(kg/hm^2)	156	159	215	249	178	183	186	190
施 P_2O_5 量(kg/hm^2)	72	67	83	74	67	50	92	76
施 K_2O 量(kg/hm^2)	123	95	123	92	127	81	105	55
氮素吸收量(kg/hm^2)	139.3	113.1	177.4	176.9	141.8	101.8	152.6	136.7
磷素吸收量(kg/hm^2)	24.3	23.7	35.1	32.4	29.5	25.1	37.2	34.7
钾素吸收量(kg/hm^2)	152.7	139.1	205.8	210	162.3	130.6	143.8	124.8
株高(cm)	98.1	93.3	107.9	111.6	104.8	98.6	95.2	96.4
穗长(cm)	21.4	19.3	21.8	21.0	23.0	21.0	17.5	17.2
有效穗数(个/m^2)	294	290	275	269	281	238	436	431
穗粒数(个)	122	121	146	136	136	133	105	95
千粒重(g)	26.1	26.0	27.3	27.0	26.1	26.3	25.9	24.9
结实率(%)	81.9	79.9	84.7	83.2	83.7	81.5	85.5	83.7

注：OPT 为优化施肥处理，FP 为农民习惯施肥处理

对 4 种种植类型水稻不施肥处理产量(Yck)进行 ANOVA 分析得出，4 种种植类型水稻 Yck 间具有显著差异(P<0.001)，早稻、晚稻、中稻和一季稻的 Yck 分别为 4.5t/hm^2、5.3t/hm^2、5.8t/hm^2 和 5.6t/hm^2(图 6-8b)。气候和土壤肥力的差异导致了土壤基础产量的差异，同时导致了 Ygck 间的差异(P<0.000 01)。早稻、晚稻、中稻和一季稻的 Ygck 分别为 3.0t/hm^2、2.4t/hm^2、3.1t/hm^2 和 3.5t/hm^2，4 种种植类型水稻 Ygck 平均为 3.0t/hm^2。

(2) 相对产量和产量反应

产量反应(yield response，YR)即可获得产量与对应减素处理产量的产量差，氮、磷和钾产量反应分别用 YRN、YRP 和 YRK 表示。YR 是由施肥所增加的产量，是平衡施肥需要考虑的重要参数之一。YR 不仅可以反映土壤基础养分供应状况，还可以反映施肥效应情况。从收集的试验数据结果得出，本研究中具有较高的 YRN，平均为 2.4t/hm^2(图 6-9a)，其中有 77.8%的 YRN 位于 1.0～4.0t/hm^2(图 6-9d)。施用磷肥和钾肥的平均 YR 分别为 0.9t/hm^2 和 1.0t/hm^2(图 6-9b，c)，约有 80.5%的 YRP 和 82.1%的 YRK 低于 1.5t/hm^2(图 6-9e，f)。氮素仍然是产量的首要限制因子。

然而，Meta 分析结果显示不同种植类型水稻间的 YRN(P<0.000 01)和 YRP(P=0.002)存在显著差异，而 YRK(P=0.86)间无显著差异(图 6-9a～c)。一季稻的 N、P 和 K 的 YR 高于其他种植类型水稻，分别为 2.9t/hm^2、1.3t/hm^2 和 1.1t/hm^2。早稻的 N、P 和 K 的 YR 分别为 2.1t/hm^2、0.9t/hm^2 和 1.0t/hm^2，晚稻的分别为 1.9t/hm^2、0.6t/hm^2 和 0.9t/hm^2，中稻的分别为 2.6t/hm^2、0.9t/hm^2 和 1.0t/hm^2。肥料的增产效应对生育期长的水稻类型似乎更加明显。晚稻的 YR 最低，尤其是 YRP，这可能与晚稻季在移栽前土壤中较高的 P 含量有关。

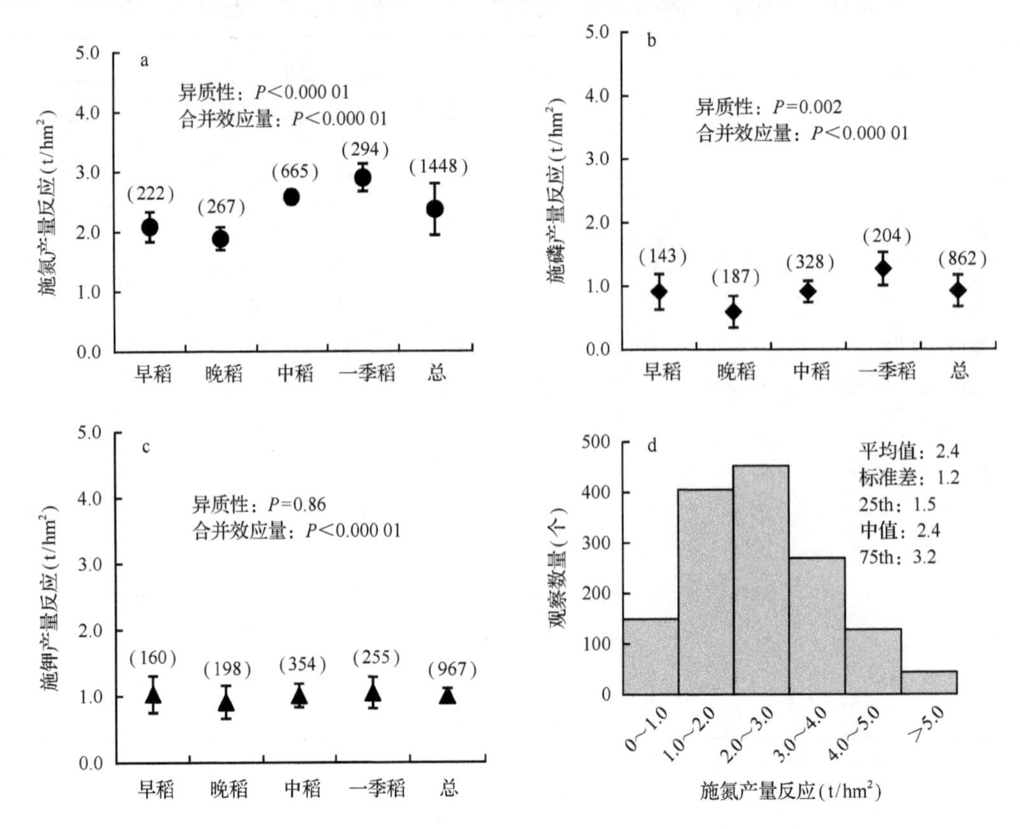

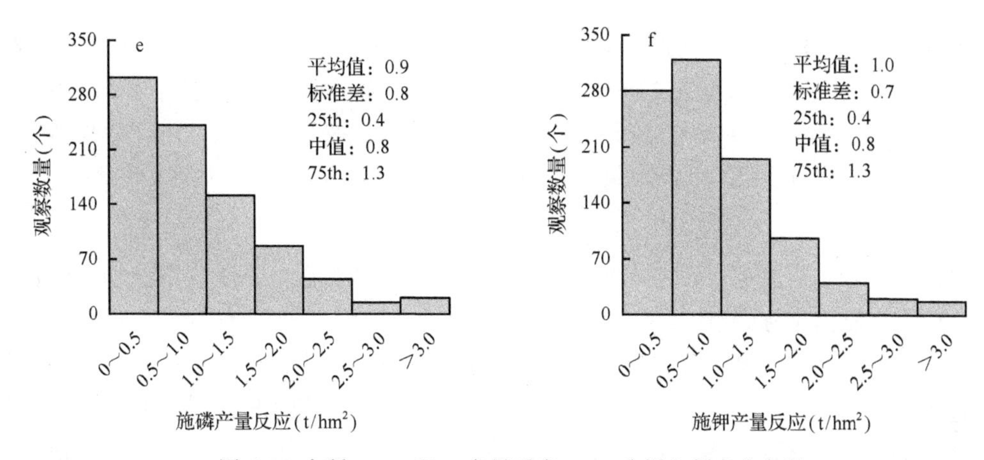

图6-9　水稻N、P和K产量反应Meta分析和频率分布图

误差线为95%置信区间，产量反应的合并效应值检验在0.05概率水平，异质性检验在0.1概率水平，括号内数字为试验样本数

相对产量(relative yield，RY)定义为减素处理作物籽粒产量与可获得产量的比值。相对产量是依据可获得产量和产量反应计算得出的一种农学参数。结果分析显示(图6-10)，

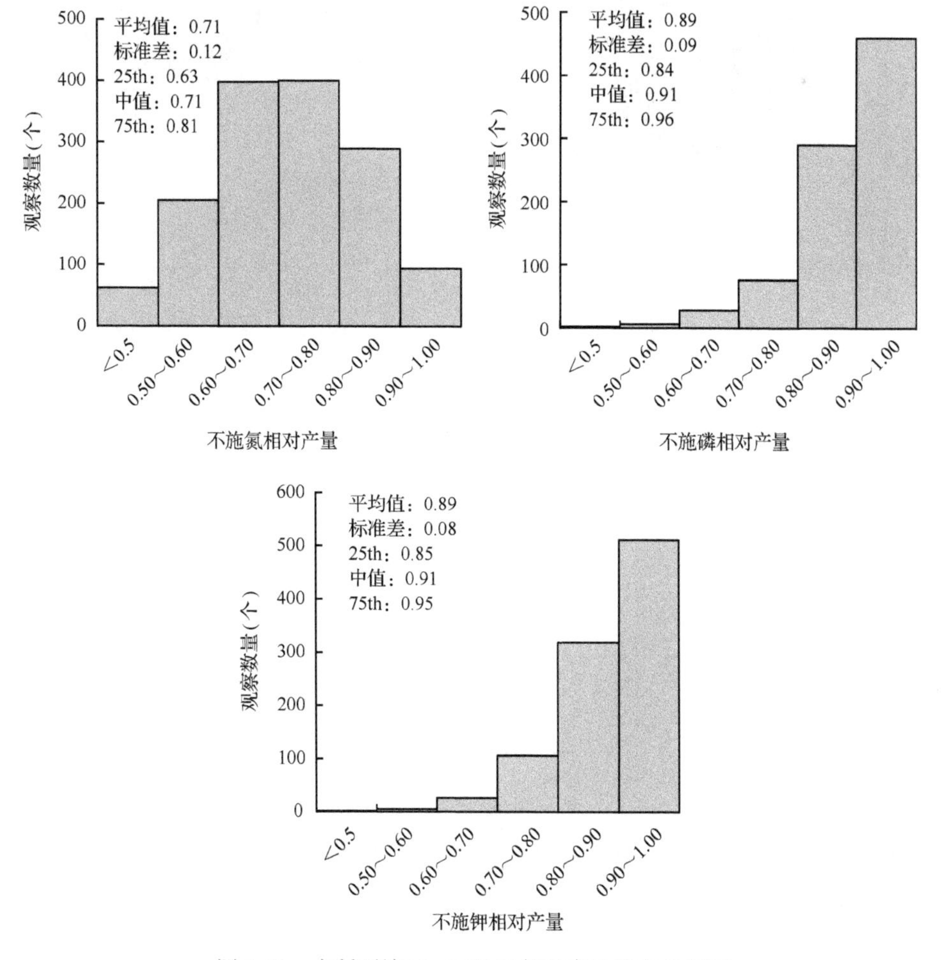

图6-10　水稻不施N、P和K相对产量频率分布图

水稻平均 N、P 和 K 的 RY 分别为 0.71（$n\approx1448$）、0.89（$n\approx862$）和 0.89（$n\approx967$）。RYN 低于 0.80 的占全部观察数据的 73.6%，而 P 和 K 的 RY 高于 0.80 的分别占全部观察数据的 87.0%和 85.8%。氮肥的增产效果最为明显，其中有 45.9%的观察数据增产效果达到了 30%以上，而磷肥和钾肥的增产效果低于 10%的分别占全部观察数据的 53.4%和 52.9%。

(3) 产量反应与相对产量的关系

水稻养分专家系统后台数据库包含了十几年的田间试验数据，其利用作物的生长环境、各种土壤肥力指标（质地、颜色、有机质含量和障碍因子等）、作物轮作体系及当前作物产量等信息确定土壤养分的供应能力。在水稻养分专家系统中，应用相对产量的大小来表示土壤基础养分的供应能力，进而确定 YR，因为 RY 与 YR 呈显著的线性负相关（图 6-11），N、P 和 K 相对产量与产量反应关系的相关系数（r^2）分别达到了 0.845（$n\approx1448$）、0.929（$n\approx862$）和 0.888（$n\approx942$）（图 6-11）。

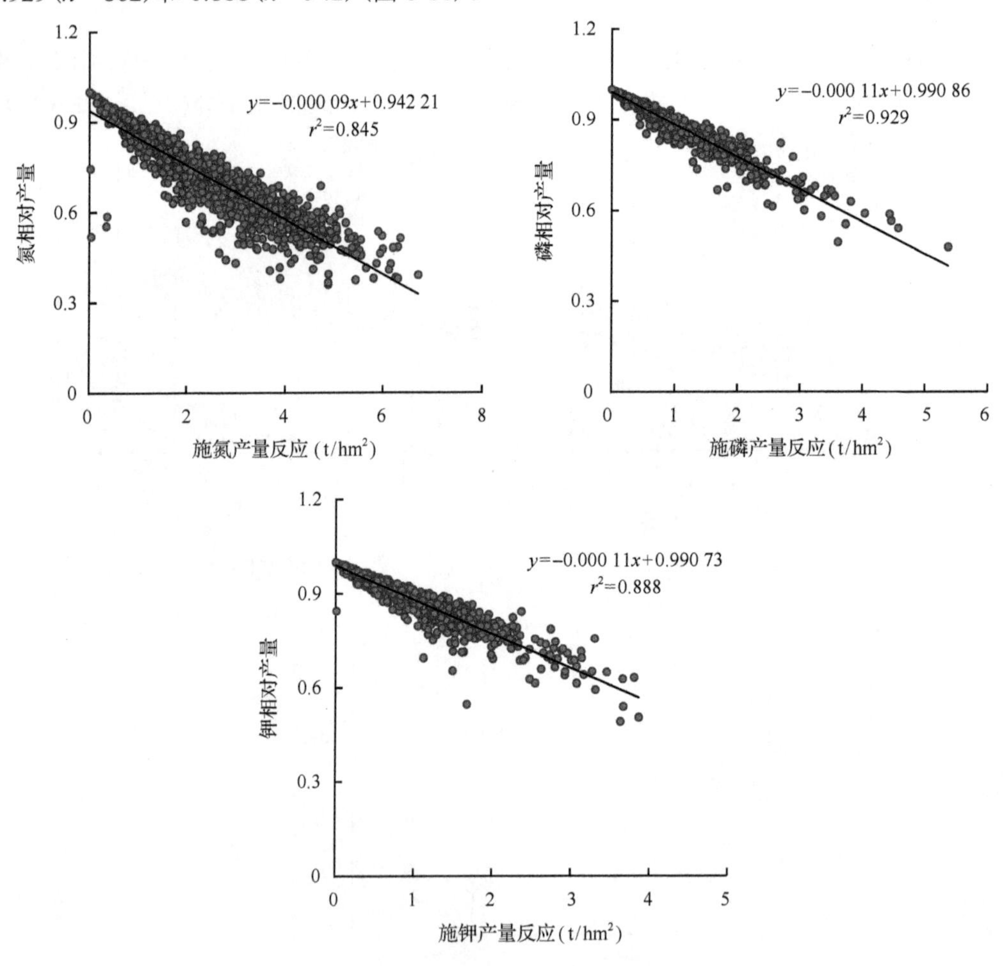

图 6-11　水稻相对产量与产量反应关系

2. 水稻土壤养分供应、产量反应和农学效率的关系

(1)土壤基础养分供应

土壤基础养分供应定义为土壤在不施某种养分而其他养分供应充足条件下该种养分的供应能力。土壤基础氮、磷和钾养分供应分别用 INS、IPS 和 IKS 表示。土壤基础养分供应反映的是土壤中某种养分最基本的养分供应能力。本研究中土壤基础养分供应的计算方法是将所有土壤本体养分和外界环境带入土壤中的养分来源看作一个黑箱，通过不施某种养分处理的作物地上部该养分吸收表示。产量反应与土壤基础养分供应间呈显著的负相关关系。所有试验点中，INS、IPS 和 IKS 平均分别为 91.3kg/hm^2(n≈821)、27.5kg/hm^2(n≈242)和 139.1kg/hm^2(n≈288)。INS 位于 50～125kg/hm^2 的占全部观察数量的 84.4%，而超过 100kg/hm^2 的占全部观察数量的 37.5%(图 6-12a)。IPS 位于 10～40kg/hm^2 的占全部观察数量的 86.8%(图 6-12b)。IKS 超过 100kg/hm^2 的占全部观察数量的 74.0%(图 6-12c)。

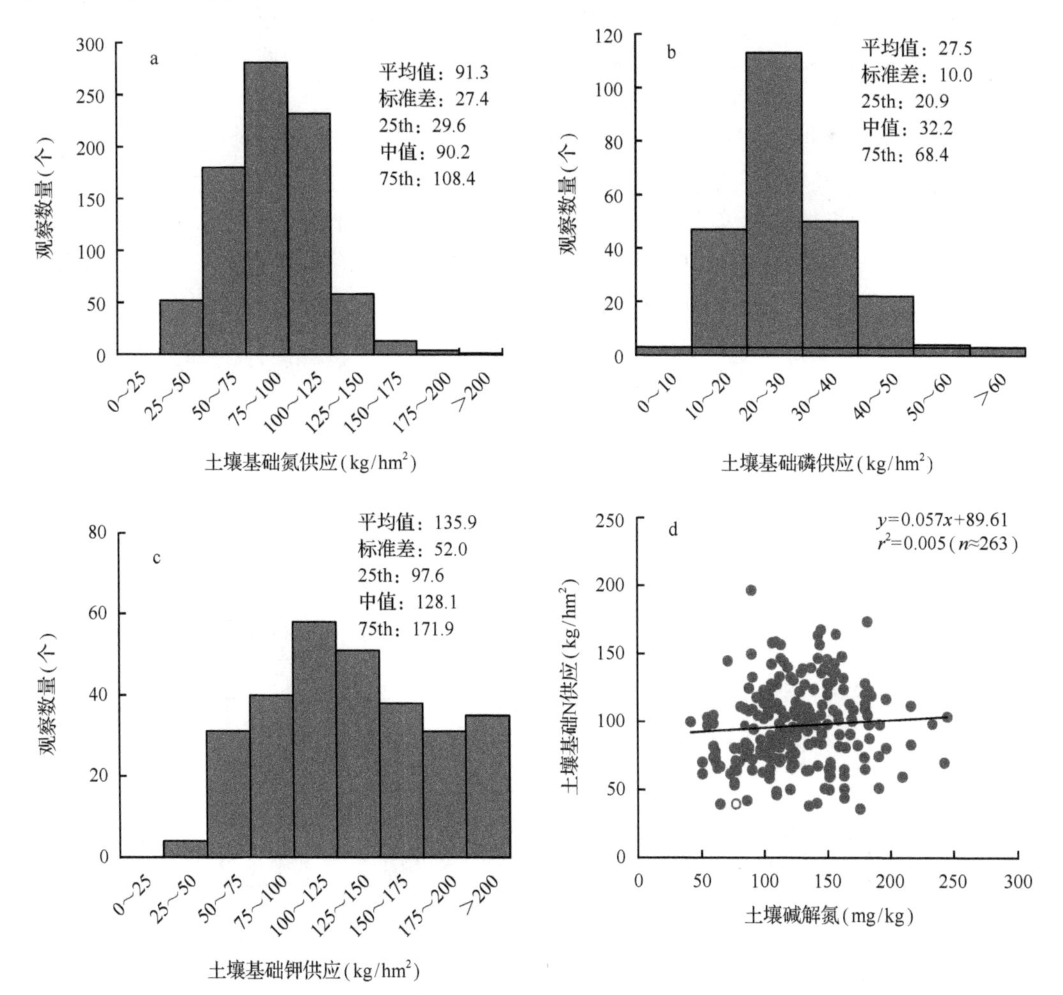

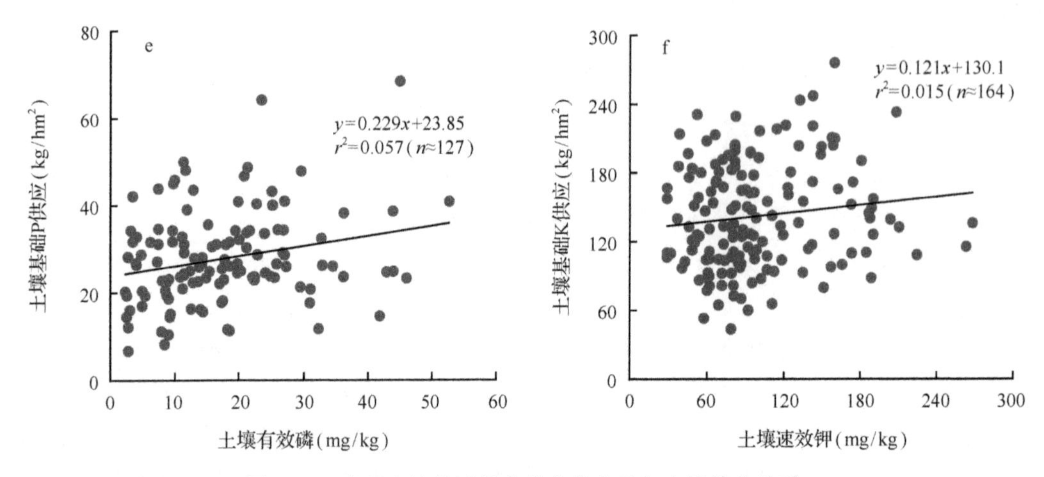

图 6-12　水稻土壤基础养分供应分布及与土壤养分关系

虽然不施某种养分的处理作物养分吸收随着土壤养分含量增加而增加，但土壤碱解氮与INS、Olsen-P 与 IPS，以及速效钾与 IKS 间相关性较弱，数据分布比较分散(图 6-12d～f)，因此依据土壤养分测试值进行水稻推荐施肥时，需要选择合适的施肥指标以建立良好的相关关系。

土壤基础养分供应与施肥历史、环境带入的养分量(如灌溉、干湿沉降等)及种植制度等密切相关。研究表明，不同种植类型水稻的土壤基础养分供应间存在显著差异(图 6-13)。中稻具有最高的土壤基础养分供应(INS、IPS 和 IKS)，分别为 98.2kg/hm^2、28.1kg/hm^2 和 163.8kg/hm^2。早稻的 INS、IPS 和 IKS 分别为 86.5kg/hm^2、24.3kg/hm^2 和 130.1kg/hm^2，晚稻的分别为 81.1kg/hm^2、27.0kg/hm^2 和 128.6kg/hm^2，一季稻的分别为 85.8kg/hm^2、31.3kg/hm^2 和 108.5kg/hm^2。

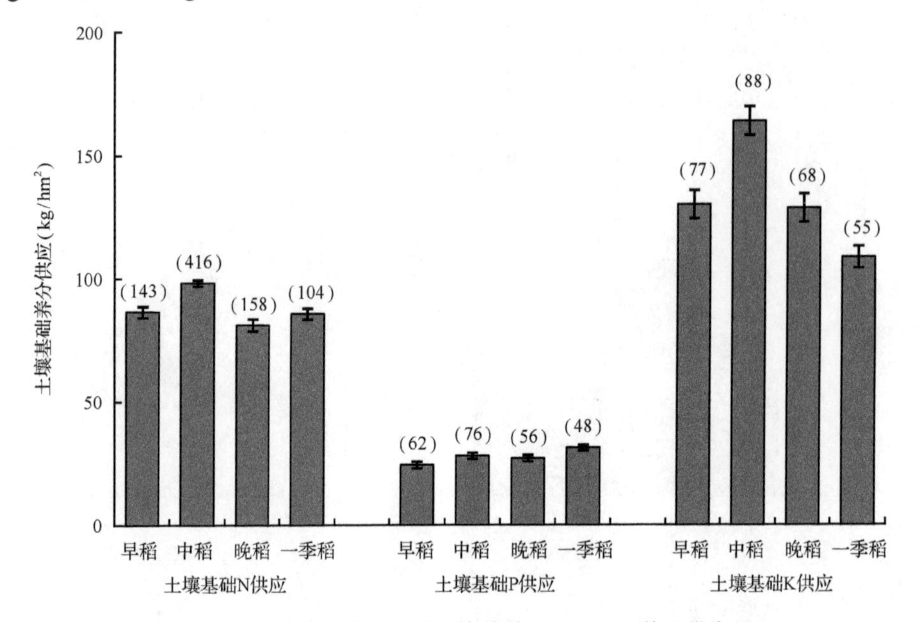

图 6-13　不同种植类型水稻土壤基础 N、P 和 K 养分供应量

误差线为标准误，括号中数字为试验样本数

(2) 产量反应与土壤基础养分供应的相关关系

在水稻养分专家系统中，在已进行过相关试验的区域，产量反应可以借鉴试验结果中的产量反应数据，可以直接填入系统。而对于没有进行过减素试验的地块，可以依据供试地块的基本信息，包括生长环境和土壤肥力因子等(土壤质地、有机质含量、土壤磷钾测试值、有机肥的施用历史)确定土壤基础养分供应低、中、高等级，对产量反应进行估算。其主要是依据大量的田间试验数据对相对产量进行分级，确定不同土壤基础养分供应所对应的相对产量等级，由此计算得出产量反应(图6-14)。

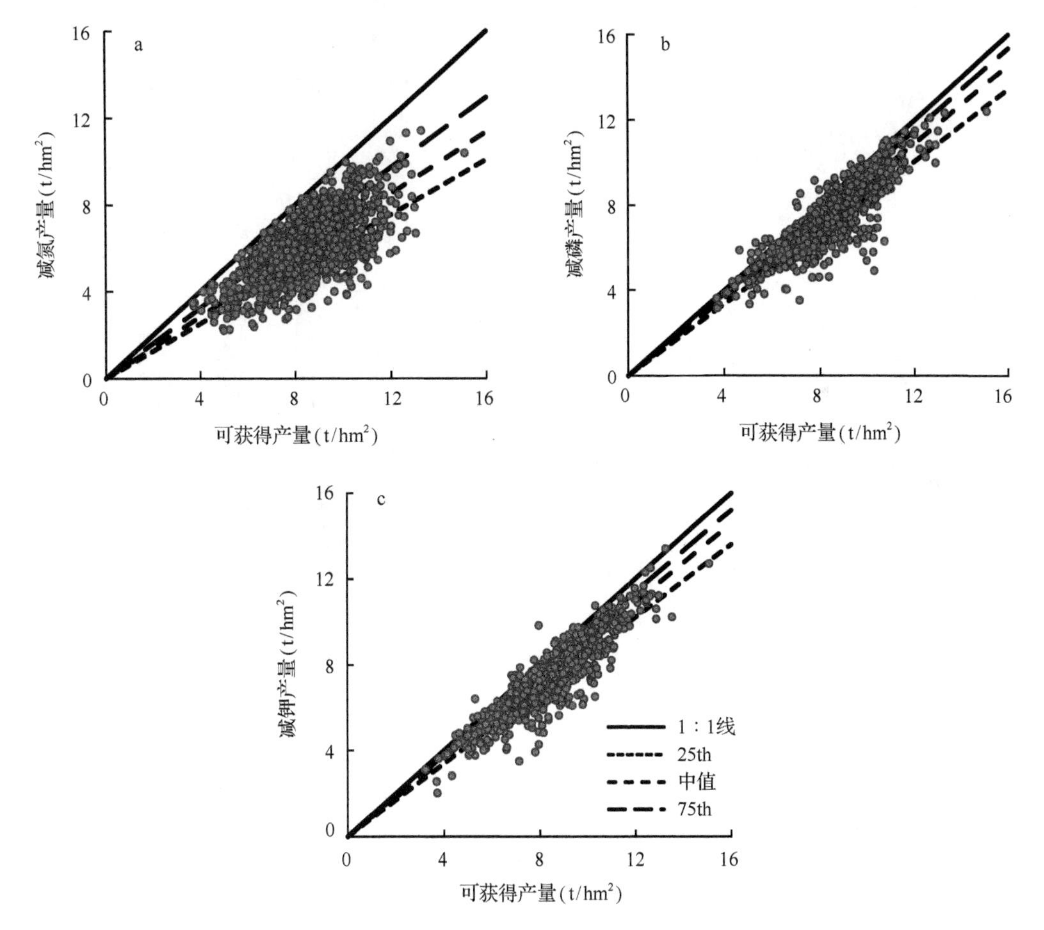

图6-14　水稻减素产量与可获得产量关系

(3) 产量反应与土壤速效养分的相关关系

皮尔森相关分析得出，产量反应与土壤速效N、P和K间存在显著负相关。长期过量施肥导致养分在土壤中累积，进而降低产量反应(图6-15)。随着土壤碱解氮含量升高，YRN降低($P<0.001$；$n\approx583$)。晚稻具有最高的土壤碱解氮含量(140.5mg/kg)和最低的YRN(1.9t/hm^2)，而一季稻有最低的土壤碱解氮含量(121.8mg/kg)和最高的YRN(3.2t/hm^2)(图6-15a)。YRP和土壤Olsen-P含量间的关系与氮相同($P<0.001$；$n\approx476$)。晚稻的土壤Olsen-P含量最高(26.6mg/kg)，YRP最低(0.7t/hm^2)，而一季稻和晚稻的

Olsen-P 含量没有差异(图 6-15b)。YRK 与土壤速效钾含量相关(P=0.019；n≈507)，不同种植类型水稻的土壤速效钾含量差异显著，但 YRK 间差异不显著(P=0.134)(图 6-15c)。

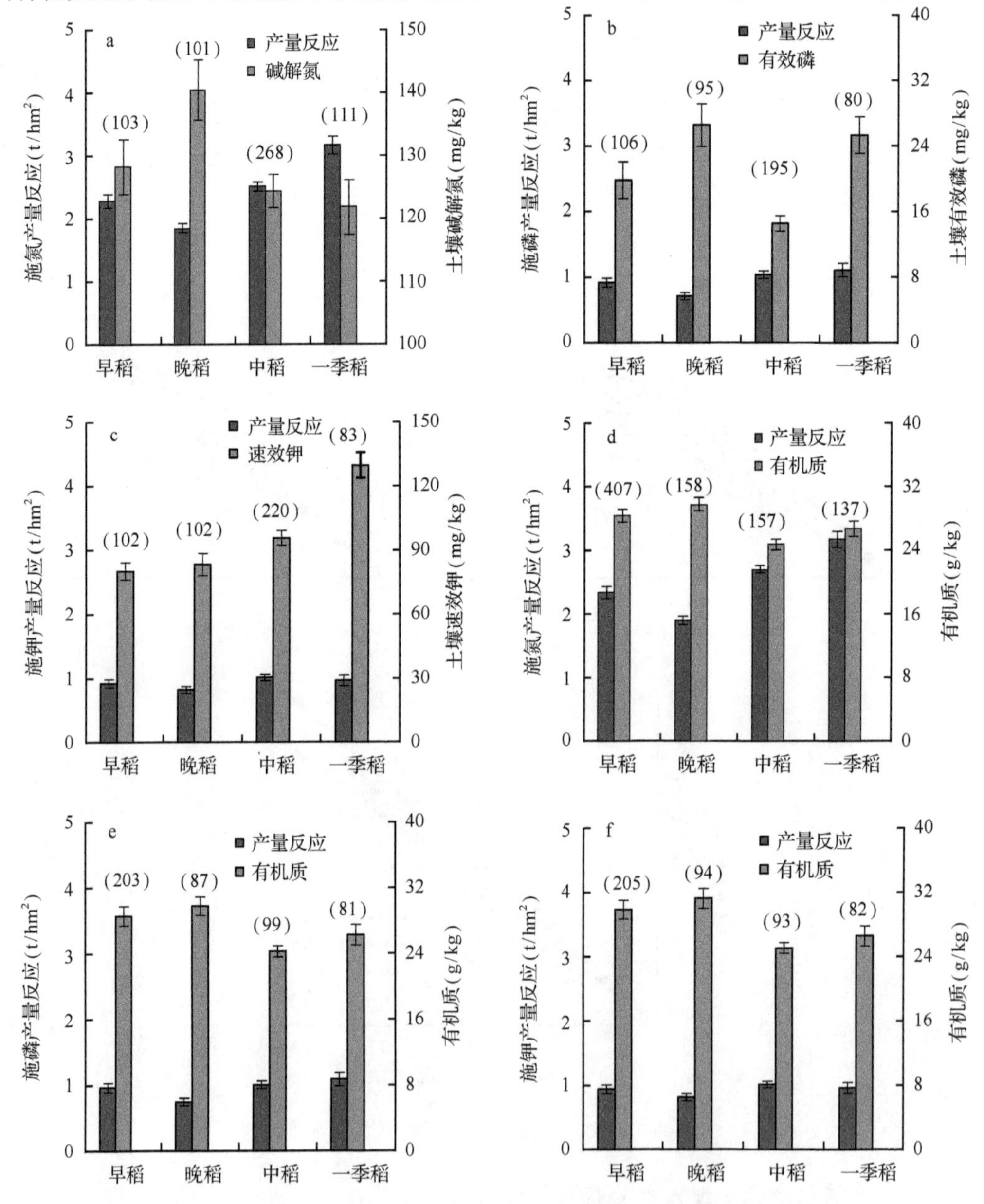

图 6-15　水稻 N、P、K 产量反应与土壤养分和有机质含量关系

误差线为标准误，括号中数字为试验数

依据皮尔森相关分析得出，土壤有机质含量与 YRN(P＜0.001；n≈859)和 YRP(P=0.001；n≈470)呈显著负相关。晚稻具有最高的土壤有机质含量(29.7～31.2g/kg)和最低 YR(N、P 和 K 的 YR 分别为 1.9t/hm^2、0.7t/hm^2 和 0.8t/hm^2)。虽然中稻和一季稻的土壤有机质含量显著低于早稻和晚稻(P＜0.001)，但 4 种种植类型水稻间的 YRK 没有

差异(P=0.168)(图 6-15d～f)，并且土壤有机质与 YRK 间也没有显著关系(P=0.058; n≈474)。

(4) 产量反应与农学效率的关系

农学效率(agronomic efficiency，AE)即施用 1kg 某种养分的作物籽粒产量增量，氮、磷和钾农学效率分别用 AEN、AEP 和 AEK 表示。农学效率是反映肥效的重要指标之一，在推荐施肥中是不可或缺的指标。农学效率与产量反应和施肥量有关。本研究中使用优化施肥管理计算产量反应以便获得合理的农学效率。就全部数据而言，优化施肥管理的平均 AEN、AEP 和 AEK 分别为 13.0kg/kg(n≈1448)、12.7kg/kg(n≈862)和 8.4kg/kg(n≈967)，N 的农学效率低于 20kg/kg 的占全部观察数据的 87.6%，而 P 和 K 的农学效率低于 15kg/kg 的分别占所观察数据的 69.5%和 86.1%(图 6-16)。农民习惯施肥措施的平均 AEN、AEP 和 AEK 分别为 9.2kg/kg(n≈382)、8.9kg/kg(n≈153)和 6.4kg/kg(n≈170)，优化施肥管理比农民习惯施肥措施分别增加了 3.8kg/kg、3.8kg/kg 和 2.0kg/kg。

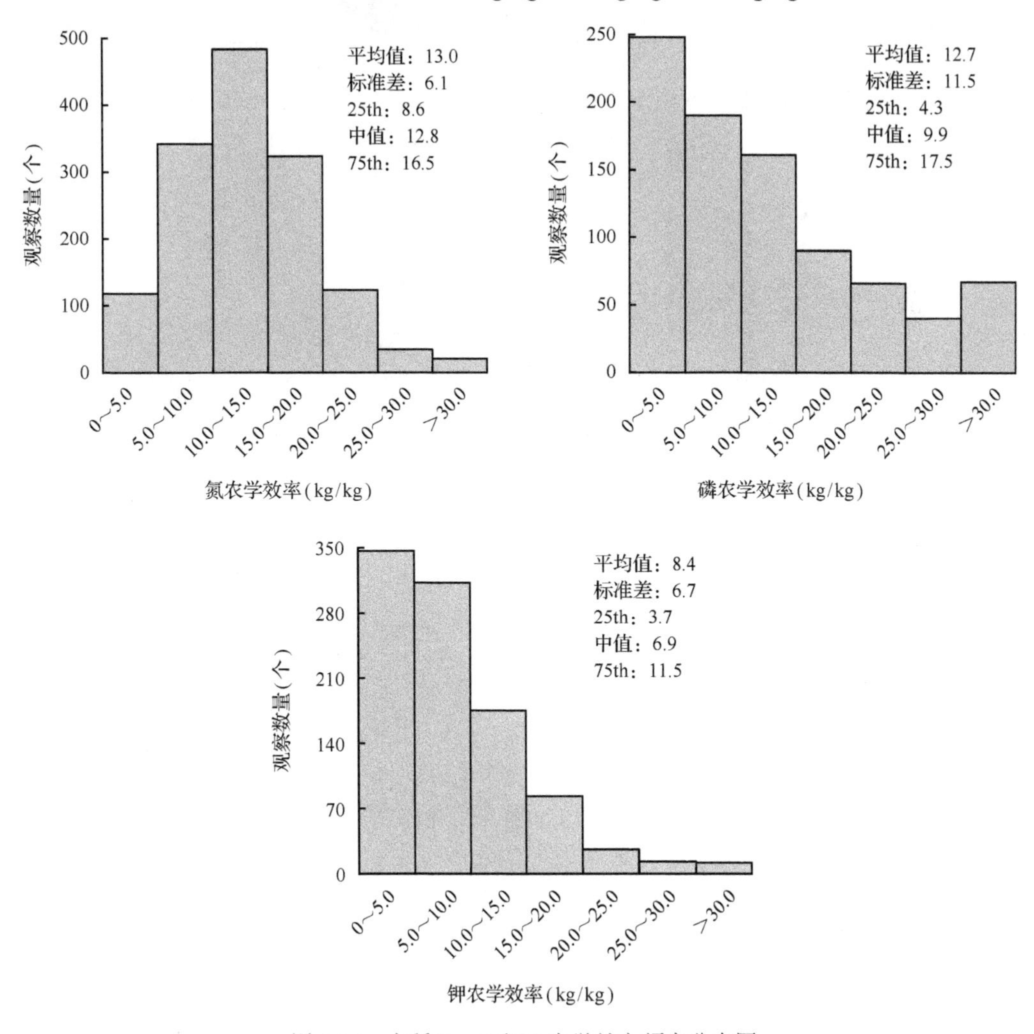

图 6-16　水稻 N、P 和 K 农学效率频率分布图

YR 和 RY 反映土壤的基础养分供应能力，而 AE 反映肥料效应。施肥量、YR 和 AE

三者间存在紧密联系，随着施肥量不断增加，YR 呈抛物线变化，而 AE 变化趋势与产量反应相同。YR 和 AE 二者间存在显著的二次曲线关系(图 6-17)，N、P 和 K 的相关系数(r^2)分别达到了 0.640($n\approx1448$)、0.686($n\approx862$)和 0.663($n\approx967$)。

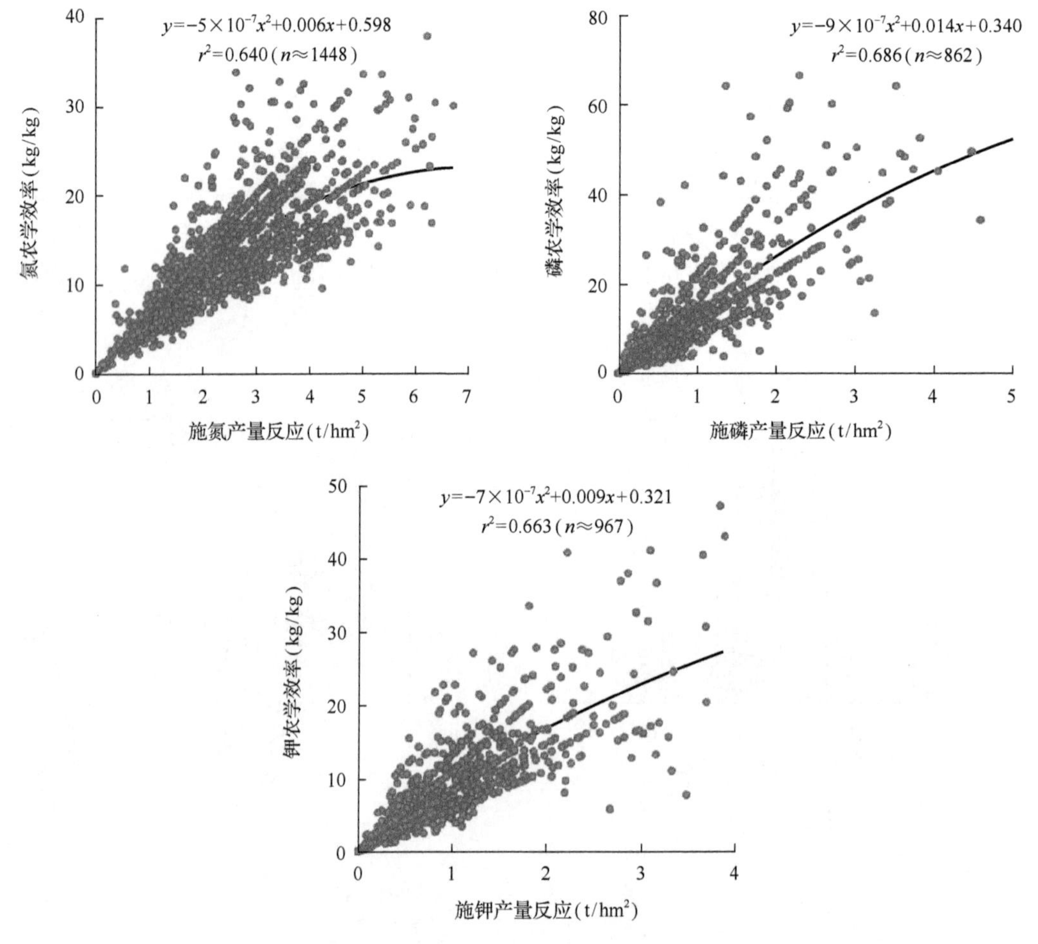

图 6-17　水稻产量反应与农学效率关系

3. 水稻养分专家系统

将水稻养分推荐原理与各参数的内在联系相结合，构建基于产量反应和农学效率的推荐施肥系统。水稻养分专家系统包含 4 个模块，每个模块都至少包含两个问题，用户只需在一系列供选择的答案中选择或在设计的文本框中输入数据就可以回答这些问题。每个模块都提供可被打印或保存的文档(PDF)格式。每个模块间数据共享，用户可以在不同模块间进行切换和修改。水稻养分专家系统首页界面见图 6-18。

水稻养分专家
水稻养分专家
中国(预发行版本，2015年11月)
设置 关于 帮助 退出
是否是首次使用者？是否在该地块首次使用？请确认"设置"正确
水稻养分专家可以帮助您：
评估当前养分管理措施
在可获得的产量基础上确定有意义的目标产量
预估一定目标产量下氮磷钾养分用量
将氮磷钾养分换算为肥料用量
形成合理的肥料施用策略（合适的用量，合适的肥料种类、合适的施用位置、合适的施用时间），以及
比较当前与优化措施二者的预期或实际经济效益
开始，请点击按钮
当前农民养分管理措施及产量
养分优化管理施肥量
肥料种类及分次施用
效益分析

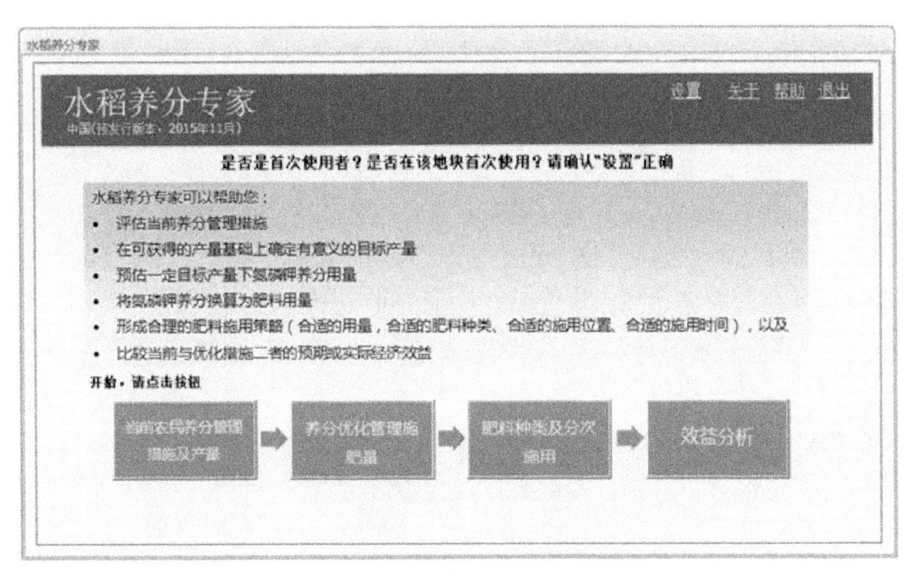

图 6-18　水稻养分专家系统首页界面

当前农民养分管理措施及产量是指农民在水稻生长季节肥料的投入情况，包括水稻不同生长阶段施用的肥料种类及用量。用户需要提供肥料的施用量(单位已在设置中确定)及施用时间或以播种后天数(DAP)表示。该模块的输出包含了每次施用的肥料种类和 N、P_2O_5 和 K_2O 肥料施用量的表格，并分别列出了来自无机肥料和有机肥料 N、P_2O_5 和 K_2O 的施用量(图 6-19)。

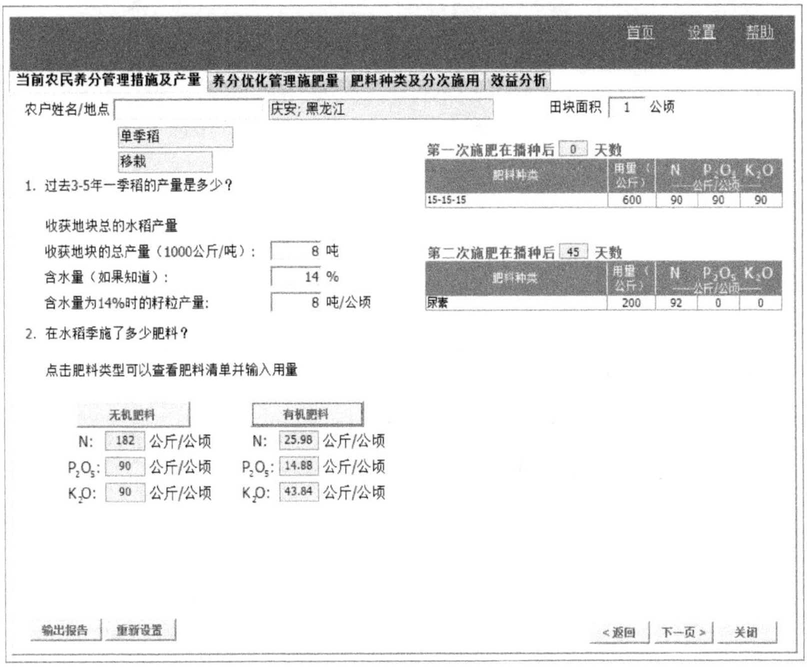

首页 设置 帮助
当前农民养分管理措施及产量
养分优化管理施肥量
肥料种类及分次施用
效益分析
农户姓名/地点
庆安; 黑龙江
田块面积 1 公顷
单季稻
移栽
1. 过去3-5年一季稻的产量是多少？
收获地块总的水稻产量
收获地块的总产量（1000公斤/吨）: 8 吨
含水量（如果知道）: 14 %
含水量为14%时的籽粒产量: 8 吨/公顷
2. 在水稻季施了多少肥料？
点击肥料类型可以查看肥料清单并输入用量
无机肥料
N: 182 公斤/公顷
P2O5: 90 公斤/公顷
K2O: 90 公斤/公顷
有机肥料
N: 25.98 公斤/公顷
P2O5: 14.88 公斤/公顷
K2O: 43.84 公斤/公顷
第一次施肥在播种后 0 天数
肥料种类 用量（公斤） N P2O5 K2O 公斤/公顷
15-15-15 600 90 90 90
第二次施肥在播种后 45 天数
肥料种类 用量（公斤） N P2O5 K2O 公斤/公顷
尿素 200 92 0 0
输出报告 重新设置
<返回 下一页> 关闭

图 6-19　水稻稻养分专家系统中的当前农民养分管理措施及产量

此部分中用户需要提供代表性气候条件下过去 3～5 年的可获得产量(不包括异常气候条件下的产量)。如果籽粒含水量未知，软件将按照 14%的标准含水量计算。

养分优化管理施肥量中需要确定目标产量(可获得产量)以用于计算 N、P 和 K 肥需求量(图 6-20)。目标产量是特定生长季节采用最佳养分管理措施能达到的产量。可获得产量是田间采用最佳管理措施且没有任何养分限制条件下的平均产量。可获得产量和产量反应可结合缺素小区确定。在缺素小区试验资料缺乏时，如未做过缺素试验的地区，水稻养分专家系统可根据作物生长条件(如气候)和土壤肥力状况等对可获得产量和 N、P、K 肥的产量反应进行估算。该软件将通过预估 N、P、K 肥的产量反应对未做过减素试验的新水稻产区进行肥料推荐。

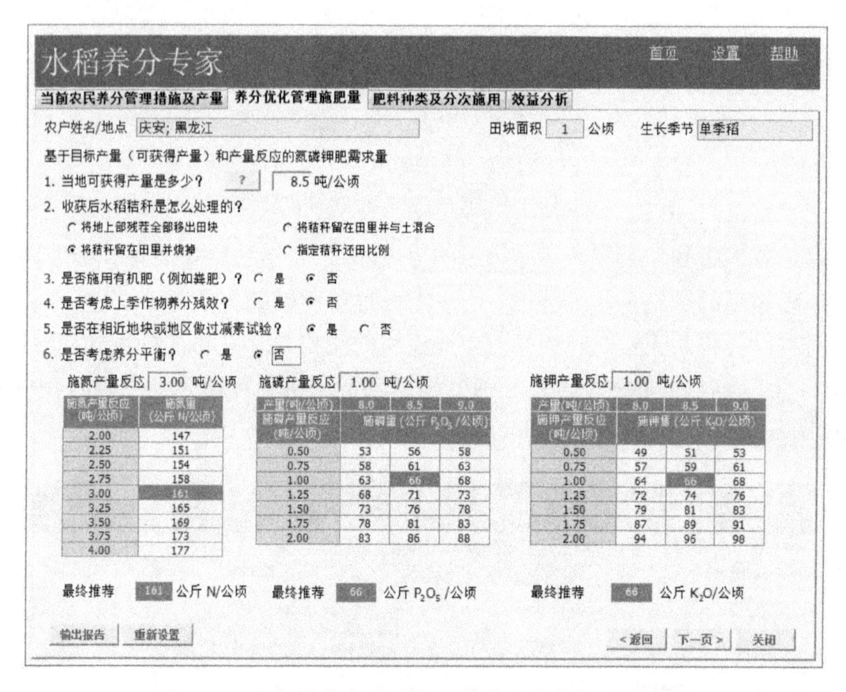

图 6-20　水稻养分专家系统中的养分优化管理施肥量

当得出目标产量和产量反应后，系统会给出基于目标产量和产量反应的 N、P、K 肥推荐用量。P 和 K 养分盈亏平衡主要通过考虑作物秸秆处理方式、有机肥施入及上季作物养分带入量来确定。

肥料种类及分次施用界面中将推荐的氮磷钾肥用量转化为可为当地使用的物化的单质肥料或复合肥料用量(图 6-21)。可以选择施肥次数及施肥比例，常规水稻和杂交水稻由于养分吸收上的差异，系统给出了不同的施肥比例。氮肥在此模块中可以选择施用比例，磷肥全部作为基肥一次施入，如果钾肥用量超过 $60kg/hm^2$ 则分两次施用。用户可以选择第一次施肥时所使用的肥料种类，而追肥中的肥料选择，系统会自动选择尿素和氯化钾两种肥料。对于复合肥料中不能满足优化分次施肥比例的，系统会给出提示是否继续使用，如果继续使用，系统会以磷肥用量来计算(磷肥用量决定复合肥的用量)肥料用量。

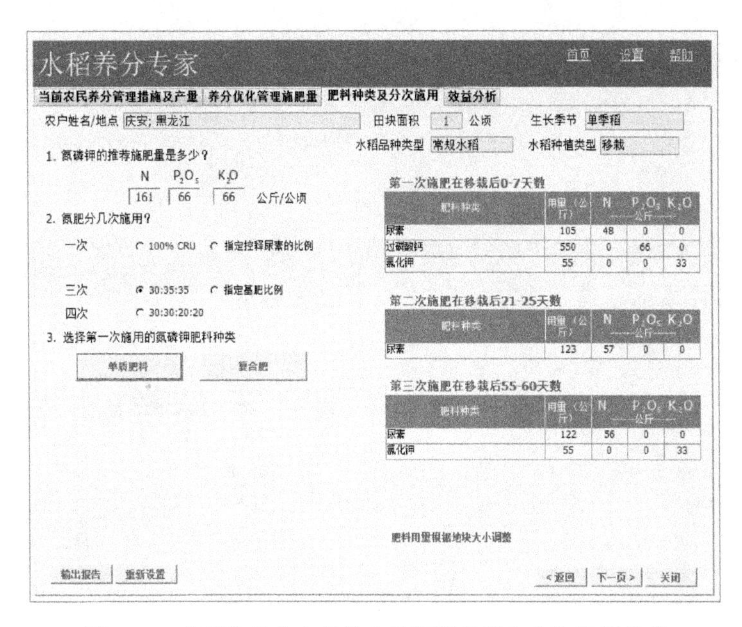

图 6-21　水稻养分专家系统中的肥料种类和分次施用推荐

肥料种类及分次施用模块的输出结果是一个针对作物特定生长环境确定合适肥料种类、合理肥料用量和合适施肥时间的施肥指南(图 6-22)，包括水稻关键生育期分次施用肥料的汇总表，以及肥料种类、肥料用量和施肥时期。如果地块缺少微量中微量元素，系统会给出中微量元素的施肥量。肥料施用量可以根据地块大小自动调整肥料用量。

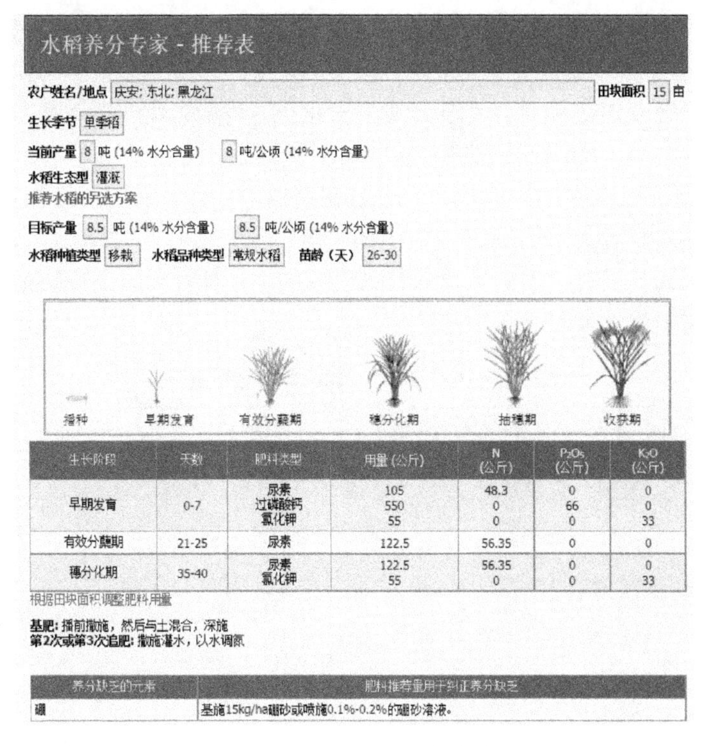

图 6-22　水稻养分专家系统中的施肥指南

效益分析模块比较了农民当前施肥措施和推荐施肥措施预计的投入、收益（图 6-23）。该分析模块需要用户提供水稻销售价格及在设置中提供肥料价格。所有推荐施肥措施成本和收益都是预期的，该值取决于用户定义的肥料和水稻销售价格，并假定目标产量能够实现。

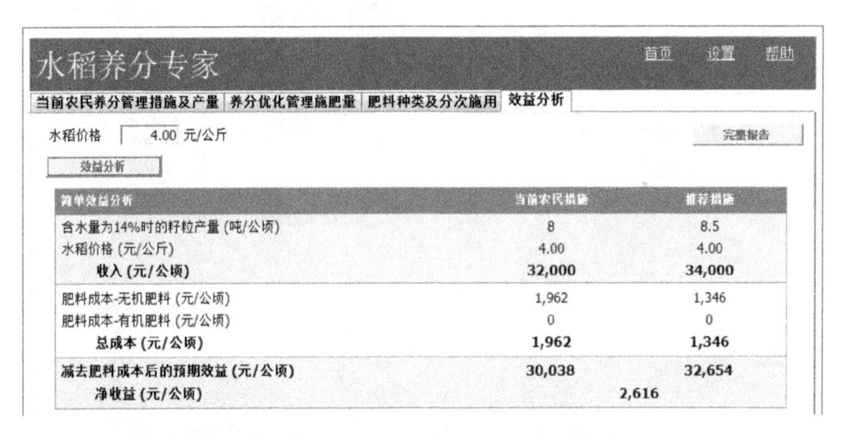

图 6-23　水稻养分专家系统中的经济效益分析

6.1.4　水稻养分专家系统评价

于 2013～2015 年在早稻、中稻、晚稻和一季稻 4 种不同水稻种植类型主产区进行田间验证。早稻和晚稻的试验省份有江西省(38)、广东省(28)和湖南省(30)三个省份，中稻的试验省份有湖北省(27)和安徽省(30)，一季稻的试验省份有黑龙江省(28)和吉林省(30)，共计 7 个省 211 个田间试验。每个试验包括 6 个处理：水稻养分专家推荐施肥(NE)、农民习惯施肥管理(FP)、当地推荐施肥处理(OPTS)、基于水稻养分专家系统的不施氮、不施磷和不施钾处理。NE 的施肥量、施肥比例和施肥时间按照水稻养分专家系统进行；FP 的施肥量和施肥次数等按照农民自己意愿进行管理，记录农民的施肥量和施肥次数等信息；OPTS 是依据测土或当地农技推广部门确定施肥量和管理措施，施肥措施按照当地农技推广部门人员进行。各处理设置的密度相同，且草害、病虫害防治进行统一管理。试验点土壤基本理化性质见表 6-14。

表 6-14　试验土壤基本理化性质

省份	pH	有机质(g/kg)	全氮(g/kg)	有效磷(mg/kg)	速效钾(mg/kg)
黑龙江	5.39～6.78	2.73～49.36	0.85～2.37	12.20～42.85	69.7～269.5
吉林	4.51～8.11	1.98～29.85	1.02～1.45	2.71～21.15	50.3～173.0
安徽	4.90～7.29	1.05～27.44	0.88～1.90	2.48～48.44	46.2～325.2
湖北	5.16～8.28	0.91～38.63	0.38～2.77	3.59～25.18	61.6～213.1
湖南	5.11～6.01	1.58～41.83	1.05～2.92	5.24～28.94	58.3～167.0
江西	4.50～5.44	1.12～33.66	1.39～2.70	3.14～67.60	36.8～266.9
广东	3.78～6.47	2.46～49.66	0.90～2.57	1.74～56.25	8.3～206.2

1. 施肥量

三年试验施肥量结果显示，4 种种植类型水稻 NE 处理平均施氮量处于 146～167kg/hm^2，FP 处理平均施氮量处于 152～191kg/hm^2，而 OPTS 处理平均施氮量处于 151～182kg/hm^2（图 6-24a）。NE 处理中，中稻平均施氮量显著低于 FP 和 OPTS 处理，分别降低了 34kg N/hm^2 和 25kg N/hm^2，而其他三种水稻种植类型三种处理的平均施氮量没有显著差异。但 FP 处理施氮量具有很大变异性，早稻的施氮量变化范围为 87～320kg/hm^2，中稻的变化范围为 108～270kg/hm^2，晚稻的变化范围为 79～342kg/hm^2，一季稻的变化范围为 104～220kg/hm^2，最高施氮量与最低施氮量间相差都在 100kg N/hm^2 以上。FP 处理的平均施氮量看似比较合理，但 FP 处理的施氮量超过 180kg/hm^2 的占全部试验数的 41.7%，说明很大一部分农民的氮肥施用是过量的。

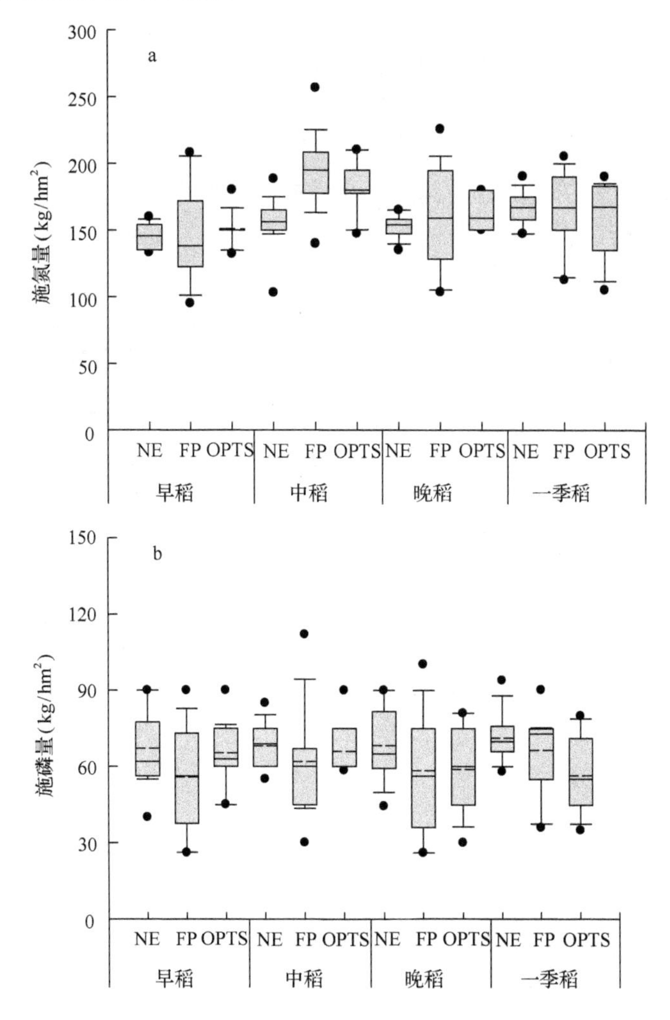

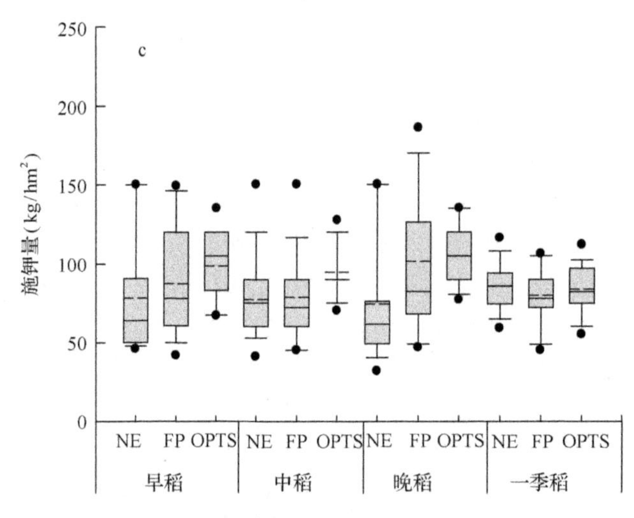

图 6-24 不同处理施肥量比较

中间实线和虚线分别代表中值和均值，方框上下边缘分别代表上下 25th，方框上下横线分别代表 90th 和 10th 的数值，上下实心圆圈分别代表 95th 和 5th 的数值

磷肥通常以复合肥的形式作为基肥一次性施入土壤中。NE 处理的平均磷肥投入与 FP 和 OPTS 处理没有显著差异(图 6-24b)，但略有升高，这是因为养分专家系统在推荐施肥时一部分试验假设秸秆不还田，为保持土壤肥力，磷肥的投入就会有所增加。4 种水稻类型平均磷肥施用量 NE 处理的为 67～71kg/hm^2，FP 处理的为 56～67kg/hm^2，OPTS 处理的为 56～66kg/hm^2。在所有试验中 NE 处理的最低磷肥施用量为 35kg/hm^2，最高为 96kg/hm^2；而 FP 处理的最低磷肥用量仅有 26kg/hm^2，最高的则达到了 135kg/hm^2；OPTS 处理的最低和最高施磷量分别为 30kg/hm^2 和 90kg/hm^2。FP 处理中磷肥用量低于 55kg/hm^2 的占到全部试验的 38.4%，而超过 90kg/hm^2 的不足 10.0%，说明农民对磷肥的施用还是比较理性的，但一些农民的磷肥施用量偏低。

一季稻 NE 处理的施钾量要高于 FP 和 OPTS 处理，分别高 6kg/hm^2 和 2kg/hm^2(图 6-24c)。早稻、中稻和晚稻 NE 处理的施钾量低于 FP 和 OPTS 处理。FP 处理的施钾量严重失衡，最高施钾量为最低施钾量的近 5 倍。农民习惯施肥处理中有 29.4%的农户施钾量超过了 100kg/hm^2，说明农民逐渐认识到钾肥对作物生长的重要性，尤其是水稻生长后期的抗逆作用。

2. 产量和经济效益

2013 年试验结果显示(表 6-15)，NE 处理与 FP 和 OPTS 处理相比，产量分别增加了 0.2t/hm^2 和 0.1t/hm^2，提高了 2.5%和 1.3%；而经济效益分别增加了 417 元/hm^2 和 205 元/hm^2。2014 年试验与 2013 试验结果相比效果更加显著，NE 处理与 FP 和 OPTS 处理相比，产量分别增加了 0.4t/hm^2 和 0.3t/hm^2，提高了 5.5%和 3.6%；而经济效益分别增加了 1184 元/hm^2 和 863 元/hm^2。随着养分专家系统不断优化，产量差和经济效益差异逐渐扩大，2015 年 NE 处理与 FP 和 OPTS 处理相比，产量分别增加了 0.8t/hm^2 和 0.4t/hm^2，提高了 9.8%和 4.7%；而经济效益分别增加了 2147 元/hm^2 和 1147 元/hm^2。

表 6-15　不同处理水稻产量、经济效益和氮素利用比较

年份	处理	籽粒产量 (t/hm^2)	经济效益 (元$/hm^2$)	氮素回收率 (%)	氮素农学效率 (kg/kg)	氮素偏生产力 (kg/kg)
2013	OPT	8.2	21 430	30.8	13.3	52.8
	FP	8.0	21 013	23.5	11.4	47.8
	OPTS	8.1	21 225	28.1	12.3	51.3
2014	OPT	8.1	20 352	36.7	16.2	52.4
	FP	7.7	19 168	26.1	12.8	47.7
	OPTS	7.8	19 489	28.0	13.8	48.2
2015	OPT	9.0	22 145	44.5	20.2	56.8
	FP	8.2	19 998	26.8	16.3	52.9
	OPTS	8.6	20 998	31.9	17.2	51.7
所有	OPT	8.4	21 277	37.8	16.8	54.0
	FP	7.9	19 966	25.6	13.6	49.5
	OPTS	8.1	20 495	29.4	14.6	50.3

2013 年为水稻养分专家系统进行的第一年田间试验，而下一年试验是在应用前一年试验结果对系统进行校正与改进后进行的田间试验，其施肥量和施肥措施更加合理，因此 NE 处理的产量和经济效益与 FP 和 OPTS 相比都有所提高。就三年试验而言，NE 处理与 FP 和 OPTS 处理相比产量分别增加了 $0.5t/hm^2$ 和 $0.3t/hm^2$，提高了 6.3%和 3.7%；经济效益分别增加了 1311 元$/hm^2$ 和 782 元$/hm^2$，提高了 6.6%和 3.8%。然而不同种植类型水稻的产量和经济效益增加幅度有所差异（图 6-25），中稻的 NE 与 FP 处理相比显著地提高了产量和经济效益（$P<0.05$），分别增加了 $0.6t/hm^2$ 和 1734 元$/hm^2$，提高了 7.4%和

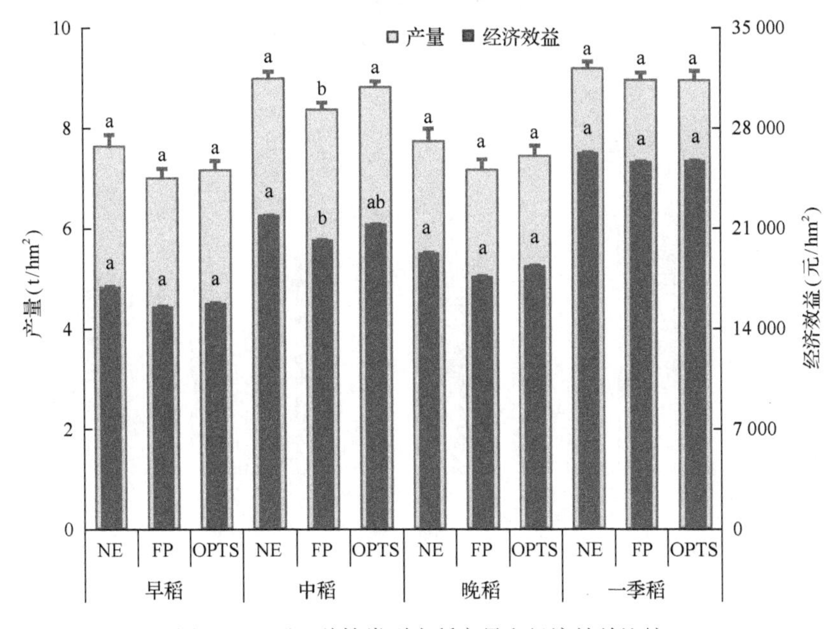

图 6-25　不同种植类型水稻产量和经济效益比较

不同字母表示不同处理间差异显著（$P<0.05$）

9.2%；但与 OPTS 相比无显著差异，产量和经济效益分别提高了 0.2t/hm^2 和 643 元/hm^2。虽然早稻和晚稻三个处理间无显著差异，但早稻的 NE 处理与 FP 和 OPTS 处理相比产量分别增加了 0.6t/hm^2 和 0.5t/hm^2，经济效益分别增加了 1377 元/hm^2 和 1147 元/hm^2，而晚稻的 NE 处理与 FP 和 OPTS 处理相比产量分别增加了 0.6t/hm^2 和 0.3t/hm^2，经济效益分别增加了 1613 元/hm^2 和 875 元/hm^2。但一季稻的产量 NE 处理与 FP 和 OPTS 处理间统计上没有显著差异，产量和经济效益都略有增加，产量分别增加了 0.2t/hm^2 和 0.2t/hm^2，经济效益分别增加了 62 元/hm^2 和 572 元/hm^2。

3. 养分利用率

养分利用率分析结果得出(表 6-15)，NE 处理与 FP 和 OPTS 处理相比，REN 在 2013 年分别增加了 7.3 个百分点和 2.7 个百分点；2014 年分别增加了 10.6 个百分点和 8.7 个百分点；2015 年分别增加了 17.7 个百分点和 12.6 个百分点；三年平均 REN 分别增加了 12.2 个百分点和 8.4 个百分点。NE 处理中 REN 大于 40%的占全部试验数的 42.2%，而大于 50%的占全部试验数的 23.2%。FP 处理中近半数施氮量过量是导致 REN 低的主要原因，FP 处理中 REN 小于 20%的占全部试验数的 43.3%。农民的氮磷钾养分施用比例失衡，且很多农民氮肥施用只分两次施用，每次的施肥量比较随意，也是导致 REN 低的原因。

早稻、中稻和晚稻的 NE 处理 REN 显著地高于 FP 处理(图 6-26A)，分别高 18.3 个百分点、18.1 个百分点和 13.7 个百分点。而一季稻各处理 REN 无差异，其主要原因是黑龙江省的试验点位于绿色水稻生产区，农民习惯施氮量和当地农技部门推荐的施氮量较低，施氮量在 100 kg/hm^2 左右。随着养分专家系统的不断优化，NE 处理的 REN 逐渐升高，由 2013 年 30.8%上升到 2015 年的 44.5%，其 REN 已显著高于数据库中 38.5%的平均值。

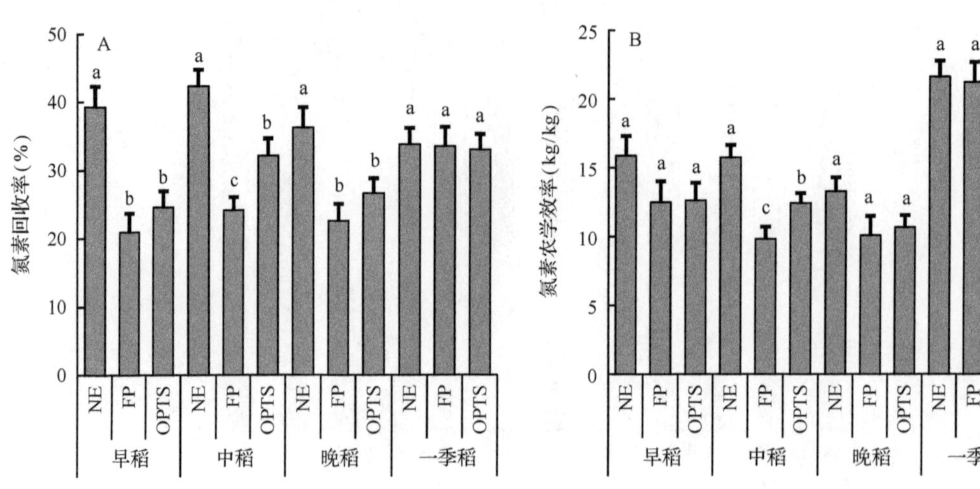

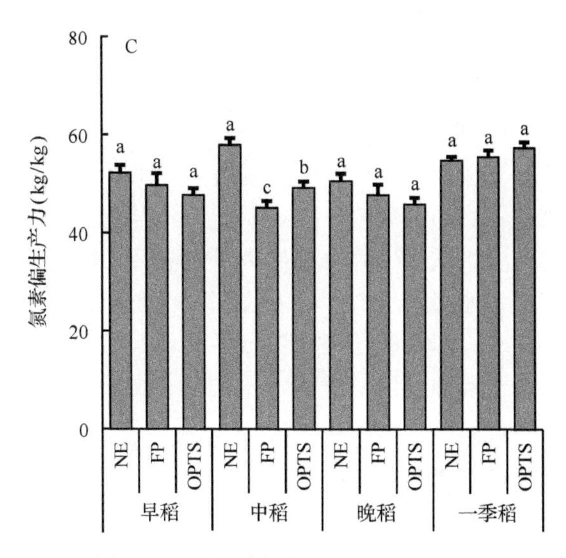

图 6-26　不同种植类型水稻氮素利用率

试验中 AEN 的结果显示(表 6-15)，NE 处理与 FP 处理相比，2013 年、2014 年和 2015 年分别增加了 1.9kg/kg、3.4kg/kg 和 3.9kg/kg；NE 处理与 OPTS 处理相比，2013 年、2014 年和 2015 年分别增加了 1.0kg/kg、2.4kg/kg 和 3.0kg/kg，而 NE 处理三年试验平均 AEN 比 FP 和 OPTS 分别增加了 3.2kg/kg 和 2.2kg/kg。NE 处理中 AEN 超过 20kg/kg 的占全部试验数的 33.6%，OPTS 处理中仅有 23.7%的 AEN 超过 20kg/kg，而 FP 处理中 AEN 小于 10kg/kg 的占全部试验数的 44.5%。4 种种植类型水稻中(图 6-26B)，中稻 NE 处理的 AEN 显著高于 FP 处理，增加了 5.9kg/kg。虽然其余 3 种种植类型水稻三种处理 AEN 无差异，但早稻、晚稻和一季稻 NE 处理的 AEN 与 FP 处理相比分别增加了 3.4kg/kg、3.2kg/kg 和 0.4kg/kg，比 OPTS 处理增加了 0.1～3.3kg/kg。NE 处理的 AEN 显著高于数据库中所收集的 AEN，尤其是在 2015 年 NE 处理的平均 AEN 已达到 20kg/kg。

试验中 PFPN 的结果显示(表 6-15)，NE 处理与 FP 和 OPTS 处理相比，2013 年 PFPN 分别增加了 5.0kg/kg 和 1.5kg/kg；2014 年分别增加了 4.7kg/kg 和 4.2kg/kg；2015 年分别增加了 3.9kg/kg 和 5.1kg/kg；而全部试验分别增加了 4.5kg/kg 和 3.7kg/kg。4 种种植类型水稻中(图 6-26C)，中稻的 NE 处理 PFPN 显著高于 FP 和 OPTS 处理，分别增加了 12.8kg/kg 和 8.7kg/kg，而其他三种种植类型水稻的处理间 PFPN 无显著差异，但早稻和晚稻的 NE 处理要高于 FP 和 OPTS 处理，早稻的分别高 2.6kg/kg 和 4.6kg/kg，晚稻的分别高 2.8kg/kg 和 4.7kg/kg。

6.2　玉米基于产量反应和农学效率的养分推荐方法

6.2.1　玉米养分推荐原理与研究方法

同 6.1.1 部分。

6.2.2　玉米养分吸收特征参数

收集和汇总 2000～2015 年中国玉米种植区的田间试验，这些试验来自于国际植物营养研究所(IPNI)中国项目部、同行在期刊中已发表的学术文章，以及博士和硕士学位论文，共计 5893 个田间试验。试验点涵盖了中国玉米主产区春玉米和夏玉米不同种植类型。试验包括品种试验、肥料量级试验、养分限制因子试验及长期定位试验等。所收集的玉米数据处理包括优化养分管理处理(OPT)、减氮处理、减磷处理、减钾处理、空白处理、农民习惯施肥措施处理(FP)，以及基于 FP 的减素处理等。试验点的地点分布、气候类型、土壤基础理化性状、玉米种植类型及养分吸收样本数见表 6-16。

表 6-16　玉米主产区试验点气候和土壤特征

地区	省份	类型	pH	有机质(%)	降雨量(mm)	纬度(°N)	经度(°E)	样本数
东北	吉林	春玉米	4.9～8.4	0.8～5.2	400～1000	40.89～46.28	121.65～131.29	1379
	辽宁	春玉米	4.5～8.3	0.5～4.5	450～1000	39.05～43.52	118.86～125.76	1003
	黑龙江	春玉米	4.8～8.3	1.0～6.2	400～650	43.45～53.53	121.22～135.07	745
西北	陕西	春玉米	7.5～8.6	0.2～0.7	200～600	31.76～39.56	105.77～111.19	141
	宁夏	春玉米	7.9～8.4	0.1～0.7	200～600	35.26～39.37	104.35～107.58	100
	甘肃	春玉米	7.3～8.5	0.2～1.5	100～300	32.63～42.79	92.79～108.70	224
	新疆	春玉米	7.8～8.5	0.1～1.5	100～500	34.35～49.17	73.45～97.37	70
	内蒙古	春玉米	6.2～8.9	0.1～4.5	350～450	37.44～53.35	97.19～126.04	122
华北	北京	夏玉米	5.0～8.4	0.2～1.4	550～650	39.44～41.05	115.43～117.49	262
	山西	春玉米、夏玉米	7.8～8.7	0.3～1.7	350～700	31.70～34.57	105.48～111.02	1326
	山东	夏玉米	4.7～8.6	0.2～2.0	550～900	34.42～38.38	114.60～112.72	1204
	河南	夏玉米	5.3～8.4	0.2～1.7	500～900	31.41～36.37	110.39～116.62	1794
	河北	夏玉米	5.2～8.2	0.2～1.5	350～500	36.08～42.67	113.45～119.83	1340
	天津	夏玉米	7.7～8.5	0.9～2.3	400～690	38.56～40.24	116.71～118.05	22
长江中下游	湖北	夏玉米	5.3～7.9	0.4～2.4	750～1500	29.14～33.26	108.36～116.12	33
	湖南	春玉米、夏玉米	4.4～7.7	0.4～2.2	900～1700	24.65～30.12	108.78～114.25	48
	江苏	夏玉米	7.2～8.4	0.2～1.7	800～1200	30.76～35.12	116.37～121.89	90
	安徽	夏玉米	4.9～7.6	0.4～1.7	700～1400	29.41～34.65	114.89～119.64	182
西南	重庆	夏玉米	4.6～7.7	0.5～1.5	750～1400	28.18～32.21	105.29～110.18	42
	贵州	春玉米、夏玉米	4.4～7.4	0.4～3.1	1100～1400	24.64～29.22	103.60～109.45	75
	云南	春玉米、夏玉米	4.4～6.6	0.6～2.5	600～2000	21.16～29.23	97.55～106.16	99
	四川	夏玉米	5.5～7.9	0.4～2.3	1000～1300	26.05～34.31	97.37～108.51	53
	广西	夏玉米	5.3～7.5	0.9～3.0	800～1500	21.42～26.38	104.49～112.04	52

春玉米数据主要包括吉林、辽宁、黑龙江、山西、甘肃、新疆等种植区，夏玉米数据主要包括河北、河南、山东、山西、安徽等种植区。试验点的分布几乎覆盖了中国主要的玉米种植区域，遍布于 23 个省(自治区、直辖市)，涵盖了不同气候类型和农艺措施。依据产区分布，将试验区划分为东北、西北、华北、西南、长江中下游和华南 6 个地区。东北地区包括：吉林、辽宁和黑龙江；西北地区包括：内蒙古、新疆、甘肃、宁夏和陕西；华北地区包括：北京、天津、河北、河南、山东和山西；西南地区包括：四川、重庆、贵州、广西和云南；长江中下游地区包括：江苏、安徽、湖北、湖南。由于华南地区的试验主要位于广西，而长江中下游的玉米试验较少，主要位于安徽和江苏且轮作制度为冬小麦–夏玉米轮作，与华北地区种植制度相同，因此在分析产量差时将长江中下游数据合并入华北地区，而将广西的数据并入西南地区，统一进行数据分析。

1. 玉米养分吸收特征

(1) 养分含量与吸收量

表 6-17 显示了所有玉米产量(含水量 15.5%)、收获指数，籽粒和秸秆 N、P 和 K 养分含量，籽粒和秸秆 N、P 和 K 养分吸收量，地上部总 N、P 和 K 吸收量及 N、P 和 K 养分收获指数等特征参数。表中的产量数据由同时具有产量和养分吸收数据(至少有三大营养元素吸收量之一，下同)的样本获得，只有产量而没有养分吸收的数据未统计在内。

表 6-17　所有玉米养分吸收特征

参数	单位	样本数	平均值	标准差	最小值	25th	中值	75th	最大值
产量	t/hm^2	10 406	9.1	2.3	1.2	7.5	9.0	10.6	20.6
收获指数	kg/kg	8 462	0.49	0.06	0.10	0.45	0.49	0.53	0.77
籽粒 N 吸收量	kg/hm^2	8 041	98.4	29.8	10.2	79.8	96.1	114.8	289.7
籽粒 P 吸收量	kg/hm^2	6 601	24.4	11.8	2.7	16.4	21.2	29.7	91.1
籽粒 K 吸收量	kg/hm^2	6 587	28.4	15.3	2.9	18.8	25.8	33.7	166.4
秸秆 N 吸收量	kg/hm^2	7 691	65.7	27.8	10.1	47.4	62.0	79.9	348.5
秸秆 P 吸收量	kg/hm^2	6 548	10.9	8.6	0.2	5.1	8.0	14.9	116.5
秸秆 K 吸收量	kg/hm^2	6 566	111.4	51.8	8.8	77.2	101.9	136.0	520.2
籽粒 N 含量	g/kg	7 569	12.6	3.0	2.6	11.1	12.3	13.6	33.2
籽粒 P 含量	g/kg	6 519	3.2	1.6	0.3	2.2	2.7	3.5	13.4
籽粒 K 含量	g/kg	6 517	3.6	1.5	0.7	2.7	3.4	4.2	16.2
秸秆 N 含量	g/kg	7 515	7.9	2.7	1.7	6.1	7.4	9.5	23.1
秸秆 P 含量	g/kg	6 470	1.3	0.9	0.1	0.7	1.0	1.7	11.0
秸秆 K 含量	g/kg	6 465	13.7	5.4	2.4	9.6	12.5	17.2	43.2
地上部 N 吸收量	kg/hm^2	10 003	169.3	52.8	18.2	135.6	165.2	196.5	520.0
地上部 P 吸收量	kg/hm^2	7 400	35.8	17.1	5.6	23.3	31.5	45.1	155.1
地上部 K 吸收量	kg/hm^2	7 406	141.4	59.0	17.2	102.3	130.5	168.3	605.6
N 收获指数	kg/kg	8 001	0.60	0.09	0.15	0.54	0.61	0.66	0.88
P 收获指数	kg/kg	6 566	0.70	0.13	0.13	0.64	0.73	0.80	0.98
K 收获指数	kg/kg	6 572	0.21	0.09	0.03	0.15	0.20	0.26	0.80

从表 6-17 可以看出，收集的所有玉米数据中，玉米的平均产量为 9.1t/hm^2(包括缺素处理)，变化范围为 1.2～20.6t/hm^2。籽粒收获指数平均值为 0.49kg/kg，变化范围为 0.10～0.77kg/kg。

由于数据所覆盖的范围较广，籽粒和秸秆的 N、P 和 K 养分含量变化范围都较大，籽粒中 N、P 和 K 养分含量的平均值分别为 12.6g/kg、3.2g/kg 和 3.6g/kg，变化范围分别为 2.6～33.2g/kg、0.3～13.4g/kg 和 0.7～16.2g/kg。秸秆中 N、P 和 K 养分含量的平均值分别为 7.9g/kg、1.3g/kg 和 13.7g/kg，变化范围分别为 1.7～23.1g/kg、0.1～11.0g/kg 和 2.4～43.2g/kg。籽粒和秸秆中 N、P 和 K 的最高和最低养分含量分别来自于过量施肥和不施肥小区。整个地上部 N、P 和 K 养分吸收量的平均值分别为 169.3kg/hm^2、35.8kg/hm^2 和 141.4kg/hm^2，其变化范围分别为 18.2～520.0kg/hm^2、5.6～155.1kg/hm^2 和 17.2～605.6kg/hm^2。由于施肥量和养分管理等差异，三大营养元素的收获指数差异很大，N、P 和 K 养分收获指数的平均值分别为 0.60kg/kg、0.70kg/kg 和 0.21kg/kg，其变化范围分别为 0.15～0.88kg/kg、0.13～0.98kg/kg 和 0.03～0.80kg/kg。

表 6-18 显示了春玉米产量(含水量 15.5%)、收获指数，籽粒和秸秆 N、P 和 K 养分含量，籽粒和秸秆 N、P 和 K 养分吸收量，地上部总 N、P 和 K 吸收量及 N、P 和 K 养分收获指数等特征参数。

表 6-18　春玉米养分吸收特征

参数	单位	样本数	平均值	标准差	最小值	25th	中值	75th	最大值
产量	t/hm^2	4437	9.9	2.3	1.7	8.3	9.9	11.4	20.6
收获指数	kg/kg	3589	0.48	0.06	0.20	0.44	0.48	0.52	0.71
籽粒 N 吸收量	kg/hm^2	3396	99.2	29.8	18.3	81.0	97.1	116.2	289.7
籽粒 P 吸收量	kg/hm^2	2849	24.5	11.3	2.7	16.7	22.2	29.4	91.1
籽粒 K 吸收量	kg/hm^2	2859	32.4	17.3	4.7	22.4	29.4	37.1	166.4
秸秆 N 吸收量	kg/hm^2	3237	66.4	30.7	10.6	48.0	61.0	77.8	348.5
秸秆 P 吸收量	kg/hm^2	2824	11.5	9.0	1.2	5.0	8.7	16.4	116.5
秸秆 K 吸收量	kg/hm^2	2857	106.0	58.1	10.0	72.2	94.9	121.4	520.2
籽粒 N 含量	g/kg	3141	11.5	2.0	2.6	10.4	11.6	12.6	21.9
籽粒 P 含量	g/kg	2741	2.9	1.2	0.3	2.2	2.6	3.2	13.4
籽粒 K 含量	g/kg	2779	3.8	1.7	0.7	2.8	3.5	4.3	16.2
秸秆 N 含量	g/kg	3141	6.9	2.3	1.7	5.7	6.6	7.8	23.1
秸秆 P 含量	g/kg	2741	1.1	0.7	0.1	0.6	1.0	1.6	11.0
秸秆 K 含量	g/kg	2773	11.0	4.6	2.5	8.7	10.1	11.9	43.2
地上部 N 吸收量	kg/hm^2	4196	169.3	55.7	34.6	135.6	163.4	193.7	470.0
地上部 P 吸收量	kg/hm^2	3323	36.6	17.2	6.9	25.1	32.8	44.5	155.1
地上部 K 吸收量	kg/hm^2	3336	142.0	67.9	17.2	100.8	128.1	161.1	605.6
N 收获指数	kg/kg	3380	0.60	0.09	0.15	0.55	0.61	0.66	0.86
P 收获指数	kg/kg	2832	0.70	0.14	0.13	0.60	0.71	0.82	0.98
K 收获指数	kg/kg	2853	0.25	0.09	0.03	0.19	0.24	0.29	0.80

从春玉米养分吸收特征来看，所收集试验数据中平均产量为 9.9t/hm^2，变化范围为 1.7～20.6t/hm^2。籽粒收获指数平均值为 0.48kg/kg，变化范围为 0.20～0.71kg/kg。籽粒中 N、P 和 K 养分含量的平均值分别为 11.5g/kg、2.9g/kg 和 3.8 g/kg，变化范围分别为 2.6～21.9g/kg、0.3～13.4g/kg 和 0.7～16.2g/kg。秸秆中 N、P 和 K 养分含量的平均值分别为 6.9g/kg、1.1g/kg 和 11.0g/kg，变化范围分别为 1.7～23.1g/kg、0.1～11.0g/kg 和 2.5～43.2g/kg。整个地上部 N、P 和 K 养分吸收量的平均值分别为 169.3kg/hm^2、36.6kg/hm^2 和 142.0kg/hm^2，其变化范围分别为 34.6～470.0kg/hm^2、6.9～155.1kg/hm^2 和 17.2～605.6kg/hm^2。三大营养元素的平均养分收获指数分别为 0.60kg/kg、0.70kg/kg 和 0.25kg/kg，其变化范围分别为 0.15～0.86kg/kg、0.13～0.98kg/kg 和 0.03～0.80kg/kg。

表 6-19 显示了夏玉米产量(含水量 15.5%)、收获指数，籽粒和秸秆 N、P 和 K 的养分含量，籽粒和秸秆 N、P 和 K 养分吸收量，地上部总 N、P 和 K 吸收量及 N、P 和 K 养分收获指数等特征参数。

表 6-19　夏玉米养分吸收特征参数

参数	单位	样本数	平均值	标准差	最小值	25th	中值	75th	最大值
产量	t/hm^2	5969	8.5	2.0	1.2	7.1	8.4	9.7	17.3
收获指数	kg/kg	4873	0.49	0.06	0.10	0.46	0.50	0.54	0.77
籽粒 N 吸收量	kg/hm^2	4645	97.8	29.7	10.2	78.7	95.5	113.6	269.9
籽粒 P 吸收量	kg/hm^2	3752	24.3	12.2	2.8	16.1	20.3	29.9	83.2
籽粒 K 吸收量	kg/hm^2	3728	25.3	12.8	2.9	17.2	22.8	31.1	152.4
秸秆 N 吸收量	kg/hm^2	4454	65.2	25.5	10.1	46.9	62.7	81.2	224.1
秸秆 P 吸收量	kg/hm^2	3724	10.5	8.3	0.2	5.1	7.8	13.3	69.3
秸秆 K 吸收量	kg/hm^2	3709	115.5	46.0	8.8	81.3	109.3	145.0	297.2
籽粒 N 含量	g/kg	4428	13.5	3.2	4.1	11.7	12.9	14.5	33.2
籽粒 P 含量	g/kg	3778	3.5	1.8	0.8	2.3	2.8	3.8	10.2
籽粒 K 含量	g/kg	3738	3.5	1.4	0.9	2.6	3.2	4.1	14.4
秸秆 N 含量	g/kg	4374	8.7	2.7	2.3	6.6	8.5	10.5	20.5
秸秆 P 含量	g/kg	3729	1.5	1.0	0.1	0.7	1.0	1.9	5.9
秸秆 K 含量	g/kg	3692	15.8	5.1	2.4	12.1	15.6	19.4	34.6
地上部 N 吸收量	kg/hm^2	5807	169.3	50.6	18.2	135.6	166.5	198.1	520.0
地上部 P 吸收量	kg/hm^2	4077	35.1	17.0	5.6	22.4	30.2	45.5	112.3
地上部 K 吸收量	kg/hm^2	4070	140.9	50.6	26.7	103.4	133.1	173.8	341.0
N 收获指数	kg/kg	4621	0.60	0.09	0.16	0.54	0.61	0.66	0.88
P 收获指数	kg/kg	3734	0.71	0.12	0.14	0.67	0.73	0.79	0.98
K 收获指数	kg/kg	3719	0.19	0.08	0.05	0.13	0.17	0.23	0.79

从夏玉米养分吸收特征来看，所收集试验数据的平均产量为 8.5t/hm^2，变化范围为 1.2～17.3t/hm^2。籽粒收获指数平均值为 0.49kg/kg，变化范围为 0.10～0.77kg/kg。籽粒中 N、P 和 K 养分含量的平均值分别为 13.5g/kg、3.5g/kg 和 3.5g/kg，变化范围分别为 4.1～

33.2g/kg、0.8～10.2g/kg 和 0.9～14.4g/kg。秸秆中 N、P 和 K 养分含量的平均值分别为 8.7g/kg、1.5g/kg 和 15.8g/kg，变化范围分别为 2.3～20.5g/kg、0.1～5.9g/kg 和 2.4～34.6g/kg。整个地上部 N、P 和 K 养分吸收量的平均值分别为 169.3kg/hm^2、35.1kg/hm^2 和 140.9kg/hm^2，其变化范围分别为 18.2～520.0kg/hm^2、5.6～112.3kg/hm^2 和 26.7～341.0kg/hm^2。三大营养元素 N、P 和 K 养分的收获指数分别为 0.60kg/kg、0.71kg/kg 和 0.19kg/kg，其变化范围分别为 0.16～0.88kg/kg、0.14～0.98kg/kg 和 0.05～0.79kg/kg。

(2) 养分内在效率与吨粮养分吸收

玉米地上部养分吸收的利用效率可以通过养分内在效率（IE）和吨粮养分吸收（RIE）来表征。表 6-20 列出了所有玉米数据、春玉米和夏玉米 N、P 和 K 的 IE 和 RIE 值。

表 6-20　玉米养分内在效率（IE）和吨粮养分吸收（RIE）描述统计

数据组	参数	单位	样本数	平均值	标准差	最小值	25th	中值	75th	最大值
所有玉米	IE-N	kg/kg	10 003	56.2	14.6	4.3	46.4	54.4	63.7	171.4
	IE-P	kg/kg	7 400	297.4	123.5	40.0	192.2	295.8	384.5	1782.9
	IE-K	kg/kg	7 406	70.3	23.3	19.0	53.6	67.5	84.2	195.5
	RIE-N	kg/t	10 003	19.0	5.3	5.8	15.7	18.4	21.5	230.8
	RIE-P	kg/t	7 400	4.1	2.0	0.6	2.6	3.4	5.2	25.0
	RIE-K	kg/t	7 406	15.9	5.6	5.1	11.9	14.8	18.7	52.6
春玉米	IE-N	kg/kg	4 196	61.4	14.9	21.5	51.6	60.1	68.5	171.4
	IE-P	kg/kg	3 323	312.2	120.5	62.3	219.7	307.8	387.5	1782.9
	IE-K	kg/kg	3 336	78.0	25.2	19.0	61.2	76.5	92.4	195.5
	RIE-N	kg/t	4 196	17.2	4.2	5.8	14.6	16.6	19.4	46.6
	RIE-P	kg/t	3 323	3.7	1.6	0.6	2.6	3.2	4.6	16.0
	RIE-K	kg/t	3 336	14.5	5.8	5.1	10.8	13.1	16.3	52.6
夏玉米	IE-N	kg/kg	5 807	52.5	13.1	4.3	44.1	50.6	58.5	123.3
	IE-P	kg/kg	4 077	285.3	124.6	40.0	160.4	283.7	382.1	945.5
	IE-K	kg/kg	4 070	64.1	19.6	22.3	49.9	61.0	75.7	181.1
	RIE-N	kg/t	5 807	20.2	5.6	8.1	17.1	19.8	22.7	230.8
	RIE-P	kg/t	4 077	4.4	2.2	1.1	2.6	3.5	6.2	25.0
	RIE-K	kg/t	4 070	17.1	5.2	5.5	13.2	16.4	20.0	44.8

从表 6-20 可以看出，所有玉米 N、P 和 K 的 IE 平均值分别为 56.2kg/kg、297.4kg/kg 和 70.3kg/kg，相应的 RIE 平均值分别为 19.0kg/t、4.1kg/t 和 15.9kg/t；春玉米 N、P 和 K 的 IE 平均值分别为 61.4kg/kg、312.2kg/kg 和 78.0kg/kg，相应的 RIE 平均值分别为 17.2kg/t、3.7kg/t 和 14.5kg/t；夏玉米 N、P 和 K 的 IE 平均值分别为 52.5kg/kg、285.3kg/kg 和 64.1kg/kg，相应的 RIE 平均值分别为 20.2kg/t、4.4kg/t 和 17.1kg/t。春玉米 N、P 和 K 的 IE 值要高于夏玉米，相应的 RIE 值低于夏玉米，二者的 IE 和 RIE 值变化范围都比较大，因此不宜直接通过 IE 和 RIE 值进行 N、P 和 K 的养分吸收估测。

2. 玉米养分最佳需求量估算

(1) 养分最大累积和最大稀释参数确定

QUEFTS 模型估测的是最优养分需求量，使用 QUEFTS 模型进行养分吸收估计，要求数据的收获指数大于 0.4kg/kg，因此首先要对收获指数进行分析。从图 6-27 看出，大多数的收获指数都位于 0.4～0.6kg/kg，但有一部分小于 0.4kg/kg。若收获指数小于 0.4kg/kg，则认为作物生长受到养分以外的其他生物或非生物胁迫，因此在下面的分析中把这部分收获指数小于 0.4kg/kg 的数据剔除掉。应用 QUEFTS 模型模拟产量与地上部养分吸收的关系，能够得到最佳养分吸收曲线。

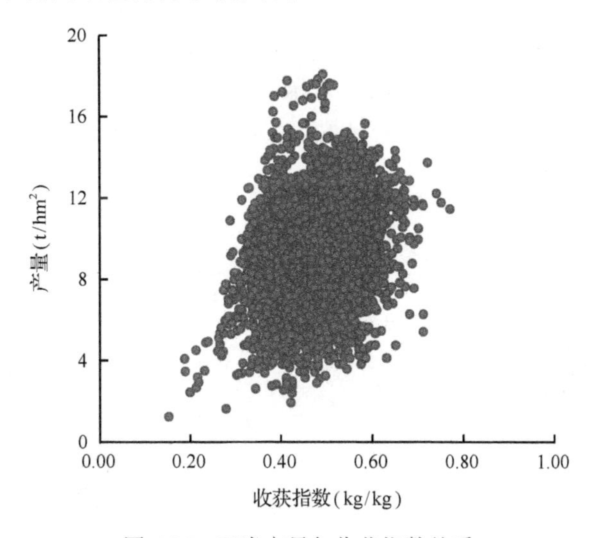

图 6-27　玉米产量与收获指数关系

当某种养分供给不充分时，作物体内该养分含量为最大稀释状态，此时籽粒产量与地上部养分吸收量比值的斜率称为最大稀释边界 (a)，该养分吸收率随着供肥量的增加而减小，直到该养分在作物体内最大化积累，此时的斜率称为最大累积边界 (d)。采用养分内在效率 (IE) 的上下 2.5th 作为最终的参数设置 (表 6-21)。

表 6-21　玉米地上部最大累积边界 (*a*) 和最大稀释边界 (*d*) 参数设置　(单位：kg/kg)

养分	参数 I		参数 II		参数 III	
	a (2.5th)	*d* (97.5th)	*a* (2.5th)	*d* (97.5th)	*a* (2.5th)	*d* (97.5th)
N	34	88	37	81	39	77
P	116	519	125	482	132	458
K	34	124	38	113	41	106

(2) 地上部养分最佳需求量估算

选择春玉米养分内在效率的上下 2.5th 作为最终的参数设置，地上部养分吸收 N、P 和 K 的 a 和 d 值分别为 37kg/kg 和 90kg/kg，128kg/kg 和 549kg/kg，34kg/kg 和 135kg/kg (表 6-22)。籽粒养分吸收 N、P 和 K 的 a 和 d 值分别为 70kg/kg 和 153kg/kg，192kg/kg

和 883kg/kg，137kg/kg 和 691kg/kg。

表 6-22　春玉米地上部不同参数设置的 N、P 和 K 最大累积边界(*a*)和最大稀释边界(*d*)

(单位：kg/kg)

养分	参数 I		参数 II		参数III	
	a(2.5th)	*d*(97.5th)	*a*(2.5th)	*d*(97.5th)	*a*(2.5th)	*d*(97.5th)
N	37	90	41	84	43	80
P	128	549	151	503	164	471
K	34	135	40	124	45	117

从模拟不同潜在产量下春玉米地上部养分吸收曲线结果得出(图 6-28a～c)，当目标产量达到潜在产量的 60%～70%时，每吨春玉米产量所需地上部养分吸收是一定的，直线部分每吨春玉米产量所需地上部 N、P 和 K 养分分别为 16.5kg、3.6kg 和 14.1kg，相应的 N、P 和 K 养分内在效率分别为 60.5kg/kg、276.1kg/kg 和 71.0kg/kg，需要养分 N∶P∶K 为 4.58∶1∶3.92(表 6-23)。

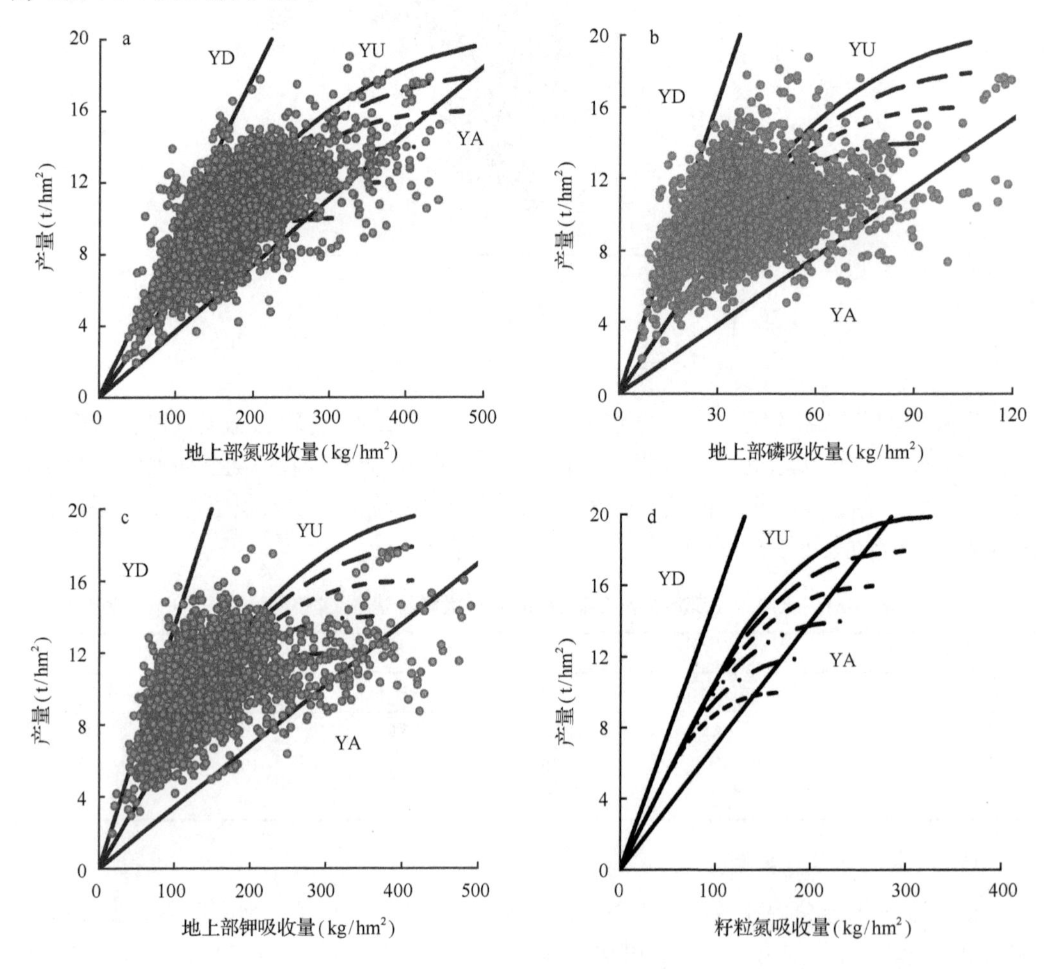

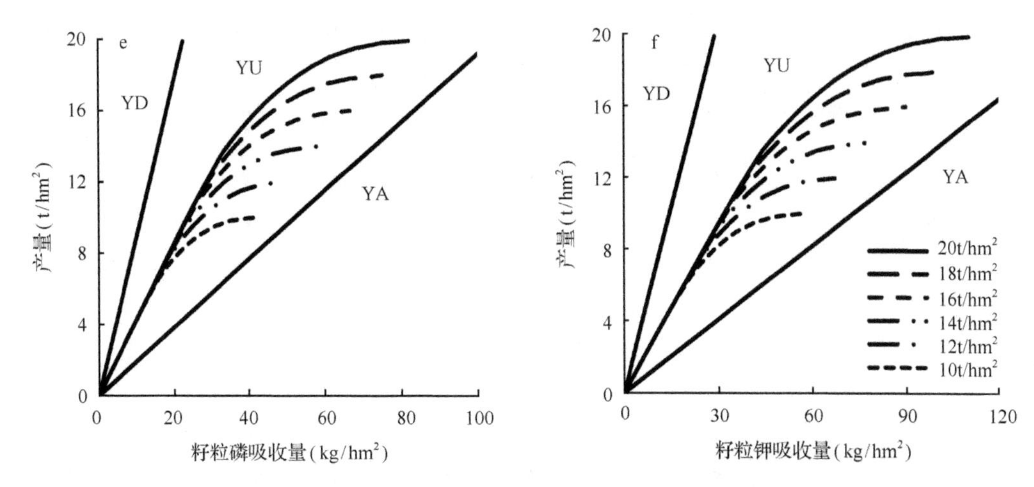

图 6-28　春玉米不同潜在产量下地上部（a～c）和籽粒（d～f）氮、磷和钾养分吸收与产量的关系曲线

YA、YD 和 YU 分别为地上部养分最大累积边界、最大稀释边界和最佳养分吸收曲线

表 6-23　潜在产量为 16 000kg/hm² 时春玉米不同目标产量下 QUEFTS 模型计算的氮、磷和钾最佳养分吸收量、养分内在效率和吨粮养分吸收

产量（kg/hm²）	地上部养分吸收（kg/hm²）			养分内在效率（kg/kg）			吨粮养分吸收（kg/t）		
	N	P	K	N	P	K	N	P	K
0	0	0	0	0	0	0	0	0	0
1 000	16.5	3.6	14.1	60.5	276.1	71.0	16.5	3.6	14.1
2 000	33.1	7.2	28.2	60.5	276.1	71.0	16.5	3.6	14.1
3 000	49.6	10.9	42.3	60.5	276.1	71.0	16.5	3.6	14.1
4 000	66.1	14.5	56.3	60.5	276.1	71.0	16.5	3.6	14.1
5 000	82.7	18.1	70.4	60.5	276.1	71.0	16.5	3.6	14.1
6 000	99.2	21.7	84.5	60.5	276.1	71.0	16.5	3.6	14.1
7 000	115.7	25.3	98.6	60.5	276.1	71.0	16.5	3.6	14.1
8 000	132.3	29.0	112.7	60.5	276.1	71.0	16.5	3.6	14.1
9 000	149.7	32.8	127.5	60.1	274.5	70.6	16.6	3.6	14.2
10 000	168.0	36.8	143.1	59.5	271.8	69.9	16.8	3.7	14.3
11 000	189.2	41.4	161.2	58.1	265.4	68.3	17.2	3.8	14.7
12 000	215.4	47.2	183.5	55.7	254.4	65.4	18.0	3.9	15.3
13 000	245.6	53.8	209.2	52.9	241.6	62.1	18.9	4.1	16.1
14 000	282.5	61.9	240.6	49.6	226.3	58.2	20.2	4.4	17.2
15 000	332.8	72.9	283.5	45.1	205.8	52.9	22.2	4.9	18.9
16 000	484.9	106.2	413.0	33.0	150.7	38.7	30.3	6.6	25.8

从模拟不同目标产量下籽粒养分吸收结果可以得出（图 6-28d～f），直线部分每吨籽粒吸收的 N、P 和 K 分别为 9.3kg、2.3kg 和 3.2kg，其 N∶P∶K 为 4.04∶1∶1.39。当目标产量达到潜在产量的 80%时，籽粒吸收的 N、P 和 K 占地上部养分吸收的比例分别为 56.4%、64.8%和 22.5%（表 6-24）。

表 6-24　QUEFTS 模型计算的春玉米籽粒氮、磷和钾的最佳养分吸收及占地上部养分吸收比例

产量(kg/hm²)	地上部养分吸收(kg/hm²)			籽粒养分吸收(kg/hm²)			所占比例(%)		
	N	P	K	N	P	K	N	P	K
0	0	0	0	0.0	0.0	0.0	0	0	0
1 000	16.5	3.6	14.1	9.3	2.3	3.2	56.4	64.7	22.5
2 000	33.1	7.2	28.2	18.7	4.7	6.3	56.4	64.7	22.5
3 000	49.6	10.9	42.3	28.0	7.0	9.5	56.4	64.7	22.5
4 000	66.1	14.5	56.3	37.3	9.4	12.7	56.4	64.7	22.5
5 000	82.7	18.1	70.4	46.6	11.7	15.8	56.4	64.7	22.5
6 000	99.2	21.7	84.5	56.0	14.1	19.0	56.4	64.7	22.5
7 000	115.7	25.3	98.6	65.3	16.4	22.1	56.4	64.7	22.5
8 000	132.3	29.0	112.7	74.8	18.8	25.4	56.6	64.9	22.5
9 000	149.7	32.8	127.5	85.1	21.4	28.8	56.8	65.2	22.6
10 000	168.0	36.8	143.1	95.6	24.0	32.4	56.9	65.3	22.6
11 000	189.2	41.4	161.2	106.8	26.8	36.2	56.4	64.8	22.5
12 000	215.4	47.2	183.5	121.6	30.6	41.2	56.4	64.8	22.5
13 000	245.6	53.8	209.2	138.6	34.8	47.0	56.4	64.8	22.5
14 000	282.5	61.9	240.6	159.4	40.1	54.1	56.4	64.8	22.5
15 000	332.8	72.9	283.5	188.0	47.3	63.7	56.5	64.8	22.5
16 000	484.9	106.2	413.0	264.9	66.6	89.8	54.6	62.7	21.7

夏玉米 *a* 和 *d* 值选择数据养分内在效率的上下 2.5th 作为最终的参数设置，地上部养分吸收 N、P 和 K 的 *a* 和 *d* 值分别为 33kg/kg 和 86kg/kg、115kg/kg 和 498kg/kg、34kg/kg 和 106kg/kg（表 6-25）。籽粒养分吸收 N、P 和 K 的 *a* 和 *d* 值分别为 53kg/kg 和 132kg/kg、142kg/kg 和 674kg/kg、149kg/kg 和 606kg/kg。

表 6-25　夏玉米地上部不同参数设置的 N、P 和 K 最大累积边界(*a*)和最大稀释边界(*d*)

（单位：kg/kg）

养分	参数Ⅰ		参数Ⅱ		参数Ⅲ	
	a(2.5th)	*d*(97.5th)	*a*(5th)	*d*(95th)	*a*(7.5th)	*d*(92.5th)
N	33	86	35	77	37	72
P	115	498	120	470	125	450
K	34	106	38	100	40	95

从模拟的不同潜在产量下夏玉米地上部养分吸收结果得出（图 6-29a～c），当目标产量达到潜在产量的 60%～70%时，形成每吨夏玉米籽粒产量地上部养分吸收量是一定的，相应的直线部分养分内在效率分别为 56.4kg/kg、247.3kg/kg 和 63.6kg/kg，需要养分 N∶P∶K 为 4.43∶1∶3.93（表 6-26）。

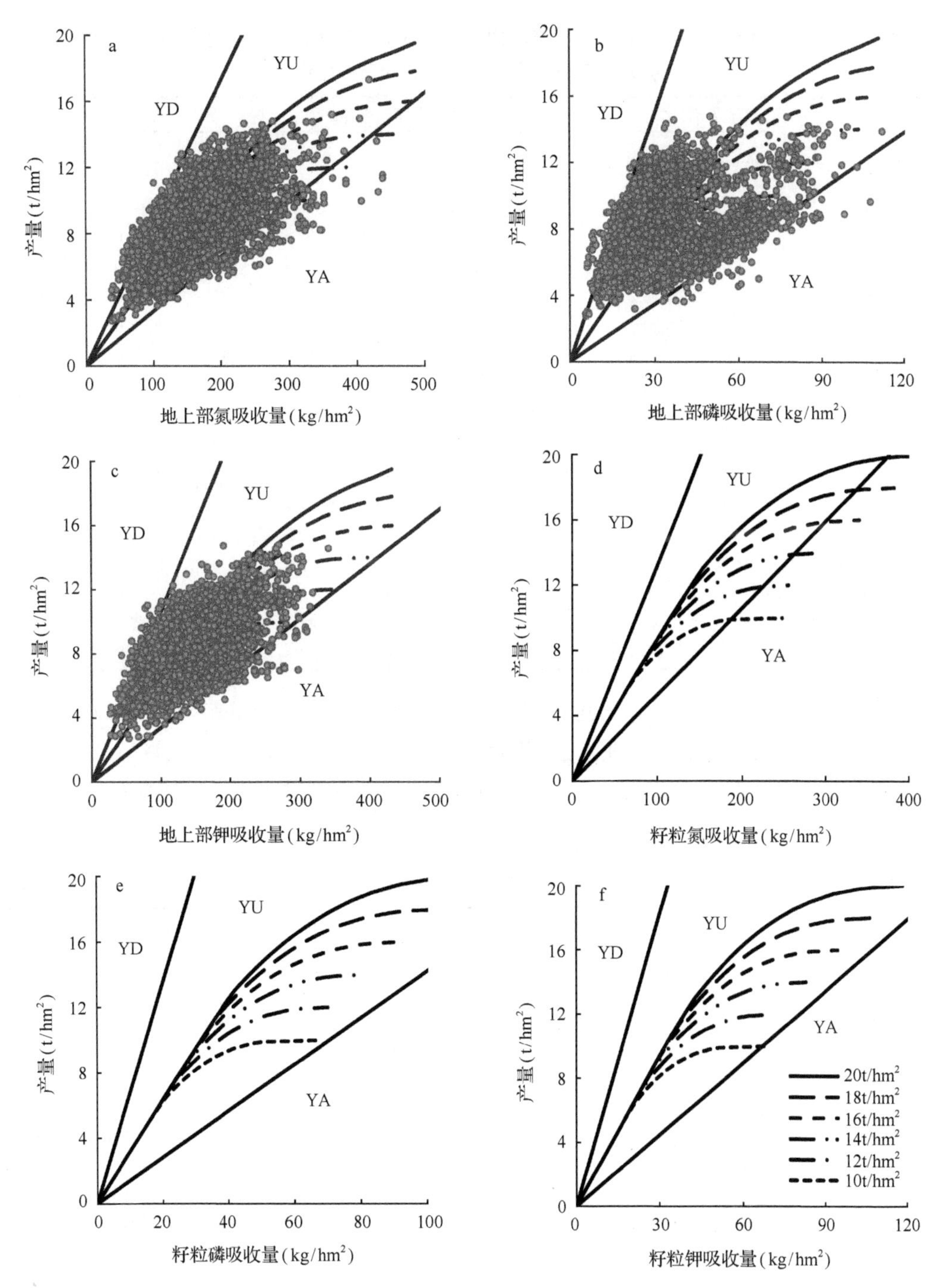

图 6-29　夏玉米不同潜在产量下地上部(a～c)和籽粒(d～f)氮、磷和钾养分吸收与产量的关系曲线

YA、YD 和 YU 分别为地上部养分最大累积边界、最大稀释边界和最佳养分吸收曲线

表 6-26　潜在产量为 16 000kg/hm² 时夏玉米不同目标产量下 QUEFTS 模型计算的氮、磷和钾最佳养分吸收、养分内在效率和养分内在效率倒数

产量(kg/hm²)	地上部养分吸收(kg/hm²)			养分内在效率(kg/kg)			养分内在效率倒数(kg/t)		
	N	P	K	N	P	K	N	P	K
0	0	0	0	0	0	0	0	0	0
1 000	17.7	4.0	15.7	56.4	247.3	63.6	17.7	4.0	15.7
2 000	35.4	8.1	31.5	56.4	247.3	63.6	17.7	4.0	15.7
3 000	53.2	12.1	47.2	56.4	247.3	63.6	17.7	4.0	15.7
4 000	70.9	16.2	62.9	56.4	247.3	63.6	17.7	4.0	15.7
5 000	88.6	20.2	78.6	56.4	247.3	63.6	17.7	4.0	15.7
6 000	106.3	24.3	94.4	56.4	247.3	63.6	17.7	4.0	15.7
7 000	124.1	28.3	110.1	56.4	247.3	63.6	17.7	4.0	15.7
8 000	141.8	32.4	125.8	56.4	247.3	63.6	17.7	4.0	15.7
9 000	159.5	36.4	141.5	56.4	247.3	63.6	17.7	4.0	15.7
10 000	177.9	40.6	157.9	56.2	246.3	63.3	17.8	4.1	15.8
11 000	200.9	45.8	178.2	54.8	240.0	61.7	18.3	4.2	16.2
12 000	228.6	52.2	202.8	52.5	230.1	59.2	19.0	4.3	16.9
13 000	260.5	59.4	231.2	49.9	218.7	56.2	20.0	4.6	17.8
14 000	299.3	68.3	265.6	46.8	205.0	52.7	21.4	4.9	19.0
15 000	352.3	80.4	312.6	42.6	186.6	48.0	23.5	5.4	20.8
16 000	486.6	111.0	431.8	32.9	144.1	37.1	30.4	6.9	27.0

从模拟的籽粒养分吸收结果可以得出(图 6-29d～f)，直线部分每吨籽粒吸收的 N、P 和 K 分别为 11.5kg、3.1kg 和 3.2kg，其 N∶P∶K 为 3.71∶1∶1.03。当目标产量达到潜在产量的 80%时，籽粒吸收的 N、P 和 K 占地上部养分吸收的比例分别为 66.0%、79.3% 和 20.7%(表 6-27)。

表 6-27　QUEFTS 模型计算的夏玉米籽粒氮、磷和钾最佳养分吸收及占地上部养分吸收比例

产量(kg/hm²)	地上部养分吸收(kg/hm²)			籽粒养分吸收(kg/hm²)			所占比例(%)		
	N	P	K	N	P	K	N	P	K
0	0	0	0	0	0	0	0	0	0
1 000	17.7	4.0	15.7	11.5	3.1	3.2	64.8	77.9	20.3
2 000	35.4	8.1	31.5	23.0	6.3	6.4	64.8	77.9	20.3
3 000	53.2	12.1	47.2	34.4	9.4	9.6	64.8	77.9	20.3
4 000	70.9	16.2	62.9	45.9	12.6	12.8	64.8	77.9	20.3
5 000	88.6	20.2	78.6	57.4	15.7	16.0	64.8	77.9	20.3
6 000	106.3	24.3	94.4	68.9	18.9	19.2	64.8	77.9	20.3
7 000	124.1	28.3	110.1	80.4	22.0	22.4	64.8	77.9	20.3
8 000	141.8	32.4	125.8	91.9	25.2	25.6	64.8	77.9	20.3
9 000	159.5	36.4	141.5	104.1	28.6	29.0	65.3	78.4	20.5
10 000	177.9	40.6	157.9	116.9	32.1	32.5	65.7	78.9	20.6
11 000	200.9	45.8	178.2	132.3	36.3	36.8	65.9	79.2	20.7
12 000	228.6	52.2	202.8	150.7	41.3	41.9	65.9	79.2	20.7
13 000	260.5	59.4	231.2	171.9	47.2	47.9	66.0	79.3	20.7
14 000	299.3	68.3	265.6	197.9	54.3	55.1	66.1	79.4	20.7
15 000	352.3	80.4	312.6	233.4	64.0	65.0	66.2	79.6	20.8
16 000	486.6	111.0	431.8	340.6	93.4	94.8	70.0	84.1	22.0

6.2.3　玉米养分推荐模型

1. 玉米可获得产量、产量差和产量反应

(1) 可获得产量与产量差

总体而言，Ya 和 Yf 分别为 9.8t/hm^2 和 8.8t/hm^2，但不同地区间存在显著差异(表 6-28)。区域间的比较结果显示，东北地区的产量最高，Ya 和 Yf 分别为 10.6t/hm^2 和 9.9t/hm^2，然后依次为西北＞华北＞西南。东北和西北地区具有较长的生长期，其生育期比华北和西南地区长 40～50 天，是其具有较高产量的重要原因之一。Meta 分析结果显示，Ya 显著高于 Yf(P＜0.000 01)，所有数据点 Ya 比 Yf 平均高 1.0t/hm^2。4 个区域的平均 Ya 高于平均 Yf，东北、西北、华北和西南地区的 Ygf 分别达到了 0.7t/hm^2、1.9t/hm^2、0.9t/hm^2 和 1.1t/hm^2，这说明优化的养分管理措施可以明显提高产量。西北地区的 Ygf 最高，推测其原因可能是该地区水分比较缺乏。

表 6-28　不同地区玉米可获得产量、农民实际产量及其产量差

区域	可获得产量(t/hm^2)			农民实际产量(t/hm^2)			产量差(t/hm^2)
	平均值	标准差	样本	平均值	标准差	样本	95%置信区间
东北	10.6	2.2	1650	9.9	2.0	653	0.7(0.5，0.9)
西北	10.5	3.2	1095	8.6	3.1	400	1.9(1.5，2.3)
华北	9.5	2.2	2230	8.6	2.0	995	0.9(0.8，1.1)
西南	8.6	2.3	918	7.5	1.9	286	1.1(0.8，1.4)
总体置信区间			5893			2334	1.0(0.9，1.1)
异质性				P＜0.000 01			
合并效应量				P＜0.000 01			

然而，农民的过量施肥使得养分在土壤中不断累积，即使在不施肥的情况下也能得到较高的产量(图 6-30)。本研究中不施肥处理的平均产量达到了 6.7t/hm^2，基于空白处理的平均产量差(Ygck，Ya-Yck)仅有 3.1t/hm^2，Yck 相当于 68%的 Ya 和 76%的 Yf。不同区域间 Yck 有很大差异，如东北地区的 Yck 比西南地区高 2.7t/hm^2。Yck 的差异导致了 Ygck 在区域间的异质性(P＜0.000 01)(图 6-30)，Yck 在逐年升高的同时，也使得 Ygck 逐年降低。农民的过量施肥致使土壤养分累积是导致 Ygck 低的主要原因，尤其是氮肥的过量施用。

(2) 相对产量与产量反应

从所收集的玉米产量反应的分布情况可以看出，YRN 低于 3.0t/hm^2 的占全部观测数据的 71.4%(n≈2195)，YRP 和 YRK 低于 1.5t/hm^2 的分别占各自观察数据的 63.0%(n≈1635)和 67.3%(n≈1840)，N、P 和 K 的平均 YR 分别为 2.4t/hm^2、1.4t/hm^2 和 1.3t/hm^2(图 6-31)。氮素对玉米增产效果最为明显，说明氮素是玉米增产的首要限制因子。

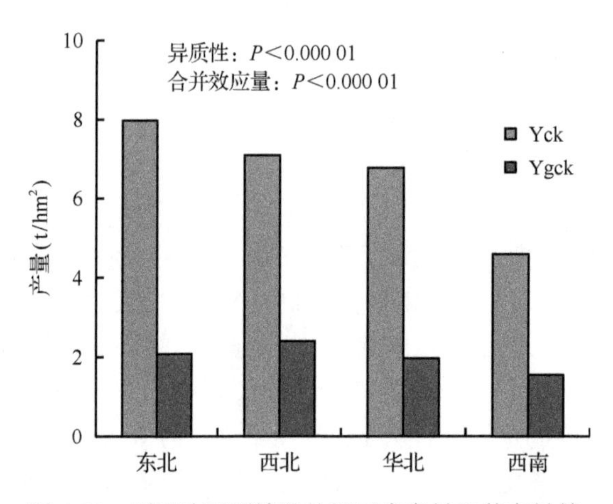

图 6-30　不同地区不施肥处理玉米产量及其产量差

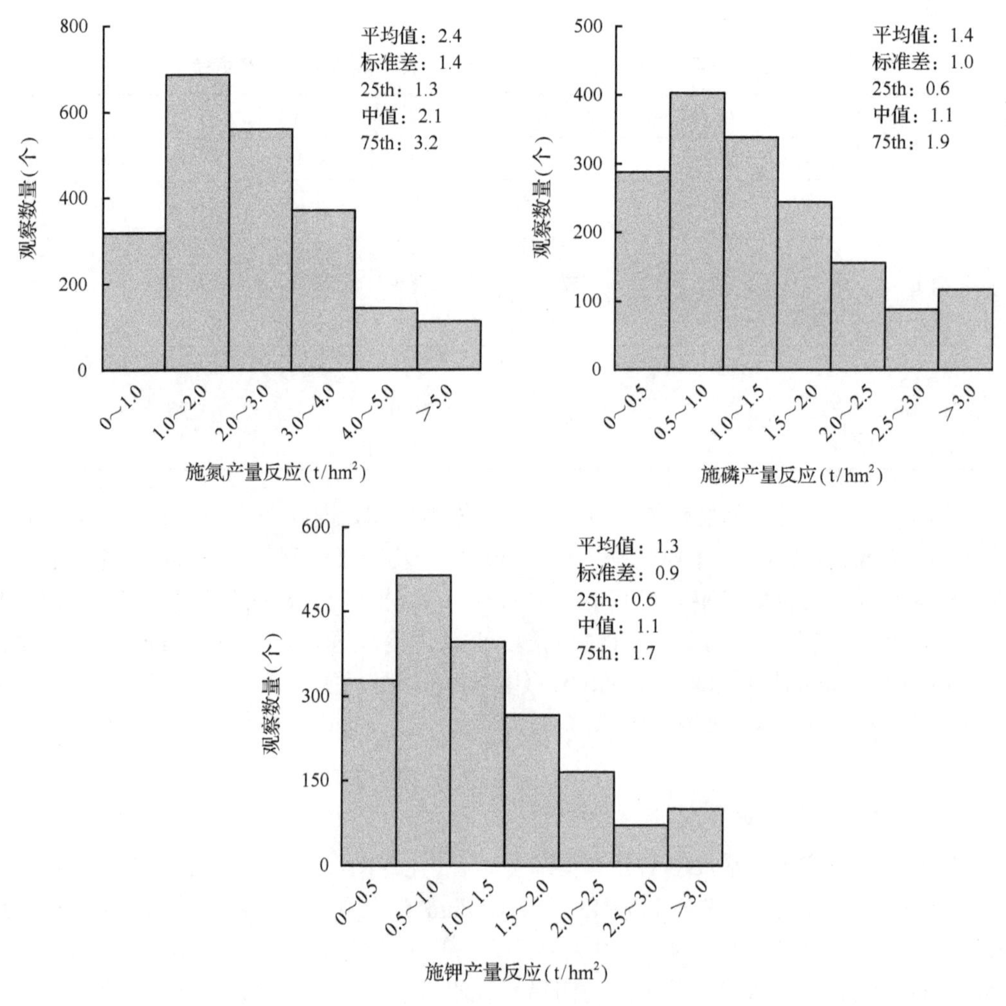

图 6-31　玉米 N、P 和 K 肥料施用产量反应频率分布图

可获得产量显著高于不施某种养分处理的产量(P<0.000 01，表6-29)。但Meta分析结果显示，4个地区N和K的产量反应存在很大变异性，区域间的异质性分别为P<0.0001和P=0.05，但P的产量反应区域间异质性不显著(P=0.12)，即磷肥增产效果区域间无显著差异。华北、东北、西北和西南地区的YRN分别为1.8t/hm^2、2.3t/hm^2、3.0t/hm^{2}和2.6t/hm^2，YRP分别为1.4t/hm^2、1.1t/hm^2、1.5t/hm^{2}和1.4t/hm^2，YRK分别为1.5t/hm^2、1.3t/hm^2、0.9t/hm^{2}和1.4t/hm^2。

表6-29　中国不同玉米种植区N、P和K产量反应

区域	氮产量反应(t/hm^2)		磷产量反应(t/hm^2)		钾产量反应(t/hm^2)	
	YRN	样本	YRP	样本	YRK	样本
华北	1.8(1.6，2.0)	920	1.4 (1.2，1.6)	646	1.5 (1.3，1.7)	784
东北	2.3 (2.1，2.5)	564	1.1 (0.9，1.3)	443	1.3 (1.1，1.5)	550
西北	3.0 (2.7，3.3)	389	1.5 (1.1，1.9)	268	0.9 (0.5，1.3)	230
西南	2.6 (2.3，2.9)	322	1.4 (1.1，2.7)	278	1.4 (1.1，1.7)	276
总体置信区间	2.4 (2.3，2.5)	2195	1.4 (1.3，1.5)	1635	1.3 (1.2，1.5)	1840
异质性	P<0.000 1		P=0.12		P=0.05	
合并效应量	P<0.000 01		P<0.000 01		P<0.000 01	

从收集的RY数据的频率分布看出，RYN基本上都位于0.60～1.00，占全部观察数据的89.1%(n≈2195)，P和K的RY基本上位于0.80～1.00，分别占各自观测数据的78.6%（n≈1635)和92.4%(n≈1840)，N、P和K的RY平均值分别为0.76、0.86和0.87(图6-32)。

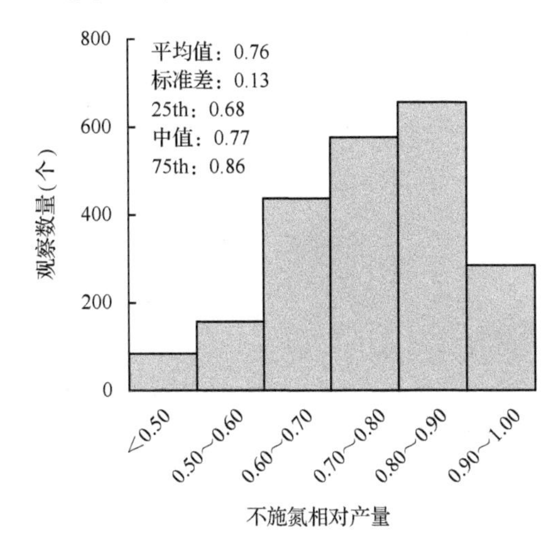

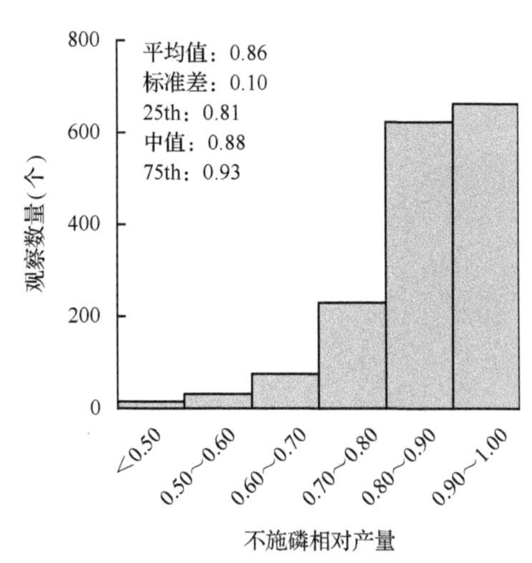

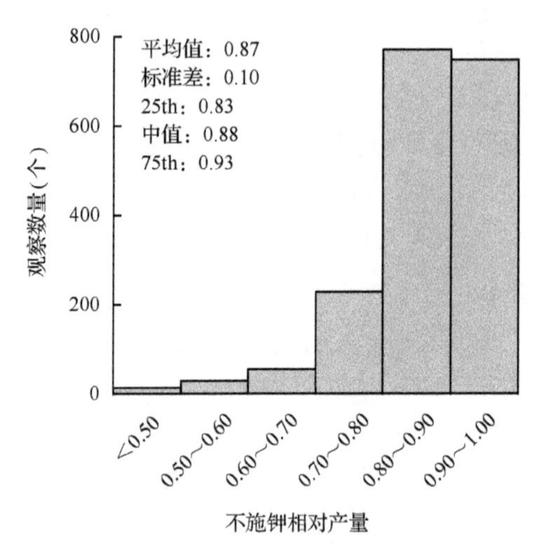

图 6-32　玉米不施 N、P 和 K 相对产量频率分布图

(3) 相对产量与产量反应的关系

土壤肥力越高，RY 越低，YR 就越高。从图 6-33 可以看出，YR 与 RY 呈显著的线性负相关关系。N、P 和 K 的 YR 与 RY 的相关系数（r^2）分别达到了 0.744（n≈2195）、0.782（n≈1635）和 0.833（n≈1840）。

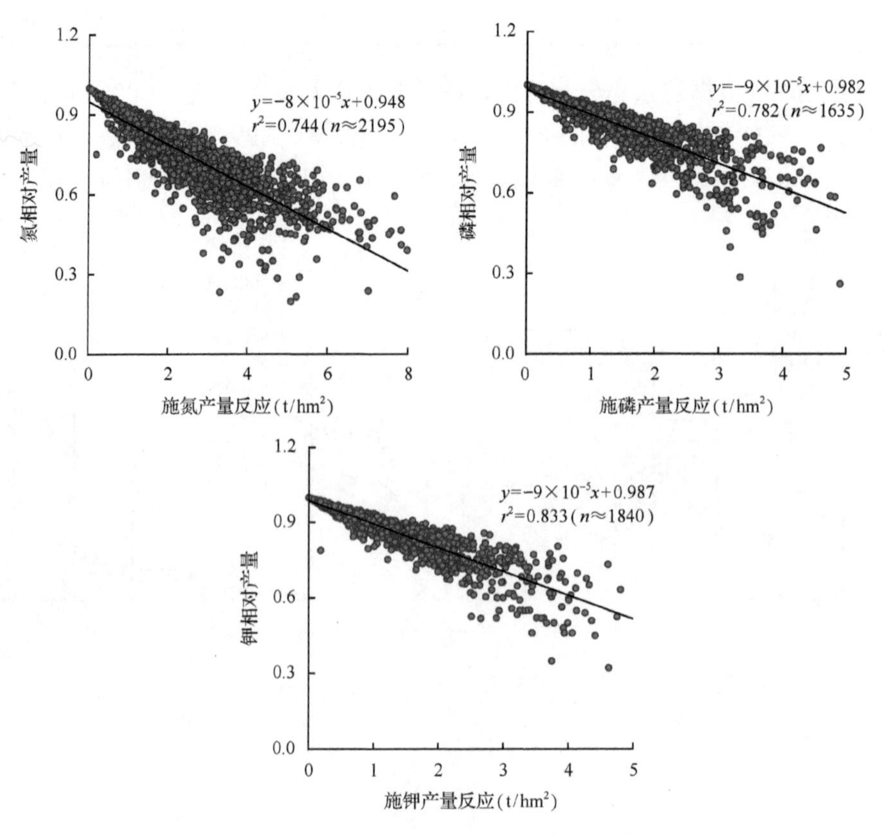

图 6-33　玉米产量反应与相对产量关系

2. 玉米土壤养分供应、产量反应和农学效率的关系

(1) 土壤基础养分供应

随着大量营养元素在土壤中不断累积，土壤基础养分供应能力在不断提高。从土壤基础养分供应的频率分布看，我国玉米种植区 N 和 P 的基础养分供应都较高，INS 大于 100kg/hm^2 的占全部观察数据的 81.7% (n≈1250)，IPS 大于 30kg/hm^2 的占全部观察数据的 51.0% (n≈832)，而 IKS 小于 100kg/hm^2 的则占全部观察数据的 69.5% (n≈918) (图 6-34)。

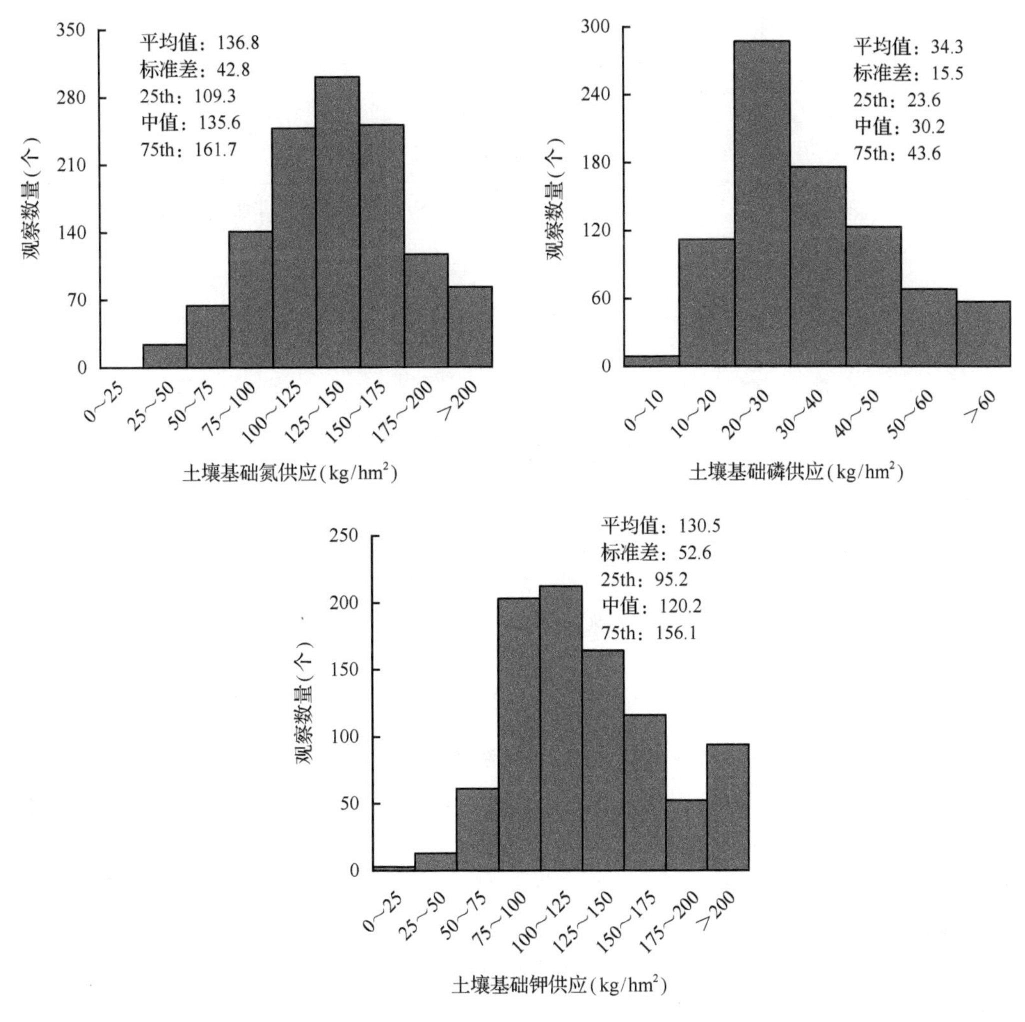

图 6-34 土壤基础养分供应量频率分布图

INS、IPS 和 IKS 的平均值分别为 136.8kg/hm^2、34.3kg/hm^2 和 130.5kg/hm^2，土壤的基础养分供应都比较高。肥料的大量施用使基础养分供应增加，产量反应则不断降低，导致肥料的增产效果不明显，尤其是 N 和 P。不同区域农民的施肥量存在很大差异，导致了土壤基础养分供应在区域间的差异性。本研究中，不同地区间的 INS 存在一定变异。东北、华北、西北和西南地区的平均 INS 分别为 130.5kg/hm^2、141.9kg/hm^2、138.5kg/hm^2

和 121.3kg/hm^2，平均 IPS 分别为 34.1kg/hm^2、32.8kg/hm^2、36.6kg/hm^2 和 45.7kg/hm^2，平均 IKS 分别为 118.3kg/hm^2、133.8kg/hm^2、188.9kg/hm^2 和 130.7kg/hm^2。西北地区的 IKS 显著高于其他地区，主要与该地区低降雨量和低 K 淋洗有关，并与伊利石的母质具有较高的土壤 K 供应能力有关。玉米养分专家系统考虑了区域间的土壤基础养分供应差异(图 6-35)。

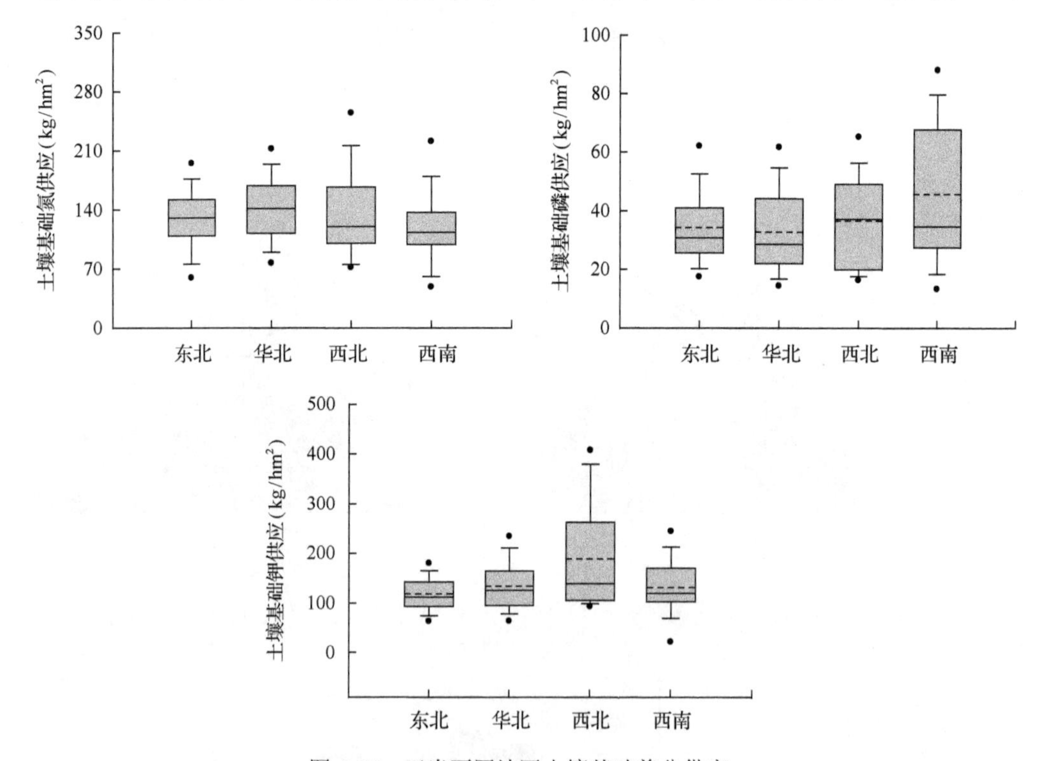

图 6-35　玉米不同地区土壤基础养分供应

中间实线和虚线分别代表中值和均值，方框上下边缘分别代表上下 25th，方框上下横线分别代表 90th 和 10th 的数值，上下实心圆圈分别代表 95th 和 5th 的数值

(2)产量反应与土壤基础养分供应的相关关系

在估测玉米产量反应过程中，判定土壤基础养分供应的低、中、高等级时，需对相对产量参数不断地进行校正和优化。采用某种养分相对产量的第 25 百分位数(25th)、第 50 百分位数(中值)和第 75 百分位数(75th)所对应的相对产量数值分别表示该养分土壤基础供应能力的低、中和高的临界值(图 6-36)。

结果得出，INS 低、中和高等级判定的氮素相对产量参数分别为 0.68、0.77 和 0.86；IPS 低、中和高等级判定的磷素相对产量参数分别为 0.81、0.88 和 0.93；IKS 低、中和高等级判定的钾素相对产量参数分别为 0.83、0.88 和 0.93。养分专家系统中，在没有产量反应数据时，应用可获得产量和产量反应参数对产量反应进行估测，氮的产量反应参数低、中和高等级分别为 0.32、0.24 和 0.14，磷的产量反应参数低、中和高等级分别为 0.16、0.12 和 0.07，钾的产量反应参数低、中和高等级分别为 0.17、0.12 和 0.07。

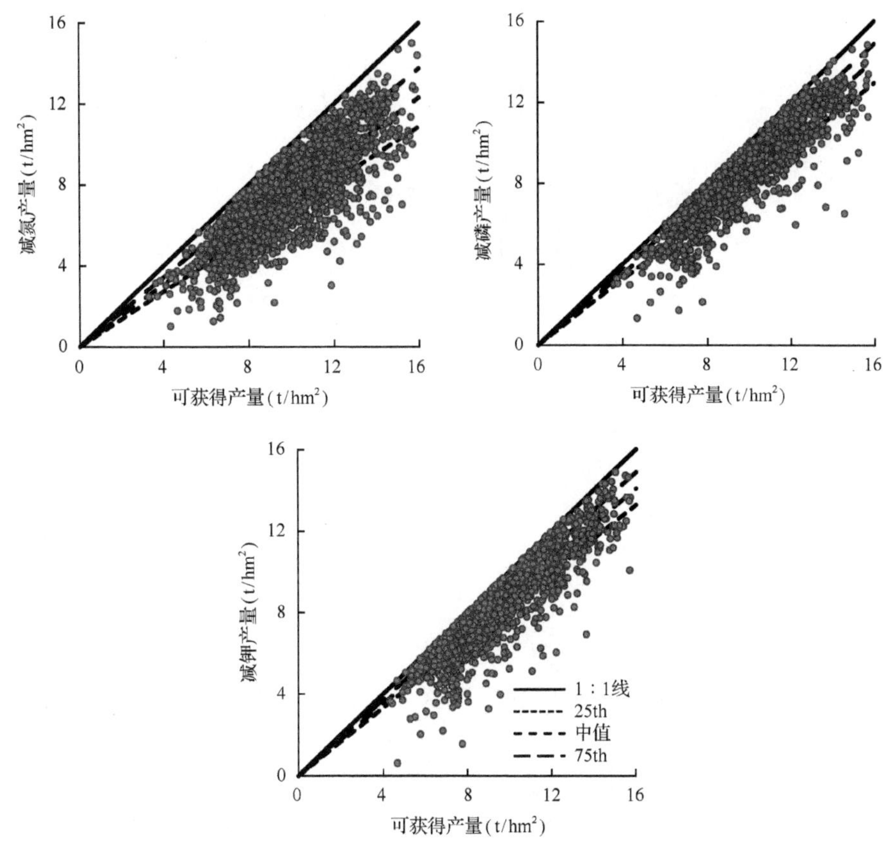

图6-36　玉米减素产量与可获得产量间的关系

(3) 产量反应与农学效率的关系

就所有数据而言(图6-37)，OPT处理的平均AEN、AEP和AEK分别为12.7kg/kg、18.4kg/kg和15.1kg/kg，而农民习惯施肥的分别为7.6kg/kg、10.4kg/kg和12.5kg/kg，分别增加了5.1kg/kg、8.0kg/kg和2.6kg/kg。

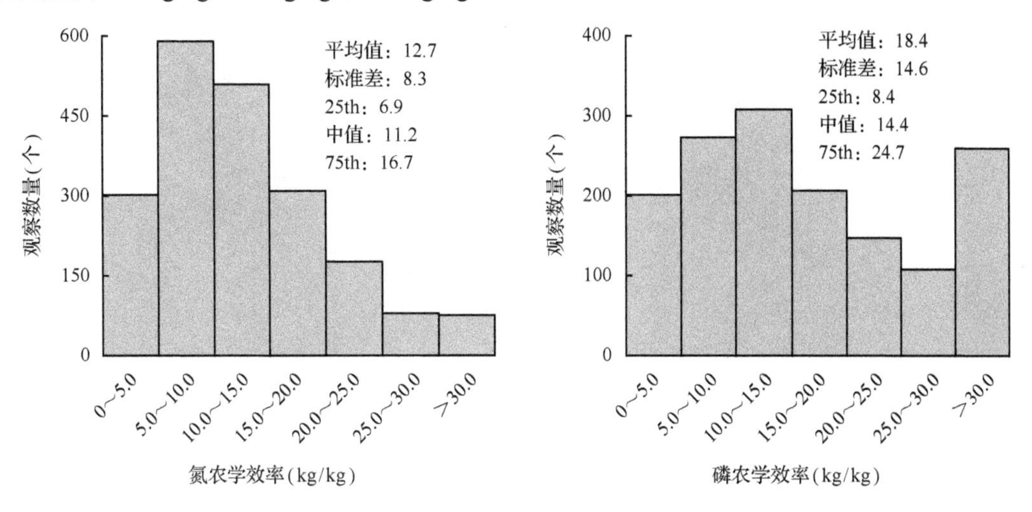

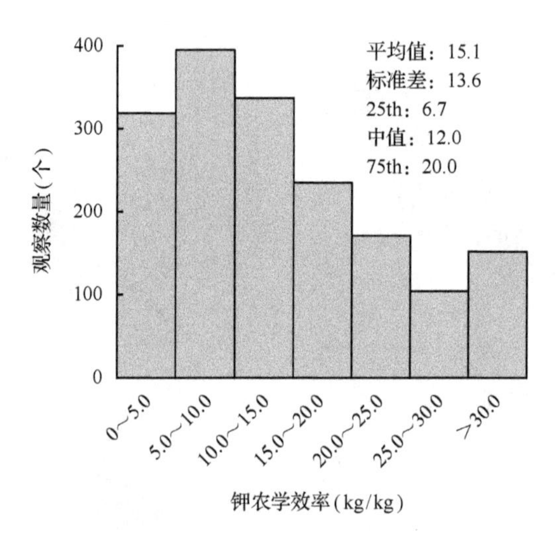

图 6-37　玉米 N、P 和 K 农学效率频率分布图

从 AE 的分布情况可以看出，AEN 低于 15kg/kg 的占全部观察数据的 68.7%(n≈2040)，AEP 低于 15kg/kg 的占全部观察数据的 52.1%(n≈1501)，AEK 低于 15kg/kg 的占全部观察数据的 61.4%(n≈1713)。N、P 和 K 的 AE 平均值分别为 12.7kg/kg、18.4kg/kg 和 15.1kg/kg(图 6-37)。

分析 YR 与 AE 间的关系显示，随着施肥量的增加，YR 不断增加，AE 也随之增加，当施肥量达到一定程度时，即使再增加施肥量，YR 也不会增加，相反还会使产量降低，导致 AE 下降。图 6-38 呈现了 YR 和 AE 之间存在显著的二次曲线关系，N、P 和 K 的相关系数(r^2)分别达到了 0.668、0.680 和 0.505。

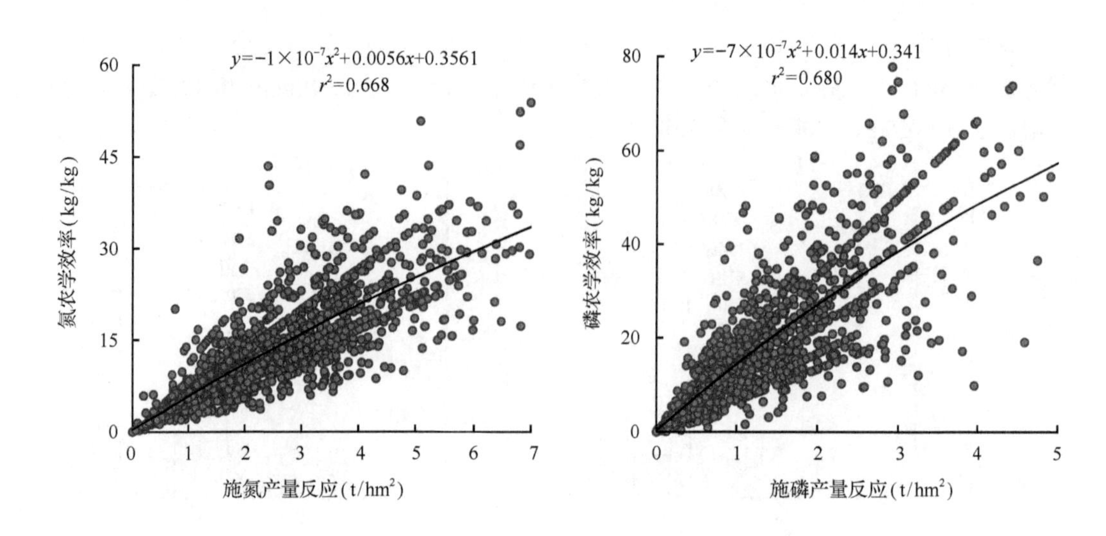

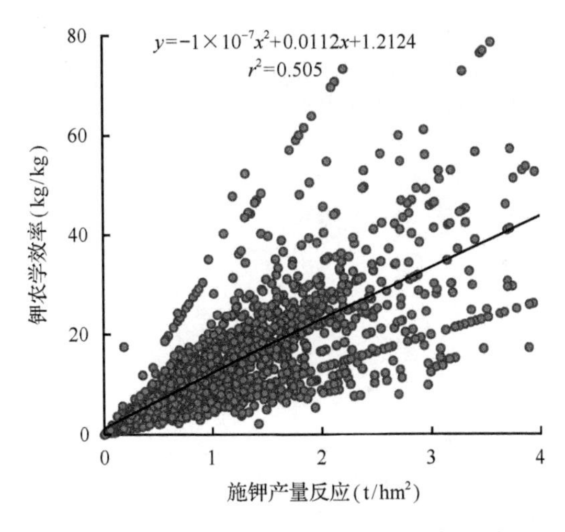

图 6-38　玉米产量反应与农学效率关系

3. 玉米养分专家系统

根据养分专家系统的养分管理和推荐施肥原则，应用计算机软件技术建成玉米养分专家系统。该系统只需农民或当地农技推广人员回答一些简单的玉米产量和栽培管理措施等问题，系统就会利用后台的数据库给出当前农户的养分管理措施和施肥套餐。该推荐施肥系统不仅优化了化肥用量、施肥时间、种植密度，还结合生育期降雨、气候等优化了施肥次数，并进行了效益分析。玉米养分专家系统用户界面主要包括 5 个部分(图 6-39)。

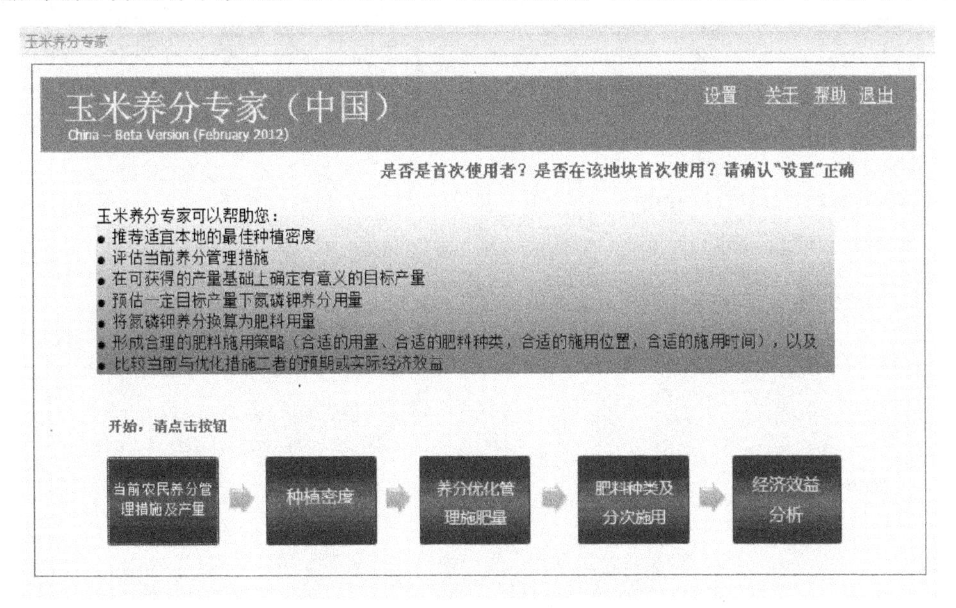

图 6-39　玉米养分专家系统用户界面

当前农民养分管理措施及产量：包括地块大小、过去 3～5 年的玉米产量及农民在玉米季的施肥量，以便用于优化养分管理措施及进行效益分析(图 6-40)。

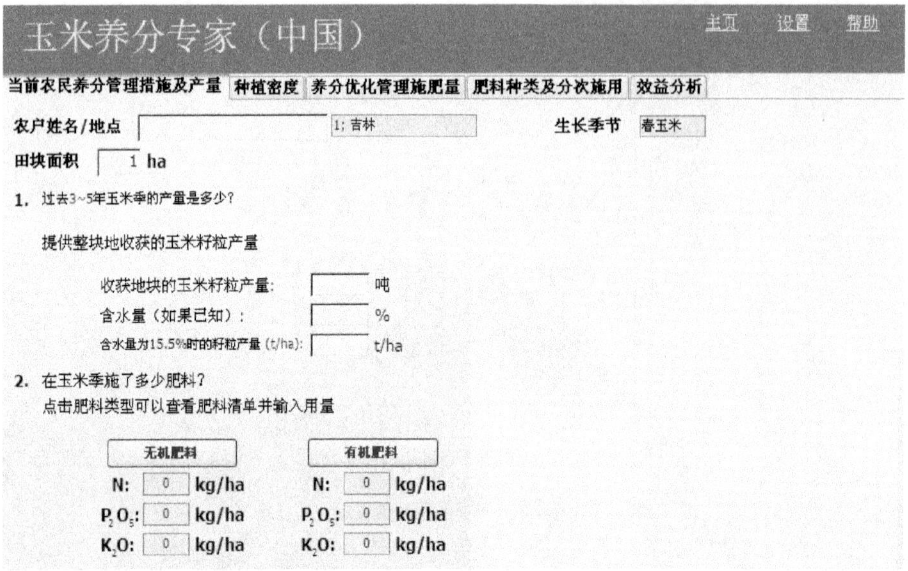

玉米养分专家（中国）　主页　设置　帮助

当前农民养分管理措施及产量 | 种植密度 | 养分优化管理施肥量 | 肥料种类及分次施用 | 效益分析

农户姓名/地点　1; 吉林　　生长季节　春玉米

田块面积　1 ha

1. 过去3~5年玉米季的产量是多少?

提供整块地收获的玉米籽粒产量

收获地块的玉米籽粒产量：　吨

含水量（如果已知）：　%

含水量为15.5%时的籽粒产量（t/ha）：　t/ha

2. 在玉米季施了多少肥料?

点击肥料类型可以查看肥料清单并输入用量

无机肥料		有机肥料	
N:	0 kg/ha	N:	0 kg/ha
P_2O_5:	0 kg/ha	P_2O_5:	0 kg/ha
K_2O:	0 kg/ha	K_2O:	0 kg/ha

图 6-40　玉米养分专家系统中的当前农民养分管理措施及产量

种植密度：包括农民当前的种植密度(如行距、株距和每穴种子个数)，制定适宜的玉米种植密度(图 6-41)。

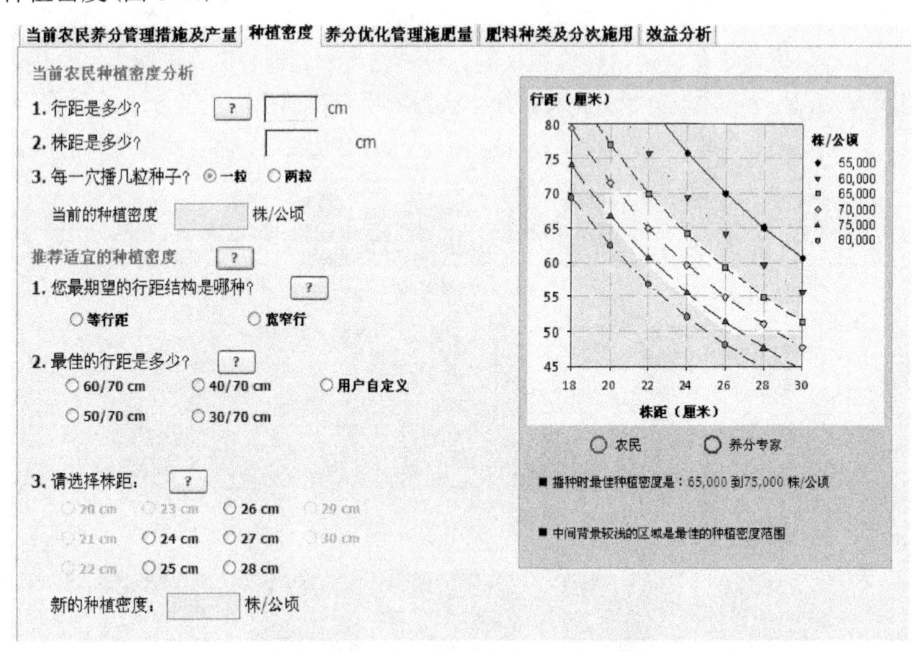

图 6-41　玉米养分专家系统中的种植密度

养分优化管理施肥量：该部分是施肥推荐的中心环节，它通过评估作物生长环境、降雨状况、有无灌溉条件和秸秆还田率等情况，结合产量反应给出不同目标产量的施肥量。对于有试验点的地方进行施肥推荐时可以直接使用作物的产量反应，对于没有试验点的地区可以通过建立的后台数据库，依据土壤养分的空间变异、土壤质地、相对产量及过去 10 年中国开展的田间试验数据，预估产量反应，最后得出推荐施肥量(图 6-42)。

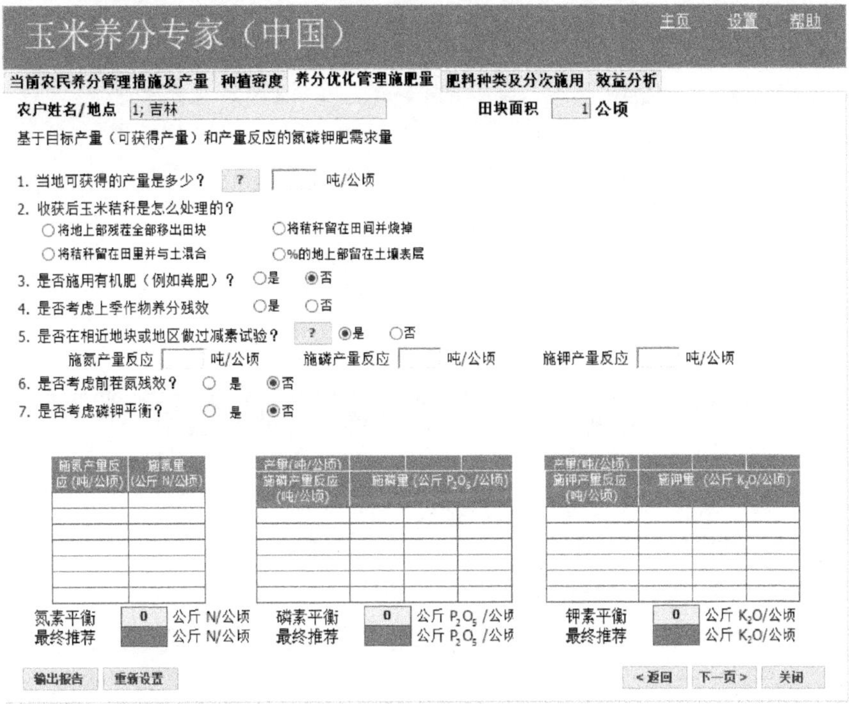

玉米养分专家（中国）　主页　设置　帮助

当前农民养分管理措施及产量　种植密度　养分优化管理施肥量　肥料种类及分次施用　效益分析

农户姓名/地点　1; 吉林　田块面积　1 公顷

基于目标产量（可获得产量）和产量反应的氮磷钾肥需求量

1. 当地可获得的产量是多少？　?　吨/公顷
2. 收获后玉米秸秆是怎么处理的？
 ○将地上部残茬全部移出田块　○将秸秆留在田间并烧掉
 ○将秸秆留在田里并与土混合　○%的地上部留在土壤表层
3. 是否施用有机肥（例如粪肥）？　○是　◉否
4. 是否考虑上季作物养分残效　○是　○否
5. 是否在相近地块或地区做过减素试验？　?　◉是　○否
 施氮产量反应　吨/公顷　施磷产量反应　吨/公顷　施钾产量反应　吨/公顷
6. 是否考虑前茬氮残效？　○是　◉否
7. 是否考虑磷钾平衡？　○是　◉否

施氮产量反应 (吨/公顷)	施氮量 (公斤 N/公顷)

产量(吨/公顷) 施磷产量反应 (吨/公顷)	施磷量（公斤 P_2O_5/公顷）		

产量(吨/公顷) 施钾产量反应 (吨/公顷)	施钾量（公斤 K_2O/公顷）		

氮素平衡　0　公斤 N/公顷　磷素平衡　0　公斤 P_2O_5/公顷　钾素平衡　0　公斤 K_2O/公顷
最终推荐　公斤 N/公顷　最终推荐　公斤 P_2O_5/公顷　最终推荐　公斤 K_2O/公顷

输出报告　重新设置　<返回　下一页>　关闭

图 6-42　玉米养分专家系统中的养分优化管理措施

肥料种类和分次施用：在回答完以上的问题后，农民就可以得到适合自己地块的肥料推荐量，系统还可以将纯量养分折算成农民自己所选的肥料品种，不受肥料品种的限制，并且给出分次施肥的日期及每次的施肥量(图 6-43)。其输出结果是一个针对作物特定生长环境确定合适肥料种类、合理肥料用量和合适施肥时间的施肥指南(图 6-44)。

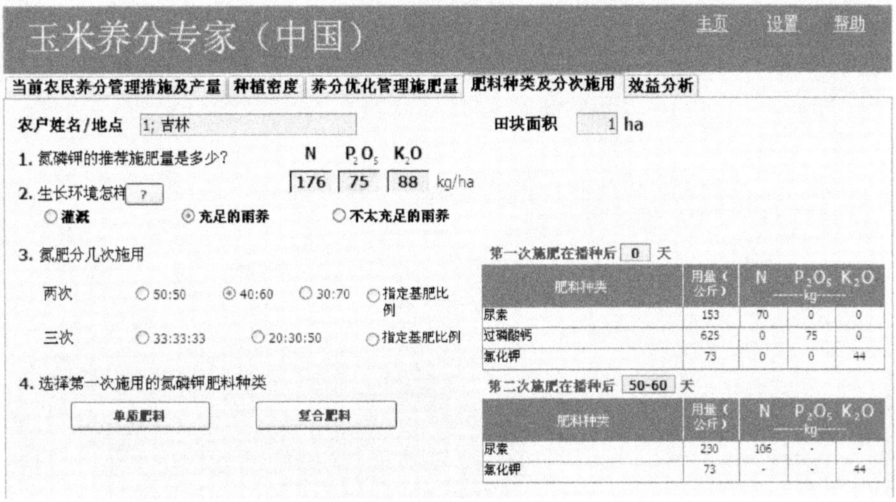

玉米养分专家（中国）　主页　设置　帮助

当前农民养分管理措施及产量　种植密度　养分优化管理施肥量　肥料种类及分次施用　效益分析

农户姓名/地点　1; 吉林　田块面积　1 ha

1. 氮磷钾的推荐施肥量是多少?　N 176　P_2O_5 75　K_2O 88　kg/ha
2. 生长环境怎样　?
 ○灌溉　◉充足的雨养　○不太充足的雨养
3. 氮肥分几次施用
 两次　○50:50　◉40:60　○30:70　○指定基肥比例
 三次　○33:33:33　○20:30:50　○指定基肥比例
4. 选择第一次施用的氮磷钾肥料种类
 单质肥料　复合肥料

第一次施肥在播种后 0 天

肥料种类	用量（公斤）	N	P_2O_5	K_2O
		kg		
尿素	153	70	0	0
过磷酸钙	625	0	75	0
氯化钾	73	0	0	44

第二次施肥在播种后 50-60 天

肥料种类	用量（公斤）	N	P_2O_5	K_2O
		kg		
尿素	230	106	-	-
氯化钾	73	-	-	44

图 6-43　玉米养分专家系统中的肥料种类和分次施用推荐

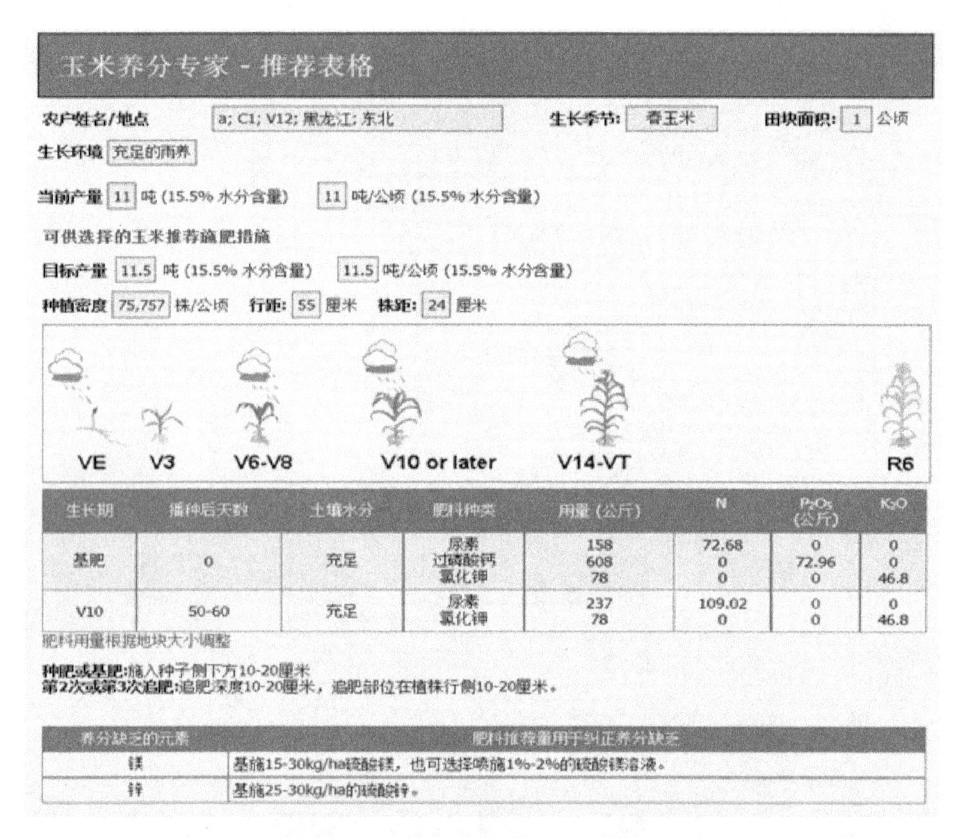

玉米养分专家 - 推荐表格

农户姓名/地点 a; C1; V12; 黑龙江; 东北　生长季节: 春玉米　田块面积: 1 公顷

生长环境 充足的雨养

当前产量 11 吨 (15.5% 水分含量)　11 吨/公顷 (15.5% 水分含量)

可供选择的玉米推荐施肥措施

目标产量 11.5 吨 (15.5% 水分含量)　11.5 吨/公顷 (15.5% 水分含量)

种植密度 75,757 株/公顷　行距: 55 厘米　株距: 24 厘米

生长期	播种后天数	土壤水分	肥料种类	用量 (公斤)	N	P_2O_5 (公斤)	K_2O
基肥	0	充足	尿素 过磷酸钙 氯化钾	158 608 78	72.68 0 0	0 72.96 0	0 0 46.8
V10	50-60	充足	尿素 氯化钾	237 78	109.02 0	0 0	0 46.8

肥料用量根据地块大小调整

种肥或基肥:施入种子侧下方10-20厘米
第2次或第3次追肥:追肥深度10-20厘米，追肥部位在植株行侧10-20厘米。

养分缺乏的元素	肥料推荐量用于纠正养分缺乏
镁	基施15-30kg/ha硫酸镁，也可选择喷施1%-2%的硫酸镁溶液。
锌	基施25-30kg/ha的硫酸锌。

图 6-44　玉米养分专家系统中的施肥指南

效益分析：提供农民习惯施肥和推荐施肥的经济效益，并进行比较分析(图 6-45)。

玉米养分专家（中国）　主页　设置　帮助

当前农民养分管理措施及产量 | 种植密度 | 养分优化管理施肥量 | 肥料种类及分次施用 | 效益分析

	当前农民措施	推荐措施
播种量	20 kg/ha	22 kg/ha 株/穴
种子价格	8.00 RMB/kg	8.00 RMB/kg
玉米价格	2.00 RMB/kg	

全部报告　效益分析

简单效益分析	当前农民措施	推荐措施
含水量为15.5%时的籽粒产量 (t/ha):	10	10
玉米价格(RMB/kg)	2.00	2.00
收入(RMB/ha)	**20,000**	**20,000**
种子消费(RMB/ha)	160	176
肥料成本-无机肥料(RMB/ha)	3,975	1,467
肥料成本-有机肥料(RMB/ha)	0	0
总成本(RMB/ha)	**4,135**	**1,643**
减去肥料成本后的预期效益(RMB/ha)	**16,025**	**18,533**
减去种子和肥料成本后的预期效益(RMB/ha)	**15,865**	**18,357**
推荐措施与农民当前措施相比的净收益(RMB/ha)	**2,492**	

图 6-45　玉米养分专家系统中经济效益分析界面

6.2.4　玉米养分专家系统评价

为了不断验证和完善玉米养分专家系统，于 2010～2012 年共计进行了 408 个田间试验(表 6-30)，从产量、经济、农学和环境效益对玉米养分专家系统(Nutrient Expert for Hybrid Maize)进行校正和改进。玉米品种使用农民所采用的品种，并且与农民设置相同的种植密度，密度设置来自玉米养分专家系统推荐，其设置范围为 65 000～75 000 株/hm^2。

表 6-30　玉米田间试验地点信息(2010～2012 年)

省份	季节	年份	试验数	村庄数	土壤类型	pH	有机质(g/kg)	降雨量(mm)	纬度(°N)	经度(°E)
吉林	春玉米	2010	9	2	黑土	4.65～7.78	11.8～32.5	400～900	40.89～46.28	121.65～131.29
		2011	28	5						
		2012	24	4						
辽宁	春玉米	2011	21	4	黑土、褐土	4.73～8.34	1.0～14.3	450～900	39.05～43.52	118.86～125.76
		2012	20	2						
黑龙江	春玉米	2011	26	8	黑土	5.12～8.88	4.4～66.7	400～650	43.45～53.53	121.22～135.07
		2012	17	6						
山西	夏玉米	2010	7	1	潮土、褐土	7.36～9.27	3.9～11.4	450～700	31.70～34.57	105.48～111.02
		2011	25	2						
		2012	7	3						
山东	夏玉米	2010	17	1	潮土、褐土、棕壤	8.09～9.01	2.5～7.2	550～900	34.42～38.38	114.60～112.72
		2011	11	2						
		2012	21	4						
河南	夏玉米	2010	59	15	潮土、褐土、棕壤	4.54～8.46	2.4～13.3	500～900	31.41～36.37	110.39～116.62
		2011	32	3						
		2012	21	3						
河北	夏玉米	2010	27	1	潮土、褐土	7.47～8.36	4.1～9.2	450～700	36.08～42.67	113.45～119.83
		2011	17	2						
		2012	19	2						

每个试验包含的处理有：基于玉米养分专家系统推荐施肥处理(NE)、农民习惯施肥处理(FP)、基于测土或当地农技部门的推荐施肥处理(OPTS)，以及基于 NE 的不施氮、不施磷和不施钾处理。NE 处理首先要进行农户问卷调查，如试验地块过去 3～5 年的产量、施肥量、施肥措施、秸秆处理、是否施用有机肥和地块的质地、颜色等，将调查内容输入玉米养分专家系统形成施肥套餐。FP 处理依据农民自己的措施进行管理，在农民地里直接进行，不单独设置小区，记录农民所使用的肥料品种、施肥量和施肥次数等信息，收获时采集样品测定产量和养分含量等。OPTS 处理为测土配方施肥处理，如测土不及时或条件不具备，采用当地农技推广部门的推荐量。肥料使用尿素、过磷酸钙、磷酸氢二铵、氯化钾和硫酸钾等，其中 NE 处理的氮肥分两次施用(追肥时期在拔节期)，磷肥和钾肥作基肥一次施用。NE 处理和 FP 处理的面积大于 667m^2。NE 处理和 FP 处理

的施肥量范围见表 6-31。

表 6-31　玉米不同处理施肥量(2010～2012 年)

地区	省份	处理	施肥量(kg/hm^2)		
			N	P_2O_5	K_2O
华北	河北	NE	152.5 (130～182)	54 (37～89)	61 (44～105)
		FP	262 (158～460)	25 (0～138)	21 (0～158)
	河南	NE	156 (110～231)	55 (37～88)	71 (48～95)
		FP	211 (48～392)	71 (0～252)	52 (0～143)
	山东	NE	149 (120～182)	43 (30～58)	46 (24～66)
		FP	244 (139～323)	53 (6～172)	46 (0～100)
	山西	NE	159 (111～182)	52 (37～72)	57 (44～70)
		FP	246 (105～423)	38 (0～148)	20 (0～72)
东北	吉林	NE	149 (110～176)	55 (47～60)	67 (58～73)
		FP	211 (79～280)	107 (33～189)	90 (48～147)
	辽宁	NE	179 (130～211)	63 (53～78)	78 (63～108)
		FP	229 (183～260)	76 (56～99)	46 (0～99)
	黑龙江	NE	161 (130～194)	58 (40～73)	79 (48～101)
		FP	178 (128～240)	63 (38～104)	51 (38～68)

每个试验点的样品采集采用相同标准，在每个小区的中央位置随机选取 3 个 $10m^2$ 的区域测定产量，并选取长势均匀的玉米 5～10 株测定水分含量，最终折合成含水量为 15.5%的产量。取 3～10 株长势均匀的植株烘干测定籽粒和秸秆的干物质重，用于计算收获指数，并选取一部分烘干样品粉碎测定籽粒和秸秆中 N、P 和 K 养分含量。试验播种前采集 0～30cm、30～60cm 和 60～90cm 土层测定土壤硝态氮(NO_3^--N)和铵态氮(NH_4^+-N)含量，使用 0.01mol/L 的 $CaCl_2$ 浸提，土与浸提液的比例为 1∶10，使用流动分析仪测定。土壤含水量在 105℃烘干测定。以春玉米为例计算总体养分平衡，用于评估施肥的合理性。化肥消耗(TFC)为所有化肥的花费总和。经济效益(GRF)为收获后的产量利润减去肥料成本。

1. *产量和经济效益*

2010～2012 年试验产量结果显示(表 6-32)，除山东省外，其余 6 省的产量 NE 处理都要高于 FP 处理，增加了 0.1～0.7t/hm^2，提高了 1.2%～6.1%。山东省 NE 和 FP 处理产量相同，为 8.5t/hm^2。夏玉米中河南省的 NE 处理产量显著高于 FP 处理，产量差为 0.2t/hm^2。而春玉米中三省的 NE 处理产量都显著高于 FP 处理，增产范围为 0.3～0.7t/hm^2，增产幅度为 2.5%～6.1%。就全部试验而言，NE 处理产量显著高于 FP 处理产量($P<0.0001$)，产量差为 0.2t/hm^2；夏玉米 NE 和 FP 处理产量差为 0.1t/hm^2，统计上达到了显著水平(P=0.0256)，而春玉米 NE 和 FP 处理产量差为 0.6t/hm^2，统计上达到了极显著水平

(P<0.0001)。春玉米产量差要显著高于夏玉米，高 0.5t/hm^2。在第二年试验开始前，使用第一年田间试验结果对玉米养分专家系统进行校正和改进，随着玉米养分专家系统的不断优化，NE 和 FP 处理的产量差从 2010 年的 0.1t/hm^2 增长到了 2012 年的 0.4t/hm^2，呈逐年增加趋势。

表 6-32　玉米养分专家系统的产量、化肥消耗和经济效益(2010～2012 年)

	产量(t/hm^2)				化肥消耗(元/hm^2)				经济效益(元/hm^2)			
	NE	FP	Δ	P>[T]	NE	FP	Δ	P>[T]	NE	FP	Δ	P>[T]
河北	8.2	8.1	0.1	0.520 7	1 463	1 494	–31	0.629 4	14 837	14 700	137	0.456 5
河南	9.8	9.6	0.2	0.015 9	1 401	1 606	–205	<0.000 1	18 129	17 620	509	0.000 2
山东	8.5	8.5	0.0	0.456 1	1 197	1 624	–427	<0.000 1	17 341	16 666	675	<0.000 1
山西	9.8	9.7	0.1	0.103 3	1 500	1 513	–13	0.875 0	20 162	19 958	204	0.075 8
吉林	12.1	11.8	0.3	0.003 4	1 352	2 046	–694	<0.000 1	22 233	20 826	1 407	<0.000 1
辽宁	12.2	11.5	0.7	<0.000 1	1 748	1 916	–168	0.000 2	24 465	22 754	1 711	<0.000 1
黑龙江	11.1	10.6	0.5	<0.000 1	1 786	1 724	62	0.120 8	17 465	16 480	985	0.000 1
全部	10.1	9.9	0.2	<0.000 1	1 463	1 686	–223	<0.000 1	18 904	18 154	750	<0.000 1
春玉米	11.9	11.3	0.6	<0.000 1	1 593	1 916	–323	<0.000 1	21 446	20 082	1 364	<0.000 1
夏玉米	9.2	9.1	0.1	0.025 6	1 395	1 569	–174	<0.000 1	17 496	17 087	409	<0.000 1
2010	8.8	8.7	0.1	0.171 0	1 197	1 420	–223	<0.000 1	15 240	14 874	366	0.001 9
2011	10.4	10.2	0.2	<0.000 1	1 500	1 736	–236	<0.000 1	19 350	18 637	713	<0.000 1
2012	11.1	10.7	0.4	<0.000 1	1 668	1 885	–217	<0.000 1	21 731	20 584	1 147	<0.000 1

注：产量、化肥消耗和经济效益为 2010～2012 年试验的平均值；NE 为养分专家系统；FP 为农民习惯施肥措施；Δ 为 NE–FP；P>[T]为 NE 和 FP 在 0.05 水平上的配对法 t 检验

化肥花费的计算结果显示(表 6-32)，除黑龙江省外，其余各省 NE 处理的化肥消耗都要低于 FP 处理，降低 13～694 元/hm^2，夏玉米中的山东省和春玉米中的吉林省降低最多，分别为 427 元/hm^2 和 694 元/hm^2。与 FP 处理相比，NE 处理显著地降低了 TFC(P<0.0001)，平均降低了 223 元/hm^2，其中 NE 推荐施肥中氮肥节省了 310 元/hm^2(NE 处理和 FP 处理的氮肥消耗分别为 725 元/hm^2 和 1035 元/hm^2)，NE 处理还节省了 31 元/hm^2 的磷肥，但钾肥的投入增加了 118 元/hm^2。随着化肥价格升高及施肥量增加，FP 处理的 TFC 逐年增加。春玉米的 TFC 要高于夏玉米，是因为春玉米种植区的磷肥和钾肥投入要高于夏玉米，而夏玉米种植区的农民习惯施肥措施是只施氮肥或者氮磷肥。

随着玉米产量和价格的升高，种植玉米的经济效益也不断升高，从 2010～2012 年呈增加趋势。NE 处理与 FP 处理相比，7 个省份 GRF 都有所增加，增幅为 0.9%～7.5%。增幅最大的为辽宁省，GRF 增加了 1711 元/hm^2。NE 处理和 FP 处理 GRF 平均分别为 18 904 元/hm^2 和 18 154 元/hm^2，NE 处理比 FP 处理增加了 750 元/hm^2，其中由产量增加带来的 GRF 为 527 元/hm^2，占总 GRF 的比例为 70.3%。春玉米的 GRF 显著高于夏玉米，主要是因为春玉米产量高于夏玉米。

为验证玉米养分专家系统的长期效益，2012～2014 年进行玉米定位试验，定位试验

点在 2012 年的验证试验中随机选择。试验地点设置在吉林省(10 个)、黑龙江省(10 个)、河北省(11 个)和山西省(2 个)，共计 33 个田间试验。2012～2014 年三年定位试验结果得出，FP 处理的不平衡施肥对玉米产量造成了一定的影响。结果显示(图 6-46)，春玉米三年的产量 NE 处理都显著高于 FP 处理(P<0.001)，2012 年、2013 年和 2014 年分别高 0.9t/hm^2、0.8t/hm^2 和 0.8t/hm^2，三年平均高 0.9t/hm^2，增幅为 7.5%。夏玉米 2013 年 NE 处理的产量显著高于 FP 处理(P<0.001)，高 0.5t/hm^2，虽然 NE 和 FP 处理 2012 年和 2014 年的产量无显著差异，但 NE 处理产量高于 FP 处理，分别高 0.2t/hm^2 和 0.3t/hm^2，三年平均高 0.3t/hm^2，增幅为 3.3%。

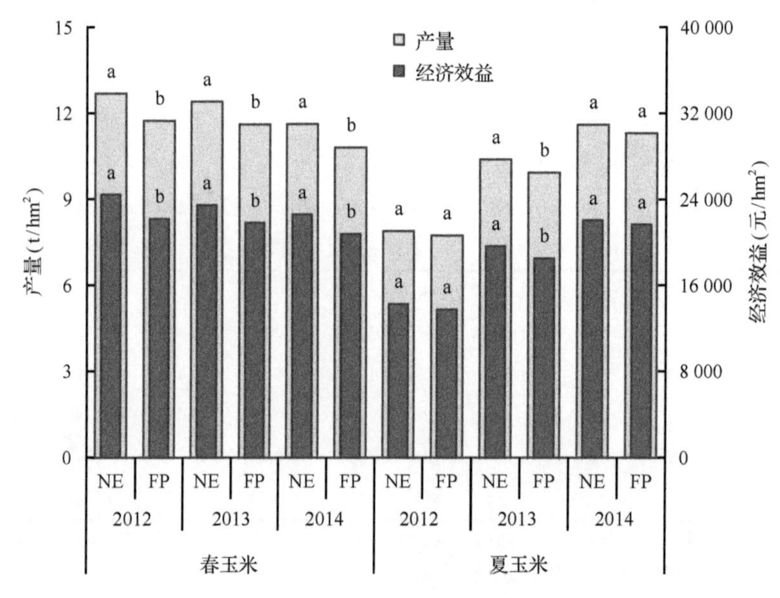

图 6-46　养分专家系统和农民习惯施肥的产量和经济效益比较(2012～2014 年)

不同字母表示不同处理间差异显著(P<0.05)

平衡施肥不仅提高了玉米产量，还显著增加了经济效益(图 6-46)。春玉米三年试验结果显示，2012 年、2013 年和 2014 年 NE 处理的经济效益都显著地高于 FP 处理，分别增加了 2260 元/hm^2、1677 元/hm^2 和 1787 元/hm^2，增幅范围为 6.8%～8.1%，三年经济效益平均增加了 1743 元/hm^2，增幅达到了 7.4%，其中由产量增加带来的效益占到了全部经济效益的 90.6%，而由减少肥料施用增加的经济效益仅占 9.4%。夏玉米三年结果显示，2013 年 NE 处理经济效益显著高于 FP 处理，高 1133 元/hm^2，增幅为 6.1%，虽然 2012 年和 2014 年经济效益差异不显著，但 NE 处理比 FP 处理分别高 509 元/hm^2 和 376 元/hm^2，增加幅度分别为 3.7%和 1.7%，NE 处理三年平均经济效益比 FP 处理高 645 元/hm^2，提高了 3.3%，其中由产量增加而增加的经济效益为 90.3%。

对于所有试验而言，NE 处理的产量和经济效益比 FP 处理分别增加了 0.6t/hm^2 和 1421 元/hm^2，分别提高了 5.9%和 7.1%，产量增加是经济效益增加的主要原因，其贡献率达到了 91.3%。因此，玉米养分专家系统具有显著增加产量和经济效益的效果。

2. 养分利用率

2010～2012 年施肥量研究结果得出(表 6-33)，农民的施肥量非常不平衡。就各省的平均值而言，FP 处理的施氮量非常高，范围为 179～266kg/hm^2，七省的平均施氮量为 224kg/hm^2，FP 处理在全部 408 个试验中有 328 个试验点的施氮量超过 180kg/hm^2，占全部试验数的 80.4%，最高的施氮量达到了 460kg/hm^2(河北省，2010 年)，而最低施氮量仅有 48kg/hm^2(河南省，2010 年)，东北春玉米种植区 FP 处理施氮量要低于华北夏玉米种植区，平均低 27kg/hm^2，说明中国华北夏玉米种植区农民过量施氮的问题比较严重。而 NE 处理优化了施氮量，其范围为 143～178kg/hm^2，平均值为 156kg/hm^2。七省 NE 处理的平均施氮量都显著低于 FP 处理，施氮量降低范围为 18～113kg/hm^2，平均降低了 68kg/hm^2，降幅达到了 30.4%。NE 处理每年的施氮量是不同的，因为养分专家系统是一个动态的养分管理方法，可以依据前季土壤氮素残留、土壤基础养分供应、产量与养分吸收关系，以及产量反应和农学效率关系等对施肥量进行调整。

表 6-33 玉米养分专家系统的节肥效益(2010～2012 年)

	施氮量(kg/hm^2)				施磷量(kg/hm^2)				施钾量(kg/hm^2)			
	NE	FP	Δ	P>[T]	NE	FP	Δ	P>[T]	NE	FP	Δ	P>[T]
河北	153	266	−113	<0.0001	56	23	33	<0.0001	64	21	43	<0.0001
河南	157	213	−56	<0.0001	55	70	−15	0.0115	71	50	21	<0.0001
山东	143	233	−90	<0.0001	52	55	−3	0.4875	56	52	4	0.2855
山西	162	245	−83	<0.0001	50	31	19	0.0017	57	19	38	<0.0001
吉林	149	211	−62	<0.0001	56	107	−51	<0.0001	67	91	−24	<0.0001
辽宁	178	229	−51	<0.0001	63	76	−13	<0.0001	79	48	31	<0.0001
黑龙江	161	179	−18	0.0015	58	63	−5	0.1277	79	51	27	<0.0001
全部	156	224	−68	<0.0001	55	62	−7	0.0035	68	49	19	<0.0001
春玉米	161	207	−46	<0.0001	59	85	−26	<0.0001	74	67	7	0.0241
夏玉米	154	234	−80	<0.0001	54	50	4	0.2599	64	39	25	<0.0001
2010	138	223	−85	<0.0001	50	53	−3	0.5612	64	40	24	<0.0001
2011	162	220	−58	<0.0001	53	65	−12	0.0009	64	45	19	<0.0001
2012	167	231	−64	<0.0001	64	68	−4	0.2587	75	59	16	<0.0001

注：施氮量、施磷量和施钾量为 2010～2012 年试验的平均值；NE 为养分专家系统；FP 为农民习惯施肥措施；Δ 为 NE–FP；P>[T]为 NE、FP 在 0.05 水平上的配对法 t 检验

七省 FP 处理平均磷肥施用量范围为 23～107kg/hm^2，平均为 62kg/hm^2(表 6-33)。NE 处理的磷肥平均施用量范围为 50～63kg/hm^2，平均为 55kg/hm^2。七省中，有五个省 NE 处理的磷肥施用量低于 FP 处理，河北省和山西省的 NE 处理磷肥用量高于 FP 处理，因为两省 FP 处理磷肥用量分别只有 23kg/hm^2 和 31kg/hm^2。夏玉米 NE 和 FP 处理施磷量间无显著差异(P=0.2599)，但春玉米的 FP 处理施磷量显著高于 NE 处理(P<0.0001)，高 26kg/hm^2。整体而言，NE 处理的平均施磷量比 FP 处理降低了 7kg/hm^2(P<0.0001)，降幅为 11.3%。在所有试验中，FP 处理有 92 户农户没有施任何磷肥，占全部试验数的 22.5%，有 179 户农户施磷量超过了 70kg/hm^2，占全部试验数的 43.9%，磷肥施用量最高的达到

了 252kg/hm^2(河南省，2011 年)，远远超过了作物对 P 的需求，农民对磷肥的施用出现严重的失衡现象。

七省的平均钾肥用量 FP 处理的施用范围为 19～91kg/hm^2，平均值为 49kg/hm^2(表 6-33)。NE 处理的钾肥用量范围为 56～79kg/hm^2，平均值为 68kg/hm^2。FP 处理中有 190 户农户的钾肥用量低于 45kg/hm^2，占全部试验数的 46.6%，其中有 121 户农户不施钾肥，占全部试验数的 29.7%。七省中，除吉林省外，NE 处理的施钾量都要高于 FP 处理，增加范围为 4～43kg/hm^2。就所有数据而言，NE 处理的施钾量显著高于 FP 处理(P<0.0001)，增加了 19kg/hm^2，增幅为 38.8%。

为减少氮素向环境中流失，在推荐施肥和养分管理中应该最大限度地提高氮肥利用率。与 FP 处理相比，NE 处理显著提高了氮肥利用率(P<0.0001)。NE 处理的 AEN 变化范围为 6.6～18.9kg/kg，平均值为 12.2kg/kg；REN 变化范围为 20.9%～35.4%，平均值为 30.2%；PFPN 变化范围为 54.3～82.5kg/kg，平均值为 65.7kg/kg。FP 处理的 AEN 变化范围为 3.7～14.3kg/kg，平均值为 8.3kg/kg；REN 变化范围为 11.3%～26.9%，平均值为 20.0%；PFPN 变化范围为 32.1～61.2kg/kg，平均值为 48.5kg/kg(表 6-34)。与 FP 处理相比，NE 处理的 AEN、REN 和 PFPN 分别增加了 3.9kg/kg、10.2 个百分点和 17.2kg/kg。

表 6-34　玉米养分专家系统的氮肥利用率(2010～2012 年)

	氮素农学效率(kg/kg)				氮素回收率(%)				氮素偏生产力(kg/kg)			
	NE	FP	Δ	P>[T]	NE	FP	Δ	P>[T]	NE	FP	Δ	P>[T]
河北	6.6	3.7	2.9	<0.0001	22.1	11.3	10.8	<0.0001	54.3	32.1	22.2	<0.0001
河南	14.1	10.5	3.6	<0.0001	35.4	23.5	11.9	<0.0001	64.0	51.7	12.3	<0.0001
山东	8.3	5.6	2.7	<0.0001	20.9	14.0	6.9	<0.0001	59.9	39.4	20.5	<0.0001
山西	7.8	5.5	2.3	<0.0001	25.4	16.9	8.5	<0.0001	61.9	44.3	17.6	<0.0001
吉林	15.5	9.5	6.0	<0.0001	35.2	26.9	8.3	<0.0001	82.5	59.1	23.4	<0.0001
辽宁	13.1	7.1	6.0	<0.0001	34.6	16.3	18.3	<0.0001	69.5	50.5	19.0	<0.0001
黑龙江	18.9	14.3	4.6	<0.0001	32.5	26.5	6.0	<0.0001	69.3	61.2	8.1	<0.0001
全部	12.2	8.3	3.9	<0.0001	30.2	20.0	10.2	<0.0001	65.7	48.5	17.2	<0.0001
春玉米	15.8	10.2	5.6	<0.0001	34.2	23.8	10.4	<0.0001	74.9	57.3	17.6	<0.0001
夏玉米	10.3	7.2	3.1	<0.0001	28.0	17.8	10.2	<0.0001	60.6	43.6	17.0	<0.0001
2010	12.6	8.7	3.9	<0.0001	30.0	18.5	11.5	<0.0001	64.4	45.5	18.9	<0.0001
2011	12.3	8.6	3.7	<0.0001	31.6	22.2	9.4	<0.0001	64.8	49.7	15.1	<0.0001
2012	11.9	7.6	4.3	<0.0001	29.0	18.6	10.4	<0.0001	67.9	49.7	18.2	<0.0001

注：氮素农学效率、回收率、偏生产力分别为 2010～2012 年试验的平均值；NE 为养分专家系统；FP 为农民习惯施肥措施；Δ 为 NE–FP；P>[T]为 NE、FP 在 0.05 水平上的配对法 t 检验

NE 处理与 FP 处理相比，七省的平均 AEN 都高出 30%以上，过量的氮肥施用更是导致河北省 FP 处理的 AEN、REN 和 PFPN 分别仅有 3.7kg/kg、11.3%和 32.1kg/kg。农民通常是一次性施肥，导致作物生长前期氮素供应过量，而在灌浆期时又出现缺氮现象，在春玉米上尤为明显。而 NE 处理推荐施肥考虑了生长季节的天气状况，氮肥通常分 2～3 次在玉米的主要生育期进行施用，并依据水分状况进行调整。农民的施肥措施结果表明，高量的氮肥投入并没有带来高氮肥利用率。春玉米的氮素利用率要高于夏玉米，这

与春玉米生育期长有关，较长的生育期能够充分利用吸收的养分，使养分能够有效地转移到籽粒中。

就三年定位试验(2012～2014 年)的施肥量而言(图 6-47)，春玉米 NE 处理的 N、P_2O_5 和 K_2O 施用量范围为 150～208kg/hm^2、50～99kg/hm^2 和 58～102kg/hm^2，平均值分别为 173kg/hm^2、73kg/hm^2 和 84kg/hm^2；FP 处理的 N、P_2O_5 和 K_2O 施用量范围为 153～280kg/hm^2、38～166kg/hm^2 和 38～120kg/hm^2，平均值分别为 207kg/hm^2、92kg/hm^2 和 75kg/hm^2；NE 处理比 FP 处理降低了 16.5%的氮肥和 21.0%的磷肥，但增加了 13.7%的钾肥。夏玉米 NE 处理的 N、P_2O_5 和 K_2O 施用量范围为 111～182kg/hm^2、56～79kg/hm^2 和 55～105kg/hm^2，平均值分别为 176kg/hm^2、71kg/hm^2 和 83kg/hm^2；FP 处理的 N、P_2O_5 和 K_2O 施用量范围为 180～455kg/hm^2、0～113kg/hm^2 和 0～158kg/hm^2，平均值分别为 292kg/hm^2、36kg/hm^2 和 44kg/hm^2；NE 处理与 FP 处理相比，氮肥降低了 116kg/hm^2，降幅达到了 39.8%，而磷肥和钾肥分别增加了 36kg/hm^2 和 38kg/hm^2。春玉米种植区的农民出现了重氮磷肥、轻钾肥的现象，而夏玉米种植区大多数农民只注重氮肥施用，磷肥和钾肥施用量很少或者不施。

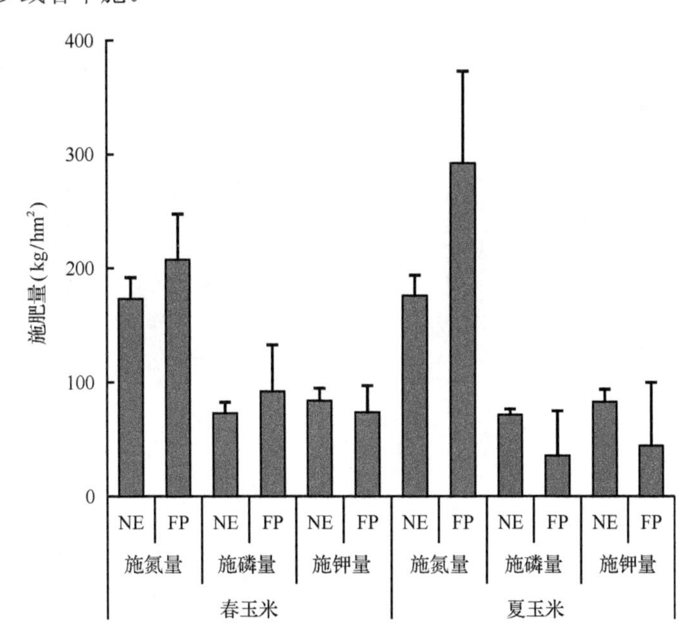

图 6-47　养分专家系统和农民习惯施肥的施肥量比较(2012～2014 年)

就三年定位试验的平均施肥量而言，玉米养分专家系统降低了氮肥施用量，平衡了磷肥和钾肥施用。NE 处理与 FP 处理相比，氮肥减少了 6.6kg/hm^2，降低了 27.5%；钾肥用量增加了 21kg/hm^2，而平均磷肥用量基本相同(相差 2kg/hm^2)。

玉米养分专家系统中的平衡施肥不仅增加了产量和经济效益，还对肥料利用率有显著的提高效果。平衡施用磷肥和钾肥对于维持土壤肥力是非常重要的，而在河北三年的定位试验中，2012 年和 2013 年的 10 户试验中有 8 户农户不施磷肥和钾肥，因此对 NE 处理和 FP 处理的磷肥、钾肥利用率进行比较时，只对春玉米的结果进行了比较分析(图 6-48D～F)。

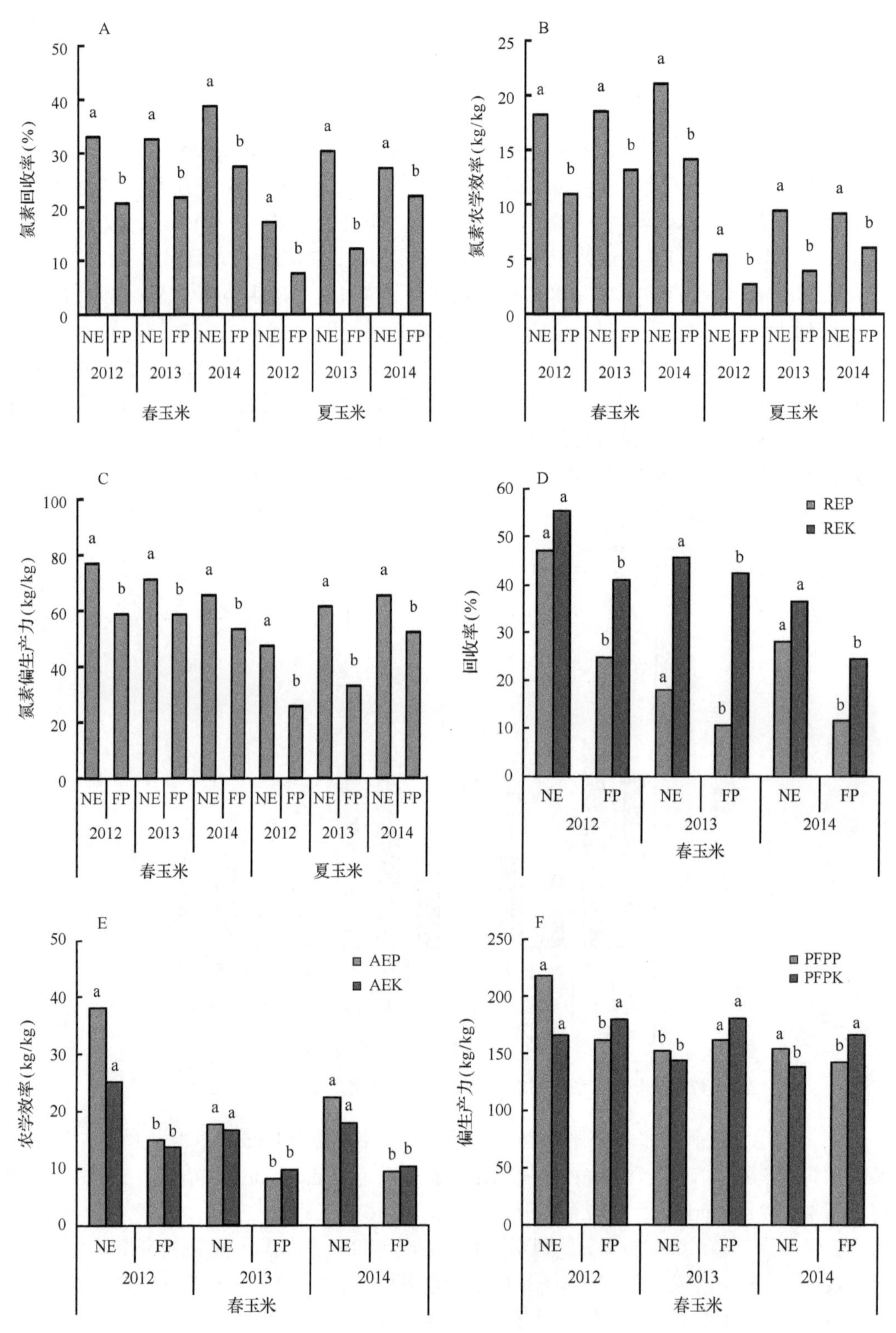

图 6-48　养分专家系统和农民习惯施肥的肥料利用率比较(2012～2014 年)

不同字母表示不同处理间差异显著($P<0.05$)

三年定位试验氮肥利用率结果显示，春玉米和夏玉米 NE 处理的 REN 三年试验都显著高于 FP 处理(图 6-48A)，2012 年、2013 年和 2014 年春玉米 REN 分别增加了 12.3 个百分点、10.8 个百分点和 11.2 个百分点；夏玉米分别增加了 9.6 个百分点、18.2 个百分点和 5.2 个百分点；三年平均的 REN 春玉米和夏玉米分别增加了 11.5 个百分点和 11.2 个百分点。对于 AEN(图 6-48B)，三年试验 NE 处理都显著高于 FP 处理，与 FP 处理相比，春玉米 NE 处理的 AEN 在 2012、2013 和 2014 年分别增加了 7.3kg/kg、5.4kg/kg 和 6.9kg/kg，而夏玉米分别增加了 2.7kg/kg、5.5kg/kg 和 3.1kg/kg；三年平均的 AEN 春玉米和夏玉米分别增加了 6.5kg/kg 和 3.9kg/kg。三年试验 NE 处理的 PFPN 同样都显著地高于 FP 处理(图 6-48C)，与 FP 处理相比，春玉米 NE 处理的 PFPN 在 2012、2013 和 2014 年分别增加了 18.2kg/kg、12.7kg/kg 和 12.3kg/kg，而夏玉米分别增加了 21.6kg/kg、28.3kg/kg 和 13.2kg/kg；春玉米和夏玉米三年平均 PFPN 分别增加了 14.4kg/kg 和 21.2kg/kg。在布置试验的过程中，农民逐渐意识到过量施肥并不能带来高产，因此在 2014 年试验中夏玉米 FP 处理由 2012 年和 2013 年的 300kg/hm^2 左右降到 2014 年的 200kg/hm^2 左右，这使得 FP 处理 2014 年的 AEN、REN 和 PFPN 显著地高于前两年，但与 NE 处理相比仍存在一定差距。

对春玉米三年磷肥和钾肥的利用率进行分析得出，NE 处理的 REP 和 REK 显著高于 FP 处理(图 6-48D)。2012 年、2013 年和 2014 年 NE 处理的 REP 比 FP 处理分别增加了 22.3 个百分点、6.6 个百分点和 16.6 个百分点，而 REK 分别增加了 14.3 个百分点、3.4 个百分点和 12.0 个百分点，三年平均 REP 和 REK 分别增加了 15.2 个百分点和 9.9 个百分点。与 FP 处理相比，NE 处理显著提高了 AEP 和 AEK(图 6-48E)，三年 AEP 分别增加了 23.3kg/kg、9.4kg/kg 和 13.0kg/kg，AEK 分别增加了 11.5kg/kg、6.9kg/kg 和 7.7kg/kg，三年平均 AEP 和 AEK 分别增加了 15.3kg/kg 和 8.7kg/kg。与 FP 处理相比，2012 年和 2014 年 NE 处理显著提高了 PFPP(图 6-48F)，分别增加了 56.4kg/kg 和 11.4kg/kg，而 2013 年 FP 处理的 PFPP 显著高于 NE 处理，这是因为 2013 年黑龙江省试验中的农户施磷量较低，范围为 38～68kg/hm^2。与 2012 相比，NE 处理在 2013 年提高了磷肥用量，导致了 FP 处理的 PFPP 较高。2013 年和 2014 年 FP 处理的 PFPK 显著高于 NE 处理，2012 年无显著差异。NE 处理三年的 PFPK 都要低于 FP 处理，三年平均低 24.4kg/kg，这主要是由于 NE 处理的施钾量高于 FP 处理，高 13.7%。过量的氮肥和磷肥施用是导致 FP 处理 N 和 P 利用率低的主要原因，较低的钾肥施用虽然提高了 FP 处理的 PFPK，但并没有提高 AEK 和 REK，如果钾肥施用长期维持在一个较低的水平(如最低施钾量仅有 38kg/hm^2)，加之秸秆不还田(秸秆是东北地区许多农户冬季取暖的主要材料)，每年会导致 80～100kg/hm^2 的消耗，就会降低土壤肥力，导致耕地质量下降。

玉米养分专家系统中的平衡施肥降低了氮肥施用量，平衡了磷肥和钾肥施用，提高了作物地上部作物养分吸收，NE 处理比 FP 处理地上部 N、P 和 K 养分吸收分别增加了 5.8%、8.4%和 7.2%，也是提高肥料利用率的原因之一。三年所有定位试验 NE 处理的平均 REN、AEN 和 PFPN 比 FP 处理分别增加了 11.3 个百分点、5.4kg/kg 和 17.0kg/kg。对于三年 P 和 K 的利用率而言(所有春玉米数据+含有施 P 和 K 的夏玉米数据)，NE 处理三年平均的 REP 和 AEP 比 FP 处理增幅分别为 7.6 个百分点和 9.3kg/kg，而 REK 和 AEK

增幅分别为 7.7 个百分点和 4.8kg/kg。

3. 氮素表观损失

氮素表观损失的计算公式：氮素表观损失=施氮量+土壤起始氮+土壤氮素净矿化–作物地上部吸氮量–收获后土壤残留氮。土壤氮矿化量=不施氮小区地上部吸氮量+不施氮小区土壤氮残留–不施氮小区起始氮。2012 年当季氮素表观损失试验结果显示(表 6-35)，NE 处理与 FP 处理相比，显著增加了玉米产量，这意味着在当前情况下降低氮肥用量不仅没有减产，还可以增加产量。然而，当施氮量超过优化施氮量时氮素表观损失随着施氮量的增加而显著增加，预示着高的环境风险。对夏玉米而言，NE 处理(179.3kg/hm^2)的施氮量比 FP 处理(239.2kg/hm^2)低 59.9kg/hm^2，但是氮素吸收 NE 处理(226.5kg/hm^2)比 FP 处理(212.5kg/hm^2)高 14.0kg/hm^2；NE 处理和 FP 处理播前土壤残留 N 分别为 209.7kg/hm^2 和 207.6kg/hm^2，而收获后的土壤氮素残留分别为 226.1kg/hm^2 和 268.4kg/hm^2；但氮素表观损失 NE 处理(85.6kg/hm^2)比 FP 处理(107.1kg/hm^2)低 21.5kg/hm^2。对春玉米而言，施氮量 NE 处理(161.5kg/hm^2)比 FP 处理(218.4kg/hm^2)低 56.9kg/hm^2，但是地上部氮素吸收 NE 处理(201.8kg/hm^2)比 FP 处理(187.7kg/hm^2)高 14.1kg/hm^2；收获后的土壤残留氮 NE 处理(126.1kg/hm^2)和 FP 处理(147.6kg/hm^2)都低于播前土壤起始 N(166.9kg/hm^2)，但 NE 处理和 FP 处理仍然有相当数量的氮素表观损失，分别为 70.4kg/hm^2 和 123.7kg/hm^2。基于 NE 处理的推荐施肥与 FP 处理相比氮肥降低了 68kg/hm^2(30.4%)，氮素表观损失降低了 35.6kg/hm^2，但维持了较高的产量和经济效益，对于节约氮肥和降低氮素损失具有突出贡献。因此，养分专家系统与农民习惯措施相比具有很大优势，起到了增产、增收和增效的作用。

表 6-35 养分专家系统与农民习惯措施氮素平衡比较(2012 年)

参数	夏玉米(n≈33)		春玉米(n≈62)	
	NE	FP	NE	FP
初始氮(kg/hm^2)	209.7	207.6	166.9	166.9
矿化氮(kg/hm^2)	139.1	141.2	73.6	73.6
施氮量(kg/hm^2)	179.3	239.2	161.5	218.4
氮素吸收(kg/hm^2)	226.5	212.5	201.8	187.7
氮素残留(kg/hm^2)	226.1	268.4	126.1	147.6
氮素损失(kg/hm^2)	85.6	107.1	74.0	123.7
籽粒产量(t/hm^2)	10.4	10.3	12.2	11.5

以春玉米为例研究了玉米养分专家系统的长期环境效益(表 6-36)。三年试验结果显示，NE 处理比 FP 处理三年共少施 102.8kg/hm^2，但地上部氮素吸收却增加了 38.7kg/hm^2。NE 处理显著降低了土壤氮素残留，在 2014 年收获时 0～90cm 土壤硝态氮和铵态氮累积量为 86.2kg/hm^2，而 FP 处理的则为 149.2kg/hm^2，对不同土壤剖面的土壤硝态氮和铵态氮累积量的研究显示，有 57.5%的氮素残留位于 30cm 以下，而如今中国东北玉米种植区的土壤耕层一般都低于 30cm，这部分养分容易淋洗到更深层、作物根系达不到的土壤或

地下水中，造成环境污染。氮素表观损失NE处理比FP处理低78.5kg/hm^2。虽然NE处理施氮量与作物氮吸收量之差表现为负值，即三年总和表现为负平衡，为–49.5kg/hm^2，较高的土壤氮素矿化使得氮素供应远远超过作物需求，如果加上大气干湿沉降等环境带入的养分，NE处理现有的施肥量足够可以维持土壤平衡和保持高产。FP处理的施氮量比作物氮素吸收量高92.0kg/hm^2，超出了17.3%，较高的氮肥用量导致了FP处理氮素残留比NE处理高63.0kg/hm^2，三年总的氮素表观损失FP处理比NE处理高78.5kg/hm^2。NE处理的三年平均产量达到了12.3t/hm^2，比FP处理平均高0.9t/hm^2，说明养分专家系统具有显著的长期效益。

表6-36　养分专家系统与农民习惯措施氮素平衡比较(2012～2014年)

参数	处理		
	NE	FP	NE–FP
初始氮(kg/hm^2)	176.8	176.8	—
矿化氮(kg/hm^2)	275.7	275.7	—
施氮量(kg/hm^2)	519.2	622.0	–102.8
氮素吸收(kg/hm^2)	568.7	530.0	38.7
氮素残留(kg/hm^2)	86.2	149.2	–63.0
氮素损失(kg/hm^2)	316.8	395.3	–78.5
籽粒产量(t/hm^2)	12.3	11.4	0.9

4. 与测土施肥的比较优势

在同一个试验中，当OPTS处理的施肥量与NE处理相同或相近时，不设置OPTS处理，因此当对NE和OPTS两个处理进行比较时，选择试验中同时具有NE和OPTS两个处理的试验进行比较，从产量、经济和农学效益等方面对NE和OPTS处理进行单独比较。对2010～2014年共计391个田间试验同时进行这两个处理，OPTS处理的施肥量见表6-37。

表6-37　养分专家系统(NE)与测土推荐施肥(OPTS)比较(2010～2014年)

处理	施肥量(kg/hm^2)			产量(t/hm^2)	经济效益(元/hm^2)	氮素利用率		
	N	P_2O_5	K_2O			REN(%)	AEN(kg/kg)	PFPN(kg/kg)
OPTS	200	56	74	10.3	18 980	23.0	10.4	53.0
NE	158	52	68	10.3	19 308	29.1	12.9	65.9
NE–OPTS	–42	–4	–6	0.0	328	6.1	2.5	12.9
NE–OPTS(%)	–21.0	–7.1	–8.1	0.0	1.7	26.5	24.0	24.3

注：NE–OPTS(%)表示NE与OPTS处理相比增加或减少的百分数

对同时具有NE处理和OPTS处理的试验进行比较得出(表6-37)，与OPTS处理相比，NE处理N、P_2O_5和K_2O的施用量分别低42kg/hm^2、4kg/hm^{2}和6kg/hm^2，分别降低了21.0%、7.1%和8.1%。二者的产量相同，都为10.3t/hm^2，但NE处理的经济效益比

OPTS 处理高 328 元/hm^2，这部分增加的效益是由于 NE 处理降低了施肥量。由于两个处理磷肥和钾肥施用量相差不大且产量相同，因此其磷肥和钾肥的利用率没有显著差异，但 NE 处理比 OPTS 处理显著提高了氮素利用效率，REN、AEN 和 PFPN 分别增加了 6.0 个百分点、2.5kg/kg 和 12.9kg/kg。NE 处理与 OPTS 处理相比，在确保产量的前提下，增加了经济效益和氮素回收率，省去了测土施肥中土壤样品采集和土壤养分测试程序，节省了人力、物力和财力。但判断土壤中微量元素是否缺乏时仍需要借助土壤测试结果进行确定。

6.3 小麦基于产量反应和农学效率的养分推荐方法

6.3.1 小麦养分推荐原理与研究方法

同 6.1.1 部分。

6.3.2 小麦养分吸收特征参数

收集 2000～2015 年小麦田间试验数据，包括小麦产量，地上部 N、P、K 养分吸收，收获指数，以及肥料施用量等参数数据，数据来自于公开发表的文献及国际植物营养研究所中国项目部数据库，主要包括华北、长江中下游、西南、东北和西北地区，基本覆盖全国的小麦(冬小麦和春小麦)种植区域，共计收集了 5439 个田间试验。具体的试验处理包括在不同土壤类型和气候条件下的农民习惯施肥处理(farmers' practices，FP)、优化养分管理处理(optimal practice treatment，OPT)、减素试验、长期定位试验及肥料量级试验等。所收集数据的主要土壤类型、土壤基础理化特征及数据点分布(至少含有三大营养元素之一)见表 6-38。根据小麦种植区域分布特征、轮作制度和数据分布，在分析产量差、产量反应和肥料利用率过程中将数据按照区域分布分为华北地区、南部地区(包括长江中下游和西南地区)及西北部地区(包括东北地区和西北地区)。

表 6-38 小麦主产区试验点土壤特征

区域	省区市	土壤类型	pH	有机质(g/kg)	碱解氮(mg/kg)	速效磷(mg/kg)	速效钾(mg/kg)	样本数
华北	河北	褐土、潮土	6.5～8.9	4.1～42.3	20.0～151.1	4.3～79.8	52.1～285.8	1053
	河南	褐土、潮土、砂姜黑土	4.8～8.7	2.1～36.0	31.2～196.4	2.9～97.0	21.3～297.0	1523
	山西	褐土、潮土、草甸土	6.9～8.6	2.6～30.1	20.7～157.0	3.4～76.1	69.7～372.0	822
	山东	褐土、潮土、棕壤	4.6～8.9	4.3～33.8	23.0～190.0	5.4～96.5	32.0～280.0	1276
	北京	潮土	6.4～8.6	9.2～43.0	48.2～142.0	5.2～49.9	52.0～238.0	35
	天津	潮土	8.0～8.8	9.6～18.6	39.4～92.6	9.4～48.5	105.2～215.5	—
长江中下游	江苏	黄棕壤、水稻土、潮土	4.6～8.5	5.6～46.3	30.5～234.0	2.2～98.8	23.8～275.0	391
	湖北	黄棕壤、水稻土	4.8～8.3	11.0～29.5	42.0～127.7	6.4～34.8	51.1～177.5	266
	安徽	黄棕壤、水稻土、砂姜黑土	4.1～8.4	4.0～28.4	21.0～171.0	5.0～77.5	40.4～270.1	112
	湖南	红壤	5.7～6.1	11.3～22.9	50.0	12.0	245.0	—
	上海	潮土	6.1～7.9	10.8～27.9	34.5～134.0	9.4～61.1	62.0～217.0	—
	浙江	水稻土	4.4～8.1	10.8～47.5	122.1～252.9	5.0～28.9	20.0～292.0	8

续表

区域	省区市	土壤类型	pH	有机质 (g/kg)	碱解氮 (mg/kg)	速效磷 (mg/kg)	速效钾 (mg/kg)	样本数
西北	陕西	塿土、黑垆土、褐土	7.0～8.6	7.3～52.8	11.5～164.9	2.2～79.4	65.7～365.8	223
	宁夏	灌淤土	6.9～8.6	1.7～19.4	20.7～141.0	2.4～92.0	84.8～381.0	65
	甘肃	灰钙土、灌漠土	6.9～9.2	6.7～33.9	26.0～280.0	5.3～86.0	78.0～327.0	122
	新疆	潮土、黑钙土、灰漠土	7.3～8.7	6.6～51.8	25.6～292.6	2.5～53.9	77.0～444.0	6
	青海	黑钙土、栗钙土	7.1～8.6	10.9～40.0	75.0～126.0	3.0～65.1	69.0～291.0	115
	内蒙古	黑钙土	7.1～8.5	10.0～27.2	34.5～191.0	3.2～63.2	72.2～174.0	—
西南	四川	潮土、红壤、水稻土	5.6～8.2	4.2～48.6	13.4～225.0	3.0～62.4	31.3～133.0	128
	云南	红壤、水稻土	4.7～7.6	28.4～50.3	90.3～178.5	7.0～82.2	62.0～187.4	16
	贵州	黄壤土	6.1～7.6	3.8～32.0	53.0～195.7	7.2～25.3	44.5～150.0	—
	重庆	黄壤土、水稻土、紫色土	6.5～7.7	13.2～31.2	111.0～145.0	4.3～26.4	88.2～206.0	44
东北	辽宁	黑土	5.8～7.3	8.1～11.9	90.1～101.4	18.2～20.4	68.1～99.4	—
	黑龙江	棕壤、黑土	5.3～7.3	21.3～59.5	83.2～218.3	10.4～135.0	66.5～300.0	4

注：样品数量为含有三大营养元素之一的样本个数

1. 小麦养分吸收特征

(1)养分含量与吸收量

小麦籽粒部位 N、P 和 K 养分含量平均分别为 21.6g/kg、4.5g/kg 和 4.1g/kg，变化范围分别为 8.5～34.0g/kg、1.1～11.2g/kg 和 1.2～23.4g/kg。秸秆部位 N、P 和 K 养分含量平均为 5.8g/kg、1.0g/kg 和 18.8g/kg，变化范围分别为 1.4～16.1g/kg、0.1～3.3g/kg 和 3.6～46.9g/kg(表 6-39)。地上部 N、P 和 K 养分吸收量平均值分别为 177.4kg/hm^2、34.3kg/hm^2 和 159.0kg/hm^2，其变化范围分别为 17.1～375.0kg/hm^2、1.8～98.0kg/hm^2 和 9.9～433.1kg/hm^2。籽粒部位 N、P 和 K 养分吸收量分别为 131.9kg/hm^2、27.5kg/hm^2 和 24.7kg/hm^2，变化范围分别为 11.4～293.5kg/hm^2、1.6～81.1kg/hm^2 和 2.0～71.9kg/hm^2。秸秆部位 N、P 和 K 养分吸收量分别为 42.2kg/hm^2、6.9kg/hm^2 和 134.7kg/hm^2，变化范围分别为 2.9～157.0kg/hm^2、0.1～44.9kg/hm^2 和 6.8～392.5kg/hm^2。N、P 和 K 养分的收获指数(NHI、PHI 和 KHI)分别为 0.76kg/kg、0.81kg/kg 和 0.17kg/kg，这表明地上部累积的 N 和 P 约有 76%和 81%转移到籽粒中，而约有 83%的 K 累积在秸秆中。因此，籽粒是地上部 N 和 P 养分的主要储存器官，而秸秆是 K 养分的主要储存器官。研究籽粒中的养分移走量有助于确定一定目标产量下的 P 和 K 肥施用量，即考虑土壤中 P 和 K 的持续供应能力，将籽粒收获带走的养分重新归还土壤。

表 6-39　小麦养分吸收特征

参数	单位	样本数	平均值	标准差	最小值	25th	中值	75th	最大值
产量	t/hm^2	6236	6.5	1.9	0.6	5.3	6.7	7.8	13.1
收获指数	kg/kg	4755	0.46	0.05	0.22	0.43	0.46	0.49	0.80
籽粒 N 吸收量	kg/hm^2	4889	131.9	45.6	11.4	101.4	133.5	159.8	293.5
籽粒 P 吸收量	kg/hm^2	3690	27.5	13.1	1.6	18.8	24.4	35.8	81.1

续表

参数	单位	样本数	平均值	标准差	最小值	25th	中值	75th	最大值
籽粒 K 吸收量	kg/hm^2	3789	24.7	10.5	2.0	17.4	23.0	30.9	71.9
秸秆 N 吸收量	kg/hm^2	4786	42.2	19.3	2.9	28.7	40.0	53.2	157.0
秸秆 P 吸收量	kg/hm^2	3665	6.9	5.4	0.1	3.1	4.9	9.8	44.9
秸秆 K 吸收量	kg/hm^2	3766	134.7	66.1	6.8	88.6	131.0	172.5	392.5
籽粒 N 含量	g/kg	4461	21.6	3.5	8.5	19.6	21.7	23.6	34.0
籽粒 P 含量	g/kg	3626	4.5	1.8	1.1	3.3	3.8	5.9	11.2
籽粒 K 含量	g/kg	3663	4.1	1.3	1.2	3.1	4.0	4.9	23.4
秸秆 N 含量	g/kg	4336	5.8	1.8	1.4	4.6	5.6	6.7	16.1
秸秆 P 含量	g/kg	3591	1.0	0.6	0.1	0.4	0.7	1.4	3.3
秸秆 K 含量	g/kg	3628	18.8	7.7	3.6	14.3	18.0	22.9	46.9
地上部 N 吸收量	kg/hm^2	5868	177.4	61.2	17.1	136.3	178.3	215.6	375.0
地上部 P 吸收量	kg/hm^2	3903	34.3	16.8	1.8	22.6	29.8	45.0	98.0
地上部 K 吸收量	kg/hm^2	4009	159.0	72.0	9.9	107.9	153.8	198.8	433.1
N 收获指数	kg/kg	4831	0.76	0.07	0.35	0.72	0.77	0.80	0.98
P 收获指数	kg/kg	3665	0.81	0.09	0.32	0.75	0.82	0.88	0.97
K 收获指数	kg/kg	3766	0.17	0.09	0.04	0.12	0.15	0.20	0.56

(2)养分内在效率与吨粮养分吸收

汇总所有小麦的养分内在效率和吨粮养分吸收数据(表 6-40)，结果显示，氮、磷和钾养分内在效率平均分别为 38.4kg/kg、225.9kg/kg 和 47.8kg/kg，变化范围分别为 18.0～80.5kg/kg、76.3～713.1kg/kg 和 11.5～182.4kg/kg；生产 1t 籽粒产量平均需要 27.0kg N、5.1kg P 和 23.7kg K，氮磷钾比例为 5.29∶1∶4.65。数据中较高的养分内在效率数值主要来自于不施 N、P 或 K 肥的减素小区。

表 6-40　中国小麦氮、磷和钾养分内在效率和吨粮养分吸收

样本	参数	样本数	均值	标准差	最小值	25th	中值	75th	最大值
所有样本	IE-N	5868	38.4	7.2	18.0	33.4	37.8	42.7	80.5
	IE-P	3903	225.9	83.2	76.3	151.5	229.6	281.5	713.1
	IE-K	4009	47.8	18.6	11.5	36.7	44.2	52.7	182.4
	RIE-N	5868	27.0	5.0	12.4	23.4	26.5	29.9	55.5
	RIE-P	3903	5.1	2.1	1.4	3.6	4.4	6.6	13.1
	RIE-K	4009	23.7	8.4	5.5	19.0	22.6	27.3	87.3

注：IE-N、IE-P 和 IE-K 分别表示 N、P 和 K 的养分内在效率，RIE-N、RIE-P 和 RIE-K 分别表示生产 1t 籽粒产量所需要的 N、P 和 K 养分吸收量

2. 小麦养分最佳需求量估算

(1)养分最大累积和最大稀释参数确定

估算最佳养分吸收，要求作物的收获指数在合理范围之内。小麦收获指数范围处于

0.22～0.80kg/kg，平均收获指数为 0.46kg/kg。小麦籽粒产量和收获指数的相互关系，以及收获指数整体分布情况见图 6-49，整个汇总数据库中约有 92.2%的数据 HI≥0.40kg/kg。

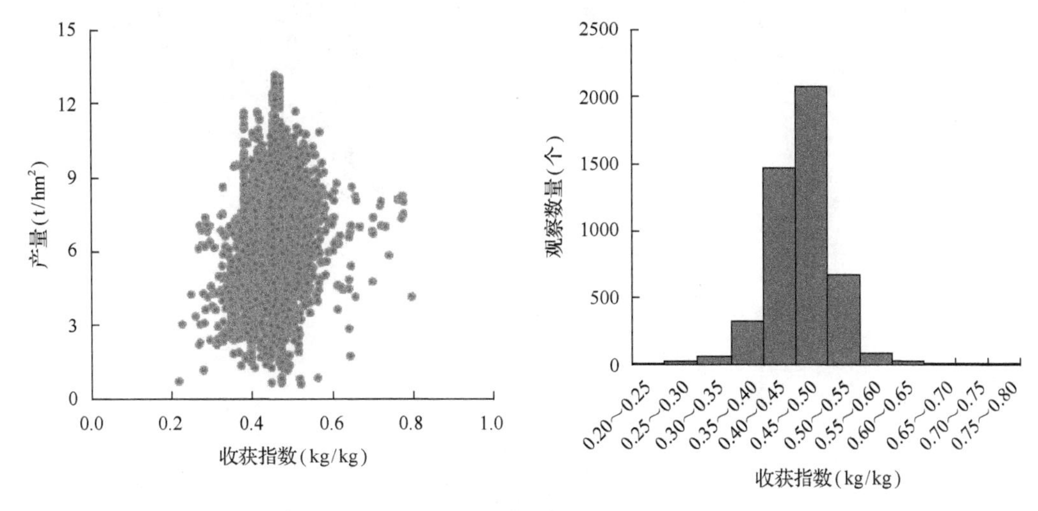

图 6-49　中国小麦收获指数分布

去除了 HI＜0.40kg/kg 的数据，小麦地上部干物质 N、P 和 K 养分吸收的最大累积和最大稀释状态参数见表 6-41。

表 6-41　小麦地上部养分最大累积(*a*)和最大稀释边界(*d*)参数　(单位：kg/kg)

养分	参数Ⅰ		参数Ⅱ		参数Ⅲ	
	a(2.5th)	*d*(97.5th)	*a*(5.0th)	*d*(95th)	*a*(7.5th)	*d*(92.5th)
N	26	54	28	51	29	49
P	100	394	110	356	118	343
K	24	100	26	92	28	82

选用去除养分内在效率上下限 2.5th 对应的 *a* 和 *d* 值来预估一定目标产量下的最佳养分需求。此时得出的 N、P 和 K 养分的 *a* 和 *d* 值分别为 26kg/kg 和 54kg/kg，100kg/kg 和 394kg/kg，24kg/kg 和 100kg/kg。

(2) 地上部养分最佳需求量估算

利用去除养分内在效率数值上下限 2.5th 所对应的 *a* 和 *d* 值参数，应用 QUEFTS 模型对养分吸收进行模拟(潜在产量 6～16t)，得出 QUEFTS 模型模拟的小麦氮磷钾养分的最佳需求量呈线性-抛物线-平台曲线关系(图 6-50)。利用 QUEFTS 模型拟合的直线部分，即目标产量达到产量潜力的 60%～70%时，生产 1000kg 小麦籽粒产量所需要的 N、P 和 K 养分需求量是一定的，分别为 25.4kg、4.8kg 和 19.5kg(表 6-42)，N、P、K 吸收比例为 5.29∶1∶4.06，此时对应的最佳养分内在效率分别为 39.4kg/kg、208.9kg/kg 和 51.4kg/kg。

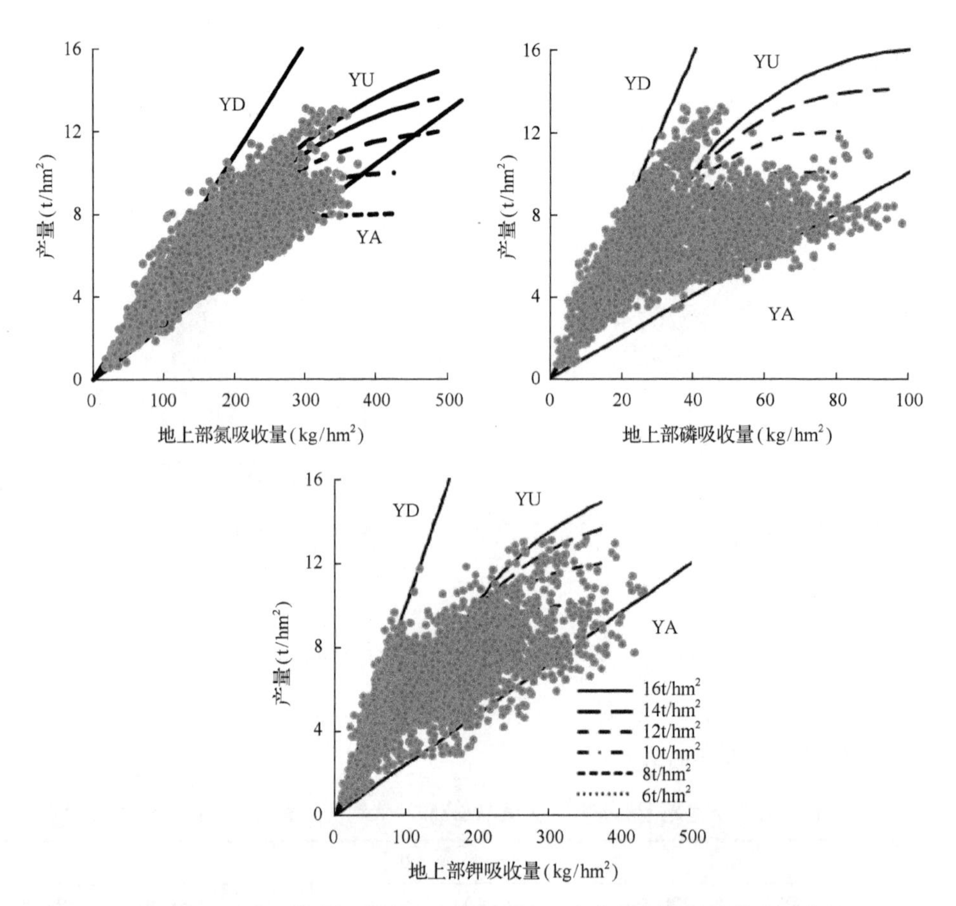

图 6-50　QUEFTS 模型拟合的不同产量潜力下小麦地上部最佳养分吸收量

YA、YD 和 YU 分别为地上部养分最大累积边界、最大稀释边界和最佳养分吸收曲线

表 6-42　QUEFTS 模型拟合的不同目标产量下小麦地上部 N、P 和 K 的最佳养分需求量、最佳养分内在效率和吨粮养分吸收

产量(kg/hm²)	养分需求量(kg/hm²)			养分内在效率(kg/kg)			吨粮养分吸收(kg/t)		
	N	P	K	N	P	K	N	P	K
0	0.0	0.0	0.0	0.0	0.0	0.0	0.0	0.0	0.0
1 000	25.4	4.8	19.5	39.4	208.9	51.4	25.4	4.8	19.5
2 000	50.7	9.6	38.9	39.4	208.9	51.4	25.4	4.8	19.5
3 000	76.1	14.4	58.4	39.4	208.9	51.4	25.4	4.8	19.5
4 000	101.4	19.1	77.8	39.4	208.9	51.4	25.4	4.8	19.5
5 000	126.8	23.9	97.3	39.4	208.9	51.4	25.4	4.8	19.5
6 000	152.1	28.7	116.7	39.4	208.9	51.4	25.4	4.8	19.5
7 000	177.5	33.5	136.2	39.4	208.9	51.4	25.4	4.8	19.5
8 000	204.2	38.6	156.7	39.2	207.5	51.1	25.5	4.8	19.6
9 000	232.5	43.9	178.4	38.7	205.0	50.4	25.8	4.9	19.8
10 000	262.4	49.5	201.3	38.1	201.9	49.7	26.2	5.0	20.1
11 000	303.9	57.4	233.2	36.2	191.7	47.2	27.6	5.2	21.2
12 000	354.2	66.9	271.7	33.9	179.5	44.2	29.5	5.6	22.6
13 000	422.5	79.8	324.1	30.8	163.0	40.1	32.5	6.1	24.9
14 000	486.6	91.9	373.3	28.8	152.4	37.5	34.8	6.6	26.7

(3)籽粒养分最佳需求量估算

籽粒部分最佳养分移走量分析见图6-51。最佳养分移走量的估算有助于科学指导施肥，使籽粒收获所带走的养分以肥料形式重新归还土壤，避免土壤养分的耗竭，以保障农田的可持续利用。QUEFTS模型拟合籽粒养分移走量的 a 和 d 值，是由去除籽粒部位养分内在效率(籽粒吸收单位养分所对应的产量数值)上下限的2.5th(HI≥0.40)得出，籽粒养分吸收N、P和K的 a 和 d 值分别为36kg/kg和72kg/kg、119kg/kg和482kg/kg、155kg/kg和535kg/kg。

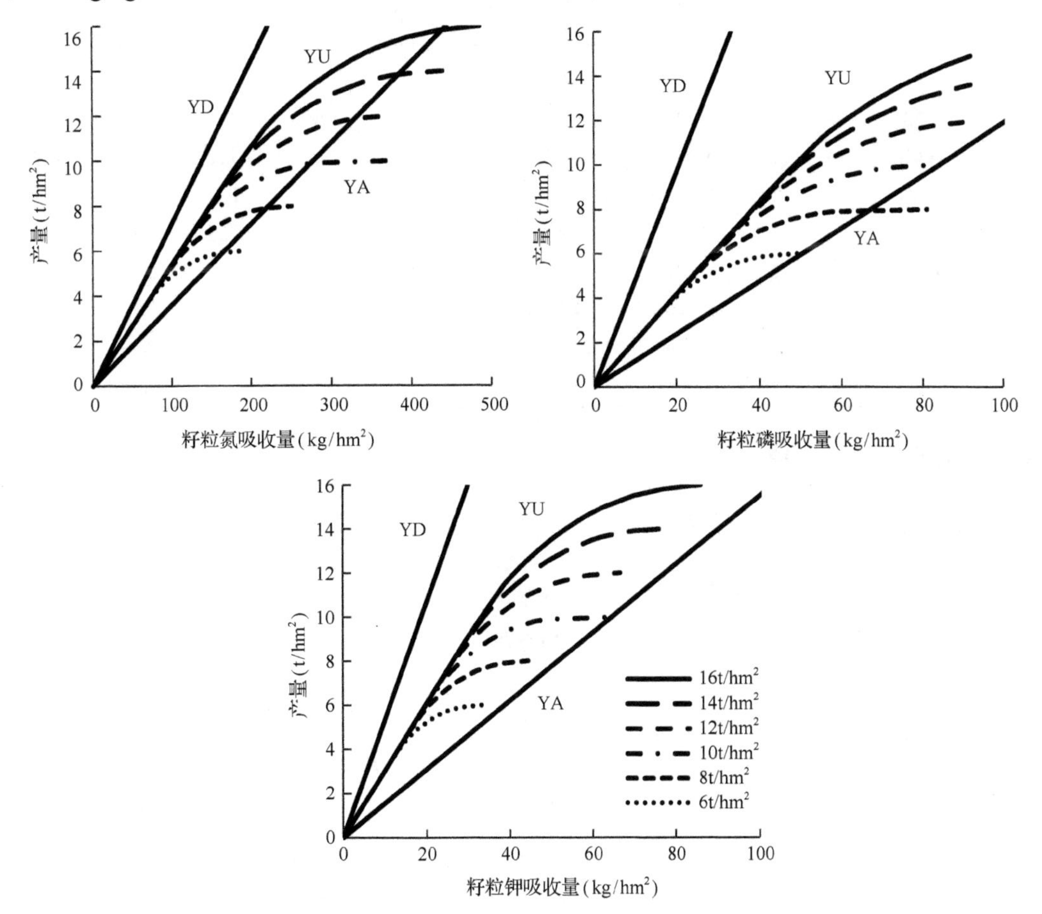

图6-51　QUEFTS模型拟合的不同产量潜力下小麦籽粒最佳养分移走量

YA、YD和YU分别为地上部养分最大累积边界、最大稀释边界和最佳养分吸收曲线

结果显示，籽粒最佳养分移走曲线与不同目标产量时地上部最佳养分吸收曲线非常类似，均呈线性-抛物线-平台曲线。无论产量潜力数值高低，在拟合曲线的直线部分，移走1t籽粒所带走的氮、磷和钾养分分别为18.6kg、4.0kg和3.3kg，籽粒部位的N、P、K比例为4.65∶1∶0.83。与模拟的地上部最佳养分需求量相比，约有73.2%、82.9%和16.9%的N、P、K储存在籽粒中并被移出土壤。当目标产量达到潜在产量的80%时，籽粒吸收的N、P和K占地上部养分吸收的比例分别为72.0%、81.5%和16.6%(表6-43)。这些数据可以为保持土壤肥力的推荐施肥方法提供理论依据。

表 6-43 QUEFTS 模型拟合的不同目标产量下小麦地上部最佳养分吸收量和籽粒养分移走量

籽粒产量(kg/hm²)	养分需求量(kg/hm²)			籽粒养分移走量(kg/hm²)			籽粒养分比例(%)		
	N	P	K	N	P	K	N	P	K
0	0.0	0.0	0.0	0.0	0.0	0.0	0	0	0
1 000	25.4	4.8	19.5	18.6	4.0	3.3	73.2	82.9	16.9
2 000	50.7	9.6	38.9	37.1	7.9	6.6	73.2	82.9	16.9
3 000	76.1	14.4	58.4	55.7	11.9	9.8	73.2	82.9	16.9
4 000	101.4	19.1	77.8	74.3	15.9	13.1	73.2	82.9	16.9
5 000	126.8	23.9	97.3	92.8	19.9	16.4	73.2	82.9	16.9
6 000	152.1	28.7	116.7	111.4	23.8	19.7	73.2	82.9	16.9
7 000	177.5	33.5	136.2	130.0	27.8	23.0	73.2	82.9	16.9
8 000	204.2	38.6	156.7	148.6	31.8	26.3	72.8	82.4	16.8
9 000	232.5	43.9	178.4	169.1	36.2	29.9	72.7	82.4	16.8
10 000	262.4	49.5	201.3	190.3	40.7	33.6	72.5	82.2	16.7
11 000	303.9	57.4	233.2	218.8	46.8	38.7	72.0	81.5	16.6
12 000	354.2	66.9	271.7	254.6	54.4	45.0	71.9	81.4	16.6
13 000	422.5	79.8	324.1	303.1	64.8	53.6	71.7	81.3	16.5
14 000	486.6	91.9	373.3	349.6	74.8	61.8	71.8	81.4	16.6

6.3.3 小麦养分推荐模型

1. 小麦可获得产量、产量差和产量反应

(1) 可获得产量与产量差

应用 Meta 分析方法比较分析不同地区小麦可获得产量(Ya)和农民实际产量(Yf)间的产量差，总体而言，Ya 和 Yf 分别为 7.0t/hm²(n≈5439)和 6.8t/hm²(n≈942)，产量差为 0.2t/hm²，但同时具有优化施肥处理和农民习惯施肥处理的试验得出的产量差为 0.5t/hm²，不同地区间的产量和产量差存在显著差异(表 6-44)。区域间的比较结果显示，华北地区的产量最高，Ya 和 Yf 分别为 7.4t/hm² 和 7.2t/hm²，然后依次为南部和西北地区。Meta 分析结果显示，Ya 显著高于 Yf(P=0.005)，所有数据点 Ya 比 Yf 平均高 0.5t/hm²。

表 6-44 不同地区小麦可获得产量、农民实际产量及其产量差

区域	可获得产量(t/hm²)			农民实际产量(t/hm²)			产量差(t/hm²)
	平均值	标准差	样本	平均值	标准差	样本	95%置信区间
华北	7.4	1.5	2999	7.2	1.6	608	0.2 (0.1，0.3)
南部	6.8	1.5	1521	6.3	1.4	233	0.5 (0.3，0.7)
西北	5.9	1.9	919	5.0	1.6	101	0.9 (0.6，1.2)
总体置信区间			5439			942	0.5 (0.2，0.9)
异质性				P=0.0002			
合并效应量				P=0.005			

三个区域 Ya 平均值均高于 Yf 平均值，华北、南部和西北地区的产量差分别达到了 0.2t/hm^2、0.5t/hm^2 和 0.9t/hm^2，这说明优化的养分管理措施可以提高产量。西北地区的 Ygf 最高，推测其原因可能是该地区水分比较缺乏，而优化养分管理措施中的水肥管理有助于提高 Ya，进而扩大产量差。

通过 Meta 分析不施肥处理的产量及其产量差(图 6-52)，总体而言，Yck 的平均产量为 4.7t/hm^2，平均的 Ygck 为 2.3t/hm^2，Yck 相当于 67%的 Ya 和 69%的 Yf。但不同区域间 Yck 有很大差异($P<0.000\,01$)，华北、南部和西北地区的 Yck 分别为 5.7t/hm^2、3.3t/hm^2 和 3.9t/hm^2，三个地区的 Ygck 分别为 1.8t/hm^2、3.5t/hm^2 和 2.0t/hm^2。

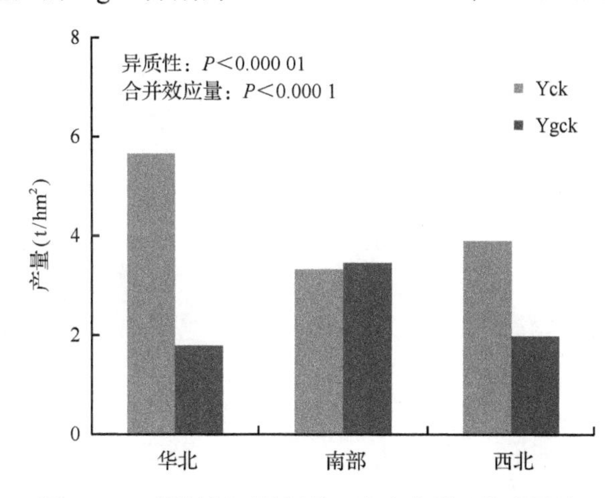

图 6-52　不同地区不施肥处理小麦产量及其产量差

(2) 相对产量和产量反应

分析小麦全部数据的 N、P 和 K 养分产量反应分布情况，结果显示，平均 YRN 为 2.0t/hm^2，全部数据中约有 77.9%($n\approx1833$)的样本产量反应低于 3t/hm^2。YRP 平均为 0.9t/hm^2，而 YRK 较小，平均为 0.7t/hm^2。全部试验中约有 66.7%($n\approx944$)的 YRP 及 78.3%($n\approx1293$)的 YRK 均在 1t/hm^2 以下。

相对产量分析结果显示(图 6-53)，N、P 和 K 的 RY 平均分别为 0.71、0.87 和 0.90。从收集的 RY 数据的频率分布得出，RYN 在各个数据区间都有分布，其中位于 0.60～1.00 的占到了全部观察数据的 70.4%($n\approx1833$)，而 P 和 K 的 RY 基本位于 0.80～1.00，分别占各自观测数据的 80.9%($n\approx944$)和 89.3%($n\approx1293$)。结合 N、P 和 K 的 RY 可以看出，氮是小麦获得高产的第一限制因子，磷次之，钾最小。

(3) 产量反应与相对产量的关系

氮、磷和钾 YR 与 RY 之间的关系如图 6-54 所示。结果显示，YR 与 RY 之间存在极显著的线性负相关关系，氮、磷和钾两者之间的相关系数(r^2)分别为 0.833、0.811 和 0.822。RY 越高，表明来自于土壤基础养分的供应能力越高，增施该养分的产量反应就越低，即随着 YR 的增加，RY 逐渐减小。

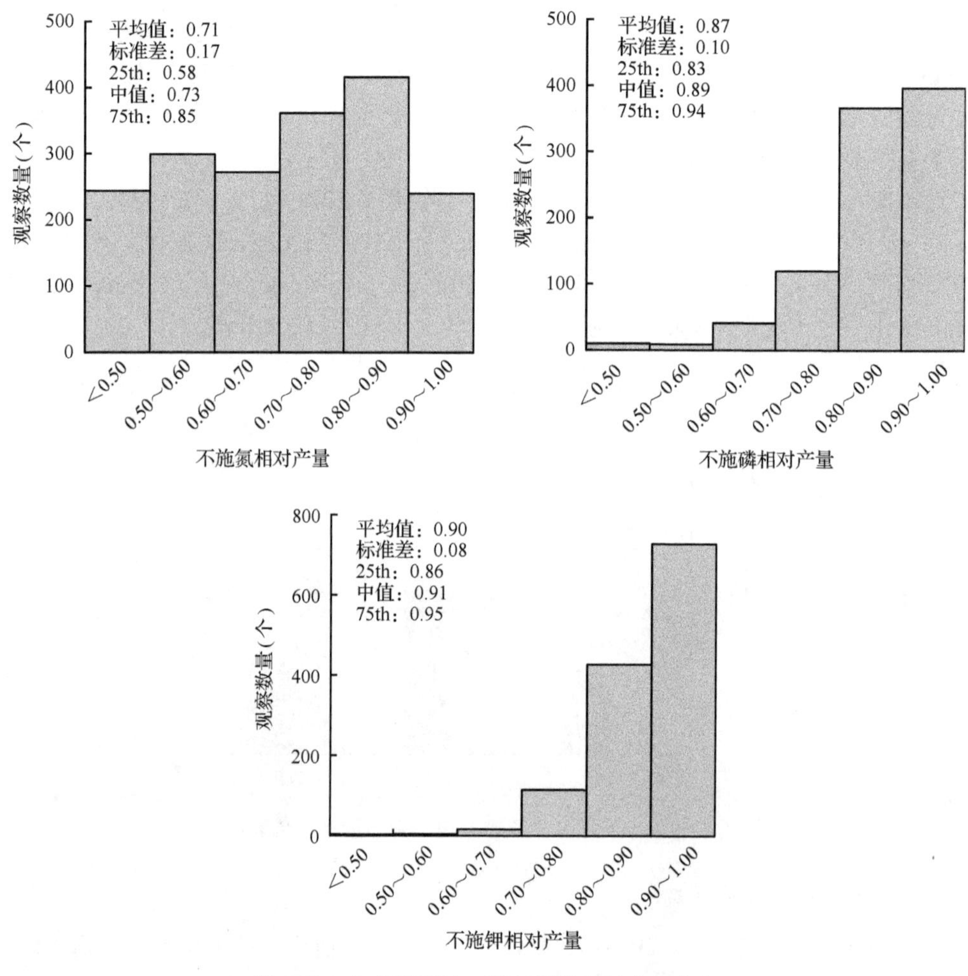

图 6-53　小麦不施氮、磷和钾肥相对产量分布

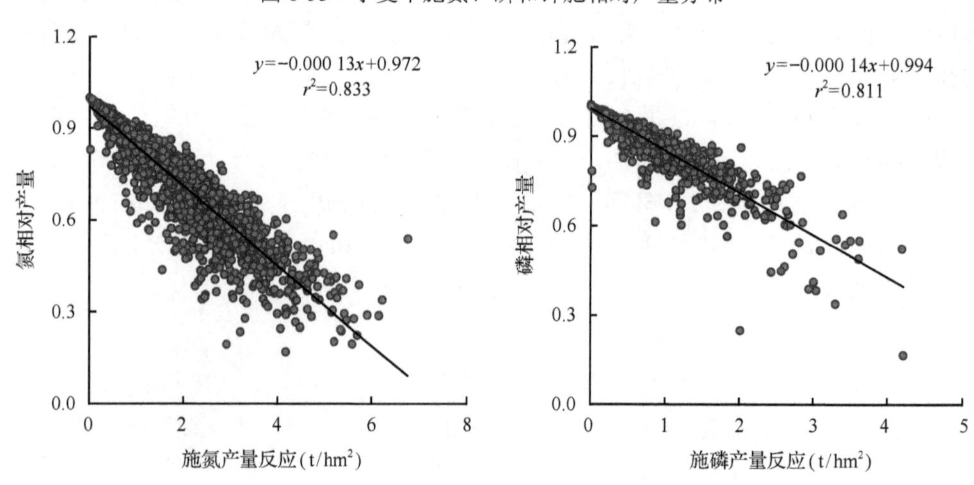

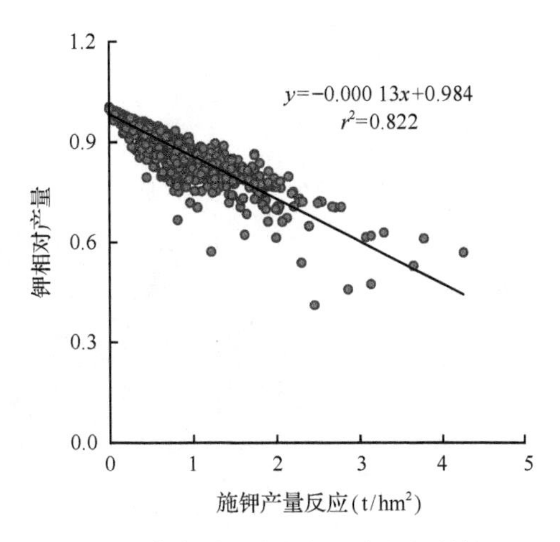

图 6-54 小麦产量反应与相对产量相关性

2. 小麦土壤基础养分供应、产量反应和农学效率的关系

(1) 土壤基础养分供应

土壤基础养分供应量结果显示(图 6-55)，土壤基础氮、磷和钾养分供应量平均分别为 141.1kg/hm^2、33.0kg/hm^2 和 154.4kg/hm^2。分析数据的分布情况得出，小麦季约有 75.4% 的 INS 大于 100kg/hm^2，而大于 150kg/hm^2 的占全部观察数据的 43.2%。IPS 中有 81.5% 的观察数据大于 20kg/hm^2，其中大于 40kg/hm^2 的占全部观察数据的 30.6%。对于 IKS 而言，有 77.6%的观察数据大于 100kg/hm^2，其中有 32.5%的观察数据大于 175kg/hm^2。

(2) 产量反应与土壤基础养分供应的相关关系

土壤基础 N 养分供应低、中、高级别所对应的相对产量参数分别为 0.58、0.73 和 0.85；土壤基础 P 养分供应低、中、高级别所对应的相对产量参数分别为 0.83、0.89 和 0.94；土壤基础 K 养分供应低、中、高所对应的相对产量参数分别为 0.86、0.91 和 0.95(图 6-56)。

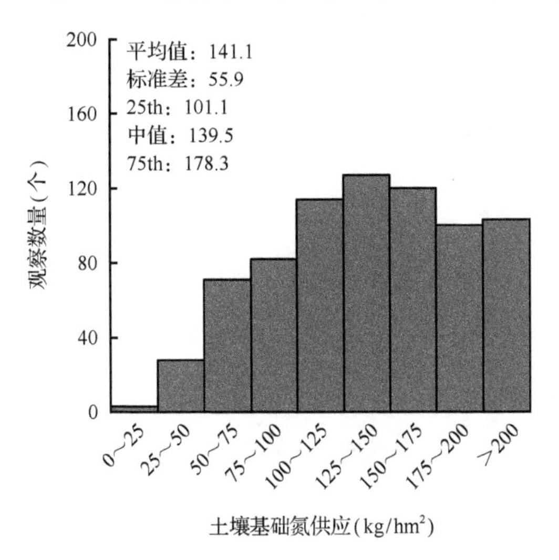

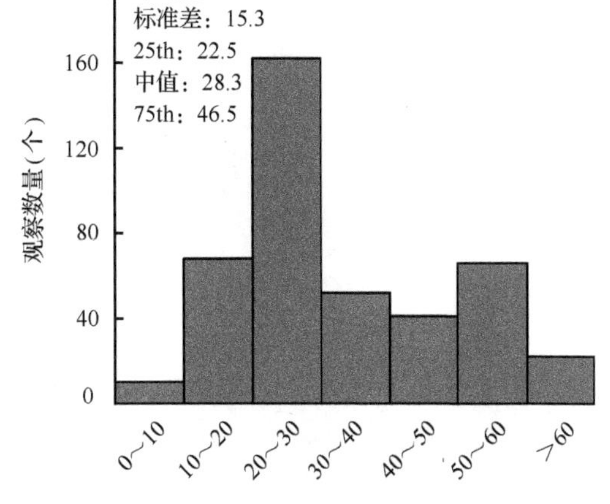

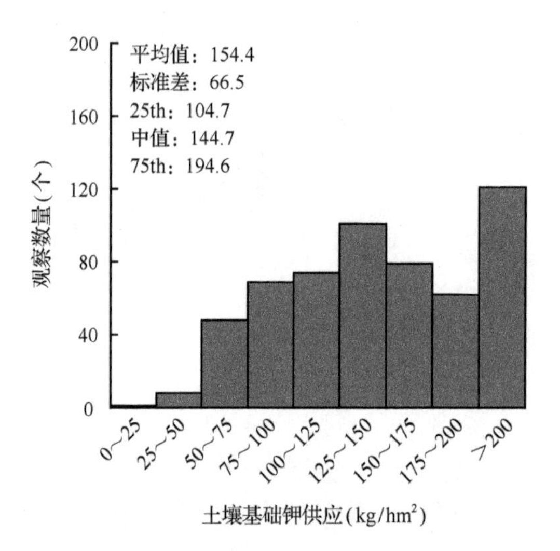

图 6-55　小麦季土壤基础氮、磷和钾养分供应量分布

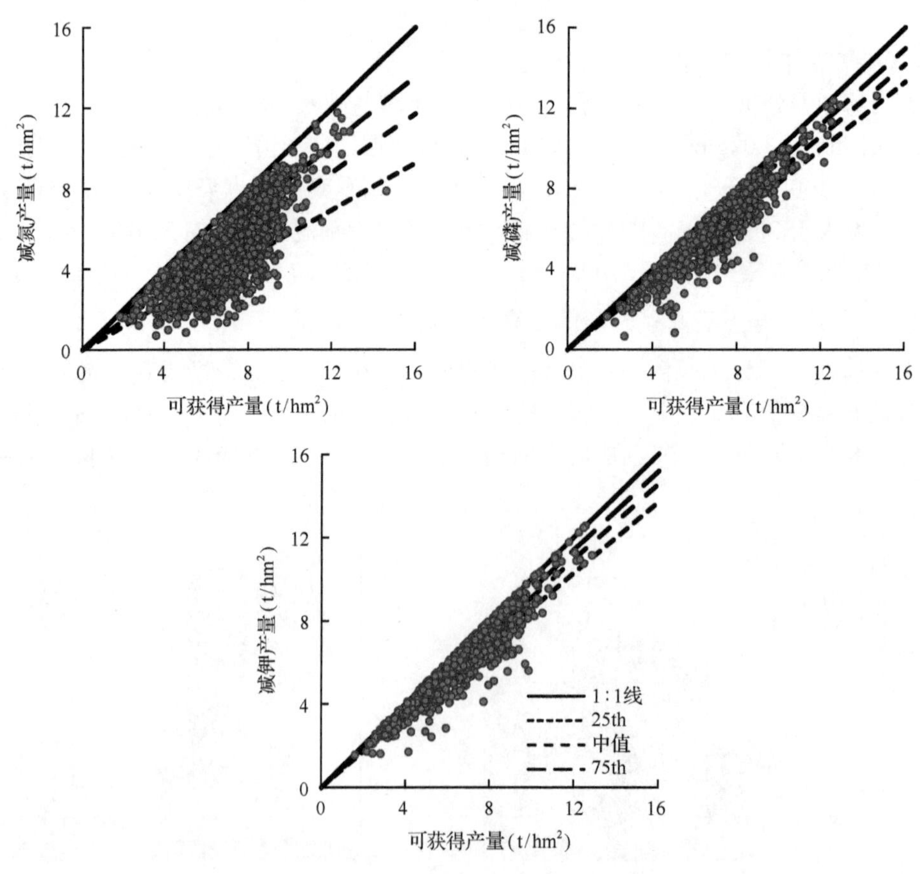

图 6-56　小麦不施某种养分产量与可获得产量间的关系

不施某种养分产量/可获得产量=相对产量

例如，当 Ya=10t/hm^2 时，所有缺 P 区的产量与 Ya 的比值中位数为 0.89，那么在中

等的土壤基础P养分供应条件下缺素区的产量为8.9t/hm^2。因此，当Ya=10t/hm^{2}时，预估的磷肥产量反应为1.1t/hm^2。

在某些未做过减素试验的地区，养分专家系统可以根据土壤特性(如质地、颜色和有机质含量)、有机肥施用历史情况(如果施用)及来自上季的养分表观平衡(主要是P和K)来确定INS、IPS和IKS分级。土壤P和K的养分测试值(如果已知)也可与养分平衡相结合来共同确定IPS和IKS的级别。如果缺乏土壤测试值，NE可以利用INS的级别来确定土壤P和K的养分水平。P和K养分平衡是农田投入的养分(包括无机和有机肥料来源)与输出的养分(收获时养分净移走量)之差。养分平衡分级如下：<–15kg P_2O_5/hm^{2}为低P平衡，–15～0kg P_2O_5/hm^{2}为中等P平衡，>0kg P_2O_5/hm^{2}为高P平衡；<–20kg K_2O/hm^{2}为低K平衡，–20～0kg K_2O/hm^{2}为中等K平衡，>0kg K_2O/hm^{2}为高K平衡。P和K的平衡级别临界值可能会因作物养分移走量而发生变化。养分专家系统根据以下原则来确定INS、IPS和IKS的级别。

a. INS级别

低：砂土(不考虑土壤颜色如何)；微红的/微黄的黏土或壤土。

中：灰色的/褐色的黏土或壤土。

高：含有高量有机质和高肥力并呈黑色的黏土或壤土。

如果施用过大量的有机肥(如每季施2t/hm^{2}或更多的家禽粪便达到3年以上)，将提高INS一个级别。

b.IPS级别

低：低水平的土壤P含量及低到中等水平的P平衡。

中：中等水平的土壤P含量及低到中等水平的P平衡；或低水平的土壤P含量及高水平的P平衡；或高水平的土壤P含量及低水平的P平衡。

高：高水平的土壤P含量及中到高水平的P平衡；或中等水平的土壤P含量及高水平的P平衡。

c.IKS级别

同IPS。

同样，确定了土壤基础养分供应级别，则不同的级别对应不同的相对产量数值，结合可获得的目标产量，可以预估得到产量反应数值。

(3)产量反应与农学效率之间的相关关系

从AE的分布情况可以看出(图6-57)，AEN低于15kg/kg的占全部观察数据的82.4%(n≈1804)；AEP低于15kg/kg的占全部观察数据的82.2%(n≈940)，而全部观测数据中低于10kg/kg的占61.9%;AEK低于10kg/kg的占全部观察数据的78.0%(n≈1287)。

YR随着土壤基础养分供应量的改变而变化，AE随着产量反应的高低而变化，并且土壤基础养分不仅包括土壤本身的养分，还包括来自大气沉降及灌溉水中外界环境带入的养分，总体养分数值不易直接测得，因此需要通过其他有效途径在考虑土壤基础养分供应的基础上进一步来确定施肥量。研究发现，YR(x)和AE(y)之间存在显著的一元二次曲线关系($P<0.05$)，N、P和K的相关系数(r^2)分别达到了0.739、0.729和0.639(图6-58)。

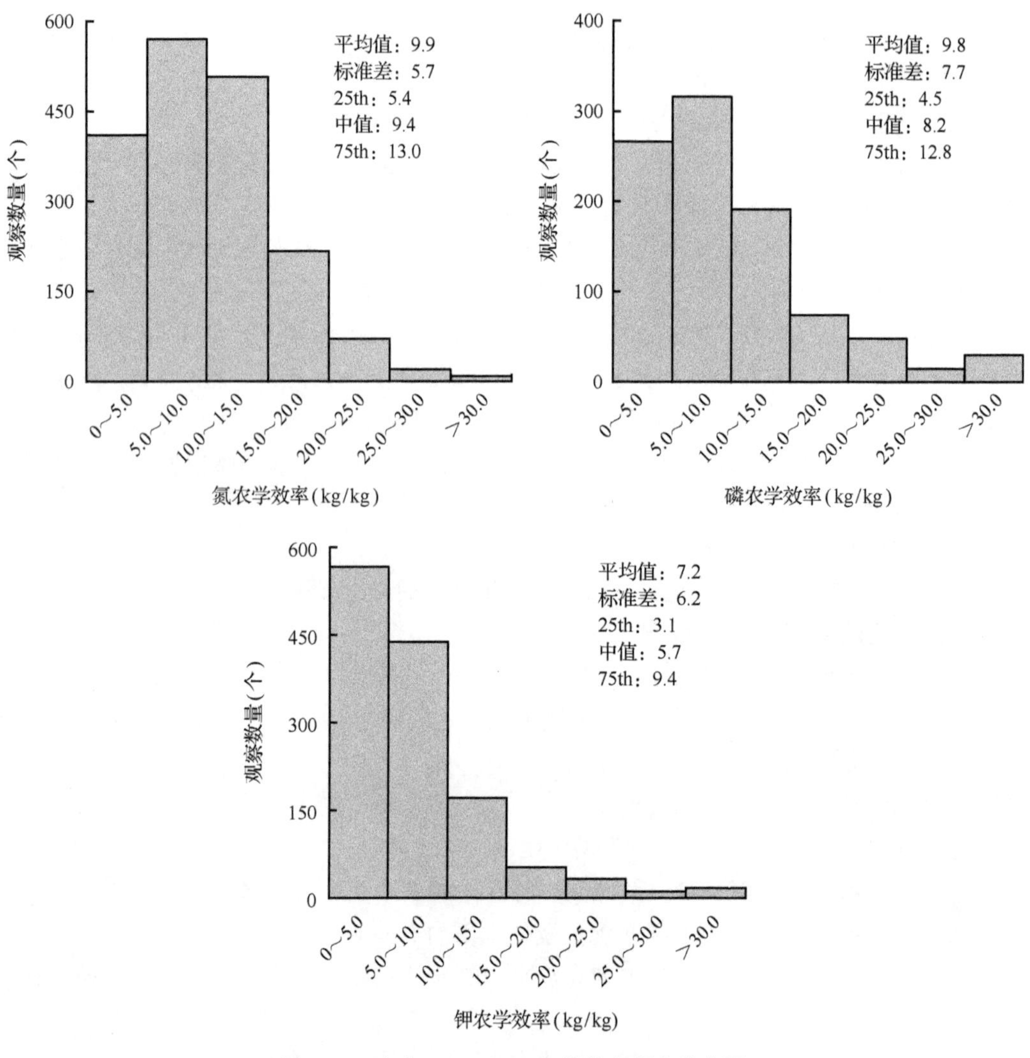

图 6-57　小麦 N、P 和 K 农学效率频率分布图

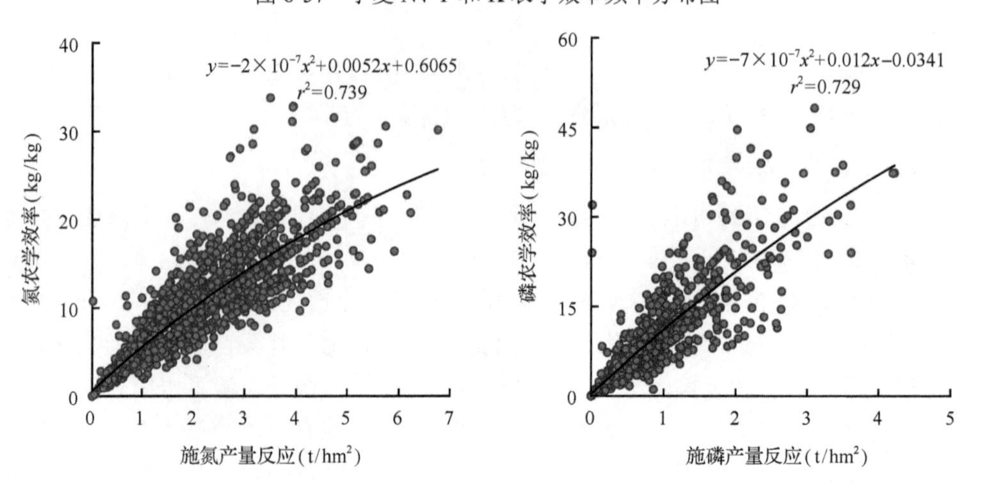

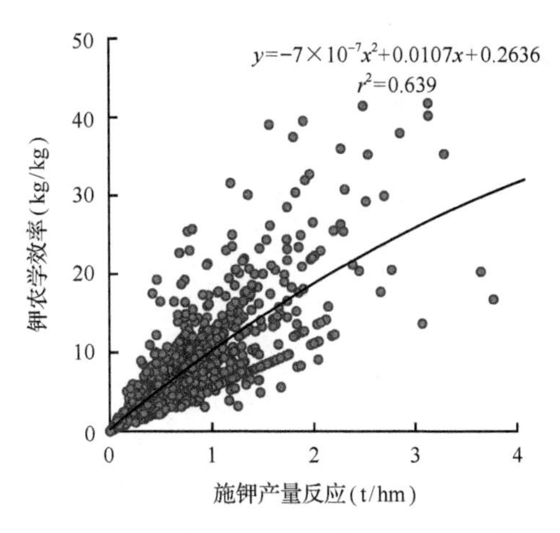

图 6-58　小麦产量反应与农学效率相关性

3. 小麦养分专家系统

小麦养分专家系统用户主界面如图 6-59 所示。该系统主要分为四大模块，分别是当前农民养分管理措施及产量、养分优化管理施肥量、肥料种类及分次施用、效益分析模块。

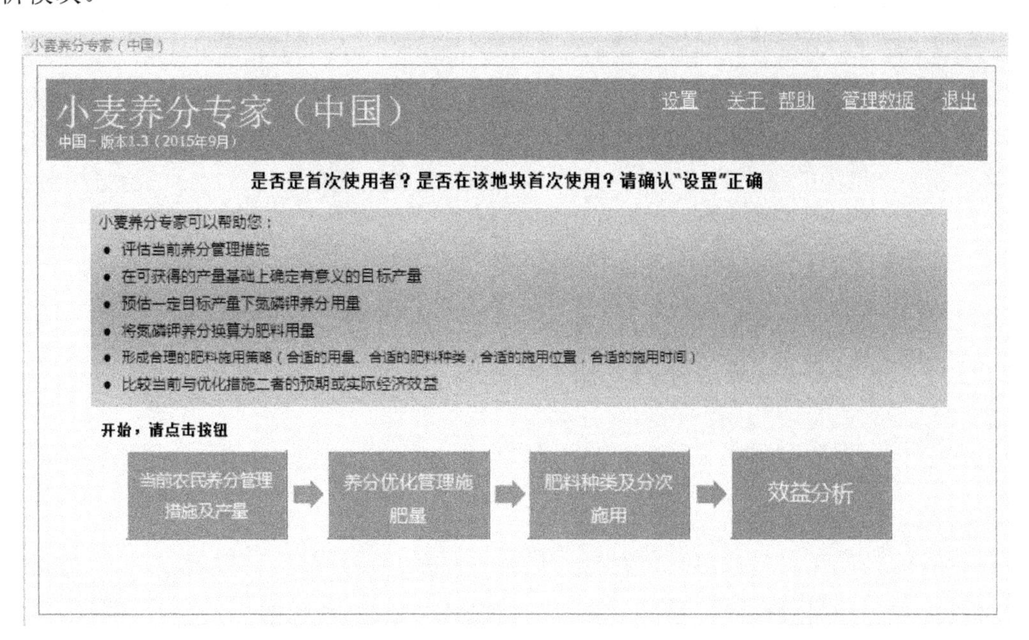

图 6-59　小麦养分专家系统用户主界面

在当前农民养分管理措施及产量模块(图 6-60)，系统通过向农户询问简单问题的形式，获得当前农民习惯施肥条件下的小麦产量、肥料施用种类及施用量等，为优化栽培措施和进行经济效益分析奠定数据调用基础。

小麦养分专家系统 - 调查问卷
小麦养分专家（中国）
主页　设置　帮助
当前农民养分管理措施及产量　养分优化管理施肥量　肥料种类及分次施用　效益分析
农户姓名/地点　Site A; 河北　田块面积 1 公顷
生长季节 冬小麦
1. 提供整块地收获的小麦籽粒产量
收获的籽粒产量: 吨
含水量(如果知道): %
含水量为13.5%时的籽粒产量: 吨/公顷
2. 农民通常在整块麦田施了多少肥料？
点击肥料种类可以查看肥料清单并输入用量
无机肥料　有机肥料
N: 0 公斤/公顷　N: 0.00 公斤/公顷
P_2O_5: 0 公斤/公顷　P_2O_5: 0.00 公斤/公顷
K_2O: 0 公斤/公顷　K_2O: 0.00 公斤/公顷

图 6-60　当前农民养分管理措施及产量模块

在养分优化管理施肥量模块(图 6-61)，在农民习惯施肥可获得产量基础上，结合田间有效水源状况(灌溉、完全雨养或雨养加充足的灌溉)、低温或霜冻发生频率、旱害涝害发生风险、土壤本身是否存在障碍因子及是否缺乏微量元素等情况进行综合评价，确定可获得的目标产量。然后预估作物施用 N、P 和 K 肥所对应的产量反应，进而调用系统背后数据库中产量反应和农学效率间的关系，结合 QUEFTS 模型，推荐出合理的肥料用量。

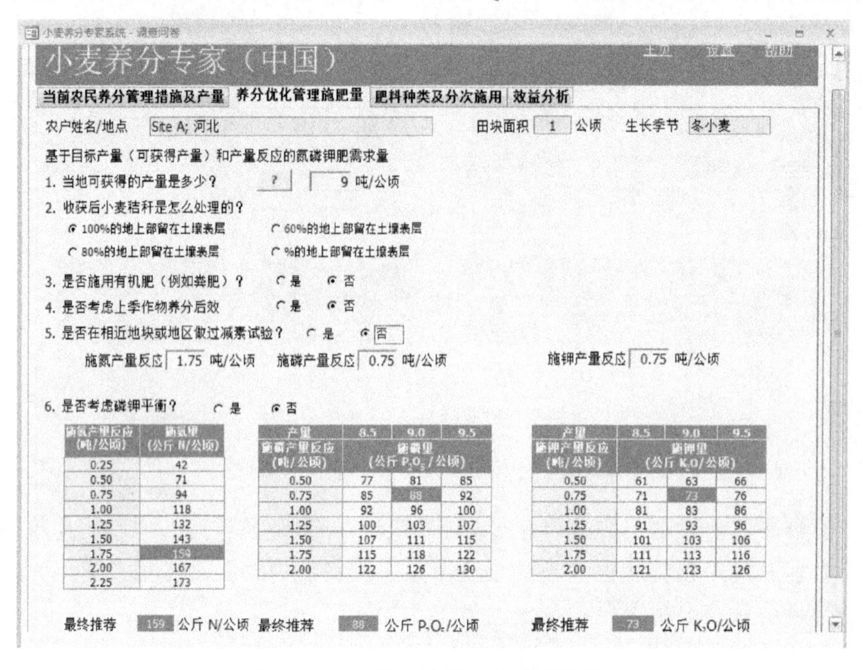

施氮产量反应(吨/公顷)	施氮量(公斤 N/公顷)
0.25	42
0.50	71
0.75	94
1.00	118
1.25	132
1.50	143
1.75	159
2.00	167
2.25	173

产量	8.5	9.0	9.5
施磷产量反应(吨/公顷)	施磷量(公斤 P_2O_5/公顷)		
0.50	77	81	85
0.75	85	88	92
1.00	92	96	100
1.25	100	103	107
1.50	107	111	115
1.75	115	118	122
2.00	122	126	130

产量	8.5	9.0	9.5
施钾产量反应(吨/公顷)	施钾量(公斤 K_2O/公顷)		
0.50	61	63	66
0.75	71	73	76
1.00	81	83	86
1.25	91	93	96
1.50	101	103	106
1.75	111	113	116
2.00	121	123	126

图 6-61　养分优化管理施肥量模块

在回答以上简单问题后，该系统结合小麦的生长环境(灌溉、充足的雨养或不太充足的雨养)及分次施用次数，根据农民已有的肥料品种，计算出每种肥料分次施用时的具体用量(图 6-62)，用户将得到适合该特定地块和特殊生长环境的肥料养分管理套餐(图 6-63)。

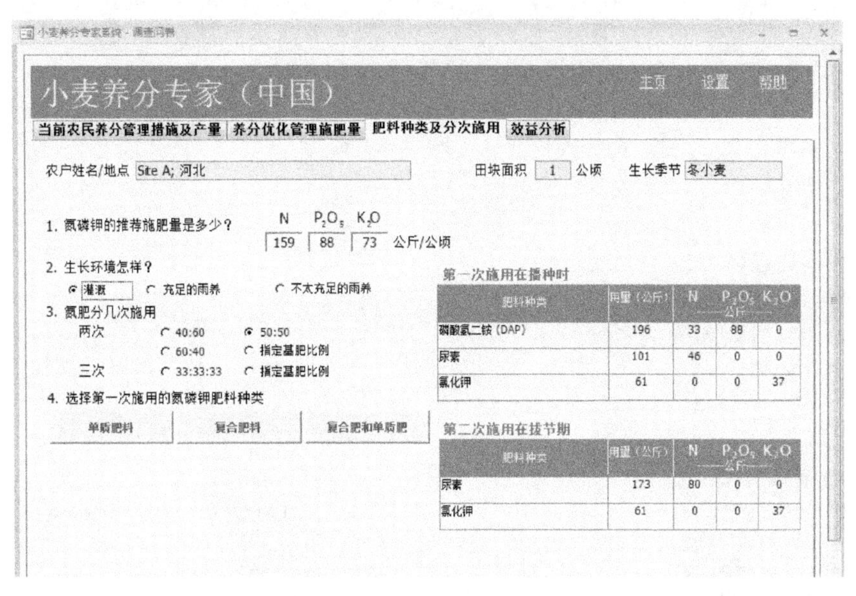

图 6-62　肥料种类及分次施用模块

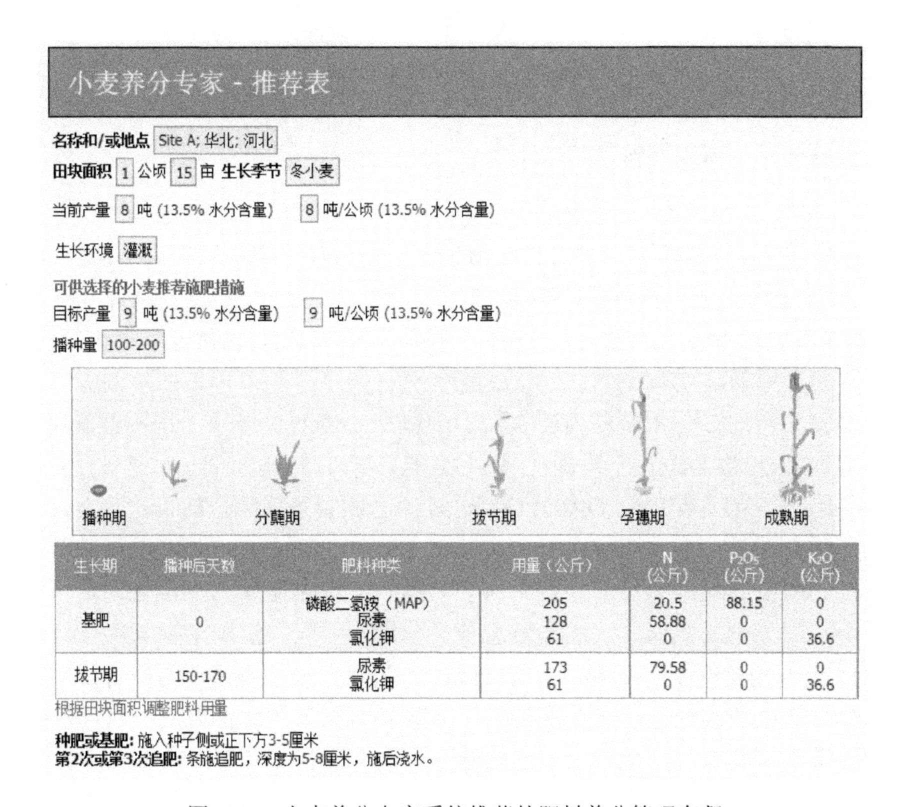
小麦养分专家 - 推荐表

名称和/或地点 Site A; 华北; 河北

田块面积 1 公顷 15 亩 **生长季节** 冬小麦

当前产量 8 吨 (13.5% 水分含量)　8 吨/公顷 (13.5% 水分含量)

生长环境 灌溉

可供选择的小麦推荐施肥措施

目标产量 9 吨 (13.5% 水分含量)　9 吨/公顷 (13.5% 水分含量)

播种量 100-200

生长期	播种后天数	肥料种类	用量（公斤）	N (公斤)	P2O5 (公斤)	K2O (公斤)
基肥	0	磷酸二氢铵（MAP） 尿素 氯化钾	205 128 61	20.5 58.88 0	88.15 0 0	0 0 36.6
拔节期	150-170	尿素 氯化钾	173 61	79.58 0	0 0	0 36.6

根据田块面积调整肥料用量

种肥或基肥: 施入种子侧或正下方3-5厘米
第2次或第3次追肥: 条施追肥，深度为5-8厘米，施后浇水。

图 6-63　小麦养分专家系统推荐的肥料养分管理套餐

在效益分析模块，调用了当前农民养分管理措施、养分优化管理模块产量和施肥量数据，进行了基于种子成本和肥料成本的预期经济效益分析(图 6-64)。

小麦养分专家（中国）　主页　设置　帮助

当前农民养分管理措施及产量 | 养分优化管理施肥量 | 肥料种类及分次施用 | 效益分析

	当前农民措施	推荐措施
播种量	150 公斤/公顷	150 公斤/公顷
种子价格	5.00 元/公斤	5.00 元/公斤
小麦价格	2.00 元/公斤	

全部报告　保存数据　效益分析

简单效益分析	当前农民措施	推荐措施
含水量为13.5%时的籽粒产量 (吨/公顷)	8	9
小麦价格 (元/公斤)	2.00	2.00
收入 (元/公顷)	**16,000**	**18,000**
种子成本 (元/公顷)	750	750
肥料成本-无机肥料 (元/公顷)	2,661	1,483
肥料成本-有机肥料 (元/公顷)	0	0
总成本 (元/公顷)	**3,411**	**2,233**
减去肥料成本后的预期效益 (元/公顷)	**13,339**	**16,517**
减去种子和肥料成本后的预期效益 (元/公顷)	**12,589**	**15,767**
推荐措施与农民当前措施相比的净收益 (元/公顷)	**3,178**	

图 6-64　经济效益分析模块

6.3.4　小麦养分专家系统评价

为验证和改进小麦养分专家系统，于 2010～2014 年分别在华北四省的河北(115°18′E，37°47′N)、河南(115°13′E，35°46′N)、山东(116°24′E，37°6′N)、山西(111°18′E，35°48′N)小麦-玉米轮作种植体系中布置 83 户、95 户、89 户和 48 户共计 315 个田间试验。试验农田土壤均为潮土或褐土。冬小麦在每年 9 月末或 10 月初玉米收获后耕地播种，在翌年 6 月初至中旬收获。

每个试验分别设 CK(不施任何肥料)、NE(基于小麦养分专家系统推荐施肥)、FP(农民习惯施肥)、OPTS(测土推荐施肥或当地推广部门实地推荐)及基于 NE 处理的 OPT-N(减 N)、OPT-P(减 P)和 OPT-K(减 K)处理。试验采用完全随机排列，每个试验的处理以农户作为重复。每个处理约为 $30m^2$。当 OPTS 处理与 NE 处理的施肥量相同或相近时，不设 OPTS 处理。如在河北省，由于 OPTS 处理施肥量与 NE 处理基本相当，因此只设一个 NE 处理。氮肥、磷肥和钾肥种类分别为尿素、过磷酸钙和氯化钾，或结合 15：15：15 等不同比例复合肥施用。尿素根据土壤肥力水平或预估的产量反应高低及农民意愿，分为基肥和拔节期追肥两次施用，或基肥、拔节肥和灌浆肥三次施用。磷钾肥均在播种前撒施。灌溉和其他栽培管理措施与当地管理措施相同。收获后，在每个小区中间位置划定 $1m^2 \times 1m^2$ 范围进行人工收获，籽粒和秸秆分别称重计产，并将收获后的秸秆和籽粒样品在 60℃烘干 72h 计算干重，混合均匀后取适量样品进行养分测定。其中植株全氮、全磷和全钾含量分别采用凯氏定氮法、钒钼黄比色法与火焰光度计法测定。

1. 施肥量

四年田间验证试验的研究结果显示(表 6-45)，农民习惯施肥非常不平衡。就各省的平均值而言，FP 处理的施氮量普遍偏高，平均分布范围为 211～323kg N/hm^2，四省的平均施氮量为 279kg N/hm^2，最高的施氮量超过了 500kg N/hm^2(山东省，2014 年)，而最低施氮量仅有 112kg N/hm^2(河南省，2012 年)。FP 处理在全部 315 个试验中有 274 个试验点的施氮量超过 180kg N/hm^2，占全部试验数的 87.0%，施氮量超过 250kg N/hm^{2}的占全部试验数的 66.7%，而施氮量超过 300kg N/hm^{2}的占全部试验数的 35.5%，说明中国华北平原冬小麦种植区农民过量施氮的问题比较严重。而 NE 处理优化了施氮量，四省的平均分布范围为 159～168kg N/hm^2，平均值为 163kg N/hm^2。四省 NE 处理的平均施氮量都显著低于 FP 处理，平均降低了 116kg N/hm^2，降幅达到了 41.6%，而河北、河南、山东和山西分别降低了 159kg N/hm^2、47kg N/hm^2、156kg N/hm^{2}和 101kg N/hm^2，降幅分别达到了 49.2%、22.3%、49.5%和 37.5%。虽然农民习惯的施氮量已经过量，但是施肥量仍然呈增加趋势。NE 处理每年的施氮量是不同的，因为养分专家系统是一个动态的养分管理方法，可以依据前季土壤氮素残留、土壤基础养分供应、产量与养分吸收关系，以及产量反应和农学效率关系等对施肥量进行调整。

表 6-45　小麦养分专家系统的节肥效益

	施氮量(kg N/hm^2)				施磷量(kg P_2O_5/hm^2)				施钾量(kg K_2O/hm^2)			
	NE	FP	Δ	P>[T]	NE	FP	Δ	P>[T]	NE	FP	Δ	P>[T]
河北	164	323	–159	<0.0001	82	117	–35	<0.0001	73	31	42	<0.0001
河南	164	211	–47	<0.0001	82	115	–33	<0.0001	80	100	–20	<0.0001
山东	159	315	–156	<0.0001	83	130	–47	<0.0001	69	22	47	<0.0001
山西	168	269	–101	<0.0001	86	111	–25	0.0081	72	26	46	<0.0001
2011	143	264	–121	<0.0001	69	109	–40	<0.0001	70	57	13	0.0109
2012	178	279	–101	<0.0001	88	119	–31	<0.0001	76	46	30	<0.0001
2013	176	297	–121	<0.0001	97	132	–35	<0.0001	76	40	36	<0.0001
2014	176	370	–194	<0.0001	100	134	–34	0.0002	75	32	43	<0.0001
全部	163	279	–116	<0.0001	83	119	–36	<0.0001	74	49	25	<0.0001

注：Δ 为 NE–FP；P>[T]为 NE 和 FP 在 0.05 水平上的配对法 t 检验

四省 FP 处理磷肥施用量分布范围为 111～130kg P_2O_5/hm^2，平均为 119kg P_2O_5/hm^2(表 6-45)。NE 处理的磷肥施用量范围为 82～86kg P_2O_5/hm^2，平均为 83kg P_2O_5/hm^2。NE 处理显著降低了施磷量，与 FP 处理相比，平均降低了 36kg P_2O_5/hm^2，降幅达到了 30.3%。四省中，NE 处理的磷肥施用量都显著低于 FP 处理，河北、河南、山东和山西分别降低了 35kg P_2O_5/hm^2、33kg P_2O_5/hm^2、47kg P_2O_5/hm^{2}和 25kg P_2O_5/hm^2，降幅分别达到了 29.9%、28.7%、36.2%和 22.5%。在所有试验中，FP 处理有 68.6%的农户施磷量超过了

100kg P_2O_5/hm^2，施磷量超过 150kg P_2O_5/hm^2 的占全部试验数的 25.1%，而施磷量超过 200kg P_2O_5/hm^2 的占全部试验数的 5.7%，如此高的施磷量远远超过了作物对磷的需求，农民对磷肥存在严重的过量施用现象。

四省 FP 处理的钾肥施用范围为 22～100kg K_2O/hm^2，平均值为 49kg K_2O/hm^2（表 6-45）；NE 处理的钾肥用量分布范围为 69～80kg K_2O/hm^2，平均值为 74kg K_2O/hm^2，NE 处理提高了钾肥施用量，增加了 25kg K_2O/hm^2，增幅为 51.0%。河北、山东和山西的 FP 处理施钾量均偏低，氮磷钾施用严重不平衡，比 NE 处理分别低 42kg K_2O/hm^2、47kg K_2O/hm^2 和 46kg K_2O/hm^2，而河南 FP 处理施钾量为 100kg/hm^2，多以复合肥形式直接施入土壤，并不考虑养分间的平衡供应。河北、山东和山西三省基于小麦养分专家系统的推荐施肥处理，平均施钾量分别比 FP 处理增施了 1 倍以上，而 FP 处理中有 67.6%的农户钾肥用量低于 50kg K_2O/hm^2，施钾量大于 100kg K_2O/hm^2 的仅占全部试验数的 20.3%，而在全部试验中有 25.1%的农户不施任何钾肥。

2. 产量和经济效益

四年试验的产量结果显示（表 6-46），NE 处理比 FP 处理产量平均高 0.2t/hm^2，增幅为 2.5%。除山西省外，其余三省的产量 NE 处理都要高于 FP 处理，河北、河南和山东的 NE 处理产量比 FP 分别高 0.4t/hm^2、0.2t/hm^2 和 0.1t/hm^2，提高了 1.3%～5.3%。山西 NE 处理的产量略低于 FP 处理，但二者没有显著性差异。应用养分专家系统在第二年试验开始前，使用第一年田间试验结果对小麦养分专家系统进行校正和改进，随着小麦养分专家系统的不断优化，NE 处理在大幅度降低了氮肥和磷肥施用量的情况下产量还略高于 FP 处理。

表 6-46　小麦养分专家系统的产量、化肥消耗和经济效益

	产量（t/hm^2）				化肥消耗（元/hm^2）				经济效益（元/hm^2）			
	NE	FP	Δ	*P*>[T]	NE	FP	Δ	P>[T]	NE	FP	Δ	*P*>[T]
河北	7.9	7.5	0.4	<0.000 1	1 550	2 245	–695	<0.000 1	15 577	14 077	1 500	<0.000 1
河南	7.6	7.4	0.2	<0.000 1	1 735	2 257	–522	<0.000 1	13 392	12 566	826	<0.000 1
山东	8.1	8	0.1	0.081 4	1 468	2 111	–643	<0.000 1	16 870	16 090	780	<0.000 1
山西	9.4	9.5	–0.1	0.055 7	2 032	2 396	–364	<0.000 1	17 694	17 684	10	0.812
2011	8.0	7.9	0.1	0.013 7	1 496	2 187	–691	<0.000 1	15 035	14 120	915	<0.000 1
2012	8.2	8.1	0.1	0.075 8	1 869	2 370	–501	<0.000 1	15 652	14 934	718	<0.000 1
2013	8.1	7.9	0.2	<0.000 1	1 652	2 159	–507	<0.000 1	16 286	15 334	952	<0.000 1
2014	9.2	9	0.2	0.071 2	1 351	2 061	–710	<0.000 1	19 963	18 939	1024	<0.000 1
全部	8.1	7.9	0.2	<0.000 1	1 656	2 234	–578	<0.000 1	15 606	14 740	866	<0.000 1

注：Δ 为 NE–FP；*P*>[T]为 NE 和 FP 在 0.05 水平上的配对法 *t* 检验

化肥消耗的计算结果显示（表 6-46），四省 NE 处理的化肥消耗都要显著低于 FP 处理（$P<0.0001$），河北、河南、山东和山西分别降低了 695 元/hm^2、522 元/hm^2、643 元/hm^2 和 364 元/hm^2。与 FP 处理相比，NE 处理平均降低了 578 元/hm^2，其中 NE 推荐施肥中

氮肥节省了 529 元/hm^2(NE 处理和 FP 处理的氮肥消耗分别为 764 元/hm^{2}和 1293 元/hm^2)，NE 还节省了 188 元/hm^{2}的磷肥，但钾肥的投入增加了 138 元/hm^2。高量的化肥投入(尤其是氮肥和磷肥)已成为农民降低经济效益的主要因素之一。随着对小麦养分专家系统的不断优化，经济效益呈增加趋势。NE 与 FP 处理相比，四省 GRF 都有所增加，增幅为 0.1%～10.7%。增幅最大的为河北省，GRF 增加了 1500 元/hm^2。NE 和 FP 处理的平均 GRF 分别为 15 606 元/hm^{2}和 14 740 元/hm^2，NE 比 FP 处理增加了 866 元/hm^2，其中由产量增加而带来的 GRF 为 288 元/hm^2，占总 GRF 的比例为 33.3%。

3. 养分利用率

氮肥农学效率结果显示(表 6-47)，四省 NE 处理的平均 AEN 分布范围为 7.2～10.9kg/kg，FP 处理的为 2.6～8.0kg/kg。总体而言，NE 处理的 AEN 显著高于 FP 处理，高 3.5kg/kg，增幅达到了 70.0%，且年际的增幅范围达到 47.1%～133.3%。与 FP 处理相比，四省 NE 处理都显著增加了氮肥农学效率，河北、河南、山东和山西分别增加了 4.4kg/kg、2.9kg/kg、3.7kg/kg 和 2.4kg/kg，增幅分别达到了 169.2%、36.3%、105.7%和 39.3%。氮素回收率结果显示(表 6-47)，NE 处理的 REN 显著高于 FP 处理，NE 的 REN 为 29.9%，而 FP 的仅为 17.3%，平均高 12.6 个百分点。四省 NE 处理的平均 REN 分布范围为 24.8%～38.1%，FP 处理的为 12.3%～23.9%。与 FP 处理相比，四省 NE 处理都显著地增加了氮素回收率，河北、河南、山东和山西分别增加了 12.5 个百分点、14.2 个百分点、14.1 个百分点和 7.4 个百分点，年际的增加范围为 6.8～18.9 个百分点。氮素偏生产力结果显示(表 6-47)，由于 NE 处理显著降低了施氮量，并且增加了产量，NE 处理的 PFPN 都显著高于 FP 处理。总体而言，NE 的 PFPN 为 50.1kg/kg，而 FP 的仅为 31.6kg/kg，平均高 18.5kg/kg，增幅达到了 58.5%。四省 NE 处理的 PFPN 都显著高于 FP 处理，NE 处理的平均 PFPN 分布范围为 46.7～56.1kg/kg，FP 处理的为 25.0～39.0kg/kg。与 FP 处理相比，河北、河南、山东和山西 NE 处理的 PFPN 分别增加了 24.0kg/kg、7.7kg/kg、25.0kg/kg 和 18.3kg/kg，增幅分别达到了 96.0%、19.7%、93.6%和 48.4%，且年际的 PFPN 增幅范围为 40.6%～95.9%。

表 6-47 小麦养分专家系统的氮肥利用率

	氮素农学效率(kg/kg)				氮素回收率(%)				氮素偏生产力(kg/kg)			
	NE	FP	Δ	P>[T]	NE	FP	Δ	P>[T]	NE	FP	Δ	P>[T]
河北	7.0	2.6	4.4	<0.0001	24.8	12.3	12.5	<0.0001	49.0	25.0	24.0	<0.0001
河南	10.9	8.0	2.9	<0.0001	38.1	23.9	14.2	<0.0001	46.7	39.0	7.7	<0.0001
山东	7.2	3.5	3.7	<0.0001	27.9	13.8	14.1	<0.0001	51.7	26.7	25.0	<0.0001
山西	8.5	6.1	2.4	<0.0001	26.6	19.2	7.4	<0.0001	56.1	37.8	18.3	<0.0001
2011	10.4	5.8	4.6	<0.0001	36.4	17.5	18.9	<0.0001	56.2	31.8	24.4	<0.0001
2012	7.5	5.1	2.4	<0.0001	25.3	18.5	6.8	<0.0001	46.4	33.0	13.4	<0.0001
2013	6.9	4.0	2.9	<0.0001	26.3	15.8	10.5	<0.0001	46.1	30.2	15.9	<0.0001
2014	6.3	2.7	3.6	<0.0001	27.1	14.8	12.3	<0.0001	52.1	26.6	25.5	<0.0001
全部	8.5	5.0	3.5	<0.0001	29.9	17.3	12.6	<0.0001	50.1	31.6	18.5	<0.0001

注：Δ 为 NE–FP；P>[T]为 NE 和 FP 在 0.05 水平上的配对法 t 检验

磷肥农学效率结果显示(表 6-48)，四省 NE 处理的平均 AEP 分布范围为 5.1～13.0kg/kg，FP 处理的为 3.0～12.3kg/kg。总体而言，NE 处理和 FP 处理的 AEP 分别为 8.8kg/kg 和 6.9kg/kg，前者显著高于后者，高 1.9kg/kg，增幅为 27.5%。各省的 AEP 存在一定差异，河北、河南和山东 NE 处理 AEP 高于 FP 处理，高 2.4kg/kg、3.5kg/kg 和 2.1kg/kg，增幅分别为 22.6%、74.5%和 70.0%。而山西 NE 处理的 AEP 要低于 FP 处理，但二者差异不显著。磷素回收率结果显示(表 6-48)，NE 处理的 REP 显著高于 FP 处理，NE 的平均 REP 为 15.0%，而 FP 的仅为 9.3%，平均高 5.7 个百分点。河北、河南和山东 NE 处理 REP 都显著高于 FP 处理，分别增加了 4.4 个百分点、10.8 个百分点和 3.7 个百分点，但山西省两个处理间无显著差异。NE 处理的 PFPP 显著高于 FP 处理，提高了 13.6kg/kg (P<0.0001)，增幅为 15.2%。河北、河南和山东 NE 处理的 PFPP 高于 FP 处理，高 5.1kg/kg、26.5kg/kg 和 36.4kg/kg，增幅为 5.1%、39.3%和 52.1%。山西省的磷肥利用效率 NE 处理要低于 FP 处理，主要是因为农民习惯施磷量不平衡，一些农户的施磷量不足 30kg/hm^2，占全部试验的 25%，低施磷量增加了磷肥利用率，但两个处理间的利用率差异不显著。

表 6-48　小麦养分专家系统的磷肥利用率

	磷素农学效率(kg/kg)				磷素回收率(%)				磷素偏生产力(kg/kg)			
	NE	FP	Δ	P>[T]	NE	FP	Δ	P>[T]	NE	FP	Δ	P>[T]
河北	13.0	10.6	2.4	0.0471	14.1	9.7	4.4	0.0035	105.7	100.6	5.1	0.2791
河南	8.2	4.7	3.5	<0.0001	24	13.2	10.8	<0.0001	93.9	67.4	26.5	<0.0001
山东	5.1	3.0	2.1	<0.0001	8.6	4.9	3.7	0.0028	106.3	69.9	36.4	<0.0001
山西	9.5	12.3	−2.8	0.1612	8.7	9	−0.3	0.8724	111	149.4	−38.4	0.0494
2011	12.1	10.0	2.1	0.0228	19.3	13.1	6.2	<0.0001	118.8	98.8	20	<0.0001
2012	6.7	5.1	1.6	0.0415	12.5	6.4	6.1	<0.0001	95	90.5	4.5	0.4892
2013	6.6	4.8	1.8	0.0558	11.6	6.8	4.8	<0.0001	91.1	76.7	14.4	0.3213
2014	6.3	3.9	2.4	0.0078	8.4	7.1	1.3	0.2932	94.7	69.6	25.1	<0.0001
全部	8.8	6.9	1.9	<0.0001	15.0	9.3	5.7	<0.0001	103.1	89.5	13.6	<0.0001

注：Δ 为 NE−FP；P>[T]为 NE 和 FP 在 0.05 水平上的配对法 t 检验

FP 处理中较低的施钾量导致其钾肥利用率要高于 NE 处理(表 6-49)。总体而言，NE 处理的 AEK 和 PFPK 要显著低于 FP 处理，但二者的 REK 无显著差异。除河南省 NE 处理的 AEK、REK 和 PFPK 都显著高于 FP 处理外，其余三省都是前者低于后者。这主要是因为农民习惯施肥的施钾量较低，在河北、山东和山西 NE 处理的施钾量分别是 FP 处理的 2.4 倍、3.1 倍和 2.8 倍。

表 6-49　小麦养分专家系统的钾肥利用率

	钾素农学效率(kg/kg)				钾素回收率(%)				钾素偏生产力(kg/kg)			
	NE	FP	Δ	P>[T]	NE	FP	Δ	P>[T]	NE	FP	Δ	P>[T]
河北	8.8	9.6	−0.8	0.5819	30.2	33.8	−3.6	0.4783	112	195.4	−83.4	<0.0001
河南	9.6	6.6	3.0	<0.0001	36.1	25.7	10.4	<0.0001	96.3	80.2	16.1	0.0012
山东	5.6	10.2	−4.6	0.0015	35.8	38.4	−2.6	0.9069	119.6	236.4	−116.8	<0.0001
山西	7.7	23.5	−15.8	0.0031	33.0	53.6	−20.6	0.027	132.6	317.0	−184.4	<0.0001
2011	10.5	14.2	−3.7	0.1985	34.0	34.5	−0.5	0.8881	116.6	163.5	−46.9	0.0016
2012	6.7	8.5	−1.8	0.4738	32.8	27.4	5.4	0.1363	112	169.8	−57.8	<0.0001
2013	6.0	8.5	−2.5	0.0417	35.7	38.6	−2.9	0.2419	108	198.9	−90.9	<0.0001
2104	3.2	5.3	−2.1	0.0286	33.4	29.3	4.1	0.6335	125.1	268.2	−143.1	<0.0001
全部	8.0	10.6	−2.6	0.0223	34	33.8	0.2	0.6619	112.4	178.05	−65.65	<0.0001

注：Δ 为 NE−FP；P>[T]为 NE 和 FP 在 0.05 水平上的配对法 t 检验

4. 与测土施肥比较

对同时具有 NE 处理和 OPTS 处理的试验进行比较得出(表 6-50)，与 OPTS 处理相比，NE 处理 N 和 P_2O_5 施用量分别降低了 74kg/hm^2 和 23kg/hm^2，降低幅度为 31.0%和 21.5%，但 K_2O 的施用量 NE 比 OPTS 高 2kg/hm^2。OPTS 处理的产量略高于 NE 处理，高 0.1t/hm^2，但 NE 处理的经济效益比 OPTS 处理高 182 元/hm^2，这部分增加的效益是由于 NE 处理降低了施肥量。NE 处理比 OPTS 处理显著地提高了氮素利用率，REN、AEN 和 PFPN 分别增加了 6.1 个百分点、1.6kg/kg 和 14.4kg/kg。NE 处理与 OPTS 处理相比，在保证产量基本不变的前提下，增加了经济效益和氮素回收率，省去了测土施肥中土壤样品采集和土壤养分测试程序，节省了人力、物力和财力。但判断土壤中微量元素是否缺乏时仍需要借助土壤测试结果进行确定。

表 6-50　小麦养分专家系统(NE)与测土推荐施肥(OPTS)比较

处理	施肥量(kg/hm^2)			产量(t/hm^2)	经济效益(元/hm^2)	氮素利用率		
	N	P_2O_5	K_2O			REN(%)	AEN(kg/kg)	PFPN(kg/kg)
NE	165b	84b	73a	8.2b	15 997a	28.5a	7.9a	50.5a
OPTS	239a	107a	71a	8.3a	15 815b	22.4b	6.3b	36.1b
NE−OPTS	74	23	−2	0.1	182	6.1	1.6	14.4
NE−OPTS(%)	31.0	21.5	−2.8	1.2	1.2	27.2	25.4	39.9

注：同列不同字母表示差异显著(P<0.05)；NE−OPTS(%)表示 NE 与 OPTS 处理相比增加或减少的百分数

6.4　区域尺度养分系统优化原理与方法

采用基于陆地生态系统的光学遥感影像确定土地覆盖分类系统，得出旱地、水浇地和水田种植田块。采用养分专家系统软件对每一个试验点进行推荐施肥，氮、磷和钾施用量分别为 N、P_2O_5 和 K_2O 施用量。使用 GS+5.3 和 ArcGIS 9.3 软件，采用半方差模型和克里格插值法绘制产量反应、相对产量和肥料施用量分布图。半方差模型通过 GS+5.3 软件进行交叉验证而确定，而 ArcGIS 9.3 软件则使用克里格插值对每一个参数进行空间插值。对于没有数据的位置则由附近位置观测值的加权平均值估算。

6.4.1　区域尺度水稻养分推荐

1. 水稻可获得产量空间分布

水稻可获得产量在区域和水稻种植类型间具有显著的空间分布特征。中稻和一季稻的可获得产量高于早稻和晚稻。就平均值而言，所有水稻试验点的可获得产量为 8.8t/hm^2，变异系数为 18.3%。早稻、中稻、晚稻和一季稻的平均可获得产量分别为 7.5t/hm^2、9.3t/hm^2、7.9t/hm^2 和 9.4t/hm^2，变异系数分别为 18.6%、15.8%、18.9%和 15.1%。可获得产量低于 8t/hm^2 的占全部研究区域的 22.4%，主要位于双季稻种植区，如长江中下游和华南南部，其中全部研究区域中低于 7t/hm^2 的占 1.7%。可获得产量为 8～9t/hm^2 的占全部研究区域的 42.0%，主要分布于长江中下游中部、西南和东北地区北部，以及华南地区东部。而可获得产量为 9～10t/hm^2 的占全部研究区域的 30.3%，主要分布于长江中下游北部、西南和东北地区。在所有研究区域中，可获得产量大于 10t/hm^2 的占全部研究区域的 5.3%，主要分布在中稻和一季稻种植区，如西南地区西南部和东北地区南部。

2. 水稻产量反应和相对产量空间分布

就平均值而言，所有试验的 YRN 为 2.7t/hm^2，变异系数为 39.2%。早稻、中稻、晚稻和一季稻 YRN 的变异系数分别为 37.3%、36.8%、37.9%和 37.3%。除四川盆地外，中稻和一季稻种植区的 YRN 要高于早稻和晚稻种植区。高的 YRN（大于 3.0t/hm^2）占全部研究区域的 18.7%，主要位于江苏、宁夏和东北地区。而 YRN 低于 2.5t/hm^2 的占全部研究区域的 47.1%，主要位于双季稻种植区和四川盆地。高的 YRN 意味着低的 RYN，RYN 低于 0.7 的主要位于东北地区、宁夏和长江中下游北部。全部研究区域中，有 9.2%的研究区域 RYN 低于 0.65，平均的 RYN 为 0.7，且变异系数为 13.7%。大多数 RYN 为 0.65～0.75，占全部研究区域的 78.6%。而 RYN 大于 0.75 的占全部研究区域的 12.2%，主要位于西南和华南地区。

就全部数据 YRP 而言，平均 YRP 为 0.9t/hm^2，变异系数为 57.0%，早稻、中稻、晚稻和一季稻的平均 YRP 分别为 1.0t/hm^2、0.9t/hm^2、0.7t/hm^2 和 1.0t/hm^2，其变异系数分别为 56.9%、53.6%、62.7%和 54.5%。YRP 为 0.7～1.3t/hm^2 的占全部研究区域的 85.8%。低的 YRP（低于 0.7t/hm^2）的占全部研究区域的 11.1%，主要位于双季稻种植区，如湖南、浙江和福建等。YRP 大于 1.3t/hm^2 的主要位于一季稻种植区。RYP 为 0.88～0.92 的占全部研究区域的 71.2%。而 RYP 大于 0.92 的占全部研究区域的 7.1%，主要位于浙江、江苏和福建。然而仍有 21.7%研究区域的 RYP 低于 0.88，主要位于中稻和一季稻种植区。

全部研究中，YRK 的平均值为 1.0t/hm^2，变异系数为 53.4%，其中有 87.6%研究区域的 YRK 为 0.7～1.3t/hm^2。早稻、中稻、晚稻和一季稻的平均 YRK 比较相近，分别为

1.0t/hm^2、1.1t/hm^2、0.9t/hm^{2}和0.9t/hm^2，变异系数分别为54.1%、51.1%、53.3%和54.3%。高的YRK（大于1t/hm^2）主要位于长江中下游中部和西南地区东南部，占全部研究区域的87.6%，与此地区较低的RYK相对应。RYK低于0.84的占全部研究区域的4.0%，位于0.84～0.92的占全部研究区域的88.7%，而有7.3%研究区域的RYK大于0.92，高的主要位于中稻和一季稻种植区，如陕西、宁夏、湖北、四川盆地中部及东北地区。

3. 水稻施肥量空间分布

施氮量的空间分布显示，施氮量在地区间具有较强的空间变异性，且中稻和一季稻的施氮量要高于早稻和晚稻种植区域。在全部研究区域中，有20.9%的地区氮肥需求大于160kg/hm^2，主要位于东北、华北地区和长江中下游北部地区（江苏），为获得高产在一些地区需氮量大于180kg/hm^2，由于这些地区具有较高的可获得产量和氮产量反应。施氮量为140～160kg/hm^{2}的占全部研究区域的66.4%，主要位于长江中下游、西南地区和黑龙江北部地区。在一些早晚稻种植区，较低的施氮量（130～140kg/hm^{2}或更低）即可满足每季作物的需求量，如湖南和广东，占全部研究区域的12.8%。

施磷量在地区间具有较强的空间分布特征，变异系数为25.1%。早稻、中稻、晚稻和一季稻的施磷量变异系数分别为27.6%、22.4%、25.1%和23.2%。大多数研究区域的施磷量为50～70kg/hm^2，占全部研究区域的85.5%，主要位于长江中下游地区、华南地区、西南地区东北部，以及东北地区北部。在一些中稻和一季稻种植区，如西南地区东南部、东北地区中部和长江中下游北部地区，需磷量超过70kg/hm^2，这部分地区占全部研究区域的6.7%。然而，仍有7.8%的研究区域50kg/hm^{2}的施磷量即可满足作物需求，主要位于早晚稻种植区，如长江中下游南部和华南南部地区。

施钾量在地区间同样具有较强的空间变异性，变异系数为38.8%。早稻、中稻、晚稻和一季稻的施磷量变异系数分别为35.4%、31.4%、32.9%和20.2%。中稻和一季稻的需钾量要高于早稻和晚稻，尤其是在东北和西北地区，需钾量超过80kg/hm^2，占全部研究区域的12.5%。为维持作物产量和土壤钾素平衡，一季稻种植区平均施钾量达到了99kg/hm^2。在西南地区，除四川盆地外，钾肥需求量主要为65～80kg/hm^2。钾肥需求量低于65kg/hm^{2}的占全部研究区域的73.0%，主要位于长江中下游、华南地区，以及西南地区的四川盆地。

6.4.2 区域尺度玉米养分推荐

1. 玉米可获得产量空间分布

对玉米试验产量数据进行空间插值得出，产量具有明显的空间分布特征，从南到北呈逐步增加趋势，这主要与轮作系统有关。华北平原、长江中下游及西南地区东南部主要以一年两熟的夏玉米为主，而东北及西北地区主要以一季春玉米为主。生长周期长、有效积温高、昼夜温差大是东北和西北地区玉米产量高的主要原因。就平均值而言，所有试验点的可获得产量为9.9t/hm^2，变异系数为25.5%。东北、华北、西北、西南和长江中下游地区的平均可获得产量分别为10.7t/hm^2、9.6t/hm^2、10.5t/hm^2、8.7t/hm^{2}和8.6t/hm^2，变异系数分别为 21.0%、22.6%、30.3%、25.7%和 28.6%。可获得产量为 8～10t/hm^2 的占全部研究区域的 37.9%，主要位于华北地区、长江中下游地区北部及东北地区北部。可获得产量为 10～12t/hm^2 的占全部研究区域的 23.5%，主要分布于东北黑土带、华北地区中部及西南地区西南部。而在西北地区，如甘肃中部和西北部，以及新疆大部分地区的可获得产量大于 12t/hm^2，新疆部分区域的可获得产量甚至大于 15t/hm^2。在全部研究区域中，有 8.8%研究区域的可获得产量为 12～14t/hm^2，可获得产量大于 14t/hm^2 的占全部研究区域的 5.7%。然而，可获得产量小于 8t/hm^2 的占全部研究区域的 24.1%，主要位于华北地区南部、长江中下游北部及四川盆地。

2. 玉米产量反应和相对产量空间分布

就全部研究区域而言，N、P 和 K 的平均 YR 分别为 2.4t/hm^2、1.2t/hm^2 和 1.2t/hm^2，变异系数分别为 42.0%、62.6%和 55.9%。N、P 和 K 的平均 RY 分别为 0.77、0.88 和 0.88，变异系数分别为 17.0%、12.2%和 12.0%。

不同地区的 YRN 具有显著的空间变异性，东北、华北、西北、西南和长江中下游地区 YRN 的变异系数分别达到了 33.4%、36.1%、40.2%、41.1%和 35.7%。大部分研究区域的 YRN 为 1～3t/hm^2，占全部研究区域的 77.4%，主要位于华北平原及东北中部地区。YRN 为 3～4t/hm^2 的占全部研究区域的 15.4%，主要位于西北地区、西南地区西南部，以及东北非黑土带地区。而 YRN 大于 4t/hm^2 的主要位于西北地区的宁夏和新疆地区。东北、华北、西北、西南和长江中下游地区 RYN 的变异系数分别为 8.3%、8.6%、12.5%、12.8%和 8.9%。大部分研究区域的 RYN 为 0.68～0.79，占全部研究区域的 66.1%。而 RYN 为 0.79～0.87 的占全部研究区域的 19.2%，主要位于华北地区中部。RYN 为 0.60～0.68 的占全部研究区域的 11.7%，主要位于西北地区，如甘肃、青海和宁夏。较低的 RYN（＜0.60）占全部研究区域的 2.3%，主要位于西南地区东部。而 RYN 大于 0.87 的占全部研究区域的 0.7%。

YRP 的空间分布在区域间及区域内具有明显的空间变异性，东北、华北、西北、西南和长江中下游地区 YRP 的变异系数分别达到了 49.9%、65.4%、51.8%、61.8%和 54.8%，且平均 YRP 分别为 1.3t/hm^2、0.9t/hm^2、1.8t/hm^2、1.2t/hm^2 和 0.9t/hm^2。YRP 为 0.5～1.5t/hm^2 的占全部研究区域的 71.6%，主要位于华北平原大部分地区、东北黑土带地区，以及西南的四川盆地地区。YRP 为 1.5～2.0t/hm^2 的主要位于东北非黑土带地区、华北地区西北部、西北地区东部及西南地区大部，占全部研究区域的 16.3%。YRP 大于 2.0t/hm^2 的占全部研究区域的 7.4%，主要位于西北地区。YRP 低于 0.5t/hm^2 的占全部研究区域的 4.7%，有些地区的 YRP 接近于零，主要位于华北平原的中部地区。磷相对产量具有明显的空间分布特征。RYP 为 0.83～0.89 的占全部研究区域的 44.8%，在各个区域都有分布；为 0.89～0.95 的占全部研究区域的 34.5%，主要位于东北和华北地区。高的磷肥施用历史导致了高的 RYP，大于 0.95 的占全部研究区域的 3.1%，主要位于华北地区中部。低的 RYP 主要位于西北地区和西南地区东部，其中有 15.0%研究区域的 RYP 为 0.75～0.83，而 RYP 小于 0.75 的仅占全部研究区域的 2.6%。

东北、华北、西北、西南和长江中下游地区的平均 YRK 分别为 1.3t/hm^2、1.5t/hm^2、

1.2t/hm^2、1.2t/hm^2 和 1.0t/hm^2，变异系数分别为 49.5%、54.8%、55.1%、65.5%和 53.4%。YRK 为 0.5～1.5t/hm^2 的占全部研究区域的 81.5%，在各个地区都有分布。YRK 大于 1.5t/hm^2 的占全部研究区域的 14.6%，主要位于东北、西北及西南地区的南部区域。而 YRK 小于 0.5t/hm^2 的占全部研究区域的 3.9%。RYK 具有明显的空间分布特征，其中为 0.84～0.90 的占全部研究区域的 49.5%，主要位于东北地区中部、华北大部分地区和西南地区。RYK 为 0.90～0.94 的占全部研究区域的 23.0%，而大于 0.94 的占全部研究区域的 5.3%，主要位于华北中部地区。西北地区的大部分区域，钾肥施用效果超过 15%。在所有研究区域中，钾肥施用效果大于 16%(RYK 小于 0.84)的占 22.2%。

3. 玉米施肥量空间分布

施氮量的空间分布显示，施氮量在地区间具有较强的空间变异性，变异系数为 19.5%。在全部研究区域中，有 42.9%的施氮量为 150～180kg/hm^2，主要位于东北和华北地区、西南地区中部和西北地区东部。而施氮量为 180～210kg/hm^2 的占全部研究区域的 29.1%。西北地区由于具有较高的可获得产量和较低的氮相对产量，该地区许多区域的施氮量大于 210kg/hm^2。而在一些地区施氮量小于 150kg/hm^2 即可满足作物需求，占全部研究区域的 17.5%，主要位于华北地区中部、东北地区北部和西南地区的四川东部。然而在一些高产地区，需要较高的施氮量(＞210kg/hm^2)，主要位于华北中部和西北地区的新疆。

施磷量在地区间具有较强的空间分布特征，变异系数为 31.6%。春玉米种植区的需磷量大于夏玉米种植区。施磷量为 50～70kg/hm^2 的占全部研究区域的 49.9%，主要位于华北地区、长江中下游地区、西南地区北部和东北地区北部。施磷量为 70～90kg/hm^2 的占全部研究区域的 31.8%，主要位于东北、华北地区西北部和西南地区南部。而施磷量大于 90kg/hm^2 的占全部研究区域的 11.1%，主要位于西北地区。需要注意的是需磷量小于 50kg/hm^2 的占全部研究区域的 7.2%，主要位于华北地区南部和长江中下游地区北部，以及四川中部。

施钾量在地区间同样具有较强的空间变异性，变异系数为 35.0%。东北、华北、西北、西南和长江中下游地区的变异系数分别为 27.4%、30.6%、36.2%、39.2%和 31.6%。华北地区中部、长江中下游中部及西南地区北部的需钾量低于其他地区，大部分为 50～90kg/hm^2，占全部研究区域的 57.8%。需钾量为 90～110kg/hm^2 的占全部研究区域的 23.7%，主要位于东北地区、西北地区南部和西南地区南部。而在全部研究区域中，有 13.8%的需钾量大于 110kg/hm^2，主要位于东北和西北地区，而在新疆一些地区的需钾量甚至超过 150kg/hm^2。然而，仅有 4.7%研究区域的需钾量小于 50kg/hm^2。

6.4.3　区域尺度小麦养分推荐

为减少在分析空间变异中产生的误差，在空间差值过程中去掉了没有数据点或少量数据点的区域，主要分析小麦主产区的产量、产量反应、相对产量和施肥量的空间分布特征。其区域划分同 6.3.2 部分。

1. 小麦可获得产量空间分布

小麦可获得产量的空间分布具有显著的空间分布特征，高产地区主要集中在华北平原地区。所有小麦试验点的变异系数达到了 24.1%，且不同区域间的变异系数有所差异，华北、西北和南部地区的变异系数分别为 20.2%、32.0%和 22.7%。西北地区较高的变异系数主要是由于有些区域具有灌溉条件，而大部分区域则是旱麦，无灌溉条件。西北地区东部、南部地区大部的小麦可获得产量低于 $6t/hm^2$，占全部研究区域的 38.0%。一些地区的产量低于 $4t/hm^2$，这些地区占全部研究区域的 8.0%。可获得产量为 $6\sim7t/hm^2$ 的占全部研究区域的 24.2%，在各个地区都有分布。可获得产量为 $7\sim9t/hm^2$ 的主要位于华北地区，以及西北地区个别区域，占全部研究区域的 33.9%。而在全部研究区域中，大于 $9t/hm^2$ 的主要位于华北平原地区，占全部研究区域的 3.9%，华北平原的一些区域小麦产量可以达到 $10t/hm^2$ 以上，占全部研究区域的 1.5%。

2. 小麦产量反应和相对产量空间分布

所有试验 YRN 的变异系数为 43.1%。华北、西北和南部地区 YRN 的变异系数分别为 39.3%、49.1%和 42.2%。大部分研究区域的 YRN 为 $1\sim3t/hm^2$，占全部研究区域的 43.9%。而全部研究区域中，有 12.0%的 YRN 低于 $1t/hm^2$。在华北地区南部及江苏、安徽等地的 YRN 大于 $3t/hm^2$，占全部研究区域的 14.1%，其中 YRN 超过 $3t/hm^2$ 的占全部研究区域的 5.1%。而全部研究区域 RYN 的变异系数为 16.1%，华北、西北和南部地区 RYN 的变异系数分别为 13.4%、14.9%和 19.6%。大部分研究区域的 RYN 为 0.6～0.8，占全部研究区域的 73.6%。RYN 大于 0.8 的占全部研究区域的 10.5%，而大于 0.9 的占全部研究区域的 1.4%，主要位于华北平原。RYN 低于 0.6 的占全部研究区域的 15.9%，主要位于长江中下游东部、西南地区东北部。

小麦 YRP 的空间分布特征显示，其变异系数达到了 48.1%。华北、西北和南部地区 YRP 的变异系数分别为 46.9%、49.3%和 49.0%。全部数据中，YRP 为 $0.4\sim1.2t/hm^2$ 的占全部研究区域的 69.2%，在各个区域都有分布，而低于 $0.4t/hm^2$ 的占全部研究区域的 11.1%，主要位于西北和南部地区，与该地区较低产量有关。全部研究区域中，有 19.7% 的 YRP 大于 $1.2t/hm^2$，而 YRP 大于 $1.6t/hm^2$ 的主要位于华北平原及长江中下游南部地区，一些地区 YRP 甚至超过了 $2.0t/hm^2$，这部分区域占全部研究区域的 5.1%。虽然 YRP 的变异系数较高，但 RYP 的变异系数较低，仅为 6.7%。大部分研究区域的 RYP 为 0.85～0.95，占全部研究区域的 64.9%。而 RYP 低于 0.85 的主要位于华北平原南部及南方地区北部，占全部研究区域的 25.3%，其中低于 0.80 的仅占全部研究区域的 3.2%。一些地区具有较高的 RYP，大于 0.90 的占全部研究区域的 9.8%，主要位于华北平原中部、西北地区西北部，以及东北地区的北部小麦种植区。

全部研究中，小麦 YRK 的变异系数为 52.9%。华北、西北和南部地区 YRK 的变异系数分别为 48.7%、62.0%和 52.5%。绝大多数研究区域的钾产量反应低于 $0.8t/hm^2$，占全部研究区域的 80.1%。YRK 为 $0.8\sim1.2t/hm^2$ 的占全部研究区域的 14.0%，主要位于华北平原。而高的 YRK（大于 $1.2t/hm^2$）也主要位于华北平原地区，占全部研究区域的 5.9%。

全部数据中，RYK的变异系数较低，为5.6%。大部分研究区域的RYK为0.85～0.95，占全部研究区域的94.3%。而RYK小于0.85的仅占全部研究区域的4.1%，主要位于南部地区。

3. 小麦施肥量空间分布

小麦施氮量在地区间具有较强的空间变异性，变异系数为20.5%。华北、西北和南部地区的施氮量变异系数分别为18.5%、23.5%和20.6%。在全部研究区域中，有28.0%的地区氮肥需求大于180kg/hm^2，而大于200kg/hm^{2}的占全部研究区域的13.7%，主要位于华北平原南部、南方地区北部及西北地区西部。施氮量为140～180kg/hm^{2}的占全部研究区域的43.4%，主要位于华北平原大部分地区。而低施氮量(低于140kg/hm^2)主要位于华北平原北部、西南地区东北部、西北地区东部及东北地区黑龙江小麦种植区域，此部分区域占全部研究区域的28.6%。

施磷量在地区间具有较强的空间变异性，变异系数为24.5%。华北、西北和南部地区的施磷量变异系数分别为21.6%、31.0%和24.3%。华北地区和西北地区西部(新疆)具有较高的施磷量，此区域绝大部分施磷量大于70kg/hm^2，占全部研究区域的51.9%，其中施磷量大于90kg/hm^{2}的占全部研究区域的12.6%，一些地区的施磷量高于100kg/hm^2，占全部研究区域的4.3%。而在其余区域大部分施磷量为50～70kg/hm^2，占全部研究区域的36.9%。然而，仍有11.2%研究区域50kg/hm^{2}的施磷量即可满足小麦生长需求，主要位于西北地区东部、西南地区北部及东北的黑龙江地区。

施钾量在地区间同样具有较强的空间变异性，变异系数为29.2%。华北、西北和南部地区的施钾量变异系数分别为28.2%、35.3%和29.2%。华北地区和西北地区西部(新疆)的施磷量要高于其他地区。施钾量低于50kg/hm^{2}的占全部研究区域的37.0%，主要位于西南地区、西北地区的东部及长江中下游东北部。施钾量为50～80kg/hm^{2}的占全部研究区域的55.4%。而在一些区域需钾量超过80kg/hm^2，占全部研究区域的7.6%，主要位于华北地区中部及长江中下游北部。

参 考 文 献

陈蓉蓉, 周治国, 曹卫星, 等. 2004. 农田精准施肥决策支持系统的设计和实现. 中国农业科学, 37(4): 516-521.

陈新平, 李志宏, 王兴仁, 等. 1999. 土壤、植株快速测试推荐施肥技术体系的建立与应用. 土壤肥料, 2: 6-10.

党红凯, 李瑞奇, 李雁鸣, 等. 2012. 超高产栽培条件下冬小麦对磷的吸收、积累和分配. 植物营养与肥料学报, 18(3): 531-541.

范立春, 彭显龙, 刘元英, 等. 2005. 寒地水稻实地氮肥管理的研究与应用. 中国农业科学, 38(9): 1761-1766.

高伟, 金继运, 何萍, 等. 2008. 我国北方不同地区玉米养分吸收及累积动态研究. 植物营养与肥料学报, 14(4): 623-629.

郭建华, 王秀, 陈立平, 等. 2010. 快速获取技术在小麦推荐施肥中的应用. 土壤通报, 41(3): 664-667.

何萍, 金继运, Mirasol MF, 等. 2012. 基于产量反应和农学效率的推荐施肥方法. 植物营养与肥料学报, 18 (2): 499-505.

贺帆, 黄见良, 崔克辉, 等. 2007. 实时实地氮肥管理对水稻产量和稻米品质的影响. 中国农业科学, 40 (1): 123-132.

贺帆, 黄见良, 崔克辉, 等. 2008. 实时实地氮肥管理对不同杂交水稻氮肥利用率的影响. 中国农业科学, 41(2): 470-479.

侯彦林. 2000. 生态平衡施肥的理论基础和技术体系. 生态学报, 20(4): 653-658.

侯彦林, 陈守伦. 2004. 施肥模型研究综述. 土壤通报, 35(4): 493-501.

侯彦林, 郭喆, 任军. 2002. 不测土条件下半定量施肥原理和模型评述. 生态学杂志, 21(4): 31-35.
黄进宝, 范晓晖, 张绍林, 等. 2007. 太湖地区黄泥土壤水稻氮素利用与经济生态适宜施氮量. 生态学报, 27(2): 588-595.
戢林, 张锡洲, 李廷轩. 2011. 基于"3414"试验的川中丘陵区水稻测土配方施肥指标体系构建. 中国农业科学, 44(1): 84-92.
纪洪亭, 冯跃华, 何腾兵, 等. 2012. 超级杂交稻群体干物质和养分积累动态模型与特征分析. 中国农业科学, 45(18): 3709-3720.
姜海燕, 朱艳, 汤亮, 等. 2009. 基于本体的作物系统模拟框架构建研究. 中国农业科学, 42(4): 1207-1214.
金继运, 李家康, 李书田. 2006. 化肥与粮食安全. 植物营养与肥料学报, 12(5): 601-609.
巨晓棠, 刘学军, 邹国元, 等. 2002. 冬小麦/夏玉米轮作体系中氮素的损失途径分析. 中国农业科学, 35(12): 1493-1499.
李红莉, 张卫峰, 张福锁, 等. 2010. 中国主要粮食作物化肥施用量与效率变化分析. 植物营养与肥料学报, 16(5): 1136-1143.
李书田, 金继运. 2011. 中国不同区域农田养分输入、输出与平衡. 中国农业科学, 44(20): 4207-4229.
李鑫. 2007. 华北平原冬小麦-夏玉米轮作体系中肥料氮去向及氮素气态损失研究. 河北农业大学硕士学位论文.
李映雪, 朱艳, 曹卫星. 2006. 不同施氮条件下小麦冠层的高光谱和多光谱反射特征. 麦类作物学报, 26(2): 103-108.
李志宏, 刘宏斌, 张云贵. 2006. 叶绿素仪在氮肥推荐中的应用研究进展. 植物营养与肥料学报, 12(1): 125-132.
李志宏, 张宏斌, 张福锁. 2003. 应用叶绿素仪诊断冬小麦氮营养状况的研究. 植物营养与肥料学报, 9 (4): 401-405.
李宗新, 董树亭, 王空军, 等. 2008. 不同施肥条件下玉米田土壤养分淋溶规律的原位研究. 应用生态学报, 19(1): 65-70.
刘立军, 桑大志, 刘翠莲, 等. 2003. 实时实地氮肥管理对水稻产量和氮素利用率的影响. 中国农业科学, 36(12): 1456-1461.
刘子恒, 唐延林, 常静, 等. 2009. 水稻叶片叶绿素含量与吸收光谱变量的相关性研究. 中国农学通报, 25(15): 68-71.
裴雪霞, 王秀斌, 何萍, 等. 2009. 氮肥后移对土壤氮素供应和冬小麦氮素吸收利用的影响. 植物营养与肥料学报, 15(1): 9-15.
彭少兵, 黄见良, 钟旭华, 等. 2002. 提高中国稻田氮肥利用率的研究策略. 中国农业科学, 35(9): 1095-1103.
彭显龙, 刘元英, 罗盛国, 等. 2006. 实地氮肥管理对寒地水稻干物质积累和产量的影响. 中国农业科学, 39(11): 2286-2293.
仇少君, 赵士诚, 苗建国, 等. 2012. 氮素运筹对两个晚稻品种产量及其主要构成因素的影响. 植物营养与肥料学报, 18(6): 1326-1355.
沙之敏, 边秀举, 郑伟, 等. 2010. 最佳养分管理对华北冬小麦养分吸收和利用的影响. 植物营养与肥料学报, 16(5): 1049-1055.
王绍华, 曹卫星, 王强盛, 等. 2002. 水稻叶色分布特点与氮素营养诊断. 中国农业科学, 35(12): 1461-1466.
王圣瑞, 陈新平, 高祥照, 等. 2002. "3414"肥料试验模型拟合的探讨. 植物营养与肥料学报, 8(4): 409-413.
魏义长, 白由路, 杨俐苹, 等. 2008. 基于 ASI 法的滨海滩涂地水稻土壤有效氮、磷、钾丰缺指标. 中国农业科学, 41(1): 138-143.
吴建国. 1981. 冬小麦地上部分不同器官干物质、氮磷积累、分配特点的初步分析. 河南农学院学报, 2: 26-31.
吴良欢, 陶勤南. 1999. 水稻叶绿素计诊断追氮法研究. 浙江农业大学学报, 25 (2): 135-138.
薛利红, 卢萍, 杨林章, 等. 2006. 利用水稻冠层光谱特征诊断土壤氮素营养状况. 植物生态学报, 30(4): 675-681.
闫湘, 金继运, 何萍, 等. 2008. 提高肥料利用率技术研究进展. 中国农业科学, 4(2): 450-459.
晏娟, 尹斌, 张绍林, 等. 2008. 不同施氮量对水稻氮素吸收与分配的影响. 植物营养与肥料学报, 14(5): 835-839.
杨建昌, 杜永, 刘辉. 2008. 长江下游稻麦周年超高产栽培途径与技术. 中国农业科学, 41(6): 1611-1621.
杨京平, 江宁, 陈杰. 2002. 水稻吸氮量和干物质积累的模拟试验研究. 植物营养与肥料学报, 8(3): 318-324.
易琼, 赵士诚, 张秀芝, 等. 2002. 实时实地氮素管理对水稻产量和氮素吸收利用的影响. 植物营养与肥料学报, 18(4): 777-785.
于亮, 陆莉. 2007. 冬小麦氮素营养诊断的研究进展. 安徽农业科学, 32(10): 2861-2863.
于振文, 田奇卓, 潘庆民, 等. 2002. 黄淮麦区冬小麦超高产栽培的理论与实践. 作物学报, 28(5): 577-585.
张福锁, 崔振岭, 王激清, 等. 2007. 中国土壤和植物养分管理现状与改进策略. 植物学通报, 24(6): 687-694.
张福锁, 王激清, 张卫峰, 等. 2008. 中国主要粮食作物肥料利用率现状与提高途径. 土壤学报, 45(5): 915-924.
赵士诚, 沙之敏, 何萍. 2011. 不同氮素管理措施在华北平原冬小麦上的应用效果. 植物营养与肥料学报, 17 (2): 517-524.

朱艳, 曹卫星, 姚霞, 等. 2005. 小麦栽培管理动态知识模型的构建与检验. 中国农业科学, 38(2): 283-289.

朱兆良. 2006. 推荐氮肥适宜施用量的方法论刍议. 植物营养与肥料学报, 12(1): 1-4.

Alam MM, Karim MR, Ladha JK. 2013. Integrating best management practices for rice with farmers' crop management techniques: a potential option for minimizing rice yield gap. Field Crops Research, 144(144): 62-68.

Alam MM, Ladha JK, Foyjunnessa, et al. 2006. Nutrient management for increased productivity of rice-wheat cropping system in Bangladesh. Field Crops Research, 96(2): 374-386.

Bai JS, Chen XP, Dobermann A, et al. 2010. Evaluation of NASA satellite- and model-derived weather data for simulation of maize yield potential in China. Agronomy Journal, 102(1): 9-16.

Balasubramanian V, Morales AC, Cruz RT. 1999. On-farm adaptation of knowledge-intensive nitrogen management technologies for rice systems. Nutrient Cycling Agroecosystems, 53(1): 59-69.

Blackmer TM, Schepers JS. 1995. Use of a chlorophyll meter to monitor nitrogen status and schedule fertigation for corn. Journal of Production Agriculture, 8(1): 56-60.

Boling AA, Bouman BAM, Tuong TP, et al. 2011. Yield gap analysis and the effect of nitrogen and water on photoperiod-sensitive Jasmine rice in north-east Thailand. NJAS-Wageningen Journal of Life Sciences, 58(1): 11-19.

Buresh RJ. 2009. The SSNM concept and its implementation in rice. Kota Kinabalu: IFA Crossroad Asia-Pacific Conference.

Buresh RJ, Pampolino MF, Witt C. 2010. Field-specific potassium and phosphorus balances and fertilizer requirements for irrigated rice-based cropping systems. Plant and Soil, 335(1-2): 35-64.

Buresha RJ, Gilkes RJ, Prakongkep N. 2010. Nutrient best management practices for rice, maize, and wheat in Asia. Brisbane: Proceedings of the 19th World Congress of Soil Science: Soil Solutions for a Changing World, Division Symposium 3.2 Nutrient Best Management Practices 2010: 164-167.

Cassman KG, Dobermann A, Walters DT. 2002. Agroecosystems, nitrogen use efficiency, and nitrogen management. Ambio, 31(2): 132-140.

Cassman KG, Gines HC, Dizon M, et al. 1996. Nitrogen-use efficiency in tropical lowland rice systems: contributions from indigenous and applied nitrogen. Field Crops Research, 47(1):1-12.

Cassman KG, Peng SB, Olk DC, et al. 1998. Opportunities for increased nitrogen use efficiency from improved resource management in irrigated rice systems. Field Crops Research, 56(1): 7-38.

Cerrato ME, Blackmer AM. 1990. Comparison of models for describing corn yield response to nitrogen fertilizer. Agronomy Journal, 82(1): 138-143.

Chandrasekhra RK, Riazuddin A. 2000. Soil test based fertilizer recommendation for maize grown in inceptisols of Jagtiyal in Andhra Pradesh. Journal of the Indian Society of Soil Science, 48: 84-89.

Chen XP, Cui ZL, Fan MS, et al. 2014. Producing more grain with lower environmental costs. Nature, 514(7523): 486-489.

Chen XP, Cui ZL, Vitousek PM, et al. 2011. Integrated soil-crop system management for food security. Proceedings of the National Academy of Sciences of the United States of America, 108(16): 6399-6404.

Chen YT, Peng J, Wang J, et al. 2015. Crop management based on multi-split topdressing enhances grain yield and nitrogen use efficiency in irrigated rice in China. Field Crops Research, 184: 50-57.

Chuan LM, He P, Jin JY, et al. 2013a. Estimating nutrient uptake requirements for wheat in China. Field Crops Research, 180(146): 37-45.

Chuan LM, He P, Pampolino MF, et al. 2013b. Establishing a scientific basis for fertilizer recommendations for wheat in China: yield response and agronomic efficiency. Field Crops Research, 140(1): 1-8.

Cruz MR, Moreno OH. 1996. Wheat yield response models to nitrogen and phosphorus fertilizer for rotation experiments in the northwest of Mexico. Cereal Research Communications, 24(2): 239-245.

Cui ZL, Chen XP, Zhang FS. 2010. Current nitrogen management status and measures to improve the intensive wheat-maize system in China. Ambio, 39(5-6): 376-384.

Cui ZL, Yue SC, Wang GL, et al. 2013. Closing the yield gap could reduce projected greenhouse gas emissions: a case study of maize production in China. Global Change Biology, 19(8): 2467-2477.

Cui ZL, Zhang FS, Chen XP, et al. 2008. On-farm estimation of indigenous nitrogen supply for site-specific nitrogen management in the North China Plain. Nutrient Cycling in Agroecosystems, 81 (1): 37-47.

Cui ZL, Zhang FS, Chen XP, et al. 2010. In-season nitrogen management strategy for winter wheat: maximizing yields, minimizing environment impact in an over-fertilization context. Field Crops Research, 116(1-2): 140-146.

Das DK, Maiti D, Pathak H. 2009. Site-specific nutrient management in rice in Eastern India using a modeling approach. Nutrient Cycling in Agroecosystems, 83(1): 85-94.

Dobermann A, Cassman KG, Mamaril CP, et al. 1998. Management of phosphorus, potassium and sulfur in intensive, irrigated lowland rice. Field Crops Research, 56(1-2): 113-138.

Dobermann A, Cassman KG. 2002. Plant nutrient management for enhanced productivity in intensive grain production systems of the United States and Asia. Plant Soil, 247(1): 153-175.

Dobermann A, Dave D, Roetter RP, et al. 2000. Reversal of rice yield decline in a long-term continuous cropping experiment. Agronomy Journal, 92(4): 633-643.

Dobermann A, White PF. 1999. Strategies for nutrient management in irrigated and rainfed lowland rice systems. Nutrient Cycling in Agroecosystems, 53(1): 1-18.

Dobermann A, Witt C, Abdulrachman S, et al. 2003a. Fertilizer management, soil fertility and indigenous nutrient supply in irrigated rice domains of Asia. Agronomy Journal, 95(4): 913-923.

Dobermann A, Witt C, Abdulrachman S, et al. 2003b. Estimating indigenous nutrient supplies for site-specific nutrient management in irrigated rice. Agronomy Journal, 95(4): 924-935.

Dobermann A, Witt C, Dawe D, et al. 2002. Site-specific nutrient management for intensive rice cropping systems in Asia. Field Crops Research, 74(1): 37-66.

Evans LT, Fischer RA. 1999. Yield potential: its definition, measurement and significance. Crop Science, 39(6): 1544-1551.

Fox RH, Piekilek WP, Macneal KM. 1994. Using a chlorophyll meter to predict nitrogen fertilizer needs of winter wheat. Communications in Soil Science and Plant Analysis, 25(3-4): 171-181.

Gao Q, Li CL, Feng GZ, et al. 2012. Understanding yield response to nitrogen to achieve high yield and nitrogen use efficiency in rainfed corn. Agronomy Journal, 104(1): 165-168.

Gebbers R, Adamchuk VI. 2010. Precision agriculture and food security. Science, 327(5967): 828-831.

Godfray HCJ, Beddington JR, Crute IR, et al. 2010. Food security: the challenge of feeding 9 billion people. Science, 327(5967): 812-818.

Greenwood DJ, Karpinets TV, Stone DA. 2001. Dynamic model for the effects of soil P and fertilizer P on crop growth, P uptake and soil P in arable cropping: model description. Annals of Botany, 88(2): 279-291.

Haefele SM, Wopereis MCS. 2005. Spatial variability of indigenous supplies for N, P and K and its impact on fertilizer strategies for irrigated rice in West Africa. Plant Soil, 270(1): 57-72.

Hay RKM. 1995. Harvest index: a review of its use in plant breeding and crop physiology. Applied Biology, 126(1): 197-216.

He P, Li ST, Jin JY, et al. 2009. Performance of an optimized nutrient management system for double-cropped wheat-maize rotations in North-central China. Agronomy Journal, 101(6): 1489-1496.

He P, Sha ZM, Yao DW, et al. 2013. Effect of nitrogen management on productivity, nitrogen use efficiency and nitrogen balance for a wheat-maize system. Journal of Plant Nutrition, 36(8): 1258-1274.

He P, Yang LP, Xu XP, et al. 2015. Temporal and spatial variation of soil available potassium in China (1990-2012). Field Crops Research, 173: 49-56.

Hoel BO, Solhaug KA. 1998. Effect of irradiance on chlorophyll estimation with the Minolta SPAD -502 leaf chlorophyll meter. Annals of Botany, 82 (3): 389-392.

Huang JL, He F, Cui KH, et al. 2008. Determination of optimal nitrogen rate for rice varieties using a chlorophyll meter. Field Crops Research, 105(1-2): 70-80.

Huang M, Zou YB, Jiang P, et al. 2011. Relationship between grain yield and yield components in super hybrid rice. Agricultural Science of China, 10(10): 1537-1544.

Hussain F, Bronson KF, Yadvinder S, et al. 2000. Use of chlorophyll meter sufficiency indices for nitrogen management of irrigated rice in Asia. Agronomy Journal, 92(5): 875-879.

Isfan D, Zizka J, Avignon AD, et al. 1995. Relationships between nitrogen rate, plant nitrogen concentration, yield and residual soil nitrate nitrogen in silage corn. Communications in Soil Science and Plant Analysis, 26(15-16): 2531-2557.

Islam MA, Islam MR, Sarker ABS. 2008. Effect of phosphorus on nutrient uptake of japonica and indica rice. Journal of Agriculture and Rural Development in the Tropics and Subtropics, 6(1): 7-12.

Janssen BH, Guiking FCT, Van der Eijk D, et al. 1990. A system for quantitative evaluation of the fertility of tropical soils (QUEFTS). Geoderma, 46(4): 299-318.

Jin JY, Jiang C. 2002. Spatial variability of soil nutrients and site-specific nutrient management in the P.R. China. Computers and Electronics in Agriculture, 36(2-3): 165-172.

Ju XT, Xing GX, Chen XP, et al. 2009. Reducing environmental risk by improving N management in intensive Chinese agricultural systems. Proceedings of the National Academy of Sciences of the United States of America, 106(9): 3041-3046.

Katsuyuki K, Osamu I, Joseph JA, et al. 1999. Effects of NPK fertilizer combinations on yield and nitrogen balance in sorhgum or pigeonpea on a vertisol in the semi-arid tropics. Soil Science and Plant Nutrition, 45(1):143-150.

Khosla R, Fleming K, Delgado JA, et al. 2002. Use of site-specific management zones to improve nitrogen management for precision agriculture. Soil Water Conserve, 57 (6): 513-518.

Khurana HS, Phillips SB, Bijay-Singh, et al. 2007. Performance of site-specific nutrient management for irrigated transplanted rice in Northwest India. Agronomy Journal, 99(6): 1436-1447.

Khurana HS, Phillips SB, Bijay-Singh, et al. 2008. Agronomic and economic evaluation of site-specific nutrient management for irrigated wheat in northwest India. Nutrient Cycling in Agroecosystems, 82(1): 15-31.

Koch B, Khosla R, Frasier WM, et al. 2004. Economic feasibility of variable-rate nitrogen application utilizing site-specific management zones. Agronomy Journal, 96(6): 1572-1580.

Koutroubas SD, Ntanos DA. 2003. Genotypic differences for grain yield and nitrogen utilization in indica and japonica rice under Mediterranean conditions. Field Crops Research, 83(3): 251-260.

Laborte AG, de Bie KCAJM, Smaling EMA, et al. 2012. Rice yields and yield gaps in Southeast Asia: past trends and future outlook. European Journal of Agronomy, 36(1): 9-20.

Ladha JK, Pathak H, Krupnik TJ, et al. 2005. Efficiency of fertilizer nitrogen in cereal production: retrospects and prospects. Advances Agronomy, 87: 86-156.

Li ED, Xiong W, Ju H, et al. 2005. Climate change impacts on crop yield and quality with CO_2 fertilization in China. Philosophical Transactions of the Royal Society B-Biological Sciences, 360(1463): 2149-2154.

Li H, Huang G, Meng Q, et al. 2011. Integrated soil and plant phosphorus management for crop and environment in China. A review. Plant Soil, 373(1-2): 1011.

Liang WL, Carberry P, Wang GY, et al. 2011. Quantifying the yield gap in wheat-maize cropping systems of the Hebei Plain, China. Field Crops Research, 124(2): 180-185.

Liang XQ, Li H, Wang SX, et al. 2013. Nitrogen management to reduce yield-scaled global warming potential in rice. Field Crops Research, 146(3): 66-74.

Liu JG, You LZ, Amini M, et al. 2010. A high-resolution assessment on global nitrogen flows in cropland. Proceeding of the National Academy of Sciences of the United States of America, 107(17): 8035-8040.

Liu MJ, Lin S, Dannenmann M, et al. 2013. Do water-saving ground cover rice production systems increase grain yields at regional scales. Field Crops Research, 150(15): 19-28.

Liu MQ, Yu ZR, Liu YH, et al. 2006. Fertilizer requirements for wheat and maize in China: the QUEFTS approach. Nutrient Cycling in Agroecosystems, 74(3): 245-258.

Liu XY, He P, Jin JY, et al. 2011. Yield gaps, indigenous nutrient supply, and nutrient use efficiency of wheat in China. Agronomy Journal, 103(5): 1-12.

Liu YL, Zhou ZQ, Zhang XX, et al. 2015. Net global warming potential and greenhouse gas intensity from the double rice system with integrated soil-crop system management: a three-year field study. Atmospheric Environment, 116: 92-101.

Lobell DB, Cassman KG, Field CB. 2009. Crop yield gaps: their importance, magnitudes, and causes. Annual Review of Environment and Resources, 34(1): 179-204.

Lv S, Yang XG, Lin XM, et al. 2015. Yield gap simulations using ten maize cultivars commonly planted in Northeast China during the past five decades. Agricultural and Forest Meteorology, 205: 1-10.

Ma Q, Yu WT, Shen SM, et al. 2010. Effects of fertilization on nutrient budget and nitrogen use efficiency of farmland soil under different precipitations in Northeastern China. Nutrient Cycling in Agroecosystems, 88(3): 315-327.

Maderia AC, Mendonca A, Ferreira ME, et al. 2000. Relationship between spectroradiometric and chlorophyll measurements in green beans. Communications in Soil Science and Plant Analysis, 31(5-6): 631-643.

Maiti D, Das DK, Pathak H. 2006. Simulation of fertilizer requirement for irrigated wheat in eastern India using the QUEFTS model. The Scientific World Journal, 6(4): 231-245.

Meng QF, Hou P, Wu L, et al. 2013. Understanding production potential and yield gaps in intensive maize production in China. Field Crops Research, 143(1): 91-97.

Mowo JG, Janssen BH, Oenema O, et al. 2006. Soil fertility evaluation and management by smallholder farmer communities in northern Tanzania. Agriculture Ecosystems and Environment, 116(1-2): 47-59.

Mueller ND, Gerber JS, Johnston M, et al. 2012. Closing yield gaps through nutrient and water management. Nature, 490(7419): 254-257.

Naklang K, Harnpichitvitaya D, Amarante ST, et al. 2006. Internal efficiency, nutrient uptake, and the relation to field water resources in rainfed lowland rice of northeast Thailand. Plant and Soil, 286(1-2): 193-208.

Neumann M, Verburg PH, Stehfest E, et al. 2010. The yield gap of global grain production: a spatial analysis. Agricultural System, 103(5): 316-326.

Nhamo N, Rodenburg J, Zenna N, et al. 2014. Narrowing the rice yield gap in East and Southern Africa: using and adopting existing technologies. Agricultural System, 131(131): 45-55.

Pampolino MF, Manguiat IJ, Ramanathan S, et al. 2007. Environmental impact and economic benefits of site-specific nutrient management (SSNM) in irrigated rice systems. Agricultural System, 93(1-3): 1-24.

Pampolino MF, Witt C, Pasuquin JM, et al. 2012. Development approach and evaluation of the nutrient expert software for nutrient management in cereal crops. Computers and Electronics in Agriculture, 88(4): 103-110.

Pasuquin JM, Pampolino MF, Witt C, et al. 2014. Closing yield gaps in maize production in Southeast Asia through site-specific nutrient management. Field Crops Research, 156(2): 219-230.

Pasuquin JM, Saenong S, Tan PS, et al. 2012. Evaluating N management strategies for hybrid maize in Southeast Asia. Field Crop Research, 134(3): 153-157.

Pathak H, Aggarwal PK, Roetter R, et al. 2003. Modelling the quantitative evaluation of soil nutrient supply, nutrient use efficiency, and fertilizer requirements of wheat in India. Nutrient Cycling in Agroecosystems, 65(2): 105-113.

Peng SB, Buresh RJ, Huang JL, et al. 2006. Strategies for overcoming low agronomic nitrogen use efficiency in irrigated rice systems in China. Filed Crops Research, 96(1): 37-47.

Peng SB, Garcia FV, Laza RC, et al. 1993. Adjustment for specific leaf weight improves chlorophyll meter's estimate of rice leaf nitrogen concentration. Agronomy Journal, 85(5): 987-990.

Peng SB, Garcia FV, Laza RC, et al. 1996. Increased N-use efficiency using a chlorophyll meter on high yielding irrigated rice. Field Crops Research, 47(2-3): 243-252.

Peng SB, Khush GS, Virk P, et al. 2008. Progress in ideotype breeding to increase rice yield potential. Field Crops Research, 108(1): 32-38.

Peng XL, Liu YY, Luo SG, et al. 2007. Effects of site-specific nitrogen management on yield and dry matter accumulation of rice from cold areas of Northeastern China. Agricultural Sciencein China, 6(6): 715-723.

Ping JL, Ferguson RB, Dobermann A, et al. 2008. Site-specific nitrogen and plant density management in irrigated maize. Agronomy Journal, 100(4): 1193-1204.

Probert ME. 1985. A conceptual model for initial and residual responses to phosphorus fertilizers. Fertilizer Research, 6(2): 131-138.

Qin JQ, Impa SM, Tang QY, et al. 2013. Integrated nutrient, water and other agronomic options to enhance rice grain yield and N use efficiency in double-season rice crop. Field Crops Research, 148: 15-23.

Robertson MJ, Lyle G, Bowden JW. 2008. Within-field variability of wheat yield and economic implications for spatially variable nutrient management. Field Crops Research, 105(3): 211-220.

Rüth B, Lennartz B. 2008. Spatial variability of soil properties and rice yield along two catenas in Southeast China. Pedosphere, 18(4): 409-420.

Saleque MA, Naher UA, Choudhury NN, et al. 2004. Variety-specific nitrogen fertilizer recommendation for lowland rice. Communications in Soil Science and Plant Analysis, 35(13-14): 1891-1903.

Sattari SZ, van Ittersum MK, Bouwman AF, et al. 2014. Crop yield response to soil fertility and N, P, K inputs in different environment: testing and improving the QUEFTS model. Field Crops Research, 157(1): 35-46.

Satyanarayana T, Majumdar M, Birdar DP. 2011. New approaches and tools for site-specific nutrient management with reference to potassium. Karnataka Journal of Agricultural Sciences, 24(1): 86-90.

Schepers JS, Francis DD, Vigil M, et al. 1992. Comparison of corn leaf nitrogen concentration and chlorophyll meter readings. Communications in Soil Science and Plant Analysis, 23(17-20): 2173-2187.

Schroder JJ, Neeteson JJ, Withagen JCM, et al. 1998. Effects of N application on agronomic and environmental parameters in silage maize production on sandy soils. Field Crops Research, 58(1): 55-67.

Schulthess U, Timsina J, Herrera JM, et al. 2013. Mapping field-scale yield gaps for maize: an example from Bangladesh. Field Crops Research, 143(1): 151-156.

Setiyono TD, Walters DT, Cassman KG, et al. 2010. Estimating maize nutrient uptake requirements. Field Crops Research, 118(2): 158-168.

Setiyono TD, Yang H, Watlers DT, et al. 2011. Maize-N: a decision tool for nitrogen management in maize. Agronomy Journal, 103(4): 1276-1283.

Shapiro CA. 1999. Using a chlorophyll meter to manage nitrogen applications to corn with high nitrate irrigation water. Communications in Soil Science and Plant Analysis, 30(7-8): 1037-1049.

Sileshi G, Akinnifesi FK, Debusho LK, et al. 2010. Variation in maize yield gaps with plant nutrient inputs, soil type and climate across sub-Saharan Africa. Field Crops Research, 116(1): 1-13.

Smaling EMA, Janssen BH. 1993. Calibration of QUEFTS: a model predicting nutrient uptake and yields from chemical soil fertility indices. Geoderma, 59(1-4): 21-44.

Smith SJ, Yong LB, Miller GE. 1977. Evaluation of soil nitrogen mineralization potentials under modified field conditions. Soil Science Society of America Journal, 41(1): 74-76.

Sui B, Feng XM, Tian GL, et al. 2013. Optimizing nitrogen supply increases rice yield and nitrogen use efficiency by regulating yield formation factors. Field Crops Research, 150: 99-107.

Tabi TO, Diels J, Ogunkunle AO, et al. 2008. Potential nutrient supply, nutrient utilization efficiencies, fertilizer recovery rates and maize yield in northern Nigeria. Nutrient Cycling in Agroecosystems, 80(2): 161-172.

Tittonell P, Vanlauwe B, Corbeels M, et al. 2008. Yield gaps, nutrient use efficiencies and response to fertilizers by maize across heterogeneous smallholder farms of western Kenya. Plant Soil, 313(1-2): 19-37.

Tollenaar M, Lee EA. 2002. Yield potential, yield stability and stress tolerance in maize. Field Crops Research, 75 (2-3): 161-169.

Tremblay N, Bélec C. 2006. Adapting nitrogen fertilization to unpredictable seasonal conditions with the least impact on the environment. HortTechnology, 16 (3): 408-412.

Tsegaye T, Hill RL. 1998. Intensive tillage effects on spatial variability of soil physical properties. Soil Science, 163 (2): 143-154.

van Duivenbooden N, Wit CT, van Keulen H. 1996. Nitrogen, phosphorus and potassium relations in five major cereals reviewed in respect to fertilizer recommendations using simulation modeling. Fertilizer Research, 44 (1): 37-49.

van Ittersum MK, Cassman KG, Grassini P, et al. 2013. Yield gap analysis with local to global relevance——A review. Field Crops Research, 143 (1): 4-17.

van Ittersum MK, Cassman KG. 2013. Yield gap analysis——Rationale, methods and applications——Introduction to the special issue. Field Crops Research, 143 (1): 1-3.

van Nguyen N, Ferrero A. 2006. Meeting the challenges of global rice production. Paddy Water Environment, 4 (1): 1-9.

Varinderpal S, Bijay S, Yadvinder S, et al. 2010. Need based nitrogen management using the chlorophyll meter and leaf colour chart in rice and wheat in South Asia: a review. Nutrient Cycling in Agroecosystems, 88 (3): 361-380.

Wang GH, Dobermann A, Witt C, et al. 2001. Performance of site-specific nutrient management for irrigated rice in southeast China. Agronomy Journal, 93 (4): 869-878.

Wang GH, Zhang QC, Witt C, et al. 2007. Opportunities for yield increases and environmental benefits through site-specific nutrient management in rice systems of Zhejiang Province, China. Agricultural System, 94 (3): 801-806.

Wang J, Wang E, Yin H, et al. 2014. Declining yield potential and shrinking yield gaps maize in the North China Plain. Agricultural and Forest Meteorology, 195-196 (2): 89-101.

Wang Q, Huang JL, He P, et al. 2012. Head rice yield of “super” hybrid rice Liangyoupeijiu grown under different nitrogen rates. Field Crops Research, 134: 71-79.

Witt C, Dobermann A, Abdulrachman S, et al. 1999. Internal nutrient efficiencies of irrigated lowland rice in tropical and subtropical Asia. Field Crops Research, 63 (2): 113.

Wortmann CS, Dobermann AR, Ferguson RB, et al. 2009. High-yielding corn response to applied phosphorus, potassium, and sulfur in Nebraska. Agronomy Journal, 101 (3): 546-555.

Xu XP, He P, Pampolino MF, et al. 2013. Nutrient requirements for maize in China based on QUEFTS analysis. Field Crops Research, 150 (15): 115-125.

Xu XP, He P, Pampolino MF, et al. 2014a. Fertilizer recommendation for maize in China based on yield response and agronomic efficiency. Field Crops Research, 157 (2): 27-34.

Xu XP, He P, Qiu SJ, et al. 2014b. Estimating a new approach of fertilizer recommendation across small-holder farms in China. Field Crops Research, 163 (1): 10-17.

Xu XP, Liu XY, He P, et al. 2015a. Yield gap, indigenous nutrient supply and nutrient use efficiency for maize in China. PLoS ONE, 10 (10): e140767.

Xu XP, Xie JG, Hou YP, et al. 2015b. Estimating nutrient uptake requirements for rice in China. Field Crops Research,146 (146): 96-104.

Xu XP, He P, Pampolino MF, et al. 2016a. Narrowing yield gaps and increasing nutrient use efficiencies using the nutrient expert system for maize in Northeast China. Field Crops Research, 194: 75-82.

Xu XP, He P, Zhao SC, et al. 2016b. Quantification of yield gap and nutrient use efficiency of irrigated rice in China. Field Crops Research, 186: 58-65.

Xu XP, He P, Yang FQ, et al. 2017a. Methodology of fertilizer recommendation based on yield response and agronomic efficiency for rice in China. Field Crops Research, 206: 33-42.

Xu XP, He P, Zhang JJ, et al. 2017b. Spatial variation of attainable yield and fertilizer requirements for maize at the regional scale in China. Field Crops Research, 203: 8-15.

Yao FX, Huang JL, Cui KH, et al. 2012. Agronomic performance of high-yielding rice variety grown under alternate wetting and drying irrigation. Field Crops Research, 126(1): 16-22.

Ye YS, Liang XQ, Chen YX, et al. 2013. Alternate wetting and drying irrigation and controlled-release nitrogen fertilizer in late-season rice. Effects on dry matter accumulation, yield, water and nitrogen use. Field Crops Research, 144(6): 212-214.

Zhang B, Zhang Y, Chen D, et al. 2004. A quantitative evaluation system of soil productivity for intensive agriculture in China. Geoderma, 123 (3): 319-331.

Zhang FS, Chen XP, Vitousek P. 2013. Chinese agriculture: an experiment for the world. Nature, 497(7447): 33-35.

Zhang Y, Hou P, Gao Q, et al. 2012. On-farm estimation of nutrient requirements for spring corn in North China. Agronomy Journal, 104(5): 1436-1442.

Zhao RF, Chen XP, Zhang FS, et al. 2006. Fertilization and nitrogen balance in a wheat-maize rotation system in North China. Agronomy Journal, 98(4): 938-945.

Zhu DW, Huang Y, Jin ZQ, et al. 2008. Nitrogen management evaluated by models combined with GIS: a case study of Jiangsu croplands, China, in 2000. Agricultural Science of China, 7(8): 999-1009.

Zhu ZL, Chen DL. 2002. Nitrogen fertilizer use in China——Contributions to food production, impacts on the environment and best management strategies. Nutrient Cycling in Agroecosystems, 63(2-3): 117-127.

第 7 章　肥料养分持续高效利用途径及模式

7.1　典型农区土壤养分限制因素

7.1.1　全国土壤氮的时空变化

1. *数据来源与分析方法*

施氮可基于中国农业统计年鉴，统计 1984～2014 年的中国农田氮素输入与输出。本研究将 1984～1989 年划分为 1980 年代，1990～1999 年划分为 1990 年代，2000～2009 年划分为 2000 年代，2010～2014 年划分为 2010 年代。全国六大主要的农作物主产区(东北、华北、西北、长江中下游、西南和东南)，共 31 个省(自治区、直辖市)。主要作物要包括 10 种粮食作物，35 种经济作物(不包括草地和牧场)和 15 种土壤类型(表 7-1)。

表 7-1　1984～2014 年全国六大地区主要作物和土壤类型

地区(代码)	主要作物	主要土壤类型
东北(NE)	玉米、水稻、大豆、番茄、卷心菜、黄瓜、亚麻	黑土、褐土、草甸土
东南(SE)	小麦、玉米、水稻、油菜、番茄、甘蔗、香蕉、木薯、辣椒、菠萝、茶	黄棕壤、红壤、紫色土、水稻土
华北(NC)	小麦、玉米、棉花、卷心菜、黄瓜、花生、南瓜、茄子、番茄、花菜	褐土、反酸田、棕壤、盐碱土
西北(NW)	玉米、小麦、马铃薯、棉花、卷心菜、菠菜、洋葱、胡萝卜、黄瓜、辣椒、番茄、油菜	黄土、灌溉土、栗钙土、灰色石灰土、反酸田、沙漠土
西南(SW)	小麦、玉米、水稻、油菜、番茄、甘蔗、香蕉、木薯、辣椒、菠萝、茶	黄棕壤、红壤、紫色土、水稻土
长江中下游(MLYR)	小麦、玉米、水稻、棉花、卷心菜、豆类、甘蔗、柑橘、香蕉、油菜、芝麻	黄棕壤、反酸田、红壤、水稻土

依据农田氮素输入和输出计算区域氮素平衡，采用 CANB 模型(Yang et al.，2007)和 OECD 土壤氮素模型，以中国省区域为计算单元，计算农田氮素投入、产出和年度平衡，主要计算公式分述如下。

$$N_{balance}=N_{input}-N_{output} \tag{7-1}$$

式中，$N_{balance}$ 为氮素平衡；N_{input} 为农田氮素投入量，包括化肥带入的纯氮量、有机肥带入的纯氮量、豆科作物和非豆科作物的生物固氮量、大气干湿沉降带入的氮素量、灌溉水带入的氮素量、秸秆还田带入的氮素量、饼肥还田带入的氮素量和种子带入的氮素量；N_{output} 为作物吸收移走的氮素量，通过淋溶、径流、氨挥发、硝化和反硝化过程中气体挥发带走的氮素量。

$$N_{input}=N_{fert}+N_{man}+N_{cake}+N_{straw}+N_{fix}+N_{irri}+N_{depo}+N_{seed} \tag{7-2}$$

式中，N_{fert} 为化肥带入的纯氮量；N_{man} 为有机肥带入的纯氮量；N_{cake} 为饼肥还田带入的氮素量；N_{straw} 为秸秆还田带入的氮素量；N_{fix} 为豆科和非豆科作物的生物固氮量；N_{irri} 为灌溉水带入的氮素量；N_{depo} 为大气干湿沉降带入的氮素量；N_{seed} 为种子带入的氮素量。

$$N_{fert}=N_{fert\_N}+N_{fert\_Com}\times Ratio_{Com} \tag{7-3}$$

式中，N_{fert_N} 为氮肥带入农田的纯氮量(kg)；N_{fert_Com} 为复合肥施用量(kg)；$Ratio_{Com}$ 为复合肥中氮肥所占比例(李家康等，2001；李书田和金继运，2011；刘钦普，2014)。

$$N_{man}=\sum_{1}^{n}(Num_{animal\_n}\times NExrit_{rate\_n}\times MRate_{retur\_n}) \tag{7-4}$$

式中，n 为人和动物的种类；Num_{animal_n} 为人口数和动物头数(包括存栏和出栏动物)；$NExrit_{rate\_n}$ 为每人和每头动物每年粪尿排泄物排氮量[kg/(头·a)]；$MRate_{retur\_n}$ 为人和动物粪肥的还田率。

人畜禽粪尿的氮素含量详见表 7-2。人畜粪尿的还田率 1980 年代为 55%、1990 年代

表 7-2　主要畜禽饲养周期、粪尿日排泄量和粪尿含氮量(鲜基)

畜禽种类	饲养阶段	种群结构(%)	饲养周期(d)	粪尿日排泄量及氮养分含量			
				粪便(kg/d)	尿液(kg/d)	粪养分含量(%)	尿养分含量(%)
人			365	0.31	1.59	1.160	0.530
奶牛	成年奶牛	52.9	365	37.50	18.80	0.350	0.866
	青年奶牛	37.1	365	21.40	10.70	0.350	0.866
	牛犊	10	180	5.80	2.90	0.350	0.866
肉牛	成年肉牛	72.9	365	18.10	9.10	0.380	0.510
	青年肉牛	15.9	270	12.10	6.00	0.380	0.510
	牛犊	11.2	120	4.00	2.00	0.380	0.510
猪	种猪	11	365	5.50	3.00	0.473	0.165
	肉猪	52	180	4.00	3.00	0.473	0.165
	猪仔	37	90	1.50	3.00	0.473	0.165
绵羊和山羊	成年母羊	70	365	2.60		0.891	0.592
	羊羔	30	180	1.40		0.891	0.592
鸡	母鸡	73.6		0.11		1.241	—
	鸡仔	26.4		0.06		1.241	—
马			365	10.00	5.01	0.418	0.690
驴			365	10.00	5.01	0.453	0.710
骡			365	10.00	5.01	0.333	0.600
鸭			210	0.12		0.854	—
鹅			210	0.50		0.760	—
兔			180	0.15	0.25	1.122	—

为 45%，2000 年代至 2010 年代人粪尿还田率为 33%、牛和猪粪尿的还田率为 30%、家禽的粪尿还田率为 45%、其他大型牲畜的还田率为 44%。1980 年代至 2010 年代青海和西藏的人畜粪尿还田率均为 5%，动物饲养周期超过 1 年均按照 365 天计算(Smith et al.，2000；Huffman et al.，2008；孟祥海等，2015；赵俊伟和尹昌斌，2016)。

$$N_{cake}=\sum_{1}^{m}(Yield_m \times Ratio_{cake\_m} \times NCake_m \times CRate_{retur\_m}) \quad (7\text{-}5)$$

式中，m 为饼肥的种类；$Yield_m$ 为作物的经济产量(kg)；$Ratio_{cake\_m}$ 为不同作物的出饼率；$NCake_m$ 为不同饼肥中的含氮量(%)；$CRate_{retur\_m}$ 为饼肥的还田率。

不同饼肥中氮素含量、出饼率详见表 7-3(高利伟等，2009；李书田和金继运，2011；Wang et al.，2014)。

$$N_{straw}=\sum_{1}^{i}(Grain\ yield_i \times Ratio_{straw\_i} \times NStraw_i \times SRate_{retur\_i}) \quad (7\text{-}6)$$

式中，i 为秸秆的种类；$Grain\ yield_i$ 为作物的经济产量(kg)；$Ratio_{straw\_i}$ 为不同作物的草谷比；$NStraw_i$ 为不同秸秆中的含氮量(%)；$SRate_{retur\_i}$ 为秸秆的还田率。

表 7-3　不同作物饼肥的出饼率和饼肥中氮素含量

作物	出饼率(%)	饼肥中氮素含量(%)
大豆	0.85	6.68
花生	0.50	6.92
油菜籽	0.55	5.25
葵花籽	0.77	4.76
棉籽	0.84	4.29
芝麻籽	0.50	5.08
亚麻籽	0.70	5.60

不同作物的草谷比和秸秆氮素含量详见表 7-4，秸秆还田率主要依据不同区域计算，1980 年代东南、西南和长江中下游的秸秆还田率为 10%、东北和西北为 5%、华北为 20%；1990 年代东南、西南和长江中下游的秸秆还田率为 20%、东北和西北为 10%、华北为 40%；2000 年代至 2010 年代东南、西南和长江中下游的秸秆还田率为 30%、东北和西北为 15%、华北为 60%(毕于运等，2009；李书田和金继运，2011；Wang et al.，2014)。

$$N_{fix}=\sum_{1}^{f}(Area_f \times FRate_f) \quad (7\text{-}7)$$

式中，f 为豆科和非豆科作物的种类；$Area_f$ 为豆科和非豆科作物的耕作面积；$FRate_f$ 为豆科作物固氮量为 131.5(kg/hm^2)，非豆科作物固氮量为 15(kg/hm^2)，花生固氮量为 93(kg/hm^2)(李勇等，2011；李书田和金继运，2011；Cui et al.，2013；Wang et al.，2014)。

$$N_{seed}=\sum_{1}^{k}(Area_k \times SRate_k) \quad (7\text{-}8)$$

式中，k 为不同作物的种类；$Area_k$ 为播种面积(hm^2)；$SRate_k$ 为种子中氮素含量(kg/hm^2)，种子中氮素含量按照不同区域进行计算详见表 7-5。

表 7-4 不同作物的草谷比和秸秆氮素含量(风干基)

作物	草谷比	秸秆氮素含量(%)	作物	草谷比	秸秆氮素含量(%)
水稻	0.91	0.826	油菜籽	2.27	0.816
冬小麦	1.37	0.617	向日葵	2.08	0.734
小麦	1.17	0.617	棉花	3.49	0.941
玉米	1.2	0.869	麻类	1.88	1.248
高粱	1.75	1.201	甘蔗	0.2	1.001
谷子	1.44	0.766	甜菜	0.1	1.001
大麦	1.6	0.509	烟草	1	1.295
其他谷物	1.56	1.051	棉花籽	2.2	0.14
大豆	1.5	1.633	橄榄	2.6	5.079
薯类	0.728	0.31	蔬菜	0.1	2.372
花生	0.8	1.685	瓜类	0.1	2.346

表 7-5 不同区域通过大气干湿沉降、灌溉水和种子带入农田的氮素含量

项目	东北	华北	西北	长江中下游	东南	西南
大气干湿沉降(kg/hm^2)	15.9	16.0	14.6	22.5	17.2	10.1
灌溉水(kg/hm^2)	3.5	6.9	5.0	5.2	3.4	3.1
种子(kg/hm^2)	2.1	2.2	2.1	1.4	0.57	1.2

$$N_{irri}=\sum_1^k(Area_k \times IRate_k) \tag{7-9}$$

式中，$Area_k$ 为耕作面积(hm^2)；$IRate_k$ 为灌溉水中氮素含量(kg/hm^2)，灌溉水中氮素含量按照不同区域进行计算详见表 7-5。

$$N_{depo}=\sum_1^k(Area_k \times DRate_k) \tag{7-10}$$

式中，$Area_k$ 为耕作面积(hm^2)；$DRate_k$ 为大气干湿沉降氮素量(kg/hm^2)，大气干湿沉降中氮素含量按照不同区域进行计算详见表 7-5。

$$N_{output}=N_{crop\_removal}+N_{N_2O+N_2}+N_{NH_3}+N_{leaching}+N_{runoff} \tag{7-11}$$

式中，$N_{crop\_removal}$ 为作物吸收带走的氮素量；$N_{N_2O+N_2}$ 为硝化和反硝化过程中气体挥发带走的氮素量；N_{NH_3} 为氨挥发带走的氮素量；$N_{leaching}$ 为淋溶带走的氮素量；N_{runoff} 为径流带走的氮素量。

$$N_{crop\_removal}=\sum_1^k(Yield_k \times Crop_n) \tag{7-12}$$

式中，k 为不同作物的种类；$Yield_k$ 为作物的经济产量(t)；$Crop_n$ 为不同作物单位经济产量所需吸收氮养分数量(kg/t)，不同作物单位经济产量所需吸收氮养分数量详见表 7-6(沙之敏等，2010；李书田和金继运，2011；Wang et al.，2014；段玉等，2014；周航等，2014)。

表 7-6　不同作物单位经济产量所需吸收氮养分数量

作物	含量(kg N/t)	作物	含量(kg N/t)
水稻	14.60	园林水果	5.0
春小麦	33.00	香蕉	12.0
冬小麦	32.10	苹果	3.0
大麦	25.70	柑橘	2.6
玉米	25.80	梨	5.0
谷子	22.00	葡萄	5.6
高粱	24.20	菠萝	3.7
其他谷物	24.30	辣椒	8.3
大豆	81.40	蔬菜	4.9
花生	43.70	水果	6.0
向日葵	69.00	杧果	6.5
油菜	43.00	黄瓜	6.1
芝麻	74.50	芸豆	6.8
其他油料	51.90	茄子	25.6
其他豆类	72.00	番茄	4.1
马铃薯	4.30	胡萝卜	5.0
其他薯类	4.45	萝卜	5.0

$$N_{N_2O+N_2} = (N_{fert} + N_{man} + N_{fix} \times R_m) \times 0.0125 \times 2 \tag{7-13}$$

式中，R_m 为作物收获后，豆科作物生物固氮量残留在土壤中的比例为 30%；0.0125 为 N_2O 的损失率，N_2O 和 N_2 损失量相等，因此乘以 2(Drury et al.，2007)。

$$N_{NH_3} = (N_{fert} \times 0.1 + N_{man} \times 0.2) \tag{7-14}$$

式中，化肥的氨挥发系数为 0.1；有机肥的氨挥发系数为 0.2(Cui et al.，2013)。

$$N_{leaching} = (N_{fert} + N_{man}) \times 0.0435 \tag{7-15}$$

式中，氮肥和有机肥氮淋溶的系数为 0.0435(Hu et al.，2011)。

$$N_{runoff} = (N_{fert} + N_{man}) \times 0.05 \tag{7-16}$$

式中，氮肥和有机肥氮径流的系数为 0.05(Cui et al.，2013)。

2. 中国农田氮素输入的时空分布

通过省级单位年度计算后，把农田氮素输入、输出和平衡数据进行年度划分(1980 年代、1990 年代、2000 年代、2010 年代)，并对全国六大区域进行汇总，结果依次讨论如下。

农田氮素的输入主要包括化肥、有机肥、生物固氮、种子、灌溉水和大气沉降所带入的氮素养分量。从 1984～2014 年，全国农田氮素输入量由 26.7T①g 增加到 49.9Tg，增加了 86.9%。其中 1980 年代、1990 年代、2000 年代和 2010 年代农田氮素输入量分别为 28.5Tg、38.7Tg、44.2Tg 和 49.1Tg(图 7-1)，1980 年代～1990 年代、1990 年代～2000 年代和 2000 年代～2010 年代的增幅分别为 35.7%、14.1%和 11.0%，尽管中国农田氮素的输入量逐年上升，但其增幅却在逐年下降，表明中国农田氮素输入量的增加趋于平缓。Xing 和 Zhu(2002)研究了中国长江、黄河和珠江三大流域的区域氮素平衡，表明氮素输入量为 31.2Tg。Wang 等(2014)研究了 2010 年中国县级区域的农田氮素平衡，表明农田氮素输入量为 42.7Tg，王敬国等(2016)研究统计表明 1978 年、1998 年和 2010 年中国农田氮素输入量分别为 20.6Tg、35.6Tg 和 48.0Tg。Kim 等(2005)研究了 1985～1997 年韩国和日本农田氮素输入量分别为 0.63～0.76Tg 和 1.45～1.24Tg。中国农田氮素输入量在全球范围内占较大比例，2050 年全球投入的活性氮(除 N_2 之外，其他所有的结合态氮统称为活性氮)将达到 267Tg，中国对此的贡献率为 24.6%，而工业革命后全球新增的活性氮绝大部分进入农田系统(Cui et al.，2013；王敬国等，2016)。

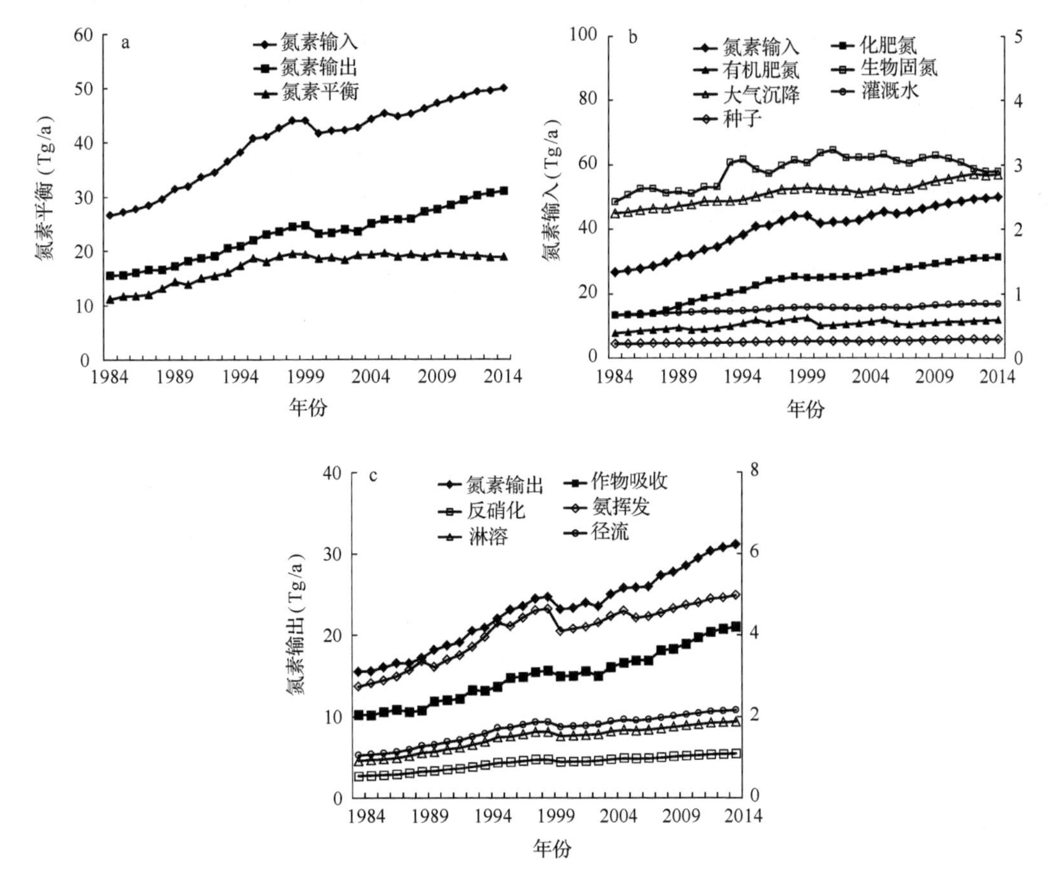

图 7-1 1984～2014 年全国氮素平衡(a)、输入(b)和输出(c)

① $1T=10^{12}$

从 1984～2014 年，全国单位种植面积的农田氮素输入量由 208.7kg/hm^2 增加到 286.4kg/hm^2，增加了 37.23%(表 7-7)。其中 1980 年代、1990 年代、2000 年代和 2010 年代农田氮素输入量分别为 208.7kg/hm^2、257.7kg/hm^2、279.1kg/hm^2、286.4kg/hm^2，1980 年代～1990 年代、1990 年代～2000 年代和 2000 年代～2010 年代的增幅分别为 23.4%、8.3%和 2.6%，表明 2000 年代～2010 年代全国单位面积氮素输入量基本维持在一定范围，无明显增加。Gu 等(2015)研究表明，中国主要依靠氮肥和生物固氮输入农田的氮素量，约占全球投入量的 21%(年平均约投入 160Tg N)，约为 33.6Tg N，但中国耕地面积仅占全球耕地面积的 8%，因此其单位种植面积的氮素输入量高于世界平均水平。

表 7-7　不同区域单位种植面积氮素养分的输入量

地区(代码)	年代	氮素输入量(kg/hm^2)						
		化肥氮	有机肥	生物固氮	大气沉降	灌溉水	种子	总量
东北(NE)	1980	68.8	41.8	34.0	15.9	3.5	2.1	166.1
	1990	119.5	57.9	34.7	15.9	3.5	2.1	233.6
	2000	120.8	60.0	42.2	15.9	3.5	2.1	244.5
	2010	129.8	57.1	32.4	15.9	3.5	2.1	240.8
华北(NC)	1980	101.7	59.7	19.4	16.0	6.9	2.2	205.9
	1990	156.6	88.4	20.7	16.0	6.9	2.2	290.8
	2000	191.4	91.8	19.0	16.0	6.9	2.2	327.3
	2010	206.1	91.6	18.0	16.0	6.9	2.2	340.8
西北(NW)	1980	66.2	90.7	14.7	14.6	5.0	2.1	193.3
	1990	111.0	78.8	19.2	14.6	5.0	2.1	230.7
	2000	148.1	72.2	18.6	14.6	5.0	2.1	260.6
	2010	178.6	69.2	14.6	14.6	5.0	2.1	284.1
长江中下游(MLYR)	1980	132.9	59.6	16.5	22.5	5.2	1.4	238.1
	1990	172.6	62.6	16.1	22.5	5.2	1.4	280.4
	2000	194.6	57.6	16.7	22.5	5.2	1.4	298.0
	2010	196.4	59.0	15.5	22.5	5.2	1.4	300.0
东南(SE)	1980	130.2	75.4	18.2	17.2	3.4	0.6	245.0
	1990	151.1	72.8	16.1	17.2	3.4	0.6	261.2
	2000	176.1	65.8	13.4	17.2	3.4	0.6	276.5
	2010	195.2	71.4	11.8	17.2	3.4	0.6	299.6
西南(SW)	1980	92.5	66.7	13.2	10.1	3.1	1.2	186.8
	1990	117.6	58.2	13.5	10.1	3.1	1.2	203.7
	2000	139.9	50.3	13.7	10.1	3.1	1.2	218.3
	2010	146.2	48.0	12.6	10.1	3.1	1.2	221.2
全国(China)	1980	104.3	63.3	18.9	16.1	4.5	1.6	208.7
	1990	145.3	70.9	19.3	16.1	4.5	1.6	257.7
	2000	169.1	68.0	19.8	16.1	4.5	1.6	279.1
	2010	179.5	67.3	17.4	16.1	4.5	1.6	286.4

各区域的气候条件、农业种植和畜牧养殖业体系不同，农田氮素输入量差异明显。1980 年代～2010 年代主要以华北和长江中下游地区的农田氮素输入量较高，分别为 7.5～13.8Tg 和 8.9～12.6Tg，华北和长江中下游的氮素输入量分别占全国氮素输入量的 26.3%～28.0%和 31.2%～25.7%；西北、西南和东北地区次之，氮素输入量为 2.7～6.5Tg；东南地区氮素输入量较低，为 3.3～4.8Tg。西北和东北地区占全国氮素输入量的比例略有提高，而东南地区则略有降低。1980 年代～1990 年代，各区域农田氮素输入量增幅较大，以华北地区增幅最高，为 49.0%，1990 年代～2000 年代、2000 年代～2010 年代仅西北和东南地区氮素输入量的增幅略高于 1990 年代～2000 年代，其余地区氮素输入量的增幅均逐渐降低。

1984～2014 年不同区域单位种植面积氮素输入量发生明显变化(表 7-7)，氮素输入量较高的地区由东南和长江中下游地区转变为华北地区，氮素养分输入量较低的地区由东北地区转变为西南地区。华北地区单位种植面积氮素输入量为 205.9～340.8kg/hm^2，增幅为 65.5%，西北、长江中下游和东南地区分别为 193.3～284.1kg/hm^2、238.1～300.0kg/hm^2 和 245.0～299.6kg/hm^2，增幅分别为 64.1%、28.2%和 27.1%，东北和西南地区分别为 166.1～244.5kg/hm^2 和 186.8～221.2kg/hm^2，增幅分别为 45.0%和 18.5%。东南地区年氮素投入量最低，但其区域种植面积较小，因此该地区单位种植面积氮素输入量较高。在 1980 年代～1990 年代、1990 年代～2000 年代和 2000 年代～2010 年代中，各地区均表现为在 1980 年代～1990 年代单位种植面积氮素输入量增幅较大，而在 2000 年代～2010 年代增幅下降，尤其是东北地区。李书田和金继运(2011)的研究也表明，华北和长江中下游地区的单位种植面积氮素输入量较高，2008 年分别为 316.6kg/hm^2 和 279.4kg/hm^2。

(1) 中国农田氮肥总输入

20 世纪 70 年代后中国成为世界上最大的化肥消费国、进口国和生产国(Liu and Diamond，2005；Miao et al.，2011)。2013 年中国化肥消费量占世界化肥消费总量的 35%。如图 7-1 所示，从 1984～2014 年，我国农田化肥氮的输入量由 13.3Tg 增加到 31.3Tg，增加了 135.3%。其中 1980 年代、1990 年代、2000 年代和 2010 年代全国化肥氮的输入量分别为 14.2Tg、21.7Tg、26.7Tg 和 30.7Tg，化肥氮的输入量占农田氮素总输入的 49.6%～62.5%，该比例逐年上升(图 7-2)。1980 年代～1990 年代、1990 年代～2000 年代和 2000 年代～2010 年代化肥氮的输入量增幅逐渐降低，分别为 12.9%、7.7%和 3.6%，表明在 1980 年代～1990 年代全国化肥氮的输入量显著增加，自 2000 年代后农田化肥氮的输入量逐渐减缓。Sheldrick 等(2003)研究表明中国 1996～1997 年化肥氮的输入量占农田氮素总输入的 65%，Wang 等(2014)研究了 2010 年中国县级区域中化肥氮的输入量占氮素总输入的 73.92%，表明化肥对农田氮素输入的贡献较大。而本研究中，1980 年代～2010 年代化肥氮的输入量占氮素总输入的比例逐年上升，平均比例为 57.1%。李书田和金继运(2011)研究了 2008 年中国农田养分平衡，表明农田养分输入中化肥氮的贡献率为 58.2%，而有机肥对农田氮素输入的贡献与 1998 年相比有所增加，占总输入的 24.3%。刘忠等(2009)研究了 1978～2005 年中国区域农田生态系统氮素平衡，表明化肥氮的输入量占农田氮素输入的 56%。

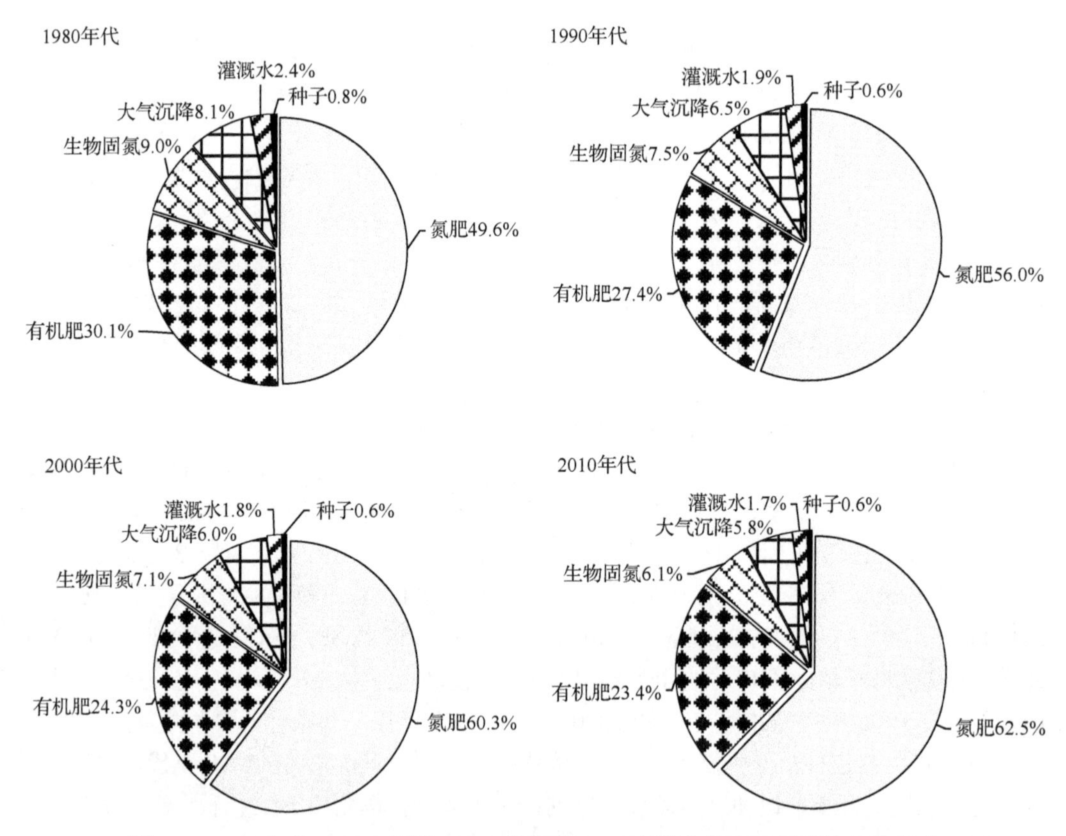

图 7-2 1980 年代、1990 年代、2000 年代和 2010 年代中国农田氮素输入的组成

从 1984～2014 年，全国单位种植面积化肥氮的输入量为 104.3～179.5kg/hm^2，增加了 72.1%(表 7-7)。其中 1980 年代、1990 年代、2000 年代和 2010 年代化肥输入量分别为 104.3kg/hm^2、145.3kg/hm^2、169.1kg/hm^2 和 179.5kg/hm^2，1980 年代～1990 年代、1990 年代～2000 年代和 2000 年代～2010 年代的增幅分别为 39.3%、16.4%和 6.1%，表明 2000 年代～2010 年代全国单位种植面积化肥氮的输入量逐渐减少。Cui 等(2013)年研究了 1910～2010 年中国氮素空间管理，结果表明 2010 年中国单位种植面积化肥氮的输入量年平均为 240kg/hm^2，Panten 等(2009)研究表明 1992～2006 年德国农田单位种植面积化肥氮的输入量为 93～118kg/hm^2。农田氮肥在区域和作物之间分配不平衡，以及其通过多种方式损失进入大气和水体等，是造成我国农田氮肥输入量较高的主要原因。

不同区域通过化肥氮输入农田的氮养分以华北和长江中下游地区较高，1980 年代～2010 年代化肥氮的输入量分别为 3.7～8.3Tg 和 5.0～8.2Tg，分别占全国化肥氮总输入的 26.2%～27.1%和 35.1%～26.9%，两区域化肥氮的输入量共计占全国化肥氮总输入的 53.3%～54.0%。全国主要三大粮食主产区东北、华北和长江中下游地区的化肥氮消费量占全国化肥氮总输入的 61.0%～63.7%。西北、西南和东南地区的化肥氮输入量次之，化肥氮输入量分别为 0.94～4.12Tg、1.67～3.91Tg、1.79～3.13Tg，分别占全国化肥氮输入量的 6.6%～13.4%、10.2%～12.6%和 11.8%～12.7%。1980 年代～1990 年代以华北地区的化肥氮输入增加量最为显著，达到 54.0%，东北、西北和西南地区次之，增幅分别 73.4%、67.7%

和 27.1%，长江中下游和东南地区增幅较少。2000 年代～2010 年代除东北地区化肥氮输入量的增幅为 7.5%外，其余地区化肥氮输入量的增幅均低于 1990 年代～2000 年代。

由表 7-7 可知，从 1980 年代～2010 年代，不同区域单位种植面积化肥氮的输入量以华北地区最高，为 101.7～206.1kg/hm^2，增幅为 109.3%，其中北京、天津和河南化肥氮的输入量较大。长江中下游、西北和东南地区输入量次之，东北和西南地区较少。其中长江中下游地区年际化肥氮的输入量增幅较小，但其输入量在 30 年中均维持较高水平，主要以湖北、江苏和浙江输入量较高。而东北地区单位面积化肥氮的输入量增幅较少，主要是由于东北地区耕作面积较大。各区域在 1980 年代～1990 年代增幅较大，以东北地区增幅最大，为 73.7%，除东北地区在 2000 年代～2010 年代化肥氮的输入量增幅为 7.5%外，其余地区在 1990 年代～2000 年代和 2000 年代～2010 年代化肥氮的输入量增幅逐渐降低。全国化肥氮的总输入量和单位面积氮肥输入量均表现为随年限的增加而上升，且不同地区增幅差异较大，表明全国各地区化肥氮的输入水平差异明显，一方面主要由于大部分地区追求粮食产量，盲目大量施肥，同时耕地面积增加，另一方面主要原因是小部分地区尽管耕地面积减小，如华北地区的北京耕作面积减少了 47.9%(1984～2014 年)，但为了保证粮食产量，并未大量减少化肥的施用。串丽敏等(2015)研究了中国小麦季氮素养分循环与平衡，结果表明我国农田氮肥区域间输入量差异明显，氮肥施用可能存在不平衡管理。

(2) 中国农田有机肥输入

通过施用有机肥输入农田是农田氮素输入的主要来源之一，有机肥中带入农田的氮素资源主要包括人畜粪便有效带入农田的氮素量、堆沤肥、秸秆还田、饼肥和绿肥。由图 7-1a 可知，从 1984～2014 年，农田有机肥有效还田的输入量为 7.79～11.9Tg，增加了 52.8%。1980 年代、1990 年代、2000 年代和 2010 年代全国有机肥有效还田的输入量分别为 8.60Tg、10.61Tg、10.7Tg 和 11.5Tg，有机肥输入量占农田氮素输入的 30.1%～23.4%(图 7-2)，该比例在各年代略有下降。1980 年代～1990 年代、1990 年代～2000 年代和 2000 年代～2010 年代的增幅分别为 23.3%、1.1%和 7.2%，表明在 1980 年代～1990 年代全国有机肥输入量显著增加，但在 1990 年代～2000 年代有机肥的输入量维持在一定的范围，2010 年后有机肥的输入量显著增加。刘忠等(2009)研究也表明农田氮素平衡中有机肥氮素输入占总输入量的 23%。

有机肥组成中以人畜粪尿提供的氮素养分最高，占总有机肥输入量的比例平均为 83.9%，秸秆还田和饼肥分别平均为 12.2%和 3.8%。秸秆还田所占的比例逐年增加，到 2014 年该比例为 17.6%。1980 年代～2010 年代，不同区域有机肥资源差异明显，人畜粪尿和秸秆主要分布在华北和长江中下游地区，其中人粪尿有效还田输入量分别为 1.25～2.44Tg N 和 2.04～1.99Tg N，秸秆有效还田输入量分别为 0.29～1.23Tg N 和 0.097～0.33Tg N，人粪尿输入量分别平均占全国人粪尿资源总量的 28.0%和 23.3%，秸秆输入量占全国秸秆资源总量的 60.9%和 17.9%，饼肥资源主要分布在东北和长江中下游地区，饼肥有效输入量分别为 0.089～0.12Tg N 和 0.089～0.15Tg N，占全国饼肥资源总量的 28.0%和 32.7%。

1984～2014 年，全国单位种植面积有机肥输入农田的平均氮素总量为 63.3～

70.9kg/hm^2，增幅为 12%(表 7-7)。有机肥输入量的增幅较小，其中一部分原因是人畜粪尿的还田率随年际变化呈现波动下降的趋势，因此其有效输入农田的氮素总量略有降低。

不同区域通过有机肥输入农田的氮养分以华北和长江中下游地区较高，1980 年代～2010 年代，有机肥有效输入量分别为 2.18～3.63Tg N 和 2.23～2.37Tg N，分别占全国有机肥有效输入总量的 25.3%～32.1%和 25.9%～21.6%，西南、东北和西北地区次之，东南地区较少。1980 年代～1990 年代，以华北地区的有机肥有效输入增加量最为显著，达到 48.1%，东北地区次之，为 38.5%。2000 年代～2010 年代，除华北地区有机肥有效输入量的增幅略有降低外，其余地区有机肥有效输入量的增幅均有所提高，以西北地区增幅较大，为 20.6%。

由表 7-7 可知，1980 年代～2010 年代不同区域单位面积有机肥有效输入量变化明显，除东北和华北地区有机肥有效输入量略有增加，分别为 41.8～57.1kg N/hm^2 和 59.7～91.6kg N/hm^2 外，其余地区均略有降低。不同年代间的增幅较小，除 1980 年代～1990 年代东北和华北地区的增幅分别高达 38.7%和 48.2%，2000 年代～2010 年代东南地区的增幅为 8.5%(东南地区主要以广东省有机肥输入量较大)外，其余地区年代间增幅无明显变化。华北地区主要以北京、山东和天津有机肥输入量较大，且呈现波动上升的变化趋势。长江中下游地区的有机肥氮素输入量无明显变化，主要以上海和湖南有机肥输入量较大，但在 2000 年后有机肥输入量略有降低。西北和西南地区有机肥带入农田的氮素总量略有降低，其中西北地区以内蒙古和新疆有机肥输入量较高，而西南地区降幅较为明显，可能是由于区域间施入的有机肥量在年际无明显变化，但区域种植面积却在增加，导致单位面积的有机肥输入量降低，贵州和重庆的有机肥输入量逐年减少，这也是造成西南地区单位面积有机肥输入量减少的原因之一，同时贵州在 2010 年后作物产量特别是粮食作物中玉米和水稻产量降低，这一时期化肥施用量维持在一定的范围内，而有机肥的施用则逐渐减少。已有的研究表明，尽管合理利用农业有机物废弃物是传统的施肥管理措施，但已逐渐成为保持土壤生产力和节约肥料成本效益的最优养分管理措施之一(Misselbrook et al.，2012)。Wei 等(2016)通过研究中国地区 32 年的长期试验，结果表明有机肥与化肥配施处理的小麦和水稻产量最高。化肥和有机肥配施给土壤施肥管理措施带来了不同的优势，两者的结合可能会给作物生产力带来正向互动效应。充分利用有机肥资源对于实现养分循环、减肥增效，以及逐步实现化肥零增长的绿色施肥管理具有重要意义。

(3) 中国农田生物固氮输入

1980 年代生物固氮是影响氮素输入最主要的因子之一，随年限的增加，其对氮素施入的贡献逐渐降低，1910 年占输入量的 99%，而 2010 年该比例则下降为 24%(Cui et al.，2013)。由图 7-1a 可知，从 1984～2014 年，全国通过生物固氮输入农田养分的含量由 2.43Tg 增加到 2.98Tg，增加了 22.7%。1980 年代、1990 年代、2000 年代和 2010 年代全国生物固氮带入的养分量分别为 2.56Tg、2.89Tg、3.13Tg 和 2.98Tg，生物固氮输入农田的养分量占农田氮素总输入的 9.0%～6.1%(图 7-2)，该比例在年际略有降低。1980 年代～1990 年代、1990 年代～2000 年代和 2000 年代～2010 年代的增幅分别为 12.6%、8.3%和 –4.8%，表明在 1980 年代～2010 年代，全国利用生物固氮输入农田的养分量逐年降低，这可能是与不同区域豆科作物栽培面积逐年降低有关。Wang 等(2014)研究表明生物固氮仅占中国农田氮素输入的 4.21%，同时研究表明通过生物固氮输入农田的氮素为 1.80Tg。刘忠等(2009)研究表明共生和非共生固氮仅占氮素输入的 6.1%。OECD 成员国统计了 1985～2003 年生物固氮输入农田的氮素量，平均为 1.35Tg。

1984～2014 年，全国单位面积生物固氮输入农田的平均氮素总量为 18.3～16.8kg/hm^2，增幅为 8.1%(表 7-7)。年际通过生物固氮输入农田的氮素养分量增幅较小，其中一部分原因是豆科作物的耕作面积呈现逐年减小的变化趋势，但总的农作物耕地面积却在增加。李书田和金继运(2011)对 2008 年中国农田养分平衡的研究表明，全国单位面积生物固氮量为 29.4kg/hm^2，高于本研究结果，这可能与评估计算生物固氮量的相关参数和作物面积有关，在豆科作物种植过程中，为了提高其产量往往施肥，因此可能降低了其对生物固氮的贡献。本研究中，全国单位面积的生物固氮降低可能是由于低估了非共生固氮的作物，因此降低了非共生固氮对生物固氮的贡献，但目前关于生物固氮输入农田的氮素养分量仍需进一步校正参数，以提高对该项指标的评估。

不同区域通过生物固氮输入农田的氮养分以东北和华北地区较高，1980 年代～2010 年代生物固氮输入农田的氮养分分别为 0.54～0.79Tg 和 0.7～0.73Tg，分别占全国生物固氮投入总量的 21.2%～24.7%和 27.6%～24.4%，长江中下游、西北和西南地区次之，东南地区较少。1980 年代～1990 年代以西北地区生物固氮输入农田的氮养分增加量最为显著，增幅为 58.3%，1990 年代～2000 年代以东北地区增幅较大，增幅为 40.1%，2000 年代～2010 年代除西南地区通过生物固氮输入农田的氮养分的增幅略有增加外，其余地区通过生物固氮输入农田的氮养分的增幅均略有下降，其中东北地区黑龙江省在 2000 年代～2010 年代豆科作物面积降低了 24.1%。

由表 7-7 可知，1980 年代～2010 年代不同区域单位种植面积通过生物固氮输入农田的氮素养分量以东北地区最高，为 34.0～32.3kg/hm^2，其中以黑龙江省生物固氮量最高。华北、西北、长江中下游和东南地区次之，其中华北地区以河北、河南、山东和天津生物固氮量较高，西北主要以内蒙古生物固氮量较高，长江中下游以安徽和江苏两省生物固氮量较高，东南地区以广西生物固氮量较高。西南地区通过生物固氮输入农田的氮素养分量最低，为 12.6～13.2kg/hm^2，主要以云南地区生物固氮量较高。不同年代间除 1980 年代～1990 年代东北、华北、西北和西南地区单位面积生物固氮输入的氮素养分有所增加，1990 年代～2010 年代东北地区通过生物固氮输入农田的氮素养分量有明显增幅(为 21.9%)外，2000 年代～2010 年代各区域通过生物固氮输入的养分量均呈现负增长。

(4) 中国农田灌溉水输入

从 1984～2014 年，灌溉水输入农田的养分含量由 0.67Tg N 增加到 0.85Tg N，增加了 26.87%。1980 年代、1990 年代、2000 年代和 2010 年代全国灌溉水输入的养分量分别为 0.69Tg N、0.75Tg N、0.79Tg N 和 0.84Tg N，灌溉水输入农田的养分量占农田氮素总输入的 8.1%～5.8%(图 7-2)，该比例在年际略有降低。1980 年代～1990 年代、1990 年代～2000 年代和 2000 年代～2010 年代的增幅分别为 8.3%、5.2%和 6.8%，表明全国通过灌溉水输入农田的养分量在 2000 年代后略有回升。1984～2014 年全国单位种植面积来自灌溉水输入的氮素总量平均为 4.5kg N/hm^2(表 7-7)。Wang 等(2014)研究表明通过灌溉水输入农田的养分为 1.10Tg N。

不同区域通过灌溉水输入农田的氮养分以华北和长江中下游地区较高，1980 年代～2010 年代灌溉水输入农田的氮养分量分别为 0.25～0.28Tg 和 0.21～0.23Tg，分别占全国灌溉水总量的 36.5%～33.2%和 30.3%～27.3%，东北、西北和西南地区通过灌溉水输入农田的氮素养分量差异不大，变化范围为 0.06～0.12Tg。东南地区通过灌溉水输入农田的氮素养分量最低，为 0.047～0.054Tg。在 1980 年代～1990 年代、1990 年代～2000 年代和 2000 年代～2010 年代东北地区通过灌溉水输入农田的氮素养分量增幅较为明显，西北和西南地区呈现先降低后增加的变化趋势，其余地区在不同年代的增幅均略有降低。

通过灌溉水输入农田的氮素养分量年际变化不大，而不同区域间变化较为明显(表 7-7)。华北地区单位种植面积来自灌溉水输入的氮素总量最高，平均为 6.9kg/hm^2，占全国灌溉水氮素总量的 25.4%，其次是西北和长江中下游地区单位种植面积来自灌溉水输入的氮素总量，平均分别为 5.2kg/hm^2 和 5.0kg/hm^2，占全国灌溉水氮素总量的 18.5%和 19.3%，东北、东南和西南地区单位种植面积来自灌溉水输入的氮素总量较为接近，平均分别为 3.5kg/hm^2、3.4kg/hm^2 和 3.1kg/hm^2，占全国灌溉水氮素总量的 13.0%、12.4%和 11.3%。串丽敏等(2015)研究表明，中国小麦区域单位面积灌溉水输入农田的养分以华北地区较高，西北和长江中下游地区次之，变化范围为 7.7～9.9kg N/hm^2。

(5) 中国农田大气沉降氮输入

大气氮沉降是指大气中的氮元素主要以 NH_x 和 NO_y 的形式降落到陆地和水体的过程。大气湿沉降和干沉降主要依据氮元素的降落方式不同进行区分。本研究采用大气干湿沉降量进行计算，从 1984～2014 年，大气沉降输入农田养分含量从 2.25Tg N 增加到 2.85Tg N，增加了 26.7%。1980 年代、1990 年代、2000 年代和 2010 年代全国大气沉降输入的养分量分别为 2.30Tg N、2.51Tg N、2.6Tg N 和 2.83Tg N，大气沉降输入农田的养分量占农田氮素输入的 8.1%～5.8%(图 7-2)，该比例在年际略有降低。1980 年代～1990 年代、1990 年代～2000 年代和 2000 年代～2010 年代的增幅分别为 9.1%、4.8%和 7.6%，表明全国通过大气沉降输入农田的养分量在 2000 年代后略有回升。1984～2014 年全国单位种植面积大气沉降输入的氮素量平均为 16.1kg/hm^2(表 7-7)。Wang 等(2014)研究表明通过大气沉降输入农田的氮素量为 2.27Tg，OECD 成员国统计了 1985～2003 年通过大气沉降输入农田的氮素量，平均为 0.012Tg(OECD，2007)。Kim 等(2005)研究表明 1985～1997 年韩国和日本通过大气沉降输入农田的氮素量平均为 0.016Tg 和 0.015Tg。

不同区域通过大气沉降输入农田的氮养分以华北和长江中下游地区较高，1980 年代～2010 年代大气沉降输入农田的氮养分分别为 0.58～0.64Tg 和 0.84～0.92Tg，分别占全国大气沉降输入总量的 25.4%～22.8%和 36.4%～33.3%，东北、西北、东南和西南地区通过大气沉降输入农田的氮素养分量差异不大，变化范围为 0.18～0.34Tg。东北地区在 1980 年代～1990 年代、1990 年代～2000 年代和 2000 年代～2010 年代大气沉降量增幅较为明显，分别为 3.8%、14.9%和 19.8%。1980 年代～1990 年代、1990 年代～2000 年代和 2000 年代～2010 年代西北地区大气沉降量呈现先降低后增加的变化趋势，分别为 21.0%、11.7%和

19.8%，西南地区分别为 19.8%、9.2%和 13.1%，其余地区在不同年代间的增幅均略有降低。

通过大气沉降输入农田的氮素总量在区域间变化较为明显(表 7-7)，长江中下游地区单位种植面积来自大气干湿沉降输入的氮素总量最高，平均为 22.5kg/hm^2，占全国大气沉降氮素总量的 23.3%，其次是东南、华北、东北和西北地区单位种植面积来自大气沉降输入的氮素总量(较为接近)，平均分别为 17.2kg/hm^2、16.0kg/hm^2、15.9kg/hm^2 和 14.6kg/hm^2，分别占全国大气沉降氮素总量的 17.9%、16.6%、16.5%和 15.2%，西南地区单位种植面积来自大气沉降输入的氮素总量较低，平均为 10.1kg/hm^2，占全国大气沉降氮素总量的 10.5%。串丽敏等(2015)研究表明，中国小麦区域单位种植面积大气沉降输入农田的养分以长江中下游地区最高，为 14.5kg N/hm^2，华北和西北次之，大气沉降输入农田的养分分别为 12.9kg N/hm^2 和 9.4kg N/hm^2。

(6) 中国农田种子氮输入

从 1984～2014 年，通过种子输入农田的养分含量由 0.22Tg N 增加到 0.29Tg N，增加了 3.18%。1980 年代、1990 年代、2000 年代和 2010 年代全国种子输入的养分量分别为 0.23Tg N、0.25Tg N、0.27Tg N 和 0.29Tg N，种子输入农田的养分量占农田氮素总输入的 0.8%～0.6%(图 7-2)，种子输入农田的氮素养分量对于农田氮素输入量的贡献较小。1980年代～1990年代、1990年代～2000年代和2000年代～2010年代的增幅分别为8.6%、6.3%和 8.7%，表明全国通过种子输入农田的养分量在 2010 年后略有回升。1984～2014 年全国单位种植面积通过种子输入的氮素总量平均为 1.6kg/hm^2(表 7-7)。Wang 等(2014)研究表明通过种子输入农田的氮素量为 0.10Tg，Kim 等(2005)研究表明 1985～1997 年韩国和日本种子输入农田的氮素量平均为 0.002Tg 和 0.003Tg。

不同区域通过种子输入农田的氮养分以华北和长江中下游地区较高，1980 年代～2010 年代种子输入农田的氮养分分别为 0.08～0.09Tg 和 0.056～0.062Tg，分别占全国种子输入总量的 35.0%～30.8%和 24.5%～21.4%，东北、西北和西南地区次之，东南地区较少，为 0.8×10^4～0.9×10^4t，占全国种子输入总量的 3.2%～3.4%。东北地区在 1980 年代～1990 年代、1990 年代～2000 年代和 2000 年代～2010 年代种子输入量增幅较为明显，分别为 3.8%、14.9%和 19.8%。1980 年代～1990 年代、1990 年代～2000 年代和 2000 年代～2010 年代西北种子输入量呈现先降低后增加的变化趋势，分别为 21.0%、11.7%和 19.8%，西南地区分别为 19.8%、9.2%和 13.1%，其余地区不同年代间的增幅均略有降低。

通过种子输入农田的氮素总量在不同区域间变化较为明显(表 7-7)，东北、华北和西北地区单位种植面积来自种子输入的氮素总量较高，平均分别为 2.1kg/hm^2、2.2kg/hm^2 和 2.1kg/hm^2，分别占全国种子氮素总量的 21.9%、23.0%和 21.9%，其次是长江中下游和西南地区单位种植面积来自种子输入的氮素总量，平均分别为 1.4kg/hm^2 和 1.2kg/hm^2，分别占全国种子氮素总量的 14.6%和 12.5%，东南地区单位种植面积来自种子输入的氮素总量最低，平均为 0.57kg/hm^2，占全国种子氮素总量的 6.0%。

3. 中国农田氮素输出的时空分布

农田氮素养分输出主要包括作物养分吸收所移走的氮素总量和通过反硝化、氨挥发、淋溶和径流所带走的氮素总量。1984～2014 年，全国农田氮素输出量为 15.5～31.1Tg，增加了 100.6%。其中 1980 年代、1990 年代、2000 年代和 2010 年代农田氮素输出量分别为 16.22Tg、21.52Tg、25.12Tg 和 30.0Tg，1980 年代～1990 年代、1990 年代～2000 年代和 2000 年代～2010 年代的增幅分别为 32.6%、16.9%和 19.2%，中国农田氮素的输出量逐年上升，增幅呈现波动增加的变化趋势，表明 2010 年后中国农田氮素养分输出量有所增加。Wang 等(2014)研究了 2010 年中国县级区域的农田氮素平衡，表明农田氮素输出量为 35.7Tg，王敬国等(2016)研究统计表明 1978 年、1998 年和 2010 年中国农田氮素输出量分别为 14.1Tg、29.4Tg 和 33.6Tg，Kim 等(2005)研究了 1985～1997 年韩国和日本农田氮素输出量，分别为 0.24～0.28Tg 和 0.55～0.69Tg。如表 7-8 所示，1984～2014

表 7-8　不同区域单位种植面积氮素养分的输出量

区域(代码)	年代	氮素输出量(kg/hm^2)					
		作物吸收	反硝化	氨挥发	淋溶	径流	总量
东北(NE)	1980	93.5	2.9	13.9	4.8	5.5	120.6
	1990	121.1	4.6	21.7	7.7	8.9	164.0
	2000	123.3	4.7	21.7	7.9	9.0	166.6
	2010	138.4	4.8	22.1	8.1	9.3	182.7
华北(NC)	1980	83.7	4.1	20.4	7.0	8.1	123.3
	1990	107.1	6.2	29.6	10.7	12.2	165.8
	2000	130.0	7.2	32.4	12.3	14.2	196.1
	2010	154.5	7.5	32.7	13.0	14.9	222.6
西北(NW)	1980	66.4	4.0	24.2	6.8	7.8	109.2
	1990	80.5	4.8	25.9	8.3	9.5	129.0
	2000	91.1	5.6	27.9	9.6	11.0	145.2
	2010	109.6	6.3	30.1	10.8	12.4	169.2
长江中下游(MLYR)	1980	79.7	4.9	24.2	8.4	8.4	125.6
	1990	86.2	6.0	28.2	10.2	10.2	140.8
	2000	96.8	6.4	28.8	11.0	11.0	154.0
	2010	108.0	6.5	29.1	11.1	11.1	165.8
东南(SE)	1980	58.5	5.2	27.5	8.9	10.3	110.4
	1990	67.9	5.7	28.6	9.7	11.2	123.1
	2000	76.4	6.1	29.5	10.5	12.1	134.6
	2010	86.7	6.7	32.5	11.6	13.3	150.8
西南(SW)	1980	69.8	4.0	21.8	6.9	8.0	110.5
	1990	76.0	4.4	22.3	7.6	8.8	119.1
	2000	81.5	4.8	22.5	8.3	9.5	126.6
	2010	85.4	4.9	22.6	8.4	9.7	131.0
全国(China)	1980	77.5	4.3	22.0	7.3	8.4	119.5
	1990	91.4	5.5	26.7	9.4	10.8	143.8
	2000	103.4	6.0	27.8	10.3	11.9	159.4
	2010	117.7	6.2	28.5	10.7	12.3	175.4

年，全国单位种植面积的农田氮素养分输出量为 119.5～175.4kg/hm^2，增加了 47.0%。其中 1980 年代、1990 年代、2000 年代和 2010 年代农田氮素输出总量分别为 119.4kg/hm^2、143.8kg/hm^2、159.4kg/hm^2、175.5kg N/hm^2，1980 年代～1990 年代、1990 年代～2000 年代和 2000 年代～2010 年代的增幅分别为 20.4%、10.8%和 10.1%，表明 1990 年代～2010 年代全国单位种植面积氮素输出量增幅基本维持在一定范围。

各区域农田氮素输出量差异明显。1980 年代～2010 年代主要以华北和长江中下游地区的农田氮素输出量较高，分别为 4.50～8.62Tg 和 4.74～6.71Tg，华北和长江中下游的氮素输出量分别占全国氮素输出量的 27.7%～30.2%和 29.2%～23.7%。东北、西北和西南地区次之，氮素输出量分别为 1.93～3.79Tg、1.56～3.49Tg 和 2.00～3.30Tg，分别占全国氮素输出量的 11.9%～13.5%、9.6%～12.6%和 12.3%～11.7%。东南地区氮素输出量较低，为 1.51～2.29Tg。1980 年代～1990 年代、1990 年代～2000 年代和 2000 年代～2010 年代除东北的增幅呈增加趋势外，其余地区的增幅均略有降低。主要表现为 1980 年代～1990 年代以东北、华北和西北地区增幅较大，分别为 41.4%、41.9%和 43.2%，东北地区 1990 年代～2000 年代和 2000 年代～2010 年代输出量的增幅分别为 16.7%和 19.2%。

由表 7-8 可知，1980 年代～2010 年代不同区域单位种植面积农田氮素输出以东北和华北地区较高，输出量分别为 120.6～182.8kg/hm^2 和 123.2～222.5kg/hm^2，长江中下游、西北和东南地区次之，西南地区输出最低。在 1980 年代～1990 年代、1990 年代～2000 年代和 2000 年代～2010 年代中，除 2000 年代～2010 年代华北、长江中下游和西南地区氮素输出量的增幅略有下降外，其余地区氮素输出量在 2000 年代～2010 年代氮素输出量的增幅均上升，尤其是西北地区，增幅为 16.5%。李书田和金继运(2011)研究也表明，在 2008 年以东北和华北地区的氮素输出量较高，主要是由于该区域为我国粮食和果蔬的主产区，作物养分吸收所带走的氮素量较高。

(1) 中国农田作物氮养分吸收输出

作物吸收养分为作物产量形成提供充足的营养物质，是养分在土壤中最重要的输出方式之一。1984～2014 年，作物吸收带走的氮素养分量为 10.25～20.99Tg N，增加了 104.7%。其中 1980 年代、1990 年代、2000 年代和 2010 年代作物吸收带走的氮素养分量分别为 10.53Tg、13.67Tg、16.32Tg 和 20.12Tg，占农田氮素总输入的 64.9%～67.1%，其中以粮食作物、豆类作物和蔬菜瓜类作物养分吸收的贡献较大，水果、油料和工业作物养分吸收的贡献较小。1980 年代～1990 年代、1990 年代～2000 年代和 2000 年代～2010 年代不同年代间的增幅分别为 29.9%、19.3%和 23.3%，2010 年后全国通过作物吸收带走的氮素养分量逐渐增加，表明氮素利用率有所提高。

1984～2014 年，全国单位种植面积作物吸收带走的养分量为 77.5～117.7kg N/hm^2，增加了 57.2%(表 7～8)。其中 1980 年代、1990 年代、2000 年代和 2010 年代作物吸收带走的养分量分别为 77.5kg N/hm^2、91.4kg N/hm^2、103.4kg N/hm^2 和 117.7kg N/hm^2，1980 年代～1990 年代、1990 年代～2000 年代和 2000 年代～2010 年代不同年代间的增幅分别为 17.9%、13.1%和 13.9%，表明 1990 年代～2010 年代全国单位种植面积作物吸收带走的养分量增幅基本维持在一定范围。

由于作物种类和产量的不同，区域间通过作物吸收带走的氮素养分量差异明显，主要以华北地区、长江中下游和东北地区较高，1980 年代～2010 年代作物吸收带走的氮素养分量分别为 3.05～5.91Tg、2.98～4.27Tg 和 1.49～2.84Tg，分别占全国作物吸收带走的氮素养分总量的 29.0%～31.2%、28.3%～22.8%和 14.2%～15.3%。东北地区主要以粮食作物和豆科作物为主，其中辽宁粮食作物吸收养分较多，黑龙江豆科作物吸收养分较多。华北和长江中下游地区主要以粮食作物、蔬菜瓜类作物吸收养分较多。研究表明，与粮食作物和果树相比，在实际生产中，蔬菜等经济作物施用的肥料量往往高于粮食作物(李书田和金继运，2011)，这也是导致长江中下游地区氮肥投入量较大的原因之一。西北和西南地区次之，东南地区通过作物吸收带走的氮素养分量最低，为 0.80～1.31Tg，其中海南以粮食作物和水果吸收的氮素养分量较高，广西则以粮食作物、蔬菜瓜类和工业作物吸收的养分量较多。

1980 年代～2010 年代不同区域单位种植面积作物吸收带走的养分量以东北和华北地区较高，分别为 93.5～138.4kg N/hm^2 和 83.7～154.5kg N/hm^2，西北和长江中下游地区次之，东南和西南地区较低。在 1980 年代～1990 年代、1990 年代～2000 年代和 2000 年代～2010 年代中，除 2000 年代～2010 年代华北、长江中下游和西南地区作物吸收带走的养分量的增幅略有下降外，其余地区作物吸收带走的养分量的增幅均有所上升，尤其是西北地区，增幅为 20.3%(表 7-8)。

(2) 中国农田氮素损失的时空分布

农田氮素损失的主要途径为硝化和反硝化过程中所产生的气体排放，以及通过氨挥发、淋溶和径流所带走的氮素。1984～2014 年，硝化和反硝化过程中所产生的气体排放、氨挥发、淋溶和径流所带走的氮素总量占氮素损失总量的比例平均分别为 10.5%、50.6%、18.1%和 20.8%，以氨挥发和径流带走的氮素养分量较大(图 7-3)。

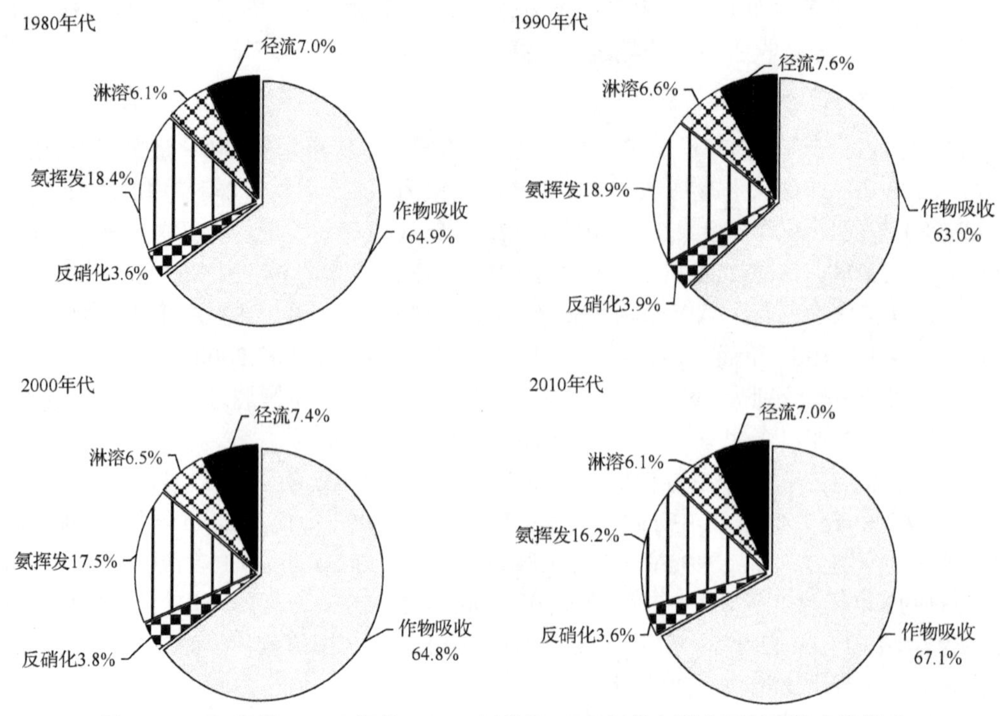

图 7-3　1980 年代、1990 年代、2000 年代和 2010 年代中国农田氮素输出的组成

(3)气态氮素养分损失的时空分布

1980 年代～2010 年代，不同地区单位种植面积通过硝化和反硝化，以及氨挥发以气体形态带走的氮素养分量，均在 1980 年代～1990 年代增幅最大，1990 年代～2010 年代增幅减缓。主要以华北地区排放量最高，平均为 24.5～40.2kg N/hm^2，以北京、河南、山东和天津的排放量较高，除山东在 2010 年后排放量降低外，其余省份的气体排放量均呈现逐年增加的变化趋势。西北、长江中下游和东南次之，其中西北地区除青海和甘肃排放量较低外，其余省份的排放量均随年际呈现逐渐增加的变化趋势，值得注意的是新疆地区的排放量在 1990 年代～2010 年代降低。长江中下游地区以湖北、江苏、上海和浙江的排放量较高，其中湖南、湖北和浙江的排放量逐年增加，而上海和浙江在 2000 年代后排放量降低。东南地区主要以广东和海南的排放量较高，且逐年上升。东北和西南地区较低，东北地区主要以辽宁的排放量最高，为 29.3～45.6kg N/hm^2；西南地区以西藏的排放量较高，值得注意的是贵州的排放量逐年下降，2010 年代该地区的排放量为 21.2kg N/hm^2。

从 1984～2014 年，全国通过反硝化损失的氮素养分量由 0.54Tg 增加到 1.09Tg，增加了 101.9%。其中 1980 年代、1990 年代、2000 年代和 2010 年代通过反硝化损失的氮素养分量分别为 0.58Tg、0.82Tg、0.95Tg 和 1.07Tg，1980 年代～1990 年代、1990 年代～2000 年代和 2000 年代～2010 年代的增幅分别为 41.7%、15.6%和 12.3%，尽管反硝化损失的氮素量逐年上升，但年代间的增幅却在逐渐减小，这主要也是由于化肥施用量的增幅在逐渐减小。Cui 等(2013)研究表明，中国农田 2010 年通过反硝化带走的氮素为 10.00Tg，Xing 和 Zhu(2002)研究表明，1995 年中国江河流域通过反硝化损失的氮养分量为 5～10Tg，Ti 等(2012)表明中国农田通过反硝化损失的氮素养分量为 9.00～20.00Tg，Wang 等(2014)研究表明 2010 年中国农田通过反硝化损失的养分量为 6.29Tg N。其中，Cui 等(2013)计算反硝化损失量时，将森林生态系统中的生物固氮涵盖在内，因此损失量较大。同时明确反硝化的 N_2O 排放因子为 0.0095 和 $N_2O/(N_2+N_2O)$ 为 3.9%，而本研究中计算农田生物固氮所损失的气体时，考虑了其在土壤中的残留量，并且 N_2O 的损失率仅为 1.25%，这可能导致低估反硝化所损失的氮素量。N_2O 为活性氮损失的组成之一，同时也是最主要的温室气体，其主要来自于农田土壤。1978～2010 年，从氮肥中增加的 N_2O 排放量为 0.18～0.41Tg N(Cui et al.，2013)。在中国，自 1980 年代后排放到大气的活性氮种类增加，引起空气污染问题，已经引起人们的关注(Richter et al.，2005)。Zhou 等(2016)研究表明，在小麦-玉米轮作体系下，不同的施肥方式(单施化肥或化肥与有机肥配施)以 N_2O 形式损失的氮素量为 3kg/hm^2。由于反硝化作用排放因子和从土壤中间接排放的气体范围较大，通过反硝化作用排放的气体量仍难以准确估计。

1984～2014 年，全国单位种植面积通过反硝化损失的氮素养分量为 4.0～6.3kg/hm^2，增加了 55.9%(表 7-8)。其中 1980 年代、1990 年代、2000 年代和 2010 年代，年代间反硝化损失的养分量分别为 4.3kg N/hm^2、5.5kg N/hm^2、6.0kg N/hm^2 和 6.2kg N/hm^2，1980 年代～1990 年代、1990 年代～2000 年代和 2000 年代～2010 年代不同年代间的增幅分别

为 28.6%、9.7%和 3.7%，尽管年际反硝化损失的氮素养分量有所增加，但年际的损失量增幅在逐渐降低，这也与全国单位种植面积氮肥投入量的增幅逐渐降低有关。

不同区域间通过硝化和反硝化损失的氮素养分量差异明显，主要以华北地区和长江中下游地区较高，1980 年代～2010 年代反硝化损失的氮素养分量分别为 0.15～0.30Tg 和 0.18～0.27Tg，分别占全国反硝化损失氮素养分总量的 25.9%～28.5%和 25.5%～31.5%，西南和西北地区次之，东北和东南地区较低。华北地区增幅较大，与年际化肥和有机肥投入量增幅较大有关，长江中下游地区氮肥、有机肥和生物固氮量在年际的增幅较小，特别是有机肥在年际无增幅，导致反硝化损失的氮素养分量增幅降低。

从 1984～2014 年，全国通过氨挥发损失的氮素养分量由 2.74Tg 增加到 4.98Tg，增加了 81.7%。其中 1980 年代、1990 年代、2000 年代和 2010 年代氨挥发损失的氮素养分量分别为 2.99Tg、3.99Tg、4.39Tg 和 4.86Tg，1980 年代～1990 年代、1990 年代～2000 年代和 2000 年代～2010 年代的增幅分别为 33.9%、9.8%和 10.8%，氨挥发损失的氮素养分量逐年上升，年代间的增幅量在 2000 年代～2010 年代有所增加，与有机肥的施用量增加有关。1980～2010 年从陆地向大气排放的 NH_3 越来越多，其含量从 5.10Tg N 增加至 10.00Tg N，主要来自于肥料和人畜粪尿排泄物，其排放量远高于全球平均水平，这与中国模式动物的饲养密度和化肥的施用类型、施用量有关。Wang 等(2014)研究表明 2010 年中国农田通过氨挥发损失的氮素量为 4.13Tg。Bouwman 等(2002)表明，与单独施用肥料氮肥相比，化肥与有机肥的配合施用增加了氨挥发量。

1984～2014 年，全国单位种植面积通过氨挥发损失的氮素养分量为 20.7～28.8kg/hm^2，增加了 39.6%。由表 7-8 可知，1980 年代、1990 年代、2000 年代和 2010 年代氨挥发损失的氮素养分量分别为 22.0kg/hm^2、26.7kg/hm^2、27.8kg/hm^2 和 28.5kg/hm^2，1980 年代～1990 年代、1990 年代～2000 年代和 2000 年代～2010 年代，不同年代间的增幅分别为 21.5%、4.2%和 2.3%，尽管年际氨挥发损失的氮素养分量有所增加，但年际的损失量增幅在逐渐降低，这也与全国单位种植面积氮肥投入量的增幅逐渐降低有关。

不同区域间通过氨挥发损失的氮素养分量差异明显，主要以华北地区和长江中下游地区较高，1980 年代～2010 年代氨挥发损失的氮素养分量分别为 0.75～1.30Tg 和 0.91～1.19Tg，分别占全国氨挥发损失的氮素养分总量的 24.9%～27.5%和 30.3%～25.4%，西南和西北地区次之，东北和东南地区较低。华北地区增幅较大，由于年际化肥和有机肥投入量增幅较大。长江中下游地区主要是化肥和有机肥的投入量在年际无明显增幅，导致氨挥发损失的氮素养分总量增幅降低。

(4) 淋溶和径流氮素养分损失的空间分布

氮淋溶和径流损失的形态以硝酸根离子(NO_3^-)为主。从 1984～2014 年，全国通过淋溶损失的氮素养分量为 0.92～1.88Tg ，增加了 104.3%。其中 1980 年代、1990 年代、2000 年代和 2010 年代淋溶损失的氮素养分量分别为 0.99Tg、1.41Tg、1.63Tg 和 1.83Tg，1980 年代～1990 年代、1990 年代～2000 年代和 2000 年代～2010 年代的增幅分别为 42.0%、15.6%和 12.7%，尽管淋溶损失的氮素养分量逐年上升，但年代间的增幅量在逐渐减小，这主要是由于化肥施用量的增幅在逐渐减小。

1984～2014 年，全国单位种植面积通过淋溶损失的氮素养分量为 6.9～10.9kg/hm^2，增加了 57.9%。其中 1980 年代、1990 年代、2000 年代和 2010 年代，淋溶损失的氮素养分量分别为 7.3kg/hm^2、9.4kg/hm^2、10.3kg/hm^2 和 10.7kg/hm^2，1980 年代～1990 年代、1990 年代～2000 年代和 2000 年代～2010 年代增幅分别为 29.0%、9.7%和 4.0%。

1984～2014 年，全国通过径流损失的氮素养分量为 1.06～2.16Tg，增加了 103.8%。不同年代间径流损失的氮素养分量增幅与淋溶损失的变化量一致。不同区域间通过淋溶和径流损失的氮素养分量差异明显，主要以华北地区和长江中下游地区较高，西南和西北地区次之，东北和东南地区较低。

1984～2014 年，全国单位种植面积通过径流损失的氮素养分量为 8.0～12.5kg/hm^2，增加了 56.3%。由表 7-8 可知，1980 年代、1990 年代、2000 年代和 2010 年代径流损失的氮素养分量分别为 8.4kg/hm^2、10.8kg/hm^2、11.9kg/hm^2 和 12.3kg/hm^2，1980 年代～1990 年代、1990 年代～2000 年代和 2000 年代～2010 年代增幅分别为 29.0%、9.7%和 4.0%，尽管年际径流损失的氮素养分量有所增加，但年际的损失量增幅在逐渐降低，这也与全国单位种植面积氮肥投入量的增幅逐渐降低有关。

由图 7-4 可知，1980 年代～2010 年代，不同地区单位种植面积通过淋溶和径流带走的氮素养分量均在 1980 年代～1990 年代增幅较大，1990 年代～2010 年代增幅减缓。主要以华北地区排放量最高，平均为 20.4～32.7kg/hm^2，以北京、河南、山东和天津的损失量较高，除山东在 2010 年后损失量降低外，其余省份的损失量均呈现逐年增加的变化趋势。西北、长江中下游和东南次之，其中西北地区除青海和甘肃损失量较低外，其余省份的损失量均随年际呈现逐渐增加的变化趋势。长江中下游地区以江西损失量较低，而上海和浙江在 2010 年后损失量降低，其余省份的损失量均随年际呈现逐渐增加的变化趋势。东南地区主要以广东和海南的损失量较高，且逐年上升。东北和西南地区较少，东

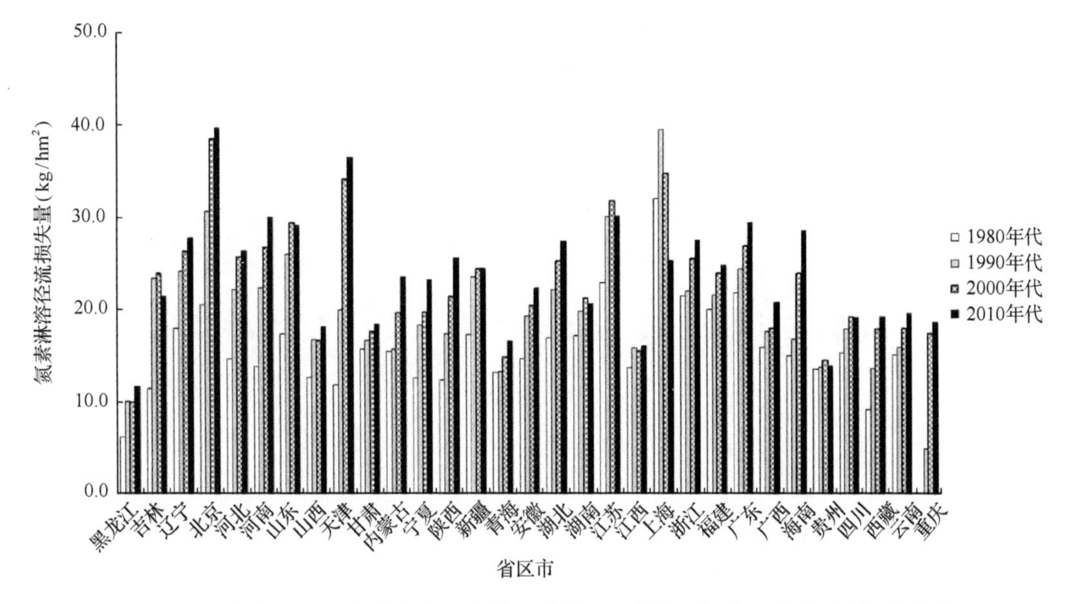

图 7-4　1980 年代～2010 年代各省区市单位种植面积淋溶和径流损失的硝态氮素养分量

北地区主要以吉林和辽宁的损失量较高，黑龙江的损失量最低，为 6.2～11.7kg N/hm^2。西南地区以贵州的损失量最低，其余省份的损失量均随年际呈现逐渐增加的变化趋势。农业和非农业生态系统通过淋溶和径流从土壤中损失的氮素主要取决于土地利用类型、氮肥施用的形态、土壤属性和降雨(Cui et al.，2013)。Wang 等(2014)研究表明 2010 年中国农田通过淋溶带走的氮素养分量为 2.35Tg，通过径流带走的氮素养分量为 0.83Tg。

4. 中国农田氮素平衡的时空分布

根据农田氮素养分输入与输出的差值，计算农田氮素平衡。其差值大于 0 则表示为盈余，代表所输入的氮素没有能够全部被作物利用。小于 0 则表示为亏缺，代表所输入的氮素不能满足作物生长。基于这样一个基本原则，我们可以探讨农田养分利用率和在过去 30 年时间的变化，从而为政府的农业化肥宏观决策和农田精准施肥决策提供科学依据。

从 1984～2014 年，全国农田氮素盈余量由 12.3Tg 增加到 19.1Tg，增加了 55.3%。由图 7-1c 和图 7-5 可知，1980 年代、1990 年代、2000 年代和 2010 年代全国农田氮素盈余量分别为 12.3Tg、17.2Tg、19.1Tg 和 19.1Tg，1980 年代～1990 年代、1990 年代～2000 年代和 2000 年代～2010 年代全国氮素盈余量的增幅逐渐降低，分别为 39.7%、10.6%和 0.5%，表明 2010 年后农田氮素盈余量增加平缓，部分地区呈现下降的变化趋势。全国农田单位种植面积氮素均表现为盈余，其变化范围平均为 90.7～111.8kg/hm^2，增幅为 23.3%。与 2000 年代相比，2010 年代全国氮素盈余量降低了 7.5%。

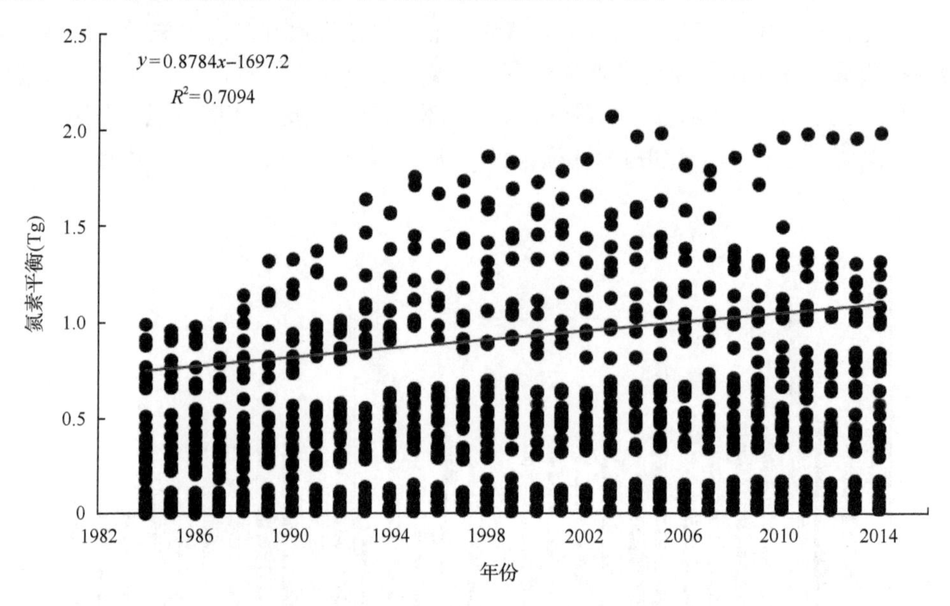

图 7-5　1980～2014 年全国农田氮素用量平衡

将 1984～2014 年中国 31 个省(自治区、直辖市)的农田氮素输入和输出进行回归分析(图 7-6)，结果表明，全国 31 个省(自治区、直辖市)的氮素输入量均高于输出量，氮素输入和输出间存在明显的线性关系。在 1980 年代、1990 年代、2000 年代和 2010 年代，R^2 分别为 0.895、0.914、0.930 和 0.915，斜率分别为 0.379、0.358、0.397 和 0.448，除

1990 年代氮素输入与输出的斜率略有降低外，2000 年代～2010 年代氮素输入与输出的斜率逐渐增加，表明 2000 年后氮素利用率逐渐增加。方玉东等(2007)研究 2000 年中国农田氮素平衡，表明农田氮素的盈余总量为 2.65Tg。Wang 等(2014)研究 2010 年中国县级区域的农田氮素平衡，表明农田氮素盈余量为 6.95Tg，王敬国等(2016)研究统计表明 1978 年、1998 年和 2010 年中国农田氮素输出量分别为 6.50Tg、6.20Tg 和 14.4Tg，Kim 等(2005)研究了 1985～1997 年韩国和日本农田氮素盈余量，分别为 0.11～0.20Tg 和 0.084～0.11Tg。李书田和金继运(2011)研究结果表明 2008 年中国农田氮素盈余量为 10.63Tg。本研究中农田氮素盈余量较高，与其他研究相比，可能低估了氮素损失量，特别是硝化和反硝化过程中所损失的氮素盈余量。我国农田氮素盈余量较高，但 2010 年呈现逐步降低的变化趋势，较高的氮素盈余丰富了土壤中的氮库含量，为作物生长提供了充足的养分，但同时也造成了养分资源的浪费，增加了环境风险。

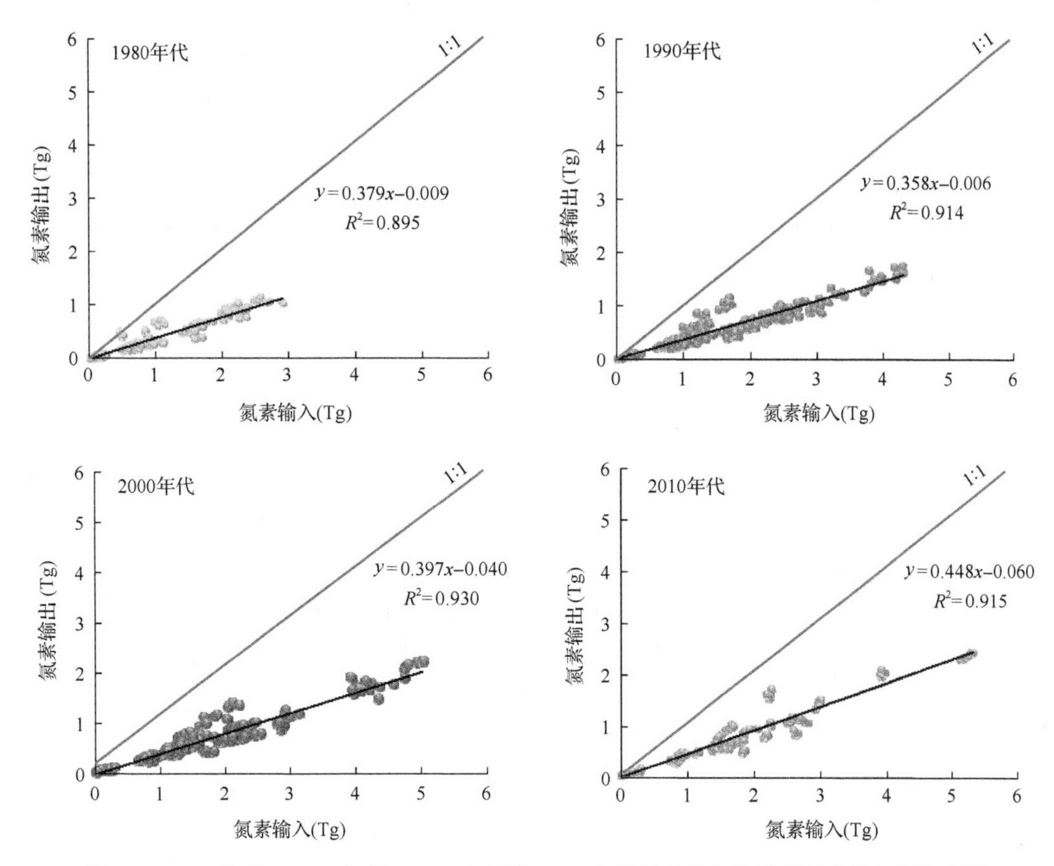

图 7-6　1980 年代、1990 年代、2000 年代和 2010 年代氮素输入和氮素输出的汇总关系图

不同区域氮素盈余量以长江中下游地区最高，华北地区次之，1980 年代～2010 年代农田氮素盈余量分别为 4.16～5.63Tg 和 3.02～4.81Tg，分别占全国氮素盈余量的 33.5%～36.4%和 23.2%～25.4%。西北、西南和东南地区盈余量变化范围为 1.20～2.59Tg N，东北地区盈余最少，为 0.73～1.32Tg N，占全国氮素盈余量的 5.8%～7.3%。1980 年代～1990 年代各地区氮素盈余量增加幅度较大，以华北地区增幅最大，为 59.6%，1990 年代～2000

年代各地区氮素盈余量增幅逐渐降低，2000 年代～2010 年代除西北和东南地区氮素盈余量增幅略有增加外，其余地区的氮素盈余量均有所下降，东北、华北和长江中下游地区氮素盈余量分别降低了 10.3%、8.5%和 1.0%。

1980 年代～2010 年代，不同区域单位种植面积氮素盈余量均以东南和长江中下游地区较高，盈余量分别为 111.3～132.5kg N/hm^2 和 134.6～148.8kg N/hm^2，增幅分别为 19.0%和 10.5%。华北、西北和西南地区的氮素盈余量次之，东北地区的氮素盈余量最低。1980 年代～2010 年代不同地区单位种植面积氮素盈余量均在 1980 年代～1990 年代增幅最大，1990 年代～2010 年代增幅减缓。2000 年代～2010 年代，除东南地区外其余地区的氮素盈余量均有所下降，东北地区氮素盈余量下降了 25.4%(表 7-9 和图 7-7)。

表 7-9　不同区域单位种植面积氮素养分平衡

年代	氮素养分平衡 (kg/hm^2)						
	东北 NE	华北 NC	西北 NW	长江中下游 MLYR	东南 SE	西南 SW	全国 China
1980	45.5	82.6	84.0	111.3	134.6	76.3	90.7
1990	69.6	125.1	101.7	138.0	138.0	84.7	115.1
2000	77.8	131.3	115.5	142.4	141.9	91.8	120.8
2010	58.0	118.3	115.0	132.5	148.8	90.2	111.8

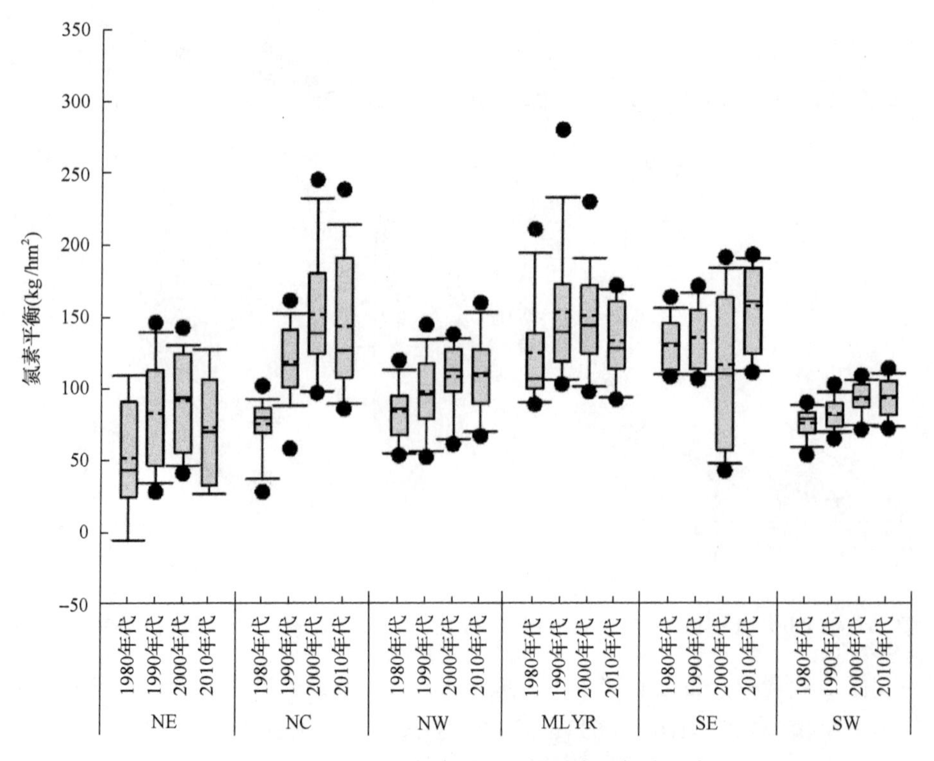

图 7-7　1984～2014 年中国不同区域农田氮素平衡

长方形框底部边缘为第 25%个数，长方形框上部边缘为第 75%个数；长方形中虚线为平均值，实线为中值；误差线上下分别表示第 90%和第 10%个数；实心圆圈代表异常值

不同地区间氮素盈余量差异明显，其中东南地区除福建的氮素盈余量在 2000 年代～2010 年代下降外，其余省份氮素盈余量均逐渐上升，尤其是广东和海南。长江中下游地区主要以江苏、上海和浙江氮素盈余量较高，除浙江和湖北的氮素盈余量逐渐增加外，其余省份的氮素盈余量均在 2010 年后逐渐降低。华北地区（北京、河南和天津）和西北地区（陕西）的氮素盈余量较高，且逐渐增加，其余省份的氮素盈余量均在 2010 年后逐渐降低。西南地区以云南和西藏的氮素盈余量最高，但西藏的氮素盈余量略有降低，而其余省份无明显变化。东北地区的黑龙江、吉林和辽宁的氮素盈余量均在 2010 年后逐渐降低，其中辽宁的氮素盈余量最高。方玉东等（2007）研究了 2000 年中国农田氮素养分平衡，结果表明中国东部地区农田氮素盈余量最高，西部地区次之，中部地区较低。李书田和金继运（2011）的研究也表明，东南地区氮素盈余量最高，而东北地区氮素盈余量最低。Panten 等（2009）研究了 1992～2006 年德国农田氮素平衡特征，结果表明农田氮素存在盈余，盈余量平均为 100kg N/hm^2。OECD 成员国统计了 1985～2003 年农田氮素盈余量为 67kg/hm^2，其中荷兰、日本、丹麦和比利时等的氮素盈余量均高于 100kg/hm^2。全球范围内农田氮素的输入、输出均存在不平衡管理，使得氮素盈余量逐年增加，氮素过量施用不仅引发了一系列的环境问题，如水体、土壤和空气质量退化等，尤其是大气中 N_2O 浓度增加，还造成了资源浪费。

基于 CANB 和 OECD 土壤氮模型研究我国农田氮素养分平衡时空演变特征，得到结论如下。1984～2014 年全国农田氮素输入量为 26.7～49.9Tg（等同于 201～290kg/hm^2），氮输出量为 15.5～31.1Tg（等同于 119～176kg/hm^2）。1980 年代～1990 年代氮素输入量呈现快速增长的趋势，随后 2000 年代～2010 年代增幅减少。化肥氮和有机肥是农田氮素输入的主要来源，农作物的氮吸收是氮素输出的主要因素。氮素损失中以氨挥发和硝态氮径流损失为主。我国农田氮素在过去 30 年始终处于盈余状态，其盈余量为 12.3～19.2Tg（91～112kg/hm^2）。农田氮素输入量和盈余量的增幅从 1980 年代、1990 年代、2000 年代和 2010 年代逐渐降低，而氮素输出量的增幅在这时期逐渐增加。从 6 个农业区域看，单位种植面积氮素输入和输出在 1980 年代～1990 年代以华北地区最高（分别为 196～346kg/hm^2 和 123～223kg/hm^2），西南地区最小（分别为 185～220kg/hm^2 和 70～85kg/hm^2）。以 N_2O、N_2 和氨挥发损失的氮素量在 1980 年代～1990 年代增幅最大，1990 年代～2010 年代增幅减缓，其中华北地区最高，平均为 25～40kg/hm^2，主要以北京、河南、山东和天津排放量较大。氮素盈余量以长江中下游地区最高，为 135～149kg/hm^2，东北地区最低（46～58kg/hm^2）。从 2000 年代～2010 年代，除东南地区外其余地区的氮素盈余量均有所下降，其中东北地区氮素盈余量下降了 25.4%。这是由于在这个时期农田化肥投入减缓，从而提高了氮素利用效率，有利于降低农田氮素投入过剩所带来的土壤氮素盈余和环境健康造成的风险。

7.1.2　全国土壤有效磷的时空变化

土壤有效磷和作物产量数据来源于国际植物营养研究所中国项目数据库（1990～2012 年数据）。国际植物营养研究所中国项目部自 1990 年开始进行磷肥管理研究，目前已经积累大量的土壤测试数据和相对的作物产量数据，这些数据可以用来评估从 1990～

2012 年土壤有效磷的变化和作物对磷肥的产量反应。在本研究中，我们从数据库中得到 59 956 个土壤有效磷含量数据和 4837 个田间试验数据。所有土壤有效磷含量数据均来源于田间试验，播种前采集 0～20cm 的土层，用 ASI 法对土壤有效磷含量进行测定。作物产量数据包括施用氮磷钾肥所得产量数据（NPK，氮磷钾施肥量根据土壤测试推荐）和仅施用氮钾肥产量数据（NK，在 NPK 处理的基础上不施用磷肥）。

为分析我国土壤有效磷含量的时空变化，基于地理位置和行政区划将全国划分为 5 个区，分别为：东北、华北、西北、东南和西南。另外，基于土地利用方式，将每个区进一步划分为两个类型，即粮食作物和经济作物类型区。粮食作物类型区指种植小麦、玉米、水稻，经济作物类型区指种植马铃薯、大豆、蔬菜、水果、油菜籽、向日葵、棉花、糖类等经济作物。不同区域的土壤采样数量见表 7-10。

表 7-10　我国不同地区和不同时期的试验观测数

项目	地区	全部作物		粮食作物		经济作物	
		1990 年代	2000 年代	1990 年代	2000 年代	1990 年代	2000 年代
土壤测试	东北	434	6 986	403	5 983	31	1 003
	华北	2 532	18 063	2 188	13 009	344	5 054
	西北	342	6 964	105	2 843	237	4 121
	东南	546	17 189	370	11 887	176	5 302
	西南	677	6 223	584	3 644	93	2 579
相对产量	东北	62	847	44	771	18	76
	华北	80	1 370	42	1 261	38	109
	西北	96	577	24	174	72	403
	东南	193	840	119	637	74	203
	西南	84	688	39	421	45	267

1. 1990～2012 年农田土壤有效磷变化情况

研究结果表明，1990～2012 年土壤有效磷含量总体呈上升趋势，线性回归分析表明，其增长率为 1.51。为进一步分析影响土壤有效磷含量增长的主要因素，我们根据土地利用类型进行研究。结果表明，1990～2012 年粮食作物和经济作物土壤有效磷含量总体上均呈增加趋势。线性回归分析结果表明，粮食作物土壤有效磷含量增长率仅为 0.76，与之相比经济作物同期大幅增加，其增长率为 2.75（图 7-8）。施肥方面，粮食作物平均施磷量为 82kg/hm^2（P_2O_5）［10～360kg/hm^2（P_2O_5）］，经济作物平均施磷量为 141kg/hm^2（P_2O_5）［10～1580kg/hm^2（P_2O_5）］。以上结果表明，经济作物生产中磷肥的大量投入是其土壤有效磷积累的主要原因，同时也是导致土壤有效磷含量整体增加的主要因素。

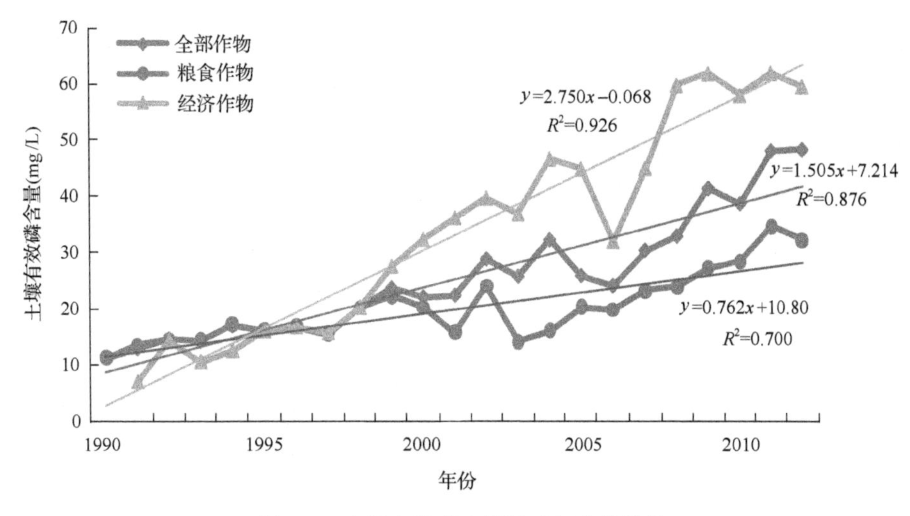

图 7-8　土壤有效磷含量随时间变化趋势

2. 土壤有效磷的时空变化

自 20 世纪 80 年代，中国开始倡导平衡施肥，然而很多地区过量施肥仍是一个普遍现象，这不仅导致了土壤的退化，还引起作物产量的下降。在我国，不同地区土壤平均有效磷含量差异明显，如东北、华北、西北、东南和西南土壤平均有效磷含量分别为 17.53mg/L、47.78mg/L、25.10mg/L、29.35mg/L、18.70mg/L。为了更好地评估土壤有效磷含量的时间变异，本文比较了 1990 年代(1990～1999 年)和 2000 年代(2000～2012 年)两个时期土壤有效磷含量变化。结果表明，土壤平均有效磷含量从 1990 年代的 17.09mg/L 增加到 2000 年代的 33.28mg/L。从 1990 年代～2000 年代，5 个地区(东北、华北、西北、东南和西南)土壤平均有效磷含量分别增加了 10.1%(16.01～17.63mg/L)、113.1%(23.99～51.11mg/L)、23.1%(20.57～25.32mg/L)、16.1%(25.40～2.48mg/L)和 21.4%(15.67～19.02mg/L)(图 7-9)。

从 1990 年代～2000 年代，5 个地区(东北、华北、西北、东南和西南)粮食作物土壤平均有效磷含量分别增加了 10.7%(17.08～18.90mg/L)、37.1%(21.09～28.91mg/L)、2.2%(21.91～22.39mg/L)、2.1%(21.68～22.13mg/L)和 1.3%(14.97～15.16mg/L)；然而经济作物土壤有效磷含量分别增加 19.2%(17.45～20.8mg/L)、155.4%(42.40～108.27mg/L)、36.8%(19.98～27.34mg/L)、38.4%(33.21～45.96mg/L)和 46.8%(17.66～25.91mg/L)。

3. 不同地区作物的施磷效应

相对产量，用来评估作物的施磷效应，由氮钾处理小区所得产量除以氮磷钾处理小区所得产量计算得到。相对产量越大，表明土壤基础磷素供应量越大。研究结果表明，东北、华北、西北、东南和西南地区作物相对产量相差不大，分别为 87.8%、87.8%、84.4%、88.1%和 86.0%；相对而言，东南地区土壤基础养分磷素供应能力最高(图 7-10)。时间变异分析结果表明，相对产量从 1990 年代的 84.8%增加到 2000 年代的 87.4%，但区域之间存在一定差异。如华北地区相对产量增加了 9.2%，但东北、西北、东南和西南地区之间没有显著差异。

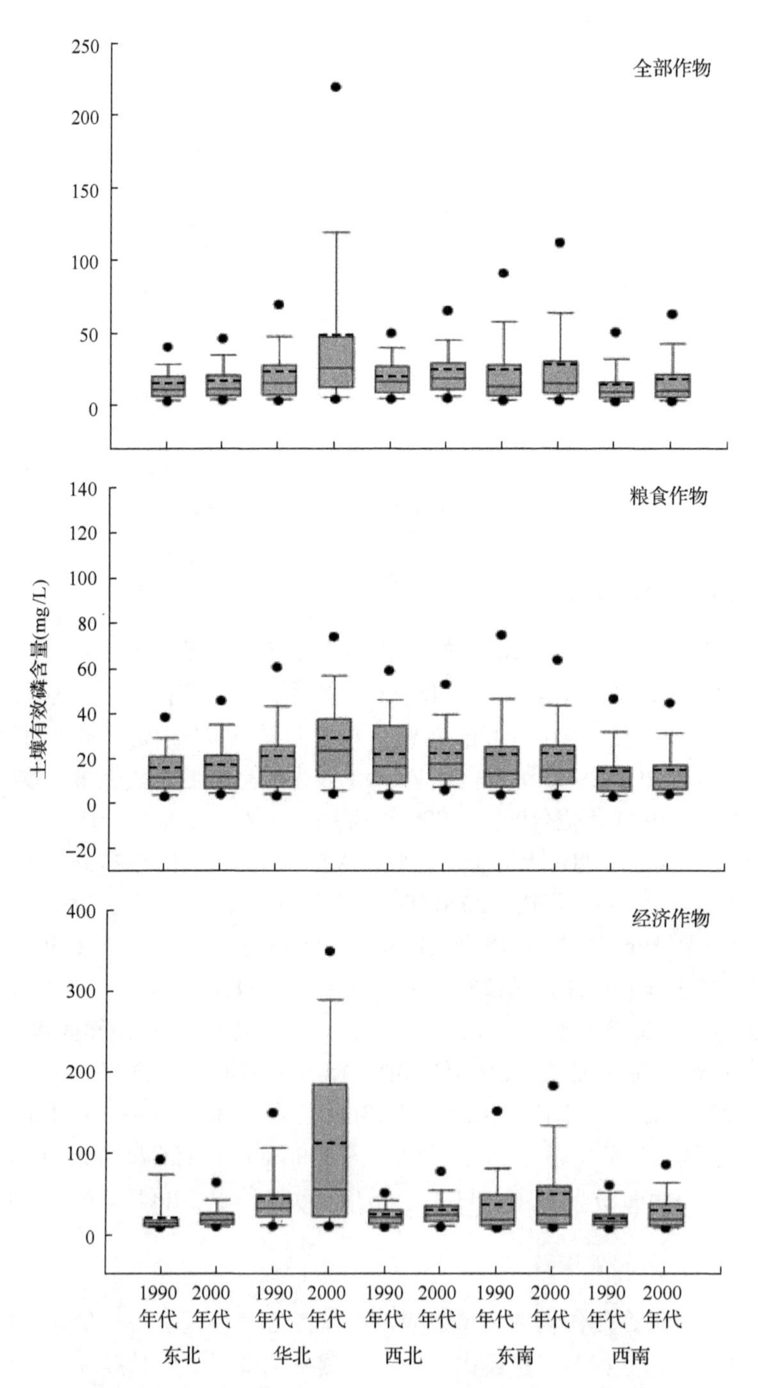

图 7-9　1990 年代和 2000 年代土壤有效磷含量的时空变化

长方形框底部边缘为第 25%个数，长方形框上部边缘为第 75%个数；长方形中虚线为平均值，实线为中值；误差线上下分别表示第 90%和第 10%个数；实心圆圈代表异常值

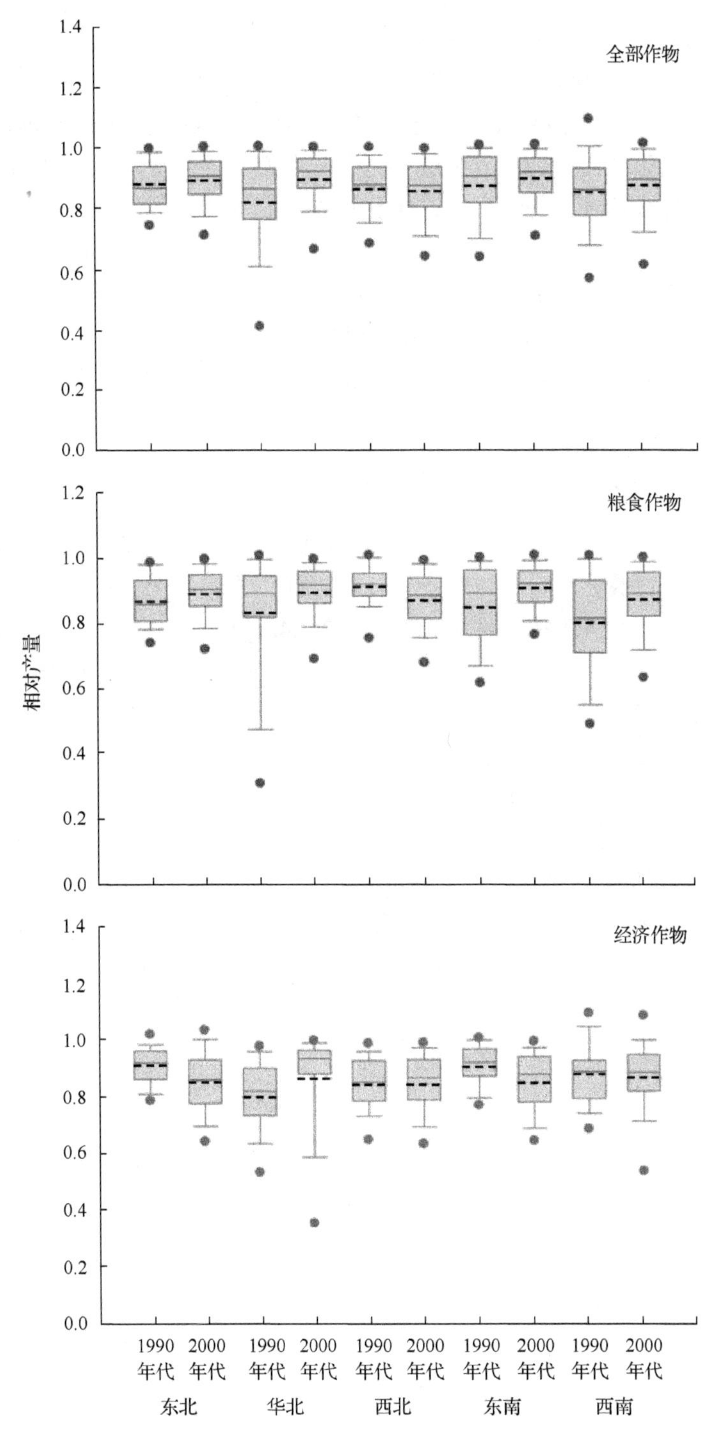

图 7-10　1990 年代和 2000 年代作物相对产量对比

长方形框底部边缘为第 25%个数，长方形框上部边缘为第 75%个数；长方形中虚线为平均值，实线为中值；误差线上下分别表示第 90%和第 10%个数；实心圆圈代表异常值

对粮食作物而言，5 个地区相对产量范围为 85.8%～89.0%，与总的作物相对产量

(84.4%～88.1%)相比差异不显著。粮食作物相对产量在东北、华北、东南、西南地区分别增长 2.6%、7.6%、6.9%和 8.6%，表明土壤基础磷素供应能力在 22 年有所提升。西北地区粮食作物相对产量从 1990 年代到 2000 年代下降了 4.9%，这可能与当地的环境条件、作物类型和土壤理化性质有关。研究表明，不同的环境条件、作物类型和土壤理化性质对土壤有效磷的含量具有显著的影响，也直接影响相对产量。

在这 5 个地区，经济作物相对产量没有显著差异。然而在 1990 年代～2000 年代时间尺度上差异显著。5 个地区中东北、东南和西南地区经济作物相对产量分别下降了 6.7%、6.0%和 1.6%，而华北和西北地区，相对产量分别增加了 8.3%和保持基本不变。经济作物相对产量数据结果表明，东北、东南和西南地区土壤基础磷素供应能力下降，而华北地区呈上升态势，西北地区基本保持不变。

4. 典型农区土壤磷素养分限制因素分析

农业生产管理如轮作、施肥和耕作等影响土壤有效磷含量。研究发现，从 1990～2012 年土壤有效磷含量随磷肥施用量的增加而提高，通过提高施肥量可以提高农田生产力。研究表明全国土壤平均有效磷含量从 1980 年的 7.4mg/kg 增加到 2007 年的 24.7mg/kg。本研究与前人研究结果一致，土壤有效磷从 1990 年代的 17.09mg/L 增加到 2012 年的 33.28mg/L。土壤平均有效磷含量的增加主要由经济作物生产中大量施肥引起，如在蔬菜生产中磷肥的过量施用是普遍现象。

相对产量是一个评价土壤肥力直接有效的指标，也可用来评价土壤养分供应能力。在本研究中，虽然粮食作物土壤有效磷含量低于经济作物，但除西南地区外其他地区粮食作物的相对产量均高于经济作物。该结果也说明除西南地区外，其他地区土壤磷素供应量更接近粮食作物生长的需求；而对于经济作物的生产，应该推荐施用更多的磷肥以满足高产的需求。该结果同经济作物氮钾处理产量与氮磷钾处理产量之间的斜率(0.852)低于粮食作物(0.911)相吻合(图 7-11)。本文结论与土壤速效钾时空变异研究结果一致，在不施用磷肥的情况下经济作物缺肥比粮食作物更严重。

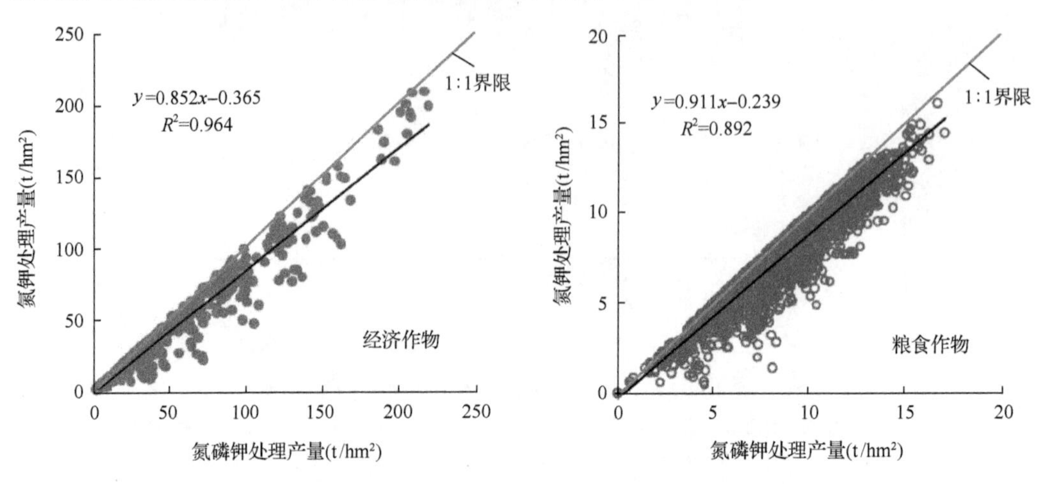

图 7-11　经济作物与粮食作物氮钾处理产量与氮磷钾处理产量相关性比较

不同作物和土壤类型(包括土壤结构、pH 等因素)对土壤临界值有明显影响。对大部分作物来说土壤有效磷含量在 5.3～18.3mg/L 即能满足作物生产需求，当土壤有效磷含量高于 41.2mg/L 时土壤磷素具有淋溶风险；然而 65.6mg/L 的土壤有效磷被认为是蔬菜生产所需磷素临界值，其明显高于土壤淋溶风险临界值。因此，对于蔬菜生产需要一套不同于其他作物的养分管理体系。本文研究结果表明，在 1990 年代，除了华北和东南种植经济作物地区外，其他地区土壤有效磷含量均处于作物生产临界值范围内。在 2000 年代，东北和西南地区粮食作物土壤有效磷含量处于作物生产临界值范围附近，其他地区粮食作物土壤有效磷含量均高于最佳产量临界范围但低于土壤淋溶风险值。对于经济作物而言，在华北和东南地区土壤磷素具有淋溶风险。其他地区经济作物土壤有效磷含量高于最佳产量临界值范围但低于淋溶风险值。磷肥的大量施用，不仅导致了农田磷素的非点源污染，还引起了水体的富营养化。这个现象不仅是一个区域性问题，还是全球面临的挑战。由长期过量施肥导致的磷素盈余是磷素扩散性损失的主要原因，因此控制额外磷素的输入是控制水体富营养化最有效的方法。

在农业生产中，最为理想的情况是农田磷素的投入量等于移走量，这样可以最大化磷素的利用效率。本研究引入磷的偏因子养分平衡(PPB，作物地上部磷素移走量/磷肥的投入量)去评估农田磷素平衡状况。研究发现，经济作物地上部分磷素移走量均高于粮食作物地上部分磷素移走量，这也说明了磷素养分管理对经济作物生产的重要性。5 个地区粮食作物和经济作物磷的偏因子养分平衡均有显著差异，与已有研究结果一致(图 7-12)。鉴于不同地区土壤有效磷和磷的偏因子养分平衡的显著差异，迫切需要针对不同区域的农田磷素养分管理。

磷是农业生产必需的大量元素。从 1990～2012 年，我国平均土壤有效磷含量呈上升趋势，其中生产中经济作物磷肥的大量施用是导致我国土壤有效磷含量增加的主要原因。本研究中，相对产量结果与土壤有效磷含量相互印证；经济作物磷肥产量反应高于粮食作物。因此，在粮食作物磷肥推荐中，我们要保持土壤有效磷含量高于作物生产所需土壤磷素最低临界值同时低于淋溶风险值；在经济作物磷肥推荐中，针对具有较高施磷产量反应的地区也要适当加大推荐施肥量。在本研究中，我们利用 59 956 个土壤测试数据和 4837 个田间试验数据，对我国农田土壤有效磷含量的时空变化进行研究。本研究是对我国土壤有效磷含量状况的第一次全面研究，这将为以后关于磷素养分循环和基于非点源污染下的养分管理提供参考。

7.1.3　全国土壤速效钾的时空变化

钾是高等植物必需的三大营养元素之一，参与植物许多重要的生理过程，有改善农作物品质和提高抗逆性等功能。而且对于钾素贫瘠的土壤来说，施钾肥是为其提供钾素最有效的方法。但钾是不可再生资源，并且不能通过其他化学物质合成。所以合理的钾素养分管理对于有效利用钾素资源尤为重要。

了解土壤钾素状态对于合理实施养分管理措施很重要。据报道，钾素亏缺是一个世界性问题(Dobermann et al.，1998)，目前全球土壤钾素含量不断降低(Malo et al.，2005)。20 世纪 70 年代中国南部首次报道土壤缺钾问题。80 年代我国农业部、加拿大磷钾肥研究所(PPIC)和国际钾肥研究所等在我国开展施钾效应田间试验。结果显示，我国南方地区和北方部分地区表现土壤缺钾。随后国内学者也陆续开展了作物施钾效应的田间试验。

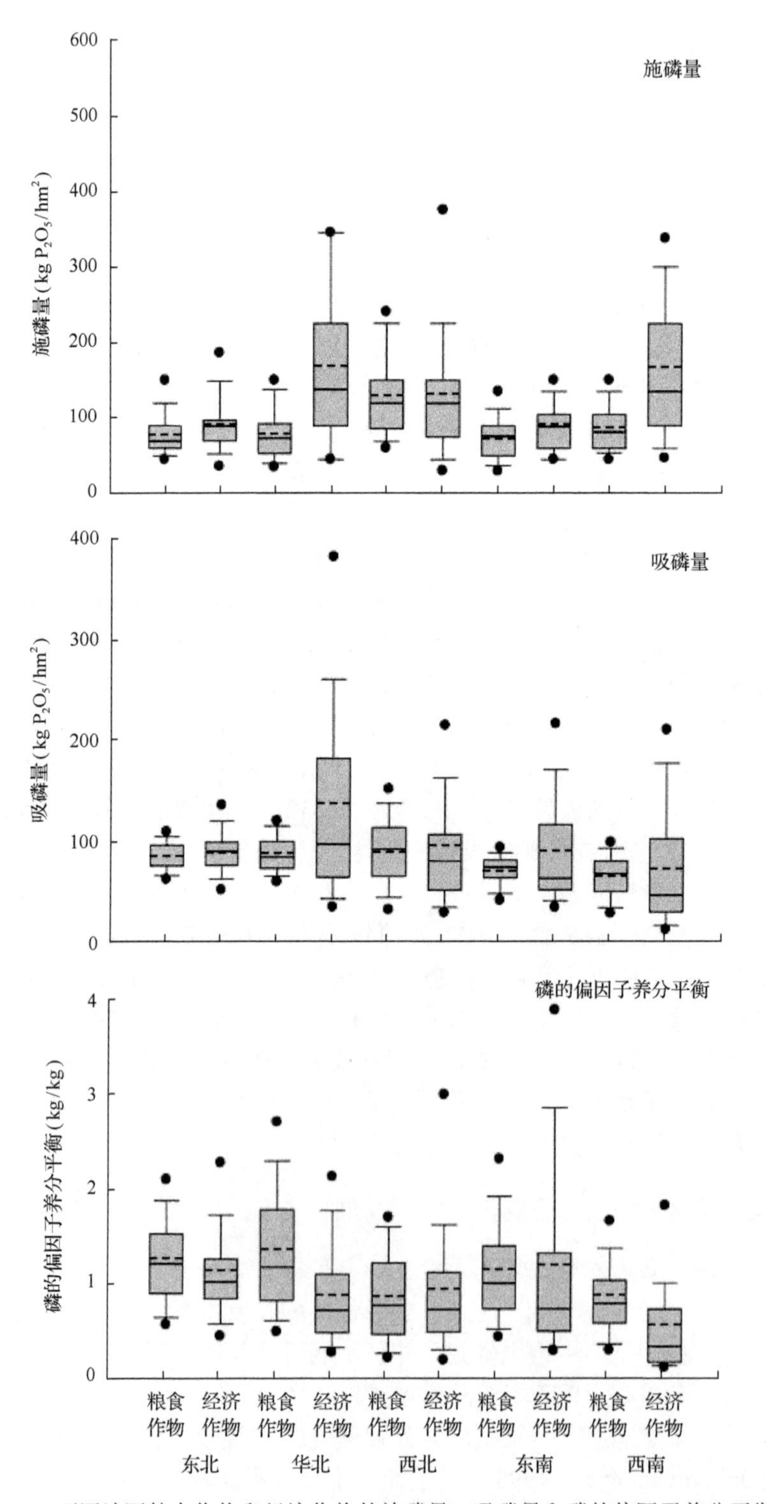

图 7-12　不同地区粮食作物和经济作物的施磷量、吸磷量和磷的偏因子养分平衡

长方形框底部边缘为第 25%个数，长方形框上部边缘为第 75%个数；长方形中虚线为平均值，实线为中值；误差线上下分别表示第 90%和第 10%个数；实心圆圈代表异常值

1995 年，我国农业部启动测土施肥计划，推动了作物合理施肥。最近研究表明我国农业生产中氮肥和磷肥普遍施用过量(Xu et al.，2014)，而钾肥施用不足，缺钾现象有进一步加剧的趋势(He et al.，2009)。随着农业机械化的发展和我国作物秸秆还田及施用有机肥政策的实施，更多的作物残茬归还到土壤中，从而提高了土壤钾素水平。然而，关于土壤速效钾含量变化有些相悖的一些报道已经引起了科学家和化肥行业的关注。有研究指出，1980～2000 年华东地区和 1980～1999 年华北地区的土壤钾含量显著降低(Kong et al.，2006)。而其他的报告表明，除我国西北 1986～2006 年土壤速效钾含量出现了下降趋势外，其他地区均显示稳定或增加趋势。这些相互矛盾的结果可能是由土壤采样点、样品数量、取样时间和分析方法等不同而引起的。目前，钾肥还没受到像氮肥和磷肥那样的关注，而且我国 20 世纪 80 年代初进行的全国土壤调查已不能真实地反映土壤钾素状态。由于土壤钾素平衡不仅受氮肥和磷肥过量施用的影响，同时还受作物新品种和高产基因型的影响，因此迫切需要关注我国土壤钾素状况和土壤钾素平衡。

本研究共分析了 58 559 个土壤速效钾测试数据和 2055 个田间试验产量记录。所有土壤速效钾的数据都来源于田间试验，播前采集 0～20cm 的土层，用 Superfloc 127 溶液提取土壤样品后，采用火焰光度计测定土壤速效钾含量。试验均在田间进行，作物产量效应数据由第一季作物收获后通过测定氮磷钾肥小区(NPK，氮磷钾施肥量根据土壤测试推荐)和只施氮磷肥小区(NP，在 NPK 处理基础上不施钾)获得。为分析我国土壤速效钾的时空变化，基于地理位置和行政区划将全国分为 5 个区：东北(NE)、华北(NC)、西北(NW)、东南(SE)和西南(SW)(表 7-11)。

表 7-11　我国不同地区和不同时期的试验观测数

项目	地区	全部作物		粮食作物		经济作物	
		1990 年代	2000 年代	1990 年代	2000 年代	1990 年代	2000 年代
土壤测试	东北	435	7 025	417	6 887	18	138
	华北	2 446	22 290	2 233	17 896	213	4 394
	西北	295	8 888	74	6 752	221	2 136
	东南	549	21 091	373	16 099	176	4 992
	西南	701	8 877	616	6 499	85	2 378
相对产量	东北	86	427	63	399	23	28
	华北	90	754	56	700	34	54
	西北	51	263	31	136	20	127
	东南	42	152	13	77	29	75
	西南	59	131	19	67	40	64

另外，基于土地利用方式，对每个区进一步划分为两个类型区，分别为粮食作物和经济作物类型区。依据中国农业年鉴，粮食作物类型区主要包含小麦、玉米、水稻、马铃薯和大豆，经济作物类型区主要包含蔬菜、果树、油菜籽、向日葵、棉花和糖类等作物，具有较高的施肥量和经济附加值。

1. 1990～2012 年农田速效钾变化情况

稻田数据显示，1990～2012 年土壤速效钾含量均呈增长趋势，而且根据线性模型得出，其增长率为 1.307(图 7-13)。为了进一步分析影响速效钾增长趋势的主要因素，我们根据种植作物将土样分为两种：粮食作物和经济作物。结果显示，1990～2012 年粮食作物和经济作物的土壤速效钾含量随时间总体呈增加趋势。基于线性模型，粮食作物土壤速效钾含量增长率仅为 0.258(图 7-13)，然而经济作物同期大幅增加，其增长率为 3.155。粮食作物的 K_2O 施用量平均为 7.3kg/亩(变化范围为 1.0～124.5kg/亩)，而经济作物的 K_2O 施用量平均为 17.0kg/亩(变化范围为 1.0～124.5kg/亩)。进一步分析发现，经济作物较高的钾含量是由大量的钾肥投入引起的，这也直接导致 1990～2012 年土壤速效钾含量出现增加趋势。

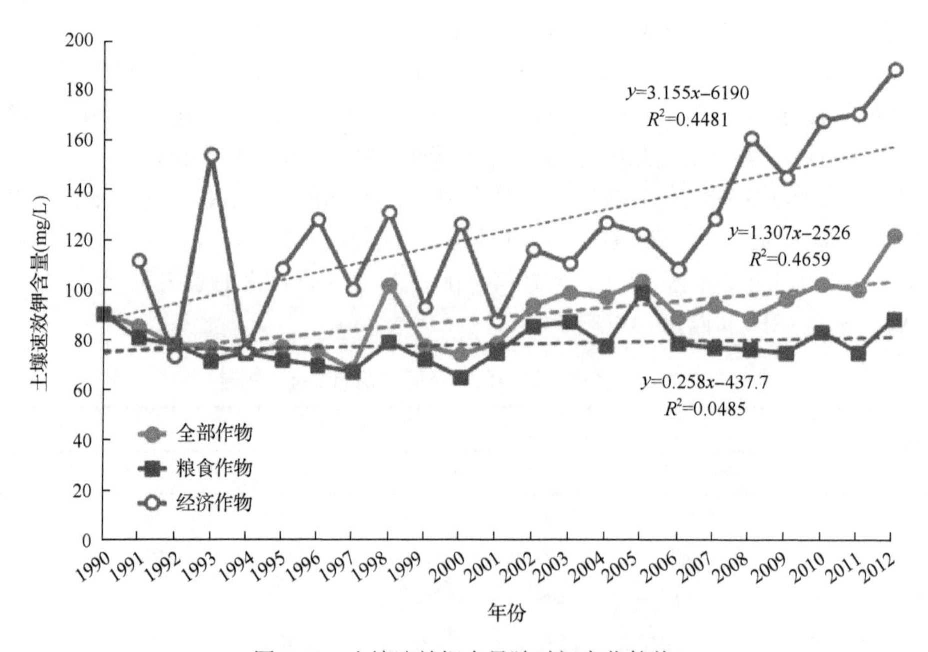

图 7-13　土壤速效钾含量随时间变化趋势

2. 土壤速效钾的时空变化

20 世纪 80 年代开始中国引进了平衡施肥概念，90 年代钾肥合理施用受到广泛关注。然而，不同地区土壤速效钾含量存在很大差异，东北、华北、西北、东南和西南地区的测试平均值分别为 76.8mg/L、99.8mg/L、118.0mg/L、83.9mg/L、81.3mg/L。为了评价 1990～2012 年中国不同地区土壤速效钾含量的变化，我们比较了 1990 年代(1990～1999 年)和 2000 年代(2000～2012 年)两个时期的土壤速效钾含量。数据显示，土壤速效钾含量均值从 1990 年代的 79.8mg/L 增加到 2000 年代的 93.4mg/L，东北地区这两个时期的土壤速效钾含量没有变化，华北、东南、西南地区的土壤速效钾含量分别增加了 34.8%(76.4～103.0mg/L)、17.9%(71.5～84.3mg/L)和 20.2%(68.8～82.7mg/L)。而西北地区的土壤速效钾含量却下降了 24.1%(153.5～116.5mg/L)(图 7-14A)。

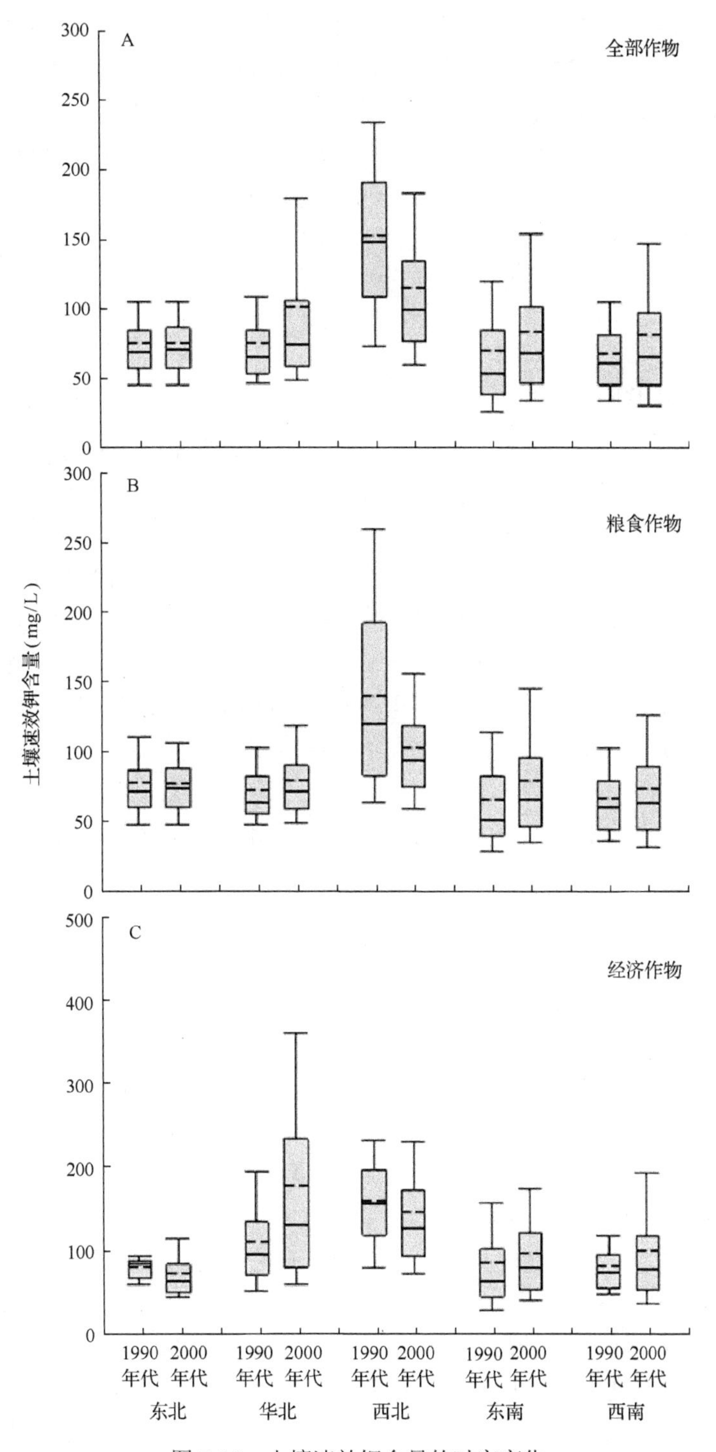

图 7-14　土壤速效钾含量的时空变化

长方形框底部边缘为第 25%个数，长方形框上部边缘为第 75%个数；长方形中虚线为平均值，实线为中值；误差线上下分别表示第 90%和第 10%个数

进一步分析表明，粮食作物土壤速效钾含量的变化趋势同全部作物土壤速效钾含量变化趋势相似，但不同地区间存在很大差异(图 7-14B)。1990 年代土壤速效钾在华北、东南和西南地区分别为 72.2mg/L、65.1mg/L 和 66.4mg/L，2000 年代分别增加了 8.7%、21.0%和 8.7%。相反，西北地区土壤速效钾含量下降了 73.5%(图 7-14B)。

2000 年代华北、东南和西南地区经济作物的土壤速效钾含量与 1990 年代相比，分别增加了 59.7%、12.4%和 22.2%，但东北和西北地区却下降了 92.5%和 91.7%。结果显示，华北、西南地区土壤速效钾含量增加主要归因于经济作物钾肥的大量投入，而东南地区则主要是因为粮食作物土壤速效钾含量升高，西北地区土壤速效钾含量降低主要是由于粮食作物土壤速效钾含量大幅降低(图 7-14C)。

3. 不同地区作物的施钾效应

钾肥相对产量，由氮磷处理小区产量除以氮磷钾处理小区产量计算得出，用来评价作物的施钾效应。相对产量越大，土壤基础钾养分供应量越高。东北、华北、西北和东南地区作物的相对产量相差不大，分别为 86.8%、88.6%、88.1%和 87.6%，西南地区相对产量为 80.4%，相比其他地区较低，说明西南地区的土壤基础钾养分供应量较低。从时间上进一步分析，相对产量由 1990 年代的 83.7%(77.2%～88.1%)增加到 2000 年代的 87.9% (81.9%～89.2%)，然而不同地区之间存在一定差异：东北、西北地区的相对产量在两个时期无显著差异，但华北、东南和西南地区的相对产量从 1999 年代～2000 年代分别增加了 6.6%、4.9%和 6.1%(图 7-15A)，表明这三个地区的土壤基础钾养分供应量有所增加。

不同地区粮食作物的相对产量(东北、华北、西北、东南和西南地区分别为 87.1%、88.9%、89.0%、89.7%和 84.3%)与全部作物无显著差异。除华北地区外(图 7-15B)，各地区两个时期的相对产量无显著差异，表明这些地区的土壤基础钾养分供应量在 22 年中并没有增加或只是略有增加。1990 年代～2000 年代华北地区粮食作物的相对产量增加了 4.9%，可能与该地区秸秆还田量增加有关。

经济作物的相对产量存在很大差异，东北、华北、西北、东南和西南地区的相对产量分别为 83.1%、86.1%、87.1%、85.8%和 77.2%。经过多年种植，东北、西北地区的相对产量分别增加 1.8%和 4.0%，但是华北、东南和西南地区却分别增加 9.1%、5.6%和 7.6%(图 7-15C)。相对产量的变化与土壤测试结果相吻合。

数据显示，1990～2012 年粮食作物土壤速效钾含量略微增加，但是经济作物土壤速效钾含量却显著增加，这与经济作物施钾量较高有关。东北、华北、西北、东南和西南地区经济作物的 K_2O 施用量平均为 10.9kg/亩、15.4kg/亩、13.7kg/亩、16.0kg/亩和 26.1kg/亩，这分别是粮食作物 K_2O 施用量的 1.7 倍、2.1 倍、1.7 倍、2.1 倍和 2.8 倍。施钾量越高，经济作物的土壤速效钾含量越高。这些数据显示，全国土壤钾平均含量有所增加，主要是由于经济作物土壤钾含量的增加。然而，分析 2000 年代粮食作物的土壤钾含量，东北、华北、西北、东南和西南地区分别为 76.5mg/L、78.5mg/L、102.1mg/L、78.8mg/L 和 72.2mg/L，除西北地区外都低于 80mg/L(缺钾临界值)。在华北、东南和西南地区，尽

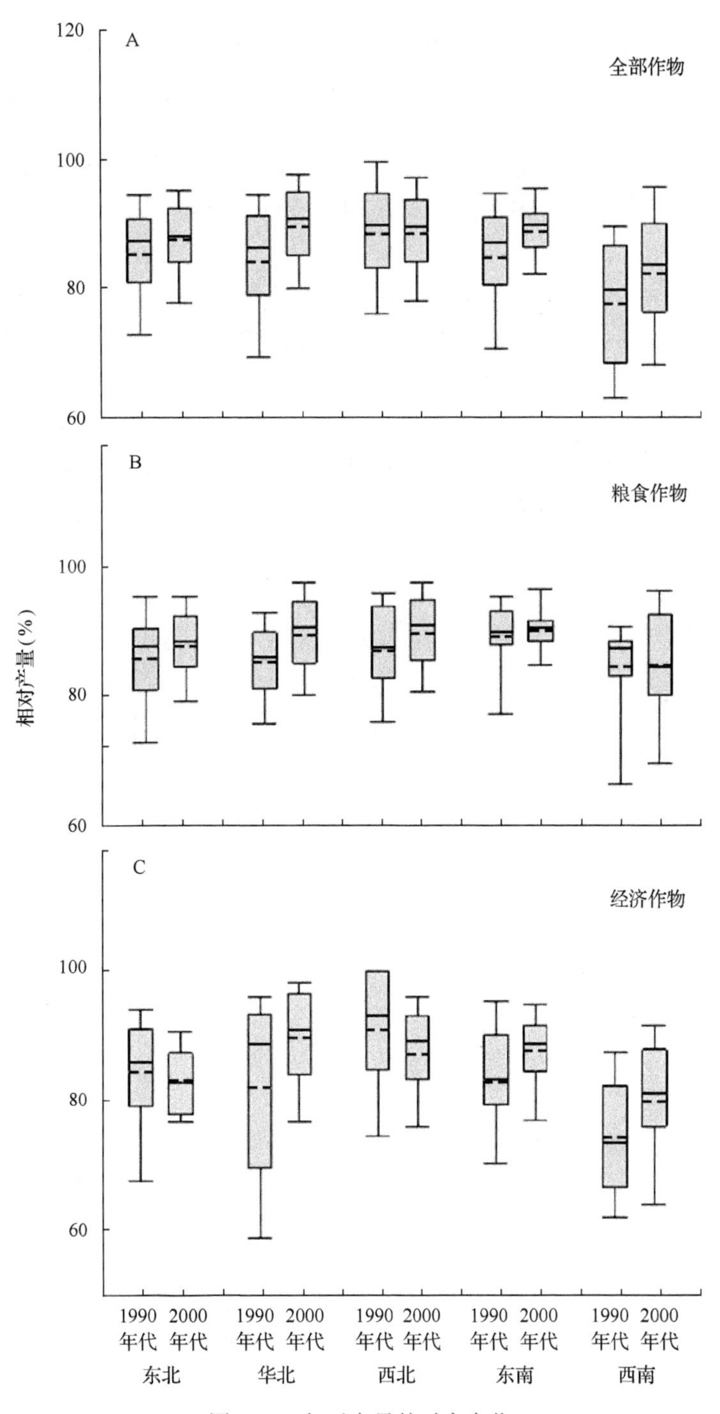

图 7-15 相对产量的时空变化

长方形框底部边缘为第25%个数，长方形框上部边缘为第75%个数；长方形中虚线为平均值，实线为中值；误差线上下分别表示第90%和第10%个数

管2000年代的粮食作物土壤速效钾含量与1990年代相比有所增加，但两个时期的相对产量却无差异。进一步分析，虽然我国实行农业机械化以来，大量作物还田到土壤，

但随着产量不断提高，大量钾素被作物移走，土壤速效钾含量仍呈持续降低趋势。而且粮食作物的土壤钾含量低于临界最低值，土壤基础钾养分供应量也并无增加，因此，种植粮食作物的土壤仍要增加施钾量。我们可以通过相对产量和大量的田间定位试验数据来支持这些结果(Niu et al.，2011)。尽管农业机械化有所发展、秸秆还田量增加，但是数据显示，仅靠秸秆还田不能保持土壤钾平衡，施钾肥对于保持高产和土壤钾平衡都是必不可少的。

尽管经济作物的土壤钾含量高于粮食作物，但其相对产量(东北、华北、西北、东南和西南分别为 83.1%、86.1%、87.1%、85.8%和 77.2%)在一定程度上却低于粮食作物(东北、华北、西北、东南和西南分别为 87.1%、88.9%、89.0%、89.7% 和 84.3%)。这与经济作物氮磷处理产量与氮磷钾处理产量之间的斜率(0.7336)低于粮食作物(0.8335)的结果相吻合(图 7-16)。进一步分析，粮食作物土壤基础钾养分供应量对产量的贡献高于经济作物，即经济作物对钾肥有较大的增产效应，所以经济作物要获得最佳产量，就需要施更多的钾肥。钾的偏因子养分平衡系数(PKB，由作物地上部钾移走量除以施钾量计算得出)，经济作物和粮食作物钾的偏因子养分平衡系数均超过了 1.0(图 7-17)，表明作物吸收的钾多于通过化肥施入的钾，这已被很多研究证实(Niu et al.，2011)。经济作物钾的偏因子养分平衡系数为 2.1(变化范围为 1.1～4.2)，高于粮食作物的 1.3(变化范围为 1.0～1.5)，表明经济作物带走的养分高于粮食作物。此外，南方地区土壤含钾量低可能是与钾素淋洗、风化和降雨量大有关。有限的报道显示，虽然蔬菜地土壤钾素含量为 100～142mg/L，但也仅达中等水平。而 2000 年代东北、东南和西南地区经济作物的土壤测试钾含量分别为 72.3mg/L、95.8mg/L 和 98.9mg/L，低于经济作物的土壤钾素临界值。

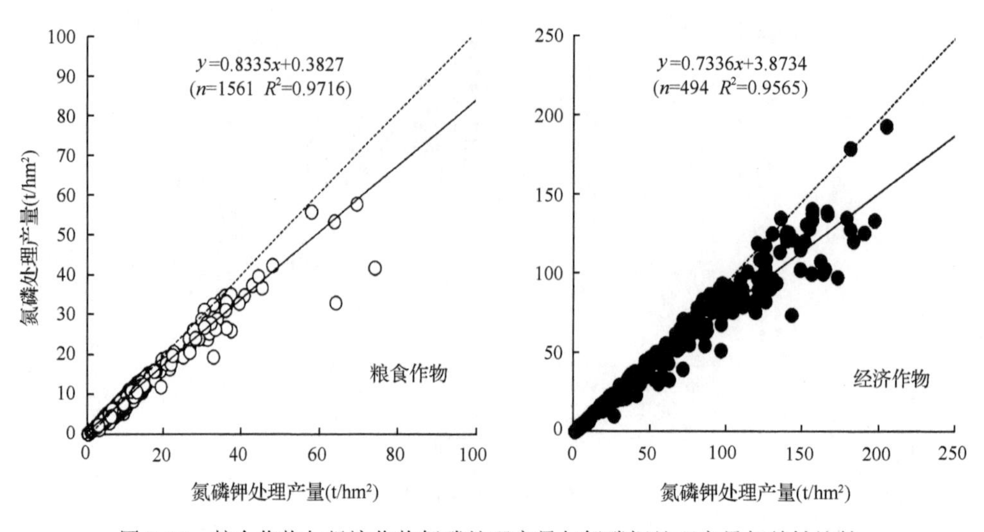

图 7-16 粮食作物与经济作物氮磷处理产量与氮磷钾处理产量相关性比较

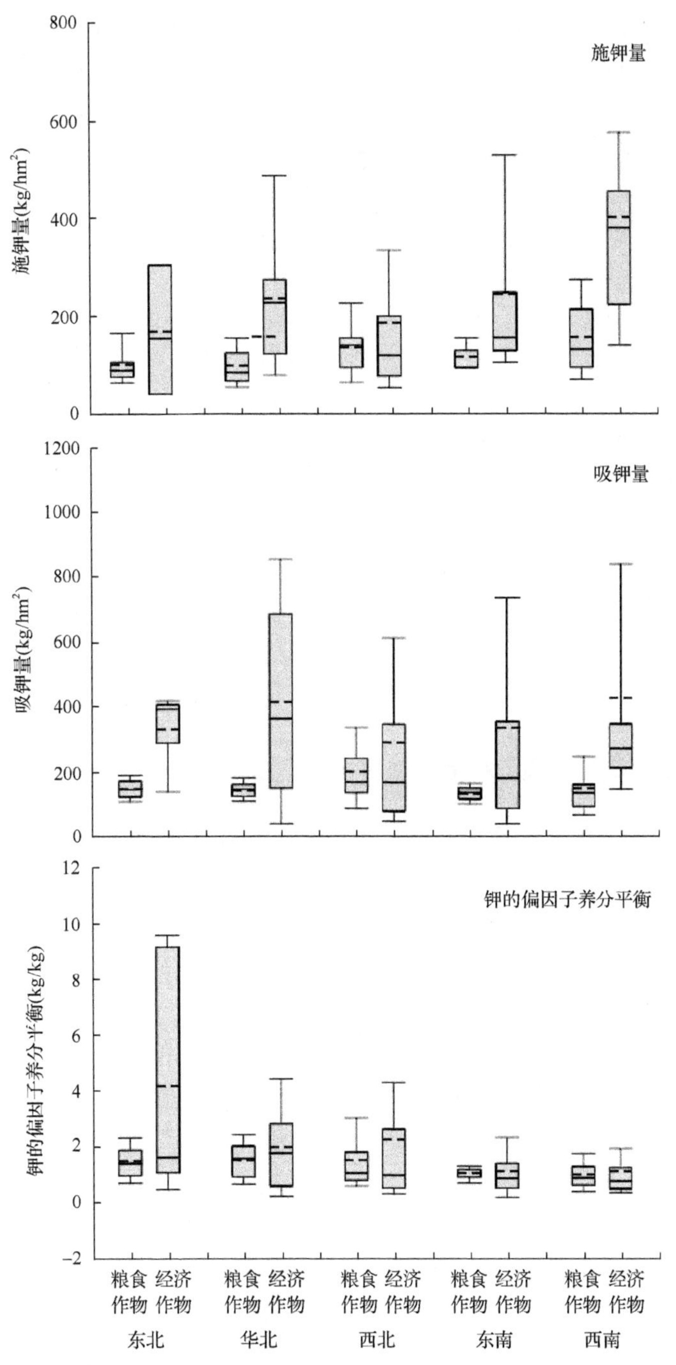

图 7-17　不同地区粮食作物和经济作物的施钾量、吸钾量和钾的偏因子养分平衡

长方形框底部边缘为第 25%个数，长方形框上部边缘为第 75%个数；长方形中虚线为平均值，实线为中值；误差线上下分别表示第 90%和第 10%个数

本研究中不同地区的土壤速效钾含量有很大的空间变化，这就强调施肥量及管理措施都要因地制宜。西北地区的土壤速效钾含量在 5 个区中最高，其次是华北、东南、西南和东北。西北地区的土壤钾含量之所以高，是因为其土壤母质中含有钾矿石，如云母

和长石，所以土壤钾养分供应能力也高。然而，经过22年的种植历史，西北地区土壤钾含量却有所降低。西北地区全部作物、粮食作物、经济作物中土壤钾含量在1990年代分别为153.5mg/L、139.0mg/L和158.3mg/L，在2000年代则分别为116.5mg/L、102.1mg/L和145.5mg/L。西北地区经济作物的相对产量呈下降趋势，这也说明土壤钾养分供应能力降低。因此及时有效地施钾对于西北地区长期保持土壤钾素平衡非常必要。此外，我国北方也要重视钾肥施用，尤其是东北和西北地区，因为这些地区作物带走的养分过大，且还田率较低。尽管我国南部农业机械化有所发展，秸秆还田量增加，但是降雨造成了钾淋洗和风化，这也影响了土壤钾素平衡。因此，钾肥管理需要考虑土壤钾素平衡，增加土壤钾库积累量，从而保证高产和钾肥的高效利用。

总体而言，1990～2012年中国土壤速效钾的含量呈增加趋势，这主要是因为经济作物施钾量较大。相对产量结果对土壤测试数据变化给予了支持，经济作物施钾效应大于粮食作物。因此，不但粮食作物在较低土壤钾水平下需要施钾，而且经济作物由于施钾增产效应显著，也需要合理施钾。因此，针对特定区域和特定地块的施肥策略才能应对这一挑战。本研究的结论有利于为未来的研究方向提供指导，如在农业机械化条件下对经济作物土壤钾临界值、钾养分循环和4R养分管理策略等的研究。

7.2 肥料养分高效利用技术集成

7.2.1 东北春玉米单作体系肥料高效利用技术集成

1. 主点试验不同施肥模式对玉米产量和养分利用的影响

主点试验处理如表7-12所示，每个小区面积60m^2，4次重复。东北春玉米2013年产量结果表明(表7-13)，T3、T4、T5和T6模式玉米产量分别为10 719.9kg/hm^2、11 425.2kg/hm^2、11 809.7kg/hm^2、11 785.0kg/hm^2，T4、T5和T6模式产量显著高于农民习惯施肥模式(T3)。与T3相比，上期优化模式(T4)和本期提出的两个可持续高产集成模式(T5和T6)虽然减少了20%多的氮素用量，但产量均有增加，增产率分别为6.6%、10.2%和9.9%，一方面验证了上期提出的优化模式在提高作物产量上的可行性，另一方面T5和T6模式在产量上略高于T4模式，也说明这两种模式具有可持续提高玉米产量的潜力。

表7-12 主点试验处理

处理	N-P_2O_5-K_2O (kg/hm^2)	途径与模式
T1	0-60-75	不施氮，深翻+50%秸秆还田+腐熟菌剂，不施有机肥，磷钾肥全部基施
T2	165-0-75	不施磷，深翻+50%秸秆还田+腐熟菌剂，速效氮基肥：大喇叭口期追肥：抽穗期追肥=1：1：1，不施有机肥，钾肥全部一次性基施
T3	210-75-60	农民习惯施肥，50%秸秆还田+腐熟菌剂，速效氮基肥：大喇叭口期追肥=1：3，磷钾肥全部基施
T4	165-60-75	上期优化模式，深翻+50%秸秆还田+腐熟菌剂，速效氮基肥：大喇叭口期追肥：抽穗期追肥=1：1：1，磷钾肥全部基施
T5	165-60-75	可持续高产集成模式1，深翻+50%秸秆还田+腐熟菌剂，氮肥为60%速效氮、20%有机肥氮、20%缓释肥。20%有机肥氮和20%缓释肥基施，60%速效氮基肥：大喇叭口期追肥：抽穗期追肥=1：1：1，磷钾肥全部基施
T6	165-60-75	可持续高产集成模式2，T5+秸秆炭，秸秆炭的施用量为2t/hm^2，连续三年每年施用

表 7-13　不同氮肥施用模式对玉米产量和养分利用的影响

模式	产量(kg/hm^2)	增产率(%)	偏生产力(kg/kg N)	农学效率(kg/kg N)	回收率(%)	生理效率(kg/kg N)	收获指数(%)
T3	10 719.9b		51.0c	10.8b	30.2c	12.9a	73.5a
T4	11 425.2a	6.6	69.3b	18.0ab	40.0b	16.4a	79.4a
T5	11 809.7a	10.2	89.5a	25.4a	52.6a	17.6a	75.9a
T6	11 785.0a	9.9	89.3a	25.2a	46.7ab	18.3a	76.7a

注：同列数值后不同字母表示在 0.05 水平上差异显著(P<0.05)

氮肥的偏生产力是土壤肥力与肥料效应的综合指标，用单位施氮量的产量表示，是指土壤本身的养分和施用肥料养分的综合效率。试验结果表明，不同施肥模式下化肥氮素偏生产力的范围在 51.0～89.5kg/kg，T4、T5 和 T6 模式偏生产力均大于 60kg/kg，显著高于农民习惯施肥模式(P<0.05)。有研究表明，氮素偏生产力大于 60kg/kg 时表明氮素管理较好或施肥量较低，研究结果说明 T4、T5 和 T6 模式在氮肥优化管理和可持续性方面具有优势。

肥料的农学效率是单位面积施肥量对作物经济产量增加的反映，是农业生产中最重要也是最关心的经济指标之一。不同氮肥施用模式下化学氮肥的农学效率依次为 T5＞T6＞T4＞T3，与 T3 相比，T4、T5 和 T6 模式分别增加 66.7%、135.2%和 133.3%，且 T5 和 T6 模式显著提高(P<0.05)。氮素的回收率是指作物吸收肥料氮的比例，T3、T4、T5 和 T6 模式的氮肥回收率分别为 30.2%、40.0%、52.6%和 46.7%，分别比 T3 模式增加 32.5%、74.1%和 54.7%，且差异达到显著水平(P<0.05)，说明优化模式和可持续高产集成模式能够提高氮素的吸收和利用，进而减少氮素的损失。氮素生理效率是植物体内单位氮素所能形成的干物质量，与农民习惯施肥模式相比，减施氮肥结合分次追肥、减施氮肥结合有机替代和缓/控释肥、减施氮肥结合有机替代和缓/控释肥与生物炭模式分别增加 27.1%、36.4%和 41.8%，说明这三个模式单位吸氮量能获得更多经济产量。氮素收获指数依次为 T4＞T6＞T5＞T3，优化模式和可持续模式均高于农民习惯施肥模式，说明这三个模式玉米植株中积累的氮更多地分配到籽粒中，吸收的氮保留在秸秆中的较少，这样可以减少秸秆移走或焚烧损失的氮，提高氮的利用率。

以上结果表明，与农民习惯施肥模式(T3)相比，上一期提出的优化模式(T4)、本期提出的可持续高产集成模式(T5 和 T6)可获得更高的产量和氮素养分利用效率，明显提高氮素农学效应；与上期提出的优化模式(T4)相比，本期提出的可持续高产集成模式(T5 和 T6)具有进一步提高产量和氮素养分利用效率的潜力。

2. 附点试验不同施肥模式对玉米产量和养分利用的影响

附点试验处理如表 7-14 所示，每个小区面积 $0.95m^2$，3 次重复。附点试验产量结果表明(图 7-18)，与 N1 相比，添加秸秆和生物炭的模式产量均显著增高(P<0.05)，增产率范围在 2.5%～22.8%；与 N2 模式(主点试验的 T4 模式)相比，100%秸秆直接还田模式(N3)、相当于 100%秸秆还田量的添加生物炭模式(N5)和相当于 300%秸秆还田量的添加生物炭模式(N7)下玉米产量分别增加了 2.5%、2.3%和 6.5%。结果还表明，半量秸秆还田(包括秸秆直接还田和以生物炭形式添加)玉米产量均低于全量秸秆还田(包括秸秆直接

还田和以生物炭形式添加），说明秸秆直接还田量和生物炭添加量对玉米产量的影响较大。

表 7-14　附点试验处理

处理	N-P_2O_5-K_2O (kg/hm^2)	途径与模式
N1	165-60-75	速效氮基肥：大喇叭口期追肥：抽穗期追肥=1：1：1。磷钾全部基施
N2	165-60-75	上期优化模式，深翻+50%秸秆还田+腐熟菌剂，速效氮基肥：大喇叭口期追肥：抽穗期追肥=1：1：1。磷钾全部基施
N3	165-60-75	深翻+100%秸秆还田+腐熟菌剂，速效氮基肥：大喇叭口期追肥：抽穗期追肥=1：1：1。磷钾全部基施
N4	165-60-75	深翻+秸秆炭 1，速效氮基肥：大喇叭口期追肥：抽穗期追肥=1：1：1。磷钾全部基施。秸秆炭 1 用量为 2t/hm^2，连续三年每年施用
N5	165-60-75	深翻+秸秆炭 2，速效氮基肥：大喇叭口期追肥：抽穗期追肥=1：1：1。磷钾全部基施。秸秆炭 2 用量为 4t/hm^2，连续三年每年施用
N6	165-60-75	深翻+秸秆炭 3，速效氮基肥：大喇叭口期追肥：抽穗期追肥=1：1：1。磷钾全部基施。秸秆炭 3 用量为 6t/hm^2，只在第一年施用，后两年不施用
N7	165-60-75	深翻+秸秆炭 4，速效氮基肥：大喇叭口期追肥：抽穗期追肥=1：1：1。磷钾全部基施。秸秆炭 4 用量为 12t/hm^2，只在第一年施用，后两年不施用

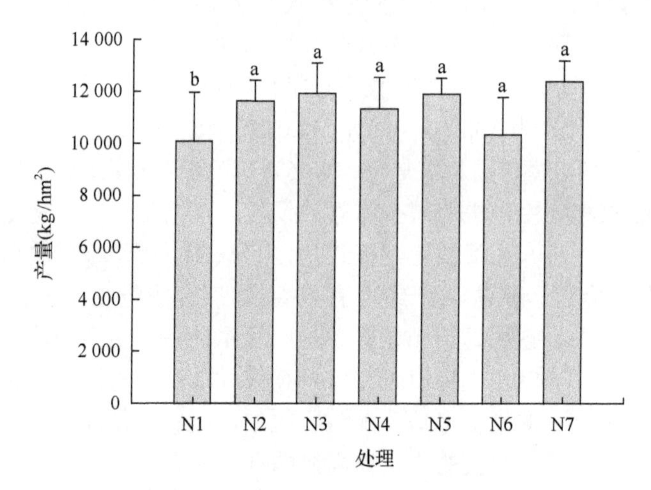

图 7-18　不同施肥模式下玉米产量

不同字母表示在 0.05 水平上差异显著（P<0.05）

化肥氮的利用率结果表明（图 7-19），不同施氮模式间没有显著差别，但与 N1 相比，添加秸秆和生物炭的模式产量均提高，增加范围在 2.1%～14.1%；与 N2 模式相比，N3～N7 模式均提高了化肥氮的当季利用率，提高范围在 2.8%～11.8%，N5 模式化肥氮利用率最高，为 47.2%。

以上结果表明，秸秆直接还田和转变成生物炭间接还田，玉米产量和化肥氮的利用率均高于非秸秆还田模式；秸秆全量直接还田和以生物炭形式秸秆全量还田模式对提高氮素农学效率优于秸秆半量直接还田和以生物炭形式秸秆半量还田模式，具有可持续增产和进一步提高氮素利用率的潜力。

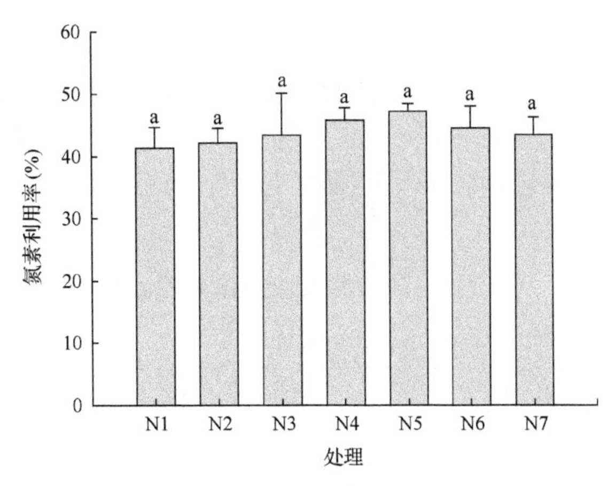

图 7-19　不同施肥模式下化肥氮的利用率

不同字母表示在 0.05 水平上差异显著($P<0.05$)

3. 不同施肥模式对土壤肥力的影响

土壤全氮含量是衡量土壤肥力的重要指标，通常用于指导施肥，研究结果表明(表 7-15)，不同氮肥模式在各生育期土壤全氮含量均属于高等肥力水平(1.3～2.0g/kg)，且整个生育期土壤全氮含量变化趋势相似，基本上都是从大喇叭口期到抽穗期全氮含量降低，从抽穗期到灌浆期含量升高，之后到成熟期又降低；与农民习惯施肥模式(T3)相比，T4、T5 和 T6 模式在同一生育期土壤全氮含量无显著差异。

表 7-15　不同生育期土壤全氮含量　　(单位：g/kg)

模式	大喇叭口期	抽穗期	灌浆期	成熟期
T3	1.34a	1.28ab	1.38a	1.41a
T4	1.38a	1.23b	1.40a	1.37a
T5	1.40a	1.32ab	1.39a	1.36a
T6	1.41a	1.37a	1.43a	1.37a

注：同列数值后不同字母表示在 0.05 水平上差异显著($P<0.05$)

土壤碱解氮(也称为土壤有效氮)是植物能直接吸收利用的生物有效态氮，能反映土壤近期内氮素供应状况，是铵态氮(NH_4^+)、硝态氮(NO_3^-)、氨基酸、酰胺和易水解的蛋白质氮的总和，其含量和变化趋势是判断氮素丰缺的重要指标。研究结果表明(表 7-16)，不同氮肥模式在各生育期土壤碱解氮含量均属于中等肥力水平(80～120mg/kg)，不同氮肥模式在各生育期变化规律不明显。与农民习惯施肥模式(T3)相比，T4、T5 和 T6 模式在同一生育期土壤碱解氮含量无显著差异。

表 7-16　不同生育期土壤碱解氮含量　　(单位：mg/kg)

模式	大喇叭口期	抽穗期	灌浆期	成熟期
T3	107.16a	125.04a	113.39a	106.28a
T4	110.72a	116.38a	110.95a	106.23a
T5	116.54a	115.24a	104.44a	97.96a
T6	116.99a	114.5a	106.97a	107.84a

注：同列数值后不同字母表示在 0.05 水平上差异显著($P<0.05$)

土壤有机质含量结果表明(表 7-17)，不同氮肥模式在各生育期土壤有机质含量均属于高等肥力水平(>22g/kg)，土壤有机质含量均是在灌浆期达到最高，分别为 32.12g/kg、31.89g/kg、31.88g/kg 和 31.46g/kg；同一生育期不同施氮模式间土壤有机质含量无显著差异，但可持续高效利用模式(T5 和 T6)(灌浆期除外)土壤有机质含量高于农民习惯施肥模式(T3)。

表 7-17　不同生育期土壤有机质含量　　(单位：g/kg)

模式	大喇叭口期	抽穗期	灌浆期	成熟期
T3	28.40a	28.31a	32.12a	28.62a
T4	29.16a	29.27a	31.89a	28.59a
T5	30.15a	28.78a	31.88a	29.69a
T6	29.68a	30.74a	31.46a	30.37a

注：同列数值后不同字母表示在 0.05 水平上差异显著($P<0.05$)

土壤速效磷和速效钾是可供植物直接吸收利用的磷钾养分，研究结果表明，不同施氮模式在各生育期土壤速效磷和速效钾含量均属于高肥力水平(速效磷>15mg/kg、速效钾>160mg/kg)，与农民习惯施肥模式(T3)相比，T4、T5 和 T6 模式在同一生育期土壤速效磷和速效钾含量均无显著差异(表 7-18 和 7-19)。

表 7-18　不同生育期土壤速效磷含量　　(单位：mg/kg)

模式	大喇叭口期	抽穗期	灌浆期	成熟期
T3	32.28a	27.48a	29.50a	36.37a
T4	33.00a	28.09a	24.44a	33.00a
T5	32.33a	30.66a	23.21a	29.20a
T6	27.37a	27.19a	20.72a	33.18a

注：同列数值后不同字母表示在 0.05 水平上差异显著($P<0.05$)

表 7-19　不同生育期土壤速效钾含量　　(单位：mg/kg)

模式	大喇叭口期	抽穗期	灌浆期	成熟期
T3	203.48a	223.39a	198.50a	192.28a
T4	200.99a	218.42a	192.28a	193.53a
T5	212.19a	220.91a	218.42a	176.10a
T6	189.79a	215.93a	197.26a	193.53a

注：同列数值后不同字母表示在 0.05 水平上差异显著($P<0.05$)

土壤酶活性能够反映土壤养分(尤其是 N、P)转化能力的强弱，是土壤生物学活性的表现，是衡量土壤肥力水平的重要指标之一。在土壤酶中，脲酶是对尿素的转化作用具有重大影响的酶，脲酶的酶促反应产物氨又是植物氮源之一，它的活性可以用来表示土壤氮素状况，不同施肥模式在玉米生育期对土壤脲酶活性有不同的影响(图 7-20)。

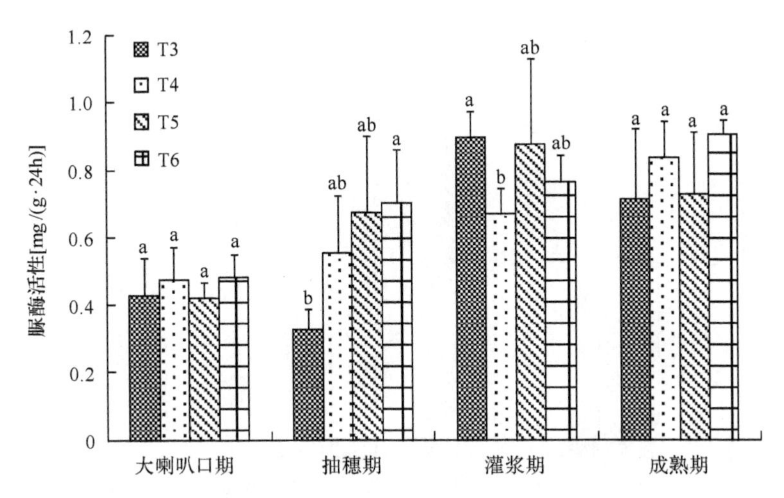

图 7-20　不同施肥模式在整个生育期对土壤脲酶活性的影响

不同字母表示在 0.05 水平上差异显著(P<0.05)

在大喇叭口期，与农民习惯施肥模式(T3)相比，T4、T5 和 T6 模式下土壤脲酶活性无显著差异；抽穗期 T3、T4、T5 和 T6 模式的土壤脲酶活性分别为 0.33mg/(g·24h)、0.56mg/(g·24h)、0.67mg/(g·24h)和 0.70mg/(g·24h)，T3 模式显著低于 T6 模式(P<0.05)，T4、T5 和 T6 模式无显著差异；与 T3 相比，灌浆期 T5、T6 模式土壤脲酶活性无显著差异，但 T4 模式显著降低(P<0.05)；成熟期不同施氮模式间没有显著差异。从结果可知，随着玉米生育期的延长，T5 和 T6 模式土壤脲酶活性增加，说明缓释肥前期减缓土壤脲酶活性、延缓尿素中氮的分解速率，在玉米需氮量最高的抽穗期阶段提高了土壤脲酶的活性，使氮素供应与作物吸收氮素同步，提高了作物的产量和氮素利用率。

土壤微生物量是土壤有机质的活性部分，虽然只占土壤有机质的 3%左右，但它是植物养料转化、有机碳代谢及污染降解的驱动力，在土壤肥力和生态系统中具有重要的作用。土壤微生物量碳反映了土壤中微生物的活动状况，受土壤温度、水分、营养状况等因素的影响。不同氮肥施用模式土壤微生物量碳的动态变化如图 7-21 所示，随着玉米生育期的变化，不同氮肥施用模式呈现出一致的变化趋势，即从大喇叭口期到抽穗期升高，从抽穗期到灌浆期再到成熟期逐渐降低，其原因一是在抽穗期黑土地区气候正值雨热资源充沛的时期，有利于微生物的快速繁殖；二是抽穗期玉米生长旺盛，玉米在积累自身生物量的同时，大量的光合同化产物释放到生物中被微生物利用，促进微生物的大量繁殖。大喇叭口期微生物量碳含量依次为：T3>T6>T5>T4，模式间无显著差异；抽穗期微生物量碳含量依次为：T6>T3>T5>T4，模式间无显著差异；灌浆期微生物量碳含量依次为：T6>T5>T4>T3，T6 模式显著高于 T3 模式；成熟期微生物量碳含量依次为：T6>T4>T3>T5，T6 模式显著高于其他模式。T6 模式微生物量碳含量高，其原因一是有机肥不但带入了大量的活的微生物，而且提供了大量可供微生物利用的碳源；二是生物炭提供了微生物生长所需要的养分，生物炭的组分可以粗略地分为：相对稳定的碳、不稳定的碳和灰分。灰分中含有大量的矿物质，这些矿物质能够为土壤微生物的生长提供所需的养分。还有研究表明，生物炭与有机肥联合处理促进了微生物的生长，有利于微生物对碳源的利用。

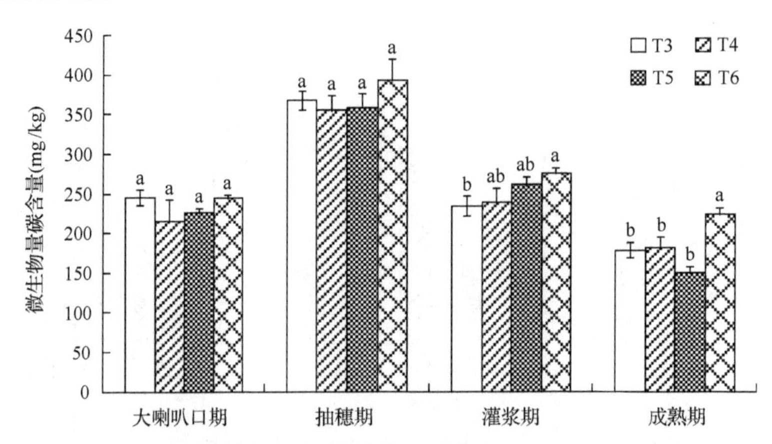

图 7-21　大喇叭口期、抽穗期、灌浆期和成熟期土壤微生物量碳含量

不同字母表示在 0.05 水平上差异显著($P<0.05$)

土壤微生物量氮含量是土壤微生物对氮素矿化与固持作用的综合反映，因此，影响氮素矿化与固持过程的因素都会影响土壤微生物量氮的含量。图 7-22 是玉米整个生育期不同氮肥施用模式对土壤微生物量氮含量的动态变化结果，结果表明，不同施氮模式土壤微生物量氮含量的变化与土壤微生物量碳变化趋势一致，即从大喇叭口期到抽穗期升高，从抽穗期到灌浆期再到成熟期逐渐降低。土壤微生物量氮含量在大喇叭口期和成熟期不同氮肥施用模式间无显著差异，抽穗期和灌浆期 T6 模式均显著高于 T3 模式，可能是因为生物炭的添加会改变土壤的容积密度，对土壤水、土壤空气等产生影响，从而为土壤微生物的生长提供了更加适宜的环境。

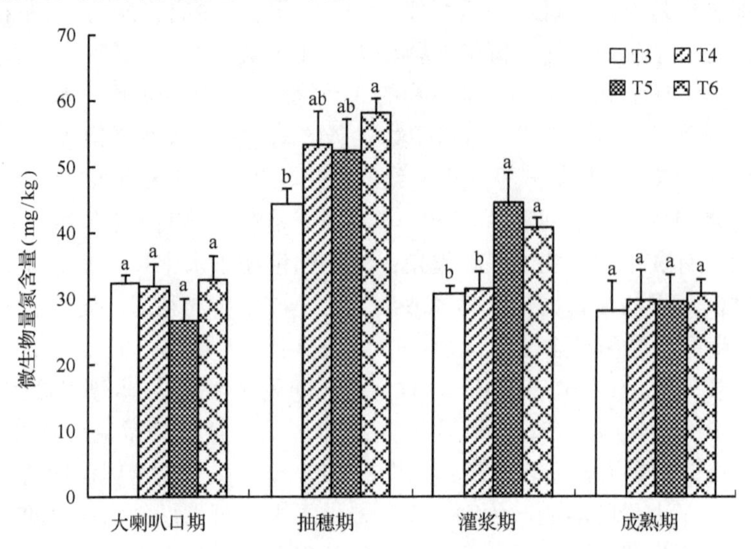

图 7-22　大喇叭口期、抽穗期、灌浆期和成熟期土壤微生物量氮含量

不同字母表示在 0.05 水平上差异显著($P<0.05$)

以上结果表明，与农民习惯施肥模式相比，上期提出的优化模式和本期提出的可持

续高产集成模式下土壤全氮、有机质、碱解氮、速效磷和速效钾含量无显著差异，土壤脲酶活性、微生物量碳和氮含量均有提高，其中 T6 模式下氮素的肥力效应优于其他模式，说明其对土壤肥力提升具有一定的潜力。

7.2.2　华北小麦-玉米轮作体系肥料高效利用技术集成

1. 不同施肥模式对冬小麦产量和养分利用的影响

试验处理如表 7-20 和表 7-21 所示，各处理重复 4 次，小区面积 60m^2。在小麦-玉米轮作中，2013 年小麦季施用氮肥或磷肥虽然增加冬小麦籽粒产量，但差异不显著，而 2014 年小麦季施氮显著增加小麦籽粒和秸秆产量，但不同氮肥管理模式间无显著差异，以可持续高产集成模式 1(T5)的产量最高，可持续高产集成模式 2(T6)的产量次之(表 7-22)。产量差异不显著的原因可能与重复间差异较大有关。施磷同样没有增产效果(表 7-22)。

表 7-20　小麦试验处理

处理	N-P_2O_5-K_2O(kg/hm^2)	途径与模式
T1	0-120-90	不施氮，秸秆还田+腐熟菌剂，不施有机肥；磷肥全部基施；钾肥 50%基施，50%返青-起身期施
T2	210-0-90	不施磷，秸秆还田+腐熟菌剂，不施有机肥，1/3 氮肥基施，1/3 氮肥返青-起身期施，1/3 氮用速效氮肥孕穗期施；钾肥 50%基施，50%返青-起身期施
T3	300-150-60	农民习惯施肥，秸秆还田，磷肥和钾肥作基肥一次性施用；氮肥 50%基施，50%返青-起身期施用
T4	210-120-90	上期优化模式，秸秆还田，20%氮用有机肥，80%氮用缓/控释肥。氮磷钾全部一次性播前基施
T5	210-120-90	可持续高产集成模式 1，秸秆还田+腐熟菌剂，20%氮用有机肥，30%氮用缓/控释氮肥基施，50%速效氮肥返青-起身期施；磷肥全部基施；钾肥 50%基施，50%返青-起身期施
T6	210-120-90	可持续高产集成模式 2，秸秆还田+腐熟菌剂，20%氮用有机肥，30%氮用缓/控释氮肥基施，25%氮用速效氮肥返青-起身期施，25%氮用速效氮肥孕穗期施；磷肥全部一次性播前基施；钾肥 50%基施，50%返青-起身期施

表 7-21　玉米试验处理

处理	N-P_2O_5-K_2O(kg/hm^2)	途径与模式
T1	0-75-90	不施氮，秸秆还田+腐熟菌剂，不施有机肥；磷钾肥全部基施
T2	210-0-90	不施磷，秸秆还田+腐熟菌剂，不施有机肥，1/2 氮肥基施，1/2 氮肥大喇叭口期施用；钾肥全部基施
T3	255-135-0	农民习惯施肥，秸秆还田，磷肥和钾肥作基肥一次性施用；氮肥 50%基施，50%大喇叭口期施用
T4	210-75-90	上期优化模式，秸秆还田，20%氮用有机肥，80%氮用缓/控释肥；氮磷钾全部一次性播前基施
T5	210-75-90	可持续高产集成模式 1，秸秆还田+腐熟菌剂，20%氮用有机肥，30%氮用缓/控释氮肥基施，50%速效氮肥基施；氮磷钾肥全部基施
T6	210-75-90	可持续高产集成模式 2，秸秆还田+腐熟菌剂，20%氮用有机肥，30%氮用缓/控释氮肥基施，50%速效氮大喇叭口期施；磷钾肥全部一次性播前基施

表 7-22 不同施肥模式对冬小麦籽粒和秸秆产量的影响 （单位：kg/hm^2）

处理	$N-P_2O_5-K_2O$	途径	2013 年		2014 年	
			籽粒	秸秆	籽粒	秸秆
T1	0-120-90	秸秆还田+腐熟菌剂	7 066a	8 387bc	3 560b	4 660b
T2	210-0-90	秸秆还田+腐熟菌剂	7 257a	8 313c	8 132a	8 585a
T3	300-150-60	秸秆还田，50%N 基施，50%N 返青-起身期追施	7 544a	10 157abc	8 746a	9 031a
T4	210-120-90	秸秆还田，20%有机肥 N、80%缓/控释 N，基施	7 750a	11 423a	8 585a	10 098a
T5	210-120-90	秸秆还田+腐熟菌剂，20%有机肥 N、30%缓/控释 N 基施，50%速效 N 返青-起身期追施，50%钾基施、50%钾返青-起身期追施	7 501a	11 778a	9 286a	9 810a
T6	210-120-90	秸秆还田+腐熟菌剂，20%有机肥 N、30%缓/控释 N 基施，25%速效 N 返青-起身期追施，25%速效 N 孕穗追施；50%钾基施，50%钾返青-起身期追施	8 364a	10 356ab	9 217a	9 520a

注：同列数据后不同字母表示在 0.05 水平上差异显著（$P<0.05$）

从养分吸收看（表 7-23），2013 年小麦收获期地上部氮、磷的吸收量各处理没有显著差异，但 2014 年小麦季不施氮显著降低小麦对氮、磷的吸收，可持续利用模式 2（T6）的氮素吸收量最高。不施氮或磷，尤其不施氮显著影响钾素的吸收。

表 7-23 不同施肥模式下冬小麦对氮磷钾的吸收量 （单位：kg/hm^2）

处理	2013 年			2014 年		
	吸 N 量	吸 P 量	吸 K 量	吸 N 量	吸 P 量	吸 K 量
T1	195.3a	35.8a	252.7c	72.9c	21.3b	77.0b
T2	225.5a	35.0a	325.5bc	223.0ab	38.7a	196.2a
T3	224.3a	33.2a	349.7ab	249.4ab	40.8a	234.4a
T4	219.1a	35.4a	359.6ab	222.8ab	41.5a	215.3a
T5	239.6a	37.8a	412.0a	209.6b	45.3a	245.9a
T6	249.6a	37.0a	379.4ab	265.2a	41.6a	244.0a

注：同列数据后不同字母表示在 0.05 水平上差异显著（$P<0.05$）

从 2013 年当季养分利用率看，可持续利用模式 2（T6）的化肥氮农学效率和利用率最高，分别为 7.7kg/kg N 和 32.5%，化肥磷的农学效率以可持续利用模式 2（T6）最高，为 22.2kg/kg P_2O_5（表 7-24）。

表 7-24 不同施肥模式对冬小麦化肥氮、磷利用的影响

处理	氮肥农学效率（kg/kg N）	氮肥利用率（%）	磷肥农学效率（kg/kg P_2O_5）	磷肥利用率（%）
T3	1.6	9.8	1.9	−2.8
T4	4.1	14.4	9.9	1.8
T5	2.6	26.5	4.9	12.9
T6	7.7	32.5	22.2	9.3

2. 不同施肥模式对夏玉米产量和养分利用的影响

2013 年玉米试验结果表明，不施氮没有显著影响玉米产量，但不施磷显著降低了夏玉米籽粒产量和氮、磷、钾养分吸收量（$P<0.05$）。不同氮肥管理模式中，可持续利用模

式(T5 和 T6)的产量和养分吸收量高于减肥增效模式或农民习惯模式(表 7-25)。

表 7-25　2013 年不同施肥模式对玉米籽粒和秸秆产量的影响　(单位：kg/hm^2)

处理	$N-P_2O_5-K_2O$	途径	籽粒产量	秸秆产量	吸 N 量	吸 P 量	吸 K 量
T1	0-75-90	秸秆还田+腐熟菌剂	9 269ab	11 516a	175.6ab	34.8ab	302.0abc
T2	210-0-90	秸秆还田+腐熟菌剂	8 203b	8 733a	140.1b	29.8b	206.9c
T3	225-135-0	秸秆还田，50%N 基施，50%N 大喇叭口期追施	9 568ab	11 123a	209.7ab	44.3a	308.3abc
T4	210-75-90	秸秆还田，20%有机肥 N，80%缓/控释 N，基施	9 151ab	8 730a	185.7a	40.9a	236.8bc
T5	210-75-90	秸秆还田+腐熟菌剂，20%有机肥 N，30%缓/控释 N，50%速效 N 基施	10 018a	10 818a	206.1a	41.9a	349.9a
T6	210-75-90	秸秆还田+腐熟菌剂，20%有机肥 N，30%缓/控释 N 基施，50%速效 N 大喇叭口期追施	10 363a	11 470a	206.8a	38.2ab	343.7ab

注：同列数据后不同字母表示在 0.05 水平上差异显著($P<0.05$)

3. 不同施肥模式下小麦-玉米-小麦三季总产和养分平衡分析

把三季的产量相加进行分析表明(图 7-23)，不施氮降低籽粒产量和生物量，20%有机肥 N 替代+80%缓/控释 N 基施的减氮增效模式籽粒产量虽与农民习惯施肥相比没有显著差异，但明显低于可持续利用模式 2(T6)。从三季看，不施磷对籽粒产量、秸秆产量和总生物量没有显著影响，说明磷的基础肥力水平很高。

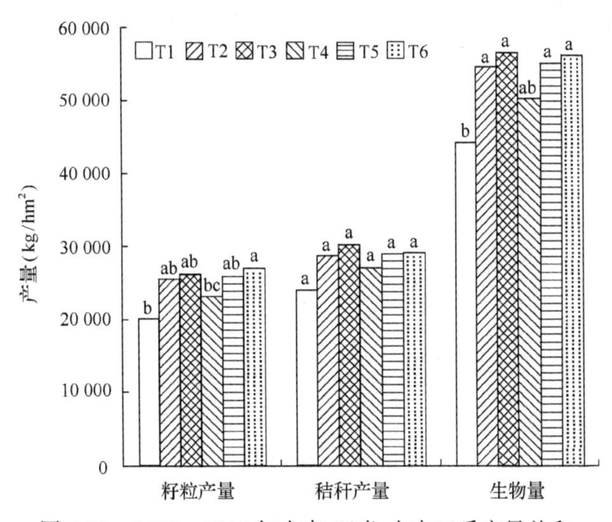

图 7-23　2013～2014 年小麦-玉米-小麦三季产量总和

T1.不施氮；T2.不施磷；T3.农民习惯；T4.减肥增效模式；T5.可持续利用模式 1；T6.可持续利用模式 2。不同字母表示在 0.05 水平上差异显著($P<0.05$)

在秸秆还田的情况下，通过估算肥料养分的投入/产出平衡可以看出(表 7-26)，农民习惯施肥的氮、磷盈余最多，但钾素基本平衡，可持续利用模式 2(T6)的氮素盈余最少，磷素基本平衡，钾素盈余最少，在土壤钾素中等水平和秸秆还田的情况下，可以进一步减少钾肥的施用，降低肥料成本，提高效率。

表 7-26　三季氮磷钾养分投入、产出和平衡　（单位：kg/hm^2）

处理	肥料投入(*I*)			籽粒移走(*R*)			平衡(*I–R*)		
	N	P_2O_5	K_2O	N	P_2O_5	K_2O	N	P_2O_5	K_2O
T1	0	315	270	336.7	261.1	125.4	–336.7	53.9	144.6
T2	630	0	270	472.2	289.6	131.6	157.8	–289.6	138.4
T3	825	435	120	479.0	299.0	136.3	346.0	136.0	–16.3
T4	630	315	270	431.2	274.8	119.4	198.8	40.2	150.6
T5	630	315	270	433.5	303.7	127.1	196.5	11.3	142.9
T6	630	315	270	514.4	306.7	150.2	115.6	8.3	119.8

从经济效益上分析(图 7-24)，施氮肥的效益远大于磷肥，但无论是施氮还是施磷，可持续利用模式的施肥经济效益都高于农民习惯施肥，尤其以可持续利用模式 2(T6)最为明显。由以上分析可知，在秸秆还田条件下，在养分用量低于农民习惯施肥的情况下，利用有机肥替代部分化肥，结合一定比例的缓释氮肥，并实行氮、钾协同后移的施肥模式，可以在稳产的情况下提高经济效益和养分利用效率，同时具有提高土壤肥力和减少养分对环境影响的作用。

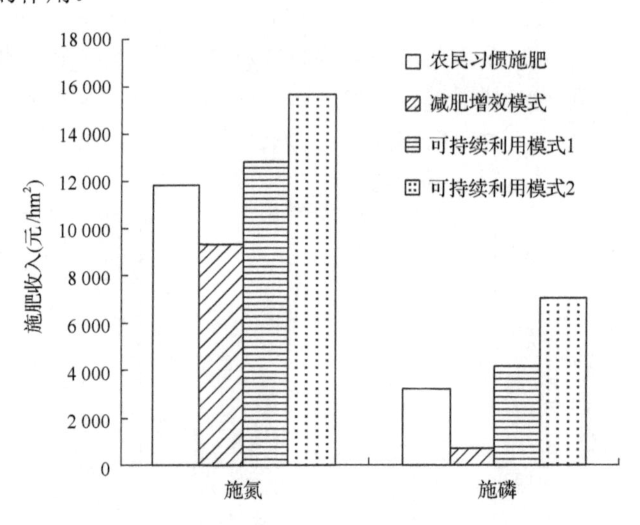

图 7-24　2013～2014 年小麦-玉米-小麦三季的施肥效益

7.2.3　长江中下游小麦-水稻轮作体系肥料高效利用技术集成

1. 不同施肥模式对作物产量和养分利用的影响

2013 年小麦季试验处理如表 7-27 所示，结合第一期 973 计划研究在该地区采用有机替代与施用缓/控释肥两个核心技术的肥料减施增效模式基础上，增加秸秆还田与施用微量元素(Si、Zn 和 B)，研究在秸秆还田和微量元素下该地区作物的产量效应。

表 7-27　2013 年小麦季试验处理　(单位：kg/hm^2)

处理	总氮	有机氮	缓控氮	秸秆	途径与模式
CK	0	0	0	0	不施任何肥料
FP	195	0	0	0	N-P_2O_5-K_2O=195-90-45，磷肥和钾肥作基肥一次性施用，氮肥基追比 7∶3，追肥拔节期施用
OPT	150	0	0	0	N-P_2O_5-K_2O=150-67.5-90，氮肥用作基肥、苗肥和拔节肥的施肥比例为 5∶2∶3，磷肥和钾肥作基肥一次性施用
OPT1	150	30	45	0	上期优化模式 N-P_2O_5-K_2O =150-67.5-90，20%氮用有机替代，30%氮用缓/控释肥，50%速效氮。有机肥和缓/控释肥一次性播前基施，20%速效氮于三叶期施用，30%速效氮于拔节期施用
OPT2	150	30	45	3000	上期模式+秸秆+秸秆腐熟剂+微量元素(Zn、Si、B)
OPT3	150	30	45	3000	上期模式+秸秆+秸秆腐熟剂
OPT4	150	30	45	3000	上期模式+秸秆+秸秆腐熟剂+Zn
OPT5	150	30	45	3000	上期模式+秸秆+秸秆腐熟剂+Si
OPT6	150	30	45	3000	上期模式+秸秆+秸秆腐熟剂+B

2013 年水稻季试验处理如表 7-28 所示，结合第一期 973 计划研究在该地区采用有机替代与施用缓/控释肥两个核心技术的肥料减施增效模式基础上，研究不同施氮量(0kg/hm^2、132kg/hm^2、165kg/hm^2、198kg/hm^2、225kg/hm^2)5 个水平和不同秸秆用量(0kg/hm^2、3000kg/hm^2、6000kg/hm^2)3 个水平下作物的农学效应与环境效应。

表 7-28　2013 年水稻季试验处理　(单位：kg/hm^2)

处理	总氮	有机氮	缓控氮	秸秆	途径与模式
CK	0	0	0	0	不施任何肥料
FP	225	0	0	0	N-P_2O_5-K_2O=225-75-90，磷肥和钾肥作基肥一次性施入，氮肥基追比 7∶3，追肥分蘖期施用
OPT	165	0	0	0	N-P_2O_5-K_2O=165-60-90，氮肥用作基肥、分蘖肥和穗肥的施肥比例为 4∶3∶3，磷肥和钾肥作基肥一次性施用
OPT1	165	33	49.5	0	上期优化模式 N-P_2O_5-K_2O=165-60-90，20%氮用有机替代，30%氮用缓/控释肥，50%速效氮。有机肥和缓/控释肥一次性播前基施，50%速效氮按照 20%基施，15%分蘖期施用，其余 15%水稻幼穗分化期施用(N 运筹 70∶15∶15)
OPT2	165	33	49.5	3000	在 OPT1 的基础上添加秸秆和微量元素(Zn、Si、B)
OPT3	165	33	49.5	3000	在 OPT1 的基础上添加秸秆
OPT4	198	33	49.5	3000	在 OPT1 的基础上添加秸秆，增施尿素 N 33kg/hm^2
OPT5	132	33	49.5	3000	在 OPT1 的基础上添加秸秆，减施尿素 N 33kg/hm^2
OPT6	165	33	49.5	6000	在 OPT1 的基础上添加 2 倍量秸秆

2014 年水稻季处理如表 7-29 所示，分别研究有机替代、秸秆还田、施用缓/控释肥及不同集成模式下农田温室气体排放特征，结合作物产量、土壤肥力及土壤生物学指标，综合评价不同集成模式农学效应、经济效应、环境效应及土壤肥力效应。

表 7-29　2014 年水稻季试验处理　(单位：kg/hm^2)

处理	总氮	有机氮	缓控氮	秸秆	途径与模式
CK	0	0	0	0	不施任何肥料
FP	195	0	0	0	$N-P_2O_5-K_2O$=195-90-45，磷肥和钾肥作基肥一次性施用，氮肥基追比 7∶3，追肥拔节期施用
OPT	150	0	0	0	$N-P_2O_5-K_2O$=150-67.5-90，氮肥用作基肥、苗肥和拔节肥的施肥比例为 5∶2∶3，磷肥和钾肥作基肥一次性施用
OPT1	150	30	60	0	上期优化模式 $N-P_2O_5-K_2O$=150-67.5-90，20%氮用有机替代，40%氮用缓/控释肥，40%速效氮。有机肥和缓/控释肥一次性播前基施，24%速效氮于三叶期施用，16%速效氮于拔节期施用
OPT2	150	30	60	3000	一次性施肥，有机替代+缓/控释+秸秆
OPT3	150	30	60	3000	一次性施肥，氮肥根区施肥，有机替代+缓/控释+秸秆
OPT4	150	30	0	0	有机替代，20%氮由有机肥替代，化肥氮施用比例 5∶2∶3
OPT5	150	0	0	3000	秸秆，化肥氮施用比例 5∶2∶3
OPT6	150	0	60	0	缓/控释肥，40%氮为缓/控释尿素。一次性施肥

(1)2013 年小麦季

各施肥处理均显著提高了小麦籽粒产量，增产率在 123.46%～161.90%(图 7-25)，其中以 OPT1 最高。与农民习惯施肥(FP)相比，减肥增效模式(OPT、OPT1)显著地提高了小麦籽粒产量。以有机肥和缓/控释肥形式替换部分氮肥(OPT1)提高了小麦产量，但同 OPT 处理相比未达显著水平，在此基础上增加秸秆还田及添加秸秆腐熟剂和不同微肥(OPT2、OPT3、OPT4、OPT5、OPT6)，并未观察到明显的增产效果。

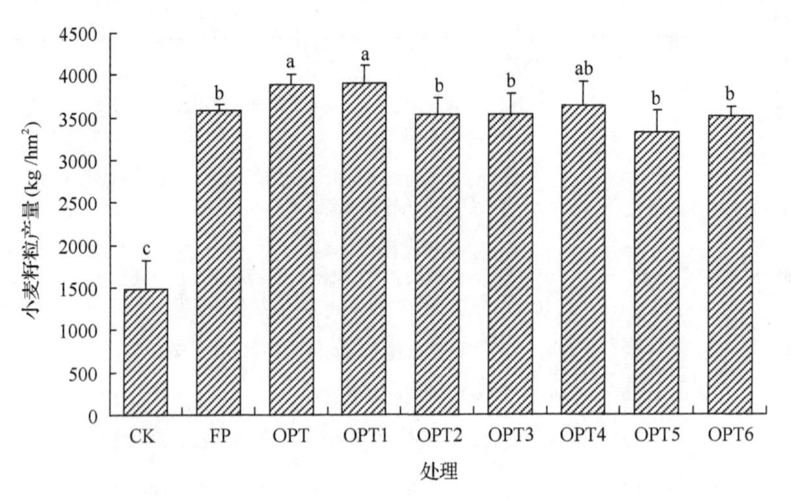

图 7-25　不同施肥模式下小麦籽粒产量

不同字母表示在 0.05 水平上差异显著($P<0.05$)

各优化施肥模式中，麦季以有机肥和缓/控释肥形式替换部分氮肥的 OPT2 处理氮肥利用率最高，为 44.6%(表 7-30)，磷钾肥的利用率也显著高于其他优化施肥模式。麦季和稻季单施化肥 OPT 处理的氮肥利用率低于其他有机无机配施处理。

表 7-30　2012～2013 年稻麦轮作体系下不同处理的产量和氮肥利用率

处理	产量(kg/hm^2)		氮肥利用率(%)	
	麦季	稻季	麦季	稻季
CK	1486.8c	6275.3c		
FP	3575.9b	7334.8b	30.1b	15.7b
OPT	3890.0a	8104.7ab	37.2ab	34.4a
OPT1	3894.0a	7285.3b	41.9a	35.1a
OPT2	3535.7b	7423.8b	44.6a	35.0a
OPT3	3520.8b	7466.2b	41.9a	36.7a
OPT4	3626.8ab	7684.2b	40.1ab	34.7a
OPT5	3322.4b	7625.3b	41.9a	35.9a
OPT6	3514.3b	8673.8a	45.3a	40.6a

注：同列数据后不同字母表示在 0.05 水平上差异显著($P<0.05$)

(2)2013 年水稻季

各施肥处理均显著增加了水稻籽粒产量(图 7-26)，其中以推荐施肥(OPT)及增施倍量秸秆的增产效果较为明显。

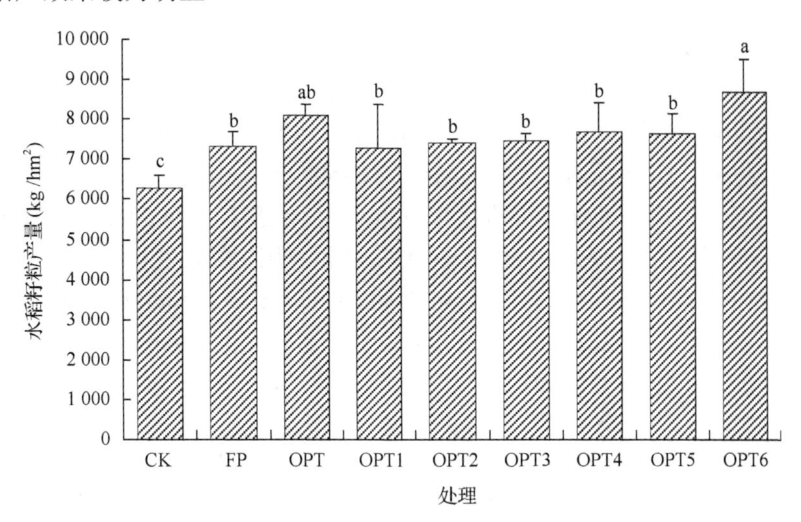

图 7-26　不同施肥模式下水稻籽粒产量

不同字母表示在 0.05 水平上差异显著($P<0.05$)

对比农民习惯施肥，6 种优化施肥模式均显著增加了氮肥利用率(表 7-30)，其中 40%氮为缓/控释尿素处理(OPT6)的氮肥利用率最高。

(3)2014 年小麦季

施肥显著增加小麦籽粒产量(图 7-27)。施肥处理中对比农民习惯施肥的 FP 处理，6 种优化施肥处理在减施氮肥的情况下均能够增加小麦产量，其中以 20%有机肥替代的 OPT4 处理，40%缓释肥替代的 OPT6 处理，20%有机肥、40%缓释氮肥替代的 OPT1 处理及单施化肥的 OPT 处理增产效果较为明显，提升比例分别为 17.18%、13.07%、12.17%和 11.63%，增施秸秆还田的 OPT2、OPT3 和 OPT5 处理分别增产 9.4%、0.3%和 5.3%，但效果没有施入有机肥和缓释氮肥的处理明显。

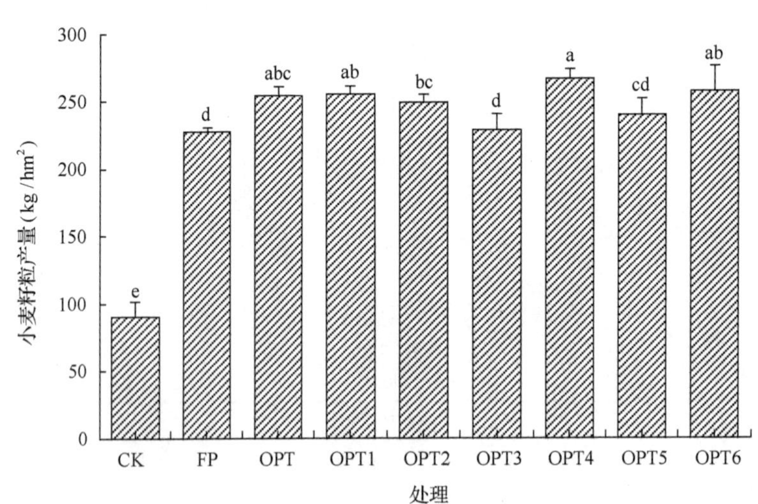

图 7-27　不同施肥模式下小麦籽粒产量

不同字母表示在 0.05 水平上差异显著($P<0.05$)

2. 不同施肥模式下农田温室气体排放特征

大田试验设计分为等氮量施肥处理和优化施肥处理。等氮量施肥分为 5 个处理，其中麦季施肥处理包括：①不施氮肥(CK)；②尿素-N 150kg/hm^2(Urea)；③有机肥 N 30kg/hm^2+尿素-N 120kg/hm^2(Urea+OM)；④秸秆 N 30kg/hm^2+尿素-N 120kg/hm^2(Urea+SR)；⑤缓控释肥 N 90kg/hm^2+尿素-N 60kg/hm^2(Urea+CR)。稻季施肥处理包括：①不施氮肥(CK)；②尿素-N 165kg/hm^2(Urea)；③有机肥 N 33kg/hm^2+尿素-N 132kg/hm^2(Urea+OM)；④秸秆 N 33kg/hm^2+尿素-N 132kg/hm^2(Urea+SR)；⑤缓控释肥 N 99kg/hm^2+尿素-N 66kg/hm^2(Urea+CR)。麦季磷(P_2O_5)用量均为 67.5kg/hm^2，钾(K_2O)用量均为 90kg/hm^2，有机肥、秸秆、缓控释肥和磷钾肥全部基施，Urea+CR 处理尿素全部基施，其他处理尿素的基肥-苗肥-拔节肥分别为 5∶2∶3。稻季磷(P_2O_5)用量均为 75kg/hm^2，钾(K_2O)用量均为 90kg/hm^2，有机肥、秸秆、缓控释肥和磷钾肥全部基施，Urea+CR 处理尿素全部基施，其他处理尿素的基肥-分蘖肥-穗肥分别为 4∶3∶3。

优化施肥分为 5 个处理，其中麦季施肥处理包括：①不施氮肥(CK)；②当地农民习惯施肥，尿素-N 195kg/hm^2(FP)；③优化施肥 1，有机肥 N 30kg/hm^2+缓控释肥 N 60kg/hm^2+尿素-N 60kg/hm^2(OPT1)；④优化施肥 2，有机肥 N 30kg/hm^2+缓控释肥 N 60kg/hm^2+尿素-N 60kg/hm^2+秸秆还田(3000kg/hm^2)(OPT2)；⑤优化施肥 3，有机肥 N 24kg/hm^2+缓控释肥 N 48kg/hm^2+尿素-N 48kg/hm^2+秸秆还田(3000kg/hm^2)(OPT3)。稻季施肥处理：①不施氮肥(CK)；②当地农民习惯施肥，尿素-N 225kg/hm^2(FP)；③优化施肥 1，有机肥 N 33kg/hm^2+缓控释肥 N 66kg/hm^2+尿素-N 66kg/hm^2(OPT1)；④优化施肥 2，有机肥 N 33kg/hm^2+缓控释肥 N 66kg/hm^2+尿素-N 66kg/hm^2+秸秆还田(3000kg/hm^2)(OPT2)；⑤优化施肥 3，有机肥 N 26.4kg/hm^2+缓控释肥 N 52.8kg/hm^2+尿素-N 52.8kg/hm^2+秸秆还田

($3000kg/hm^2$)(OPT3)。麦季磷(P_2O_5)用量 FP 处理为 $90kg/hm^2$,其他处理均为 $67.5kg/hm^2$,钾(K_2O)用量 FP 处理为 $45kg/hm^2$,其他处理均为 $90kg/hm^2$,有机肥、秸秆、缓控释肥和磷钾肥全部基施,FP 处理尿素基肥-拔节肥为 7∶3,OPT1 尿素三叶肥-拔节肥为 6∶4,OPT2 和 OPT3 一次性基施,OPT3 采用根区施肥(根区施肥深度为 10cm,种子播于施肥沟上方 5～7cm 处。稻季磷(P_2O_5)用量 FP 处理为 $75kg/hm^2$,其他处理均为 $60kg/hm^2$,钾(K_2O)用量均为 $90kg/hm^2$,有机肥、秸秆、缓控释肥和磷钾肥全部基施,FP 处理尿素基肥-分蘖肥为 7∶3,OPT1 尿素分蘖肥-穗肥为 6∶4,OPT2 和 OPT3 一次性基施。

(1) 小麦季 CO_2、CH_4 和 N_2O 排放

分析图 7-28 和图 7-29,CO_2 排放呈多峰趋势,排放通量在前期比较低,从第 120 天

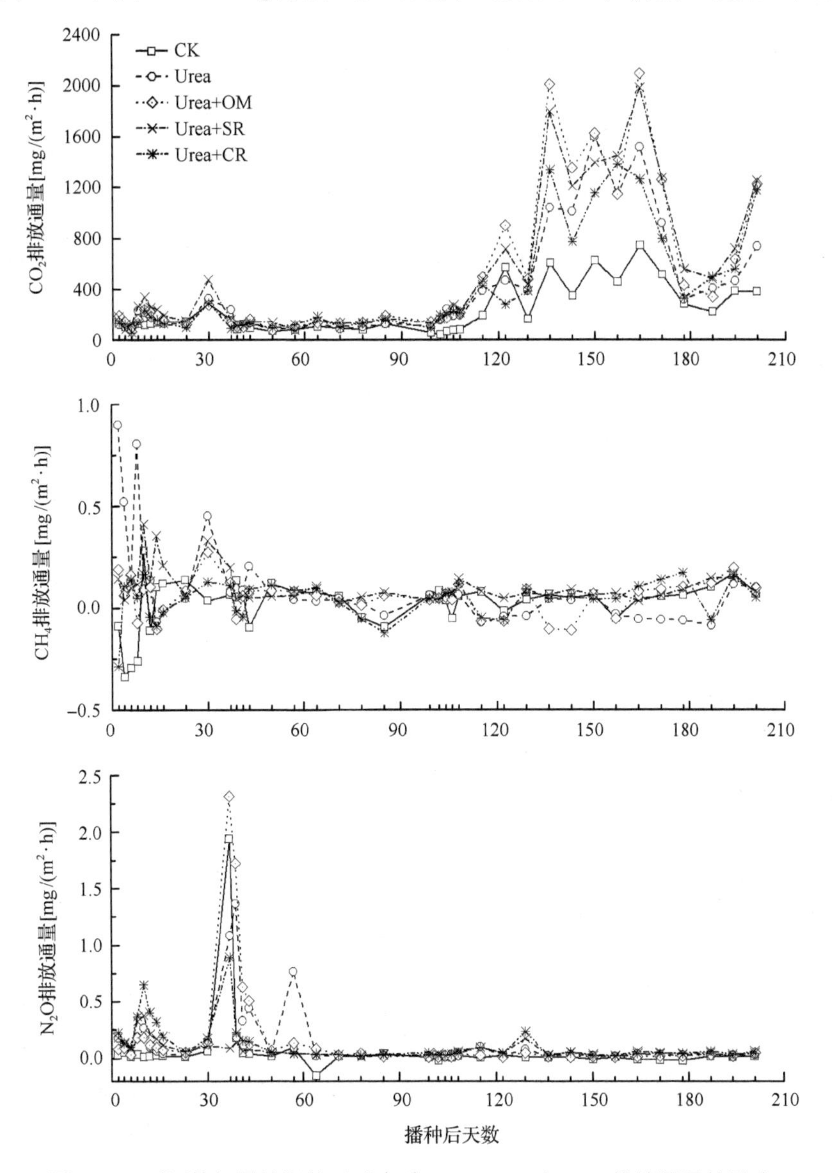

图 7-28 不同等氮量施肥处理对麦季 CO_2、CH_4 和 N_2O 排放通量的影响

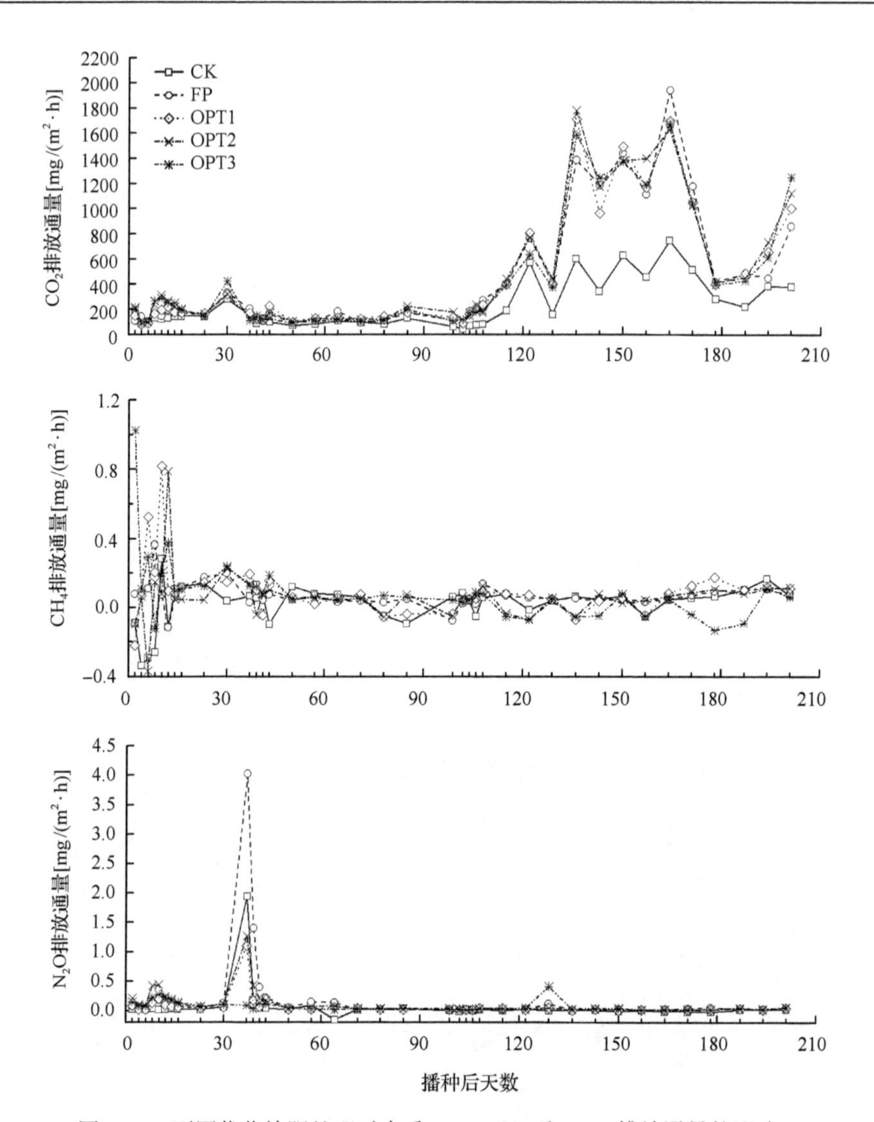

图 7-29　不同优化施肥处理对麦季 CO_2、CH_4 和 N_2O 排放通量的影响

开始各处理排放通量逐渐增加，并达到峰值，在生育期后期逐渐降低。麦季 CH_4 可观测到农田明显的“汇”的作用，在播种后的 30 天内，各处理相继出现明显的排放峰值和吸收峰值，随后趋于稳定，CH_4 的排放和吸收都没有大的波动。而 N_2O 具有典型的排放特性，整个生育期内除 CK 处理外，都表现为 N_2O 的“源”，在生育期的前 60 天，由于施入基肥和追肥，各处理都出现了明显的排放峰值，其他阶段除播种后第 129 天外，各处理几乎观测不到 N_2O 的排放。

在等氮量施肥处理中，各处理 CO_2 平均排放通量的顺序为：Urea+SR＞Urea+OM＞Urea＞Urea+CR＞CK，CH_4 平均排放通量的顺序为：Urea+SR＞Urea+OM＞Urea＞Urea+CR＞CK，N_2O 平均排放通量的顺序为：Urea+OM＞Urea＞Urea+CR＞Urea+SR＞CK。可见秸秆还田与施用有机肥促进了 CO_2 与 CH_4 的排放，施用有机肥促进 N_2O 的排放，但秸秆还田减少了 N_2O 的排放，控释尿素对三种温室气体排放均有一定抑制作用。

在优化施肥中，各处理CO_2平均排放通量的顺序为：OPT2＞OPT1＞OPT3＞FP＞CK，CH_4平均排放通量的顺序为：OPT3＞OPT2＞OPT1＞FP＞CK，N_2O平均排放通量的顺序为：FP＞OPT1＞OPT2＞OPT3＞CK，在有机肥和缓控释肥替代的基础上，添加秸秆还田增加了CO_2和CH_4的排放，减少了N_2O的排放；在减施氮肥的情况下减少了CO_2和N_2O的排放，增加了CH_4的排放。

(2) 水稻季CO_2、CH_4和N_2O排放

由图 7-30 和图 7-31 可知，稻田温室气体排放特征与麦季农田不同，CO_2排放具有多

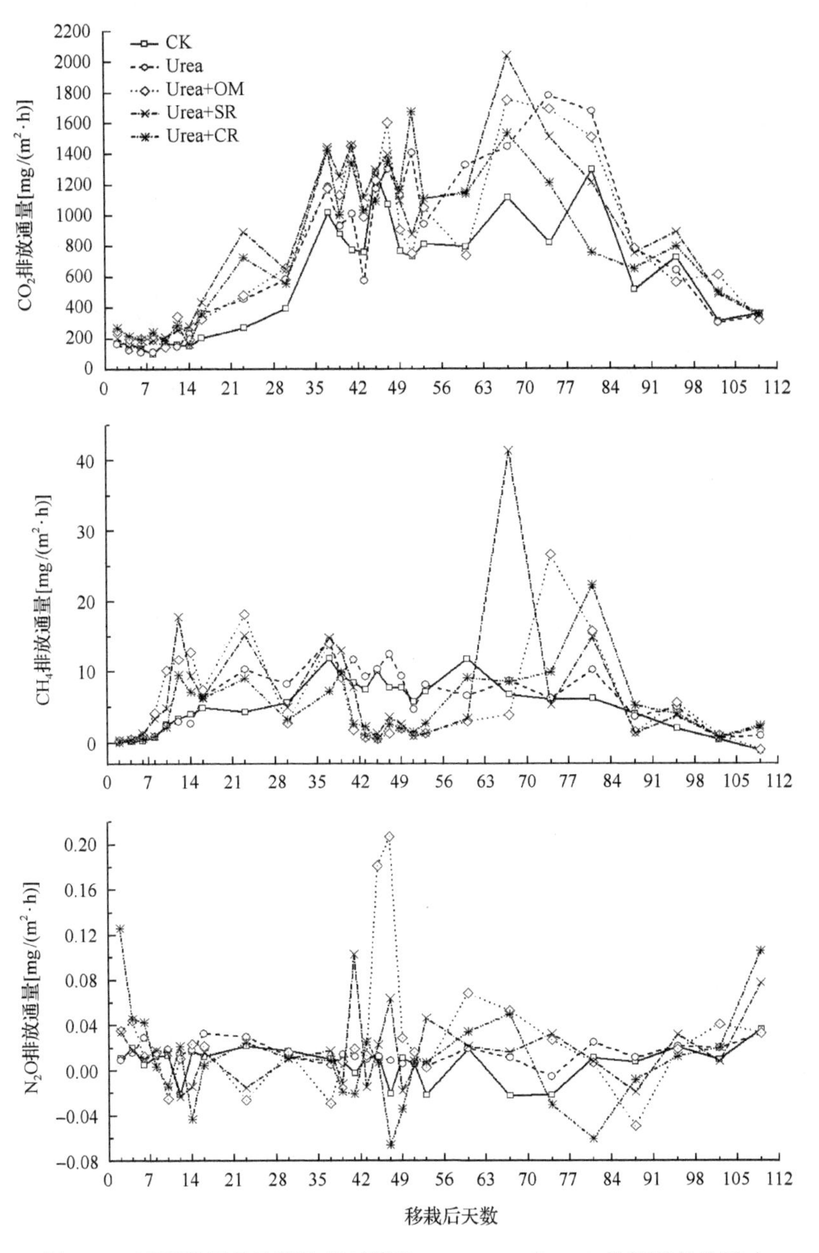

图 7-30　不同等氮量施肥处理对稻季CO_2、CH_4和N_2O排放通量的影响

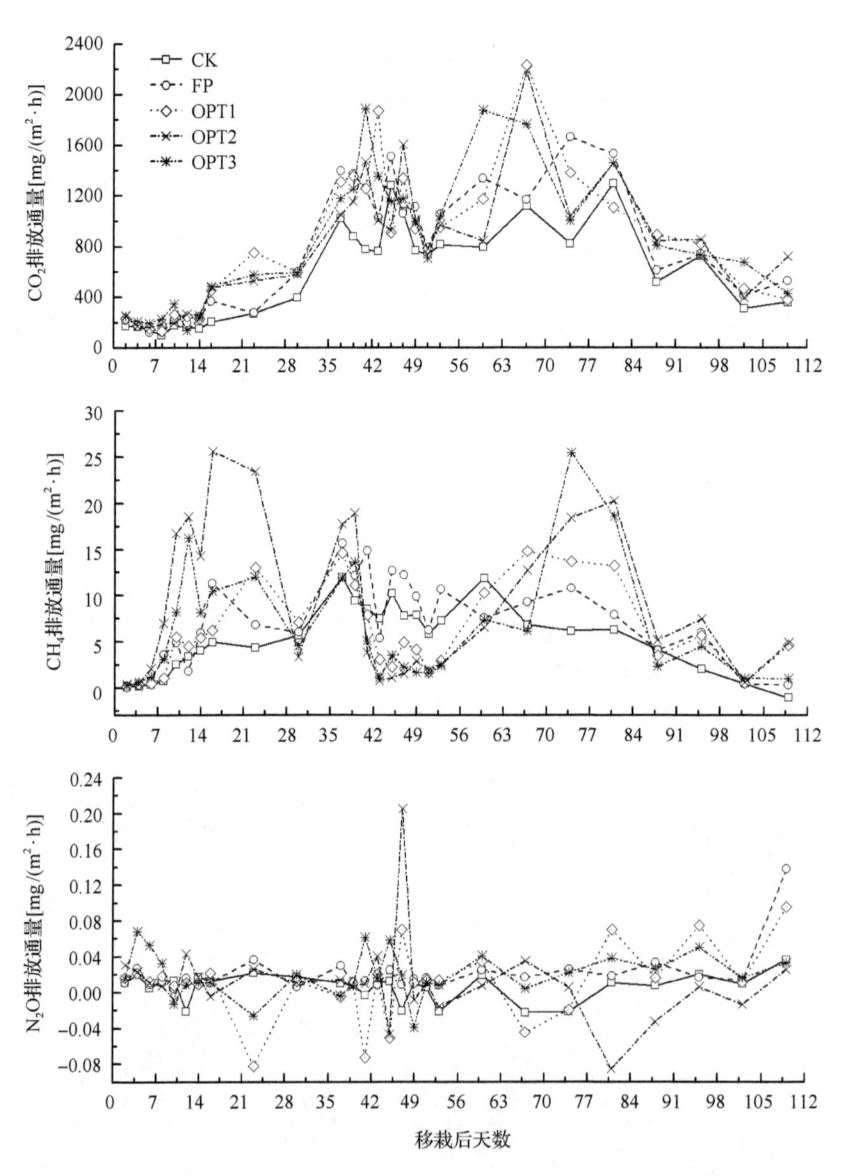

图 7-31　不同优化施肥处理对稻季 CO_2、CH_4 和 N_2O 排放通量的影响

峰特征，在水稻移栽后逐渐增加并在生育期中期出现多个排放峰值，从移栽后第 70 天排放逐渐减少。与麦季不同，稻田主要表现为 CH_4 的“源”，整个生育期内都能观测到明显的排放，排放多集中在生育期前期和中期，排放峰也主要集中在这两个时期。稻田 N_2O 排放比较复杂，不同处理排放具有不同的特征，在整个生育期中既有 N_2O 的“源”，又有 N_2O 的“汇”的作用，排放最高峰值均出现在水稻移栽后第 49 天左右，其他阶段排放和吸收的通量都较小。

在等氮量施肥处理中，各处理 CO_2 平均排放通量的顺序为：Urea+SR＞Urea+OM＞Urea＞Urea+CR＞CK，CH_4 平均排放通量的顺序为：Urea+SR＞Urea+OM＞Urea＞Urea+CR＞CK，N_2O 平均排放通量的顺序为：Urea+OM＞Urea＞Urea+SR＞CK＞

Urea+CR，CO_2 的排放通量顺序与 CH_4 相同，三种温室气体的排放通量中，CK 排放均为最小。与麦季研究结果一致，稻季秸秆还田与有机肥促进了 CO_2 与 CH_4 的排放，施用有机肥促进 N_2O 的排放，但秸秆还田减少了 N_2O 的排放，控释尿素对三种温室气体排放均有一定抑制作用。

在优化施肥中，各处理 CO_2 平均排放通量的顺序为：OPT2＞OPT3＞OPT1＞FP＞CK，CH_4 平均排放通量的顺序为：OPT2＞OPT3＞OPT1＞FP＞CK，N_2O 平均排放通量的顺序为：FP＞OPT1＞OPT2＞OPT3＞CK，CO_2 的排放通量顺序与 CH_4 相同，三种温室气体的排放通量中 CK 排放均为最小。在有机肥和缓控释肥替代的基础上，添加秸秆还田增加了 CO_2 和 CH_4 的排放，减少了 N_2O 的排放；在减氮的情况下减少了 CO_2、CH_4 和 N_2O 的排放。

(3) 温室气体排放总量

等氮量施肥处理中，麦季 CO_2 排放总量顺序为：Urea+SR (27 825.39kg/hm^2) ＞ Urea+OM (27 611.59kg/hm^2) ＞ Urea (21 447.1kg/hm^2) ＞ Urea+CR (20 966.94kg/hm^2) ＞ CK (12 260.63kg/hm^2)，CH_4 排放总量顺序为：Urea+SR (4.53kg/hm^2) ＞Urea+OM (2.60kg/hm^2) ＞ Urea (2.28kg/hm^2) ＞Urea+CR (2.15kg/hm^2) ＞CK (1.59kg/hm^2) (表 7-31)，N_2O 排放总量顺序为：Urea+OM (5.69kg/hm^2) ＞ Urea (5.58kg/hm^2) ＞ Urea+CR (4.55kg/hm^2) ＞ Urea+SR (2.95kg/hm^2) ＞CK (2.64kg/hm^2)，相比于不施氮肥 CK 处理，施肥增加了三种温室气体的排放通量。其中秸秆还田对 CO_2 和 CH_4 的排放促进作用最明显。在施肥处理中，化肥配合秸秆还田 Urea+SR 处理 CO_2 和 CH_4 的排放总量均显著高于单施化肥的 Urea 处理，而 N_2O 排放显著低于 Urea 处理；化肥配施有机肥 Urea+OM 处理，CO_2、CH_4 和 N_2O 的排放总量均大于 Urea 处理。同 Urea 处理相比，化肥配施缓控释肥 Urea+CR 处理能够减缓三种温室气体的排放。在稻季中，稻田 CO_2 排放总量顺序为：Urea+SR (26 294.63kg/hm^2) ＞ Urea+OM (23 938.82kg/hm^2) ＞ Urea (23 500.66kg/hm^2) ＞ Urea+CR (23 084.69kg/hm^2) ＞ CK (17 774.09kg/hm^2)，CH_4 排放总量顺序为：Urea+SR (239.25kg/hm^2) ＞ Urea+OM (211.13kg/hm^2) ＞Urea (184.00kg/hm^2) ＞Urea+CR (177.55kg/hm^2) ＞CK (149.30kg/hm^2)，N_2O 排放总量顺序为：Urea+OM (0.56kg/hm^2) ＞Urea (0.43kg/hm^2) ＞Urea+SR (0.39kg/hm^2) ＞ Urea+CR (0.33kg/hm^2) ＞CK (0.22kg/hm^2)，相比单施化肥，配施有机肥、秸秆和缓控释肥对三种气体排放的作用同麦季一致。

表 7-31　不同等氮量施肥处理对 CO_2、CH_4 和 N_2O 排放总量的影响

处理	麦季			稻季		
	CO_2 排放总量 (kg/hm^2)	CH_4 排放总量 (kg/hm^2)	N_2O 排放总量 (kg/hm^2)	CO_2 排放总量 (kg/hm^2)	CH_4 排放总量 (kg/hm^2)	N_2O 排放总量 (kg/hm^2)
CK	12 260.63±545.67c	1.59±0.30c	2.64±0.51b	17 774.09±720.36b	149.30±9.21b	0.22±0.03c
Urea	21 447.1±974.42b	2.28±0.48bc	5.58±0.40a	23 500.66±2278.98a	184.00±8.76ab	0.43±0.02ab
Urea+OM	27 611.59±2223.06a	2.60±0.16b	5.69±0.38a	23 938.82±1605.75a	211.13±11.81ab	0.56±0.04a
Urea+SR	27 825.39±992.69a	4.53±0.16a	2.95±0.31b	26 294.63±986.54a	239.25±46.11ab	0.39±0.05abc
Urea+CR	20 966.94±779.06b	2.15±0.29bc	4.55±0.41a	23 084.69±829.69a	177.55±18.30ab	0.33±0.08bc

注：同列数值后不同字母表示差异达到 0.05 的显著水平

优化施肥处理中，麦季 CO_2 排放总量顺序为：OPT2(25 762.45kg/hm^2)＞OPT1(24 869.18kg/hm^2)＞FP(24 631.86kg/hm^2)＞OPT3(24 609.36kg/hm^2)＞CK(12 260.63kg/hm^2)(表 7-32)，CH_4 排放总量顺序为：OPT3(4.14kg/hm^2)＞OPT2(4.07kg/hm^2)＞OPT1(3.50kg/hm^2)＞FP(3.15kg/hm^2)＞CK(1.59kg/hm^2)，N_2O 排放总量顺序为：FP(7.58kg/hm^2)＞OPT1(3.65kg/hm^2)＞OPT2(2.92kg/hm^2)＞OPT3(2.72kg/hm^2)＞CK (2.64kg/hm^2)。

表 7-32　不同优化施肥处理对 CO_2、CH_4 和 N_2O 排放总量的影响

处理	麦季			稻季		
	CO_2 排放总量(kg/hm^2)	CH_4 排放总量(kg/hm^2)	N_2O 排放总量(kg/hm^2)	CO_2 排放总量(kg/hm^2)	CH_4 排放总量(kg/hm^2)	N_2O 排放总量(kg/hm^2)
CK	12 260.63±545.67b	1.59±0.52b	2.64±0.88b	17 774.09±720.36b	149.30±9.21c	0.22±0.03b
FP	24 631.86±2157.37a	3.15±0.29a	7.58±0.73a	23 759.92±6169.18a	194.46±21.72bc	0.68±0.09a
OPT1	24 869.18±652.80a	3.50±1.05a	3.65±1.57b	24 852.91±1384.77a	213.56±43.79abc	0.63±0.20a
OPT2	25 762.45±2439.14a	4.07±0.63a	2.92±0.44b	25 667.98±4510.28a	283.15±56.43a	0.32±0.13b
OPT3	24 609.36±1443.60a	4.14±0.38a	2.72±1.03b	25 414.28±613.57a	225.78±41.82ab	0.25±0.09b

注：同列数值后不同字母表示差异达到 0.05 的显著水平

稻季 CO_2 排放总量顺序为：OPT2(25 667.98kg/hm^2)＞OPT3(25 414.28kg/hm^2)＞OPT1(24 852.91kg/hm^2)＞FP(23 759.92kg/hm^2)＞CK(17 774.09kg/hm^2)，CH_4 排放总量顺序为：OPT2(283.15kg/hm^2)＞OPT3(225.78kg/hm^2)＞OPT1(213.56kg/hm^2)＞FP(194.46kg/hm^2)＞CK(149.30kg/hm^2)，N_2O 排放总量顺序为：FP(0.68kg/hm^2)＞OPT1(0.63kg/hm^2)＞OPT2(0.32kg/hm^2)＞OPT3(0.25kg/hm^2)＞CK(0.22kg/hm^2)。对比 OPT1 处理，在麦季和稻季中添加秸秆还田的 OPT2 处理增加了 CO_2 和 CH_4 的排放，减少了 N_2O 的排放；对比 OPT2 处理，在麦季减氮 20%的 OPT3 处理减少了 CO_2 和 N_2O 的排放，却增加了 CH_4 的排放，可能是麦季 CH_4 排放的痕量性使得 CH_4 在时间和空间上排放的差异性较大。在稻季 OPT3 处理减少了 CO_2、CH_4 和 N_2O 的排放。

(4) 温室气体排放增温潜势和排放强度

根据表 7-33，可计算 CH_4 和 N_2O 在 100 年尺度上的等碳量，麦季等氮量 5 个不同处理 N_2O 对综合增温潜势(GWP)的贡献比分别占到了 95.20%、96.67%、96.30%、88.59%和 96.19%，因此 N_2O 是麦季需要重点减排的温室气体。麦季等氮量施肥处理中，相对于不施氮肥 CK 处理，施肥均增加了麦季农田的综合增温潜势；而在施肥处理中，对综合增温潜势增加作用的顺序为：Urea+OM＞Urea＞Urea+CR＞Urea+SR，除配施有机肥综合增温潜势比单施化肥高外，配合秸秆还田及配施缓控释肥均低于单施化肥，因为麦季 N_2O 排放决定了综合增温潜势的大小，而秸秆还田和缓控释肥的 N_2O 排放量较施用化肥均有减少，其中秸秆还田的减排作用达到显著水平，因此麦季配合秸秆还田可以显著减少温室气体的综合增温潜势。温室气体排放碳强度(GHGI)是一项反映综合增温潜势和作物产量的指标，可以综合评价施肥措施的环境效应和经济效应。5 个处理的排放强度顺序为：CK＞Urea＞Urea+OM＞Urea+CR＞Urea+SR，4 个施肥处理虽然综合增温潜势比 CK 处理大，增产作用也比较明显，因此均显著减小单位产量所带来的综合增温潜势；同时化肥配施有机肥 Urea+OM、化肥配合秸秆还田 Urea+SR 及化肥配施缓控释肥 Urea+CR 都要优于单施化肥 Urea 处理。

表 7-33　麦季等氮量施肥处理的综合增温潜势和温室气体排放强度

处理	E-CH_4 CO_2(kg/hm^2)	E-N_2O CO_2(kg/hm^2)	GWP(CH_4+N_2O) CO_2(kg/hm^2)	产量(kg/hm^2)	GHGI (CO_2，kg/kg)
CK	39.64±7.51c	785.87±150.76b	825.51±143.27b	1288.60±68.06d	0.64±0.11a
Urea	56.99±11.92bc	1662.44±119.83a	1719.43±118.00a	3789.25±62.35b	0.46±0.04b
Urea+OM	65.01±4.02b	1695.53±112.62a	1760.54±111.47a	4058.48±9.42a	0.43±0.03b
Urea+SR	113.25±4.00a	879.40±92.43b	992.65±88.62b	3516.81±52.05c	0.28±0.03b
Urea+CR	53.86±7.32bc	1354.73±121.85a	1408.59±124.99b	3765.66±146.23bc	0.37±0.03b

注：同列数值后不同字母表示差异达到 0.05 的显著水平。E-CH_4 为 100 年尺度下排放的甲烷相当的 CO_2 当量；E-N_2O 为 100 年尺度下排放的一氧化亚氮相当的 CO_2 当量

根据表 7-34，稻季等氮量 5 个不同处理下，CH_4 对综合增温潜势的贡献比例分别占到 98.27%、97.28%、96.90%、98.08%和 97.85%，因此，稻季应将减少 CH_4 的排放作为减排的重点。稻季不同的施肥处理中，对比 CK 处理，各施肥处理同样增加了温室气体的综合增温潜势；其中综合增温潜势的顺序为：Urea+SR＞Urea+OM＞Urea＞Urea+CR，稻季对综合增温潜势起决定作用的是 CH_4 的排放量，秸秆还田和有机肥均增加其排放，因此综合增温潜势要比单施化肥 Urea 处理高，而缓控释肥可以减少 CH_4 排放，因此综合增温潜势比 Urea 处理低。不同处理的温室气体排放强度顺序为：Urea+SR＞Urea＞Urea+OM＞CK＞Urea+CR，对比 Urea 处理，配施秸秆还田虽然增加作物产量，但显然不能弥补对环境的影响，而配施有机肥和配施缓控释肥均优于单施化肥处理。

表 7-34　稻季等氮量处理的综合增温潜势和温室气体排放强度

处理	E-CH_4 CO_2(kg/hm^2)	E-N_2O CO_2(kg/hm^2)	GWP(CH_4+N_2O) CO_2(kg/hm^2)	产量(kg/hm^2)	GHGI (CO_2，kg/kg)
CK	3732.44±398.77b	65.26±15.29c	3797.70±411.73b	6133.53±165.36c	0.62±0.06a
Urea	4599.97±379.50ab	128.68±12.82ab	4728.65±385.62ab	6754.20±897.03bc	0.71±0.15a
Urea+OM	5194.81±511.60ab	165.92±21.75a	5360.73±525.61ab	7615.87±286.05a	0.70±0.06a
Urea+SR	5981.26±1996.60ab	116.86±27.92abc	6098.12±1991.04a	7398.29±440.56ab	0.84±0.31a
Urea+CR	4438.76±792.27ab	97.58±40.66bc	4536.34±802.61ab	7503.62±479.55ab	0.61±0.15a

注：同列数值后不同字母表示差异达到 0.05 的显著水平。E-CH_4 为 100 年尺度下排放的甲烷相当的 CO_2 当量；E-N_2O 为 100 年尺度下排放的一氧化亚氮相当的 CO_2 当量

综合整个稻麦轮作体系，从表 7-35 可以得出，不同处理 CH_4 对综合增温潜势的贡献比分别占到了 81.59%、72.22%、73.86%、85.95%和 75.57%，稻麦轮作体系减缓温室气体综合增温潜势的重点在于减少 CH_4 的排放。不同施肥处理综合增温潜势均高于 CK 处理，其中 Urea+SR 和 Urea+OM 显著高于 CK 处理，并且高于 Urea 处理；而缓控释肥无论在麦季还是在稻季相对单施化肥都降低了 CH_4 和 N_2O 的排放，因此在施肥处理中 Urea+CR 的综合增温潜势最小，分析不同处理在整个稻麦轮作体系的温室气体排放强度，Urea+ CR 和 Urea+OM 处理均优于 Urea 处理，因此从整个轮作体系的环境效应和经济效应分析，推荐化肥配施有机肥和化肥配施缓释氮肥。

表 7-35　稻麦轮作体系各等氮量施肥处理的综合增温潜势和温室气体排放强度

处理	E-CH_4 CO_2 (kg/hm^2)	E-N_2O CO_2 (kg/hm^2)	GWP (CH_4+N_2O) CO_2 (kg/hm^2)	产量 (kg/hm^2)	GHGI (CO_2，kg/kg)
CK	3 772.08±405.61b	851.14±247.93c	4 623.22±363.69b	7 422.13±129.90c	0.62±0.06a
Urea	4 656.96±393.02ab	1 791.12±208.03a	6 448.08±249.12ab	10 543.45±806.17b	0.61±0.07a
Urea+OM	5 259.82±511.32ab	1 861.44±204.54ab	7 121.26±712.52a	11 674.35±270.82a	0.60±0.05a
Urea+SR	6 094.52±1154.83a	996.27±188.00c	7 090.78±1962.63a	10 915.10±350.65ab	0.65±0.20a
Urea+CR	4 492.62±780.27ab	1 452.31±170.91b	5 944.94±790.36ab	11 269.28±439.68ab	0.53±0.08a

注：同列数值后不同字母表示差异达到 0.05 的显著水平。E-CH_4 为 100 年尺度下排放的甲烷相当的 CO_2 当量；E-N_2O 为 100 年尺度下排放的一氧化亚氮相当的 CO_2 当量

（5）优化施肥温室气体综合增温潜势和排放强度

麦季不同优化施肥处理的温室气体综合增温潜势和排放强度见表 7-36，麦季优化施肥 5 个不同处理 N_2O 对综合增温潜势的贡献比分别占到了 95.20%、96.63%、92.55%、89.55%和 88.69%，因此 N_2O 是麦季需要重点减排的温室气体，麦季优化施肥处理中，相对于不施氮肥 CK 处理，施肥均增加了麦季农田的综合增温潜势且显著增加了产量；而在施肥处理中，对综合增温潜势增加作用的顺序为：FP＞OPT1＞OPT2＞OPT3，增产顺序为：OPT1＞OPT2＞OPT3＞FP，对比当地习惯施肥 FP 处理，三种优化施肥均显著减少了麦季排放温室气体的综合增温潜势，同时在减少氮肥投入的情况下增加作物产量。不同处理的温室气体排放强度顺序为：FP＞CK＞OPT1＞OPT2＞OPT3，三种优化施肥均优于当地习惯施肥。

表 7-36　麦季不同优化施肥处理对综合增温潜势和温室气体排放强度的影响

处理	E-CH_4 CO_2 (kg/hm^2)	E-N_2O CO_2 (kg/hm^2)	GWP (CH_4+N_2O) CO_2 (kg/hm^2)	产量 (kg/hm^2)	GHGI (CO_2，kg/kg)
CK	39.67±7.51b	785.87±150.76b	825.54±143.27b	1288.60±117.88c	0.64±0.11a
FP	78.63±7.35a	2257.63±218.79a	2336.26±213.95a	3402.07±35.74b	0.69±0.07a
OPT1	87.62±26.23a	1088.37±466.54b	1175.99±454.23b	3860.40±84.36a	0.31±0.13b
OPT2	101.80±15.84a	869.66±131.59b	971.46±135.07b	3775.79±67.54a	0.26±0.03b
OPT3	103.53±9.56a	811.91±307.45b	915.44±302.58b	3501.04±122.12b	0.26±0.09b

注：同列数值后不同字母表示差异达到 0.05 的显著水平。E-CH_4 为 100 年尺度下排放的甲烷相当的 CO_2 当量；E-N_2O 为 100 年尺度下排放的一氧化亚氮相当的 CO_2 当量

从表 7-37 可见，在稻季优化施肥 5 个不同处理 CH_4 对综合增温潜势的贡献比分别为 98.28%、95.99%、96.63%、98.68%和 98.87%，与稻季等氮量施肥研究结果一致，稻季温室气体减排的重点同样应减少稻田 CH_4 的排放。对比不施氮肥 CK 处理，施肥均增加了稻田温室气体的综合增温潜势，同时显著增加了产量，其中 OPT2 和 OPT3 处理的综合增温潜势显著高于 CK 处理；在施肥处理中，综合增温潜势与麦季结果不同，顺序为：OPT2＞OPT3＞OPT1＞FP，产量顺序为：OPT1＞OPT2＞OPT3＞FP，对比农民习惯施肥 FP，三种优化施肥处理在减氮情况下提高作物产量，其中以 OPT1 处理增产作用最明显且达到显著水平。三种优化施肥处理的温室气体排放强度（GHGI）均大于 FP 处理。

表 7-37　稻季不同优化施肥处理对综合增温潜势和温室气体排放强度的影响

处理	E-CH_4 CO_2 (kg/hm^2)	E-N_2O CO_2 (kg/hm^2)	GWP (CH_4+N_2O) CO_2 (kg/hm^2)	产量 (kg/hm^2)	GHGI (CO_2，kg/kg)
CK	3732.44±398.77c	65.26±15.29b	3797.70±411.73c	6133.53±165.36c	0.62±0.06b
FP	4861.60±543.11bc	202.64±26.62a	5064.24±568.47bc	7085.12±170.54b	0.72±0.10ab
OPT1	5338.99±1094.66abc	186.44±58.35b	5525.43±1122.46abc	7612.21±178.49a	0.73±0.15ab
OPT2	7078.72±1410.78a	94.78±38.28b	7173.50±1380.98a	7412.29±189.06ab	0.97±0.20a
OPT3	5644.42±1045.54ab	73.95±26.68b	5718.37±1036.93ab	7246.12±306.59ab	0.79±0.16ab

注：同列数值后不同字母表示差异达到 0.05 的显著水平。E-CH_4 为 100 年尺度下排放的甲烷相当的 CO_2 当量；E-N_2O 为 100 年尺度下排放的一氧化亚氮相当的 CO_2 当量

综合整个稻麦轮作体系，从表 7-38 可以得出，优化施肥中不同处理 CH_4 的综合增温潜势占总增温潜势的比例分别为 81.59%、66.75%、80.98%、88.16%和 86.64%，减缓温室气体综合增温潜势的重点在于减少 CH_4 的排放，这与等氮量施肥的研究结果一致。不同处理温室气体的综合增温潜势顺序为：OPT2＞FP＞OPT1＞OPT3＞CK，优化施肥 OPT1 和 OPT3 处理低于当地习惯施肥 FP 处理，整个轮作体系中减氮的三个优化施肥处理均增加了作物产量，其中 OPT1 和 OPT2 增产作用显著，综合产量因素得到的不同施肥处理中温室气体排放强度的顺序为：OPT2＞FP＞CK＞OPT3＞OPT1，因此在优化施肥处理中，可选择 OPT3 或 OPT1 优化施肥来替代当地农民习惯施肥，既减少化肥施用量，又可以提高产量且减缓温室气体的综合增温潜势。

表 7-38　稻麦轮作体系各优化施肥处理的综合增温潜势和温室气体排放强度

处理	E-CH_4 CO_2 (kg/hm^2)	E-N_2O CO_2 (kg/hm^2)	GWP (CH_4+N_2O) CO_2 (kg/hm^2)	产量 (kg/hm^2)	GHGI (CO_2，kg/kg)
CK	3 772.11±405.54c	851.14±247.93b	4 623.25±363.69b	7 422.13±129.90d	0.62±0.06a
FP	4 940.18±538.19bc	2 460.27±244.29a	7 400.45±782.38a	10 487±198.34c	0.71±0.09a
OPT1	5 426.57±1105.91abc	1 274.81±443.19b	6 701.38±1438.22ab	11 472.61±262.53a	0.59±0.13a
OPT2	7 180.53±1416.61a	964.44±93.42b	8 144.97±1500.35a	11 188.08±214.48ab	0.73±0.14a
OPT3	5 747.96±1234.88ab	885.86±315.18b	6 633.82±1298.50ab	10 747.16±425.25bc	0.62±0.13a

注：同列数值后不同字母表示差异达到 0.05 的显著水平。E-CH_4 为 100 年尺度下排放的甲烷相当的 CO_2 当量；E-N_2O 为 100 年尺度下排放的一氧化亚氮相当的 CO_2 当量

(6) 农田 CO_2、CH_4 和 N_2O 的排放规律

麦季生育期长，且生育期前期主要在冬季寒冷的时期，CO_2 在生育期前期排放量少，主要是因为拔节期之前麦苗矮小稀疏，气温和土温也进入一年之中的最低时期，因此抑制了微生物活性，造成 CO_2 排放一致维持在较低的水平，进入第二年 3 月，气温及土壤温度开始回升，此外作物生长速度加快，使得 CO_2 排放开始增加(宋利娜等，2013)。在小麦生长后期出现峰值是由于作物进入成熟期后，根系的生长同时达到最大值，此时温度也较高，促进了土壤微生物的呼吸作用。稻季 CO_2 排放在生育期前期高，中期分蘖期和孕穗期排放达到最高峰，后期降低，具有明显的变化规律，这与许多前人的研究一致(邹建文等，2003)。水稻移栽后幼苗矮小，作物呼吸作用弱，随着作物生长环境的改变及温度的升高，CO_2 排放通量逐渐增强，到孕穗期土壤良好的水热条件导致各处理 CO_2 均出现排放峰值。

本研究发现麦季土壤主要在播种后 15 天内出现明显的 CH_4 排放或吸收，在这个时间内主要是 CK 处理表现为 CH_4 吸收，其他施肥处理表现为排放，分析原因可能是施肥使土壤中无机氮含量增加，从而抑制甲烷氧化菌的活性，促进了 CH_4 排放，而 CK 处理甲烷氧化菌的活性比较高，促进对 CH_4 的吸收作用。众多研究发现，稻季农田 CH_4 排放存在较大的时间变异性，尤其是 CH_4 排放同时受植株的影响，水稻移栽后没有较多的 CH_4 排放，因为土壤中产甲烷菌活性和数量较低（Ko and Kang，2000）。在水稻分蘖期和孕穗期稻田出现 CH_4 排放峰值，因为这一时期温度相对较高，是水稻生长最旺盛的时期，有足够多的底物以供 CH_4 的生成，在水稻生长后期田间水量较少，使得土壤氧化环境增强，CH_4 排放维持在较低水平（Kumaraswamy et al.，2000；Ahmad et al.，2009）。

本研究中，麦季 N_2O 排放在生育期前期出现排放的最大峰值，是播种前施肥和灌溉的缘故，随干湿交替出现排放峰值。麦季农田部分处理出现了 N_2O 的吸收，有研究发现这可能与该阶段的土壤湿度和温度较低有关（王玉英和胡春胜，2011），麦季 N_2O 在生育期中后期出现排放峰的原因是温度回升，追肥及灌水激发 N_2O 的排放（宋利娜等，2013）。稻田 N_2O 的排放比较复杂，在研究中观测到相当数量的负排放，这与前人的研究一致（Shang et al.，2011），许多研究发现以干湿交替为特征的中期晒田有 N_2O 的排放峰（Cai et al.，1997），然而也有研究没有发现晒田期间的 N_2O 排放峰（Yagi et al.，1996）。本研究在晒田期间部分处理出现 N_2O 排放峰值，也有处理出现吸收值，这是因为晒田期间有降雨使得部分田块没有出现明显的干湿交替。

农田生态系统中 CH_4 和 N_2O 的排放，起始于土壤 CH_4 和 N_2O 的产生及传输至大气的整个过程，其中土壤有机物质在产甲烷菌作用下产生 CH_4。N_2O 是土壤中铵盐在硝化细菌作用下氧化产生的。水稻通气组织排放了大部分来自于土壤的 CH_4 和 N_2O，占 CH_4 排放总量的 80%～90%，以及超过 80%的 N_2O 均通过水稻植株排放进入大气（Yu et al.，1997）。

目前针对不同施肥措施对温室气体排放的影响已有较多报道，结论尚不一致。本研究结果显示，缓控释肥减少了 CO_2、CH_4 和 N_2O 的排放。研究表明，与尿素相比，缓释氮肥减少稻田的 CH_4 排放，此外缓控释肥具有减少土壤 N_2O 排放的作用。本试验中有机肥无机肥配施（OPT+OM）和秸秆还田（OPT+SR）都促进了 CH_4 和 CO_2 的排放。有研究指出施用有机肥可以改善土壤有机质来促进植物根系的生长和活力，以及土壤微生物活性，从而促进 CO_2 的排放，并且有机肥和秸秆中含有比较容易被分解的易矿化碳，这样就为 CH_4 排放提供了大量前体物质（Knoblauch et al.，2011）。

有机肥施用对稻田 N_2O 排放的影响结果尚不一致，有研究表明（Yao et al.，2010），施用有机肥能够减少稻田 N_2O 的排放，原因可能是化学肥料适合硝化和反硝化反应作用，使氮素随着水稻生育期分解较为彻底，从而导致 N_2O 排放较高；同时也有研究指出，施用有机肥可以增加 N_2O 的排放（Zhu et al.，2013）。邹建文等（2003）研究表明，N_2O 排放不但受土壤的供 N 水平的影响，而且与有机肥料的类型和腐熟程度有关。土壤 C/N 值是影响 N_2O 排放的重要因素，在稻田生态系统中投入有机物料的 C/N 值，数量和种类是影响氮素矿化与固持的主要环境因子（Datta et al.，1995）。在我们的研究中，投入 C/N 值为 77.40 的水稻秸秆进入麦季土壤，投入 C/N 值为 87.20 的小麦秸秆进入稻田，异养微生物对 N 的利用起主导作用且和硝化细菌竞争氮源，从而促进植物可利用 N 的固定，因此减少了反应生成 N_2O 的底物。而施用有机肥(C/N 值=21.72)，有机物料的分解产生了大量易矿化 C，促进了反硝化细菌的生长，最终导致更高的 N_2O 的排放。

从严格意义上来说，综合增温潜势应该包括农业生态系统与大气之间净 CO_2、CH_4 和 N_2O 的排放，这里我们仅用联合国政府间气候变化专门委员会(IPCC)确定的因素来评价不同施肥措施下稻田 CH_4 和 N_2O 的综合温室效应，而没有把农田生态系统和大气间 CO_2 的净交换考虑在内。通过综合 CH_4 和 N_2O 排放的等碳量来计算综合增温潜势，我们可以得出不同施肥措施下综合增温潜势的来源及所占的比例。我们计算出等氮量施肥处理下稻麦轮作体系的综合增温潜势，CH_4 所占的比例分别为 81.59%、72.22%、73.86%、85.95%和 75.57%，优化施肥处理的 CH_4 所占比例分别为 81.59%、66.75%、80.98%、88.16%和 86.6%，稻麦轮作体系不同施肥措施排放 N_2O 对综合温室效应的贡献远低于 CH_4(Ma et al.，2009)。有研究认为稻田排放 N_2O 量极低，甚至可以忽略不计(Liu et al.，2010)，但是秦晓波等(2012)认为尽管在较短时间尺度上，N_2O 综合温室效应极低，但是 N_2O 综合增温潜势远高于 CH_4，并且在大气中存在时间比较长，伴随着时间尺度的增长，N_2O 对温室效应的影响会越来越大，同时有研究表明同一处理，在 500 年时间尺度上 N_2O 的综合增温潜势占 CH_4 的比例为：秸秆处理占 47%，而化肥处理占 79%，因此也不能忽视对 N_2O 排放的研究。

温室气体排放强度是评价温室效应的综合指标，其将温室效应与作物经济产出相结合，用于评价稻田综合温室效应。本研究中等氮量施肥处理中，在稻麦轮作体系下 Urea+OM 和 Urea+CR 处理综合增温潜势小于单施化肥 Urea 处理，即单位产量产出所排放温室气体产生的综合增温潜势较小，为本试验评价体系下的推荐处理。本试验中，秸秆还田对比单施化肥 Urea 处理增加了稻田产量，但也显著增加了 CH_4 排放量使其 GHGI 大于其他处理，因此秸秆还田处理综合增温潜势不能作为发展可持续农业的最佳选择。在优化施肥中，相对于当地习惯施肥 FP 处理，OPT1 和 OPT2 处理单位产量所排出温室气体产生的综合增温潜势较小，可以替代 FP 处理在当地推广。目前相关的报道只是按照严格施肥类型来加以对比，如果考虑到其他处理的秸秆因饲料、焚烧或丢弃于田间，最终以温室气体计算，结果还有待深入研究。有研究者指出秸秆还田可以稳定甚至提高土壤的有机碳贮量，增加农田总固碳量；潘根兴等(2008)认为，稻作农业的土壤固碳潜力十分突出，因此综合农学效应、环境效应及经济效应，对秸秆还田还需进一步研究。

7.2.4　长江中下游双季稻轮作体系肥料高效利用技术集成

1.不同施肥模式对水稻产量和养分利用的影响

早稻季和晚稻季试验处理分别如表 7-39 和表 7-40 所示。从早稻的产量构成因素来看(表 7-41)，不同施肥处理对有效穗数、千粒重、结实率、穗粒数等指标影响差异不显著，可持续施肥各模式可以有效地提高早稻的有效穗数、结实率等产量构成因素指标。

表 7-39　早稻季试验处理

处理	$N-P_2O_5-K_2O$ (kg/hm^2)	途径与模式	备注
T1	0-90-150	施绿肥(紫云英)，秸秆还田和施用腐熟剂，不施有机肥，磷、钾一次性基施	晒田
T2	0-90-150	施绿肥(紫云英)，秸秆还田和施用腐熟剂，施 30kg 有机肥氮，和磷、钾一次性基施，增施微肥(Si、Zn、S)	晒田
T3	135-0-150	施绿肥(紫云英)，秸秆还田和施用腐熟剂，不施有机肥，速效氮基肥、蘖肥、穗肥比例：40-30-30，钾一次性基施	晒田
T4	135-0-150	施绿肥(紫云英)，秸秆还田和施用腐熟剂，施 30kg 有机肥氮，速效氮基肥、蘖肥、穗肥比例：40-30-30，钾一次性基施，增施微肥(Si、Zn、S)	晒田
T5	165-90-150	按照当地农民习惯施肥，施绿肥(紫云英)，秸秆还田和施用腐熟剂，不施有机肥，磷、钾一次性基施，速效化肥基肥、蘖肥、穗肥比例：60-40-0	晒田
T6	135-90-150	施绿肥(紫云英)，秸秆还田和施用腐熟剂，20%化肥氮+20%有机肥氮；速效化肥基肥、蘖肥、穗肥比例：40-30-30，磷、钾一次性基施	晒田
T7	135-90-150	施绿肥(紫云英)，秸秆还田和施用腐熟剂，20%化肥氮+20%有机肥氮，其中速效化肥运筹基肥、蘖肥、穗肥比例：40-30-30，磷、钾一次性基施，增施微肥(Si、Zn、S)	晒田
T8	135-90-150	施绿肥(紫云英)，秸秆还田和施用腐熟剂，20%化肥氮+20%缓/控释氮+20%有机肥氮，其中速效化肥运筹基肥、蘖肥、穗肥比例：60-0-40，磷、钾一次性基施，增施微肥(Si、Zn、S)	晒田

注：40-30-30 指基肥、蘖肥、穗肥施用比例为 40%、30%、30%，表中相关数据依此类推

表 7-40　晚稻季试验处理

处理	$N-P_2O_5-K_2O$ (kg/hm^2)	途径与模式	备注
T1	0-90-150	不施有机肥，磷、钾一次性基施，增施土壤改良剂，秸秆还田和施用腐熟剂	晒田
T2	0-90-150	30kg 有机肥氮，磷、钾一次性基施，增施微肥(Si、Zn、S)和土壤改良剂，秸秆还田和施用腐熟剂	晒田
T3	165-0-150	不施有机肥，速效化肥运筹基肥、蘖肥、穗肥比例：40-30-30，钾肥一次性基施，秸秆还田和施用腐熟剂	晒田
T4	165-0-150	30kg 有机肥氮，速效化肥运筹基肥、蘖肥、穗肥比例：40-30-30，钾肥一次性基施，增施微肥(Si、Zn、S)，秸秆还田和施用腐熟剂	晒田
T5	195-90-150	不施有机肥，按照当地农民习惯施肥，磷、钾一次性基施，速效化肥运筹基肥、蘖肥、穗肥比例：40-30-30	晒田
T6	165-90-150	20%化肥氮+20%有机肥氮，其中速效氮基肥、蘖肥、穗肥比例：40-30-30，磷、钾一次性基施	晒田
T7	165-90-150	20%化肥氮+20%有机肥氮，其中速效化肥运筹基肥、蘖肥、穗肥比例：40-30-30，磷、钾一次性基施，增施微肥(Si、Zn、S)，秸秆还田和施用腐熟剂	晒田
T8	165-90-150	20%化肥氮+20%缓/控释肥氮+20%有机肥氮，其中速效化肥运筹基肥、穗肥比例：60-40，磷、钾一次性基施，增施微肥(Si、Zn、S)，秸秆还田和施用腐熟剂	晒田

注：凡施用秸秆处理均施 2.5kg/亩秸秆腐熟剂，相当于每小区(42m^2)施秸秆腐熟剂约 150g

表 7-41　大田各处理对 2013 年早稻产量及产量构成因素的影响

处理	产量(kg/hm^2)	有效穗率(%)	千粒重(g)	结实率(%)	穗粒数
FP	7859.93±401.54a	95.07±2.71a	25.57±0.44a	76.27±3.79a	118.55±13.23a
OPT1	8019.65±152.09a	94.96±4.24a	25.89±0.57a	78.18±3.30a	119.53±12.57a
OPT2	7971.28±468.39a	93.18±6.68a	26.30±0.31a	77.660±2.68a	110.43±6.56a
OPT3	7983.03±297.36a	97.26±3.17a	26.65±0.61a	78.96±3.35a	105.14±11.25a

注：同列数值后不同字母表示差异达到 0.05 的显著水平

如表 7-42 所示，有效穗率、结实率和千粒重均以 OPT2 最高，OPT3 次之；穗粒数以 OPT1 最高，OPT3 次之。方差分析和多重比较结果显示，4 个构成因素中各处理间的差异均不显著。

表 7-42　大田各处理对 2013 年晚稻产量及产量构成因素的影响

处理	产量(kg/hm^2)	有效穗率(%)	结实率(%)	千粒重(g)	穗粒数
FP	7485.91±124.88a	86.93±5.35a	84.14±1.02a	21.82±0.17a	162.64±4.04a
OPT1	7959.34±110.27a	86.97±2.04a	83.00±1.88a	21.89±0.21a	171.23±3.01a
OPT2	7927.75±168.95a	92.77±2.547a	86.41±1.48a	22.21±0.14a	164.61±4.56a
OPT3	7964.31±195.19a	92.01±2.10a	84.16±2.00a	22.10±0.38a	166.62±8.81a

注：同列数值后不同字母表示差异达到 0.05 的显著水平

由表 7-41 和表 7-42 可知，2013 年早、晚稻产量结果表明，可持续施肥模式(优化模式)间产量差异不显著。与农民习惯施肥模式(FP)相比，可持续施肥模式在减少化学氮素 20%的前提下，产量不仅没有减少，还均有一定程度的增加，初步表明各优化模式粮食增产的可持续性。

由表 7-43 可知，不同施氮模式下早稻氮肥偏生产力的范围在 47.6～69.4kg/kg，与农民习惯施氮模式相比，可持续施肥模式的氮肥偏生产力均大于 60kg/kg，显著高于农民习惯施肥模式(P<0.05)，说明可持续施肥模式在氮肥优化管理方面具有优势；与农民习惯施肥模式相比，可持续施肥模式肥料的农学效率均有所提高，但差异不显著，肥料的农学效率是单位面积施肥量对作物经济产量增加的反映，是农业生产中最重要也是最关心的经济指标之一，说明可持续施肥模式在肥料减施的条件下，通过氮肥缓释、微肥增效等措施能够提高氮素的吸收和利用，进而减少氮素的损失，提高氮的利用率。

表 7-43　不同施肥模式对早稻产量及农学效率等的影响

处理	农学效率(kg/kg N)	偏生产力(kg/kg N)	氮肥表观利用率(%)
FP	18.39a	47.6b	34.83±3.38a
OPT1	21.83a	69.4a	36.27±1.98a
OPT2	21.48a	69.1a	35.38±3.49a
OPT3	21.57a	69.1a	36.18±0.74a

注：同列数值后不同字母表示差异达到 0.05 的显著水平

由表 7-44 可知，不同施氮模式下晚稻氮肥偏生产力的范围在 38.39～48.27kg/kg，与农民习惯施氮模式相比，可持续施肥模式的氮肥偏生产力均大于 48kg/kg，显著高于农民习惯施肥模式(P<0.05)，说明可持续施肥模式在氮肥优化管理方面具有优势；与农民习惯施肥模式相比，可持续优化模式肥料的农学效率均有所提高，且差异均达到显著水平(P<0.05)，肥料的农学效率是单位面积施肥量对作物经济产量增加的反映，是农业生产中最重要也是最关心的经济指标之一，说明可持续施肥模式在肥料减施的条件下，通过氮肥缓释、微肥增效等措施能够提高氮素的吸收和利用，进而减少氮素的损失，提高氮

的利用率；不同施氮模式下氮肥表观利用率的范围在31.18%～43.97%，且均显著高于农民习惯施氮模式($P<0.05$)。

表 7-44　各处理对大田晚稻氮素利用率的影响

处理	农学效率(kg/kg N)	偏生产力(kg/kg N)	氮肥表观利用率(%)
FP	11.49±0.64b	38.39±0.64b	31.18±1.11b
OPT1	16.45±0.74a	48.24±0.74a	42.58±1.20a
OPT2	15.12±1.13a	48.05±1.13a	43.07±2.54a
OPT3	15.34±1.30a	48.27±1.30a	43.97±4.11a

注：同列数值后不同字母表示差异达到0.05的显著水平

2. 不同施肥模式对土壤肥力的影响

从表7-45可以看出，早稻收获期土壤全氮含量以可持续施肥模式1(OPT1)最高，优化模式均高于农民习惯施肥模式，但差异均不显著；通过氮素缓释、微肥增效等协同技术手段可以有效增加土壤全氮含量，并增强土壤后季持续供氮能力。

表 7-45　各处理对早稻土壤养分含量的影响

处理	全氮含量(g/kg)	有机碳含量(g/kg)	pH
FP	2.03±0.13a	17.48±0.77a	4.78±0.10a
OPT1	2.18±0.13a	18.21±0.61a	4.79±0.05a
OPT2	2.15±0.04a	18.31±1.33a	4.88±0.17a
OPT3	2.12±0.09a	18.75±1.22a	4.76±0.06a

注：同列数值后不同字母表示差异达到0.05的显著水平

与农民习惯施肥相比，可持续优化施肥模式土壤有机碳含量均有所提高(表7-45)，但差异均不显著，可持续优化施肥模式在减施化肥的基础上，采用有机肥替代的施肥模式，可以有效增加土壤有机质含量和多种生物活性物质，改善土壤物理、化学和生物学性状，提高了土壤可持续供肥能力。

如表7-46所示，晚稻大田可持续施肥模式与农民习惯施肥模式相比，全氮含量均有所提高，但差异不显著；有机碳含量均有所提高，且可持续施肥模式与农民习惯施肥模式间的差异均达到显著水平($P<0.05$)；pH有所提高，但差异不显著，说明可持续施肥模式通过秸秆还田、有机替代等措施可以有效减缓土壤的酸化。

表 7-46　各处理对晚稻土壤养分含量的影响

处理	全氮含量(g/kg)	有机碳含量(g/kg)	pH
FP	1.95±0.09a	20.03±1.15b	5.16±0.05a
OPT1	2.01±0.05a	22.36±0.77a	5.17±0.07a
OPT2	2.05±0.08a	22.02±0.50a	5.22±0.14a
OPT3	1.96±0.08a	21.88±0.27a	5.18±0.08a

注：同列数值后不同字母表示差异达到0.05的显著水平

土壤微生物量碳、氮虽然在土壤全碳和全氮含量中所占的比例较小，但二者是土壤有机质中最为活跃的部分，调节土壤养分的释放和吸储，对提高土壤养分的生物有效性和利用率起着积极的作用，因此，其可以反映土壤养分有效性状况及土壤生物活性，特别是在红壤地区，其是土壤质量的一个重要评价指标。不同肥料施用模式在早稻收获期对土壤微生物量碳、氮的影响如图 7-32 和图 7-33 所示，结果表明与农民习惯施肥相比，可持续施肥模式土壤微生物量碳、氮含量均有所提高，但差异均不显著。可持续施肥模式采用有机替代的施肥模式，有机肥的投入不仅为土壤微生物带来了丰富的碳源，为土壤微生物生长提供生长所必需的养分，还带入了大量的微生物，使微生物数量增加并分解有机物质，从而使土壤微生物数量大增，反映在土壤微生物生物量上则是 C、N 含量增加，这一研究结果与已有的报道基本一致。

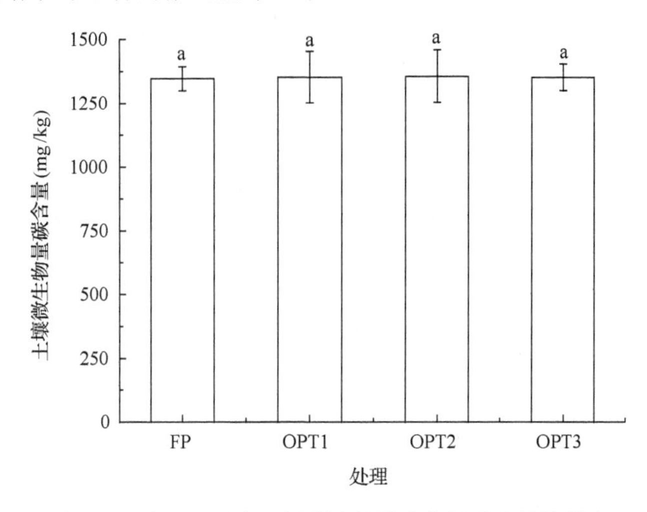

图 7-32　各处理对大田早稻土壤微生物量碳含量的影响

不同字母表示在 0.05 水平上差异显著($P<0.05$)

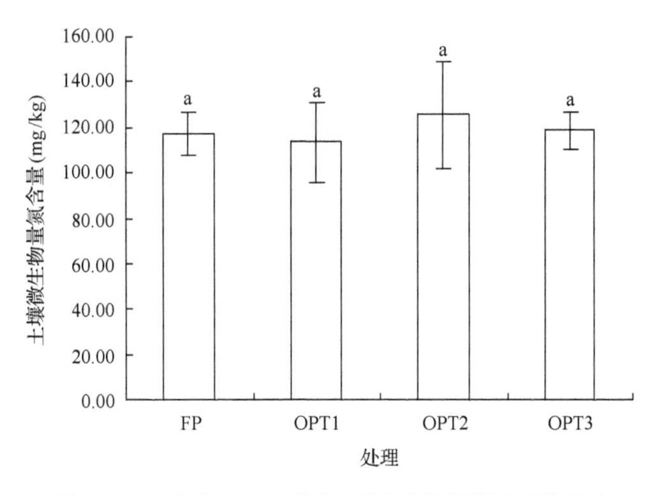

图 7-33　各处理对大田早稻土壤微生物量氮含量的影响

不同字母表示在 0.05 水平上差异显著($P<0.05$)

不同肥料施用模式对晚稻收获期土壤微生物量碳、氮含量的影响如图 7-34 和图 7-35 所示。与农民习惯施肥相比，得到的结果与早稻收获期趋势基本一致，可持续施肥模式土壤微生物量碳、氮含量均有所提高，但差异均不显著且 OPT2 与其他模式相比存在显著性差异。

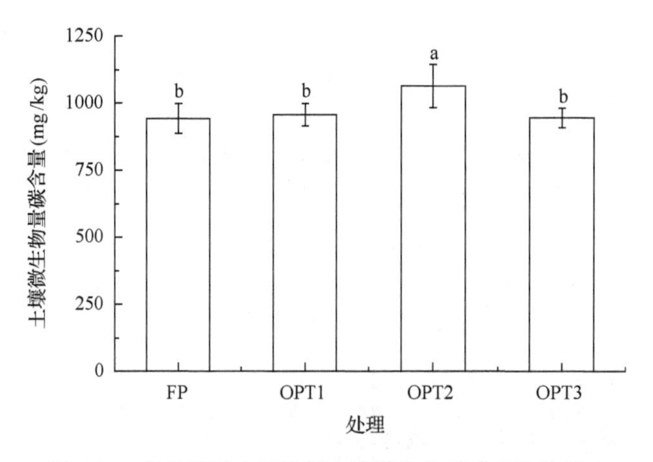

图 7-34　各处理对大田晚稻土壤微生物量碳含量的影响

不同字母表示在 0.05 水平上差异显著($P<0.05$)

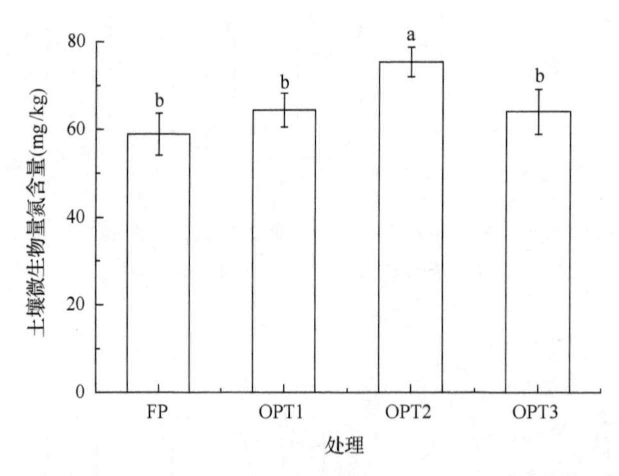

图 7-35　各处理对大田晚稻土壤微生物量氮含量的影响

不同字母表示在 0.05 水平上差异显著($P<0.05$)

7.3　肥料养分持续高效利用途径及技术

7.3.1　提高化肥利用率的途径

三大农区四大种植体系提高化肥利用率的技术途径总结如表 7-47 所示。

表 7-47　提高化肥利用率的技术途径

区域	种植制度	途径	技术参数	模式	
东北	春玉米	深翻	30cm	M1：深翻+缓控释+有机替代+秸秆调氮+腐熟菌剂 M2：M1+秸秆炭	耕层调控
		缓控释	30%		
		有机替代	20%		
		秸秆调氮基追比	1∶1		
		秸秆炭	$2t/hm^2$		
华北	冬小麦	秸秆调氮基追比	7∶3	M1：秸秆调氮+腐熟菌剂+缓控释+有机替代+氮钾运筹(1∶1) M2：秸秆调氮+腐熟菌剂+缓控释+有机替代+氮钾运筹(N2∶1∶1，K1∶1)	秸秆调氮与氮钾运筹
		缓控释	30%		
		有机替代	20%		
		钾运筹	1∶1		
	夏玉米	秸秆调氮基追比	7∶3	M1：秸秆调氮+腐熟菌剂+缓控释+有机替代 M2：秸秆调氮+腐熟菌剂+缓控释+有机替代+氮素运筹(1∶1)	
		缓控释	30%		
		有机替代	20%		
		氮素运筹	1∶1		
长江中下游	小麦	秸秆调氮基追比	8∶2	有机替代+缓控释+秸秆调氮+秸秆腐熟剂	缓控释与氮素运筹
		有机替代	20%		
		缓控释	40%		
	水稻	秸秆调氮基追比	8∶2	有机替代+缓控释+秸秆调氮+秸秆腐熟剂+氮素运筹	
		有机替代	20%		
		缓控释	30%		
		氮素运筹	5∶2∶3		
		晒田			
长江中下游	双季稻	秸秆调氮基追比	(4∶6)～(6∶4)	M1：秸秆调氮+腐熟菌剂+绿肥+有机替代+氮素运筹+晒田+养分协同 M2：缓控释+秸秆调氮+腐熟菌剂+绿肥+有机替代+氮素运筹+晒田+养分协同	养分协同优化
		绿肥	100%		
		有机替代	20%		
		缓控释	20%		
		养分协同	Si、Zn、S		
		晒田			

7.3.2　提高化肥利用率的关键技术

提高化肥利用率的关键技术主要包括缓控释肥施用技术、根区施肥关键技术、磷肥减施关键技术、有机肥料替代技术、秸秆还田碳氮调节技术及基于产量反应的推荐施肥技术等。技术要点列于表 7-48～表 7-53。

表 7-48　缓控释肥施用技术

区域与作物	技术要点
东北春玉米	缓控释肥料(90d) 30%与尿素 70%一次基施
华北冬小麦	缓控释肥料(90d) 20%与尿素 80%一次基施
华北夏玉米	缓控释氮肥(60d) 40%与尿素 60%一次基施
长江中下游冬小麦	缓控释肥料(90d) 40%与尿素 60%一次基施
长江中下游单季稻	缓控释肥料(90d) 40%与尿素 60%一次基施
长江中下游早稻	缓控释肥料(90d) 50%与尿素 50%一次基施
长江中下游晚稻	缓控释肥料(90d) 50%与尿素 50%一次基施

表 7-49　根区施肥关键技术

区域与作物	技术要点
东北春玉米	施肥点在种子下方 13cm，即土下 15～18cm
华北冬小麦	施肥点在种子下方 5～7cm，即土下 10cm
华北夏玉米	施肥点在种子下方 5～7cm，即土下 10cm
长江中下游冬小麦	施肥点在条施秧苗侧 5cm，即土下 10cm
长江中下游单季稻	施肥点在秧苗侧 5cm 或正下方，土下 12cm
长江中下游早稻	施肥点在秧苗侧 5cm 或正下方，土下 12cm
长江中下游晚稻	施肥点在秧苗侧 5cm 或正下方，土下 12cm

表 7-50　磷肥减施关键技术

区域与作物	技术要点
东北春玉米	有机肥磷 50%，化肥磷 50%
华北冬小麦	有机肥磷 50%，化肥磷 50%
华北夏玉米	有机肥磷 50%，化肥磷 50%
长江中下游冬小麦	有机肥磷 50%，化肥磷 50%；解磷菌应用
长江中下游单季稻	有机肥磷 50%，化肥磷 50%；解磷菌-真菌应用
长江中下游早稻	有机肥磷 50%，化肥磷 50%；或干湿交替
长江中下游晚稻	有机肥磷 50%，化肥磷 50%；或干湿交替

表 7-51　有机肥料替代技术

区域与作物	技术要点
东北春玉米	有机肥氮 30%，化肥氮 70%，有机肥*100～150kg/亩
华北冬小麦	有机肥氮 30%，化肥氮 70%，有机肥 150～200kg/亩
华北夏玉米	有机肥氮 30%，化肥氮 70%，有机肥 150～200kg/亩
长江中下游冬小麦	有机肥氮 30%，化肥氮 70%，有机肥 100～150kg/亩
长江中下游单季稻	有机肥氮 20%，化肥氮 80%，有机肥 100～150kg/亩
长江中下游早稻	有机肥氮 20%，化肥氮 80%，有机肥 100～150kg/亩
长江中下游晚稻	有机肥氮 20%，化肥氮 80%，有机肥 100～150kg/亩

* 指商品有机肥

表 7-52　秸秆还田碳氮调节技术

区域与作物	技术要点
东北春玉米	玉米秸秆切碎还田*，翻埋 20～30cm，氮肥基追比 1∶1
华北冬小麦	玉米秸秆切碎还田，翻埋 10～20cm，氮肥基追比 7∶3
华北夏玉米	小麦秸秆切碎还田，翻埋 10～20cm，氮肥基追比 7∶3
长江中下游冬小麦	水稻秸秆切碎还田，翻埋 10～20cm，氮肥基追比 8∶2
长江中下游单季稻	小麦秸秆切碎还田，翻埋 10～20cm，氮肥基追比 8∶2
长江中下游早稻	晚稻秸秆切碎还田，翻埋 20～30cm，氮肥基追比(4∶6)～(6∶4)
长江中下游晚稻	早稻秸秆粉碎还田，翻埋 10～20cm，氮肥基追比(4∶6)～(6∶4)

* 注意结合使用秸秆腐熟菌剂

表 7-53　基于产量反应的推荐施肥技术

区域与作物	技术要点
东北春玉米	目标产量 800kg/亩，习惯施肥 15-5-4*，推荐施肥 12-4-5
华北冬小麦	目标产量 500kg/亩，习惯施肥 20-10-4，推荐施肥 14-8-6
华北夏玉米	目标产量 600kg/亩，习惯施肥 15-9-0，推荐施肥 14-5-6
长江中下游冬小麦	目标产量 400kg/亩，习惯施肥 13-6-3，推荐施肥 10-4.5-6
长江中下游单季稻	目标产量 600kg/亩，习惯施肥 15-5-6，推荐施肥 11-4-6
长江中下游早稻	目标产量 500kg/亩，习惯施肥 12-6-10，推荐施肥 10-6-10
长江中下游晚稻	目标产量 550kg/亩，习惯施肥 13-6-10，推荐施肥 11-6-10

* 15-5-4 指 N、P_2O_5、K_2O 用量分别为 15kg/亩、5kg/亩和 4kg/亩，此表其他相关数据依此类推

7.4　肥料养分持续高效利用模式

结合栽培、植保技术，提出提高化肥利用率的技术模式，包括东北春玉米、华北冬小麦、华北夏玉米、长江中下游冬小麦，以及长江中下游单季稻、早稻和晚稻化肥减施增效技术模式，列于表 7-54～表 7-60。

表 7-54　东北春玉米化肥减施增效技术模式表

月	4月			5月			6月			7月			8月			9月		
旬	上	中	下	上	中	下	上	中	下	上	中	下	上	中	下	上	中	下
节气			谷雨	立夏		小满	芒种		夏至	小暑		大暑	立秋		处暑	白露		秋分
生育期	播种出苗期						拔节期				抽雄吐丝期			灌浆结实期			成熟期	
主攻目标	促根壮苗 苗全苗齐						及时排灌 适时追肥				正常抽穗 顺利开花			防止早衰 增加粒重			丰产丰收	
关键技术	深松土壤，精细播种，合理密植，推荐施肥；秸秆还田；有机替代；机械深施；缓控释肥						保持土表不干不湿 肥料深施覆土攻穗增粒				适当追肥 合理灌溉			保根保叶 补施粒肥			完熟后适时晚收	
操作规程	1. 利用养分专家系统或测土施肥方法确定肥料总用量，亩产 800kg 籽粒一般需施氮(N)、磷(P_2O_5)、钾(K_2O)分别为 12kg、4kg 和 5kg，施硫酸锌 1kg/亩 2. 一般每亩施有机质含量 8%以上的农肥 2000～2500kg(结合整地撒施)、尿素 20～25kg(20%～25%作底肥或种肥)，磷酸二铵 20～25kg(底肥或种肥，结合整地施入)，钾肥 6～10kg(种肥)。缺锌地区每亩还应施 1～1.5kg 锌肥(种肥) 3. 确定化肥减施增效方案。有机氮力争达到 20%～30%，可减施化肥氮 20%～30%，减施化肥磷 35%～50% 4. 氮肥基追比秸秆还田下达到 1∶1；提倡施用释放期 90 天的缓控释肥与速效氮肥 3∶7 5. 播种时结合化肥机械深施，可进一步减施氮磷 10% 6. 拔节前，追施总氮肥量的 70%，追肥部位离植株 10～15cm，深 8～10cm 7. 注意防治玉米螟、丝黑穗病等																		

表 7-55　华北冬小麦化肥减施增效技术模式表

<table>
<tr><td>月</td><td colspan="3">10月</td><td colspan="3">11月</td><td colspan="3">12月</td><td colspan="3">1月</td><td colspan="3">2月</td><td colspan="3">3月</td><td colspan="3">4月</td><td colspan="3">5月</td><td>6月</td></tr>
<tr><td>旬</td><td>上</td><td>中</td><td>下</td><td>上</td><td>中</td><td>下</td><td>上</td><td>中</td><td>下</td><td>上</td><td>中</td><td>下</td><td>上</td><td>中</td><td>下</td><td>上</td><td>中</td><td>下</td><td>上</td><td>中</td><td>下</td><td>上</td><td>中</td><td>下</td><td>上</td></tr>
<tr><td>节气</td><td>寒露</td><td></td><td>霜降</td><td>立冬</td><td></td><td>小雪</td><td>大雪</td><td></td><td>冬至</td><td>小寒</td><td></td><td>大寒</td><td>立春</td><td></td><td>雨水</td><td>惊蛰</td><td></td><td>春分</td><td>清明</td><td></td><td>谷雨</td><td>立夏</td><td></td><td>小满</td><td>芒种</td></tr>
<tr><td>生育期</td><td>播种期</td><td colspan="2">出苗至三叶期</td><td colspan="4">冬前分蘖期</td><td colspan="6">越冬期</td><td colspan="3">返青至
起身期</td><td colspan="3">拔节期</td><td>抽穗
至开
花期</td><td colspan="3">灌浆期</td><td colspan="2">成熟期</td></tr>
<tr><td>主攻目标</td><td colspan="3">苗全、苗匀
苗齐、苗壮</td><td colspan="4">促根增蘖
培育壮苗</td><td colspan="6">保苗安全越冬</td><td colspan="3">促苗早发稳长
蹲苗壮蘖，促弱控旺构
建丰产群体</td><td colspan="3">促大蘖成穗</td><td>保花
增粒</td><td colspan="3">养根护叶
增粒增重</td><td colspan="2">丰产丰收</td></tr>
<tr><td>关键技术</td><td colspan="3">秸秆还田
推荐施肥
有机替代
机械深施</td><td colspan="4">防治病虫
适时灌好冻水
冬前化学除草</td><td colspan="6">适时镇压
麦田严禁放牧</td><td colspan="3">中耕松土
蹲苗控节</td><td colspan="3">重施肥水
防治病虫</td><td colspan="4">浇孕穗灌浆水
防治病虫
一喷三防</td><td colspan="2">适时收获</td></tr>
<tr><td>操作规程</td><td colspan="25">1. 利用养分专家系统或测土施肥方法确定肥料总用量，亩产 500kg 籽粒一般需施氮(N)、磷(P_2O_5)、钾(K_2O)分别为 14kg、8kg 和 6kg
2. 确定化肥减施增效方案。有机氮力争达到 20%～30%，可减施化肥氮 20%～30%，减施化肥磷 35%～50%
3. 氮肥基追比秸秆还田下达到 7∶3；提倡施用释放期 90 天的缓控释肥与速效氮肥 2∶8
4. 播种时结合化肥机械深施，可进一步减施氮磷 10%
5. 播前精细整地，实施秸秆还田，做好种子与土壤处理，防治地下害虫和苗期病害，精选种子。一般每亩底施磷酸二铵 20～25kg，尿素 14kg，硫酸钾或氯化钾 10kg；或三元复合肥(N∶P∶K=15∶15∶15)25～30kg，尿素 8kg，硫酸锌 1.5kg
6. 在日平均温度 17℃左右播种，一般控制在 10 月 5 日～15 日，播深 3～5cm，并做到足墒匀播，每亩基本苗 12 万～15 万棵，播前或播后及时镇压；出苗后及时查苗，发现缺苗断垄应及时补种，确保全苗
7. 冬前应重点做好麦田化学除草，同时加强对地下害虫、麦黑潜叶蝇和胞囊线虫病的查治，注意防治灰飞虱、叶蝉等害虫；根据冬前降水和土壤墒情决定是否灌冻水，需灌冻水时，一般要求在昼消夜冻时灌冻水，时间在 11 月 20 日～30 日；暖冬年注意防止麦田旺长
8. 拔节期重施肥水，促大蘖成穗和穗花发育。一般在 4 月 5 日～10 日结合浇水每亩追施尿素 10kg；或分 2 次追肥，每次各 5kg 尿素，第一次在 3 月 15 日～20 日，第二次在 4 月 5 日左右；注意防治白粉病、锈病，防治麦蚜、麦蜘蛛
9. 适时浇好孕穗灌浆水，4 月 25 日～5 月 5 日可结合灌水每亩追施 2～3kg 尿素；早控条锈病、白粉病，科学预防赤霉病；重点防治麦蜘蛛、蚜虫、吸浆虫，做好一喷三防</td></tr>
</table>

表 7-56　华北夏玉米化肥减施增效技术模式表

<table>
<tr><td>月</td><td colspan="6">6 月</td><td colspan="6">7 月</td><td colspan="6">8 月</td><td colspan="6">9 月</td><td colspan="6">10 月</td></tr>
<tr><td>旬</td><td colspan="2">上</td><td colspan="2">中</td><td colspan="2">下</td><td colspan="2">上</td><td colspan="2">中</td><td colspan="2">下</td><td colspan="2">上</td><td colspan="2">中</td><td colspan="2">下</td><td colspan="2">上</td><td colspan="2">中</td><td colspan="2">下</td><td colspan="2">上</td><td colspan="2">中</td><td colspan="2">下</td></tr>
<tr><td>节气</td><td colspan="2">芒种</td><td colspan="2"></td><td colspan="2">夏至</td><td colspan="2">小暑</td><td colspan="2"></td><td colspan="2">大暑</td><td colspan="2">立秋</td><td colspan="2"></td><td colspan="2">处暑</td><td colspan="2">白露</td><td colspan="2"></td><td colspan="2">秋分</td><td colspan="2">寒露</td><td colspan="2"></td><td colspan="2">霜降</td></tr>
<tr><td>生育期</td><td colspan="5">播种出苗期</td><td colspan="5">拔节期</td><td colspan="4">抽雄吐丝期</td><td colspan="8">灌浆结实期</td><td colspan="4">成熟收获期</td><td colspan="4"></td></tr>
<tr><td>主攻目标</td><td colspan="5">促根壮苗
苗全苗齐</td><td colspan="5">保证水分
重攻穗肥</td><td colspan="4">顺利抽穗
正常开花</td><td colspan="8">防止早衰
增加粒重</td><td colspan="4">丰产丰收</td><td colspan="4"></td></tr>
<tr><td>关键技术</td><td colspan="5">精细播种，合理密植，推荐施肥；秸秆还田；有机替代；机械深施；缓控释肥</td><td colspan="5">地表见湿不见干
浇水结合施用攻穗肥
肥料深施入土攻穗增粒</td><td colspan="4">适当追肥
合理灌溉
防治病虫</td><td colspan="8">保根保叶
酌施攻粒肥
加强水分管理</td><td colspan="4">适时收获</td><td colspan="4"></td></tr>
<tr><td>操作规程</td><td colspan="30">1. 利用养分专家系统或测土施肥方法确定肥料总用量，亩产 600kg 籽粒一般需施氮(N)、磷(P_2O_5)、钾(K_2O)分别为 14kg、5kg 和 6kg，施硫酸锌 1kg/亩
2. 施肥原则：轻施苗肥、重施大口肥、补追花粒肥，秸秆还田下于苗期将氮肥总量的 60%～70%和全部磷、钾、锌肥沿幼苗一侧开沟深施(15～20cm)，以促根壮苗。穗肥于大喇叭口期(叶龄指数 55%～60%，第 11～12 片叶展开)追施总氮量的 30%并注意深施，以促穗大粒多；花粒肥于籽粒灌浆期追施总氮量的 10%，以提高叶片光合能力，增加粒重
3. 确定化肥减施增效方案。有机氮力争达到 20%～30%，可减施化肥氮 20%～30%，减施化肥磷 35%～50%
4. 氮肥基追比秸秆还田下达到 7∶3；提倡施用释放期 90 天的缓控释肥与速效氮肥 6∶4
5. 播种时结合化肥机械深施，可进一步减施氮磷 10%
6. 夏玉米各生育期适宜的土壤水分指标(田间持水量的百分数)分别为：播种期 75%左右、苗期 60%～75%、拔节期 65%～75%、抽穗期 75%～85%、灌浆期 67%～75%。夏玉米生长期内，自然降雨与玉米生长发育需水要同步。除苗期外，各生育时期田间持水量降到 60%以下时均应及时浇水
7. 注意防治锈病、苗期黏虫、蓟马及玉米螟危害</td></tr>
</table>

表 7-57　长江中下游冬小麦化肥减施增效技术模式表

月	10 月	11 月			12 月			1 月			2 月			3 月			4 月			5 月			6 月
旬	下	上	中	下	上	中	下	上	中	下	上	中	下	上	中	下	上	中	下	上	中	下	上
节气	霜降	立冬		小雪	大雪		冬至	小寒		大寒	立春		雨水	惊蛰		春分	清明		谷雨	立夏		小满	芒种
生育期	播种期	出苗至三叶期		冬前分蘖期			越冬期				返青起身期			拔节期				抽穗开花		灌浆期			成熟期
主攻目标	苗全、苗匀 苗齐、苗壮			促根增蘖 培育壮苗			保苗安全越冬				促苗早发稳长 蹲苗壮蘖			促大蘖成穗				保花 增粒		养根护叶 增粒增重			丰产丰收
关键技术	秸秆还田 推荐施肥 有机替代 机械深施			蹲苗控节 防治病虫草害 麦田严禁放牧										重施拔节孕穗肥 防治病虫草害				防治病虫 一喷三防					适时收获
操作规程	1. 利用养分专家系统或测土施肥方法确定肥料总用量，亩产 400kg 籽粒一般需施氮(N)、磷(P_2O_5)、钾(K_2O)分别为 10kg、4.5kg 和 6kg 2. 确定化肥减施增效方案。有机氮力争达到 20%～30%，可减施化肥氮 20%～30%，减施化肥磷 35%～50% 3. 氮肥基追比秸秆还田下达到 8∶2；提倡施用释放期 90 天的缓控释肥与速效氮肥 4∶6 4. 播种时结合化肥机械深施，可进一步减施氮磷 10% 5. 播前精选种子，做好发芽试验，进行药剂拌种或种子包衣，预防苗期病害；每亩底施磷酸二铵 10kg，尿素 8kg，硫酸钾或氯化钾 10～15kg；或三元复合肥(N∶P∶K=15∶15∶15)30kg，硫酸锌 1.5kg 6. 在日平均温度 16℃左右播种，一般控制在 10 月 25 日～11 月 5 日，播深 2～3cm，每亩基本苗 10 万～14 万棵，播后及时镇压；出苗后及时查苗，发现缺苗断垄应及时补种，确保全苗；田边地头要种满种严 7. 幼苗期注意观察灰飞虱、叶蝉等害虫发生情况，及时防治；注意秋季杂草防除 8. 起身期注意观察纹枯病和杂草发生情况，及时防治 9. 拔节孕穗期重施肥，促大蘖成穗。3 月上中旬和 4 月初各施尿素 5kg；注意观察白粉病、锈病发生情况，及时防治 10. 开花灌浆期注意观察蚜虫和白粉病、锈病和赤霉病发生情况，及时彻底防治，做好一喷三防																							

表 7-58　长江中下游单季稻化肥减施增效技术模式表

月	4月			5月			6月			7月			8月			9月		
旬	上	中	下	上	中	下	上	中	下	上	中	下	上	中	下	上	中	下
节气	清明		谷雨	立夏		小满	芒种		夏至	小暑		大暑	立秋		处暑	白露		秋分
生育期	播种秧苗期					返青分蘖期			拔节长穗期				灌浆结实期					
主攻目标	促根增蘖 培育壮苗					促早生快发 促根增蘖争穗 够苗晒田保长穗			协调营养生长与生殖生长 巩固有效分蘖 促进壮秆大穗				养根保叶防早衰 促进干物质生产 提高结实率和粒重					
关键技术	培肥苗床，秧田追肥 本田推荐施肥；秸秆还田；有机替代；机械深施；缓控释肥					寸水返青，施分蘖肥 防止僵苗，够苗晒田			湿润灌溉 施用穗肥 防病虫害				间歇灌溉 巧施粒肥 防病虫害					

操作规程：

1. 苗床施用有机肥 200kg/亩，45%复合肥 50kg/亩，尿素 10kg/亩；三叶期看苗追肥，施尿素 5kg/亩，重施起身肥 8～10kg/亩
2. 利用养分专家系统或测土施肥方法确定本田肥料总用量，亩产 600kg 籽粒一般需施氮(N)、磷(P_2O_5)、钾(K_2O)分别为 11kg、4kg 和 6kg
3. 确定化肥减施增效方案。有机氮力争达到 20%～30%，可减施化肥氮 20%～30%，减施化肥磷 35%～50%
4. 氮肥基追比秸秆还田下达到 8∶2；提倡施用释放期 90 天的缓控释肥与速效氮肥 4∶6
5. 播种时结合化肥机械深施，可进一步减施氮磷 10%
6. 本田基施腐熟的畜禽粪肥或农家土杂肥 1000～1500kg/亩；或商品有机肥 100kg/亩或秸秆全量粉碎或高留茬还田，施 45%复合肥 50kg/亩
7. 移栽后 5d 内施用分蘖肥尿素 6kg/亩；晒田复水后，7 月下旬穗肥施尿素 7kg/亩，钾肥 5kg/亩
8. 水分管理为湿润育秧，薄水抛栽，湿润立苗，浅水分蘖，够苗露田，寸水保“胎”，干干湿湿至成熟
9. 秧田期防烂秧、苗稻瘟、稻蓟马、恶苗病等，寄插田、旱育秧苗床搞好化学除草。本田期：6 月中下旬防治一代二化螟，根据虫情及发生时间用药 1～2 次；7 月中下旬防治纹枯病；8 月上中旬防治二代二化螟、稻纵卷叶螟、三代稻飞虱及穗腐病等；8 月中下旬防治三代三化螟、四代稻飞虱

表 7-59　长江中下游早稻化肥减施增效技术模式表

月	3月			4月			5月			6月			7月		
旬	上	中	下	上	中	下	上	中	下	上	中	下	上	中	下
节气	惊蛰		春分	清明		谷雨	立夏		小满	芒种		夏至	小暑		大暑
生育期	播种秧苗期					返青分蘖期		拔节长穗期				灌浆结实期			
主攻目标	促根增蘖 培育壮苗					促早生快发 促根增蘖争穗 够苗晒田保长穗		协调营养生长与生殖生长 巩固有效分蘖 促进壮秆大穗				养根保叶防早衰 促进干物质生产 提高结实率和粒重			
关键技术	培肥苗床，秧田追肥 本田推荐施肥；秸秆还田；有机替代；机械深施；缓控释肥					寸水返青，施分蘖肥， 防止僵苗，够苗晒田		湿润灌溉 施用穗肥 防病虫害				间歇灌溉 巧施粒肥 防病虫害			
操作规程	1. 苗床施用有机肥 200kg/亩，尿素 10kg/亩；重施起身肥，施尿素 8kg/亩 2. 利用养分专家系统或测土施肥方法确定本田肥料总用量，亩产 500kg 籽粒一般需施氮(N)、磷(P_2O_5)、钾(K_2O)分别为 10kg、6kg 和 10kg 3. 确定化肥减施增效方案。有机氮力争达到 20%～30%，可减施化肥氮 20%～30%，减施化肥磷 35%～50% 4. 氮肥基追比秸秆还田下达到(4∶6)～(6∶4)；提倡施用释放期 90 天的缓控释肥与速效氮肥 5∶5 5. 播种时结合化肥机械深施，可进一步减施氮磷 10% 6. 本田基施腐熟的畜禽粪肥或农家土杂肥 1000～1500kg/亩；或商品有机肥 100kg/亩，耙田前大田施尿素 10kg/亩，钙镁磷肥 50kg/亩作基肥 7. 移栽后 5～7d 内施用分蘖肥尿素 5kg/亩，钾肥 12kg/亩；6 月中旬穗肥施尿素 7kg/亩，钾肥 8kg/亩 8. 水分管理为无水或薄水抛秧，薄水返青，湿润分蘖，达到计划苗数 70%～80%晒田，保水孕穗扬花，干湿交替灌浆，收割前 5d 断水 9. 秧田期防烂秧、立枯病等，寄插田、旱育秧苗床搞好化学除草。本田期：5 月上中旬防治二化螟；5 月下旬、6 月上旬防治纹枯病和稻纵卷叶螟；6 月中旬防治稻瘟病、纹枯病和二化螟等；6 月下旬和 7 月中上旬防治纹枯病和稻飞虱															

表 7-60　长江中下游晚稻化肥减施增效技术模式表

月	6 月			7 月			8 月			9 月			10 月		
旬	上	中	下	上	中	下	上	中	下	上	中	下	上	中	下
节气	芒种		夏至	小暑		大暑	立秋		处暑	白露		秋分	寒露		霜降
生育期	播种秧苗期					返青分蘖期		拔节长穗期				灌浆结实期			
主攻目标	促根增蘖 培育壮苗					促早生快发 促根增蘖争穗 够苗晒田保长穗		协调营养生长与生殖生长 巩固有效分蘖 促进壮秆大穗				养根保叶防早衰 促进干物质生产 提高结实率和粒重			
关键技术	培肥苗床，秧田追肥 本田推荐施肥；秸秆还田；有机替代；机械深施；缓控释肥					寸水返青，施分蘖肥 防止僵苗，够苗晒田		湿润灌溉 施用穗肥 防病虫害				间歇灌溉 巧施粒肥 防病虫害			
操作规程	1. 苗床播种前 7d 施用腐熟猪牛粪 1000kg/亩，尿素 10kg/亩，培肥床土 2. 利用养分专家系统或测土施肥方法确定本田肥料总用量，亩产 550kg 籽粒一般需施氮(N)、磷(P_2O_5)、钾(K_2O)分别为 11kg、6kg 和 10kg 3. 确定化肥减施增效方案。有机氮力争达到 20%～30%，可减施化肥氮 20%～30%，减施化肥磷 35%～50% 4. 氮肥基追比秸秆还田下达到(4∶6)～(6∶4)；提倡施用释放期 90 天的缓控释肥与速效氮肥 6∶4 5. 播种时结合化肥机械深施，可进一步减施氮磷 10% 6. 本田基施畜禽粪肥或土杂肥 1000～1500kg/亩；或商品有机肥 100kg/亩，或秸秆全量还田，耙田前基施尿素 12kg/亩，钙镁磷肥 50kg/亩作基肥 7. 移栽后 5～7d 内施用分蘖肥尿素 5kg/亩，钾肥 14kg/亩；8 月下旬穗肥施尿素 8kg/亩，钾肥 6kg/亩 8. 水分管理为旱育秧，薄水浅插，寸水活棵，湿润分蘖，达到计划苗数 80%时晒田，有水抽穗扬花，干湿交替灌浆，收割前 7d 断水 9. 秧田期防治稻蓟马、叶蝉、二化螟等；7 月下旬分蘖期防治二化螟；8 月中下旬、9 月上旬分蘖末期至孕穗期重点防治纹枯病、细条病和稻纵卷叶螟；9 月中旬抽穗初期重点防治稻曲病、纹枯病、二化螟；9 月下旬、10 月上中旬穗期重点防治纹枯病、稻纵卷叶螟、稻飞虱															

7.5　技术示范效果

针对东北春玉米单作、华北冬小麦-夏玉米轮作、长江中下游冬小麦-中稻轮作、长江中下游早稻-晚稻连作等典型种植体系，分别在黑龙江哈尔滨、河南原阳、湖北荆门、江西高安开展了养分资源高效利用技术示范。

7.5.1　根区施氮/缓控释肥示范

水稻、小麦和玉米采用根区施氮/缓控释肥技术，比习惯施肥增产 7.1%～28.6%，可减施化学氮肥 15%～30%，氮肥利用率提高 8.3～26.1 个百分点(表 7-61)。

表 7-61　根区施氮/缓控释肥示范结果

作物	示范技术	处理产量(kg/hm^2)	比习惯施肥增产率(%)	氮肥利用率增加百分点	化学氮肥减施(%)
东北春玉米	根区施肥/缓释肥	12 114	14.5	8.3	20
华北冬小麦	根区施肥/缓释肥	9 220	8.0	17.2	30
华北夏玉米	根区施肥/缓释肥	10 163	15.0	15.4	20
长江中下游小麦	根区施肥/缓释肥	5 109	28.6	26.1	23
长江中下游中稻	根区施肥/缓释肥	8 300	21.6	19.7	27
长江中下游早稻	根区施肥/缓释肥	7 502	7.1	14.0	17
长江中下游晚稻	根区施肥/缓释肥	7 829	7.4	13.4	15

7.5.2　磷高效调控示范

水稻、小麦和玉米采用磷高效调控技术，比习惯施肥增产 10.8%～26.7%，可减施化学磷肥 20%～61%，磷肥利用率提高 10.2～23.7 个百分点(表 7-62)。

表 7-62　磷高效调控示范结果

作物	示范技术	处理产量(kg/hm^2)	比习惯施肥增产率(%)	磷肥利用率增加百分点	化学磷肥减施(%)
东北春玉米	覆膜增温活化	12 186	15.1	10.9	20
华北冬小麦	根区施磷	10 816	26.7	22.6	30
华北夏玉米	根区施磷	10 184	15.3	23.7	61
长江中下游小麦	微生物解磷	4 715	18.7	10.4	25
长江中下游中稻	根区施磷	8 021	17.5	15.3	25
长江中下游早稻	干湿交替促根	8 124	16.0	12.4	50
长江中下游晚稻	干湿交替促根	8 078	10.8	10.2	50

7.5.3　氮肥有机替代示范

水稻、小麦和玉米采用氮肥有机替代技术，比习惯施肥增产 4.6%～25.0%，可减施化学氮肥 32%～44%，氮肥利用率提高 11.6～26.2 个百分点(表 7-63)。

表 7-63　氮肥有机替代示范结果

作物	示范技术	处理产量(kg/hm²)	比习惯施肥增产率(%)	氮肥利用率增加百分点	化学氮肥减施(%)
东北春玉米	氮肥有机替代	11 590	9.5	19.8	36
华北冬小麦	氮肥有机替代	9 962	16.7	26.2	44
华北夏玉米	氮肥有机替代	10 050	13.8	11.6	38
长江中下游小麦	氮肥有机替代	4 964	25.0	16.2	38
长江中下游中稻	氮肥有机替代	8 199	20.1	15.1	41
长江中下游早稻	氮肥有机替代	7 325	4.6	17.4	33
长江中下游晚稻	氮肥有机替代	7 998	9.7	15.2	32

7.5.4　秸秆还田调氮示范

水稻、小麦和玉米采用秸秆还田调氮技术，比习惯施肥增产 2.9%～50.5%，可减施化学氮肥 15%～27%，氮肥利用率提高 10.0～25.6 个百分点(表 7-64)。

表 7-64　秸秆还田调氮示范结果

作物	示范技术	处理产量(kg/hm²)	比习惯施肥增产率(%)	氮肥利用率增加百分点	化学氮肥减施(%)
东北春玉米	秸秆还田调氮	12 958	22.4	10.0	20
华北冬小麦	秸秆还田调氮	11 076	29.7	25.6	30
华北夏玉米	秸秆还田调氮	12 158	37.6	24.1	20
长江中下游小麦	秸秆还田调氮	5 976	50.5	23.3	23
长江中下游中稻	秸秆还田调氮	8 219	20.4	16.6	27
长江中下游早稻	秸秆还田调氮	7 692	9.8	16.4	17
长江中下游晚稻	秸秆还田调氮	7 500	2.9	13.5	15

7.5.5　养分专家系统推荐施肥示范

水稻、小麦和玉米采用基于产量反应和农学效率的推荐施肥技术，比习惯施肥增产 7.3%～44.6%，可减施化学氮肥 15%～30%，氮肥利用率提高 10.0～20.1 个百分点(表 7-65)。

表 7-65　养分专家系统推荐施肥示范结果

作物	示范技术	处理产量(kg/hm²)	比习惯施肥增产率(%)	氮肥利用率增加百分点	化学氮肥减施(%)
东北春玉米	养分专家系统推荐系统	11 912	12.5	10.2	20
华北冬小麦	养分专家系统推荐系统	9 165	7.3	10.0	30
华北夏玉米	养分专家系统推荐系统	10 005	13.3	13.7	20
长江中下游小麦	养分专家系统推荐系统	5 744	44.6	20.1	23
长江中下游中稻	养分专家系统推荐系统	8 159	19.5	18.3	27
长江中下游早稻	养分专家系统推荐系统	8 219	17.3	16.9	17
长江中下游晚稻	养分专家系统推荐系统	8 445	15.8	18.8	15

7.5.6　集成技术示范

水稻、小麦和玉米采用有机替代-缓释肥集成技术，比习惯施肥增产 6.5%～25.7%，可减施化学氮肥 32%～44%，氮肥利用率提高 8.8～21.1 个百分点(表 7-66)；采用秸秆还田-缓释肥集成技术，比习惯施肥增产 7.9%～47.9%，可减施化学氮肥 15%～30%，氮肥利用率提高 14.4～23.3 个百分点(表 7-67)。

表 7-66　有机替代-缓释肥模式示范结果

作物	示范技术	处理产量(kg/hm^2)	比习惯施肥增产率(%)	氮肥利用率增加百分点	化学氮肥减施(%)
东北春玉米	有机替代-缓释肥	13 305	25.7	20.0	36
华北冬小麦	有机替代-缓释肥	9 189	7.6	8.8	44
华北夏玉米	有机替代-缓释肥	10 872	23.1	21.1	38
长江中下游小麦	有机替代-缓释肥	4 861	22.4	10.8	38
长江中下游中稻	有机替代-缓释肥	8 330	18.1	19.6	41
长江中下游早稻	有机替代-缓释肥	7 727	10.3	17.1	33
长江中下游晚稻	有机替代-缓释肥	7 761	6.5	14.7	32

表 7-67　秸秆还田-缓释肥模式示范结果

作物	示范技术	处理产量(kg/hm^2)	比习惯施肥增产率(%)	氮肥利用率增加百分点	化学氮肥减施(%)
东北春玉米	秸秆还田-缓释肥	12 007	13.4	19.5	20
华北冬小麦	秸秆还田-缓释肥	10 201	19.5	23.3	30
华北夏玉米	秸秆还田-缓释肥	9 533	7.9	14.4	20
长江中下游小麦	秸秆还田-缓释肥	5 875	47.9	17.7	23
长江中下游中稻	秸秆还田-缓释肥	8 350	22.3	15.6	27
长江中下游早稻	秸秆还田-缓释肥	7 610	8.6	16.7	17
长江中下游晚稻	秸秆还田-缓释肥	7 997	9.7	17.8	15

参 考 文 献

毕于运, 高春雨, 王亚静, 等. 2009. 中国秸秆资源数量估算. 农业工程学报, 25(12): 211-217.
串丽敏, 何萍, 赵同科, 等. 2015. 中国小麦季氮素养分循环与平衡特征. 应用生态学报, 26(1): 76-86.
段玉, 张君, 李焕春, 等. 2014. 马铃薯氮磷钾养分吸收规律及施肥肥效的研究. 土壤, 46(2): 212-217.
方玉东, 封志明, 胡业翠, 等. 2007. 基于 GIS 技术的中国农田氮素养分收支平衡研究. 农业工程学报, 23(7): 35-41.
高利伟, 马林, 张卫峰, 等. 2009. 中国作物秸秆养分资源数量估算及其利用状况. 农业工程学报, 25(7): 173-179.
李家康, 林葆, 梁国庆, 等. 2001. 对我国化肥使用前景的剖析. 磷肥与复肥, 16(1): 1-10.
李书田, 金继运. 2011. 中国不同区域农田养分输入、输出与平衡. 中国农业科学, 44(20): 4207-4229.
李勇, 赵军, Yang JY, 等. 2011. 黑龙江省县域黑土农田土壤氮残留估算. 农业工程学报, 27(8): 120-125.
刘钦普. 2014. 中国化肥投入区域差异及环境风险分析. 中国农业科学, 47(18): 3596-3605.
刘忠, 李保国, 傅靖. 2009. 基于 DSS 的 1978-2005 年中国区域农田生态系统氮平衡. 农业工程学报, 25(4): 168-175.
孟祥海, 周海川, 张俊飚. 2015. 中国畜禽污染时空特征分析与环境库兹涅茨曲线验证. 干旱区资源与环境, 29(11): 104-108.
潘根兴. 2008. 中国土壤有机碳库及其演变与应对气候变化. 气候变化研究进展, 4(5): 282-289.
秦晓波, 李玉娥, 万运帆, 等. 2012. 免耕条件下稻草还田方式对温室气体排放强度的影响. 农业工程学报, 28(6): 210-216.

沙之敏, 边秀举, 郑伟, 等. 2010. 最佳养分管理对华北冬小麦养分吸收和利用的影响. 植物营养与肥料学报, 16(5): 1049-1055.

宋利娜, 张玉铭, 胡春胜, 等. 2013. 华北平原高产农区冬小麦农田土壤温室气体排放及其综合温室效应. 中国生态农业学报, 21(3): 297-307.

王敬国, 林杉, 李保国. 2016. 氮循环与中国农业氮管理. 中国农业科学, 3(49): 503-517.

王玉英, 胡春胜. 2011. 施氮水平对太行山前平原冬小麦-夏玉米轮作体系土壤温室气体通量的影响. 中国生态农业学报, 19(5): 1122-1128.

赵俊伟, 尹昌斌. 2016. 青岛市畜禽粪便排放量与肥料化利用潜力分析. 中国农业资源与区划, 37(7): 108-115.

周航, 曾敏, 曾维爱, 等. 2014. 硫酸亚铁对偏碱烟田土壤及烟草养分吸收的影响. 土壤通报, 45(4): 947-952.

邹建文, 黄耀, 宗良纲, 等. 2003. 稻田 CO_2、CH_4和 N_2O 排放及其影响因素. 环境科学学报, 23(6): 758-764.

Ahmad S, Li CF, Dai GZ, et al. 2009. Greenhouse gas emission from direct seeding paddy field under different rice tillage systems in central China. Soil & Tillage Research, 106(4): 54-61.

Bouwman AF, Boumans LJM, Batjes NH. 2002. Estimation of global NH_3 volatilization loss from synthetic fertilizers and animal manure applied to arable lands and grasslands. Global Biogeochemical Cycles, 16(2): 1-14.

Cai Z, Xing G, Yan X, et al. 1997. Methane and nitrous oxide emissions from rice paddy fields as affected by nitrogen fertilisers and water management. Plant and Soil, 196(1): 7-14.

Cui S, Shi Y, Groffman PM, et al. 2013. Centennial-scale analysis of the creation and fate of reactive nitrogen in China (1910-2010). Proceedings of the National Academy of Sciences of the United States of America, 110(6): 2052-2057.

Datta SKD. 1995. Nitrogen transformations in wetland rice ecosystems. Nutrient Cycling in Agroecosystems, 42(1-3): 193-203.

Dobermann A, Cassman KG, Mamaril CP, et al. 1998. Management of phosphorus, potassium, and sulfur in intensive, irrigated lowland rice. Field Crops Research, 56(1-2): 113-138.

Drury CF, Yang JY, De JR, et al. 2007. Residual soil nitrogen indicator for agricultural land in Canada. Canadian Journal of Soil Science, 87(Special Issue): 167-177.

Gu B, Ju X, Chang J, et al. 2015. Integrated reactive nitrogen budgets and future trends in China. Proceedings of the National Academy of Sciences of the United States of America, 112(28): 8792-8797.

He P, Li S, Jin J, et al. 2009. Performance of an optimized nutrient management system for double-cropped wheat-maize rotations in north-central China. Agronomy Journal, 101(6): 1489-1496.

Hu YT, Liao QJ, Wang SW, et al. 2011. Statistical analysis and estimation of N leaching from agricultural fields in China. Soils, 43(1): 19-25.

Huffman T, Yang JY, Drury CF, et al. 2008. Estimation of Canadian manure and fertilizer nitrogen application rates at the crop and soil-landscape polygon level. Canadian Journal of Soil Science, 88(5): 619-627.

Kim SC, Park YH, Lee Y, et al. 2005. Comparison of OECD nitrogen balances of Korea and Japan. Korean Journal of Environmental Agriculture, 24(24): 295-302.

Knoblauch C, Maarifat AA, Pfeiffer EM, et al. 2011. Degradability of black carbon and its impact on trace gas fluxes and carbon turnover in paddy soils. Soil Biology & Biochemistry, 43(9): 1768-1778.

Ko JY, Kang HW. 2000. The effects of cultural practices on methane emission from rice fields. Nutrient Cycling in Agroecosystems, 58(1-3): 311-314.

Kong X, Zhang F, Wei Q, et al. 2006. Influence of land use change on soil nutrients in an intensive agricultural region of North China. Soil & Tillage Research, 88(1-2): 85-94.

Kumaraswamy S, Rath AK, Ramakrishnan B, et al. 2000. Wetland rice soils as sources and sinks of methane: a review and prospects for research. Biology and Fertility of Soils, 31(6): 449-461.

Liu J, Diamond J. 2005. China's environment in a globalizing world. Nature, 435(7046): 1179.

Liu S, Qin Y, Zou J, et al. 2010. Effects of water regime during rice-growing season on annual direct N_2O emission in a paddy rice-winter wheat rotation system in southeast China. Science of the Total Environment, 408(4): 906-913.

Ma J, Ma E, Xu H, et al. 2009. Wheat straw management affects CH_4 and N_2O emissions from rice fields. Soil Biology & Biochemistry, 41(5): 1022-1028.

Malo DD, Schumacher TE, Doolittle JJ. 2005. Long-term cultivation impacts on selected soil properties in the northern Great Plains. Soil & Tillage Research, 81(2): 277-291.

Miao Y, Stewart BA, Zhang F. 2011. Long-term experiments for sustainable nutrient management in China. A review. Agronomy for Sustainable Development, 31(2): 397-414.

Misselbrook TH, Menzi H, Cordovil C. 2012. Preface-recycling of organic residues to agriculture: agronomic and environmental impacts. Agriculture Ecosystems & Environment, 160(10): 1-2.

Niu J, Zhang W, Chen X, et al. 2011. Potassium fertilization on maize under different production practices in the North China Plain. Agronomy Journal, 103(3): 822-829.

Panten K, Rogasik J, Godlinski F, et al. 2009. Gross soil surface nutrient balances: the OECD approach implemented under German conditions. Landbauforschung Volkenrode, 59(1): 19-27.

Richter A, Burrows JP, Nüss H, et al. 2005. Increase in tropospheric nitrogen dioxide over China observed from space. Nature, 437(7055): 129-132.

Shang Q, Yang X, Gao C, et al. 2011. Net annual global warming potential and greenhouse gas intensity in Chinese double rice-cropping systems: a 3-year field measurement in long-term fertilizer experiments. Global Change Biology, 17(6): 2196-2210.

Sheldrick WF, Syers JK, Lingard J. 2003. Soil nutrient audits for China to estimate nutrient balances and output/input relationships. Agriculture Ecosystems & Environment, 94(3): 341-354.

Smith KA, Charles DR, Moorhouse D. 2000. Nitrogen excretion by farm livestock with respect to land spreading requirements and controlling nitrogen losses to ground and surface waters. Part 2: pigs and poultry. Bioresource Technology, 71(2): 173-181.

Ti C, Pan J, Xia Y, et al. 2012. A nitrogen budget of mainland China with spatial and temporal variation. Biogeochemistry, 108(1-3): 381-394.

Wang X, Feng A, Wang Q, et al. 2014. Spatial variability of the nutrient balance and related NPSP risk analysis for agro-ecosystems in China in 2010. Agriculture Ecosystems & Environment, 193: 42-52.

Wei W, Yan Y, Cao J, et al. 2016. Effects of combined application of organic amendments and fertilizers on crop yield and soil organic matter: an integrated analysis of long-term experiments. Agriculture Ecosystems & Environment, 225: 86-92.

Xing GX, Zhu ZL. 2002. Regional nitrogen budgets for China and its major watersheds. Biogeochemistry, 57-58(1): 405-427.

Xu X, He P, Pampolino MF, et al. 2014. Fertilizer recommendation for maize in China based on yield response and agronomic efficiency. Field Crops Research, 157(2): 27-34.

Yagi K, Tsuruta H, Kanda KI, et al. 1996. Effect of water management on methane emission from a Japanese rice paddy field: automated methane monitoring. Global Biogeochemical Cycles, 10(2): 255-267.

Yang JY, De JR, Drury CF, et al. 2007. Development of a Canadian Agricultural Nitrogen Budget(CANB v2.0)model and the evaluation of various policy scenarios. Canadian Journal of Soil Science, 87(Special Issue): 153-165.

Yao ZS, Zhou ZX, Zheng XH, et al. 2010. Effects of organic matter incorporation on nitrous oxide emissions from rice-wheat rotation ecosystems in China. Plant and Soil, 327(1-2): 315-330.

Yu KW, Wang ZP, Chen GX. 1997. Nitrous oxide and methane transport through rice plants. Biology and Fertility of Soils, 24(3): 341-343.

Zhou M, Zhu B, Brüggemann N, et al. 2016. Sustaining crop productivity while reducing environmental nitrogen losses in the subtropical wheat-maize cropping systems: a comprehensive case study of nitrogen cycling and balance. Agriculture Ecosystems & Environment, 231: 1-14.

Zhu T, Zhang J, Yang W, et al. 2013. Effects of organic material amendment and water content on NO, NO, and N emissions in a nitrate-rich vegetable soil. Biology and Fertility of Soils, 49(2): 153-163.